改訂版

イヌ・ネコ家庭動物の

イヌ・ネコから
フェレット・ウサギ・
ハムスター・小鳥・
カメまで

「イヌ・ネコ家庭動物の医学大百科」の発刊にあたって

監修者　東京農工大学 名誉教授　山根義久

人は動物達によって多くの恩恵を受けてきた。特に犬や猫を中心とした伴侶動物は、人間社会において居なくてはならない、必要不可欠な存在になってきた。

近年、飼育環境の整備・改善や、予防や獣医療技術の向上により、その伴侶動物達も確実に高齢化時代を迎えつつある。

そのことは、とりもなおさず飼い主と動物とのふれあいの期間が長いということになる。そのため長期間、家族の一員としてわが子のようにいつくしみ、育んでこられた愛する伴侶動物の病気や死は、筆舌に尽くせないほど、飼い主や家族にとっても重大事であり多大な精神的ショックとなる。

一方、ようやく近年になり伴侶動物も社会的な注目を集め、少しずつではあるが、法律等による整備も進んでいる。

具体的には2002年に施行された"身体障害者補助犬法"により、公的な施設や交通機関においても補助犬の同伴が許される時代がやってきた。さらにその翌年には民間施設にまで及んでいる。また、2005年の"動物愛護および管理に関する法"の一部改正により動物虐待の罰則規定が強化された。

いわゆる伴侶動物の権利が一部ではあるが認められたということである。そのような環境下のもと伴侶動物と人間が生活を共にし共存するためにはまず健康が第一である。しかし、生命あるすべての生きものは、加齢とともに病気の発生が増加する。中でも長期間にわたる人間との生活の中で、人と動物の共通感染症は最も重要視すべきものである。

そのため、動物の飼い主は、それらも含めてもの言えぬ動物の病気について正しい知識を保有すべきである。

このたび、そのような背景のもと一般の飼い主や獣医師、獣医学生、さらに研究者の方々の広い範囲を対象とした犬と猫およびエキゾチックアニマルの疾病を網羅した動物の医学書の発刊を試みた。執筆者は実際の臨床の現場で日々各種の病気の治療に当たっておられる118名の先生に依頼した。

本の内容は、第1章が『イヌとネコの体のしくみ』、第2章が『動物を飼うための基礎知識』、第3章が『病気が疑われる症状とそのケア』、第4章が『病気と治療』、第5章が『目で見る医療の最前線』と分けて書かれている。

従来より、数多くの動物の疾患に関する医学書は出版されているが、本書では部位別にほとんどすべての病気をとり上げ、わかりやすく説明した。また、動物を飼う人にとっては症状から索引できるようにも配慮した。おそらく本書が一冊あれば、伴侶動物の多くの疾病は理解できるものと思われる。

最後になりましたが、本書を企画してからすでに数年が経過してしまいました。その間には大変に多くの先生方や関係者の方々に御支援、御協力を頂きました。初期には企画の立案に対して下川裕美子さんに、また膨大な事務量を的確に処理してくれた秘書の村井千恵さん、さらに執筆者は勿論のこと監修の大変なお手伝いを頂いた深瀬　徹先生、出版に際し御無理を理解して頂き立派な本に仕上げて頂いたPIE BOOKSの三芳伸吾社長、編集の山本章子さん、関本康弘さん、DKのデザイナー伊藤修一さん、その他編集に携わって頂いた多くの方々に、また、企画の相談から装丁などアートディレクションまでを引き受けてくださった高岡一弥さんのご厚意に対しまして深甚なる謝意を表す次第です。

本書が一般の飼い主の方をはじめ、多くの獣医療に携わる方々にお役に立つことを祈念するものであります。

この一冊が
動物たちの
生命を守ります

緊急症状早見表

けいれんを起こす‥194頁
●何かを食べた後にけいれんを起こした
●授乳中のけいれん発作　●けいれんが数分以上続く

よだれを垂らす‥199頁
●よだれ＋けいれん

緊急事態！すぐ病院へ！

おなかを痛がる‥187頁
●つねに腹痛姿勢をとる　●腹部が痛い＋頻繁な嘔吐、排尿　●腹部が痛い＋横になってばかり
●腹部が痛い＋苦しそう

下痢をする‥182頁
●激しい下痢を繰り返す
●下痢＋便に血が混じる
●下痢＋嘔吐　●下痢＋痩せる

乳房が腫れている、しこりがある‥223頁
●乳房のしこりから出血する
●乳房の腫れ＋乳房の熱感、痛み
●乳腺の腫れ＋後ろ足の腫れ
●乳腺の腫れ＋呼吸困難

おなかが膨れる‥149頁
●腹部が短時間に急激に膨らむ

便秘になる‥184頁
●何日も便が出ない
●便秘＋ぐったりする　●便秘＋腹部が膨れている

尿が出にくい‥189頁
●まる１日尿が出ない　●尿が出ない＋嘔吐
●尿が出ない＋ぐったり、食欲低下
●尿が出ない＋苦しそう

尿の色が赤い‥191頁
●尿の色が赤い＋排尿困難

運動をいやがる、疲れやすい‥201頁
●運動したり興奮すると失神する（運動不耐症）

動作がぎこちない‥204頁
●頭が傾く、ぐるぐる回る、まっすぐ歩けない、横に倒れる（運動失調）●運動失調＋眼球が左右、上下に震える　●運動失調＋食欲不振、嘔吐

足をかばう、挙げる足を引きずる‥206頁
●足をかばう、足を引きずる（跛行）＋元気がない、食欲不振　●跛行＋足が腫れている
●跛行＋足を上げたままで地に着かない

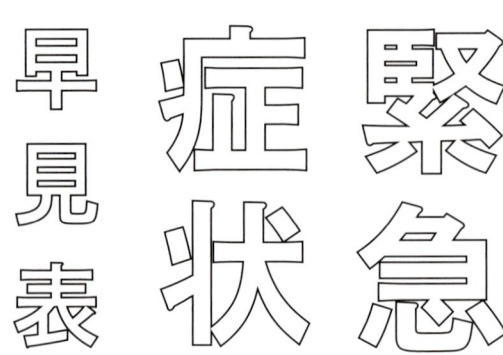

こんな症状が現れたら、緊急事態です

病院に急いでください

ショック状態‥147頁
意識を失う‥197頁
- 失神が数分以上続く

緊急事態！すぐ病院へ！

目に障害がある‥213頁
- 目をひどく痛がる
- 目を痛がる＋ほかの異常な症状

耳に障害がある‥217頁
- 耳からの出血
- 耳の異常＋頭部が傾く
- 耳の異常＋目の異常
- 耳が聞こえない

熱がある‥227頁
- 高熱
- 発熱＋尿や便の失禁
- 発熱＋けいれん
- 発熱＋呼吸の異常、ぐったりしている

脱水を起こす‥230頁
- 脱水＋呼吸促迫
- 脱水＋ぐったりしている
- 脱水＋発熱
- 脱水＋尿が出ない

目が赤い‥168頁
- 目が赤い＋発熱
- 目が赤い＋呼吸困難
- 目が赤い＋消化器症状
- 目が赤い＋神経症状

皮膚、粘膜が黄色い‥179頁
- 黄疸症状（目、粘膜、尿が濃い黄色）

鼻に障害がある‥220頁
- 鼻出血が止まらない
- いびき、喘鳴＋呼吸困難
- 鼻の異常＋咳をする、皮膚の出血斑

吐く‥144頁
- 激しく繰り返し吐く
- 吐いて熱がある
- 吐く＋けいれん、下痢

血を吐く‥176頁
- 大量に血を吐く、繰り返し血を吐く
- 血を吐く＋せき込む、呼吸困難
- 血を吐く＋粘膜が青い、チアノーゼ
- 血を吐く＋意識がない

呼吸が苦しそう‥155頁
- 呼吸困難＋体温が高い
- 呼吸困難＋ショック状態

心臓の拍動に乱れがある‥172頁
- 心臓の拍動の乱れ＋失神
- 心臓の拍動の乱れ＋けいれん
- 心臓の拍動の乱れ＋呼吸の乱れ、呼吸困難

咳をする‥174頁
- 咳＋呼吸困難

症状の詳細は参照ページで確認してください。救命処置を必要とするすべての症状は網羅されておりません

目次

イヌ・ネコ 家庭動物の医学大百科

第3章 病気が疑われる症状とそのケア 137

第4章 病気と治療 237

腫瘍 …… 514

執筆者一覧

監修

山根 義久　公益社団法人 日本獣医師会 会長
公益財団法人 動物臨床医学研究所 理事長
東京農工大学 名誉教授
（獣医学博士・医学博士）

●**赤木 哲也**　赤木動物病院院長
秋山 緑　東京農工大学・獣医師
安部 勝裕　安部動物病院院長
網本 昭輝　アミカペットクリニック院長（獣医学博士）
飯野 真紀子　（元）（公財）動物臨床医学研究所研究員・獣医師
石丸 邦仁　石丸動物病院院長
伊藤 博　東京農工大学動物医療センター専任教授（獣医学博士）
今西 晶子　（元）宇野動物病院・獣医師
岩本 竹弘　仲庭動物病院院長
宇根 智　ネオベッツVRセンターセンター長（獣医学博士）
●**宇野 雄博**　宇野動物病院院長（獣医学博士）
海老沢 和荘　横浜小鳥の病院院長
太田 充治　動物眼科センター院長
小笠原 淳子　（公財）動物臨床医学研究所研究員・獣医師
尾形 庭子　どうぶつ行動クリニック・FAU・獣医師
奥田 綾子　Vettec Dentistry 院長（歯学博士）

甲斐 勝行　石川動物病院院長
角田 睦子　かくだ動物病院・獣医師
片岡 アユサ　あゆとも動物病院副院長
片桐 麻紀子　かたぎり動物病院・獣医師
勝間 義弘　洛西動物病院院長
加藤 郁　加藤どうぶつ病院院長
金尾 滋　八軒動物病院院長
●**金澤 稔郎**　緑ヶ丘動物病院院長
印牧 信行　麻布大学付属動物病院准教授（獣医学博士）
川上 志保　（元）柴崎動物病院・獣医師
川田 睦　ネオベッツVRセンター・獣医師
神田 順香　（元）（公財）動物臨床医学研究所研究員・獣医師
木下 久則　木下犬猫診療所院長
木村 大泉　（元）山陽動物医療センター・獣医師
串間 清隆　晴峰動物病院院長
工藤 荘六　工藤動物病院院長（獣医学博士）
久野 由博　くのペットクリニック院長
桑原 康人　クワハラ動物病院院長（獣医学博士）
鯉江 洋　日本大学生物資源科学部獣医生理学研究室准教授（獣医学博士）
小家山 仁　レプタイルクリニック院長
●**小出 和欣**　小出動物病院院長
小出 由紀子　小出動物病院副院長

●**上月 茂和**　上月動物病院院長
小林 正行　東京農工大学農学部獣医学科臨床腫瘍学研究室講師（獣医学博士）
斎藤 陽彦　トライアングル動物眼科診療室院長（獣医学博士）
斉藤 久美子　斉藤動物病院院長（獣医学博士）
斉藤 聡　石山通り動物病院院長
酒井 秀夫　諫早ペットクリニック・獣医師
阪口 貴彦　Pet Clinic アニホス・獣医師
佐々井 浩志　北須磨動物病院院長
●**佐藤 秀樹**　トピア動物病院院長
●**佐藤 正勝**　佐藤獣医科医院院長（獣医学博士）
真田 直子　小鳥の病院 BIRD HOUSE 院長
（獣医学博士）
酪農学園大学大学病院獣医学研究科特任教授
實方 剛　鳥取大学農学部獣医学科獣医感染症准教授
（獣医学博士）
柴崎 哲　関西動物ハートセンター院長（獣医学博士）
●**柴崎 文男**　柴崎動物病院院長（獣医学博士）
島村 俊介　岩手大学農学部共同獣医学科小動物内科助教（獣医学博士）
清水 邦一　清水動物病院院長
清水 宏子　清水動物病院副院長

清水 美希　東京農工大学農学部獣医学科獣医画像診断学研究室準教授（獣医学博士）
下里 卓司　（元）Pet Clinic アニホス・獣医師
●下田 哲也　山陽動物医療センター院長（獣医学博士）
白川 希　かやの森動物病院院長
白永 伸行　シラナガ動物病院院長
鈴木 哲也　すずき動物病院院長
鈴木 方子　高津薬局・薬剤師
●高島 一昭　倉吉動物医療センター・山根動物病院院長（公財）動物臨床医学研究所所長（医学博士・獣医学博士）
高橋 靖　つきさっぷ動物病院院長
田上 真紀　穴吹動物学校講師
瀧本 善之　タキモト動物病院院長
滝山 昭　滝山獣医科病院院長（獣医学博士）
武井 好三　ノア動物病院院長
●竹中 雅彦　竹中動物病院院長
田中 治　クウ動物病院院長
田中 綾　東京農工大学農学部獣医学科獣医外科学教室准教授（獣医学博士）
田向 健一　田園調布動物病院院長
茅根 士郎　麻布大学名誉教授（獣医学博士）
塚根 悦子　アスリー動物病院院長
土井口 修　熊本動物病院院長
長沢 昭範　Pet Clinic アニホス・獣医師

中谷 孝　（故）（元）帝塚山動物診療所院長
中津 賞　中津動物病院院長（獣医学博士）
中西 淳　宇野動物病院・獣医師
●仲庭 茂樹　（故）（元）仲庭動物病院院長
西 賢　おんが動物病院院長
●野呂 浩介　のろ動物病院院長
橋本 志津　Pet Clinic アニホス・獣医師（獣医学博士）
蓮井 恭子　はすい動物病院・獣医師
林 典子　ハロー動物病院院長
原 喜久治　はら動物病院院長
平尾 秀博　日本動物高度医療センター（獣医学博士）
●廣瀬 孝男　加西動物病院院長
◎深瀬 徹　林屋生命科学研究所所長（獣医学博士）
藤田 桂一　フジタ動物病院院長（獣医学博士）
藤田 道郎　日本獣医生命科学大学獣医放射線学教室教授（獣医学博士）
●藤原 明　フジワラ動物病院院長
藤原 元子　フジワラ動物病院副院長
古川 修治　岩田獣医科医院・獣医師（獣医学博士）
古川 敏紀　倉敷芸術科学大学生命動物科学科教授（獣医学博士）
星 克一郎　見附動物病院・獣医師（獣医学博士）
●本多 英一　東京農工大学名誉教授（獣医学博士）
真下 忠久　舞鶴動物医療センター院長

●町田 登　東京農工大学農学部獣医学科獣医臨床腫瘍学研究室教授（獣医学博士）
松川 拓哉　まつかわ動物病院院長
松村 均　松村動物病院院長
松本 英樹　まつもと動物病院院長（獣医学博士）
松山 史子　松山動物病院・獣医師
武藤 具弘　武藤ペットクリニック院長
武藤 眞　麻布大学獣医学部外科学第二研究室教授（獣医学博士）
毛利 崇　もうり動物病院院長
安川 邦美　山陽動物医療センター・獣医師
●山形 静夫　山形動物病院院長（獣医学博士）
山崎 洋　アルファ動物病院院長（獣医学博士）
山根 剛　（公財）動物臨床医学研究所評議員、米子動物医療センター院長（獣医学博士）
●山村 穂積　日本大学動物病院非常勤講師フェニックス企画株式会社統括社長（医学博士）
山本 景史　サン・ペットクリニック院長
吉岡 永郎　リリー動物病院院長
吉村 友秀　よしむら動物病院院長
米澤 覚　アトム動物病院院長
若松 勲　ペンギンペットクリニック院長
綿貫 和彦　ドリトル動物病院院長
亘 敏広　日本大学生物資源科学部獣医学科総合臨床獣医学研究室教授（獣医学博士）

◎は第４章の副監修及び編集担当者、●は第４章の編集担当者です　２０１２年11月15日現在

CHAPTER 1

第一章

イヌとネコの体のしくみ

骨格

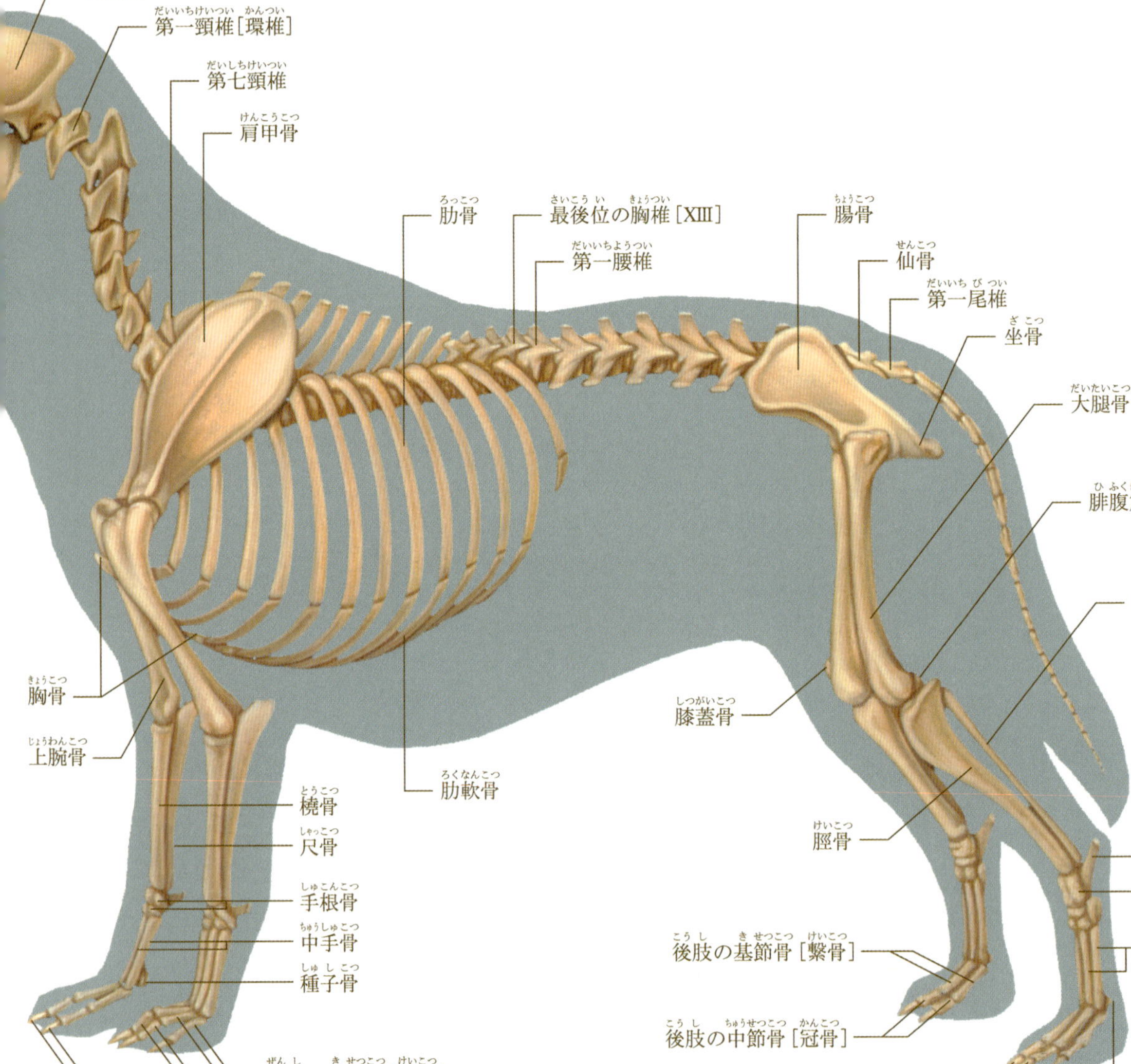
側頭窩《そくとうか》
第一頸椎《だいいちけいつい》[環椎《かんつい》]
第七頸椎《だいしちけいつい》
肩甲骨《けんこうこつ》
肋骨《ろっこつ》
最後位《さいこうい》の胸椎《きょうつい》[XIII]
第一腰椎《だいいちようつい》
腸骨《ちょうこつ》
仙骨《せんこつ》
第一尾椎《だいいちびつい》
坐骨《ざこつ》
大腿骨《だいたいこつ》
腓腹筋種子骨《ひふくきんしゅしこつ》
腓骨《ひこつ》
胸骨《きょうこつ》
上腕骨《じょうわんこつ》
膝蓋骨《しつがいこつ》
肋軟骨《ろくなんこつ》
橈骨《とうこつ》
尺骨《しゃっこつ》
脛骨《けいこつ》
踵骨《しょうこつ》
足根骨《そくこんこつ》
手根骨《しゅこんこつ》
中手骨《ちゅうしゅこつ》
中足骨《ちゅうそくこつ》
後肢《こうし》の基節骨《きせつこつ》[繋骨《けいこつ》]
種子骨《しゅしこつ》
後肢《こうし》の中節骨《ちゅうせつこつ》[冠骨《かんこつ》]
前肢《ぜんし》の基節骨《きせつこつ》[繋骨《けいこつ》]
後肢《こうし》の末節骨《まっせつこつ》[鉤爪骨《かぎづめこつ》]
前肢《ぜんし》の中節骨《ちゅうせつこつ》[冠骨《かんこつ》]
前肢《ぜんし》の末節骨《まっせつこつ》[鉤爪骨《かぎづめこつ》]
種子骨《しゅしこつ》

イヌ

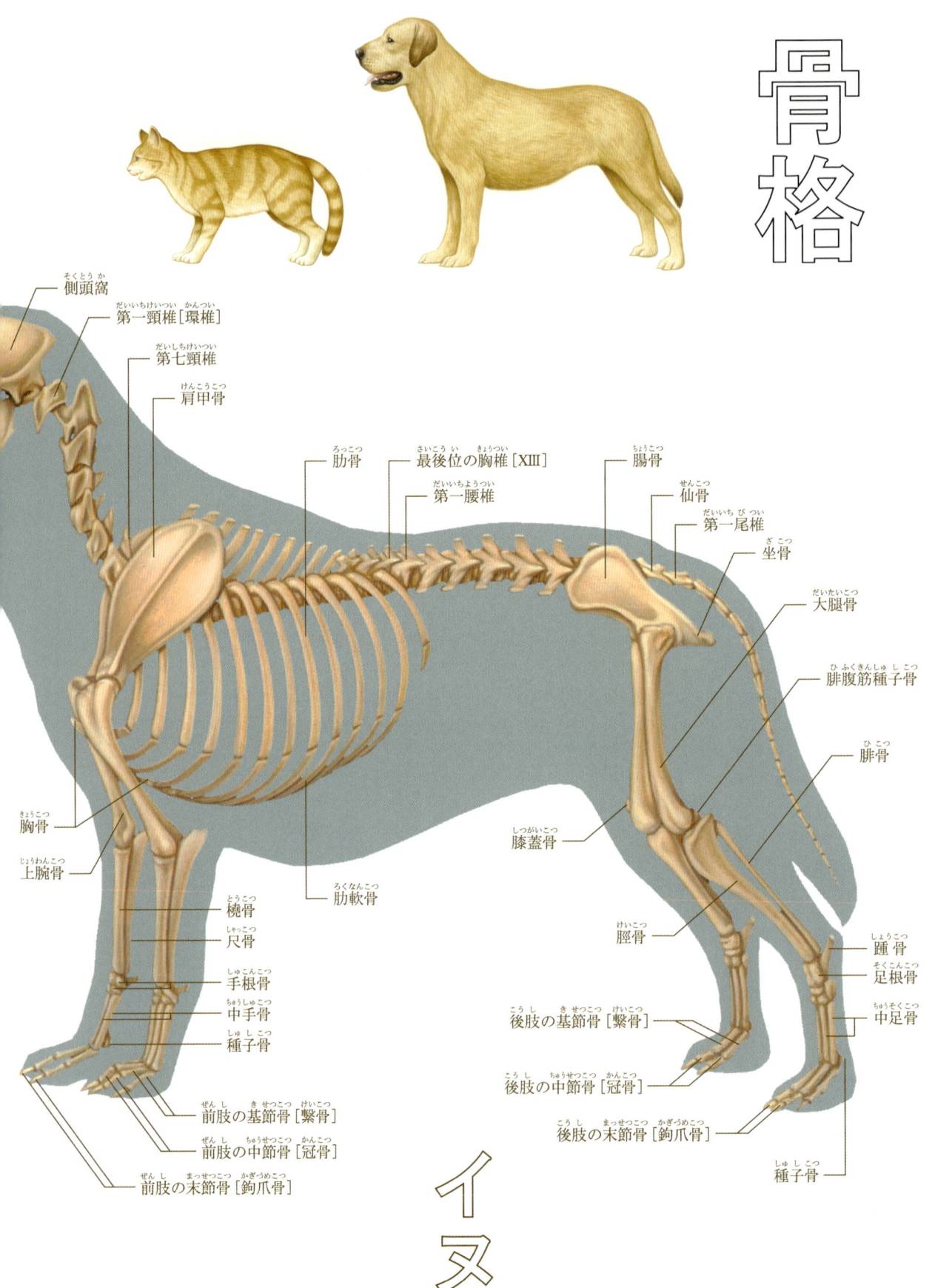

骨には ①筋肉が体を動かす際に、てこの役割をする ②体の構造を保護する ③カルシウムやリン、脂肪を貯える ④血球の産生の場になる、という四つの主な働きがあります。これらの働きは人間と同様です。

イヌやネコの骨格の構造も、基本的な部分では人間と同じですが、骨の数は人間が200本余りであるのに対し、イヌは約320本、ネコは約240本あります。これは、4本の足で歩き胴体が長いためにたくさんの背骨をもち、さらに人間と違い尾の骨をもっているためです。

一方、人間の骨格ともっとも異なるのは、イヌやネコでは鎖骨が退化し、消失している点です。このため人間より肩の関節が自由に動き、小さな穴から抜け出すこともできます。また、イヌとネコでは肩甲骨の構造に違いがあります。イヌの肩甲骨は、体の横に筋肉によってつながっていますが、ネコの肩甲骨は首の後ろ側にあり、足の動きに従って自由に動きます。これがネコの柔軟さの一因となっています。

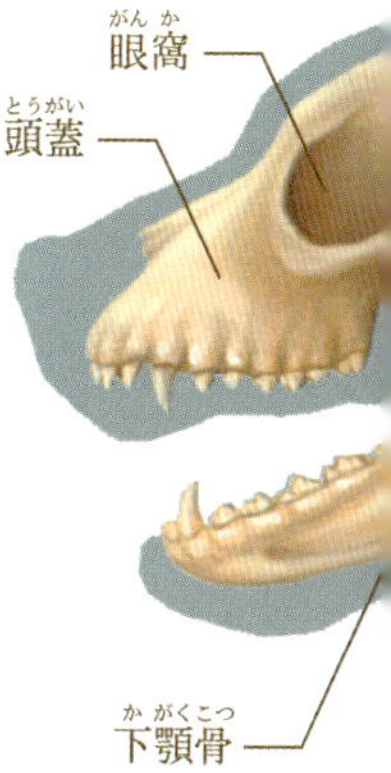

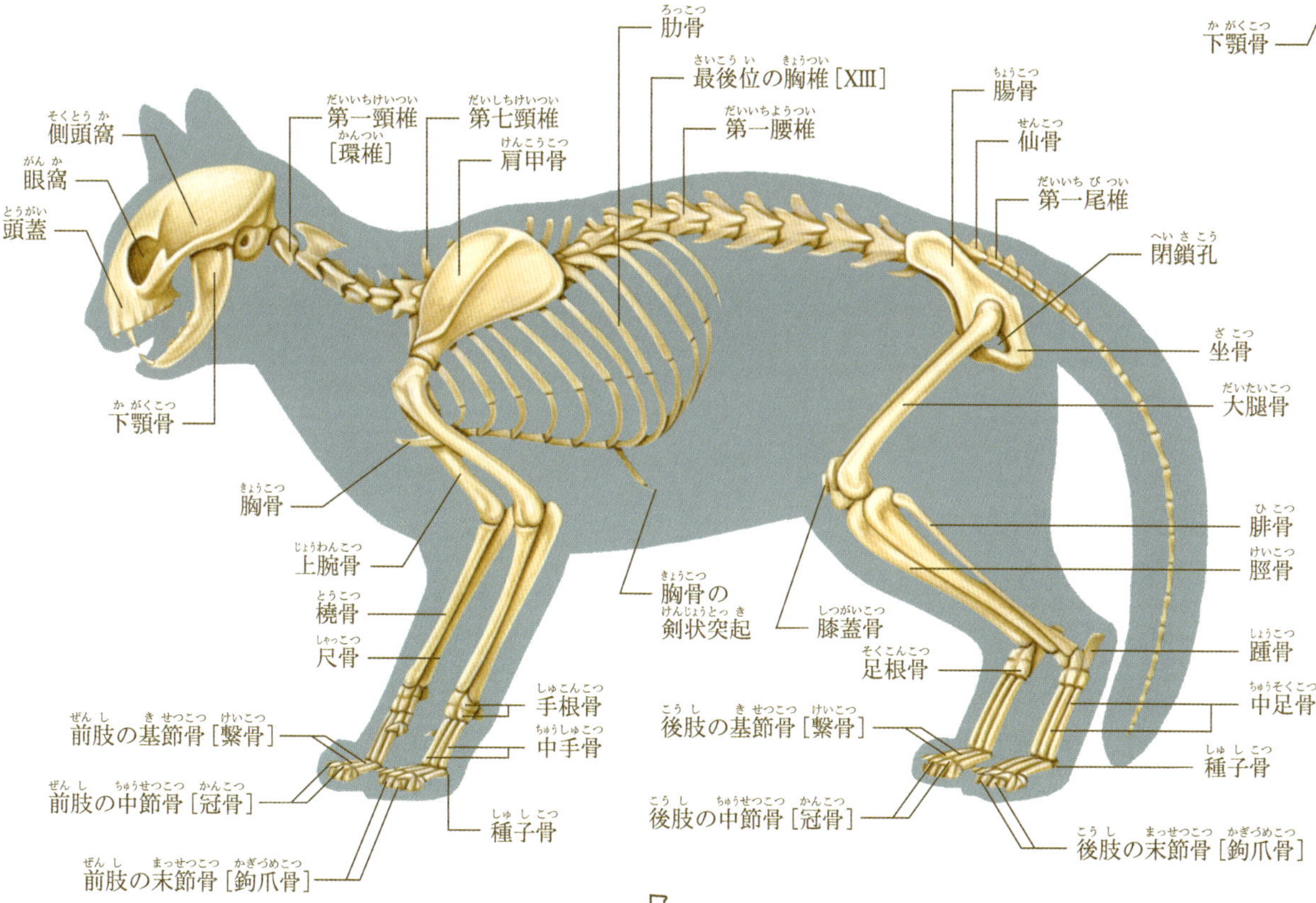

ネコ

筋肉と靭帯

筋肉の役割は人間とほぼ同じで、筋肉の収縮によって体を動かし､姿勢を保ち､代謝活動を行っています。イヌやネコは、人間と比べて高い瞬発力と跳躍力をもっていますが、それを支えるのが発達した筋肉です。イヌもネコも人間より骨格筋の数が多く、とくに後ろ足を中心に筋肉が発達しています。また、噛《か》む力を支える顎《あご》や側頭部の筋肉も人間より発達しています。
しかし、どちらも持久力は発達しておらず、とくにネコは一瞬の瞬発力と跳躍力で獲物を捕らえるため、持久力はあまりありません。

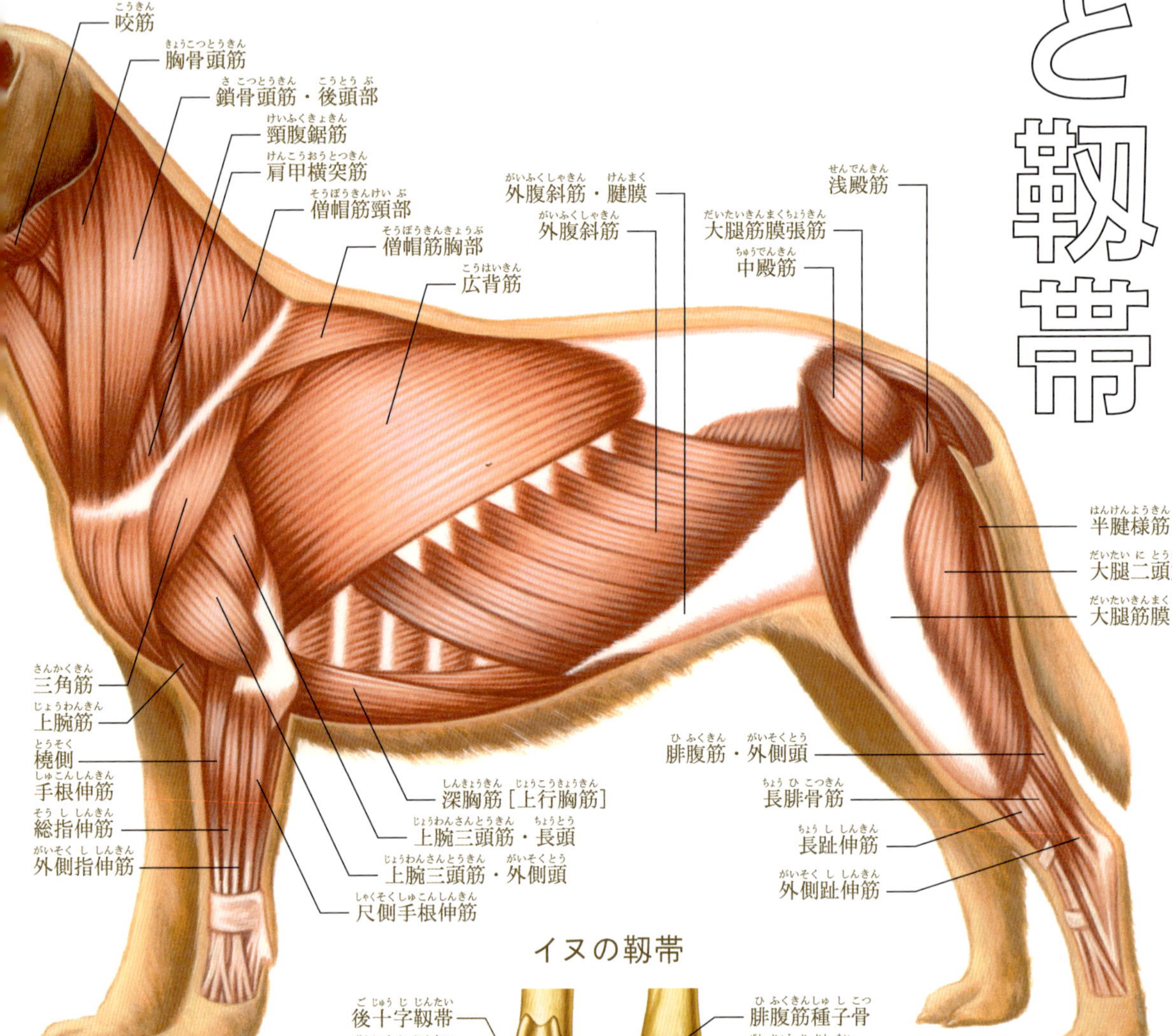

イヌの靭帯

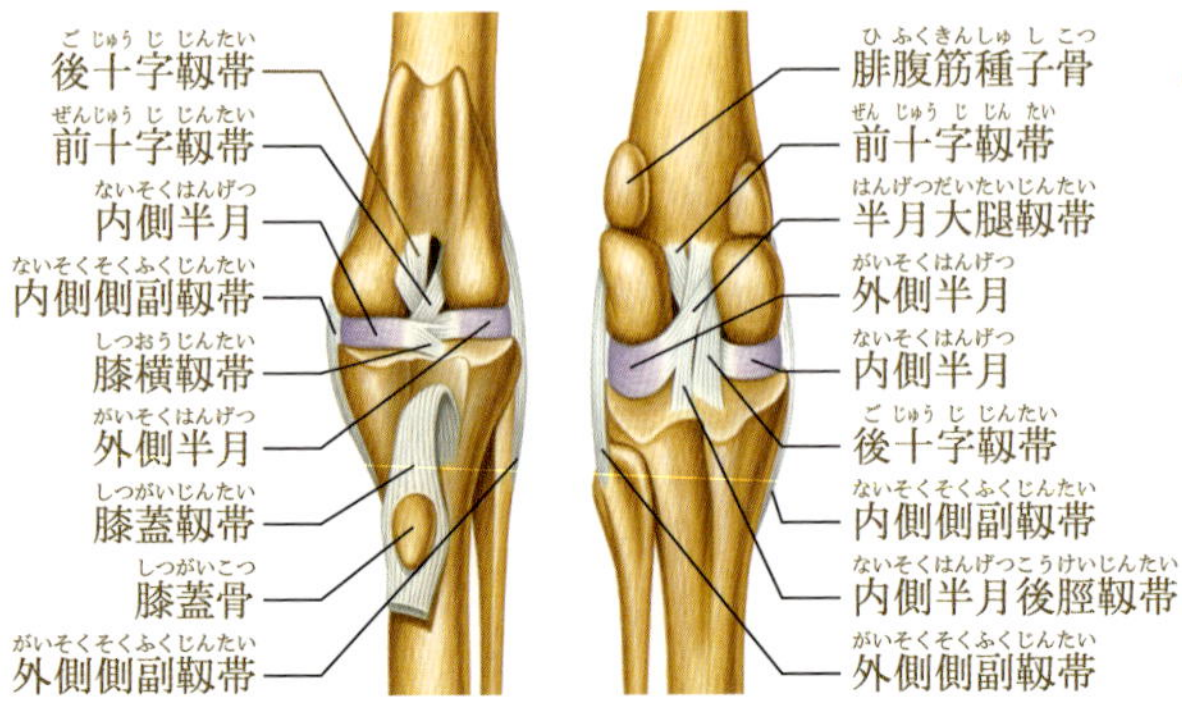

頭側　　尾側

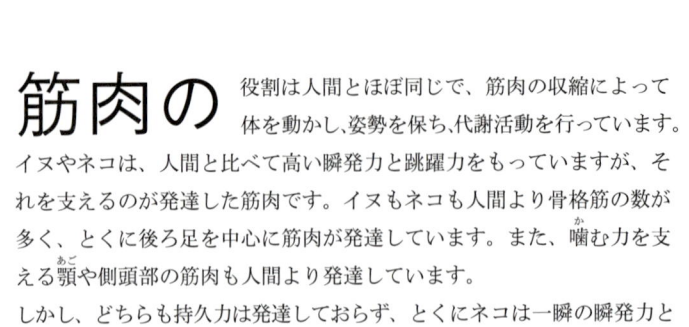

靱帯《じんたい》は

線維性の束からなり、関節部分で骨と骨を結びつけ、関節を強化し安定させています。各関節は靱帯によって、特定の方向にのみ動くようになっています。

人間とイヌやネコでは運動の形も異なるため、靱帯の構造にも違いがあります。たとえば、イヌの股関節《こかんせつ》は靱帯による規制が少なく様々な方向に動くので、排尿時に足を高く上げたり、後ろ足で頭を掻《か》いたりできるのです。

ネコの靱帯

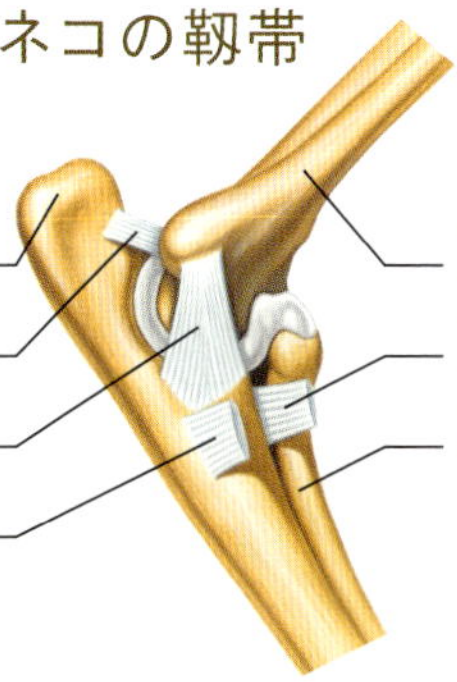

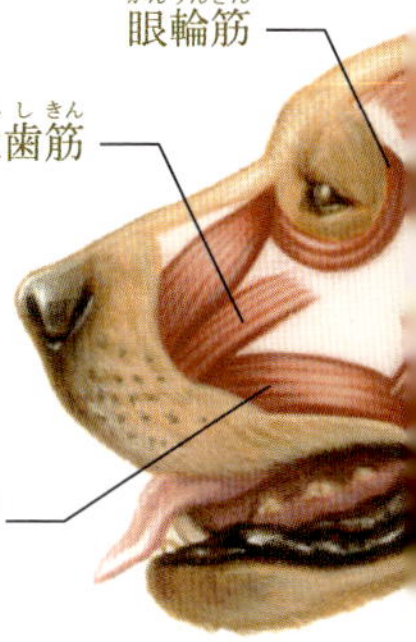

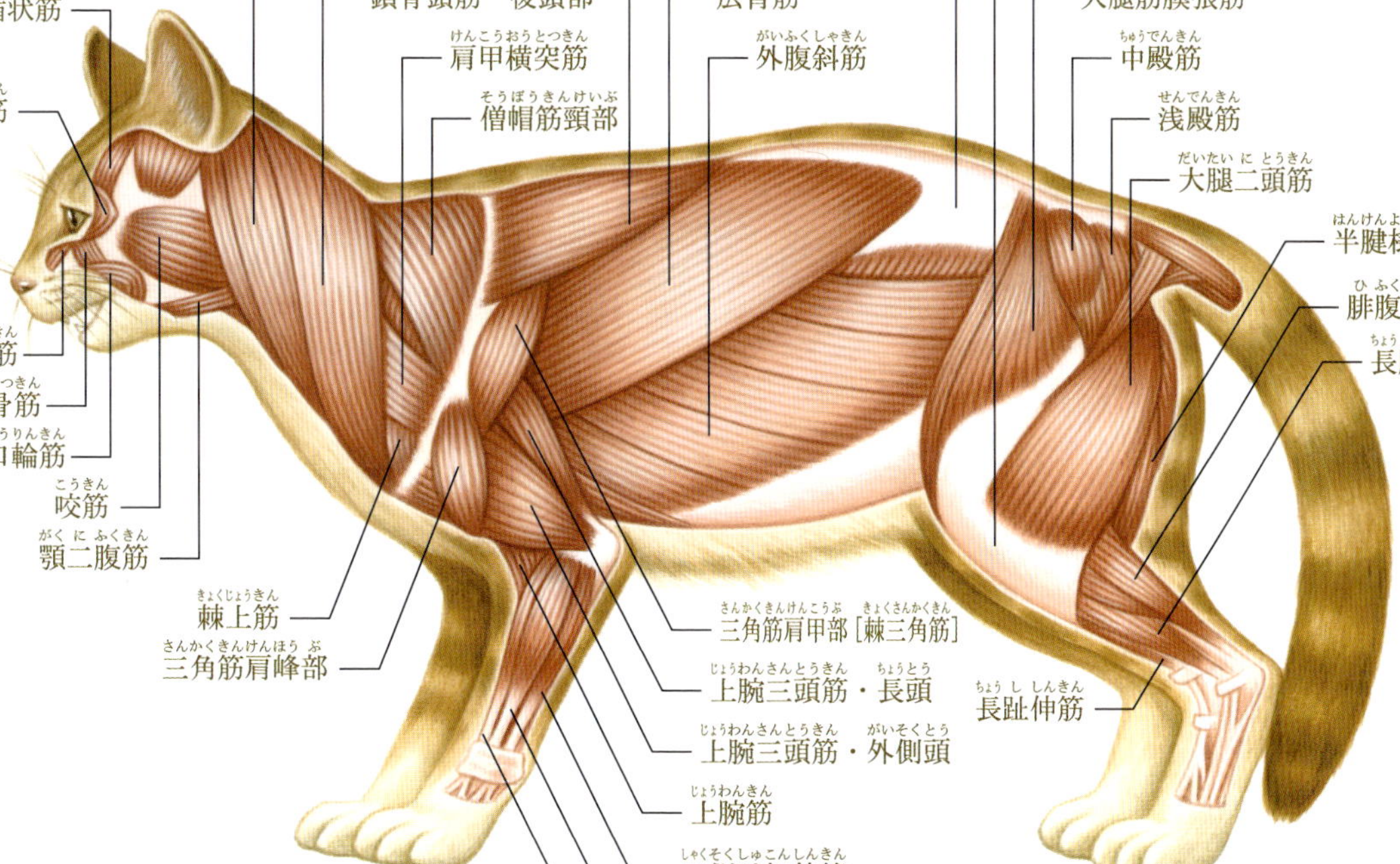

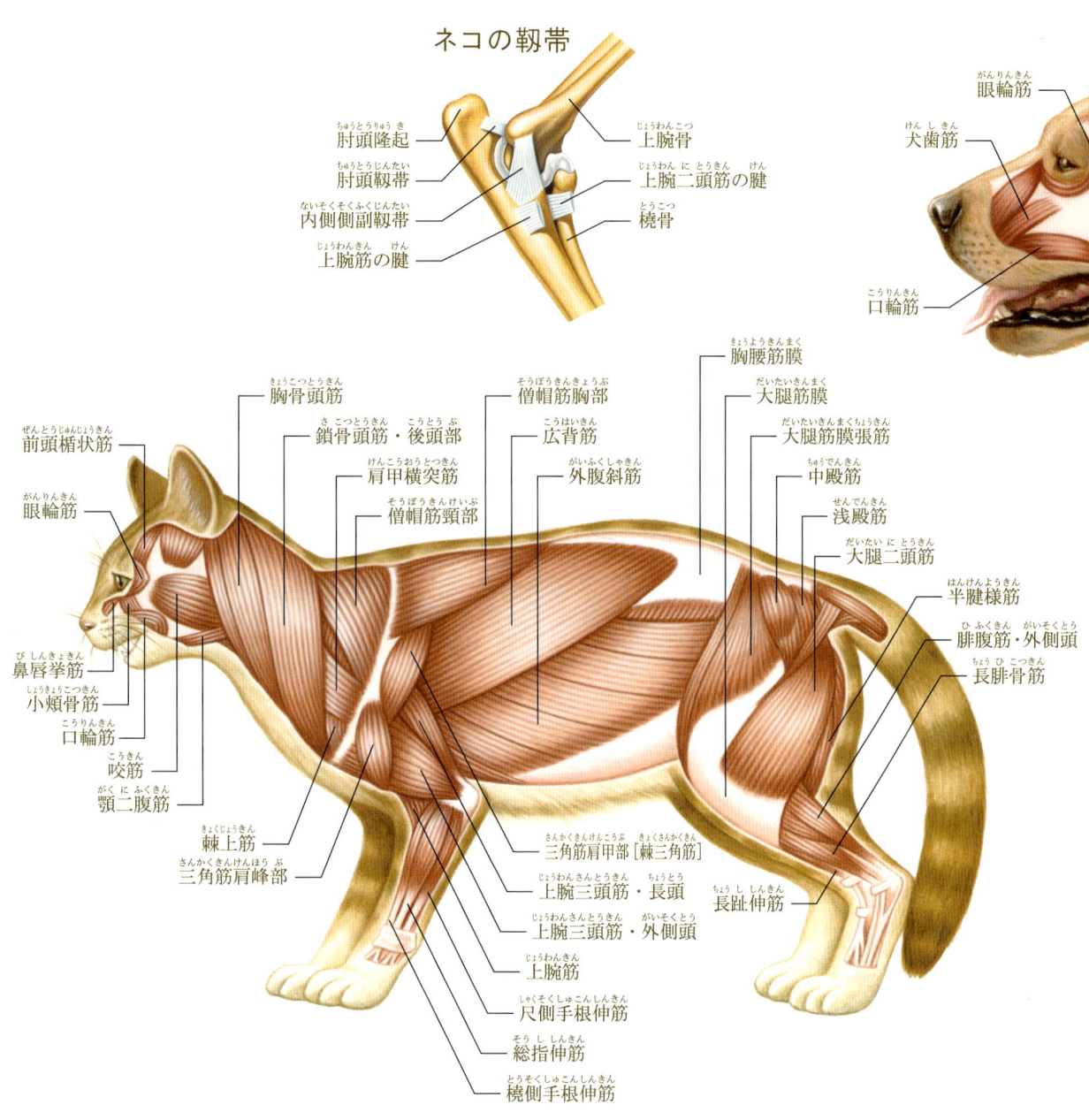

消化器

消化器は口から入った食物を通過させながら消化する消化管と、消化を助ける分泌物を出す付属器官に分けることができます。

イヌもネコも肉食獣に分類されますが、実際には雑食で、植物を含む様々な食物に適応した消化能力をもっています。ただし、ほかの肉食獣同様、消化管は細く短くなっています。人間の消化管の長さは体長の６～７倍ですが、イヌは約５倍、ネコは約４倍しかありません。また、イヌの場合、消化・吸収にかかる時間が長く、人間の２～３時間に対して、６～８時間かかります。

肉食獣には盲腸をもたないものもありますが、イヌには大きくないものの盲腸があるのも特徴です。

イヌの消化器

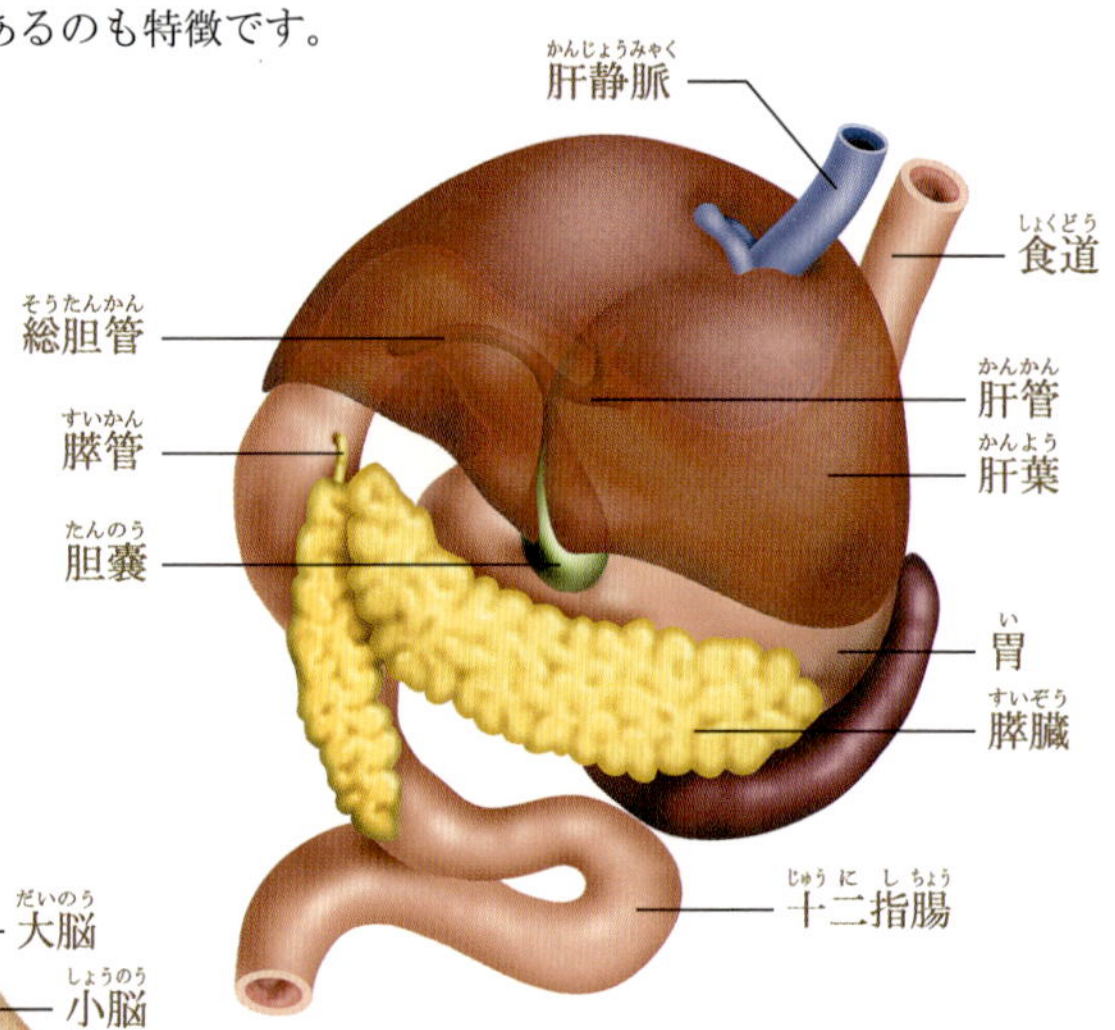

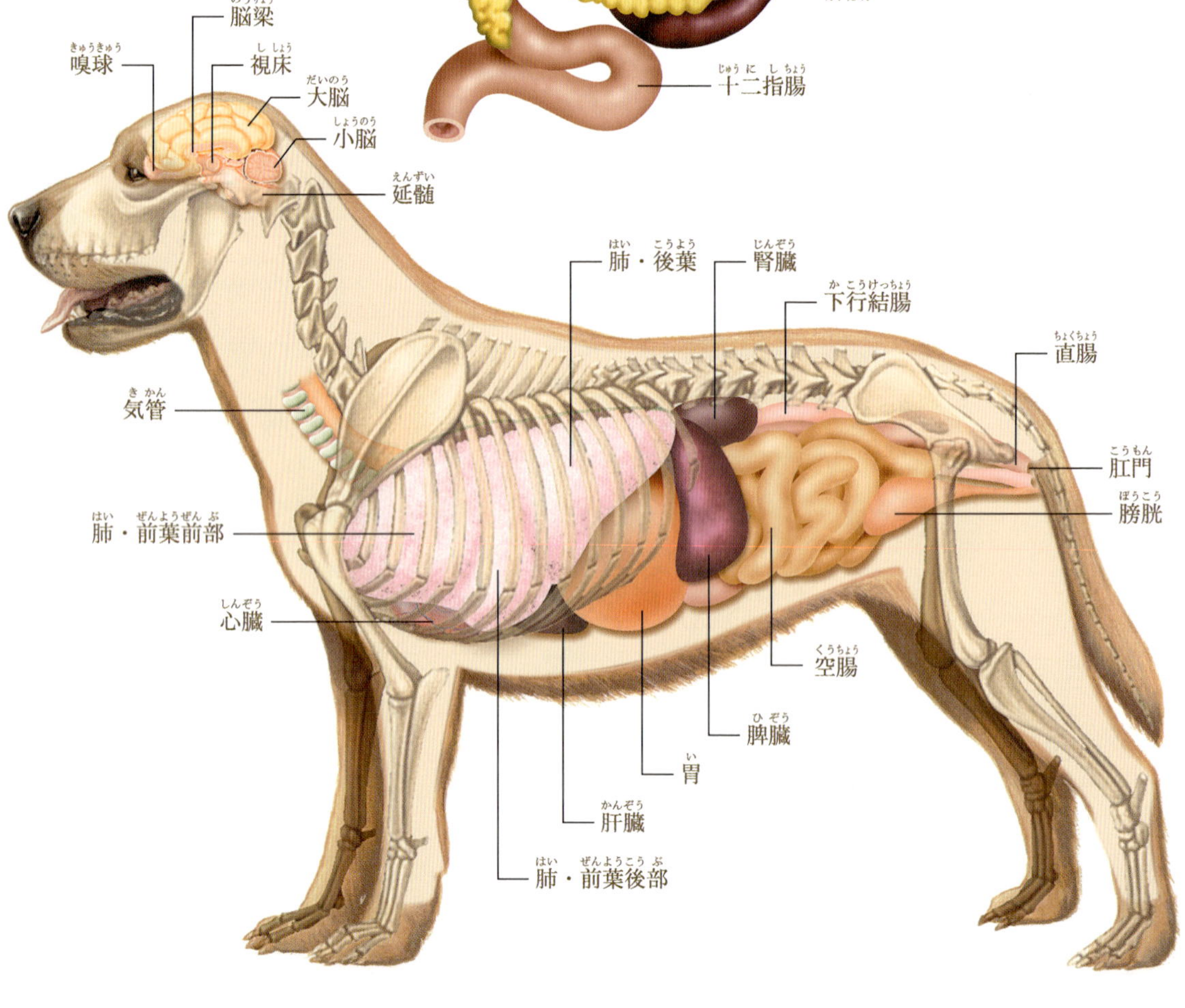

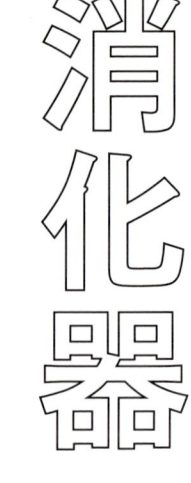

呼吸器

呼吸器の基本的な構造は人間と同じです。鼻孔から咽頭《いんとう》、喉頭《こうとう》、気管、気管支、肺までを呼吸器といいます。

呼吸器には、酸素を体内に取り入れ、不要な二酸化炭素を体外に排出するという重要な働きがあります。また、発声や嗅覚《きゅうかく》、体温調節などにも関係する大切な器官です。さらに、呼吸運動には体内の酸・塩基バランスを整える働きもあります。

呼吸数は固体の大きさによっても異なりますが、イヌが１分間に約10〜30回、ネコが20〜30回です。

ネコの呼吸器

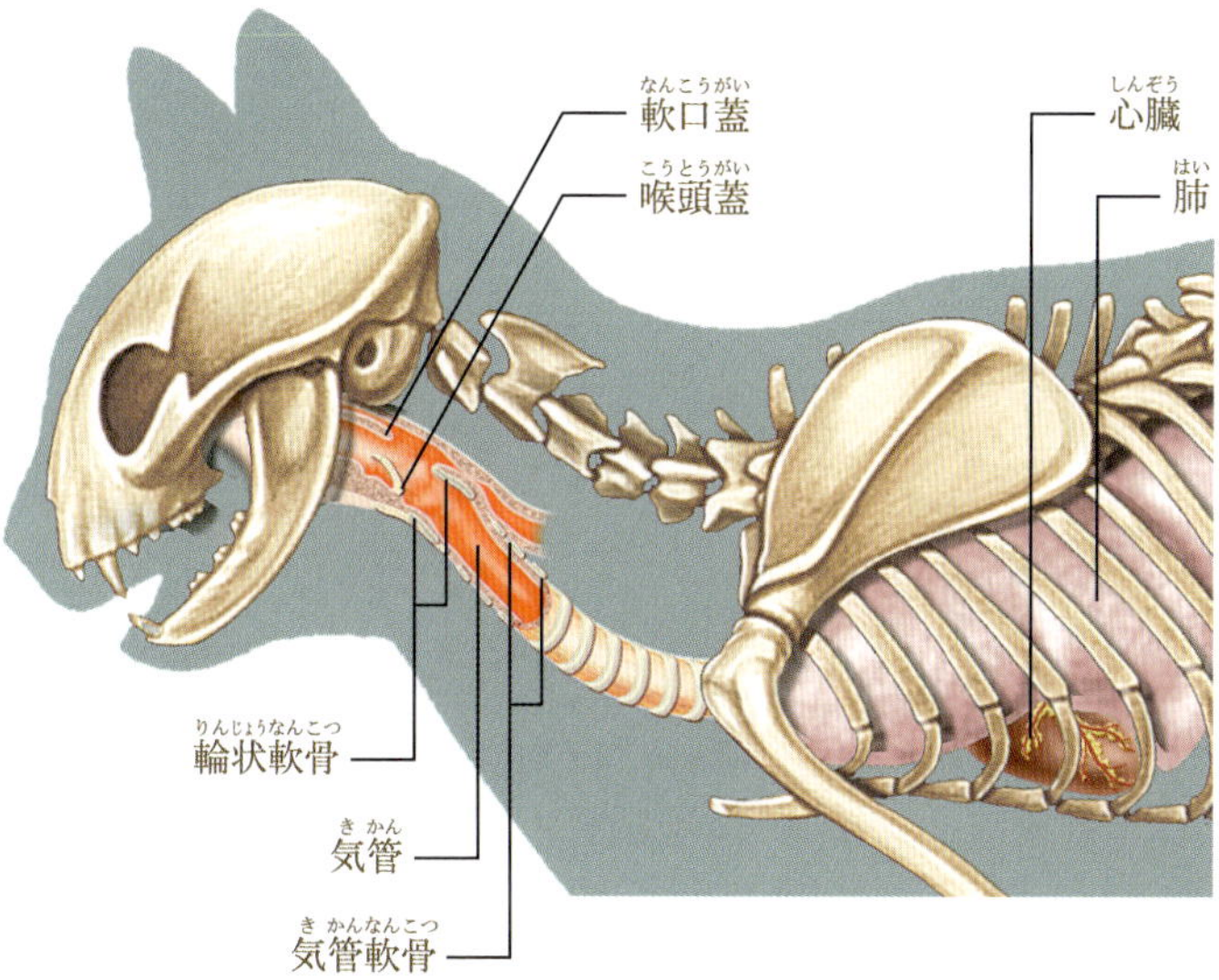

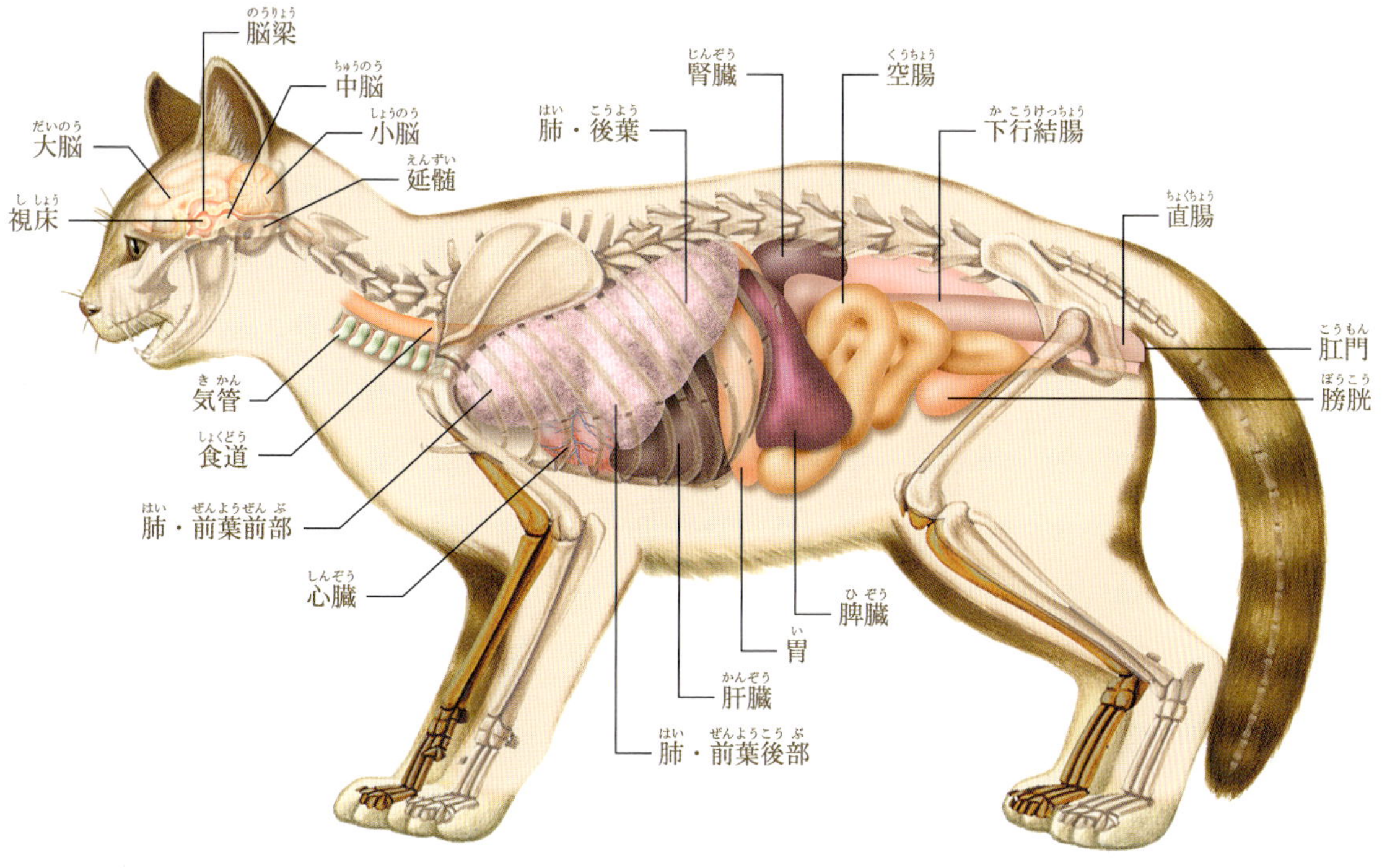

心臓と血管

心臓は血液を肺に送り出して、酸素と二酸化炭素を交換し、生命維持に必要な酸素やエネルギー源を多く含んだ血液を、全身に循環させるという大切な働きを担っています。

イヌとネコの心臓は、基本的な構造としては人間と同じで、左右の心房と左右の心室の四つの部屋からできています。この四つの部屋がバランスよく規則的に動くことで、心臓は血液を全身に循環させるポンプのような役割を果たしています。

脈拍数は、小型犬で毎分 180 拍以下、大型犬で 70 ～ 160 拍、ネコでは 90 ～ 240 拍程度です。

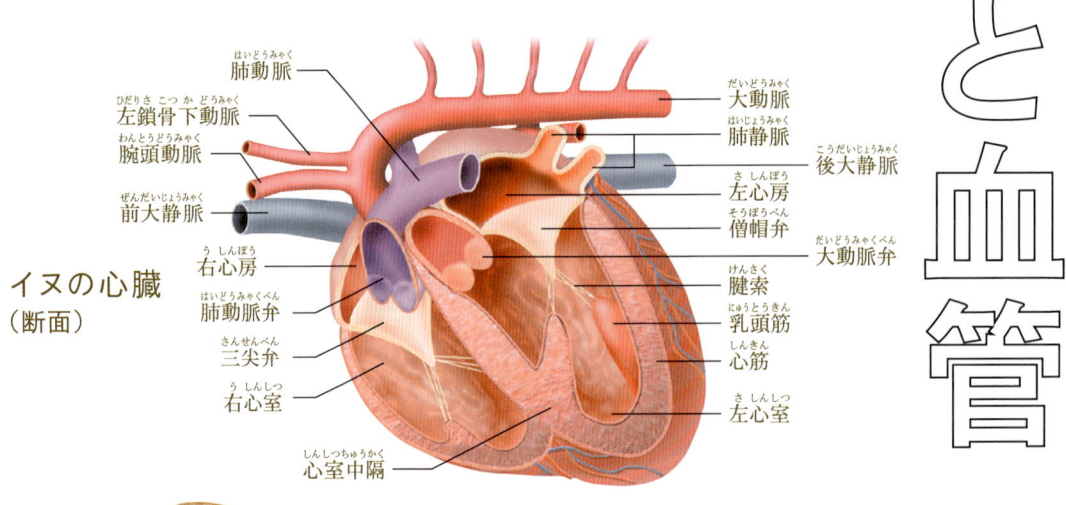

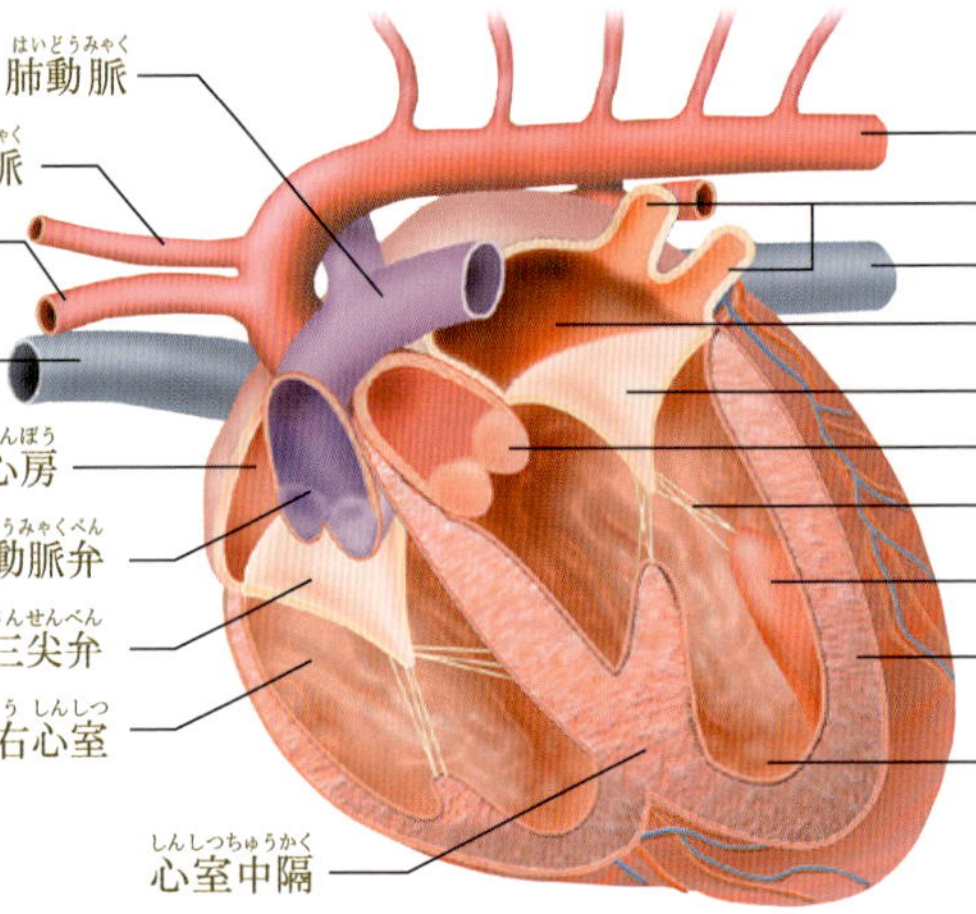

イヌの心臓
（断面）

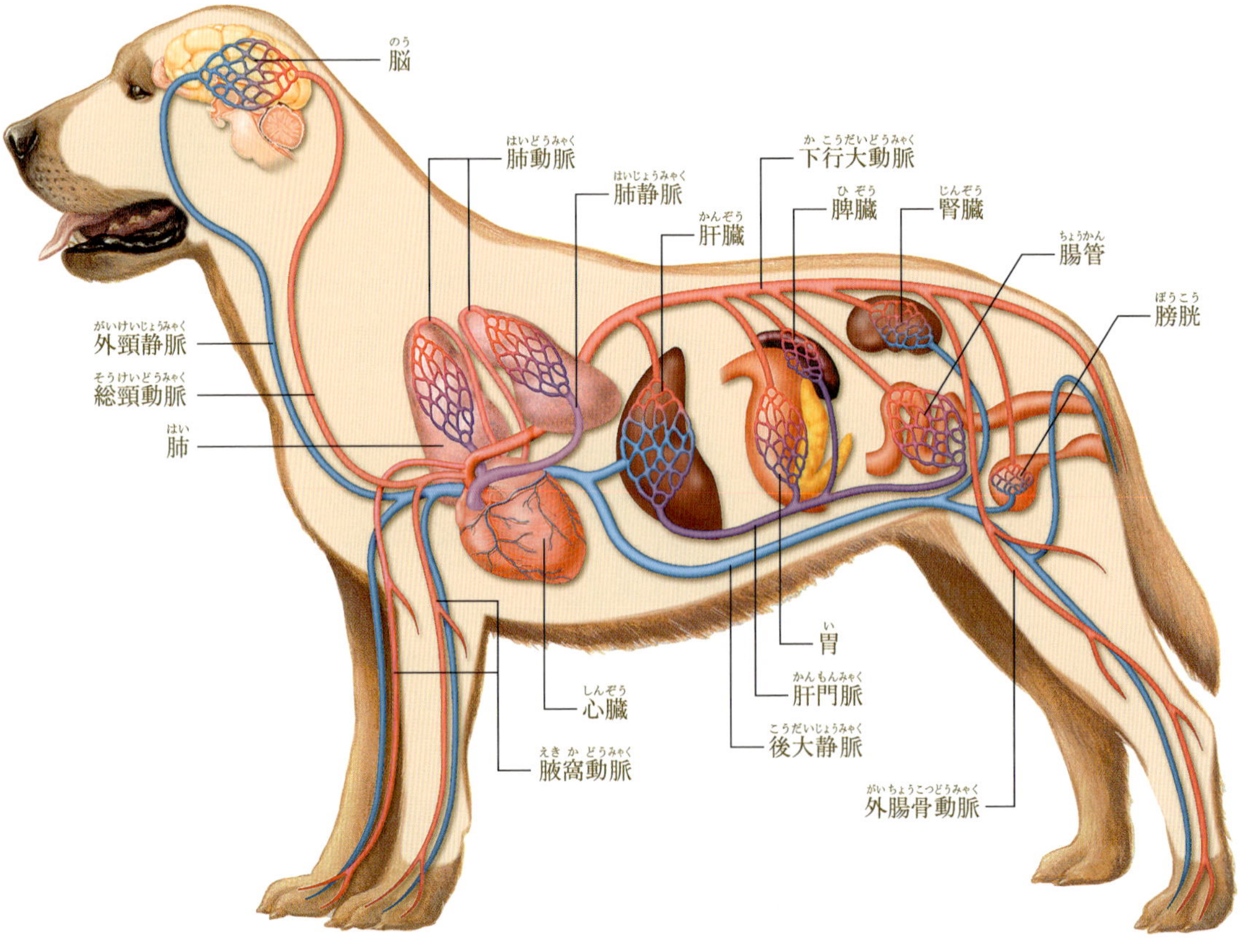

血管には

心臓から全身に送り出される血液が流れる動脈と、全身から心臓に戻ってくる血液が流れる静脈の２種類があります。全身に網の目のように枝分かれして広がっている毛細血管がこれに加わり、血液を全身に行き渡らせます。外気温に応じて収縮・拡張し、体温を調節するのも、血管の働きの一つです。血管の構造と働きは、イヌやネコもほぼ人間と同じです。しかし、人間と異なり、イヌやネコでは爪《つめ》にも血管が通っています。

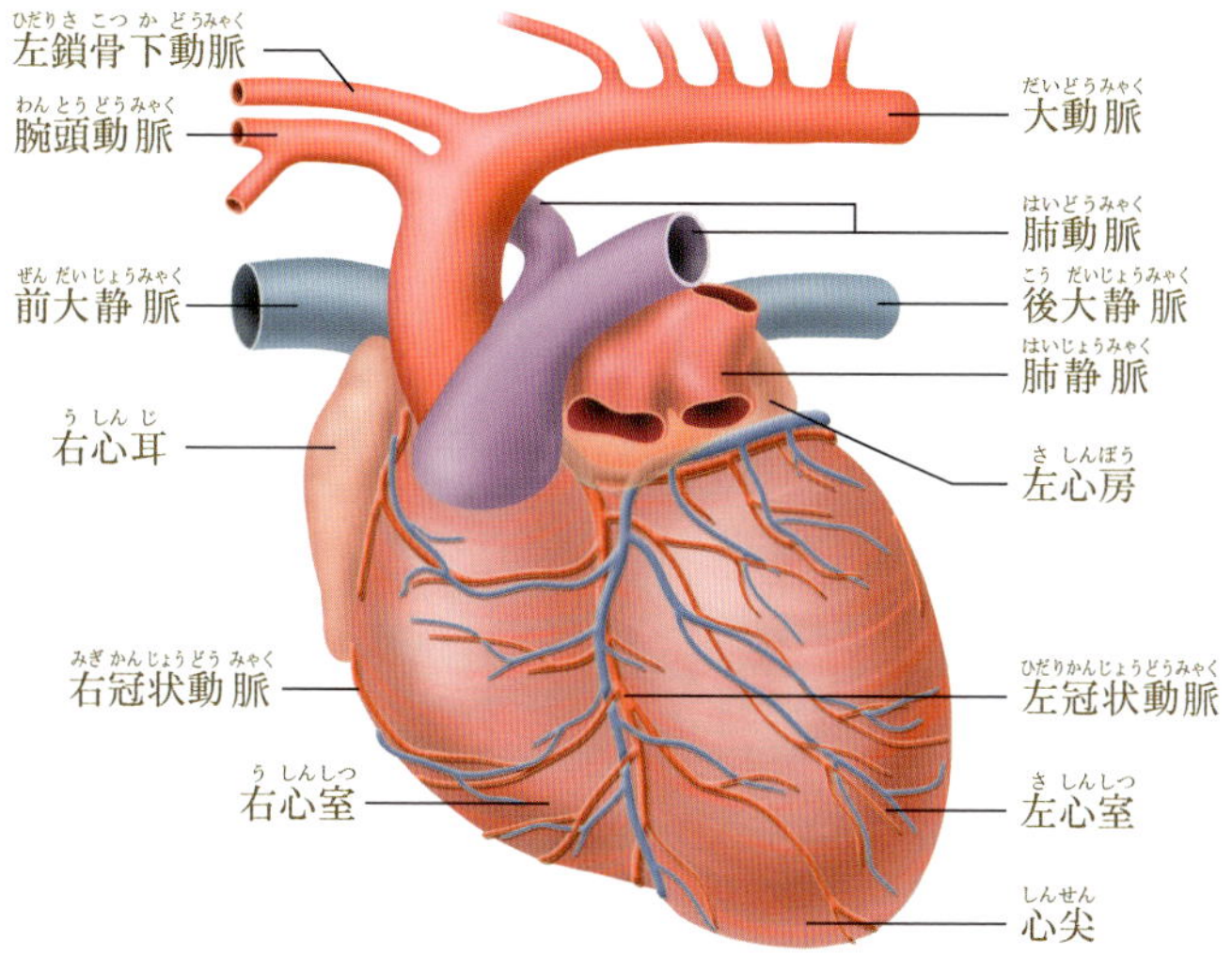

ネコの心臓
（表面）

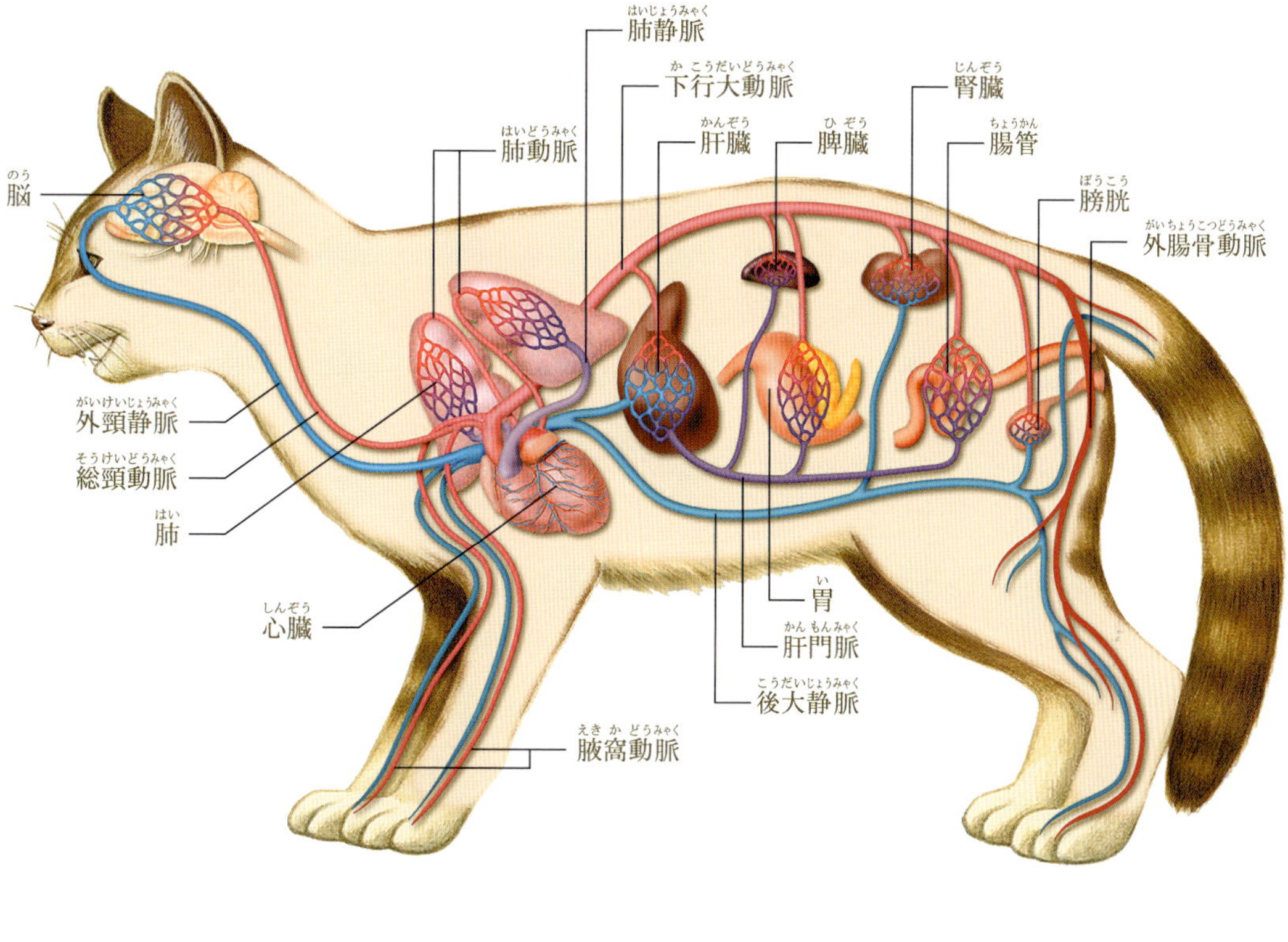

神経系

神経系の構造と働きはたいへん複雑で、大きく中枢神経系と末梢神経系《まっしょうしんけいけい》の２種類があります。中枢神経とは、脳と脊髄《せきずい》を指し、感覚器などからの情報や刺激に応じて、生命の維持に必要なあらゆる働きをつかさどっています。一方、末梢神《まっしょうしん》経《けい》は、体の組織と中枢神経を結ぶ電線の役割を果たしており、その働きによって、知覚を伝える知覚神経、骨格を動かす運動神経、内臓を動かす自律神経の３種類にわけられます。

イヌやネコの神経系は人間と比べて、とくに感覚神経が優れており、強力な視覚、聴覚、嗅覚《きゅうかく》を支えています。

ネコの末梢神経

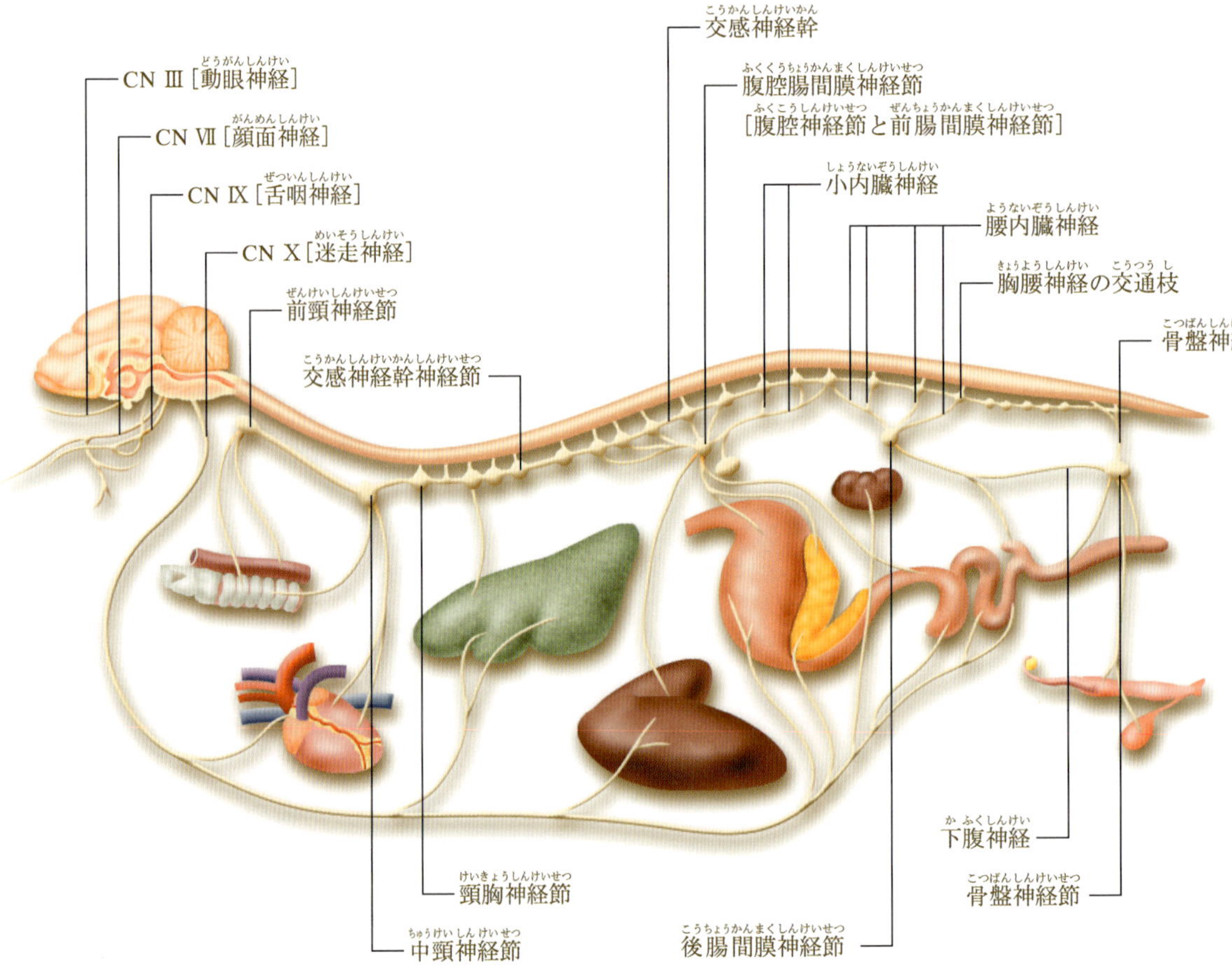

イヌの脳

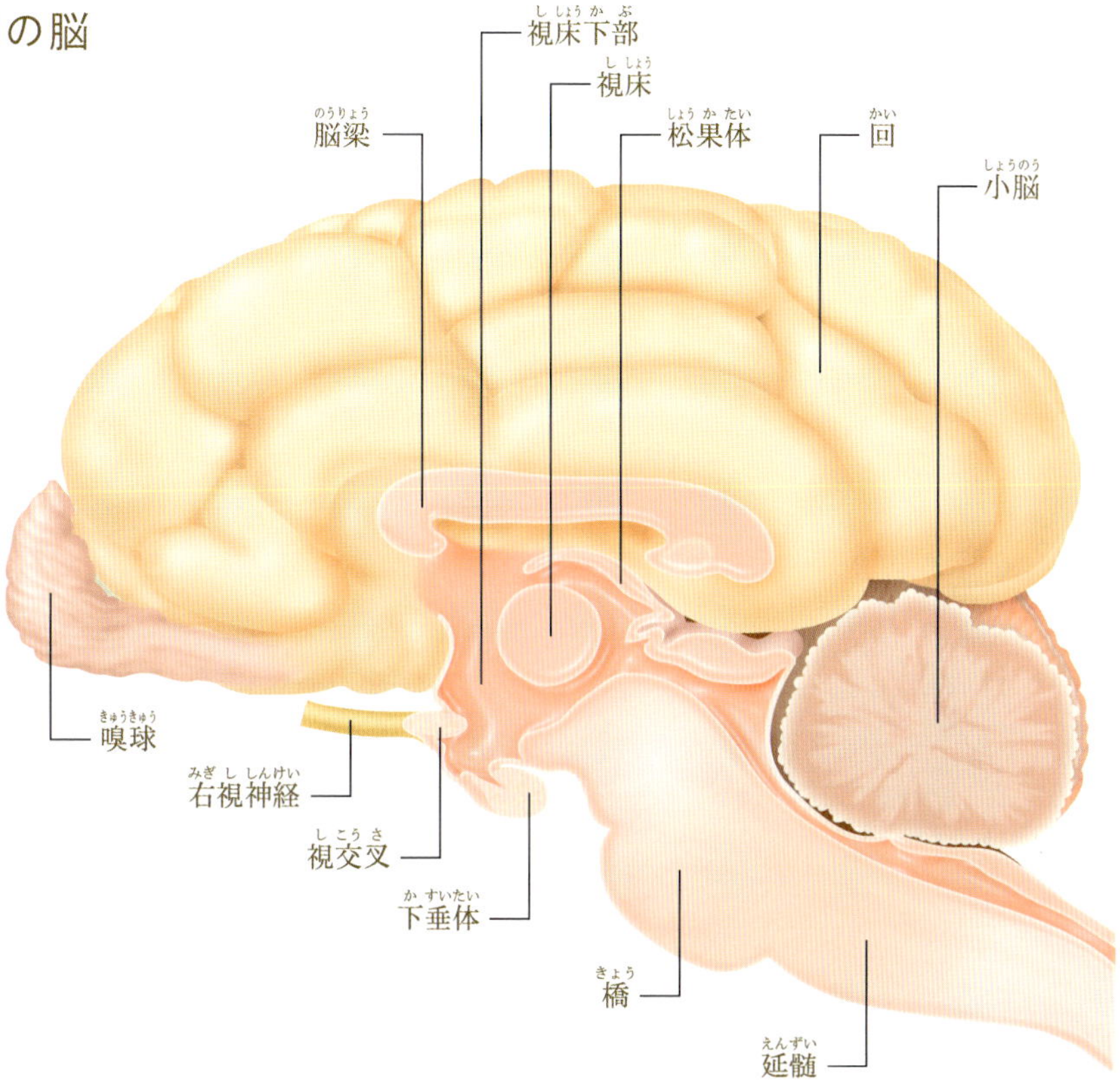

ネコの中枢神経

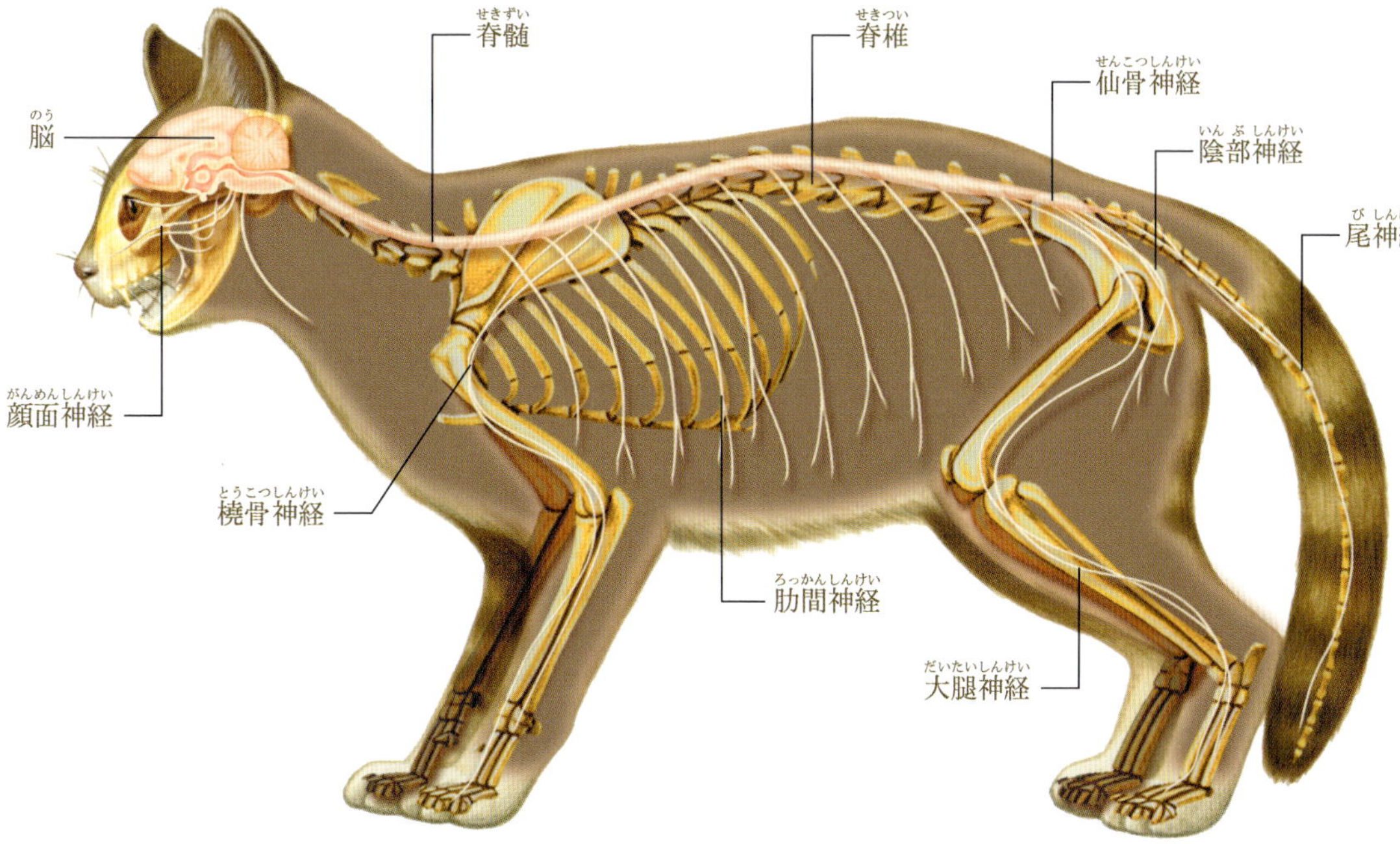

リンパ管

リンパはリンパ管とリンパ液からなります。リンパ管は、静脈と並行して全身を無数にめぐるリンパ液の通り道で、リンパ液はリンパ管を流れている液体で、毛細血管からあふれた組織液の集まりです。これらの働きによって細胞間に存在している体液を回収し、体内を浄化しています。リンパの構造や働きは、基本的にイヌもネコも人間も同様です。

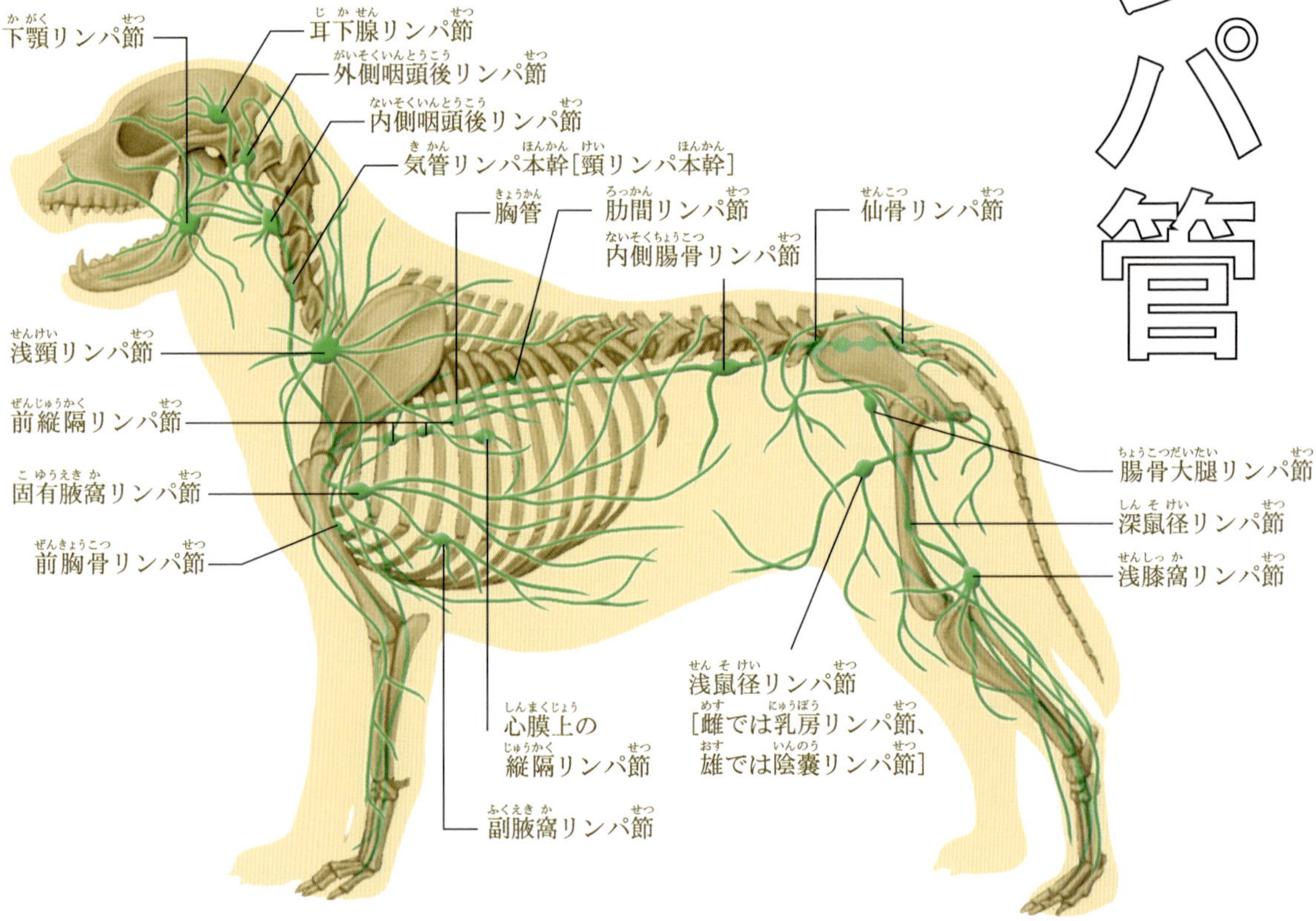

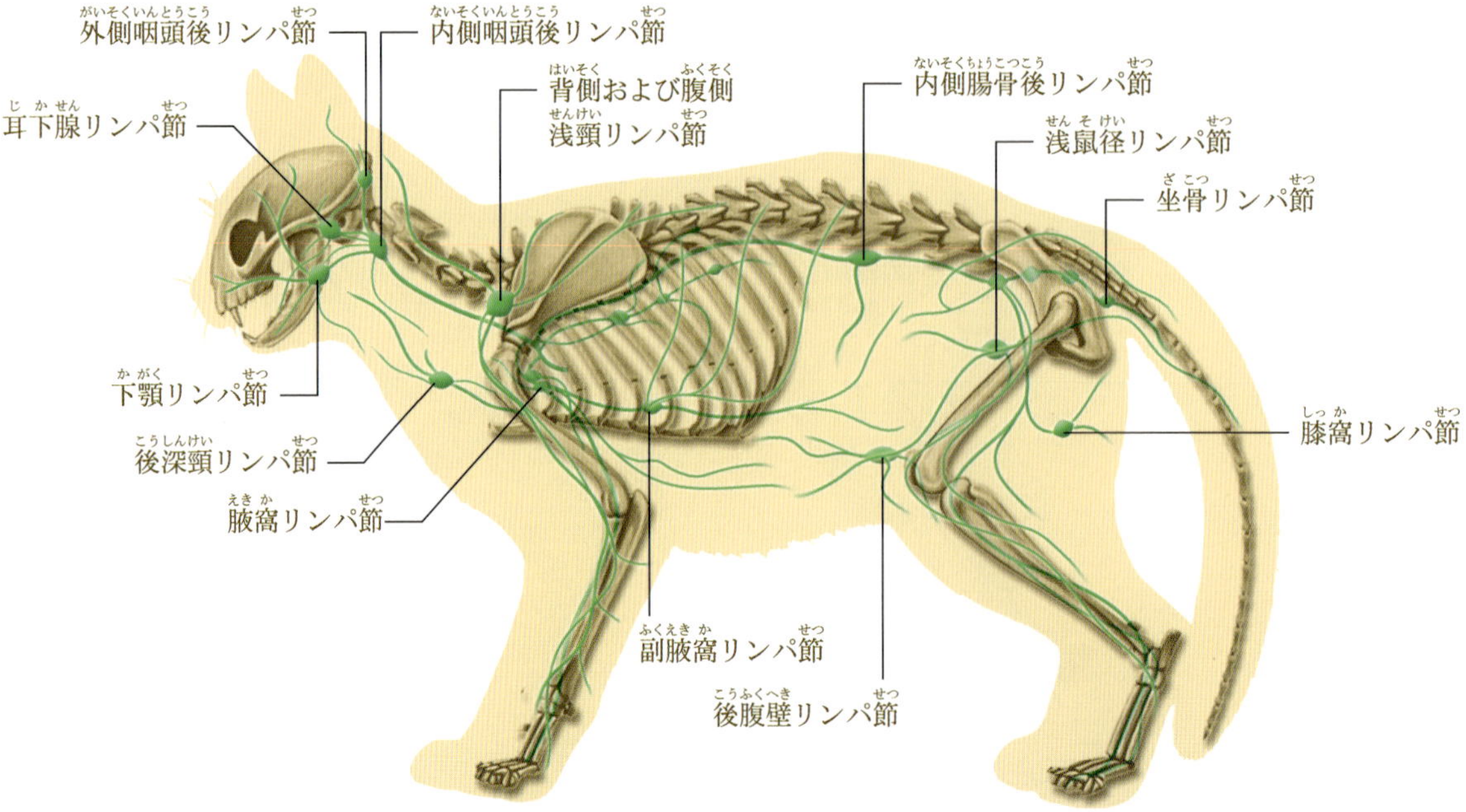

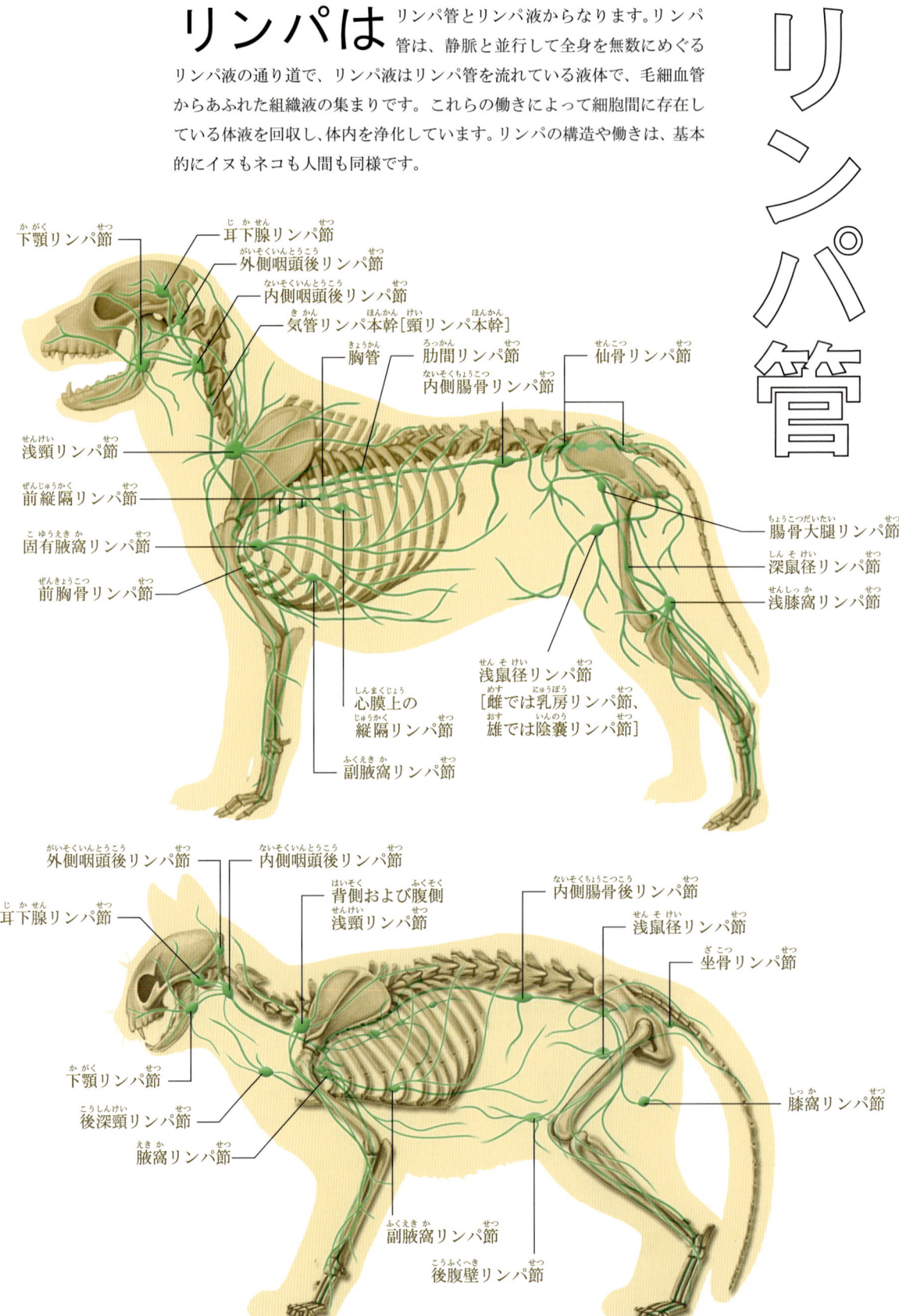

感覚器

眼は 生活様式の違いもあり、イヌとネコで構造が異なっています。どちらの眼も、明るい色に反応する錐体細胞《すいたいさいぼう》の数が非常に少ないとされており､色の明るさが認識できるだけの色盲であるともいわれています。ネコの眼は、それに加えて、夜行性の肉食獣として生きるための特徴をたくさん備えています。たとえば、桿体細胞《かんたいさいぼう》と呼ばれる光を感知する細胞が人間の6～8倍あるといわれ、暗闇《くらやみ》でも強い視力を保てるのです。

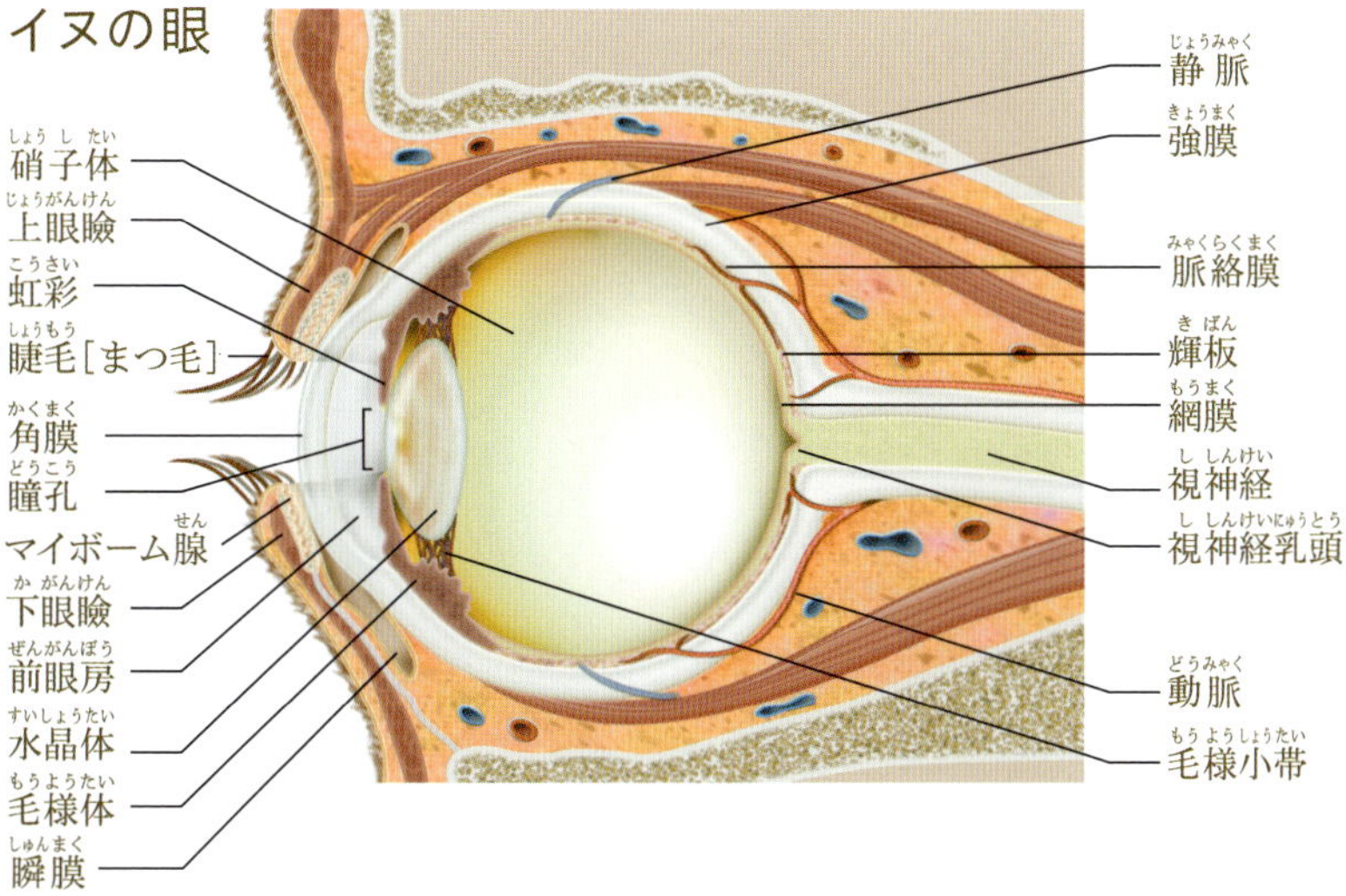

耳は イヌ、ネコともに、人間と比べ優れた能力をもっています。可聴域は、人間が2万～20Hzであるのに対し、イヌは5万～65Hz、ネコはさらに6万～10万Hzまで聴き取れるといわれています。どちらも人間の耳では聴き取れない超音波を聴き取れるのです。

とくにネコは、音の正確な方向を捉える聴力も優れており、20m先で聞こえる音の場所も正確に認識できるほどです。ネコの優れた聴力は、本来、狩りのために発達したと考えられています。

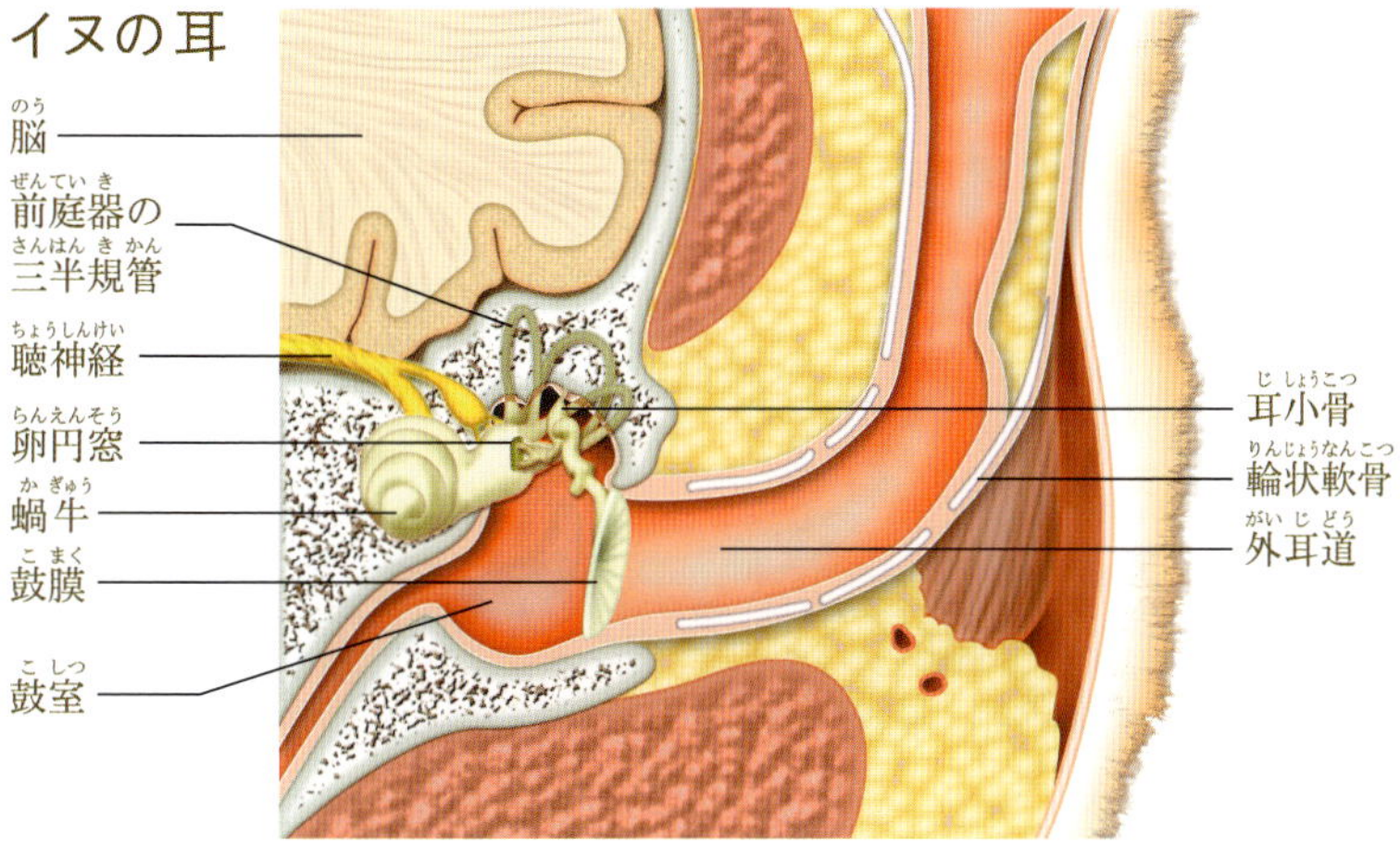

CHAPTER 2

第二章

動物を飼うための基礎知識

主な犬種・猫種の特徴

犬種の数は400種以上

イヌが家畜化されたのは、今から1万2000年ほど前のユーラシア大陸だったといわれています。日本でも縄文時代の遺跡から柴犬の骨が埋葬された痕跡が見つかっており、人間とイヌの付き合いは遥か昔から続いています。

太古から人間のよきパートナーだったイヌは、猟犬や家畜の番犬など目的に応じて性格や体格を改良し、環境の変化に応じて進化していきました。その結果、現在のように、色も形も大きさも個性に溢れた、多種多様な純粋種が誕生したのです。

現在、犬種の数はFCI（国際畜犬協会）が公認しているだけで350種類以上、さらにFCI未加盟国の犬種100種類以上あるといわれています。それぞれの犬種にはスタンダード（犬種標準）が制定され、沿革や用途、外貌、性格、ボディ、サイズ、毛色などについて細かい設定があります。これが犬種鑑定の基礎となっています。

実は少ない純粋種のネコ

一方、ネコと人間との付き合いも4000年以上。現在、ペットとして飼われているネコは、北アフリカ原産のヤマネコを祖先にもつイエネコです。イエネコは人間たちの移動とともに、驚くほどのスピードで、世界中に繁殖していきました。

世界中に広まったネコは、その環境に応じて外貌や毛色を変化させていきましたが、選択繁殖が行なわれるようになったのは、19世紀に入ってからです。以降、遺伝子の知識を用いて、様々な毛色や模様をもったネコが作り出されました。

団体により公認している猫種は異なりますが、現在、ネコの種類は60種類ほどです。ネコの純粋種はイヌほど重要なものではなく、イエネコにおける純粋種の割合は、純粋種がもてはやされている国でも10％未満。ほとんどの国では2％にも及びません。

ラフ・コリー

［原産国］イギリス

［体　高］雄 61cm、雌 56cm が理想

［特　徴］もともとはスコットランドの牧羊犬。昔は黒い毛色のものが多く、アングロサクソン語で黒を意味するコリーと名付けられました。力強さと活動力に溢れ、冷淡さや粗雑さはみられません。また、親しみやすい性質で、神経質だったり攻撃的なところはありません。ハリウッド映画「名犬ラッシー」の主役を務め、世界中の子供たちに大人気だったこともあります。

［かかりやすい病気］
強膜欠損症 430 頁、
コリーアイ症候群 436 頁、
水晶体脱臼 434 頁、
難聴 450 頁など

ボーダー・コリー

［原産国］イギリス

［体　高］雄 53cm、雌は 53cm よりわずかに低いのが理想

［特　徴］牧羊犬としての能力は抜群に優れ、仕事の確実性や的確な判断力、賢さ、粘り強さなどに長けています。ヒツジを気遣う細やかさも持ち合わせていますが、都会の家庭で飼育するのは少々困難。ストレスを溜めないように十分に運動をさせてあげないと、咬み付きや凶暴性が出ることもあります。

［かかりやすい病気］
強膜欠損症 430 頁、
コリーアイ症候群 436 頁、
水晶体脱臼 434 頁、
難聴 450 頁など

Rough Collie
Old English Sheepdog

Border Collie
German Shepherd Dog

オールド・イングリッシュ・シープドッグ

［原産国］イギリス

［体　高］雄 61cm、雌 56cm が理想

［特　徴］かつて市場への移動の際に家畜の群れを追うイヌとして、家畜商に飼われていました。家畜商のイヌには税金がかけられ、納税の証として尾を切られていたのですが、その名残りとして現在でも生後２～３日で断尾されます。安定した気質で、おだやか。家族に対しては献身的で愛情豊かに接してくれます。

［かかりやすい病気］
心房中隔欠損症 243 頁、
三尖弁異形成 246 頁、
免疫介在性溶血性貧血 276 頁、
小角膜症 424 頁、
難聴 450 頁など

ジャーマン・シェパード・ドッグ

［原産国］ドイツ

［体　高］雄 60 ～ 65cm、雌 55 ～ 60cm
［体　重］雄 30 ～ 40kg、雌 22 ～ 32kg

［特　徴］冷静沈着で自信に満ちあふれた態度、俊敏で無駄のない動き、明晰な頭脳、優れた嗅覚。多才な能力をもつこのイヌは、優秀な軍用犬を求めていたドイツの軍人たちが、牧羊犬に改良を重ねて生み出したのがはじまり。現在もドイツのみならず世界中で、軍用犬、牧羊犬、番犬、盲導犬などに使われています。

［かかりやすい病気］
大動脈狭窄症 242 頁、von willebrand 病 285 頁、胃食道重積 333 頁、腸捻転 343 頁、肛門周囲瘻 344 頁、変形性脊椎症 409 頁、重症筋無力症（後天性）411 頁、股関節形成不全 483 頁、肘突起癒合不全 485 頁、咀嚼筋筋炎 488 頁、多発性筋炎 489 頁など

ウェルシュ・コーギー・ペンブローク

［原産国］イギリス

［体　高］雄、雌ともに約25.4～30.5cm
［体　重］雄10～12kg、雌10～11kg

［特　徴］本来の用途は牧羊犬。ウェールズの農家では、昼は牧羊犬、夜は番犬として働いていました。ずんぐりとした体型ですが、動作は機敏。好奇心旺盛で観察眼も鋭く、人に対して細やかな気遣いを示します。ヘンリー2世に寵愛されるなど、古くからイギリスの王室とのかかわりが深いイヌ。

［かかりやすい病気］
特発性顔面神経炎412頁、
筋ジストロフィー487頁など

Welsh Corgi Pembroke

シェットランド・シープドッグ

［原産国］イギリス

［体　高］雄37cm、雌35.5cmが理想

［特　徴］スコットランドの作業犬だったコリーが祖先。シェットランド島で牧羊犬として活躍していましたが、環境に合わせて小型化したといわれています。抜群の運動神経をもち、温厚で心やさしい性格です。また、祖先が厳しい環境で育ったため、忍耐強いのも特徴です。

［かかりやすい病気］
動脈管開存症245頁、不正咬合321頁、歯肉増殖症326頁、胆石症・胆泥症349頁、特発性てんかん400頁、角膜ジストロフィー425頁、強膜欠損症430頁、コリーアイ症候群436頁、甲状腺機能低下症461・490・499頁、水疱性類天疱瘡505頁、日光性皮膚炎443・509頁など

Shetland Sheepdog

ブルドッグ

［原産国］イギリス

［体　高］雄25kg、雌22.7kgが理想

［特　徴］かつてはウシと格闘する「ブル・ベイティング」の闘犬として知られ、闘犬が禁止されて以降、攻撃性と凶暴性が除かれました。体高が低いのはウシの角から逃れるため、上向きの鼻はウシの顔面に咬み付いたときでも呼吸ができるようにと、外見には闘犬の名残りがありますが、今では勇敢でおだやかなやさしいイヌです。

［かかりやすい病気］
心筋炎（特発性心筋炎）251頁、
軟口蓋過長症300・327頁、
異所性尿管369頁、
尿酸塩結石・シスチン結石376頁、
眼瞼内反症421頁、
皮膚組織球腫512頁・肥満細胞腫513頁など

Bulldog

ボクサー

［原産国］ドイツ

［体　高］雄57～63cm、雌53～59cm
［体　重］雄30kg以上（体高約60cmに対して）、雌約25kg（体高約56cmに対して）

［特　徴］19世紀後半に作られた作業犬。第一次世界大戦時にシェパードとともに赤十字の活動に従事し、ドイツで初の警察犬となりました。いざというときには闘志をむきだしにしますが、基本的にはおだやかで忠実です。

［かかりやすい病気］
大動脈狭窄症242頁、心房中隔欠損症243頁、心筋炎（特発性心筋炎）251頁、心筋症（拡張型心筋症）252頁、歯肉増殖症326頁、特発性顔面神経炎412頁、眼瞼外反症422頁、皮膚組織球腫・肥満細胞腫513頁、血管肉腫519頁など

Boxer

グレート・デーン

［原産国］ドイツ

［体　高］雄 80cm 以上、雌 72cm 以上

［特　徴］中世のドイツでイノシシ狩り用のイヌとして活躍していた猟犬。当時はイノシシを組み倒せるほどの獰猛なイヌだったそうです。現在も勇敢で恐いもの知らずな性格ですが、友好的で思慮深く、知らない人には控えめです。

［かかりやすい病気］
僧帽弁異形成・三尖弁異形成 246 頁、
心筋症（拡張型心筋症）252 頁、
陰茎発育不全 388 頁、
ウォブラー症候群 408・485 頁、
亜鉛反応性皮膚病（症）444・496 頁など

Great Dane

ドーベルマン

［原産国］ドイツ

［体　高］雄 68～72cm、雌 63～68cm
［体　重］雄約 40～45kg、雌約 32～35kg

［特　徴］訓練しやすい上に警戒心が強く敏感。また、一度教えられたら忘れない頭のよさや機敏さ、奉仕の精神をもち合わせているので、警察犬や軍用犬として広く利用されています。幼年期にしっかりしつけないと凶暴になることがあるので注意。

［かかりやすい病気］
von willebrand 病 285 頁、
第一次硝子体過形成遺残 435 頁、
ウォブラー症候群 408・485 頁など

Dobermann

Rottweiler

ロットワイラー

［原産国］ドイツ

［体　高］雄 61～68cm、雌 56～63cm
［体　重］雄 50kg、雌約 42kg

［特　徴］もっとも古い歴史をもつ犬種のひとつで、古代ローマ帝国時代には牧羊犬として使われ、ローマ軍が欧州遠征に出たときにも兵舎の見張りやウシの護衛などに活躍しました。忠誠心があり、従順で、作業熱心な性格や優れた防衛本能は当時から変わらず、最近では警察犬としても脚光を浴びています。

［かかりやすい病気］
大動脈狭窄症 242 頁、糸球体腎炎 360 頁、シスチン結石 376 頁、網膜形成不全 436 頁、股関節形成不全 483 頁、筋ジストロフィー 487 頁、悪性線維性組織球腫 523 頁など

Newfoundland

ニューファンドランド

［原産国］カナダ

［体　高］雄平均 71cm、雌平均 66cm
［体　重］雄平均約 68kg、雌平均約 54kg

［特　徴］カナダのニューファンドランド島で、長い間、タラ猟に使われていた犬種。水をはじく被毛と水かきをもち、海辺では船を引いたり、網を引き上げたりという作業をこなしていました。フランスでは現在でも海難救助犬として活躍。知的でおだやかな性格で、人間思い。飼い主と深い信頼関係を築けます。

［かかりやすい病気］
大動脈狭窄症 242 頁、
異所性尿管 369 頁、
股関節形成不全 483 頁など

セント・バーナード

［原産国］スイス

［体　高］雄は最低 70～最高 90cm、雌は最低 65～最高 80cm

［特　徴］全犬種の中でもっとも重く、体と頭部は最大。利口で生まれつき人なつこく、用心深い気性です。雪深いアルプスの山中の僧院で遭難者の救助活動にあたり、3 世紀に渡って約 2500 人の命を救ったと伝えられています。長毛種と短毛種の 2 種がいますが、長毛種が一般的です。

［かかりやすい病気］
眼瞼外反症 422 頁、
第三眼瞼腺逸脱 423 頁、
類皮腫・小角膜症 424 頁、
股関節形成不全 483 頁、
顎関節の脱臼・亜脱臼 485 頁、
横紋筋肉腫 519 頁など

スタンダード・シュナウザー

［原産国］ドイツ

［体　高］雄、雌ともに 45～50cm
［体　重］雄、雌ともに 14～20kg

［特　徴］3 種のシュナウザーのなかでもっとも歴史の古い品種。感覚器官が優れ、賢く訓練もしやすいイヌです。かつては厩舎の番犬やネズミ捕り用に用いられ、第一次世界大戦中には伝令犬や救護犬としても活躍していました。寒さに強く、病気に対しての抵抗力もあり、とても丈夫です。

［かかりやすい病気］
虹彩萎縮（原発性虹彩萎縮）431 頁など

St.Bernard

Standard Schnauzer

Scottish Terrier

Bull Terrier

スコティッシュ・テリア

［原産国］イギリス

［体　高］雄、雌ともに 25.4～28cm
［体　重］雄、雌ともに 8.6～10.4kg

［特　徴］スコットランド原産のテリアの中では最古の歴史をもつとされ、かつてはアナグマやカワウソの猟犬として使われていました。がっしりとした体躯と短い足、全体的に小柄なサイズは、地中に潜るのにぴったり。現在では「スコッティー」という愛称で、家庭犬として親しまれています。独立心が高く勇敢ですが、控えめな性格です。

［かかりやすい病気］
水晶体脱臼 434 頁など

ブル・テリア

［原産国］イギリス

［特　徴］ブルドッグと絶滅したホワイト・イングリッシュ・テリアを交配して作り出されたイヌで、ダウン・フェイスの卵型の頭部がユニークです。闘犬時代は忍耐強く勇ましい様子から「白い騎士」という異名をもっていたほど。安定した性格で、少々頑固ではありますが、しつけやすいイヌです。

［かかりやすい病気］
喉頭麻痺 301 頁、
糸球体腎炎 360 頁、
家族性腎疾患 366 頁、
難聴 450 頁、
亜鉛反応性皮膚病（症）444・496 頁など

ウエスト・ハイランド・ホワイト・テリア

[原産国] イギリス

[体　高] 雄、雌ともに約28cm

[特　徴] 屈託のない明るい性格をした活発な小型犬ですが、かつては小型猟犬として活躍しており、頑丈な体と抜群のスタミナ、きびきびと動き回る俊敏さをもっています。従順でものおぼえがよくしつけも簡単。外見もキュートで、愛玩犬としての条件をすべて満たしています。

[かかりやすい病気]
ピルビン酸キナーゼ欠損症278頁、慢性肝炎345頁、異所性尿管369頁、乾性角結膜炎425頁、水晶体脱臼434頁、大腿骨骨頭の虚血性壊死（レッグ・ペルテス）484頁、先天性魚鱗癬494頁など

West Highland White Terrier

ワイアー・フォックス・テリア

[原産国] イギリス

[体　高] 雄39cm以下、雌は雄よりわずかに低い

[体　重] 雄8.25kg、雌は雄よりわずかに軽い

[特　徴] 18世紀、貴族のスポーツとして流行していたキツネ狩りに用いられていました。猟犬としての名残りで土堀りを好むので注意。用心深くて強情、また、少しの刺激でも興奮しやすく噛み癖があります。しかし、粘り強くしつければ、素直で友好的になります。イギリスでは今も人気の高い犬種です。

[かかりやすい病気]
水晶体脱臼434頁など

Wire Fox Terrier

Dachshund

ダックスフンド

[原産国] ドイツ

[体　重] 雄、雌ともに9〜12kgが理想（スタンダード）

[特　徴] 胴長短足に改良されたのは、アナグマを穴に追いつめて捕らえるため。現在でもドイツでは猟犬として活躍しています。勇敢でスタミナ抜群、動きも俊敏、さらに他の犬種よりも嗅覚が優れています。また、飼い主の気持ちを察する感覚の鋭さももち合わせているので、コンパニオン・ドッグとしても最適です。

[かかりやすい病気]
シスチン結石376頁、椎間板ヘルニア405頁、ナルコレプシー413頁、類皮腫424頁、瞳孔膜遺残430頁、パターン脱毛・耳介辺縁の脂漏症443頁、増殖性血栓性壊死444頁、若年性蜂窩織炎445頁、糖尿病466頁、皮膚組織球腫512頁など

Yorkshire Terrier

ヨークシャー・テリア

[原産国] イギリス

[体　重] 雄、雌ともに3.1kgまで

[特　徴] 19世紀中頃、イギリス・ヨークシャーの紡績工場で働く人々によって、ネズミを捕らせるために作り出された犬。いつも元気いっぱいに遊び回り、飼い主にじゃれついてきます。また、表情豊かで愛らしい外見から「動く宝石」の異名をもっています。忍耐力があり知的な一面もあります。

[かかりやすい病気]
軟口蓋過長症300・327頁、気管虚脱302頁、門脈体循環短絡症347頁、シュウ酸カルシウム結石375頁、シスチン結石376頁、発育障害（水頭症）404頁、水晶体脱臼434頁、網膜形成不全436頁など

アラスカン・マラミュート

［原産国］アメリカ

［体　高］雄 63.5cm、雌 58.5cm
［体　重］雄 38kg、雌 34kg

［特　徴］アラスカ西部に住むマラミュート族がソリ引きや狩猟、漁業用に飼っており、疲れ知らずのスタミナと力の強さを誇ります。集団生活に強い犬種でとても友好的で愛情深く、コンパニオン・ドッグとして最適です。祖先犬はシベリア原産だと考えられています。

［かかりやすい病気］
遺伝性口唇状赤血球増加症 278 頁、
亜鉛反応性皮膚病（症）444・496 頁、
亜鉛欠乏症 617 頁など

秋田犬

［原産国］日本

［体　高］雄 64〜70cm、雌 58〜64cm

［特　徴］日本犬のなかでは最大の体高。歴史は 100 年ほどと短く、マタギが連れていた猟犬を祖先に、闘犬として育成されてきました。1927 年に天然記念物に指定され、その後、「忠犬ハチ公」の美談が話題となり、一躍有名になりました。従順で控えめですが、防御本能が高く機敏で勇敢。

［かかりやすい病気］
重症筋無力症（後天性）411 頁、
眼瞼内反症 421 頁、
フォークトー小柳ー原田病様症候群437・506 頁、
小眼球症・無眼球症 440 頁、
皮脂腺炎 498 頁など

Alaskan Malamute

Akita

Kishu

Chow Chow

紀州犬

［原産国］日本

［体　高］雄 49〜55cm、雌 46〜52cm

［特　徴］紀州地方の山岳地帯で、イノシシやシカなどの猟犬として古くから飼われていたイヌ。1934 年に天然記念物に指定されてから、意図的に毛色が統一され、現在ではほとんどが純白の被毛をもっています。素朴な雰囲気をもち、どんなことにもへこたれない我慢強さをもっています。

［かかりやすい病気］
皮膚疾患 492 頁など

チャウ・チャウ

［原産国］中国

［体　高］雄 48〜56cm、雌 46〜51cm

［特　徴］約 3000 年前から中国にいたという歴史の長いイヌ。チベタン・マスティフとサモエドの血が入っていると思われています。ソリ引きや狩猟などに用いられてきました。人見知りをし、飼い主にしかなつかない傾向があります。

［かかりやすい病気］
腎異形成 365 頁、シスチン結石 376 頁、眼瞼内反症 421 頁、瞳孔膜遺残 430 頁、小眼球症・無眼球症 440 頁、筋緊張症 488 頁、家族性皮膚炎 500 頁、脱毛症 X（アロペシア X）501 頁など

サモエド

［原産国］ロシア北部、シベリア

［体　高］雄 54～60cm、雌 50～56cm

［特　徴］シベリアのサモエド族がトナカイの護衛とソリ犬として使用していたイヌ。純白で豊かな被毛は、室内で飼っているときには暖房代わりにも使われたそうです。“サモエド・スマイル”と呼ばれる微笑みをもち、心やさしく社交的な性格。番犬としても優秀で、飼い主に忠実です。

［かかりやすい病気］
心房中隔欠損症 243 頁、糸球体腎炎 360 頁、家族性腎疾患 366 頁、亜鉛反応性皮膚病（症）444・496 頁、筋ジストロフィー 487 頁、皮脂腺炎 498 頁など

ポメラニアン

［原産国］ドイツ

［体　高］雄、雌ともに 18～22cm
［体　重］雄、雌ともに 1.8～2.3kg が理想的

［特　徴］本来は大型の牧羊犬として活躍していましたが、ドイツのポメラニア地方で小型に改良。19 世紀後半、イギリスのビクトリア女王の愛犬となったのをきっかけに人気を得ました。一見華奢ですが、今でも大型犬だった頃の性質は失われておらず、自分より大きい犬にも向かっていく勇敢さをもっています。

［かかりやすい病気］
動脈管開存症 245 頁、
気管虚脱 302 頁、
睫毛乱生 422 頁、
流涙症 423 頁、
脱毛症 X（アロペシア X）501 頁など

Samoyed
Siberian Husky

Pomeranian
Shiba

シベリアン・ハスキー

［原産国］アメリカ

［体　高］雄 53.5～60cm、雌 50.5～56cm
［体　重］雄 20.5～28kg、雌 15.5～23kg

［特　徴］シベリア地方の先住民族チュクチ族に飼われていた作業犬で、荷物を載せたソリやボートを引いたり、猟の手伝いをしていました。極寒に耐えられる体質と抜群のスタミナをもち、北極や南極の探検でも活躍。人なつこくやさしい性格で、飼い主に忠実です。

［かかりやすい病気］
喉頭麻痺 301 頁、異所性尿管 369 頁、角膜ジストロフィー 425 頁、白内障 433 頁、亜鉛反応性皮膚病（症）444・496 頁、甲状腺機能低下症 461・490・499 頁、フォークトー小柳ー原田病様症候群 437・506 頁、亜鉛欠乏症 617 頁など

柴犬

［原産国］日本

［体　高］雄 38 ～41cm（理想は 39.5cm）、雌 35 ～38cm（理想は 36.5cm）

［特　徴］縄文時代から飼われてきた日本土着のイヌ。優れた集中力と俊敏な動きから、小型動物の猟犬として活躍していました。飼い主に従順で、無駄吠えもなく飼いやすいため、近年では海外でも人気が高まっています。

［かかりやすい病気］
心室中隔欠損症 244 頁、
乳び胸 313 頁、
緑内障 441 頁、
甲状腺機能低下症 461・490・499 頁、
アトピー性皮膚病 502 頁など

ビーグル

［原産国］イギリス

［体　高］雄、雌ともに最低33cm、最大40cmが理想

［特　徴］紀元前から続くハウンド種の子孫で、生粋の猟犬。優れた嗅覚と集中力をもち、エリザベス王朝時代には、ウサギ狩り用の優秀な猟犬として大切にされてきました。よく吠えるので飼う場所を選びますが、性格は穏やかで素直。スヌーピーのモデルとしても有名。

［かかりやすい病気］
ピルビン酸キナーゼ欠損症278頁、糸球体腎炎360頁、第三眼瞼腺逸脱423頁、角膜ジストロフィー425頁、白内障433頁、小眼球症・無眼球症440頁、緑内障（開放隅角）441頁、甲状腺腫瘍462頁など

バセット・ハウンド

［原産国］イギリス

［体　高］雄、雌ともに33〜38cm

［特　徴］フランスの修道院の僧が、狩猟の際に人間が徒歩でも追いつけるくらい、ゆっくり歩く犬をつくり出そうとしたのが始まり。嗅覚と追跡能力に優れたハウンド種で、現在でも猟犬として活躍しています。穏和で忠誠心に溢れ、おだやかな性格のため一頭でも集団でも狩りができます。

［かかりやすい病気］
シスチン結石376頁、
第三眼瞼腺逸脱423頁、
顎関節の脱臼・亜脱臼485頁、
毛包上皮腫521頁など

Beagle
English Setter

Basset Hound
Dalmatian

イングリッシュ・セター

［原産国］イギリス

［体　高］雄65〜68cm、雌61〜65cm

［特　徴］15世紀頃からイギリスで鳥猟犬として活躍し、その後、猟犬としての能力を磨くためにスパニッシュ・スパニエルなどと交配され、現在に至ります。静かでおとなしくマナーのよいイヌで、しつけや世話も簡単ですが、ときに激しい運動をさせてあげることが必要です。

［かかりやすい病気］
特発性顔面神経炎412頁、
難聴450頁など

ダルメシアン

［原産国］クロアチア・ダルメシア地方

［体　高］雄56〜61cm、雌54〜59cm

［体　重］雄約27〜32kg、雌約24〜29kg

［特　徴］ディズニーの「101匹ワンちゃん大行進」でおなじみのイヌ。かつては狩猟のお供や馬車の引率、サーカスのピエロなど、あらゆる場所で活躍。馬車の引率ができるだけあり、非常に持久力と脚力に優れ、最後まで諦めない粘り強さを備えています。飼い主に忠実で、優秀な番犬にもなります。

［かかりやすい病気］
尿酸塩結石376頁、
類皮腫424頁、
難聴450頁など

アメリカン・コッカー・スパニエル

[原産国] アメリカ

[体　高] 雄 38.1cm、雌 35.6cm が理想

[特　徴] メイフラワー号に乗ってアメリカに来たイングリッシュ・コッカー・スパニエルが祖先。祖先よりも彫りの深い顔立ちです。鳥猟犬として活躍していたため、活発で持久力に長け、水に入ることを好みます。訓練次第で優秀な作業犬となります。

[かかりやすい病気]
眼瞼内反症 421 頁、
第三眼瞼腺逸脱 423 頁、
網膜形成不全 436 頁、
緑内障（閉塞隅角）441 頁、
顎関節の脱臼・亜脱臼 485 頁など

ワイマラナー

[原産国] ドイツ

[体　高] 雄 59～70cm（理想は 62～67cm)、雌 55～65cm（理想は 59～63cm)

[体　重] 雄約 30～40kg、雌約 25～35kg

[特　徴] 様々な猟犬の長所を集めたイヌを求め、ドイツ・ワイマール地方の貴族たちが生み出した犬種。19 世紀末に計画的な作出が始まりましたが、起源は明らかでありません。ブラッド・ハウンドや絶滅したライトフントの血が入っていると考えられています。

[かかりやすい病気]
腹膜－心膜横隔膜ヘルニア 260 頁など

American Cocker Spaniel

Weimaraner

Golden Retriever

English Springer Spaniel

ゴールデン・レトリーバー

[原産国] イギリス

[体　高] 雄 56～61cm、雌 51～56cm

[特　徴] 水中鳥猟犬として発展してきた大型犬。温厚で落ち着きがあり、天真爛漫な性格で子ども好きなため、飼い主の家族と深い関係を築けます。頭がよく訓練もしやすいため、盲導犬や介護犬として、また鋭い嗅覚を生かし麻薬捜査犬としても活躍しています。

[かかりやすい病気]
大動脈狭窄症 242 頁、心臓腫瘍（血管肉腫）260・524 頁、心膜炎（特発性）262 頁、重症筋無力症（後天性）411 頁、甲状腺機能低下症 461・490・499 頁、股関節形成不全 483 頁、肘突起癒合不全 485 頁、筋ジストロフィー 487 頁、アトピー性皮膚病 502 頁、悪性繊維性組織球腫 523 頁など

イングリッシュ・スプリンガー・スパニエル

[原産国] イギリス

[体　高] 雄、雌ともに約 51cm

[特　徴] 古くからイギリスで活躍していたスペイン産スパニエルの子孫であるランド・スパニエルから作られたといわれています。17 世紀頃からヤマシギ猟に用いられ、鳥猟犬ならではの行動力と活発さを備えていますが、性格はおっとりとマイペースです。

[かかりやすい病気]
心室中隔欠損症 244 頁、
ホスフォラクトキナーゼ欠損症 278 頁、
重症筋無力症（先天性）411 頁、
網膜形成不全 436 頁、
類苔癬－乾癬状皮膚症 497 頁など

ビション・フリーゼ

［原産国］フランス、ベルギー

［体　高］雄、雌ともに 30cm 以下

［特　徴］ユニークな純白の長い巻き毛を生かしたトリミングが開発されたのは、20 世紀後半のアメリカ。それ以前から物々交換の品として珍重され、フランスやイタリアをはじめヨーロッパの王侯貴族たちに寵愛されていました。好奇心旺盛でいつも陽気で、飼い主に対して深い愛情をもつ心やさしいイヌです。

［かかりやすい病気］
ストルバイト結石・シュウ酸カルシウム結石 375 頁など

Bichon Frise

ラブラドール・レトリーバー

［原産国］イギリス

［体　高］雄 56 〜 57cm、雌 54 〜 56cm が理想

［特　徴］祖先は小型水猟犬だったので泳ぐのが得意。当時は頑固な性格でしたが、19 世紀後半から改良され、現在では気立てがよく真面目なイヌとして知られています。思慮深く賢いため、訓練を受けて盲導犬や警察犬、救助犬としても活躍しています。

［かかりやすい病気］
脾臓組織球症 293 頁、シリカ結石 376 頁、ナルコレプシー 413 頁、眼瞼外反症 422 頁、網膜形成不全 436 頁、股関節形成不全 483 頁、肘突起癒合不全 485 頁、ミオパシー 488 頁、亜鉛反応性皮膚病（症）444・496 頁、ビタミン A 反応性皮膚症 497 頁など

Labrador Retriever

Cavalier King Charles Spaniel

キャバリア・キング・チャールズ・スパニエル

［原産国］イギリス

［体　重］雄、雌ともに 5.4 〜 8kg

［特　徴］キャバリアとは中世の騎士。交配でかつての面影を失ったキング・チャールズ・スパニエルを中世の姿に戻そうという、試行錯誤のうえに生まれた犬種です。丈夫で屋外でも飼うことができますが、集中した近親交配のために心臓の病気にかかりやすいので注意。

［かかりやすい病気］
僧帽弁閉鎖不全症 250 頁、
軟口蓋過長症 300・327 頁、
角膜ジストロフィー 425 頁、
小眼球症・無眼球症 440 頁など

Boston Terrier

ボストン・テリア

［原産国］アメリカ

［体　重］雄、雌ともに 6.8kg 未満、6.8 〜 9kg、9 〜 11.35kg の 3 つの級に分けられる

［特　徴］19 世紀後半にブルドッグとブル・テリアを交配して作り出された、アメリカで 3 番目に古いイヌです。当初は闘犬でしたが、その後小型化され、現在の姿になりました。「アメリカ犬界の紳士」という異名をもつほど、穏やかで思慮深い性格です。

［かかりやすい病気］
短頭種気道閉塞症候群 300 頁、軟口蓋過長症 300・327 頁、第三眼瞼腺逸脱 423 頁、急性角膜水腫 428 頁、パターン脱毛 443 頁、難聴 450 頁、肥満細胞腫 513 頁など

マルチーズ

［原産国］中央地中海沿岸地域

［体　重］雄、雌ともに 3.2kg 以下（2.5kg が理想）

［特　徴］純白で長い毛に覆われた上品な姿で、古くから王室や貴族の女性達に愛されてきました。起源は紀元前 1500 年頃まで遡るといわれ、古代ローマやギリシア、エジプト時代の文献にも名前が残っています。性格は穏やかで従順。落ち着きがあり体も丈夫で、今も世界中で人気です。

［かかりやすい病気］
僧帽弁閉鎖不全症 250 頁、
免疫介在性溶血性貧血 276 頁、
血小板減少症 284 頁、
流涙症 423 頁、
甲状腺腫瘍 462・530 頁など

Maltese

チワワ

［原産国］メキシコ

［体　重］雄、雌ともに 500g～3kg（1～2kg が好ましい）

［特　徴］人なつこく、表情が豊か。愛情をかけられると素直に喜びますが、わずかなことで怯えたり、臆病な一面もあります。警戒心が強いので番犬としても役立ちます。寒い地方では、暖をとるための湯たんぽ替わりとしても使われていました。

［かかりやすい病気］
軟口蓋過長症 300・327 頁、気管虚脱 302 頁、発育障害（水頭症）404 頁、睫毛乱生 422 頁、急性角膜水腫 428 頁、虹彩萎縮（原発性虹彩萎縮）431 頁、パターン脱毛 443 頁、増殖性血栓性壊死 444 頁など

Chihuahua

Poodle

プードル

［原産国］フランス、中欧

［体　高］雄、雌ともに 43～62cm（スタンダード）

［特　徴］優美な風貌で、昔から王族や貴族たちに愛されてきましたが、本来は水辺での猟の際に、水鳥を回収し運んでくる狩猟犬。独特のクリップも、水中での作業の効率をよくするために施されたものでした。聡明で自信に溢れ、自立心が強い性格ですが、頭がよく思考力に長けているため、しつけが楽です。

［かかりやすい病気］
免疫介在性溶血性貧血 276 頁、血小板減少症 284 頁、椎間板ヘルニア 405 頁、ナルコレプシー 413 頁、流涙症 423 頁、白内障 433 頁、水晶体脱臼 434 頁、大腿骨骨頭の虚血性壊死（レッグ・ペルテス）484 頁など

Pekingese

ペキニーズ

［原産国］中国

［体　重］雄は 5kg 以下、雌は 5.5kg 以下

［特　徴］かつて中国の宮廷で飼育されていた、門外不出の愛玩犬。アヘン戦争時、西太后の宮廷に残されていた数頭をイギリスの士官が持ち帰り、ヨーロッパ諸国にも紹介されました。膝に乗せられたり抱かれたりするのを嫌がる頑固さを持っていますが、基本的には穏やかで、一度心を開くと愛嬌をふりまきます。

［かかりやすい病気］
軟口蓋過長症 300・327 頁、
椎間板ヘルニア 405 頁、
睫毛乱生 422 頁、
第三眼瞼腺逸脱 423 頁、
色素性角膜炎 426 頁、
肩関節の脱臼・亜脱臼 486 頁など

シー・ズー

［原産国］チベット

［体　高］雄、雌ともに 26.7cm 以下
［体　重］雄、雌ともに 4.5～8.1kg（理想は 4.5～7.3kg）

［特　徴］ペキニーズとラサ・アプソを交配して生まれた愛玩犬。空想上の動物であるライオンを意味する「シードズー」と呼ばれ、中国の清王朝で寵愛を受けていました。プライドが高く傲慢に見えますが、実は社交的で愛情深く陽気。頭がいいのでしつけもしやすく、世界各国で人気です。

［かかりやすい病気］
免疫介在性溶血性貧血 276 頁、血小板減少症 284 頁、軟口蓋過長症 300・327 頁、短頭種気道閉塞症候群 300 頁、腎異形成 365 頁、家族性腎疾患 366 頁、シュウ酸カルシウム結石 375 頁、流涙症 423 頁、色素性角膜炎 426 頁、緑内障 441 頁、表皮膿腫 512 頁など

パグ

［原産国］中国

［体　重］雄、雌ともに 6.3～8.1kg

［特　徴］ナポレオンの妻ジョセフィーヌやオレンジ家のウィリアム王子など歴史上の人物にも愛されてきたイヌ。チベットの僧院でも飼われていました。愛想がよく社交的で穏やか。頑固な一面をもっていますが、凶暴になることはなく子供の遊び相手にも適しています。

［かかりやすい病気］
軟口蓋過長症 300・327 頁、短頭種気道閉塞症候群 300 頁、発育障害（水頭症）404 頁、睫毛乱生 422 頁、乾性角結膜炎 425 頁、色素性角膜炎 426 頁など

Shih Tzu
Borzoi

Pug
Afghan Hound

ボルゾイ

［原産国］ロシア

［体　高］雄 75～85cm、雌68～78cm が理想

［特　徴］帝政ロシア時代には皇族や貴族階級のみが独占して飼い、オオカミ狩り用の狩猟犬として使われてきました。嗅覚より視覚を使って猟をするイヌで、優れた視力とスピード、敏捷性に長けた抜群の身体能力を誇ります。また、温厚で愛情深い性格のためコンパニオン・ドッグとしても優秀です。暑さに弱いので、温度管理に注意が必要です。

［かかりやすい病気］
腫瘍 514 頁など

アフガン・ハウンド

［原産国］アフガニスタン

［体　高］雄 68～74cm、雌 63～69cm が理想

［特　徴］世界最古の犬種の一つ。祖先犬は紀元前4000年前頃に古代エジプトで猟犬として活躍していたと考えられており、ノアの方舟に乗ったイヌという言い伝えもあるほど。その後、アフガニスタンの遊牧民に猟犬として飼われ、現在に至ります。一見、毅然としていますが、実は親しみやすく明るいイヌです。

［かかりやすい病気］
肺葉捻転 310 頁、
乳び胸 313 頁など

ソマリ

［原産国］カナダ、アメリカ

［体　重］雄、雌ともに 3.5〜5.5kg

［特　徴］原種はアビシニアン。名前の由来はアビシニア（エチオピア）の隣国、ソマリアからきています。短毛のアビシニアンからときおり、長毛の子ネコが生まれることがあり、そこから繁殖させた新種です。被毛 1 本に 3 〜 12 本の色の帯が入り、光沢のある美しい輝きをみせます。屋外の生活を好む活発な性格ですが、きちんとしつければ屋内で飼うことも可能です。

［かかりやすい病気］
重症筋無力症（後天性）411 頁など

Somali

アビシニアン

［原産国］エチオピア

［体　重］雄、雌ともに 4 〜 7.5kg

［特　徴］1868 年のアビシニア戦争後に、アビシニア（現在のエチオピア）からイギリスへ持ち込まれたのが始まり。当時のイギリスではネコと古代エジプトが人気でした。ブリーダー達はその頃の壁画に描かれたようなネコを作ろうと改良を重ね、誕生したのがこのネコです。独立独歩でおとなしい性格ですが、人なつこく遊び好きです。

［かかりやすい病気］
家族性腎疾患 367 頁、
腎アミロイドーシス 367 頁、
重症筋無力症（後天性）411 頁など

Abyssinian

Siamese

シャム

［原産国］タイ

［体　重］雄、雌ともに 2.5〜5.5kg

［特　徴］起源は 500 年以上も昔にアジアで起こった突然変異。14 世紀からシャム（現在のタイ）の王朝で「門外不出の秘宝」として大切に扱われ、以降もジャン・コクトーら多くの有名人に愛されてきました。繊細で複雑な性格で、鋭い声でよく鳴きます。性的に早熟で、生後 5 カ月ほどで妊娠することもあります。

［かかりやすい病気］
喘息 305 頁、
角膜黒色壊死症 429 頁、
水晶体脱臼 434 頁、
周期性脱毛 443 頁、
肥満細胞腫 513 頁など

Persian

ペルシア

［原産国］イギリス

［体　重］雄、雌ともに 3.5〜7kg

［特　徴］イギリスでは「ロングヘア」と呼ばれる人気種。“ネコの貴族”という異名をもち、ヨーロッパでは純血種の飼いネコの 3 分の 2 を占めます。元はアンゴラの改良種で、19 世紀の半ばに生まれました。おっとりとおだやかな性格で、もっともおとなしいネコの一種。頭がよく飼い主になつきます。室内飼いに向きます。

［かかりやすい病気］
多発性嚢胞腎（嚢胞腎）363 頁、
潜在精巣 385 頁、
急性角膜水腫 428 頁、
角膜黒色壊死症 429 頁、
小眼球症・無眼球症 440 頁など

アメリカン・ショートヘア

［原産国］アメリカ

［体　重］雄、雌ともに 3.5〜7kg

［特　徴］移民とともに船に乗ってアメリカ大陸へやってきたイエネコが原種。新大陸の環境に合わせて、堅くて厚い被毛をもつ、体格の大きなネコへと進化していきました。1904 年に初めてキャットショーに登場して以来、アメリカやカナダではショーキャットとして人気です。おだやかで独立心の強い生真面目なネコで、活動的で愛情深く、自由を好みます。

［かかりやすい病気］
心筋症 253 頁など

American Shorthair

ヒマラヤン

［原産国］イギリス、アメリカ

［体　重］雄、雌ともに 3.5〜7kg

［特　徴］ペルシアの改良種で、最初の子ネコは 1920 年代にスウェーデンで生まれました。ペルシアの豊かでゴージャスな被毛と、シャムのエキゾチックな毛色をもち合わせています。性格的にもその 2 種の中間種。社交的で人なつこく、マイペースでおだやか。バーマンとの交配は禁止されています。

［かかりやすい病気］
免疫介在性溶血性貧血 276 頁、
角膜黒色壊死症 429 頁など

Himalayan

Japanese Bobtail

ニホンネコ

［原産国］日本

［体　重］雄、雌ともに 2.5〜4kg

［特　徴］別名はジャパニーズ・ボブテール。999 年、中国の高官が一条天皇に白い雌ネコを献上したのが始まり。以来、作品の題材として詩人や画家たちに好まれてきました。“招きネコ”のモデルとしても有名で、一番多いのは三毛ですが、黒、白、赤褐色のものが招福のシンボルとして喜ばれています。愛情深く、非常に活動的。家族にはなつきますが、ほかのネコには意地悪な面もあります。

［かかりやすい病気］
尿結石 374 頁など

Scottish Fold

スコティッシュ・フォールド

［原産国］イギリス

［体　重］雄、雌ともに 2.4〜6kg

［特　徴］子ネコの時は立ち耳ですが、生後 3 週間ぐらいから、約 30％の確立で、ヒダ状に折れていきます。祖先は 1880 年に中国で誕生、その後、1961 年にスコットランドで再び出現した突然変異種です。おだやかで人なつこく、非常に愛情深いネコです。寒さに強いのも特徴。

［かかりやすい病気］
関節疾患 480 頁など

コーニッシュレックス

[原産国] イギリス

[体　重] 雄、雌ともに2.5 ～4.5kg

[特　徴] アーチ型の華奢なボディに小さな頭部、ウェーブがかかった被毛という独特の容貌で、キャットショーの人気者。祖先はイギリス・コーンウォール州の農家で縮れ毛の突然変異をもって生まれた、一匹の子ネコ。デボンレックスとは遺伝子学的に異なる猫種です。外交的な性格をもち、活動的で動きは機敏。寒さに弱いので注意してください。

[かかりやすい病気]
膝蓋骨脱臼（膝関節の脱臼）486 頁、
臍ヘルニア（ヘルニア）353 頁、
ビタミンK不足（血液凝固異常）など

ロシアンブルー

[原産国] ロシア

[体　重] 雄、雌ともに3 ～5.5kg

[特　徴] 1860年代にイギリスの水夫たちがロシアから連れて帰ったのが始まりといわれており、1950 年代にブリティッシュ・ブルーとブルー・ポイント・シャムの血を引いて復活しました。もの静かで賢いネコで、愛情深く飼い主と一緒にいるのが大好きですが、見知らぬ人には強い警戒心をもって接します。環境の変化にも敏感なため、家の中で飼うのに向いています。

[かかりやすい病気]
尿結石 374 頁など

Cornish Rex　Russian Blue

Sphinx　Manx

スフィンクス

[原産国] アメリカ、ヨーロッパ

[体　重] 雄、雌ともに3.5 ～7kg

[特　徴] うっすら体を覆うほどの産毛しか生えていないので、暑さにも寒さにも弱く、屋内で飼う必要があります。いたずら好きで遊び好き、献身的で陽気な性質が愛好家の人気を集めています。いくつかの団体は無毛が健康を害するとして、この種を公認していませんが、このネコの遺伝子がデボンレックスの血統に入り込むのを防ぐために登録している団体もあります。

[かかりやすい病気]
寒冷による呼吸器異常など

マンクス

[原産国] イギリス

[体　重] 雄、雌ともに3.5 ～5.5kg

[特　徴] 尾をもたず全体的に丸いシルエットが特徴で、ウサギのように飛び跳ねながら前進します。発祥のルーツはアイリッシュ海に浮かぶマン島。離島という環境下で、尾がない突然変異が何代にもわたって受け継がれてきました。初期は現在よりも手足が長かったのですが、その後、丸い体型を作るために品種改良されました。性格は穏やかで冷静で、しつけやすいネコです。

[かかりやすい病気]
急性角膜水腫 428 頁など

子イヌ・子ネコを飼う前に

これから家族の一員として迎える子イヌや子ネコとの出会い方は様々で、よその家庭で生まれた子を譲り受ける場合、動物保護施設から譲り受ける場合、捨てられた子を拾った場合、ペットショップで買う場合、繁殖した人から買う場合などがあるでしょう。また最近はインターネットも子イヌや子ネコ探しの情報源となっています。

自分のライフスタイルに合った動物を選ぼう

子イヌや子ネコを迎えようとしたときに、家族としてどういう子が適しているかはその人、その家庭によって当然異なりますから、じっくりと考えてください。たとえば、お子さんやお年寄りのいる家庭では温厚で従順な性質のイヌやネコが望ましいでしょうし、仕事で帰宅が遅い方、忙しい方には、短期間でしつけができ、毎日の世話などに時間のかからないイヌやネコがよいでしょう。

ネコは、広い家であれば室内だけでも必要な運動量が得られます。小型犬は安全に遊ばせられる庭があれば必ずしも散歩をしなくてもよいでしょう。中型・大型のイヌは適切な運動量を確保するため散歩が欠かせません。また、しつけにも相当な時間と労力を要します。イヌの運動やしつけのために時間をどれだけ割けるのかなどをよく考える必要があります。

イヌでもネコでも、短毛種か長毛種かということも重要です。長毛種の場合、手入れを十分にしないと毛玉だらけになり、見苦しくなるばかりでなく、皮膚病を起こし動物に苦痛を与えかねません。必要な毛の手入れ（→74頁）をきちんとする自信と時間があるかどうかを考えてから決断してください。

雄か雌かも考慮すべき点の一つです。どちらのほうがおとなしいとか、育てやすい、し

健康な子イヌ・子ネコを選ぶ

子イヌ・子ネコの健康を見た目だけで判断するのは難しいことです。なぜなら、一見健康そうでも、伝染病の潜伏期であったり、成長してから後に遺伝病が現れたりすることがあるからです。

ペットショップでは普通、一見して不健康とわかる子イヌや子ネコを陳列していることはありません。もしも一見して病気とわかる動物がいたら、健康そうに見える動物にも病気がうつっているかもしれません。

●不健康な子イヌ・子ネコの例

著しく痩《や》せている	表情や動作に生気がない	食欲がない
咳《せき》、くしゃみ、鼻水が出る	激しい眼やにが出る	下痢をしている
嘔吐《おうと》する	脱毛して皮膚が見えている	毛がよれたり、逆立っている
大きな外傷、かさぶたがある	大量のフケが出ている	異常におなかが張っている

つけやすいといった歴然とした差はありません。そういうことは性の違いよりも個体差によると考えられます。ただし、雄のイヌ・ネコには尿によるマーキング（→66頁）の習性があるため、性成熟の後にトイレのしつけが崩れてしまい、雌より少したいへんな場合があります。ネコの場合、雌のほうが雄より小ぶりです。大きいネコがよければ雄がよいでしょう。

体の不自由な、または病弱なイヌやネコを家族として迎えるとしたら、その子を育て、終生世話をしていく覚悟があるかどうかよく考えましょう。

品種の選び方

純粋種はそれぞれに姿形・性質の特徴をもっていて、ペットショップなどで商品として売買されています。ですから飼い主のライフスタイルや目的に適した品種を選ぶことができ、納得がいくまで探すことができます。

ただし、同じ品種であっても、各々が生まれもった個性をもっていますし、むろん育てられ方、しつけられ方でも性格は大きく変わります。

また、品種によってはかかりやすい病気があることも、あらかじめ知っておく必要があります（→40頁〜）。イヌでもネコでも、雑種は一般に丈夫で育てやすいと考えられています。しかし例外も少なくありません。

［イヌ］　日本の風土に適しているという意味では、日本犬が飼いやすいでしょう。ただし、日本犬は水にぬれることを嫌うため、シャンプーのしつけに少々苦労することがあります。

概して洋犬のほうが人見知りをせず、誰《だれ》にでもなつく傾向があります。多くの人が出入りする家庭には日本犬よりも洋犬がよいかもしれません。

日本犬でも洋犬でも北方系、高山系の犬種（北海道犬、グレート・ピレニーズ、セント・バーナードなど）は被毛が密生しているため、暑さに弱い傾向があります。夏に涼しい環境を確保できない場合は北方系のイヌは避けるべきです。

小型種は全般的に神経質で、大型種のほうが温厚な傾向があります。しかし個々の品種により差があり、育て方、しつけ方でも大きく異なります。

猟犬や作業犬として品種改良されてきた犬種（注1）は一般に活発で、十分な運動量を必要としますので、長時間の散歩を要します。毎日のイヌの散歩で飼い主自身も運動したいという方に最適です。

プードル、ビション・フリーゼ、その他多くの長毛種は、トリミング（→74頁）が不可欠ですから、家庭でトリミングができなければ定期的にトリミングの店などに通う必要があ

子を産ませる？ （→91頁〜）

家庭のイヌやネコでは、雌には避妊手術を、雄には去勢手術を受けさせることが望ましいとされています。それは不要な子イヌや子ネコを作らないためばかりでなく、動物のストレスを軽減し、また数多くの病気の予防にもなるからです。

家庭のイヌやネコに子を産ませることはあまり勧められませんが、子を産ませたい場合は雌を飼わなくてはなりません。純粋種の交配には、とくに血統が優れ、交尾し慣れている種雄を使うのが普通ですから、家庭の純粋種の雄が子孫を残せる可能性はあまりありません。飼っている雄の子孫が欲しいならば、雄と雌両方をカップルで飼うしかないでしょう。

ります。イヌのおしゃれに興味がある方に向いているでしょう。

かん高い声で吠《ほ》える犬種（たとえばスピッツやシェットランド・シープドッグなど）は集合住宅や住宅密集地には不向きかもしれません。犬種によってよく吠えるものと吠えないもの（注2）があります。また、母イヌが吠えないイヌであれば、子イヌも吠えない傾向があると考えてよいでしょう。しかし、むだ吠えはしつけの問題です。

注1 【猟犬、作業犬として品種改良されてきた犬種】たとえばシェパード、ボクサー、セター、シェットランド・シープドッグ、ビーグル、ゴールデン・レトリーバーなど。作業犬とは、狩猟や牧羊以外の作業をする目的で改良されてきた犬種を指す。

注2 【あまり吠えない犬種】レトリーバー（ゴールデン、ラブラドール）、ブルドッグなど。

［ネコ］　アメリカン・ショートヘア、シャム、アビシニアンなどは活発でやんちゃ、ロシアンブルー、ペルシア、ヒマラヤンなどはおっとりしている傾向があります。

短毛種ではネコ自身がグルーミングをするのにまかせ、手伝ってやる必要はほとんどないでしょう。長毛種のネコは相当の手間をかけ、手入れをしなくてはなりません。おなか側までブラッシングができるよう、しつけが必要です。

家に迎えるときのポイント

子イヌや子ネコが家に来たら、新しい環境に慣れるまでは、なるべくそっとしておきましょう。母親から離され、色々な人間に見られたりさわられたり運ばれたりした子イヌや子ネコは、たいがい心細い気持ちで緊張し、疲労しています。元気そうにはしゃいでみせる子もいますが、かまい過ぎると疲労とストレスのために病気が誘発されることがあります。

環境が変わったとたんに食事内容を変えることは避けたほうがよく、今まで食べていたものと同じものを与えるのが無難です。初めの1週間くらいは環境に慣れさせることを第一として、人間とのコミュニケーションや食べ物の変更は最小限にとどめましょう。

動物病院に連れて行くのもストレスになりますから、病的な症状がみられた場合を除き、1週間ほどは見合わせましょう。ただし腸内寄生虫は早めに調べておいたほうがよいので、便だけを動物病院に持参し、糞便検査《ふんべんけんさ》を依頼するのがよいでしょう。

初めの1週間を無事に乗り切ったら、健康診断のために病院に連れて行きましょう。このとき、健康に過ごすための日常の注意点などについて、疑問があったら獣医師に相談してください。また、予防注射のスケジュール（→61頁～）についても尋ねておくとよいでしょう。

子イヌでも子ネコでも家に迎えてから1週間前後までに下痢や嘔吐《おうと》、食欲不振、咳《せき》、くしゃみ、眼やになど健康上のトラブルを起こすことが多く、これらの多くは、かまい過ぎによるストレスが大きく関与していると考えられています。必ずしもストレスだけで具合が悪くなるのではなく、もともともっていた病気がストレスによって表面化したと考えられる場合が多いです。

1週間を過ぎた頃から人と遊ぶ時間を徐々に増やして、トイレ、ブラッシング、シャンプーその他のしつけも始めましょう。少しずつ外に連れ出したりすることにも慣らします。

（斉藤久美子）

飼う前に用意するもの

ケージ	トイレとトイレ用品（ペットシーツなど）	食器
フード	キャリーバッグ	おもちゃ
かじるもの（歯の生え替わりを促す）	ネコの爪《つめ》とぎ	グルーミング用品（→76頁）

＋

動物病院

迎えるのに適した時期

子イヌ・子ネコを迎えるには適した時期があります。幼すぎる子は避けるのが賢明です。特別の事情がない限りは離乳が済むまで（最低生後８週齢まで）母親の元で育てることが、のちの体の健康にも、心の発達にも必要と考えられています。逆に大きくなりすぎてから迎えると、環境になじむのに時間がかかったり、しつけがしにくかったりすることもあります。

住環境を整備しよう

●危険なものは置かない

子イヌも子ネコも室内に放すと、家中を探索して回ります。初めは探索するだけですが、慣れてくると色々なものをかじったりひっくり返したり、引っ掻《か》いてみたりします。子イヌや子ネコがかじると危険なもの（毒性のある観葉植物など）や、かじられたり引っ掻かれたりしては困るものは片付けておくべきです。

●温度と湿度

イヌとネコは元来夜行性で、体幹部に汗をかかないため、寒暖の変化には弱い動物です。とくに子イヌ・子ネコには、涼しい場所と暖かい場所を自ら選べるようにする工夫が必要です。品種によって理想的な室温は異なりますが、一般に夏は27℃、冬は23℃くらいがよいとされます。洋犬や洋猫は高い湿度に弱いものが多く、湿度は70％以下が望ましいでしょう。

成犬や成猫を飼うことになった場合

飼い始めたら最期をみとるまで飼うべきですし、途中で飼えなくなる可能性がある方は動物を飼うべきではないと思いますが、やむをえない事情から人に託さなくてはならない場合もあるでしょう。

譲り受ける人は、前の飼い主がわかっている場合には、それまでの食事や生活習慣、今までかかった病気のこと、ワクチンの接種時期、犬糸状虫（フィラリア）症予防はどのようにしていたかなどを詳しく尋ねておきましょう。

子イヌ・子ネコの場合に比べ、動物とのきずなを築くのに時間がかかることもあるかもしれません。飼い主が急に変わり、環境が急に変わったことに不安を抱いている動物の心情を察し、根気よく接しましょう。

歯の生え替わりについて

イヌもネコも生まれたときには歯は生えていません。離乳食を食べ始めるのに先立って、おおかた３週齢くらいから乳歯が生え始め、離乳が完了する８週齢くらいには生えそろいます。

生え替わりは生後３カ月を過ぎる頃に切歯から始まり、生後５カ月頃に犬歯が生え替わって、すべての永久歯がそろいます。

イヌとネコの乳歯の生える時期と永久歯への生え替わりの時期は個体差がありますし、イヌでは品種によっても異なる傾向があります。

子イヌ・子ネコの基本的なしつけ

しつけとは、人間にとって都合のよい動物を作ることではなく、動物が飼い主とより快適な暮らしができるようになるものであるべきです。しつけの過程で、飼い主と動物との間に信頼関係を築くことが重要です。

名前を覚えさせる

家に迎えた子イヌ・子ネコには名前を覚えさせましょう。注意を引くときや食事を与えるときには名前で呼び、しかるときには名前を呼んではいけません。呼んだらすぐ気づき、呼んだ人のところに来るようになるまで続けます。来たらご褒美にトリーツ（おやつ）を与えてもよいでしょう。

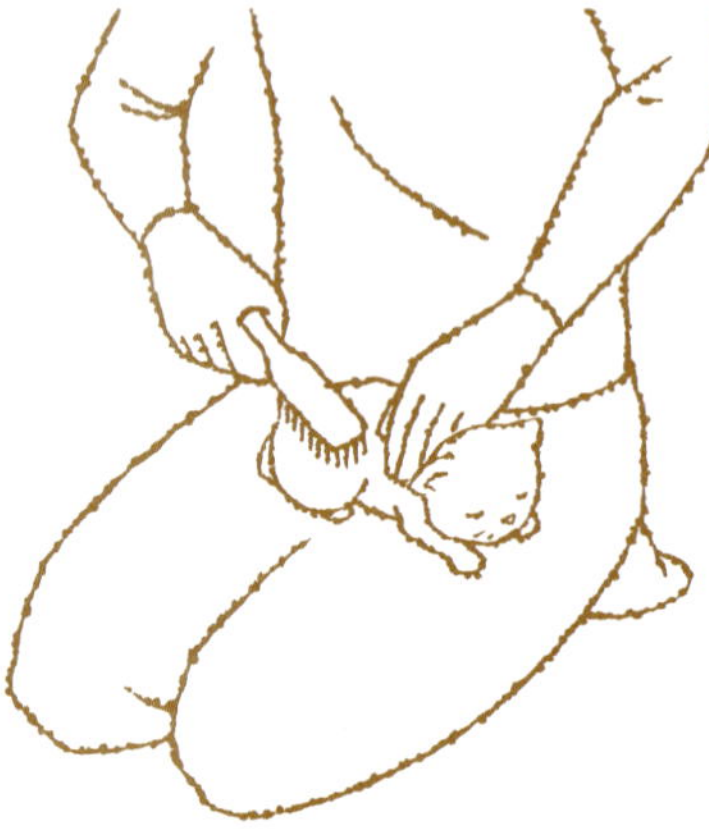

トイレをしつける

幼いイヌやネコは所かまわず排泄《はいせつ》してしまう可能性があります。初めはケージやサークルに入れ、その中の落ち着けそうな位置にトイレを用意します。最初からトイレで用が足せる子イヌ・子ネコもいます。様子を見ていて、あちこちにおいをかいだり、落ち着かないそぶりを見せたりしたら、トイレにそっと入れてやるとよいでしょう。正しく排泄ができたら褒めます。

もう一つ、ケージやサークル全体に新聞紙またはペットシーツを敷き詰めておく方法もあります。2、3日から１週間で、新聞紙またはペットシーツの上で排泄することを覚えます。ケージやサークルから出しているときに尿意・便意をもよおしたら、新聞紙やペットシーツを探しますから、用意した場所に連れて行きましょう。正しく排泄ができたら褒めます。

ブラッシングに慣れさせる

幼いうちは長毛種でもまだ毛が短いので、実際に頻繁なブラッシングを要することはほとんどないのですが、「おとなしくブラッシングを受ける」ということは幼いうちから教えておくべきです。遊んだ後、散歩した後、食後30分くらいたった頃など、子イヌや子ネコが休憩したくなった頃合いを見計らって行います。膝《ひざ》に抱っこして、落ち着いたらブラシをかけます。子イヌや子ネコはブラシをおもちゃのようにして、噛《か》んだりじゃれたりするかもしれませんが、「だめ」と制止してブラシをかけられることを教えます。短時間で終わらせ、ご褒美にトリーツを少量与え、床に下ろします。

予防接種と健康診断

まずは健康チェックから

子イヌや子ネコが家にやってきたら、動物病院に連れて行き、健康チェックを受けることをお勧めします。獣医師は健康チェックにより栄養状態その他を把握します。場合によっては、今後の生活上の指導を受ける必要もあります。もし何か異常があれば、早めに対処しておかないと、環境の変化などによるストレスからさらに悪化してしまう危険性もあります。

また、健康状態が悪いとワクチン（注1）接種を行っても十分な免疫が得られないこともあります。動物病院では獣医師は視診や触診、聴診、糞便検査《ふんべんけんさ》等を行います。すなわち、栄養状態を見て、皮膚、被毛、耳、目、鼻、口などを見たり触れたりして異常がないか調べます。心臓や肺の聴診で異常が見つかる場合もあります。

糞便検査で寄生虫が見つかることもまれではありません。ネコでは猫白血病ウイルス（→544頁）と猫免疫不全ウイルス（→546頁）の検査（注2）を受けておいたほうが安心です。健康そうに見えるネコでも、検査をしてみたら陽性（感染している）ということもあります。感染ネコは将来、免疫不全や血液疾患を発病する危険性がかなり高く、複数のネコを飼っている場合はほかのネコにうつしてしまうおそれがあります。

注1【ワクチン】体の中にウイルスや細菌が侵入すると、免疫細胞や抗体が働いてそれらを体内から排除しようとする。ワクチンは弱毒・無毒化したウイルスや細菌（またはその一部）を体内に入れて、前もって免疫細胞にそのウイルスや細菌の情報を記憶させたり、抗体を作らせておき、ウイルスや細菌が侵入したときにいち早く対応できるようにするためのもの。

注2【猫白血病ウイルスと猫免疫不全ウイルスの検査】ネコの血液を少量採取して抗体検査・抗原検査を行う。

予防接種で防げる病気

現在、ワクチン接種によって予防できる病気には、イヌでは犬ジステンパー（→507、540頁）、犬パルボウイルス感染症（→542頁）、犬伝染性肝炎（→542頁）、犬アデノウイルス感染症（→306頁）、レプトスピラ症（→549頁）、犬コロナウイルス感染症（→542頁）と犬パラインフルエンザ症、狂犬病（→404、541頁）があります。狂犬病は、狂犬病予防法という法律で3カ月齢以上のイヌに接種が義務づけられていますが、ほかのワクチンは任意に接種します。通常、狂犬病以外は混合ワクチンの形で接種し、5種混合ワクチンから9種混合ワクチンまであります。

ネコでは猫伝染性鼻気管炎（→548頁）、猫

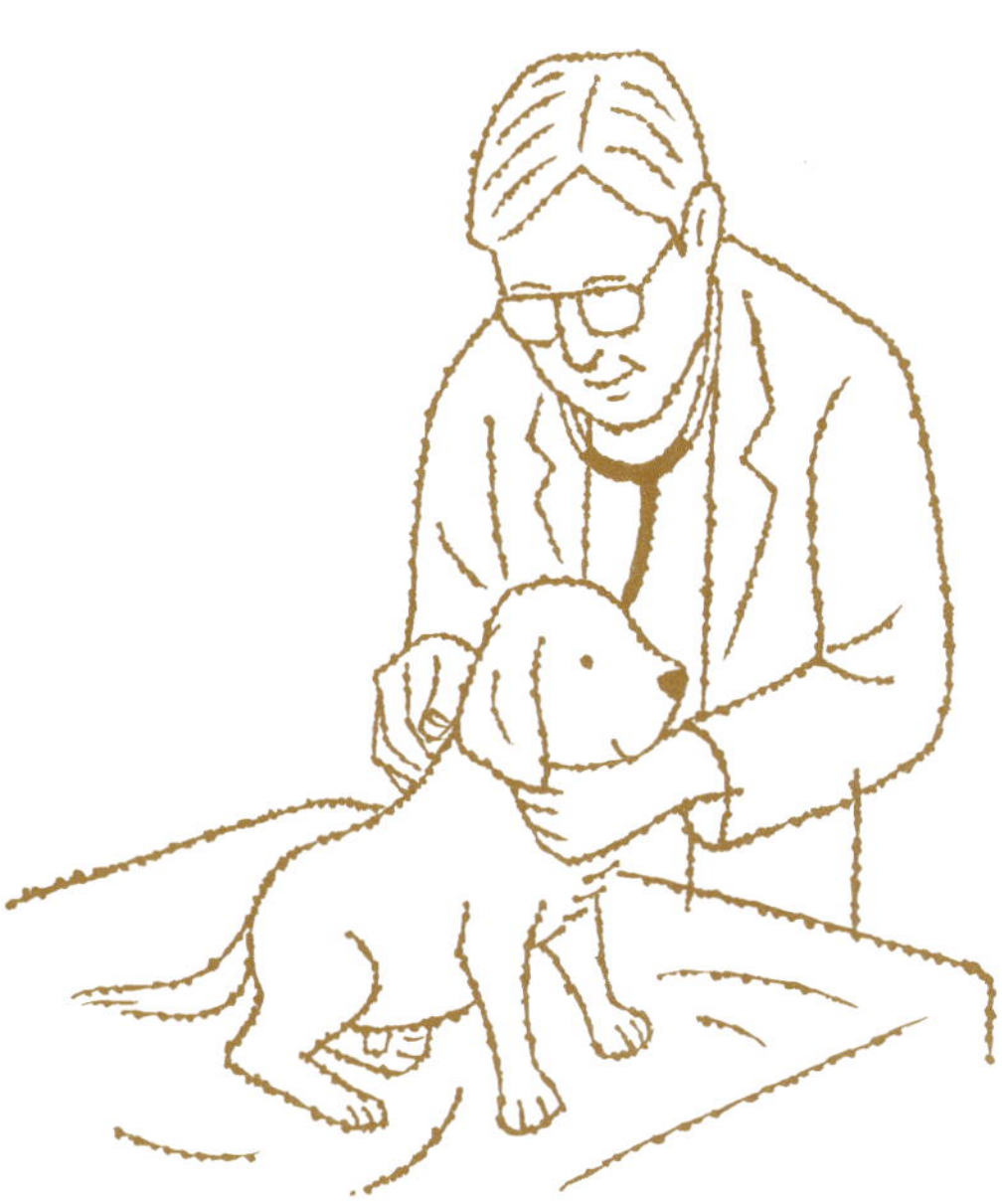

カリシウイルス感染症（→306頁）、猫《ねこ》汎《はん》白血《はっけつ》球減少症《きゅうげんしょうしょう》（→548頁）、猫白血病ウイルス感染症（→544頁）、猫クラミジア感染症（→552頁）が予防でき、3種混合ワクチンから5種混合ワクチンまであります。また、猫免疫不全ウイルス感染症ワクチンも開発されました。どのワクチンが適切かは、飼育環境や地域によって異なりますので、獣医師に相談するとよいでしょう。

予防接種はいつすればよい？

動物が家にやってきたらすぐにワクチンを接種するのではなく、1週間前後はまず新しい環境に慣らします。移動や生活環境の変化によるストレスは、胃腸炎を起こしたり免疫力を低下させます。生命にかかわるような事態になることもまれではありません。シャンプーや耳そうじなど、イヌやネコにとってストレスになりそうなこともできるだけ避ける必要があります。したがってこの時期が過ぎてからワクチン接種を行います。

ほとんどの子イヌや子ネコは母乳から免疫をもらいます（移行抗体）。この免疫は生後約2カ月から4カ月で消失しますが、その時期には個体差があります。この母乳からの免疫量が多いとワクチンが効かないため、初年度のワクチンは数回接種する必要があります。

通常は初回ワクチンを生後8週で接種し、以後3～4週間ごとに15～18週まで接種します。終了時期はワクチンの種類により異なります。また、移行抗体の影響をまったく受けない時期に初回ワクチンを接種しても、1年以上持続する強い免疫を作るためには2回以上の接種が必要です。

初回接種より1年目以降は、現在のところ1年に1回追加接種することが推奨されています。

ワクチン接種の前には必ず健康チェックをし、健康であることを確認してから接種します。できれば事前に一度受診して健康チェックを受け、後日ワクチン接種をするのが理想的です。

予防接種後に注意すること

(1)最終のワクチン接種後2～3週間で完全な免疫ができますので、それまでは公園など感染の機会のある場所には連れて行かないようにします。

(2)接種当日は激しい運動やシャンプーは避けてください。

(3)熱が出たり、注射部位を痛がったりすることがあり、そのために震えたり、元気がなくなることもあります。通常は1～2日で回復します。

(4)まれに接種後、アレルギー反応やアナフィラキシーショック（注3）を起こすことがあります。じんま疹《しん》や顔の腫《は》れ程度のものからショック状態になるものまで様々ですが、ワクチンという性格上、絶対に起こらないとはいい切れませんので、異常がみられたらただちに動物病院に連絡してください。

（下田哲也）

注3【アナフィラキシーショック】即時型アレルギー反応の一つ。反応が非常に重度で、体内に異物（抗原物質）が取り込まれて数分から数十分以内にじんま疹や呼吸困難、チアノーゼ（→114、168頁）、嘔吐《おうと》、下痢、血圧低下などの症状がみられ、ショック状態に陥ることもある。ハチに刺されると、1度目はそれほどでもないが、2度目に非常に強い反応が出るのはこのアレルギー反応である（個体差がある）。アナフィラキシーショックは死に至るケースもあるため、迅速な処置が必要で（→115、597頁）、ただちに動物病院へ行くべきである。

現在使われている主なイヌとネコのワクチンの種類

イヌのワクチン

ワクチン名	販売会社	D	H	A	P	Pi	L	C
キャナイン9	微生物化学研究所	○	○	○	○	○	○	○
キャナイン8	微生物化学研究所	○	○	○	○	○	○	
キャナイン6	微生物化学研究所	○	○	○	○	○		○
キャナイン3	微生物化学研究所	○	○	○				
デュラミューン8	共立製薬	○	○	○	○	○	○	○
デュラミューン6	共立製薬	○	○	○	○	○		○
デュラミューン5	共立製薬	○	○	○	○	○		
バンガードプラス 5/CV-L	ファイザー	○	○	○	○	○	○	○
バンガード7	ファイザー	○	○	○	○	○	○	
バンガードプラス 5/CV	ファイザー	○	○	○	○	○		○
バンガード DA2P	ファイザー	○	○	○	○			
バンガードプラス CVP	ファイザー				○			
ノビバック DHPPi+L	三共	○	○	○	○	○	○	
ノビバック DHPPi	三共	○	○	○	○	○		
ノビバック PUPPY DP	三共	○	○		○			
ノビバック PARVO-C	三共				○			
ノビバック LEPTO	三共						○	
ビルバゲン DA2Parvo	大日本製薬	○	○	○	○			

D：犬ジステンパー　H：犬伝染性肝炎　A：犬アデノウイルス感染症　P：犬パルボウイルス感染症
Pi：犬パラインフルエンザ症　L：レプトスピラ症　C：犬コロナウイルス感染症

ネコのワクチン

ワクチン名	販売会社	VR	C	P	L	Cu
フェライン7	微生物化学研究所	○	○	○	○	○
フェライン4	微生物化学研究所	○	○	○	○	
フェライン3	微生物化学研究所	○	○	○		
フェロバックス5	共立製薬	○	○	○	○	○
フェロバックス3	共立製薬	○	○	○		
フェロセル CVR	ファイザー	○	○	○		
パナゲン FVRC-P	武田薬品工業	○	○	○		
ビルバゲン CRP	大日本製薬	○	○	○		
リュウコゲン	大日本製薬				○	

VR：猫伝染性鼻気管炎　C：猫カリシウイルス感染症　P：猫汎白血球減少症　L：猫白血病ウイルス感染症
Cu：猫クラミジア感染症

免疫とアレルギー

免疫の仕組みを知っておこう

免疫とは、細菌やウイルスなどの微生物の侵入や、体内における癌《がん》の発生から生体を守るための仕組みです。免疫反応は、まず、生体にとっての異物（細菌、ウイルス、カビ、癌細胞《がんさいぼう》、他個体の組織や細胞など）を抗原として認識することから始まります。この認識は抗原提示細胞といわれるマクロファージや樹状細胞が行います。

抗原提示細胞からの情報をもとにして、リンパ球（T細胞、B細胞）が増殖し、それぞれ機能をもったリンパ球に分化していきます。この増殖したリンパ球はそれぞれ１種類の抗原にしか対応できません。

同時に、B細胞は異物に特異的に働く抗体（IgGやIgM、IgA、IgEなど）を作りだします。これらの抗体は異物（抗原）と結合し、食細胞（好中球やマクロファージなど）やナチュラルキラー細胞（NK細胞）などの異物を殺す細胞に攻撃目標を知らせる標識となるのです。さらに、抗体と抗原が結合することにより補体という成分が活性化し、異物に付着します。その補体が異物を直接破壊したり、食細胞の作用をより効率的にしたりします。

一方、T細胞のあるものはヘルパーT細胞に分化してB細胞や食細胞の働きを刺激し、あるものは細胞障害性T細胞に分化してウイルスや細菌が感染した細胞や癌細胞を攻撃します。免疫システムにおけるこれらの情報伝達はヘルパーT細胞などから放出されるサイトカインという物質が担っています。

抗原提示細胞から抗原情報をもらったリンパ球は増殖して体内に散らばり、同じ異物が体内に再び侵入してきたときに備えます。次に同じ異物が侵入すると、すでにその異物に対応できるリンパ球が多数存在していますので、より速く、より強い免疫応答ができるわけです。これを免疫学的記憶と呼びます。一度伝染病にかかると二度と同じ伝染病にかからないことや、ワクチンの原理もこの免疫学的記憶によっています。

免疫の仕組み

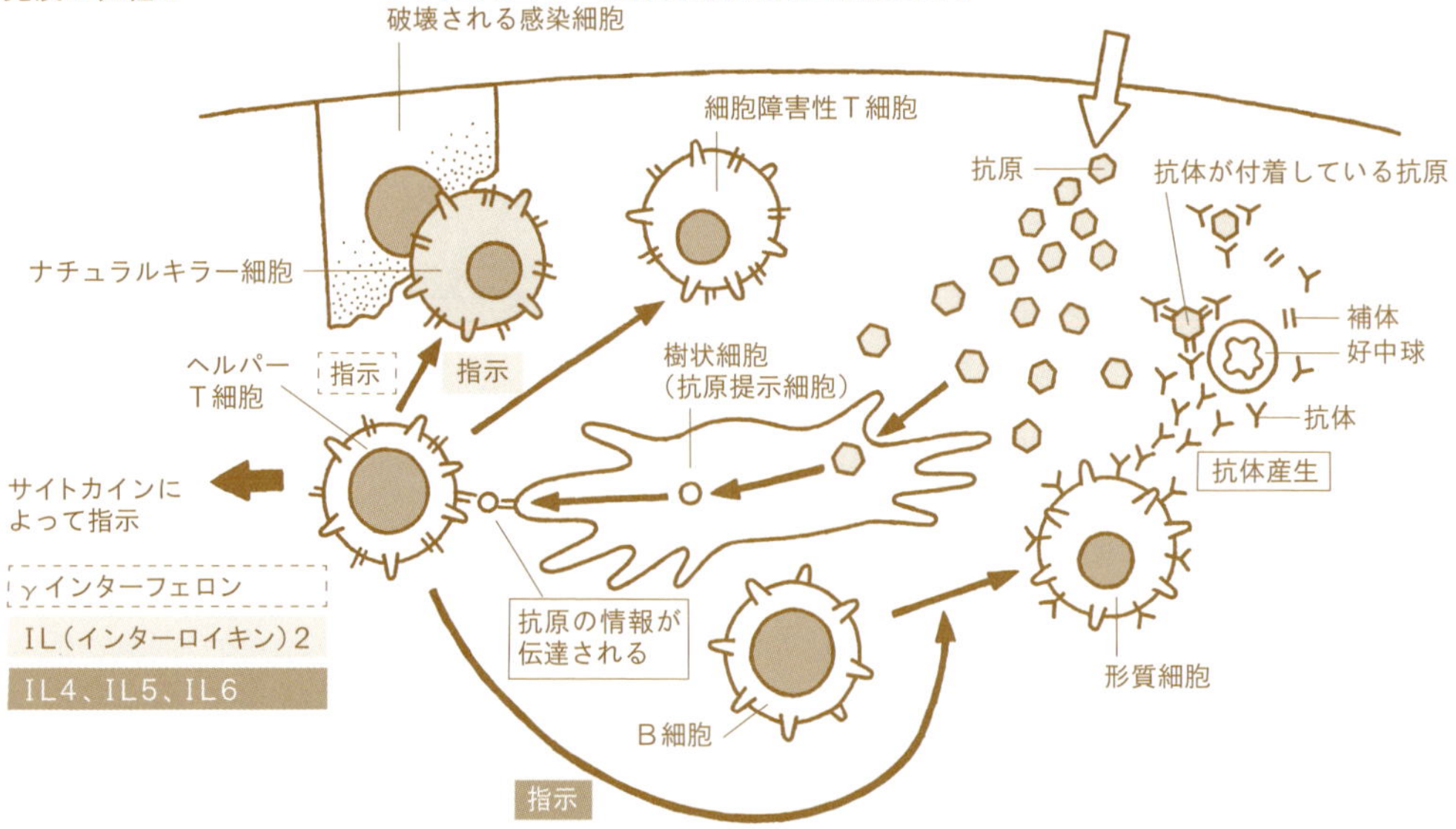

アレルギーについて

免疫反応は微生物の侵入や癌の発生から生体を守る重要な防御反応ですが、本来なら無害であるはずの抗原（異物）に対しても免疫反応が起こり、その結果、生体の組織や細胞に障害を起こすことがあります。これをアレルギーと呼びます。

また、異物ではなく自己の細胞や組織が抗原として認識され、抗体が産生されて障害が起こる自己免疫疾患という病気がありますが、これはアレルギーの特殊な型ととらえることができます。

アレルギーは４つの型に分類されています。Ｉ型アレルギーは、もっとも古くから知られているタイプで、一般に「アレルギー」というとこのタイプのアレルギーを指しています。アトピーや食物アレルギー、喘息、花粉症、じんま疹などがこれにあたります。まず、ハウスダスト、花粉、食物、薬物などの特定の抗原（アレルゲン）に対して IgE というタイプの抗体が多量に体内で作られます。IgE は肥満細胞や好塩基球と結合して、同じ抗原が再び体内に入ってくるのを待ちます。そして、抗原が入ってくると即座に IgE と抗原が結合し、肥満細胞や好塩基球から化学反応物質が放出され、その結果様々なアレルギー症状が現れます。この反応は非常に早く、抗原を摂取してから30分から２時間で反応が現れるため、即時型アレルギーともいわれます。

Ⅱ型アレルギーは、自己免疫疾患で多くみられるタイプで、抗原（自分の赤血球、血小板、皮膚組織など）に対して抗体（IgG や IgM）が作られ、食細胞やＮＫ細胞により破壊されるものです。免疫介在性溶血性貧血（→276頁）や免疫介在性血小板減少症（→284頁）、天疱瘡《てんほうそう》（→504頁）などの自己免疫疾患がこの種のアレルギーで発症します。

Ⅲ型アレルギーは、障害が起きる組織とは無関係な抗原と抗体の結合したもの（免疫複合体）が組織に沈着し、補体の働きなどによりその組織に障害が起こるものです。猫伝染性腹膜炎（→306、405、547頁）や糸球体腎炎（→360頁）などがこのアレルギー反応によって発症します。

Ⅳ型アレルギーは、抗体によらないアレルギー反応で、細胞障害性Ｔ細胞やマクロファージによりアレルゲンを処理しようとする結果、炎症が局所に起こります。抗原が入って一連の反応が完成するまで24時間から48時間を要するため、遅延型アレルギーともいわれます。ツベルクリン反応はこのタイプのアレルギー反応により起こります。

イヌとネコの行動と習性

イヌやネコはそれぞれの同種動物に対してだけでなく、生まれてから最初の数週間のうちに人間と接触することで、人間を容認するようになります。それがペットとして広く受け入れられる理由といえます。ただし、イヌとネコでは習性も行動の特徴もまったく異なりますので、それを理解して飼う必要があります。

イヌはなぜ上下関係を作るのか

イヌは群れを作る動物であり、社会性をもつ動物です。イヌの社会の仕組みと成り立ちは、その採食方法と狩りの方法に基づいています。イヌは組織化された群れで狩りをするため、自分より体の大きな獲物を捕らえることができます。1回の狩りで大きな獲物を捕らえられれば、群れの仲間で効率よく食料を得ることができ、合理的です。一方で、この方法には高度に組織化した命令系統、つまり上下関係が不可欠です。命令と確実な実行、つまり「リーダーの命令には絶対に従う」という関係ができ上がっていないと、狩りの成功率にかかわります。このように、生きていくための合理的な手段として、イヌは上下関係のある群れ社会を維持しているのです。

狩猟生活の維持向上の目的としてもう一つ、狩りをする場所にいる獲物の数が、群れの食料としての必要量を下回らない努力も必要となってきます。そこでほかの群れが侵入して餌《えさ》の取り合いにならないように、尿や糞《ふん》によるマーキングを行って縄張り（注1）を主張するようになりました。この行為は群れの中での階級が上にあるイヌほど、任務として頻繁に行う傾向があります。

イヌは一度に4匹以上出産することが多く、子イヌたちは成長の過程できょうだい犬たちとの遊びを通して、社会的行動、つまり上下関係の基礎を学んでいきます。具体的に

マーキング（においつけ）って何？

動物の体表には臭腺《しゅうせん》というにおいのある液を分泌する腺《せん》があり、マーキングにはそのにおいをつけるものと、尿や糞そのものを使って行うものとがあります。尿や糞は各個体によってにおいが異なり、排泄《はいせつ》した場所にはそのにおいが残るので、それで「ここは自分の場所だ」と主張できるのです。イヌは木や電柱など、高い場所へのマーキングを好みますが、それはより高い位置にあるにおいの持ち主のほうがその場所の所有権が上になるからです。

尿によるマーキングと普通の排尿は厳密には異なりますが、散歩や見回りのときに排尿を兼ねたマーキングをすることが多いようです。ときにはマーキングのみの目的で、尿意がなくても排尿することもあります。

は咬《か》みつきの許容範囲などです。

上下関係は食事の際にはっきり現れます。上位の者が優先され、よい部分を食べることができます。また、繁殖期が近づくと雌を獲得するために、群れの中で争いが起こるようになります。これも上下関係にかかわる現象で、いつもより気が荒くなる傾向があります。

注1【縄張り】狩りを行うための広範囲のいわば「仕事場」と、群れの普段の生活の場である「家庭」と、睡眠をとったりくつろいだりするための「個室」的なスペースの3種がある。

子イヌは遊びを通してどのくらい強く咬んでもいいか、といったことや、咬もうとするしぐさをすることで「威嚇する」ことを覚える

イヌを飼うときのポイント

以上の点を踏まえて、ペットとして人間社会でイヌを飼う際のポイントを挙げます。

成長期における人間やほかのイヌとのかかわりは、イヌの精神的・行動的な成長にとって重要な役割を果たします。母イヌやきょうだい犬との早すぎる別離を避けたほうがよいのはこのためです。ただし親きょうだいとの別離後も、ほかのイヌとの濃厚な接触が可能であればその限りではありません。

人間には「平等」という概念がありますが、イヌにはありません。必ず人間が上となった上下関係を作り、維持し続けることが重要です。なぜ人間が上にならなければならないかというと、攻撃性やむだ吠《ぼ》え、マーキングなどの問題行動（→86頁）を避けるためです。イヌが人を咬めば、飼い主は人間社会で責任を問われることになります。むだ吠えやマーキングは飼い主の生活の質を落としますし、ご近所付き合いに支障をきたすかもしれません。

また、人間が上であることはイヌの健康管理の面からいっても重要です。飼い主はイヌの体のどこにでもさわれないといけません。さわれないと皮膚病や腫瘍《しゅよう》の発見も遅れますし、耳そうじ、歯の手入れ、爪《つめ》切りといった家での簡単なケア（→74頁～）ができません。

イヌは人間の性別を識別でき、通常は同性に対して上下関係を築く傾向があります（注2）。したがって雄のイヌはなかなか女性の飼い主を上と認めません。この場合はイヌに接するときに男性的な態度をとったり、声を低くするなどの対応で改善することがあります。これもイヌの習性と理解しなければいけません。

ここまではイヌ全般の共通点を説明しました。しかし同じイヌでも、ペットとしての長い歴史の中で、牧羊犬、狩猟犬、番犬、闘犬、愛玩犬《あいがんけん》など、犬種によって習性は著しく異なってきています。どのイヌがどのような習性をもち、どのような飼育環境が適しているのかをよく調べる必要があります。人気犬種だからとか、外見がかわいいといった理由で飼い始めることがいちばんの問題といえます。たとえば飼い主の仕事が忙しく、住環境

があまり広くない家庭で、つまり十分な運動スペースや時間が確保できない環境で猟犬や牧羊犬を飼うのは適切とはいえません。飼い主のライフスタイルや生活環境に適した犬種を選ぶことが大切です。

注2【同性に対して上下関係を築く】通常イヌの群れの中では同性同士で上下関係ができている。雄より雌が下にある。

ネコは単独でも集団でも生活できる

ネコは人間ともイヌとも違った行動パターンと習性をもっています。ネコはネズミや昆虫などの超小動物を単独で捕食して生活します。生きるために集団生活をする必要はありません。したがって通常は単独行動をとります。おなかがすいたら狩りをして食べ、眠くなったら眠るといった、非常にマイペースな行動をとるのが普通です。そのため、イヌほど飼い主に対する依存心はないといえます。

しかし、ネコは必ずしも単独生活だけをするわけではなく、条件によっては集団生活も営んでいます。しかし、その集団はイヌのそれとはだいぶ趣きが異なります。

たとえばネコ好きの人が決まった場所に定期的に食べ物を置いているような場合は、その周囲でネコが集団生活をすることがあります。通常、ネコの集団は母ネコとその子ネコたちで構成されています。一般的に、雄のネコは血縁関係がなくてもいくつかの群れと共存できますが、雌のネコは追い出されます。

また、ほかのネコを受け入れやすいネコと、そうでないネコがいます。集団生活を営むとはいっても、イヌのように群れの中で上下関係を作ることはないようです。食べ物を食べる順番はあっても、それは服従しているのではなく、「そのネコより先に食べると攻撃されるので仕方なく待っている」のです。

ネコの尿スプレー

- 少量の尿を尾を立てた状態で噴射する
- 雄ネコに多い（雌はまれ）
- 通常の排尿とは違い、縄張りのマーキングのために行う
- 気持ちを落ち着かせるために行うこともある

このように、ネコはほかのネコや人間と十分に快適な集団生活を営める動物ですが、人間とイヌのそれと同様の関係を築けるわけではないことを理解しておいてください。イヌは飼い主のことを「生活に必要だからともに暮らしている」ととらえていますが、ネコは「好きだから一緒にいる」といった友達感覚に近いとらえ方をしているのです。

ネコにも縄張りがあり、縄張りのマーキング方法は嗅覚《きゅうかく》に訴える尿スプレーが一般的です。糞もマーキングとして使うことがあります。普通、ネコは排泄物を土に埋めますが、マーキングとして行った場合はまったく埋めないか、一部露出したままにします。また木や家具などの垂直面で行う爪とぎもマーキング行動と考えられています。これは引っ掻《か》いている間に足の腺からにおいが出るので、視覚と嗅覚に訴える方法です。そのほかに下顎《かがく》（下口唇部周囲の皮膚）や口の腺のにおいを小枝などの突起物にこすりつける行為もあります。ネコの場合はこれらマーキングが、ライバルのネコを寄せ付けないようにするのと同時に、そうすることで自分が安心感を得るという、2種類の目的をもつ点が複雑です。

怒られたときにスプレーしたり、新しい家具に顔をしきりにこすりつけるのは、安心感のためでしょう。

ネコも本来は狩猟動物であり、家で飼われて十分な食物を与えられていても狩りをします。単独行動なので小鳥や小型げっ歯類が獲物となります。方法は通常、子ネコのときに母ネコから教わりますが、教わる機会のなかったネコでもできるようになります。ただし獲物を一撃で仕留めることを習得するのは難しいようです。ときどき、獲物を放してはまた捕まえるといった行為を目にしますが、それはネコが残虐だからなのではなく、単に狩りがうまくないためか、飼い主にアピールするためのようです。

ネコを飼うときのポイント

以上の点を踏まえて、ネコを飼う際のポイントを説明します。

ネコは単独行動も集団行動もできる動物です。よって、つかず離れずの関係がベストといえます。つねに人間やほかのネコと一緒にいるのは苦痛なので、家の中では姿の見えなくなるような隠れられるスペースを確保してあげましょう。またネコは自分から人に甘えるのは好きですが、1匹でくつろいでいるときにさわられるのは嫌いです。ネコとの友好関係を築くには、さわりたいのを我慢して、ネコが寄ってくるのを待ちましょう。

すでにネコのいる家庭で、新しいネコを飼い始めるときは、慎重に対処してください。自然に発生したネコの集団には血縁関係があります。成猫のいる家庭で血縁関係のない子ネコを迎えた場合、新しい子ネコは適応しますが、先住ネコがストレスを感じることが多くなります。この場合も逃げ込める場所を必ず確保して、徐々に会わせるように工夫しましょう（→90頁）。

尿スプレーと不適切な場所での排尿は厳密には異なります（注3）が、両方を避けるために、まず飼い始めのときにトイレの場所を吟味する必要があります（→60、71頁）。

尿スプレーにはネコの精神的不安要因もあるといわれています。飼い主とのコミュニケーション（時間と方法）、ほかのネコとの関係、住環境等を考慮して、ネコをなるべく不安にさせないようにすることで予防できる場合もあります。

雄のネコでは発情と尿スプレーは密接に関連しています。この場合、去勢手術で防止できるケースも多くなっています。（秋山　緑）

注3【尿スプレーと不適切な場所での排尿】尿スプレーはネコが意識してトイレ以外の場所ににおいをつける目的で行う行為。不適切な場所での排尿とは、飼い主にとって不適切な場所だが、ネコにとってはそこはトイレである場合。

ネコが爪をとぐ理由

ネコの爪は人間と違って、根元から先端に向かって伸びるのと同時に、内部から外部へも層状に伸びていきます。そのため、爪とぎをして外側の爪をはがさないといけないのです。爪の手入れのための爪とぎは、爪を何かに食い込ませて引き抜くような動作をするか、歯で爪をかじるようにして行うのが普通です。また、ネコは気持ちを落ち着かせるためやマーキング行動としても爪とぎをします。マーキング目的の爪とぎは、物に爪が食い込んだ状態で長く引っ張り、引っ掻いた線が残るようにします。

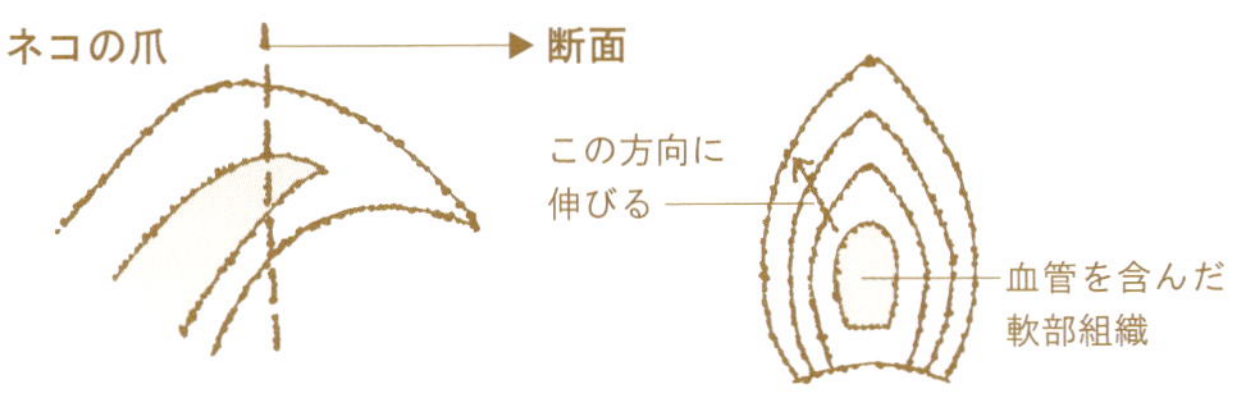

イヌとネコの健康管理

動物の健康管理における飼い主の責任は重大です。病気は動物病院で治療しますが、病気を見つけ出すのは飼い主です。また、一部の治療は飼い主が家で行うことでもあります。病気を見つけるためにも、病気を治療するためにも、飼い主は動物の体のどこでもさわれるようになっていないといけません。そのためには動物との信頼関係を築いていなければなりませんし、しつけも必要です。何が異常かを判断できる知識をもち、日頃から病気を招きにくい生活や環境等を工夫するよう心がけましょう。

乳児期（誕生から6～8週まで）

乳児期のイヌ・ネコは1日の9割の時間を眠って過ごします。睡眠は体の成長にとって重要なので、眠っている子は起こさないようにしましょう。

食事は母乳が好ましいのですが、母親がいなかったり母乳が出ないような場合は、イヌはイヌ用の、ネコはネコ用のミルクを与えます（→100頁）。

排泄《はいせつ》は自力ではできません。通常は母親が尻《しり》や腹部を舐《な》めて排泄補助をします。それができない場合は、人間が下腹部をマッサージ〈図1〉したり、肛門《こうもん》と陰部・ペニスをティッシュペーパーなどで軽く圧迫〈図2〉して補助します（→100頁）。排泄補助は授乳と同程度の間隔で行います。

この時期は体温調節もできないため、つねに母親の体に接していないと低体温症（→112頁）となって命にかかわります。母親と長時間（20分以上）離すときは湯たんぽなどで保温しましょう。保温器による低温やけどや熱中症（→111、229頁）にも注意してください。ペット用のヒートマットは高温になりすぎることはないでしょうが、お湯を使った湯たんぽの場合はやけどを起こさないよう、タオルなどでくるんで調節します。

自然分娩《しぜんぶんべん》では出産時に母親がへその緒を食いちぎるのですが、ちぎり過ぎて腹部に穴が開いてしまったり、へそから感染が起こったりすることもあります。分娩後は子イヌや子

〈図1〉排便の補助
矢印の方向にマッサージする

〈図2〉排尿・排便の補助

ネコのへそを毎日見て、熱をもって赤くなっていたり、膿《うみ》が出ていたりしないか確認しましょう。

乳児期の子どもは毎日必ず体重が増加するので、1日1回体重チェックをしてください。体重が増えない場合は、ミルクを足すか、獣医師の検診を受ける必要があります。

この時期は母乳からの移行抗体（→62頁）で守られています。しかし免疫力は乏しいため、ほかのイヌやネコとの接触は避けたほうが無難です。

子どもの体が汚れた場合は洗ってかまいませんが、シャンプーのにおいによって母親が子育てをしなくなることもあります。お湯洗いだけにしてシャンプーは使わないほうがよいでしょう。

目が開くのは
生後１週間前後

子ども期（生後2カ月から8カ月）

離乳がほぼ完了してからの子ども期は、ある程度の体温調節ができるようになり、起きている時間も長くなって、活発に行動を始めます。しかし依然として睡眠時間は長く、それは心身の成長に不可欠です。眠っているときには起こさないように注意しましょう。睡眠中に起こすといらいらした性格になる傾向もあります。

この時期の外界の知覚は、視覚や嗅覚《きゅうかく》よりも噛《か》んだり舐めたりといった口を使った接触によるところが大きいのです。また、歯が生えてくるので、歯ぐきがかゆいのを物を噛んで紛らわそうとします。そこで周囲の物を噛んだり、飲み込んでしまう事故が起こります。生活環境を整える（→59頁）とともに、安全で噛んでもよいおもちゃを用意するようにしましょう。電気コードは噛むと感電死する危険がありますが、同時に室内から取り除けない物でもあります。この場合は、レモン汁やタバスコのような刺激物を塗っておくと、一度噛んでいやな思いをすると、あとは二度と噛まないという学習ができることがあります（注1）。

そろそろ排泄習慣を身につける時期です。普通、食後にもよおすので、排泄しそうな様子がみられたら、決まった場所で、決まった素材（新聞紙やペットシーツ、ネコ砂）を使った排泄場所に連れて行って習慣づけましょう。一度決めた場所や素材はなるべく変更しないようにしてください。また、トイレと食事の場所が近すぎると排泄したがらないことがあります。人が頻繁に通る場所やうるさい場所も好ましくありません。

トイレの習慣が完成した後にトイレ以外の場所で排泄する場合は、問題行動なのか病気なのか発情なのかを見極める必要があります。トイレ以外の場所で何回も排泄したら、動物病院で尿検査等を受け、健康上の問題かどうかを把握しましょう。いずれにしてもトイレは清潔に保つこと、尿や糞便《ふんべん》の状態は普段から観察することが大切です。

生後2カ月になったらワクチン接種等の予

防を始めることができます（→61頁～）。蚊の出る季節であれば、犬糸状虫（フィラリア）症（→258、580頁）の予防薬を服用します。ノミ・ダニ駆除も同様です。イヌやネコは体を舐めることで外部寄生虫を飲み込んで駆除しますが、子どもはそれがうまくできません。そのため重い寄生虫感染を起こしたり、ノミ吸血性の貧血となって命にかかわる場合があります。

この時期からブラッシング、耳そうじ、歯の手入れ、爪《つめ》切り等、家でできる簡単なケアを始め、体じゅうをさわれるように習慣づけましょう。体の手入れについての詳細は74頁を参照してください。

健康面だけでなく、行動面での社会性を身につけるために、この時期は母親やきょうだいとの接触が重要です。4カ月齢くらいまでは家族と同居させたほうが、のちのちの問題行動が防げる傾向があります。

注1【刺激物を塗って学習】イヌは甘味・辛味・酸味・苦味を感じるが、その感度は人間より低いとされている。ネコは甘さがわからない。イヌもネコも酸っぱい味は嫌う。

成犬（生後10カ月前後～）

成犬は毎年のワクチン接種、犬糸状虫（フィラリア）症予防薬の投与、ノミ・ダニ駆除を行うほか、適切な食事と体重管理を心がけてください。年に1度は獣医師による健康チェックを受けるとよいでしょう。また、適切な時期に避妊・去勢手術を受けるようにしましょう。

犬種によって適当な運動量と内容は異なります。猟犬や牧羊犬は運動の必要な活発な犬種ですから、運動不足は心身ともに不健康な状態を招きます。しかし、犬種によってはリスクの大きなスポーツもあるのです（→83頁）。スポーツは犬種や年齢を見極めて試みるようにしましょう。

室内の環境としては、日本人の生活が欧米化し、フローリングやソファー、ベッドの利用が増えていますが、これらはイヌの生活習慣病の原因ともなりますから注意が必要です（→83頁）。

イヌは汗腺《かんせん》が発達しておらず、呼吸によって体温を下げています。しかし激しい呼吸運動が続くとのどや気管を傷めますから、とくに夏は涼しい環境にする必要があります。呼吸による体温低下は人間の発汗よりも効率が悪いため、熱中症（→111、229頁）にかかりやすい傾向があります。とくに小型犬は足が短く、地面と胴体の距離が近いため、アスファルトの照り返しで人間よりも体温上昇しやすい状況にあります。アスファルトの温度が下がるのには日没から2～3時間かかりますから、夏の散歩は早朝か夜遅めにするほうがよいでしょう。また、その時間帯であっても、水を持ち歩いてときどき飲ませるようにしましょう。ぐったりするなど熱中症の症状が出たら、その水を体にかけるといった応急処置にも使えます。

成猫（生後10カ月前後～）

成猫は毎年のワクチン接種、ノミ・ダニ駆除を行うほか、適切な食事と体重管理を心がけてください。病気をしなくても、年に1回は獣医師の診察を受けましょう。避妊・去勢手術も受けておいたほうが安心です。

成猫はほとんど運動をしません。ただし人

間やイヌのような運動はしなくても、ネコは垂直方向に動くのを好みます。つまり高いところに登りたがるのです。ネコが安全に登れる高い場所を作ってあげましょう。たんすの上などに敷物を敷いてあると、登った瞬間に滑り落ちて危険なので、滑りやすい素材は置かないようにします。また登ってほしくない場所は、近くに段差を作らないようにするか、天井まで物を置いてネコが登れないように工夫してください。

　ネコも汗腺は発達していないので、体を舐めてその唾液《だえき》の気化熱で体温を下げます。そのため夏は体液が減り、尿量が少なくなる傾向があります。水分を多くとるように工夫するか（ドライフードよりも缶詰にするなど）、冷房を入れてグルーミングを減らすようにします。ただしネコはヒゲや鼻などの感覚器が刺激されるため、風を受けるのを嫌います。エアコンの風が直接当たらないように注意してください。

　ネコは体温を下げるためだけでなく、換毛期やくつろぐためなど、様々な理由で頻繁にグルーミングをします。とくに長毛種では、飲み込んだ毛が胃の中で絡まってヘアーボール（→145頁）を作ってしまうことが多々あります。これは食欲不振や嘔吐《おうと》の原因となりますから、頻繁にブラッシングをするか、飲み込んだ毛が絡まらないようなサプリメント（市販品）を利用するとよいでしょう。

高齢犬・高齢ネコ

　個体差はありますが、およそ7～8歳を過ぎるとイヌもネコも老化が始まります。高齢犬・高齢ネコとしての健康管理を行う必要があります。詳細は101頁を参照してください。

（秋山　緑）

イヌとネコの体の手入れ

体の手入れの必要性

イヌやネコの体の手入れを行うことは、見かけ上の好印象を得るためだけではなく、被毛が飛び散ったり、それによって飼い主の衣服や家屋が汚れるのを防ぐためにも重要です。また、十分な手入れを行えば、ある種の病気を予防するという効果も期待できます。

トリミング

トリミングは、全身の被毛を短くしたい場合や、不要な被毛を除去する場合に行います。とくに腹部や肛門《こうもん》周囲、四肢の掌部の被毛は、短くしておくほうがよいでしょう。

腹部は、へそから尾側の部分の毛を刈り取ります。ここの部分にバリカンをかける際には、イヌを立たせておくと操作が容易になります。

肛門周囲の被毛は、肛門を被《おお》っていたり、糞便《ふんべん》が付着する部分を刈り取るようにします。バリカンを用いる場合は、肛門にその刃が当たらないように、肛門から外向きにバリカンを動かします。

四肢の掌部は、イヌ、ネコが汗をかく場所であり、過度に湿潤して蒸れていることがあります。このため、肉球の間や周囲に生えている被毛を刈ることが奨《すす》められます。この際、肉球を十分に開いて毛を刈るように注意します。ただし、大型犬や肥満したイヌの場合は、肉球の間に木の枝などが入ると、体重の重みで皮膚に刺さることがあります。こうした事故を予防するため、体重の重いイヌでは、掌部の被毛は表面だけを刈り取り、深部には毛を残しておくとよいでしょう。

ブラッシング

ブラッシングは、イヌやネコの皮膚と被毛の汚れを取り除くことを主な目的とします が、加えて皮膚の血行をよくする効果も期待できるものです。

ブラッシングには、ブラシ、スリッカー、コーム（櫛《くし》）などを使用します。ブラシは、とくに長毛種のイヌやネコに用いるとよいでしょう。スリッカーは、毛玉や被毛のよれを取り去る際に有用です。コームは、ブラシやスリッカーによるブラッシングの後、仕上げ用に用いることが多いものです。

シャンプー

皮膚や被毛の汚れを取り除くために、ブラッシングに加えてシャンプーをします。とくにイヌに対しては、定期的にシャンプーを行うとよいでしょう。

シャンプー製品には、色々なものが販売されています。人間用のシャンプーを選ぶのと同様、一度使ってみて相性のよい製品を選びます。

シャンプーを行うときは、被毛だけにとどまらず、皮膚までよく洗浄することを心がけます。とくに耳介の付け根と前肢の肘《ひじ》の部分は皮脂がたまりやすいので、丁寧に洗うようにします。

シャンプーの後は、リンスを行います。リンス製品も、シャンプー製品と同様に相性のよいものを選びます。

その後、タオルで十分に水分を拭《ふ》き取り、ドライヤーを用いて乾燥させます。ドライニングは、ブラシやスリッカーを使ってブラッシングをしながら行うと効果的です。完全に乾燥させないと、後でフケが出やすくなることがあります。

耳そうじ

耳の中を清潔に保つために、定期的に耳そうじを行います。とくに耳介が垂れている犬種では、耳の中が汚れがちなため、耳そうじは必須《ひっす》の手入れです。

シャンプーをするときに、併せて耳そうじもするのがよいでしょう。ただし、汚れが目立つときには、さらに頻繁に行っても問題ありません。

犬種によっては、耳の中に被毛が生えているので、まず、これを抜き取ります。ペットサロンでは鉗子《かんし》という器具を使って毛を抜くことがありますが、家庭では指やピンセットなどで十分でしょう。なお、ネコの耳の中には被毛は生えていません。

最後に、市販のイヤークリーナーなどをコットンに湿らせ、耳の中を拭き取るようにします。ただし、あまり奥まで掃除をしないようにしてください。

爪《つめ》切り

爪が伸びすぎると、それが折れてイヌやネコがけがをすることがあります。また、過剰に伸びた爪で歩くと、家屋の床を傷つけたり、不快な音をたてることがあります。

2週間、あるいは長くても1カ月に1回は爪の伸び具合を調べ、伸びていたら切るようにします。爪切りの用具は、イヌ、ネコ用に市販されているものを用います。

白色の爪は、血管が見えるので、それよりも先端を切断します。しかし、黒色の爪は、血管が見えないので、少しずつ切っていきます。万一、出血した場合には、その部分をガーゼなどで被って強く圧迫するか、または止血剤を用いて、出血を止めます。止血剤には市

腹部のトリミング
へそから尾側の部分の被毛を刈り取る

肛門周囲のトリミング
バリカンは肛門から外向きに動かす

掌部のトリミング
肉球の間や周囲に生えている被毛を刈り取る

販されているものがあるので、必要に応じて常備するとよいでしょう。

イヌの場合は、爪切りの後、爪やすりで切断面を丸めるようにします。ただし、ネコでは、爪やすりをかけると爪が割れることがあるので、この処置は行いません。

眼の周囲の手入れ

眼やにがついている場合、簡単に取れるものであれば、コットンなどで軽く拭いて取り除きます。眼やにが硬くなっているときには、コットンに水を含ませ、眼やにを軟らかくしてから除去します。

イヌの場合、とくに白色の被毛のイヌなどでは、眼の周りの毛が赤褐色になる涙やけを起こしがちな品種があります。こうしたイヌに対しては、眼の周りの被毛が長ければ、眼の上と鼻の上の毛をスキバサミでカットします。

鼻の周囲の手入れ

イヌの鼻の周囲の被毛は、少しでも長く伸びると鼻の頭の部分に触れてしまったり、口の中に入ってしまうことがあります。そこで、鼻の周りの毛も、スキバサミで短くするようにします。

ネコでは、鼻の周りは被毛が生えにくい場所ですから、手入れの必要はほとんどありません。

歯の手入れ

人間と同様に、イヌやネコにも歯垢《しこう》や歯石が付着します。そこで、食後に歯を磨いてあげるようにします。イヌ用にはガムが販売されていますが、人の指にガーゼを巻いてこすったり、歯ブラシで磨くほうが効果的です。

歯ブラシには、大小のサイズがあり、前歯用と奥歯用の二つのタイプのブラシがついているものもあります。また、指サック式の歯ブラシも市販されています。歯ブラシは、水をつけたり、あるいは専用のゲルをつけて磨くようにしますが、このとき、あまり力を入れ過ぎないように注意します。

歯石が付着してしまったときは、人間の爪でこすってみます。これで取れない場合には動物病院で取り除いてもらうのがよいでしょう。

（深瀬　徹）

イヌとネコの体の手入れ用品のいろいろ

ブラシ

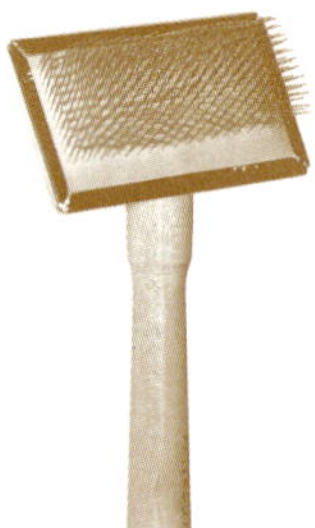

スリッカー

爪切り

指サック式歯ブラシ

イヌとネコの食事と栄養

イヌやネコが健康で過ごすためには、適切な食餌《しょくじ》管理《かんり》が欠かせません。食餌管理を行ううえでまず理解しなければならないのは、イヌは雑食で、ネコは肉食動物であるという事実です。それは採食方法や代謝方法の違いに現れ、したがって食餌管理の方法もイヌとネコではまったく異なってきます。飼い主はそれぞれの食習慣を理解する必要があります。また成長段階での違いも知っておかなければなりません。

イヌの食習慣

イヌは群れで狩りを行い、自分よりも大型の草食動物を捕まえて、一度の狩りで群れ全体の食料を確保します。獲物を仕留めると真っ先に腸とその内容物（便）を、次に皮や筋肉を食べます。群れのイヌたちがほぼ同時に食べ始めるので、自分の分け前が減らないように急いでガツガツと食べます。肉を飲み込める大きさに食いちぎって、ほんの数回咀《そ》嚼《しゃく》して飲み込むのです。このため、イヌは大量の胃酸を分泌するようになりました。そして、次にいつ獲物にありつけるかわからないので、胃は極端に大きく拡張できるようになり、一度に大量に食べる特性が生まれました。

ときには落ちている草食動物の糞《ふん》を食べることもあるようです。草食動物の糞とは、つまり草のことです。野菜や果物、キノコなどをそのまま採食する習慣もあります。ただし習性的には肉食の強い雑食と考えてよいでしょう。

イヌに必要な栄養素

イヌに必要な栄養素の種類と量のバランスは、基本的に人間と同じと考えられます（→611頁）。唯一の例外がナトリウム（いわゆる塩分）です。人間は皮膚の汗腺《かんせん》が発達しているため、汗をかくと同時にナトリウムを失います。一方、イヌは汗腺がほとんど発達していないので、ナトリウムの必要量は人間の10分の1以下です。ナトリウムの過剰摂取は腎臓《じんぞう》に負担をかけ、腎不全《じんふぜん》（→357頁）の発症率を上げます。また、高齢で心不全（→255頁）を患っている場合は、病気の進行を進めます。ドッグフードを手作りで与えるときは、味付けや塩分の添加はせずに調理しましょう。

イヌの適切な食事量

イヌの適切な食事量は成長段階や運動量、犬種によって様々です（→612頁）。本能的に、あればあるだけ食べてしまうので、量は飼い主が調整しなければいけません。成長期であれば定期的な体重チェックをして食事の量を日々加減します。成犬では基本的には毎日同じ量を与えることになりますが、運動量や季節、飼育環境によって加減します。たとえば屋外で飼っている場合は、冬は体温の低下を防ぐために消費カロリーが増加するので、食事量も増加します。また避妊・去勢後の動物は基礎代謝率（注1）が落ちるため、手術前より食事量を減らす必要があります。高齢になってから食事量を減らすのも同様の理由によります。

妊娠中、授乳中のイヌは食事量を増やす必要があります（→94頁）。注意が必要な点として、妊娠の初期から中期は胎子があまり成長しないので、この時期に食事量を増やしすぎると肥満を引き起こし、難産の確率が高まります。食事量を増やすのは妊娠の後期（妊娠40日目以降）からのほうがよいでしょう。そして乳を作るために妊娠中よりも授乳中のほうが食事の要求量は増加します。

成長期のうち、乳離れするまで（生後6～8週くらいまで）は、母乳を飲んでいるのであれば、それは完璧《かんぺき》な栄養食なので問題ありませんし、人工乳を飲んでいる場合も、イヌ用であれば問題ありません。毎日母イヌと子イヌの体重チェックをして、母イヌの体重が安定していることと、子イヌは増加していることを確認しましょう。とくに母イヌの食餌

ネギ

タマネギ

イヌに食べさせてはいけないもの

イヌに与えてはいけない食べ物はネギ類（ネギ、タマネギ、ニラ）、チョコレート、鳥の骨です。ネギ類（→621頁）は溶血（赤血球が壊れること）を引き起こす中毒物質を含んでいます。ネギの煮汁に含まれている程度の量でも中毒を起こすイヌもいるので注意が必要です。チョコレート（→621頁）はテオブロミンという毒素が含まれています。チョコレートの種類によっては含有量が少ないものもありますが、基本的には避けたほうがよいでしょう。イヌ用チョコレートとして売られているものは実はチョコレートではなく、チョコレート味を付けたものなのです。鳥の骨で中毒を起こすことはないのですが、噛《か》んで裂けると針のように鋭利な形になり、それが胃腸に刺さる物理的な危険があります。

また、成分的に問題はなくても、一部のジャーキーなどの硬すぎる食品は胃腸障害を招くので注意が必要です。もちろんよく噛んで食べるイヌにはまったく問題ありません。

鳥の骨

チョコレート

ニラ

管理に気を配りましょう。

　離乳中は乳（液体）と食物（固形物）の両方を与えるわけですが、徐々に固形物の量を増やしていきます。固形物は、初めのうちは水やイヌ用ミルクで溶かしてポタージュ状にしたほうが消化しやすくなります。固形物の量を増やすと同時に溶かす水分量も減らしていきましょう。

　離乳後（8週～8カ月）は固形食を与えて、成犬になるまでは定期的な体重チェックで適切な量を加減しながら増やしていきます。食事の回数は1日3回以上に分散させましょう。成長期用のドッグフードには十分な栄養が含まれているので、通常はカルシウムなどのサプリメントの添加は必要ありません。逆に、成長期の過剰なカルシウム摂取は成長期骨関節疾患（→615頁）の発症のリスクを高め、問題です。

　成犬（10カ月～7歳）は基本的には毎日の食事の量は変わりません。運動量や環境に応じて増減します。食事回数は1日2回以上がよいでしょう。イヌは胃酸過多なので、食事の間隔が長いと過剰な胃液を嘔吐《おうと》して胸やけを抑えることがあります。頻繁な嘔吐は逆流性食道炎（→330頁）の原因となり、好ましくありません。

　高齢犬（およそ7歳以降）は基礎代謝率が低下するので、成犬時よりも摂取カロリーを減らす必要があります。そして長年の食習慣のツケが健康問題として発生してきます。なかでも近年、増加傾向にある問題として肥満があります。肥満は様々な生活習慣病（→82頁）を引き起こす原因となります。そのほかに、イヌの食事内容の変化による異変も生じています。古くから日本人とイヌは魚を中心とした食生活を営んできましたが、近年、人間もイヌも肉を中心とした食生活に変わってきています。そこで魚に含まれているDHA（注2）などの成分が不足し、それにより認知症（痴《ち》呆《ほう》）（→104頁）が発生することが指摘されています。高齢になったら（もしくは成犬のうちから）魚食を与えるか、DHAを含むサプリメントを補給することが、日本犬を中心に推奨されています。いずれにしても、サプリメントは獣医師に相談したうえで利用するほうがよいでしょう。

注1【基礎代謝率】じっとしているときに消費するカロリーのこと。

注2【DHA】docosahexaenoic acid。イワシ、サバ、ブリなどの青魚に多く含まれている不飽和脂肪酸。

ネコの食習慣

　ネコの食習慣を理解するうえで重要な点は、ネコが単独で狩りをする完全な肉食動物であるという点です。獲物は主にネズミ、鳥類、昆虫類です。ネズミ1匹はネコの1日に必要なカロリーの10分の1ほどにしかならないため、ネコは1日に10回以上の狩りをします。そこで日に10回以上に分けて食事をとる習性となったわけです。置きっぱなしのドライフードを少量ずつ何回にも分けて食べるのはこうした理由からです。

　また、ネコは魚の味を好みますが、野生では魚を捕まえることはなく、したがって本来は魚中心の食生活には適応できません。魚を主原料とした既製品のキャットフードは、不足している栄養素を添加していますが、家で魚を与える食事が中心になっている場合は、栄養素的に偏ってしまいます。また、魚類をとりすぎると、その含有成分（マグネシウムとリン）から下部尿路疾患（→377頁）のリスクが高まります。

ネコはまた、食物の物理的な形、味、におい、温度に非常に敏感です。基本的には同じものを食べ続けるよりも、違うものを好みますが、生後6カ月目までに口にしたことがないものは食べたがらない傾向があると考えられています。たとえばドライフードしか食べさせていないと缶詰を食べない、同じドライフードでもある種類のものしか受け付けない、というケースがよくみられます。このように嗜好性《しこうせい》が限定されると、将来食餌《しょくじ》治療《ちりょう》が必要となった場合に治療が困難となりますので、子ネコのうちはバラエティに富んだ食事をさせることが望ましいといえます。

ネコは水を飲む習慣が乏しく、水分を主に食物からとります。ドライフード主体の食事では、相対的に水分摂取量が減ります。水分が少ないと尿量も減り、下部尿路疾患のリスクが高くなるため、これを防ぐために結石成分の少ない食事内容にするといった工夫が必要になります。キャットフードを選ぶときは表示をよく見ること、獣医師に相談することなどが勧められます。

また、ネコは嫌いなものを食べるくらいなら、空腹を選択します。しかし、3日以上の絶食は脂肪肝（→346頁）などの病気につながります。「おなかがすけば食べる」と考えずに、食事内容を変更する際は今まで食べていたものを混ぜるなどの工夫をして、慎重に行いましょう。

ネコに必要な栄養素

栄養素の面からいうと、ネコに必要なのは高タンパク質、低炭水化物食です（→613頁）。なかでもタウリンの要求量はイヌや人間以上に多いので、キャットフード以外のものを与える場合は添加が必要です。またイヌ同様にナトリウムの過剰摂取は控えましょう。そして過剰なマグネシウムとリンは下部尿路疾患のリスクを高めるので注意しましょう。これらの成分は、ネコの好きな煮干し、かつお節に多く含まれています。

獣医師の認めたキャットフードを食べていれば、栄養素の偏りは防げます。

ネコの適切な食事量

ネコの適切な食事量は成長段階によって様々です。ネコはほとんど運動をしないので、運動量を考慮して日々の食事量を変更する必要はないといってよいでしょう。ネコは基本的には必要量を自分で調節して、1日に何回も分散して食べます。しかし最近は、イヌ同様にあればあるだけ食べるネコも増えているようです。その場合は飼い主が管理して与え、食べ過ぎによる肥満を予防しましょう。避妊・去勢手術後や高齢ネコで摂取カロリーを控え

るのはイヌと同様です。イヌと違う点として、高齢ネコでは腎不全（→357頁）の発症率が高いことが挙げられます。この場合は低タンパク食を与えることにより病気の進行を抑えられます。

動物の食物アレルギーが増えている

人間と同様にイヌやネコでも食物アレルギー（→444、504、620頁）の発生が増えています。特定の食品に対してアレルギー反応を示すもので、嘔吐や下痢といった消化器症状や、アトピー性皮膚病（→502頁）の症状を呈します。アレルゲン（注3）となる食物には個体差があり、通常はタンパク質に反応することが多いようですが、米や野菜に反応する場合もあります。食物アレルギーが疑われるときは、今まで食べたことのない食事に切り替えることで消去法的にアレルゲンを摂取しない方法もありますが、最近は動物病院でアレルゲンを検査することも可能です。（秋山　緑）

注3　【アレルゲン】アレルギー反応を起こす原因物質のこと。食物だけではなく、植物や動物、自然界のあらゆるものがアレルゲンとなり得る。

ネコに食べさせてはいけないもの

魚介類の与えすぎには注意してください。魚介はネコの体内でビタミンB1を壊して神経症状（神経《しんけい》麻《ま》痺《ひ》など。ふらふらした歩き方をする、いわゆる腰抜け状態）を起こす物質を含んでおり、ビタミンB1欠乏症（→619頁）を引き起こします。魚類は長期的な問題、貝類は短期的な問題を生じる原因となります。

また、これも量によるのですが、炭水化物もネコには負担となります。鳥の骨や大きな魚の骨は、胃腸に刺さるので危険です。

ペットフードの選び方

既製品のペットフードは会社によって内容が様々なため、混乱を招いています。たとえば栄養価が満たされていない、もしくは過剰である、表示内容が不十分、または偽りがあるなどの問題があります。一方で、既製品の利用は日々の管理が楽というメリットもあります。日本ではペットフードの表示についての法的な基準がまだありませんので、現状では獣医師の意見を聞いて適切な製品を選ぶことがベストといえます。

イヌとネコの現代病 ―生活習慣病、ストレス、心の病気

　1970年代頃までは、イヌはもっぱら番犬で、家の外で飼われており、ネコは家の中と外を自由に出入りしてネズミや虫を捕まえていて、食事といえば家族の残り物が中心でした。

　ところが近年、人間と動物の関係が急速に緊密になって、イヌは家の中で飼われるようになり、ネコは外に出されなくなり、専用の食事を与えられ、ベッドで一緒に眠るなど、家庭動物をとりまく生活環境は激変しています。それはある意味では喜ばしいことで、動物たちも満足しているでしょう。

　しかし一方で、よかれと思ってしていることや、知らずにしていることが動物にとって大きなストレスとなっていたり、病気の原因を作っているなどの問題も増えています。これらの問題点を把握し解決して、人間も動物も幸せに、かつ健康的な生活を送れるよう努める必要があります。

生活習慣病

　生活習慣が関与して起こる慢性の病気を生活習慣病といいますが、最近では動物にも人間と同じような生活習慣病がみられるようになってきました。

イヌの肥満とそれに関連する病気

　イヌの生活習慣病の多くは肥満に関係しています。この肥満は食生活の習慣から生じてくるもので、次のような様々な病気を引き起こします。

［糖尿病］　近年は人間と同じように、エネルギー摂取とインスリン分泌のバランスが崩れて生じる糖尿病（→466頁）が多くみられます。この結果、膵臓《すいぞう》が疲労して機能が破壊されることがあります。

［脂肪肝］　過剰な脂肪は皮下脂肪や内臓脂肪になるばかりでなく、肝臓にも蓄積して脂肪肝（→346頁）となります。

［変形性関節症］　過剰な体重がかかると関節が変形してぼろぼろになる変形性関節症（→480頁）が起こります。関節に凹凸ができるので、歩くと痛みが生じます。痛いと動かなくなりますが、動かさないとさらに凹凸が生じ、関節の変形が進むという悪循環になります。この病気は加齢とともに進行します。

［椎間板《ついかんばん》ヘルニア］　イヌの背骨は人間と違って水平になっています。肥満になり内臓脂肪がつくと背中の中心が地面に向かって垂れ下がるように曲がる傾向があります。するとその部位での椎間板ヘルニア（→405頁）が発生しやすくなります。

［気管虚脱］　イヌは気管も水平になっているので、脂肪が増えすぎると気管が圧迫されて気管虚脱（気管が細くなる状態）（→302頁）となり、呼吸困難や咳《せき》などの症状を引き起こしやすくなります。気管の組織は加齢ととも

に弱くなるため、高齢になるほど発生しやすくなります。

【心不全】体重が増えると血液も過剰に作られます。一方、心臓は体格に合った量の血液を送るようにできていますから、血液の量が増えると心臓の負担は増え、慢性的にその状態が続けば心筋が疲労して心不全（→255頁）に至ります。

【消化器疾患】内臓脂肪が増えると腸の蠕動《ぜんどう》運動《うんどう》は低下し、便秘や下痢などの消化器疾患が起こりやすくなります。

肥満のチェック方法

イヌの場合、体長（人間の身長に相当する長さ）が犬種によって大きく異なるので、適切な体重を具体的な数字で表すことはとても困難です。そこで、次に説明する理想的な体型を維持するよう心がけてください。まず、手のひらをイヌの胸部に当て、前後に動かします。皮膚を通して肋骨《ろっこつ》の存在が確認できますか。次にイヌの腰の部分に手を当て、同じように動かします。骨盤（腸骨）の存在が確認できますか。肋骨と腸骨が確認できれば理想体型の範囲内と考えてよいでしょう。確認できなければ肥満、目で見ただけで肋骨と腸骨が浮き出ているようなら痩《や》せすぎと判断します。

ネコの場合、体長に大きな差はないので、6kg以上なら肥満傾向、8kg以上なら肥満と考えます。（廣瀬孝男）

イヌの肥満の対策

肥満の原因は食べ物の与えすぎと運動不足に尽きますが、人間のダイエット同様、わかっていても防止するにはたいへんな努力を要します。ただ、人間と違ってイヌは自分で食べ物を買いに行くことはできませんので、飼い主が与えすぎなければよいのです。「やさしさ」と「甘やかすこと」を混同せず、食餌管《しょくじかん》理《り》は健康管理と心して、責任をもって体重管理に取り組んでください。

食生活の問題としては、肥満以外にも、けっしてぜいたくや偏食をしているわけではないのに、食事内容が原因で病気になることがあります。バランスのとれていない食事を取り続けると膀胱結石《ぼうこうけっせき》（→374頁）ができるなど、泌尿器系のトラブルを起こす場合もありますので、定期的に尿検査を受けることが勧められます。

イヌのその他の生活習慣病

住環境の影響も、関節疾患を中心とした生活習慣病の原因となります。近年、日本の家屋が洋風に変わりつつあるなかで、フローリングの床やソファー、ベッドの普及がイヌの変形性関節症など骨格系の生活習慣病の原因になっています。つるつるしたフローリングの床はイヌにとってすべりやすいものです。また日に何度もソファーなどに飛び乗ったり飛び降りたりすることで、背骨、膝《ひざ》、肩関節などに負担が生じ、その結果、骨折（→478頁）や靭帯断裂《じんたいだんれつ》（→481、482頁）、脱臼《だっきゅう》（→485頁）、椎間板ヘルニアなどを引き起こすこともあります。

そうした問題への対策として、小型犬ではとくに、段差の大きい場所にはイヌ用の小さなスロープや階段を作ることが勧められます。フローリングは粗相しても後始末がしやすいため好まれますが、爪《つめ》がひっかからない程度の毛足の短いじゅうたんがあったほうがよいでしょう。

運動はイヌにとって必要不可欠ですが、不適切な運動によって病気になることもあります。それぞれのスポーツには非適応犬種があることを忘れてはいけません。たとえばダックスフンドは椎間板ヘルニアになりやすいため、フリスビーをさせるのは問題です。どんなスポーツがよいかはブリーダーやトレーナーと相談して決めるとよいでしょう。また、適応犬種であっても、普段からあまり運動していないイヌに急に激しい運動をさせるのは問題です。反対に、つねに激しい運動をしているイヌは、水泳やマッサージなどの適切なリハビリテーションも取り入れたほうがよいでしょう。

生活様式の影響を考えると、現代の都市型の生活は飼い主の生活時間が不規則だったり、冷暖房機具が普及したりと、自然界とはかけ離れた環境になっています。自然界では日の出とともに目覚め、日没とともに寝て、夏は暑く冬は寒いものですが、家の中で暮らすイヌにとっては必ずしもそうではありません。そうした生活環境の変化がイヌのバイオリズムを乱して体調不良を引き起こす場合があります。この不調は微妙な変化で、具体的な特定の病気の原因となるものではありません。

たとえば不規則な睡眠はストレスになります。飼い主が忙しく、たまにしか散歩に行けなければ、これも運動不足とストレスを招きます。散歩の時間が不規則だと、排尿を我慢したり、それによるストレスや泌尿器系の感染症を起こすことがあります。また、はっきりとした因果関係は証明されていませんが、発情周期が狂うなどといった繁殖障害との関係も指摘されています。

ネコの生活習慣病

ネコの生活習慣病も、食生活の影響による肥満、その結果としての糖尿病、肝臓病、関節疾患、消化器疾患などがイヌと同様によくみられます。泌尿器系に関しては、ネコはイヌと違って膀胱結石ができることはまれですが、膀胱内に砂状の結晶がたまって排尿困難（→378頁）や尿道閉塞《にょうどうへいそく》（→373頁）を起こすことが多くあります。これは雄ネコに発症しやすい病気です。

住環境の影響では、床や家具の配置にはイヌほど影響を受けません。ただし空間が狭い場合や多頭飼育の場合には、1匹だけで隠れられるスペースを確保しないとストレスによる膀胱炎や繁殖障害を起こすことがあります。

生活様式に関しては、基本的にはイヌと同じようにメリハリのあるバイオリズムを乱さない生活を心がけてください。

ストレス

一般に「ストレス」というと精神的ストレスばかりを考えがちですが、そうではありません。ストレスには精神的反応と身体的反応とがあります。

前者の原因は精神的要素、後者の原因は痛みや病気などの身体的要素です。精神的要素は主に自己防衛本能に起因し、生命の危険、食料や生活の場を脅かされる危険を感じたときにストレスと感じるようです。イヌは群れ社会を形成する習性上、仲間が周囲にいなくなるとストレスを感じますし、ネコは逆に周囲に過剰にほかのネコがいたり、その距離が近すぎることがストレスになります。

人間と違って、動物は恥やプライドといった生命と直接関係ない事象にはストレスを感じないと考えられています。また、同程度の刺激であっても、ストレスの感じ方には個体差があります。

弱い刺激でもそれが持続している場合はストレスを受けている状態と考えます。ストレスは精神的なトラウマとなったり問題行動（→86頁）に発展する場合があります。

ストレスを受けると体内では自己を守るためにホルモンが分泌されます。それらのホルモンは通常は生命の維持に有効に働いていますが、ときには逆効果をもたらすこともあります。アドレナリンは心拍数を上昇させるホルモンですが、たとえば高齢で心臓の悪いイヌが過剰なストレスにさらされるとアドレナリンが分泌され、血圧が上昇して心臓発作を起こすことがあります。

また、ストレスにより上昇するコルチゾールというホルモンがあります。これは血糖値を上昇させるなど、ストレス下のエネルギーを供給しますが、同時に免疫系の働きを抑えるので、長期間のストレスがあると様々な病気が起こりやすくなります。適度なストレスは精神的にも身体的にも有効に働きますが、過度のストレスが害を及ぼすのは人間も動物も同じです。

ストレスを受けたとき、具体的な行動・症状として現れるのは、イヌでは体の震え、食欲不振、下痢、脱毛（自分の体を過剰に舐《な》めたり咬《か》んだりする行動を含む）、攻撃性、むだ吠《ぼ》え、室内を荒らす、不適切な場所での排《はい》泄《せつ》などです。ネコでは体毛の逆立て、食欲不振、食べ物の嗜好性《しこうせい》の変化、下痢、脱毛（自分の体を過剰に舐める行動を含む）、さわられることを嫌がる、肉球に汗をかく、尿スプレーなどです。

心の病気

動物にも心の病気はあります。通常、何らかの行動の変化が現れて初めて人間はそれを認識します。活動性の低下あるいは亢進《こうしん》、食欲・睡眠の障害などが生活に支障をきたす程度に発展したときに「心の病気」として認識されることが多いようです。これは、飼い主の認識に頼る部分が大きいため、人によってはまったく異常に気づかなかったり、反対にささいなことを重大に受け止めたりする現象が起こります。どこからを「病気」として位置づけるかは、医学的見地よりも飼い主が問題と考えるかどうかに委ねられているといえます。

こうした心の病気は、かかりつけの獣医師やトレーナーに相談する場合が多く、ほとんどの問題はそこで解決するでしょう。最近は問題行動の治療を中心に行う、動物の精神科に相当する専門獣医師が増えつつあります。難しい症例は専門医に相談することが勧められます。

ただし、心の病気と決めつける前に、必ずほかの身体的な病気がないかどうかを確認する必要があります。異常な行動が脳疾患によるものだったり、尿漏れの原因が泌尿器疾患であったりすることもあるからです。

（秋山　緑）

イヌとネコの問題行動とその対処法

問題行動とは何か

「人間にとって問題となる行動すべて」を問題行動と呼ぶべきだという研究者もいる一方で、その性質や原因、程度を考慮して次のような説明をしている研究者もいます。

①問題行動とは、イヌやネコが異常な行動をとること

たとえば、尾を追いかけ続けたり、傷になるまで体を舐《な》め続けることなどがこれに含まれます。

②問題行動とは、イヌやネコの行動が激しすぎたり、適正範囲を超えていること

たとえば、数時間も吠《ほ》え続けたり、頭をなでただけで咬《か》みつくようなケースです。

③問題行動とは、正常なイヌやネコの行動だが、飼い主や社会にとって迷惑なこと

たとえば、発情期のイヌやネコの鳴き声や行動、イヌが散歩で引き綱を引っ張ることなどです。

ここでは①、②、③のどれか一つ、または二つ以上があてはまれば問題行動と考えます。

問題行動には必ず原因がある

われわれ人間も体調不良時や空腹時などには不機嫌になります。イヌやネコも体に痛みがあるときや空腹時には不機嫌になり、その結果、攻撃的になることも少なくありません。

また、イヌやネコも過去に不快だったこと、怖かったことはよく覚えています。動物病院に連れて行くときに使ったケージを見ただけで隠れてしまうネコ、動物病院の方向へ行こうとしただけで歩かなくなるイヌに困った経験のある飼い主の方もいるでしょう。このように、動物たちが怒ったり咬んだり、暴れて抵抗するのには必ずそれを裏付ける「体調不良」や「心の調子（不快な経験）」があるのです。

問題行動を治療するなら

問題行動が現れた場合、まずそれが体の異常によるものかどうかを調べる必要があります。体の異常がなければ、心の問題として取り組まなければなりません。

たとえば、あちらこちらで排尿するという行動があります。発情期にそのような行動が目立つことはよく知られていますが、成犬や

成猫の排泄《はいせつ》場所が乱れていると、多くの人は「しつけの問題」あるいは「いやがらせ」ととらえがちです。しかし、この行動の背景には様々な原因が考えられます。

まず、先に述べた体の異常の可能性を考えて、かかりつけの動物病院で尿検査をはじめとする身体検査を受けましょう。

体に異常がなかったとしたら、次にしつけや飼い方に関係する可能性を考えて、しつけの方法やトイレに問題がないか考えてみましょう。トイレの箱や場所などを急に変更することが原因になっている場合もあります。どれもあてはまらないなら、心の問題（ストレス反応）の可能性があります。たとえば、飼い主の生活パターンが変わった、家族のメンバーが変わった、などは動物のストレス要因の第1位となっています。もちろん、最近その動物を強くしかった、食べ物を変えた、散歩の時間を変えたなど、動物の生活に直接的な影響を与えれば、それが原因となることはいうまでもありません。

このようなことを考えると、問題解決が必ずしも飼い主だけでできるとは限りません。原因が意外なところに存在することもあるからです。したがって、飼い主は「何がなんでも直そう」「止めよう」としてあれこれ試みるよりも、むしろ冷静に現状を分析して「問題の悪化を防ぐこと」「現状で食い止めること」を最初の目標とするべきでしょう。そのためには、問題行動に気づいた時点でかかりつけの獣医師をはじめとした専門家に相談してアドバイスをもらうことも有益だといえます。

動物に理解できる方法を選ぶ

動物にわかる方法で、動物の理解に合わせて進めなくては行動は変わりません。「言葉」や「号令」は、動物がその意味を理解していなければ、100回「だめ」と叫んでもわからないでしょう。首輪を引っ張ったり上から押し倒しても不快や恐怖を与えるだけで、動物がその意味を理解することは望めません。

動物が必ずわかるルールは、好きなものを使うことで成立します。食べ物を使ったしつけ方がしばしば紹介されていますが、ほかにもおもちゃや散歩、庭に放すことなど、好きなことであれば何でもよいのです。コツはイヌでもネコでも号令に従ったらその好物を与えたり、提示することです。これにより初めて「ルールが成立」します。

たとえば来客好きにしたい場合、来客の顔を見たら「お座り」をさせ、実行したら「好物」を繰り返してみてください。なかなかうまくいかない場合は、大好物を使用していない、または問題がすでにかなり悪化している可能性があります。

問題行動・実例と対策

イヌが拾い食いをする

イヌの拾い食いはもっともよくある相談の一つです。この問題の共通点として、「行儀が悪い。おなかをこわす」ということだけでなく、「口から取り上げようとすると、うなる、咬みついてくる」という悩みに発展していることが少なくありません。

原因　拾い食いはそもそもイヌにとっては自然な行動です。ネコと違ってイヌ科の動物は、狩りで捕らえた獲物だけを食べるのではなく、死骸《しがい》や果物の実、昆虫など地面に落ちているものを拾い食いする習性があります。そのため、今日でも道路を歩きながら地面のにおいをかぎ、食べ残しやごみ、糞便《ふんべん》などを見つけては口に入れてみる、食べてみるのです。

対策　しかし、残念なことに現代社会で地面に落ちているものは、イヌにとって無害なものばかりではありません。そのため対策を考え、拾い食いをなんとか阻止する必要があります。

対策を考えるにあたって、鍵《かぎ》になるのは「イヌにとって自然な行動」ということです。つまりイヌには拾い食いを阻止される理由が理解できませんから、イヌ自身が拾い食いを忘れてしまうほど集中でき、興味をひく何かがなくては、止められません。たとえば、「おいで」と呼べばいつでもどこでも飼い主のそばに来るように教えておいて、拾い食いしそうになったら「おいで」という。来たら必ず拾い食いを忘れるくらいおいしいものを与える、という方法が考えられます。

もし、口にくわえてしまったときには「奥の手」（イヌが必ず欲しがる食べ物）を使って交換してください。「奥の手」を進行方向に向かって投げてイヌの興味をひいてもいいし、手から直接与えて交換してもよいでしょう。

禁忌事項　口に入れてしまったものを無理矢理取り上げる、ということを繰り返していると、多くのイヌは防衛心が強くなり、取られまいと抵抗するようになります。その結果、飼い主を脅すようになったり、咬みついてきたりと、問題は悪化するでしょう。首の周りや口の周りに人の手が来ることをつねに警戒し、咬みつく癖がつくことにもなりかねません。つまり、無理矢理口から取り上げるという方法は百害あって一利なしです。絶対に行わないでください。

問題行動・実例と対策

イヌが来客に吠える

来客に吠えてしまうと、吠え声で話ができない、近所迷惑になるなどの問題が起こります。ここでは室内犬を想定して説明します。

原因　来客にしつこく吠えるイヌの多くは「来客慣れ」していません。とくに後ずさりしながら、腰が引けた状態で吠え続けるイヌは、見知らぬ人物を警戒しているのでしょう。

対策　警戒しているイヌに近づくとイヌはより追いつめられます。まずは警戒心を減らし、次のステップを重ねましょう。

Step ① 警戒心を減らす
←
Step ② 来客に対するよい意味の興味をもたせる
←
Step ③ よい興味が続くようにして、イヌの自信を育てる

① イヌの警戒心を減らす方法

- 目を合わせない。
- イヌと真正面に向かい合わない。

- 吠えられるほど近づかない（吠えられない距離まで離れる）。
- 体をなるべく小さくする。
- 急な動きをしない。
- 歩き回らず1カ所にとどまる。

② 来客に対してよい意味の興味をもたせる方法

必ずイヌが吠えなくなり落ち着き始めたときに行ってください。

(1)来客はイヌを無視したまま「警戒心を減らす方法」をとり続ける。
(2)イヌが来客のにおいをかいだり、そばに寄ってきても来客は無視する。
(3)飼い主がイヌに好物を与えたり、イヌの近くに投げたりする。
(4)もしイヌが吠え始めたら、最初の「警戒心を減らす方法」に戻る。

③ イヌの自信を育てる方法

- イヌが得意とするタイプ（たとえば男性よりは女性、子どもよりは大人）の来客を選んで練習する。
- 来客のたびに練習を繰り返す。最初のうちは吠えないことではなく、吠える時間が短くなることを目標にする。

①〜③のステップを来客のたびに繰り返し、明らかに吠えることが減れば、来客が好物を与えたり投げたりしても大丈夫です。

問題行動・実例と対策

ネコのいる家庭で新しい子ネコを迎える

ネコは複数飼いが多いようですが、飼い始めの導入方法を間違うとネコ同士のけんかに発展したり、先住ネコが家出してしまうことも少なくありません。新しくネコを迎える場合に起きる問題の原因はどこにあるのでしょうか。

原因　ネコはイヌと同様、縄張り意識が強い動物ですが、一般に社会性がイヌより低いため、新参者の登場は大きなストレスになります。飼い主にとってはかわいく小さな子ネコでも、先住ネコたちにとっては脅威となりえます。

対策　ネコによってはほかのネコをまったく受け入れないこともあります。これまでにも子ネコに限らず、新しい家具、来客など目新しい物が家庭に入ることに過敏なネコがいる場合は、新参者を入れないほうがいいでしょう。

一方、それほど過敏な様子がなかったり、どんな反応になるかわからないときは、次の方法をとってみましょう。

① 導入

- 子ネコをもらってきてもしばらくは先住ネコには会わせない。
- 先住ネコがよく使う場所には新参子ネコはけっして入れない。

② 出会い

- 子ネコをケージなどに入れておく。

- 先住ネコが子ネコに興味を示し、ケージに近づけば、先住ネコに好物を与える。
- 先住ネコがうなったり、毛を逆立てたりしたら、すぐに両者を離し、その日はストップする。

①②を何度か繰り返して、先住ネコが子ネコに対して警戒心や攻撃的な様子を示さなくなった場合にのみ、③に進んでください。

③ 訪問

- 子ネコを先住ネコの縄張り内に放して、対面させる（ただし一番のお気に入りの部屋や場所への子ネコの出入りは禁止）。
- このとき毎回飼い主が立ち会い、時間も限定して行う。

①〜③を繰り返しても問題がなければ、徐々に子ネコの自由時間と動ける範囲を増やしていきます。

（尾形庭子）

妊娠と出産

動物の繁殖に責任をもつ

　家庭で飼っているイヌやネコの出産は、飼い主にとって喜ばしいことかもしれませんが、思いのほかたいへんなことでもあります。どうしても子を産ませたいのか、飼い主として責任ある世話ができ、緊急時に対処できるのか、親または子の死亡まで含めたリスクをよく理解できているのか、よく検討したうえで決断しましょう。

　交配の前に、そのイヌやネコが繁殖に適しているかどうかも考えなくてはなりません。不健康であったり、性格に問題がある場合は繁殖に適していないこともあります〈表1〉。また、出産のときなどに冷静に対処できない飼い主は、イヌやネコに出産させるべきではありません。

　また、無事に出産できた場合、生まれた子イヌや子ネコの将来についてもよく考えてお

〈表1〉繁殖させるべきでないイヌとネコ

● 遺伝病をもっているイヌまたはネコ……（例）アトピー性皮膚病（→502頁）のイヌ、僧帽弁閉鎖不全症（→250頁）のイヌおよび親が本症を有しているイヌ
● 子に伝染する危険のある病気をもっているイヌまたはネコ（※）……（例）猫伝染性鼻気管炎（→548頁）に罹患《りかん》したことのあるネコ、猫白血病ウイルス（→544頁）および猫免疫不全ウイルス（→546頁）に感染しているネコ、感染性皮膚疾患に罹患しているイヌまたはネコ
● 子に胎盤感染するおそれのある寄生虫が寄生している雌のイヌまたはネコ……回虫、鉤虫《こうちゅう》などは胎盤や乳を介して子に感染する
● 遺伝病、伝染病、寄生虫以外の持病を有する雌のイヌまたはネコ……妊娠中、授乳中に病気が悪化したときに使用できない薬剤が多く、薬剤を使えば子どもに奇形が発生しやすくなるなど悪影響の危険がある
● 全身状態が悪い、もしくは体力がない雌のイヌまたはネコ……妊娠に耐えられず、流産、死産の危険性が高く、母親の生命に危険が及ぶおそれがある
● 高齢初産となる雌のイヌまたはネコ……難産になる確率が高い
● 社会化されていない雌のイヌまたはネコ……子育てができないおそれがある
● 人間を信頼していない雌のイヌまたはネコ……難産であっても介助できない
● 難産が多いとされている犬種（→97頁）……ブリーダー以外は交配すべきではない
● 前回の出産が難産だった雌のイヌまたはネコ
● 明確な原因がわからない流産を経験したことのある雌のイヌまたはネコ
● 前の出産で、子に奇形がみられた雌のイヌまたはネコ（雄も子に奇形がみられたら交配すべきでない）
● 新生子血液型不適合のおそれのある雌雄の組み合わせ

※雄が罹患していても交尾時に雄から雌に感染し、さらに雌から子へ感染するおそれがあるので、父親もこれらの感染症にかかっていてはならない。

かなくてはなりません。その子たちをかわいがり、正しく飼ってくれる人に譲り渡せる見通しがありますか？　純粋種の場合は、生まれてきた子たちを業者や新しい飼い主に売り渡すことができますか？

手元に残すつもりであれば、親子きょうだい間で近親交配が起こらないようにしなければなりません。近親交配は異常な子が生まれる危険性が高いので、絶対に避けるべきです。必要となる全頭に避妊・去勢手術を受けさせることができますか？　多数のイヌやネコを飼うには手間と費用がかかることを認識してください。

繁殖についてわからないことがあったり、迷ったりしたときには、交配をする前にかかりつけの動物病院に相談してください。

妊娠の経過

家庭のイヌやネコの妊娠期間（交尾から出産までの期間）は59〜65日くらいが多いとされています。同腹子が多いとこれより短く、また少ないとこれより長くなる傾向がありますので、実際の日数は57〜67日くらいの範囲を想定しておくとよいでしょう。また、発情時に何回も交尾させた場合には、出産予定日の予測の範囲はさらに広くなります。

イヌは2週間くらい続く発情出血の終わり頃に排卵があり、その前後に交尾することで妊娠します。雌のネコでは不定期に発情期がみられ、その期間に交尾します。ネコの場合は交尾が排卵を誘発して妊娠が成立します。これを交尾排卵または誘起排卵と呼びます。

卵子は受精すると細胞分裂を繰り返し、2週間〜2週間半くらいで子宮に着床します。

着床した部位に胎盤が形成され、胎子は胎盤とへその緒を通して母親から栄養をもらって発育します。胎子は羊水に浮かんだ状態で、羊水は胎胞（注1）という膜の中に満たされています〈図1〉。この胎胞は交尾から3〜4週間たつと、中型犬ではピンポン玉ほどの大きさになります。

交尾から6〜7週間たつと胎子はイヌやネコらしい形になり、腹部のX線検査で骨格も確認できるようになります。その後も胎子は誕生するまで刻々と成長し続けます。

注1 【胎胞】子宮の中の胎子を包んでいる膜で、2枚あり、中は羊水で満たされている。胎子はへその緒で胎盤につながり、羊水の中にいる。

〈図1〉子宮内の胎子

妊娠中に飼い主がすべきこと

交配の後は3日おきくらいに体重を測定し、記録しましょう。

イヌでは妊娠末期に出産の前兆をとらえるため体温測定することが望ましいので、早いうちから体温測定に慣らし、同時に平熱を記録しておくとよいでしょう（体温の測り方は228頁参照）。なお、ネコでは体温変化と出産の関係は明らかになっておらず、家庭で

一度に何匹生まれるか

大型犬では同腹子の数が多く、小型犬は少ない傾向があります。ラブラドール・レトリーバー、シェパード、シベリアン・ハスキー、ダルメシアン、グレート・デーンなどでは８匹前後、ときには12匹以上も産むことがあります。一方、ヨークシャー・テリアやミニチュア・ダックスフンドなどの小型犬では２～４匹くらいが普通で、１匹の場合もあります。

子の数に影響するその他のファクターとしては、交配する雄と雌の精神的・肉体的健康状態、年齢、遺伝的な繁殖力の差などが挙げられます。

ネコの場合も一度に生まれる子の数は２～８匹と、様々です。

イヌでもネコでも子の数が少なすぎると胎子が大きくなり、難産の一因となります。逆に多すぎると出生時に全体的に発育が悪く、また母乳の争奪が起こって弱い新生子が乳を十分飲めず、新生子死亡が起こりやすくなります。

発情とは

発情とは性的に成熟した動物の雌において、繁殖が可能な状態にあることをいい、この時期を発情期といいます。個体差はありますが、イヌでは10～16カ月齢、ネコでは６～10カ月齢くらいで初発情が起きることが多いです。動物は発情期以外には妊娠するための求愛や交尾といった繁殖行動はしません。

発情前期の雌は陰部が腫大《しゅだい》し、赤みが増し、イヌでは発情出血がみられます。雄は発情した雌に出会うと、そのにおいやフェロモンに反応して発情し、いつでも繁殖行動をすることができます。いいかえれば、雄には発情期はありません。

若い雌イヌはほぼ半年周期で２週間ほどの発情期がみられ、発情期の最後近くに排卵します。発情の間隔は年齢とともに長くなります。

雌ネコの発情は不定期に起こり、交尾しなければ通常１～２週間続きます。交尾すれば排卵してまもなく発情は終わります。

イヌでもネコでも明確な季節繁殖性はみられません。ただし、イヌでは群れの中で雌の発情が同時に起こる性質があるため、近所の雌のイヌが同時に発情期に入ることはあり得ます。

発情前期の雌が近くにいることを察知した雄は子孫を残すための繁殖衝動を抱きますから、屋外に出てお互いに異性を探そうとします。

屋外に出さないようにしていると家の中を荒らしたり、尿によるマーキングをしたり、ときには食事をとらなくなったり、攻撃的になったりします。屋外に自由に出られる雄のネコでは、雌をめぐって雄同士でけんかをするため、外傷を負ったり、交通事故に遭ったりする危険があります。

の検温も困難なため、体温測定をする必要はありません。

食事（→78頁）

妊娠前半の1カ月はあまり栄養要求量が増加しませんので、普段どおりの食事を与えます。妊娠後半、とくに最後の1～2週間は非常に旺盛《おうせい》な食欲を示しますから、それに合わせて食事量を増やしていきます。栄養要求量は胎子の数によって異なりますが、出産直前には普段の2倍くらいになります。妊娠後半には妊娠授乳期用の高カロリー食を用いてもよいでしょう。

運動、日常生活

運動量は妊娠前と同じ程度に必要ですが、高いところから飛び降りたり、無理な姿勢をとったりすることはないように注意してください。

旅行や多数の来客など、ストレスになることや疲労することも避けましょう。

シャンプーは妊娠末期まで普段どおり行ってかまいません。

先に述べたように出産予定日には大きな幅がありますから、その範囲でいつ出産があってもよいように、飼い主のスケジュールを調整しておくことはたいへん重要です。

検診

妊娠中に数回、動物病院で検診を受けましょう。妊娠検診をしてくれるか、交配から何日目に初回の検診を受けるかについては、動物病院に問い合わせてください。

獣医師は触診、超音波検査、そして妊娠末期にはX線検査などで胎子の状態を調べ、母体の体重の増加の程度をはじめ、全身の健康状態をチェックします。

検診の際には、出産時の指導を受けるとともに、緊急時の対処法などをよく相談しておきましょう。

難産は一般に小型犬で多くみられます。中・大型犬とネコの難産はこれよりも少ないものの、出産時には何が起こるかわかりません。

妊娠中のトラブル

イヌやネコも軽いつわりを起こすことがありますが、通常は軽く済みます。流産はイヌでもネコでも起こることがあります。

妊娠中に妊娠と無関係な病気をすることもありますが、胎子に影響する薬はいっさい使えませんから、万全の健康状態で妊娠に臨むことが重要です。骨折その他でX線検査を行いたくても、胎子の放射線《ほうしゃせん》被曝《ひばく》を考えると撮れません。ただし妊娠末期には放射線の胎子への影響は少なくなり、X線撮影が可能

流産

イヌやネコでは妊娠の前半に胎子が死亡しても子宮内で吸収されてしまうことが多く、また娩出《べんしゅつ》されても気づかれないことが多いために、交尾から1カ月以内の流産はめったにみられません。

流産の原因は多岐にわたります。たとえば、細菌やウイルスが子宮に感染した場合、トキソプラズマ（→405、563頁）が感染した場合、卵巣の黄体機能不全、糖尿病（→466頁）、種々の薬物や毒物摂取による胎子異常、近親交配による胎子異常などです。

産床の作り方

産床は箱型で、母親が横たわり子に授乳するのに適した面積があり、側壁は子が外に出られず、母親は自由に出入りできる高さとします。動物が安心できるように側壁は高めがよいのですが、イヌの場合、不器用な母イヌは子を踏んでしまうこともあるため、注意が必要です。ネコは周囲が囲まれた場所で産むことを好みますし、高めの側壁を上手に飛び越えるので、配慮の必要はありません。

イヌでもネコでも中が蒸れるのは好ましくありません。産床の床にはたっぷりの新聞紙または段ボールを敷き、その上にペットシーツまたはバスタオルを敷き詰め、さらに数枚のタオルまたはバスタオルを入れておきます。

出産前に準備すべきもの

産床およびバスタオル、ペットシーツなどの替え
新生子の処置を親がしない場合に備えて、 • へその緒を縛る糸　• へその緒を切るはさみ • 産湯のための洗面器　• タオル　• ガーゼ
新生子用体重計（調理用の１キロ秤《はかり》でよい）

＋

いざというときのための動物病院

です。

ワクチン接種は妊娠中には避けるべきです。ワクチン接種予定日が近ければ交配の前に済ませておきましょう。

出産前の準備

落ち着いて出産できる環境を整え、母イヌ・母ネコが自分で納得できる産床が確保できるように配慮します。産床は出産予定日の少なくとも2週間前には用意し、イヌ・ネコがその場所に慣れる時間を十分に与えましょう。

産床は母イヌや母ネコがいつもいる部屋の一角に置くのがよいでしょう。この部屋にはほかのイヌ、ネコ、あるいはそれ以外の動物を入れないようにし、人間の出入りも最小限にすべきです。母イヌまたは母ネコが慣れている人だけが入り、入る場合も静かにしていましょう。

出産予定日が近づいたら、長毛種のイヌやネコでは陰部周囲の毛を刈っておきます。出産の際、羊水、悪露《おろ》（出産後に膣《ちつ》から出る排出物）、血液などで毛が汚れたときに、短毛種ならば自らグルーミングして清潔を保ちますが、長毛種ではそれが不可能だからです。また乳房周囲の毛も刈っておくと子が乳首を見つけやすく、乳腺炎《にゅうせんえん》（→395頁）などの異常も発見しやすくなります。

出産の経過

出産は生理現象ですから、すべてが順調に進行する分にはイヌやネコの本能的行動にまかせ、手助けは不要です。人間が干渉するとかえって母親のストレスとなり、不具合のもとになります。しかし、家庭で飼われているイヌやネコは飼い主に対する依存心が強く、出産時に飼い主のそばにいたがることもあります。

イヌの出産の経過

出産の経過は前兆期と分娩期《ぶんべんき》とに分けられ、分娩期はさらにⅠ期、Ⅱ期、Ⅲ期に分けられます〈表2〉。

体温を定期的に測定していると、前兆期に

36・4〜37・5℃に下がります。最低体温を示してから出産までは3〜25時間です。

破水（注2）は第Ⅱ期の初め、もしくは第Ⅰ期の終わり頃にみられることが多いものの一定せず、出産が終わるまで破水しないことすら珍しくありません。したがって、破水は出産時期の目安にはなりません。しかし、もし破水がみられたら出産は2時間以内です。

ネコの出産の経過

ネコの出産は基本的にイヌと非常に似た経過をたどります。ただし、ネコは出産時に人間による干渉を嫌う傾向がイヌよりも強く、助産を受け入れないことと、外陰が狭く、獣医師が指を挿入して行う内診が困難であることから、イヌよりも研究されていないのが現実です。

注2【破水】分娩のとき、羊膜が破れて羊水が排出されること。
注3【陣痛】出産時に、ホルモンなどの作用によって起こる子宮の収縮を陣痛という。
注4【パンティング】高温下、運動時、興奮時などにみられるあえぎ呼吸。口を開き、浅く速い呼吸をすること。

病院へ連れて行くとき

生理現象とはいえ、出産は多くの危険をは

〈表2〉出産の経過

前兆期	イヌでは体温の低下がみられる。イヌでもネコでも、周囲の安全を確認するため、前兆期には緊張してみえたり、ほかの動物への攻撃がみられる場合もある。
分娩第Ⅰ期（開口期）	第Ⅰ期陣痛（注3）が起こり、子宮頸管《しきゅうけいかん》が開く時期。落ち着きがなくなったり、食事をとらなくなったりする。産床をしきりにひっかきまわすような動作をしたり、イヌではパンティング（注4）や震えがみられることもある。
分娩第Ⅱ期（娩出期）	子宮頸管がいっぱいに開き、腹圧を伴う第Ⅱ期陣痛がみられる時期。子宮にいた胎子が産道を通過して娩出される。
分娩第Ⅲ期（後産期）	第Ⅲ期陣痛により胎盤が娩出される。

※分娩第Ⅰ期から第Ⅲ期は胎子の数だけ繰り返される。

〈図2〉産道通過の模式図

イヌでもネコでも正常な出産では、子が頭から出てくる前位（頭位）が約60％、尾と後肢から出てくる後位（尾位）が約40％を占める

お産にかかる時間

陣痛が始まってから出産まで何時間かかるかとよく尋ねられますが、第Ⅰ期陣痛の始まりがわかる飼い主はまずいませんし、第Ⅱ期の腹圧のかかる陣痛でさえ、その始まりを正確に把握できる人はほとんどいません。したがって、陣痛開始から出産までの時間がわかっていても、実際の役には立たないでしょう。

らんだものです。またそれは非日常的なことですから、イヌもネコも緊張し不安を感じており、初産ではとくにそうだと思われます。イヌでもネコでも、本能的に、もっとも安全な自分の縄張りで出産したいと思っているはずです。ですから、特別な場合以外は自宅で出産させることが望ましいでしょう。

出産時のイヌやネコを家から連れ出し病院に連れて行くと、ほとんどの場合陣痛が弱まり、神経質なイヌやネコでは陣痛が止まってしまいます。これは安全な縄張りを奪われた緊張と不安から起こると考えられます。飼い主が不安だからといって、陣痛の始まったイヌやネコをむやみに病院に連れて行くべきではありません。

しかしながら、異常分娩《いじょうぶんべん》（難産）の疑いがある場合には病院に連れて行かなくてはなりません。病院へ行くべき目安を下に示します。ただし、ケースバイケースで判断が異なることが多いので、イヌやネコを連れ出す前にまず病院に電話で連絡し、状況を説明して指示を受けてください。

胎子の頭径が産道の広さに比べて大きすぎ

イヌやネコの「難産」とは

イヌやネコの場合、出産の過程において、人間による介助や医学的処置をしなければ娩出が不可能で、放置すれば母体あるいは胎子に危険が及ぶおそれのある状態を難産と定義しています。異常分娩あるいは分娩困難は難産と同義語です。

●難産の原因

骨盤狭窄《こつばんきょうさく》	母体の発育不良、骨盤骨折、遺伝など
胎子−骨盤不均衡	小型犬、胎子数が少ないなど
外陰部伸長不良	初産の１匹目に多い
陣痛微弱	母体の全身的衰弱や虚弱、精神的ショック、低カルシウム血症（→402頁）、頻繁な分娩、肥満、運動不足、高齢など
胎子の姿勢の異常	横位〈図３〉、屈曲位など

●難産の多い犬種

ブルドッグのような頭の大きな犬種
ヨークシャー・テリア、チワワなどの超小型犬種

出産時、どのような場合に動物病院へ連れて行く？

- 前兆期の兆候が一つでもみられてから２日たっても出産する様子がない
- 破水してから２時間たっても生まれない
- 陰部から胎胞が見え始めて２時間たっても生まれない
- 先の子が生まれて３時間たっても次の子が生まれない
- 強烈な陣痛がみられるのに娩出されない
- 難産要因をもつイヌまたはネコ（骨盤を骨折したことがある、難産の多い犬種、胎子が１匹のみ）が第Ⅱ期陣痛を開始している
- 出血量が異常に多い
- 出産中に嘔吐《おうと》した
- 母親が出産中に極端に元気を失った
- 母親がけいれんを起こした
- 生まれた子の様子がおかしい

〈図３〉横位

このように胎子が産道に対して横に向いていると、胎子は産道を通過できず難産になる

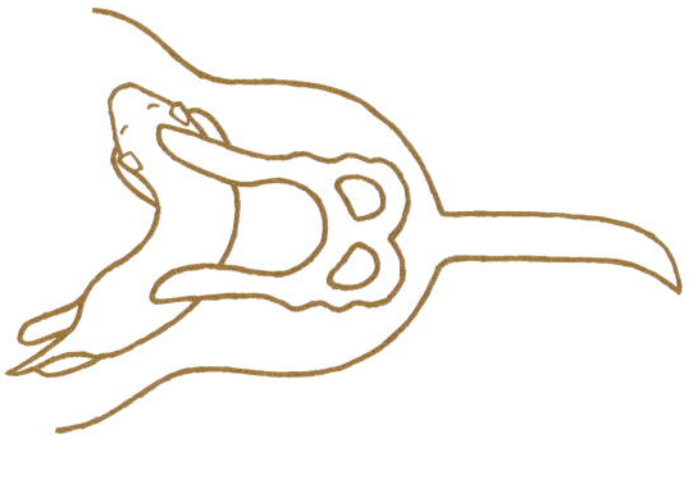

る場合、難産の多い犬種の場合、その他妊娠検診で難産が予測される場合には、初めから病院分娩《びょういんぶんべん》を計画せざるをえないこともあります。

　どのような時点で入院させるか、何を用意していけばよいかについては獣医師とあらかじめよく打ち合わせてください。

異常分娩（難産）への対応

　難産に対しては獣医師が綿密な診察のうえ、適切な助産、陣痛促進剤の投与などを行います。

　検査の結果、必要と判断された場合には帝王切開が選択されます。帝王切開に際しては、母体の安全、胎子の生存可能性などを十分考慮し、獣医師の説明を納得いくまで聞いたうえで、同意の意思決定をしてください。

産後の母親へのケア

　出産後の母親は通常、新生子を守ろうとする本能から、ほかの動物や人間に対して普段とはまったく異なる警戒心を示します。ほかの動物を遠ざけ、人間も必要以上に近づくことは避けましょう。人間が産後の母親や新生子に干渉しすぎることが子育て放棄の原因となることがあります。

　産後の母親はたいへん疲れていることが多いので、ゆっくり休み、十分に眠れるように配慮してください。

　産後には左表のような病気が起こることがあります〈表3〉。また、子がすべて死んだ場合には、張った乳を飲む子がいないため、乳腺炎（→395頁）が起こることがあります。注意してときどき乳房をチェックし、異常な張りやしこり、赤みや痛みが認められたら、病院で診察を受けましょう。

〈表3〉産後に起こることのある病気

胎盤部位退縮不全（→392頁）
子宮脱（→391頁）
胎盤停滞（→392頁）
低カルシウム血症（産褥《さんじょく》テタニー）（→402頁）
その他

新生子へのケア

　人間が新生子をかまいすぎると、母親に大きな不安を与えます。子を守ろうとする本能があるからです。新生子をさわるのは最小限にとどめましょう。

　出産後、母親が落ち着いたら、頃合いを見計らって新生子の性別を確認しておくとよいでしょう。

　出生時から体重の測定を行い記録しておくと、子の発育の状態や健康状態の良否を判断する重要な情報となります。

新生子によくみられる病気

　新生子に外見上の奇形などの異常がないかどうかチェックしましょう。口を開けると口蓋裂《こうがいれつ》（→327頁）がないかどうかがわかります。口蓋裂の新生子は乳を上手に飲むことができず、鼻から乳を吹き出します。

　鎖肛《さこう》は肛門《こうもん》が塞《ふさ》がっている奇形です。便が出ないのでどんどん体内にたまり、おなかが張ってきます。奇形が疑われる場合は動物病院で診察を受けてください。

〈表4〉主な先天異常

神経系	水頭症（→「発育障害」404頁）
	小脳障害（→「小脳低形成」404頁）
	神経筋伝達障害
心血管系	卵円孔開存、心室中隔欠損症（→244頁）
	右大動脈弓遺残症（→248頁）
	門脈体循環短絡症（→347頁）
呼吸器系	軟口蓋《なんこうがい》過《か》長症《ちょうしょう》（→300、327頁）
	横隔膜奇形
	心膜横隔膜ヘルニア（→「横隔膜ヘルニア」315頁）
消化器系	口蓋裂（→327頁）
	食道無力症
	鎖肛
全身性	未熟

〈表5〉周産期死亡あるいは進行性衰弱症候群の原因になりうる病原体

ウイルス	犬アデノウイルス（→306頁）
	犬パルボウイルス（→542頁）
	犬ヘルペスウイルス（→543頁）
	猫カリシウイルス（→306頁）
	パラミクソウイルス
細菌	ブルセラ・カニス（→549頁）
	ブドウ球菌
	緑膿菌《りょくのうきん》
	大腸菌
	β溶血性連鎖球菌
その他	真菌（→538頁）
	回虫（→572頁）
	鉤虫（→571頁）

臍《さい》ヘルニア（→353頁）は命にかかわることはありませんが、重症であれば治療を要します。目に見えない体内の先天異常もあり、これらは進行性衰弱症候群（誕生後にだんだん衰弱していく病態）および新生子死亡（誕生後まもなくの死亡）の原因になることが少なくありません。主な先天異常を表に示します（表4）。

感染症の多くも周産期死亡（注5）あるいは進行性衰弱症候群の原因となります（表5）。

イヌの新生子溶血性貧血（新生子《しんせいじ》黄疸《おうだん》）は母親と子との血液型不適合により起こります。血液型不適合が起こる組み合わせでの交配は避けるのが賢明ですが、もしも交配してしまった場合は初乳（注6）を飲ませないようにします。発病してしまったら徹底した治療が必要です。

注5 【周産期死亡】周産期とは出産の前後の時期を指す。産前に子が死亡すれば死産となり、産後には新生子死亡となる。動物では周産期の期間はきちんと定義されていない。

注6 【初乳】分娩後に出る抗体などを豊富に含んだ乳のこと。

母親が子の世話をしないとき

多数の子の中に前述のような奇形や発育遅

れの子がいると、母親は本能的に淘汰《とうた》し、健康な子を優先して育てようとします。

また、母親自身が人工哺育《じんこうほいく》で育ったなどの事情で、動物の中での社会化がなされていないと子育てを放棄する確率が高いといわれています。

子育てのための環境が整っていない場合も子育て放棄が起こりやすくなります。つまり、落ち着いて安全に子育てができないと母親が判断すると子育てを諦《あきら》めてしまうのです。神経質な母親では、人間の干渉しすぎも子育て放棄の一因となりえます。

（斉藤久美子）

人間が哺育する

人工哺育には哺乳《ほにゅう》のみを行い、あとは母親にまかせる場合と、母親から離して完全に人間が哺育する場合とがあります。

発育の遅れた新生子もしくは未熟子、あるいは口蓋裂の子などは、哺乳だけを手助けし、排泄《はいせつ》の世話や保温は母親にまかせてもよいでしょう。

子の数が多すぎて、母親が弱い子を淘汰しようとしているときは、弱い子を人工哺乳しても親はやはり子の世話をしようとしないことが多いので、親から離して人間が哺育するか、逆に発育のよい数匹のほうを離して人間が育てるとよいかもしれません。

母親が出産時や直後に死亡した場合や、死亡しなくても出産時のトラブルのため子育てが不可能な状態にある場合には人間が哺育するしかありません。

人工哺乳にはイヌ用、ネコ用のミルクを用い、哺乳瓶《ほにゅうびん》で与えます。口蓋裂やミルクを吸引する力のない子には食道チューブなどによる哺乳が必要です。動物病院で相談してください。人工哺乳は１日４～６回行います。

生後２～３週間は排泄の介助が必要です（→70頁）。尿はティッシュペーパーなどで軽く刺激するだけでも出すことができます。便は洗面器に入れた温湯の中、もしくは蛇口から流した温湯の中で肛門《こうもん》を刺激すると、肛門周囲の皮膚をいためることなく排泄を促すことができます。

高齢動物の病気とケア

老化とは

動物もある一定の年齢を超えると老化が始まります。その年齢は寿命の半分といわれていますので、イヌやネコでは老化が始まるのはおよそ7〜8歳からとなります〈表1〉。

老化現象は人間と同じように現れます。目の周囲から頭部にかけて白髪が目につくようになり、毛づやや皮膚の弾力もなくなってきます。筋力が衰え出すと、活発さがなくなり、運動後に後ろ足が震えたりします。目や耳の機能も低下してくるため、暗い場所を嫌ったり、名前を呼んでも気づかなかったりします。そのくせ、お菓子の袋を破る音には敏感に反応するなど、自分にとって都合のよい音だけは聞こえるようなこともあります。このような老化現象は年齢とともに顕著になるので、いたわりの気持ちをもって動物と接したいものです。

一方で、歯の病気については、飼い主の責任は重大です。歯石は年齢とともに着実に増え、多くの病原菌のすみかとなり、体内の様々な臓器に悪い影響を及ぼします。歯ブラシを使えない動物に代わって、飼い主が動物の歯の手入れをするように心がけてください（→76頁）。

体内の組織も老化が始まりますが、外観からは異常の発見は困難ですので、動物病院で年に1回程度、定期的な健康診断を受けることが勧められます。

近年、予防・診断・治療技術が発達したために動物も高齢化が進んでいます。その結果、良性はもちろんのこと悪性腫瘍《あくせいしゅよう》も激増し、病院外来で受診する10〜30%は腫瘍が占めるようになっています。人間も動物も必ず歳をとります。イヌやネコを飼い始める前には、高齢時の病気についても考えておきましょう。

〈表1〉
イヌ・ネコと人間の年齢換算表

イヌ・ネコ	人間
1カ月	1歳
2カ月	3歳
3カ月	5歳
6カ月	9歳
9カ月	13歳
1年	16歳
1年半	20歳
2年	24歳
1年毎に4歳	
16年	80歳

イヌやネコは生後急速に発育し、1年半で成人年齢に達する。その後は1年で人間の4歳分ずつ年齢を重ねていくが、ネコや小型犬では寿命は長く、大型犬では短い傾向にある。

高齢動物の日常のケア

高齢動物は、老化が原因、あるいは引き金となる病気にかかることがあります。これらの病気は潜在的に始まり、徐々に進行し、慢性の経過をとるのが特徴です。また、免疫力も衰えてくるため、病気になると重症化したり、治癒までに時間がかかったりする場合もあります。

動物病院で行う健康管理に関しては、予防できる病気はすべて予防しておくことが大切です。各種伝染病の予防注射、犬糸状虫(フィラリア)症(→258、580頁)の予防はプログラムに沿って確実に受けておきます。避妊・去勢手術は生後6~8カ月に済ませておくのが望ましいでしょう。手術によって発情期のトラブルを未然に防ぐことができますし、病気の予防にもなります。

さらに大切なのは、定期的な健康診断です。高齢になると内臓の機能も低下していきますが、外観からはわかりません。少なくとも年に1回は心電図検査と血液検査を受けて、心臓や腎臓《じんぞう》の働きを調べておきたいものです。

日常生活において、飼い主が行うべきことは、毛、皮膚、目、口、耳の観察です。シャンプーやブラッシングの際など動物の体をさわるときは、毛や皮膚の状態をよく観察しましょう。脱毛したり、皮膚が赤くなったり、しこりなどができていませんか。数秒間、動物とにらめっこをしてください。そしてまぶたを上下に動かしてください。黒目が濁っていませんか。白目に充血などはありませんか。唇をめくってください。歯石がついていませんか。歯ぐきの色はどうですか。不快なにおいがしませんか。耳の奥をのぞいてみてください。耳あか、においはどうですか。

これらの観察は動物が高齢になってから、または異常がみられてから行おうとしてもなかなかできるものではありません。若く健康な時期から観察を始め、これを続けることです。動物は本来、目、口、耳にさわられるのを嫌いますが、小さいときから習慣づければ抵抗なく行うことができます。健康な老後を送るためにも、ぜひ行っておきたいものです。

高齢動物の病気は老化が原因となることが多いため避けがたく、病気の末期になると治

日常生活での工夫

●食事

消化のよいものを与え、肥満に気をつけること
シニア用フードを用いてもよい

●運動

若い頃と同じようにはできなくなる
適切な量を見極めて調節すること

●環境

適応力が低下するため、大きな気温差や冷暖房に弱くなる
屋外で飼っている場合はとくに注意が必要
室内飼いの場合は段差をなくす工夫もしたい

●トイレ

外で排泄《はいせつ》する習慣がある動物は、
外出が難しくなったときに困る場合がある
室内でも排泄できるようなしつけと工夫をしておきたい

療が困難になりますが、適切な時期に去勢・避妊手術を行い、体の手入れ、体重管理、定期健診を心がけることによって、多くの病気が予防できます。

外観に現れやすい病気

●いぼ（疣贅《ゆうぜい》）

イヌに発生が多く、なかでもトイ・プードルやマルチーズによくみられます。皮膚に直径数ミリから1cm程度のカリフラワー状の突起物ができます。その表面はもろく、硬いところに当たってこすれると出血します。ほとんどは放置してかまいませんが、多数発生する場合や皮膚の肥厚（注1）を伴う場合は精密な検査が必要です。

注1【皮膚の肥厚】局所的に細胞数が増え、皮膚の盛り上がりやしこりとして感じられる。皮膚癌《ひふがん》を含む悪性の皮膚病が疑われるが、皮膚の腫《は》れやタコである場合もあり、獣医師の診断が必要。

●歯周病（→324頁）

歯を取り囲む歯ぐきの組織（歯周組織）の病気で、歯槽膿漏《しそうのうろう》、歯周炎、歯肉炎があり、もともとの原因は歯石です。歯に歯石がつくと歯ぐきに炎症が起こり、不快な口臭が発生します。顎《あご》の骨にまで炎症が進むと、歯は簡単に抜けてしまいます。歯石には色々な病原菌が棲《す》み着いており、この病原菌を食べ物と一緒に飲み込み続けることによって、菌の毒素が心臓や腎臓などの慢性の病気を引き起こすことがあります。そのため、歯石は万病のもとと考えられています。定期的な歯石除去をはじめ、歯磨きをして口腔《こうくう》内を清潔に保つことが大切です。歯石予防を目的として作られた特別療法食や補助食品〈表2〉も効果が期待できます。若いときから歯磨きを習慣づければ歯周病の予防は可能です。

●白内障（→433、730頁）

イヌによくみられます。目の中のレンズ（水晶体）が白く濁ってくるため、光に対する感覚が鈍ってきます。その結果、視力が衰え、暗いところではものが見えにくくなります。手術により白く濁った硝子体を取り出したり、さらに眼内レンズに置き換えたりすることで視力の回復が期待できます。この治療は眼科を専門にしている施設で行われています。

〈表2〉動物病院で扱っている、歯の健康を保つ効果のある主な製品

販売・発売者	商品名	使い方
共立製薬(株)	エンザデントオーラルケア・チュウ エンザデントトゥースブラッシュキット	ガムをかむ要領で与える 歯磨きと歯ブラシのセット
日本ヒルズ・コルゲート(株)	プリスクリプション・ダイエットt／d	通常の餌と同様に与える
(株)ビルバックジャパン	C.E.T. ビルバックチュウ他 C.E.T. 犬・猫デンタルキット アクアデント	ガムをかむ要領で与える 歯磨きと歯ブラシのセット 飲み水に混ぜて与える
(株)ミネラルヴァコーポレーション	リーバスリー	口腔内に直接スプレーする
(株)森乳サンワールド	デンタルビスケット	通常のおやつ感覚で与える
ライオン商事(株)	ベッツドクタースペックオーラルスプレー ベッツドクタースペックデンタルシート	口腔内に直接スプレーする 指に巻き歯や歯茎をマッサージする

●会陰ヘルニア（→353頁）

雄のイヌに多くみられ、尾の付け根の左右いずれかが大きく盛り上がります。この周辺の筋肉が年齢とともに薄くなり、排便などで腹圧がかかったときに腸の一部や膀胱《ぼうこう》がはみ出してしまうことが原因です。放置しておくと、腸の通過障害や排尿障害が生じ、命にかかわることがあります。

治療は手術によってのみ行われます。未然に防ぐには生後6〜8カ月頃の去勢手術が勧められます。

●睾丸《こうがん》(精巣)の腫瘍《しゅよう》（→389、531頁）
乳腺《にゅうせん》の腫瘍（→395、534頁）

睾丸（精巣）や乳腺の腫瘍はイヌに多くみられます。腫瘍がかなり大きくなるまで日常生活での不自由はないため、そのまま放置されがちです。しかし、早い時期の摘出手術が望ましく、痛みや不快感がないからといって放置してはいけません。

ネコでは乳腺腫瘍の発生は比較的少ないのですが、発生すれば悪性の危険性が高いので、ただちに摘出手術することが勧められます。いずれも去勢、避妊手術が予防策となります。

行動に現れやすい病気

●椎間板《ついかんばん》ヘルニア（→405頁）を代表とする
神経疾患、変形性関節症（→480頁）
靭帯《じんたい》の損傷（断裂）（→481〜483頁）

椎間板ヘルニアはイヌの腰椎《ようつい》部に発生することの多い病気です。イヌのなかでもダックスフンドなど、かかりやすい犬種があります。ヘルニア部分で神経が圧迫されるため、後ろ足の運動失調（→204頁）や麻痺《まひ》がみられます。

変形性関節症、靭帯の損傷はイヌに多く、必要以上の圧力が長期間関節に加わると発生する場合があります。病変のある足に軽度から重度の跛行《はこう》（→206頁）がみられます。

いずれも症状の程度によって治療法が異なります。生活の質の改善のためには消炎鎮痛剤が必要になりますが、投与にあたっては獣医師の指示をよく守り、飼い主が勝手に薬の量を変えたり中止したりしないことが大切です。重症の場合には手術を受けることもあります。運動器の病気では肥満も症状の悪化につながるので、適切な体重管理（→83頁）も重要です。

●認知症（痴呆《ちほう》）

人間と同様に、イヌでも認知症が問題になってきています。高齢化に伴って生じる脳の変化が原因で、説明のつかない異常な行動を起こすことがあります。典型的な症状の一つが徘徊《はいかい》です。自分が今どこにいるのかわからなくなり、あてもなく歩き続けるようになります。また、存在していないものが見えるかのように、空中の一点を見つめる動作や、飼い主を認識できなくなる、食べ物の好みが急に変わる、夜鳴き、失禁、不適切な場所での排泄などの症状が現れることもあります。いきなりイヌの体に触れるとおびえることもあるので、正面から声をかけながらゆっくり近づいていきましょう。

年に1回程度の定期的な検査を行い、少なくとも体調に異常のない状態を維持しておきたいものです。薬物の投与で症状の改善がみられる場合もあります。

排泄時に現れやすい病気

●糖尿病（→466頁）

多飲多尿（→142頁）がみられ、動物は急激に痩《や》せてきます。ときには、突然ショック状態になり、急死してしまうこともあります。

糖尿病にはいくつかのタイプがありますが、そのほとんどはインスリンの分泌不足によって発病します。不足分のインスリンを毎日決まった時間に投与（注射）しなければなりません。これはすべて飼い主が行うことになります。肥満が原因になることが多い病気なので、適正な体重管理が予防策となります。

●慢性腎不全《まんせいじんふぜん》（→358頁）

ネコでの発生が多く、尿量に異常がみられることがあります。ネコの1日の排尿量は、体重1kgあたり10～20㎖ですので、体格が大きくても1日に150㎖以上の尿が排泄されるようであれば、明らかに腎臓の機能に問題があります。

軽症の場合は内服薬の投与や食餌療法《しょくじりょうほう》により病気の進行を遅らせることができます。重症の場合は人工透析（→728頁）、腎臓移植《じんぞういしょく》（→728頁）といった治療方法しかなく、動物では適応が困難なため（注2）、定期検査での早期発見が大切です。決定的な予防法は現在のところありません。

注2【動物では適応が困難】治療を受けられる施設が限られているため。腎臓移植は現在、一部の施設で行われているが、ドナーの問題等、多くの困難を伴う。

●前立腺肥大《ぜんりつせんひだい》（→387頁）

雄のイヌにみられる病気で、肥大した前立《ぜんりつ》腺《せん》が尿道を圧迫するため、排尿に時間がかかるようになります。その結果、膀胱炎《ぼうこうえん》や腎不全を引き起こすこともあります。軽度の場合は去勢手術や内服薬の投与で対応できますが、重度の場合は前立腺摘出手術《ぜんりつせんてきしゅつしゅじゅつ》が必要です。未然に防ぐには若齢期に去勢手術をすることが勧められます。

●子宮蓄膿症《しきゅうちくのうしょう》（→390頁）

未経産（出産したことがない）で5歳以上の雌のイヌに比較的多くみられます。子宮の中に膿《うみ》がたまる病気で、発症の初期には飲水だけが旺盛《おうせい》になります。食欲・元気が消失すると病状は急激に悪くなり、併発した腎不全やショックのために死亡する危険性もあります。多くの場合、緊急の手術によって子宮と卵巣を摘出します。若齢期での避妊手術が予防策となります。

咳《せき》を伴うことの多い病気

●僧帽弁閉鎖不全症（→250頁）

小型犬種に多くみられ、なかでもマルチーズに多発します。心臓内の僧帽弁（左房室弁）と呼ばれる弁が老齢化とともに完全に閉じなくなり、肺に負担がかかる病気で、まず夜中に「カッカッ、ゲェッ」というような咳が連続して出るようになります。咳は薬物の投与によって治めることができますが、これは症状の発現を抑えることが目的で、完治させるものではありません。薬の投与にあたっては、獣医師の指示をよく守り、勝手に服薬量を変えたり中止したりしないことが大切です。

●犬糸状虫（フィラリア）症（→258、580頁）

イヌの代表的な寄生虫病の一つです。長さが15～30㎝にも達する糸状のフィラリア虫体が右心室や肺動脈に寄生し、動物は吐くときのような咳をします。治療法は病気の進み具合や症状によって異なります。重度な場合は階段を1段ずつ上っていくような長期治療となるので、獣医師との連絡を密に保ち、その指示をよく守ることが大切です。ネコでは突然死の原因になることもあります。いずれにしてもイヌ・ネコともに予防を重視したい病気です。

最期をみとる

たいていのイヌやネコは飼い主よりも早く寿命の尽きるときがやってきます。そのときになってあわてることのないよう、心の準備をしておきましょう。

寝たきり動物の介護

飼い主の手を借りることで歩けるうちは、日に数回歩行運動をさせます。食べ物は高齢動物用の消化のよいものを与えます（動物病院で扱っている高齢動物専用フードがよいでしょう）。病気が進み、いよいよ起立不能になった場合に、もっとも大切なのは、褥瘡《じょくそう》（床ずれ）を作らないように介護することです。ネコや小型犬ではあまり問題にはなりませんが、中型以上のイヌでは重要になります。

ときどき名前を呼んだり、体に触れたりして寂しがらせないようにするなど、心の介護も大切です。

これらの介護は、何らかの病気で起立不能になった動物にも適応できます。

痛みに対するケア

動物も高齢になると、椎間板ヘルニアや変形性関節症などで、体のあちこちに慢性の痛みをもつようになります。生活の質を改善するためにも、痛みを何とか軽減したいものです。現在、多くの製薬会社から動物用の消炎鎮痛剤が発売されています。いずれも動物病院で処方される薬ですが、痛みの質や程度によって使い分けられ、効果が期待できます。

最後の決断

どのような治療も功を奏さないと診断された場合、あなたはどうしますか。選択肢は二つあります。一つは自然に任せて最期までみとる。二つ目は安楽死です。動物が寝たきりになっても痛みや苦痛がない場合は、一番目の方法がとられます。しかし、鎮痛剤でも抑制できない痛みを伴ったり、癌《がん》や大きな褥瘡などで苦痛がある場合は、二番目の方法がとられることがあります。安楽死が実行された場合、けっして後戻りはできないので、飼い主の最後の決断となります。

（廣瀬孝男）

安楽死

ほとんどの場合、麻酔薬を用います。麻酔薬を投与すると痛み、意識がなくなり、大脳の働きが停止します。さらに投与し続けると呼吸中枢も麻痺して、呼吸が止まります。その状態を維持するか、カリウム液を投与して心停止を待ちます。動物病院によっては、理由のいかんにかかわらず、安楽死を実施しないところがあります。

床ずれを作らないように介護する

体の幅の半分程度の厚さがあるマットにおむつ代わりの防水シートを敷き、その上に動物を横向きに寝かせ、１日に数回、寝返りをするように体位を変えます。

横向きに寝かせた場合、褥瘡ができやすい場所は大腿骨《だいたいこつ》の近位端、次いで肩で、骨の出っ張りがシーツと接するところになります。このような場所が直接シーツに接しない程度に、厚みのあるドーナツ状のクッション（動物の大きさにもよるが、幅 10 cm 程度で、骨の出っ張りがすっぽり入るくらいのもの）をあてがいます。

褥瘡ができる部位は、まず毛が薄くなり、皮膚が透けて見えるようになります。次に、皮膚の表面が赤くにじんだようになり、さらに進行すると、皮膚の組織が消失し、えぐれたような穴が開いてしまいます。皮膚の表面が尿でぬれていたり、不潔な状態だったりすると、この反応はいっそう早く進むので、つねに清潔に保つことが大切です。褥瘡は一般の外傷と同じような治療を行いますが、皮膚に一度大きく穴が開くとなかなか治癒は望めません。

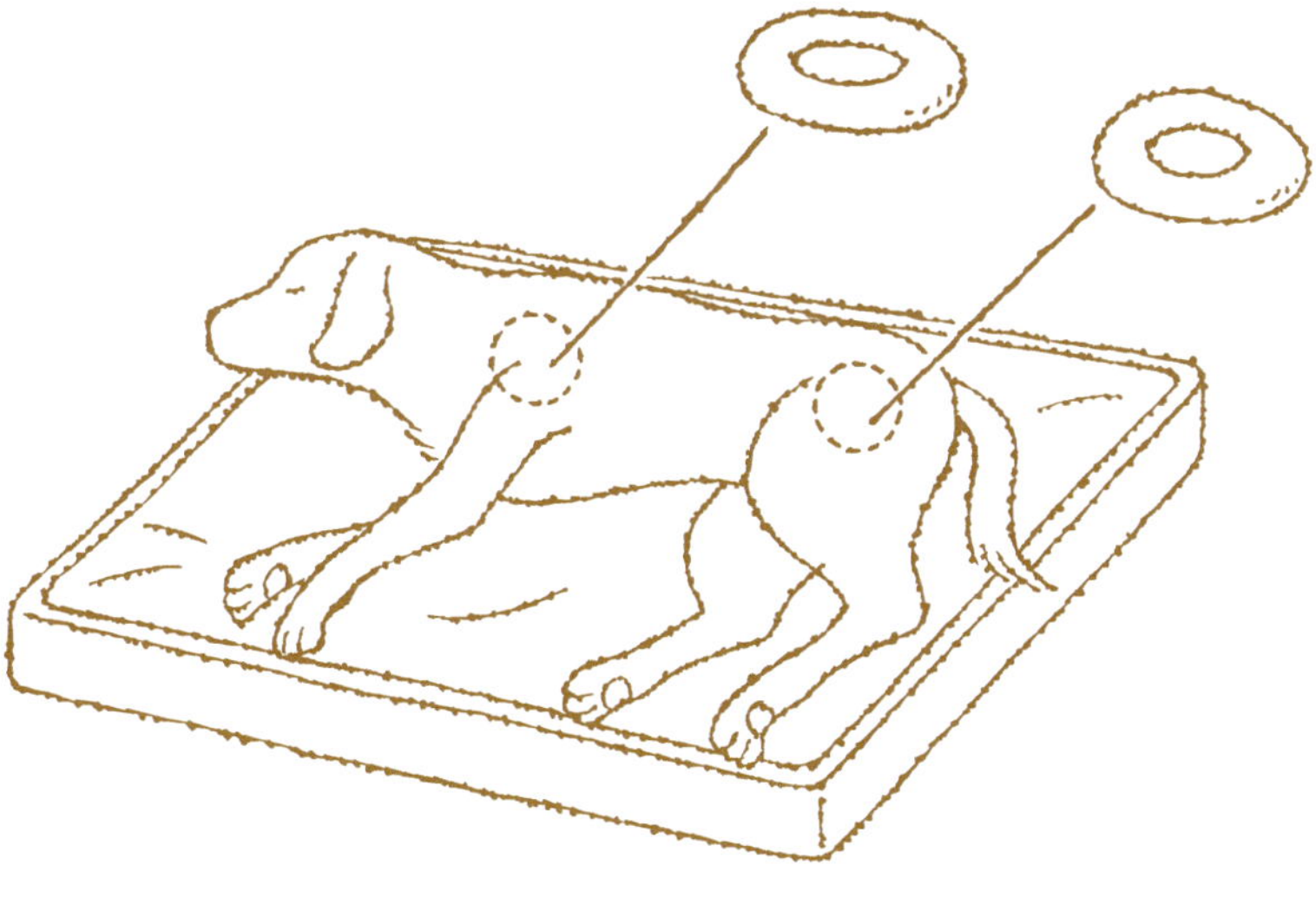

応急処置と救急疾患

応急処置とは、突然の病気やけがに対して、とりあえず行う手当てのことです。動物に対する応急処置の多くは人間のそれに準じますが、動物は痛みや不安から治療に抵抗することが多いため、十分な処置ができない場合もしばしばあります。しかし、基本的なものは知っておくとよいでしょう。

応急処置をした後は、動物病院へ連れて行き、獣医師の診察を受ける必要があります。

外傷、出血

もっとも発生が多いと思われます。切り傷、擦り傷程度から骨や内臓の損傷まで、多種多様な外傷があります。原因も動物同士のけんか、鋭利なものによる裂創（注1）、交通事故、自然災害など多様です。原因がはっきりしている場合とそうでない場合により対応も異なりますので、できる限り原因を探求してください。

家庭内や外出先で起こる軽度なものでも、爪《つめ》が折れたり、散歩中に足の裏を切った場合などは初期の出血量に驚くかもしれません。また、全身を強打する高所からの落下や交通事故などでは、見た目より重症であることが多いのです。事故直後はたいしたことがないように見えても、その後急に容態が変わることもありますから、早めの対応が必要です。

応急処置としては、どの場合でも、まず安静が第一です。動物が興奮しているときは落ち着ける場所にゆっくり移動させます。それと同時に、意識があるか、呼吸に異常はないか、歩けるか、出血しているか、痛がるところがあるか、客観的に観察してください。可能なら外傷部位を確認しておきましょう。その後の応急処置や救急搬送を決定するのに非常に役立ちます。

家庭での応急処置がもっとも多いと思われるのは切り傷、擦り傷、爪の損傷です。これらに対しては、可能な限り流水（できれば温水）で傷ついた部分を洗い、出血がある場合は清潔な布（タオルやハンカチなど）で患部を5～10分以上圧迫して止血します（圧迫止血法）。出血部の圧迫は基本中の基本であり、かなりの出血でも、ほとんどがその処置で治まります。その後、獣医師の診察を受けて適切な処置をしてもらいます。

出血がさほどなくても、動物の咬《か》み傷のようにその後化膿《かのう》する危険性のあるものは、初期の段階で傷ついた場所を十分に洗い、早めに受診するべきです。

全身に及ぶ原因であったり、意識障害がみられるもの、継続したひどい痛みがあるもの、出血量が多いものは緊急な対応が必要です。すぐに動物病院に連れて行きましょう。

注1　【裂創】異常な力や鋭利なもので組織が引っ張られたり、伸びたり、ちぎれたりしてできた創傷。

嘔吐《おうと》（→144頁）

原因によって応急処置のしかたは異なりますが、もっとも大切なのは吐いたものが気管や肺に入らないようにすることです。原則として、治療を受けるまで食事は与えません。水は、受診まで時間を要する場合は、嘔吐に注意しながら少量ずつであれば適量与えてもよいでしょう。ただし、連続的に吐いたり長時間にわたって吐くようなときは、胃捻転《いねんてん》、腸捻転《ちょうねんてん》（→342頁）、腸閉塞《ちょうへいそく》（→342頁）の危険性がありますので、早急に獣医師の適切な処置を受ける必要があります。

異物誤飲

薬物（化学製品、薬、観葉植物を含む植物など）以外の異物を飲み込んでしまった場合は、無理に吐かせようとしないでください。原則として、受診まで食事は与えません。誤飲と同時に呼吸困難を起こした場合は、十分に注意しながら口の中に閉塞物《へいそくぶつ》がないか確認してください〈図1〉。口の中に見つからなければ、気管の閉塞《へいそく》が疑われますので、けっして無理をしないで、しかし躊躇《ちゅうちょ》せずに、後躯《こうく》を持ち上げるようにしながら背中を勢いよくたたいたり（背部叩打法《はいぶこうだほう》：小さな動物で可能）〈図2〉、または横向きに寝かせて（横臥位《おうがい》）勢いよく手で胸部を圧迫してみます（胸部圧迫法：片手で持ち上げられないような大きな動物で可能）〈図3〉。このような処置で呼吸困難が改善したときも、必ず獣医師の診察を受けてください。

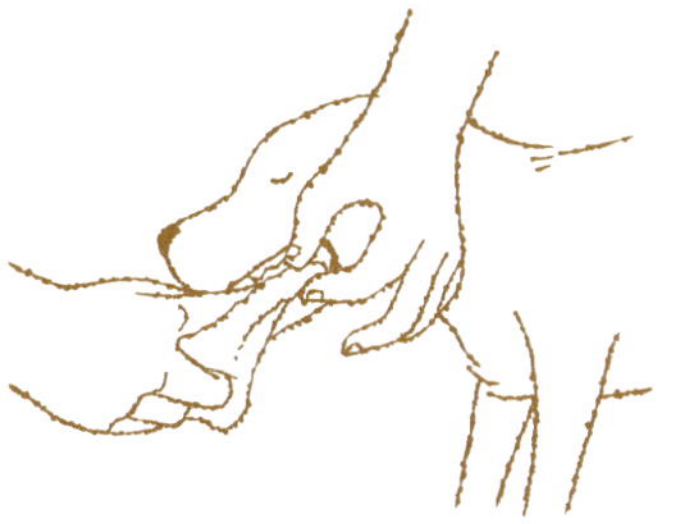

〈図１〉口の中の異物を取り除く

口の中に閉塞物があった場合は、よだれですべらないようにタオルやガーゼなどを使い、咬まれないように注意して取り除く

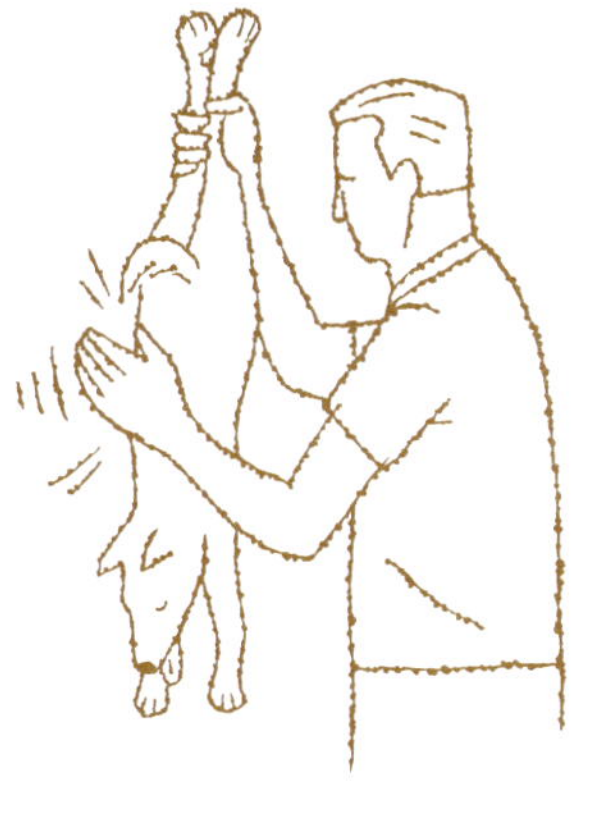

〈図２〉背部叩打法

後ろ足を持ち、逆さに吊《つ》って背中を数回たたく。振ることによって閉塞物が出る場合もある

〈図３〉胸部圧迫法

片手で背中を支え、もう一方の手で最後肋骨《さいごろっこつ》（一番後ろの肋骨）の下を押し上げる。このとき、腹部を圧迫しすぎないよう注意する

発咳《はつがい》（→174頁）
呼吸が苦しそうな状態（→155頁）

日常生活でときどきみられる軽い咳《せき》以外では、ウイルス性の呼吸器の病気やほかの病気（軟口蓋過長症《なんこうがいかちょうしょう》〈注2〉、気管虚脱〈注3〉、気管支炎・肺炎、気胸〈注4〉、腫瘍《しゅよう》、うっ血性心疾患〈注5〉など）で認められます。動物が興奮しているときは、あまり広くない薄明かり

の静かなところで落ち着かせてください。また、発咳に引き続き嘔吐をもよおす場合があるので、吐いたものが気管に入ることのないよう、食事や水分は咳が落ち着くまで中止するか、様子を見ながら少量ずつ与えるようにします。症状が落ち着かない場合は早急に、症状が落ち着いたとしても後日必ず、獣医師の診察を受けてください。

注2【軟口蓋過長症】上顎《じょうがく》の一番奥にある口蓋帆《こうがいほ》という部分が長すぎたり肥厚しているために呼吸困難になる病気。（→300、327頁）

注3【気管虚脱】気管が押しつぶされるような形で変形し、呼吸困難を起こす状態。（→302頁）

注4【気胸】肺や気管や胸壁に孔が開き、胸腔《きょうくう》に空気がたまる状態。（→311頁）

注5【うっ血性心疾患】心臓に入る大きな血管や肺の血管（肺動脈、肺静脈）に血液が多くたまる（うっ血）ような状態の心臓の病気をいう。多くは慢性心不全と同じ意味で用いられる。動物の場合は、高齢のイヌで多い僧帽弁閉鎖不全症（→250頁）や犬糸状虫（フィラリア）症（→258、580頁）での心臓病がうっ血性心疾患に分類される。

けいれん発作（→194頁）

脳の病気や代謝性の病気、循環器の病気など様々な原因が考えられます。けいれん発作中は、動物が高いところから落ちたり周囲のものにぶつかったりしないように補助します。また、発作中に吐いたときは、吐いたものが気管に入るのを防ぐため、十分に注意しながら吐物をタオルなどで取り除いてください。けいれん発作が続く場合は早急に獣医師の診察を受ける必要があります。落ち着いたとしても、後日必ず受診しましょう。

骨折（→478頁）、捻挫《ねんざ》、打撲

明らかに骨が折れているとわかる四肢の骨折の場合、とくに大きな動物では病院への搬入まで痛みを少しでも減らせるように、可能なら添え木を当ててください。多くの場合、応急手当てに対して動物は抵抗しますので、ケージやそれに準ずる箱などに入れて、体を動かせないようにして受診します。

呼吸停止、心停止

交通事故、高所からの落下、感電、おぼれたなどの事故や、呼吸器や循環器などの病気にかかっている場合に起こる危険性があります。人間と同じく、早急な応急処置が生死を左右します。まずは、口の中に異物などの閉塞物がないことを確認してください。動物の口元に耳を近づけたり、胸の動き

けがをした動物の運び方

大判のタオルや毛布を担架のようにして運ぶ

保定のしかた

動物に処置をするときは、暴れたり動いたりしないように押さえておく必要がある。図は立たせた状態での保定方法

を見て、呼吸をしているか確認します。それと同時に内股《うちまた》の付け根をさわって脈拍が感じられるか（→173頁）、動物の胸に耳を押し当てて心臓の音が聞こえるかを確認してください。心音が聞こえなければ心臓マッサージ〈図4〉を行います。

熱傷、火傷

人間と異なり、あまり多くは遭遇しないと思われます。しかし、感電したり、熱湯を浴びたり、火炎などで受傷する事故も考えられます。重症度は基本的にやけどの面積と深度で決まりますが、イヌやネコは人間より皮膚の表面近くの血管が少ないため、同じようなやけどをしても紅斑《こうはん》や水疱《すいほう》（水ぶくれ）は少ない傾向があります。しかし、皮膚組織のダメージは同じなのです。

感電したときはあわてずに、動物にさわらないようにしてコンセントを抜き、意識の回復を確認します。口の中にやけどを負うことが多いのですが、冷やす場合は誤嚥《ごえん》に気をつけてください。

熱湯を浴びてしまったときは、急いで患部を水（できれば流水）で冷やします。火炎が燃え移った場合は、布（できればぬらして）をかけて火を消し、その後患部を流水で冷やしてください。

応急処置によって広範囲の毛がぬれてしまうと、ショックも重なって低体温症（→112頁）を併発するおそれがありますので、早急に受診しましょう。感電もできるだけ早く獣医師に診せる必要があります。

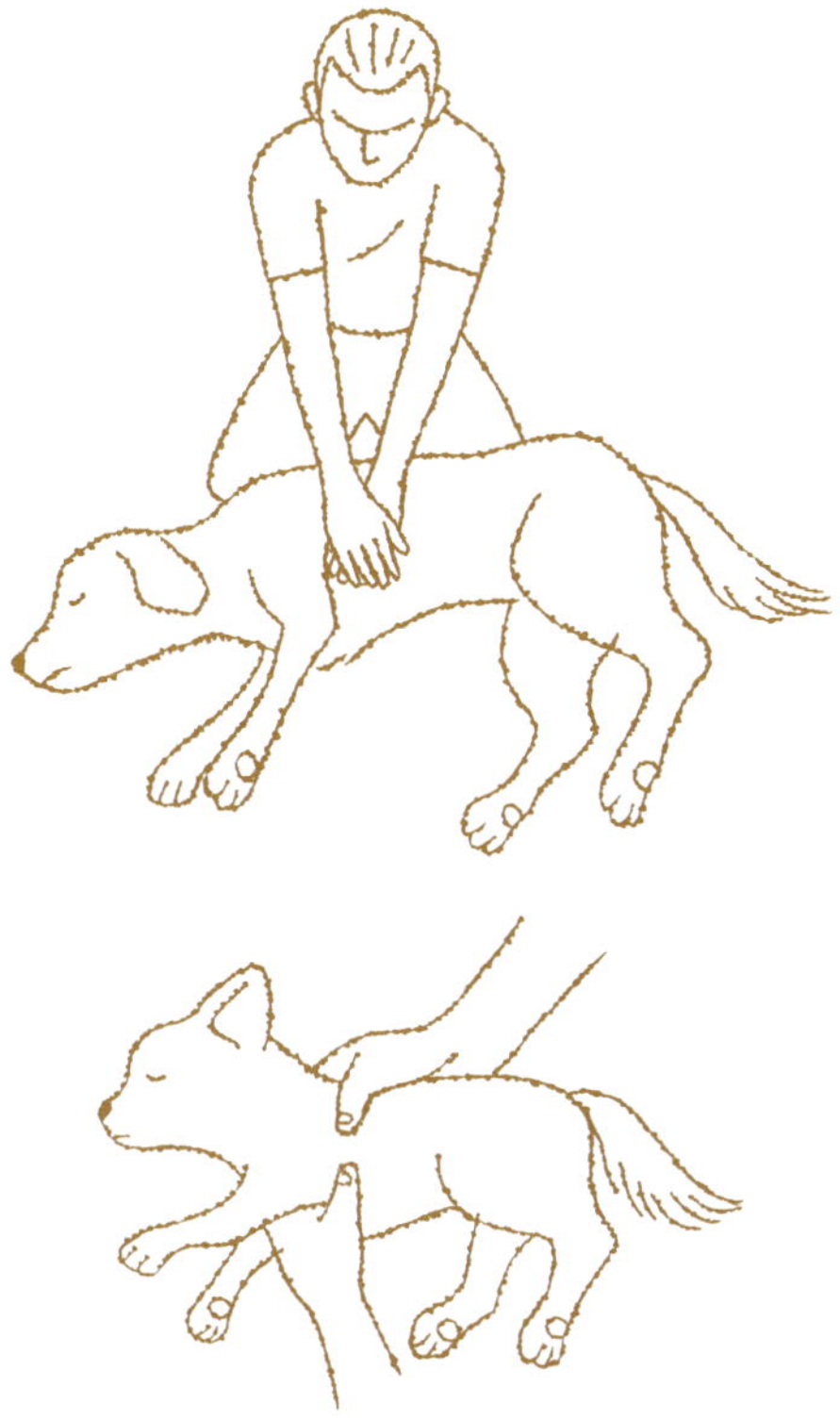

〈図4〉心臓マッサージのしかた

動物を右側が下になるように横に寝かせて（右前肢、右後肢が下になるようにする）、首を伸ばすようにして、心臓の位置（左前肢を屈曲させたときの肘《ひじ》の位置）に掌を当て、あまり強い力を加えないようにしながら（肋骨が少し凹む程度）1秒間に1、2回のスピードで押す。小型の動物の場合は両手で体をはさみ込むようにして押す

救急疾患・ケース1
日射病・熱射病になった

両者を熱中症ともいいます（→229頁）。イヌやネコは人間に比べて汗腺《かんせん》の発達が悪いため、体温調節は体を直接冷たいものに接することや、呼気による気化熱に頼って行うしかありません。気管の発達の悪いパグやブルドッグなどや、太った動物では発病の危険性

が高いので注意してください。

症状

初期には口を大きく開けて舌を出しながら頻回に苦しそうな呼吸をします。多くの場合、よだれで口の周りがぬれています。進行すると意識がなくなったり、けいれん発作を起こすこともあります。

応急処置

意識もあり比較的軽度と思われる場合は、冷たい水を適量ずつ分割して与え、さらに水道水や冷所で体を冷やし、動物の呼吸が落ち着き、体温が平熱になるまで注意して観察してください。状態が落ち着いても脱水状態などにより胃腸運動が弱まっているので、安静にして、食事は水分の多いものを少量ずつ与えます。

意識朦朧《いしきもうろう》としていたり、意識がない、周囲の呼びかけに反応が弱いといった場合は、早急に治療の必要があります。前述と同様に水道水を体にかけるか、流水に体を浸けてください。無理な飲水を強要すると水が気管に入ってしまう危険があるので注意しましょう。

応急処置後、可能であれば冷たいタオルや保冷剤などを頸部《けいぶ》や脇《わき》、腹部に当てながら、急いで動物病院へ連れて行ってください。軽症にみえても、後から症状が悪化することが多いので、必ず受診することをお勧めします。

体温が41℃を超えるような場合は、血管内に多数の血栓（血の固まり）ができる播種性血《はしゅせいけっ》管内凝固症候群《かんないぎょうこしょうこうぐん》（DIC）（→285頁）という病気になることがあり、緊急性が高くなります。

予防のために

イヌを室外で飼っている場合、気温が高い天気のよい日は、日よけがあり風通しのよい場所にイヌがいられるようにします。とくに黒っぽい毛色の太ったイヌは体温調節が難しいので気をつけてください。室内飼いでも室外飼いでも、暑いときは大量でなければ冷たい飲み水を与えても良いでしょう。

自動車内に動物を閉じ込めておくと、冬季であっても熱中症の危険があります（→131頁）。

救急疾患・ケース2
低体温症になった

体力の消耗した動物や若齢・高齢動物が、体のぬれた状態で寒いところに放置されると短時間でも急激な体温の低下を招きます。とくに室外で飼われ、痩《や》せている高齢犬でしばしばみられます。

症状

体温が正常以下に低下して、病的な症状を示します。主な症状は、沈うつ、意識の低下や消失、瞳孔《どうこう》が縮む、呼吸がゆっくりになる、心拍数や血圧が低下する、などです。

応急処置

体がぬれているときは、よく乾燥させて、ゆっくりと温める必要があります。四肢の末端では毛細血管が収縮し、さわると冷たく感じます。おなかを中心とした体幹部を積極的に加温し、四肢末端が温かくなるまで続けてください。応急処置をしながら動物病院へ連れて行きます。意識障害があるときは、動物病院で温めた輸液や積極的な加温処置がされるでしょう。また、基礎となる病気として甲《こう》状腺《じょうせん》機能低下症《きのうていかしょう》（→461、490、499頁）が隠れていることがあります。

予防のために

冬季や雨でぬれるようなときは、屋外で

飼っているイヌは屋内へ移します。とくに高齢動物や体力の弱った動物では厳重な注意が必要です。

屋外飼いの場合、冬季は体重が減少しないよう、食事量を増やさなければならないこともあります。

救急疾患・ケース3
ほかの動物に咬まれた（咬傷《こうしょう》）

自宅や公園などでイヌ同士またはネコ同士、イヌがネコを咬むような事故はしばしばみられます。最近はドッグランでのトラブルが増えています。小型動物が大型動物に咬まれた場合、生命にかかわる重大な事故になることもあります。

応急処置

咬まれている最中は、不用意に手を出さず、状況を見て、咬んでいる動物の鼻先を目がけて手元にあるものでたたくか、何もないときは注意して足でけり落とします。咬んでいるのを引き離そうとして引っ張ったりすると、傷がさらに大きな裂創になってしまうことがあるからです。

すでに咬まれてしまった後なら、動物が落ち着いてから誰《だれ》かの助けを借りて、咬まれた箇所を確認してください。そのうえで、動物が大暴れしなければ、流水で傷口を十分に洗います。傷から出血している場合は、洗った後に出血部分を清潔なガーゼやタオルで慎重に十分に時間をかけて圧迫してください。咬まれた直後やその後にショック状態になることもあるので、早期に受診しましょう。

数日後に、咬まれた部位が腫《は》れ、次いで膿《うみ》が出ることがあります。重度なものは、咬まれたときに体内に侵入した細菌が全身に及んで菌血症（注6）を起こすこともあるため、早急に病院で治療を受ける必要があります。

予防のために

イヌは、公園などでも引き綱を外さないでください。見知らぬイヌには近寄らないようにするのが賢明です。不穏な様子のイヌが来たらゆっくりと距離をあけます。ドッグランなどで遊ばせているときは、周りの状況につねに気を配りましょう。

ショック症状 （→147頁）

ショックとは、急激に血液の循環が抑制された状態のことをいい、重度の外傷やアレルギー反応など様々な原因で起こり、血圧の低下や末梢《まっしょう》の循環不全、呼吸不全など様々な異常を引き起こします。

ときとして起立不能や意識消失、虚脱（→147頁）などの急激な症状を示すこともありますが、元気がない、あまり動かないといった漠然とした症状しか現れない場合も多いのです。交通事故などの大きな外傷を受けた後や予防接種などの注射の後、虫に刺された可能性があるとき、心臓病を患っている動物が急に元気を失ったときなどは要注意です。

体の中で多量の出血が起きた場合も急激な元気消失、虚脱などがみられることがあります。敗血症がきっかけになって起こる敗血症ショックのように、手足が冷たくならないショック症状もあり、対応が遅れる危険があるので、注意が必要です。

ショックの治療は時間との勝負ですので、大至急、獣医師の診察を受けてください。

ネコは、室外に自由に出さないほうが安全です。慣れさせれば綱をつけての散歩も可能です。

複数のイヌやネコを飼っている場合は、動物同士の相性もあるので、相性の悪いものは別の場所で飼わなければならないこともあります。また、予防的な意味から、去勢手術を早期に行うという方法もあります。

注6【菌血症】細菌が血液中に入り、全身の血液循環に侵入すること。

救急疾患・ケース4
交通事故に遭った

イヌ、ネコともに多いトラブルの一つです。自動車に限らず、バイクや自転車との接触も多くみられます。骨折していたり、内臓に損傷を受けている危険性も高いので、必ず受診しましょう。

応急処置

①交通事故現場を目撃していて、かつ、けがが部分的な擦り傷程度である場合

⇩傷の汚れを洗い流し、出血があれば圧迫止血をします。痛みがあるときは、安静にしながら早期に診察を受けてください。

②おそらく交通事故だろうというような事故状況がわからない場合や、頭部や胸や腹などに受傷している場合

⇩出血の有無にかかわらず、動物病院で診察を受けてください。受診時に、発見時の状況、発見から受診までの間の意識の状態、呼吸の様子や四肢の異常、排尿の有無、痛がる部位などを伝えてください。

予防のために

イヌは引き綱から絶対に離さないことです。多くの事故は「うちのイヌは大丈夫」という過信から生まれます。まれに綱をつけていながら交通事故に遭遇することがありますが、これは引き綱を長くしての散歩時にとくに注意してください。ネコは自由な外出をさせないのが一番の予防策です。

救急疾患・ケース5
ヘビに咬まれた （→596頁）

トカラ海峡以南の南西諸島ではハブ、トカラ海峡以北の北海道、本州、四国、九州ではマムシ、その他本州、四国、九州、大隅諸島《おおすみしょとう》ではヤマカガシによる咬傷の危険性があります。

マムシの毒のほうがハブの毒より2倍も強力ですが、マムシは毒牙《どくが》が短く、毒の総量も少ないため、臨床症状はハブ咬傷のほうが重いと考えられています。またヤマカガシはおとなしいヘビで、毒牙も口の奥にあるので、深く咬まれないと毒は入りませんが、人間の

チアノーゼ （→168頁）

皮膚や粘膜が青色くなるため、青色症ともいわれています。酸素濃度の低い空気を吸い続けたときや、動物の血液、肺、心臓に問題のある場合に起こります。

チアノーゼがみられたら、動物を興奮させないこと、気温を下げて酸素の消費量を少なくすることを心がけてください。

低酸素が原因であるなら、ただちに動物を新鮮な空気の吸える場所に移動します。状態が落ち着いたとしても、早めに受診してください。

原因が思い当たらない場合も早急に獣医師に診せる必要があります。

死亡例も報告されていますから、十二分に注意する必要があります。

症状

マムシ咬傷やハブ咬傷でよくみられる症状は、咬まれた箇所の出血、浮腫《ふしゅ》、血圧低下などですが、イヌの場合、全身性の症状を呈することはまれと考えられています。しかし、幼若動物やほかの病気を患っている動物、高齢動物では咬傷部位の著しい腫れ、痛み、その後は咬傷部の組織壊死《そしきえし》により著しい元気消失、意識レベルの低下など、重大な全身症状を起こす危険性がありますので早期の受診が必要でしょう。

応急処置

動物は毛に覆われているため、咬み孔を確認できることはまれです。咬傷部が腫れてきたり、動物が処置に協力的な場合に限り、咬み孔から血を絞り出すように圧迫し、可能であれば水で洗浄してください。

マムシ毒は咬まれた場所の皮膚の下で出血が起こり、著しいむくみを伴ってパンパンに腫れます。腫れが重度な場合はその部分の組織が圧迫され、血行障害が起きて壊死することもあります。また、とくに若齢動物や高齢動物では、ショック状態に陥ることも予想されます。いずれにせよ、早急に受診が必要です。

予防のために

山菜採りやキャンプなどのアウトドアに連れて行くときや、山や川周辺の自然の多い地域では、草むらの中でイヌが首や前足を咬まれることが多いので、注意してください。

救急疾患・ケース6
ハチに刺された （→597頁）

ハチに刺されたかもしれないという訴えで動物病院に来院される場合がありますが、ハチに限らず、蚊やその他の虫に刺されたときでも、対処のしかたは同様です。ハチ刺傷で問題になるものはアシナガバチ、スズメバチ、ミツバチ、マルハナバチ類の約20種です。

症状

軽度から重度まで患部の腫れ、痛み、発赤などがみられることがあります。動物はそのため刺傷部位を異常に舐《な》めたり、こすったり、跛行《はこう》したりします。

応急処置

ハチの針が残っている場合は、針をつまんだりしないで、指ではじき飛ばすように除去してください。その後、抗ヒスタミン薬やステロイドの軟膏《なんこう》を患部に塗布して、刺された部位を保冷剤（アイスバッグ）などで冷やします。

呼吸が荒く、刺された部位の痛みだけではないような場合は、アレルギー反応を起こしている可能性があるので、動物病院での早急な治療が必要となります。

予防のために

アウトドアでは、ハチの巣が近くにありそうな場所には近づかないように気をつけましょう。

近くにハチがいる場合は、急な動きを避けて、ゆっくりとその場所から立ち去ってください。けっして、ハチを追い払うような行動はしないでください。

（松本英樹）

動物の腫瘍の発生傾向と治療

腫瘍《しゅよう》とは何か

体を構成する細胞・組織の一部が、個体全体としての調和を保つことなく過剰に増殖し、生体に何らかの悪影響を及ぼす細胞のかたまり（腫瘤《しゅりゅう》）を形成したものが腫瘍です。イヌおよびネコの病気において腫瘍の占める割合は20年以上前から急速に増え続けており、人間と同様、〃癌《がん》（悪性腫瘍《あくせいしゅよう》）〃が死因のトップになる日もそう遠くはありません。

腫瘍発生率が増加した原因の一つは、X線検査や超音波検査のような画像診断技術の進歩によって、従来の検査法では発見が難しかった体内の腫瘍の検出精度が著しく向上したことが挙げられますが、何といっても最大の要因は、家庭動物の寿命の飛躍的な延びにあるでしょう。

腫瘍は高齢動物によく発生する病気であり、寿命が延びればその分だけ発生の危険性が増すのはいうまでもありません。ちなみに、10歳を超える年齢まで生きたイヌの約半数は〃癌（悪性腫瘍）〃で死んでいるという報告もあります。

腫瘍という言葉からはとかく不治の病をイメージしがちですが、発生した腫瘍のすべてが生命にかかわるものではありません。腫瘍は、生物学的あるいは臨床的な見地から、良性腫瘍と悪性腫瘍とに分類されます。良性腫瘍の場合には、その影響は発生した場所に限られていて、生命を脅かす危険性はほとんどありません。したがって、外科的切除のみで十分に対応できるのです。

一方、悪性腫瘍の場合には、腫瘍による全身的な影響がきわめて大きく、死に直結するものも少なくありません。悪性腫瘍の多くは腹腔《ふくくう》内や胸腔《きょうくう》内の主要臓器に生じ、成長速度が速く、ほかの臓器・組織へ転移しやすいという特徴をもっています。悪性腫瘍であっても発生・増殖がその場所にだけとどまっていれば、外科的切除や放射線療法などの局所療法によって治癒することもあります。しかしながら、その発生部位を離れてほかの臓器・組織にまで転移してしまうと、化学療法や免疫療法でも十分にコントロールすることは困難になります。

現在、これらの治療法のさらなる改善、そして遺伝子治療を含めた新しい治療法の開発・導入により、腫瘍の治療に新たな道が切り開かれつつあります。

腫瘍の発生の傾向

イヌで腫瘍がよく発生するのは皮膚・軟部組織（注1）です。この部位に発生する腫瘍はすべての腫瘍のうち約3分の2（59％）を占めますが、幸運なことにその多くは良性腫瘍です。皮膚・軟部組織に次いで腫瘍の発生率が高いのは、乳腺《にゅうせん》（8％）、泌尿生殖器（6％）、造血器・リンパ系（6％）、内分泌器官（5％）、消化器（5％）などです。また腫瘍の種類別に見ますと、もっとも多く発生しているのが皮膚組織球腫《ひふそしききゅうしゅ》（→513、523頁）（24％）であり、脂肪腫《しぼうしゅ》（→512、518頁）（21％）、腺腫《せんしゅ》（→517頁）（10％）がこれに次いでいます。すなわち、イヌでは良性腫瘍が腫瘍発生率の上位三つを占めています。（注2）

一方、ネコでは悪性リンパ腫の発生率が群を抜いています。また、イヌと同様、皮膚・軟部組織の腫瘍も多くみられますが、扁平上《へんぺいじょう》皮癌《ひがん》（→513、517、520頁）や線維肉腫《せんいにくしゅ》（→513、519頁）のような悪性腫瘍の占める割合が高く、良性腫瘍が主体であるイヌとはかなり異なった傾向を示しています。

腫瘍の原因

細胞が腫瘍化するのは、何らかの原因によって細胞内の遺伝子（とくにＤＮＡ）が傷つけられ、その細胞の異常な増殖に歯止めがかからなくなってしまうためです。腫瘍が高齢動物によく発生するのは、細胞内の遺伝子が長い年月の間にじわじわと傷害されていった結果と考えることもできます。しかしながら、それ以外にも遺伝子傷害を招く、あるいは促進する要因は、イヌやネコの周りに数え切れないほど存在しています。代表的なものに化学的発癌因子（様々な化学物質、大気汚染物質、排気ガス、たばこの煙、食品および食品添加物など）、物理学的発癌因子（放射線、紫外線、熱傷など）、生物学的発癌因子（腫瘍ウイルス（注3））などがあります。

このように、すべての腫瘍の発生原因が加齢に伴う遺伝子傷害というわけではありませんので、食生活の改善、空気汚染や紫外線傷害の防除を含めた住環境の整備などを通して、われわれの身近なところからイヌやネコの〝癌〟予防に積極的に取り組むことが今後は重要になるでしょう。（町田　登）

注1　【軟部組織】骨格を除く結合組織および運動支持組織をいう。すなわち、線維性結合組織、脂肪組織、筋肉、血管、リンパ管、腱鞘《けんしょう》、滑膜、関節嚢《かんせつのう》、漿膜《しょうまく》など。

注2　出典：Joanna Morris & Jane Dobson : Small Animal Oncology Blackwell Science , 2001

注3　【腫瘍ウイルス】細胞に感染することにより腫瘍を発生させるウイルス。ウイルスの遺伝子が感染した細胞の遺伝子に組み込まれることによって細胞を癌化させる。

人間と動物の共通感染症

イヌやネコをはじめとする多くの動物がペットとして家庭内で身近に飼われるようになり、動物から人間にうつる病気が増えてきました。人間と動物の共通感染症を人獣共通感染症といい、世界保健機関(WHO)では「人間と脊椎動物《せきついどうぶつ》との間で自然に伝播《でんぱ》する病気」と定義しています。ここでは代表的な病気とその注意すべき点について述べていきます。

人獣共通感染症にはウイルスによって起こる病気、細菌によって起こる病気、リケッチアやクラミジアによって起こる病気、原虫によって起こる病気などがあります。

ウイルスによって起こる病気

●狂犬病（→404、541頁）

狂犬病ウイルスによる病気です。感染すると人間・動物ともに神経症状を起こします。現在わが国では発症はみられませんが、外国からの輸入動物（とくに野生動物）を介した侵入に注意する必要があります。動物の咬《こう》傷《しょう》から感染するので咬《か》まれないように注意が必要です。感染すると治療法はなく、死に至る病気です。

●日本脳炎

日本脳炎ウイルスによる病気です。主にブタやウマから蚊（コガタアカイエカ）の媒介によって人間に伝播するので、蚊が発生しないような環境の整備、蚊に刺されないようにする注意が必要です。

＊

以上のウイルス性疾患には抗生物質は効果がありません。ワクチンによる予防が可能です。

細菌によって起こる病気

●猫ひっかき病（→550頁）

バルトネラ・ヘンセラという細菌によって起こります。感染しても動物は発症せず、人間だけが発症する病気です。人間がネコに引っ掻《か》かれたり、咬まれたりした後、疲労感、関節炎、発熱、リンパ節の腫《は》れが起こります。ネコに症状はありません。予防のためにも、ネコの爪《つめ》の手入れを十分にする必要があります。抗生物質での治療が可能です。

●パスツレラ症（→550、645頁）

主にパスツレラ・ムルトシダという細菌によって起こります。食べ物の口移し、咬まれたり引っ掻かれたりした傷口から感染します。動物を清潔にする、咬まれないようにするなどの注意が必要です。抗生物質による治療が可能です。ワクチンはありません。

●サルモネラ症（→685頁）

サルモネラという菌によって起こります。感染しても動物は発症せず、人間だけが発症する病気です。動物の糞便《ふんべん》とともに排泄《はいせつ》されたサルモネラが経口的に（口から体内に入って）感染し、食中毒を起こすことがあります。水生動物、とくにミシシッピーアカミミガメ

（ミドリガメ）からのサルモネラの排泄も知られており、カメおよび水槽の水をさわった指が汚染されて、経口感染することがあります。動物およびその周辺を清潔にし、手洗いを十分にすることが大切です。抗生物質で治療できますが、耐性菌（注1）が現れやすいので注意が必要です。

注1 【耐性菌】抗生物質などの連用に対して抵抗性を得た菌。

リケッチアやクラミジアによって起こる病気

●オウム病（→672頁）

クラミジア・シッタシという菌による病気で、鳥クラミジア症ともいいます。オウム、セキセイインコなどの愛玩鳥《あいがんちょう》やハトなどの糞便、唾液《だえき》や羽毛などを人間が吸い込むと感染し、発熱、頭痛、気管支炎などの症状が出ます。食べ物を口移しで与えない、鳥かごの乾燥した糞便を吸い込まないなどの注意が必要です。通常は抗生物質（テトラサイクリン系）による治療が可能ですが、機を失すると重篤な肺炎になることもあります。

●Q熱（→552頁）

コクシエラ・バーネッティイという菌によって起こります。ペット（ネコが多い）の乾燥糞便やほこりを吸い込んで感染し、人間はインフルエンザ様症状を示します。動物を清潔に飼うことが大切です。抗生物質による治療が可能です。

原虫によって起こる病気

●トキソプラズマ症（→405、563頁）

トキソプラズマ・ゴンディによって起こされます。本原虫の感染により、イヌ、ネコ、ブタなどは流産、下痢、中枢神経症状を起こします。人間では妊娠中に本原虫が胎盤を通して胎児に感染すると水頭症を起こします。また、感染動物の乾燥糞便を吸い込むことによっても原虫が感染します。動物の糞便はこまめに捨てることを心がけましょう。

＊

そのほかに寄生虫による人獣共通感染症は、回虫症（→572頁）、エキノコックス症（→569頁）、犬糸状虫（フィラリア）症（→258、580頁）など多くあります。

感染症の予防のために

感染症を起こさないためには、基本的に動物を清潔に飼うことが大切です。乾燥糞便を吸い込まない、極力素手でさわらない、食事を口移しで与えない、手洗いを十分に行うなどの注意も必要です。

（本多英一）

イヌやネコに咬まれたり、引っ掻かれたとき

狂犬病の危険性のあるイヌに咬まれた場合

1. ただちにすべての傷を石けん、あるいは逆性石けん、水で徹底的に洗い、すぐに受診します。
2. 病院では抗血清を局所に接種します。病原体を体内に閉じ込めないため、患部は縫合しないのが普通です。

猫ひっかき病の危険性のあるネコに引っ掻かれた、または咬まれた場合

1. 患部を消毒します。
2. 抗生物質を投与します。受診することが勧められます。

主な人獣共通感染症

病名	媒介する動物	感染経路	人間の症状	参照頁
狂犬病	イヌ、ネコ、食虫コウモリ、野生動物	感染動物による咬傷《こうしょう》から	基本的には急性脳炎で、初期は頭痛、発熱、狂操期は錯乱、全身麻痺《ぜんしんまひ》	404、541頁
日本脳炎	ブタ、ウマ	コガタアカイエカが媒介、吸血時ウイルス感染	大半は感染しても症状は現れないが、発症すると高熱と脳炎が主徴	–
猫ひっかき病	ネコ	ネコに引っ掻《か》かれたり咬《か》まれたりした傷から	受けた傷部の丘疹《きゅうしん》、水疱《すいほう》、リンパ節炎、発熱、まれに脳炎	550頁
サルモネラ症	イヌ、ネコ、鳥、水生動物、その他	汚染した食品、水、食器などを介し、経口的（口から）感染	嘔吐《おうと》、発熱、腹痛、下痢性の胃腸炎。高齢者や乳幼児では敗血症や髄膜炎を起こすことがある	685頁
レプトスピラ症	イヌ、その他	傷口や飲食、飲水による経口的感染	黄疸《おうだん》、出血、眼結膜の充血、腎障害《じんしょうがい》など	549頁
パスツレラ症	イヌ、ネコ	動物に咬まれたり引っ掻かれたりした傷口から	局所の痛み、腫脹《しゅちょう》を伴う炎症、炎症が深部に達すると骨髄炎、敗血症性関節炎	550、645頁
犬ブルセラ病	イヌ	尿などに排泄《はいせつ》された菌が傷口や口から感染	主な症状は発熱	549頁
結核	イヌ、ネコ、その他	ネコでの感染は傷口から、人間の場合は吸引	肺結核の症状は初期には咳《せき》、痰《たん》、発熱、次第に全身倦怠《ぜんしんけんたい》や胸痛、食欲不振、肺組織の破裂が進むと体重減少、呼吸困難	551頁
カンピロバクター症	イヌ、ネコ、鳥	菌に汚染された食品や飲料水を介するか、保菌動物との接触による	発熱、腹痛、下痢、まれに肝炎、敗血症、髄膜炎	–
エルシニア症	イヌ、ネコ、その他	菌に汚染された食品や飲料水を介するか、保菌動物との接触による	発熱、下痢、腹痛などを伴う胃腸炎、まれに関節炎、咽頭炎《いんとうえん》、心筋炎、骨髄炎	–
野兎病《やとびょう》	イヌ、ネコ、鳥、その他	斃死獣《へいしじゅう》との接触による皮膚感染、汚染肉や汚染水の飲食、マダニの刺咬感染《しこうかんせん》	発熱、筋肉痛、リンパ節炎	550、644頁
リステリア症	イヌ、ネコ、その他	動物間では傷口からの感染、人間の場合は食品を介する	髄膜炎、脳炎、敗血症、あるいは流産	404頁

病名	媒介する動物	感染経路	人間の症状	参照頁
細菌性赤痢	サル	汚染食品、飲水を介し口から感染	突然の下痢便（下痢がみられない赤痢菌感染もある）、続いて粘液便、粘血便が起こる。元気消失、嘔吐がみられることもある	－
ライム病	野生げっ歯類、鳥	マダニが媒介し吸血時感染	初期はダニ刺咬部の紅斑《こうはん》、次第に皮膚炎、神経症状、関節炎など	549頁
オウム病（鳥クラミジア症）	鳥	感染鳥からの排泄物、汚染羽毛、乾燥糞《かんそうふん》の吸入	インフルエンザ様の高熱および呼吸器症状、ときに重篤な肺炎	672頁
Q熱	イヌ、ネコ、鳥、その他	ダニ媒介と非媒介感染。菌の吸引あるいは汚染食品の飲食	インフルエンザ様の急性熱性疾患、慢性型では肝炎、心内膜炎	552頁
皮膚糸状菌症	イヌ、ネコ、ウサギ、げっ歯類	動物との接触、汚染した土壌、塵埃《じんあい》中から感染	皮膚の円形状発赤、脱毛、水疱などの皮膚症状	508、553、643頁
クリプトコッカス症	イヌ、ネコ、その他	乾燥したハトや鳥の糞中に存在し、それが塵埃として空気中に浮遊、動物が吸引し感染	慢性気管支炎や限局性の肺炎を伴う呼吸器症状	307、405、554頁
白癬《はくせん》	イヌ	動物間あるいは人間が動物に接触することによる	タムシ状の皮膚炎、激しい化膿《かのう》	－
トキソプラズマ症	イヌ、ネコ、その他	感染動物の肉や臓器を生の状態で食するとき、まれに感染動物の血液に傷口が直接接触したとき	発熱、頸部《けいぶ》、腋窩《えきか》、鼠径部《そけいぶ》リンパ腺炎《せんえん》、倦怠感《けんたいかん》、網脈絡膜炎、水腫肺炎《すいしゅはいえん》。妊娠中の母体が感染を受けると早期流産、奇形児の出産の危険性あり	405、563頁
回虫症	イヌ、ネコ	手指が虫卵に汚染され、飲食時に口から感染	内臓移行型：微熱、発咳《はつがい》、筋肉関節痛、肝腫《かんしゅ》および肝臓機能障害 眼移行型：視力低下、失明	572頁
犬糸状虫（フィラリア）症	イヌ、ネコ	トウゴウヤブカ、ヒトスジシマカ、アカイエカなどによる吸血時に感染	犬糸状虫の未成熟虫が肺動脈につまり、発咳など肺結核と疑われる症状が出る	258、580頁
エキノコックス症	イヌ、キツネ、その他	汚染された動物の肉を生で食するとき、汚染された水（河の水）を飲水したとき	ほとんどの場合、肝臓に包虫が形成されるので肝障害がみられる。ごくまれに脳、脊髄《せきずい》、肺、心臓、腎臓《じんぞう》、骨髄腔《こつずいくう》の障害がみられる	569頁

●その他の寄生虫によるもの

鉤虫症《こうちゅうしょう》（571頁）、疥癬《かいせん》（443、509、586頁）、肺吸虫症（575頁）、猫条虫症（568頁）、マンソン裂頭条虫症（567頁）、瓜実条虫症《うりざねじょうちゅうしょう》（570頁）、日本住血吸虫症（579頁）、東洋眼虫症（424、582頁）、マダニ感染症（584、597頁）、ツメダニ感染症（585、646頁）、ノミ感染症（587、635、647頁）、クリプトスポリジウム症（562頁）

イヌとネコの臨床検査

臨床検査とは

生きている動物そのもの、あるいは動物から採取した何らかの材料を対象として行う検査のことを臨床検査といいます。

臨床検査は、病気の診断を行い、さらにその病気の程度を把握するため、また、治療を開始した後には、回復の様子を判定するために実施されます。すなわち、臨床検査は、初診時から治癒に至るまで、治療と表裏一体をなして行われるものです。

最近、様々な種類の臨床検査の技術が飛躍的に発展し、動物の医療に貢献しています。

動物そのものを対象とする検査

動物そのものを対象とする臨床検査には、体温、脈拍数、呼吸数の測定や、診察時に行われる視診（目で見て検査）や触診（手で触れて検査）、聴診（聴診器で検査）、打診（指や特殊な器具で動物の体をたたき、その反響音を聞いて検査）などのほか、心電図や心音図による検査、さらに内視鏡を用いた検査、超音波検査（エコー検査）、X線検査、CT検査、MRI検査などがあります。

また、より精密な検査として、各種の造影検査や心臓のカテーテル検査などを行うこともあります。

動物から採取した材料を対象とする検査

動物から採取した検査材料を検体といい、これを対象として行う検査のことを検体検査といいます。

検体としては血液、尿、糞便《ふんべん》などが一般的ですが、胃液や脳脊髄液《のうせきずいえき》などを用いたり、穿《せん》刺液《しえき》や摘出組織片などを材料にすることもあります。穿刺液というのは、病変部に注射針

イヌの前肢からの採血

採血は、普通、静脈から行う。採取した血液は、ただちに処理され、様々な検査に使用される

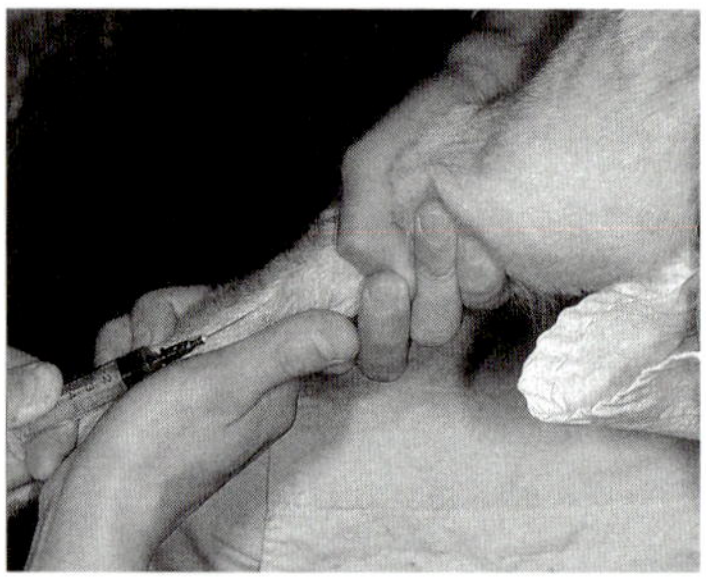

イヌの白血球

白血球にはいくつかの種類があり、それぞれ異なる形をしている。病気によっては、こうした白血球のうちのある特定のものだけが増加したりする

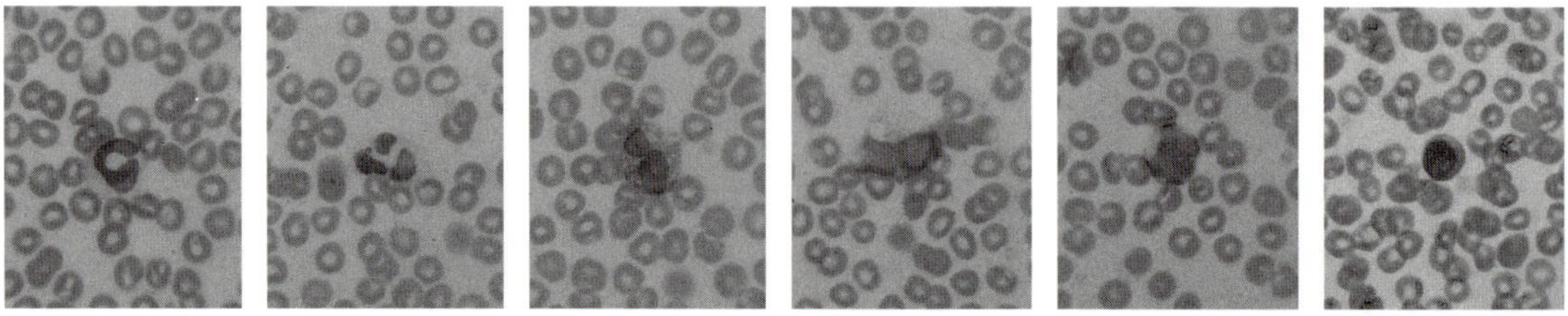

や穿刺針《せんししん》という特殊な器具を刺し、吸引して採取した液体のことをいいます。また、摘出組織片とは、病変部の組織を試験的に切除して採取したもので、通常は麻酔下で採取を行います。

なお、血液については、そのままの状態（全血）で検査に用いる場合と、液体成分（血漿《けっしょう》または血清）だけを分離して検査に使用する場合があり、検査項目によって使い分けられています。

動物の診療にあたっては、そのときどきの臨床検査の目的に応じて、それに適した検体を用い、血液学的検査や生化学的検査、微生物学的検査、寄生虫学的検査、免疫学的検査、病理学的検査などを実施します。これらの検査は、動物病院内ですぐに行えるものもあれば、外部の検査受託会社に検査を依頼しなければならないものもありますが、血液学的検査や生化学的検査に関しては、最近、動物用の優れた検査機器が開発され、多くの動物病院に普及しています。

＊

以上のような多くの臨床検査を行っても確定診断に至らない場合には、特殊な検査法ですが、全身麻酔下で試験的に開腹手術や開胸手術等を行い、最終的な確認をすることがあります。こうした試験的切開は、その際に診断がつけば、そのまま治療的な手術に移行することも少なくありません。

臨床検査を受ける際の注意点

種々の臨床検査を受けるにあたり、検査項目によっては、事前に何らかの制限が加えられることがあります。たとえば、血糖値を測定する場合には、その前しばらくは食物を与えるのを控えるべきですし、また、ある種の酵素の活性測定は、激しい運動の後は避けるべきです。

検査が予定されている場合には、前もって獣医師に注意点を聞いておくとよいでしょう。

（深瀬　徹）

尿の色調の検査

血液の検査を家庭で行うことはできませんが、尿検査は、色調の観察程度でしたら、一般の家庭でも簡単に行うことが可能です。

正常な尿は、淡黄色または淡黄褐色をしています。これは、主に腎臓《じんぞう》で生産されるウロクロームという色素が含まれているためです。尿中への１日あたりのウロクロームの排泄量《はいせつりょう》はおおよそ一定であるため、尿の色は、尿量が多い場合には希釈されて淡くなり、尿量が少ない場合には濃縮されて濃くなります。尿量が少ないにもかかわらず、尿が淡い色をしているときには、腎機能の異常が疑われます。

尿の色調の変化とその原因として考えられることを下表に示しました。ただし、これはあくまでも目安ですので、異常が疑われる場合には動物病院に相談されることをお奨《すす》めします。

色調	原因
無色（水様透明）	低比重（1.005以下）の場合 多量の水分摂取、利尿薬投与、 胸水や腹水の消退期、尿崩症 高比重（1.030以上）の場合 糖尿病
黄褐色～褐色	高熱（尿の濃縮、ウロビリン体の排泄）、 黄疸《おうだん》（ビリルビン尿）
褐色～橙赤色《とうせきしょく》～赤色	血尿、血色素尿
黄緑色～白色混濁	膿尿《のうにょう》
乳白色	乳び尿

寄生虫症とその対策

寄生虫という生物

他の種類の生き物の体内に入り込んだり、体表に付着して生活し、その生き物から栄養素を摂取するなどの恩恵をこうむる一方、相手の生き物には被害を与えている動物のことを寄生虫といいます。そして、寄生虫の寄生を受けている生き物は宿主といわれます。

寄生虫というのは、その生活の仕方にちなんだ名前です。一般的な動物の分類のうえでは、寄生虫は様々なグループに属しています。たとえば、細胞1個で一つの体ができている原虫類や、体が平たく、扁形《へんけい》動物というグループに属する吸虫類と条虫類、体がひも状の線虫類、さらにダニ類や昆虫類などのなかに寄生虫となっているものがあります。

また、動物の体内に寄生するものを内部寄生虫、体表や皮膚の表層に寄生するものを外部寄生虫といいます。内部寄生虫となるのは主に原虫類や吸虫類、条虫類、線虫類で、外部寄生虫となるのはダニ類と昆虫類です。

寄生虫による被害

寄生虫が宿主の動物に与える被害は様々です。無症状で、ほとんど害がないようにみえる場合もあれば、生命にかかわるほどの重症になることもあります。

寄生虫症の症状は、その寄生虫が体の中のどこに寄生しているかによって違ってきます。たとえば、回虫類の成虫はイヌやネコの小腸に寄生します。そのため、回虫症では主に下痢などの消化器症状が現れることになります。また、犬糸状虫の成虫は心臓に寄生しますから、犬糸状虫症では循環器症状がみられます。一方、ノミ類は動物の体表に寄生して吸血を行っているため、ノミ感染症では皮膚炎を起こしたりします。

そして、寄生虫の被害は、イヌやネコにとどまらず、飼い主である人間に及ぶことがあります。イヌやネコにノミが寄生し、そのノミに飼い主も刺されるというのはよくあることです。

ただし、人と動物の共通の寄生虫があるとはいっても、イヌやネコから直接的に人間にうつるものと、イヌやネコからはうつらず、寄生虫がいったん他の動物に寄生し、その動物から人間にうつるものがあります。直接うつるタイプには回虫類やノミ類など、他の動物からうつるタイプには犬糸状虫(蚊が媒介)などが知られています。

寄生虫の検査

イヌやネコが寄生虫の感染を受けた場合、それは速やかに駆除すべきです。たとえ症状がみられなくても、いつ発症するかわかりませんし、寄生虫の種類によっては人間にうつることがあるからです。

しかし、駆除するには、まず第一にその寄生虫の種類を調べなければなりません。寄生虫の種類によって、治療に使う薬が異なるためです。寄生虫の検査には様々な方法が行われています。

内部寄生虫の検査

動物の体内に存在する寄生虫は、体表からは見つけることができません。そのため、それらの寄生虫が産んだ卵（虫卵といいます）や幼虫などを検査することによって寄生虫の存在を確認します。

寄生虫には消化器系に寄生する種類が多いのですが、消化器系に寄生する寄生虫は糞便《ふんべん》中に虫卵や幼虫が出てきます。そこで、寄生虫の検査といえば糞便検査というくらい、糞便を材料にした検査が多く行われています。

ただし、これらの虫卵などは肉眼では見えない大きさであるため、顕微鏡が必要です。

しかし、家庭でも寄生虫を発見できることがあります。たとえば、イヌやネコの糞便を観察すると、白色の小さな粒が見られることがあります。その大きさは1㎜くらいのこともあれば、米粒くらいの大きさのこともありますが、これらはたいていは瓜実条虫《うりざねじょうちゅう》の片節（条虫類の体はいくつもの節が一列につな

糞便検査

多くの寄生虫はその卵などが糞便の中に現れることが多いので、糞便検査は寄生虫検査としてしばしば行われるものです。

検査を受ける際には、なるべく排泄直後の糞便を動物病院に持参することが大切です。時間がたつと、虫卵などが発育し、検査を十分に行えなくなることがあります。しばらく保存しなければならない場合には、密閉した容器に入れ、冷蔵して保存します。冷凍すると、寄生虫が死んでしまい、検査が難しくなってしまうことがあります。

糞便は、自然に排泄したものを採取すれば十分です。ただし、土の上に排便した場合には、自然界に生活している微小な動物の混入を避けるため、土に触れていない部分の糞便だけを採取するようにします。

動物病院では、スライドグラス上に糞便を薄く延ばして顕微鏡で観察したり、あるいは薬品等を用いた高検出率の検査を行っています。さらに場合によっては、糞便の培養を行い、寄生虫の種類を特定することもあります。

糞便検査で認められる色々な寄生虫卵

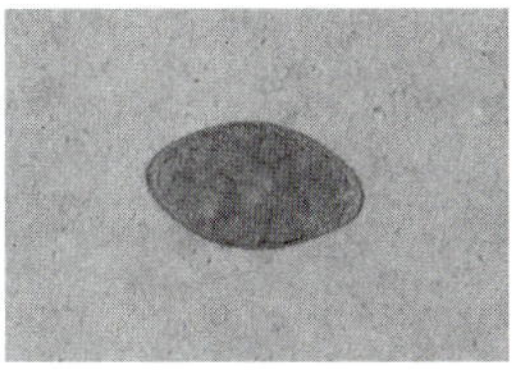

マンソン裂頭条虫の虫卵（ラグビーボール形で茶褐色、内容は細胞塊）

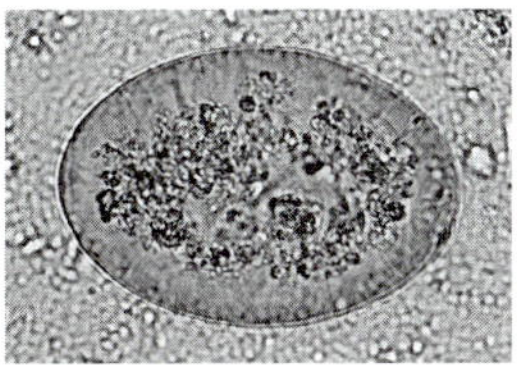

壺形吸虫《つぼがたきゅうちゅう》の虫卵（短楕円形《たんだえんけい》で黄褐色、内容は細胞塊）

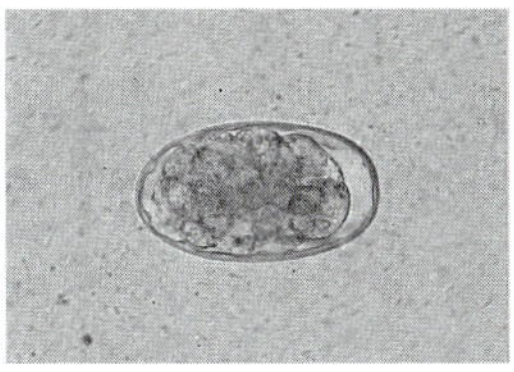

犬鉤虫《いぬこうちゅう》の虫卵（小判型で透明、内容は細胞塊）

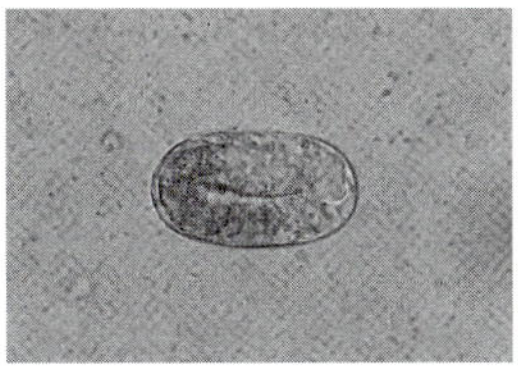

猫糞線虫《ねこふんせんちゅう》の虫卵（小判型で透明、内容は幼虫）

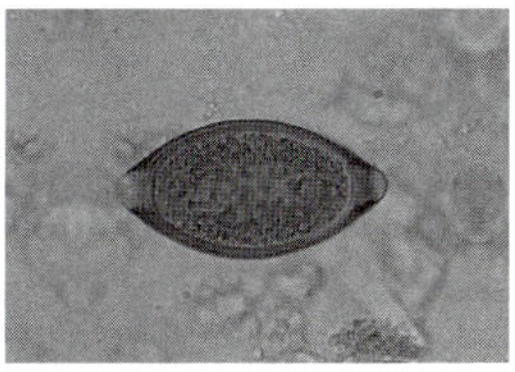

犬鞭虫《いぬべんちゅう》の卵（レモン形で両端に栓のような構造があり茶褐色、内容は単細胞）

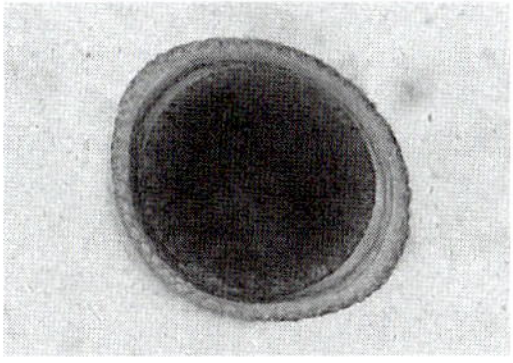

犬回虫の卵（円形で黒褐色、内容は単細胞）

がってできていて、その節の一つずつを片節といいます）です。また、回虫類などの成虫や未成熟虫が自然に糞便中に出てくることもあります。こうしたときには、それを採取して水中に入れ、冷蔵して動物病院に持参するとよいでしょう。

一方、血液中に寄生する寄生虫もあり、これらの検出には血液検査が行われます。犬糸状虫のミクロフィラリアの検査は、その代表的なものといえます。また、犬糸状虫については、血液の液体成分を検査材料とし、その中に微量に含まれる寄生虫の排泄《はいせつ》・分泌物を検出するという免疫学的な検査も行われています。

外部寄生虫の検査

外部寄生虫のうち、マダニ類やノミ類のように肉眼で確認することができる大きさのものについては、動物の体表を観察することによって検査を行います。これは、家庭でも容易にできる寄生虫の検査です。とくにノミは、ノミ取り櫛《ぐし》を用いて調べると見つけやすくなります。

また、外耳道に寄生する耳ヒゼンダニは、黒い耳垢《じこう》（耳あか）の中に白い点として認められることがあります。肉眼でははっきりとダニとはわからないかもしれませんが、綿棒などで耳垢ごとそっと取り、ルーペ（虫めがね）で観察するとダニが動いているのを見ることができます。

これらの外部寄生虫が検出された場合、ノミ類や耳ヒゼンダニは水中に入れて冷蔵保存し、動物病院に持参すると診断の助けになり

犬糸状虫の検査

犬糸状虫の検査は、そのコドモであるミクロフィラリアがいるかどうかを調べるのが普通です。ミクロフィラリアは、犬糸状虫の雌の成虫が産んだ子虫で、宿主動物の血液の中を流れています。そして、その動物が蚊に刺されると、血液とともに蚊の体内へ入って発育し、その蚊がイヌなどを吸血するときに次の宿主にうつっていきます。

ミクロフィラリアの有無を調べるには、採血を行い、血液を顕微鏡で観察します。ミクロフィラリアは、夜間に体表の血管に集まってきます。これは蚊の活動時間にあわせた行動だと考えられていますが、この性質を利用して、夜間に採血を行うとミクロフィラリア検査の信頼性が向上します。

しかし、寄生している犬糸状虫が雄、雌のどちらか一方だけの場合や、未成熟である場合、さらに雌雄の成虫が寄生していても、様々な原因で親虫が不妊の場合があり、こういうときにはミクロフィラリアを検出することができません。そこで、血液中にミクロフィラリアが現れないときにも診断を可能とするために、免疫反応を利用した検査法が開発されました。犬糸状虫も生きていますから、分泌物や排出物を出します。こうした物質を免疫学的な方法を使って検出しようというものです。このために何種類かのキットが開発され、それぞれの動物病院で使用されています。

ます。なお、マダニの場合は、無理に離すと動物の皮膚が傷つくことがありますから、寄生したままの状態で受診することをお奨《すす》めします。

一方、肉眼で見えない小さなものについては、皮膚に病変を形成することが多いので、病変部分を掻《か》き取り、顕微鏡で観察します。これは動物病院で実施する検査です。

寄生虫症の治療

寄生虫症の治療は、寄生している虫体を駆除することが中心となります。さらに、必要であれば、それぞれの症状に応じた対症療法を行います。

寄生虫を駆除するための薬のことを駆虫薬といいますが、駆除する寄生虫の種類にあわせて駆虫薬を使い分けます。適切な駆虫薬を動物病院で処方してもらうとよいでしょう。

一方、対症療法は、下痢に対しては止瀉薬《ししゃやく》（下痢止め薬）を投与したり、脱水や栄養不良に対しては輸液をするなど、そのときどきの状況にあわせて行います。

寄生虫症の予防

寄生虫症を予防するには、イヌやネコの周囲を清潔に保つことが必要です。糞便は早めに処理し、また、ほかの動物の糞便と間接的にしても接触しないようにします。

また、ほかの動物を食べてしまうことによって感染する寄生虫については、そういう動物を食べないように飼育環境を整えることも必要です。

しかし、それでもやはり、犬糸状虫やノミ類などの感染を防ぐことは難しいようです。そこで、これらの寄生虫の感染を受けることは避けられないと考え、感染してもそれをすぐに駆除する薬が普及してきました。犬糸状虫については、「予防薬」といわれる薬があります。この薬は、感染している犬糸状虫の幼虫を定期的に駆除するためのものです。

また、ノミ駆除薬についても、数週間から数カ月にわたって効果が持続し、その間、もしノミが寄生してもすぐに駆除できるような薬剤が開発されています。

（深瀬　徹）

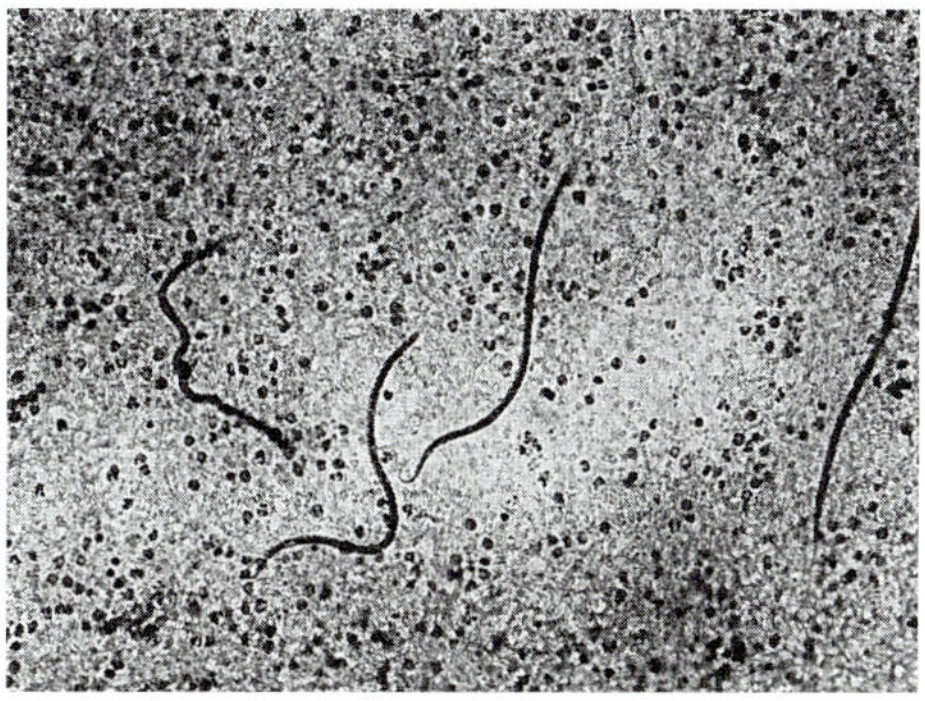

血液検査で認められる犬糸状虫のミクロフィラリア

ミクロフィラリアがわかりやすいように色素で染色している

動物に使用される薬とその使い方

動物用の薬

動物用に開発された薬剤のことを動物用医薬品といい、このうち作用や副作用が比較的穏やかなものをとくに動物用医薬部外品といいます。ただし、動物用医薬部外品は、作用が穏やかということは、概して効果が低いということになります。

動物用医薬品は、使用する対象の動物種ごとに、農林水産省により製造や販売の承認が行われています。しかし、実際の獣医療の現場で必要とされる薬剤のすべてに動物用医薬品が開発されているわけではありません。こうした場合には、人間用の薬剤や、他種の動物用に開発された薬剤が使われることになります。

効果に基づいた薬の分類

各々の薬は特有の効果を示します。薬は一般に、その効果（薬効）に基づいて分類されています。

たとえば、神経系に作用する薬（麻酔薬など）や循環器系に作用する薬（強心薬など）、消化器系に作用する薬（止瀉《ししゃ》薬など）、体液の平衡（バランス）に作用する薬（利尿薬など）に分けることができます。

どのような薬を使用するかは、それぞれの動物の状態に応じてよく考えなくてはなりません。できる限り動物病院で獣医師の処方を受けるようにしてください。

動物への薬の与え方

動物に薬剤を投与する場合、経口投与（内服）や注射、点眼、点耳、外用などの方法が行われます。

内服用の製剤としては、散剤や顆粒剤《かりゅうざい》、錠剤、液剤などがあります。これらは消化管で吸収されるように作られているものです。イヌやネコに薬を内服させるには、強制的に飲

薬の形のいろいろ

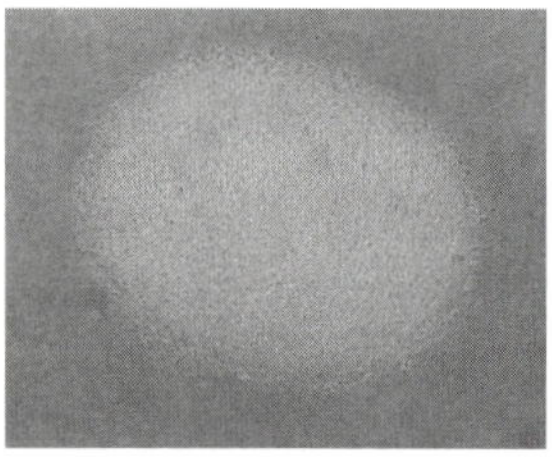

散剤

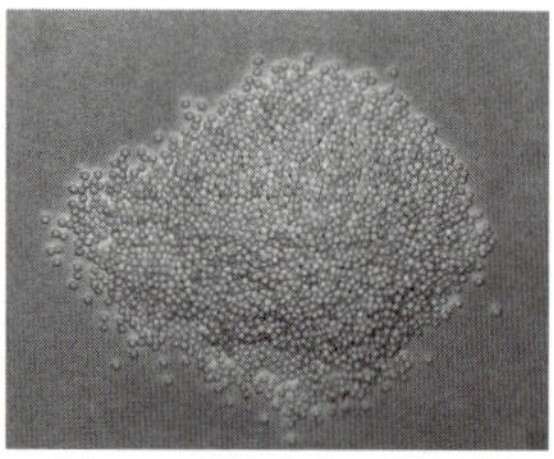

顆粒剤

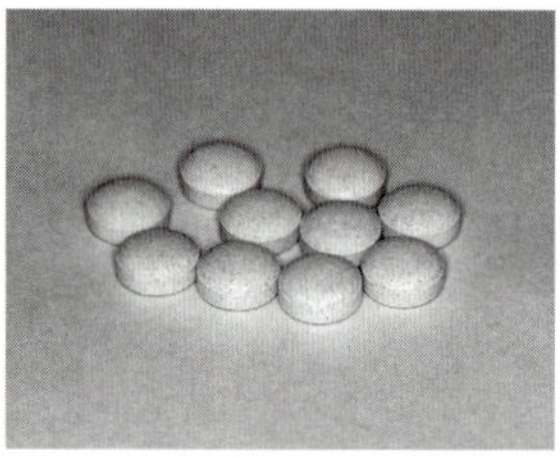

錠剤

ませたり、食物に混合して食べさせます。ただし、食物に薬を混ぜると、ごくまれにではありますが、効果が低下することがあります。家庭での投薬方法については獣医師に相談するとよいでしょう。

注射法としては、皮下注射、筋肉内注射、静脈内注射、腹腔内《ふくくうない》注射などがあり、薬剤の種類等によって使い分けられています。動物への注射は、動物病院で獣医師によって行われます。

点眼と点耳は、専用の点眼薬あるいは点耳薬を眼や耳の中に直接、投与するものです。とくに点眼薬は、注射薬と同じく、無菌的に製造されています。そのため、こうした製剤の容器の注ぎ口を手で触れたり、患部に接触させたりすると、その中の薬を汚染してしまい、場合によっては眼や耳に感染が起こることがあります。投薬時には、汚染防止のため、取り扱いに注意しなければなりません。

また、外用薬として、皮膚などに塗布するための軟膏《なんこう》や、主にノミやマダニの駆除に用いる薬ですが、皮膚に薬剤を滴下する方式の液剤があります。滴下投与用液剤は、皮膚の一部や背中に沿って薬剤を滴下するもので、その部分の皮膚から体内に薬が吸収されるタイプと、全身の体表に薬が分布するタイプに分けられます。皮膚の一部だけに滴下する方式をスポットオン、背中に沿って滴下する方式をプアオンといいます。

このほか、薬物を含むシャンプーもあり、これはイヌやネコの体を洗いながら全身の体表に薬を作用させようというものです。滴下投与用液剤とシャンプー製剤は、動物に独特の薬の形状といえます。

家庭では、内服薬や点眼薬、点耳薬、外用薬、軟膏、滴下投与用液剤、シャンプー製剤など、様々なタイプの薬剤を使うことがあるでしょう。いずれの種類の薬も定められた用法と用量を守り、万一、投薬後に動物に異常が認められた場合には、ただちに獣医師の診療を受けることが大切です。

薬の入手法

動物用の薬は、動物病院で処方を受けるか、あるいは薬店やペットショップ等で購入します。この二つの方法で入手する薬の違いは、人間の薬の場合と同様で、医師の処方を受けた薬と処方箋《しょほうせん》なしで薬局や薬店で購入できる薬の違いと同じです。

スポットオンによる滴下投与用液剤の投与

スポットオンを行うには、その後にイヌやネコがその部分を舐《な》めないように、左右の肩甲骨の間の被毛を分け、皮膚に薬剤を滴下する

シャンプー製剤の投与

イヌやネコでは、薬を含んだシャンプーで被毛や皮膚を洗浄することがある

薬の保存法

薬剤は、とくに指示のない限り、通常は直射日光の当たらない涼しい場所に保存します。このとき、人間用の薬と間違えることのないように、別々に保管しておくとよいでしょう。

薬剤には有効期限があり、これを過ぎたものの使用は避けるべきです。動物病院で処方および調剤された薬剤には有効期限が記載されていませんが、これについては獣医師の指示どおりの方法で使い切るようにします。長期にわたって保存し、次の機会に使用したり、ほかの動物に投与するのはお奨《すす》めできません。

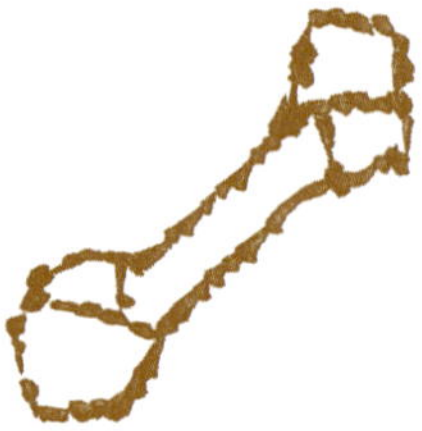

薬の副作用

ある薬を動物に投与するとき、もっとも顕著に認められ、治療あるいはそれに類する目的のために利用される作用のことを主作用といいます。しかし、薬が示す働きは主作用だけではありません。治療を行ううえで不必要な作用や、かえって障害になる作用を示すこともあります。これを副作用といいます。

厳密にいえば副作用のない薬はありません。主作用を強く示す一方、副作用がなるべく現れない薬が良い薬といえるでしょう。

現在では多くの優れた薬が開発されていますが、それでもときには、著しい副作用が認められることがあります。副作用の現れ方は薬の種類によって異なりますが、とくに問題となるものとして、薬物アレルギーの発生や肝機能や造血機能の低下などがあります。

副作用は投薬後ただちに発現するとは限りません。薬を与えてから少なくとも1日は動物の状態に細心の注意を払い、もし、何らかの異常に気づいた場合には、獣医師に相談するようにしてください。

(鈴木方子・深瀬　徹)

イヌ・ネコと旅行に行くとき

動物を連れて旅行するときは、どこへどのように旅行するのであっても、まず動物の安全・健康を考えなければなりません。また、同時に公衆マナーにも普段以上に配慮する必要があります。

移動の際の注意点

旅行するときの移動手段には車（自家用車、タクシー、バス）、電車、飛行機、船などがあります。

原則的に、公共交通機関を利用する場合は、動物の体が露出しないようにキャリーバッグ等に入れましょう。これは公衆マナーでもありますが、急ブレーキなどのアクシデント時に体のダメージを最小限にする目的もあります。

イヌはネコよりも乗り物酔いを起こしやすい傾向があります。症状としては、よだれを流す、吐く、ふらつくなどです。あらかじめ動物病院で酔い止め薬を処方してもらっておくと安心です。それでも症状が出るときは、当日の食事を抜いたり、休憩を多くとるなど工夫が必要です。また外の見える位置に乗せることが有効な場合もあります。

車を利用する

車では、まず熱中症（→111、229頁）に注意しなければなりません。これは年間を通して発生します。真夏の炎天下のクーラーがかかっていない車内は70℃台に上昇しますし、あまり知られていませんが冬でも晴天下なら40℃台にまで上昇します。短時間であれ、エンジンを切った車に動物（もちろん人間もですが）を閉じ込めてその場を離れるようなことは厳禁です。また、車によってはクーラーをかけていても車内が均一に涼しくならないことがあります。乗る前に冷気の死角がないかどうかをよく確認し、必要に応じてキャリーバッグを前部座席に置く、保冷剤を利用するなどの工夫をしましょう。そして運転中はできる限り頻繁に動物の様子を観察してください。

車内で自由に歩かせるのは好ましくありません。動物がブレーキの下に入り込んでしまったり、運転者の顔を舐《な》めようとして視界を遮ったり、安全運転の妨げになる状況は多々あります。

また、これは動物の安全のためでもありま

す。急ブレーキの際に体がたたきつけられたり、窓やドアを開けた拍子に不意に飛び出すといった不慮の事故もありえます。必ずしもケージやしっかりしたキャリーバッグである必要はなく、箱や簡単なバッグのようなものでよいので、ある程度行動の自由が制限できる「入れ物」を用意してください。

　動物が興奮してしまうなどのやむを得ない事情のため、拘束しない状態で動物を乗せる場合もあるかもしれません。また、多くのイヌは窓から上体を乗り出して、風を受けて外を見ることが大好きです。しかしたいへん危険な行為なので、やめさせるようにしましょう。

　サービスエリアや駐車場では、排泄物《はいせつぶつ》の処理など公衆マナーに気をつけてください。また、安全管理にも普段以上に注意しなければなりません。車のドアを開ける前に必ず引き綱をつける、またはケージに入れるなどして、飛び出し事故の防止に努めましょう。

飛行機を利用する

　日本の航空会社では、ペットのイヌやネコは機内持ち込みできないことがほとんどです。ケージに入れた状態で貨物室に預けることになります。空港内でもケージから出してはいけません。ケージは航空会社から借りる場合と自分で用意する場合の二通りがあります。

　原則として搭乗中や乗り継ぎ時に水や食事を与えることはできませんので、対策を考えておきましょう。

　預けるにあたって、動物の種類、大きさ、頭数に制限がある場合もありますし、妊娠中の動物や8週齢未満の子どもは断られることもあります。料金も会社によって様々です。また、予約が必要な場合もありますから、事前に航空会社に問い合わせ、詳細を確認しておくことをお勧めします。

電車を利用する

　電車の場合、改札口からケージに入れたままとなります。運賃は会社によって異なりますが、数百円程度です。ケージの大きさ、重さの制限（注1）がある場合もありますので、確認しておきましょう。

　乗り物酔いは車や飛行機よりは起こりにくいものの、個体差がありますので、不安なら酔い止め薬を用意しましょう。吐物、排泄物、よだれなどが落ちることもありますから、ケージは上の網棚に置かないようにします。

注1　【ケージの大きさ、重さの制限】JRでは長さが70cm以内、長さ＋幅＋高さの合計が90cm以内、重さがケージを含めて10kg以内という規則がある。

船を利用する

　客室には連れて行けないことが多いようで

す。ケージに入れてデッキに置くか、ペットルームに預けることになります。会社により対応が異なりますので、事前に問い合わせてください。カーフェリーで車内に入れたままにしておくことはたいへん危険ですから避けてください。

*

どの交通手段を選ぶにしても、いきなり長距離の旅行に連れて行くのではなく、短時間ずつ慣らしておくことが、快適に旅行するコツといえます。

宿泊・その他の注意点

宿泊に関しては、ペット可の宿泊施設やペットホテルを利用するなど、動物を泊められる場所を事前に確保しましょう。

健康管理ですが、環境の変化や疲れなどから、旅行中は体調を崩すことが少なくありません。食べ慣れているものを与え、常備薬は持参することです。移動中はこまめに休憩をとり、水分補給などにも気を配ってください。

地域によって流行する病気は様々です。事前にワクチン接種や犬糸状虫（フィラリア）症（→258、580頁）予防、ノミ・ダニ駆除は必ず行いましょう。

万一逃げ出したときのために、連絡先を記載した首輪などをしたほうがよいでしょう。

海外渡航時の手続き

動物を連れて渡航する場合、動物種によっては検疫を受けなければならないものがあります。動物検疫とは、動物の病気の侵入を防ぐために行う検査・診察で、世界各国で実施されています。検疫が必要な動物種は国によって異なり、また動物種によって検疫内容や必要条件も異なります。

出入国の条件は、同じ国でも州などによって異なることがあります。たとえばアメリカの場合は、本土とハワイ州ではまったく異なり、ハワイ州のほうがより厳しい条件が求められます。また、同じ国でも、出国の条件と入国の条件が異なる場合があります。

出入国できる場所も動物種によって異なり、どこの空港や港からでもよいというわけではありません。さらに、日本と相手国との関係、国際条約やその時に流行している疾病等によって、出入国の条件は時々刻々と様々に変化します。したがって、国境を越えて動物を移動させる際は、事前に日本の動物検疫所と、相手国の大使館などに随時問い合わせ

それぞれの動物種に求められている出国するための条件と、入国するための条件の両方をクリアする必要がある

日本に輸入する際、検疫が義務づけられている動物（2006年3月現在）

イヌ、ネコ、ウサギ、サル、ウシ、ブタ、ヤギ、ヒツジ、ウマ、ニワトリ、ウズラ、アヒル、七面鳥、ガチョウ、ダチョウ、その他のかも目の鳥類など

イヌとネコを輸入できる場所（2012年10月現在）

苫小牧港、京浜港、名古屋港、阪神港、関門港、博多港、鹿児島港、那覇港、新千歳空港、成田国際空港、東京国際空港（羽田）、中部国際空港、関西国際空港、福岡空港、新北九州空港、鹿児島空港、那覇空港

る必要があります。

現在、日本で検疫が義務づけられている動物種は上記のとおりです。なお、検疫対象外であっても、哺乳類《ほにゅうるい》や鳥類を日本に輸入する場合は、その動物の種類、数量などを検疫所に届け出なければなりませんし、定められた感染症にかかっていないことを証明する必要があります。

日本では狂犬病予防法に基づいて、イヌ、ネコ、アライグマ、キツネ、スカンクの輸入検疫が導入されています。狂犬病ワクチンを接種しているかどうか、その回数、抗体価（注2）などによって入国時の係留（注3）期間が異なります。一方、外国の一部の地域（たとえばハワイ）では、抗体価のチェックは絶対必要条件となっています。狂犬病に関してはとくにこまかく2国間の条件を確認しなければなりません。

動物体内にマイクロチップの埋め込みを義務づけている地域（たとえばハワイ、オーストラリア）もあります。チップには規格の指定があるため、埋め込む前に確認が必要です。また、どの動物病院でも扱っているわけではないので、事前に確認してください。

これらの条件が満たされなかった場合は、その動物は一定期間係留されます。そうならないように、渡海前にしっかりと条件を確認して準備しておく必要があります。いずれにしても、いつ、何を、どこから、どこへ連れて行くかを明確にして、まずは最寄りの動物検疫所に問い合わせることをお勧めします。

注2 【抗体価】血清中にどのくらい抗体が含まれているかを示す値。

注3 【係留】検疫所内の施設に一定期間動物を隔離すること。この間の飼養管理は飼い主の負担になり、1日約5000円の費用が必要となる。

日本から外国へ連れて行く

イヌやネコ、アライグマ、キツネ、スカンクを外国へ連れて行くときは、まず出国前に動物検疫所において狂犬病（イヌ・ネコ）（→404、541頁）とレプトスピラ症（イヌ）（→549頁）の検査を受ける必要があります。検査は身体検査による健康診断で、12時間以内の係留検査ですが、異常がなければそれほど時間はかかりません。

旅行などで、すぐまた日本に帰国する場合

でも、帰国時には輸入検疫を受ける必要があります。狂犬病ワクチンを接種していないと係留期間が長くなりますから、出国前にワクチンを接種しておきましょう。

　相手国への入国条件の詳細は、事前に大使館または相手国の検疫当局に確認してください。

外国から日本に連れてくる

　日本に入国するためには、輸出国政府機関が発行する健康証明書が必要です。日本到着後、狂犬病（イヌ・ネコ）とレプトスピラ症（イヌ）についての検疫のため、一定期間の係留検査を係留施設で受けなければなりません。

　係留期間については、輸出国政府機関が発行する狂犬病予防注射証明書の有無や健康証明書の内容によって12時間〜180日間で設定されます。狂犬病予防注射証明書がないと最長期間（180日間）の係留となります。ただし、狂犬病発生のない指定地域から連れてくるときは、必要条件を満たしていれば、12時間以内の係留となります。

　最短期間の12時間の係留となるためには、日本到着の40日前までに検疫所に届出をし、次の条件を満たすことが必要です。狂犬病発生のない指定地域、非指定地域で条件が異なります。

●指定地域

①マイクロチップによる個体識別が可能
②180日間その国にいて、かつその国を出ていない
③その国に過去2年間、狂犬病の発生がない
④狂犬病とレプトスピラ症にかかっている疑いがない

●非指定地域

①マイクロチップによる個体識別が可能
②2回以上の狂犬病ワクチン接種
③血中抗体価が基準値を超えている
④180日間の輸出待機を行った
⑤狂犬病とレプトスピラ症にかかっている疑いがない

　日本国内でのイヌの登録をしていない場合は、係留検査が終わると動物検疫所が「犬の輸入検疫証明書」を発行するので、それを市町村窓口に持参してイヌの登録手続きをする必要があります。

（秋山　緑）

CHAPTER 3

第三章

病気が疑われる症状とそのケア

食欲がまったくない

食欲がまったくない

- 精神的な要素が強い場合 → 様子を観察
- 下痢や嘔吐など、ほかの症状がみられない成犬 → 1～2日様子を観察
- 食欲があっても食べられない場合 → 早く病院へ
- 体力がない幼犬、幼猫、老犬、老猫 → 早く病院へ
- 食欲がなく、ほかの症状を伴う場合 → 至急病院へ

イヌ、ネコにとって食欲は健康のバロメーターです。食欲がなくなることは、不健康を意味します。食欲がまったくない（食欲廃絶）ようなときは、病気にかかっていて、その病気が重いかもしれません。

《考えられる主な病気》

口内炎［主にネコ］……328頁
歯肉炎［イヌ、ネコ］……324頁
歯周病［イヌ、ネコ］……324頁
鼻炎など鼻腔・副鼻腔の疾患［イヌ、ネコ］……298頁
咀嚼筋筋炎（好酸球性筋炎）［イヌ］……488頁
特発性三叉神経炎［主にイヌ］…411頁
猫白血病ウイルス感染症（猫レトロウイルス感染症）［ネコ］…306、544頁
猫免疫不全ウイルス感染症［ネコ］……546頁
猫カリシウイルス感染症［ネコ］…306頁
猫伝染性鼻気管炎［ネコ］……548頁
腫瘍［イヌ、ネコ］……514頁

原因

●食欲がなくて食べられない（食欲廃絶）

一般的な病気が考えられます。たとえば、肝臓、腎臓《じんぞう》、心臓、肺、脳などの内臓の障害、腫瘍《しゅよう》、痛み、感染症などです。ほかに嘔吐《おうと》、下痢、咳《せき》、呼吸困難、排尿・排便障害、歩行異常、発熱などを伴うことがあります。

●食欲があるのに食べられない

一般的には首から上の部位、のど、口腔《こうくう》内、鼻や脳の一部に障害があることが考えられます。

たとえば、鼻に障害があるのでにおいをかげなかったり、口やのどに痛みがあるために、食物を噛《か》んだり飲み込めない場合などがあるでしょう。

［口腔内の異常］ 口内炎、重度の歯石による歯肉炎や歯周病（歯槽膿漏《しそうのうろう》）などが疑われます。ネコでは、猫白血病や猫免疫不全症候群、猫カリシウイルス感染症にかかっていると、口腔内にも異常がよくみられます。また、歯に異物（魚の骨など）がはさまっている場合もあります。

［鼻、のどの異常］ 猫伝染性鼻気管炎、腫瘍

ネコの慢性口内炎

口内炎を経験したことがある方はわかると思いますが、口腔内が痛くては食事がおいしくありませんね。ネコ特有の慢性口内炎という病気があります。原因は様々ですが、あまりよい薬がありません。痛くて食欲がなくなるのは人間と同じです。

口の痛みのため、毛づくろいができなくなるので、毛づやが悪くなったり毛玉ができたりします。機嫌がよいときは、前足で器用に顔を洗いますが、顔も洗わなくなるため、顔の周りはよだれでベトベトになり、口臭がきつく感じられるようになります。

病院では、痛みを和らげる処置をしますが、日常のケアとして、口の周りを拭《ふ》いて清潔にしてあげたり、食物を軟らかくしたり、少し香りがたちのぼる程度に温めたりすることで、食欲がわくこともあります。

冷たい水を飲んで口の中がしみるほど痛い経験をされた方は、ご理解いただけますね。　（武井好三）

などで、異常が起こります。

［その他］　下顎《かがく》の骨折、咀嚼筋炎《そしゃくきんえん》によって口が開けられない（開口困難）、三叉神経麻痺《さんさしんけいまひ》による食べこぼし、ストレスなどが考えられます。

観察のポイント

いつから、どのような症状を示すようになったのかわかりますか。日頃から、動物を観察する習慣を身につけてください。

●口を痛がり、よだれを垂らす

口腔内や鼻、のどの異常が考えられます。とくに、猫カリシウイルス感染症や猫伝染性鼻気管炎などにかかっているとよくみられます。

●ネコが外から帰ってきたら、食欲がない

外で交通事故に遭いショックを受けていたり、下顎骨折を起こしていることがあります。ケンカで咬《か》まれた傷が原因で熱があるために食欲がなくなることもあります。

●においをかぐだけで口に入れない

一般的な病気のほかに、口内炎や咀嚼筋炎などにかかっていて、開口すると痛みを感じる場合があります。また、三叉神経麻痺などのように口の周りや舌を動かす筋肉が麻痺《まひ》を起こし、摂食が困難になっていることも考えられます。

●食物にまったく興味を示さない

一般的な病気のほかに、精神的なストレスが考えられます。

●精神的ストレス

動物の性格によっては、精神的な影響を受けて食欲が低下することがあります。入院やホテル宿泊によって、家族から離れたり手術などによる恐れや痛みによるストレス、飼育環境の変化などです。たとえば、家族に赤ちゃんが生まれたり、慣れない来客によって、食欲に影響することも少なくありません。

また、食物の種類を変えたり、食物に薬を混ぜたことによって、食事の味が変わり食べなくなることもあります。

ケアのポイント

食欲に変化が現れたのは、いつからでしょうか。外出から帰ってきて食べなくなった場合は、外傷が原因かもしれません。異常がないか注意深く観察してください。

精神的ストレスなど、思いあたる出来事があれば、原因を取り除いてください。食物の種類を変えた場合は、以前のものに戻すなどして、様子をみてください。（武井好三）

食べる量・回数が増える

《考えられる主な病気》

糖尿病［イヌ、ネコ］……466頁
甲状腺機能亢進症［主にネコ］…460頁
副腎皮質機能亢進症［主にイヌ］……464、490、499頁
膵外分泌不全症［イヌ、ネコ］…351頁
慢性特発性腸疾患（炎症性腸疾患、腸リンパ管拡張症）［イヌ、ネコ］…340頁
消化管内寄生虫症［イヌ、ネコ］…559頁
インスリノーマ［主にイヌ］…467頁
猫伝染性腹膜炎［ネコ］……306、405、547頁
突発性後天性網膜変性症（中年から老年のブリタニー・スパニエル、ミニチュア・シュナウザー、ダックスフンド）［イヌ］
末端肥大症［イヌ、ネコ］……458頁

食べる量や回数が増えることを多食といいます。多食になるには、次のような理由が考えられます。

たとえば、体の代謝が活発になると、エネルギーを必要以上に消耗するので、エネルギー補給が必要になります。

また、糖尿病や腸の消化吸収障害のように、食べたものが効率よくエネルギーに変換されない場合は満腹感が得られず、食べ過ぎる傾向があります。

さらに、好物を与えすぎて（病気ではなく）、エネルギー過剰になる場合などがあります。

原因

多食には、生理的なものと病気によるものがあります。また、多食でも、太る場合と太らない場合があります。次のような原因が考えられます。

●多食になって太った

［成長期］一般的に成長期は体重が増えます。成長に伴って骨量や筋量が増えるためですが、太ったようにみえるかもしれません。

食べる量・回数が増える

- 生理的原因による（妊娠・授乳、成長期、豊富な運動、寒冷な環境、好嗜好食、低カロリー食、競い食いなど）→ 様子観察 要食餌管理
- 短期間の体重の異常な増加・減少、下痢や飲水量の増加、おなかが張ってきたなど → 病院へ

成長期の食欲

イヌやネコは成長が早く、ほぼ１年未満で、人間でいうところの大人になります。とくに生後１カ月の離乳期から生後４カ月にかけての成長はめざましく、食欲も非常に旺盛《おうせい》です。

乳歯から永久歯に生え替わる頃になると、体がエネルギーを要求しなくなるので、食欲が落ち着くようになります。

ところが、成長が止まってきていることに飼い主が気づかずに、食物を与えすぎて１カ月もたつと、あっという間に肥満になってしまいます。また、いきなり食欲が落ち着いてしまうため、飼い主は、食欲が落ちたと勘違いして、食物の種類を次から次へと変えて、わがままにさせてしまうこともよくあります。

（武井好三）

観察のポイント

【妊娠期】 胎子の成長に伴って体重が増加します。

【薬の副作用】 もともと、ある病気にかかっていて、治療のために服用している薬（ステロイド薬、抗ヒスタミン薬、抗けいれん薬など）の副作用として、太ることがあります。

【競い食い】 同居しているイヌどうしで競い食いをするため、多食になることがあります。

【病気】 副腎皮質機能亢進症《ふくじんひしつきのうこうしんしょう》にかかっていると、腹部が張ってくることがあります。また、突発性後天性網膜変性症やネコの末端肥大症では、病気の症状の一つとして多食になることがあります。

●多食なのに体重に変化がない

授乳中の雌イヌや雌ネコ、多食にもかかわらず運動量が豊富なイヌ、寒冷な環境（冬季に屋外で飼育されている場合など）におかれている動物は、多食になっていても太りません。

●多食なのに痩《や》せる

普段の食事が低カロリー食の場合は、多食にもかかわらず、痩せることがあります。

多食となってから、体重などに変化がないか観察してください。

●妊娠・授乳中、成長期である、運動量が豊富である

健康な状態です。ほかに変わった症状がなければ、心配する必要はありません。様子を観察し続けてください。

●環境が変わった

新しくほかの動物を飼い始めた、新しい家族が増えたなど、精神的な出来事も多食の原因となることがあります。

寒い季節に外につないだままにしていないかどうか、環境をチェックしましょう。

●食事の内容が変わった

食物の種類を変えてから食欲が増進した場合は、嗜好性《しこうせい》の問題かもしれません。

●薬を飲んでいる

病気による投薬中の薬の種類によって、食欲が増進することがあります（ステロイド薬など）。

●飲水量とおしっこの量が増える

糖尿病、副腎皮質機能亢進症、甲状腺機能亢進症《こうじょうせんきのうこうしんしょう》、突発性後天性網膜変性症などの病気が原因になることがあります。

水をたくさん飲む、おしっこの量が増える

摂取する水分の量とおしっこの量（尿量）が増えることを多飲多尿といいます。また、

トイレに何回入っても、少量しか尿が出ない状態を頻尿といいます。これは多飲多尿とは

《考えられる主な病気》

糖尿病［イヌ、ネコ］……………466頁

副腎皮質機能亢進症［主にイヌ］……………464、490、499頁

副腎皮質機能低下症［主にイヌ］……………465、490頁

上皮小体機能亢進症［イヌ、ネコ］…463頁

尿崩症［イヌ、ネコ］……………459頁

腎不全［イヌ、ネコ］……………357頁

腎性尿崩症［イヌ、ネコ］………362頁

糸球体腎炎［イヌ、ネコ］………360頁

尿細管間質性腎炎［イヌ、ネコ］…363頁

子宮蓄膿症［雌イヌ、雌ネコ］…390頁

甲状腺機能亢進症［主にネコ］…460頁

急性肝不全［イヌ、ネコ］………345頁

ケアのポイント

●下痢をしている

膵外分泌《すいがいぶんぴつ》不《ふ》全《ぜん》、炎症性腸疾患、消化管内寄生虫症、リンパ管拡張症などの病気が考えられます。

●腹部が張っている

肝臓の腫大《しゅだい》を起こす副腎皮質機能亢進症が考えられます。ほかにも、腹水がたまる猫伝染性腹膜炎やリンパ管拡張症など、多くの病気が考えられ、その鑑別が重要になります。

飼い主の多くは、飼っている動物の肥満に対して無関心であるように思われます。ひと月に一度は体重を測り、記録しておくことを勧めます。

運動不足やカロリーオーバーで太らせてしまった場合は、心臓、肝臓ばかりでなく、膝《ひざ》や肩、股関節《こかんせつ》へ負担がかかり、歩行障害を起こすこともあります。

喜んで食べるからといって、与えすぎないことが大切です。

（武井好三）

〈表〉 1日に必要な飲み水の量とおしっこの量

飲み水の量	40～60mℓ
おしっこの量	20～45mℓ
（体重1kgあたり）	

動物の体重を計算してみましょう。体重10kgのイヌは次のようになります。

↓

飲み水は 400～600mℓ
おしっこの量は 200～450mℓ
（1日あたり）

老齢ネコの腎不全

ネコは年齢を重ねるにしたがって、腎臓機能が低下することがあります。ゆっくりと進行しますので、飼い主も気づかないことが多いようです。

初期の症状は飲水量と尿量の増加です。やがて毛づやが悪くなり、体重が減少するようになります。食欲も徐々に低下し口臭が強くなります。この症状が現れると重度です。

ネコはイヌと違って、あまりガブガブと水を飲むところを見せませんが、水飲み場でたたずんでいる様子を見かけたら、飲水量が増えているかもしれません。しっかり観察してあげてください。

（武井好三）

異なり、1日のおしっこの量が多いわけではなく、飲水量にも変化がありません。

原因

毎日の飲水量は、尿をつくる腎臓《じんぞう》やのどの渇き、腎臓の働きを補助するホルモンの働きで決まっています。したがって、腎臓やホルモンに異常が起こると、様々な症状が現れるようになります。

腎臓でつくられる尿の過程に何らかの異常が起こって体内の水分が不足するようになるとのどが渇き、飲水量が増えるようになります。また、精神的に影響を受けるような出来事があったり、薬の服用、腎臓に関与するような病気になっても、似たような症状を起こすことがあります。

観察のポイント

飲水量や尿量にどのような変化が起こっているか、注意して観察してください。

●健康な飲水量とおしっこの量〈表〉

1日の飲水量の目安は、体重1kgあたり40～60mℓです。異常がみられたら、毎日決まった時間に水分摂取量を測るとよいでしょう（注1）。1日のおしっこ量の目安は、体重1kgあたり20～45mℓです。

尿量を測るのは手間がかかってたいへんですから、毎日の飲水量を測ってください。飲水量が1日の目安となる量の2倍以上であれば、明らかに異常な状態です。

●食物の種類、生活環境

一般に食物の種類や気温などの生活環境によって、飲水量は左右されます。とくにイヌは、運動量によって飲水量が増えますが、健康なら尿量が極端に増えることはありません。

●尿の色や性状

室内にトイレを設置すると、尿の観察ができます。尿の色が薄ければ、尿量が増えている可能性があります。尿がベタベタしていたら糖尿病かもしれません。

●避妊手術を受けていないイヌ、ネコ

陰部からおりものが出ていたり、腹部が張っている場合で、さらに元気がなくなったり食欲が低下しているのに、飲水量が極端に増えているようであれば、子宮蓄膿症《しきゅうちくのうしょう》の危険性があります。

水をたくさん飲む・おしっこの量が増える

- 飲水量、尿量は増えるものの、食欲低下などのほかの症状がない → 2～3日様子を観察
- ほかの症状（食欲の低下や嘔吐《おうと》、元気減少など）がある → **早く病院へ**

ケアのポイント

●元気や食欲はあるが、全身性の脱毛がみられる、腹部が張ってきた

イヌでは副腎皮質機能亢進症《ふくじんひしつきのうこうしんしょう》が考えられます。

●元気や食欲が非常に盛んなネコ

老齢のネコでは、甲状腺機能亢進症《こうじょうせんきのうこうしんしょう》が考えられます。

●元気や食欲の低下、体重減少がみられる

イヌ、ネコでは、糖尿病、糸球体腎炎、間質性腎炎、上皮小体（副甲状腺）機能亢進症などが考えられます。

尿量が多くなると、トイレの世話がたいへんになるために水を控える飼い主がいるようです。水が不足すると脱水症状を起こすことがありますから、いつでも自由に新鮮な水が飲めるようにしてください。

多飲多尿の状態が長期間続くと、心臓、肝臓、腎臓などの臓器に負担をかけて、病気になることがあります。そのような場合は、必ず獣医師の診察を受けてください。

（武井好三）

注1　【毎日決まった時間に測る】たとえば、ペットボトル1ℓの水分を水飲みに入れ、24時間後に飲み残した水分をペットボトルに移して測れば、1日の水分摂取量を測ることができる。

吐く

《考えられる主な病気》

吐く		
	吐いた後、元気で食欲がある	様子を観察
	吐物に血が混じっていた	早く病院へ
	吐物が黄色っぽい	早く病院へ
	周期的に吐く	早く病院へ
	吐物がくさい	早く病院へ
	繰り返し激しく吐く	至急病院へ
	熱がある	至急病院へ
	けいれん、下痢など、ほかの症状を伴う	至急病院へ

毛玉を吐く

ネコは毛の生え替わる換毛期には、頻繁に毛づくろいし、大量の毛を飲み込んでしまいます。それが胃の中で毛玉（ヘアーボール）となってしまうわけですが、これは病気ではありません。普段から、毛玉を飲み込まないように、ブラッシングなどを心がけるとよいでしょう。

（武井好三）

グルーミング　74頁参照

「吐く」ことは、イヌ、ネコによくみられる症状の一つです。消化器の病気や全身の様々な異常によって起こります。

とくに、イヌは散歩中に道ばたに落ちているゴミや異物などを食べてしまうことがあり、それらが原因のこともあります。

吐く内容によって、吐出、嘔吐《おうと》に分けられます。

吐出

飲み込んだ飲食物が胃に入る前に逆流して、口から勢いよく吐き出されることを吐出といいます。食直後に起こすことが多く、食べ物は消化されず、胃液はほとんど混じっていません。

また、吐物は食道を通過したままの筒状の形をしていることがあります。

●吐出の原因

食道が塞《ふさ》がれたり（閉塞《へいそく》）、圧迫されたりすると唾液《だえき》や食物が飲み込みにくくなり、吐出してしまいます。食道の様々な機能障害、異物や先天性心血管奇形（右大動脈弓遺残症）などによって、吐出は起こります。

吐き気

吐く前に起こる不快な症状をいいます。動物は元気がなくなり、震えたり、口を舐《な》め回したり、よだれを流すようになります。

●吐き気の原因

食道や胃の運動低下が原因となります。また、逆に十二指腸の運動が亢進《こうしん》するために胆汁が胃へ逆流し、胆汁により胃粘膜・食道が刺激を受け、胸やけのような状態となります。

吐き気は咳《せき》と間違えられることがあります。注意深く観察してください。

嘔吐《おうと》

胃の内容物を吐き出すことをいいます。嘔吐は吐出と異なり、吐く前に吐き気の症状が現れることがよくあります。

嘔吐は、脳の延髄にある嘔吐中枢が刺激されることによって、胃の内容物が反射的に押し上げられ、食道を逆流して口から排出されます。

吐く前に腹部の筋肉が収縮し、おなかを上下させるしぐさが、よくみられます。

●嘔吐の原因

食道や胃腸の閉塞・圧迫、異物誤飲（薬物、植物など）、細菌、ウイルス、寄生虫などによる感染症、さらに腫瘍《しゅよう》など、様々な原因が考えられます。

観察のポイント

吐いた時間や状況、吐物の内容など、また、ほかの症状（随伴症状）を伴っているかどうかが診断の大切な手がかりとなります。飼い主の注意深い観察が大切です。

●吐いた後の状態

吐いた後、けろりとして食欲があり、症状が一過性のときは、病気の危険性は低いと考えてよいでしょう。吐いた後、動物の様子を注意して観察してください。

●食事との関係

食後に吐くのか、食事と関係なく吐くのかどうかがポイントです。食直後に吐くときは、食道や胃の異常、食後数時間してから吐くときは腸の異常が考えられます。

●吐いた回数

1回吐いたのか数回吐いたのか、吐いた量はどれくらいか、吐いたものの色はどうか、吐く時間帯はいつなのか観察してください。

●吐物に血が混じっている

消化器系の病気（食道炎、胃炎、胃《い》潰瘍《かいよう》など）、毒物誤飲、感染症が考えられます。

●吐物の内容

吐物の内容は食物や飲水か、食物の消化状態はどうか、胃液、胆汁が含まれているか、また、植物などの異物が混入していないか観察してください。

●吐物が黄色っぽい

肝臓でつくられる胆汁が逆流して、胃酸過多になっているかもしれません。

●吐物がくさい

腸閉塞《ちょうへいそく》を起こしているかもしれません。

●繰り返し激しく吐く

重い消化器系の病気、毒物誤飲、感染症などが疑われます。

●ほかの症状を伴う

下痢、発熱、けいれんなどの症状を伴う場合は、重い病気にかかっているかもしれません。

ケアのポイント

症状が長引くと脱水症状を起こし、体内のイオンバランスが崩れます（酸塩基平衡異常（注1）、電解質異常（注2））。また、体重減少による栄養状態の悪化も起こりうるので、できる限り早く獣医師の診察を受けてください。

一過性に吐いた後、元気であれば食事は試験的に普通にあげて様子を観察してもよいでしょう。

また、繰り返し吐く場合は、獣医師の治療を受けるまで飲食は中止し、獣医師の指示を待つことにします。

（武井好三）

注1【酸塩基平衡異常】体は酸と塩基の平衡によって、一定の水素イオン濃度に保たれている。この平衡が崩れると様々な異常が起こる。

注2【電解質異常】体にはナトリウム、カルシウム、リンなどの物質が存在する。これらの物質を水に溶かすと陰イオンと陽イオンを形成して、溶液が電導性をもつようになるので電解質という。体内の電解質のバランスが崩れると様々な異常が起こる。

ショック状態

ショック状態
- 意識が低下し、姿勢がおかしい → 至急病院へ
- 眼球の動きがおかしい → 至急病院へ
- 呼吸がいつもと違う（無呼吸、促拍、不規則） → 至急病院へ

ショック状態（虚脱）とは、意識が低下し、立ち上がって体を動かすことが困難な状態をいいます。

ショック状態は、臓器の機能障害によって、急激な血液の循環障害を起こします。その結果、酸素やぶどう糖（注1）などの必要エネルギーの供給を細胞が得られなくなって、ショック状態に陥ります。ほとんどすべての病気がショックに進展する危険性があります。

具体的な症状として、動物は横たわり、体温の低下、歯ぐき（歯肉）の蒼白《そうはく》、異常な呼吸、失禁（尿・便漏れ）などを起こします。

生命の危機が、きわめて近くに迫っており、このような状態をみたら躊躇《ちゅうちょ》せず、獣医師の診察・治療を受けてください。

原因

多くは交通事故、中毒、熱射病、日射病、血栓症、てんかん重積などで、突然、起こります。

もともと、もっている病気（基礎疾患）がさらに悪化してショックを起こすことがあります。肝疾患、腎疾患《じんしつかん》、心臓疾患、代謝性疾患などになると、ショック状態に陥ることがあります。

観察のポイント

次のような症状が現れていないか、観察してください。

●意識が低下している、姿勢がおかしい

《考えられる主な病気》

〈脳疾患〉
- 発育障害（水頭症）［イヌ、ネコ］…404 頁
- 髄膜炎［イヌ、ネコ］……405 頁
- てんかん重積［イヌ、ネコ］

〈代謝性疾患〉
- 肝性脳症［イヌ、ネコ］
- 副腎皮質機能低下症［主にイヌ］…465、490 頁
- 糖尿病［イヌ、ネコ］……466 頁
- 低血糖症［イヌ、ネコ］……402 頁
- 甲状腺機能低下症［主にイヌ］……461、490、499 頁
- 敗血症に起因する脳症［イヌ、ネコ］…403 頁

〈心臓・循環器疾患〉……238 頁

〈呼吸器疾患〉……294 頁

〈腎臓疾患〉
- 尿毒症［イヌ、ネコ］……360 頁

〈感染症〉
- 犬ジステンパー［イヌ］…306、404、507、540 頁
- 猫伝染性腹膜炎［ネコ］…306、405、547 頁

〈薬物中毒〉
- 鉛中毒［イヌ、ネコ］……599 頁
- 不凍液（自動車用）による中毒［イヌ、ネコ］……603 頁

〈その他〉
- 腫瘍［イヌ、ネコ］……514 頁
- 熱射病、日射病［イヌ、ネコ］……229 頁
- 事故による脳外傷［イヌ、ネコ］…400 頁
- 事故による内臓破裂［イヌ、ネコ］

・立たせようとしても立てない、意識が低下しているようにみえる。
・横たわったまま四肢だけ無意識に動かしている（遊泳運動）。
・横たわったまま首を伸ばし、頭を後方に反らせるような姿勢をとっている。

●眼球の動きがおかしい

・眼球が規則性をもって上下もしくは左右に往復運動をしている（眼振）。
・眼球に刺激を与えても、まったく動かさず、反応がみられない。
・瞳孔《どうこう》が散大しているか縮瞳《しゅくどう》している。

●呼吸がいつもと違う

・呼吸が無呼吸であったり、ほとんどしていないようにみえる。寝ているような状態にみえる。
・呼吸が不規則、促迫しているようにみえる。

●歯ぐきの色がいつもと違う

・歯ぐきの色がきれいな薄ピンク色ではなく、濃かったり逆に薄かったりする。

●体温の異常

・熱射病にかかると、体温が40℃以上の高温になる。ショック状態では、ほとんどの場合、38℃以下になる。

●失禁する

・意識がほとんどないにもかかわらず、尿や便が漏れてしまう。

ケアのポイント

意識が低下しているために、家の中でも、けがをしてしまうことがあります。柔らかい毛布などを下に敷くとよいでしょう。

意識がほとんどない場合は、呼吸が止まらないように首を伸ばしてあげてください。酸素ボンベがあれば酸素を吸わせてあげてください。

また、高熱がある場合は、腹部や首を冷やしてあげるとよいでしょう。

嘔吐《おうと》などの症状がみられるときは、吐いたもので、のどを詰まらせることがあります。目を離さないように注意深く見守り、できるだけ早く病院へ連れて行きます。（武井好三）

注1　【ぶどう糖】グルコースともいい、体に必要なエネルギー源で糖質（単糖類）の一種。血液中に血糖として存在する。糖尿病では血液中のぶどう糖濃度が高くなることが知られている。

おなかが膨れる

イヌ、ネコは、様々な原因からおなか（腹部）が膨れます（腹部膨満）。

原因

原因には次のようなものがあげられます。

・腹部内の臓器（胃、腸、肝臓、膀胱《ぼうこう》、腎臓《じんぞう》など）そのものが大きくなる場合。

・腹部内の臓器以外（腹水など）を原因とする場合。

・腹部の筋肉の緩みやたるみ、皮膚が薄くなることによって大きくみえることがある。

・妊娠、肥満、食べ過ぎなどによる場合。

また、おなかが大きくなる病気には、次のようなものがあります。

●腹部内の臓器が大きくなる

［消化器の病気］　とくにイヌでは大型犬に多い胃《い》拡張《かくちょう》胃《い》捻転《ねんてん》症候群《しょうこうぐん》（胃内での急激なガスの貯留）、ネコの巨大結腸症（著しい便秘による宿便）、鎖肛《さこう》（先天性の肛門閉鎖《こうもんへいさ》による宿便）、ネコの肝リピドーシス（脂肪肝）による肝臓腫大《かんぞうしゅだい》、さらに消化器の腫瘍《しゅよう》などがあります。

［泌尿器の病気］　尿石症（結石の尿道閉塞《にょうどうへいそく》による膀胱内尿貯留《ぼうこうないにょうちょりゅう》）、膀胱麻痺《ぼうこうまひ》（椎間板《ついかんばん》ヘルニアなどによる神経障害を原因とする尿貯留）、腎臓自体が腫大《しゅだい》する嚢胞腎《のうほうじん》、水腎症《すいじんしょう》などが一般的にみられます。

［生殖器の病気］　子宮蓄膿症《しきゅうちくのうしょう》（子宮内の膿貯

《考えられる主な病気》

先天性心疾患（肺動脈狭窄症、心室中隔欠損症）［イヌ、ネコ］……240頁
心筋症（拡張型心筋症）［イヌ、ネコ］…252頁
慢性肝臓病（慢性肝炎、肝硬変、肝線維症）［イヌ、ネコ］…………345頁
肝臓腫瘍［イヌ、ネコ］……348、529頁
脾臓腫瘍（血管肉腫）［イヌ、ネコ］…289、535頁
多発性嚢胞腎（嚢胞腎）［イヌ、ネコ］…363頁
水腎症［イヌ、ネコ］……………368頁
副腎皮質機能亢進症［主にイヌ］……………………464、490、499頁
胃拡張胃捻転症候群［主にイヌ］…338頁
胃捻転［イヌ、ネコ］
巨大結腸症［主にネコ］………343頁
脂肪肝［主にネコ］………………346頁
尿結石（尿管結石、膀胱結石、尿道結石）［イヌ、ネコ］……………374頁
腹膜炎［イヌ、ネコ］……………352頁
猫伝染性腹膜炎［ネコ］…306、405、547頁
膀胱麻痺［イヌ、ネコ］
精巣腫瘍［雄イヌ、雄ネコ］…389、531頁
子宮蓄膿症［雌イヌ、雌ネコ］…390頁
子宮水腫［雌イヌ、雌ネコ］
犬糸状虫症［主にイヌ］……258、580頁
慢性特発性腸疾患（腸リンパ管拡張症）［イヌ、ネコ］……………………340頁
鎖肛［イヌ、ネコ］
消化管内寄生虫症［イヌ、ネコ］…559頁

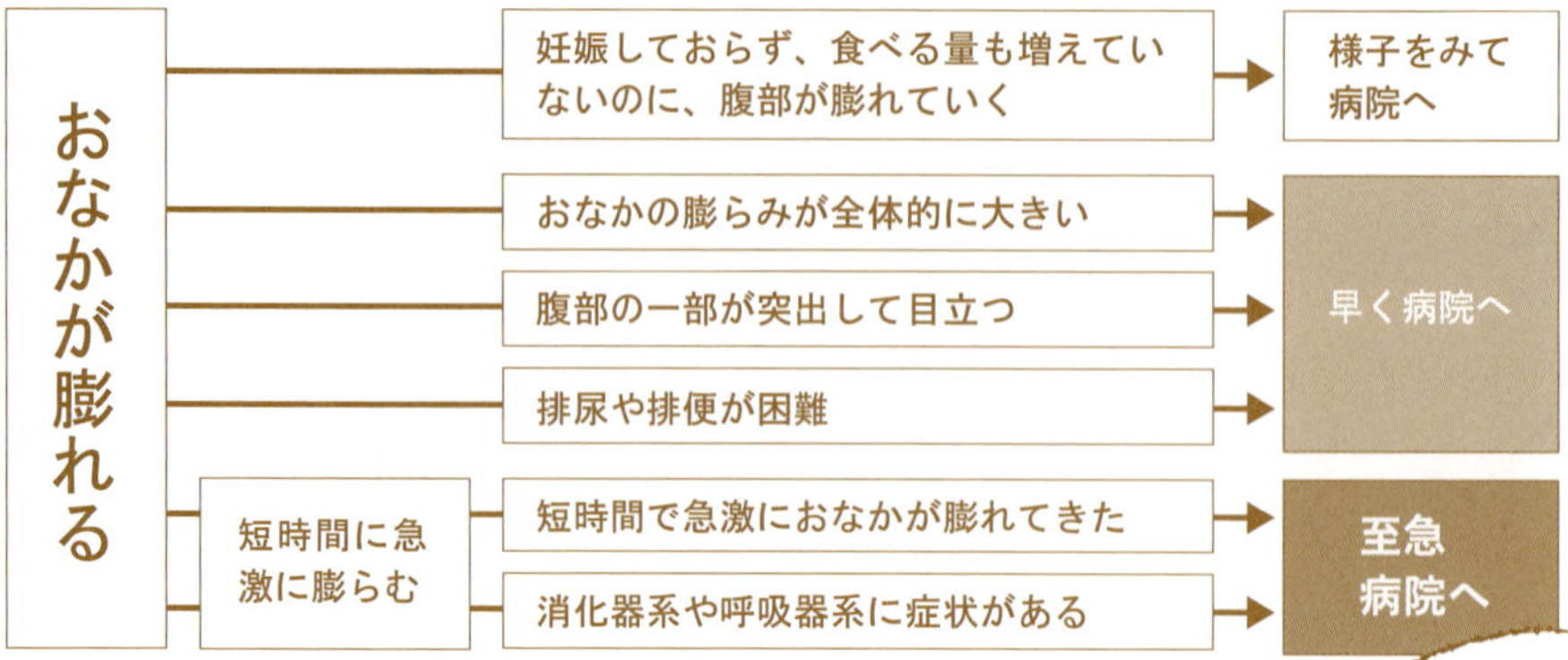
おなかが膨れる
妊娠しておらず、食べる量も増えていないのに、腹部が膨れていく
様子をみて病院へ
おなかの膨らみが全体的に大きい
腹部の一部が突出して目立つ
排尿や排便が困難
早く病院へ
短時間に急激に膨らむ
短時間で急激におなかが膨れてきた
消化器系や呼吸器系に症状がある
至急病院へ

留）、子宮水腫《しきゅうすいしゅ》などがあります。

［その他］　腫瘍性疾患では、肝臓腫瘍、脾臓《ひぞう》血管肉腫《けっかんにくしゅ》、停留精巣の精上皮腫《せいじょうひしゅ》（セミノーマ）、セルトリ細胞腫《さいぼうしゅ》、リンパ節の腫瘍。

　また、消化管の寄生虫によって痩《や》せている子イヌ・子ネコは、摂食時のみ、胃の内容量の増加でおなかが極端に大きく膨れることがあります。

●臓器以外の原因でおなかが膨らむ

［腹水の増加］　様々な原因で、おなかに腹水（おなかの中の体液）がたまった状態です。

［循環器の異常］　イヌにみられる犬糸状虫症（フィラリアの寄生による心機能低下）、先天性心疾患、イヌの拡張型心筋症などがあります。

［消化器の病気］　肝炎やリンパ管拡張症などによる低タンパク血症によっても腹水が貯留します。

［その他］　腹膜炎（腹腔内感染《ふくくうないかんせん》、ネコではコロナウイルスによる伝染性腹膜炎の場合もあり）を原因とする場合もあります。

●筋肉や皮膚がたるんでいる、緩んでいる

　イヌの副腎皮質機能亢進症《ふくじんひしつきのうこうしんしょう》では、腹部の筋肉がたるみます。そのため、腹部が垂れて膨らんでみえます。

観察のポイント

●肥満

　おなかの内側（皮下）の脂肪蓄積によって、もっとも身近に多くみられる状態です。差し迫った問題はなくても、糖尿病や椎間板の病気、関節の病気などを警戒する必要があります。ただの肥満と思い込んでいたら、実際は病気のせいで、おなかが膨れることもよくあります。注意深く観察しましょう。

●食べ過ぎ

　とくに食欲の旺盛《おうせい》な子イヌ、子ネコでは、飼い主が見ていないところで、短時間に過食して急速におなかが大きくなることがあります。一時性のもので、時間がたてばもとに戻ります。

●妊娠

　妊娠していても出産直前までおなかの膨らみがはっきりしない場合があります。イヌやネコは交配から平均して60日間前後で出産します。ほかの病気が疑われる場合は、妊娠の確定、難産の危険性の有無、妊娠胎子数の確認が必要です。獣医師の診察と必要な検査を受けるとよいでしょう。

イヌに多い胃拡張胃捻転症候群

大型、超大型犬に多く、死亡率の高い急性の病気です。食後数時間で発症します。腹部が拡張し嘔吐のしぐさを繰り返すものの何も吐かず、呼吸が苦しそうな様子がみられたら緊急事態です。処置を受けないと、ショック状態に陥り、死に至ることもあります。

舌や粘膜の色が紫になり、おなかの左側が急速に大きくなってくるような場合は、至急、獣医師の診察を受けてください。

この病気は、中型、小型犬では少なく、ネコでは非常にまれです。

（金尾　滋）

日頃から食事量のチェックと定期的な体重測定を行い、目立った変化がみられないか、観察する習慣をつけましょう。

長毛種のイヌやネコでは、肥満だと思っていても、よく観察すると肋骨《ろっこつ》や背骨がごつごつと目立っていたり、毛づやがよくないということがあります。おなかの大きさだけにとらわれず、全身状態を観察します。

●おなかが膨れてきた時期

おなかが大きくなってきた時期はいつ頃からですか。

●排尿、排便の異常

排尿、排便の回数に変化はみられませんか。排尿時や排便時にいきみやしぶりがみられて、おなかが膨れているときは、尿石症、巨大結腸症の危険性があります。

●食事摂取量の変化

食事の量に変化はありませんか。

●腹部以外の変化

ほかに異常がみられませんか。

●おなかが全体に大きくなっている

おなかがブヨブヨと軟らかくぽってりしている場合は、腹水かもしれません。

●一部が大きく突出して目立つ

おなかの一部が飛び出したようになっていて、さわると硬いときは、腫瘍の疑いがあります。

●左側が短時間で急激に大きくなる

大型犬で嘔吐様《おうとよう》のしぐさを苦しそうに繰り返し、短時間でおなかの左側が大きく膨らんできたときは、胃捻転、胃拡張胃捻転症候群の疑いがあります。

ケアのポイント

短時間で急激におなかが膨れてきた場合や、消化器や呼吸器などにほかの異常症状を伴う場合は、早急に獣医師の診察を受ける必要があります。

元気にしていて食欲があっても、呼吸状態、排尿や排便、被毛状態に異常がみられる場合は安易に考えず獣医師に相談しましょう。

おなかが膨らむ病気は、ある程度ゆっくりとした経過をたどります。食欲や元気に極端な変化を伴わない場合も多々あります。長期的な肥満、確定的な妊娠、明らかな過食などを除いては、獣医師の専門的な診察と詳しい検査をもとにした診断が必要です。（金尾　滋）

むくむ

目の上、口唇部の周りに主にむくみがみられる

《考えられる主な病気》

全身性のむくみ

先天性心疾患（肺動脈狭窄症、心室中隔欠損症）［イヌ、ネコ］…240 頁
心筋症（拡張型心筋症）［イヌ、ネコ］……252 頁
胸水症［イヌ、ネコ］……312 頁
腹水症［イヌ、ネコ］……352 頁
腎盂腎炎［イヌ、ネコ］……367 頁
糸球体腎炎［イヌ、ネコ］……360 頁
慢性肝臓病（慢性肝炎、肝硬変、肝線維症）［イヌ、ネコ］……345 頁
肝臓腫瘍［イヌ、ネコ］……348、529 頁
慢性特発性腸疾患（腸リンパ管拡張症）［イヌ、ネコ］……340 頁
慢性下痢［イヌ、ネコ］
犬糸状虫症［主にイヌ］…258、580 頁

局所性のむくみ

フレグモーネ（注 2）［イヌ、ネコ］
熱傷［イヌ、ネコ］
感染症［イヌ、ネコ］……538 頁
アレルギー［イヌ、ネコ］……540 頁
肥大性骨症［イヌ、ネコ］……475 頁

動物の体を構成している細胞は、多くの水分（体液（注1））で占められています。普段、体液の量は一定に保たれています。しかし、何らかの異常が起こると皮下組織に体液が過剰にたまり、むくみ（浮腫《ふしゅ》）が生じます。

むくみは様々な病気を原因として、イヌ、ネコに起こる症状の一つです。

むくみは全身に起こるものと体の一部に局所的に起こるものに分けてとらえます。

原因　全身性のむくみ

●心臓の病気

心臓から拍出される血液量が減少すると、腎臓《じんぞう》での尿の産生を抑える抗利尿ホルモンの一つであるアルドステロンが働き、体の中に水分を取り込みます。心臓の病気が原因で起こるむくみは、その取り込みが過剰になるために生じます。

むくみを起こす病気には、イヌでは犬糸状虫症、先天性心疾患、心筋症などがあります。ネコの病気はイヌと類似しています。

むくみに伴って、咳《せき》、運動中にへこたれる、元気がない、体重減少などの症状が、場合によっては腹水などがたまり体重増加をみることがあります。

●腎臓の病気

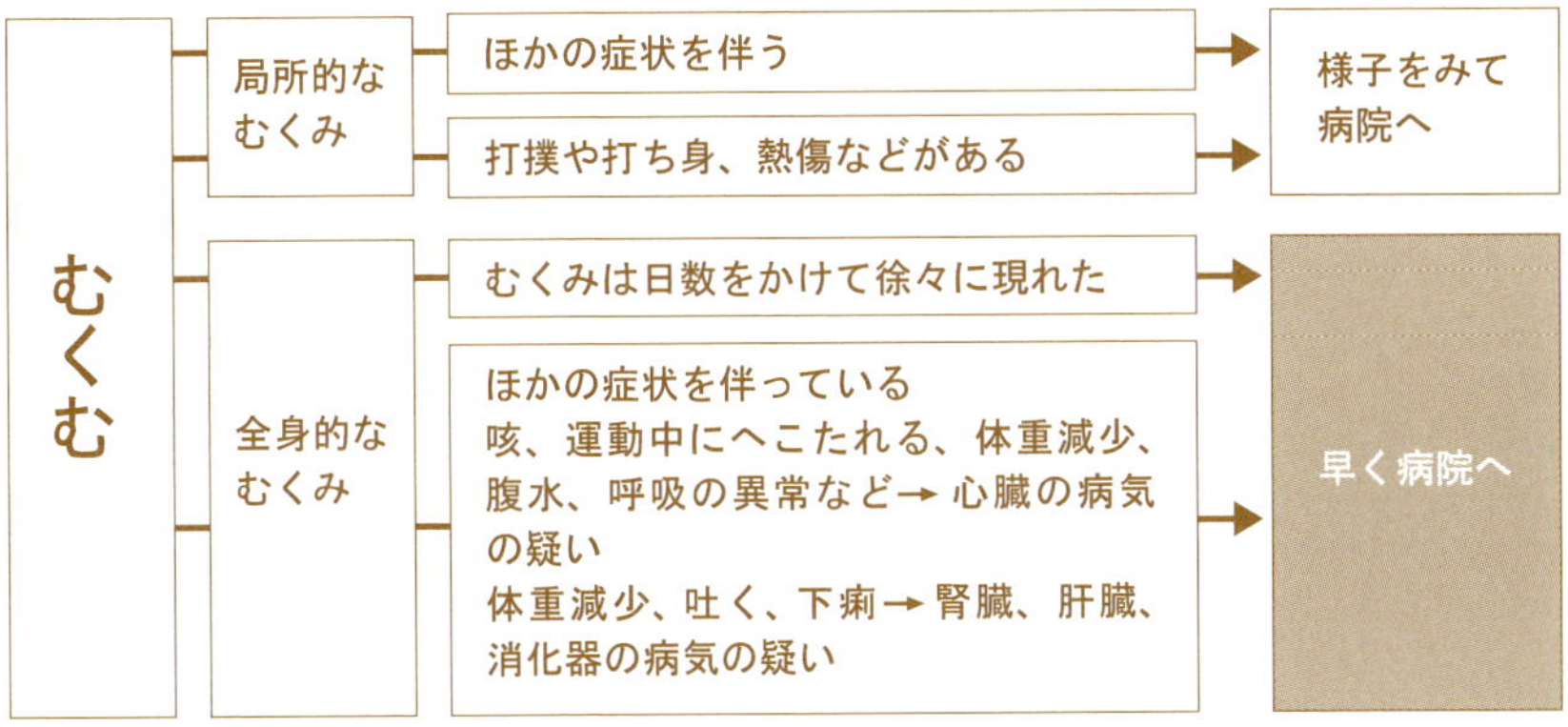
むくむ
局所的なむくみ
ほかの症状を伴う
打撲や打ち身、熱傷などがある
様子をみて病院へ
全身的なむくみ
むくみは日数をかけて徐々に現れた
ほかの症状を伴っている
咳、運動中にへこたれる、体重減少、腹水、呼吸の異常など→心臓の病気の疑い
体重減少、吐く、下痢→腎臓、肝臓、消化器の病気の疑い
早く病院へ

腎臓の機能が低下することによって、水分やナトリウムが体内に過剰に貯留するためにむくみが起こります。また、体に必要なタンパク質が尿中に排泄《はいせつ》されてしまうと、タンパク質が不足して、むくみが起こります。腎臓の病気には、腎盂腎炎《じんうじんえん》、糸球体腎炎《しきゅうたいじんえん》などがあります。

●肝臓の病気

肝臓では血液中のタンパク質の一種であるアルブミンを合成しています。アルブミンは、血液の浸透圧を調節する役割を果たしていますが、不足すると低アルブミン血症を起こして、末梢《まっしょう》の組織に水分が貯留するようになり、むくみが起こります。肝炎、肝臓腫瘍《かんぞうしゅよう》などがあります。

●消化器の病気

消化器の病気にかかっていると、体に必要な栄養、タンパク質を吸収できなくなり、むくみを起こす原因になります。イヌのリンパ管拡張症、慢性の下痢などでは、低タンパク血症を起こし、むくみを併発します。

●アレルギー

食物やワクチン注射などを原因とする急性アレルギーでは、主に目や唇の周囲にむくみがみられます。また、体の随所に小さなこぶ上のむくみとして現れることがあります。

局所性のむくみ

体の一部に起こる局所性のむくみは、静脈やリンパの流れが局所的に悪いために、また、炎症のために起こることがあります。フレグモーネ（注2）、熱傷、感染症、イヌの肥大性骨関節症などでみられます。

観察のポイント

●むくみが起こる部位

むくみが現れやすく観察しやすい部位は、イヌでは、四肢、目および口唇部周辺です。ネコは、四肢で確認するとよいでしょう。

●冷感、痛みのない腫《は》れ

多くは冷感があり、さわっても痛みのない腫れとして確認できることが特徴です。また、打撲や打ち身の腫れは、通常はさわると痛がったり赤くなったりしますので、よく観察して判断しましょう。

●指で押してももとに戻らない

むくみのある皮膚は、指で押してももとに戻らない圧痕《あっこん》（指で押したままのくぼみ）がみられます。ときに、腹水症、胸水症を伴うこともあります。

●全身性のむくみが現れる時期

心臓や腎臓、肝臓の病気を原因とする全身性のむくみは、数日から数週間かけて、ゆっくりと現れてくることが多いので、注意してください。

●ほかの症状を伴う

心臓の病気では、咳、運動中にへこたれる、気を失う、体重の減少、腹水、呼吸の異常などの症状を伴うことがあります。

腎臓、肝臓、消化器の病気では、体重の減少や食欲の減退、吐いたり、下痢などの症状をみることがあります。

むくみが現れたら、これらの症状がないかどうか注意深く観察してください。

●局所性のむくみの原因

体の一部にみられるむくみは、けがや熱傷（やけど）などが原因になっていることがあります。原因が特定できるものがないか状況をよく観察してみましょう。

ケアのポイント

●全身のむくみがみられる

全身のむくみを起こす原因は、心臓、腎臓、肝臓などに重大な病気をもつことが多いので、ほかに異常と思われる症状がみられなくても獣医師に相談しましょう。

●ほかの症状を伴う

咳や呼吸の異常がみられる場合は、心臓の病気が疑われます。急な症状の変化もあるかもしれません。できる限り早く、診察を受けてください。

ほかの症状を伴わない場合でも、早めの受診が病気の早期診断の手がかりになります。症状を注意深く観察して、獣医師に伝えましょう。

（金尾　滋）

注1　【体液】体内の組織や細胞間を満たす液体で、血液やリンパ液、脳脊髄液《のうせきずいえき》、組織間液などがある。

注2　【フレグモーネ】蜂窩織炎《ほうかしきえん》とも呼ばれ、皮下の結合組織に沿って炎症《こうしょう》、化膿《かのう》が広がり、広範囲に腫れを認める。ネコの咬傷でよく起こるが、イヌでもみられる。多くは細菌感染を原因とするので、治療には抗生物質の投与を行い、膿瘍《のうよう》化している場合は、手術を実施して切開洗浄を行うこともある。

呼吸が苦しそう

《考えられる主な病気》

- 鼻孔狭窄症［イヌ、ネコ］………299頁
- 鼻腔・副鼻腔の腫瘍［イヌ、ネコ］……………………………………526頁
- 喉頭浮腫［主にイヌ］…………301頁
- 喉頭の腫瘍［イヌ、ネコ］…304、527頁
- 軟口蓋過長症［主にイヌ］…300、327頁
- 犬伝染性気管・気管支炎（ケンネル・コーフ）［イヌ］……………………………543頁
- 犬ジステンパー［イヌ］……………………306、404、507、540頁
- 気管虚脱［イヌ］…………………302頁
- 気管閉塞［イヌ］
- 気管支炎［イヌ、ネコ］…………304頁
- 肺炎［イヌ、ネコ］…………………305頁
- 膿胸［主にネコ］…………………314頁
- 肺腫瘍［イヌ、ネコ］……………527頁
- 血胸［イヌ、ネコ］………………314頁
- 肺水腫［イヌ、ネコ］……………309頁
- 乳び胸［イヌ、ネコ］……………313頁
- 気胸［イヌ、ネコ］………………311頁
- 犬ヘルペスウイルス感染症［イヌ］……………………………306、543頁
- 猫伝染性呼吸器症候群［ネコ］…547頁
- 猫カリシウイルス感染症［ネコ］…306頁
- 先天性心疾患（肺動脈狭窄症、心室中隔欠損症、動脈管開存症、ファロー四徴症）［イヌ、ネコ］…240頁
- 犬糸状虫症［主にイヌ］…258、580頁
- 心筋症［イヌ、ネコ］……………252頁
- 僧帽弁閉鎖不全症［主にイヌ］…250頁
- 胸水症［イヌ、ネコ］……………312頁
- 腹水症［イヌ、ネコ］……………352頁
- 貧血［イヌ、ネコ］………………275頁
- 頭部外傷［イヌ、ネコ］
- 横隔膜ヘルニア［イヌ、ネコ］…315頁
- 日射病、熱射病［イヌ、ネコ］……229頁
- 不凍液（自動車用）による中毒［イヌ、ネコ］…603頁

生物が生命を維持するために必要な酸素を体内に取り入れ、不要となった二酸化炭素を体外に放出する働きを呼吸といいます。

運動したり、急に激しく体を動かしたりすると呼吸が苦しくなる（呼吸困難）のは、イヌ、ネコによくみられる一般的な状態です。ところが、普通に行っている呼吸では体が必要とする十分な酸素が得られないときや、体温を調節する（呼吸を促進して蒸散を促す）ときに、呼吸が苦しくなることがあります。

起座呼吸するイヌ。
横になると呼吸が苦しいので、おすわりした状態で呼吸をする

原因

鼻、喉頭《こうとう》、気管など、呼吸をするときの空気の通り道にあたる部位が病気かもしれません。また、血液を送り出す心臓に異常が生じると呼吸が困難になります。そのほか、発熱、貧血、日射病、

呼吸が苦しそう

- パンティングはみられるが、口唇や舌の色に変化がない → 様子を観察
- ほかに異常な症状がない → 様子を観察
- 明らかに日射病、熱射病だが、体温が平熱に戻った → 様子を観察
- 理由もなく、呼吸回数が増えた
鼻や口、胸部やおなかの動きがいつもと違う → 早く病院へ
- ガーガーと大きな音をたてて呼吸をする
ゼーゼーと音をたてて呼吸をする → 早く病院へ
- 震え、よだれ、吐くなど、異常な症状を伴う → 早く病院へ
- 明らかに日射病、熱射病だが、冷やしても体温が戻らない → 至急病院へ
- ショック状態を起こしている → 至急病院へ

熱射病、けがや交通事故によっても起こります。

観察のポイント

日頃から呼吸の様子を注意してみましょう。1分間にイヌでは約15～30回、ネコでは約20～35回の呼吸をしています。

呼吸の異常を感じたときは回数だけでなく、鼻、口、胸とおなかの動き、さらに呼吸に伴って音（ヒューヒュー、ゼーゼーなど）が聞こえるかどうかをよく観察します。

同時に舌や口唇の色に変化がないかどうか注意しましょう。

速い呼吸（呼吸促迫）

激しい運動、興奮、緊張、高い気温などに反応してみられます。同時にパンティング（注1）と呼ばれる呼吸が、とくにイヌではよくみられます。健康な状態ではパンティングがみられても口唇や舌はピンク色です。

パンティングは異常な症状ではありませんが、非常に長く続くとき、同時に震えがみられたりするとき、また、思いあたる理由もなくパンティングがみられるときは、病気を疑う必要があります。

●発熱を伴う

発熱を伴う病気にかかっているとき、動物は体内の熱をパンティングによって放出して、体温を調節します。

イヌ、ネコは直腸温が38～39℃の平熱範囲にあるかどうか確認する必要があります。ただし、運動直後や極端な興奮でも体温は上がりますから、状態をよく観察して判断しましょう。

異常な呼吸

●鼻翼呼吸

空気の吸入時の鼻翼（小鼻）が拡大します。鼻の穴がひくひくしているようにみえます。

●開口呼吸

呼吸が苦しいときに口を大きく、ぱくぱく開けてする呼吸をいいます。

●起座呼吸

おすわりした状態で、前足を開き、顎《あご》を突き上げて胸を大きく動かしてする呼吸をいいます。腹水症を起こしていると、このような呼吸がイヌやネコでみられます。

イヌの逆くしゃみ

小型犬や短頭種に多くみられる症状です。突然、目をむいて、ブーブーと大きな音を鳴らして反り返りそうな姿勢で息を鼻から吸い込み続けます。数十秒ほどで治まると、何ごともなかったかのように元気にしています。

初めて、この状態に直面すると、心臓や呼吸器の発作と思ってしまうこともあります。多くは１分前後で治まり処置の必要はなく、とくに予防法もありません。

（金尾　滋）

●浅速呼吸

呼吸回数は多いものの、胸の動きの少ない浅い呼吸をいいます。気胸や胸水症などでは、このような呼吸をみることがあります。

●ガーガーと大きな音のする呼吸

小型犬に多くみられ、気管虚脱（注2）の危険性があります。

●ゼーゼーと音のする呼吸

気管支炎を起こしている危険性があります。

これらの異常な呼吸の多くは表情も苦しそうで、飼い主が呼びかけても余裕がなく反応が鈍くなります。酸素不足と炭酸ガスの排泄《はいせつ》が低下すると、舌や口唇にチアノーゼ（青紫色になる）症状がみられることがあります。

●ほかに異常な症状を伴う

震え、よだれ、吐くなど、ほかの異常を伴う場合は合併症も考えられますので、とくに注意が必要です。

ケアのポイント

呼吸が苦しそうでも、原因となる病気は様々です。人間のかぜ薬などを投薬することは、絶対にしないでください。病気が悪化することがあります。とくに開口呼吸や起座呼吸がみられる場合は重症です（肺水腫《はいすいしゅ》、胸水貯留、膿胸《のうきょう》の疑いがあります）。できる限り早く獣医師の診察を受けてください。

●呼吸の変化の観察

呼吸の変化は、いつから、どれくらいの時間、どのような呼吸をしているのか、動作や食欲の状態、日常生活での変化などを注意深く観察して、獣医師に伝えてください。

●日射病、熱射病

日射病、熱射病が明らかに原因で、呼吸の異常がみられる場合に限り、風通しのよい涼しい場所に移動させて、冷たい水で体を冷やし、手当てします。しかし、重症の場合は短時間で、ショック状態に陥り死亡する場合もあります。

とくに日射病で脱水症状がひどければ死に至ることもあるので、体温を測って（イヌ、ネコは直腸温で39℃以下が平熱）、すぐに獣医師の診察を受けましょう。

（金尾　滋）

注1　【パンティング】イヌやネコは、暑いときや運動後に口を開けてハアハアと喘《あえ》いだり、息を切らしたりすることがある。これをパンティングという。パンティングを行うことによって、水分の蒸発と放熱を行う。

注2　【気管虚脱】呼吸に必要な空気の通り道である気管が押しつぶされて狭くなった状態をいう。

発育がおかしい

同じ親から生まれたにもかかわらず、兄弟に比べて異常に小さい場合、あるいは標準的な体格に大きく劣っている場合は発育の異常が疑われます。

原因

基本的な食事や生活管理の問題が原因となることもあります。しかも、なかには病気が隠れていて成長に障害をきたすこともあります。イヌ、ネコでは、日頃から病気への警戒が必要です。

観察のポイント

●定期的な体重測定

成長期には定期的に1週間に一度、体重を測定しましょう。イヌやネコの種類によって体重増加のペースは違います（大型種ほど増加も速い）。

動物が成長途中にありながら、体重が減ったり、何週間も横ばいで増加しないようであれば、注意する必要があります。

●食生活

普段の食事内容は偏っていませんか。また、食事の量や回数が少なくないでしょうか、新鮮な水が不足していないでしょうか。

●住環境

普段狭いケージなどに閉じ込めたまま過ごしていないでしょうか。動物の住環境に問題が

《考えられる主な病気》

先天性心疾患［イヌ、ネコ］……240頁
- 肺動脈狭窄症［イヌ、ネコ］…240頁
- 心室中隔欠損症［イヌ、ネコ］…244頁
- 動脈管開存症［イヌ、ネコ］…245頁
- 右大動脈弓遺残症［イヌ、ネコ］…248頁

門脈体循環短絡症［主にイヌ］…347頁
消化管内寄生虫症［イヌ、ネコ］…559頁
先天性甲状腺機能低下症［主にイヌ］……………………461、490、499頁
矮小症（低ソマトトロピン症）［イヌ、ネコ］……………………………………458頁
若齢性糖尿病［イヌ、ネコ］……466頁
骨軟骨症［イヌ、ネコ］……473、480頁

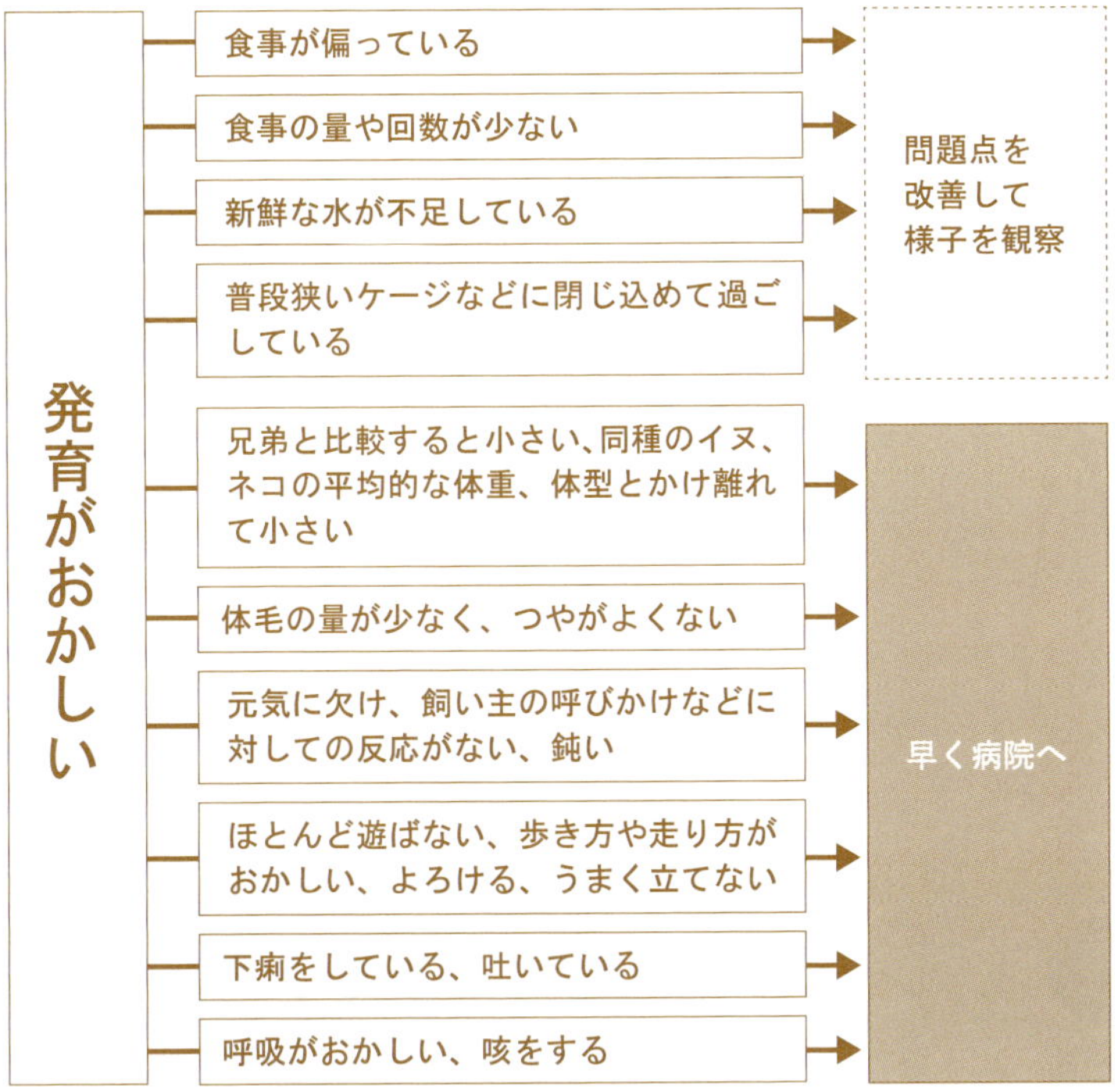
発育がおかしい
食事が偏っている
食事の量や回数が少ない
新鮮な水が不足している
普段狭いケージなどに閉じ込めて過ごしている
問題点を改善して様子を観察
兄弟と比較すると小さい、同種のイヌ、ネコの平均的な体重、体型とかけ離れて小さい
体毛の量が少なく、つやがよくない
元気に欠け、飼い主の呼びかけなどに対しての反応がない、鈍い
ほとんど遊ばない、歩き方や走り方がおかしい、よろける、うまく立てない
下痢をしている、吐いている
呼吸がおかしい、咳をする
早く病院へ

ないか検討しましょう。

●ほかの症状を伴う

食事や生活管理に問題がないようであれば、病気の疑いがあります。次の点を観察してください。

・頭だけが異常に大きい、あるいは肋骨《ろっこつ》が目立っているのに、おなかだけが大きく膨れて見える。
・兄弟と比較してみると小さい、同種のイヌ、ネコの平均的な体重、体型とかけ離れて小さい。
・体毛の量が少なく、つやがよくない。
・元気に欠け、飼い主の呼びかけなどに対しての反応がない、鈍い。
・ほとんど遊ばない、歩き方や走り方がおかしい、よろける、うまく立てない。
・下痢をしている、吐く。
・呼吸がおかしい、咳《せき》をする。

これらの様子がみられるときは、獣医師の診察を受けてください。

ケアのポイント

●食生活、生活環境の改善

食事や運動などの生活管理に問題がある場合は、ただちに食事内容、生活環境を改善してください。そのうえで、体重の増加や体格の成長を観察しましょう。

とくに生後2～3カ月の離乳直後の子イヌ、子ネコは、食事の回数を1日4回くらいに分けて、バランスのとれた成長期用の食事を与えるのが理想です。

●ほかに異常がみられる

何となく様子がおかしいだけでなく、咳をする、呼吸状態がよくない、下痢をしている、吐く、歩き方がおかしいなどの異常がある場合は、早期に獣医師の診察を受けましょう。

極端な異常がみられなくても、飼い主が不安を感じる場合は、獣医師に相談してみましょう。

（金尾　滋）

痩せる

痩せてくると、肋骨と背骨がごつごつしてくる

食事をきちんととっていないとき（摂食不良）、食べているけれど栄養分を体内に取り込めないとき（消化・吸収不良）、また、吸収した栄養を体内で必要に応じて利用できないとき（代謝異常）に痩《や》せてきます。

原因

イヌやネコが痩せる原因には様々なものがあります。なかには、一過性のもので、病気ではないこともあります。たとえば、夏になると暑さのために食欲が減退したり、ストレスで痩せることもあるでしょう。また、高齢のせいで痩せることもあります。

でも、急激に痩せてきたような場合は、病気が原因となっているかもしれません。主に消化器の病気、心臓病や腎臓病《じんぞうびょう》、糖尿病、腫瘍《しゅよう》などにかかっていると、痩せることがあります。

観察のポイント

痩せてくると、筋肉や皮下脂肪の量が減るので、肋骨《ろっこつ》や背骨がごつごつして目立ってきます。

●定期的な体重測定

急激に痩せてくる場合は、見た目の変化も大きく、体が小さく見えたり抱いたときに軽く感じたりするので、容易にわかることが多いようです。

しかし、元気そうにしていても、定期的な体重測定を行いましょう。長期にわたって体

《考えられる主な病気》

口内炎［主にネコ］………………328 頁
歯周組織の腫瘍［イヌ、ネコ］…326、528 頁
口腔軟組織の腫瘍［イヌ、ネコ］…328、528 頁
歯周病［イヌ、ネコ］……………324 頁
歯肉炎［イヌ、ネコ］……………324 頁
消化管内寄生虫症［イヌ、ネコ］…559 頁
犬糸状虫症［主にイヌ］……258、580 頁
僧帽弁閉鎖不全症［主にイヌ］……250 頁
門脈体循環短絡症［主にイヌ］…347 頁
慢性特発性腸疾患（腸リンパ管拡張症）［イヌ、ネコ］……………………340 頁
胆石症［イヌ、ネコ］……………349 頁
慢性肝臓病（慢性肝炎、肝硬変、肝線維症）［イヌ、ネコ］……………345 頁
脂肪肝［主にネコ］………………346 頁
膵炎［イヌ、ネコ］………………350 頁
胃内異物（毛球症など）［イヌ、ネコ］…337 頁
慢性胃炎［イヌ、ネコ］…………336 頁
食道拡張症（巨大食道症）［イヌ、ネコ］……………………………332 頁
腎盂腎炎［イヌ、ネコ］…………367 頁
糸球体腎炎［イヌ、ネコ］………360 頁
副腎皮質機能低下症［主にイヌ］……………………………465、490 頁
甲状腺機能亢進症［主にネコ］…460 頁
糖尿病［イヌ、ネコ］……………466 頁
腫瘍［イヌ、ネコ］………………514 頁

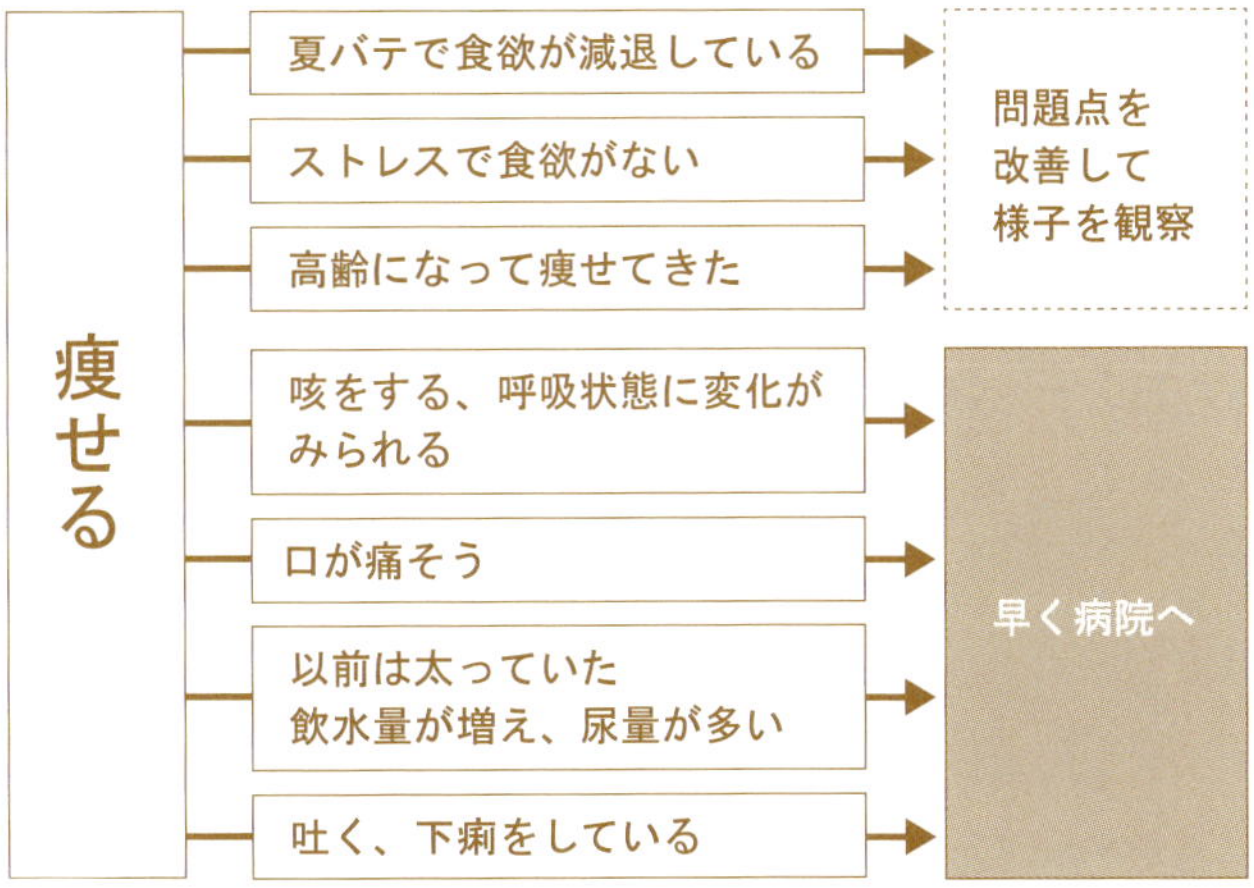
痩せる
夏バテで食欲が減退している
ストレスで食欲がない
高齢になって痩せてきた
問題点を
改善して
様子を観察
咳をする、呼吸状態に変化が
みられる
口が痛そう
以前は太っていた
飲水量が増え、尿量が多い
吐く、下痢をしている
早く病院へ

重がゆっくり減少する場合は、病気にかかっていることがあります。体重の増減は、健康状態を知る大切な目安になります。

●食事の摂取量

食事や環境の変化に神経質なイヌやネコは、必要な食事量をとらないで、痩せていることもあります。食事の摂取量に変化がないか観察してください。

●飲水量の増加

以前は、太っていて、しっかり食べていたのに、最近だんだん痩せてきたような場合で、極端に水を飲むようになり、おしっこの量が増えていると、糖尿病にかかっているかもしれません。

●年齢（老化）

老化に伴う体重減少と考えていると、実際は病気の場合がよくあります。異常がないかどうか注意して観察してみましょう。

●咳《せき》をする、呼吸状態に変化がみられる

咳や呼吸に異常がみられるときは、心臓の病気が原因となっている危険性があります。

●口が痛そう

食べようとするのに、においだけかいでためらう、食べたとき痛そうに鳴いたり首をひねって口から出してしまう、いつもにおいのあるよだれを口の周りにつけているような場合は、歯肉炎や口内炎の危険性があります。

歯石が多量についていないか、歯ぐき（歯肉）が赤く腫《は》れていないか、観察しましょう。

●吐く、下痢をしている

食べても吐いたり、下痢をしてしまうときは、消化器の病気のおそれがあります。肝臓や腎臓の病気でも同様の症状がみられます。

ケアのポイント

●口内炎、歯周病

食欲はあるのに口が痛くて食べられないのが、飼い主の目の前で明らかです。様子をみて、状態が改善しないようなら病院に連れて行き、塗布薬（イソジン薬など）をもらうとよいでしょう。

●その他の病気

食事の量や質に関係なく、痩せる病気はたくさんあります。とくに極端な食欲不振や下痢、吐く、呼吸がおかしいなどの異常がある場合は、早めに獣医師の診察を受けてください。

また、病気ではありませんが、暑さやスト

レスが原因と思われる食欲不振では、考えられる原因を除去して様子を観察します。食事内容の変更による体重の変化や食欲の変化の比較も有効です。さらに、高齢のイヌやネコは、歯や歯肉の状態も考慮したうえで、食事の塩分やタンパク質を控え、消化吸収に優れ、代謝に負担のかからない食事を選択するように心がけましょう。

（金尾　滋）

太る

太る		
太る	摂取カロリーが多い	食事内容の改善 運動不足を解消
	消費カロリーが少ない	
	元気がない	病院へ
	むくんでいる	
	急に体重が増えた	

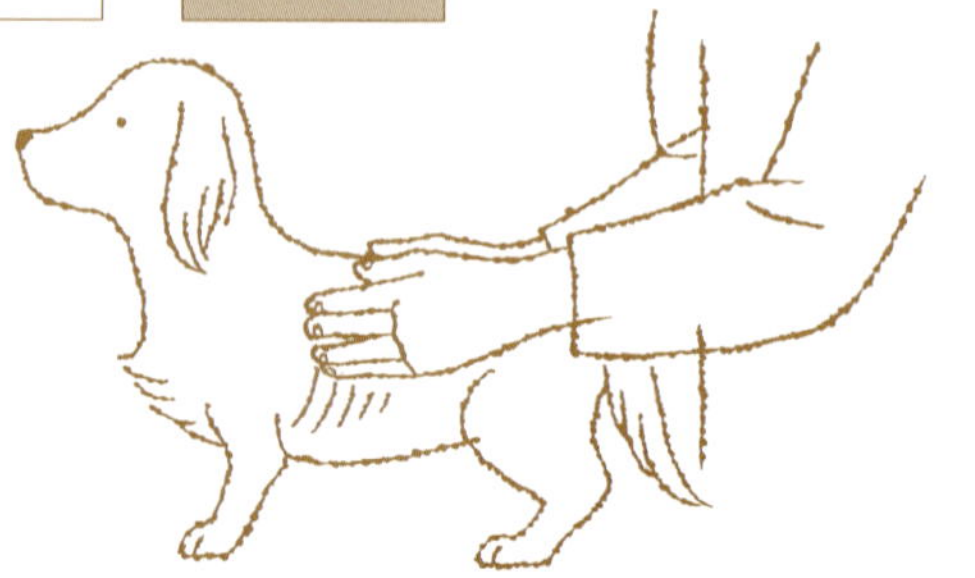

肋骨を手指でさわり
肥満の程度を把握する。
肋骨が見える状態を痩せ、
触れて肋骨を確認できれば適正、
肋骨を探すような状態を
肥満と考える。

体各部位の脂肪組織が増加した状態で、消費カロリーよりも摂取カロリーが多すぎると太ります。

原因

太りすぎ自体は病気ではありませんが、糖尿病や呼吸・循環器系の病気、肝臓・胆道の病気、股《こ》・膝関節《しつかんせつ》の病気などが発生しやすくなります。

体重は増えていないものの、腹部が膨れ、外見は太ったように見えることがあります。これは、心臓の病気や腹腔《ふくくう》内の腫瘍《しゅよう》が原因の場合もあります。

《考えられる主な病気》

副腎皮質機能亢進症［主にイヌ］……464、490、499頁
おなかが膨れる……149頁
むくみ……152頁

観察のポイント

●食べ過ぎか病気か

よく食べ、食べただけのカロリーを消費できなければ、食べ過ぎになり太ります。同じ量を食べていても、食事の内容が高炭水化物や高脂肪に

偏っていれば摂取カロリーが多くなり太ります。また、中年齢以降になると、消費カロリーが少なくなるため、若いときと同じ量を食べていると摂取カロリーオーバーで太ります。雌では避妊後、雄では去勢後に太りやすくなります。

急に体重が増加した場合や、むくみがある場合、あるいはおなかのたるみに波動感がある場合などは、病気が原因となっていることがあります。

●肥満の判定

イヌやネコが適正体重を維持しているのか、太りすぎかを判断する検査法はいくつかあります。

もっとも簡単に日常生活で判断できる方法は、動物の胸壁を手指でさわり、肋骨《ろっこつ》が触知できるかどうかにより肥満度を判断する方法です。

手指で肋骨を触れなくても見ただけで肋骨が確認できる場合は痩《や》せすぎです。動物の胸壁を見ても肋骨はわかりませんが、触れると肋骨が確認できる場合が適正です。手指で探ると肋骨が触知できる場合はやや肥満であり、まったく肋骨が触知できない場合は肥満と判断します。

●脱毛、皮膚症状を伴う

イヌの副腎皮質機能亢進症《ふくじんひしつきのうこうしんしょう》など内分泌性の病気による肥満では、脱毛や皮膚の脆弱化などの症状を認めます。皮膚症状が現れた場合は、獣医師の診断を受けてください。

ケアのポイント

●定期的な体重測定

太りすぎは様々な病気をまねくので、できる限り標準体重に近づけたいものです。日頃から、まめに体重を測定し、体重が増えないように食事の量や内容を調節します。

●食事内容の検討

普段の食事内容を見直しましょう。

・イヌやネコ用のおやつ、人間の食べ物などの間食が多くありませんか。
・現在、食べているドッグフードあるいはキャットフードは年齢にあったものですか。
・1日に与える量は適切ですか。
・ホームメイドの場合は、炭水化物あるいは脂肪の含有量は多くありませんか。

●摂取カロリーの調節

摂取カロリーが過剰な場合は減らすようにします。摂取カロリー量を減らすために食事量を極端に減らすと空腹を訴え、盗み食いや異物を口にする可能性があります。したがって食事量は少しずつ減らすようにし、食事内容は「ライト」や「ウェイトコントロール」などの表示がある低カロリーの食事がよいでしょう。

動物病院には、肥満治療食あるいは肥満予防食などの処方食があり、減量に効果的です。食事回数は少ないと、食事時間までに空腹感を訴えたり、一気食いをして満腹感が得られなかったり、栄養の吸収が亢進したりします。

1日摂取量を数回に分けて与えることが理想的です。どうしても、空腹感を訴える場合は、野菜を与えるのもよいでしょう。

●消費カロリーの増大

運動により消費カロリーを増やす方法もある程度の効果はあります。しかし、運動中心に痩せることは困難です。また、急に運動させると体に負担がかかりますので、注意してください。

●病的な太りすぎ

何となく元気がなく、むくんでいるような感じがするとき、あるいは急激に体重が増えた場合は、獣医師の診察を受けましょう。

（清水美希）

皮膚がおかしい

《考えられる主な病気》

先天性疾患（先天性魚鱗癬、白皮症、皮膚無力症など）［イヌ、ネコ］…494頁
角化異常症（原発性特発性脂漏症、亜鉛反応性皮膚症、ビタミンA反応性皮膚症など）［イヌ］…………496頁
内分泌性疾患（副腎皮質機能亢進症、甲状腺機能低下症など）［主にイヌ］……………………………………499頁
アレルギー性疾患（アトピー性皮膚病、ノミアレルギー性皮膚炎など）［イヌ、ネコ］……………………………………502頁
自己免疫疾患（天疱瘡、エリテマトーデスなど）［イヌ、ネコ］………504頁
犬ジステンパー［イヌ］
…………………306、404、507、540頁
細菌感染
└膿皮症［主にイヌ］……………507頁
真菌感染症（皮膚糸状菌症など）［イヌ、ネコ］
クリプトコッカス症［主にネコ］
……………307、405、508、553、554頁
外部寄生虫感染症［イヌ、ネコ］
…………………………509、583頁
日光性皮膚炎［イヌ、ネコ］…443、510頁
猫対称性脱毛症［ネコ］………510頁
皮膚の腫瘍［イヌ、ネコ］…512、520頁
好酸球性肉芽腫症候群［ネコ］…511頁
溶血性貧血［イヌ、ネコ］………276頁
血小板減少症［イヌ、ネコ］……284頁
肝臓疾患［イヌ、ネコ］…………345頁
乳腺の腫瘍［イヌ、ネコ］…395、534頁
じんま疹（注1）［イヌ］
皮下膿瘍（注2）［ネコ］
黒色表皮肥厚症（注3）［イヌ］

皮膚は、紫外線や外的圧力など外界からの様々な刺激から体を保護したり、細菌やウイルスの侵入を防いだり、体温を維持（保温）するなどの働きをもちます。また、過度の水分消失を防止（乾燥防止）したり、体を防水するなどの役割も果たしています。

そのほか、皮膚は寒冷や痛みなどを感知する感覚器としての役割もあります。

イヌやネコの皮膚は、被毛で覆われているため、皮膚の異常が見つかりにくく、異常に気づいたときには、すでに進行している場合があります。

原因

注1　【じんま疹《しん》】皮膚の一部が突然赤くなって腫《は》れ、ひどいかゆみを伴う病気。ほかの発疹《ほっしん》やかゆみを伴う皮膚病と異なり、症状は数時間あるいは数日で消える。

注2　【皮下膿瘍《ひかのうよう》】皮下組織の細菌感染によって起こる。皮下に膿《うみ》がたまり、盛り上がることもある。

注3　【黒色表皮肥厚症】皮膚炎が長期間にわたる場合に、皮膚が厚くなったり、メラニン細胞が活性化して黒色の色素が付着した状態。

皮膚がおかしい		
	ふけが多い	シャンプー、駆虫薬を使用して様子を観察
	ノミ・ダニがいる	シャンプー、駆虫薬を使用して様子を観察
	皮膚に紅斑、湿疹がある	病院へ
	かゆみがある	病院へ
	しこりがある	病院へ
	異臭がする	病院へ
	皮膚が黄色っぽい	至急病院へ
	皮膚が青紫色あるいは赤紫色	至急病院へ

皮膚の色に変化があったり、湿疹《しっしん》、しこりなどがある場合は、病気が考えられます。また、かゆがる様子がみられるときは、寄生虫に感染している可能性があります。

観察のポイント

●皮膚全体が黄色っぽい

黄疸《おうだん》が考えられます。

●皮膚が青紫色、赤紫色である

皮下における出血が考えられます。皮下の浅い部位で出血が起こった場合は赤紫色になり、深い部位で出血が起こった場合は青紫色になります。

外傷など思いあたることがなく、青紫色あるいは赤紫色のあざがみられた場合は、血小板減少症など血液の病気が考えられます。

●皮膚に赤い斑《はん》がある（紅斑《こうはん》）

皮膚病のなかでもっともよくみられる症状です。紅斑は皮膚に炎症が起こり、血管が拡張していることを示しています。皮膚に紅斑がみられる場合は、皮膚炎が考えられます。

●湿疹がある

湿疹は皮膚炎にみられる主な症状の一つです。

●しこりがある

イヌやネコは中年以降になると、皮膚腫瘍《ひふしゅよう》の発生率が高くなります。皮膚の腫瘍には、良性と悪性があります。

乳腺腫瘍《にゅうせんしゅよう》は、避妊していない雌では発生率が高くなり、まれに雄にも発生します。

●かゆみがある

かゆみは、皮膚炎（アレルギー性、内分泌性、外部寄生虫性など）、感染（細菌、真菌、外部寄生虫）などが原因で起こります。

食事内容を変えた後にかゆがるようになった場合は、食物アレルギーが疑われます。

一緒に暮らしているほかのイヌやネコがかゆがっている場合は、ノミ、ダニ、疥癬《かいせん》、シラミなどの外部寄生虫感染の可能性があります。

●異臭がする

皮膚の感染（細菌、真菌）、皮膚の壊死《えし》、皮膚にできたしこりが破れた場合などに起こります。

●ふけがある

アレルギー性や脂漏性皮膚炎などでみられます。

●外部寄生虫の有無

イヌやネコの皮膚、毛、およびイヌやネコが生活している場所にノミ、ダニなどがいないかどうかよく調べます。

ケアのポイント

●かゆみがあるとき

イヌやネコは、かゆみがあると、後ろ足の爪《つめ》を立ててしきりに掻《か》いたり、噛《か》んだり、舐《な》めたり、体を床や壁にこすりつけたりします。

これらの行為は皮膚の炎症を助長したり、皮膚に傷をつくったり、毛が抜けたりする原因になります。

さらに、細菌の二次的感染が加わると、皮膚の状態は悪化します。

したがって、できる限り、このような行為を抑制することが大切です。また、ノミ、ダニを見つけた場合は、これらをつまんでむやみに除去したりせずに、ノミやダニの駆虫薬を使用して除去しましょう。

●薬を使用したいとき

皮膚病に対する治療薬は多種にわたり、原因によって使用する薬も違います。皮膚に傷がある場合は、周囲の毛を刈るなどして、できる限り清潔に保つように心がけてください。また、薬を使用する前に獣医師の診察を受けましょう。

●被毛の手入れ

とくに長毛種のイヌ（オールド・イングリッシュ・シープドッグ、マルチーズなど）やネコでは、日頃からシャンプーやブラッシングを心がけ、皮膚の状態を観察しましょう。

シャンプーの回数は、皮膚病のない場合は1カ月に1回程度が適切です。それでも汚れやにおいが気になる場合は、汚れた部分のみを洗ったり、市販のブラッシングスプレーなどを用いる方法があります。シャンプー後はよくすすぎ、完全に乾かしてください。

●食事のコントロール

人間の食べ物や、イヌやネコ用のおやつを多食すると、吐いたり下痢をするなどの消化器疾患の原因になります。また、食事性アレルギーの原因にもなります。ドッグフードやキャットフードを主食として与え、おやつ類はできる限り控えましょう。

●外部寄生虫の予防

とくに暖かい季節にはノミ、ダニが増えます。市販されている駆虫薬や動物病院で駆虫薬を購入して予防しましょう。

（清水美希）

粘膜が青白い

粘膜の色は、血液の循環状態や血液中のビリルビンの量などを示します。イヌやネコで、粘膜の色を確認できる部位は表のとおりです。

症状	状態	対応
粘膜が青白い	意識ははっきりしている	病院へ
	呼吸、心臓の拍動は落ち着いている	病院へ
	意識がない	至急病院へ
	呼吸、心臓の拍動がない	至急病院へ
	交通事故	至急病院へ

〈表〉 粘膜の色を確認できる部位

上まぶたと下まぶたの内側	→ 目の結膜
口の内側	→ 舌や歯肉の色、唇の粘膜
雄では陰茎の内側	→ 陰茎の粘膜
雌では膣《ちつ》の内側	→ 膣の粘膜

原因

粘膜が青白くなる原因の一つは、交通事故や外傷などによる大量出血です。

そのほか、先天性心疾患や呼吸器疾患による低酸素状態、および交通事故や外傷などによるショックあるいは心疾患などにより末梢組織の血管が収縮し、その結果、血液の循環が減少することが原因になります。

《考えられる主な病気》

気管支・肺の疾患［イヌ、ネコ］…304頁

胸腔・胸膜の疾患［イヌ、ネコ］…311頁

貧血［イヌ、ネコ］……………275頁

心臓疾患［イヌ、ネコ］…………240頁

ショック状態［イヌ、ネコ］……147頁

観察のポイント

元気がない、疲れやすい、歩き方がふらつく、呼吸が速い、失神した、足の先が冷たいなどの症状がみられた場合は、先にあげた部位の粘膜の色を確認してください。

ケアのポイント

●安静にする

まず、動物を安静にさせます。

●呼吸を楽にする

血液の循環が障害されると、酸素の供給が少なくなり、低酸素状態になります。したがって、首輪や胴輪、衣服を身につけている場合

は、これらをはずして呼吸が楽になるようにします。このとき、仰向けに抱いたり寝かせたりすると呼吸が圧迫されるので、背中側を上にしてやや斜め横にするか、うつ伏せあるいはおすわりの姿勢（犬座姿勢）にします。

●保温する

血液の循環が障害され、体温が低下している場合は適度に保温します。

●外傷あるいは出血部位を探す

交通事故が考えられる場合は、外傷や出血部位がないかどうか確認します。出血は胸腔《きょうくう》内や腹腔《ふくくう》内など、目で確認できない部位で起こっていることもあるので、注意してください。

●意識、呼吸、心拍の有無の確認

意識の程度を確認します。意識がない場合は、呼吸や心臓の拍動の有無を確認し、すぐに獣医師に連絡しましょう。

（清水美希）

チアノーゼ

チアノーゼは、粘膜や舌の色が青紫色である状態をいいます。呼吸障害や心臓疾患などにより血液中の酸素濃度が低下した場合にみられます。

（清水美希）

目が赤い

《考えられる主な病気》

〈眼瞼の疾患〉

眼瞼内反症（好発犬種：ブルドッグ、セント・バーナード、チャウ・チャウ、ラブラドール・レトリーバーなど）［イヌ］……421頁

眼瞼外反症（好発犬種：セント・バーナード、ブルドッグ、ボクサー、ラブラドール・レトリーバーなど）［イヌ］……422頁

睫毛乱生（好発犬種：チワワ、トイ・フォックス・テリア、ペキニーズ、パグなど）［イヌ］……422頁

眼瞼炎［イヌ］……422頁

〈結膜の疾患〉

結膜の異常：異物など物理的刺激［イヌ、ネコ］

結膜炎［イヌ、ネコ］……423頁

〈角膜の疾患〉

乾性角結膜炎［主にイヌ］……425頁

好酸球性角膜炎［ネコ］……426頁

〈感染性疾患〉

猫伝染性鼻気管炎［ネコ］……548頁

猫ヘルペス角結膜炎［ネコ］…427頁

犬ジステンパー［イヌ］……306、404、507、540頁

猫カリシウイルス感染症［ネコ］…306頁

猫クラミジア感染症［ネコ］…552頁

目が赤い

- イヌ
  - 熱がある → 病院へ（ほかの動物との接触を避けて）
  - 呼吸器症状を伴う → 病院へ（ほかの動物との接触を避けて）
  - 消化器症状を伴う → 病院へ（ほかの動物との接触を避けて）
  - 神経症状がある → 病院へ（ほかの動物との接触を避けて）
- ネコ
  - 目やに、鼻水、くしゃみがある → 病院へ（ほかの動物との接触を避けて）
- イヌ・ネコ
  - 涙の量が多い → 病院へ
  - 目やにがある → 病院へ
  - 目に異物がある → 病院へ

上まぶたおよび下まぶた（上眼瞼《じょうがんけん》および下眼瞼）と眼球をつないでいる結膜は、外界と直接触れているため、種々の原因により炎症を起こすことがあります。

結膜が炎症を起こし充血すると、いわゆる赤目の状態（眼結膜充血）になります。

原因

目が赤くなる病気では結膜炎が知られています。原因としては、ほこり、植物の種子、各種スプレー、その他の物理的刺激、外傷、細菌やウイルスなどの微生物による感染、アレルギーなどがあります。

一般的には、片方の目が赤い場合は物理的刺激が原因で、両側の目が赤い場合は細菌やウイルスによる感染症、アレルギーが主な原因となります。

結膜炎のほかに目が赤くなる原因としては、眼瞼の構造上の問題、角膜などの眼球における炎症の波及、赤血球増加症、興奮、体温の上昇などがあります。

観察のポイント

●ほかの症状を伴う

一般に、目が赤い場合には次のような症状が多くみられます。

・涙の産生量が増加する。
・目やにが増える。
・かゆがる。
・目にさわられるのをいやがる。
・頻繁に瞬きをする。
・眼瞼周囲の脱毛を伴う。

伝染性のウイルス感染症では、熱や呼吸器症状を伴っていることがあります。

●その他の観察ポイント

外耳炎や皮膚感染症などの病気があると、かゆみから前足で目の周囲を掻《か》いてしまい、目が赤くなることがあります。

したがって、耳の中や頭部の皮膚に異常がないかどうかも観察しましょう。

ケアのポイント

●洗眼（異物を取る）

目に異物が入った場合は、きれいな水、あるいは市販されている人工涙液で目を洗い流します。

鼻水、くしゃみが出る

エリザベスカラーは
イヌやネコが皮膚病や
けがなどの治療を受けた後、
傷口や皮膚を舐《な》めたり
しないようにするために
首に巻きつける。

まぶたをひっくり返して調べると、結膜の異物を除去できることもあります。

目をこすったり、無理に異物を取ろうとすると、角膜や結膜を傷つけることがあるので注意しましょう。

乾いたティッシュペーパーで拭《ふ》き取る場合も、角膜を傷つける危険性があります。きれいな水や人工涙液で湿らせたもので軽く拭き取るようにします。

どうしても取れない場合は、獣医師の診察を受けましょう。

●感染を止める

感染が疑われる場合は、目の周囲を拭いたものが感染源となり、同居のイヌやネコに感染することがあります。触れないように注意して捨てましょう。

●目をこすらせない

イヌやネコは、目の不快感やかゆみのために、前足でしきりに目を掻いたり、目を壁や床にこすりつけたりして、かえって炎症を助長させたり、感染を広げる原因になります。エリザベスカラーを装着するなどして、こすらせないようにする必要があります。

（清水美希）

《考えられる主な病気》

〈感染性疾患〉

犬ジステンパー［イヌ］……………306、404、507、540 頁

犬伝染性気管・気管支炎（ケンネル・コーフ）［イヌ］…………………………543 頁

猫伝染性鼻気管炎［ネコ］……548 頁

猫伝染性呼吸器症候群［ネコ］…547 頁

猫ヘルペス角結膜炎［ネコ］…427 頁

クリプトコッカス症［主にネコ］……………………307、405、554 頁

〈呼吸器系の疾患〉

鼻炎［イヌ、ネコ］………………298 頁

副鼻腔炎［イヌ、ネコ］…………299 頁

鼻腔・副鼻腔の腫瘍［イヌ、ネコ］…526 頁

〈その他〉

口蓋裂［イヌ、ネコ］……………327 頁

鼻腔内異物［イヌ、ネコ］

口腔内疾患の波及［イヌ、ネコ］…………………………………321 頁

空気の通り道である鼻の穴（鼻孔）から入った鼻の奥を鼻腔《びくう》といいます。鼻腔には副鼻腔と呼ばれる骨の空洞があり、狭い通路で、鼻腔とつながっています（→295頁）。

鼻腔と副鼻腔の壁は、薄い粘膜によって覆われていて、中には空気が入っています。

鼻は、呼吸する空気に温度と湿度を与え、空中に浮遊しているこまかなゴミや細菌、およびウイルスなどをとらえて気管や肺に入らないようにしたり、においをかぎ分けるなどの役割を果たしています。

原因

鼻腔や副鼻腔内で炎症が起こると、鼻腔や副鼻腔内の粘膜によって鼻水がつくられます。

くしゃみは、鼻腔内から異物を排出するための防御的な反射であり、パウダーや各種スプレーの刺激によっても誘発されます。

観察のポイント

●単発性か繰り返しみられるか

くしゃみの起こり方はどんな具合ですか。単発的か、あるいは繰り返し長く続くかどうか観察してください。

●思いあたる原因がある

くしゃみを誘発するようなきっかけや原因となることはなかったでしょうか。鼻腔内に異物があったり鼻腔内を刺激するようなものを吸入していないか、以前にも同じような症状がみられたことはないか思い出してください。

●鼻水の量、色、におい、粘り

どんな鼻水が出ているのか確認してください。鼻水の量、色、におい、粘りなどはどうでしょうか。血液の混入などはないでしょうか。

血液の混入は、鼻腔内の炎症だけでなく、腫瘍による場合もあります。

●口の中の観察

鼻腔内の炎症は、口腔《こうくう》内の疾患（口蓋裂など）や歯の疾患と関連している場合があります。

●呼吸が苦しそう

過剰の鼻水により、鼻で息ができず、呼吸が速くなったり、口で呼吸をしていませんか。

●ほかの症状を伴う

鼻腔内に炎症が起こると、鼻涙管を閉塞《へいそく》しやすくなり、涙の排泄《はいせつ》が障害されて涙目になったり、目やにが増えたりします。

ネコでは、鼻腔内に鼻水が充満することで、においをかぎ分けることができなくなり、食欲が低下することがあります。

ネコの伝染性呼吸器症候群

ネコが伝染性呼吸器症候群にかかると、鼻水、くしゃみ、目やに、目が赤くなるなどの症状がみられます。これは、ウイルス感染症および細菌感染症が合併して起こったものです。

ネコの伝染性呼吸器症候群の半数は、猫伝染性鼻気管炎（FVR）〔ネコの鼻かぜ〕と猫カリシウイルス（FCV）感染症〔ネコのインフルエンザ〕が原因です。ネコの混合ワクチンは、これらのウイルスに対する抗体が含まれているので、適切にワクチンを接種していれば、これらの感染を予防することができます。また、万一、感染しても状態の悪化を抑えることができます。

（清水美希）

ケアのポイント

- 鼻水、くしゃみが出る
  - くしゃみは一時的である → 様子を観察
  - 食欲・元気がある → 様子を観察
  - くしゃみを繰り返す → 病院へ
  - 熱がある → 病院へ
  - 鼻水に色があり、粘りがある → 病院へ
  - 鼻水に血が混じっている → 病院へ
  - 食欲が減退している → 至急病院へ
  - 脱水を起こしている → 至急病院へ
  - 呼吸困難がある → 至急病院へ

●鼻水、飛沫物《ひまつぶつ》の始末

鼻水、くしゃみが飛び散ったもの（飛沫物）の中には、たくさんの病原体が含まれていると考えてください。周囲のものと接触させたり、同居のイヌやネコが病原体を舐《な》めたりしないように十分に気をつけましょう。鼻水や飛沫物は、ティッシュペーパーやコットンなどで拭《ふ》き取り、触れることがないように袋に入れて捨てるようにします。

●十分な水分の補給

鼻水が止まらなかったり、くしゃみを多発すると、水分が失われます。新鮮な水を十分に飲ませてください。

●住環境の空気の清浄

室外飼育の場合、近くに工事があったりペンキの塗り替えなどをしていたら、化学臭から離れた場所に移動させましょう。

室内飼育の場合、においの強い香水の使用や喫煙などは避け、室内の換気を心がけましょう。

（清水美希）

心臓の拍動に乱れがある

両前肢のつけ根付近の胸壁に触れて心拍動を触知する

《考えられる主な病気》

不整脈［イヌ、ネコ］……256頁
心臓の腫瘍［主にイヌ］…260、524頁
自律神経の緊張［イヌ、ネコ］
代謝性疾患（電解質異常など）［イヌ、ネコ］……402、489頁
低酸素症［イヌ、ネコ］……403頁
内分泌疾患［イヌ、ネコ］……452頁
貧血［イヌ、ネコ］……275頁
ショック状態［イヌ、ネコ］……147頁
発熱［イヌ、ネコ］……227頁
低体温［イヌ、ネコ］
中毒［イヌ、ネコ］……403頁

心臓は一定のリズムで拍動していますが、心臓の拍動（心拍）回数は、体や心臓の状態によって変化します。

●自律神経

この調節には自律神経やホルモンなどが関与しています。

心臓の拍動に乱れがある

- 元気がある → 様子を観察
- 粘膜の色は正常 → 様子を観察
- 興奮した後である → 様子を観察
- 疲れやすい → 病院へ
- 元気がない → 病院へ
- 失神発作がある → 至急病院へ
- けいれんしている → 至急病院へ
- 粘膜が青白い → 至急病院へ
- 呼吸が速い、呼吸困難 → 至急病院へ
- 拍動の乱れが治まらない → 至急病院へ

〈表〉 正常な心拍数（1分間）の目安

子イヌ	毎分 220 回まで
成犬	毎分 70 ～ 160 回
トイ犬種（注1）	毎分 180 回まで
ネコ	毎分 90 ～ 240 回

後ろ足の付け根付近をさわって心拍数を測る

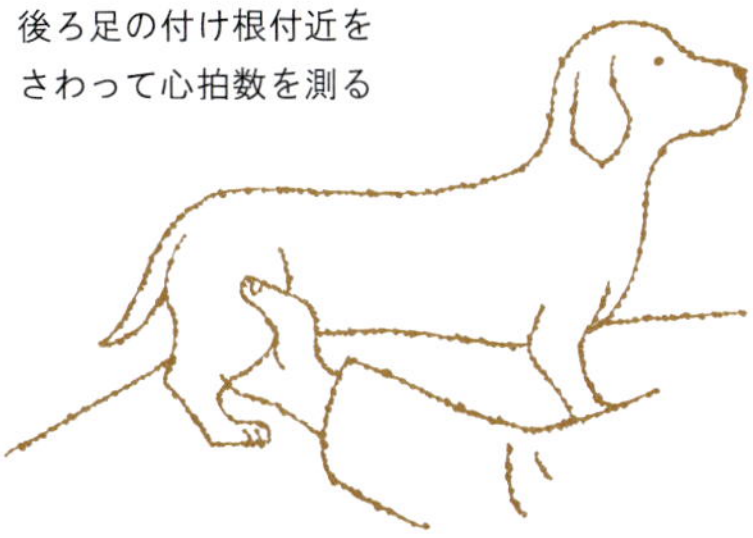

心臓を支配している自律神経には脈を速くする交感神経と、脈を遅くする迷走神経の2系統があります。

●ホルモン

ホルモンでは、副腎《ふくじん》や神経の末節から分泌されるアドレナリン、ノルアドレナリンが重要です。これらのホルモンは、心臓の収縮力を強くし、脈を速くする作用があります。

●その他

心臓の拍動に影響するものとして、血液中のカルシウムやカリウムなどのイオン、酸素の濃度、代謝産物、血圧などがあります。激しい運動をして、体中の代謝が急に盛んになると、心臓の拍動は増加します。

原因

健康でも激しい運動や興奮、体温が高い場合などは心臓の拍動数が増加します。

しかし、運動したわけでもないのに、心臓の拍動に異常がみられることがあります。なかには、心臓の機能が低下するような重大な病気にかかっていることもあります。

観察のポイント

●心拍回数

イヌやネコで、ひどく太っていなければ、左側あるいは右側の胸壁で、前足の肘《ひじ》があたる部位に手をあてると心臓の拍動が伝わってきます。左右の後ろ足の付け根付近に走行する動脈の拍動を数えることによっても、心拍数を測ることができます。

心拍数や拍動のリズムには個体差があるので、日頃から心拍数や拍動のリズムを観察しておくとよいでしょう。

1分間における心拍数の目安を表に示しましたので、参考にしてください。

なお、心拍のリズムが乱れたもの、不規則になったものを不整脈といいます。

●心臓の拍動の乱れ方

不整脈には、心臓の拍動が遅くなる場合と速くなる場合、拍動のリズムが規則的な場合と不規則な場合に分けられます。

●ほかの症状を伴う

心臓の拍動に乱れが生じると、心臓から送り出される血液の量が減少して、様々な症状

を伴うようになります。

軽度なものでは症状をほとんど示さないことがあり、少し安静にするだけで回復する場合もあります。

しかし、重度なものでは失神を起こしたり、心臓の拍動が停止してしまう場合もあります。疲れやすかったり、安静時にもかかわらず呼吸が速かったり、粘膜が青白かったり、失神やけいれん発作などがみられた場合は、獣医師の診察を受けてください。心電図検査などによる正確な検査が必要となります。

ケアのポイント

●安静にさせる

動物が興奮している場合は、静かな場所に移動して落ち着かせます。

●呼吸を楽にする

仰向けに抱いたり寝かせたりすると呼吸が苦しくなります。立った姿勢、おすわりの状態、あるいはうつ伏せに寝かせます。首輪、胴輪、衣服などを身につけている場合はこれらをはずし、新鮮な空気が十分に吸えるようにして、呼吸を楽にさせます。

（清水美希）

注1　【トイ犬種】トイ（toy）は、英語で「愛玩《あいがん》」「おもちゃ」などを意味する。トイ犬種とは、本来大型であった犬種を小型に改良したイヌや小型の室内飼育犬を主に指す。

不整脈は病気とは限らない

イヌでは、健康であっても拍動のリズムが不規則であったり（洞性不整脈）、呼吸に伴ってリズムが不規則になったり（呼吸性不整脈）することがあります。これらの症状は病気ではありません。

しかし、前述以外の心臓の拍動の異常がイヌにみられる場合、ネコで心臓の拍動リズムに乱れがみられる場合は異常です。できる限り早く、獣医師の診察を受けましょう。　（清水美希）

咳をする

咳をする

- 咳は１回のみ → 様子を観察
- 咳の後、元気にしている → 様子を観察
- 咳が頻回に出る → 病院へ
- 咳が長い時間続く → 病院へ
- 鼻水やくしゃみをする → 病院へ
- 熱がある → 病院へ
- 呼吸困難を伴う → 至急病院へ

咳《せき》は、のど、気管、気管支、肺などの気道内において何らかの刺激が加わったときに起こる一種の反射運動で、刺激物を取り除くための防御的なものです。

イヌやネコの咳は大きく分けて、「ケッケッ」といった感じの乾いた咳と、「ゼーゼー」といった感じの湿った咳の二つに分けられます。

ネコはイヌに比較して、咳をする様子はあまりみられませんが、気道内の異物、肺あるいは心臓の腫瘍《しゅよう》により、咳をすることがあります。

●乾いた咳

乾いた咳では、気道が過敏な状態になるため、のどや首（頸部《けいぶ》）の内側の部位をさわって刺激すると咳をしたり、咳の後に吐き気のような症状を示すこともあります。

乾いた咳の代表としては、喉頭炎《こうとうえん》、気管支炎、気管虚脱などがあります。乾いた咳をしていても、症状が進むにつれて気道内における分泌物がたまって湿性の咳に変化します。

●湿った咳

湿った咳の代表としては、慢性気管支炎、肺炎、心臓弁膜症、心筋症による肺水腫《はいすいしゅ》などがあります。

原因

気道内に異物などを吸引していると咳をします。また、感染症にかかっていたり、気管などの呼吸器系に異常があると、症状の一つ

《考えられる主な病気》

乾いた咳の原因

ウイルス感染症
- 犬ジステンパー［イヌ］……306、404、507、540頁
- 犬伝染性気管・気管支炎（ケンネル・コーフ）［イヌ］……543頁

呼吸器系の寄生虫症［主にイヌ］…575頁
アレルギー［イヌ、ネコ］……540頁
喉頭炎［イヌ、ネコ］……302頁
気管支炎［イヌ、ネコ］……304頁
気管虚脱［イヌ］……302頁
気管支圧迫［イヌ］
気道内異物［イヌ、ネコ］
好酸球性肺炎［主にイヌ］……308頁
僧帽弁閉鎖不全症［主にイヌ］…250頁
犬糸状虫症［主にイヌ］…258、580頁
心膜液貯留［イヌ、ネコ］……261頁
胸水症［イヌ、ネコ］……312頁
乳び胸［イヌ、ネコ］……313頁
心臓の腫瘍［主にイヌ］……260、524頁
喉頭・気管の腫瘍［イヌ、ネコ］…304、527頁
肺の腫瘍［イヌ、ネコ］……310、527頁
喘息［ネコ］……305頁
肺炎［イヌ、ネコ］……305頁

湿った咳の原因

気管支炎［イヌ、ネコ］……304頁
肺水腫［イヌ、ネコ］……309頁
弁膜の疾患［主にイヌ］……249頁
心筋症［イヌ、ネコ］……252頁
肺炎［イヌ、ネコ］……305頁
気管支拡張症［イヌ、ネコ］…304頁

犬伝染性気管・気管支炎（ケンネル・コーフ）

従来、ジステンパー以外の伝染性呼吸器疾患を一括して「ケンネル・コーフ」（気管・気管支を障害する感染症）と呼んでいました。しかし、これらの病気は種々の病原体によって引き起こされることから、最近では犬伝染性気管・気管支炎という名称が適切とされています。

伝染力が強く、病犬との接触や、咳やくしゃみなどから空気感染を起こすこともあります。気管、気管支、肺に炎症を起こし、激しい咳がみられることが特徴です。

犬伝染性気管・気管支炎は、イヌの混合ワクチンを接種することで予防できます。

（清水美希）

として咳がみられます。また、心臓の病気でもせき込むことがあります。

観察のポイント

●咳をする時間帯

咳をするのはどのようなときか観察してください。運動をしたり興奮したときに咳をするのか、安静時にするのか。朝方や夜間にするのか、１日中するのかなど。

●咳のしかた

発作的に咳をするのか、繰り返し咳をするのか観察してください。咳は1回のみですか、あるいは長く続くのでしょうか。咳のほかに呼吸困難を起こしていませんか。

●ほかの症状を伴う

熱があったり、呼吸が苦しかったり、咳とともに気道内から分泌物（気管より排出される痰《たん》など）や血を吐いていないかなどを観察してください。

ケアのポイント

●咳をさせない

咳を頻発すると、気道内の炎症を助長させます。また、病原菌を拡散させることになります。長く続く咳は、血圧や心臓、肺のためにもよくありません。安静にさせて咳を抑えるようにします。

●部屋の空気をよくする

室内飼育の場合は、換気を十分に心がけ、咳を誘発するような喫煙、においの強い香水などの使用を避けます。

●呼吸が楽な姿勢をとらせる

首輪や胴輪、衣服を身につけている場合は、これらをはずしたり、呼吸が楽になるような姿勢にします。

（清水美希）

病院に着くまでの間、胸部を冷やして炎症や出血を抑える

肺、気管支などの呼吸器系から出血し、咳《せき》とともに血を吐く場合を喀血《かっけつ》といいます。

これに対し、口の中、のど、食道、胃・十二指腸などの消化器系から出血して血を吐く場合を吐血といい、喀血と区別します。

喀血《かっけつ》

喀血では、吐き出した血液は鮮紅色で、血液に泡が混じっていることが多々あります。

ネコの咳は、イヌに比較して不明瞭《ふめいりょう》です。また、呼吸器系から吐き出された血液をすぐに飲み込んでしまうことが多いため、ネコの喀血に気づくことは非常にまれです。

●喀血の原因

喀血は、誤って異物を気道内に飲み込んだり、交通事故やけんかなどによる気管や肺の損傷によって気道内で出血した場合にみられます。気管支や肺、心臓などの病気や腫瘍《しゅよう》、血液の病気などによっても起こります。

吐血

吐血では、胃・十二指腸などから出血した場合は黒ずんだ色をしています（口の中・のどなどの上部の消化器から出血した場合は黒ずんでいません）。また、吐血では、黒色便がみられることもあります。

●吐血の原因

吐血は、口の中・のどからの出血、食道や

《考えられる主な病気》

喀血

犬糸状虫症［主にイヌ］…258、580頁
心不全による肺水腫［イヌ、ネコ］……309頁
重度の呼吸器系疾患［イヌ、ネコ］
血小板減少症［イヌ、ネコ］……284頁
播種性血管内凝固（DIC）［イヌ、ネコ］……285頁
血友病［イヌ、ネコ］……285頁
喉頭、気管、肺の腫瘍［イヌ、ネコ］……527頁
胸部の外傷［イヌ、ネコ］
異物の吸引［イヌ、ネコ］
激しい咳［イヌ、ネコ］
けんかによる肺の損傷［イヌ、ネコ］

吐血

口腔内、のどの外傷［イヌ、ネコ］
食道、胃の炎症［イヌ、ネコ］
口腔の腫瘍［イヌ、ネコ］…328、528頁
食道の腫瘍［イヌ、ネコ］…335、528頁
胃の腫瘍［イヌ、ネコ］……339、529頁
血小板減少症［イヌ、ネコ］……284頁
播種性血管内凝固（DIC）［イヌ、ネコ］……285頁
血友病［イヌ、ネコ］……285頁

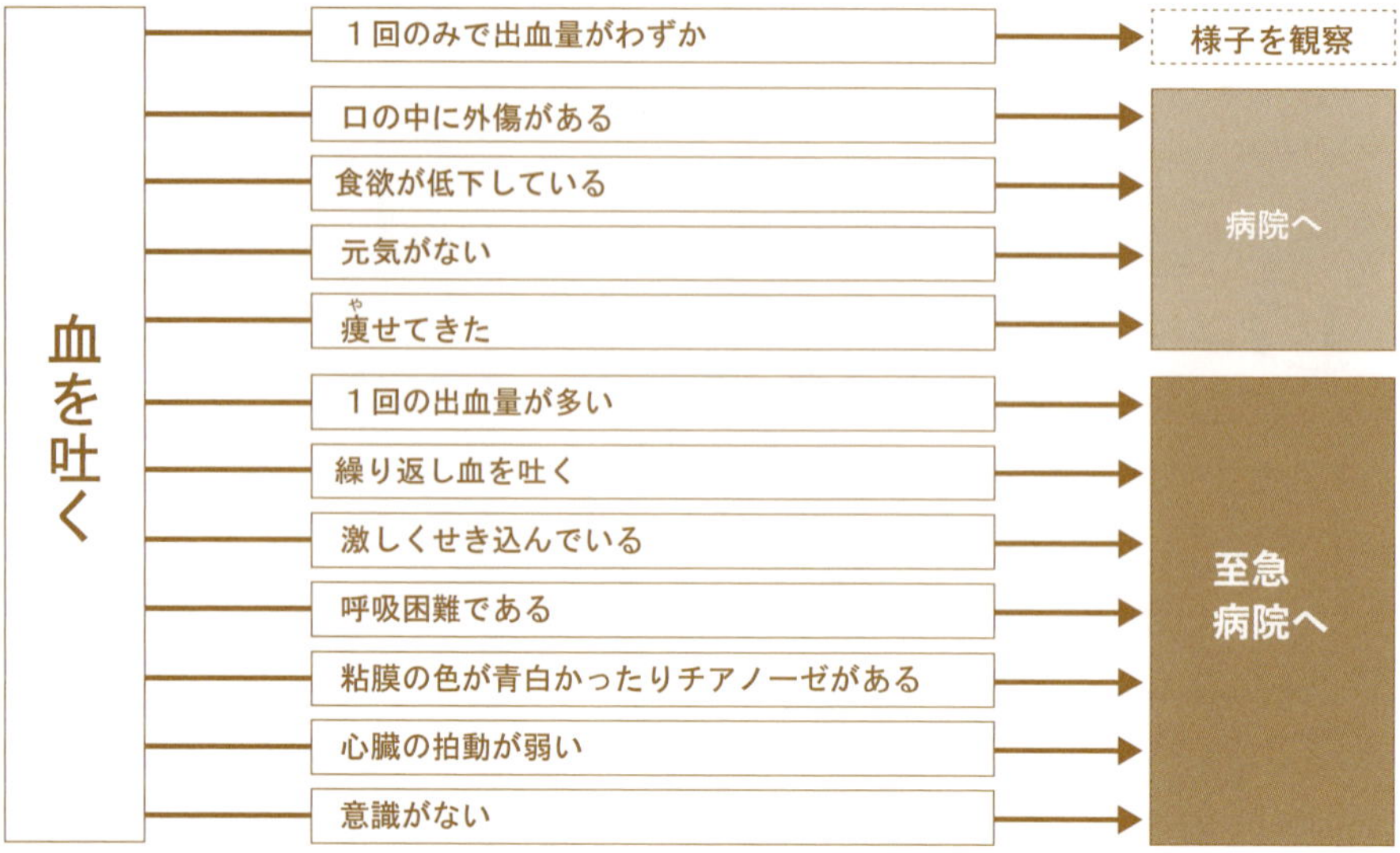

胃の病気・腫瘍、血液の病気などによって起こります。

観察のポイント

●出血の確認

一般に、動物は血を吐いても飲み込んでしまうことがあり、出血を見つけにくいことがほとんどです。

激しい咳をした後や、喀血が疑われる場合は、苦しがったり暴れたりしない程度に口の中を観察し、口の中に血液が付着していないかどうか確認しましょう。

●血を吐いた状況

どのような状況で血を吐いたのか観察してください。突然に起こったのか。回数は1回のみか、繰り返しみられるのかどうか。記録しておきましょう。

●前触れの有無

血を吐く前に吐き気、痛み、咳、鼻血などの症状がありましたか。異物を誤飲した可能性はないでしょうか。また、以前に呼吸器や心臓、消化器が悪いと診断されたことがなかったでしょうか。

●吐いた血液の状態

吐いた血液の量、色はどうでしょうか。吐いた血液の色や性状（前述）により、喀血か吐血かを判断することができます。また、血液以外の混入物がないかどうか観察してください。

●咳の状態、呼吸状態の観察

咳の強さや頻度、呼吸数や呼吸状態、粘膜の色やチアノーゼ（→168頁）の有無を観察します。

●血を吐いた後の状態の変化

出血量が多い、激しくせき込む、呼吸困難、チアノーゼなどの症状がみられたら、生命の危険にさらされているかもしれません。できる限り早く、獣医師の診察を受けてください。

ケアのポイント

●安静にする

動物を安静にさせます。吐いたものを拭《ふ》き取ろうとして、無理に口を開けて、呼吸を苦しくさせたり興奮させたりしないようにします。

●呼吸を楽にする

首輪や胴輪、衣服を身につけている場合は、これらをはずして呼吸が楽になるようにします。

喀血や吐血が続いているときは、吐いたものを誤飲しないように頭部を下方に向けます。この場合、仰向けに抱いたり寝かせたりすると呼吸が圧迫されたり、吐いたものを誤飲する危険性がありますので、注意してください。

●意識、呼吸、心拍の確認

意識の程度を確認します。意識がない場合は、呼吸や心臓の拍動の有無を確認し、すぐに獣医師に連絡しましょう。

●胸部を冷やす

喀血の場合は、動物病院に着くまでの間、氷のうや冷却まくらなどをタオルにくるんで胸や首（頸部《けいぶ》）にあてます。冷やすと血管が収縮し、炎症や出血が抑えられます。

（清水美希）

皮膚、粘膜が黄色い

《考えられる主な病気》

- 免疫介在性溶血性貧血［主にイヌ］…276頁
- ハインツ小体性貧血［イヌ、ネコ］…277頁
- ヘモバルトネラ症［主にネコ］…277、553頁
- 猫白血病ウイルス感染症（猫レトロウイルス感染症）［ネコ］…306、544頁
- 猫伝染性腹膜炎［ネコ］…306、405、547頁
- トキソプラズマ症［イヌ、ネコ］…405、563頁
- レプトスピラ症［イヌ、ネコ］…549頁
- バベシア症［イヌ、ネコ］…276頁
- 慢性肝臓病（慢性肝炎、肝硬変、肝線維症）［イヌ、ネコ］…345頁
- 急性肝不全［イヌ、ネコ］…345頁
- 脂肪肝［主にネコ］…346頁
- 門脈体循環短絡症［主にイヌ］…347頁
- 肝外胆管閉塞症（総胆管閉塞症）［イヌ、ネコ］…349頁
- 胆石症、胆泥症［イヌ、ネコ］…349頁
- 肝臓の腫瘍［イヌ、ネコ］…348、529頁
- 胆嚢・胆道の腫瘍［イヌ、ネコ］…529頁

肝臓の主な働きの一つに胆汁の分泌があります。胆汁色素とは、胆汁に含まれる色素（主にビリルビン（注1））のことで、肝臓、脾臓《ひぞう》、骨髄で血液中のヘモグロビン（注2）からつくられ、胆汁中に排泄《はいせつ》されます。

体に何らかの異常が起こり、体内を循環し

皮膚、粘膜が黄色い

- 目の白目、歯ぐきが黄色い → 至急病院へ
- ほかに異常な全身症状を伴う → 至急病院へ
- 尿の色が濃い黄色 → 至急病院へ

ているビリルビンが排泄できなくなると、血液中に増加します。その結果、皮膚や粘膜などが黄色くなります。この症状を黄疸《おうだん》といいます。

体内のビリルビンが増加すると必ず黄疸が現れるわけではありません。検査などでビリルビン値が増加（高ビリルビン血症）していても、肝・胆管系や造血器系の病気では、黄疸が現れないことがあります。

原因

黄疸の原因は、大きく溶血性黄疸、肝性黄疸、肝後性黄疸の三つに分けられます。

また、伝染性の病気（レプトスピラ症）や血液寄生原虫によって起こる病気（バベシア症）、猫伝染性腹膜炎などでも黄疸が現れ、前述の範疇《はんちゅう》に含まれます。

そのほかに、敗血症、膀胱《ぼうこう》破裂《はれつ》、炎症性腸疾患、膵臓癌《すいぞうがん》でも二次性に肝疾患を起こし、なかには黄疸をみることがあります。

●溶血性黄疸

ビリルビンの増加がみられますが、黄疸は軽度で貧血を伴います。

代表的な病気に免疫介在性溶血性貧血があります。また、溶血性貧血の原因となる物質の摂取や細菌、ウイルス、リケッチア、寄生虫の感染、先天性異常によっても溶血性貧血が起こります。

●肝性黄疸

肝細胞の壊《え》死《し》や機能不全、肝内胆汁のうっ滞によって起こります。黄疸の程度は中等度です。代表的な病気は、イヌでは慢性活動性肝炎、肝内胆汁うっ滞、急性肝壊死、肝硬変、ネコでは脂肪肝、胆管肝炎、肝臓のリンパ腫《しゅ》、猫伝染性腹膜炎などがあります。

●肝後性黄疸

肝外胆管のうっ滞が原因となって、重度な黄疸が出現します。主な病気は、胆管《たんかん》閉塞《へいそく》症《しょう》、胆石症、胆泥症などがあります。

観察のポイント

黄疸の程度は様々です。

溶血性貧血では黄疸が比較的軽いために発見が難しく、動物は貧血のためあまり動きたがらず、じっとしていることが多くなります。

肝性黄疸、肝後性黄疸では、黄疸は強く現

れますので、肉眼でもはっきり確認できます。いずれも緊急を要する病気のため、早急に獣医師の診察を受ける必要があります。

●黄疸の確認部位

目の白目の部分や歯ぐきなどが黄色っぽくなっていないかを確認するとよいでしょう。

黄疸が重度になると耳介部（耳の内側）や下腹部でもみられます。

●尿の色

尿は濃い黄色となります。

なお、黄疸が軽い場合は、肉眼では確認できないことがあるので注意してください。

●ほかの症状を伴う

黄疸が疑われる場合は、元気や食欲がなくなるなど、ほかの症状を伴います。たとえば、溶血性貧血では、黄疸と貧血がみられます。ところが、肝性黄疸や肝後性黄疸では、これといった特徴的な症状はありません。しかし、何らかの全身症状が現れますので、注意深く観察してください。

ケアのポイント

●早期受診

黄疸が疑われる場合は、症状が軽いと思われても、できる限り早く獣医師の診察を受けてください。

黄疸はいずれの場合も進行性ですので、早期診断、早期治療が必要です。

●安静、水分摂取

病院に行くまでは、なるべく安静にし、水分はいつでも自由に飲めるようにしてください。

●食事指導

黄疸は、様々な原因で起こります。獣医師の診断を受けたうえで、獣医師の食事指導に従ってください。

（赤木哲也）

注1　【ビリルビン】胆汁や糞便《ふんべん》を黄色くし、脂肪の消化吸収を助ける働きがある。

注2　【ヘモグロビン】本来は赤血球中に存在している色素タンパク質のこと。血液中の酸素の運搬に携わる働きをしているが、正常なときは尿中に現れない。

下痢をする

下痢とは、便に含まれる水分量が増加した状態をいいます。下痢便には、軟らかい便もあれば、水様便もあります。

急性の下痢や進行の早い下痢は急激に悪化し、とくに子イヌや子ネコ、老齢のイヌやネコでは、1日から数日で死亡する場合があります。下痢をあなどらず、早い時期での診断、治療が望まれます。

原因

下痢をするから病気とは限りません。人間と同様で、牛乳を飲むと下痢をするイヌやネコもいますし、また、アレルギーやストレスで下痢をすることもあります。

イヌ、ネコは様々な病気で下痢を起こします。一般的には、寄生虫やウイルス、細菌な

《考えられる主な病気》

急性下痢

- 消化器内寄生虫症［イヌ、ネコ］…559頁
- 消化管細菌感染症［イヌ、ネコ］…550頁
- 細菌病［イヌ、ネコ］…………549頁
- ウイルス感染症
  - 犬コロナウイルス感染症［イヌ］…542頁
  - 犬ジステンパー［イヌ］…………306、404、507、540頁
  - 犬パルボウイルス感染症［イヌ］…542頁
  - 猫汎白血球減少症［ネコ］…548頁
- 毒素［イヌ、ネコ］
- 腸炎［イヌ、ネコ］………………339頁
- 出血性胃腸炎［イヌ］…………336頁
- 急性膵炎［イヌ、ネコ］…………350頁

慢性下痢

- 腸炎［イヌ、ネコ］………………339頁

〈炎症性〉
- 慢性特発性腸疾患（好酸球性腸炎、肉芽腫性腸炎）［イヌ、ネコ］……340頁

〈腫瘍〉
- 胃の腫瘍［イヌ、ネコ］……344、529頁
- 腸の腫瘍［イヌ、ネコ］……344、529頁

〈食餌性〉
- 食餌性過敏症［イヌ］…………341頁

〈感染性〉
- 慢性特発性腸疾患（小腸内細胞過剰増殖）［イヌ、ネコ］…………………340頁
- ヒストプラズマ［イヌ、ネコ］
- ジアルジア症［イヌ、ネコ］……560頁

〈機能性〉
- 腸閉塞（イレウス）［イヌ、ネコ］…342頁
- 慢性特発性腸疾患（腸リンパ管拡張症）［イヌ、ネコ］………………340頁

〈膵外分泌疾患〉
- 膵炎［イヌ、ネコ］………………350頁
- 膵外分泌不全症［イヌ、ネコ］…351頁

〈その他〉
- 肝臓および胆嚢・胆管の疾患［イヌ、ネコ］…345頁
- 甲状腺機能亢進症［主にネコ］…460頁
- クロストリジウム（注1）
- グルテン不耐性腸症（注2）［イヌ］
- ラクトース不耐性腸症（注3）［イヌ］
- 若年性腺房萎縮（注4）［イヌ］

注1　【クロストリジウム】細菌（サルモネラやカンピロバクターなど）の一種で、食中毒の原因菌となり、土壌《どじょう》や動物の腸管内に生息。クロストリジウムに感染すると、下痢や嘔吐などの症状を引き起こす。

注2　【グルテン不耐性腸症】小麦に含まれる植物性タンパク質をグルテンという。グルテンが含まれているドッグフードを摂取すると腸が障害されて栄養素を吸収できず、下痢をすることがある。グルテンの摂取をやめると症状が改善する。

注3　【ラクトース不耐性腸症】ラクトースとは乳糖のこと。ラクトースを含む食物、牛乳、粉ミルクを摂取すると下痢をすることがある。たとえば、人間でも牛乳を飲むと下痢をすることがあるように、イヌでも同様の症状を起こすことがある。これは、乳糖を分解する酵素の働きが低下したり欠損することによって、乳糖を吸収できなくなるため。

注4　【若年性腺房萎縮《じゃくねんせいせんぼういしゅく》】ジャーマン・シェパード・ドッグの子イヌに遺伝的に認めることがあり、1歳までに症状が出現する。よく食べるにもかかわらず体重減少と軟便を認め、糞食《ふんしょく》がみられることがある。これは膵臓《すいぞう》が消化酵素をつくれなくなるために起こる。

どの感染によって下痢を起こすことが多く、胃、大腸、小腸に異常があっても、下痢を起こします。

また、犬パルボウイルス感染症、猫汎白血《ねこはんはっけつ》球減少症《きゅうげんしょうしょう》など、イヌ、ネコに特有な伝染性の病気もあります。

観察のポイント

●便の量と性状

一般に小腸性下痢では1回の排便量は増加しますが、大腸性下痢では逆に少ないか正常のことがほとんどです。

大腸性下痢では、水様下痢というより、普段は軟便で、ときに下痢便という状態が長期間続きます。排便量は通常どおりか減少し、体重が少しずつ減少するのが特徴です。

●環境の変化

急性の小腸性下痢は、食事内容の変更や拾い食い、引っ越し、移動などのような環境の変化によって起こります。

一般的に、嘔吐《おうと》などのほかの症状がない場合は、一過性のことが多いようです。

●全身症状などを伴う

嘔吐や衰弱などの全身症状を伴う場合は、細菌感染、ウイルス感染が疑われます。感染症では、ほかに下血や発熱、脱水、腹痛などの症状を伴います。重篤な症状を示すことが多く、早急な治療が望まれます。

●特殊な病態を示す下痢

慢性小腸性下痢は、特殊な病態を示すことがあり、原因もアレルギー性、腫瘍性《しゅようせい》、食餌《しょくじ》性《せい》、感染性、機能性と多様です。これらの症状がみられる場合には、獣医師による確定診断と治療が必要です。

●特殊な慢性の下痢

消化管には直接問題がないにもかかわらず慢性の下痢を起こす病気には、膵外分泌不全《すいがいぶんぴつふぜん》によって消化酵素の分泌がないもの、胆汁の分泌障害による肝・胆道系疾患、甲状腺機能《こうじょうせんきのう》亢進症《こうしんしょう》などがあります。

●便に血が混じっている

便に一部血が混じっている場合は、好酸球性腸炎、リンパプラズマ細胞性腸炎、肉芽腫《にくげしゅ》性腸炎《せいちょうえん》、リンパ腫《しゅ》、小腸癌《しょうちょうがん》が疑われます。

便全体が赤い場合は、出血性腸炎（細菌感染、ウイルス感染）などが疑われます。

ケアのポイント

●原因が明らかである

下痢の原因が食事内容の変更や、環境の変化によるものであると特定できるときは、その原因を取り除く、あるいは軽減してください。

●ほかの症状を伴う

嘔吐やそれに伴う脱水などの症状がみられるときは、急速に衰弱することがあります。注意してください。

●早期に受診する

軟便や下痢が続く、便に虫がいた、繰り返し激しい下痢が続く、血便、嘔吐がみられる、元気がないなどの症状がみられる場合は、獣医師の診察が必要です。

（赤木哲也）

便秘になる

便秘とは、普段の排便に比べて便が極端に硬く乾燥し、排便時に強くいきんだりしないと便が出にくくなっている状態です。

食事をせず2～3日排便がないような状

《考えられる主な病気》

大腸周辺の閉塞による便秘

〈大腸内〉

腸閉塞［イヌ、ネコ］……………342頁
腫瘍（結腸腫瘍、直腸腫瘍）［イヌ、ネコ］……………………………344、529頁
ヘルニア（会陰ヘルニア）［イヌ、ネコ］……………………………352頁

〈大腸外〉

骨折（骨盤骨折）［イヌ、ネコ］…478頁
前立腺肥大［雄イヌ］…………387頁
生殖器系の腫瘍［イヌ、ネコ］…531頁

神経性障害による便秘

〈中枢神経機能不全〉

脊髄の疾患［イヌ、ネコ］………405頁
椎間板ヘルニア［イヌ、ネコ］…405頁
椎間板脊椎炎［イヌ、ネコ］……410頁

〈内在性結腸機能不全〉

巨大結腸症［主にネコ］………343頁

〈骨盤周囲の病気〉

肛門嚢炎［イヌ、ネコ］
肛門周囲瘻［イヌ、ネコ］………344頁
肛門狭窄［イヌ、ネコ］
肛門異物［イヌ、ネコ］

〈外傷〉

骨折（骨盤骨折、後ろ足の骨折）［イヌ、ネコ］……………………478頁
股関節脱臼［イヌ、ネコ］………486頁
会陰部の腫瘍や異物［イヌ、ネコ］

〈代謝・内分泌の病気〉

甲状腺機能亢進症［主にネコ］…460頁
甲状腺機能低下症［主にイヌ］……………………461、490、499頁
上皮小体機能亢進症［イヌ、ネコ］……………………………463頁
発熱など消耗性疾患による脱水［イヌ、ネコ］

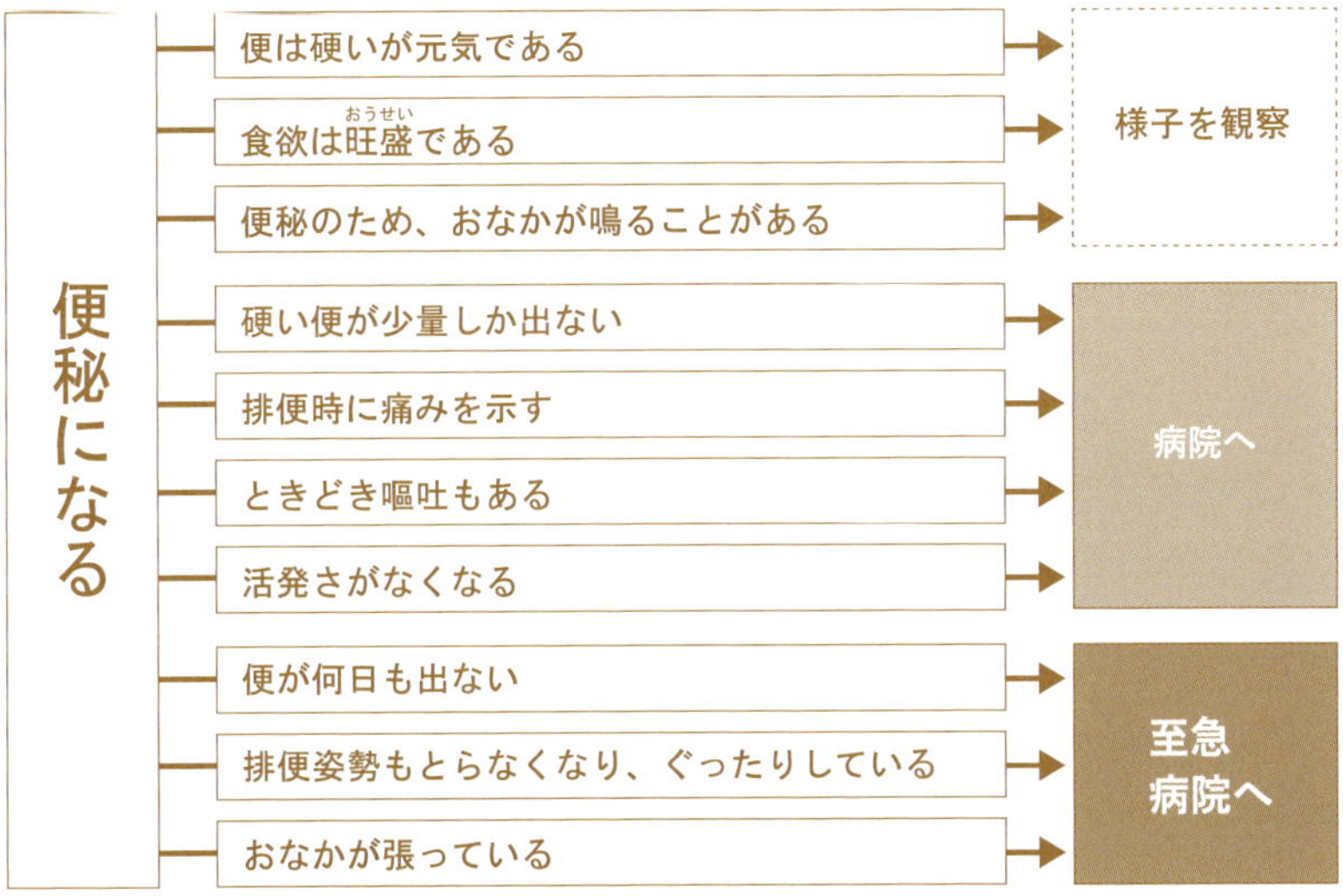
便秘になる
便は硬いが元気である
食欲は旺盛《おうせい》である
便秘のため、おなかが鳴ることがある
様子を観察
硬い便が少量しか出ない
排便時に痛みを示す
ときどき嘔吐もある
活発さがなくなる
病院へ
便が何日も出ない
排便姿勢もとらなくなり、ぐったりしている
おなかが張っている
至急
病院へ

態を便秘とはいいません。ところが、排便がないことを便秘と思い込んでいたり、しぶりを便秘と混同していることが多々見受けられます。

しぶりとは、便意があり排出しようといきむにもかかわらず、排出できない状態をいいます。しぶりがみられるときは、泌尿・生殖器の病気、下部尿路の病気にかかっているかもしれません。

しかし、便秘としぶりの違いは、一般の飼い主には判断が難しく、獣医師の診察が必要です。

原因

便秘は《考えられる主な病気》に示したような病気が原因でイヌ、ネコに起こります。なかでも、ネコは巨大結腸症による便秘が起こりやすいようです。しかし、なかには次のような理由で便秘になることがあります。

●異物の摂取

骨やグルーミング時の毛、異物の摂取などで起こります。

●環境の変化

引っ越し、トイレの場所の変更や撤去による周辺環境の変化によって起こります。

●水分不足、食事内容の変更

水分不足や食事内容の変更で起こることがあります。また、運動不足によって起こることもあります。

●薬の影響

以前から、薬（抗コリン作動薬、抗ヒスタミン薬、抗けいれん薬、バリウムなど）を服用している場合は、薬の影響で便秘になることがあります。

●大腸の閉塞《へいそく》

肛門周囲の異常（肛門嚢炎《こうもんのうえん》、肛門周囲瘻《こうもんしゅういろう》、肛門狭窄《こうもんきょうさく》）などで、便秘になることがあります。

骨盤骨折によって骨盤が変位し、その結果、直腸が圧迫され狭小化すると便の通過が障害されて便秘になったり、後ろ足の骨折、股関《こかん》節脱臼《せつだっきゅう》など後ろ足の機能不全によっても便秘になることがあります。

●その他の病気

神経障害（脊髄《せきずい》の病気、椎間板疾患《ついかんばんしっかん》、巨大結腸など）、代謝・内分泌の病気（結腸平滑筋機能の停止、甲状腺《こうじょうせん》の病気など）などでも便秘がみられます。

また、衰弱して、全身の筋肉が虚弱し脱水を起こせば、便秘になることもあります。

観察のポイント

●便秘が続く

便秘が続く場合は病気を疑います。便秘でも少しずつ排便していれば、比較的軽い便秘で、一時性のものかもしれません。しかし、まったく排便できないような場合は病的と考えるべきです。

●便の回数

便の回数は、1日1～3回であれば正常と考えます。ただし、個体差がありますので、普段から排便の回数を把握しておいて、健康なときに比べて回数が減ってきたら、ほかに異常な症状がみられないか注意してください。

●便の硬さ

便の性状（硬さ）を観察することで、症状と併せて便秘を疑うヒントになります。

●ほかの症状を伴う

排便姿勢をとっても排便がない、おなかがガスで膨らむ、食欲がないなどの症状が便秘に伴ってみられます。進行すると嘔吐《おうと》などの症状が現れてきます。

ケアのポイント

●ガスがたまる

便秘のせいで、おなかにガスがたまり、膨らんでいる場合は浣腸《かんちょう》などを行い、便とともにガスの排出を試みます。これは獣医師が行います。

●食事内容の変更

食事は排便がスムーズになるように繊維質の多い食事に切り替えます。ただし、飼い主の勝手な判断で変えてはいけません。獣医師と相談のうえ、獣医師の指示に従って最適な食事を与える必要があります。

●水分の補給

いつでも欲しいだけ飲めるように、きれいな水をつねに用意しておきます。

●診察を受ける目安

排便姿勢をとっても2日以上排便がない場合は、速やかに診察してもらう必要があります。

排尿障害が原因で便秘を起こすことがあります。飼い主は、ただの便秘と混同しがちで、判断がつかないことがほとんどです。早急に診察を受け、病気によるものかどうかを診断してもらいます。もし、排尿障害を起こしていたら緊急処置が必要です。

ただの便秘であれば、1～2日排便がないことは、大きな問題ではありません。

●自己判断をしない

飼い主の自己診断で、獣医師の診断も受けずに浣腸をしたり、放置しないように注意してください。

（赤木哲也）

おなかを痛がる

《考えられる主な病気》

〈肝臓〉
- 慢性肝臓病（慢性肝炎）［イヌ、ネコ］……345頁
- 肝臓の腫瘍［イヌ、ネコ］…348、529頁
- 創傷［イヌ、ネコ］

〈胆嚢〉
- 胆石症、胆泥症［イヌ、ネコ］…349頁
- 肝外胆管閉塞症（総胆管閉塞症）［イヌ、ネコ］……349頁
- 胆嚢破裂、肝外胆管破裂［イヌ、ネコ］……349頁

〈胃〉
- 胃拡張［イヌ、ネコ］
- 胃捻転［イヌ、ネコ］
- 胃拡張胃捻転症候群［主にイヌ］……338頁
- 急性胃炎［イヌ、ネコ］……335頁
- 慢性胃炎［イヌ、ネコ］……336頁
- 胃潰瘍［イヌ、ネコ］……338頁
- 胃内異物［イヌ、ネコ］……337頁
- 毒物摂取［イヌ、ネコ］……590頁
- 腫瘍［イヌ、ネコ］……339、529頁
- 胃破裂・胃穿孔［イヌ、ネコ］…338頁

〈膵臓〉
- 膵炎［イヌ、ネコ］……350頁
- 膵臓の腫瘍［イヌ、ネコ］…351、530頁

〈脾臓〉
- 脾腫（脾捻転、うっ血、腫瘍、感染）［イヌ、ネコ］……288頁
- 脾臓の腫瘍［イヌ、ネコ］…289、535頁

〈小腸〉
- 腸炎（細菌、感染症、寄生虫）［イヌ、ネコ］……339頁
- 腸閉塞（イレウス）［イヌ、ネコ］…342頁
- 腸重積［主にイヌ］……342頁
- 腸捻転［主にイヌ］……342頁
- 小腸の腫瘍［イヌ、ネコ］…344、529頁
- 毒素［イヌ、ネコ］

〈腎臓〉
- 腎盂腎炎［イヌ、ネコ］……367頁
- 尿細管間質性腎炎［イヌ、ネコ］…363頁
- 糸球体腎炎［イヌ、ネコ］……360頁
- 腎臓の腫瘍［イヌ、ネコ］……531頁
- 水腎症［イヌ、ネコ］……368頁
- 尿結石（腎結石、尿管結石）……374頁
- 泌尿器系の外傷［イヌ、ネコ］…381頁
- 尿管閉塞［イヌ、ネコ］

〈副腎〉
- 肥大［イヌ、ネコ］
- 副腎の腫瘍（クロム親和性細胞腫［イヌ］……465、530頁

〈卵巣〉
- 嚢胞性卵巣疾患（卵巣嚢胞）［雌イヌ、雌ネコ］……390頁
- 卵巣の腫瘍［雌イヌ、雌ネコ］…394、532頁

〈子宮〉
- 子宮蓄膿症、子宮内膜炎［雌イヌ、雌ネコ］……390頁
- 子宮捻転［雌イヌ、雌ネコ］……391頁
- 子宮破裂［雌イヌ、雌ネコ］……391頁
- 子宮脱［雌イヌ、雌ネコ］……391頁
- 雌の生殖器の腫瘍［雌イヌ、雌ネコ］……394、532、533頁

〈膀胱〉
- 下部尿路感染症（感染、炎症）［主にイヌ］……373頁
- 特発性下部尿路疾患［ネコ］…377頁
- 尿結石（膀胱結石）［イヌ、ネコ］……374頁
- 膀胱の腫瘍［イヌ、ネコ］……531頁

〈前立腺〉
- 前立腺炎［雄イヌ］……388頁
- 前立腺膿瘍［雄イヌ］……388頁
- 前立腺嚢胞［雄イヌ］……387頁
- 前立腺の腫瘍［雄イヌ］…389、532頁

〈精巣（睾丸）〉
- 潜在（停留）精巣［雄イヌ、雄ネコ］……385頁
- 精巣炎、精巣上体炎［雄イヌ、雄ネコ］……387頁
- 精巣の腫瘍［雄イヌ、雄ネコ］…389、531頁

〈大腸〉
- 腸炎（細菌、感染症、寄生虫）［イヌ、ネコ］……339頁
- 腸閉塞（イレウス）［イヌ、ネコ］……342頁
- 大腸の腫瘍［イヌ、ネコ］…344、529頁

動物は「おなかが痛い」状態になると、動きたがらず、背中を丸めてじっとしていることが多くなります。これは腹部を無意識に保護しようとする状態で、こうすることで痛みを少しでも和らげようとしているわけです。

また、痛みのために落ち着きなく、うろうろと動き回ることもあります。ときに激痛が走ると、思わず鳴き声をたてることも

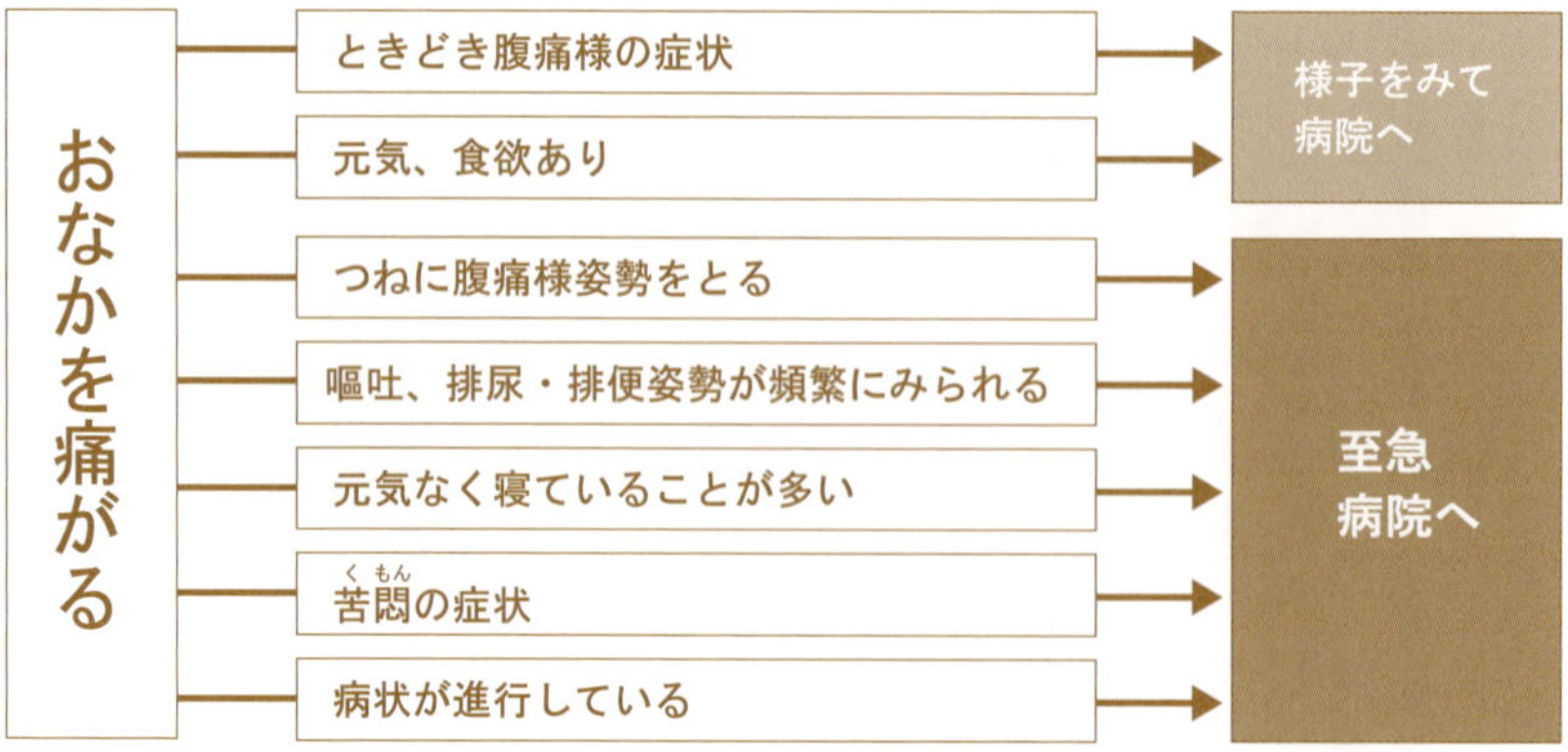

おなかを痛がる
ときどき腹痛様の症状
元気、食欲あり
様子をみて病院へ
つねに腹痛様姿勢をとる
嘔吐、排尿・排便姿勢が頻繁にみられる
元気なく寝ていることが多い
苦悶《くもん》の症状
病状が進行している
至急病院へ

あります。
おなかのどこが痛いのか、多くは外見から判別するのが困難です。また、腹痛は突然起こることが多く、早急に獣医師の鑑別診断が必要となります。

原因

腹痛の原因には、様々なものがあります。なかでも、腹腔内臓器《ふくくうないぞうき》の損傷が激しい場合は、死に至ることもあり、十分に注意して観察することが重要です。

●外傷、事故

事故や転落後に起こった腹痛では、腹膜炎、腹腔内臓器の損傷が原因と考えられます。

●内臓の異常

嘔吐《おうと》や下痢を伴うものでは、胃腸、肝臓などの消化器系、泌尿器系の異常が推測されます。

観察のポイント

●緊急を要する腹痛

とくに交通事故や転落、けんかなどによる腹部臓器の損傷、異物の摂取による腸閉塞《ちょうへいそく》、捻転《ねんてん》は救急疾患ですから、早急に診察を受ける必要があります。

●慢性に経過する腹痛

慢性に経過する場合は、診察を受けるタイミングを逃すことがあります。手遅れとならないように注意深い観察と判断が必要です。あまり改善がみられない場合は、獣医師の診察を受けましょう。

●痛みの程度をはかる

腹痛の程度によっては、抱き上げたときに痛みのために噛《か》みついたり、うなったりすることがあります。

痛みが軽い場合には、あまり症状を示さず、元気がない、うずくまって寝ているといった状態が多くなります。

しかし、症状が進み激痛があるような場合には、さわろうとすると怒ることがあります。また、活発さや食欲の有無は健康状態のバロメーターになりますので、つねにチェックすることが大切です。

●ほかの症状を伴う

嘔吐や下痢がみられる場合、排便・排尿姿勢をとっても排泄《はいせつ》できない場合、痛みを示す場合は、獣医師の診察が必要です。

尿が出にくい

尿は腎臓《じんぞう》でつくられ膀胱《ぼうこう》にたまり、尿道を通って体外に排泄《はいせつ》されます。ところが、尿の排泄がスムーズにいかないことがあります。このような状態を排尿困難といいます。

排尿姿勢をとるものの尿がまったく出ない、あるいは少ししか出ない、尿をポタポタと漏らすなどが典型的な症状です。

まったく排尿できない状態が長く続くと、

《考えられる主な病気》

尿結石（膀胱結石など）［イヌ、ネコ］……………………………………374頁

前立腺肥大［雄イヌ］…………387頁

前立腺の腫瘍［雄イヌ］…389、532頁

子宮や膣の腫瘍［雌イヌ、雌ネコ］……………………394、532、533頁

直腸の腫瘍［イヌ、ネコ］…344、529頁

下部尿路感染症（膀胱炎など）［イヌ］……………………………………373頁

特発性下部尿路疾患［ネコ］…377頁

明らかにいつもと状態が違うとき、たとえば、おなかが痛そうにしていて、元気、食欲もなく、部屋の隅でうずくまっていることが多い場合は、十分な観察が必要です。

ケアのポイント

●安静にする

病院に行くまでは、できるだけ安静にしてください。症状が進行すると、取り返しのつかないこともあります。早急に診療を受けてください。

●間違いやすい病気

椎間板《ついかんばん》の病気や多発性関節炎、筋炎、血管炎などでは腹痛に似た症状を示すので注意が必要です。

一般に飼い主には判断が難しいので、獣医師の診察を受ける必要があります。

（赤木哲也）

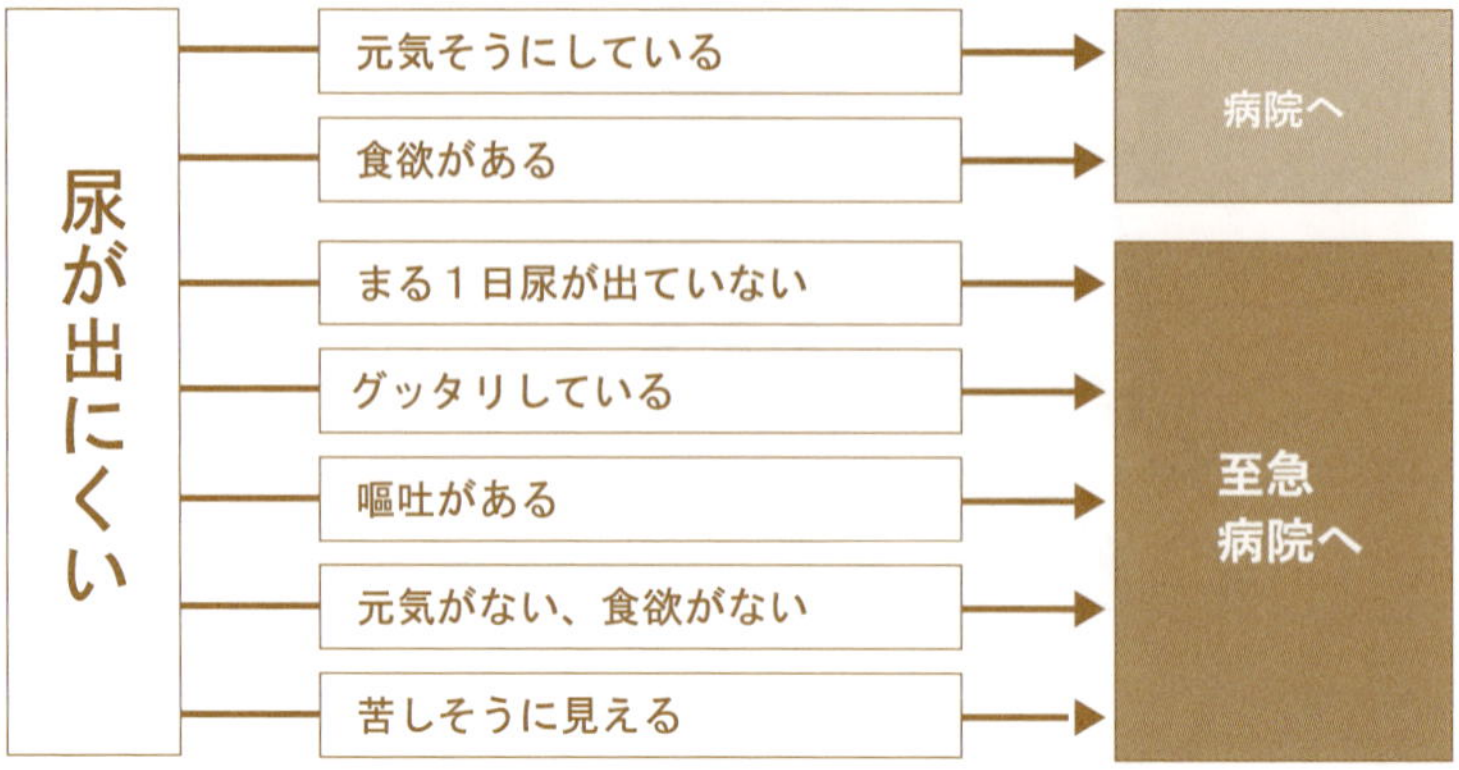
尿が出にくい
元気そうにしている
食欲がある
病院へ
まる1日尿が出ていない
グッタリしている
嘔吐がある
元気がない、食欲がない
苦しそうに見える
至急
病院へ

高窒素血症（注1）などの重篤な状態に陥ることもあります。

排尿困難は、イヌ、ネコともに起こりますが、雌よりも雄によくみられます。

原因

膀胱から尿道口（尿の出口）までの間に腫《しゅ》瘍《よう》や結石などがあると、障害物となって排尿困難を起こします。

●腫瘍

膀胱や尿道に腫瘍があると、それが排尿路を塞《ふさ》いでいることがあります。また、子宮や膣《ちつ》、直腸に発生した腫瘍が、尿道を外側から圧迫するために排尿困難を起こす場合があります。

●前立腺《ぜんりつせん》の異常

尿道は前立腺の中を貫通しています。このため、腫瘍や膿瘍《のうよう》などによって前立腺が肥大すると、尿道が圧迫されて排尿困難を起こします。

●膀胱結石

結石は雌でも雄でも形成されますが、雄のほうがより排尿困難の原因になります。これは雄の尿道が雌に比べて細く長いためです。

とくに、雄ネコでは砂のような細かい結石が排尿困難の原因になります。

●尿道が曲がる

会陰ヘルニアや鼠径《そけい》ヘルニアなどを起こしたときに、膀胱が腹腔《ふくくう》内から脱出してしまうことがあります。このような場合は、尿道が折れ曲がって排尿困難を起こすことがあります。

観察のポイント

●日頃の排尿状態

排尿回数は個体差があります。日頃から、動物の排尿状況(回数や1回の排尿量、色など)をよく観察しておくことが大切です。

●尿が出ない期間

尿がまったく出なくなったり、出にくくなったことに気づいたら、早めに受診してください。なかでも、まる1日尿が出ていない場合は急いで獣医師の診察を受けてください。

●ほかの症状を伴う

嘔吐《おうと》を伴うときは、尿毒症を併発している危険性があります。

尿の色が赤い

赤みがかった尿を赤色尿といいます。赤色尿には、赤色から褐色、さらに濃いオレンジ色などに見える尿も含まれます。

イヌ、ネコでは、膀胱炎《ぼうこうえん》や膀胱結石《ぼうこうけっせき》などの病気になると、血が尿に混ざって赤く見えます。しかし、ネコでは、ヘモグロビン尿（後述）を見かけることは、あまりありません。

《考えられる主な病気》

尿結石（膀胱結石など）［イヌ、ネコ］……374頁
下部尿路感染症（膀胱炎など）［イヌ］……373頁
特発性下部尿路疾患［ネコ］…377頁
膀胱の腫瘍［イヌ、ネコ］………531頁
前立腺炎［雄イヌ］……………388頁
血小板と凝固系の疾患［イヌ、ネコ］……283頁
急性の犬糸状虫症（大動脈症候群）［主にイヌ］……260頁
ハインツ小体性貧血（タマネギ中毒）［イヌ、ネコ］……277、621頁
免疫介在性溶血性貧血［主にイヌ］……276頁
バベシア症［主にイヌ］………276頁
肝臓の疾患［イヌ、ネコ］………345頁
胆嚢・胆管の疾患［イヌ、ネコ］…348頁
ヘモバルトネラ症［ネコ］…277、553頁

ケアのポイント

●間違えやすい膀胱炎

膀胱炎になると排尿後も残尿感が残ります。実際には膀胱に尿がたまってないのに、残尿感があるため、動物はずっと排尿姿勢をとっていることがあります。ともすれば、飼い主は、このような状態を排尿困難と思い込んでしまいます。

排尿がほとんどなく、元気や食欲がないとき、苦しそうにしているとき、グッタリしているときは、早めに受診してください。

もし尿を採取できるようであれば、受診時に持参してください。診断の助けになります。採尿の仕方は193頁を参照してください。

（野呂浩介）

注1【高窒素血症】血液に含まれる成分である尿素窒素が増加した病的な状態をいう。腎臓の機能が低下したり、脱水などを起こしたときにみられる。

尿の色が赤い

- グッタリしていない → 病院へ
- 正常に排尿できる → 病院へ
- 元気である、食欲がある → 病院へ
- グッタリしている → 早く病院へ
- 元気がない、食欲がない → 早く病院へ
- 排尿困難がある → 至急病院へ

原因

尿が赤っぽい色になるのは、尿の中に「赤っぽく見える物質」が存在するためです。赤っぽく見える物質には、①赤血球、②ヘモグロビン、③ビリルビンなどがあります。

尿が赤っぽく見える原因の物質を特定するには、尿潜血反応、尿ビリルビン、尿沈《にょうちん》渣《さ》の検査が必要です。これらの検査は動物病院で受けられます。

血尿

尿中に赤血球が存在している状態を血尿といいます。血尿は腎臓《じんぞう》から尿道口（尿の出口）までの途中で出血しているサインです。

●血尿のタイプ

排尿の始まりに認められる血尿は、主として尿道および生殖器からの出血を意味します。

排尿の最初から尿を出しきる最後まで通してみられる血尿は、腎臓および血液凝固異常による出血の可能性があります。

排尿の最後に血尿がみられる場合は、膀胱《ぼうこう》からの出血を意味します。

排尿のたびに、血尿の現れ方が変わる尿は、尿道および生殖器からの出血が疑われます。

●血尿の原因

血尿の原因には感染、炎症、結石、腫瘍《しゅよう》などがありますが、それを区別するためには尿沈渣の検査が重要です。

ヘモグロビン尿

尿中にヘモグロビンが存在している状態をヘモグロビン尿といいます。ヘモグロビン尿では、尿が酸性のときには褐色に、アルカリ性のときには赤色になります。

●ヘモグロビン尿の原因

ヘモグロビン尿が現れる原因には、次の二つが考えられます。

一つは尿の中の赤血球（尿中の赤血球の存在は血尿を意味します）が壊れて、赤血球内部のヘモグロビンが出てくる場合です。

もう一つは、何らかの原因で血管内の赤血球が壊れて（溶血といいます）、血中に出てきたヘモグロビンが腎臓から尿中に排泄《はいせつ》される場合です（これを「真のヘモグロビン尿」と呼びます）。

イヌに多いタマネギ中毒

タマネギ、長ネギなどのネギ類を食べることで起こす中毒をタマネギ中毒といいます。タマネギ中毒は、イヌだけではなく、ネコでも報告されています。ところが、ネコの報告数は少ないようです。これは、ネコがタマネギのにおいを嫌って食べないからではないかといわれています。

イヌにはタマネギ中毒を起こしやすい犬種があるようです。柴犬や秋田犬などのいわゆる「日本犬」は起こしやすいといわれています。（野呂浩介）

タマネギ中毒　621 頁参照

溶血を起こす病気には、イヌのタマネギ中毒や急性の犬糸状虫症、また、免疫性溶血性貧血などがあります。

ビリルビン尿

尿中にビリルビンが存在している状態をビリルビン尿といいます。ビリルビンは肝臓でつくられ、多くは胆汁中に排出されます。しかし、血液中のビリルビンの量が多くなると、腎臓から尿中に排出されます。

ビリルビン尿の多くは、濃い黄色やオレンジ色に見えます。

●ビリルビン尿の原因

肝細胞の障害や胆汁うっ滞（胆汁の流れが悪くなること）が起こると、このような状態になります。

観察のポイント

●尿の観察

日頃から尿の色を観察することは大切なことです。普段の色を覚えておかなければ、尿の色が変化しても気がつきません。

赤色尿には、赤色だけでなく、濃い黄色やオレンジ色、赤ワインのような色、コーラや醤油《しょうゆ》のような褐色の色も含まれます。

飼い主がうっかりしていて、動物の飲み水がなくなっていたときなどに、尿が濃い黄色になることもあります。

●尿の採取

尿の色がおかしいと気づいたときに、その尿を病院に持参すれば診断の手助けになります。

排尿中の尿を食品トレイなどで受ければ採取できますが、使用する容器はきれいに洗って乾かしたものでなければなりません。水分が残っていたり、ほかの成分が混在すると、正しい検査結果を得ることができません。また、採取した尿は、できる限り早く検査を受けることが大切です。

●結石、膀胱炎の症状

結石などがあるときには、「排尿しようとしてりきんでいるが、尿がほとんど出ない」というような状態がみられます。

膀胱炎では、「さっきおしっこに行ったのに、またトイレに入ってる」というような、頻尿症状がみられることがあります。

●発情期

雌イヌでは、発情期に尿へ血液が混じることがありますが、一過性のもので心配する必要はありません。

ケアのポイント

尿の色がいつもと違っても、元気があり、食欲が普段どおりで排尿もスムーズであれば、受診を急がなくても大丈夫でしょう（受診の必要がないという意味ではありません）。

排尿がほとんどなく、ポトポトと出ている状態であったり、尿の色がおかしいとき、元気や食欲がなく、苦しそうにしているとき、グッタリしているときは、急いで受診してください。

（野呂浩介）

けいれんを起こす

けいれんとは、一つの筋あるいは一つの神経に支配されている筋肉群（いくつかの筋肉の集まり）が、不随意（注1）で強い収縮を起こした状態をいいます。

具体的には、手足がぴくぴくする、全身の筋肉が収縮を繰り返すような状態を示します。たとえば、人間が起こすしゃっくりは、横隔膜のけいれんです。胃と十二指腸の間にある

《考えられる主な病気》

- てんかん［主にイヌ］……400、412頁
- 有機リン中毒（殺虫剤中毒）［イヌ、ネコ］……403、490、600頁
- 低カルシウム血症［主に雌イヌ］…402頁
- 熱射病［イヌ、ネコ］……229頁
- 脳の炎症性疾患［イヌ、ネコ］…404頁
  - クリプトコッカス症［イヌ、ネコ］……307、405、554頁
  - 狂犬病［イヌ、ネコ］……404、541頁
  - 犬ジステンパー［イヌ］……306、404、507、540頁
  - 猫伝染性腹膜炎［ネコ］……306、405、547頁
- 脳腫瘍［イヌ、ネコ］
- 腎不全［イヌ、ネコ］……357頁
- ビタミンB_1欠乏症［主にネコ］…619頁

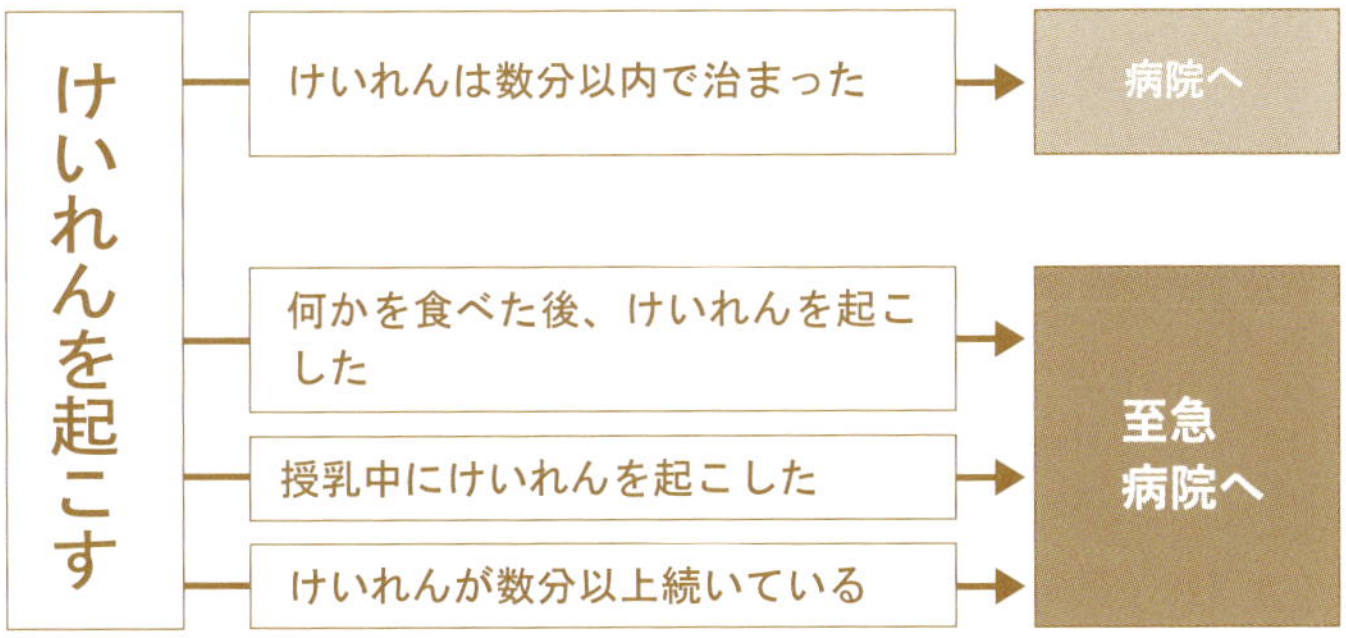
けいれんを起こす
けいれんは数分以内で治まった
病院へ
何かを食べた後、けいれんを起こした
授乳中にけいれんを起こした
けいれんが数分以上続いている
至急病院へ

幽門という部位が起こす幽門けいれんという病気もあります。

動物では、これら腹腔《ふくくう》内の筋肉のけいれんは、ほとんど観察不能ですから、ここではイヌやネコにみられる体表の筋肉のけいれんを取り上げます。

原因

脳の異常

●てんかん

筋肉の収縮を支配している中枢神経系に原因不明の異常興奮が起こり、筋肉が収縮するのがてんかんです。てんかんには部分発作と全般発作があります。

［部分発作］　一部の筋肉群を支配している脳の運動野（大脳皮質の運動機能に関係している部位）と呼ばれる部位にのみ興奮が起こるもので、その運動野が支配している筋肉群（たとえば足）がけいれんを起こします。

［全般発作］　脳の広範囲に異常興奮が起こり、全身の骨格筋のけいれんが起こります。

●脳炎、脳腫瘍《のうしゅよう》

犬ジステンパーや猫伝染性腹膜炎などの感染症で脳炎が起こった場合や、脳腫瘍ができた場合には、中枢神経系に異常興奮が起こることがあります。その結果、けいれんを起こします。

神経刺激の伝わり方の異常

神経から筋肉へ刺激を伝える物質（神経伝達物質）をアセチルコリンといいます。通常、アセチルコリンは時間がたつと分解されます。しかし、有機リン剤（農薬や殺虫剤）を口に入れたりすると、アセチルコリンの分解が妨害され、いつまでも体内に残ることになります。そうすると筋肉の収縮が続き、けいれんが起こります。

筋肉の興奮性（興奮しやすさ）の異常

血液にはカルシウムが含まれています。血液中のカルシウムは神経細胞の膜の安定性に関与しています。しかし、血液中のカルシウム濃度が低くなると、より低い程度の刺激で

けいれんの原因

　特発性てんかんは、ネコよりイヌに多くみられます。有機リン剤中毒もイヌに多くみられます。

　なかでも、授乳中の母親にみられる低カルシウム血症は、大型犬やネコには少なく、小型犬の興奮しやすいイヌにみられることが特徴的です。

（野呂浩介）

興奮するようになります。

　低カルシウム血症になると、運動神経線維の活動が異常興奮し、低カルシウム血症に特徴的なテタニー（強い拘縮）が起こります。このとき、全身の骨格筋（とくに四肢と喉頭《こうとう》）のけいれんがみられます。

　低カルシウム血症は、上皮小体（副甲状腺《ふくこうじょうせん》）機能低下症や授乳中の母親動物（主に興奮しやすい小型犬）にみられます。

　前者は上皮小体ホルモン（注2）が減少するため、骨からのカルシウムの供給が不十分となり、さらに腎尿細管《じんにょうさいかん》でのカルシウム再吸収や消化管からのカルシウム吸収が減少することが原因です。

　後者は母乳中に血液のカルシウムが移行し、血中のカルシウムが減少することが原因です。

観察のポイント

●前駆症状の有無

　てんかんのけいれんは、舌なめずりしたり挙動不審になるなどの前駆症状をみることがあります。

●中毒を疑う

　けいれんが起こる前に何かを食べたときには、中毒が考えられます。

　数分で治まる場合は、生命の危険はないと思われます。しかし、けいれんが治まらない場合は、至急獣医師の診察を受けてください。

●吐いた胃内容物の観察

　症状を起こす前に食べたものや嘔吐《おうと》したものは、診断の助けになる場合もあります。どのような状態でけいれんが起こったのかを説明できるように冷静に観察してください。

ケアのポイント

　けいれんを起こしているときは、意識が混濁していますので、飼い主を認識できないこともあります。そのようなときには、咬《か》みつくこともあるので、動物に触れるときは十分に注意してください。

（野呂浩介）

注1【不随意】自分の意思でコントロールできない状態のこと。

注2【上皮小体ホルモン】甲状腺に隣接する上皮小体（副甲状腺）から分泌されるホルモン。骨・腎臓に作用して血液中のカルシウム濃度を上げるなど体の大切な働きを担う。上皮小体ホルモンが不足すると血液中のカルシウム濃度が減少し、テタニーを起こす。

意識を失う

意識を失う

- 失神してすぐに意識を取り戻し、いつもどおり意識があり活発 → 様子を観察
- 失神してすぐに意識を取り戻したが、いつもほど意識が明瞭《めいりょう》ではない、活発さがない → 病院へ
- 失神が数分以上続いている → 至急病院へ

《考えられる主な病気》

先天性心疾患

重症の動脈管開存症［イヌ、ネコ］…245頁
重症の心室中隔欠損症［イヌ、ネコ］…244頁
重症の肺動脈狭窄症［イヌ、ネコ］…240頁
中等度から重症の大動脈狭窄症［イヌ、ネコ］……………………242頁
ファロー四徴症［イヌ、ネコ］……241頁
アイゼンメンジャー症候群［イヌ、ネコ］………………………………………246頁

後天性心疾患

犬糸状虫症［主にイヌ］…258、580頁
僧帽弁閉鎖不全症［主にイヌ］……250頁
心筋症（拡張型心筋症、肥大型心筋症）［イヌ、ネコ］……………………252頁
心タンポナーデを伴う心膜液貯留［イヌ、ネコ］…………………………261頁
不整脈（頻発する心室性不整脈、頻脈、徐脈）［イヌ、ネコ］……256頁
極度の緊張・恐怖［イヌ、ネコ］
ナルコレプシー［イヌ］………413頁

突発的または発作的に、急に不快になって倒れてしまう一過性の意識障害を失神といいます。

脳の活動には、酸素やグルコース（ぶどう糖）が必要です。何らかの原因で脳の血流が急激に減少したり一時的な停止が起こると、意識が消失して筋肉の緊張が低下し、脱力状態になり失神するわけです。

失神は、ネコよりイヌに多いようです。イヌのほうが飼い主の監視下にあるため、ネコより気づきやすいのかもしれません。

原因

失神には、心臓に異常がある場合（これを心臓性失神と呼びます）と異常がない場合があり、後者の多くは神経調節性失神と考えられています。

●心臓に異常がある場合

心臓の病気があると、心拍出量が低下して脳に虚血（注1）が生じたり、肺を循環する血流が減少して低酸素状態が生じたり、重篤な不整脈のために心拍出量が低下したりすることがあります。これらが原因となって、心臓性失神が引き起こされます。

●心臓に異常がない場合

神経調節性失神とは、健康な動物でも起こる一過性の失神です。神経調節性失神は、様々な検査を行っても原因が特定できません。し

人間と動物の失神

失神は人間でもみられる症状です。しかし、人間は精神活動が活発であり、また、二本足で立つ直立姿勢をとるため、動物よりはるかに多く失神が起こります。　（野呂浩介）

かし、感情的なストレスや、恐怖、不安、痛み、激しい運動などが誘因と考えられます。

何らかの原因で、静脈の還流量が減少すると、交感神経の緊張と副交感神経の抑制が生じます。続いて起こる複雑な神経反射により、最終的に血管が拡張し心拍数が減少します。結果的に、脳の血流量が減少して失神が起こります。

失神が心原性か非心原性かを鑑別するためには細心の注意が必要ですが、鑑別できないことも多々あります。

観察のポイント

●失神前の行動

失神を起こす前に何をしていたでしょうか。激しい運動をしていた、極度に興奮していた、おとなしく座っていたなど、具体的に思い出してください。

●失神の持続時間

心臓性の失神で長時間続くときは注意してください。

●ほかの症状を伴う

最近、散歩の途中で動かなくなることがあったなどのいわゆる「運動不耐性」（→201頁）が観察されれば、心臓の異常が考えられます。

ケアのポイント

●安全な場所に移動させる

失神したら、安全なところに動物を移動してください。

●意識回復後の様子

意識が回復して、何ごともなかったかのように振る舞っていたら、しばらく様子を観察してください。

意識が回復しても元気がないようでしたら、獣医師の診断を受けたほうがよいでしょう。

（野呂浩介）

注1　【虚血】組織や臓器に流れる血液が極度に減少する状態をいう。

よだれを垂らす

よだれを垂らす	元気にしている	様子を観察
	食事をいつもどおり食べられる	様子を観察
	食べることができない	早く病院へ
	食べようとして口に入れても、飲み込めない	早く病院へ
	けいれんを起こすなど、ほかに異常な症状がみられる	至急病院へ

《考えられる主な病気》

- 口内炎［主にネコ］……328頁
- 舌炎［イヌ、ネコ］
- 口腔内異物、外傷［イヌ、ネコ］
- 腫瘍［イヌ、ネコ］……514頁
- 扁桃炎［イヌ、ネコ］……330頁
- 有機リン中毒（殺虫剤中毒）［イヌ、ネコ］……403、490、600頁
- 食道炎［イヌ、ネコ］……330頁
- 食道内異物（食道梗塞）［主にイヌ］……331頁
- 咽頭麻痺［イヌ、ネコ］
- 口唇裂［イヌ、ネコ］……327頁
- 口蓋裂［イヌ、ネコ］……327頁
- 狂犬病［イヌ、ネコ］……404、541頁
- 犬ジステンパー［イヌ、ネコ］……306、404、507、540頁

よだれを垂らすことを流涎《りゅうぜん》といいます。よだれを垂らすことは、イヌ、ネコにみられる一般的な状態です。たとえば、空腹のイヌの前に食事を置いて「待て」をさせると、そのうちよだれを垂らしますが、これは生理的で健康な反応です。

しかし、なかには「流涎症《りゅうぜんしょう》」と呼ばれ、病的によだれを垂らすことがあります。異常な流涎は、唾液《だえき》の量が多くて口の外に流れ出る場合と、唾液の分泌量は正常範囲内にもかかわらず口の外に流れ出てしまう場合があります。後者は偽性流涎症《ぎせいりゅうぜんしょう》と呼ばれます。

唾液は主に耳下腺《じかせん》、下顎腺《かがくせん》、舌下腺《ぜっかせん》の3種類（イヌは頬骨腺《きょうこつせん》もあり4種類）の腺から分泌されます（→318頁）。これらの分泌は食べ物のにおいなどで活発になりますが、口腔粘《こうくうねん》膜《まく》の機械的刺激（食べ物や口腔内異物《こうくうないいぶつ》など）によっても誘発されます。

原因

●口腔内の病気

口内炎、舌炎、腫瘍《しゅよう》、外傷、口腔内異物、舌に絡んだ糸状異物、扁桃炎《へんとうえん》などにかかっていると、流涎の原因になることがあります。

●偽性流涎症

偽性流涎症を起こす原因には、次のような場合が考えられます。食道梗塞《しょくどうこうそく》や咽頭麻痺《いんとうまひ》などでは食物を飲み込めず（嚥下障害《えんげしょうがい》）、唾液

イヌの乗り物酔い

セント・バーナードやグレート・ピレニーズなどは、普段から、よだれの多い犬種です。

また、自動車に乗り慣れていないイヌが車酔いしたときも、よだれを垂らします。しかし、これは一時的なもので、自動車から降りてしばらくすれば、治まります。　（野呂浩介）

が食道に流れていかないことがあります。また、口唇に形態的な異常があり、唾液が漏れることがあります。

●感染性の病気

狂犬病や神経性ジステンパーなどの感染性の病気では、麻痺性《まひせい》の嚥下障害が起こります。飲み込めない唾液が口の外に流れ出て流涎となります。

●有機リン剤中毒

有機リン剤中毒では、神経刺激伝達物質（アセチルコリン）の分解が妨げられることで唾液分泌が盛んになり、結果として流涎が起こります。

●その他

ネコでは、いやな味の薬物を経口投与したときや、強度の緊張があるときに、よだれを垂らすことがあります。

観察のポイント

●口の周囲を掻《か》く

口の周囲を前足で掻いたりしているときは、口の中の異物が考えられます。

●よだれに血が混じる

よだれに血が混じっている場合には、口の中に外傷があったり、重度な口内炎があるかもしれません。

●けいれんを伴う

流涎がひどく、けいれんを伴っているときは、有機リン剤中毒が疑われます。

ケアのポイント

●歯石を取り除く

歯石は口内炎の原因になります。歯磨きなどの予防対策をしておきましょう。

●危険なものを近くに置かない

ゴルフボールは内部のゴム糸が出てきたときに舌根部に絡むことがあるので、おもちゃとして与えるのは危険です。餌《えさ》のついた釣り針・釣り糸もトラブルの原因になるので、動物の近くに置かないようにしてください。また、糸を舐《な》めるのが好きなネコもいます。このようなネコの周りには、縫い糸などを置かないようにしましょう。

●ほかの症状を伴う

けいれんなどの症状を伴う場合は、早急に獣医師の診察を受けてください。（野呂浩介）

運動をいやがる、疲れやすい

動物が運動をいやがったり、へたばったりする（疲れやすい）状態を、医学用語では運動不耐性といいます。持続的な肉体運動に耐えられない体質を意味しています。

イヌは散歩させることが多いので、飼い主が異常に気づくことが多いようです。しかし、そのほかの動物では、病気の発見が遅れることもあります。ネコでは、日頃のしぐさ（身づくろいなど）がみられなくなります。

疲れやすいのは高齢のせいだと思い込んで、軽視する傾向がありますが、重大な病気が隠されていることも多いので注意が必要です。

《考えられる主な病気》

循環器や呼吸器の病気

先天性心疾患［イヌ、ネコ］……240頁
犬糸状虫症［主にイヌ］…258、580頁
弁膜の疾患［イヌ、ネコ］………249頁
心筋症［イヌ、ネコ］……………252頁
不整脈［イヌ、ネコ］……………256頁
胸水症［イヌ、ネコ］……………312頁
腹水症［イヌ、ネコ］……………352頁
気管虚脱［主にイヌ］…………302頁
軟口蓋過長症［主にイヌ］…300、327頁
膿胸［主にネコ］…………………314頁
漏斗胸［イヌ、ネコ］……………316頁
心膜横隔膜ヘルニア［イヌ、ネコ］…315頁
腹膜－心膜横隔膜ヘルニア［イヌ、ネコ］……………………………………260頁
喘息［ネコ］………………………305頁

血液の病気

貧血［イヌ、ネコ］………………275頁

骨・関節の病気

股関節形成不全［主にイヌ］…483頁
大腿骨骨頭の虚血性壊死（レッグ・ペルテス）［イヌ、ネコ］……484頁
変形性関節症［イヌ、ネコ］……480頁
椎間板ヘルニア［主にイヌ］……405頁
変形性脊椎症（変形性関節炎）［主にイヌ］………………409、487頁

内分泌の病気

甲状腺機能低下症［主にイヌ］…………………………461、490、499頁
副腎皮質機能亢進症［主にイヌ］…………………………464、490、499頁
副腎皮質機能低下症［主にイヌ］………………………………465、490頁
肥満［イヌ、ネコ］………………614頁

運動をいやがる、疲れやすい	
最近、よく咳をする	病院へ
運動したり興奮すると舌の色が紫色になる	病院へ
歯ぐきの色が白っぽい → 貧血の疑い	早く病院へ
食欲が落ちた、吐くなど、ほかの症状を伴う	早く病院へ
運動したり興奮すると失神する	至急病院へ

気づきにくいネコの異変

ネコはイヌのように散歩させることがないので、疲れやすくなったというような状態の変化に気づくことが遅れがちです。

普段から、身づくろい、爪《つめ》とぎなどの動作に変化がないか観察するように心がけてください。また、外出する習慣のあるネコは、外出をしなくなるなどの変化が起こるようになります。　（中谷　孝・山根義久）

原因

●循環器や呼吸器の病気

運動時には全身に十分な血液・酸素を送る必要があります。それは酸素消費量が増加するためで、体は心拍数や呼吸数を増やして対応します。その結果、心臓や肺に負担がかかることになります。

心臓に病気があると、それらに対応することができません。運動不耐性は、1歳以下のイヌ、ネコでは先天性の心臓奇形が疑われます。また、イヌは高齢になるにつれて、僧帽弁閉鎖不全症に代表される心臓の弁の病気が多くなり、運動不耐性が現れるようになります。

さらに、イヌの代表的な病気には、フィラリア（犬糸状虫）という寄生虫が心臓内に寄生しておこる犬糸状虫症（フィラリア症）があります。これは蚊を媒介とする感染症です。日本国内でも、地域によって感染率に違いがありますが、全国的にみられる病気なので、十分な予防が必要です。

フィラリア（犬糸状虫）は、ネコに感染して症状が出ることもあります。

気管虚脱は小型犬（ポメラニアン等）に多くみられ、その場合は、突然死することがあります。そのほとんどは遺伝性体質が考えられていますが過齢と共にその発生は増加します。また、短頭種（パグ、狆《ちん》、チワワ、ブルドッグなど）のイヌには軟口蓋過長症《なんこうがいかちょうしょう》がよくみられ、呼吸のしづらさから運動を嫌う場合があります。

ネコでは、そのほかに胸に膿《うみ》がたまる膿胸《のうきょう》や気管支喘息《きかんしぜんそく》があります。

●血液の病気

血液中の赤血球は、肺で酸素を受け取って全身に運ぶ働きがあります。貧血になると、赤血球が減るので酸素が全身にいきわたらなくなり、運動を嫌ったり疲れやすくなったりします。

貧血の原因は多岐にわたりますが、正確な診断をするためには、骨髄検査等の特殊検査を必要とすることがあります。

●骨・関節の病気

運動時には、筋肉や骨・関節に負担がかかります。運動によって痛みが現れる場合は運動を嫌うようになります。骨・関節に痛みを起こす病気は、ネコよりもイヌに多くみられます。

●肥満

最近、イヌやネコの肥満が問題になっています。肥満動物は、四肢へ過剰な負担がかかり、体温調節が難しいことから、運動を嫌ったり、疲れやすくなったりします。

●内分泌の病気（ホルモンの異常）

イヌによくみられる副腎皮質《ふくじんひしつ》の病気や甲《こう》状腺《じょうせん》機能低下症《きのうていかしょう》は、動きが鈍くなる、ぐったりする、疲れやすいといった症状がみられます。

観察のポイント

●日頃の行動・習慣の変化

イヌは食事と散歩が非常に好きな動物です。ときに、飼い主を引っ張ってどんどん先を歩くことがよくあります。日頃から、イヌでは散歩の様子、ネコでは身づくろいなどのしぐさを観察するようにしてください。

●咳《せき》や荒い呼吸がみられる

循環器や呼吸器の病気がある場合は、運動や興奮したときに、咳や荒い呼吸をみることがあります。

●舌や歯ぐき（歯肉）の色の変化

舌の色が紫色になったり、失神するような場合は、一刻を争う状況も考えられます。

貧血は、原因によって緊急を必要とすることがあります。普段から、歯肉が健康的な色（ピンク色）かどうか、チェックしておく必要があります。

ケアのポイント

●運動を強制しない

運動をいやがる場合は、強制しないことが大切です。

●興奮させない

飼い主以外の人間をまったく拒絶するイヌやネコは、動物病院に行くだけで、ひどく興奮することがあります。

循環器や呼吸器の病気があったり、貧血がひどい場合には、極度の興奮から呼吸不全、さらには死へ至ることがあります。

まず、病院へ行く前に電話で運動をいやがる状況を説明するとよいでしょう。

●時間的な推移

運動をいやがる状態が短期間に起こったものか、ある期間をかけて徐々に目立つようになってきたものかを獣医師に伝えることが大切です。

●適度な運動

太っている場合は、運動量をいきなり増やすことは危険です。もともと、何らかの病気（基礎疾患）にかかっていて、その病気のせいで太ったのかもしれません。まず、そのチェックが必要です。

●厳重な食餌管理《しょくじかんり》

肥満動物では運動は適度に行い、肥満動物用の処方食を与え、摂取カロリーの管理を厳重に行います。体重のコントロールも重要な治療法の一つです。

●室内の工夫

ネコは家の中を探検するのが好きです。ネコがジャンプして上ることができるように、インテリアなどを工夫するのもよいでしょう。

（中谷　孝・山根義久）

動作がぎこちない

体を動かして一つの動作をするとき、いくつかの筋肉が協調して働く必要があります。単純にみえる動作も、様々な筋肉が収縮し協調して行われています。

ところが、意識や知能に問題がなく、また、運動《うんどう》麻痺《まひ》がないにもかかわらず、協調的な運動（正常な動き）ができない（筋肉のバランス異常）ことがあります。このような状態を、医学的には運動失調といいます。

たとえば、まっすぐに歩こうとするのに、曲がってしまうような状態です。症状は、障害されている部位によって異なります。

運動失調は、脊髄性運動失調《せきずいせいうんどうしっちょう》、前庭性運動失調、小脳性運動失調の三つに大きく分類されます。このなかで比較的多く認められるのは、前庭性運動失調です。

●脊髄性運動失調

外傷や腫瘍《しゅよう》などが原因となり、筋肉や関節などからの感覚経路が障害されることによって起こります。

●前庭性運動失調

中枢性または末梢性《まっしょうせい》の前庭系が障害されることによって起こります。

●小脳性運動失調

小脳が障害されて起こります。小脳が障害されると、足をそろえて立つことができず開脚姿勢になったり、足を過度に挙上した不自然な歩行を示すことがあります。また、飲食時

《考えられる主な病気》

特発性前庭障害［イヌ、ネコ］……400、450頁
脳外傷［イヌ、ネコ］……400頁
脳の血管障害性疾患（脳出血、脳梗塞）［イヌ、ネコ］……400頁

神経系の腫瘍［イヌ、ネコ］…410、534頁
薬物中毒［イヌ、ネコ］……599頁
発育障害（小脳低形成など）［イヌ、ネコ］……404頁
犬ジステンパー［イヌ］……306、404、507、540頁
狂犬病［イヌ、ネコ］……404、541頁
トキソプラズマ症［イヌ、ネコ］……405、563頁

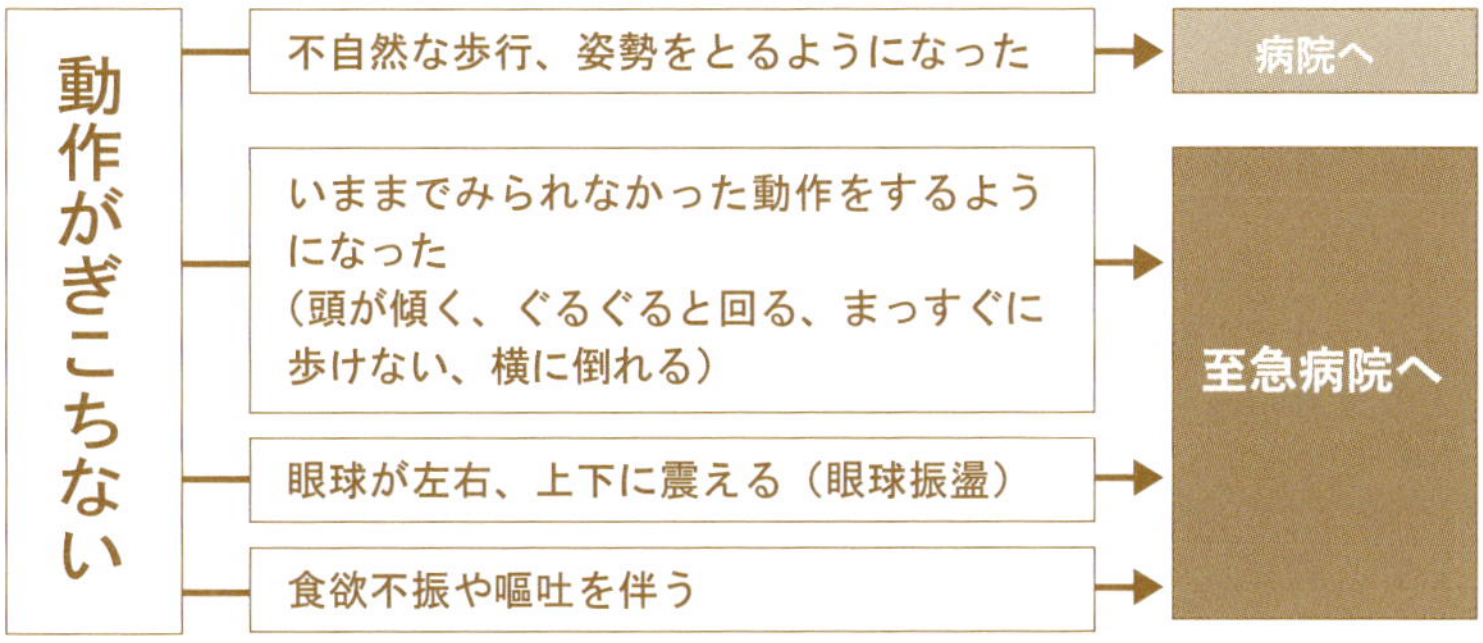
動作がぎこちない
不自然な歩行、姿勢をとるようになった
病院へ
いままでみられなかった動作をするようになった
（頭が傾く、ぐるぐると回る、まっすぐに歩けない、横に倒れる）
眼球が左右、上下に震える（眼球振盪）
食欲不振や嘔吐を伴う
至急病院へ

に頭部の動きを制御できず、食べ物や飲み水の中に顔を突っ込んでしまうこともあります。

原因

●前庭の病気

前庭は内耳の一部で、平衡感覚をつかさどっています。

前庭の病気にかかると、平衡感覚が失われます。また、中耳炎や内耳炎から前庭が障害される場合もあります。

●特発性前庭症候群

比較的よくみられる病気に、特発性前庭症候群があります。はっきりした原因がわからないので、特発性と呼ばれています。

イヌでは10歳を過ぎると病気になることが多く、老年性前庭症候群と呼ばれることもあります。ネコでは、年齢に関係なく起こるようです。

前庭は、頭、目、体幹を、重力に対して正しい位置に保つ機能があります。片側性の前庭疾患がある場合は、障害がある方向へ頭が傾いたり（斜頸《しゃけい》）、ぐるぐる回り続けることがあります（旋回運動）。また、眼球が無意識に水平方向や垂直方向に動く現象がみられることもあります（眼球振盪《がんきゅうしんとう》）。

観察のポイント

●頭部が傾く

イヌ、ネコによくみられる病気として、特発性前庭症候群があげられます。頭が傾く斜頸という症状がよく現れますので、注意して観察してください。

●ほかの症状を伴う

特発性前庭症候群では、嘔吐《おうと》や食欲不振がよくみられます。飲水時や歩行時の様子を観察して、以前と違っていないかどうか、ほかのイヌやネコと違っていないかどうか観察します。

ケアのポイント

特発性前庭症候群は、治療を受けず放っておくと、症状が進行することがあります。この病気が疑われるときは、必ず動物病院に連れて行ってください。ただし、平衡感覚がとれないと恐怖感から暴れるイヌ、ネコがいます。さわるときには、咬《か》まれないように注意してください。

（中谷 孝・山根義久）

足をかばう、挙げる、足を引きずる

《考えられる主な病気》

外傷［イヌ、ネコ］

筋肉、骨関節の病気

椎間板ヘルニア［イヌ、ネコ］…405 頁
軟骨異形成症［イヌ、ネコ］……473 頁
骨折［イヌ、ネコ］………………478 頁
脱臼［イヌ、ネコ］………………485 頁
クル病、骨軟化症［イヌ、ネコ］…476 頁
多発性軟骨性外骨症［イヌ、ネコ］………………………………474 頁
骨軟骨症［主にイヌ］………473、480 頁
股関節形成不全［主にイヌ］…483 頁
肘形成不全［主にイヌ］…………484 頁
汎骨炎［主にイヌ］………………474 頁
大腿骨骨頭の虚血性壊死（レッグ・ペルテス）［イヌ、ネコ］……484 頁
膝蓋骨脱臼［イヌ、ネコ］………486 頁
炎症性疾患（関節炎）［イヌ、ネコ］………………………………486 頁
変形性関節症（DJD）［イヌ、ネコ］………………………………480 頁
変形性脊椎症（変形性関節炎）［主にイヌ］……………………409、487 頁
全身性エリテマトーデス［イヌ、ネコ］………………………………505 頁
前十字靭帯断裂［イヌ、ネコ］…481 頁
多発性筋炎［主にイヌ］…………489 頁
肥大性骨症［イヌ、ネコ］………475 頁
ビタミンA過剰症［主にネコ］……………………407、477、618 頁
運動器系の腫瘍［イヌ、ネコ］……………………479、491、536 頁

内分泌の病気

甲状腺機能低下症［主にイヌ］……………………461、490、499 頁

循環器の病気

血栓塞栓症［主にネコ］…………264 頁

代謝性の病気

糖尿病［イヌ、ネコ］……………466 頁

足に均等に負重できず、足を引きずる状態を跛行《はこう》といいます。通常は痛みがあると跛行を示します。

跛行は、非常に多くの原因が考えられます。爪《つめ》だけに問題（爪の剥離《はくり》）があることもあれば、骨折で手術が必要な場合もあります。

跛行の多くは、イヌでは散歩などの歩き方で気づきます。しかし、散歩の習慣があまりないネコでは、わからないことがほとんどです。

イヌは犬種によって体の大きさなどが様々です。それは、人間が様々な大きさのイヌをつくってきた歴史があるからです。そのため、骨の発育異常がネコよりも多くみられると考えられます。

原因

発情期のネコは外出することが多いので、交通

足をかばう、足を引きずる

足の裏に傷がある 出血はすぐに止まった	様子をみて病院へ
元気である、食欲がある	様子をみて病院へ
元気がない、食欲がない	至急病院へ
出血が多い、足が腫れている	至急病院へ
足を完全に上げっぱなしにして、まったく地面に着くことができない	至急病院へ

事故に遭遇したり、ほかのネコとけんかをすることがあり、骨折や外傷を負う機会が増えます。

また、イヌ、ネコが筋肉、骨・関節の病気にかかっていると、歩き方に異常がみられることがあります。

観察のポイント

●異常のある足を舐《な》める

4本のうち、どの足をかばって歩いているか観察してください。かばっている足をよく舐めて唾液《だえき》でぬれていることがあります。

肉球に何かが刺さっていたり、足の先にガムや飴《あめ》などがこびりついている場合は、その部分をよく舐めます。

●ほかの症状を伴う

出血がないか、腫《は》れていないか、熱っぽくないか、痛みはないかなどを観察します。

●いつから足をかばうようになったか

足をかばうようになったきっかけがあれば、診察時に獣医師に伝えます。

●歩き方にむらがある

家で足をかばっていたイヌが、病院内ではまったく正常に歩いていることがよくあります。少しぐらいの痛みは隠してしまう傾向があります。

●足を上げたままで地面に降ろさない

骨折や大きな関節の脱臼《だっきゅう》があるときは、足を地面にまったく着けることができません。

ケアのポイント

歩き方に異常をきたす原因には、様々なものがあります。異常を感じたら、獣医師の診察を受けてください。

●不注意に触れない

痛みがある場合が多いので、不注意に患部に触れないようにします。

●動画を撮る

足を引きずることがあったりなかったりと、歩き方にむらがある場合は、歩き方がおかしい様子を動画などに記録しておくと、診察に役立つことがあります。

●止血処置を行う

出血がある場合は、包帯などを巻いて止血した状態で病院に連れて行ってください。ただし、イヌやネコの気性によっては、無理なこともあります。

（中谷　孝・山根義久）

鳴き方がいつもと違う

通常、イヌやネコは瞬間的な激しい痛みのとき以外は、鳴き声を発することがあまりありません。

ところが、病的な原因ではなく、生理的に普段と異なった声を発することがあります。

たとえば、発情期のネコの声や、救急車などのサイレンに呼応してイヌが遠吠《とおぼ》えをしたり、けんかなどで相手を威嚇する場合の声は、普段とは異なるものです。

《考えられる主な病気》

気管虚脱［主にイヌ］…………302頁
軟口蓋過長症［主にイヌ］…300、327頁
短頭種気道閉塞症候群［主にイヌ］…………300頁
猫伝染性鼻気管炎［ネコ］……548頁
口内炎［主にネコ］…………328頁
歯周病［イヌ、ネコ］…………324頁
喉頭炎［イヌ、ネコ］…………302頁
腫瘍［イヌ、ネコ］…………514頁
喉頭・気管の腫瘍［イヌ、ネコ］…………304、527頁
骨折［イヌ、ネコ］…………478頁
脱臼［イヌ、ネコ］…………485頁

認知症（痴呆）［イヌ、ネコ］
サイレンに呼応した遠吠え［イヌ、ネコ］
発情期の鳴き声［イヌ、ネコ］

アジリティーとフライングディスク

運動をしすぎて足に負担がかかり、足をかばうことがあります。このような場合は、運動を制限するだけで改善することもあります。近頃、イヌと人間が一体となったアジリティーやフライングディスクなどの競技に人気がありますが、無理をせず楽しみたいものです。

アジリティーとは、イヌの障害物競走のことです。ハードル、トンネル、シーソーなどを人間（ハンドラー）とイヌが一体となってクリアしていく競技で、スピードと正確性を競います。近年、世界的に盛んになってきています。

フライングディスクは円盤状のもの（フリスビー）を投げてイヌに空中でキャッチさせる競技のことです。

（中谷　孝・山根義久）

また、ネコには伝染性鼻気管炎という病気があります。その病気のせいで、声がかすれることもあります。

原因

●ネコの発情

夜中に「ウァーオ、ウァーオ」というような特徴的な大きな声で鳴いていることがよくあります。人間の赤ちゃんの泣き声のように聞こえることもあります。これは雌ネコが交尾を求めて鳴く声です。

●激しい痛みによる鳴き声

ネコの歯周病や口内炎には、非常に強い痛みを伴うことがあります。食事中に、炎症を起こしている部位に食べ物があたって、非常に強い痛みが起こり「ギャー」という奇声を発することがあります。

また、椎間板《ついかんばん》の病気にかかっているイヌが激しい痛みから奇声を発することもあります。さらに、排便困難なイヌが排便時に苦しそうな声を発することもあります。

痛みによると思われる場合は、その原因を明らかにして取り除いてやる必要があります。

●興奮時の鳴き声

ネコは激しく怒ったときに「ハァー」とか「ウー」という声で相手を威嚇することがあります。

同様に、イヌも相手を威嚇する場合に「ウー」というようなうなり声を発します。

●分離不安、認知症（痴呆《ちほう》）

飼い主が留守にしている間、ずっと鳴き続けるイヌがいます。飼い主と離れた不安から鳴き続けるのです。

また、イヌには認知症があります。意味もなく夜通し鳴き続けて飼い主を困らせる例が増えています。

認知症に対する治療は困難を伴いますが、いくつかの薬物が発売されているので、動物病院に相談するとよいでしょう。

●気管虚脱、軟口蓋《なんこうがい》の異常

小型犬によくみられる病気で、気管虚脱があります。この場合は、「ガーガー」とアヒルやカモが鳴くような声を発します。興奮したり運動の後に激しくなることがあります。

軟口蓋の異常はとくに短頭種のイヌによくみられます。つねに「ガーガー」という声を

ネコの発情

本来、ネコの発情期は雌ネコのみにみられる期間です。雄ネコには発情期はなく、発情した雌ネコがいれば、雄ネコはつねに交尾可能です。発情とは繁殖が可能という意味で、発情期とは繁殖期のことなのです。

雌ネコは早くて生後４カ月、普通は６カ月以上で発情期を迎えます。雄ネコは７カ月程度から繁殖が可能です。

ネコの発情期は春から秋にかけて３〜４回とされ、発情間隔（性周期）は約 14 日と考えられます。

ネコは交尾の刺激によって排卵するとされています。排卵が起これば発情は治まりますが、そうでなければ性周期の間隔、つまり 14 日間隔で何度も発情を繰り返すことになります。

発情期を迎えると、雌ネコは飼い主に甘えるしぐさが目立つようになります。頭や体を飼い主にすりつけたり、床に横になって体をくねらせるようなしぐさもみせます。腰のあたりを触れると、尾を立てて足踏みするような動作をみせます。特徴的な「ウァーオ、ウァーオ」という声で鳴いたり、のどをグルグル鳴らしたりします。屋外へ出ようとしますので注意してください。また、トイレ以外の場所で排尿することもあります。雌イヌとは異なり、陰部が腫《は》れたり、出血することはないので、こうしたしぐさから発情期を知ることになります。

雄の性行動には、マーキングがあります。においの強い尿を壁などに吹き付けるように排尿します（スプレーといいます）。

発情期になると、雄ネコは雌の争奪戦を繰り広げて、けんか傷が絶えず、動物病院によく来院するようになります。（中谷　孝・山根義久）

発していることがあります。

観察のポイント

●鳴き声を発する状況の観察

どのような状況にあるときに聞きなれない声を発するか観察します。たとえば、イヌはよく寝言をいい、どこか痛いような声を発することがあります。

●ほかの症状を伴う

鳴き声以外の全体的な様子（歩行状態、呼吸状態、食欲）をよく観察します。

ケアのポイント

●環境を整える

気管虚脱や軟口蓋に異常があり呼吸しづらい状態のときは、車での移動に注意してください。たとえば、高温多湿の気候ではクーラーを効かせて涼しくする必要があります。

●抱き方を工夫する

痛みがあると、抱き方によっては、さらに痛みが激しくなることもあります。抱くよりも、大きなバスタオルなどを担架のように利用するとよいでしょう。（中谷　孝・山根義久）

体、口がくさい

体、口がくさい
- 体・口がくさいが、気になるほどではない → 様子を観察
- 口はあまりにおわず、少量の歯石がついている → 様子を観察
- 体や口から強い不快なにおいがする → 病院へ
- 口がくさく、歯石が多くついている → 病院へ
- 皮膚が赤い・かゆみがある → 病院へ
- 口の中が赤い → 病院へ
- 体重減少、多飲多尿などの症状を伴う → 至急病院へ

動物の体や口がくさいときは、その部位に感染を起こしていることがほとんどです。

イヌにはアレルギーになりやすい犬種（シー・ズー、ウエスト・ハイランド・ホワイト・テリア、フレンチブルドッグ、ゴールデン・レトリーバーなど）がいます。これらの犬種は、感染性の皮膚炎を併発しやすく、皮膚炎が体臭の原因になることがあります。

ネコで口がくさく、さらに口内炎があるときは、ウイルス（猫免疫不全ウイルス〔FIV〕、猫白血病ウイルス〔FeLV〕、猫カリシウイルス）などの感染症にかかっていることがあり、注意が必要です。

体臭

体全体または体の一部から発するにおいを体臭といいます。体臭のなかでもとくに不快なにおいがする場合は、細菌や真菌がつくりだす物質が原因となります。

●体臭の原因

体の特定の部位からにおう場合は、外傷を起こした部位の感染が考えられます。

体全体からにおう場合は、細菌性皮膚炎、真菌性皮膚炎が疑われます。また、もともと皮膚病にかかって、二次的に皮膚炎を起こして、におうこともあります。

口臭

口の中から発する強いにおいを口臭といい

《考えられる主な病気》

体臭

外傷［イヌ、ネコ］
皮膚の細菌感染症［イヌ、ネコ］…507頁
皮膚の真菌感染症［イヌ、ネコ］…508頁

口臭

口内炎［主にネコ］……………328頁
歯周病［イヌ、ネコ］……………324頁
腎不全［イヌ、ネコ］……………357頁
肝不全（急性肝不全）［イヌ、ネコ］…345頁
歯の腫瘍［イヌ、ネコ］……324、528頁
口腔の腫瘍［イヌ、ネコ］…326、528頁
咽頭の腫瘍［イヌ、ネコ］…330、528頁
猫白血病ウイルス感染症（猫レトロウイルス感染症）［ネコ］…306、544頁
猫免疫不全ウイルス感染症［ネコ］…546頁
猫カリシウイルス感染症［ネコ］…306頁

ネコの口内炎

ネコの口内炎は比較的多くみられます。

原因としては、重度な歯石の付着から、ウイルス、原因不明のものまで様々です。

口内炎が重度になると痛がり、食事をとらなくなります。

治療は、抗炎症薬を用いたり、スケーリングや抜歯を行いますが、なかにはコントロールが難しいネコも多くいます。

（佐藤秀樹）

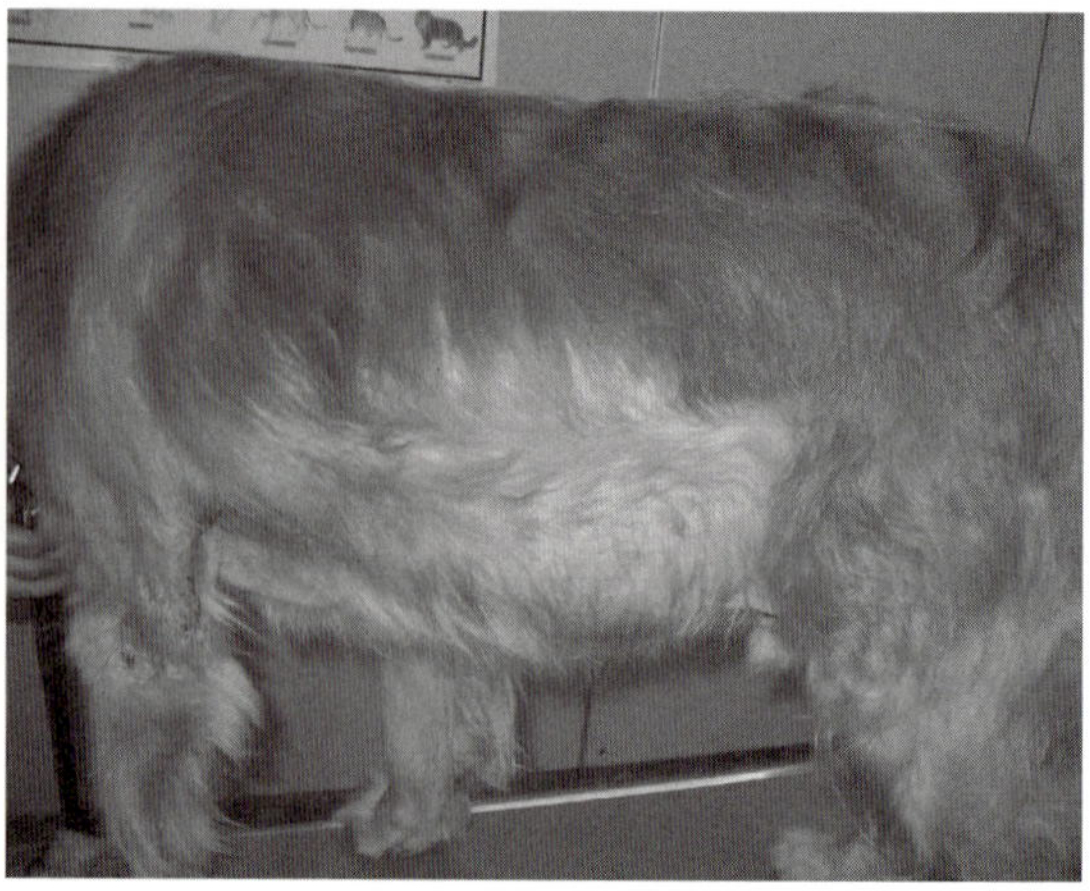

アレルギー性皮膚炎は皮膚感染症を起こしやすい

ます。口腔《こうくう》内の病気を含め、様々な病気が原因となります。

●口臭の原因

口がにおうときは、口内炎、歯周病、口腔内の腫瘍《しゅよう》が疑われます。口内炎は腎不全《じんふぜん》やウイルス性疾患が原因で起こることがあります。

口腔内に異常がないにもかかわらず、口からにおいがするときには、肝不全やケトーシス（注1）が疑われます。

観察のポイント

強い体臭・口臭がする場合は、においのする部位とその状態、においの種類をよく観察してください。

体の特定の部位がにおう場合は、その部位を探しておくと、診断や治療に結びつきやすくなります。

●におうのは体全体か特定の部位か

体全体からいやなにおいがするのか、特定の部位からにおうのか観察してください。体全体であれば皮膚病が考えられ、特定の部位であれば化膿《かのう》しているかもしれません。

●皮膚・被毛の状態

皮膚や被毛の様子をよく観察してください。皮膚が赤い、被毛がべとべとしている、かゆみがあるような場合は、皮膚病が疑われます。

●口の状態

口臭がするときは、口の中をよく観察してください。歯ぐき（歯肉）が赤いようであれば口内炎を起こしています。また、歯石の付着の程度や腫《は》れもの（腫瘍）の有無を観察してください。重度の口内炎や腫瘍では出血することがあります。

●口臭の種類

どんなにおいがしますか。口の中に異常がなくアンモニア臭がするときには、肝不全を起こしているのかもしれません。

●ほかの症状を伴う

ほかに症状を伴っているかどうか観察してください。たとえば、皮膚病があればかゆみなどを伴いますし、腎不全があれば、体重の減少、多飲多尿などの症状がみられます。

ケアのポイント

●皮膚・被毛の手入れ

日頃から、ブラッシングやシャンプーなど

目に障害がある

《考えられる主な病気》

結膜の異常

結膜炎［イヌ、ネコ］……………423 頁

角膜の異常

乾性角結膜炎［主にイヌ］………425 頁
色素性角膜炎［主にイヌ］………426 頁
慢性表層性角膜炎［主にイヌ］…426 頁
好酸球性角膜炎［ネコ］………426 頁
角膜潰瘍［イヌ、ネコ］…………429 頁
角膜黒色壊死症［ネコ］………429 頁
角膜裂傷［イヌ、ネコ］…………429 頁

瞬膜・眼瞼の異常

第三眼瞼腺逸脱（チェリーアイ）［イヌ］
………………………………………423 頁
眼瞼内反症［イヌ］……………421 頁
眼瞼外反症［イヌ］……………422 頁
睫毛乱生［イヌ］………………422 頁
眼瞼炎［イヌ］…………………422 頁

前房の異常

瞳孔膜遺残［イヌ］……………430 頁
虹彩萎縮、虹彩母斑、虹彩嚢胞
［イヌ、ネコ］…………………………431 頁
虹彩毛様体炎（前部ぶどう膜炎）
［イヌ、ネコ］…………………………431 頁

水晶体の異常

白内障［主にイヌ］………………433 頁
水晶体脱臼［主にイヌ］…………434 頁
糖尿病［イヌ、ネコ］……………466 頁

網膜・脈絡膜・視神経の異常

網膜剥離［イヌ、ネコ］…………436 頁
進行性網膜萎縮（PRA）［主にイヌ］…437 頁
コリーアイ症候群［イヌ］………436 頁

その他の異常

緑内障［主にイヌ］………………441 頁
ホルネル症候群［イヌ、ネコ］…442 頁
目の腫瘍［イヌ、ネコ］……442、536 頁

の手入れをしてください。

体全体や特定の部位から異臭がするときは、病気が疑われますので、獣医師の診察を受けてください。

●歯の手入れ

口腔内の異臭には歯磨きを行います。歯磨きは慣れが必要で、小さいときから訓練しておかないと動物がいやがります。食事後に、歯を拭《ふ》いてあげることから始めるとよいでしょう。

動物用の歯のケア用品が市販されていますので、それらを利用するのもよいでしょう。

異常に気づいたら、獣医師を受診してください。

（佐藤秀樹）

注1【ケトーシス】血液中に含まれるケトン体という物質が血液中に増加した状態で、重度な糖尿病などでみられる。

目の病気を起こしやすい犬種

パグやシー・ズー、狆《ちん》、ペキニーズ、フレンチ・ブルドッグなどといった鼻が短くて目が飛び出ているような犬種（短頭種）は、ほかの犬種に比べて目の刺激に対する反応が鈍いようです。さらに目に衝撃を受けやすい顔つきをしているために、これらの犬種は目の病気が比較的多い傾向にあります。

このような犬種では、日頃から、目の状態を気にかけるようにするとよいでしょう。　（佐藤秀樹）

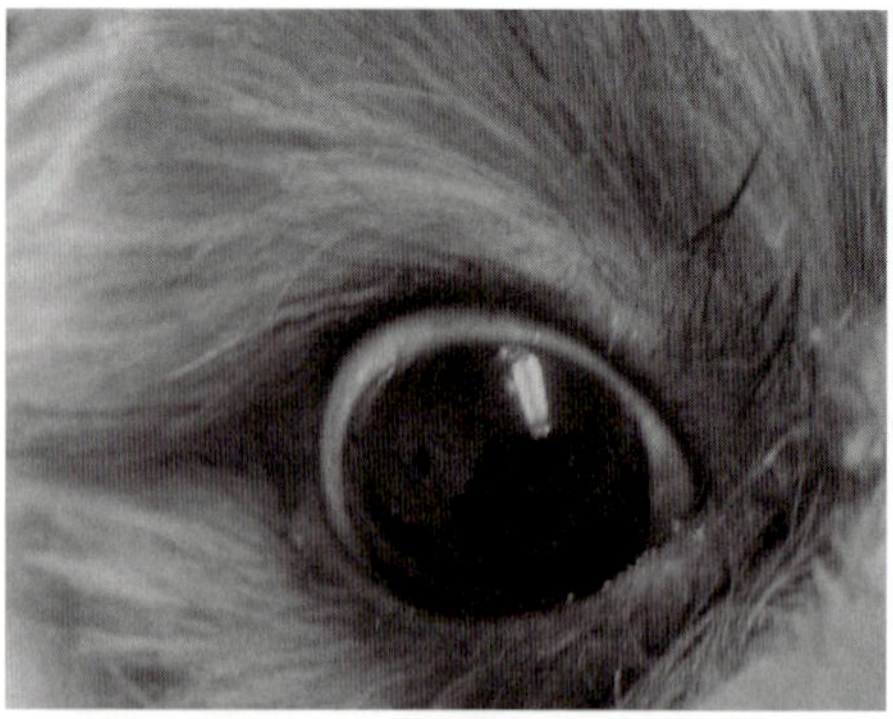

健康なイヌの目

イヌ、ネコにみられる目の異常はほぼ共通しています。イヌには、進行性網膜萎縮《しんこうせいもうまくいしゅく》や特定の犬種（コリー、シェットランド・シープドッグ）にみられるコリーアイ症候群があり、ネコだけにみられる角膜黒色壊死症《かくまくこくしょくえしじょう》（角膜壊《かくまくえ》死症《ししょう》と同病）という病気もあります。

病気によっては、目のかゆみや痛みを伴うものから、視力に影響するものまで様々な症状がみられます。

物を見ることには、脳の機能が大きくかかわっています。視力に異常がある場合は、脳に問題があるかもしれません。

原因

目には、結膜、角膜、眼瞼《がんけん》・瞬膜、前房、ぶどう膜、水晶体などがあります（↓414頁）。目の異常には、これら部位の障害、視力障害などが考えられます。

●結膜の障害

白目に障害を生じると赤くなったり、目をかゆがったりします。

細菌、真菌、ウイルス、アレルギー、外傷、異物などが原因で起こる病気には、結膜炎があります。

●角膜の障害

黒目に障害が生じます。角膜の病気が進行すると、目に穴が開き失明することがあります。

角膜の病気には、角膜炎、角膜浮腫《かくまくふしゅ》、角膜《かくまく》潰瘍《かいよう》、角膜黒色壊死症があります。また、涙の量が減少するために角膜炎を起こす乾性角膜炎（ドライアイ）などがあります。

●瞬膜・眼瞼の障害

イヌやネコには、まぶたと眼球の間に3番目のまぶたがあり、これを瞬膜と呼びます。まぶたを眼瞼といいます。

瞬膜や眼瞼の病気には、瞬膜突出、眼瞼《がんけん》内反症《ないはんしょう》、眼瞼外反症《がんけんがいはんしょう》、睫毛乱生《しょうもうらんせい》などがあります。

また、まつげ（睫毛）が内側に巻き込まれると眼球に持続的な刺激を与えて、結膜炎や角膜炎を起こすことがあります。

●前房の障害

前房とは、角膜から水晶体までの間の部位を指します。この部位に出血や炎症性物質（不純物や異常な物質など）をみると、前房出血、前房蓄膿《ぜんぼうちくのう》などの病気が疑われます。

目に障害がある

- 目やには起きた後に少し出る → 様子を観察
- 目やにの量が多い → 早く病院へ
- 目にかゆみや痛みが疑われる行動をする → 早く病院へ
- 目が赤かったり、結膜以外の部分が白い → 早く病院へ
- 瞳孔の大きさが変わらない、左右が対称ではない → 早く病院へ
- 目が見えていない → 早く病院へ
- 目をひどく痛がる → 至急病院へ
- けいれんなど、目以外の症状を伴う → 至急病院へ

出血の原因には、外傷や血液凝固系の障害、ぶどう膜炎などが疑われ、蓄膿《ちくのう》の原因には、角膜潰瘍やぶどう膜炎が疑われます。

●ぶどう膜の障害

ぶどう膜は、虹彩《こうさい》、毛様体、脈絡膜で構成され、角膜から水晶体までの間にあります。この部位に炎症を生じると（ぶどう膜炎）、様々な合併症を引き起こします。

ぶどう膜炎の原因には、ウイルスによる感染症や外傷、中毒などが考えられます。

●水晶体の障害

目のレンズを水晶体といいます。水晶体が障害されると失明することがあります。レンズの部分が白くなったり、レンズの収まる位置がずれたりします。

このような異常を引き起こす病気には、白内障、水晶体脱臼《すいしょうたいだっきゅう》があります。白内障は、様々な原因で起こりますが、糖尿病にかかると発症することもあります。

●視力の障害

目の病気は、視力を低下させることがあります。そのような病気には、網膜剥離《もうまくはくり》や遺伝性の進行性網膜萎縮などがあります。また、脳腫瘍《のうしゅよう》などの中枢神経系の病気になると、視力に影響を与えることがあります。

●その他

眼球の圧力（眼圧）が高まる緑内障、片方の目が落ち込み、まぶたが下がり、瞬膜が突出するといった三つの症状が同時に現れるホルネル症候群、目が正常な位置から出てしまう眼球脱出があります。また、目に腫瘍《しゅよう》が発生することもあります。

緑内障の原因のほとんどは、房水という眼の中を循環する水の排出障害ですが、ほかの目の病気から続発して緑内障になることもあります。ホルネル症候群は、中耳炎や内耳炎、脳の病気が原因となり目に症状が現れることもありますが、突発性の場合がほとんどです。

観察のポイント

目に異常を起こす原因は様々で、原因によって症状も多様です。目の症状がどのように現れているか、次の点に注意して動物の状態を観察してください。

●目やにの性状・量

目やにの性質・量を観察してください（サ

ラサラした漿液性《しょうえきせい》なのか、ドロドロした粘《ねん》液膿性《えきのうせい》なのか)。目やにの性状が診断に役立つことがあります。結膜炎、角膜炎、乾性角膜炎などの炎症性の病気では目やにがみられます。

●涙の量

通常、十分な涙の量がつくられていれば、目は少し潤んで見えます。しかし、目がずっと乾いているようなときは、乾性角膜炎が疑われます。また涙が異常に出る流涙症もあります。

●目のかゆみや痛み

目にかゆみや痛みがあるかどうか観察します。かゆみ・痛みがある場合、イヌやネコは目を地面にこすりつけたり、前足で目を引っ掻《か》くような動作がみられます。

とくに痛みが顕著なときには、目を何回もまばたきする眼瞼《がんけん》けいれんと呼ばれる様子が観察されます。また、痛みのために目をさわらせてくれないかもしれません。

かゆみがあるときは結膜炎が、痛みがあるときは角膜炎、ぶどう膜炎、緑内障などが疑われます。

●目の状態

目の色や瞳孔《どうこう》の大きさを観察してください。結膜が赤くなっていれば結膜炎が疑われます。水晶体が白くなっていれば白内障が疑われます。

瞳孔は暗い場所では大きくなり、明るい場所では小さくなります。普通、瞳孔の大きさは左右対称です。明るさにかかわらず、瞳孔の大きさが変化しなかったり、左右が非対称であれば、視覚に障害があるか、脳の病気が考えられます。

●視力の低下

目の病気は視力に影響を与えることがあります。目が見えているのかどうかよく観察してください。物にぶつかることが多ければ、視力が低下している危険性があります。また、暗いところと明るいところで視力に差があるかどうか観察してください。

●目の動きがおかしい

目が規則的に左右、上下、回転するなどの動きがみられるときは、脳や前庭に異常があるかもしれません。

●ほかの症状を伴う

様々な病気の一つの症状として、目に障害が現れることがあります。目以外にほかの徴候がないかどうかをよく観察してください。たとえば、視力の異常のほかにけいれん発作を伴うときには、脳の病気が考えられます。

ケアのポイント

目の病気は長引くと、視力に障害をきたすことがあります。目の異常に気づいたら、できる限り早く獣医師の診察を受けてください。

目の病気は、そのほとんどが目薬による治療を必要とします。飼い主が目薬を動物にさせない場合は治療が難しくなります。動物が小さいうちから人工涙液をさすなどして、目薬に慣れさせておくとよいでしょう。

（佐藤秀樹）

耳に障害がある

耳に障害がある

- 耳が汚れている → 様子を観察 耳の手入れをする
- においがない → 様子を観察 耳の手入れをする
- かゆがっていない → 様子を観察 耳の手入れをする
- 耳介が腫《は》れている → 病院へ
- 耳がくさい → 病院へ
- 耳を気にする・かゆがる・痛がる → 病院へ
- 頭を振る → 病院へ
- 耳から出血している → 至急 病院へ
- 顔が麻痺している、傾けている → 至急 病院へ
- 目が規則的に揺れ動いている（眼振） → 至急 病院へ
- 耳が聞こえていない → 至急 病院へ

《考えられる主な病気》

耳介の異常

外耳の異常

中耳・内耳の異常

聴覚の異常

耳は、耳介、外耳、中耳、内耳に分かれます（→419頁）。障害されている部位によって、様々な症状が現れます。

なかでも外耳炎は、イヌにもっとも多くみられる病気で、放置すると内耳、中耳まで病変が進むので、早めに治療を受ける必要があります。

とくに垂れ耳の犬種（注1）では、耳の内部の環境が維持されにくいために外耳炎になりやすい傾向があります。なかでもアメリカン・コッカー・スパニエルは重症になりやすく、早期の治療が重要です。

耳は皮膚の一部です。アレルギー性皮膚炎を起こしやすい犬種（注2）に注意してください。

ネコでは、耳ヒゼンダニによる外耳炎がもっとも多い耳の病気です。

原因

●耳介の異常

目に見える耳の部位を耳介といいます。見える部位なので異常を発見しやすいのですが、耳の内部に異常（外耳炎など）を合併していることもあります。

耳介では、外傷、耳血腫《じけっしゅ》（耳介の中に血がたまる病気）がもっとも一般的にみられる病気です。

ほかの病気にかかると、耳介に障害をきたすことがあります。たとえば、免疫介在性疾

かかりやすい外耳炎

動物病院へ来院する病気のなかで、もっとも多くみられる病気が外耳炎です。

耳掃除や飲み薬、塗り薬で治療できればよいのですが、外耳炎も重度になれば、外科手術が必要になります。

なかでも、アメリカン・コッカー・スパニエルの外耳炎はとくに重度になりやすく、多くは手術が必要になります。

日頃から耳のケアや観察を欠かさないようにしましょう。

（佐藤秀樹）

アメリカン・コッカー・スパニエルは重度の外耳炎になることが多い

患（落葉状天疱瘡《らくようじょうてんぽうそう》、全身性エリテマトーデス）やアレルギー性皮膚炎などの皮膚病にかかると、耳介に障害を認めます。

耳介にできる代表的な腫瘍《しゅよう》には、扁平上皮《へんぺいじょうひ》癌《がん》があります。

●外耳の異常

耳の穴から鼓膜までを外耳といいます。耳を気にする（耳をこすりつけるなど）、かゆがる、におう、耳を触れるといやがる、痛がる、頭を振るといった動作がみられます。また、症状が悪化すると頭を傾ける斜頸《しゃけい》といった症状が現れます。

外耳炎の原因には、細菌性や真菌、寄生虫（耳ヒゼンダニ）がもっともよくみられます。さらに草の実などの異物が原因となったり、アレルギー性皮膚炎の症状としてみられることもあります。

また、出血をみるときや治療に反応しないときは、外耳の腫瘍を疑います。

●中耳・内耳の異常

鼓膜から奥を中耳・内耳といいます。頭を振ったり、悪いほうの耳を痛がったりします。

中耳の病気では、顔面神経《がんめんしんけい》麻痺《まひ》やホルネル症候群（片方の目が落ち込む、まぶたが下がる、瞬膜が突出するといった症状の総称）がみられます。内耳の病気では、斜頸や目が規則的に揺れる眼振、転倒、回転・旋回運動といった症状がみられます。

中耳炎・内耳炎は外耳炎が進行したものがほとんどです。まれに口腔《こうくう》からの感染もあります。

●聴覚の異常

聴覚の異常とは耳の機能異常のことで、呼んでも来ないなどの難聴の症状がみられます。

後天性であれば内耳炎が考えられます。また、ダルメシアンや青目の白ネコでは、先天性の難聴を起こしやすい傾向があります。さらに、水頭症などの神経系の病気が関連することもあります。

観察のポイント

症状の程度や頻度、ほかの部位に異常があるかどうかを注意深く観察してください。

●耳がにおう

耳がにおう場合には、ほかに症状がみられ

なくても、細菌や真菌が耳の中で繁殖している危険性があります。

●耳あか（耳垢《じこう》）の色

耳あかの色が黒いと寄生虫や真菌が原因として疑われます。黄色であれば細菌を疑います。

●かゆみの程度

かゆみの程度を観察してください。異常なかゆみには、寄生虫が関係していることが多々あります。

●耳の中の出血

出血がみられるようなときは、耳に腫瘍ができているかもしれません。

●聞こえているかどうか

耳が聞こえているかどうか観察してください。耳が聞こえていなければ、内耳の病気や神経系の病気が考えられます。

●ほかの動物との接触

寄生虫が原因の外耳炎は、外出してほかのイヌやネコと触れ合う機会があったはずです。

●季節による症状の差

外耳炎は、梅雨の時期や夏季に比較的多くみられます。

●耳以外の症状がある

耳の症状と皮膚の異常がみられる場合は、皮膚病にかかっていることがあります。

顔（とくに目）に異常がある場合（顔面神経麻痺、ホルネル症候群、斜頸、眼振）は、中耳や内耳の障害が疑われます。

ケアのポイント

●垂れ耳の犬種

とくに垂れ耳のイヌでは、耳の手入れが重要です。耳が垂れていると、耳の健康な環境を維持するのが難しくなります。病気を予防するために、耳の内側の毛を短くするなど、空気の流れをよくする必要があります。

●耳あかの色・におい

日頃から耳の様子を観察し、耳あかの色・においをチェックしてください。

●耳掃除

耳掃除は大切ですが、イヌやネコは、人間と違って耳道がL字型に入り込んでいます。そのため、耳あかを奥に押し込んでしまいやすい綿棒を使った掃除は勧められません。

耳掃除専用の液体（注3）をそっと耳の中に流し込んで耳の軟骨（さわって硬い感触のする部分）をやさしくマッサージした後に、頭を振らせて液体を排出させてください。

●シャンプー

シャンプーの液体が耳に入り込んでしまうことも多く、シャンプー後に耳掃除をすると有効です。ただし、耳の病気が疑われるような症状がみられたら、耳をさわらないようにして獣医師を受診してください。（佐藤秀樹）

注1【垂れ耳の犬種】アメリカン・コッカー・スパニエル、ゴールデン・レトリーバー、ラブラドール・レトリーバー、ミニチュア・ダックスフンドなど。

注2【アレルギー性皮膚炎を起こしやすい犬種】シー・ズー、マルチーズ、シェットランド・シープドッグ、ウエスト・ハイランド・ホワイト・テリアなど。

注3【耳掃除専用の液体】ペットショップで販売されているが、かかりつけの動物病院に相談してみよう。処方を受ける場合もある。

鼻に障害がある

鼻の短い犬種ボストン・テリア

《考えられる主な病気》

鼻水、くしゃみ

鼻炎［イヌ、ネコ］……………………298頁
犬アデノウイルス感染症［イヌ］…306頁
犬ジステンパー［イヌ］
……………………306、404、507、540頁
犬パラインフルエンザウイルス感染症［イヌ］
犬ヘルペスウイルス感染症［イヌ］
………………………………306、543頁
猫カリシウイルス感染症［ネコ］…306頁
猫伝染性呼吸器症候群［ネコ］…547頁
猫伝染性鼻気管炎［ネコ］……548頁
猫クラミジア感染症［ネコ］…552頁
副鼻腔炎［イヌ、ネコ］…………299頁
鼻腔内異物［イヌ、ネコ］
鼻腔・副鼻腔の腫瘍［イヌ、ネコ］…526頁
歯瘻［イヌ、ネコ］…………………325頁

鼻出血

鼻炎［イヌ、ネコ］…………………298頁
鼻腔・副鼻腔の腫瘍［イヌ、ネコ］…526頁
肺水腫［イヌ、ネコ］………………309頁
血小板減少症［主にイヌ］………284頁
血小板と凝固系の疾患［イヌ、ネコ］
……………………………………283頁

いびき、喘鳴

軟口蓋過長症［主にイヌ］…300、327頁
短頭種気道閉塞症候群［主にイヌ］…300頁
鼻腔・副鼻腔の腫瘍［イヌ、ネコ］…526頁
鼻孔狭窄症［イヌ、ネコ］………299頁

イヌ、ネコにみられる鼻の障害には、鼻水、くしゃみ、鼻出血、いびき、喘鳴《ぜんめい》（注1）などがあります。重症化すると呼吸が苦しくなったり、においをかぐことができないために食欲不振に陥ったりします。

イヌは犬種によって鼻の形が大きく異なります。鼻の短い犬種（パグ、ペキニーズ、フレンチ・ブルドッグなど）では、軟口蓋過長《なんこうがいかちょう》症《しょう》になることが多く、鼻の長い犬種（シェットランド・シープドッグ、コリーなど）では、鼻の短い犬種に比べて鼻の腫瘍《しゅよう》が多くみられる傾向にあります。

ネコでは感染症による鼻の異常がよくみられます。

また、イヌ、ネコは歯の病気によって鼻に障害を起こすことがあります。鼻に障害があるから、必ずしも鼻の病気であるとは限りません。

通常、イヌやネコの鼻はぬれていますが、鼻が乾いているときは体調を崩していることがほとんどです。しかし、鼻の病気である危険性はあまりありません。

原因

●鼻水、くしゃみ

鼻の主な症状は鼻水、くしゃみです。くしゃみは反射的な鼻からの空気の排出で、通常は鼻水を伴います。鼻水は性状によって、漿液《しょうえき》

動物のアレルギー性鼻炎

近年、人間と同じようにイヌやネコにもアレルギー性鼻炎が存在することがわかってきました。スギ花粉によるアレルギーも存在します。しかし、動物では、アレルギー性鼻炎のもっとも多い原因はハウスダストです。

治療は基本的に対症療法（症状を軽減する治療方法）を行います。空気清浄機などを使用した環境のコントロールも有効です。

（佐藤秀樹）

鼻の長い犬種ボルゾイ

性《せい》（鼻水がサラサラしている）、粘液膿性《ねんえきのうせい》（鼻水がドロドロしていて黄色い）、出血性（血が混ざっている）に分けられます。

もっとも疑われる主な原因は、異物や細菌（クラミジア）、真菌、ウイルス、アレルギーによる鼻炎です。鼻炎が進むと副鼻腔炎《ふくびくうえん》になります。また、口の中の炎症が鼻に進行する危険性もあります。

●鼻出血

鼻出血とは鼻からの出血のことです。くしゃみとともに排出された鼻水に血が混ざっていたり、鼻から持続的にダラダラと流れる出血があります。

重度の鼻炎、副鼻腔炎、鼻腔《びくう》内の腫瘍が疑われます。

鼻出血がみられる場合は、肺水腫《はいすいしゅ》などの循環器の病気にかかっている危険性があります。また、出血が止まらないときは、血小板減少症や血液凝固異常など血液の病気が疑われます。

●いびき、喘鳴

空気の通り道が狭くなったときに生じる大きな音をいいます。興奮したときや暑いときに悪化しやすい傾向があります。

鼻の短い犬種は軟口蓋過長症が、ネコは鼻《び》孔狭窄症《こうきょうさくしょう》が疑われます。また、鼻腔内ポリープも考えられます。

観察のポイント

鼻水の性状、くしゃみの頻度、いびきや喘鳴を起こす時期、呼吸状態を注意深く観察してください。

●鼻水、くしゃみの程度

一過性の鼻水、くしゃみであれば病気である危険性は低いでしょう。動物の様子を注意して観察してください。鼻水、くしゃみが続くようなら、鼻に障害があるかもしれません。

●鼻水の内容

鼻水の内容によって、ある程度鑑別ができます。鼻水がサラサラしているとき（漿液性）には、アレルギーや初期のウイルス感染が疑われます。鼻水が黄色でドロドロしているとき（粘液膿性）は、細菌感染を起こしている危険性があります。

●くしゃみの頻度

くしゃみは、いつからどのようにして始

鼻に障害がある	
いびき、喘鳴があるが、日常生活に支障ない	様子を観察
鼻水、くしゃみは一過性である	様子を観察
鼻水、くしゃみが持続する	病院へ
鼻から出血しているが、すぐに止まる	病院へ
顔が変形するなどの症状がある	病院へ
鼻出血が止まらない	至急病院へ
呼吸困難を起こすようないびき、喘鳴がみられる	至急病院へ
咳をする、皮膚に出血斑があるなど、ほかの症状を伴う	至急病院へ

まったのか、どの程度なのかをよく観察してください。突然始まった激しいくしゃみが続く場合は、鼻腔内の異物が考えられます。

●鼻からの出血

出血のタイプを観察してください。鼻水に血が混じっているなら、鼻炎や重い肺水腫が考えられます。また、出血している状態であれば腫瘍や血液の病気が考えられます。

●いびき、喘鳴を起こす時間帯

いつどんなときに、いびき、喘鳴を起こしているかよく観察してください。寝ているときや多少のいびき、喘鳴であれば問題はないでしょう。しかし、呼吸困難を起こすようないびき、喘鳴は治療する必要性があります。

●呼吸の状態

鼻の病気は直接呼吸にかかわっているので、呼吸がよくできているか十分に観察してください。呼吸困難がみられたら、緊急の治療が必要になります。

●顔の状態

鼻に腫瘍ができていると、顔の形が変わったり、目が飛び出たりします。

●歯の状態

歯の病気が鼻水の原因となることもあります。とくに上の歯の異常（とくにう歯）は鼻腔に影響を与えることもあるので、チェックしてみてください。

●ほかの症状を伴う

咳《せき》をしたり、皮膚に出血斑《しゅっけつはん》があったりするときは、重い病気にかかっている危険性があります。

ケアのポイント

●鼻炎を放置しない

鼻炎は軽い病気と思われがちですが、症状が長引いて慢性化したり、副鼻腔炎に進行すると治療が困難になります。においをかげなくなると食欲を失うこともあります。鼻水などの症状がみられたら、早めに獣医師の診察を受けてください。

●止血が難しい鼻出血

鼻出血は出血している部分が鼻の中であるため、止血することが困難です。出血が止まらない場合は、緊急の治療が必要になります。

●いびき、喘鳴の程度

いびき、喘鳴は、日常生活に支障をきたさ

なければ、様子を観察してください。ただし、日常的にいびきや喘鳴がみられる動物は暑さに弱いことが多いので、日射病などには十分に注意してください。

●呼吸困難には早めの受診

日常生活に支障をきたすような呼吸困難を起こしていれば、早めに獣医師の診察を受けてください。

（佐藤秀樹）

注1【喘鳴】呼吸をするときに気道が「ゼイゼイ」「ヒューヒュー」などの音を発する。

乳房が腫れている、しこりがある

イヌの乳腺腫瘍。乳腺の異常は発見しやすいので、日頃から触れて確認することが大切

《考えられる主な病気》

腫れ、熱感

乳腺炎［イヌ、ネコ］……………395頁
炎症性乳癌［イヌ、ネコ］………534頁

しこり

乳腺腫瘍［イヌ、ネコ］……395、534頁

イヌやネコの乳腺《にゅうせん》（→384頁）は、胸部から腹部全体にわたって存在し、通常、イヌでは5対、ネコでは4対の乳頭があります。

原因

イヌ、ネコにみられる乳腺腫瘍《にゅうせんしゅよう》には、良性と悪性があります。イヌでは良性と悪性の比率は半々ですが、ネコでは悪性である危険性が非常に高く、早期の治療が必要です。

イヌ、ネコに乳腺の腫《は》れや熱感がみられる場合は、乳腺炎《にゅうせんえん》が疑われます。イヌでは、炎《えん》症性乳癌《しょうせいにゅうがん》という非常に悪性の腫瘍《しゅよう》ができることもあるので注意が必要です。

乳房は腫れ、熱感、しこりなどで、異常を知ることができます。

●腫れ、熱感

イヌやネコの雌は、生理的に出産の約10日前から乳房が発達します。必要な授乳を終え、子イヌ、子ネコが離乳するようになると乳房は速やかに退縮します。また、動物が発情後、偽妊娠の状態になると乳房が張ってくることもあります。

しかし、これら生理的な要因とは別に、乳房が腫れたり、熱感を帯びているときは、乳腺炎が考えられ、痛みを生じることもあります。

また、しこりがある、乳房に赤紫色の発赤がある、強い痛みがあるなどの症状がみられる場合は炎症性乳癌が疑われます。

●しこり

乳房（乳頭の中やその周辺）に腫瘍ができると、触れたときにコリコリとした硬いしこりがあります。乳腺腫瘍は雌だけでなく、雄にも発生します。

観察のポイント

乳房の異常は見つけやすいので、日頃からよくさわって観察しておくことが重要です。

●発情や交配の有無

妊娠しているときや出産後なら、乳腺が腫れてきても正常です。また、発情後に偽妊娠となって腫れる可能性もあります。発情の時期を観察しておいてください。

●しこりの数

しこりは一カ所とは限りません。ほかの部位にできていないか注意深く探してください。

●しこりの変化

しこりを見つけた時期、大きさの変化、急激に大きくなっているかどうか観察してください。

●出血や発熱、痛み

乳腺腫瘍があり、これらの症状が重なっているときは炎症性乳癌の危険性があります。

●後ろ足が腫れている

乳腺腫瘍ができると、血液や体液の流れが悪くなり、後ろ足が腫れることがあります。

●ほかの症状を伴う

悪性度の高い炎症性乳癌

炎症性乳癌はイヌに発生し、乳腺腫瘍のなかでも悪性度の高い病気です。

発生率は全乳腺腫瘍のなかの１%程度ですが、手術をしても、その後の経過が不良（予後不良）で、悪化することがほとんどです。治療は困難で、激しい痛みを伴うなど強い症状が現れます。

この段階では、ほかの臓器に転移していることも多く、消炎薬や鎮痛薬を用いて、腫れや痛みを軽減するといった対症療法しかできません。多くの場合、早期に死に至ります。（佐藤秀樹）

乳房が腫れている、しこりがある

乳房に異常がある	様子を観察
乳房に腫れがあるが、出産前か授乳中である	様子を観察
子イヌ、子ネコが離乳したのに乳房の腫れが続いている	早く病院へ
交配していないのに乳房が腫れている	早く病院へ
乳房をさわると痛がる	早く病院へ
乳房にしこりがある	早く病院へ
しこりから出血している	至急病院へ
しこりがあり乳房に発熱、痛みがある	至急病院へ
後ろ足が腫れている	至急病院へ
呼吸が苦しそうなど、ほかの症状を伴う	至急病院へ

乳腺腫瘍があり、呼吸状態が悪くなっている場合は、肺へ転移している危険性があります。

ケアのポイント

乳腺腫瘍はもっとも多くみられる腫瘍です。乳房のしこりは発見しやすいので、日頃から体をさわって、しこりがないかどうかをよく注意してください。

しこりを見つけた場合は、場所や数などをチェックして獣医師の診察を受けてください。

（佐藤秀樹）

毛が抜ける

《考えられる主な病気》

皮膚炎

アレルギー性疾患［イヌ、ネコ］…502頁

細菌感染症（膿皮症、皮下膿瘍（注１）など）［イヌ、ネコ］…………507頁

皮膚糸状菌症［イヌ、ネコ］…508、553頁

外部寄生虫感染症

- 毛包虫症［主にイヌ］…509、584頁
- 疥癬［イヌ、ネコ］…443、509、586頁
- ノミ［イヌ、ネコ］……………587頁
- シラミ［主にイヌ］…………587頁

内分泌性疾患

副腎皮質機能亢進症［主にイヌ］……………………464、490、499頁

甲状腺機能低下症［主にイヌ］……………………461、490、499頁

エストロゲン過剰症［イヌ］…501頁

下垂体性小体症［イヌ］………500頁

内分泌性脱毛症（アロペシア）［イヌ］……………………………501頁

釦状尾症（注２）［ネコ］

避妊・去勢反応性皮膚疾患［イヌ］……………………………501頁

自己免疫疾患

天疱瘡［イヌ、ネコ］……………504頁

その他

猫対称性脱毛症（心因性脱毛症を含む）［ネコ］…………………………510頁

イヌやネコの毛は季節によって抜け落ちます。これを「抜け変わり」といいます。イヌでは春から秋の間、ネコでは春にもっとも多くみられます。

最近では、室内飼育されるイヌやネコの多くは、一年中、抜け変わりがみられます。これは、動物が人間と同じ環境で過ごすようになったため、暖房や照明器具などが飼育環境

注１【皮下膿瘍《ひかのうよう》】「皮膚がおかしい」164頁脚注参照。

注２【釦状尾症《こうじょうおしょう》】スタッドテールとも呼ばれる。ネコは尾の背側で尾の付け根から数センチ離れた部位にマーキングのための分泌腺《ぶんぴつせん》（皮脂腺《ひしせん》）がある。発情期には分泌腺からの分泌が活発になり、この部位が脱毛したり、楕円形《だえんけい》に腫《は》れたり、皮膚が硬くなったり、分泌物が付着したりする。二次的に細菌感染が起こると皮膚炎を起こしたり、化膿《かのう》したりする。このような場合は、皮膚を清潔に保つように心がけること。分泌腺からの分泌や皮膚炎が治まってくると、皮膚に黒い色素がつくこともある。

毛が抜ける

- 虫のようなものが動物の体についている → 適切な薬物による外部寄生虫の駆除
- 動物が生活している場所に虫のようなものが落ちている → 適切な薬物による外部寄生虫の駆除
- 左右対称に毛が抜ける → 病院へ
- かゆみや皮膚の異常のほかに食欲や飲水量の増加がみられる → 病院へ
- いつも決まった時期にかゆがる → 病院へ

に影響して、季節的な温度変化や光周期の刺激に狂いが生じているためです。

原因

抜け変わりの時期に毛が抜けるのは、生理的な現象で心配はありません。しかし、なかには、皮膚の病気や外部寄生虫の感染によって、脱毛や皮膚に異常をきたすことがあります。

観察のポイント

●毛の抜ける部位

左右対称に脱毛がみられる場合は、ホルモン性の皮膚炎が疑われます。

●皮膚の状態

外部寄生虫（ノミ、ダニなど）感染や、皮膚の病気によって、毛が抜ける場合がありますので、皮膚の様子をよく観察しましょう。

●毛が抜ける時期

毛の抜け変わりの時期ではないのに、特定の時期に毛が抜ける場合は、外部寄生虫の感染かノミアレルギー性皮膚炎などの可能性があります。

●ほかの症状を伴う

毛が抜けるときに、かゆみ、発疹《ほっしん》、ふけなどはないでしょうか。また、皮膚症状のほかに、食欲や飲水量の変化などの症状がみられないかどうか観察しましょう。

ケアのポイント

●ブラッシング

皮膚病予防のために、日頃から動物の被毛を清潔にします。全身をよくブラッシングして抜け毛を除去し、毛のもつれをなくします。毛にもつれがあると、シャンプー時に毛の根元や皮膚を洗えません。

ブラシには、様々な種類があるので、毛質にあったブラシを選んで使用しましょう。

●シャンプー

イヌやネコにシャンプーをするときは、38〜39℃程度のお湯を使用します。体温とほぼ同じ温度のため、動物にとっては違和感がありません。

夏の暑い時期は、少しぬるめでもよいでしょう。シャンプー後はよく洗い流し、乾いたタオルで完全に乾かします（温和な動物では、ドライヤーを使用してもよい）。

熱がある

《考えられる主な病気》

気温・湿度の高い環境

熱中症［イヌ、ネコ］…229頁

感染性疾患

ウイルス感染症［イヌ、ネコ］……………………540頁

細菌病［イヌ、ネコ］…549頁

呼吸器疾患

喉頭炎［イヌ、ネコ］…302頁

気管炎［イヌ、ネコ］…303頁

肺炎［イヌ、ネコ］…305頁

膿胸［主にネコ］…314頁

胸膜炎［イヌ、ネコ］…315頁

消化器疾患

急性肝不全［イヌ、ネコ］……………………345頁

膵炎［イヌ、ネコ］…350頁

腹膜炎［イヌ］……352頁

生殖器疾患

精巣炎［雄イヌ］…387頁

前立腺炎［雄イヌ］…388頁

関節の異常

非感染性関節炎（免疫介在性関節炎）［イヌ、ネコ］……………………487頁

自己免疫疾患

エリテマトーデス［イヌ、ネコ］……………………505頁

水疱性類天疱瘡［イヌ、ネコ］……………………505頁

腫瘍

白血病（造血器系の腫瘍）［イヌ、ネコ］…289、535頁

●外部寄生虫感染の予防

気温が上昇する春から夏にかけて、ノミ、ダニなどの寄生虫の動きが活発になります。これらは外部寄生虫と呼ばれ、動物の皮膚、毛、耳などに寄生します。かゆみや毛が抜ける原因になるだけでなく、様々な病気を媒介します。この時期には、ノミやダニの駆虫薬で、感染症を予防しましょう。

室内で飼っている場合は、気温が低い時期でも、暖房で室温が保たれているため、ノミやダニが発生することがあります。1年を通して注意する必要があります。（清水美希）

熱がある

- 運動中である → **体を冷やす** → 様子を観察
- 興奮している → **動物を落ち着かせる** → 様子を観察
- 微熱がある → 病院へ
- 嘔吐や下痢などの消化器症状がある → 病院へ
- 高熱（41℃以上）→ **すぐに体を冷やす** → 至急病院へ
- 尿・便の失禁がみられる → 至急病院へ
- 呼吸がおかしい → 至急病院へ
- ぐったりしている → 至急病院へ
- けいれんを起こしている → 至急病院へ

イヌやネコの体温は40℃を超すと熱があるといえます。熱があるときの状態やそれに伴う症状などをよく観察して、病的な発熱かどうかを判断してください。

原因

発熱には様々な原因があります。発熱は病気の症状の一つです。氷のうなどをあてて一時的に熱を下げても、発熱のもとになっている病気の治療をしなければ、熱は下がりません。

動物の様子を注意深く観察して、できるだけ早く獣医師の診察を受けてください。

観察のポイント

●体温を測る

動物の体温は、肛門《こうもん》に体温計を挿入して測ります。体温計は、人間が使用する水銀体温計や電子体温計を動物用として使うとよいでしょう。

平熱はイヌでは37・5～39℃、ネコでは38～39℃です。幼年期には体温が多少高く、高齢期になると低い傾向があります。

●発熱の経過

いつから熱があるのか、何をしていたら熱が上がったのか、気づいたことをメモしておくとよいでしょう。また、急に熱が出たのか、日がたつにつれて徐々に熱が高くなっているのか、日によって熱があったりなかったりと、ばらつきがあるのかなど観察してください。

●熱はどのくらいか

熱があると思ったら、少なくとも朝・夜2回体温を測ります。日によって熱が上がったり下がったりと変動があるか、1日のうちで体温に差があるかどうかなど確かめます。また、測定した体温を記録して一覧表にすると、その変化が把握しやすくなります。

●熱のほかに症状を伴うか

発熱以外に、いつもと変わった症状はないでしょうか。たとえば、食欲、元気、呼吸状態、粘膜の色、便・尿の状態、痛みの有無、歩き方、粘膜は乾いていないか、皮膚の弾力性はどうか、皮膚に発疹《ほっしん》はないかなど観察します。

●その他

興奮していないか、生活環境に変化はな

熱中症（熱射病、日射病）

気温や湿度の高いところで激しい運動をしたり、屋外で長い時間、直射日光を浴びていたり、高温で換気不十分な場所に閉じ込められていたりすると、突然、高体温と虚脱がみられることがあります。このような高温で湿度の高い環境下で起こる様々な体の障害を総称して熱中症と呼んでいます。

イヌやネコが熱中症になると、息が荒くなったり、ぐったりし、ときには尿・便の失禁がみられることがあります。

熱中症になった場合は、応急処置として全身に冷水を浴びせたり、氷のうや冷却まくらなどをあてて急速に体温を低下させ、できる限り早く獣医師の診察を受けるようにしましょう。

体を冷やして状態がよくなったようにみえる場合でも、体内では大きな変化が起こっており、その後、状態が急変することがあるので注意が必要です。　（清水美希）

かったか、ほかのイヌやネコと接触していないか、薬のアレルギーはないかなど観察します。

ケアのポイント

●安静にする

気温の高い場所や日のあたる場所、あるいは風通しが悪く湿度の高い場所を避けます。直射日光があたらず、風通しのよい涼しい場所に動物を移動させ、安静にさせます。

動物は体温が高いと、パンティングを行い体温を発散させようとします。衣服などを着込んでいる場合は脱がせ、首輪や胴輪をはずして呼吸を楽にさせます。

●体を冷やす

熱が非常に高くなっている場合（41℃以上）は、水シャワーをかけたり水風呂《みずぶろ》につけたりして、急速に熱を下げる必要があります。

高熱でなくても、氷のうや冷却まくらなどをタオルにくるんで体の周囲にあてて冷やします。氷水などを飲ませるのもよいでしょう。

●十分な水分の補給

熱があると、熱を放散させようと体が働くために体の水分が奪われ、体の働きが悪くなります。

新鮮な水を十分に与えましょう。自分から水を飲まない場合は、スポイトなどで口の中の粘膜や歯ぐき（歯肉）を湿らせたりします。無理に水を飲ませようとして、誤飲させることがないように注意しましょう。

（清水美希）

脱水を起こす

《考えられる主な病気》

水分摂取量の低下

食欲不振［イヌ、ネコ］…………138頁

水分の喪失

下痢［イヌ、ネコ］…………182頁

嘔吐［イヌ、ネコ］…………144頁

出血［イヌ、ネコ］

熱射病［イヌ、ネコ］…………229頁

腎不全［イヌ、ネコ］…………357頁

体液分布の異常

糖尿病［イヌ、ネコ］…………466頁

健康な動物は、体重の約60%が水分（体液）で占められています。体液は、水分のほかに電解質、タンパク質、酸あるいは塩基を多く含んでおり、神経や筋肉の興奮性や筋収縮、尿量や体液量の調節など、様々な生理作用に関与しています。

体液は細胞内液（細胞内に存在する体液）と細胞外液（細胞外に存在する体液）に分かれます。さらに、細胞外液は、血管内に存在する血漿《けっしょう》と、血管外の組織中に存在する組織間液に分けられます。

何らかの原因で、体から大量の体液が減少した状態を脱水症といいます。脱水を起こすと、体に様々な障害を起こすようになります。

原因

脱水は様々な原因で起こります。必要な水分量を摂取できなかったり、体からの水分を失ってしまう状態、あるいは腎臓《じんぞう》の病気により水分を再吸収する能力が低下した場合などに起こります。

観察のポイント

●つまんだ皮膚の戻り具合（皮膚の弾力性）

背中あるいは腰の皮膚をつまんで離し、皮膚の戻り方を観察してください。首の皮膚は、脱水を起こしていなくても皮膚の戻りが悪い

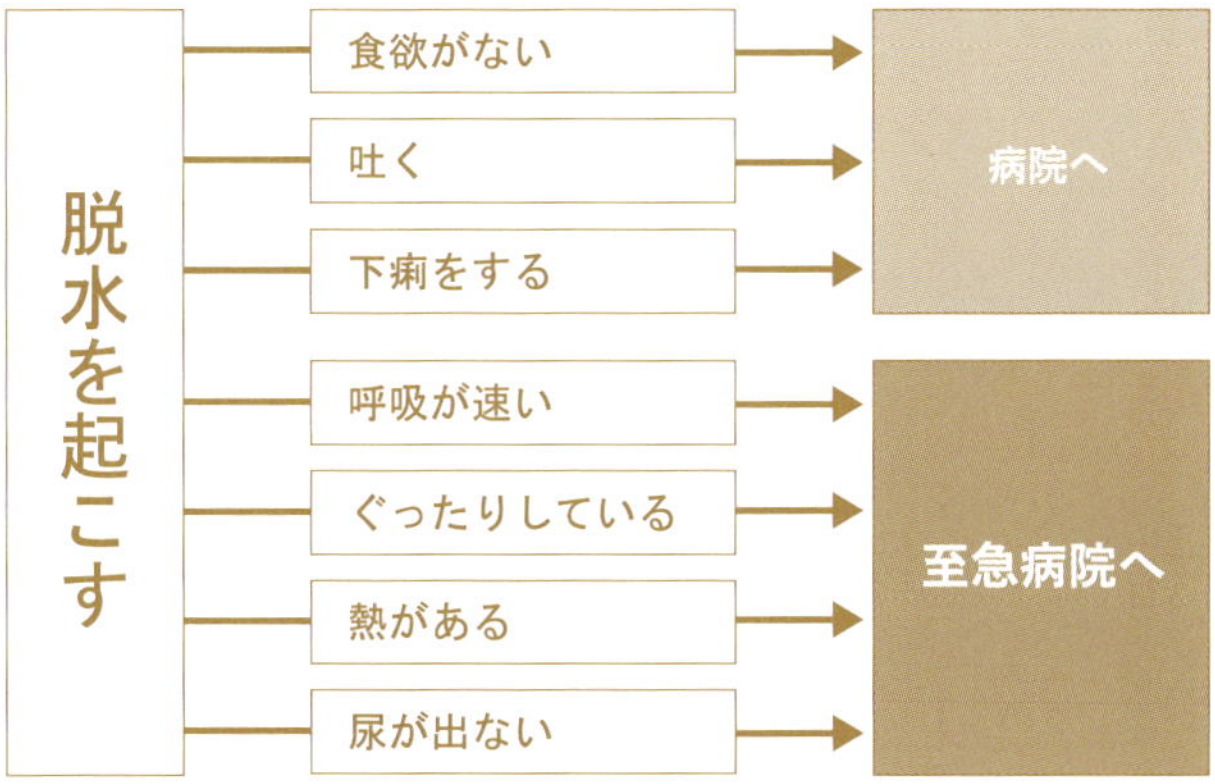

ことが多いので、判定が不正確になります。

また、太っている動物では、脱水があるのにわかりづらいことがあり、逆に、痩《や》せている動物では、正常でも脱水があるようにみえることがあります。

正常であれば、皮膚は1・5秒以内に戻り、脱水の程度は体重の5％未満と判定されます。つまんだ皮膚の戻りが2秒以上かかる場合は脱水を疑います。

●粘膜の乾燥状態

口腔《こうくう》内の粘膜が乾燥しているかどうか観察します。

●時間的推移

脱水が急激に起こったのか、時間をかけて徐々に起こったのか、脱水の経過を獣医師に伝えると診断に役立ちます。

●体重の変化

体液量が減少して脱水状態に陥ると体重が減少します。健康なときの体重から現在の体重を引くと脱水量が計算できます。この方法は比較的短時間に起こった脱水にのみ行うことができます。なぜなら、脱水を起こしてから時間がたっていると、体重の減少が脱水によるものなのか、痩せたことによるものなのか判断できないからです。

体液が腹腔《ふくくう》内や組織の一部に貯留している場合は、脱水が起こっていても体重に変化が現れないことがあります。

●飲水量の変化

飲水量が不足して脱水を起こしている場合と、非常に口渇感が強く飲水量が増える場合があります。

●消化器症状を伴う

嘔吐《おうと》や下痢などにより水分を消失し、脱水を起こす場合があります。

●尿量の変化

体液量が減少したために尿量が減少する場合があります。また、腎臓における水分再吸収能の低下のため、尿量が増加する場合があります。

●ほかの症状を伴う

食欲の有無、呼吸が速い、ぐったりしているなど、全身状態に異常をきたしていないか観察します。

ケアのポイント

●水分の補給

動物が水を飲める場合は、新鮮な水を十分に与えます。水を飲みたがらない場合は、水に甘みや、鶏ガラスープなどを少し加えて味をつけるとよいでしょう。また、食事に含まれる水分量を増やすことで、水分不足を解消することができます。

●輸液治療

輸液は脱水に対するもっとも効果的な治療法です。脱水の原因を調べ、適切な輸液剤を選択し、ただちに投与して、急激に起こった体液量の欠乏を補正します。長時間にわたって生じた欠乏は数日かけて補正します。この治療法は獣医師のもとで行われます。

一般的にイヌやネコの輸液治療には、静脈内投与法、皮下投与法、経口投与法があります。

［静脈内投与法］ 投与された水分、電解質などの吸収がもっとも速く行われるため、とくに重度な脱水やショックを起こしている動物に対して非常に効果的です。しかし、投与に際しては血管を確保する必要があり、投与速度にも限界があります。投与する輸液量が多い場合には時間がかかるため、入院治療あるいは通院治療が必要になります。

［皮下投与法］ 輸液剤を皮下組織に投与する方法です。投与が簡単で多量の輸液剤を短時間で投与できます。しかし、組織刺激が強くて投与できない輸液剤があったり、投与された輸液剤の吸収に時間がかかるという欠点があります。

脱水を起こしている動物は、血液の循環が悪くなっている場合が多く、さらに吸収が遅くなります。したがって、重度な脱水があり、衰弱した動物には皮下投与を行いません。

［経口投与法］ 口から水分を補給する方法で、もっとも生理的な投与法です。しかし、吐いたり、食欲がない場合には、口からの投与が困難になります。急速に大量の体液の喪失があった場合に、大量の水分を口から摂取させるには無理があります。

（清水美希）

かゆがる

《考えられる主な病気》

皮膚炎

角化異常症（原発性特発性脂漏症、シュナウザー面皰症候群）［イヌ］……496、497 頁

副腎皮質機能亢進症［主にイヌ］……464、490、499 頁

アレルギー性疾患［イヌ、ネコ］…502 頁

膿皮症［主にイヌ］……507 頁

真菌感染症（皮膚糸状菌症［イヌ、ネコ］、マラセチア感染症［主にイヌ］）……508、533 頁

外部寄生虫感染症

- ダニ［イヌ、ネコ］……584 頁
- 毛包虫症［主にイヌ］…509、584 頁
- 疥癬［イヌ、ネコ］…443、509、586 頁
- ノミ［イヌ、ネコ］……587 頁
- シラミ［主にイヌ］……587 頁

日光性皮膚炎［イヌ、ネコ］…443、510 頁

自己免疫疾患

天疱瘡［イヌ、ネコ］……504 頁

その他

オーエスキー病［イヌ、ネコ］…404 頁

動物が皮膚の同一部位を繰り返し掻《か》いたり、舐《な》めたりする動作を見かけることがあります。これはかゆみ（掻痒感《そうようかん》）があるときにみられる状態です。しかし、掻きかたがひどいと、皮膚に傷がついたり炎症を起こすことがあります。かゆみがひどい場合には、適切な処置が必要になります。

原因

かゆみの原因は、外的要因（ノミなどの寄生虫など）や、内的要因（アレルギー性や自己免疫性の病気など）など、様々なものが考えられます。

原因は調べてもわからなかったり、原因がわかってもそれを除去することが不可能なこともあります。

そのため、治療法としては除去できる原因を取り除くことと、いまあるかゆみをいかにコントロールしていくかが大切なポイントになります。

観察のポイント

●かゆがる部位

体の一部、背中や腰あたりをかゆがっている場合は、外部寄生虫の感染が疑われます。

●かゆみの程度

かゆみが非常に強く、皮膚を掻き壊すほどかゆがっているのか、たまに掻く程度なのか

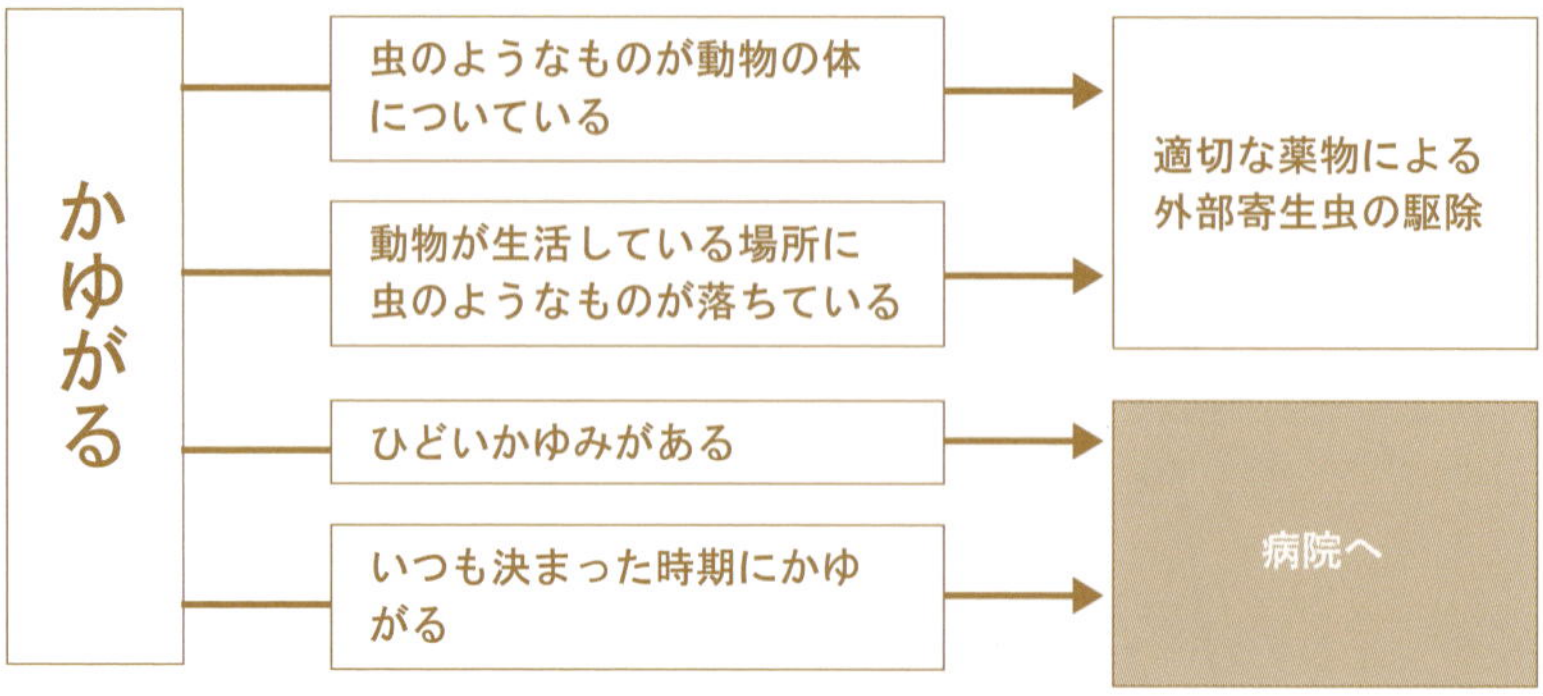
かゆがる
虫のようなものが動物の体についている
動物が生活している場所に虫のようなものが落ちている
ひどいかゆみがある
いつも決まった時期にかゆがる
適切な薬物による外部寄生虫の駆除
病院へ

を観察します。

●かゆがる時期

かゆがる時期が決まっている場合は、外部寄生虫の感染か、アトピー性皮膚病などが原因である可能性があります。

●家族・同居動物のかゆみの有無

一緒に生活している家族やほかの動物にもかゆみがある場合は、外部寄生虫の感染が疑われます。

●ほかの症状を伴う

かゆみのほかに脱毛、発疹《ほっしん》、ふけの有無などに注意してください。

●食事内容の変更の有無

食事の内容を変更した後にかゆみが出た場合は、食物アレルギーの可能性があります。

ケアのポイント

●日頃の皮膚のケア

動物が非常にかゆがっている様子は、飼い主にとってもつらいものです。日頃から、皮膚病にかからないように皮膚を清潔に保ちましょう。

●かゆくても掻かせない

イヌやネコでは、かゆみがあると後ろ足の爪《つめ》を立てて過剰に掻いたり、口で噛《か》んだりして、皮膚を傷つけることがあります。皮膚を過剰に掻くと炎症が悪化して、ますますかゆみが強くなります。また、皮膚に傷ができると二次的な細菌感染を起こし、かゆみが増加するなどの悪循環に陥ります。したがって、服を着せたり、エリザベスカラー（→170頁）を装着したり、気を紛らせるなどして、掻く行為を止めさせましょう。

●外部寄生虫感染の予防

イヌやネコのかゆみの原因の多くは外部寄生虫の感染です。ノミとダニは、1カ月に1回、駆虫薬を使用することによって予防できます。また、イヌやネコが生活している場所をよく掃除し、外部寄生虫のいない環境を維持しましょう。

●シャンプーの選択

シャンプーには、ノミ駆除用、保湿性、殺菌性、角質溶解性など、様々な種類があります。まず、獣医師の診察を受けて、かゆみの原因を特定してもらい、どのようなシャンプーがよいか相談してください。適切なシャ

ンプーを選択して、動物が清潔に快適にすごせるようにしましょう。

●**食事内容の変更**

食物アレルギーが疑われる場合は、いままでに食べたことのない原料を使用した食事に変えたり、低アレルギー性の特別療法食（獣医師の指示のもとに入手）などに変更するとかゆみが改善されることもあります。

●**食器を変える**

ステンレス製やプラスチック製の食器に対してアレルギーを示す動物がいます。とくに口の周辺をかゆがっていたり、皮膚が赤くなったり、毛が抜けたりしている場合は、陶器などの食器に変えてみましょう。

●**かゆみのコントロール**

炎症を抑えたり、免疫力を強化するようなサプリメントを飲ませます。

オメガ3脂肪酸（注1）は、炎症の抑制が認められています。アレルギーによる皮膚の炎症やかゆみの軽減に役立ちます。サプリメントの選び方は獣医師に相談してください。

（清水美希）

注1 【オメガ3脂肪酸】エイコサペンタエン酸（EOA）やドコサヘキサエン酸（DHA）などがあり、魚油に多く含まれている不飽和脂肪酸の一つ。獣医師の指示のもとに入手できる。

CHAPTER 4

第四章

病気と治療

循環器系の疾患

循環器とは

循環器とは、心臓と血管（動脈、毛細血管、静脈）およびリンパ管などの総称で、循環器系は、体の中のすべての細胞に血液を供給する役割を果たしています。体内の血液の流れには体循環と肺循環の二つがあり、さらにリンパ液の流れとしてリンパ循環があります〈図１〉。

①体循環

心臓から動脈、毛細血管、静脈を通り、再び心臓へ戻る循環を体循環といいます。心臓から送り出された血液は、動脈を通り各細胞に酸素などを運搬します。動脈は徐々に細くなって毛細血管に移行し、静脈へと流れていきます。そして、静脈から心臓へと血液が戻ります。この体循環は大循環ともいいます。

②肺循環

心臓から肺動脈、肺の内部の毛細血管、肺静脈を通り、心臓に戻る循環を肺循環といいます。体循環で酸素が消費された血液が肺循環に流れ込み、肺で酸素を十分含んだ血液になって心臓に戻ります。肺循環は小循環ともいいます。

③リンパ循環

体循環と肺循環は血液循環ですが、リンパ循環にはリンパ液が流れています。リンパ循環は毛細リンパ管に始まり、リンパ本管を通って、最終的に太い静脈に流れ込みます。胸腹部からのリンパ管は胸管となり、太い静脈に注いでいます。

（高島一昭）

〈図１〉循環器の分類

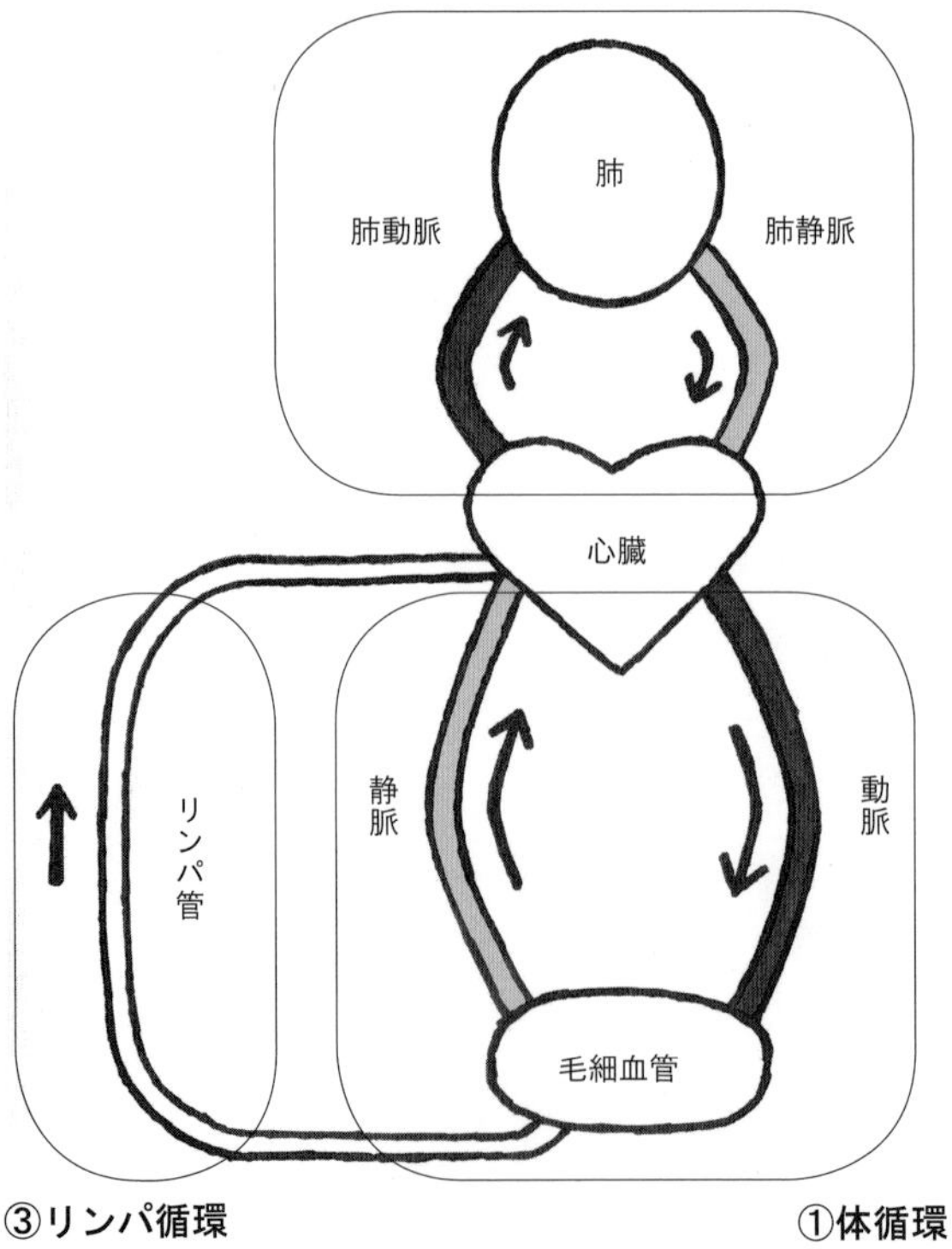

心臓の構造と機能

心臓は、血液を全身に送り出すポンプの役目をするとても重要な臓器で、四つの部屋からなり、各々の部屋には大きな血管が付属しています〈図２〉。

血液の流れる順を追うと、まず、全身で使われた血液が大静脈から右心房に戻ってきます。そして、右心房から右心室へ流れ込みます。右心房と右心室の間には、三尖弁《さんせんべん》という弁があり、血液の逆流を防いでいます。次に、血液は右心室から肺動脈を通り肺へ運ばれます。この右心室と肺動脈の間には肺動脈弁があり、同様に逆流を防いでいます。肺で酸素をいっぱい含んだ血液は、肺静脈を通り、左心房へ送られます。さらに、左心房から左心室へ流れ、ここで勢いをつけて大動脈へ送られ、全身に流れます。この左心室の圧が全身の血圧になります。左心房と左心室の間には僧帽弁、左心室と大動脈の間には大動脈弁があります。

心拍数は、運動すると増加し、休んでいると減少します。また、緊張するだけでも増加します。それは、心拍数が交感神経と副交感神経に支配されているからです。興奮すると交感神経が活発になって心拍数を増加させ、リラックスすると副交感神経が主になり、心拍数は減少します。

また、心臓自体の動きは、刺激伝導系によって統制されています。刺激伝導系とは、簡単にいうと心臓を動かすための電線で、ここを流れる電気信号により、左右の心房や心室が協調して動くことができるのです。

（高島一昭）

〈図２〉心臓の構造と血液の流れ

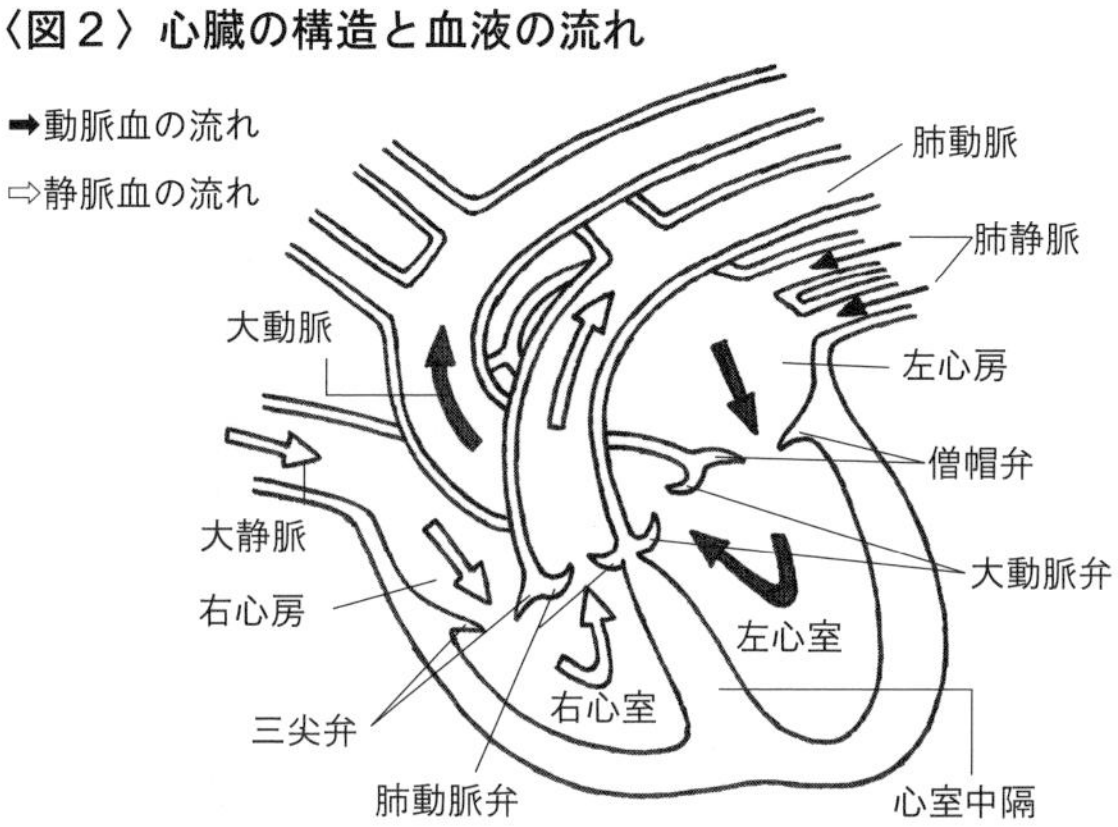

血管の構造と機能

血管は血液を運ぶための管で、全身に張り巡らされており、動脈と毛細血管、静脈に分類されます。すべての細胞は、血管から酸素や栄養を受け取っています。

心臓から出てきたばかりの血液は、酸素を多く含んでいます。俗にいう「きれいな血液」で、動脈を通って全身に運ばれます。酸素を各組織に運搬した後の血液、俗にいう「汚い血液」は、静脈を通って心臓に戻ります。そして、肺動脈を通って肺へ行き、再びきれいな血液となって肺静脈から心臓へ戻ります。血液の流れはこの繰り返しです。

一般にいう血圧とは、動脈を流れる血液の圧力のことで、心臓の収縮によって生じます。そして、動脈に存在する筋組織が締まることによって血圧が上昇します。動脈硬化や動脈瘤《どうみゃくりゅう》、高血圧などは、血管の病気として知られています。

（高島一昭）

血管の構造

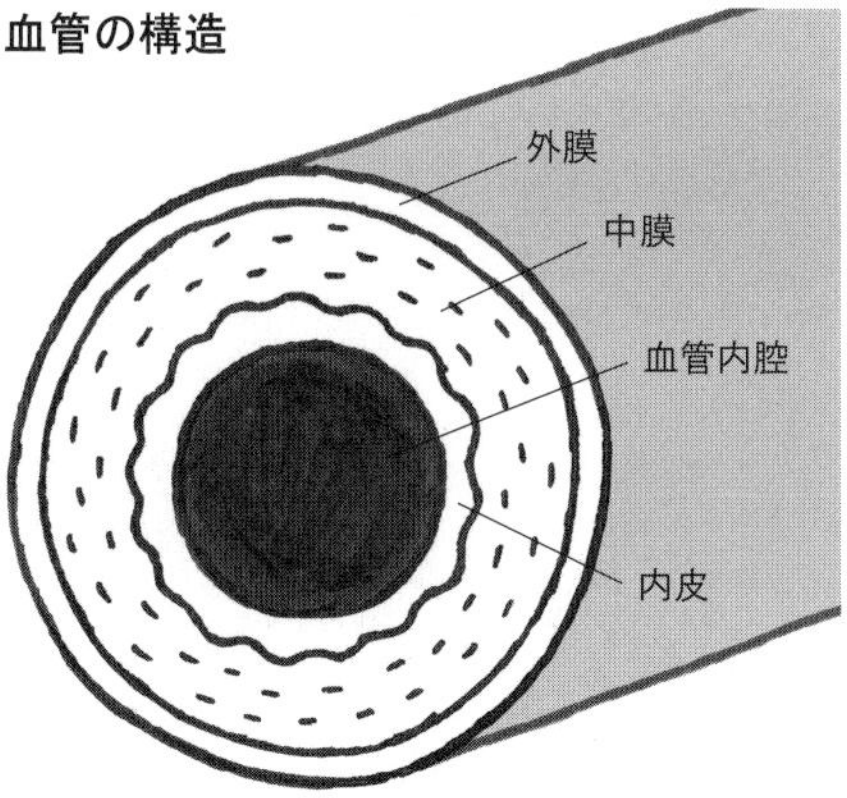

循環器の検査

循環器の検査には、様々な方法があります。動物はものいわぬ生き物であり、心臓病を正確に診断するには、やはり検査に頼るところが多くなります。心臓の検査は、視診や聴診などの身体検査に始まり、心電図検査や心音図検査、X線検査、心エコー検査、心臓カテーテル検査などを行います。これらの検査を組み合わせ、総合的に心臓病の評価をします。心臓病とは診断名ではないので、どの弁に異常があるか、どこに穴が開いているか、心筋が肥大しているかなどを検査し、確定診断を行って正確な病気の名前を明らかにします。そして、こうした診断をもとに治療を開始した後も、その効果をみるために、定期的に検査を行います。

身体検査

心臓の検査としては、聴診が重要です。聴診で、心音（心臓が動く音）や肺の音を聞くことができます。心臓病になると、心音が変化し、ザーザーといった心雑音が聞こえます。雑音のする場所や、雑音のパターン、強さなどにより、ある程度の診断がつきます。また、心音のリズムが規則正しくなければ不整脈です。足の付け根の動脈（股動脈《こどうみゃく》）を触診することでも、おおよその血圧がわかり、また、不整脈があることもわかります。

心電図検査

動物を横向きに寝かせ、足に電極クリップをつけて心電図をとります。心電図をとる機械は心電計といわれます。心電図検査は、多くの動物病院で検査を受けることができ、これによって心拍数や不整脈の有無などがわかります。また、不整脈があるときは、どのような不整脈であるかということもわかります。

血圧測定

犬や猫の血圧は、前述したように股動脈を触知することにより、おおよそのことがわかりますが、動物用の血圧計できちんと測ることができます。ただ、動物がすごく興奮している場合やじっとできない場合には血圧測定できません。また猫などでは、病院に来るだけで高血圧になりますので、院内の血圧だけで評価しにくい場合もあります。犬猫の血圧測定は、動物が落ち着いてできるように慣らすことから始めなければなりません。

心音図検査

特殊なマイクを動物の胸にあて、心臓の音を紙に記録します。この検査で、心雑音のパターンがわかります。

X線検査

心臓の大きさや、肺や気管の状態、胸腔《きょうくう》内の異常など、多くのことがわかる非常に大切な検査です。心臓病になると肺に水が溜《た》まりますが、その評価にも最適です。

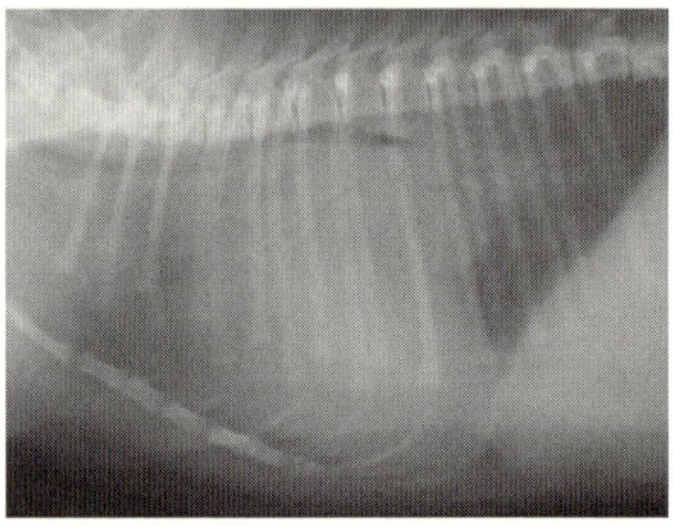

X線検査。拡大した心臓や、肺に水が溜まっている肺水腫が診断できる

心エコー検査

超音波検査とも呼ばれ、心臓病の診断に欠かすことのできない検査です。心臓の内部の様子がわかるので、マルチーズやキャバリアに多発する僧帽弁閉鎖不全症や、先天性の心奇形の診断に有用です。心電図検査やX線検査だけでは、心臓病の確定診断は難しいことが多いのですが、それらと心エコー検査を組み合わせることによって確定診断を行うことができます。

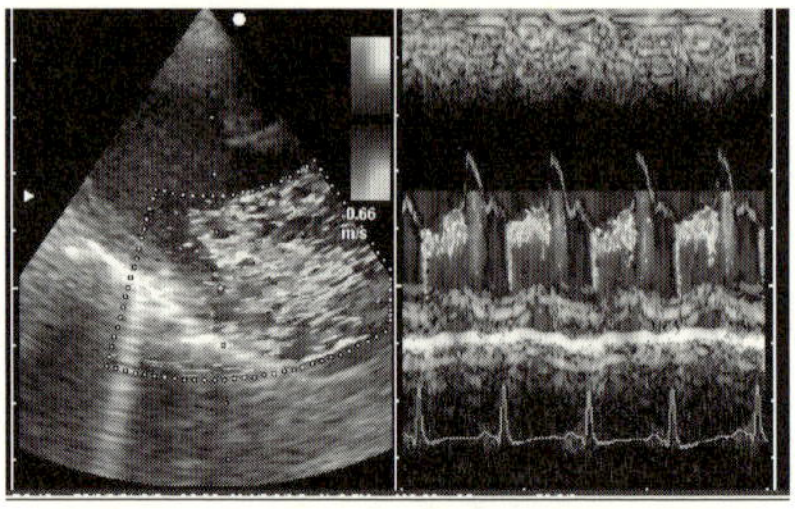

心エコー検査。カラードプラー検査を組み合わせて、僧帽弁閉鎖不全症の診断をしている

心臓カテーテル検査

もっとも精度が高い心臓の検査です。全身麻酔を施し、首や股《また》の血管から心臓まで特殊なチューブ（カテーテル）を入れて検査します。造影剤を心臓の中に注入し、心臓の造影も行うので、心エコー検査ではわからなかったことまで診断できます。また、同時に心臓の各部位の血圧や血液ガス分圧まで測定できます。とくに心臓手術を行う場合には、必須《ひっす》の検査といえます。ただし、非常に特殊な検査ですので、心臓カテーテル検査を実施できる動物病院は限られています。

（高島一昭）

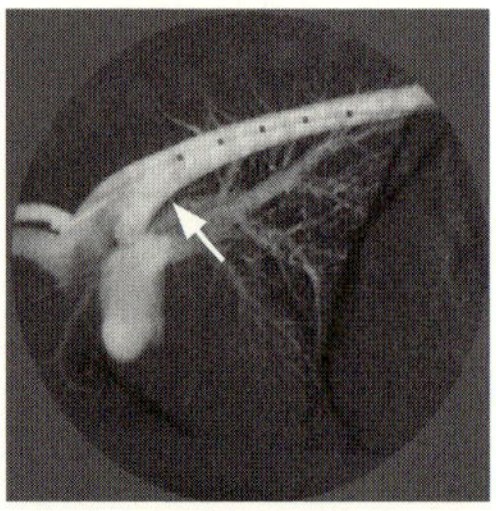

心臓カテーテル検査。股の付け根の動脈からチューブ（カテーテル）を入れ、心血管造影を行っている。先天異常である動脈管がきれいに造影されている（矢印）

心臓の疾患

先天性疾患

肺《はい》動《どう》脈《みゃく》狭《きょう》窄《さく》症《しょう》

イヌにおける先天性の心臓病の調査で

は、国内外を問わず、上位5位以内に入る発生頻度の高い病気です。

原因

全身から心臓へ戻ってきた静脈血は、右心房、右心室を経て肺動脈を通って肺で酸素化されますが、その途中の肺動脈の入り口の肺動脈弁の部分が狭窄《きょうさく》することによって発生する病気です。ここに狭窄が起こると、心臓から肺へ流れる肺動脈に十分な量の血液が流れなくなります。その結果、全身へ運ばれる酸素を含んだ血液が足りなくなり、低酸素性の様々な症状を起こします。狭窄が重度であるほど症状は重く、二次的に右心室が肥大します〈図3〉。

〈図3〉肺動脈狭窄症

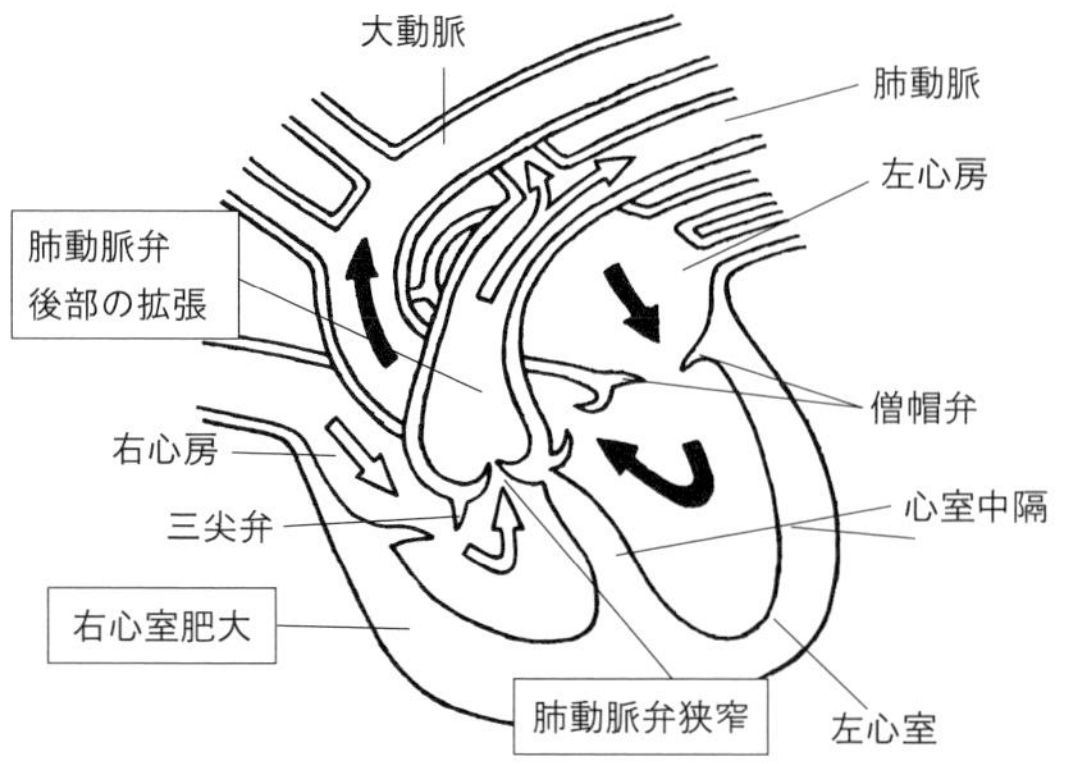

症状

軽度から中程度な例は、無症状であっても、健康診断や予防注射接種時に心臓に雑音があることで発見されることがあります。重度な例では、興奮したときや急に運動したときに倒れたり、ふらついたり、舌の色が白っぽいという症状で病気が見つかる場合もあります。なお、性格のおとなしい動物の場合、軽度の狭窄例では、発見が遅れてしまうこともあります。

診断

X線検査や心電図検査、心エコー検査などの各種検査を実施し、総合的に判断します。X線検査では、しばしば心臓の右側が肥大していたり、肺動脈の一部が拡張している状態がみられます。心電図検査でも、右側の心臓肥大が推測できます。また、心エコー検査では、右側の心臓肥大や肺動脈の狭窄が診断され重症度も推測できます。

治療

軽度の狭窄は、手術をしないで内科的に様子をみる場合もありますが、症状を伴うときは、その多くが手術を含めた治療の対象になります。ただし、年齢を考慮して、手術は難しいと判断される場合もあります。最終的な病態の判断に、心臓カテーテル検査が必要になることもあります。この検査で、右心室の収縮期圧の程度や、右心室と肺動脈の収縮期圧の差に基づいて重症度を判断し、さらに合併症などがないかを判断します。

治療法としては、狭くなった肺動脈をバルーンカテーテルや手術によって拡げる方法があります。

（松本英樹）

ファロー四徴症

原因

心臓から肺へ流れる肺動脈が細い（肺《はい》動脈狭窄《どうみゃくきょうさく》）、左右の心室の間に穴が開いている（心室中隔欠損）、大動脈の起始が右方へ変位（大動脈の騎乗）、右心室の心臓の筋肉が厚くなる（右心室肥大）という四つの病状を合わせもつ病気です。このうち、基本的な病態は、肺動脈の狭窄と心室中隔欠損であり、右心室肥大と大動脈の騎乗は二次的なものです。重症になると、肺動脈へ続く右室流出路が筋肉の肥厚によって狭窄し、その結果、右心室肥大がより重度となり、左右の心室間の穴を通る血液量（短絡血流量）が増加して症状が悪化します〈図4〉。

〈図4〉ファロー四徴症

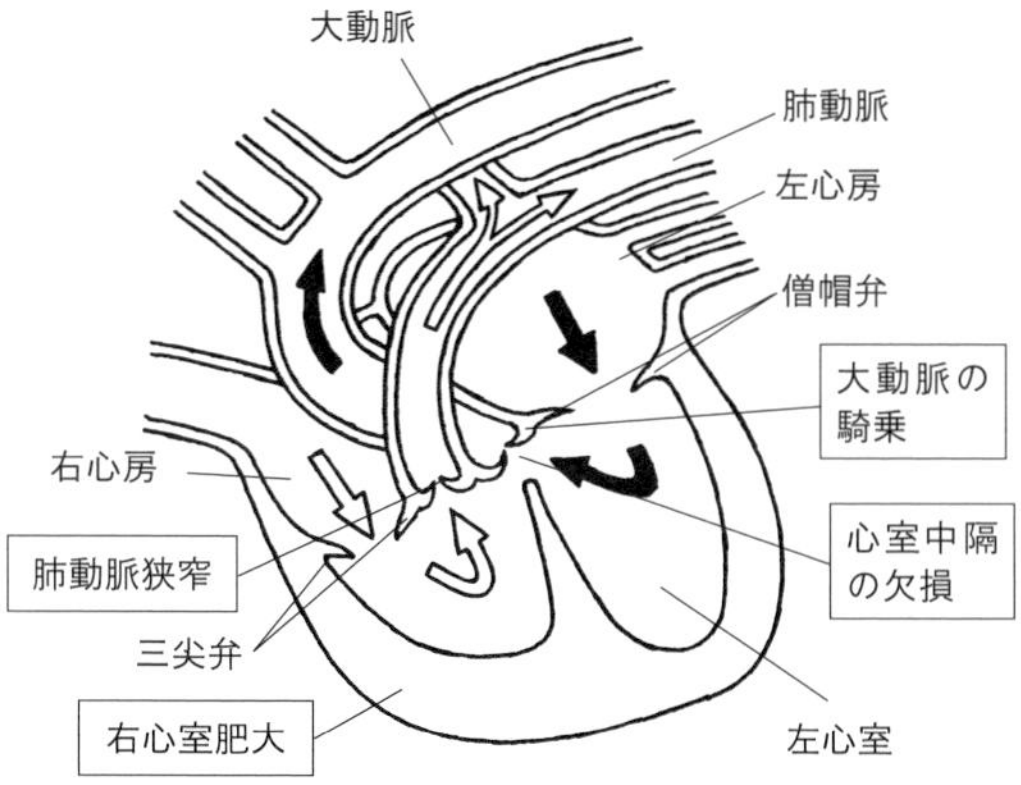

症状

主な症状は低酸素血症によるチアノーゼ（可視粘膜が紫色になること）です。その他、発育の遅れや運動後の過呼吸、運動不耐性、多血症などがあげられます。重症になると、排尿や排便などのささいなことでも、低酸素性の発作（舌の色が紫色になり、口を開けて苦しそうに呼吸し、ときに倒れる）を起こします。健康診断などのときに心雑音が聴取され、初めて病気に気づくこともあります。

まれにチアノーゼがみられない例もあり、これはピンクファロー四徴症と呼ばれます。

診断

一般的に聴診によって強い心雑音が確認できます。しかし、病気が進むと、心臓の雑音が聞き取れなくなる場合もあります。血液検査では、病気の進行とともに多血症（赤血球の増加）が多くみられるようになります。心臓は中心部方向へ肥大するので、X線検査では、心臓自体は大きくみえないことがあり、イタリア半島のような形（ブーツ型）とたとえられる特徴的な形状を示すこともあります。心電図検査でも、右心室の肥大が疑われる結果がしばしばみられます。心エコー検査では、右心室肥大と心室の壁の穴、肺動脈の部分的な狭窄が見つかります。また、大動脈の起始部が心臓の中隔壁に重なるように右側から出ているようにみえます。心臓カテーテル検査でも、著しく肥大した右心室や右室流出路、右心室圧の顕著な上昇が確認でき、右心室から左心室へ流れる血液の短絡が証明されます。

治療

漏斗部の狭窄が軽度な場合は、チアノーゼはほとんど認められず、無処置でも長期の生存が期待できます。しかし、低酸素性発作が起きている例では手術を行う必要があります。手術としては、肺動脈へ流れる血液量を増やすための手術（肺動脈に鎖骨下動脈をつなぐバイパス手術）があります。また、根治的な治療法として、人工心肺装置を使用して心臓を止めた状態で行う肺動脈狭窄部のパッチグラフトなどによる右室流出路の拡大形成術と、左右の心室間の穴を閉鎖する手術がありますが、現在のところ、一部の施設でしか行われていません。

（松本英樹）

右《う》室《しつ》二《に》腔《こう》症《しょう》

原因

異常な筋肉質のかたまりが右心室内に生じ、右心室を二つの領域に分けてしまいます。その結果、右心室内の血液の流れが阻害され、血行の異常が起こります。

症状

狭窄の程度によって病態は様々ですが、右心室内の狭窄が肺動脈への血流を妨げるために、失神発作などの肺動脈狭窄症と同様の症状が起こります。また、三尖弁《さんせんべん》の動きを阻害して三尖弁逆流を起こすこともあり、この場合には腹水などの症状がみられます。右心室内の圧力が非常に高くなることが多く、そのまま放置しておくと右心不全に陥る可能性があります。

診断

狭窄によって起こる心雑音が聞き取れ、胸部X線検査では右心室の陰影の拡大がみられます。確定診断には心エコー検査が有用で、狭窄の存在だけでなく、狭窄の程度や三尖弁逆流の有無も確認することができます。また、心カテーテル検査によっても、確定診断や病態評価が可能です。

治療

重症例の場合、内科的治療では改善が見込めません。開心手術による狭窄の原因となっている隔壁（筋性）の摘出が必要となります。ただし、手術は体外循環装置を用いて心停止下で行われるため、実施可能な施設は限られています。

予後

手術により血流が改善されれば、失神発作などの症状は認められなくなります。しかし、筋性の隔壁が三尖弁を巻き込んでいることが多いため、術後に三尖弁逆流が残存することがあります。三尖弁逆流があるときには、病態の進行を抑えるため、術後も投薬を続けるとよいでしょう。

（田中　綾）

大《だい》動《どう》脈《みゃく》狭《きょう》窄《さく》症《しょう》

原因

ゴールデン・レトリーバーやニューファンドランド、ジャーマン・シェパード・ドッグ、ボクサー、ロットワイラーに多発します。アメリカでの報告が多く、これらの犬種では遺伝性と考えられています。原因は主に、大動脈弁下の線維性の狭窄で、左室流出路近くの線維症を合併することがあるといわれています（図5）。

症状

多くは無症状ですが、狭窄の程度によっては、興奮時の虚脱や失神がみられることがあります。軽度なものは治療を必要としないこともあります。しかし、中程度以上の例では、二次的に左心室の肥大が起き、心臓の栄養血管である冠血管は肥大した心臓に十分な酸素を運搬することができなくなるため、突然死を起こすことがあります。また、急に運動し

〈図５〉大動脈狭窄症

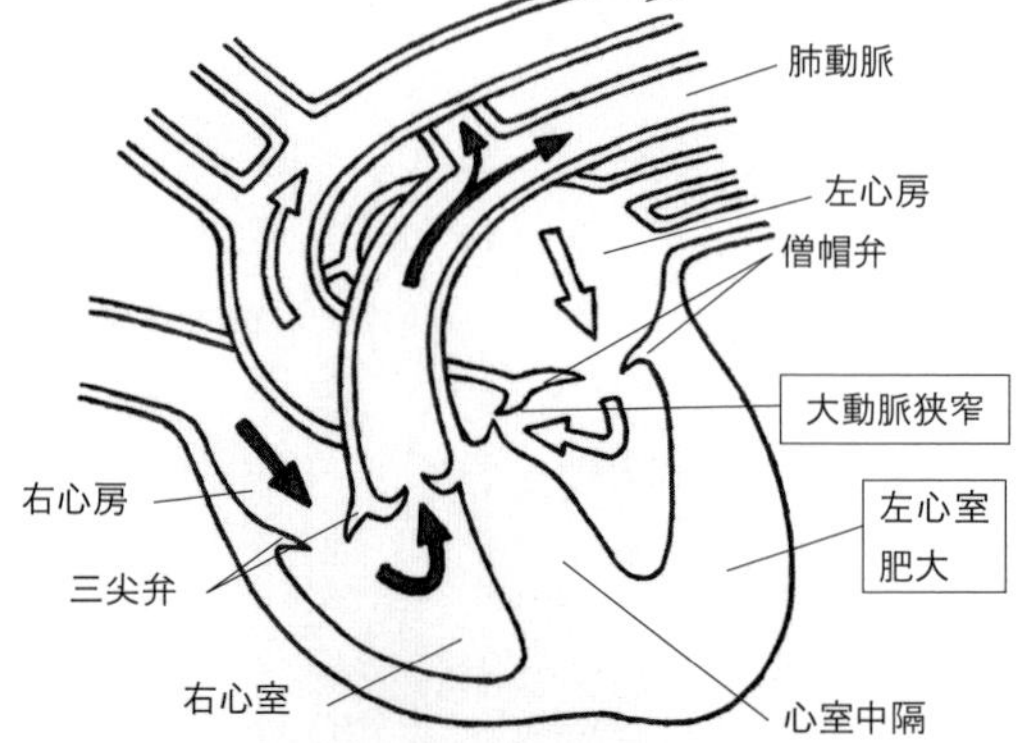

たり興奮したときに、不整脈が発生したり、十分な量の血液が心臓から送り出さないことで脳が虚血状態となって失神します。

診断

大型犬では、初回の混合ワクチン接種時には認められなかった典型的な収縮期性の心雑音が、数カ月後のワクチン接種時や健康診断時に発見されることがあります。心電図検査やX線検査では左心室の肥大が示唆され、心エコー検査ではおおよその重症度まで診断できます。

治療

軽度な例は、飼育管理に十分注意しながら、心臓の肥大の進行を防ぐ薬を与える内科的治療を行い、経過を観察します。一方、重症例では突然死の危険性が高く、長期生存が難しいので、心臓カテーテル検査後にバルーンカテーテル治療を試みたり、さらに重篤なものに対しては外科的治療を考えます。

（松本英樹）

心房中隔欠損症

原因

心房中隔欠損症（ＡＳＤ）は、心房中隔に穴が存在することによって、左右の心房がつながってしまう先天性の奇形です。オールド・イングリッシュ・シープドッグやサモエド、ボクサーによくみられますが、他の犬種やネコにも発生します。胎生期に心房中隔の形成が不十分だったことが原因とされており、その発生機序によっていくつかの型に分類されています。

症状

単独の小欠損孔であれば、血行動態に著しい異常を起こすことはなく、症状がみられないことがあります。しかし、中～大欠損孔のＡＳＤでは、他の心奇形を合併していなければ左心房から右心房へ短絡血流が起こり、体循環に比較して肺循環血流量が増加します。これによって右心室の容量負荷が起こり、さらに、短絡血流量が多い状態が続くと、肺の間質に変化が生じ、肺高血圧症を引き起こすようになります。こうなると、右心房圧が上昇して左心房圧を超えてしまい、逆シャントが生じるようになります。

診断

重度左右短絡のあるＡＳＤでは、聴診によって左側心基底部の収縮期性雑音とⅡ音の分裂が聞き取れます。Ｘ線検査では右心室拡大を確認できます。また、心エコー検査は確定診断と病態の把握に重要な検査です。さらに、心カテーテル検査によっても、欠損孔の確認ができるほか、右心房圧を測定したり、他の心奇形の有無などの情報を得ることができます。

治療

欠損孔が小さい軽度のＡＳＤでは、治療を必要としないこともあります。しかし、重度のＡＳＤでは、現在は無症状であっても将来的に右心不全や失神発作を起こす可能性があるため、早期の治療が望まれます。根治には開心手術を行い、欠損孔を閉鎖します。欠損孔が大きいときには、閉鎖にパッチグラフトが必要です。一般に、手術は人工心肺装置を用いて心停止下で行われますが、病態の進行した症例では、手術のリスクは非常に高くなります。

予後

早期発見し、外科的治療を行った例は、予後はよいと考えられます。高齢になるまで発見が遅れた例では、右心不全や肺高血圧症を起こしている可能性が高く、手術による治療は難しくなり、治療後の経過も思わしくないことが多いようです。

（田中　綾）

心内膜床欠損症（完全房室中隔欠損症）

心内膜床とは、胎生期に心臓の左右を分割する隔壁（中隔）と心房と心室をつなぐ房室弁を形成する部分の名称です。その心内膜床が胎生期に適切な成長をしないと、心臓の中隔に穴が開いたり、弁の逆流が起こったりします。

心臓の中隔に穴が開くと、血液の流れに異常をきたします。血液は圧力の高いほうから低いほうに流入しますが、通常の心臓では左のほうが右より圧力が高いため、血液は中隔の穴を通って左から右に流れ込みます。その結果、右心の血液は肺に流入するので、肺の血液循環量が過剰となり、肺からの血液が流れ込む左心への血液流入量も増加します。そして、容量負荷による左心不全の症状がみられるようになります。また、房室弁の形成不全による心室から心房への血液の逆流も容量負荷を増悪させるので、左心不全症状は確実に進行していきます。

この持続的な左心の容量負荷は、いずれ肺血管が許容できる限度を超え、肺血管と右心の圧力が左心圧を超えてしまいます。こうして、血液は、中隔の穴を通

〈図6〉

心内膜床欠損症・完全型

〈図7〉

心内膜床欠損症・不完全型

〈図8〉

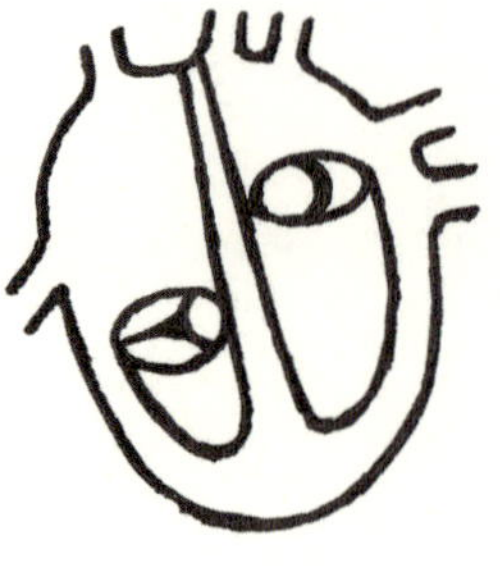

正常な心臓

して今度は右心から左心に流入することになります（アイゼンメンジャー症候群）。つまり、右心の血液は、肺で酸素交換をすることなく左心に流入するので、酸素を十分に含んでいない血液が左心から体全体に流れることになります。その結果、チアノーゼを起こし、体の機能は著しく損なわれてしまいます。

　心内膜床欠損症は、心内膜床の形成不全の程度によって、完全型〈図6〉と不完全型〈図7〉に分類されます（正常は〈図8〉）。完全型では幼少時（とくに離乳前）に死亡することが多いのですが、不完全型は完全型よりも進行が遅いため、早期に発見して外科手術を行えば予後は良好です。いずれにしても、内科的に維持できる可能性が著しく低いため、外科手術による治療が望ましいといえます。

　なお、心内膜床欠損症は、人間ではダウン症などの染色体異常で発症が多いことがわかっていますが、小動物ではその関係は不明です。

（秋山　緑）

心室中隔欠損症

原　因

心室中隔欠損症（ＶＳＤ）は、イヌ、ネコともに先天性の心臓病で、右心室と左心室の間にある壁（心室中隔）に穴（欠損孔）が開いている病気です。イングリッシュ・スプリンガー・スパニエルや柴犬、ミニチュア・ダックスフンドなどによくみられます。

症　状

初期であれば症状を示すことはありま

心エコー検査・心室中隔欠損症

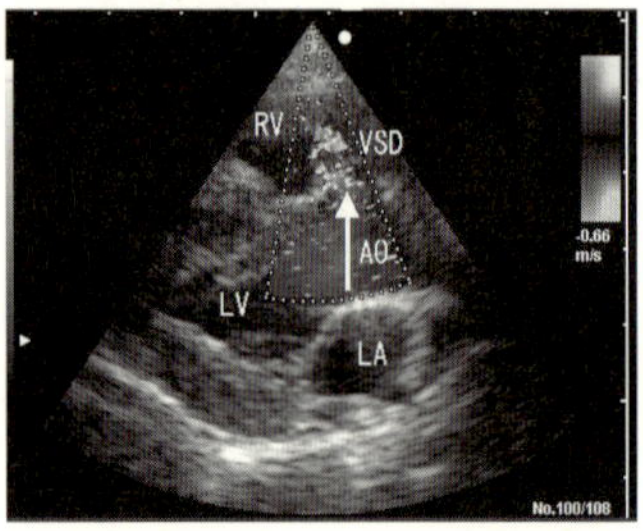

左心室から右心室へ流れ込む血液が確認できる（⬆）LV 左心室／RV 右心室

心室中隔欠損症（ＶＳＤ）

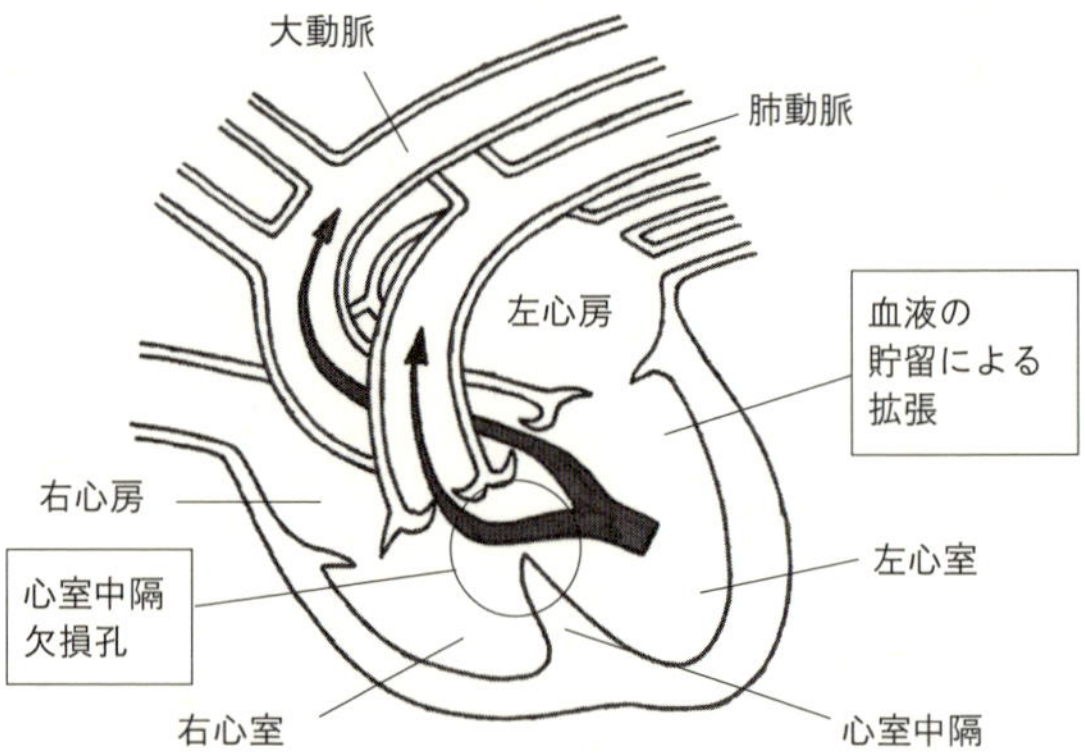

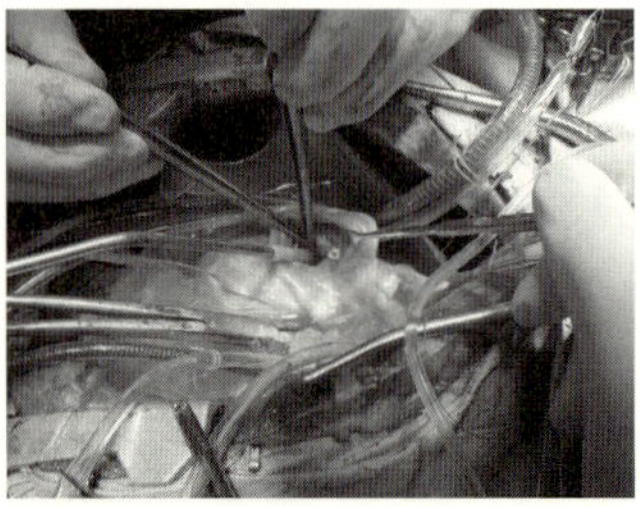

手術写真。特殊な布（プレジェット）を使用し穴を閉鎖している

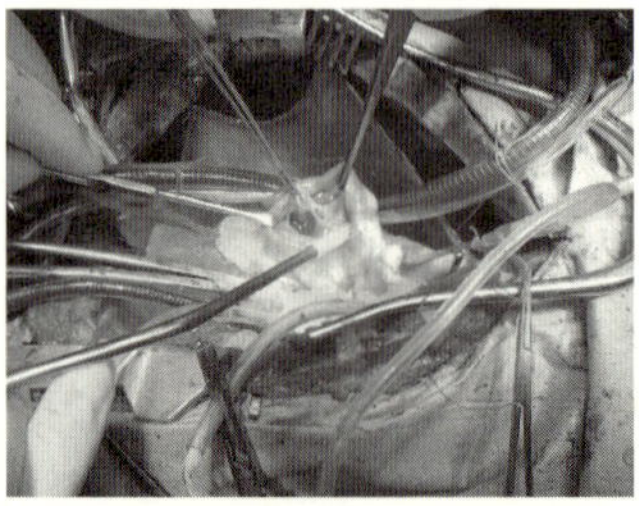

手術写真。心臓に開いている穴（欠損孔）が確認できる

せんが、重症になると、運動するとすぐに疲れる、咳《せき》、呼吸困難、吐く、倒れる、元気がない、食欲がない、痩《や》せてきた、大きくならないなどの症状がみられるようになります。ネコでは、その性格上、症状を見つけにくく発見が遅れがちです。

診断

聴診によって心臓に雑音が聞き取れます。様々な心臓検査が必要ですが、心エコー検査などにより確定診断を行います。心エコー検査では心臓の中に開いている穴が確認でき、カラードプラー検査では左心室から右心室に流れ込む血液が確認できます。初回のワクチン時に動物病院で発見されることが多い病気です。「ズー、ズー、ズー」という心臓の雑音があるため、子イヌや子ネコと一緒に寝ている飼い主が異常に気づくこともあります。

治療

内科的には、アンジオテンシン変換酵素（ACE）阻害薬や利尿薬などによって、うっ血性心不全の治療を行いますが、状態が安定した後に、開心術（心臓を止めて心臓を開く手術）を行い、穴を閉じる必要があります。

予後

ごくまれに心臓の穴が自然に閉鎖することもありますが、基本的に自然治癒は望めません。また、欠損口が大きい場合には内科療法を行っても、徐々に病気が進行するので、できるだけ早期に手術を行う必要があります。心臓病が進行してしまうと、手術もできなくなるので注意が必要です。早期のうちに手術をした場合には、健康なイヌ、ネコと同様の寿命を得ることができます。

（高島一昭）

動脈管開存症

原因

動脈管開存症（PDA）は、先天性の心臓病で、大動脈と肺動脈とをつなぐ動脈管という胎生期の血管が遺残している病態のものです。シェットランド・シープドッグ、ポメラニアンなどにみられますが、最近ではミニチュア・ダックスフンドやコーギーなどにも発生しています。

症状

初期であれば症状がみられることはありませんが、重症になると、運動するとすぐに疲れる、咳、吐く、倒れる、呼吸困難、元気がない、食欲がない、痩せてきた、大きくならないなどの症状がみられます。末期になると、心臓の位置より後ろ側（しっぽ側）の皮膚や粘膜が紫色になる分離チアノーゼを起こします。なお、ネコは発生がきわめて少ないうえに性格上、症状を見つけにくく発見が遅れがちです。

動脈管開存症（ＰＤＡ）

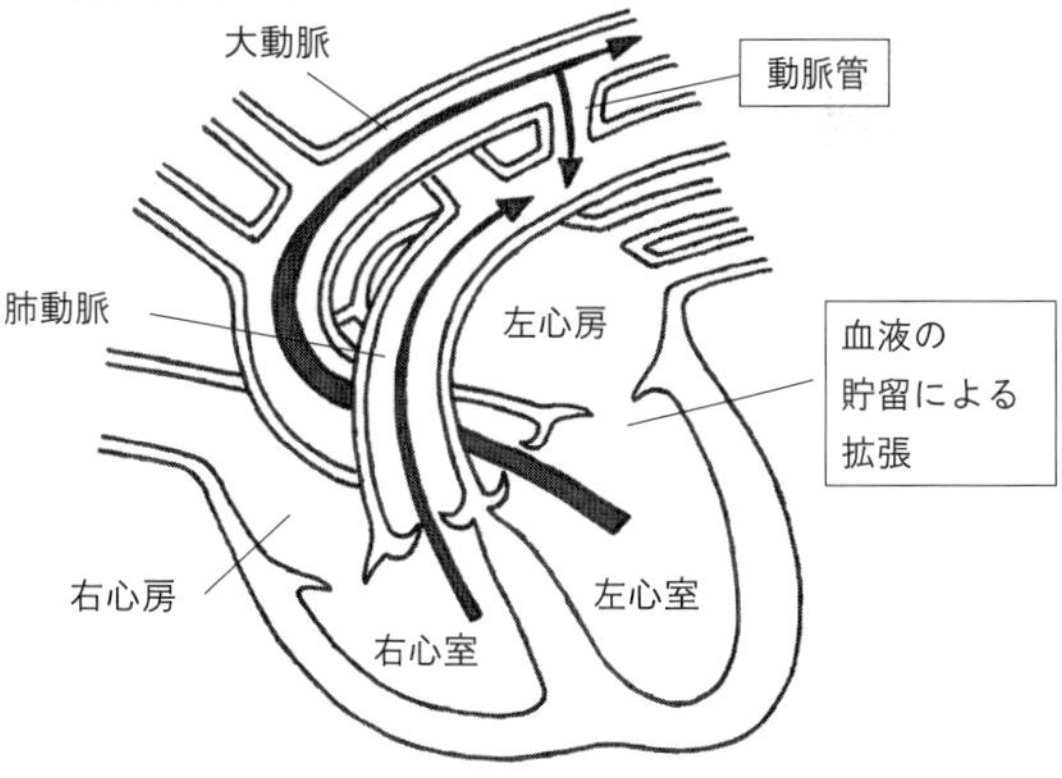

診断

聴診によって心臓に雑音が聞き取れます。動脈管開存症の心雑音は、「シュワン、シュワン」という特徴のある機械様連続性雑音なので、聴診だけでほぼ診断がつきます。ただし、確定診断には、心エコー検査が必須《ひっす》で、動脈管から肺動脈に流れる異常な血流が確認できます。初回のワクチン時に動物病院で発見されることが多い病気です。

心エコー検査・PDA

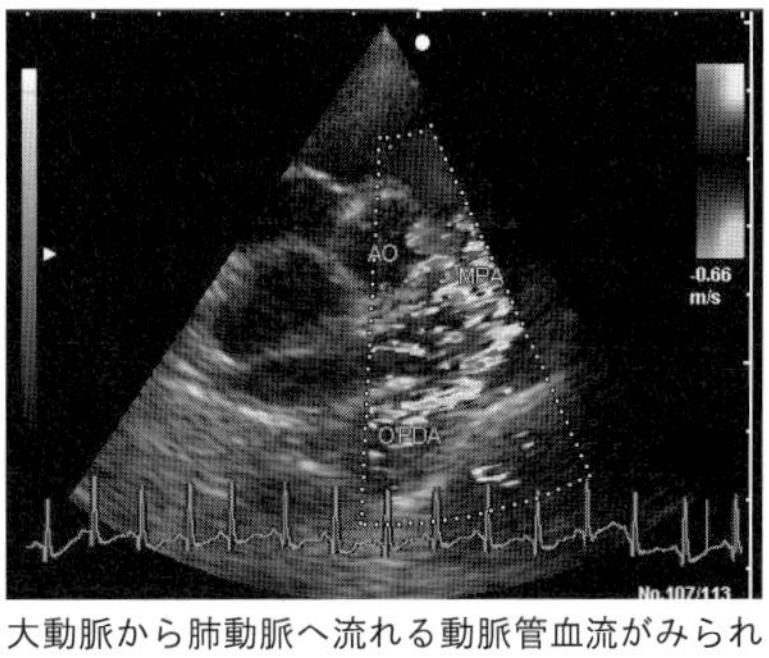

大動脈から肺動脈へ流れる動脈管血流がみられる

治療

アンジオテンシン変換酵素（ACE）阻害薬や利尿薬などにより、内科的にうっ血性心不全の治療を行い、状態が安定した後に手術を行います。手術は主に2種類の方法があります。一つはコイル塞栓術《そくせんじゅつ》といわれるもので、足の付け根から心臓にチューブ（カテーテル）を挿入し、特殊なコイルを動脈管に詰める方法です。もう一つは、胸を大きく切開し、動脈管を直接結んで血流を遮断する方法です。

予後

治療をしなければ1年間生存率（1歳まで生きられる確率）が約30%と、死亡する確率が非常に高い病気です。この病気は、急速に進行していくため、診断がついた時点で一刻も早く手術をすべきです。早期に手術を行えば、一般の正常なイヌ、ネコと変わらない寿命が得られます。しかし、末期になると手術は不可能となってしまいます。

（高島一昭）

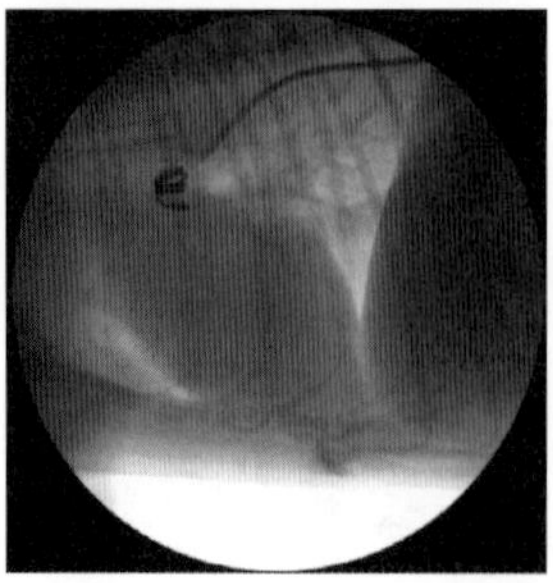

動脈管に入れられたコイル

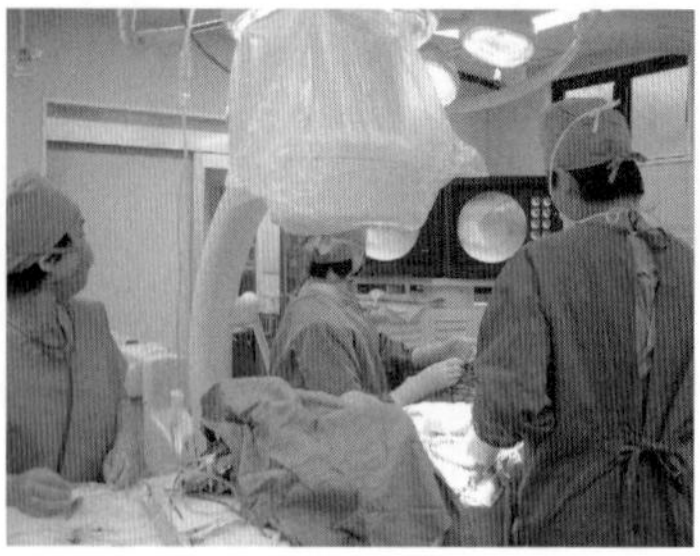

コイル塞栓術。手術用X線装置を用い手術する

アイゼンメンジャー症候群

原因

心室中隔欠損症や動脈管開存症などの短絡性心臓病では、血圧の高い左心系から血圧の低い右心系に血液が絶えず流れています。その血液は肺へ流れていきますが、この過負荷の状態が続くと肺の血管が障害を受け、肺に血液が流れにくくなってきます。しかし、それでも心臓は肺へ血液を送り込まなければならず、次第に肺の血管の血圧が上がってきます。この状態を肺高血圧と呼びます。肺高血圧になると、心臓が肺へ血液をなかなか送れなくなるので、右心室圧が上昇し、今度は右心系から左心系に血液が流れ始めます。そうすると、舌や眼、陰部などの可視粘膜の色が紫色になります（チアノーゼ）。短絡性心臓病で、肺高血圧に陥り、チアノーゼを示している病態をアイゼンメンジャー症候群といいます。

症状

倒れる、呼吸困難、咳、運動後に元気がなくなる、舌などの粘膜がどす黒くなる（チアノーゼ）など、心臓病の末期症状がみられます。

診断

X線検査や心エコー検査によって診断しますが、PDAなどでは短絡血流がほとんどみられなくなりますので、診断しづらくなります。

治療

うっ血性心不全の治療を行いますが、一度障害を受けた肺の血管を治す薬はありません。肺の血管を開く薬を使用しながら、運動制限を行い、安静を保つことによって、酸素消費が抑えられ、少しは楽になります。

予後

近い将来、必ず死亡します。アイゼンメンジャー症候群になる前に、心臓病の手術をすべきだったのですが、すでに手遅れです。状態が悪く、動物が強い苦痛を伴うのであれば、安楽死を考えることも必要かもしれません。

（高島一昭）

僧帽弁異形成

先天性僧帽弁異形成では、肥厚した弁《べん》尖《せん》や短く太い腱索《けんさく》、あるいは長く細い腱索、中隔に付着した弁尖などがみられ、僧帽弁が正常に閉鎖できずに左心房内への逆流が発生します。また、僧帽弁狭窄《そうぼうべんきょうさく》が同時に認められることもあります。僧帽弁逆流だけがみられる場合は、僧帽弁閉鎖不全症と同じ病態を示します。イヌではグレート・デーン、ジャーマン・シェパード・ドッグに多発します。

胸部X線検査や心エコー検査によって、重度の左心房拡張が確認でき、これに基づいて診断します。

治療は、内科的には僧帽弁閉鎖不全症とほぼ同じです。外科的に異常な僧帽弁を整復する方法もありますが、難しい手術です。

（鯉江　洋）

僧帽弁狭窄症

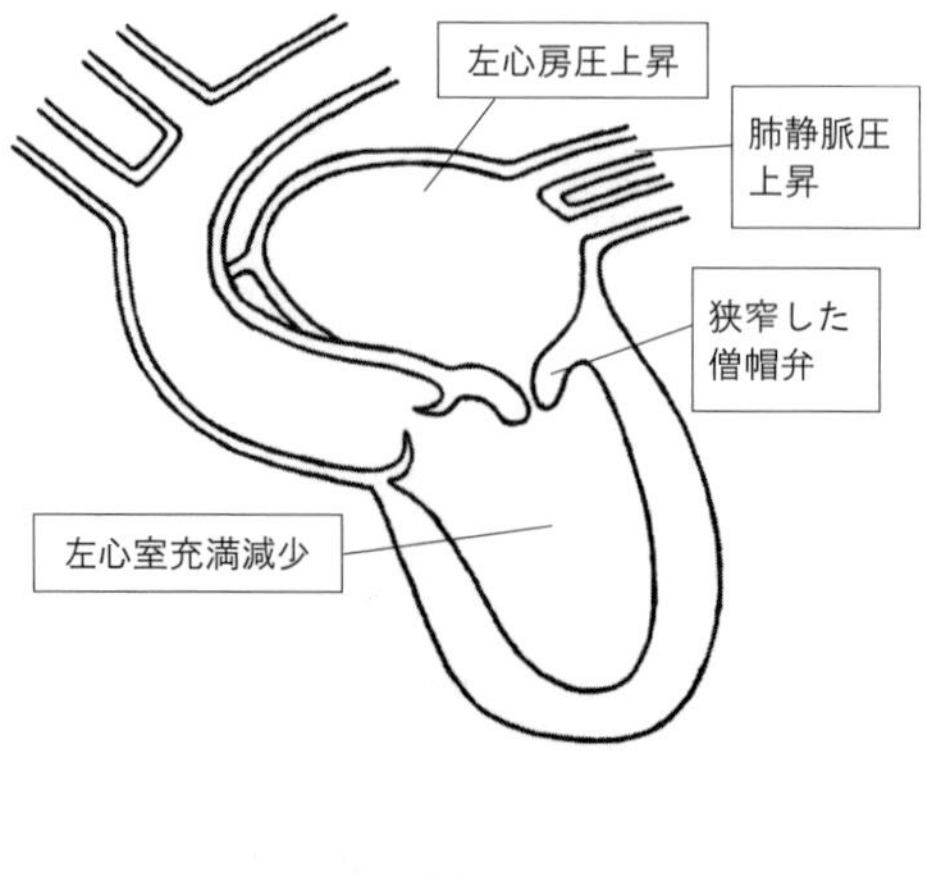

三《さん》尖《せん》弁《べん》異《い》形《けい》成《せい》

先天性三尖弁異形成は、イヌやネコで

は非常にまれな病気です。

症状は弁偏位の程度、すなわち残存した右心室の体積量や機能、三尖弁狭窄《さんせんべんきょうさく》の有無などによって様々です。軽度の場合は無症状のこともありますが、重症の場合は腹水や胸水が溜《た》まり、運動不耐性や呼吸困難を伴います。イヌではオールド・イングリッシュ・シープドッグやグレート・デーン、ジャーマン・シェパード・ドッグ、アイリッシュ・セター、ラブラドール・レトリーバーで多くみられるといわれています。

身体検査では心雑音がみられ、胸部X線検査では顕著に拡大した心陰影（右心拡大）が確認できます。心エコー検査では著しい右心房の拡張や異常に長い三尖《さんせん》弁前尖《べんぜんせん》、三尖弁付着部の心尖端《しんせんたん》方向への偏位が確認できます。　（鯉江　洋）

エプスタイン奇形

エプスタイン奇形は、小動物では非常に珍しい心奇形です。これまでにイヌでは十数例しか報告されていませんし、ネコでの発生は知られていません。

原因

エプスタイン奇形は、心臓の右心房と右心室の間にある三尖弁に起こる先天性の奇形です。三尖弁は胎生期に心内膜床という組織から形成されますが、同時にそれに接する心室筋に穴が開いて、心室筋から遊離した完全な弁が形成されます。エプスタイン奇形では、この心室筋に穴が開く工程がうまくいかないため、弁の一部が心室筋に貼《は》り付いたままの状態となります。その結果、三尖弁が本来の位置（弁輪部）よりも右心室側から始まってしまい、右心房側の右心室が拡大して薄くなります（右房化右室）〈図9〉。同じく三尖弁の先天奇形である三尖弁異形成では、このような変化はみられません。

〈図9〉エプスタイン奇形

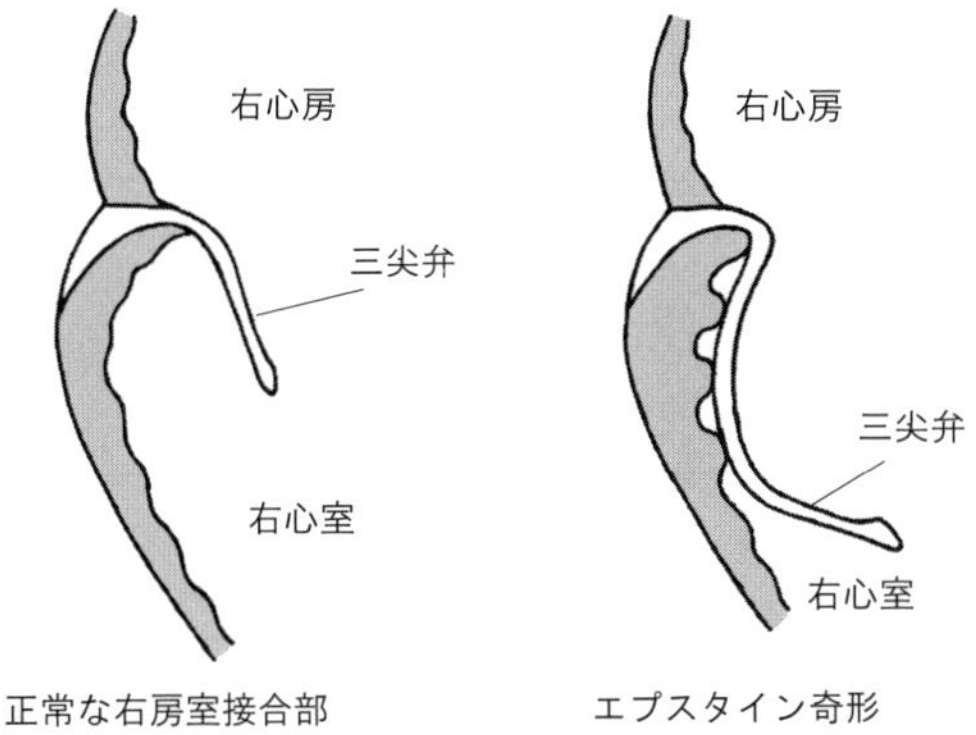

症状

この奇形では、三尖弁異形成と同様に、三尖弁が血液の逆流を防ぐ弁としての機能を果たせなくなります。そのため、三尖弁の部分で逆流が起こり、右心房と右心室の著しい拡張がみられるようになります。それに引き続いて心臓へ血液が戻りにくくなるために、肝臓のうっ血や腹水の貯留、全身の浮腫《ふしゅ》など、いわゆる右心不全の症状がみられるようになります。また、肺への血流が減少するために、運動時にチアノーゼや失神が起きることもあります。

治療

内科的な治療として、血管拡張薬と強心薬、利尿薬を用いた右心不全に対する治療が試みられていますが、重症例では予後は不良です。根本的な治療には外科的な治療が必要となりますが、成功例は報告されていません。しかし、将来的には心臓外科の発達によって根治できる可能性のある疾患です。　（小林正行）

両大血管右室起始症

原因

大動脈弁と肺動脈弁のほとんどが右室から始まる疾患です。通常は大きな心室中隔欠損を伴うため、右心室圧と左心室圧はほぼ等しくなります。左右心室間の短絡のために肺への血流が増加し、心不全と肺高血圧症を起こす場合と、肺動脈狭窄を合併してチアノーゼを起こす場合の二つに大別されます。非常に珍しい心奇形ですが、イヌ、ネコともに発生します。

症状

肺動脈狭窄症がなければ、肺血流が増加するために肺高血圧症となり、肺水腫《はいすいしゅ》を起こして呼吸困難を起こします。肺動脈狭窄症がある場合には、肺への血流が阻害されるため、病態の進行は幾分緩やかとなりますが、右心系の血液が左心系へと流れるため、チアノーゼがみられます。

診断

心エコー検査によってある程度の診断が可能です。しかし、複雑な心奇形であるため、正確な病態把握のためには心カテーテル検査も実施したほうがよいでしょう。

治療

心室中隔欠損の位置によって手術の難易度は変わりますが、基本的には根治の難しい病気です。根治術では病態により多くの手術方法が考案されていますが、動物での手術成功例はまれです。肺動脈狭窄症を合併していない例では、病態の進行を抑えるために肺動脈絞扼術《はいどうみゃくこうやくじゅつ》（バンディング手術）を行うこともあります。

予後

非常に珍しい疾患のうえ、これまでの治療成功例が少ないため、外科的治療後の経過は不明です。

（田中　綾）

三心房心

原因

胎生期の構造物である静脈洞弁が出生後も残ってしまうことによって、心房内に隔壁ができるために生じます。イヌに多くみられる右側三心房心では、右心房が頭側腔《とうそくくう》と尾側腔《びそくくう》に分かれます。頭側腔は三尖弁につながっていて、後大静脈や冠静脈洞は尾側腔に開口しています。また、隔壁には通常一つ、あるいはいくつかの穴が開いています。一方、左側三心房心はネコに多くみられ、左心房が隔壁によって二分されます。これは胎生期に総肺静脈が左房に吸収される過程で異常が発生することにより生じると考えられています。

症状

右側三心房心では、後大静脈の血流抵抗が増大する結果、尾側腔と後大静脈、肝静脈の圧が上昇します。このため、若齢時から肝腫大《かんしゅだい》と腹水が生じます。左側三心房心では、左心房と肺静脈、肺毛細血管圧が増大します。その結果、肺水腫の進行や反応性の肺血管収縮が起こり、二次的な肺高血圧が生じます。

診断

右側三心房心、左側三心房心ともに心雑音はあまり聞き取れません。確定診断には心エコー検査が有用で、隔壁によって分割された二つの心房腔《しんぼうくう》が確認されます。また、カラードプラーによって、隔壁の開口部を流れる血流を描出することが可能です。また、心臓カテーテル法によっても診断が可能で、右側三心房心では大腿静脈《だいたいじょうみゃく》より尾側腔の圧を求め、さらに頸静脈《けいじょうみゃく》より頭側腔の圧を計測することによって圧較差を計算できます。さらに尾側腔に造影剤を注入することにより、尾側腔の拡張と隔壁の開口部からの血流を描出することが可能です。

治療

右側三心房心では、バルーンカテーテルを隔壁の開口部に通すバルーン拡張術による治療例がありますが、膜に線維成分が多いため、必ず成功するとは限りません。また、外科的手術によって隔壁を切除する方法もありますが、心房切開を必要とするため、手術にあたってはインフローオクルージョンや低体温下、体外循環下などの方法により血行を遮断する必要があります。

予後

右側三心房心では、内科療法は一般に効果がありませんが、外科的処置が成功したときには、通常、腹水は数日で消失します。左側三心房心では、肺高血圧症があることや、ネコに発生が多いことを考えると、一般に予後はよくないとされています。

（田中　綾）

右大動脈弓遺残症

原因

生まれつきの心血管系の奇形が原因です。大動脈は心臓から出ている太い血管ですが、胎子のときにこの血管が正常に発達しないと、生後に異常な場所に位置するようになります。その結果、食道の一部が動脈管索（胎子のときに大動脈と肺動脈とを結んでいた構造）と気管や心臓にはさまれて圧迫を受け、食道が狭くなってしまいます〈図10〉。このため、食べ物は食道を通りにくくなり、食道内に滞るようになるため、圧迫部より前方の食道が拡張してしまいます。イヌ、ネコのどちらにも起こりますが、イヌのほうがネコよりも多いようです。

症状

多くは離乳直後より症状が出始めます。ミルクや流動食など、食道が狭くなっている部分を容易に通過できる食べ物では症状は現れませんが、やがて、その狭

〈図 10〉右大動脈弓

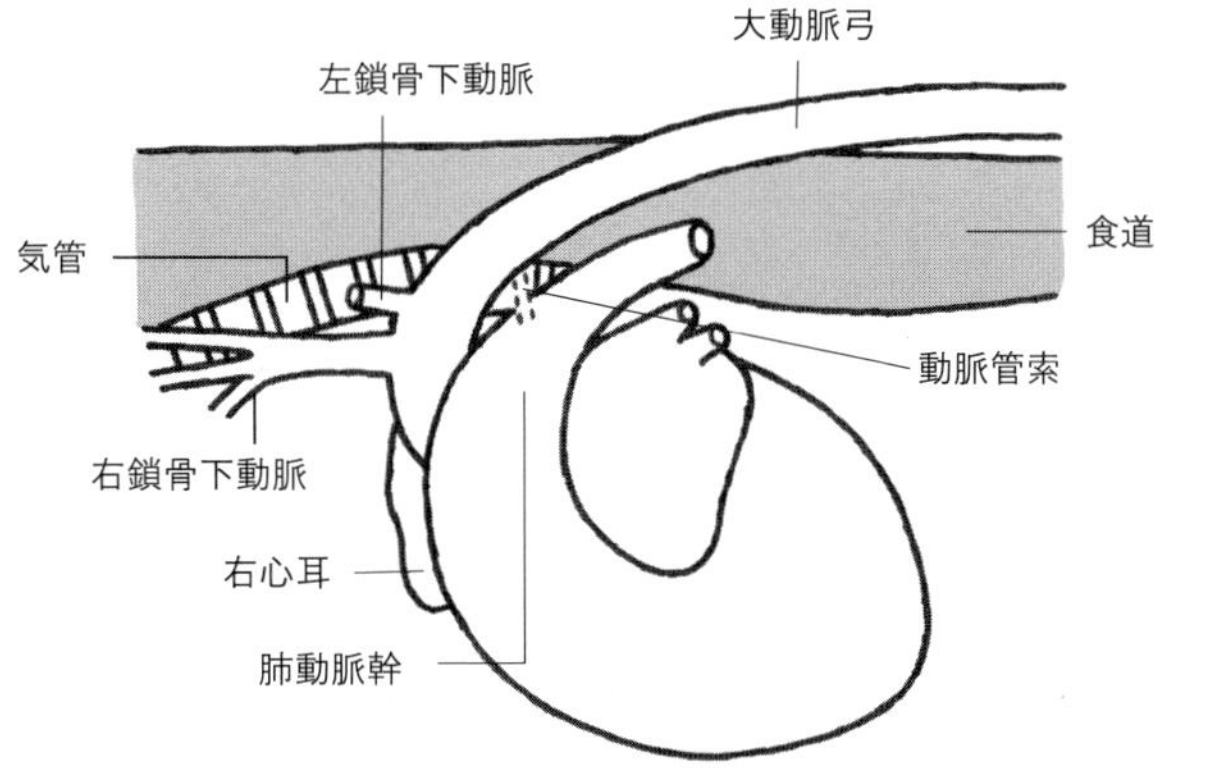

正常な血管の走行

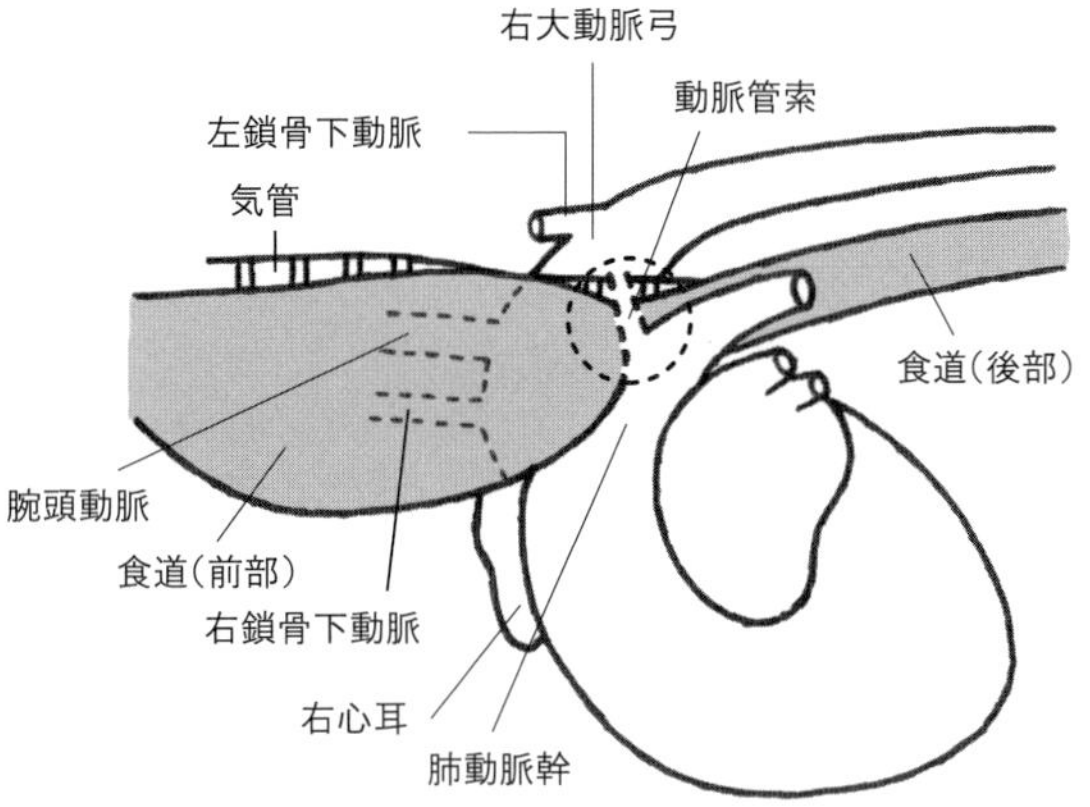

右大動脈弓遺残症の病態。大動脈弓が右側にある結果、動脈管索が物理的に食道を締めつけることになる

い部分を通過することができない大きさの固形物を食べるようになると、食べてもすぐ吐くという症状が現れます。食道の拡張の状態によっては、数時間後に吐くこともあります。この病気の子イヌや子ネコは嘔吐《おうと》を繰り返すため、食欲は旺《おう》盛《せい》なのに痩せているなど、発育不良を起こしがちです。また、吐いた食物が誤って気管や肺に入ってしまうと、咳や喘息《ぜんそく》のような症状を起こす誤嚥性肺炎《ごえんせいはいえん》を引き起こし、重症の場合には死亡することもあります。

なるべく症状の軽いうちに発見し、治療することが大切ですから、これらの症状に気づいたら早めに動物病院で診察を受けるようにしてください。

診断

X線検査などで食道の状態を確認し、その他の症状や年齢もあわせて総合的に診断します。

治療

食餌療法《しょくじりょうほう》が重要です。食べ物が食道の狭窄部を簡単に通過できるようにその形状を工夫したり、胃のほうに進みやすくするために立ち上がった状態で食べさせたりします。しかし、根本的に治療するには手術による矯正が必要です。食道を物理的に締めつけていた動脈管索を切り離し、狭窄を解除する手術を行いますが、引き続きその部分をカテーテルで拡げたり、場合によっては拡張した食道を部分的に切除することもあります。

予後

手術後の経過は病気の進行具合によって様々ですが、軽症の場合でも先に説明した食餌療法を続けることが大切です。

（小笠原淳子）

左前大静脈遺残症

先天性の血管の病気の一つです。左前大静脈は胎生期には存在しますが、正常な場合は生まれるまでに退化するものです。しかし、何らかの原因で生後も残存することがあり、これを左前大静脈遺残症といいます。この病気はイヌとネコのどちらにも起こります。診断には、心エコー検査や心臓の造影検査が必要です。この病気だけで他に異常がなければ、普段の生活に重度の支障をきたすことはほとんどありません。しかし、他の心奇形を合併していることもあり、そのもう一つの心奇形の手術の際に、普通の血管と走行が異なっているので問題が生じます。心臓の手術の前には、左前大静脈遺残がないかあらかじめ調べておくことが大切です。

（小笠原淳子）

弁膜および心内膜疾患

心臓には、僧帽弁（左房室弁）と大動脈弁、三尖弁《さんせんべん》（右房室弁）、肺動脈弁の四つの弁があります。これら四つの弁が心筋の収縮に合わせて扉のように開閉することによって、左心房から左心室、左心室から全身、右心房から右心室、右心室から肺へ、血液が逆流することなく流れています。

しかし、弁に何らかの異常が現れると、血液の逆流が起こります。すると、血液を全身に送り出すポンプとしての心臓の機能が低下し、その結果として心不全の症状が現れてきます。左心系の弁（僧帽弁、大動脈弁）に異常が現れてくると左心不全、右心系の弁（三尖弁、肺動脈弁）に異常が現れてくると右心不全を起こすようになります。

（塚根悦子）

僧帽弁閉鎖不全症

原因

心疾患のうち75～85%が僧帽弁閉鎖不全症です。老齢の小型犬に多く発生し、最終的に心不全を起こします。遺伝的な要因もあり、キャバリア・キング・チャールズ・スパニエルでは3～4歳でほぼ半数が、マルチーズでは7～8歳で70～80%が僧帽弁閉鎖不全症になるといわれています。僧帽弁（左房室弁）に閉鎖不全が起こると、左心室から左心房へ血液が逆流し、それによって症状が現れます。

症状

病態が進行すると、左心不全による肺《はい》水腫《すいしゅ》を原因とする呼吸困難が起こります。喉《のど》にものがつかえたような咳《せき》をしたり、運動時に座り込んだり、倒れるなどの運動不耐性を示すようになります。

診断

一般身体検査では、心雑音の有無や肺音の異常の有無をチェックします。また、咳が出ていないかなども調べます。X線検査では、心拡大や肺水腫の有無などがわかります。また、心エコー検査では心臓の弁のどこに異常があるか確定診断ができます。そのほか、心臓の収縮力などを検査します。血液検査は、全身状態を把握するために行います。

治療

徐々に左心不全を起こしてくるため、それに対する治療を開始します。左心房拡大がみられれば、血管拡張薬であるエナラプリルを投与します。左心室拡大があれば、心臓の収縮力を高めるジゴキシンの投与を行います。とくにジゴキシンは、血中濃度の測定を行いながら適正投与量を決定していきます。

肺水腫と発咳《はつがい》には、利尿剤であるフロセミド、サイアザイド、スピロノラクトン、気管支拡張薬であるテオフィリンを処方します。そのほか、必要に応じて血管拡張薬であるニトログリセリンや、心臓自体の病状の進行を抑えるβブロッカーなどを用います。

予後

基本的に、治る病気ではありません。治療としては、今現れている症状をできるだけ抑えてQOL（生活の質）の改善を目指します。一時的に症状の改善がみられたとしても、獣医師の処方による薬の服用を続ける必要があります。また、服薬を続けることによって、病気自体の進行もある程度抑えていくことができます。早期発見と早期投薬開始が、治療のキーポイントです。

（塚根悦子）

大動脈弁閉鎖不全症

原因

大動脈弁に閉鎖不全が起こることによって発症します。心内膜炎や、ネコの場合は肥大型心筋症などによっても起こります。

症状

拡張期と収縮期の心雑音で、跳ねるような脈が触知されます。臨床症状は、前述の僧帽弁閉鎖不全症と似ています。病気が進行すると、左心不全による肺水腫を原因とする咳や呼吸困難がみられます。喉にものがつかえたような咳や、運動時に座り込んだり、倒れるなどの運動不耐性などもみられます。

診断

一般身体検査やX線検査、心エコー検査、血液検査などを行います。

治療

治療方法や治療後の経過は、僧帽弁閉鎖不全症と同様です。

（塚根悦子）

三《さん》尖《せん》弁《べん》閉《へい》鎖《さ》不《ふ》全《ぜん》症《しょう》

原因

三尖弁（右房室弁）に閉鎖不全を起こすことによって発症します。

症状

三尖弁逆流が重度となって右心不全に陥ると、腹水が貯留し、さらに胸水が貯留することもあります。ほとんどの場合、肺疾患をもっているイヌや、肺血管病変に起因する中等度ないし重度の肺高血圧症をもっているイヌにみられます。また、僧帽弁閉鎖不全症などによって重症の左心不全になり、同時に肺高血圧症も重度になってくると、三尖弁閉鎖不全が起こり両心不全に陥ります。犬糸状虫（フィラリア）は肺動脈に寄生するため、犬糸状虫の感染によっても起こります。

診断

一般身体検査やX線検査、心エコー検

査、血液検査などを行って診断します。

治療

右心不全の治療に準じます。犬糸状虫症の場合は、症状によっては駆虫が可能ですので、獣医師とよく相談のうえ、治療を開始します。エナラプリルやジゴキシン、フロセミド、テオフィリン、サイアザイド、スピロノラクトンなどを用います。そのほか、必要に応じてニトログリセリンやβブロッカーなども使用します。

予後

右心不全の治療を開始しても、繰り返し腹水が貯留してしまう場合は予後不良ですが、腹水が胸腔《きょうくう》を圧迫して、呼吸が苦しくなっているときは、病院で腹水を抜去すると、多少呼吸が楽になったり食欲が出てきたりします。他の心臓病と同様に早期発見・早期治療がキーポイントです。

（塚根悦子）

肺動脈弁閉鎖不全症

原因

肺動脈弁に閉鎖不全が生じることによって発生します。

症状

軽度の肺動脈弁閉鎖不全症による肺動脈弁逆流は、正常とされるイヌの約50％にみられ、臨床的にもとくに症状はみられず、問題にならないことが多いといわれています。しかし、重症肺動脈弁閉鎖不全症で逆流も重度になると、右心不全が起こるため、治療が必要です。

診断

一般身体検査やX線検査、心エコー検査、血液検査などを行って診断します。

治療

軽度の肺動脈弁閉鎖不全症の場合は、問題はありません。重度であれば、右心不全の治療に準じて治療します。

予後

肺動脈弁閉鎖不全症は、基本的に治る病気ではありません。症状をできるだけ抑えてＱＯＬ（生活の質）の改善を目指します。一時的に症状の改善がみられたとしても、獣医師の処方による薬の服用を続けるべきです。また、服薬を続けることによって、病気自体の進行もある程度抑えていくことができます。

（塚根悦子）

感染性心内膜炎

原因

病原体の侵入によって心内膜表面に起こる炎症です。イヌ、ネコでは原因のほとんどは細菌で、イヌでは連鎖球菌やブドウ球菌、コリネバクテリウムなど、ネコでは連鎖球菌とブドウ球菌によることが多いようです。また、心内膜の感染は通常、心臓の弁に起こり、とくに大動脈弁や僧帽弁に多発します。菌血症によって生じることが多く、血液への微生物の侵入は、正常細菌叢《せいじょうさいきんそう》（皮膚、消化器、泌尿生殖器、呼吸器）や、感染組織の病巣（膿瘍《のうよう》、骨髄炎、前立腺炎《ぜんりつせんえん》など）、歯科処置などによって起こります。

症状

主な症状は沈うつや食欲不振、発熱などですが、左心不全がみられることもあります。また、血のかたまりが全身の様々な領域に流入して血栓塞栓症《けっせんそくせんしょう》が生じる可能性があり、その部位によって症状が異なります。さらに心雑音が認められることもあります。

診断

臨床症状のほか、心エコー検査、血液培養検査などの結果を総合的に判断して行います。心エコー検査では、病原体に侵された弁の閉鎖不全が確認されます。

治療

血液培養や感受性試験に基づいて選択した抗生物質を長期的に投与します。うっ血性心不全がみられるときには、その治療もあわせて行います。（神田順香）

心筋疾患

心筋炎

原因

イヌとネコでは心筋炎が心不全の原因

となることはまれです。心筋の炎症には、病原体（パルボウイルスやトキソプラズマなど）の感染による二次的なものや、心筋症、外傷、虚血性障害、中毒によって発症するものがあります。また、ボクサーやブルドッグでは原因不明の特発性心筋炎がみられます。心筋炎は拡張型心筋症の原因となることもあります。

症　状

心筋の収縮力が低下すると、うっ血性心不全が生じ、運動不耐性や失神、突然死を起こし、心室性期外収縮や心室性頻拍などの不整脈が生じることもあります。とくに、子イヌのパルボウイルス性心筋炎は、肺水腫《はいすいしゅ》を起こして突然死することがあります。また、パルボウイルスの感染により心筋に損傷が引き起こされ、この段階で心室細動を伴い突然死することがあり、急性感染期を生き延びても、突然死や難治性の心不全に発展することが多いといわれています。

診　断

心筋の生検で確定診断ができますが、通常は生前に診断するのは困難です。血液検査によって、クレアチニンキナーゼ（CK）やアスパラギン酸アミノトランスフェラーゼ（AST）などの上昇がみられることがありますが、特異的ではありません。

治　療

根本原因が確認できたときにはその治療を行います。また、不整脈があるときや、拡張型心筋症などのうっ血性心不全が生じたときには、それぞれの治療を行います。

（神田順香）

心筋症

心筋症とは、心臓を構成している筋組織、すなわち心筋が何らかの原因によって障害を受け、心臓が機能不全となった疾患の総称で、イヌ、ネコに比較的よくみられる後天性の疾患です。

この病気には、原因が明確でない非炎症性の特発性心筋症と、二次的に心筋疾患が生じる二次性心筋症（特殊心筋疾患）の二つのタイプがありますが、通常は前者を指します。特発性心筋症は、解剖学的、機能的、病態生理学的特徴によって、三つに分類されます。一つは心室内《しんしつない》腔《くう》の拡張と収縮機能障害を特徴とする拡張型心筋症（DCM）で、二つ目は心室壁の求心性の肥厚や心室拡張機能障害を特徴とする肥大型心筋症（HCM）、三つ目は心内膜の高度の肥厚や心内膜下心筋の著しい線維化を特徴とする拘束型心筋症（RCM）です。

これらの確定診断には、心筋の病理組織学的な検査を行わなければなりませんが、近年は、心エコー検査によって体を傷つけることなく、高いレベルで臨床的診断が可能となりました。

二次性心筋症は、貧血やウイルス性心膜炎、神経疾患、糖尿病、栄養不全、アミロイドーシス、中毒などの基礎疾患から二次的に心筋疾患を生じたものです。しかし、特発性と二次性との区別は明確ではなく、重複した診断が行われることもあります。一般に心筋症は進行性で、その病態によって運動不耐性、呼吸困難などの左心不全や、胸水と腹水貯留、浮《ふ》腫《しゅ》などの右心不全など、様々な症状をみせます。しかし、特発性心筋症は、人の場合と同様に根本的な治療法が確立しておらず、内科的対症療法が中心に行われているにすぎません。症状を示している場合は、一般に予後は不良です。

●イヌの心筋症

原　因

イヌの特発性心筋症は、解剖学的、機能的、病態生理学的特徴によって、拡張型と肥大型に分類されています。イヌでは、心筋症が循環器疾患に占める割合は、ネコの場合ほど大きくはありません。しかし、ドーベルマン・ピンシャー、ボクサー、グレート・デーン、イングリッシュ・コッカー・スパニエルなどの大型犬種では、特異的に拡張型心筋症の発生が多い

心筋症の３大病型

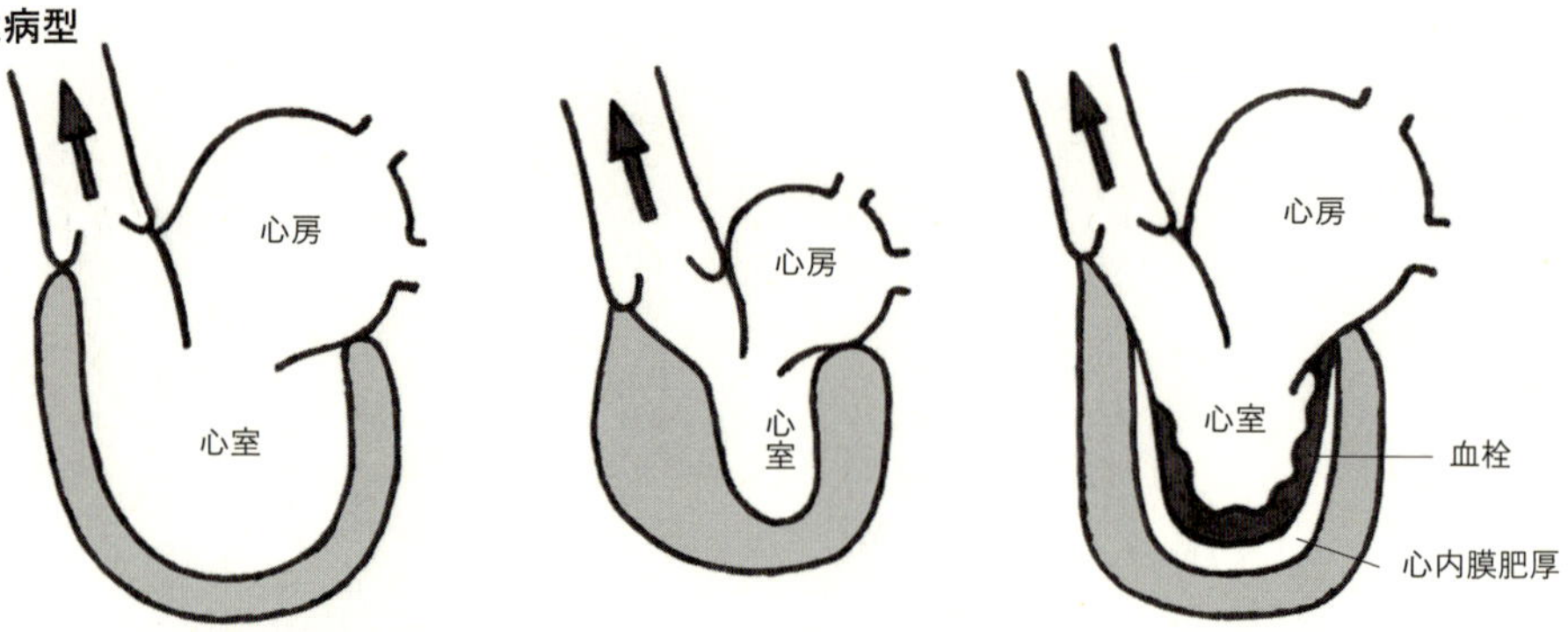

ことが知られています。そのため、現在のところ、イヌの心筋症といえば、拡張型心筋症を指すことが一般的です。この病気は、加齢に伴って発生率が増加しますが、1歳未満の若齢のイヌにも発生しています。

症状

軽症の場合は、基本的に無症状ですが、ときに元気がなくなることもあります。重症になると、腹水貯留により突発的な腹囲膨満を起こしたり、静脈怒張を示します。また、肺水腫や胸水貯留などによって突発的な発咳《はつがい》、呼吸困難（呼吸促迫、開口呼吸、起坐呼吸《きざこきゅう》）を起こすことがあります。さらに、不整脈が原因となって元気消失や虚脱、失神、突然死が起こることもあります。

診断

一般身体検査では、体温の低下や頻脈、肺音粗励、頻呼吸がみられます。心雑音は収縮期性に確認されることが多く、可視粘膜は蒼白《そうはく》になります。血液検査では、アラニンアミノトランスフェラーゼやアルカリ性ホスファターゼ、尿素窒素、クレアチニンの値が上昇し、病態により様々な値を示します。胸部X線検査では、心陰影の拡大がみられ、心臓の拡大によって気管が背側へ挙上し、心陰影と胸骨との接触が大きくなります。また、肺動脈径に比較して肺静脈径が増大します。このほか、肺水腫や胸水貯留などがみられることもあります。心電図検査では、一般に左心拡大が確認でき、頻脈や心房細動などの不整脈がみられることもあります。P波は高く（0・04mV以上）かつ延長しており（0・04秒以上）、QRS波も幅広く（0・06秒以上）、ノッチやSTスラーなどの変化がみられます。心エコー検査では、著しい左右心室腔の拡張と左右心房の拡張がみられます。左心室壁が菲薄化《ひはくか》して左室内径短縮率（%FS）は著しく低下し、原因となる原疾患がない場合、一般に25%以下でこの病気の可能性を疑い、20%以下をもって拡張型心筋症と診断します〈図11〉。

〈図11〉イヌの心筋症

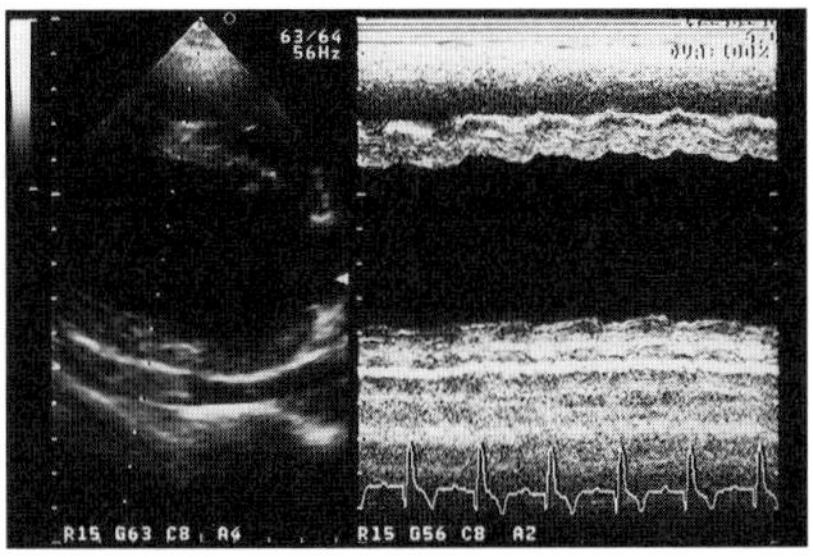

イヌの心筋症の心エコー検査像。左心室内腔が拡張し、収縮機能が著しく低下している

治療

経口薬による内科療法を行います。陽性変力薬（ジゴキシンなど）やカルシウム感受性増強薬（ピモベンダンなど）、β受容体遮断薬（カルベジロール、アテノロールなど）、血管拡張薬（エナラプリル、ベナゼプリル、ラミプリルなど）、利尿薬（フロセミド、スピロノラクトンなど）、抗不整脈薬を投与し、あわせて動物を安静に保ち、減塩食を与えたりします。

予後

拡張型心筋症のイヌ189頭のうち、診断から1年生存したものは17・5%、2年生存したものは7・5%であったと報告されています。腹水や肺水腫などのうっ血性心不全に起因する症状を示した66頭における治療後の予後は非常に悪く、生存中央日数は6・5週間と報告されています。この病気は進行性の病態を示すため、症状がなくとも継続的な治療が必要です。

●ネコの心筋症

原因

ネコでは、特発性心筋症は循環器疾患に占める割合が大きく、重要な病気の一つです。拡張型と肥大型、拘束型、その他に分類されています。ネコにおいて、1987年にアミノ酸の一種であるタウリンの欠乏が拡張型心筋症の原因の一つであることが明らかとなって以来、市販のキャットフードにタウリンが添加されるようになり、拡張型心筋症の発生は急速に減少しました。そのため、現在、ネコの心筋症といえば、一般に肥大型心筋症を指します。この病気は、中～高齢の雄ネコに多く発生しますが、1歳未満の若齢でも発生しています。また、アメリカン・ショートヘアやメインクーン、ペルシアなどの品種で発生が多く、家族性の発生も報告されています。

症状

軽度なときは無症状か元気がない程度です。重度になると肺水腫や胸水貯留などによって、突発性の発咳や呼吸困難（呼吸促迫、開口呼吸）が起こることがあります。また、心拍出量の低下が原因となり、元気消失や運動不耐性などがみられることもあります。さらに大腿動脈《だいたいどうみゃく》の血《けっ》栓塞栓《せんそくせん》が原因で後肢冷感や後肢疼痛《とうつう》、後肢蹌踉《そうろう》、後肢麻痺《まひ》がみられます。不整脈の程度によっては、元気消失や虚脱、失神、突然死がみられます。

診断

一般身体検査では、体温の低下や頻脈、肺音粗励、頻呼吸が確認できます。心雑音は収縮期性にみられることが多く、可視粘膜は蒼白です。大腿動脈圧は減弱し、血栓塞栓症のときには脈拍が認められなくなります。血液検査では、アラニンアミノトランスフェラーゼやアルカリ性ホスファターゼ、クレアチンキナーゼ、尿素窒素、クレアチニンの値が上昇し、病態により様々な値を示します。胸部X線検査では、明確な心拡大がみられることは少ないのですが、左右の心房の著しい拡大(バレンタインセイプドハート)を認めることがあります。また、胸水貯留や肺水腫などがみられることもあります。心電図検査では、一般に左心肥大が確認でき、頻脈や房室ブロックなどの不整脈がみられることもあります。心エコー検査では、左心室壁や心室中隔の顕著な肥厚、左心室内腔の狭小化、左心房の拡張、左室収縮率の増大(50%以上)、僧帽弁の収縮期前方運動などがみられます。原因となる病気がない場合、一般に拡張末期左室後壁厚(LVPWd)あるいは心室中隔壁厚(IVSd)が6㎜以上であれば肥大型心筋症と診断します〈図12〉。近年では、メインクーンやラグドールなどの特定のネコ種においては、遺伝子による診断も可能となっています。

治療

症状が認められないときは、β受容体遮断薬(カルベジロール、メトプロロール、アテノロールなど)や血管拡張薬(エナラプリル、ベナゼプリルなど)、カルシウム受容体拮抗薬《じゅようたいきっこうやく》(ジルチアゼム)、利尿薬(フロセミド、スピロノラクトンなど)、抗血栓薬(ワルファリン、アスピリンなど)を経口投与します。また、安静にしたり、減塩食を与えたりすることも必要です。

症状がみられる場合には、前述の薬剤に加えて、症状に応じた内科療法を行い、たとえば抗凝固薬(ヘパリン、ワルファリン)や、血栓溶解薬(ウロキナーゼ、t-PA)、抗不整脈薬(リドカイン、ジゴキシンなど)を投与します。血栓摘出術などの外科療法は、麻酔の危険性や再塞栓の可能性が高く、一般に勧められません。

〈図12〉ネコの心筋症

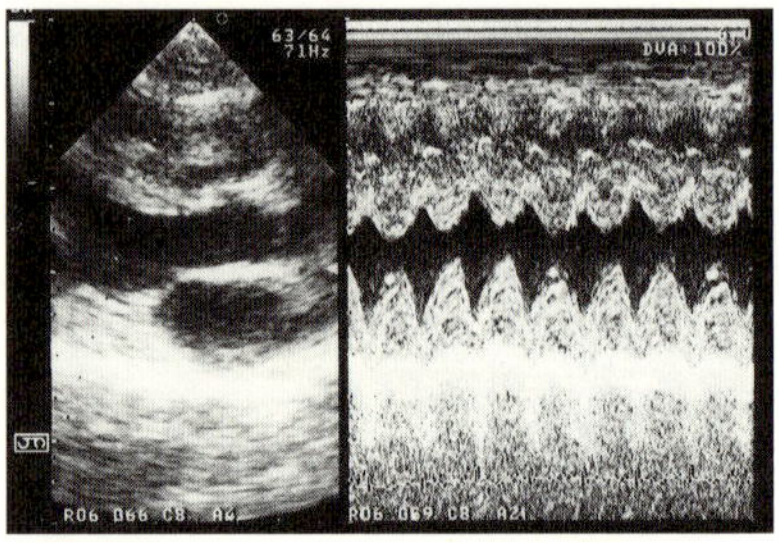

ネコの心筋症の心エコー検査像。左心室壁や心室中隔が著しく肥厚し、内腔が狭小化している

予後

ネコの肥大型心筋症のうち、うっ血性心不全や後肢麻痺などの症状を示した74頭における治療後の予後は非常に悪く、生存中央日数は92日や61日と報告されています。一方、症状がみられない例では比較的良好で、1830日以上と報告されています。しかし、この病気は進行性の病態を示すため、症状がなくとも継続的な治療が必要です。

(柴崎　哲)

心筋梗塞症《しんきんこうそくしょう》

心筋に栄養を与えている冠動脈の血流が局所的に一定時間以上にわたって激減するか途絶し、その灌流領域《かんりゅうりょういき》の心筋が壊《え》死《し》する虚血性心疾患です。心原性ショックや心肺停止など、重篤な症状をみせますが、人の心筋梗塞《しんきんこうそく》における冠動脈のアテローム性動脈硬化症は、イヌ、ネコでの発生はまれです。高コレステロール血症や高脂血症、甲状腺機能低下症《こうじょうせんきのうていかしょう》、細菌性心内膜炎などは、この病気の危険因子です。血液検査や心電図検査、心エコー検査、冠動脈造影検査などによって診断します。治療は、急性期には酸素療法や血栓溶解療法、抗不整脈療法、抗ショック療法などを実施します。一般に予後は不良です。

(柴崎　哲)

心肥大、心拡張

心肥大とは、心室の収縮期圧の増大(圧負荷)によって代償的に生じる心筋の求心性肥厚の総称で、肥厚が顕著な部位の名称をとって左心肥大や右心肥大、両心肥大などといわれます。大動脈狭窄症《だいどうみゃくきょうさくしょう》や肺動脈狭窄症《はいどうみゃくきょうさくしょう》などの先天性心疾患や、甲《こう》状腺機能亢進症《じょうせんきのうこうしんしょう》、肥大型心筋症、本態性高血圧症、肺高血圧症などで発生し、心筋細胞の総数は変化しませんが、幅が広くなり、心筋壁の肥厚に伴い心臓重量が増大します。しかし、心臓のみかけの体積は変化しないため、X線検査では検出しにくく、心電図検査や心エコー検査などによって診断します。

一方、心拡張とは、心室の拡張容量の増大や拡張期圧の上昇(容量負荷)によって代償的に生じる心筋の遠心性拡大の総称で、拡張が顕著な部位の名称をとって左心拡張や右心拡張、両心拡張などといわれます。心拡張は、動脈管開存症などの短絡性心疾患や、拡張型心筋症、僧帽弁逆流症などの慢性の心疾患時に心臓がポンプ機能(一回拍出量)を正常に保つために構造的に拡大したり、著しく心筋収縮力が低下して心臓直径が増大した状態です。また、二次的に房室弁輪拡大や弁尖逸脱《べんせんいつだつ》などを発症することもあります。Ｘ線検査をはじめ、心電図検査や心エコー検査などによって診断が可能です。

（柴﨑　哲）

その他の疾患

心不全

心不全とは、心臓の機能の異常によって、体に必要な血液が十分に送り出せなくなって起こる浮腫《ふしゅ》や呼吸困難などの一連の病態の総称であり、いわゆる症候群です。また、心不全は慢性心不全と急性心不全に分けられ、さらに、左心不全と右心不全、収縮障害による心不全と拡張障害による心不全、血液の低拍出による心不全と高拍出による心不全とに分類することもあります。

●慢性心不全

徐々に心疾患が進行することによって発症します。急性心不全と違って体が心不全の状態に少しずつ慣れていきますが、やがて心臓に血がたまって（うっ血性心不全）、咳《せき》をしたり、運動をするとすぐ疲れるようになり、さらに病気が進めば、卒倒や呼吸困難、チアノーゼなどの症状が現れ、全身の浮腫や胸水、腹水がみられることもあります。

原因

原因としては、右心不全であれば、肺《はい》動脈弁狭窄症《どうみゃくべんきょうさくしょう》や三尖弁《さんせんべん》異形成《いけいせい》などの先天性心疾患、犬糸状虫症などの後天性心疾患があげられます。左心不全であれば、動脈管開存症や大動脈狭窄症《だいどうみゃくきょうさくしょう》、心室中隔欠損症などの先天性心疾患、僧帽弁閉鎖不全症や心筋症などの後天性心疾患があげられます。

症状

慢性心不全は、程度によって様々な症状が現れます。

診断

診断は、血液検査とＸ線検査、心電図検査、心エコー検査によって行い、重症度を正確に把握します。

治療

原因となる病気が治療可能であれば、外科手術を含めた原因治療を行います。しかし、原因治療が不可能であるときは、心筋の負担を軽くして心拍出量を増加させ、うっ血や浮腫を軽くするための処置を試みます。この場合、心臓の悪い部分そのものを治すことはできませんので、ＱＯＬ（生活の質）を改善させることを目的とし、通常、生涯にわたる投薬が必要となります。薬は、病態によって強心薬や利尿薬、血管拡張薬などを組み合わせて使います。治療によって病気の進行を遅らせることや程度を軽くすることは可能ですが、心不全は徐々に進行していきます。そのため、薬の数や量は徐々に増えていくことがほとんどです。

代表的な強心薬にジギタリスがあります。心臓の収縮力を増加させる薬ですが、食欲不振や嘔吐《おうと》、下痢などの消化器症状や不整脈などの中毒を起こすことも多いため、使用には注意が必要です。そのため、中毒症状がみられたときには、服用をすぐにやめて獣医師に相談する必要があります。

利尿薬としては、主にフロセミドとスピロノラクトンのどちらか一方、または両方を組み合わせて使用します。第一選択薬としては、フロセミドが用いられることが多いのですが、腎不全《じんふぜん》に注意が必要です。また、低カリウム血症が起こることもありますが、食欲がある間は、あまり問題になることはありません。Ｘ線検査で肺水腫《はいすいしゅ》の程度を、血液検査で腎不全をモニターしながら、投与量を決めていきます。

血管拡張薬としては、主にアンジオテンシン変換酵素（ＡＣＥ）阻害薬と硝酸イソソルビドのどちらか一方、または両方を組み合わせて用います。ＡＣＥ阻害薬は、厳密な意味では血管拡張薬ではありませんが、左心室から全身の毛細血管への抵抗を減少させ、後負荷（心臓の後方、つまり動脈系に負担がかかっていること）を軽減させます。さらに、腎臓《じんぞう》の血管を拡張させることにより、水やナトリウムの排泄《はいせつ》を促進させ、前負荷（心臓の前方、つまり静脈系に負担がかかっていること）も軽減させます。

また、ＡＣＥ阻害薬は、副作用がほとんどなく、心筋の線維化を抑制する作用

があり、心不全の悪化を遅くしたり、寿命を延ばしたりする効果も明らかであるために、心不全の早期から用いることが多い薬です。硝酸イソソルビドは、静脈系の血管拡張薬であり、前負荷を軽減させます。ACE阻害薬と硝酸イソソルビドを併用するときには、低血圧に注意しなければなりません。

最近では、心不全が進行した時にはピモベンダンを用います。この薬は、強心作用と血管拡張作用を併せ持った薬です。ピモベンダンは単独で使用はせず他の薬と併用します。さらに、心不全の原因となっている病気によっては、βブロッカーやカルシウムチャネルブロッカーといった薬も併用します。ただし、心不全の治療は原因治療ではないため、つねに新しい薬が開発され続けています。今後、以上の薬に変わる薬が用いられる可能性が十分にあります。

また、栄養療法として、低ナトリウムの食事が有効です。さらに、胸水が原因で呼吸困難がみられる動物に対しては、胸腔穿《きょうくうせん》刺術《しじゅつ》によって胸水を抜去します。腹水がみられる動物に対しては、初期には利尿剤を用いた腹水の減量を行いますが、腹水が多量になると、横隔膜の圧迫による呼吸困難を起こすため、腹水を抜去することもあります。しかし、腹水の抜去は、低血圧によるショックを起こして動物が死亡することがあるので、リスクを伴います。なお、胸水や腹水は、抜去しても再び貯留することが多く、定期的な抜去術が必要になることもあります。

●急性心不全

心臓の機能の急激な低下によって、心拍出量が急激に低下した状態です。体の代償機能が十分に働かなくなるため、積極的に治療を行わなければ死亡する重篤な病気です。

原因

前述の慢性心不全と同様の原因によって起こります。

症状

著しい呼吸困難や喀血《かっけつ》、チアノーゼがみられます。場合によっては、ショック状態になります。とくに急性の左心不全では、肺水腫の程度が症状の重篤度に関連します。

診断

急性心不全は緊急疾患であるため、検査は最小限にとどめて治療を優先させます。

治療

初期治療として酸素吸入を行います。さらに、急性心不全では内服薬の投与が困難であるため、注射可能な利尿薬（フロセミド）や、舌下錠のニトログリセリンを投与します。さらに、強心薬としてドパミンやドブタミンを点滴によって使用します。症状が安定すれば、順次、各種の検査を行って、心不全の原因や病気の程度を明らかにしていきます。通常、急性心不全の状態から回復すると、慢性心不全に移行するので、その後の治療は慢性心不全に準じます。

（佐藤秀樹）

不整脈

通常、心臓は電気的な刺激によって一定のリズムで拍動しているため、脈拍も一定に保たれています。不整脈とは、その名のとおり、脈が不整になることで、様々な原因によって生じます。心臓の拍動は、心筋内にある刺激伝導系（刺激の発生源と通り道）に電気が流れることで起こります〈図13〉。刺激の発生源や電気の流れに障害があると、障害の部位や程度に応じた不整脈が発生します。不整脈には、とくに治療の必要のないものもあれば、治療を行わないと命にかかわるものまで、いくつかの種類があります。

不整脈は数十種類に分類されていますが、ここではイヌ、ネコに比較的多くみられる不整脈について説明します。

●洞性徐脈、洞性頻脈、洞性不整脈

心臓の動きを心電図（心臓の電気の流れを波形として表すもの）で記録すると、一回の拍動につき、一つの波形が記録されます。一つひとつの波形には異常が認められず、心拍数（1分間の心臓の拍動回数）が正常範囲より少ない場合を洞性徐脈、逆に多い場合を洞性頻脈、不規則なリズムの場合を洞性不整脈といいます。心拍数は、安静時には低下し、興奮や緊張、運動などで上昇するため、つねに一定ではありません。しかし、安静時でも徐脈や頻脈を示すときは、何らかの病気が関係していることがあります。

徐脈や頻脈の原因となる病気がなく、動物が元気であれば、とくに治療は必要ありませんが、失神などの症状があるときには治療しなければなりません。洞性不整脈の原因の多くは呼吸に関連しており、これを呼吸性洞性不整脈といいます。呼吸性洞性不整脈は、息を吸ったときに心拍が速くなり、吐いたときに遅くなります。パグ、シー・ズーなどの短頭種のイヌによくみられますが、とくに治療の必要はありません。

●房室ブロック

心臓には心房と心室という部屋があります。正常であれば、心臓の刺激は心房から心室へと伝わっていきます。房室ブロックは、心房から心室への刺激がうまく伝わらないときに発生し、程度に応じて第一度、第二度、第三度に分類されています。第一度と軽度の第二度は、治療する必要はありませんが、中程度から重度の第二度と第三度は、治療が必要です。

●心房性・心室性早期収縮

心房性ならびに心室性早期収縮とは、それぞれ洞房結節、房室結節以外から刺激が発生することによって起こる不整脈です。早期収縮と呼ばれているように、通常のタイミングより早期に心電図上に波形が形成されます。心房性早期収縮、心室性早期収縮ともに出現回数が少なければ、とくに治療の必要はありませんが、両者ともに様々な原因によって生じるため、基礎疾患があればそれに対する治療を行います。また、早期収縮の頻度が高ければ、抗不整脈薬を用いて早急に治療します。

●心房細動

正常では刺激伝導系の最初の刺激は洞房結節から生成されますが、この刺激が洞房結節ではなく心房のいたるところで発生することによって起こる不整脈です。心電図上では正常なP波と呼ばれる波形が消失し、f波と呼ばれる小さな不規則な波形が数多く観察されます。このため、心室に伝わる刺激が増加し心拍数は上昇しますが、心室へ血液が充満する時間が短くなるため、心拍出量は減少します。この心房細動は、重度の心房拡大を伴う心疾患時に発症します。心疾患の治療とともに、心拍数を下げる治療が必要です。

〈図13〉不整脈

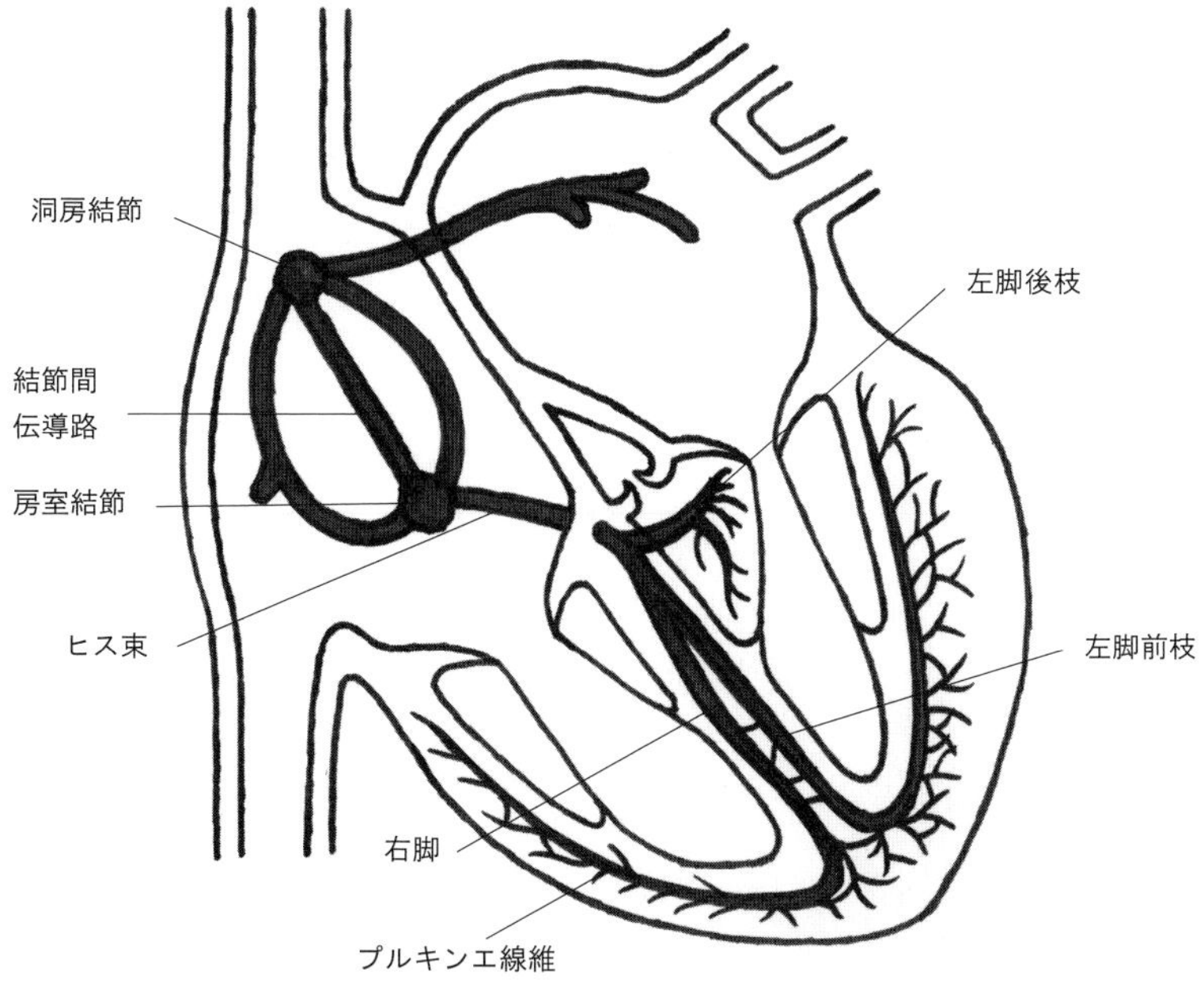

通常、刺激伝導系の最初の刺激は洞房結節から規則正しく発生し、結節間伝導路、房室結節、ヒス束、プルキンエ線維へと伝わる。不整脈は、刺激のリズムが不規則になったときや、刺激の伝わる通路の障害によって刺激が正しく伝わらないとき、あるいは最初の刺激が異常な部位から生じることで起こる

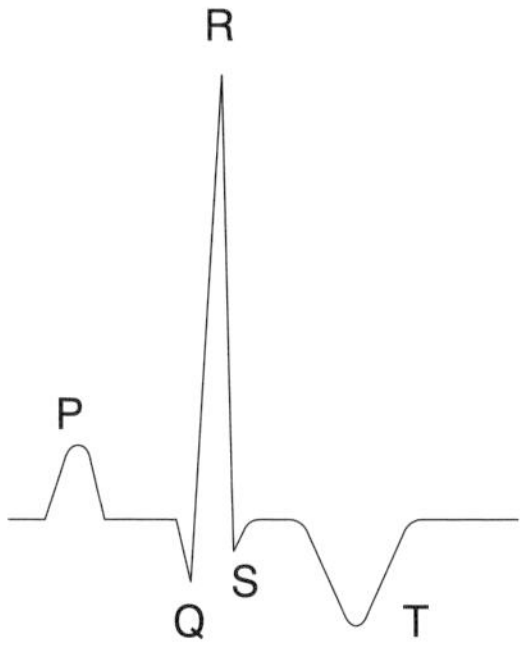

正常な心電図波形。Ｐ波が心房、ＱＲＳ群が心室の波形をつかさどる

原因

不整脈の原因としては、心臓病や電解質異常、感染症、ショック、ホルモン異常、腫瘍《しゅよう》、薬物などがあげられます。心臓病の動物では、心臓に負担がかかるため刺激伝導系が障害をうけ、不整脈が発生します。重度の心臓病をもった動物ほど、不整脈が現れやすくなります。

症状

軽度の不整脈のほとんどは、症状を示しません。そのため、飼い主も気づくことはなく、多くは身体検査や手術前検査などで発見されます。治療が必要なほど重度の不整脈があるときは、運動不耐性や虚脱、失神などの症状がみられます。

診断

不整脈が疑われるときは、心電図検査を行います。通常の心電図検査は短時間の記録しか行わないため、不整脈が存在していても発見されないこともあります。症状から不整脈が疑われる場合は、ホルター心電図という長時間の記録が行える検査を実施します。また、心臓病や電解質異常、感染症、ショック、ホルモン異常、腫瘍、薬物投与など、不整脈を引き起こす関連疾患の有無も検査します。

治療

不整脈を引き起こす関連疾患があるときは、その疾患に対する治療を行います。多くの不整脈は、基礎疾患を治療することで消失します。ただし、重度の不整脈の場合は、基礎疾患の治療とともに、抗不整脈薬などを用いた早急な治療が必要になることがあります。また、心疾患治療薬には不整脈を誘発する薬もあるため、そのような薬を使用しているときには、投与量を減らすか中止するなどの処置も必要です。

予後

心疾患以外の疾患による一時的な不整脈の場合は、基礎疾患が完治すれば、予後はおおむね良好です。心疾患の場合は、その治療によって不整脈が消失しても、病態が進行することで再び不整脈が現れることがあるため、定期的な心電図検査を行うことが望まれます。

しかし、刺激伝導系などに不可逆的なダメージを受けているときは、基礎疾患の完治後も不整脈が残存します。このような例には、継続的な抗不整脈薬の投与が必要です。

（山根　剛）

犬糸状虫症（フィラリア症）

原因

犬糸状虫が感染することによって起こります。

糸状虫が成長するためには、吸血をする雌の蚊が必要です（雄の蚊は吸血しません）。雌の蚊は、犬糸状虫の寄生しているイヌやネコ、他の動物から血液を吸う際に、血液と同時に血液中のミクロフィラリアと呼ばれる第一段階の幼虫（第1期幼虫）を吸血します。第1期幼虫は、蚊の体内で2回脱皮し、最適な条件下では14～16日で第3期幼虫になります。第3期幼虫は、蚊が吸血をした際に、刺し傷から動物の体内に移動します。第3期幼虫は、動物に感染後、体内組織（筋肉など）で脱皮を繰り返し、2～12日で第4期幼虫に、50～70日で第5期虫になります。第5期虫になると、約2・5㎝にまで成長します。そして、静脈へ侵入し、血液の流れによって肺動脈まで運ばれ、肺動脈内に寄生します。感染後、6カ月を経過すると犬糸状虫は性成熟し、ミクロフィラリアを産むことができるようになります。このように犬糸状虫の生活環は、雌の蚊と動物の体内で営まれています。犬糸状虫は、イヌはもとよりネコ、フェレットなどにも感染しますが、通常、ネコとフェレットには少数しか寄生しません。

症状

感染初期や、軽度の感染動物のほとんどは無症状です。感染が長期あるいは重度になるにつれ、咳や呼吸困難、頻呼吸などの呼吸器症状や運動不耐性（運動を嫌がる）がみられるようになります。重度感染の動物では、失神や腹水（おなかに水が溜《た》まる）、ときに喀血《かっけつ》などもみられます。

診断

血液中のミクロフィラリアや犬糸状虫抗原を検出することによって犬糸状虫の寄生を診断します。ただし、ミクロフィラリア検査のみでは犬糸状虫の寄生を否定できないため、予防を実施していない動物に対しては、抗原検査も実施します。また、ミクロフィラリア検査と抗原検査はともに、感染後5～7カ月は陰性となるため、検査時期に注意する必要があります。

これらの検査において感染が確認されれば、X線検査や超音波検査などを実施し、肺や心臓の状態を確認します。X線検査と超音波検査では、感染初期や軽度の感染動物ではほとんど異常は認められませんが、中程度から重度感染動物の胸部X線検査では、肺血管の拡大や蛇行、心臓の拡大がみられます。また、心臓の超音波検査では、右心室や右心房、主肺動脈の拡大が認められ、ときには右心室や肺動脈内に虫体が確認されることもあります。また、腹部のX線検査と超音波検査において、腹水がみられることもあります。

治療

犬糸状虫の治療は、肺動脈内の成虫を駆虫することです。犬糸状虫の駆虫薬であるメラルソミンは、従来の駆虫薬より副作用が低く、また高い殺虫率があります。ただし、重度の犬糸状虫症では、成虫の駆虫によって動物が死亡する危険性が高くなるため、検査結果によっては実施できないことがあります。このようなときは、現在の症状を緩和する治療（対症療法）を行います。

その他の治療としては、フィラリア予防薬を長期投与する方法もあります。フィラリア予防薬は殺虫率が低いので最低でも月1回、16カ月連続投与します。投与の際は、フィラリア死滅による副作用を防止するためステロイドなどを同時に用います。

予後

メラルソミンによる犬糸状虫の駆虫後は、一時的に咳や元気消失、食欲不振、呼吸困難などの症状がみられることがあります（駆虫後1～2週間にもっとも多い）。これらの症状は、駆虫により死滅した虫体が肺動脈の末梢《まっしょう》に詰まり、肺の血流を妨げることによって生じます。運動や興奮によって肺への負担が増大する

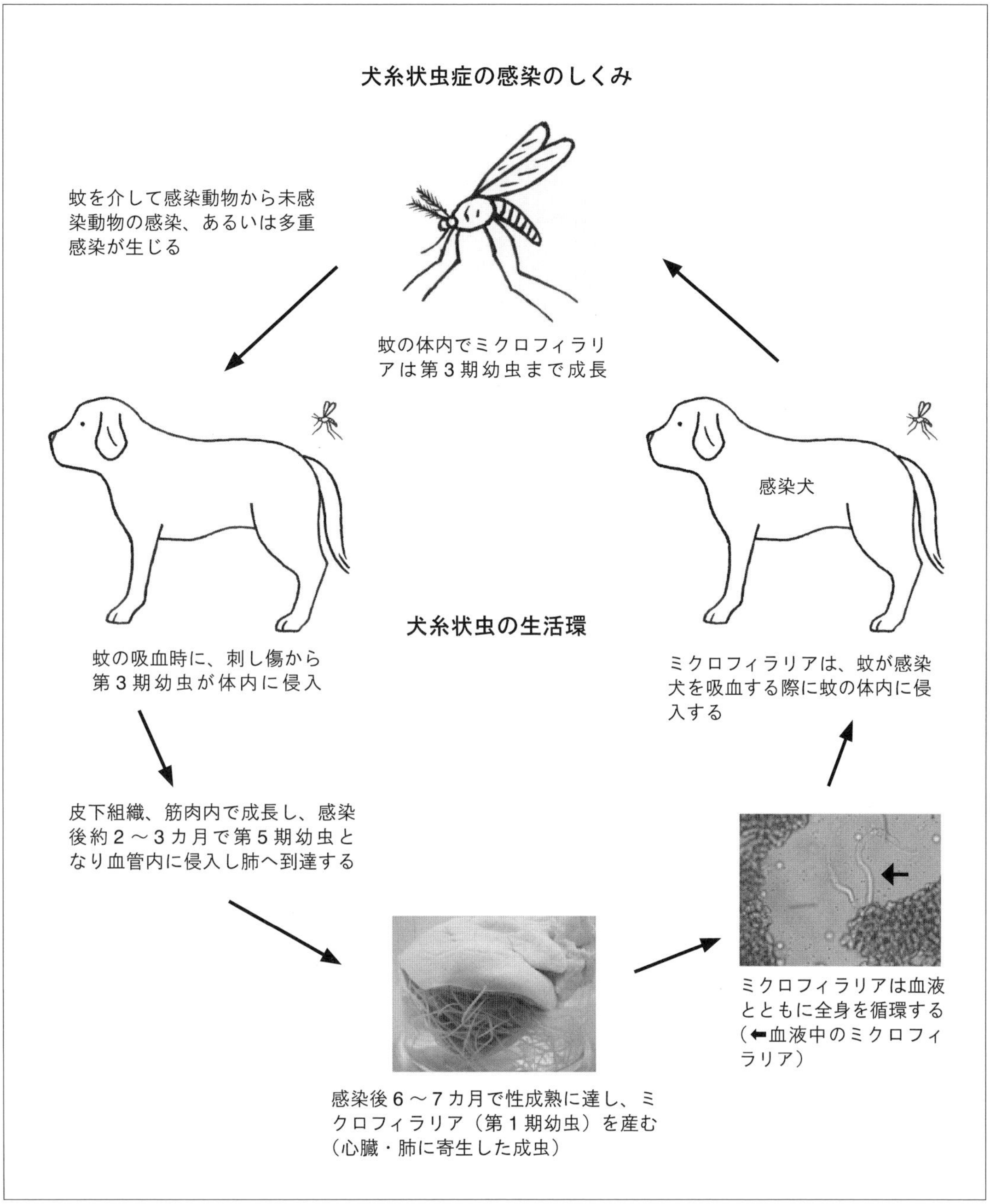
犬糸状虫症の感染のしくみ
蚊を介して感染動物から未感染動物の感染、あるいは多重感染が生じる
蚊の体内でミクロフィラリアは第３期幼虫まで成長
感染犬
犬糸状虫の生活環
蚊の吸血時に、刺し傷から第３期幼虫が体内に侵入
ミクロフィラリアは、蚊が感染犬を吸血する際に蚊の体内に侵入する
皮下組織、筋肉内で成長し、感染後約２～３カ月で第５期幼虫となり血管内に侵入し肺へ到達する
ミクロフィラリアは血液とともに全身を循環する（⬅血液中のミクロフィラリア）
感染後６～７カ月で性成熟に達し、ミクロフィラリア（第１期幼虫）を産む（心臓・肺に寄生した成虫）

ので、駆虫後、最低1カ月は動物をケージなどに入れて安静にします。また、ステロイドやアスピリンは、駆虫後の死滅虫体による肺動脈の炎症、血栓塞栓症《けっせんそくせんしょう》を緩和することから、これらの投与も副作用の軽減に有効です。治療が成功すれば、予後は比較的良好です。

犬糸状虫の駆虫が行えない動物の予後は様々です。対症療法に反応し、長期生存するケースもあれば、急激に病態が進行して死亡するケースもあります。このため、犬糸状虫感染が発覚した時点で、早期の治療を行うことが望まれます。

予防

犬糸状虫の予防は、月1回のマクロライド系薬物（イベルメクチン、ミルベマイシン）の投与によって容易に行えます。地域によって蚊の発生時期が異なるため、予防時期には注意が必要です。通常、蚊が発生する時期の1カ月後から月1回の投与を開始し、蚊がいなくなった月の翌月まで続けます。一度、犬糸状虫に感染すると、駆虫を行っても肺や心臓に少なからずダメージが残るため、犬糸状虫の予防を確実に行うことが必要です。

1カ月でも予防しなかった場合でも感染することがあります。予防薬の投与が不確実の場合は獣医に相談して下さい。

（山根　剛）

大静脈症候群

主肺動脈に寄生している犬糸状虫が心臓内に進入すると、虫体が三尖弁《さんせんべん》（右心房と右心室の間にある弁：この弁があることで血液の流れが一方通行となります）から右心房へ一部移動したり、三尖弁の腱索《けんさく》に絡みつき、血液の重篤な逆流が生じます。この状態を大静脈症候群といい、急激に全身状態が悪化し、生命が脅かされる危険な状態に陥ります。

症状は心臓内に進入した虫体の数や三尖弁逆流の程度に左右されますが、多くは突然の食欲不振や元気消失、呼吸困難、コーヒー様の血色素尿によって飼い主が異変に気づきます。

診断は尿検査による血色素尿、聴診による強い三尖弁逆流性雑音、さらに心エコー検査によって、右心房や右心室に進入した犬糸状虫の虫体を確認することによって行います。

治療は、可能な限り早急に、犬糸状虫つり出し鉗子《かんし》などを頸静脈《けいじょうみゃく》（首にある静脈）から挿入し、右心房や右心室から虫体を摘出します。また、動物の状態に応じた対症療法を行います。

治療が遅れれば遅れるほど予後は悪くなります。

虫体の摘出が成功した場合でも、一般的に大静脈症候群に陥った動物の肺や心臓はかなりのダメージを受けているため、しばらく内科的療法が必要です。

（山根　剛）

腫《しゅ》瘍《よう》

心臓腫瘍の発生率は全体的に低いですが、心エコー検査の普及で診断がより一般的になりました。多くは中年齢から高齢に発生しますが、若齢動物でもときおりみられます。心臓の腫瘍は悪性の割合が高く、良性の心臓腫瘍《しんぞうしゅよう》はまれです。イヌでは血管肉腫《けっかんにくしゅ》、心基底部腫瘍《しんきていぶしゅよう》の順に多く、前者はゴールデン・レトリーバーやジャーマン・シェパードなどに多く発生し、後者は短頭種に多いとされています。ネコでは、リンパ腫《しゅ》が最も多く、血管肉腫は一般的ではありません。

症　状

病巣の位置と重症度によって様々です。初期の段階で症状が出ることはほとんどありません。

特有の症状はなく、心不全の症状（運動不耐性や呼吸困難、不整脈など）や、衰弱などがみられます。

診　断

X線検査や心電図検査、心エコー検査、造影検査などが有効ですが、CT検査やMRI検査などが行われることもあります。腫瘍の種類を確定するには生検が必要です。

治　療

残念ながら、長期生存可能な良い治療法は殆どありません。腫瘍の場所や大きさ等によっては手術可能な場合があります。また、一部の腫瘍では抗癌剤治療《こうがんざいちりょう》を試みることもあります。特殊な治療として放射線治療が有効だった例もあるようです。しかし、いずれの治療によっても完治は難しく、症状の軽減と延命治療が主な目的となります。

予　後

心臓腫瘍の動物の多くは、治療後に再発や転移を起こす可能性が高いため、完治はきわめて困難です。

（白川　希）

心膜の疾患

先天性疾患

腹膜-心膜横隔膜ヘルニア

イヌ、ネコの先天性心膜疾患のなかでもっとも一般的なものです。この病気では、腹部の臓器が心膜（心臓を包む膜）の中に入り込み、ヘルニアを起こします。もっとも多いのは肝臓と胆嚢《たんのう》のヘルニアで、小腸、脾臓《ひぞう》、胃がこれに続きます。

発生に性差はありませんが、遺伝的傾向のある品種としてワイマラナー、ペルシャ、ヒマラヤン等が挙げられます。

原　因

先天性奇形（心膜腔《しんまくくう》と腹腔間《ふくくうかん》の完全隔壁の欠損）です。

症　状

無症状であることが多いようですが、体重の減少や疲労、消化器症状（嘔吐《おうと》、下痢）、呼吸器症状（呼吸困難、発咳《はつがい》）などがみられることもあります。

診断

通常、X線検査によって診断します。その他、心エコー検査や造影検査なども有用です。

診断時の年齢は様々です。

治療

完治させるためには手術が必要ですが、症状によっては必ずしも手術が必要でないこともあります。

予後

手術後の経過は良好で、合併症はほとんどありません。（白川　希）

心膜欠損

まれな病気で、先天性と考えられています。欠損部位の多くは円形または卵円形をしています。心膜腔《しんまくくう》と胸膜腔《きょうまくくう》との境がなくなるため、心臓のヘルニアや嵌頓《かんとん》を起こすことがありますが、通常は目立った症状はなく、別の病気の検査の際に発見される場合がほとんどです。診断には、胸部のX線検査や造影検査などが有用です。症状によっては、手術が必要ですが、予後は良好です。（白川　希）

心膜嚢胞《しんまくのうほう》

心膜に液体の貯留した嚢胞《のうほう》ができる病気です。イヌではまれにみられますが、ネコでの発生は知られていません。若齢で発見されることが多いため、進行性または先天性の病気と考えられています。症状は、他の心膜の病気と同様で、疲労や腹部膨満、呼吸困難などがみられます。胸部のX線検査で異常が認められます。確定診断には、特殊な造影検査や心エコー検査、CT検査、MRI検査などを行います。手術で心膜を切除することで、嚢胞を取り除くことができます。（白川　希）

心膜液貯留

心膜水腫《しんまくすいしゅ》

心膜は臓側心膜と壁側心膜から形成され、臓側心膜と壁側心膜の間の腔隙《くうげき》は心《しん》膜腔《まくくう》と呼ばれています〈図14〉。心膜腔内には、通常、少量（イヌの場合は1～15mℓ）の液体が貯留しています。心膜水腫とは、心膜腔内に液体が過剰に貯留した状態です〈図15〉。この液体は、毛細血管やリンパ管から正常範囲を越えて過剰に漏れ出てきたものです。

原因

うっ血性心不全や低アルブミン血症、心膜横隔膜ヘルニアなどによって、毛細血管内圧が上昇して起こります。

症状

心膜腔内に長時間をかけて液体が貯留した場合、心膜は徐々に伸展、肥厚して適応しますが、許容できないほど過剰に液体が貯留すると、様々な症状が現れるようになります。具体的には、元気消失、虚弱、運動不耐性、食欲不振、体重減少、発咳《はつがい》、呼吸困難、失神などがみられます。一方、心膜水腫が急速に起こったときは、症状も急激に悪化してショック状態に陥ります。

診断

聴診により心音の減弱が聴取され、X線検査では心陰影の拡大が確認できます。心エコー検査では、心膜腔内に過剰な液体がみられます。しかし、心膜水腫

〈図14〉心膜

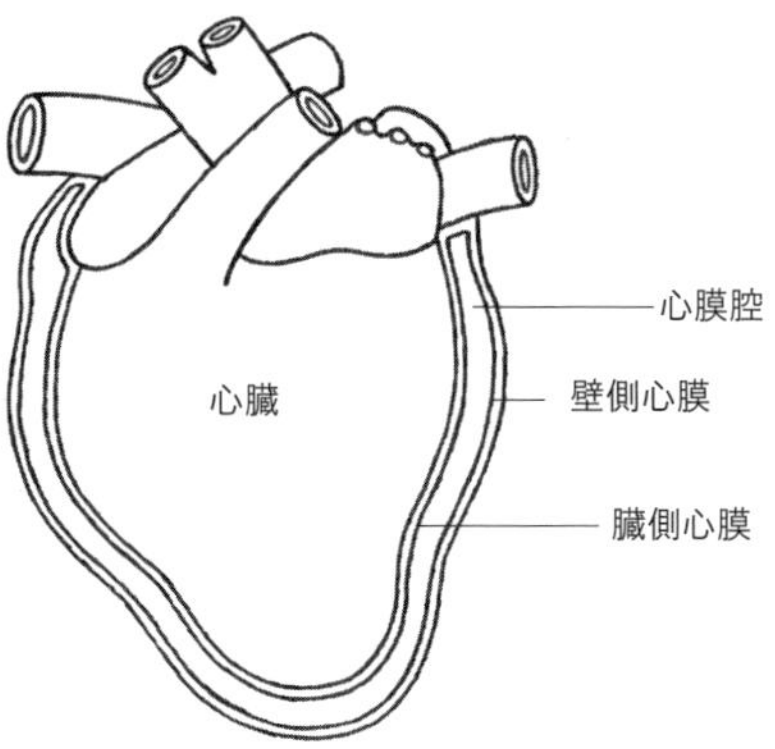

〈図15〉心膜水腫

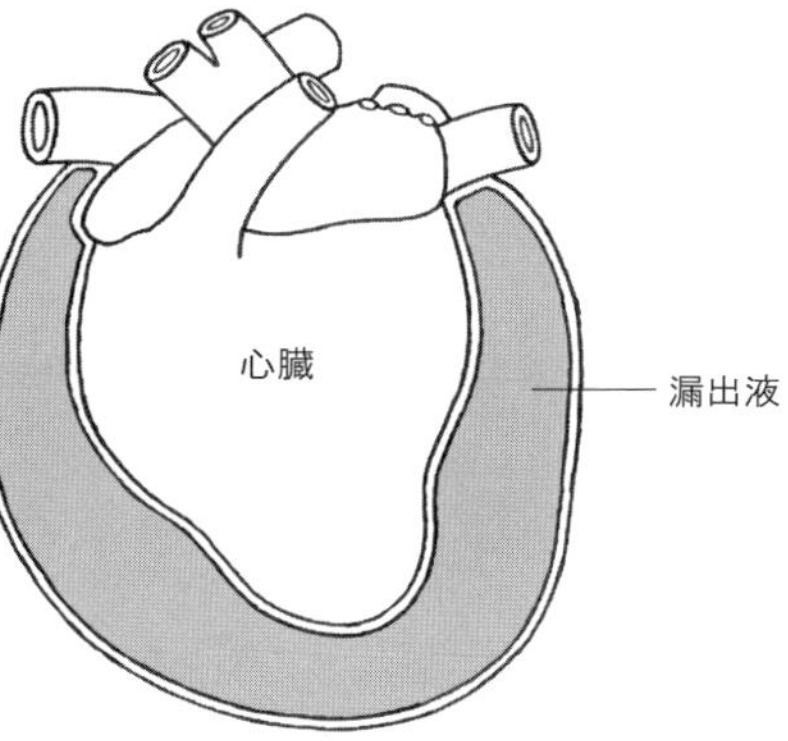

の臨床的所見は後述の心膜炎や心膜血腫《しんまくけっしゅ》と同様であるため、これらの所見のみで診断することは困難です。そのため、心《しん》膜穿刺《まくせんし》〈図16〉を行い、貯留液の性状を検査することで診断を行います。心膜水腫では、貯留液の比重とタンパク濃度が低く、貯留液中の細胞数が比較的少ないのが特徴です。

治療

心膜穿刺によって貯留液を抜去することで治療しますが、これはあくまでも一時的な病態の改善を目的に実施されるものです。心膜水腫の原因になっている基礎疾患に対する治療を行う必要があります。

（清水美希）

〈図 16〉心膜穿刺

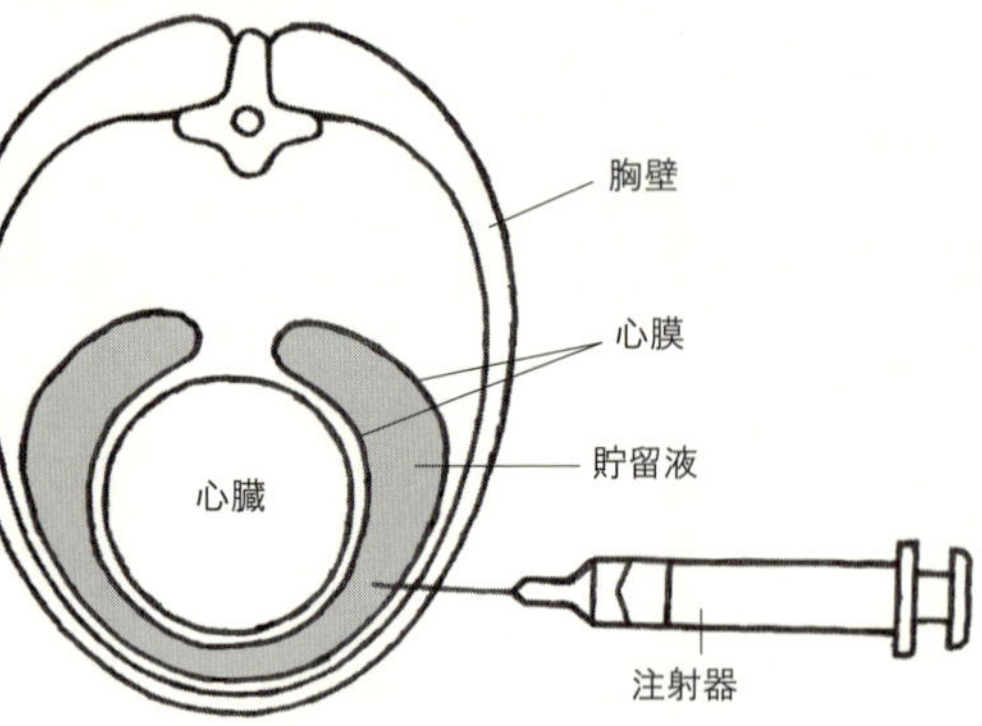

心膜炎（滲出性《しんしゅつせい》）

心膜炎は、炎症や腫瘍性病変によって本来であればその壁を通過できないタンパク質が液体や血液成分とともに心膜腔内に過剰に滲出《しんしゅつ》した状態です。

原因

心膜炎の原因には、感染性（細菌性・真菌性・猫伝染性腹膜炎）、尿毒症、心臓の腫瘍（心臓血管肉腫や心底部腫瘍、リンパ肉腫など）、心膜の中皮腫などがあります。

症状

心膜炎の症状は、前述の心膜水腫と同様です。

診断

心膜穿刺を行い、貯留液の性状を検査することにより診断します。心膜炎では、貯留液の比重とタンパク濃度が高く、貯留液中の細胞数が多いのが特徴です。

心臓や心膜の腫瘍による場合では、血液様の貯留液がみられます。

治療

心膜水腫と同様に、心膜穿刺によって貯留液を抜去しますが、あくまでも一時的な病態の改善を目的に実施されるものであり、心膜炎の原因に対する治療を行う必要があります。

心臓腫瘍による心膜血腫では、可能であれば腫瘍の外科的切除を行いますが、診断時にはすでに腫瘍の増殖が進行していて摘出できない状態になっていることが多いようです。

予後

大動脈体腫瘍《だいどうみゃくたいしゅよう》を除き、心臓腫瘍による心膜血腫の予後は悪く、腫瘍性でない原因の場合より平均生存期間は短い傾向があります。

（清水美希）

心膜血腫《しんまくけっしゅ》

心膜腔内に血液が貯留した状態を心膜血腫といいます〈図17〉。

原因

外傷による心臓の裂傷、僧帽弁閉鎖不全症による左心房破裂、特発性出血性心膜滲出などが原因です。

症状

症状は、前述の心膜水腫や心膜炎と同様で、症状のみで診断することは困難です。

診断

心膜穿刺によって採取された貯留液の性状が末梢《まっしょう》の血液と類似しています。また、心エコー検査で心膜腔内に血餅がみられることがあります。

治療

外傷による心臓の損傷や左心房破裂が疑われる場合は、心膜腔内の液体を抜去すると心膜腔内の圧が低下し、心臓からさらに出血を起こしてしまう危険性があります。したがって、貯留液の抜去は行わず、できるだけ早急に出血部位を外科的閉鎖する必要があります。また、左心房破裂では、外科的整復に続いて、僧帽弁閉鎖不全症に対する治療が必要です。特発性出血性心膜滲出は、ゴールデン・レトリーバーに多く発生します。特発性出血性心膜滲出のイヌの半数は、心膜穿刺による貯留液の抜去とステロイドホルモンの内服によって治癒しますが、残りの半数には再発が起こり、数回の心膜穿刺が必要となることがあります。

2～3回以上の心膜穿刺を必要とする場合は、病的な心膜を外科的に切除する

〈図 17〉心膜血腫

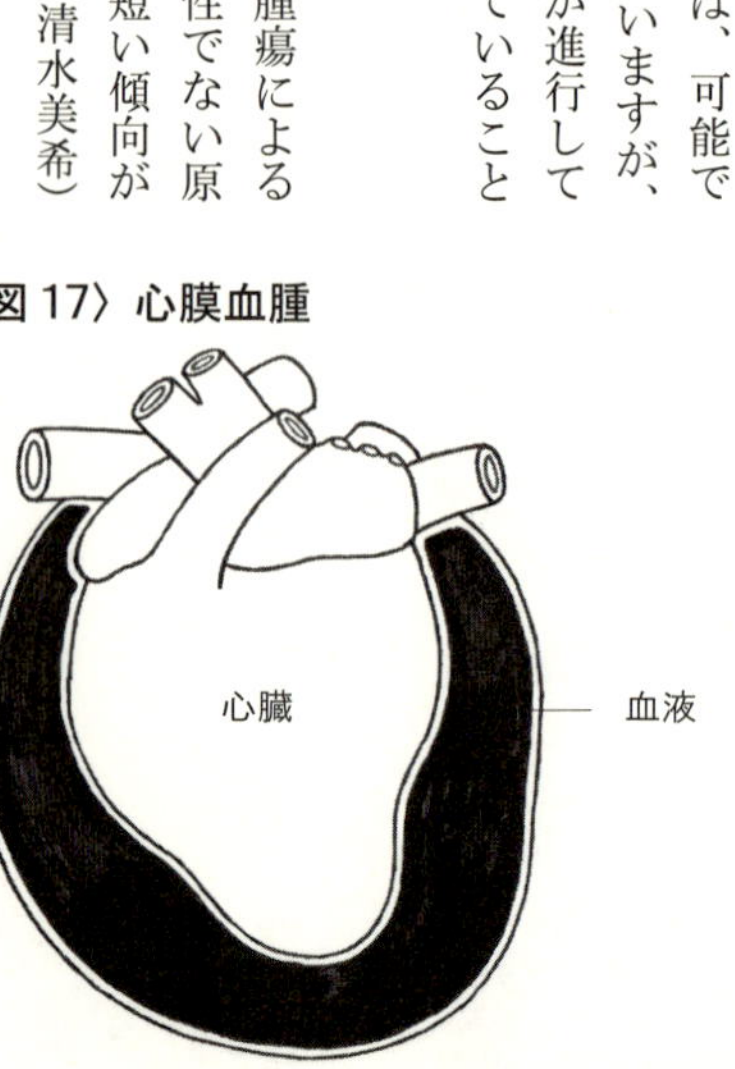

心膜切除術が行われます。心膜切除は、完治させることもできる効果的な治療法です。

（清水美希）

心タンポナーデ

原因

様々な原因によって心膜腔《しんまくくう》内に多量の液体が急速に貯留すると、心膜に張力が加わって心膜腔内の圧力が著しく増大し、心臓を圧迫するようになります。その結果、心臓の収縮・拡張機能が重度に阻害され、心臓から拍出される血液量が減少し、血圧が低下します。この状態を心タンポナーデといいます。

症状

様々な症状がみられますが、心タンポナーデでは右心房や右心室がもっとも圧迫を受けやすく、そのため肝臓の腫大《しゅだい》や腹水の貯留などを起こすことがあります。また、心タンポナーデが進行すると、症状は急激に悪化してショック状態になります。

診断

臨床検査の所見では、血圧の低下によって末梢動脈《まっしょうどうみゃく》の拍動が触知できなくなり、奇脈などの異常拍動が触知されるようになります。心エコー検査では、心膜腔内の貯留液によって心臓が圧迫されている所見や、心臓内腔への血液の充満不全、心拍出量の減少が確認されます。

治療

以上のような心タンポナーデが疑われる所見がみられたときは、まず応急的な治療として心膜穿刺《しんまくせんし》を行います。心タンポナーデの場合は、心膜腔内の貯留液を少量抜去するだけでも、症状は劇的に改善します。次に、心膜腔内に液体貯留が起こった原因に対する治療を行います。しかし、治療しても症状が改善しない場合や、心膜穿刺が繰り返し必要となる場合は、貯留液による心臓の圧迫を避けるために、心膜を外科的に切除します。心膜を除去すると、心膜液は胸腔《きょうくう》内に入り、心膜よりも面積の広い胸膜によって吸収されます。このとき、心膜腔内にあった液体が胸水として一時的に貯留しますが、その症状は心膜腔内に液体が貯留した場合に比べて軽度です。

（清水美希）

腫瘍病変《しゅりゅうびょうへん》

肉芽腫性疾患《にくがしゅせいしっかん》

イヌとネコではまれな病気です。放線菌などの感染が原因となることがありますが、無菌性で原因不明のこともあります。心膜に大小の肉芽腫《にくがしゅ》や石灰化を生じます。そして、心膜腔《しんまくくう》に液体が貯留して静脈還流を妨げると、心機能が損なわれ、症状が現れます。主な症状は、呼吸困難や全身衰弱、腹囲膨満などです。また、心膜腔内への液体の貯留が急激に起こった場合には、突然死することもあります。心エコー検査や血液培養検査、心膜や心膜液からの病原菌の検出によって診断します。治療は、原因菌に対する治療や、心膜切除術を行います。

（神田順香）

心膜膿瘍《しんまくのうよう》

様々な細菌感染が原因となって起こりますが、イヌとネコでの発生はまれです。心膜腔に液体が貯留した例では、嗜《し》眠《みん》や虚弱、食欲廃絶、腹囲膨満などがみられます。診断は、心エコー検査やX線検査、血液培養検査、心膜穿刺《しんまくせんし》によって採取した心膜液の検査に基づいて行われます。治療は、内科的には原因に合わせた抗生物質の投与、外科的には膿瘍《のうよう》の切除や心膜の部分的切除を行います。また、心膜腔内の液体貯留によって心機能が損なわれている場合には、早急に心膜に針を刺して貯留液を抜く必要があり、さらに手術による心膜切除も必要となります。

（神田順香）

収縮性心膜疾患（特発性、感染性）

おもな収縮性心膜疾患として心外膜炎があげられます。

イヌでは感染性心外膜炎の発生は少ないです。対照的に、ネコにおける心外膜炎は心膜液の原因の一つとなりますが、その発生率は低いです。

心膜の滲出液《しんしゅつえき》には通常、化膿性《かのうせい》や漿液《しょうえき》線維素性《せんいそせい》、漿液性《しょうえきせい》がみられ、その液の中には炎症性細胞がみられます。

イヌとネコの感染性心外膜炎の原因としては、結核やコクシジオイデス症、放線菌症、ノカルジア症など、様々な細菌や真菌の感染症があります。なかでも、二次的なコクシジオイデス症や放線菌症、ノカルジア症は、ごく普通にみられるものです。

無菌性炎症性心膜液は、イヌではレプトスピラ症やジステンパー、ネコでは猫伝染性腹膜炎で起こります。

（飯野真紀子）

血管の疾患

血栓塞栓症《けっせんそくせんしょう》

血栓塞栓症は、血栓が動脈を閉鎖することによって起こる病気です。

イヌとネコの両方にみられますが、もっとも多いのは、ネコの肥大型心筋症によるものです。この場合、心臓で発生した血栓が後肢に通じる血管に詰まり、激しい痛みを伴って後ろ足が動かなくなります。こうした症状と大腿動脈拍動《だいたいどうみゃくはくどう》の欠如、心筋症の存在が診断の決め手になりますが、心エコー検査で心臓内に生じている血栓を見つけることも可能です。治療は、血栓溶解剤を使用したり、外科手術によって血栓を摘出したりしますが、その成功率は非常に低く、多くの場合は死亡します。

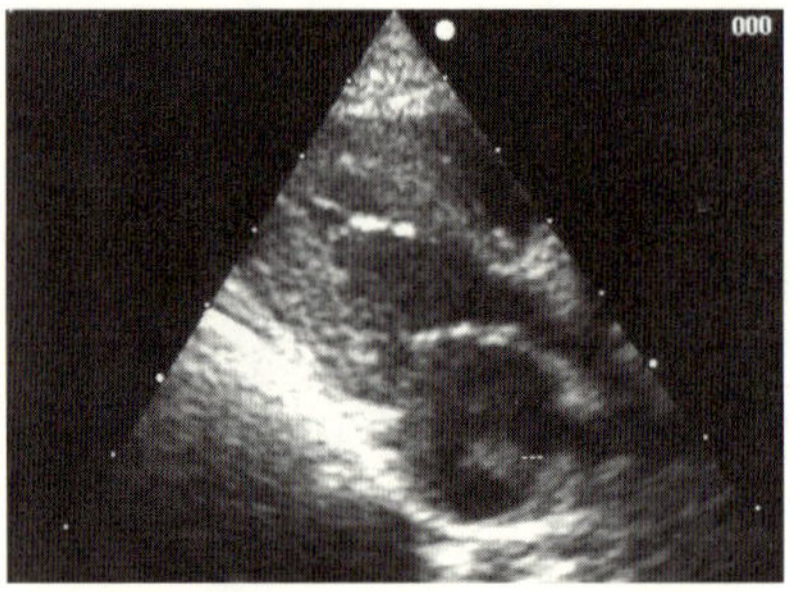

ネコの肥大型心筋症の心エコー検査。左房内部に血栓が確認できることがある

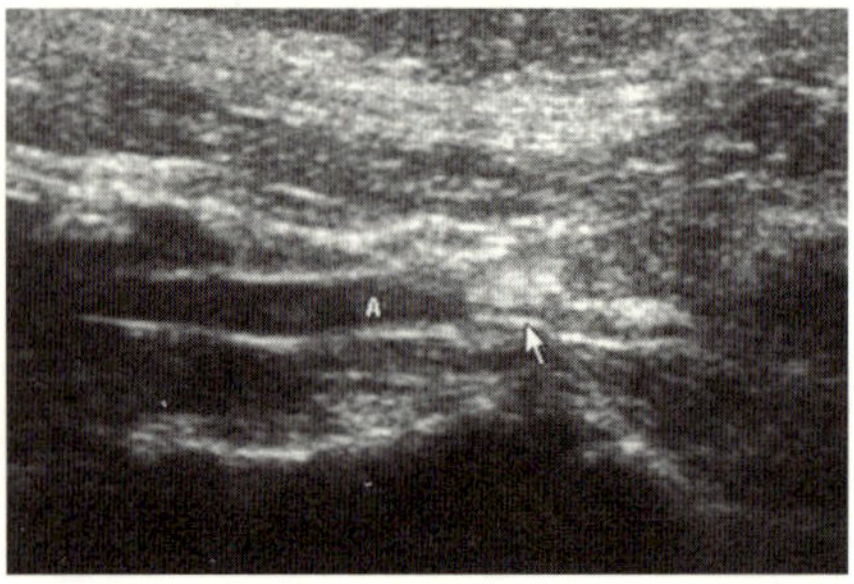

後肢へ向かう動脈に血栓が詰まっている状態。心エコー検査によって確認できる

また、イヌにおいては、血栓塞栓症は肺で起こることがあります。血栓によって肺での換気が十分に行えなくなり、その結果、呼吸困難を起こします。初期の状態では、胸部X線で異常はみられません。治療は、酸素の吸入や副腎皮質《ふくじんひしつ》ホルモン製剤《せいざい》および抗凝固剤の投与を行います。治療に成功すれば予後は良好ですが、一般に死亡率が高い病気です。

（佐藤秀樹）

動脈硬化症

動脈の壁が肥厚し硬化する病気です。粥状硬化症《じゅくじょうこうかしょう》と中膜硬化症、細動脈硬化症に分類されます。ただし、人にみられるような血栓形成を伴って血管腔《けっかんくう》の狭小化を起こすことは、きわめてまれだと思われます。動脈硬化症は、いまだ生前診断されたことはなく、死後の病理検査で判明したものだけが知られています。そのため、診断方法や治療法は、現段階では明らかではありません。

（佐藤秀樹）

血管炎

血管壁の炎症のことで、動脈炎と静脈

炎があります。血管壁の水腫《すいしゅ》や、血管を構成する細胞および組織の変性・壊死《えし》を伴った血管壁内ないし血管周囲の細胞浸潤が特徴です。

●動脈炎

動脈内での血栓形成や血管の拡張を起こし、まれに血管の破裂を生じるなど、様々な症状を示します。原因は確定できないことが多いです。大動脈では非特異性大動脈炎、それよりも細い動脈では閉《へい》塞性血栓血管炎《そくせいけっせんけっかんえん》、さらに細い小動脈から細動脈ではアレルギー性肉芽腫性血管炎《にくがしゅせいけっかんえん》や全身性エリテマトーデスによる血管炎、そして、細動脈から毛細血管ではウイルス感染症による血管炎が起こります。

●静脈炎

静脈壁における炎症性変化と血栓の形成を特徴とします。その結果、末梢《まっしょう》部位に浮腫《ふしゅ》や腫脹《しゅちょう》、疼痛《とうつう》、硬結を起こします。障害が起こった静脈は、その走行に一致した赤い索状の拡張を示します。また、圧痛がみられるようになります。静脈炎は一次性静脈炎と二次性静脈炎に分類され、前者には閉塞性血栓性静脈炎《へいそくせいけっせんせいじょうみゃくえん》と特発性血栓性静脈炎が、後者には血栓性静脈炎と限局性静脈炎があります。治療としては、副腎皮質《ふくじんひしつ》ホルモン製剤《せいざい》や線維素溶解酵素剤の投与などを行います。

(飯野真紀子)

リンパ水腫《すいしゅ》（リンパ浮腫《ふしゅ》）

リンパ液は、毛細血管領域における組織液から生じ、毛細リンパ管や集合リンパ管、主幹リンパ管を経て静脈系に注ぎ込まれています。リンパ管は豊富に吻合《ふんごう》しているため、小さなリンパ管の流出路障害はほとんど問題となりません。しかし、腫瘍《しゅよう》や炎症性腫脹《えんしょうせいしゅちょう》などによってリンパ管やリンパ節が閉塞《へいそく》すると、リンパ液の通過障害が生じ、そのリンパ管の流域に多量の液体貯留が起こります。そして、組織液が過剰となり、組織の間に蓄積して浮腫《ふしゅ》を起こします。これをリンパ水腫またはリンパ浮腫といいます。リンパ水腫が慢性の経過をたどると、リンパ管の拡張や結合組織の増殖あるいは線維化が起こり、象皮病になることがあります。また、リンパ水腫は、その原因によって、一次性リンパ水腫（リンパ管の形成不全、Milroy 病）と二次性リンパ水腫（外科的侵襲、炎症、腫瘍《しゅよう》、犬糸状虫症）に分けられています。

(飯野真紀子)

高血圧症

最高血圧の値が１６０mmHg 以上になった状態を高血圧症といいます。生理的高血圧と病的高血圧に分けられ、生理的高血圧は幼獣や老獣にみられたり、機械的または温熱的、電気的刺激を受けたときや、採食、発情、妊娠、興奮、激動などに伴って発生します。一方、病的高血圧は、急性または慢性腎炎《まんせいじんえん》や動脈硬化、萎縮腎《いしゅくじん》、肺炎、疝痛《せんつう》、発熱、赤血球増多症などのときにみられ、最高血圧の値が上昇します。また、心不全や腎炎、萎縮腎、疝痛、発熱などでは、最小血圧の値も上昇します。

病的高血圧は、次のようにも分類されています。

●本態性高血圧

原因がはっきりわからずに起こる高血圧です。遺伝的要因と環境要因が関与すると考えられています。

●二次性高血圧

甲状腺機能亢進状態《こうじょうせんきのうこうしんじょうたい》や腎疾患《じんしっかん》などに伴って起こる高血圧です。原因となっている病気を治すと、血圧も下がります。

(飯野真紀子)

造血器系の疾患

骨髄・血液とは

　血液とは血管内を循環し、生命維持にかかわる様々な働きをしている重要な組織です。血液の産生は、まず胎子期に母親の子宮内で、将来内臓などの臓器になる卵黄嚢内《らんおうのうない》で始まり、引き続いて肝臓、脾臓《ひぞう》にうつり、その後、胎子期の途中から血液産生活動の中心は骨髄中心となり、胸骨、肋骨《ろっこつ》、骨盤および頭蓋骨《とうがいこつ》といったすべての扁平骨《へんぺいこつ》の骨髄内で、終生活発な血液産生が行われます。

　血液には、心臓から動脈、毛細血管、静脈を経て、肺と全身の各組織を回っている循環血液と、肝臓、脾臓などに分布される貯蔵血液があり、その全血液量は体重の約8％を占めます。一般に循環血液量の3分の1以上が急速に失われると、生命の危機が生じます。

　血液は血球成分と液状成分である血漿《けっしょう》に分かれます。血液を凝固させて凝血塊を作ると、しばらくしてうわずみに液体が出現しますが、これを血清といい、血漿成分から線維素原（フィブリノゲン）を除いたものに相当します。血球成分は血液の約45％、血漿成分は残りの約55％を占めます。血球成分は赤血球、白血球、血小板に分けられ、それぞれが分担して次のような働きをしています。

①酸素と二酸化炭素の運搬
酸素は赤血球に含まれるヘモグロビンと呼ばれるタンパク質によって運ばれます。また、二酸化炭素は主に血漿に溶けて運ばれます。

②栄養素の運搬
消化管に吸収されたアミノ酸、糖質、ビタミン、ミネラルなどは主に血液に入り、それらを利用したり貯蔵したりする組織に運ばれます。

③老廃物の運搬

④水分などの調節

⑤出血防止
血漿には血液の凝固にかかわる各種の因子が含まれ、その総合的な作用によって血液を凝固させ、出血を止める役割を果たしています。

⑥生体防御

⑦体温調節

⑧ホルモンの輸送

　一方、血漿成分は、そのうちの約91％が水分で、物質の溶解、運搬の働きをしています。次に多く含まれるのがタンパク質で、血漿の約7％を占めています。血漿中には80種類以上のタンパク質が存在します。このタンパク質のうち、一番多く含まれるのはアルブミンで、肝臓で生成されています。また、免疫に関与する免疫グロブリンというタンパク質はリンパ球が産生しています。血漿タンパク質は、次のような機能を担っています。

・血液の膠質浸透圧《こうしつしんとうあつ》の維持
膠質浸透圧とはタンパク質によって生じる浸透圧のことで、主にアルブミンが寄与します。
・体細胞の栄養源
・血液のpHを一定に保つ緩衝作用
・免疫作用（免疫グロブリンの作用）
・血液凝固と線維素溶解作用
・物質の運搬

そのほかに血漿成分には血糖や無機塩類などの成分が含まれます。

以上のように、血液は全身にわたり様々な活躍をしている組織で、生命の恒常性を保つのに必要不可欠なものです。そして、骨髄は、血液の全身的な様々な状況に応じて、絶え間なく血液を供給する重要な組織です。そのために血液の検査や骨髄の検査は全身の状態を知り、ひいては病気の発見につながる重要な検査になります。

（松川拓哉）

血液成分の分類

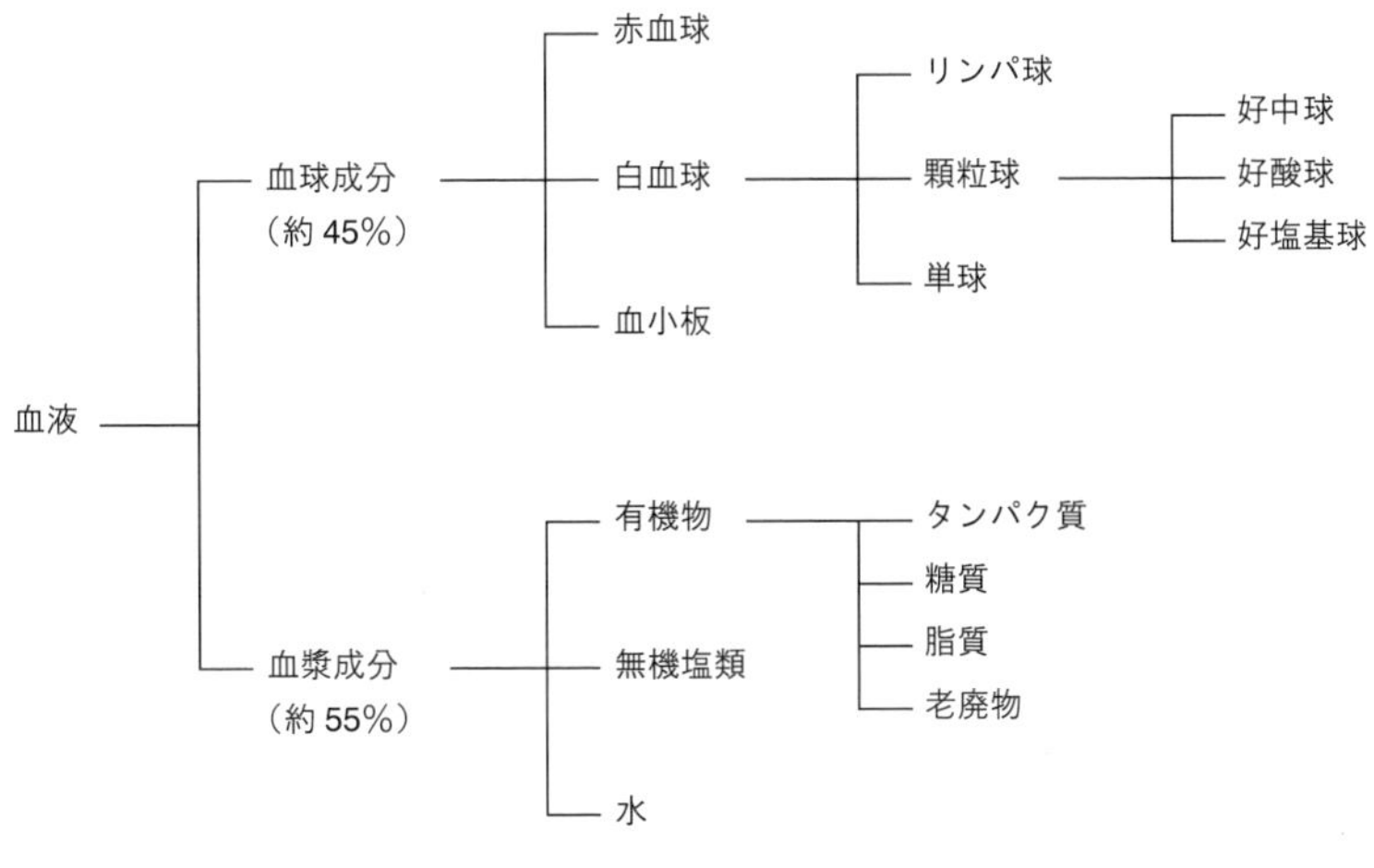

骨髄の構造と機能

骨組織は外側の緻密骨《ちみっこつ》と内側の海綿骨に大別され、骨の髄腔《ずいくう》や海綿骨のすき間を埋める軟組織を骨髄といいます。若齢時にはすべての骨髄で活発な造血がみられますが、加齢とともに造血場所は減少し、胸骨、肋骨《ろっこつ》、頭蓋骨《とうがいこつ》などの薄い骨や、椎骨《ついこつ》、短骨、長骨骨端などの海綿状組織に限られてきます。四肢の長い骨（長管骨）は比較的若い時期に造血機能を停止し、骨髄は脂肪細胞に置き換わります。これに対して、胸骨や肋骨、椎骨などはいつまでも造血を続けます。これらの骨は内臓の近くにあり、つねに暖められているので外界の気温の影響を受けにくいからと考えられています。

骨髄の重要な機能は、胎子の肝臓から受け入れたあらゆる血液細胞の源となる血液幹細胞を再生して終生保持することと、血液幹細胞から分化した各種血球の前駆細胞から血液細胞を生成することです。また、そのほか、骨髄はリンパ球系前駆細胞を胸腺《きょうせん》や脾臓《ひぞう》へと送り出す役割も果たしています。

（松川拓哉）

骨髄の検査

通常の血液検査において持続性、進行性でしかも原因不明の血球成分の減少や増加が認められた場合、原因の確定のために血液生成の場所である骨髄の検査が行われます。また、リンパ腫《しゅ》などの腫瘍《しゅよう》に対して、どれだけ病気が進んでいるかを示す病期分類のために骨髄検査を行うこともあります。

骨髄検査の方法は、骨髄穿刺法《こつずいせんしほう》と骨髄生検法の二つに大別されます。骨髄穿刺法は骨髄内に穿刺針《せんししん》を入れ、骨髄液を吸引し、その液に含まれる細胞の塗抹標本を作り観察するもので、細胞個々の細かな構造を観察するのに役立ちます。骨髄生検法は腎臓や肝臓の生検の場合と同じく、骨髄組織片を取り、全体の組織構造の異常を判定するのに役立てます。通常、両者は同時に行い、骨髄穿刺法により確定がつかない場合に骨髄生検によって診断を確定させます。骨髄検査は一般に軽い麻酔下で、大腿骨《だいたいこつ》、上腕骨、腸骨などに対して、骨髄針を用い行われます。

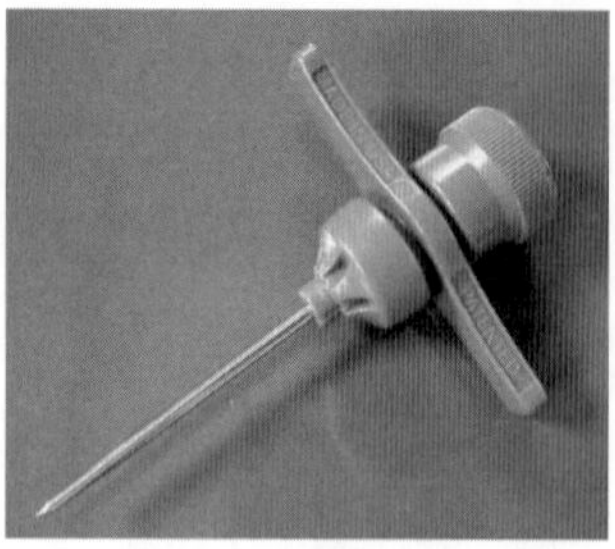

骨髄検査でよく使われるジャムシディー針

骨髄検査ではまず、骨髄全体の充実度を調べ、続いて各血球成分の形成割合、各血球成分における成熟分化過程、形態の異常がないかを調べます。さらに、異常な細胞成分の増加の有無を調べ、必要に応じて特殊染色などで異常細胞の判別を行います。骨髄検査は免疫介在性疾患や白血病、リンパ腫の鑑別などにとくに有効な検査です。

（松川拓哉）

血液の生成・分化

胎子期の途中以降、血液は主に骨髄で生成されます。生命の恒常性維持のために、絶えず血液は生成され、全身に循環されます。循環血液中における各血球成分の血球の数が一定に保たれるためには、血球の産生、放出、破壊が均衡している必要があります。ところが、末梢血液中にみられる各種血球はそれぞれ血管内に滞在する期間や寿命も系統ごとに異なっています。このように血球の生成・分化のメカニズムは単純ではありません。

血球細胞のすべては全能性幹細胞という1種類の細胞から分化してできています。この全能性幹細胞から赤血球系、顆《か》粒球系《りゅうきゅうけい》、巨核球系という血球成分の各系統（総じて骨髄系といわれる）に分化が可能な多能性幹細胞と、リンパ球系に分化が可能な多能性幹細胞に分かれ、その後、各血球成分の前駆細胞となる単能性幹細胞へと分化は進み、成熟した各血球成分となります。成熟した各血球成分のうち、リンパ球、単球、顆粒球（好中球、好酸球、好塩基球に細分化される）を白血球と呼び、そのほかに赤血球と血小板があります。

赤血球は体の中でもっとも数の多い血液細胞で、核がなく、ヘモグロビンという成分を多く含んでいます。ヘモグロビンは酸素の運搬と酸塩基平衡を行います。そのほかに赤血球に含まれる炭酸脱水酵素が、炭酸ガスの運搬やpH調節に関与しています。赤血球は扁平《へんぺい》な円板状で中央部が両面ともへこんでいるために体積は小さく表面積は大きくなっており、酸素分子の出入りに都合がよくできています。赤血球の幹細胞は、まず前赤芽球になります。その後、分裂を繰り返し細胞内のヘモグロビンが飽和状態に達すると、核が濃縮されて細胞から放出され網状赤血球になり、最後に成熟した赤血球になります。末梢《まっしょう》の血液中に網状赤血球が増えることは、盛んに造血が行われていることを示します。また、赤血球の寿命はイヌでは約１２０日、ネコでは約70日で、寿命が来ると破壊されます。１日に壊される赤血球の数は、毎日新しく作られる赤血球の数にほぼ等しくなっています。

白血球には顆粒球、単球、リンパ球があります。顆粒球は、微生物などの異物が侵入すると血管内から外に出て食作用を発揮する好中球や、炎症があるとその刺激によって酵素などを分泌し、炎症を抑制するなどの働きをする好酸球があります。また単球は病原菌や死滅した好中球を食作用で処理し、リンパ球は免疫に関係しています。白血球も赤血球同様に幹細胞から分化成熟して作られます。白血球の寿命は約７日間です。

血小板は骨髄で幹細胞から分化した巨核細胞がちぎれて生じた細胞片で、核がありません。細胞の顆粒《かりゅう》には、血液凝固にかかわる様々な成分が含まれ、凝固機構で重要な役割を果たしています。血小板の寿命は約７日間です。　（松川拓哉）

止血機序

外傷などにより血管壁に傷害が発生す

血液の生成と分化

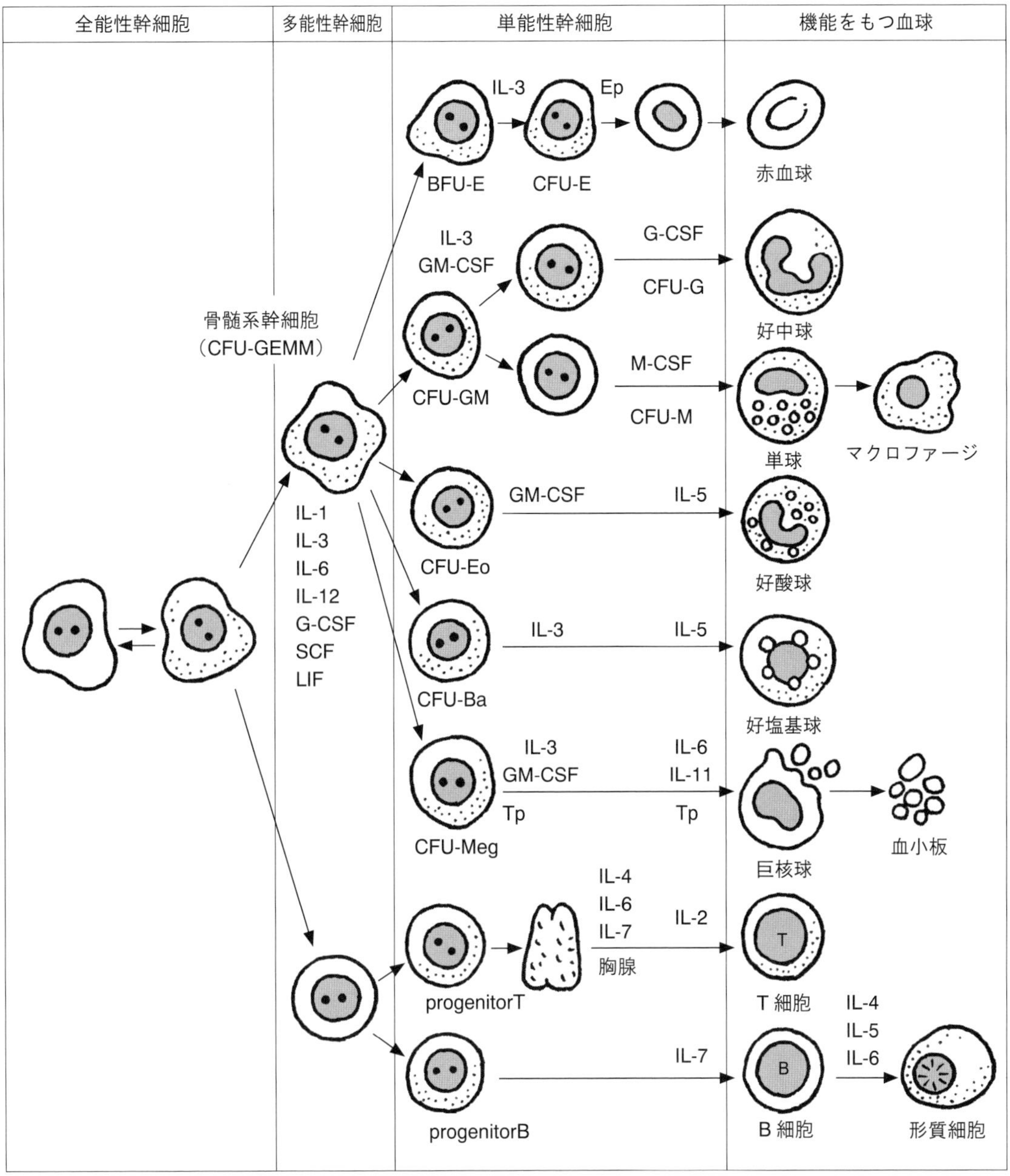

ると、血管が収縮します。同時に傷害組織への血小板の粘着が起こり、さらに血小板が活性化され、血小板の凝集が起こります。このように形成された血小板凝集塊を中心とした血小板血栓の形成を一次止血と呼びます。

しかし、血小板血栓は血流の変化に対する物理的抵抗性は弱く、止血をより安定したものにするにはフィブリン塊からなる血栓の形成が不可欠です。この過程は非常に複雑ですが、フィブリン生成による血液の凝固のことを二次止血と呼びます。

その後、形成されたフィブリンはプラスミンによって分解（線維素溶解）されることで過剰な凝血を阻止するようバランスが保たれています。　（木村大泉）

血液検査

血液検査によって、動物の全体的な健康状態をおおまかに把握することができます。血液は、血管内を循環する液体状の組織で、生存に必要な物質を体のすべての細胞に運搬し、代謝により生じた老廃物を受けとって排出器官に運搬する役割を担っています。そのため、血液検査で得られる情報は、ある特定の時点の造血システムや各臓器の状態を反映しています。

動物の血液を採取するにあたっては、動物の種類、採血量などによって採血部位が異なります。一般的にイヌやネコでは、橈側皮静脈《とうそくひじょうみゃく》（セファリック静脈）、外側伏在静脈（サフェナ静脈）、大腿静《だいたいじょう》脈《みゃく》、頸静脈《けいじょうみゃく》が用いられます〈図1〉。

血液検査は、全身的な健康状態を知るためのスクリーニング、診断の補助的方法、あるいは感染に対する患畜の抵抗能力を調べ、また疾患の進行具合の評価といった、いくつかの理由のために実施されます。たとえば、病気の動物、麻酔前評価、高齢動物の健康診断や、以前に赤血球系、白血球系、血小板の異常が認められた動物の検診のための検査として推奨されています。病気の動物では、食欲不振、元気消失といった非特異的な病歴をもつ動物に実施されます。麻酔前評価では、麻酔前に赤血球、白血球、血小板の異常、さらに肝臓、腎臓《じんぞう》などの麻酔薬の代謝にかかわる臓器の状態を把握するために実施されます。血液検査、血液化学検査は、比較的低コストで豊富な情報を得ることができる優れたスクリーニング検査です。年齢に関係なく、外科手術を受けるすべての動物に対して、麻酔前にこれらの検査を行うことが勧められます。高齢の動物では、健康であっても病気であっても、これらの検査を定期的に受けるほうがよく、7歳以上のイヌおよびネコでは、年に1回のスクリーニング検査が勧められます。検査結果から普段は認識されていない潜在的な病気の重要な手がかりが得られるほか、基礎データを確立し、また栄養管理やワクチン接種に際しても役立ちます。

加齢は様々な病気（免疫介在性疾患、内分泌疾患、腎臓疾患、肝臓疾患、腫瘍性疾患など）の発生と関連しており、血液検査に加え、血液化学検査や尿検査によって初めて認識されることもあります。以前に赤血球系、白血球系、血小板

〈図1〉血液検査の採血部位

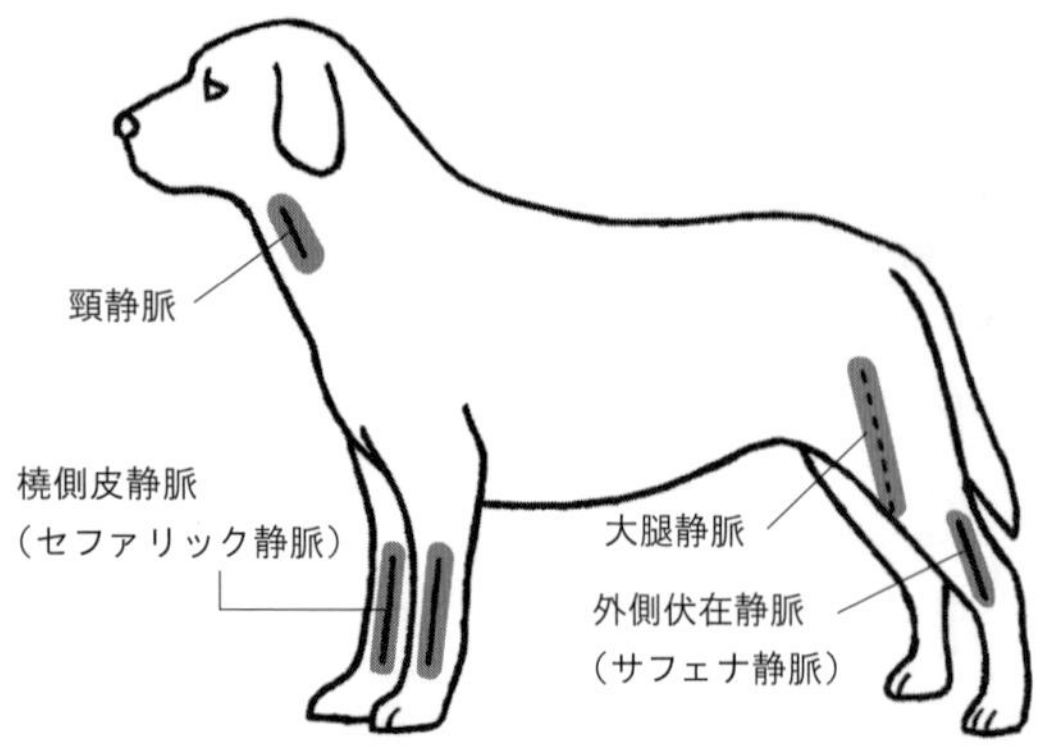

〈表1〉血液検査値で異常を引き起こす状況、疾患

検査項目	高値を引き起こす状況、疾患	低値を引き起こす状況、疾患
赤血球数、ヘモグロビン量	相対的多血症（脱水）	貧血（再生性、非再生性）
ヘマトクリット値（血球容積）	絶対的多血症 （心臓病、呼吸器病、腎臓腫瘍）	
好中球数	炎症性疾患、細菌感染、興奮、 ストレス、ステロイド製剤投与	ウイルス感染、敗血症、骨髄抑制
リンパ球数	慢性炎症、ウイルス血症、 免疫疾患、リンパ球性白血病	ストレス、ステロイド製剤投与、 リンパ管拡張
単球数	炎症性疾患、ストレス性疾患、 溶血性疾患	
好酸球数	アレルギー性疾患、寄生虫感染	ストレス、ステロイド製剤投与、 クッシング症候群
好塩基球数	アレルギー性疾患、寄生虫感染	
総タンパク量	脱水、慢性感染症、免疫疾患	栄養不良、肝疾患、腎疾患、 出血、腸炎など

の異常が認められた動物の検診では、疾患状態からの回復を追跡し、治療薬の効果を評価するために連続して血液像を検査する必要があります。

血液検査の検査項目には、主に赤血球数、各白血球数（好中球、好酸球、好塩基球、単球、リンパ球）、血小板数、ヘマトクリット値（血球容積）、ヘモグロビン量などがあり、それぞれ高値、低値を示す状況、疾患があります〈表1〉。

（安川邦美）

動物の血液型と輸血

人の血液型においてもABO式、Rh式などの分類があるように、イヌとネコの場合にもたくさんの血液型分類があります。

国際的に認められているイヌの血液型分類はDEA（Dog Erythrocyte Antigen＝イヌ赤血球抗原）型で分類され、13種類があります。

ネコの場合はA型抗原とB型抗原の組み合わせによりA、B、ABの三つの血液型があります（人とは異なりO型という型はありません）。一番多いのがA型（日本のネコの95％）で、B型はネコの種類によってときどきみられ、AB型は非常にまれです。

人と同様、動物においても輸血の安全性・効果という観点から、もっとも重要なのは当然ながら血液型の一致です。イヌの場合、初回の輸血では問題はありませんが、2回目以降、とくに重要になってくる血液型がDEA1・1型です。DEA1・1型（＋）のイヌの血液をDEA1・1型（－）のイヌに輸血すると輸血反応が起こりますが、逆では問題なく輸血することができます。ネコの場合、とくにB型のネコがもっている抗A型抗体は非常に強力で、初めてであろうと輸血の際、重症の輸血反応を起こすため、組み合わせに注意しないと命の危険を伴います〈表2〉。以前に輸血を受けたことがあるイヌやネコにおいては、たとえそれが数日前であっても、さらに交差適合（クロスマッチ）試験を行い、輸血反応がないことを確認する必要があります。

（安川邦美）

〈表2〉ネコの輸血に適切な血液型組み合わせ

輸血に適切な血液型組み合わせ		供血ネコの血液型		
		A型	B型	AB型
受血ネコの血液型	A型	○	×	×
	B型	×	○	×
	AB型	△	×	○

B型のネコがもっている抗A抗体は非常に強力で、輸血の際、組み合わせに注意しないと命の危険を伴う
（△：緊急時、AB型の血液がない場合、A型の血液で代用可能）

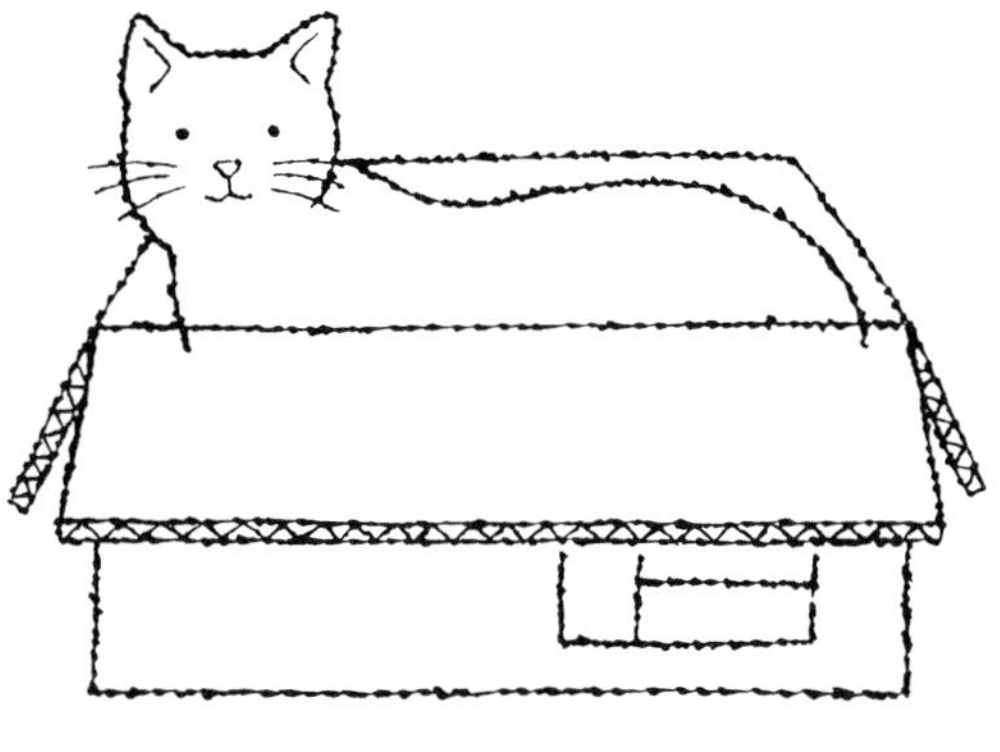

リンパ節とは

リンパ節は免疫に関与し、体を病原体などの外敵から守る関所のような組織です。そのため、リンパ節は体の各所にあり、形は球形から長円形を示し、大きさは色々ですが、ネコや中型犬くらいならだいたい米粒大から大豆大くらいです。リンパ節には腫《は》れると体の表面から触ることができる体表のリンパ節と内臓の近くにある深部のリンパ節があり、人間では全身に500個以上あるといわれています。

（松山史子）

リンパ節の構造と機能

リンパ節は、体に侵入してきた病原微生物や流れてきた腫瘍細胞《しゅようさいぼう》をリンパ液から濾過《ろか》して取り除き、生体の防御機能に大切な役割を果たしています。大まかな構造は、リンパ節にはリンパ管が付いていてリンパ液が流れています。リンパ液は、血液が小さな血管を通過するときに液体成分が血管から脱出したもので、一部は細胞の栄養のために使われますが、容易にリンパ管に入りリンパ液となります。このとき、異物や病原微生物が存在すれば、それらも合わせてリンパ管に侵入します。リンパ管からリンパ節にリンパ液が入ると、清掃係の貪食細胞《どんしょくさいぼう》が異物を食べてしまいます。

貪食細胞は、異物の情報をTリンパ球に伝え、また、Tリンパ球を活性化する物質を分泌します。活性化したTリンパ球は、免疫を担当する他の細胞を増強したり抗体を産生させたりします。これらの攻撃力の増強した細胞や抗体が病原菌から体を守ってくれます。そして、リンパ節で異物や病原微生物が取り除かれたリンパ液は、再びリンパ管を通って静脈に注ぎます。

（松山史子）

リンパ節の検査

リンパ節は、感染症、炎症、腫瘍《しゅよう》、自己免疫疾患、アレルギー等の多くの疾患で腫《は》れる（腫脹《しゅちょう》）ので、リンパ節が腫れたときには原因追求のため多くの検査が必要となります。

病歴

「リンパ節の腫脹にいつ気づいたか」「大きくなるのは速いのか」は、大切なポイントになります。大きくなるのが速くて単一のリンパ節だけの腫脹であれば、近くに外傷や皮膚炎がないか調べてみましょう。ゆっくり大きくなり全身のリンパ節が腫れていれば、腫瘍の疑いがあります。また、急速か緩徐かの時間経過に関係せず、腫れが拡大し増悪傾向にある場合や、発熱、食欲不振、体重減少等の全身状態の不良がある場合には重大な問題が考えられます。ワクチン接種の有無や他の動物との接触の有無も、感染によるリンパ節の腫れかどうかの情報の一つです。

リンパ節の触診

リンパ節が腫れているのに気づいたら、他のリンパ節も腫れていないか触ってみます。リンパ節の腫れが局所に限定していて、リンパ節やその周囲に熱感、痛み、皮膚の発赤や、皮膚が破れて孔《あな》が開いていたり、汁が出ていれば、急性化《きゅうせいか》膿性炎症《のうせいえんしょう》が疑われます。リンパ腫《しゅ》というリンパ球の癌《がん》でも、リンパ節が急速に腫《しゅ》大《だい》して痛みを伴う場合がありますが、リンパ腫では全身のリンパ節が腫れる場合が多いので他のリンパ節も触ってみましょう。また、触ったときの硬さにも注意します。軟らかいときは急性炎症、やや硬いのは慢性炎症、弾力がある硬さはリンパ腫、石のように硬く周囲にくっついていて動かないときには癌の転移が疑われます。

臨床検査

●血液検査

リンパ節の腫脹の原因が全身的なものである場合には、貧血がみられます。とくに白血病、癌、悪性リンパ腫が骨髄（血液を作る場）を侵している（骨髄浸潤）と貧血は重度なものになります。白血球の減少も骨髄浸潤で起こりますが、他に全身性壊死性《ぜんしんせいえしせい》リンパ節炎《せつえん》でもみられます。白血球の増加は感染症、白血病などでみられます。また、全身のリンパ節が腫れて発熱等の全身症状があれば、ウイルスの抗原、抗体検査が必要な場合があります。

●画像診断

深部リンパ節の腫瘍は、直接見たり触れたりができないので、胸部・腹部X線検査、腹部超音波検査、CTスキャンなどの検査が必要となります。

●生検と細菌培養

各種の検査でリンパ節腫脹の原因がはっきりせず病状が増悪傾向を示すときには、生検が行われます。リンパ節に針を刺して細胞を取って行う細胞診と、リンパ節を外科切除して行う組織検査があります。生検した際に、発熱があり炎症の疑いがある場合には、どの細菌が関与しているか、細菌培養や抗生物質の感受性の検査も行います。

（松山史子）

造血器系の疾患

脾臓とは

脾臓《ひぞう》には、ここを血液が通過するときに血液中の異物や老廃物を取り除くフィルターの働きがあります。また、リンパ組織を含んでいて病原体から体を守る免疫の働きもあります。（松山史子）

脾臓《ひぞう》の構造と機能

脾臓は、脂肪の膜によって胃に一部が付着しており、全体はほぼ舌のような形で暗い赤紫色をしています。脾臓は大量の血液を貯えることができる構造になっているので、必要に応じて色々な大きさに変わります。また、内部はフィルターのような網の目構造になっていて、血液の濾過《ろか》を行ったり、リンパ節のようにリンパ球が集団を作っていて免疫の仕事をしやすくなっています。

脾臓の機能には主に以下の四つがあります。

血液貯留

正常な脾臓には赤血球や血小板が予備として貯蔵されており、運動時、出血時、酸素欠乏時などにこれらが循環血中に送り出されます。

血液の濾過

リンパ節がリンパ液を濾過するように、脾臓も血液を濾過します。血液内に侵入した細菌や異物などの有害なものは、脾臓の網の目のような血管の中を通過する間に貪食細胞《どんしょくさいぼう》に食べられ処分されます。また同じことが生体内に生じた老廃物や老細胞についても起こり、老化した赤血球や損傷赤血球、白血球、血小板は脾臓で処分されてしまいます。

免疫

リンパ節と同様にリンパ球を生産する場所があり、血液に侵入した抗原に対する全身的な免疫に関与しています。

造血

胎子期の脾臓には、赤血球や白血球を産生する造血の場としての働きもありますが、生後は、逆に血球の破壊を受けもちます。白血病のような特別な病気のときには、休火山が復活するように造血活動が再開されます。

このように、脾臓はいろいろな働きをしますが、全摘出しても生命に別状がない臓器でもあります。（松山史子）

脾臓の検査

脾臓はおなかの中で胃の後方に隠れており、また、脾臓が腫《は》れても自覚症状がほとんどないため異常に気づくのが遅れてしまいがちな臓器です。

脾臓の触診

イヌやネコを立たせた状態で腹部の前方を左右両側から軽くしぼって触りま

す。脾臓は、左側は胃の後方に脂肪の膜で付着していますが、右側は自由な状態になっているので、腫れると腹壁下の右前下方に触知されます。触ったときに痛がることはほとんどの場合ありません。

画像診断

脾臓はおなかの中にありますから、脾臓の異常を把握するためには画像診断が重要な役割を果たします。X線検査で脾臓の位置、大きさを確認して、腹部超音波検査で厚み、内部の構造、血行の状態をみます。さらにCT検査をすれば、より詳細な脾臓の状態や周囲の臓器との関係が明らかになります。

その他の検査

脾臓が異常な状態にあっても通常は自覚症状がなく、外見上も異常に気づきにくいため、関連する全身症状を注意して観察することが大切です。その症状としては、発熱、食欲不振、元気消失、体表リンパ節の腫脹《しゅちょう》、貧血、黄疸《おうだん》、出血傾向、腹部膨大、腹水、浮腫《ふしゅ》などがあります。また、これらの症状を裏づけるために各種の血液検査、理学的検査が必要となります。

（松山史子）

骨髄および血液の疾患

貧血

貧血とは血液中の赤血球数やヘモグロビン濃度が正常値以下に減少した状態をいいます。正常な動物では骨髄で生産される新しい赤血球数と老化などにより破壊されていく赤血球数の間には平衡関係が保たれていますが、このバランスが崩れた場合に貧血が起こります。

原因

貧血の原因は、大きく分けて次の三つが考えられます。

①赤血球の産生が低下して赤血球の破壊に追いつけない場合（非再生性貧血）。

②赤血球の産生は正常かむしろ亢進《こうしん》しているが、赤血球の寿命が著しく短縮しているため、産生が追いつかない場合（溶血性貧血）。

③体外へ血液が失われる状態（失血性貧血）。

①の非再生性貧血は、さらに骨髄の赤芽球が減少することによるもの、ヘモグロビンの合成障害によるもの、赤芽球の核の合成障害によるものの三つに分類されます。②および③のタイプは再生性貧血といい、再生性貧血と非再生性貧血の鑑別は臨床上非常に重要で、網状赤血球といわれる幼若な赤血球の数によって鑑別されます。

診断

貧血の診断は、血液検査によって赤血球数、血色素（ヘモグロビン）量、ヘマトクリット（PCV）値を測定することにより行われ、これらのいずれかの値が正常値〈表3〉を下回っていれば貧血と判断します。イヌとネコでは正常値が異なり、また年齢や性別によっても違います。

症状

赤血球の最大の役割は酸素の運搬であり、貧血の状態では種々の臓器や組織に十分な酸素供給ができなくなり、その結果、様々な障害が発生します。

貧血の一般的な症状は可視粘膜の退色、運動不耐性、呼吸促迫、失神、沈うつ、食欲不振などです。ネコでは症状の発現が少なく、貧血が非常に重度になり、元気食欲が消失してはじめて気づくことも多いようです。

（下田哲也）

〈表3〉 イヌとネコの赤血球数、血色素量、ヘマトクリット値の正常値

	成　犬（平均値）	成　猫（平均値）
赤血球数　（100万/μL）	5.5～8.5　(6.8)	5.5～10.0 (7.5)
血色素量　(g/dℓ)	12.0～18.0 (14.9)	8.0～14.0 (12.0)
ヘマトクリット値　(%)	37.0～55.0 (45.5)	24.0～45.0 (37.0)

溶血性貧血

溶血性貧血は、赤血球が正常の寿命よりはるかに早く血管内や脾臓《ひぞう》、肝臓、骨髄内などで破壊されることによって生じる貧血であり、造血能は通常、正常かむしろ亢進《こうしん》しています。溶血性貧血は赤血球の破壊される場所によって血管内溶血と血管外溶血に分けられます。血管内溶血は文字通り血管内で、直接、補体やリンパ球によって赤血球が破壊されるのに対して、血管外溶血は肝臓や脾臓、骨髄組織内の食細胞（マクロファージ）によって貪食《どんしょく》されることにより赤血球が減少します。血管内溶血では血色素尿、発熱、黄疸《おうだん》をみることが多いようです。溶血性貧血の原因には以下のようなものがあげられます。

●**免疫介在性**

抗体や補体などの免疫が関与して赤血球を破壊するもので、自己免疫性溶血性貧血、薬剤誘発性溶血性貧血、同種免疫性溶血性貧血（新生子溶血、不適合輸血）などがあります。

●**感染性**

細菌やウイルス、リケッチア、原虫などの感染によるもので、ヘモバルトネラ症（マイコプラズマ感染症）、バベシア症、レプトスピラ症などがあります。

●**化学物質ないし毒性物質**

タマネギ、DLーメチオニン、アセトアミノフェン、メチレンブルー、プロピレングリコールなどによりハインツ小体性貧血やメトヘモグロビン血症などがみられます。

●**機械的破壊**

物理的作用により赤血球が破壊されるもので、大血管障害性溶血性貧血と細血管障害性溶血性貧血に大別されます。前者は犬糸状虫症（フィラリア症）の大静《だいじょう》脈塞栓症《みゃくそくせんしょう》や弁膜症などにおいてみられるもので、後者は播種性血管内凝固症候群《はしゅせいけっかんないぎょうこしょうこうぐん》（ＤＩＣ）や溶血性尿毒症症候群（ＨＵＳ）など血管に微細な血栓が形成される疾患や、血管肉腫《けっかんにくしゅ》や播種性癌転移《はしゅせいがんてんい》のような異常な細血管塊が形成されるような病気でみられます。

●**先天的異常**

ピルビン酸キナーゼ欠損症、ホスフォラクトキナーゼ欠損症、遺伝性口唇状赤血球増加症など、先天性の酵素欠損症や細胞膜の異常による貧血です。

●**その他**

有棘赤血球《ゆうきょくせっけっきゅう》の増加による溶血性貧血があります。重度肝臓障害でみられ、spur cell anemia ともいわれます。（下田哲也）

免疫介在性溶血性貧血（ＩＭＨＡ）

広義には薬剤誘発性溶血性貧血と同種免疫性溶血性貧血も含まれますが、一般的には自己免疫性溶血性貧血（ＡＩＨＡ）と呼ばれていた病気を指します。この病気は何らかの原因によって自己の赤血球に対する抗体が産生され、血管内や脾臓、肝臓、骨髄内で免疫学的メカニズムによって赤血球が破壊される病気です。ネコよりイヌで多くみられ、よくみられる犬種として、海外ではコッカー・スパニエル、アイリッシュ・セター、プードル、オールド・イングリッシュ・シープドッグなどが報告されています。わが国ではまとまった報告はありませんが、マルチーズ、シー・ズー、プードルでの発症が多いようです。また、雌イヌの発生率は雄イヌの2～4倍といわれています。ネコでは猫白血病ウイルス（ＦｅＬＶ）の感染に関連して発生することが多く、性別や品種による違いはみられません。

症状

臨床的には、貧血の一般的な症状に加えて、発熱、血尿（血色素尿）や黄疸、脾腫《ひしゅ》、肝腫《かんしゅ》がみられる場合があります。

診断

赤血球に自己凝集（赤血球同士が結合する反応）が認められることや赤血球表面に抗体が付着していることを証明する検査（直接クームス試験）、赤血球の形態の変化（球状赤血球の出現）などから確定診断が行われます。

治療

免疫抑制療法を行います。通常は初めに副腎皮質《ふくじんひしつ》ホルモン製剤《せいざい》を用いますが、反応が悪い場合はその他の免疫抑制剤を併用します。治療は数カ月間続ける必要があり、この間免疫力の低下による感染や副腎皮質ホルモン製剤の副作用に注意をする必要があります。再発性や難治性の場合には、脾臓を摘出することもあります。多くの症例は回復しますが、重度の血色素血症や自己凝集がみられるもの、血小板の減少を伴ったものは、予後が悪い傾向があります。

（下田哲也）

バベシア症

バベシア原虫、すなわちバベシア・カニスやバベシア・ギブソニが赤血球に感染することによって溶血性貧血が発症する疾患で、マダニによって媒介されます。わが国ではバベシア・カニスは沖縄地方で、バベシア・ギブソニは西日本を中心に発生がみられています。

症状

急性期の臨床徴候は発熱、黄疸、貧血、血小板減少、血色素尿、脾腫などです。

診断

血液塗抹標本を観察し、赤血球に寄生する原虫を確認することによって診断が行われます。また、バベシアの遺伝子を測定し診断する方法なども開発されています。

治療

バベシアに感受性のある抗生物質による薬物治療が中心となります。ほとんどのイヌは回復後も無症状のキャリアとなります。マダニの感染を防ぐことで予防します。

詳しくは「寄生虫症」の「ピロプラズマ症」の項を参照してください。（下田哲也）

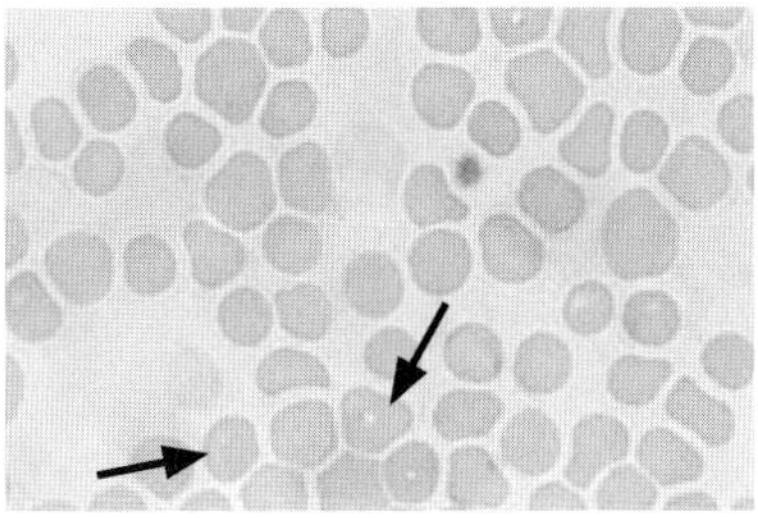

矢印で示しているのは、バベシア原虫が寄生した赤血球

ヘモバルトネラ症（ヘモプラズマ感染症）

以前、ヘモバルトネラと呼ばれていたマイコプラズマが、赤血球に感染することによって引き起こされる貧血性疾患です。ネコでは別名、猫伝染性貧血ともいわれます。この病気はダニやノミによって媒介されると考えられていますが、母ネコから子ネコへの伝搬も確認されています。イヌのヘモバルトネラ症は脾臓を摘出されているか、免疫抑制を起こす薬剤を投与されていない限り通常発症しません。ネコでは猫白血病ウイルス（ＦｅＬＶ）感染との関連が知られており、この病気にかかったネコの約70％にＦｅＬＶ感染がみられます。

症状

発熱や元気食欲の低下、可視粘膜の退色、さらに白色のネコでは鼻先、耳翼の退色がみられます。

診断

臨床検査所見として黄疸、赤血球の自己凝集、直接クームス試験陽性などがみられる場合があり、免疫介在性溶血性貧血（ＩＭＨＡ）と非常に類似しています。確定診断は血液塗抹標本の観察により赤血球に寄生する病原体を確認することにより行われます。

治療

抗生物質（テトラサイクリン系）の投与によって治療しますが、貧血が重度な場合、副腎皮質ホルモン製剤の投与により赤血球の免疫学的破壊を止める場合もあります。

詳しくは「感染症」の項を参照してください。（下田哲也）

ハインツ小体性貧血

ヘモグロビンが酸化され、ハインツ小体という物質が赤血球内に形成されることによって起こる貧血です。ハインツ小体は赤血球表面から飛び出した状態にあるため、脾臓などの狭い血管内でつまみとられてしまい、その結果、赤血球が破壊されます。ハインツ小体形成にかかわる物質としては、タマネギ、ニンニク、ネギ、アセトアミノフェン、メチレンブルー、DL－メチオニン、プロピレングリコールなどがあります。タマネギによって起こることがもっとも多いため、タマネギ中毒ともいわれます。ネコは正常な場合でも小型のハインツ小体を認めることがあり、これはネコのヘモグロビンが酸化を受けやすいことと、脾臓の機能が低いことが関係していると考えられています。

症状

突然発症し、血色素尿、発熱、ときに黄疸がみられます。

診断

血液塗抹標本の観察によって、赤血球表面に突き出したハインツ小体を確認します。イヌでは赤血球細胞膜の酸化によってできるエキセントロサイトという特殊な形態の赤血球が認められます。

治療

原因物質が明らかな場合は、その給与ないし投与を中止します。薬物療法としては今のところ有効なものは見つかっていません。副腎皮質ホルモンは、脾臓の働きを抑制し、また免疫学的な赤血球の破壊も抑制しうるので対症療法として有効な場合があります。（下田哲也）

メトヘモグロビン血症

ヘモグロビン中の鉄の酸化によって引き起こされるもので、原因はハインツ小体性貧血と同じです。ハインツ小体性貧血に先行するか同時にみられます。酸化ヘモグロビンは酸素と結合できないため、組織の低酸素症が起こります。

症状

重度になると可視粘膜はチアノーゼのようになり、呼吸困難や運動失調がみられます。血液の色調はチョコレートのようになります。

診断

メトヘモグロビンの定量分析によって行います。

治療

ハインツ小体性貧血と同じです。

（下田哲也）

細血管障害性溶血性貧血

ある種の基礎疾患による細血管病変が原因となり、赤血球の一部が機械的に断裂して血管内溶血を起こす病気です。赤血球破砕症候群とも呼ばれますが、一般的には赤血球破砕症候群は大血管障害性と細血管障害性の両方を含めた機械的溶血性貧血の総称として扱われています。

溶血のメカニズムは細血管内にフィブリンの沈着と血栓の形成が起こり、この隙《す》き間《ま》を赤血球が通過する際に物理的に破壊されるために溶血が起きると考えられています。多くの場合、血小板の破壊を伴うため血小板減少症も認められます。

このような病態が起こる基礎疾患としては播種性血管内凝固症候群（DIC）、血管肉腫、脾血腫《ひけっしゅ》、転移癌《てんいがん》、免疫異常による血管炎（全身性エリテマトーデス、アミロイドーシス、糸球体腎炎《しきゅうたいじんえん》）などがあげられます。

診断

溶血性貧血の存在、つまり血管内溶血を示す所見と末梢血中《まっしょうけつ》の破砕赤血球の存在、細血管病変を起こす基礎疾患の存在により診断されます。破砕赤血球の存在が診断の重要な根拠となるため、血液塗抹標本の観察が重要で、ヘルメット型、いがぐり型、三角型などの奇形赤血球と少数の球状赤血球が認められるのが特徴です。

治療

原因となっている基礎疾患の治療が基本です。

（下田哲也）

ピルビン酸キナーゼ欠損症

赤血球のエネルギー代謝に必要なピルビン酸キナーゼの欠損によって赤血球の寿命が著しく短くなり、その結果として貧血をきたす遺伝性の先天性疾患です。バセンジー、ビーグル、ウエスト・ハイランド・ホワイト・テリア、ケアーン・テリアなどで報告されています。生後6カ月までに発症し、貧血やヘモジデリン沈着による肝不全によって多くは4歳齢までに死亡します。

（下田哲也）

ホスフォラクトキナーゼ欠損症

イングリッシュ・スプリンガー・スパニエルにみられる遺伝性の先天性疾患で、この酵素欠損症では2,3-DPGという酵素の合成障害が起こるため、赤血球細胞内のpHが増加してアルカリ性に傾き、赤血球細胞が破壊されやすくなって貧血が起こります。過呼吸による呼吸性アルカローシスの状態になると、血管内溶血が起こるため、発作性のヘモグロビン血症やヘモグロビン尿症がみられるのが特徴です。

（下田哲也）

遺伝性口唇状赤血球増加症

軟骨異形成を伴うアラスカン・マラミュートにみられる遺伝性の先天性疾患で、赤血球膜の異常とヘモグロビン合成に必要な鉄の輸送障害があるために赤血球が大きくなり、その結果溶血しやすくなって貧血を起こします。形態的特徴として赤血球の中央のくぼみ（セントラルペーラー）に筋が入り、あたかも唇のようにみえるのが特徴です。（下田哲也）

非再生性貧血

非再生性貧血とは、赤血球の消費に対して生産が追いついていない状態であり、通常、消費の亢進《こうしん》はなく、生産の低下により貧血が発症します。このタイプの貧血の発生メカニズムは、赤芽球の低形成と赤芽球の成熟障害の二つに大別されます。前者は、骨髄において赤芽球が減少することによって赤血球の産生が低下するもので、再生不良性貧血や赤芽球《せきがきゅう》癆《ろう》、急性白血病などの骨髄癆《こつずいろう》がこれに相当します。後者は、赤芽球の減少はみられませんが、赤芽球の核の成熟障害やヘモグロビンの合成障害によって成熟赤血球にまで分化・成熟ができないために赤血球の産生が低下するものです。核の成熟障害による貧血は、人ではビタミンB_{12}や葉酸欠乏による悪性貧血がこの典型例ですが、イヌやネコではこの病気はほとんどみられません。ネコでは猫白血病ウイルス（FeLV）の感染によってこのタイプの貧血が起こることがあります。

ヘモグロビン合成障害性貧血には、鉄欠乏性貧血や鉄芽球性貧血、慢性炎症に伴う貧血があります。貧血は平均赤血球容積（MCV）の値により大球性（MCVが正常より高い）、正球性（MCVが正常範囲）、小球性（MCVが正常より低い）に分類されますが、赤芽球の減少によるものは正球性、核の成熟障害によるものは大球性、ヘモグロビンの合成障害によるものは小球性となることが多いといわれており、診断に利用されています。

（下田哲也）

再生不良性貧血

赤血球、白血球（顆粒球《かりゅうきゅう》、単球）、血小板に分化する前の細胞である多能性造血幹細胞に障害が起こることによって、骨髄および末梢血《まっしょうけつ》中の赤血球系、顆粒球・単球系、血小板系の造血3系統の未成熟細胞と成熟細胞が減少した状態をいいます。一般に特発性と続発性に分類され、続発性のものには薬剤（クロラムフェニコール、フェニントイン、ベンゼン、抗腫瘍剤《こうしゅようざい》）によるもの、放射線によるもの、感染（パルボウイルス、猫白血病ウイルス〈FeLV〉、エールリヒア）によるもの、ホルモン（エストロゲン）によるものなどがあります。ネコではFeLVの感染によるものが多く、イヌではエストロゲン中毒によるもの、すなわちエストロゲンを分泌する精巣腫瘍《せいそうしゅよう》や医原性のものが多くみられます。

一方、特発性再生不良性貧血の発生には免疫学的機構が関与していると考えられています。

症状

臨床所見は貧血による運動不耐性、沈うつ、血小板減少による出血傾向（出血《しゅっけつ》斑《はん》）と、白血球減少による発熱などがあります。末梢血には正球性正色素性非再生性貧血、好中球減少症、血小板減少症（汎血球減少症《はんけっきゅうげんしょうしょう》）の所見がみられます。通常は、骨髄は著しい低形成を示し、脂肪組織が大部分を占めます。

治療

人の特発性再生不良性貧血の治療は、アンドロゲン療法や免疫抑制療法、骨髄移植があります。骨髄移植は獣医領域ではまだ研究段階で臨床に応用できるレベルではありません。アンドロゲン（男性ホルモン）やタンパク同化ステロイド製剤の投与は、かつては第一選択の治療法でしたが、現在では免疫抑制療法が無効な症例や軽症例で用いられています。また、免疫抑制療法にアンドロゲン療法を併用することも多いようですが、治療効果の発現まで3～9カ月を要するといわれています。免疫抑制療法として抗リンパ球グロブリンやシクロスポリン、メチルプレドニゾロン大量投与療法などがあります。また、サイトカイン療法として、中等症や軽症のものに対して、顆粒《かりゅう》球《きゅう》コロニー刺激因子《しげきいんし》（G－CSF）が投与され、有効性が認められています。ネコのFeLV感染によるものでは免疫抑制療法が行われます。イヌのエストロゲン中毒によるものでは原因の除去とサイトカイン療法が中心となります。

（下田哲也）

赤《せき》芽《が》球《きゅう》癆《ろう》

骨髄において赤芽球系細胞のみが著しく減少することによって起こる貧血です。巨核球系や顆粒球系細胞《かりゅうきゅうけいさいぼう》には変化がみられないのが特徴で、先天性と後天性に分けられます。後天性のものはさらに急性型と慢性型に分けられ、それぞれに特発性のものと続発性のものがあります。人では急性型はウイルス感染や薬物に関係して起こることが多く、慢性型は続発性では自己免疫性疾患や胸腺腫《きょうせんしゅ》、リンパ増殖性疾患に合併することが多いといわれています。

ネコでは猫白血病ウイルス（FeLV）の感染に伴ってみられることが多いといわれています。発生のメカニズムは多面的ですが、赤芽球系幹細胞や前駆細胞の障害が中心となっていると考えられています。薬物やウイルスによるものは直接的、間接的（免疫学的）に赤芽球系前駆細胞に障害を与えていると考えられており、慢性型のものは体液性および細胞性免疫の抑制因子による赤芽球前駆細胞の障害が推測されています。

診断

血液検査所見では、正球性正色素性非再生性貧血がみられ、血小板減少や好中球減少はみられません。骨髄所見では、細胞は十分ありますが、赤芽球系細胞が著しく減少し、残存する赤芽球は通常幼若なものが多くなっています。

治療

続発性のものでリンパ腫《しゅ》や胸腺腫などの原疾患があれば、その治療を行います。薬剤誘発性のものでは、ただちにその薬剤の投与を中止します。原発性も続発性のものも自己免疫学的メカニズムの関与が明らかにされており、免疫抑制療法が中心となっています。治療は一生涯必要となることが多いようです。（下田哲也）

鉄芽球性貧血（鉛中毒）

ポルフィリンの合成異常により発症し

ます。ヘモグロビンは、ヘムという色素とグロビンというタンパク質からできていますが、ヘムの原料であるポルフィリンの合成障害により赤芽球内でのヘムの合成障害が起こります。その結果、ヘモグロビンの合成が不十分となり貧血を生じる病気です。この場合、赤芽球の核の周囲に粗大な非《ひ》ヘム鉄顆粒《てつかりゅう》がリング状に配列している環状鉄芽球の出現が特徴的にみられます。また、成熟赤血球内にはパッペンハイマー小体がみられます（鉄血球）。鉛中毒で普通にみられ、骨髄異形成症候群（MDS）のなかのRARSもこの種の貧血に分類されます。

（下田哲也）

鉄欠乏性貧血

慢性失血（消化管、泌尿器、生殖器からの慢性の出血）や、まれですが飼料中の鉄欠乏により赤血球のヘモグロビン合成が低下し、そのため赤芽球の多くが赤血球に成熟分化できずに骨髄内で壊れてしまうために起こる貧血です。血液検査で菲薄赤血球《ひはくせっけっきゅう》や小型の標的赤血球が出現するのが特徴です。多数のノミ寄生や鉤《こう》虫症《ちゅうしょう》、消化管の悪性腫瘍《あくせいしゅよう》による慢性消化管出血、胃潰瘍《いかいよう》などでまれにみられます。

治療は出血の原因を取り除くことと、鉄剤の投与です。貧血の治療で鉄剤が必要なのはこのタイプの貧血だけで、他の貧血では鉄剤は禁忌です。

（下田哲也）

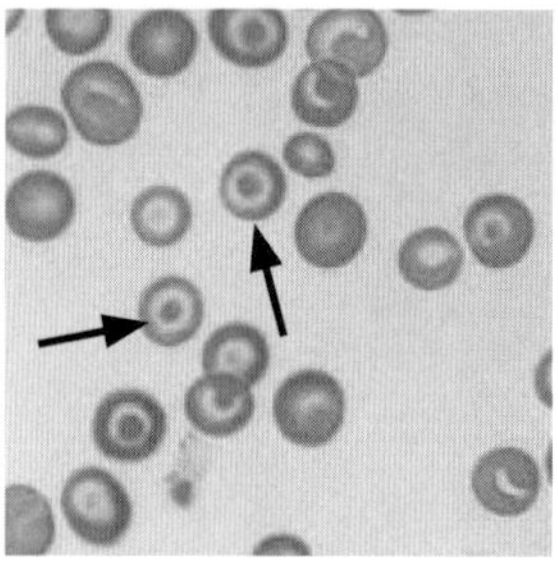

正常な赤血球は中央がへこんで薄くなっているが、標的赤血球では逆に中心部が厚くなり、中間帯が薄くなっている

二次性貧血（続発性貧血）

何らかの基礎疾患があるために生じた貧血のことで、症候性貧血ともいいます。基礎疾患としては慢性炎症、慢性感染症、悪性腫瘍、膠原病《こうげんびょう》、内分泌疾患、腎不《じんふ》全《ぜん》、肝不全などがあげられます。貧血発症のメカニズムは単一ではなく、鉄代謝障害、溶血、出血、造血障害などが重なっているようです。

●慢性炎症に伴う貧血
（ACD =anemia of chronic disorders）

慢性感染症に伴う貧血や悪性腫瘍に伴う貧血、膠原病に伴う貧血は同様のメカニズムにより起こります。貧血は数週間から数カ月かけて進行しますが、ネコにおいてこのタイプの貧血は炎症が起こってから2週間以内に発生することが知られています。この貧血が起こるメカニズムは複雑で完全には理解されていませんが、貯蔵鉄（ヘモジデリンとフェリチン）から赤血球の元である赤芽球への鉄の移動がうまく行われないことと、鉄の輸送をつかさどるトランスフェリンの減少が主たる原因と考えられています。結果的には鉄欠乏と同じ種類の貧血が起こります。猫白血病ウイルスや猫免疫不全ウイルスの感染を受けたネコにおいては、もっとも一般的にみられる貧血です。また、猫伝染性腹膜炎に伴って発生する貧血もこの種類に入ります。治療は必要としないことが多く、原因疾患を治すことで自然に回復します。

●腎疾患《じんしっかん》に伴う貧血

慢性腎不全《まんせいじんふぜん》に合併するもので、中等度から重度の貧血となります。貧血の原因は複雑ですが、もっとも重要なのは腎臓《じんぞう》で作られる造血ホルモンであるエリスロポエチンの減少と考えられています。治療にはヒト遺伝子組み換え型エリスロポエチンの投与が有効ですが、長期の投与では薬剤に対する免疫ができ、効果がなくなることがあります。

●肝臓疾患に伴う貧血

慢性肝臓疾患では、しばしば貧血がみられます。成因としては、血液の希釈、消化管出血、栄養障害、脾機能亢進《ひきのうこうしん》、溶《よう》血亢進《けっこうしん》などがあげられます。脂質代謝障害により標的赤血球や有棘赤血球《ゆうきょくせっけっきゅう》などの異常な形態の赤血球がみられることがあり、とくに有棘赤血球は溶血の原因となります。

●内分泌疾患に伴う貧血

イヌの甲状腺機能低下症《こうじょうせんきのうていかしょう》では、軽度の貧血が頻繁に認められます。これは酸素消費量の低下に伴ったエリスロポエチンの減少によるものと考えられています。副腎皮質機能低下症《ふくじんひしつきのうていかしょう》では軽度の貧血が多くの症例で認められますが、脱水も起こし、そのため見かけ上は貧血が明らかでないことがあります。

●悪性腫瘍に伴う貧血

悪性腫瘍に伴う貧血では、前に述べた慢性炎症に伴う貧血（ACD）のメカニズムの貧血とともに、出血、骨髄浸潤による骨髄不全、栄養障害、全身転移に伴う溶血など、様々な原因の貧血が併発する可能性があります。

（下田哲也）

多血症（赤血球増加症）

循環する血液中の赤血球数が、何らかの原因により正常より増加した状態を赤血球増加症といい、一般には多血症と呼ばれます。赤血球が増えすぎると、血液が濃くなって粘度が増し、そのため血液の凝固性が高まります。そして、毛細血管における血行障害が発生して、様々な臓器障害を引き起こしやすくなります。

イヌやネコの多血症の症状として多いのは、けいれんや起立困難などの脳神経症状ですが、出血傾向や可視粘膜の紅潮（歯ぐきが真っ赤になる）などもあります。人の場合、血栓が生じやすくなり、心筋梗塞《しんきんこうそく》や脳梗塞《のうこうそく》の原因となるのですが、イヌやネコではそのようなことが立証されてはいません。しかし現代の生活事情を考えると、いつそれらの病気の原因となりうるかもしれません。

多血症には、一つには下痢や嘔吐《おうと》、発熱などで血液中の水分量（血漿量《けっしょうりょう》）が減少したために起こる相対的多血症があり、脱水症がこれにあたります。また、血液中の赤血球の量が実際に増加している絶対的多血症もあります。絶対的多血症はさらに、真性多血症と二次性多血症に分けられます。

（白永伸行）

真性赤血球増加症（真性多血症）

真性赤血球増加症とは骨髄内の造血幹細胞という赤血球を作る細胞が体のバランスを考えずに自分勝手に（自律的に）増殖を起こし、その結果、赤血球産生量が増し、循環血液中の赤血球数が増加してしまう病気です。すなわち、真性赤血球増加症は慢性的な骨髄の病気（慢性骨髄増殖性疾患）だといえます。

症状

多血症の症状にみられる脳神経症状（けいれん、意識障害など）が主ですが、決して低酸素症（酸欠）ではありません。血液検査では赤血球数、ヘモグロビン濃度、ヘマトクリット値という赤血球系の項目すべての上昇が認められます。白血球数、血小板数は、人では増加するともいわれていますが、イヌやネコでははっきりしていません。

診断

身体検査では症状のほかに脾腫《ひしゅ》があります。血液検査では前述の検査所見から多血症が示されますが、確定診断をするには「相対的多血症でなく、二次性赤血球増加症でもないこと」の証明が必要です。そのために様々な追加検査が必要になってきます。相対的多血症としての脱水でないことを証明するためには、血清総タンパク濃度が正常であることを確認します。次に二次性赤血球増加症の原因を追究するための諸検査を行いますが、詳細は「二次性赤血球増加症」を参照してください。このとき、低酸素症を証明するには動脈血中の酸素飽和度を調べますが、リアルタイムでの測定が難しいため2,3–DPGという値を血液検査で調べることによって代用することもできます。

治療

瀉血《しゃけつ》（血液を抜いて捨てること）を行うと速やかな症状の改善が期待できます。また、抗癌剤《こうがんざい》の投与によって骨髄における赤血球産生の抑制を図ります。これらを組み合わせて赤血球数をコントロールする必要があります。治療中は血液検査で赤血球数を監視していきます。その間、瀉血が何度となく行われることも少なくありません。

（白永伸行）

二次性赤血球増加症（二次性多血症）

何らかの元となる病気によって循環血液中の赤血球数の絶対的な増加を示す病気を総称して二次性赤血球増加症といいます。

原因

腎臓《じんぞう》から産生されるエリスロポエチンという赤血球を作るように命令するホルモンが増加することが原因です。このホルモンの作用によって骨髄から赤血球が生成されるため、骨髄は正常に機能しています。この点が真性赤血球増加症との大きな違いです。

診断

血中のエリスロポエチン濃度が上昇していることを検査で証明すればよいのですが、確定診断をするには原因の病気を突き詰めることが必要です。また動脈血中の酸素飽和度が低ければ、低酸素症であると判断します。

①低酸素症の場合、慢性的な酸素不足を解消するため、酸素を運搬する赤血球の数を増やそうとエリスロポエチンが多く放出されます。循環器系（先天性心疾患）や呼吸器系の病気がこれに該当します。

②エリスロポエチンが過剰に産生されることが原因の場合は、エリスロポエチンを産生する腎臓の腫瘍《しゅよう》が代表的ですが、他の腫瘍の異所性分泌（ホルモンを作るはずでないのに勝手に分泌すること）も考えられます。

③腎臓の誤作動による産生増加の場合は、酸素濃度をチェックする腎尿細管《じんにょうさいかん》細胞《さいぼう》の異常が原因で、水腎症《すいじんしょう》や嚢胞腎《のうほうじん》

など、腎臓が大きくなってしまう病気が該当します。

治療

低酸素症に基づく病気はその改善を、エリスロポエチン産生腫瘍《さんせいしゅよう》が原因である場合はその腫瘍の摘出を行います。また、腎臓の病気が原因である場合には、病気に応じた治療が必要となります。腎臓腫瘍《じんぞうしゅよう》では摘出に成功すると多血症の改善がみられることが多くあります。しかし、原因疾患によっては、多血症を併発することで病気が悪化していることもしばしばありますので注意が必要です。

（白永伸行）

白血球増加症

白血球は骨髄で作られて貯蔵され、骨髄の外へ移行しますが、その白血球のなかには血管辺縁に付着してあまり流れないもの（辺縁プール）と血流の中央を移動するもの（循環プール）があります。通常の白血球数測定値は循環プールの値で、測定されない辺縁プールには循環プールの1～3倍の白血球が存在します。

白血球数の正常値は、イヌで6000～1万8000／μL、ネコで5500～1万9500／μLです。正常範囲のなかでも個体差があり、普段6000／μLの動物が1万2000／μLへ増加すれば、異常と考えられます。したがって、経時的な変化をみていくことや健康診断などで個体の正常値を知っておくことも大切です。

また、増加の程度により中等度（3万／μL未満）、高度（3～5万／μL）、激症（5万／μL以上）に分けられ、病気の程度や種類を推測する手がかりとなります。

白血球増加のメカニズムは、骨髄での産生量の増加と、体内での分布の変化に大別されます。前者の代表的なものに白血病があり、骨髄中での白血病細胞の異常増殖により白血球が増加します。後者の代表的なものには、ストレスが原因で、白血球が辺縁プールから循環プールへ移動することによって起こる増加があります。

たとえばこの数値は、診察や採血時の興奮だけでも変動します。しかし、日常よくみられる感染等による白血球増加症の多くは、両者が原因で起こります。

また白血球系の細胞は好中球、好酸球、好塩基球、単球、リンパ球に分類され、それぞれ特徴的機能があり、その増減と形態変化は診断と治療をするうえで重要な指標となります。

（酒井秀夫）

好中球増加症

好中球は白血球のなかでもっとも多く、異物（とくに細菌など）の病原体を処理することによって生体の防御に重要な役割を果たします。

増加の原因は、生理的なものと病的なものに大別されます〈表4〉。（酒井秀夫）

〈表4〉好中球増加の原因

生理的増加	激しい運動（物理的ストレス）
	興奮、恐怖（精神的ストレス）
	食後（イヌ）
	妊娠（イヌ）
病的増加	感染症（細菌、真菌等）
	中毒（薬物、代謝疾患等）
	組織損傷（熱傷、手術等）
	急性出血、急性溶血
	腫瘍（白血病、腫瘍の骨髄転移等）
	ステロイド製剤投与
	その他

好酸球増加症

好酸球も骨髄で産生され、寄生虫感染

やアレルギーに関連して増加することが多い細胞です。ほかにも好酸球増加症候群や腫瘍《しゅよう》、皮膚疾患等で増加がみられますが、その明確なメカニズムは不明です。（酒井秀夫）

リンパ球増加症

リンパ球は免疫においてもっとも重要な役割を果たす血液細胞です。血管、リンパ管内を循環しているものに加え、リンパ節、脾臓《ひぞう》、胸腺《きょうせん》、粘膜、骨髄にも多く存在します。増加の原因には生理的（ネコの興奮）、慢性炎症、リンパ球系腫瘍《きゅうけいしゅよう》（白血病やリンパ腫《しゅ》等）、猫白血病ウイルス感染などがあります。

診　断

化膿《かのう》や熱傷、出血など、原因が明確な場合もありますが、原因の究明が容易でない場合は、血液や尿の培養検査、血清検査、骨髄検査、X線検査、超音波検査などを詳細に行い、さらに繰り返しの血液検査が必要となることもあります。

治　療

細菌感染には抗生物質、腫瘍には抗癌《こうがん》剤《ざい》、自己免疫疾患には免疫抑制療法など、治療法は原因によりまったく異なるため、正確な診断が重要です。（酒井秀夫）

白血球減少症

白血球減少症（イヌで５０００／μＬ未満、ネコで５５００／μＬ未満）は、白血球増加症と同様に大きな問題で、場合によっては白血球増加症よりも重大です。

健康な動物では好中球が白血球のなかでもっとも多い細胞なので、白血球減少症は通常、好中球減少症と同様に扱われています。好中球減少症は単独でも起きますし、すべての種類の白血球減少の一部として起こることもあります。他の白血球成分の減少は白血球数全体の減少にはつながりませんが、それぞれ特異的な診断に結びつくこともあり、それらを検査することは重要です。（酒井秀夫）

好中球減少症

好中球数がイヌで３０００／μＬ未満、ネコで２５００／μＬ未満を好中球減少症といいます。好中球の役割は細菌に対する防御です。好中球減少症の程度と細菌感染症の発症の間には正の相関があり、１０００／μＬ以上では自然感染の危険性は低いのですが、５００／μＬ以下では感染の危険性が高くなります。しかし好中球の増加の場合と異なり、減少の程度からその原因を推定するのは困難です。

好中球減少のメカニズムは、骨髄での産生の低下、好中球の消費が産生より多すぎる、分布の異常の三つに大別されます〈表５〉。（酒井秀夫）

好酸球減少症

原因は主にグルココルチコイド（ステロイド）の過剰またはその投薬です。すなわち、ストレスや副腎《ふくじん》皮質《ひしつ》機能亢進症《きのうこうしんしょう》などの内因性のものと、ステロイド製剤投与などの外因性のものがあります。（酒井秀夫）

リンパ球減少症

好酸球減少症と同じくグルココルチコイドの過剰が原因となって発生しますが、犬ジステンパーウイルス、猫白血病ウイルス、猫免疫不全ウイルスなどの感染によっても起こります。とくに猫免疫不全ウイルス感染症の末期には、リンパ球が著しく減少し、免疫不全状態（ＡＩＤＳ〈=acquired immunodeficency syndrome〉）になります。

診　断

ワクチン接種歴、薬剤の投与歴、飼育環境、過去の病歴などは重要な情報です。原因として細菌感染やウイルス感染が多いため、ウイルス検査、細菌培養検査、感染部位の検索、抗生物質への反応性などをまず検討します。血液中に異常な細胞がみられる場合や、原因不明で好中球減少が持続する場合は骨髄検査を行います。ほかに免疫検査を行うこともあります。

治　療

好中球増加症と同様に、それぞれの原因に対して治療を行います。好中球減少が重度の場合、二次感染に対する厳重な注意が必要です。

詳細な検査をしても原因を特定できないこともあり、症状や他の血球減少がなく好中球減少が重度でなければ、無治療で注意深い経過診察をすることもあります。（酒井秀夫）

血小板と凝固系の疾患

〈表５〉好中球減少のメカニズムと主な原因

産生の低下	感染性要因	ウイルス感染（パルボウイルス、猫白血病ウイルス、猫免疫不全ウイルス）
		リケッチア感染（エールリヒア）
	薬物（エストロゲン、抗真菌剤、抗癌剤等）	
	無効造血・分化成熟異常（前腫瘍状態、再生不良性貧血、骨髄線維症）	
	腫瘍性病変（急性白血病、癌の骨髄転移）	
消費の亢進	重篤な細菌感染（敗血症、腹膜炎、肺炎等）	
分布の異常	特異体質（この個体では正常）	
	エンドトキシン血症	
	アナフィラキシー	

正常な止血機構が破綻《はたん》し、出血傾向を起こす病態を広く止血異常と呼びます。出血傾向とは、血小板、凝固・線溶系因子、血管系のいずれかに先天的あるいは後天的に異常がみられ、出血しやすい病態か血栓を起こしやすい病態をいいます。

イヌ、ネコにみられる止血異常の多くは、血小板減少症や種々の原因による凝固異常症です。

（木村大泉）

血小板減少症

血小板減少症の原因としては炎症、腫《しゅ》瘍《よう》、ウイルスなどの感染症、免疫介在性などがあります。発症のメカニズムに関しては、血小板《けっしょうばん》破壊亢進《はかいこうしん》、過剰な血液凝固反応などによる血小板の消費の亢進、骨髄における産生異常、体内での分布異常（主に脾臓《ひぞう》プールの増加）によるものが考えられています。

血小板破壊の亢進に関しては、免疫学的なメカニズムによって起こる免疫介在性血小板減少症（ＩＭＴＰ）などが多く、イヌでしばしば認められます。米国ではコッカー・スパニエル、プードルなどの犬種でよくみられる疾患ですが、日本ではマルチーズやシー・ズーなどに多くみられる傾向があります。ネコでは非常にまれです。ＩＭＴＰは原発性のものと二次性に発症するものがあり、原発性のものに関して自己抗体産生のメカニズムは解明されていませんが、予防接種や感染が原因の一つとして考えられています。二次性のものは全身性の自己免疫性疾患（ＳＬＥ、リウマチ）、腫瘍（とくにリンパ系腫瘍）、感染症などに続発します。

過剰な血液凝固反応などによる血小板の消費の亢進に関しては播種性血管内凝《はしゅせいけっかんないぎょう》固《こ》（ＤＩＣ）がもっとも重要になりますが、ＤＩＣについては後ほど述べます。

骨髄における産生異常は、エストロゲン過剰やウイルス感染症（ＦＩＶ、パルボウイルス感染症）など原因がはっきりしているものを除くと、骨髄における産生不良（再生不良性貧血、骨髄異形成症候群＝ＭＤＳ、腫瘍の骨髄内浸潤による造血組織の置換、骨髄壊死《こつずいえし》および骨髄線維症など）によります。

体内での分布異常（主に脾臓プールの増加）による血小板減少症は非常にまれで、また、発症しても一般に軽度でこれにより出血傾向となることはありません。

症状

血小板減少症では、一次止血の異常により、体表部の紫斑《しはん》や点状出血、消化管などからの持続的出血がみられます。

診断

血小板表面免疫グロブリンの検出により診断が可能ですが、特異性に欠けるという問題点から各種血液検査を行い、DICなど、ほかに血小板減少症をきたす病気を除外していくことが必要です。

治療

一般的にIMTPの治療は、副腎皮質《ふくじんひしつ》ホルモン製剤《せいざい》を中心とする免疫抑制療法が主体となります。また、難治性もしくは再発を繰り返す症例に対し、ダナゾール、アザチオプリン、ビンクリスチン、シクロスポリンなどを用いた免疫抑制療法が行われており、人医領域ではヘリコバクター・ピロリの除菌療法やセファランチン®の大量投与、ヒト免疫グロブリンの投与などの有効性が示唆されています。IMTPのイヌの大部分は予後良好ですが、治療には長い期間がかかります。

（木村大泉）

血小板増加症

血小板増加症は原発性（本態性血小板血症、その他の骨髄増殖性疾患）に発症するものと続発性（炎症性疾患、悪性疾患、鉄欠乏症、溶血性貧血）に発症するものがあり、いずれも基礎疾患の治療が重要となります。

（木村大泉）

血友病

先天性の出血性素因として代表的な病気で、第Ⅷ因子欠乏症（異常症）である血友病Aと第Ⅸ因子欠乏症（異常症）である血友病Bの2種類があります。血友病Aは伴性劣性の遺伝様式をとり血腫《けっしゅ》、軽度から重度の出血が主な症状で、イヌ、ネコにおいて種類を問わず発症が認められます。血友病Bも伴性劣性の遺伝様式をとり鼻出血、皮下・関節内出血が主な症状で、一般に小型犬では軽度、大型犬では重度であるといわれています。ネコではブリティッシュ・ショートヘアで発症が認められています。

診断

活性化部分トロンボプラスチン時間（APTT）とプロトロンビン時間（PT）のどちらか一方もしくは両方の延長が認められた症例に関して、血清や吸着血漿《きゅうちゃくけっしょう》を加えた補正試験を行ったうえで因子欠乏を判断し、その後、確認のため各因子の活性を測定するのが一般的です。

また、凝固因子の欠乏によって起きる凝血時間の遅れは、正常血漿《せいじょうけっしょう》の添加（10分の1量を添加する）によって正常化されるのが特徴です。血友病Aと血友病Bの鑑別には、正常犬の血清を添加して行います。正常犬の血清中には第Ⅷ因子は含まれていませんが、第Ⅸ因子は含まれているため、血清添加でAPTTが正常化しなければ血友病Aです。

これらの遺伝子はどちらも性染色体（X染色体）上に位置するため、雄に発症し、雌での発症はほとんどありません。

これらの凝固因子欠乏症の治療には新鮮《しんせん》凍結血漿《とうけつけっしょう》の輸血などが必要になります。さらに血友病Aのような特定の凝固因子欠損があれば、クリオプレシピテートのような濃縮血漿製剤《のうしゅくけっしょうせいざい》の投与が有効です。

（木村大泉）

von Willebrand 病（フォン・ウィルブランド病）

von Willebrand 病（フォン・ウィルブランド病）は、血小板の粘着を助け、血液中で第Ⅷ因子の輸送を行う von Willebrand 因子（vWf）の異常によって発症し、人やイヌ（わが国ではまれですが、海外ではドーベルマンやジャーマン・シェパード・ドッグなどの犬種できわめて高い罹患率《りかんりつ》が示されています）で保因率の高いことが知られている出血性疾患です。粘膜などの表在性の出血傾向を特徴とし、常染色体性劣性または優性の遺伝様式をとります。一般に出血傾向は軽度であるため、凝固系検査では出血時間のみに異常を認めることがあります。イヌのvWfは特異的な検出法がなく、確定診断は困難です。治療に関しては、前述した血友病と同様に新鮮凍結血漿の輸血などを行います。

（木村大泉）

播種性血管内凝固《はしゅせいけっかんないぎょうこ》（DIC）

播種性血管内凝固（DIC）は、何らかの原因（白血病、悪性固形腫瘍《あくせいこけいしゅよう》、各種感染症、外傷、ショック、溶血、産科疾患などの基礎疾患）により全身の細小血管内に汎発性《はんぱつせい》にフィブリンによる微小血栓を生じる症候群で、血小板や凝固因子の過剰な消費、および線溶メカニズムの活性化に伴い、軽度から重度の出血傾向が認められます（線溶優位DIC）。さらに全身性の血栓形成による多臓器不全に陥ることもあります（凝固優位DIC）。DICの発生には様々な基礎疾患のもとに異なるメカニズムがあり、また重症度によっても検査所見が異なります。現在、人における診断では、厚生労働省が提示した基礎疾患の有無、臨床症状、各種血液検査、主に凝固系検査所見からスコアを算定する診断が行われています。このスコア化は病態の重症度も反映しているため非常に有用な診断基準で、イヌの診断基準としても有用であることが示唆されています。

しかし、DICは緊急疾患であることが多いため、さらに簡略化された診断基準、たとえば基礎疾患の存在と血小板数、フィブリン／フィブリノゲン分解産物（FDP）値から診断することも考案されています。

DICの治療の第一原則は、基礎疾患の治療ですが、原因除去が不可能な場合も多く、こういった場合はDICの進行を食い止める治療が必要となります。これには抗血栓療法（一般にヘパリンが用いられます）や補充療法（凝固因子や血小板産生に問題のあるDICの場合）、そして線溶優位のDICに対してはタンパク分解酵素阻害剤が用いられますが、イヌには凝固優位のDICが多いといわれ、抗血栓療法を優先することが多いようです。

（木村大泉）

ワルファリン中毒（殺鼠剤中毒《さっそざいちゅうどく》）

ワルファリン（殺鼠剤《さっそざい》の成分）に代表されるクマリン系薬剤は、ビタミンKと拮抗《きっこう》して肝臓におけるビタミンK依存性凝固因子（第Ⅱ、Ⅶ、Ⅸ、Ⅹ因子）の産生を阻害します。誤って殺鼠剤を食べてしまった動物に発症しますが、症状の発現は通常、各種凝固因子の半減期の影響で摂取後3日目くらいから認められます。

症状

症状は各部位からの出血で、出血の部位によっては致命的なこともあります。特徴的な検査所見として、プロトロンビン時間（PT）の延長と、その後遅れて活性化部分トロンボプラスチン時間の延長が認められます。また、ビタミンK依存性凝固因子を特異的に診断するヘパプラスチン値も異常高値を認めます。

〈図 13〉

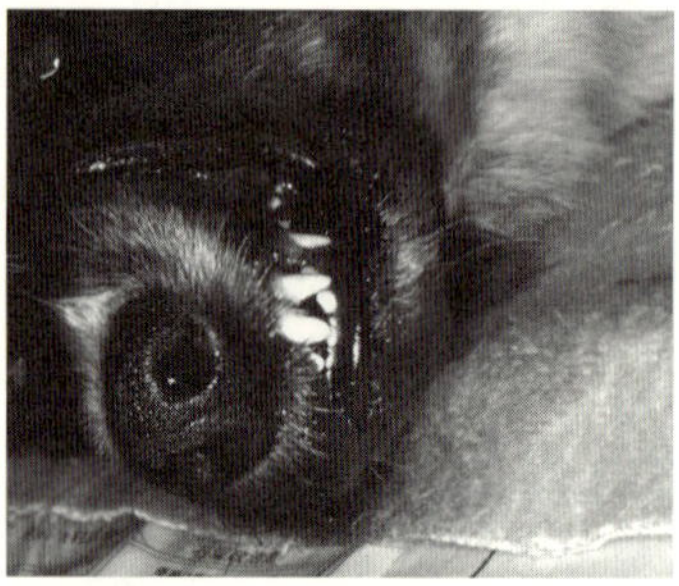

牛舎の周辺にまかれた殺鼠剤を食べた牧羊犬。
鼻腔や口より多量の血液を排出

治療

ビタミンK製剤の投与や凝固因子の補充療法が行われています。

（木村大泉）

骨髄線維症

慢性骨髄増殖性疾患は、骨髄造血幹細胞または骨髄血球前駆細胞の腫瘍性疾患《しゅようせいしっかん》です。これには慢性骨髄性白血病や本態性血小板血症、真性赤血球増加症などがあり、なかでも骨髄線維症は全身の骨髄組織の線維化、肝臓や脾臓《ひぞう》などでの髄外造血や幼若な血球の末梢血《まっしょうけつ》への出現を特徴とするものです。この病気は造血幹細胞の異常が原因となり、二次的に骨髄の線維化が起こるといわれています。「dry tap」（骨髄検査では細胞成分が採取されない）が多いため、診断にはコア生検が必要となります。有効な治療法はなく、無症状のものには無治療で長期観察も可能な場合がありますが、症状を示す場合には原疾患の治療や輸血、免疫抑制剤の投与も考慮されます。

（木村大泉）

リンパ節の疾患

反応性変化

リンパ節の良性の腫脹《しゅちょう》を意味します。リンパ節は抗原を濾過《ろか》するところなので、そのような抗原の刺激で局所的、全身的にリンパ節が腫《は》れます。これは、刺激に反応してリンパ節の内部でリンパ球が増えているためで、刺激源がなくなれば自然に縮小します。原因は特定できず、リンパ節の生検をしても特徴のある病変はみられないことが多いようです。

（松山史子）

リンパ節症

リンパ節症とは、本来、前述した反応性変化も含みますが、ここでは悪性の原因でリンパ節が腫《は》れているという意味と定義します。リンパ節症は通常、リンパ節炎と違い熱感、疼痛《とうつう》、発赤などは伴い

リンパ節の構造と機能

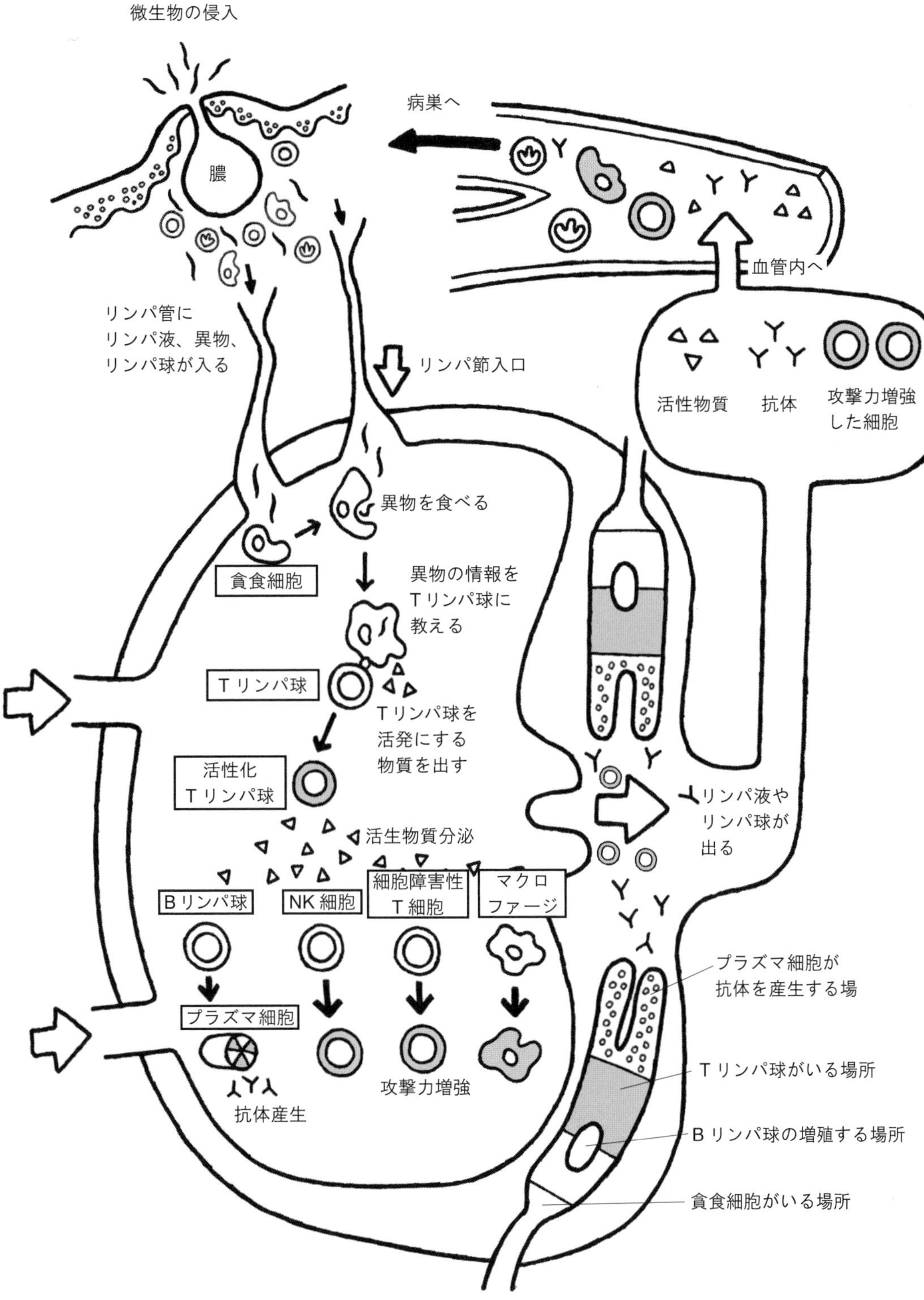
微生物の侵入
膿
病巣へ
血管内へ
リンパ管に
リンパ液、異物、
リンパ球が入る
リンパ節入口
活性物質
抗体
攻撃力増強
した細胞
異物を食べる
貪食細胞
異物の情報を
Tリンパ球に
教える
Tリンパ球
Tリンパ球を
活発にする
物質を出す
活性化
Tリンパ球
活生物質分泌
リンパ液や
リンパ球が
出る
Bリンパ球
NK細胞
細胞障害性
T細胞
マクロ
ファージ
プラズマ細胞
抗体産生
攻撃力増強
プラズマ細胞が
抗体を産生する場
Tリンパ球がいる場所
Bリンパ球の増殖する場所
貪食細胞がいる場所

ません。
局所性リンパ節症は、悪性腫瘍《あくせいしゅよう》が付属リンパ節に転移した場合に生じます。たとえば、乳腺癌《にゅうせんがん》で腋下《えきか》あるいは鼠径《そけい》リンパ節《せつ》の腫大《しゅだい》がみられたり、口腔腫瘍《こうくうしゅよう》で下《か》顎《がく》リンパ節腫大《せっしゅだい》が発見されたりします。

全身のリンパ節症は、リンパ腫《しゅ》や白血病やウイルス感染などで生じます。リンパ腫は、癌化《がんか》した異常なリンパ球がリンパ節内に増えることによって、リンパ節症を起こします。多数の体表のリンパ節が腫れるリンパ腫はネコよりイヌに多くみられます。白血病は骨髄で癌化した血液細胞が増える病気ですが、リンパ節内にも癌細胞が入ってきてリンパ節を腫らすことがあります。ウイルス感染によるリンパ節症は、その感染のある段階で軽度から重度のリンパ節症となることがあり、猫白血病ウイルス（ＦｅＬＶ）や猫免疫不全ウイルス（ＦＩＶ）の感染などでよくみられます。
（松山史子）

リンパ節炎

リンパ節が腫れるだけでなく、熱感、疼痛、発赤などの炎症症状を伴います。

体の一部分に炎症があると、その領域のリンパ節がリンパ節炎になります。例えば口内炎があれば、口腔を受け持つ下顎のリンパ節が炎症を起こして腫れてきます。また、体の表面のリンパ節だけでなく体の深いところにあるリンパ節が炎症を起こすこともあり、カビや結核などが報告されます。全身の多くのリンパ節がリンパ節炎をおこすこともあります。

原因は、ウイルス、細菌、リケッチア、真菌、寄生虫などの感染症だけでなく、皮膚病、免疫介在性疾患などの感染でない病気でもおこります。リンパ節は、いろいろな原因で腫れるため他の症状、血液検査、画像診断、リンパ節の細胞診や病理組織検査などでなぜ腫れているかを診断し治療することが大切です。
（松山史子）

脾《ひ》臓《ぞう》の疾患

脾《ひ》腫《しゅ》

血液疾患、炎症、門脈循環障害、腫瘍など、その原因が何であれ脾臓が正常の2倍以上に達することを脾腫といいます。しかし、もともと脾臓は大量の血液を貯える臓器ですから脾腫があっても必ずしも病気とは限りません。今回は病気の脾腫についてお話しします。脾臓はお腹の中にあって腫れても自覚症状がほとんどないため発見が遅れがちです。関連する全身症状、触診、血液検査、画像診断等で明らかになることが多い臓器です。

脾腫には全体が腫れる脾腫と部分的な腫れ（限局性の脾腫）のものがあります。

脾臓全体が腫れる原因には造血の活性化、免疫の活性化、脾臓の炎症、腫瘍細胞の転移や増殖、うっ血があります。造血の活性化とは脾臓には造血能力があるためさまざまな刺激（貧血、炎症、腫瘍浸潤など）で血液細胞の産生をおこすため血液産生細胞の増加により脾腫がおこります。免疫の活性化とは脾臓にはリンパ節と同様にリンパ球を産生する場所があるため、慢性感染性疾患や免疫介在性疾患などによりリンパ球などの免疫系の細胞の増加や活性化がおこり脾臓が腫れます。脾臓の炎症は腹部外傷、細菌感染、リケッチア感染、ウイルス感染などいろいろな原因でおこります。多くの場合発熱を伴い、外傷や細菌感染などで膿瘍ができると腹痛も伴うこともあります。脾臓の腫瘍は、転移性や脾臓にもともとあった細胞の腫瘍であれ悪性のことが多く、特に重度の脾腫は急性および慢性白血病などの血液の癌でもみられます。脾臓のうっ血で比較的よくみられる原因として脾捻転があります。脾臓は左側が胃に付着し右側は自由になっている細長い臓器なので固定されていない部分がねじれてうっ血し、出血や壊死を起こすことがあります。これを脾捻転といいますがイヌでは胃捻転に伴うことも多く、その他うっ血の原因として心臓病や内臓刺激やショック、麻酔薬の投与でもみられます。限局性の脾腫には、細長い脾臓の一部が腫れる場合と脾臓内部に腫瘤を作る場合があります。原因には、腫瘍、膿瘍、梗塞などがあります。いずれにしても、体の表面から触診してもわからないのでエコー検査などの画像診断が必要です。脾臓は摘出しても生命に別状がない臓器なので早期に診断して治療することが有効です。
（松山史子）

脾《ひ》血《けっ》腫《しゅ》

脾臓《ひぞう》の中で出血とそれに続く脾臓内の

血液貯留が起こることです。原因としては交通事故、打撲による損傷、脾捻転《ひねんてん》などがあります。また、老犬では、血管に弾力性がなくなったり、血管壁が厚くなって管腔《かんくう》が狭窄《きょうさく》したり、血栓形成による出血性の梗塞《こうそく》から血腫《けっしゅ》になることがしばしばみられます。

（松山史子）

腫瘍《しゅよう》

脾臓《ひぞう》の腫瘍は、ほとんどが悪性腫瘍《あくせいしゅよう》です。脾臓の腫瘍の症状は不明瞭《ふめいりょう》なので、飼い主が異常に気づく頃にはかなり進行している場合が多いようです。一部では無気力、食欲不振、虚弱、体重減少、嘔《おう》吐《と》、下痢、腹部膨大、腹痛、貧血がみられることがあります。イヌで脾臓に腫瘍が見つけられた場合、3分の1から3分の2は悪性腫瘍と報告されていますが、前述した血腫《けっしゅ》や脾臓の良性病変との鑑別がＸ線検査、超音波検査、その他の検査でも難しく、おなかを開けて脾臓を取り出し、病理組織検査を行わないと診断できないこともあります。

しかし、悪性腫瘍でなければ、脾臓の切除によって完治できることもあるので、きちんと診断することが重要です。脾臓の腫瘍には、血管肉腫《けっかんにくしゅ》、リンパ腫《しゅ》、肥満細胞腫《ひまんさいぼうしゅ》、形質細胞腫《けいしつさいぼうしゅ》、悪性組織球腫《あくせいそしききゅうしゅ》などの悪性の腫瘍が多いのですが、治療方法や予後がそれぞれ異なるので早期に気づいて治療を開始することが大切です。

（松山史子）

造《ぞう》血《けつ》器《き》系《けい》腫瘍《しゅよう》

白血病

血液は赤血球と白血球、それに血小板といった3種類の細胞成分と、血漿《けっしょう》という液体成分から構成されます。細胞成分は骨髄で造血幹細胞から作られますが、造血幹細胞が骨髄中で腫瘍化《しゅようか》した状態を白血病と呼びます。白血病細胞は、骨髄の中で盛んに細胞分裂と増殖を繰り返すため、正常な造血能力は奪われてしまいます。

その結果、貧血が起こったり、血小板や正常な白血球が少なくなったりします。また、元気がなくなったり、散歩に行ってもすぐに疲れたり、さらに体表の紫斑《しはん》や歯茎からの出血、発熱がみられるようになり、ときに腫大《しゅだい》したリンパ節に気づくこともあります。

白血病は、中齢から高齢の動物によくみられますが、1歳程度の若い年齢でも起こります。動物では、食事など、日常生活上で原因となる因子はわかっていません。全身への放射線照射や抗癌剤《こうがんざい》の一種は、動物に白血病を引き起こすと考えられていますが、日常診療でのＸ線撮影程度では影響はありません。また、白血病の細胞は、骨髄から血液中に出てくることもあり、白血球数が著しく増えたり、血液検査でこれらの細胞が見つかったりという検査結果が得られることもあります。

白血病細胞は、赤血球の前駆細胞（おおもとの細胞）が増殖したり、リンパ球の前駆細胞が増殖したりするため、どの細胞が増殖するかにより、骨髄性白血病とリンパ性白血病に分類されます。動物の場合、まず血液検査で病気を疑い、次いで骨髄検査で確定診断が下されます。また、その病気の性質によっても、急性白血病と慢性白血病に分類されます。ここでは、これらの組み合わせにより、以下の四つの病態に分類して解説します。

（真下忠久）

急性骨髄性白血病と骨髄異形成症候群（ＭＤＳ）

●急性骨髄性白血病

急性骨髄性白血病とは、骨髄で増殖している白血病細胞の由来がリンパ球以外のとき使われる病名です。ただし、この名前は最終診断ではなく、人のＦＡＢ分類がそのまま使われ、さらに細分類されています。すなわち、その由来細胞により、微分化型骨髄性白血病（Ｍ０）、未分化型骨髄芽球性白血病（Ｍ１）、分化型骨髄芽球性白血病（Ｍ２）、前骨髄球性白血病（Ｍ３）、骨髄単球性白血病（Ｍ４）、単球性白血病（Ｍ５）、赤白血病（Ｍ６）、それに巨核芽球性白血病（Ｍ７）に分類されます。

血液中にもこれらの細胞が出現することがあり、その場合には白血球数が正常の何十倍にもなります。また逆に、血液中に白血病細胞がみられず、白血球数が減少している場合もあります。

診断

骨髄検査により診断が確定されます。イヌやネコの場合、骨髄検査は軽い鎮静から、動物の状態によっては全身麻酔下で行います。イヌやネコをはじめ、ウマやウシにもこの病気はみられます。ネコでは猫白血病ウイルス（ＦｅＬＶ）の感染により、この病気が引き起こされると考えられていますが、ＦｅＬＶが陰性のネコにもときどきみられます。イヌではこうしたウイルスは証明されていません。

治療

人の医療と同様に、数種類の抗癌剤を組み合わせた化学療法が行われます。抗癌剤には、シトシンアラビノシドをはじめ、シクロホスファミドやヒドロキシウレアなどが用いられます。ほとんどの場合、化学療法と並行して何回かの輸血が必要となります。これらの治療を行っても、現在のところ3カ月程度の延命にとどまることが多いのですが、治療を行わなければ白血病細胞はあらゆる臓器に浸潤し、きわめて急速に動物を死に至らしめることになります。人の急性骨髄性白血病は、現在では5年生存も決して夢ではなく、若い患者では根治することもあります。これは、大量の化学療法と全身の放射線照射を組み合わせた骨髄移植の成果です。

イヌやネコでもこの骨髄移植が行われてから10年程度が経ちましたが、いまだ日常の臨床で一般的には行われてはいません。

●骨髄異形成症候群（ＭＤＳ）

骨髄異形成症候群は、骨髄中に血液を作る造血反応が認められるにもかかわらず、末梢血《まっしょうけつ》に正常な血液が出現しない無効造血を特徴とする血液の病気です。急性白血病とある意味似ており、血液中には異常な血液細胞（異形成を示す細胞）が出現します。厳密には、赤芽球、顆粒《かりゅう》球《きゅう》、巨核球のうちの2種類以上に異形成がみられ、なおかつ骨髄検査による細胞密度と芽球（赤芽球、顆粒球などの前駆細胞）の比率の上昇を確認することで診断されます。

急性骨髄性白血病との大まかな区別は、芽球比率は急性骨髄性白血病では30％以上ですが、骨髄異形成症候群は30％未満と定義されています（赤芽球50％以上のときには、芽球比率は非赤芽球系細胞中の30％未満）。また、この病気は、急性白血病と同様に人の場合の分類に従うと、末梢血液《まっしょうけつえき》中の芽球比率と骨髄中の芽球比率などにより、ＲＡ、ＲＡＲＳ、ＲＡＥＢ、ＲＡＥＢｉｎＴ、そしてＣＭＭＬの5型に分類されます。

骨髄異形成症候群は、イヌ、ネコともに発生が認められています。とくにネコでは猫白血病ウイルスとの関連が指摘されています。人では高齢者に多く、その一部は急性白血病に移行することがあります。イヌやネコでも急性白血病の前段階と考えられますが、実際に急性白血病に移行するのはその一部です。

治療

抗癌剤による化学療法を行いますが、治療に反応して症状が消失するような症例は、イヌ、ネコともに少数の報告があるのみです。低用量のシトシンアラビノシドやステロイドを用いた分化誘導療法に対しても、同様に反応は決してよくありませんが、無治療ではわずか数日の命に終わってしまう重大な病気です。全血輸血や成分輸血、それに抗生物質の投与といった支持療法が、動物の状態を良好に保つために必要となることもあります。

（真下忠久）

慢性骨髄性白血病

急性骨髄性白血病との区別は、血液または骨髄中に増加している細胞がよく分化した（成熟した）細胞であることです。動物ではほとんどの場合、症状はなく、血液検査で偶然発見されます。イヌにもネコにも報告があります。血液検査では、白血球数は中程度から高度に増加しており、正常値の数十倍になることもあります。増加した白血球は、未成熟から成熟に至る各段階の好中球や単球であったりします。

診断

骨髄検査により確定されます。増加している単球数により、慢性骨髄性白血病、慢性骨髄単球性白血病（ＣＭＭＬ）、それに慢性単球性白血病に分類されます。ＣＭＭＬについては、前述の骨髄異形成症候群にも分類されているものと同じ病気です。人では遺伝子・染色体異常が見つかっているため、診断基準にはこれらが含まれますが、動物では細胞の形態学的分類に頼っている部分が大きいため、こうした重複が認められます。

治療

何種類かの抗癌剤が用いられますが、反応はあまりよくありません。病態の進行はゆっくりですが、急性骨髄性白血病に転化を起こすことや、貧血、出血、免疫不全などが動物の死亡原因となります。人ではインターフェロン療法が効果を示しますが、動物ではその効果についてはいまだ明らかになっていません。

（真下忠久）

リンパ性白血病

急性リンパ芽球性白血病

急性リンパ芽球性白血病は、白血病のなかでも動物ではもっともよく認められる病気です。

症状

他の白血病と同様です。

診断

血液検査および骨髄検査では、若いリンパ球であるリンパ芽球が高度に増殖してみられます。

治療

多くの種類の抗癌剤《こうがんざい》を併用する多剤併用化学療法が行われます。ビンクリスチン、L—アスパラギナーゼ、シクロホスファミド、アドリアマイシン、シトシンアラビノシド、そしてプレドニゾロンなどを用い、様々な方法で投与します。急性骨髄性白血病と比較すると、抗癌剤に反応しやすい傾向があり、イヌでは症状や血液の異常が完全に消失する例があります。ネコでも効果はありますが、イヌよりも反応が落ちる傾向があります。猫白血病ウイルスが陽性の場合には、この傾向はいっそう顕著になります。人では骨髄移植が行われるようになり、完全に治癒も期待できますが、イヌ、ネコではまだその段階ではありません。

化学療法と並行して、輸血や抗生物質投与などの支持療法も重要な役割をもっています。

（真下忠久）

慢性リンパ球性白血病

慢性リンパ球性白血病は、たいていは飼い主が病気に気づくことなく、慢性骨髄性白血病と同様に血液検査で偶然発見されることの多い病気です。リンパ球は正常値の10倍程度にまで増加することがあります。

診断

骨髄検査や血液検査を行うと、成熟したリンパ球が増加していることから診断されます。

治療

抗癌剤の一種であるメルファランやクロラムブシル、プレドニゾロンが用いられます。この病気も決して多くみられるものではなく、臨床成績も十分にそろっているわけではありませんが、それでも他の白血病と比較して長期生存が期待できることがわかっています。その期間は、1～2年程度の報告が一般的なようです。直接の死亡要因は、急性白血病への転化や感染症、出血などです。

（真下忠久）

リンパ腫《しゅ》

リンパ球の腫瘍《しゅよう》にはリンパ性白血病とリンパ腫があります。リンパ性白血病は骨髄や血液の中で腫瘍細胞《しゅようさいぼう》が増え、腫瘤《しゅりゅう》を作りませんが、リンパ腫はリンパ組織の中で腫瘤を作り増えていきます。もっともよく認められる造血系腫瘍であるといえます。

症状

リンパ腫は、腫瘤を作る場所により型（縦隔型、多中心型、消化器型、腎型《じんがた》、皮膚型、その他）が分かれ、症状もそれぞれ違います。

縦隔型は、ネコで多くみられるタイプで胸腔《きょうくう》内に腫瘤を作り、胸水を貯留するために、呼吸困難、チアノーゼ、咳《せき》、運動量の低下、食欲不振などを示し、食道圧迫による嘔吐《おうと》もみられます。

多中心型は、イヌでよくみられるタイプで、体表のリンパ節の腫《は》れが起こります。通常はリンパ節の腫れは全身性ですが、一つのリンパ節だけが腫れることもあります。また、リンパ節の痛み、全身性の発熱、食欲不振、虚弱を伴うこともあります。

消化器型は、腸管組織内に腫瘤を作ったり、腸管膜についているリンパ節が腫れたりするタイプで、嘔吐、下痢、削痩《さくそう》がみられ、さらに腫瘤が破裂して腹膜炎を起こすこともあります。

腎型では、腫瘍細胞の増殖で腎臓が大きくなるため、おなかが部分的に大きくなることや、腎臓《じんぞう》の機能が衰えて尿毒症となり、食欲不振や嘔吐、下痢を起こすことがあります。

皮膚型はイヌでまれにみられるタイプで、皮膚に小さな赤い斑点《はんてん》や大小様々な丘疹《きゅうしん》を多数作ります。

これらの5型のほかにも、リンパ腫はどこにでも発症するので色々な症状を伴います。たとえば、鼻腔《びくう》内に発症すれば鼻出血やくしゃみ、背骨に発症すれば足の麻痺《まひ》を示し、眼球内に発症して失明することもあります。

さらに、リンパ腫は腫瘍細胞が塊を

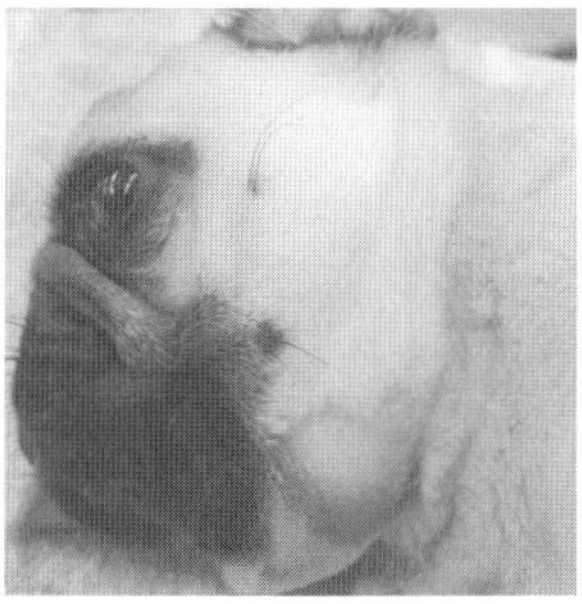

下顎のリンパ節が腫れている多中心型リンパ腫のイヌ

作って組織を破壊するだけでなく、悪液質、血球の減少、血液の凝固異常、免疫不全、血液中タンパクの異常増加、ホルモン様物質の分泌など（副腫瘍症候群と呼ばれます）を起こし、病気にかかった動物の体を弱らせます。

診断

リンパ腫の診断は、細胞診や病理組織検査により腫瘤内やリンパ節内の異常な悪性リンパ球様細胞の存在を証明することにより行います。

治療

リンパ腫の治療は、抗癌剤を使うことが多いので診断は確実なものでなければなりません。リンパ腫の治療には色々な検査が必要で、何型なのか、リンパ腫がどこまで広がっているのか、全身の状態や主な内臓機能はどうなのか、猫では白血病ウイルスやエイズウイルスの感染があるのかを検査し、治療の方針の決定や今後の余命を示唆するための大切な情報とします。

治療の中心は抗癌剤の投与ですが、この薬自体が強い副作用を伴うことがあります。しかし、上手に使用することで確実に延命し、病気にかかった動物が飼い主との楽しい生活を過ごすチャンスを作ってくれる薬となります。そのためには、抗癌剤治療を開始する前に、どんなタイプのリンパ腫がどのくらい進行していて余命の予測はどのくらいか、抗癌剤治療でどのくらい延命できるのか、抗癌剤を受けられる体調であるか、抗癌剤治療を補助する治療も必要であるか、抗癌剤治療以外の治療はあるのか、使用する抗癌剤の副作用は何であるのか、どのくらいの間隔で投与し、治療費はいくらかかるのかなどを獣医師に相談し、飼い主が病気や治療のことをよく理解する必要があります。

（松山史子）

形《けい》質《しっ》細《さい》胞《ぼう》腫《しゅ》

形質細胞はリンパ球がさらに分化成熟した細胞です。この細胞は侵入したウイルスや細菌などを排除する作用をもつ抗体（免疫グロブリン）を産生しています。形質細胞が腫瘍化《しゅようか》した疾患を形質細胞腫といい、この病気になると単一の抗体（Mタンパク）が大量に産生されて血液中に異常に増加し、一部が尿中へ排出されます。これをベンス・ジョーンズタンパク尿といいます。

形質細胞腫には多発性骨髄腫《たはっせいこつずいしゅ》、マクログロブリン血症、孤立性形質細胞腫《こりつせいけいしつさいぼうしゅ》（骨の孤立性形質細胞腫と髄外形質細胞腫《ずいがいけいしつさいぼうしゅ》）などがありますが、とくに多発性骨髄腫は発生率が高く、重症になりやすいものです。

（酒井秀夫）

多《た》発《はっ》性《せい》骨《こつ》髄《ずい》腫《しゅ》

多発性骨髄腫は悪性形質細胞が骨髄中で骨を破壊しながら、全身に増殖する病気です。イヌでは血液腫瘍の8%を占め、ネコではそれ以下です。高齢の動物にみられます。産生されるMタンパクの種類によりＩｇＧ型、ＩｇＡ型、ベンス・ジョーンズ型等に分類されます。

症状

骨溶解による骨疾患や高カルシウム血症、腎不全《じんふぜん》、正常な抗体の減少による免疫低下（感染の増加）、出血素因、貧血など、多様な症状がみられます。

〈図2〉

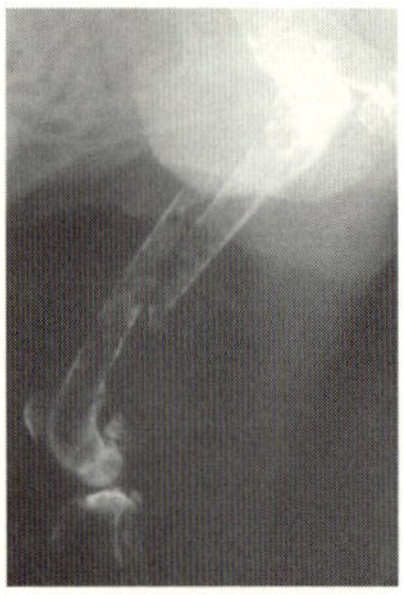

骨溶解性病変（Ｘ線写真）。骨全体に骨密度の低下と多数の骨打ち抜き像（パンチアウト病変）が認められ、大腿骨の骨幹中央部で病的骨折が認められる

診断

骨髄中の形質細胞の増加、Mタンパク血症、骨溶解性病変〈図2〉、ベンス・ジョーンズタンパク尿の出現に基づいて診断します。

治療

完治は困難ですが、進行が緩やかで化学療法によく反応し、治療によりＱＯＬ（生活の質）の向上と延命がもたらされます。

（酒井秀夫）

骨の孤《こ》立《りつ》性《せい》形《けい》質《しつ》細《さい》胞《ぼう》腫《しゅ》と髄《ずい》外《がい》形《けい》質《しつ》細《さい》胞《ぼう》腫《しゅ》

形質細胞がある範囲に限定して腫瘍を作る場合を形質細胞腫と呼びます。骨にできる孤立性形質細胞腫と骨以外の部位にできる髄外形質細胞腫の二つに分けられます。イヌでは皮膚と口腔《こうくう》の髄外形質細胞腫は良性ですが、他の部位にできた髄外形質細胞腫や孤立性形質細胞腫は、長期間観察していると全身性の多発性骨髄腫へ移行します。発症部位によって症状は多様です。

治療

病変が局所に限られている場合は、外

科的切除や放射線療法などを行い、全身化した場合には化学療法を行います。それにより長期生存も望めます。

（酒井秀夫）

マクログロブリン血症

マクログロブリン血症は、リンパ球と形質細胞の中間の細胞が増殖する疾患で非常にまれです。多発性骨髄腫《たはつせいこつずいしゅ》と異なり、主にリンパ組織で増殖します。そのため骨の溶解が少なく、高カルシウム血症や腎不全《じんふぜん》を起こす割合も少なくなっています。またＩｇＭ型のＭタンパクが増加するのが特徴です。ＩｇＭは抗体のなかでもっとも分子量が大きく、血液中での増加によって血液が粘稠《ねんちゅう》になり（過粘稠症《かねんちゅうしょう》候群《こうぐん》）、出血傾向（歯肉・鼻出血、皮膚出血）、神経症状などがみられます。治療は、過粘稠症候群への対症治療が中心です。化学療法は有効ですが、骨髄腫《こつずいしゅ》より生存期間は短くなります。（酒井秀夫）

組織球系増殖性疾患

組織球は単球・マクロファージ系の細胞です。その増殖性疾患には反応性単球増加症、全身性組織球症、皮膚組織球《ひふそしききゅう》腫《しゅ》、皮膚組織球症、単球性白血病、局所性組織球肉腫、播種性組織球肉腫、悪性《あくせい》線維性組織球腫《せんいせいそしききゅうしゅ》等があります。

（酒井秀夫）

皮膚組織球症

皮膚組織球症は、良性の疾患で若齢犬に多くみられます。組織球性疾患でもっとも多い孤発性の皮膚組織球腫に類似しています。多発性の病変を発現し、自然退縮することもありますが、長期間持続（9カ月以上）することも多いようです。ステロイド療法がよく効き、良好な予後が期待できます。

（酒井秀夫）

全身性組織球症

中年齢（4～7歳）のバーニーズ・マウンテン・ドッグによく発生する非腫瘍《ひしゅよう》性疾患《せいしっかん》です。はじめ病変は、皮膚とリンパ節に限って現れますが、よくなったり（寛解期）、悪くなったり（増悪期）を繰り返し、長期の経過をとり最終的には全身（肺、肝臓、骨髄、脾臓《ひぞう》等）へ広がることが多い病気です。化学療法への反応は乏しく、生存期間は11カ月ほどあることが多いようです。

（酒井秀夫）

局所性組織球肉腫

単発性の組織球のび漫性または結節性増殖で関節周囲に好発します。主にフラットコーテット・レトリバー、ゴールデン・レトリーバー、ラブラドール・レトリーバーや猫でもみられます。予後は悪いとされていましたが手術や抗癌剤により成績が向上しているようです。

（酒井秀夫）

播種性組織球肉腫

播種性組織球肉腫は、腫瘍性組織球の全身性増殖です。イヌでまれに、ネコではごくまれにみられます。バーニーズ・マウンテン・ドッグ、ゴールデン・レトリーバー、ドーベルマン・ピンシャーなど大型犬で家族性にみられることが多いようです。腫瘍性浸潤は脾臓、肝臓、リンパ節に多く発生しますが、骨髄、肺、皮膚、中枢神経などにもみられます。症状は、急性進行性で食欲不振、体重減少、貧血を示し、浸潤部位によっては神経症状や呼吸困難等もみられます。治療への反応は乏しく、予後はきわめて不良です。

（酒井秀夫）

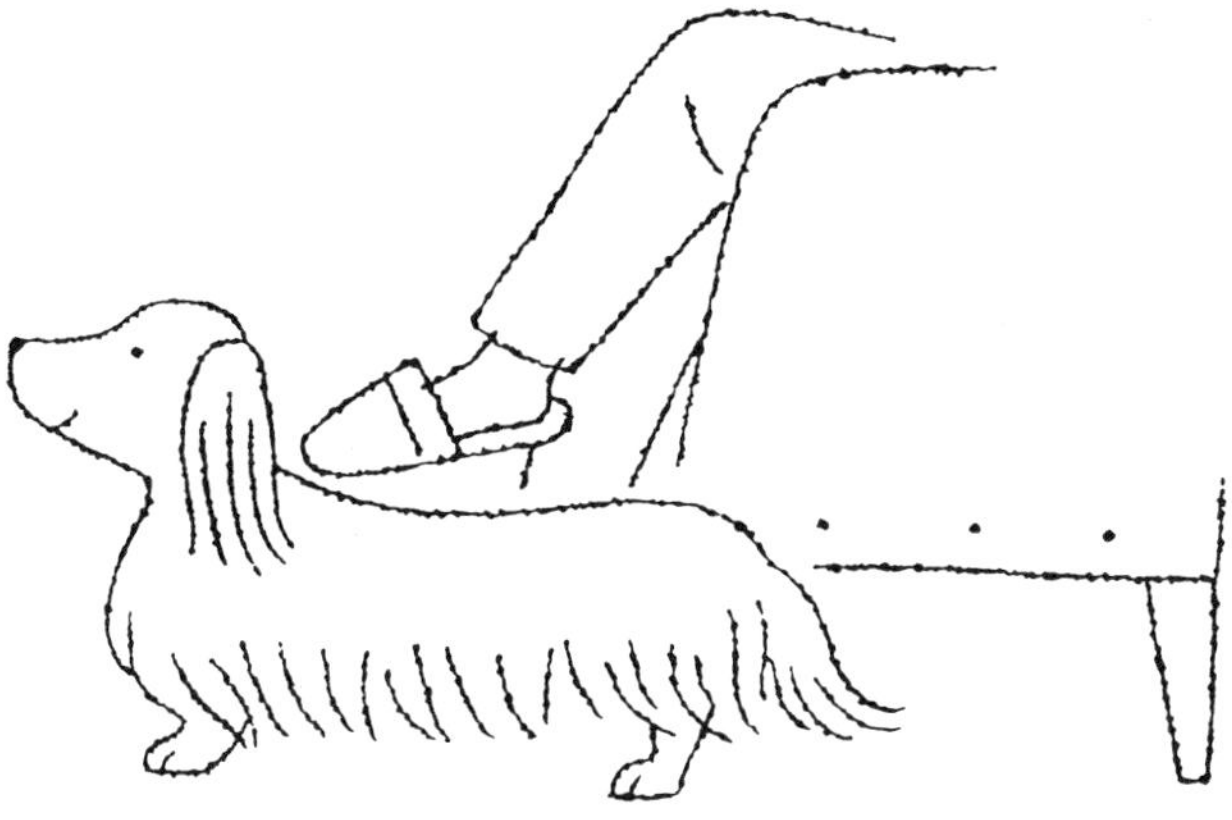

呼吸器系の疾患

呼吸器とは

　動物の体は、細胞の集合体です。それらの細胞にはそれぞれ特徴があり、ある細胞は心臓を作り、また、ある細胞は脳や神経、筋肉、骨を作って体を形成しています。そして、これらの細胞が活動することで生命が維持されています。細胞が活動し機能するためにはエネルギーが必要です。そのエネルギーは、細胞の中で起きる酸素を使った物質代謝によって生み出され、その産物として二酸化炭素が作り出されます。エネルギーを得るために紙や木を燃やすのと同じように、酸素を消費して二酸化炭素を生産しているのです。

　呼吸器とは、生命を維持するために体外から酸素を体内に取り入れ、体内で生産された二酸化炭素と交換して体外に排出させるための換気通路とガス交換器のようなものといえるでしょう。また、それらの器官には体外から効率よく酸素を吸引し、二酸化炭素を排出させるフイゴの役割を果たす器官が付属しています。そして、換気通路にある多くの構造が空気の流れを制限または調節することで、発声を可能にし、さらに嗅覚《きゅうかく》を働かせ、水分と熱の交換を容易にしているのです。

　解剖学的には、空気の取り入れ口である鼻孔から鼻腔《びくう》、喉頭《こうとう》、気管までの換気通路を上部気道、ガス交換器を肺、フイゴの役割を果たしている器官を胸郭および横隔膜と呼びます。

　体外から空気（酸素）を肺に取り入れ、体内で生産された二酸化炭素を排出させる運動が呼吸です。しかし、肺自体は、自ら動くことができません。そのため、肺が収容されている胸郭と横隔膜を広げることで、胸腔《きょうくう》内の圧力を下げ、その結果として、受動的に空気を吸引することができるようになっています。

　呼吸は、自分の意思により一時的に止めることはできますが、長時間にわたって停止することはできません。これは、血液中の酸素濃度が低下し、逆に二酸化炭素濃度が上昇することによって起こる現象です。また、呼吸は睡眠時には減少し、運動時には非常に増加します。このような呼吸の調節は、血液中の酸素濃度や二酸化炭素濃度、pHなどに応じて、脳にある呼吸中枢と呼吸調節中枢によって行われています。

　肺にはガス交換のほかにもう一つ重要な働きがあります。健康な人や動物の体液（血液）のpHはいつも7・4を中心として前後0・05の狭い範囲に保たれています。この体液のpH調節を担当するのが腎臓と肺です。腎臓はゆっくりと変化に対応しますが、肺は迅速に対応するのが特徴です。たとえばpHが低下して血液が酸性に傾くと、呼吸を速くして二酸化炭素の排出を促進し、アルカリ性側に戻るように働きます。

　このように呼吸器は、生命を維持するうえでもっとも重要なガス交換と体の酸・塩基（アルカリ）バランスの調整を担う大きなシステムに加え、発声や嗅覚、そして体温の調節にも関与する重要な器官なのです。

（竹中雅彦）

上部気道の構造と機能

空気（酸素）と二酸化炭素のガス交換を行う場所である肺へ空気を送り込む通路を気道と呼びます。

上部気道は、鼻孔から鼻腔《びくう》、咽頭《いんとう》、喉《こう》頭《とう》、気管からなります。

空気は鼻の先端部分の鼻孔から吸入されます。鼻孔の入り口は狭いのですが、鼻腔内に入ると比較的広くなります。鼻腔は回旋状の甲介構造で作られ、血管に富んだ粘膜と腺状組織《せんじょうそしき》、絨毛上皮《じゅうもうじょうひ》で覆われています。鼻腔は、気管支や肺を守るため、吸入する空気を加温、加湿し、濾《ろ》過《か》しています。鼻孔内の毛や回旋状の鼻甲介、分泌される粘液、鼻腔の構造などは、吸い込んだ空気が肺に直接送られないように、乱流を起こしたり、空気中の大きな粒子を吸着する役割をしています。

咽頭は呼吸器系と消化器系が交差する部位で、気道は腹側へ移行して気管となり、口腔《こうくう》から移行した食道は気管の背側に位置しています。喉頭は気管の入り口にあり、吸気と呼気を調節し、さらに空気圧を変化させることで発声を可能にしています。ものを飲み込んだときや喉頭が刺激を受けたときに喉頭蓋《こうとうがい》（喉頭にある蓋状《ふたじょう》の構造）が閉じるのは、気管内に異物が侵入するのを防ぐためです。また、咳《せき》やくしゃみは、気道内に侵入した有害なガスや粒子を急激に排出するための重要な防御機構です。気管はリング状の軟骨でできた細長い管で、内側は絨毛上皮で覆われています。動物が広範囲に首を動かせるように柔軟性に富み、つぶれることはありません。

副鼻腔《ふくびくう》は鼻腔に付随して認められ、その機能は明らかではありませんが、臨床的には重要な部分です。（竹中雅彦）

気管支・肺の構造と機能

呼吸器である肺と、循環器である心臓を収容する容器を胸腔《きょうくう》といいます。胸腔はその周囲を胸椎《きょうつい》と胸骨、肋骨《ろっこつ》、肋軟骨《ろくなんこつ》で囲まれて胸郭を形成し、内側は胸膜によって覆われ、外界と遮断されています。

イヌの肺は気管より枝分かれした気管支によって左右あわせて七つに区分されています。それらを肺葉と呼び左右の肺には前葉、中葉、後葉の各肺葉があり、右肺にはさらに副葉があります。

肺を大きな木にたとえると幹が気管であり、そこから枝分かれした枝が気管支です。そして、気管から二十数回枝分かれした先端がガス交換の場である肺胞になります。

肺胞は直径0・3㎜程度の一層の上皮細胞で作られた小さな袋状の構造です。肺胞は、その周囲を毛細血管で囲まれていて、空気と血液との間で酸素と二酸化炭素のガス交換を行っています。

空気中の埃《ほこり》や細菌は、気管支が枝分かれする間にほとんど気管支壁にくっついてしまいます。気管支の壁を覆う粘膜は付着した埃や細菌を粘液で包み、絨毛上皮の運動によって毎分数cmの速度で、口のほうに運び出しています。気管支の役割は、肺胞に空気を送る換気通路の働きだけでなく、肺胞を外界の汚染から守る防御機構としても重要です。（竹中雅彦）

呼吸器の検査

胸部X線検査

X線検査とは、胸部にX線を放射し、X線が胸部内外の構造物を透過する際にできる透過性の差をフィルム上に影として映像化するものです。イヌやネコの胸部疾患を診断する方法のなかで、もっとも一般的に使用されるのがX線検査です。その理由は、肺という臓器が空気を多く含み、比較的コントラストが得やすく異常が発見しやすいこと、そのため症状がみられない小さな異常でも発見しやすく診断的価値が高いこと、患者に苦痛や痛みを与えず簡単に撮影が行えること、定期的に検査することで病気の進行を客観的に、そして的確に把握できることなどです。

胸部X線検査の診断の正確さは、撮影条件などによって異なります。撮影条件としては、肺に空気が十分に入り膨張していること、吸気時に左右、上下の2方向から撮影すること、撮影にぶれが生じ

ないように短時間（1／20～1／30秒）に高出力（200～300mA、80～110kV）で撮影することが望ましいといえます。X線検査で診断される主な胸部の病気は、気管や気管支などの気道の病気と肺炎、腫瘍《しゅよう》などです。

超音波検査

超音波検査は、人の可聴域（50～2万Hz）を超える高い周波数の音波の反射を利用して、構造物の大きさや位置、性質などを検査する方法です。この検査法は動物にまったく危険性はなく安全ですが、肺は空気を多く含むため音波が反射しません。そのため超音波検査は、呼吸器には不向きです。しかし、胸腔内に液体の貯留や腫瘤《しゅりゅう》がみられる場合に行われます。検査は、毛を刈り、ゼリーを十分に塗り、病変部を下にして横臥《おうが》させ、プローブと呼ばれる検査器をあてて行います。液体が貯留している部分は、反射が起こらず、画面上は黒く写し出されますが、腫瘍などの固形物は逆に白く写し出されます。

CT検査とMRI検査

CT検査（computed tomography）はCTX線とコンピュータを利用して製作される画像による診断法です。

一般的なX線検査では二次元的な平面画像しか撮影されませんが、CT検査では断層像が撮影できます。単純X線検査では見えにくい臓器間の位置関係や付属リンパ節なども、CTを連続して撮影することによって見ることができます。最近は、より鮮明で立体的に画像処理ができるヘリカルCTが登場しました。

MRI検査（magnetic resonance imaging）は、強い静磁場と電磁場を使って生体内の水素原子核が発するMR信号を検出し、それをもとに画像を作成する画像診断法です。CTと同様に断層撮影が可能であり、コントラストがはっきりしていることから鮮明な画像が得られます。

CT検査およびMRI検査は、撮影時に動物が静止した状態でいなければならないため、全身麻酔を施す必要があります。また、撮影施設は、X線や強い電磁波が室外に漏れないように、法律で定められた厚さのコンクリート壁で覆われなければなりません。

内視鏡（鼻鏡、気管支鏡）検査

鼻腔内の病気や異常を肉眼的に確認するために、ファイバースコープ、口腔《こうくう》鏡《きょう》、鼻咽頭鏡《びいんとうきょう》、歯科用ミラーなどの内視鏡器具を用いて検査を行います。対象となるのは鼻腔内の閉塞《へいそく》や出血を伴う病気で、とくに慢性鼻炎、腫瘍、異物などです。ただし、一般には、内視鏡検査単独ではなく、X線検査などと組み合わせて診断を行います。

鼻腔の粘膜は傷つきやすく出血しやすいため、検査を安全に行う際には動物に全身麻酔を施す必要があります。口腔鏡、鼻咽頭鏡、歯科用ミラーなどは、鼻孔が狭く、鼻甲介がらせん状であることから、鼻腔側から進入させるのは困難です。そのため、咽頭部側からアプローチしなければならず、この検査方法では鼻腔の3分の1程度しか検査することができません。しかし、外径2・2～2・5㎜程度の柔軟性ファイバースコープであれば、鼻腔内のかなりの範囲を検査することができます〈図1〉。検査で異常を発見できれば、その部分からサンプルを採取し、正確な診断に役立てます。

気管支鏡検査は、慢性の咳、喀血《かっけつ》、異物の誤嚥《ごえん》、腫瘍などの疑いがあるときに行われます。鼻腔の検査と同様に、全身麻酔を行った状態で実施します。検査方法は気管チューブを挿管後、チューブからファイバー気管支鏡を進入させます。

あらかじめX線検査で病変部位を特定し、その部位に向かって気管、気管支へと進めます。気管支鏡検査の利点は、病変を直接観察できること、病変部から直接細胞を採取することが可能で、正確な診断ができることです。欠点は、全身麻酔を必要とすること、検査中に気管支の粘膜を傷つけやすいこと、また、検査後に気管支炎、肺炎を起こす危険性があることなどです。

呼吸器系の細胞診検体採取

●鼻腔・気管支洗浄法

胸部の病気を正確に診断するためには、肺または気管支から分泌物を採取して検査する必要があります。鼻腔・気管支洗浄法とは、洗浄液を気管支内に注入した後に、それを回収することによって、

〈図1〉柔軟性ファイバースコープの使用法

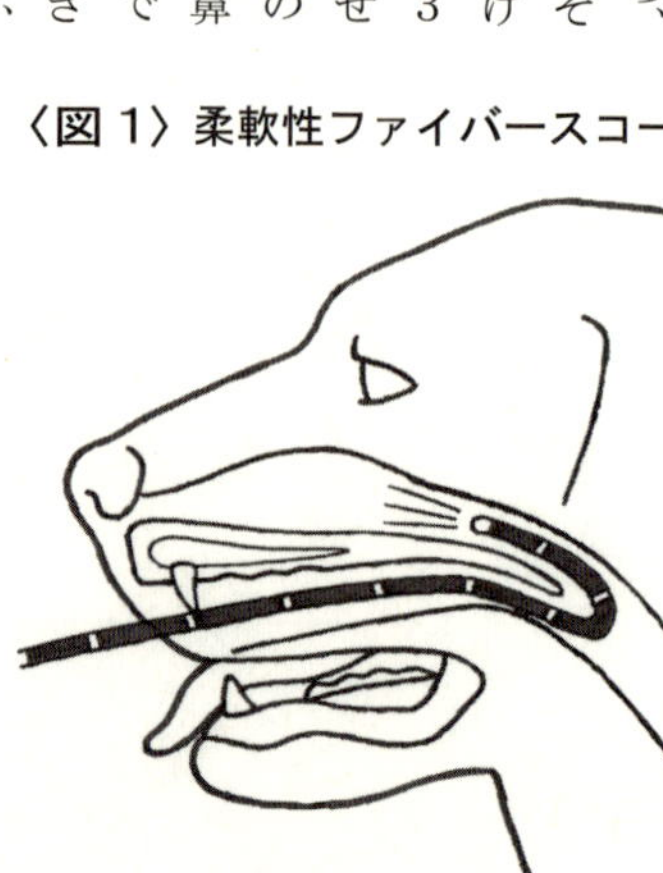

その洗浄液に含まれる分泌物を採取する方法です。採取した分泌物から、その中に含まれる細胞の種類、細菌の種類、炎症の種類と程度などの情報が得られます。これらの情報をもとにして診断や治療を行います。

●鼻腔《びくう》・気管支擦過法《きかんしさっかほう》

鼻腔や気管支からの分泌液を無菌的な綿棒などで採取することによって、分泌液中の細胞や細菌、炎症の種類や程度を検査する方法です。この際、患畜に全身麻酔をかける必要はなく、鼻孔から局所麻酔薬を点鼻するだけでこの検査を行うことができます。

気管支からのサンプルの採取は、直接気管支に器具を挿入して行うのではなく、痰《たん》を喉頭から採取するようにします。患畜がおとなしければ、口を開いて舌を手前に引くと喉頭蓋が開くので、綿棒を挿入させて粘膜に付着している分泌物を採取します。この方法は簡単ですが、採取された細胞や細菌には、病巣とは関係のないものも混じっているため、検査の精度は高くありません。

●経皮的肺穿刺吸引法《けいひてきはいせんしきゅういんほう》

経皮的肺穿刺吸引法とは、体外から胸腔内の肺に針を刺して吸引し、サンプルを採取する検査法です。腫瘍の疑いがある結節病変や、腫瘍の転移、肺の実質病変などを正確に診断するためや、細菌培養用のサンプルを採取するために行います。検査中に患畜が動くと非常に危険なので、この検査は鎮静または麻酔を施した状態で行います。腫瘍の疑いがある結節病変の検査をするには、X線検査やCT検査などでまず病変部位を確認したうえで、針を刺す部位の毛を刈り、皮膚を消毒します。そして、皮膚と肋間《ろっかん》に局所麻酔を施します。

この検査により気胸が発生することがあるため、検査後は呼吸状態などを注意深く観察する必要があります。検査直後と24時間経過時にX線検査を実施しなければなりません。軽度の気胸は心配ありませんが、空気の漏れが持続して胸腔内《きょうくうない》圧《あつ》が上昇する緊張性気胸になれば、胸腔への穿刺《せんし》などを行って、空気を抜かなければなりません。

●開胸下肺生検法

この検査は、検査を目的として胸部を開く手術をするのではなく、手術を行った際に肺の病変部を少量切除するものです。実際に目で見て病変部からサンプルを取ることができるため、正確な検査が可能です。

肺からサンプルを切除した後は、適切に縫合処置を行います。手術後は、気胸の併発に注意する必要があるので、呼吸の状態、粘膜の色などの症状を観察し、術後にX線検査を行います。（竹中雅彦）

血液ガス分析

動脈血液中の酸素量および二酸化炭素（炭酸ガス）量を測定することによって、肺というガス交換器の機能を診断することができます。さらにまた、測定結果から、ガス交換の障害部位も知ることができます。

通常、血液ガスの測定の際には、酸素と二酸化炭素だけでなく、pHや重炭酸イオンなど、血液の酸と塩基（アルカリ）のバランス（酸・塩基平衡）も同時に測定しますから、酸・塩基平衡状態を知るうえでも重要です。

イヌやネコの動脈血は、主に股動脈《こどうみゃく》から採取します。血液は生きた細胞を含んでいるため、酸素を消費し、炭酸ガスを生産します。したがって、正確なデータを得るためには迅速に測定する必要があります。

（竹中雅彦）

動脈血におけるガス交換の指標と酸塩基平衡の指標

		正常値（平時）	単位
ガス交換の指標	PaO_2（酸素分圧）	80～100（*）	mmHg（Torr）
	SaO_2（酸素飽和度）	95以上	%
	$PaCO_2$（炭酸ガス分圧）	35～45（40）	mmHg（Torr）
酸塩基平均の指標	pH(pH)	7.35～7.45（7.4）	──
	[HCO_3^-]（重炭酸イオン）	22～26（24）	mEq/L
	Base Excess（ベース・エクセス）	-2～+2（0）	mEq/L

* PaO_2は年齢によって異なる

肺機能検査

肺機能検査は、換気検査とガス交換検査の二つに分けられます。換気検査には肺容量、最大呼気流速度、換気分布、肺コンプライアンスなどの測定が含まれます。これらの検査を行うには本来は意識下で実施する必要がありますが、動物ではそれが困難なため、全身麻酔を施します。

（竹中雅彦）

上部気道の疾患

鼻《び》腔《くう》・副《ふく》鼻《び》腔《くう》の疾患

鼻腔と副鼻腔は体外にある気体を体内に取り込むとき、最初のフィルターとなる機能を担っています。体外の気体中の微粒子や病原体が気道を通って体内に侵入することを阻止するための最初の防衛臓器といえるでしょう。また、鼻腔の各組織は、体内に取り込まれる気体の加湿と加温も行っています。さらに、鼻腔と副鼻腔は、重要な外部環境情報の感知器（嗅覚《きゅうかく》）としても機能していて、生活の上で重要な感覚器でもあります。

イヌやネコがかかりやすい鼻腔と副鼻腔の病気には、病原微生物（ウイルス、細菌、真菌など）による感染性疾患やアレルギー性疾患などがあります。また、頻度は決して高くはありませんが、鼻腔内に腫瘍《しゅよう》の発生もみられます。

（甲斐勝行）

鼻腔の矢状断面図

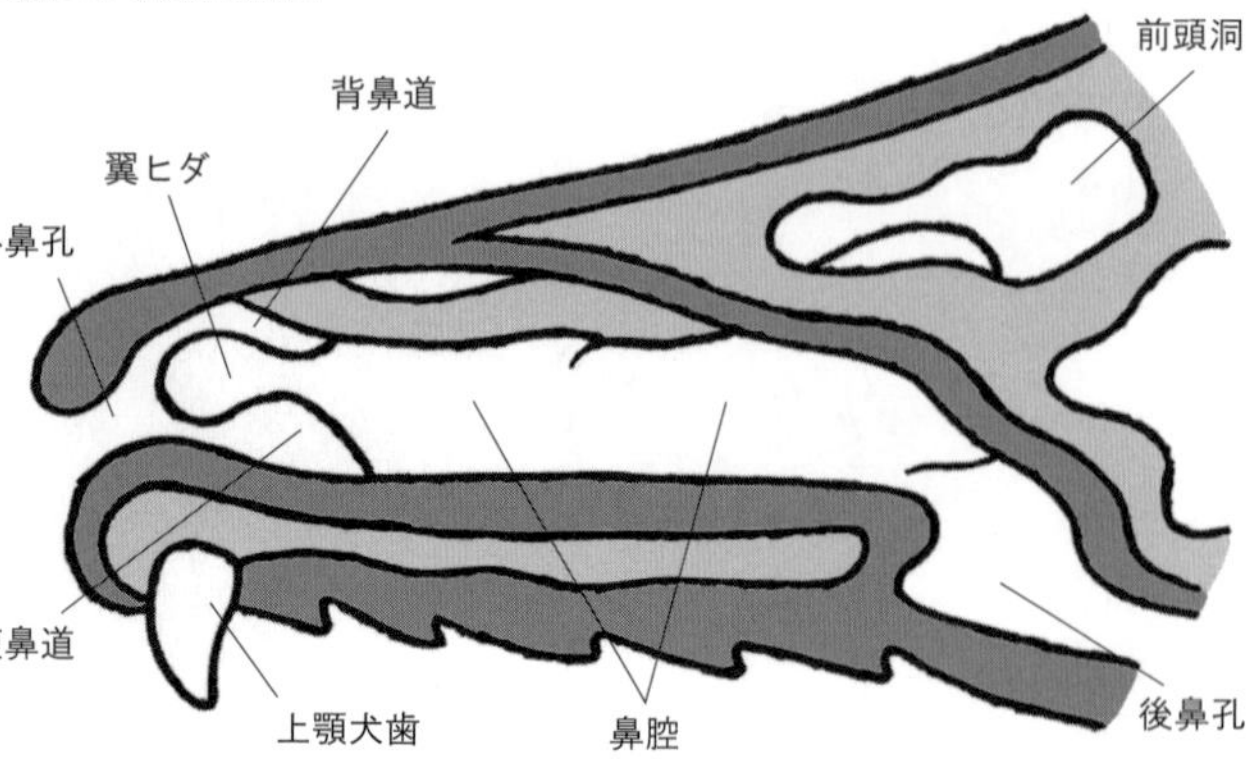

鼻腔の横断面図

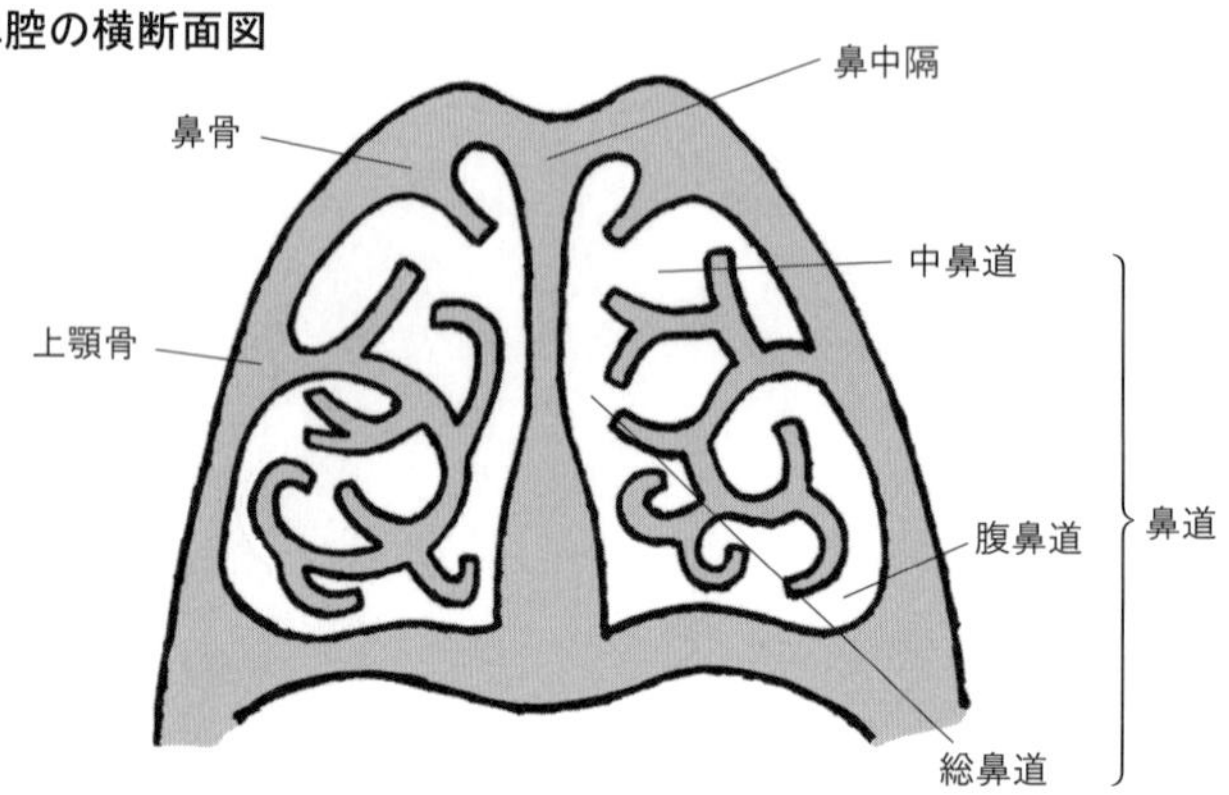

鼻炎

原因

鼻炎は鼻腔内に発生した炎症で、その原因は様々です。鼻腔や副鼻腔にウイルスや細菌、真菌、あるいは異物が侵入したときに発生しますが、このほか、口蓋《こうがい》裂《れつ》や歯根部疾患などの口腔内疾患《こうくうないしっかん》が考えられます。また、アレルギー性の鼻炎もあります。

症状

主な症状はくしゃみと鼻汁です。くしゃみと鼻汁は、鼻腔や副鼻腔に侵入した微生物に対する防御システムです。しかし、鼻汁が多いと、鼻腔が詰まって口で呼吸するようになることもあります。また、鼻炎は鼻涙管を詰まらせやすく、その結果、眼やにがみられるようになります。水のようなサラサラした鼻汁が出ているときは、アレルギー性鼻炎やウイルス感染の初期症状である可能性が高いといえます。また、黄色や緑色のドロッとした膿《うみ》のような鼻汁が出ているときは、細菌性化膿性鼻炎《さいきんせいかのうせいびえん》、犬ジステンパーウイルスやネコのヘルペス、カリシウイルスの感染、腫瘍、アスペルギルスやクリプトコッカスなどの真菌性鼻炎、異物や歯牙疾患《しがしっかん》によって起きる鼻炎が考えられます。

診断

動物の生活環境、ワクチン接種歴、年齢、発症経過時間、基礎疾患の有無、鼻汁やくしゃみの性状や、口腔内検査《こうくうないけんさ》、ときにはX線検査、CT検査から診断します。また、さらに鼻汁の細胞診や鼻粘膜のバイオプシー、細菌培養、真菌培養、内視鏡検査を行うこともあります。

治療

腫瘍が原因で起こる鼻炎でなければ、広域スペクトルをもつ抗生物質を投与しますが、さらに消炎剤を併せて投与すると効果的です。また、鼻炎の原因となる病気がある場合には、まずそれを治療する必要があります。

アレルギー性鼻炎は、ステロイド製剤の投与によってほとんどの症状は治りますが、再発させないためには原因となっている物質（アレルゲン）を除去しなくてはなりません。しかし、アレルゲンの特定はたいへん困難で、詳細な生活環境の調査を行う必要があります。

予防

ウイルス性鼻炎を予防するためには、定期的に予防接種を行います。予防接種のできないウイルスや細菌に関しては、日常からストレスを避け、鼻の粘膜を刺激する物質にさらされる環境におかないことが大切です。もし、症状が現れた場合には早期の治療がもっとも重要です。

（甲斐勝行）

副《ふく》鼻《び》腔《くう》炎《えん》

原因

鼻腔周辺の骨に囲まれた空洞部を副鼻腔といいます。イヌでは前頭洞、上顎《じょうがく》洞《どう》、蝶形骨洞《ちょうけいこつどう》に分かれ、ネコでは上顎洞は欠け、前頭洞と蝶形骨洞に分かれています。

副鼻腔炎は慢性の病気で、鼻炎が長期間に及んだ場合に引き起こされます。また、鼻腔を貫通するような外傷や腫瘍によって起こったり、急性のウイルス性上部気道感染症の回復期に発生することがあります。

症状

鼻炎と同じで、くしゃみや鼻汁（とくに膿性《のうせい》）が主症状ですが、鼻炎と比べて、治療しても治りにくいのが特徴です。

診断

診断にはＸ線検査やＣＴ検査が必要です。治療の効果も臨床症状よりこれらの検査の結果で判断すべきです。

治療

副鼻腔炎は鼻炎と同じく抗生物質や消炎剤を投与して治療しますが、外科的な治療が必要になることもしばしばあります。これは、皮膚側から副鼻腔へ骨を除去して穴を開け、廃液管（ドレーン・チューブ）を設置し、この廃液管を通して何度も副鼻腔を洗浄するという方法を行います。

予防

副鼻腔炎は周辺組織（鼻腔、外耳、口《こう》腔《くう》）の慢性炎症が原因となって起こるので、これら周辺組織の炎症を初期の段階で治療することがもっとも重要です。

（甲斐勝行）

鼻《び》孔《こう》狭《きょう》窄《さく》症《しょう》

鼻道は、外鼻孔に始まり、鼻腔の前方を占める空間を形づくり、その後に後鼻孔によって咽頭部《いんとうぶ》に通じています。左右の鼻孔が狭まる両側性狭窄症《りょうそくせいきょうさくしょう》や息を吸ったときの閉塞症《へいそくしょう》は、短頭種気道閉塞症候群《たんとうしゅきどうへいそくしょうこうぐん》や粘膜ポリープ、皮膚に肥厚を起こす皮膚病、腫瘍などによって発生します。

短頭種にみられる鼻孔狭窄症は、先天的な鼻翼の構造の異常が原因であることがほとんどで、外鼻孔の形に異常や変形があると重症になります。また、喉《のど》の奥の上顎《うわあご》の粘膜が垂れ下がる軟口蓋過長症《なんこうがいかちょうしょう》や喉頭《こうとう》の位置が変化することによっても発症します。

さらに、何らかの感染によって粘膜の肥厚や浮腫《ふしゅ》が起こると鼻孔狭窄症となり、呼吸困難や開口呼吸となることがあります。このほか、腫瘍によっても鼻孔狭窄症は起きます。

外鼻孔や鼻粘膜部を詳細に観察し、必要に応じてＸ線検査、内視鏡検査、バイオプシーによる細胞診や組織検査を行って診断します。

短頭種気道閉塞症候群のイヌの鼻孔閉《びこうへい》塞《そく》の治療は、外科的な処置が中心となります。たとえば、外鼻翼の外転部分を切除することによって鼻孔閉塞の症状が緩和する場合があります。また、粘膜ポリープや腫瘍、軟口蓋過長症（後述）、喉頭の変形が原因の場合も、ほとんどは切除して治療します。

（甲斐勝行）

喉《こう》頭《とう》の疾患

喉頭は気道の入口部分で、喉頭蓋軟骨《こうとうがいなんこつ》、披裂軟骨《ひれつなんこつ》、甲状軟骨といった複数の軟骨と声帯などによって構成されています。喉頭は呼吸に合わせて開閉することで空気の出し入れをスムーズに行い、食事のときには気道に食物が入るのを防いでいます。この部分に何らかの問題が起こると、呼吸困難や食物の誤嚥《ごえん》などが起こりやすくなり、重大な病状となってしまうことがあります。また、後で述べる短頭種気道閉塞症候群《たんとうしゅきどうへいそくしょうこうぐん》のように慢性的な経過を示す病気では、病気とわからないまま過ごすうちに病状が進行したり、他の病気を併発することがありますので注意が必要です。

（米澤 覚）

軟口蓋過長症《なんこうがいかちょうしょう》

この病気にかかりやすい犬種には、パグ、ブルドッグ、シー・ズーなどの短頭種があげられ、キャバリア・キング・チャールズ・スパニエル、ヨークシャー・テリア、チワワなどにもときどきみられます。

ネコにはほとんど発生はありません。

原因

軟口蓋《なんこうがい》は、上顎《うわあご》の一番奥にある柔らかい部分で、鼻腔《びくう》の腹側面と口腔《こうくう》の背側面の最後部位にあたります。軟口蓋過長症は、この軟口蓋が長く伸び、息を吸うときに喉頭蓋《こうとうがい》にかぶって気道を塞《ふさ》いでしまう病気です。

〈図2〉

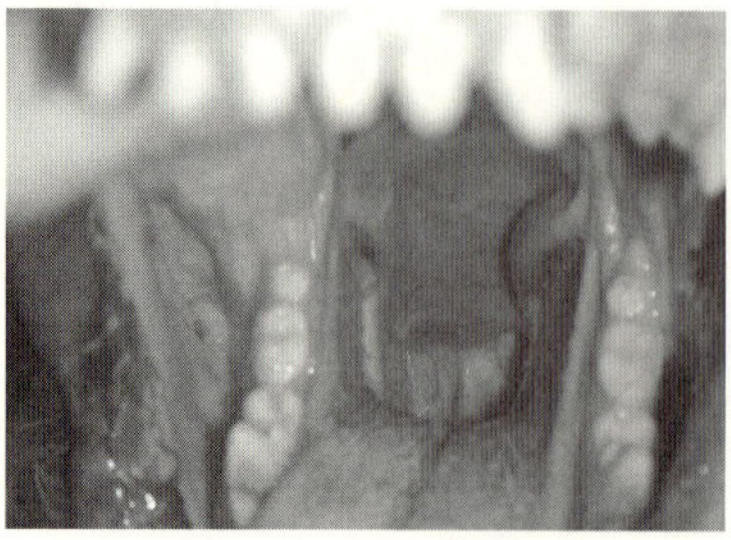

軟口蓋過長症の症例。軟口蓋が長く伸び、喉頭蓋へ覆いかぶさっている。扁桃の腫脹もみられる

症状

夜間のいびきがもっとも特徴的です。その他、鼻を鳴らすような呼吸、開口呼吸、食物を飲み込めなくなる嚥下困難《えんげこんなん》などがみられ、興奮時に症状が悪化する傾向があります。重症になると、呼吸困難やチアノーゼ（粘膜が紫色になる）を起こします。

診断

症状と一般身体検査の結果によって診断できますが、気管虚脱や鼻孔狭窄《びこうきょうさく》、喉《こう》頭虚脱《とうきょだつ》などの上部気道疾患との鑑別が必要です。また、これらの病気を併発している例も多くみられます。喉頭部を直接みることが最良の確定診断法ですが、このためには鎮静させるか麻酔をかける必要があります。

〈図3〉

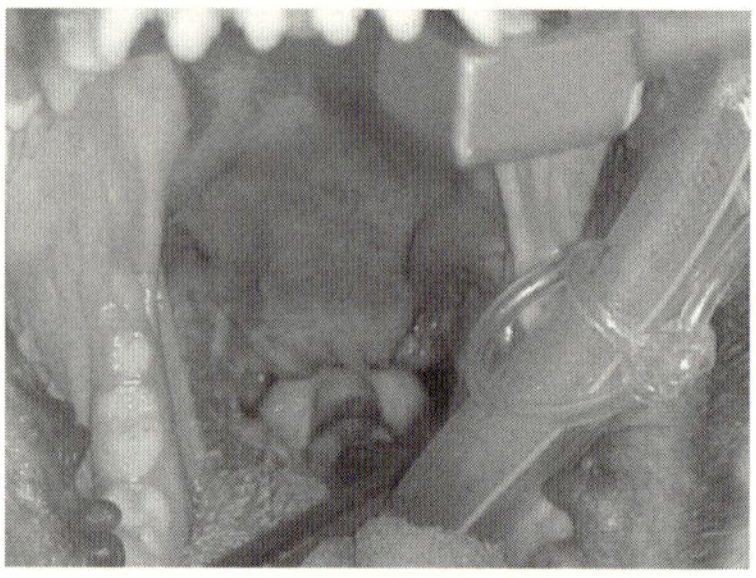

同症例の切除術。伸び過ぎた軟口蓋を切除した。その奥に気道がみえる

治療

急性の呼吸困難を起こしている場合には、まず、早急な酸素吸入や冷却、ステロイド製剤の投与などの治療を行います。しかし、完全な治癒のためには、軟口蓋を切除する手術〈図2、3〉が必要です。この手術には、レーザーメスや超音波メスを使用するのが理想的です。手術後の経過はおおむね良好です。

いびきは病気ではないからと問題視しないことが多いのですが、意外と重症な場合がありますので、注意が必要です。

（米澤　覚）

短頭種気道閉塞症候群《たんとうしゅきどうへいそくしょうこうぐん》

原因

この病気は、鼻孔狭窄症〈図4〉や軟口蓋過長症、喉頭虚脱、気管低形成などのいくつもの病気が合わさって起こるもので、上部気道が閉塞します。イングリッシュ・ブルドッグ、パグ、ボストン・テリア、シー・ズーなどの短頭種によくみられ、まれにヒマラヤンなどのネコにも発生します。

〈図4〉

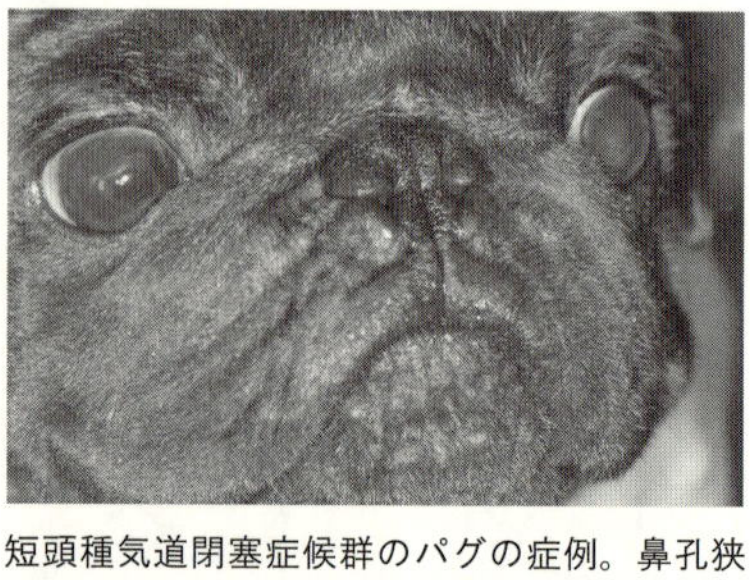

短頭種気道閉塞症候群のパグの症例。鼻孔狭窄症により、鼻孔は著しく狭く、ほとんど鼻腔内が観察できない

症状

いびきや辛そうな開口呼吸に始まり、気温があがったときにハァハァと騒々しい呼吸（パンティング）がみられます。その後、病状が悪化すると、泡状の唾液《だえき》を吐くようになり、食べ物を飲み込むことが十分にできなくなったり、運動に耐えられなくなります。

原因

短頭種特有の体の構造がもともとの原因ですが、高温多湿、肥満、興奮などが危険因子となって、病状が急激に悪化することがあります。

治療

原因となる部位を外科的に矯正するこ

とがもっとも適切な治療です〈図5〉。時間が経過するほど病態が複雑になってきますので、早めに治療すべきです。ただし、このような上部気道閉塞がみられる動物への麻酔は非常に危険ですので、治療には十分な知識と技術が必要となります。

（米澤　覚）

〈図5〉

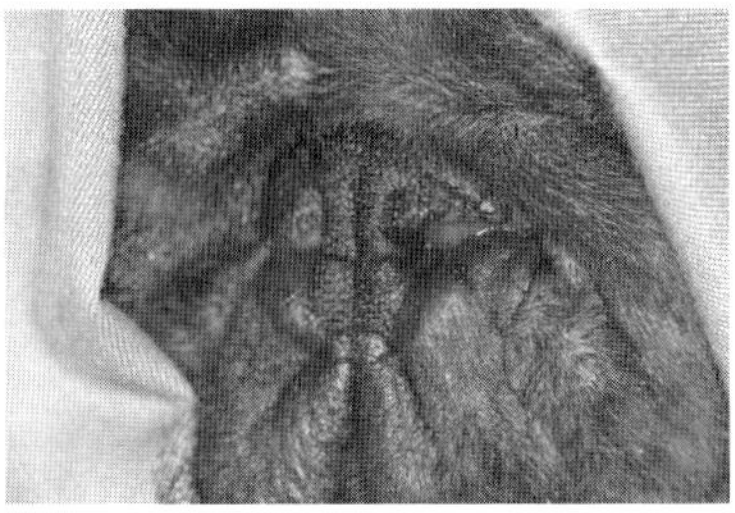

同症例の鼻孔形成術。左側の鼻孔が切除され、拡張している。この症例は、その他に軟口蓋過長症の気管拡張術が同時に行われた

喉頭麻痺《こうとうまひ》

原因

息を吸うとき、喉頭にある披裂軟骨という軟骨と声帯は本来は反転するのですが、これが反転しなくなってしまった状態です。遺伝性喉頭麻痺《いでんせいこうとうまひ》は4～6カ月齢のブービエ・デ・フランダースやシベリアン・ハスキー、ブル・テリアに発生し、後天性の突発性喉頭麻痺《とっぱつせいこうとうまひ》は中・高齢の中型から大型犬に発生します。

症状

上部気道閉塞と呼吸困難が起こります。安静時は無症状ですが、鳴き声が変化したり、興奮時にゼーゼーいうようになります。また、咳《せき》や嘔吐《おうと》をします。これらの症状は次第に悪化していく傾向があります。

治療

無症状の場合は安静を保つなどの保存療法で十分ですが、中等度から重度の呼吸困難があるときは、声帯ヒダや喉頭部分を切除するなどの外科的な治療を行います。内科的には、急性の呼吸困難を和らげるための措置をとります。

（米澤　覚）

喉頭虚脱《こうとうきょだつ》

原因

上部気道が慢性的に閉塞すると喉頭内圧が上昇し、喉頭軟骨の強度が低下して披裂軟骨の小角突起が内側へずれてしまいます。これを喉頭虚脱といいます。多くは前述の短頭種気道閉塞症候群に続いて発生しますが、まれに外傷によって喉頭軟骨を骨折した場合にも起こります。

症状

他の上部気道疾患と類似しています。

診断

他の上部気道疾患を併発していることがあるため、完全に鎮静させるか、麻酔をかけた後に診断します。

治療

急性の呼吸困難を示す動物に対しては、酸素吸入や鎮静、コルチコステロイドの投与などの内科的治療を行いますが、外科的処置によって閉塞している状態を改善しなければ、症状は持続します。重度に進行したものほど予後は悪くなります。複合的な治療をしても症状が改善しない場合には、永久的な気管切開手術が必要です。

（米澤　覚）

喉頭浮腫《こうとうふしゅ》

原因

高温多湿や興奮などによって浅く速い呼吸が続くと、喉頭が過剰に運動し、狭くなった気道に空気が激しく流入するため、喉頭部の粘膜に局所的な刺激が発生します。喉頭浮腫とは、この結果として喉頭部の粘膜が炎症を起こし、浮腫《ふしゅ》が生じた状態で、重症になると呼吸困難を起こします。短頭種や肥満したイヌに多くみられますが、咽喉頭部《いんこうとうぶ》の手術後、アレルギーや殺虫剤中毒などによって起こることもあります。

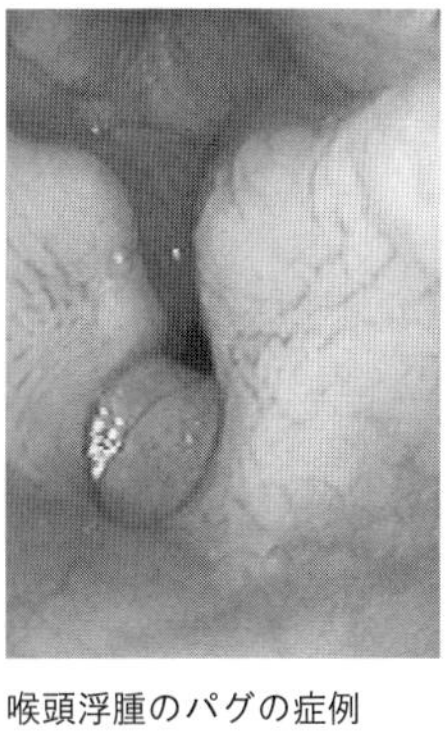

喉頭浮腫のパグの症例

症状

詳しくは「短頭種気道閉塞症候群」の項を参照してください。

治療

応急措置として鎮静剤やコルチコステロイドを投与し、酸素吸入を行い、体温上昇がみられる場合には積極的に冷やします。二次的に発症することがありますので、類似の病気との鑑別が必要です。一時的なものであれば、適切な処理によって症状は速やかに改善しますが、原因によっては繰り返すことがあります。

（米澤　覚）

喉《こう》頭《とう》炎《えん》

原因

喉頭部の粘膜が炎症を起こした状態で、咽頭炎《いんとうえん》や鼻炎、気管炎といった周囲の炎症に伴ってみられます。ジステンパーなどのウイルス感染や細菌感染、化学物質による刺激、異物などによる機械的刺激が原因となって起こります。

症状

咳や嗄声《させい》（声がかすれること）、発熱などに加え、息を吸ったときの呼吸困難がみられます。

治療

抗生物質や鎮咳剤《ちんがいざい》の投与などを行います。ただし、原因によって治療効果は異なります。適切な治療のためにも的確な原因の把握が必要です。

（米澤　覚）

気管の疾患

気管は、喉頭《こうとう》から始まり気管支へ分かれるまでの筒状の管で、空気を肺へ送り込むための重要な器官です。断面はほぼ円形で、アルファベットのC字形をしたやや幅広の軟骨が縦方向に並び、背中側の面は筋肉と結合組織からなる膜（膜性壁）となっています〈図6〉。また、気管の内側の面は、微細な絨毛《じゅうもう》をもつ粘膜上皮で覆われており、つねに粘液を分泌しています。

気管は呼吸という重要な役割を担っているので、気管の病気の多くは、程度の差はあっても、生命の維持に大きな影響を及ぼします。

（米澤　覚）

〈図6〉

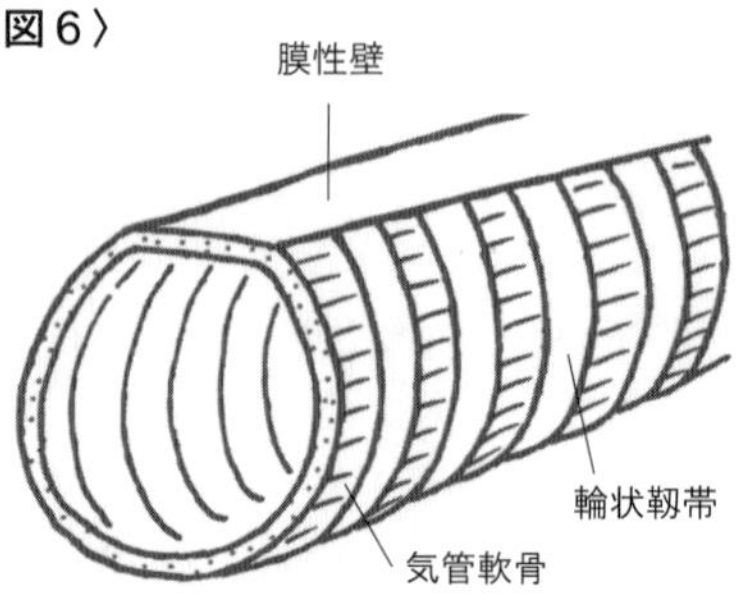

正常な気管の外観。気管軟骨と輪状靭帯、背側面の膜性壁によって気管は円形の筒状構造を保つ

気管低形成

遺伝的素因や発育過程の何らかの問題により、気管が本来の太さに達することができない病気です。多くは短頭種気道《たんとうしゅきどう》閉塞症候群《へいそくしょうこうぐん》とともに発生し、気管は全体的に細く、柔軟性がない状態になります。

X線検査によって診断できます。側面像でみると、気管は喉頭部の半分以下の太さとなり、息を吸ったときと吐いたときで気管の太さが変化しません。

症状は短頭種気道閉塞症候群と同様で、口を開いての呼吸や喘《あえ》ぎ声《ごえ》のような音を出す呼吸、気温が上昇したときには速く浅いハァハァと騒々しい呼吸（パンティング）を示します。また、泡状の唾《だ》液《えき》を吐いたり、運動に耐えられなくなります。

短頭種気道閉塞症候群を併発している場合は、できる限り他の上部閉塞性の病変を外科的に矯正することが薦められます。

（米澤　覚）

気管虚脱

原因

気管虚脱とは、気管が本来の強度を失ってつぶれてしまう病気です。気管軟骨が弱くなり、背面の膜性壁が伸びて内側へ入り込むという二つの要素によって起こりますが、その原因はいまだに解明されていません。重症例では気管が完全につぶれてしまい、息を吸うことも吐くこともできなくなります〈図7、8〉。一般的にトイ種（超小型種）の中・高齢犬に多いとされますが、若齢でも頻繁にみられ、とくにポメラニアンやチワワ、ヨークシャー・テリア、トイ・プードル、また、大型犬のラブラドール・レトリーバーやゴールデン・レトリーバーなどでは遺伝的な要因も指摘されています。ただし、ネコではほとんど発生はみられません。

症状

症状としては、咳《せき》、喘鳴音《ぜんめいおん》（ゼーゼーという呼吸音）、咳の後の吐き気などがありますが、とくにガーガーという「ガチョウ鳴き様警笛」はもっとも典型的な症状の一つです。これらの症状は高温多湿や興奮、ストレスなどによって悪化しやすく、多くは次第に悪化していきます。

診断

症状とX線検査の結果に基づいて診断します。基本的には、息を吸ったときと吐いたときにそれぞれ、側面像の撮影を行い、その差異によって評価します。しかし、軽症であっても明らかな虚脱がみられることや、また重症であっても撮影のタイミングや体位によっては正常にみえることがあります。確定診断には、気管内視鏡を使って気管の内側を観察するのが理想的ですが、重症例では麻酔の使用がきわめて危険なため、安易に麻酔を行うべきではありません。

〈図7〉

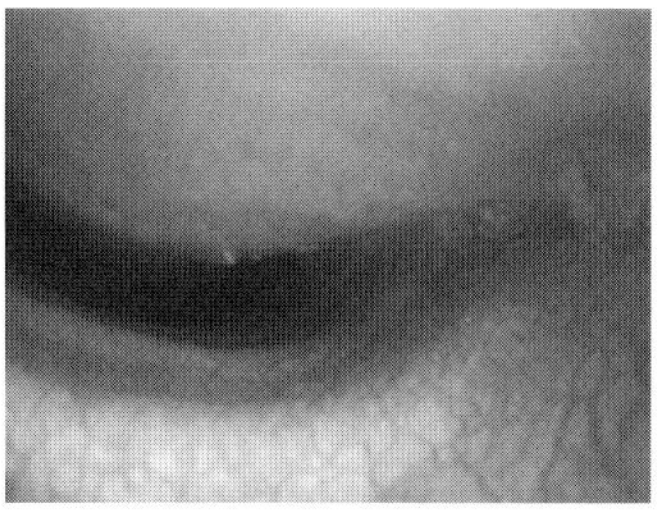

気管虚脱の気管内視鏡像（9歳のプードル）。本来は円形の気管は、膜性壁の伸張と気管軟骨の虚脱から三日月状につぶれている

〈図8〉

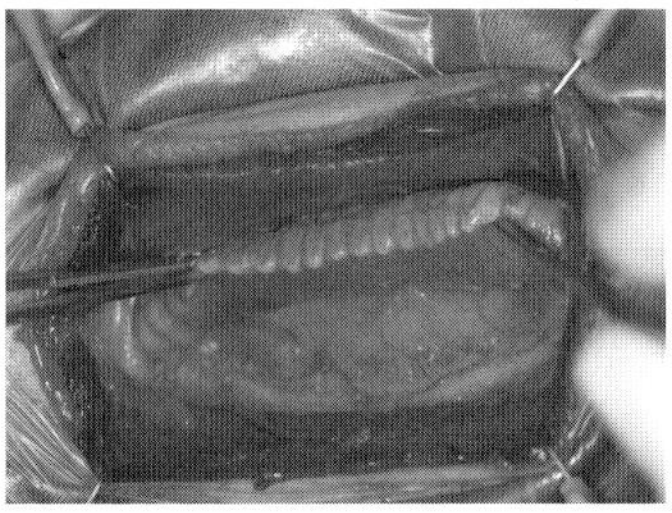

15歳、チワワの症例。手術中の写真。気管軟骨は力なく平らになり、膜性壁が伸びて、気管は扁平につぶれている

〈図9〉

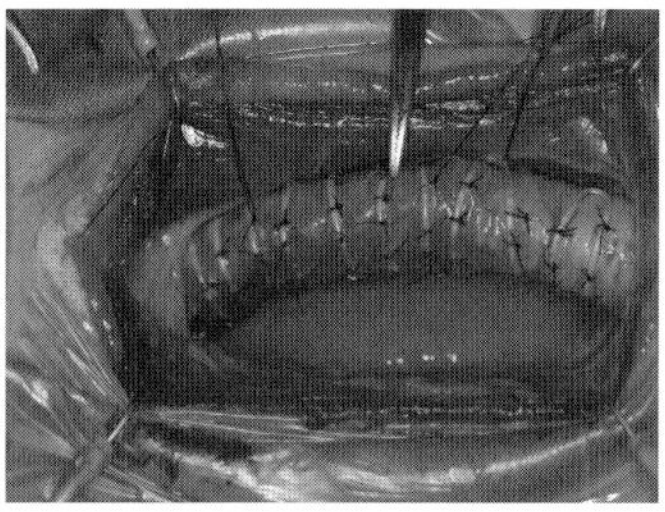

同症例、チワワの手術終了時。気管の外周に補強材を入れ、気管と縫合することで虚脱した気管を本来の筒状に保つ

〈図10〉

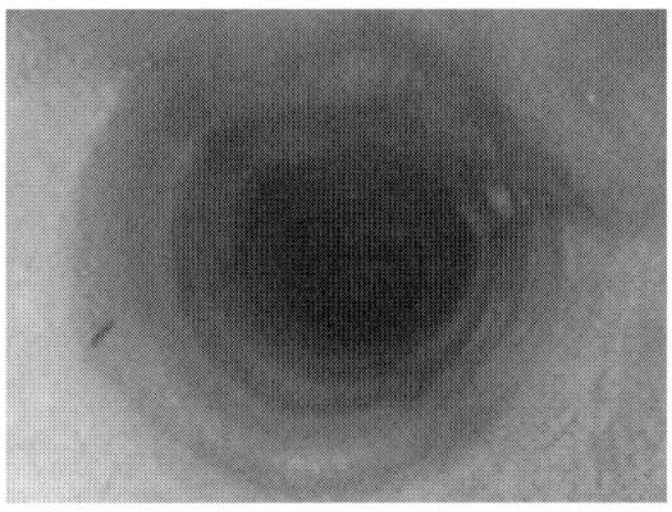

同症例（9歳齢プードル）、術後の気管内視鏡像

治療

内科的治療は急性症状の改善による延命効果と外科的治療への予備的な処置という範疇《はんちゅう》を超えることはありません。この病気を根本的に治療するためには、外科的な治療が不可欠です。外科的治療法としては、気管を広げるための各種の装着材（プロテーゼ）が考案されていますが、長期的な治癒に結びつく割合は一定ではありません。しかし、最近では、特殊なアクリル材を加工したプロテーゼを用いることにより、手術時間の短縮と長期的な治癒が実現されつつあります（図9、10）。なお、手術を先延ばしにすると、その後の手術の成功率を低下させることになりかねません。

（米澤　覚）

気管狭窄《きかんきょうさく》

気管狭窄は、広い意味では、先天性（遺伝性・若齢型）の気管虚脱を含むことがありますが、本来はけがをした後の傷跡が縮んだときや腫瘍《しゅよう》によって圧迫されたときなどに気管が部分的に狭くなることをいいます。咳や喘鳴音がみられ、重度になるとさらに呼吸困難やチアノーゼを起こします。

X線検査を行って診断しますが、気管虚脱との鑑別が重要なため、正確に診断するには、CTやMRIなどによる検査が必要です。狭くなった気管を外科的に広げることが治療の第一の目標になりますが、狭窄《きょうさく》の原因によっては、根治が不可能で、QOL（生活の質）の向上にとどまることもあります。

（米澤　覚）

気管炎

気管の一部、あるいは全体の炎症で、気管支炎とは区別されます。

原因

ウイルスや細菌の感染、または化学物質（殺虫剤や薬品など刺激物）の吸引、機械的刺激（異物の混入や気管的圧迫など）が原因となります。

症状

その原因や炎症の程度によって症状は様々ですが、多くは発熱や咳、嘔吐《おうと》などがみられます。この咳には乾性（乾いたカッカッというような咳）と湿性（湿ったゼコゼコというような咳）があり、聴診するとゼーゼーといった喘鳴音が聞こえることもあります。ウイルスや細菌に感染した場合には湿性の咳をすることが多く、化学物質の吸引や機械的刺激が原因の場合には乾性の咳をすることが多くなります。

治療

異物の混入などによる例を除いて、ほとんどは内科的な治療を行います。原因にもよりますが、鎮咳剤《ちんがいざい》や抗生物質の投与、吸入療法（ネブライゼーション）、コルチコステロイドの投与を用います。呼吸困難の症状を示している動物には酸素吸入を行い、安静に保つことが必要です。慢性炎症を伴わない場合は、通常、予後は良好です。

（米澤　覚）

腫瘍《しゅよう》

イヌでは、良性腫瘍《りょうせいしゅよう》として骨軟骨腫《こつなんこつしゅ》、膨大細胞腫《ぼうだいさいぼうしゅ》、平滑筋腫《へいかつきんしゅ》など、悪性腫瘍《あくせいしゅよう》として扁平上皮癌《へんぺいじょうひがん》、リンパ腫《しゅ》、骨肉腫《こつにくしゅ》などが発生します。また、ネコではリンパ腫と扁平上皮癌がみられます。しかし、イヌやネコの喉頭《こうとう》や気管に腫瘍が発生することは、良性、悪性ともきわめてまれです。

（米澤　覚）

気管支・肺の疾患

気管支拡張症

気管支拡張症は、気管支がだんだんと拡張する病気で、円柱状拡張症と嚢《のう》（袋）状拡張症《じょうかくちょうしょう》の二つに分けられます。円柱状拡張症は気管支や肺の慢性の炎症によって起こることが多く、嚢状拡張症は先天性か、または子イヌや子ネコでは感染症によって起こることが多いようです。

主な症状としては、気管支の拡張部に慢性の感染があることから、多量の膿状《のうじょう》の痰《たん》と咳《せき》がみられます。感染を繰り返すうちに呼吸がままならない状態になる場合もあります。

原因

急性気管支炎や気管支肺炎を繰り返すことによってこの病気になります。

症状

最初は咳が連続的に出ます。咳は深く低い調子で、湿った感じのものが一般的です。咳は夜にもっとも重く、痰の出る咳は動物が活動を開始する早朝に多く、悪臭のある膿状の液が多量に排出されます。

診断

慢性の咳を示す病気には、心臓病や肺や縦隔膜（胸部を左右に分ける膜）の腫《しゅ》瘍《よう》、肺虫感染などがあり、これらを区別するための検査が必要です。単純X線写真で肺はしみのように斑状《はんじょう》にみえますが、最終的には気管支造影法（X線に写る薬を入れ、像をわかりやすくする方法）が慢性気管支炎と気管支拡張症の診断に有用です。

治療

病気にかかった肺葉の切除が有効ですが、診断時には拡大し過ぎているため通常はこれを行えません。鎮咳剤《ちんがいざい》（咳を鎮める薬）は粘液や滲出物《しんしゅつぶつ》がたまる原因となるため、使用できません。

痰を取るためには吸入器（ネブライザー）の噴霧使用が、感染対策としては抗生物質の投与が行われます。

呼吸不全に陥ったときは、心不全対策（心臓の状態をよくする薬の投与など）や酸素療法が必要となります。

予防

一般的な健康状態の維持と、歯や扁《へん》桃《とう》、副鼻腔《ふくびくう》の感染を予防することが症状の悪化を防ぎます。

（木下久則）

気管支炎

気管支の炎症は、上部気道の病気が拡大して発生したり、気管支そのものの炎症として発生します。気管支炎は肺炎がもとで生じることはまれですが、気管支肺炎は気管支炎が広がった結果として起こるものです。

原因

冷気、刺激性ガス、塵埃《じんあい》などの物理化学的刺激があるとそれが誘引となり、多くはウイルス感染による上部気道炎に続いて発症します。

症状

急性気管支炎は、発病は急速で、通常は48時間以内に症状が現れます。39・4℃以上の発熱はまれで、呼吸困難があっても重症ではありません。咳《せき》は病気の初期には強く、乾性で痛みがあり、けいれん性です。滲出液《しんしゅつえき》が化膿性《かのうせい》になってくると、咳は音が低くなり、より湿性で頻繁になりますが、痛みは減ります。粘液や滲出液はこの期間中、咳によって排出されます。

診断

急性気管支炎を繰り返すと慢性気管支炎になり、さらに気管支拡張症を起こすことがあります。

症状に基づいて診断します。また、X線検査を行うと、気管支は太くなったようにみえ、胸部の他の組織に対して異常に強いコントラストを示します。

治療

動物を保温するとともに安静に保ち、十分な睡眠をとらせます。また、栄養補給、吸気の加湿、解熱、鎮痛処置、または補液（リンゲル液などで水分を補給すること）、抗生物質の投与などを行います。

予防

塵埃が少なく、気温の変化が少ない場所で飼育することと、ウイルスによる病気の予防のためにワクチンを接種することで予防できます。

（木下久則）

喘息《ぜんそく》（ネコ）

原因

喘息とは小気管支と細気管支の内腔《ないくう》が狭くなることによって起こる呼吸困難の反復性発作のことで、発作中の喘鳴性呼吸《ぜんめいせいこきゅう》（ゼーゼーという音がする）が特徴です。シャムに多くみられます。

症状

過去に肺炎や気管支炎などの呼吸器疾患にかかった経験のある動物に多く発生します。喘息の発作は突然始まり、喘鳴性呼吸、咳《せき》、チアノーゼがもっとも顕著な症状です。

通常、体温は正常です。発作は長期間にわたり、規則的な周期で再発する傾向があります。

診断

病歴と症状だけで十分に診断できます。X線写真で異常がみられないことは、診断する際の一つの基準となります。真性喘息《しんせいぜんそく》では好酸球（白血球の一種）増加が認められ、発作時に採取された痰《たん》には好酸球が含まれています。

喘息との鑑別が必要な病気として肺炎や気管支炎、胸膜炎、横隔膜ヘルニア、胸部《きょうぶ》リンパ肉腫《にくしゅ》、肉芽腫性疾患《にくがしゅせいしっかん》などがあります。

治療

気管支拡張剤、ステロイド製剤の添加、酸素吸入、吸入療法などで治療します。

予防

ネコをアレルゲン（アレルギーを起こす物質）にさらさないこと以外に適当な予防はありません。

発作の開始が季節的または規則的な場合は、あらかじめ抗ヒスタミン剤とステロイド製剤を経口投与することによって発作を予防または軽減できます。

（木下久則）

肺炎

肺炎は、その名のとおり肺の炎症で、急性と慢性の両方があり、どちらも呼吸障害を起こします。

原因

細菌感染や寄生虫感染、アレルギーなど、様々な原因によって発生します。

症状

呼吸は浅く速くなり、低い咳《せき》がみられます。発熱があり、食欲が低下します。聴診すると、初期には乾いたラッセル音（ヒューヒューという音）が聞こえ、その後、湿ったラッセル音が聞こえるようになります。原因によっては急性の呼吸困難や高熱などがみられることもあります。子イヌや子ネコでは、急激に悪化することがあり、とくに注意が必要です。

診断

通常は臨床検査で診断されます。細菌感染がある場合は好中球（白血球の一種）が増加し、寄生虫感染やアレルギーでは好酸球が増加します。X線検査は、気管支炎、胸膜炎、肺炎の鑑別に役立ちます。

治療

抗菌療法に重点が置かれますが、それ以外は急性気管支炎の治療と同様です。

予防

感染症に対してはワクチン接種を定期的に行い、病気の動物は隔離し、それらとの接触を避けるようにします。また、動物の居住空間を消毒、掃除するとともに、栄養バランスのとれた食事を与えることが大切です。

寄生虫感染に対してはすみやかに糞便《ふんべん》を処理し、また、中間宿主の排除に努めます。犬糸状虫症（フィラリア症）に関しては月に一度の予防薬の投与が有効です。

（木下久則）

ウイルス性肺炎

ウイルスが原因で起こる肺炎のことをいいます。

●犬ジステンパー

伝染性が強く、重症となるイヌのウイルス性疾患です。

発症初期には眼と鼻からの分泌物がみられ、消化器と呼吸器の症状が特徴です。後期になると神経症状が現れ、40℃前後の高熱が出て、細菌などの二次感染により肺炎を起こします。

治療は、対症療法しかありません。ワクチンの接種により予防できます。

詳しくは「感染症」の項を参照してください。

●犬ヘルペスウイルス感染症

新生子のときに発症すると重篤な全身症状を示しますが、年齢が高くなってから発症した場合には、症状は軽く、呼吸器だけに症状が現れます。生殖器にも関連があると考えられ、流産や死産の原因になります。現在、ワクチンはありません。

詳しくは「感染症」の項を参照してください。

●犬アデノウイルス感染症

鼻粘膜と扁桃上皮《へんとうじょうひ》に壊死《えし》を伴う炎症を引き起こしますが、気管と気管支には異常は起きません。治療は対症療法が中心となります。ワクチンの接種により予防が可能です。

●猫カリシウイルス感染症

ピコルナウイルスに属する猫カリシウイルスの感染によって起こります。口、鼻、眼を通して感染し、19日の潜伏期間の後、血の混じった鼻汁、眼やに、くしゃみ、食欲不振などの初期症状が現れ、その後に舌と硬口蓋《こうこうがい》（口の中の上部）に潰瘍《かいよう》ができます。回復までには1～4週間かかりますが、死亡率も高く、30%くらいあります。治療は対症療法が行われ、適切な看護がもっとも大切です。ワクチンの接種により予防できます。

●猫伝染性腹膜炎

コロナウイルスに属する猫伝染性腹膜炎ウイルスによって起き、胸水や腹水がたまる治療が難しい病気です。通常ＦＩＰと呼ばれます。

ウイルスは感染したネコの糞《ふん》や尿とともに排出され、別のネコへその口や鼻を通して感染します。典型的な症状は、元気消失、食欲不振、体重減少、長期にわたる39℃以上の発熱、腹水や胸水の貯留などです。有効な治療法はありません。

詳しくは「感染症」の項を参照してください。

●猫レトロウイルス感染症

猫白血病ウイルス感染症とも呼ばれ、ウイルスは感染したネコの唾液《だえき》に多く含まれています。この病気では胸の中に大きな腫瘍《しゅよう》ができることがありますが、そうなると、気管や肺が圧迫され、呼吸困難やチアノーゼ、嚥下困難《えんげこんなん》（食べたものを飲み込むのが困難な状態）、咳などを起こします。また、多くのネコで貧血や免疫の低下がみられます。現時点ではまだ、確実な治療法はありませんが、ワクチンの接種により予防できます。また、感染が確認されたネコを隔離して他のネコへの感染を防ぎます。

詳しくは「感染症」の「猫白血病ウイルス感染症」の項を参照してください。

（木下久則）

細菌性肺炎

細菌によって起こる肺炎です。2～3種類の細菌が同時に感染している場合が多いようです。

結核性肺炎はイヌ、ネコでみられ、慢性的な症状を示して経過します。イヌでは肺に、ネコでは消化管や口の周囲の皮膚に病巣がみられます。イヌは感染している人と接触することによって、ネコは結核菌を含んだミルクや肉を食べることによって感染することがあります。発熱、咳、呼吸数の増加、削痩《さくそう》（やせること）などの症状がみられます。Ｘ線検査で診断できます。治療は公衆衛生上、他のイヌやネコ、人などに感染してしまうおそれがあるため行われません。また、予防も、人の場合と同じようには実施されていません。

その他の細菌による肺炎には、イヌやネコのパスツレラ症、ネコのクラミジア肺炎、二次的に起こった細菌性肺炎などがあります。治療はどの抗生物質が有効かを調べるため、感受性テストを行ったうえで、適したものを投与します。

詳しくは「感染症」の項を参照してください。

（木下久則）

真菌性肺炎

真菌類（カビなど）はハトやニワトリの小屋やコウモリの巣などに存在しています。呼吸のとき、あるいは皮膚の傷口から侵入し、鼻の奥や気管支、肺、胸膜（胸部の内側を覆う膜）に感染し、他の臓器へ広がります。イヌではヒストプラズマ症やコクシジオイデス症が多く、ネコではアスペルギルス症やクリプトコッカス症がよく知られています。

詳しくは「感染症」の項を参照してく

ださい。

●アスペルギルス症

通常は呼吸のときにアスペルギルスという真菌を吸い込むことによって感染します。イヌでは鼻に感染することがもっとも多く、ネコでは猫パルボウイルス感染症（汎白血球減少症《はんはっけっきゅうげんしょうしょう》）を合併しているものが多くみられます。

X線検査を行い、さらに真菌の培養によって菌を分離し、診断します。

抗真菌薬を使用しますが、治療は困難です。

●クリプトコッカス症

イヌよりもネコに多い病気です。

くしゃみ、いびき、慢性的な鼻水の流出がみられます。鼻に感染してできた肉芽（皮膚表面に盛り上がった肉）によって顔の骨が腫《は》れることがあります。また、肉芽ができると、神経症状（頭が傾いたり、眼球が左右に揺れ動いたり）がみられるようになります。

頭部のX線写真で鼻に肉芽ができているかどうか診断します。確定診断は患部の採材をし、染色・鏡検すれば直径5～20μmの球状の特異的な菌体により可能です。

症状を改善し、その後、抗真菌薬の投与を最低2カ月間続けます。（木下久則）

ニューモシスティス症（カリニ肺炎）

ニューモシスティス・カリニという微生物は、人や動物の肺に常在して生息していますが、普通はそれによって体の機能に異常が現れることはありません。しかし、免疫力が低下すると、病気が発症します。

体重が減り続けたり、運動を嫌がったり、咳、呼吸困難、チアノーゼなどの症状がみられます。

診断はX線検査を行い、また、体の外側から肺まで細い針を刺すことによって肺の組織を採取し、それを顕微鏡で検査して原因の微生物を探し出します。

サルファ剤とトリメトプリムという薬が有効ですが、この病気の背景には免疫機能の低下があるため、治りにくいといえます。

（木下久則）

寄生虫性肺炎

原虫の一種であるトキソプラズマが感染することによって、様々な症状の一つとして肺炎が起こります。

急性の場合、40℃以上の発熱や呼吸困難が起こり、聴診によって、荒い呼吸音が胸部全体から聞こえます。また、眼症状や、ときに黄疸《おうだん》もみられます。慢性の場合は、数年にわたって何度も高熱が出たり、流産や貧血、心臓病、その他、急性の場合と同じ症状がみられます。

トキソプラズマ症のほか、肺吸虫類や肺虫類の寄生によっても肺炎が起こります。

詳しくは「寄生虫症」の項を参照してください。

（木下久則）

誤《ご》嚥《えん》性《せい》肺《はい》炎《えん》

食べ物や異物が誤って気道に入ってしまったことによって起こる急性肺炎のことで、吸引性肺炎ともいいます。

原因

巨大食道症（原因不明の神経・筋機能不全によって発症）、衰弱、慢性嘔吐《まんせいおうと》、麻酔などが原因としてあげられます。

症状

湿った咳や痛みを伴う発作性の咳、呼吸数の増加、ゼーゼーという呼吸音、呼吸困難などがみられ、病状が進行するとチアノーゼを生じます。肺水腫《はいすいしゅ》（肺に水がたまり、ガス交換が妨げられている状態）は急激に進行し、心拍数の低下や高血圧症が現れます。

診断

X線検査や血液中の二酸化炭素濃度と酸素濃度の測定、気管支洗浄で得られた液の内容の検査によって診断します。

治療

気管支洗浄や抗生物質の投与、また、気管支のけいれんや炎症を抑えるためにステロイド製剤の投与を行います。酸素補給や気道の加湿が必要になることもあります。

（木下久則）

類脂質肺炎

肺への類脂質（脂質に似たもの）の沈着症で、ネコに起こりやすい傾向があります。

原因

下剤として用いられる鉱物油（硫酸ナトリウム、硫酸マグネシウムなど）を吸引して起こります。また、植物油（ひまし油など）や動物油（肝油、ミルク）などでも、繰り返し吸引すると、原因になります。

症状

軽い咳がみられます。重症になると肺の大部分が線維化して硬くなり、抗生物質やステロイド製剤が効かない慢性肺炎を起こし、呼吸困難を示します。

診断

X線検査で、広範囲にわたる境界不明瞭な結節（豆粒大の腫れ）がみられます。最終的には肺の組織を採取し、検査することで診断します。

治療

鉱物油による病変を改善する治療法は見つかっていません。

予防

油類の臭いを反復してかがせないようにします。

（木下久則）

尿毒症性肺炎

尿毒症にかかったときに起きやすい肺炎で、軽度の肺水腫を伴います。人間の成人呼吸困難症候群に似ていますが、イヌやネコではほとんど発生しません。

＊成人呼吸困難症候群
肺に梗塞《こうそく》が起こることによって、努力性の呼吸やチアノーゼがみられるようになります。肺はX線写真ではスリガラス状になっています。治療には、酸素の投与、気道の確保、人工呼吸や、循環器系の管理を行います。また、抗生物質やステロイド製剤の投与も有効です。

（木下久則）

好酸球性肺炎

原因不明の肺炎で、ネコよりイヌで多くみられます。肺に好酸球（白血球の一種）が多数集まることによって起こります。

原因

寄生虫、細菌、ウイルス、化学物質、薬物の吸入などが考えられますが、はっきりした原因はわかっていません。

症状

咳以外には外観の異常はみられません。経過が長引いたり、重症な例では食欲不振、呼吸困難、沈うつ症状を示します。また、肺気腫《はいきしゅ》（肺胞に空気が入り過ぎ、肺が持続的に拡張している状態）を起こすこともあります。

診断

X線検査を行い、また、気管吸引液や気管洗浄液の中に多数の好酸球を確認することによって診断できます。

治療

ステロイド製剤を使用します。投与後数日以内に好転しますが、投薬を中止すると再発することがあります。

（木下久則）

肺《はい》血《けっ》栓《せん》塞《そく》栓《せん》症《しょう》

原因

血管内に細菌や異物、空気、脂肪、寄生虫、または体の中のどこかでできた血栓の破片が入り込み、肺の動脈が詰まってしまった結果起こる病気です。イヌでもっともよく知られている原因として、犬糸状虫症に伴ってみられる肺血栓塞栓症があげられます。

症状

非常に重症な呼吸困難や呼吸の促迫が突然起きます。

診断

胸部X線写真はほぼ正常です。高度の呼吸困難があるにもかかわらず、X線写真での異常がわずかな場合、血栓塞栓症《けっせんそくせんしょう》の可能性があります。診断には肺血管造影が有用です。

治療

抗凝固療法といい、ウロキナーゼやヘパリンを点滴し、血栓ができるのを防ぎます。治療が長期にわたるときには、抗血小板薬であるアスピリンを用います。

（木下久則）

肺高血圧症

血管内の血圧が慢性的に上昇してしまう病気で、重症の先天性心疾患や犬糸状虫症等の、進行性の血管の病気のときにみられます。続いて、動脈硬化症、心臓の肥大、脳出血などを引き起こすことがあります。

原因

短絡性の先天性心疾患、老齢や肥満、短頭種（パグやチワワなど、鼻が短い犬種）の軟口蓋過長症《なんこうがいかちょうしょう》（上顎《うわあご》の奥の軟らかい部分が長過ぎるため、呼吸がしづらくなり、重症では貧血を起こします）、たばこの煙の吸引などが原因としてあげられます。

症状

呼吸が頻繁になり、腹式呼吸、咳《せき》がみられ、運動を嫌がるようになります。病気の進行によっては、チアノーゼがみられます。

診断

聴診時の異常音と、X線検査や超音波検査で心臓の右心房と肺動脈の拡大がみられることから診断できます。

治療

心疾患などの基礎疾患があれば、まずそれらの根治療法、酸素の吸入、気管支拡張薬や抗生物質、ステロイド製剤、強心剤の投与、アスピリン療法などが行われます。

予防

なるべく肥満にならないように体重をコントロールし、ナトリウムを制限した餌《えさ》を与えます。

（木下久則）

肺《はい》水《すい》腫《しゅ》

肺に多量の液体がたまり、ガスの交換が妨げられている状態をいいます。ほとんどの場合、他の病気と合併したもので、肺水腫が単独でみられることはありません。

原因

心臓性（心臓に原因があるもの）と非心臓性に分けられます。イヌやネコの場合、多くが心臓性です。

・心臓性…肺静脈内の血圧が上昇することによって、肺の血流量が増加し、気道や肺の間質に水分が漏れ出し、たまることで発生します。

・非心臓性…肺に炎症が起こることで肺の毛細血管の透過性が高くなり、血管内から気道や肺の間質へ水分が漏れ出してたまることによって発生します。また、多量の補液（リンゲルの投与など）を急速に行うことによっても、肺水腫が起こることがあります。

症状

症状は、呼吸困難、開口呼吸（口を開けたまま呼吸をすること）、ゼーゼーという呼吸音、不安そうな様子などがみられます。

肺水腫の初期には水のような泡状の鼻水が出て、末期には血の混じった泡状の鼻水が出ます。チアノーゼがみられ、眼球は前に出て、頸静脈《けいじょうみゃく》（首にある静脈）が太くなり浮き出てきます。また、安静時でも呼吸困難がみられ、夜に咳《せき》、ゼーゼーという呼吸音が聞かれます。

横たわる姿勢を嫌い、胸を広げるために前足を外転し（がに股《また》になる）、座った状態でいることが多くなります。

肺の聴診では、肺胞の特徴的な捻髪音《ねんぱつおん》（髪の毛の束を指でねじったときのような音）が聞かれ、さらに進行すると湿ったゼーゼーという呼吸音が聞かれるようになります。

診断

血液検査やX線検査で診断できます。ただし、急性の場合は、急を要するので、治療を先に行います。

肺胞に水がたまった場合、X線写真では点状またはしみ状の影がみられます。肺胞と肺胞の間の間質に水がたまった場合、通常肺は黒く写るのですが、水が存在するため白いすりガラス状に写ります。

治療

肺にたまった水を除去するために利尿剤（尿をたくさん作り出させる薬）を投与したり、酸素を吸入させたりします。また、心臓の機能を強める薬や、気管支を拡張する薬を投与します。

安静を保ち、運動を制限します。食事は塩分を控え、ナトリウムを制限しましょう。

（木下久則）

肺線維症

左右の肺の間質（肺胞と肺胞の間の組織のこと）に結合組織が増加することによって、肺が硬さを増し、肺の機能が十分に働けなくなった状態をいいます。

呼吸困難やチアノーゼがみられ、病気が進むと呼吸不全（呼吸が十分に行われない状態）を起こします。原因は不明ですが、免疫系に関係があることがわかってきています。

診断はX線検査によって行います。

治療は通常はステロイド製剤を用い、肺炎を伴う場合は抗生物質を使用します。

（木下久則）

肺《はい》挫《ざ》傷《しょう》

原因

胸部の打撲によって肺が出血したり、気胸（肋骨《ろっこつ》と肺の間に空気が入り、肺を圧迫して呼吸困難を起こします）になったりすることで発生します。肺が十分に膨らまず、換気が不十分になり、呼吸困難に陥ります。

症状

呼吸困難、呼吸数の増加、喀血《かっけつ》（肺で出血した血液を口から吐き出すこと）、咳《せき》などがみられます。

診断

X線検査により診断します。

治療

ケージに閉じ込め、安静を保ちます。何かが刺さったことによって発生した場合は、抗生物質の投与が必要です。また、気管支を拡張する薬を投与すると効果がみられることがあります。酸素の吸入も有効です。

（木下久則）

肺葉捻転《はいようねんてん》

肺は大きく七つの部分に分かれていて、その一つひとつを肺葉といいます。この病気は、その肺葉がねじれることによって起こります。胸の深いイヌ（アフガン・ハウンドなど）に多く、ネコでは非常にまれな病気です。

原因

胸を開く手術を行ったときや、横隔膜ヘルニア（横隔膜が交通事故などにより破れて、胃や腸管、肝臓など腹部の臓器が胸部に入り込む病気）で、みられることがあります。

症状

肺葉に存在する血管の流れが阻害されてしまうため、肺に血液がたまり、炎症や肺組織の壊死《えし》が起こります。急性の呼吸困難、食欲不振、嘔吐《おうと》、チアノーゼ、血が混じった軽い咳《せき》、呼吸数の増加などがみられます。

診断

X線検査によって肺葉の捻転部を確認し、診断します。

治療

胸部に液体の貯留がみられる場合は穿《せん》刺《し》して液体を除去します。また、ショックの予防を行います。症状が安定した後、手術によりねじれた肺葉を切除します。

（木下久則）

腫瘍《しゅよう》

肺の腫瘍は最初に肺にできる肺原発性と、他の臓器でできた腫瘍の細胞が血液に乗って肺に転移してできる転移性に分けられます。多くは転移性です。転移性の原因としては、乳腺腫瘍《にゅうせんしゅよう》や骨肉腫《こつにくしゅ》（骨の悪性腫瘍《あくせいしゅよう》）、悪性黒色腫《あくせいこくしょくしゅ》（メラニン色素細胞の異常による腫瘍）などがあります。

肺に腫瘍ができると、疲れやすい、スタミナの消耗が激しい、食欲不振、毛づやが悪くなる、などの症状がみられます。そして、軽度の呼吸困難や呼吸促迫を起こします。

X線検査で結節のような影が認められます。また、気道の分泌物や、洗浄液中に腫瘍細胞《しゅようさいぼう》を見つけることによって診断できます。

特別な療法はなく、対症療法を行います。そのため、予後はよくありません。

詳しくは「腫瘍」の項を参照してください。

（木下久則）

胸腔《きょうくう》・胸膜の疾患

内容異常

胸腔内には心臓や肺のように生体にとってきわめて重要な臓器があり、それらの臓器は8個の胸骨と13個の胸椎《きょうつい》、13本の肋骨《ろっこつ》、そして多くの筋肉で周囲を保護されています。また、胸腔と腹腔《ふくくう》は横隔膜と呼ばれる大きな筋肉で仕切られています。

胸腔内には心臓と大動脈、肺動脈などの大血管があり、呼吸によって血液に酸素を供給する肺が左右両側にあります。また、食物を胃に運ぶ管である食道があり、リンパ液や脂肪の成分などが流れる胸管もあります。それらの重要な臓器は薄い胸膜で覆われていて、胸壁を覆う胸膜を壁側胸膜、臓器を覆う胸膜を臓側胸膜といいます。壁側胸膜と臓側胸膜は胸《きょう》膜腔《まくくう》を形成し、縦隔と呼ばれる構造によって左右に分かれています。胸膜には毛細血管やリンパ管があり、少量の分泌液（漿液《しょうえき》や電解質）を出して胸腔内を潤わせ、摩擦や乾燥、そして感染から臓器を保護しています〈図11、12〉。

（土井口　修）

気胸

胸腔内は本来は陰圧に保たれているのですが、ここに空気（気体）が入り込ん

〈図 11〉 イヌの胸腔横断面図

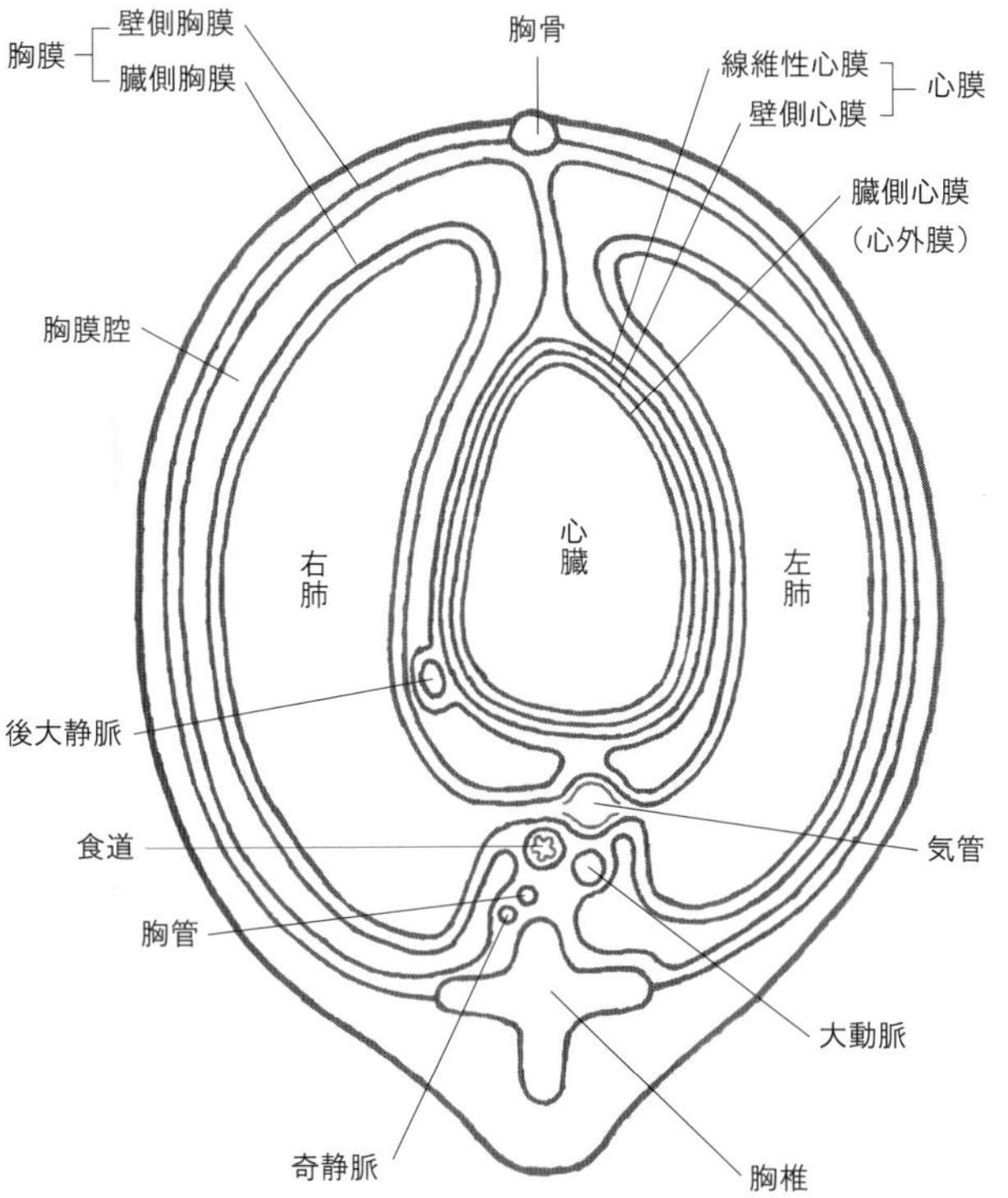

〈図 12〉 イヌの胸腔背側面図

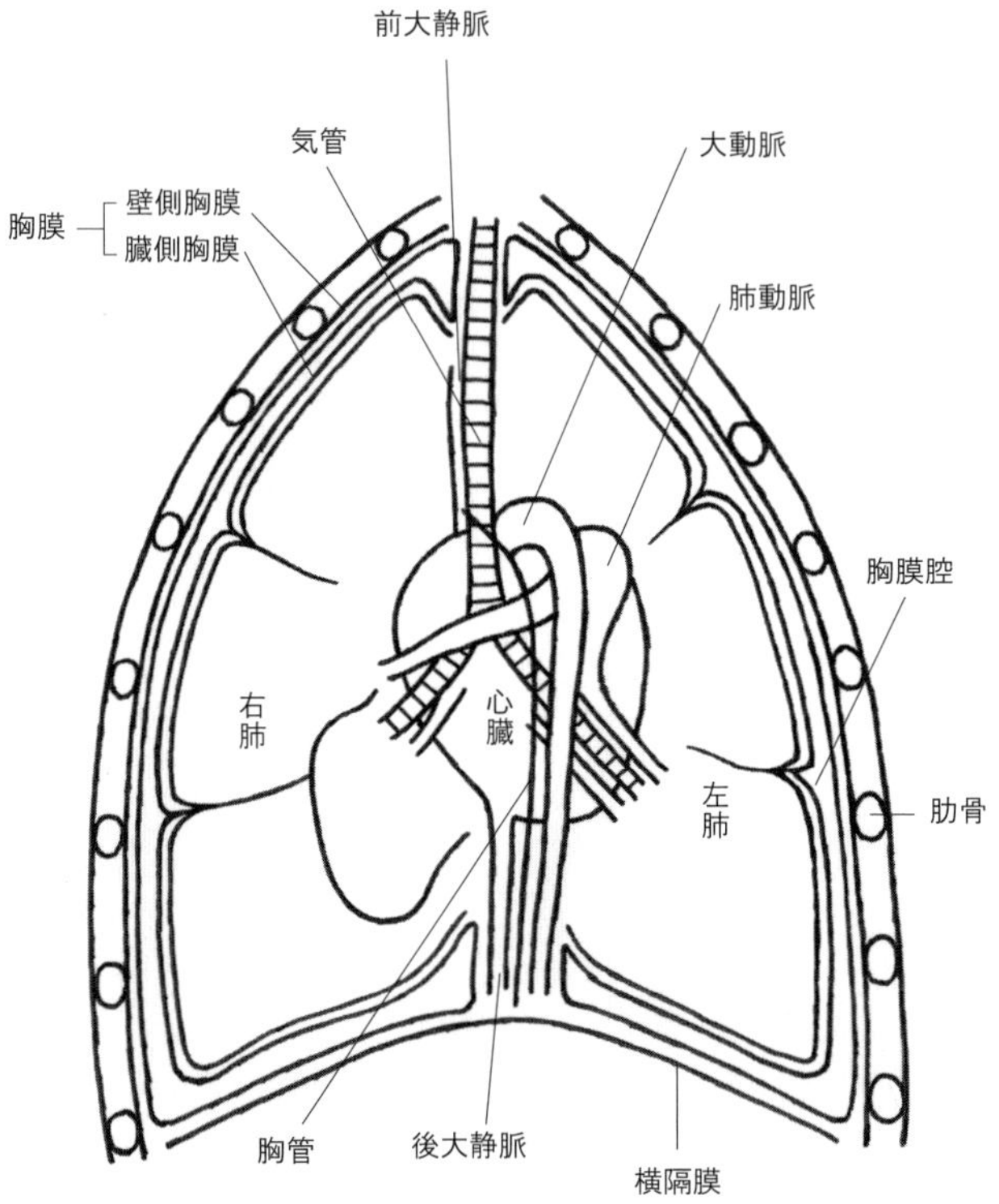

〈図13〉気胸を起こした状態

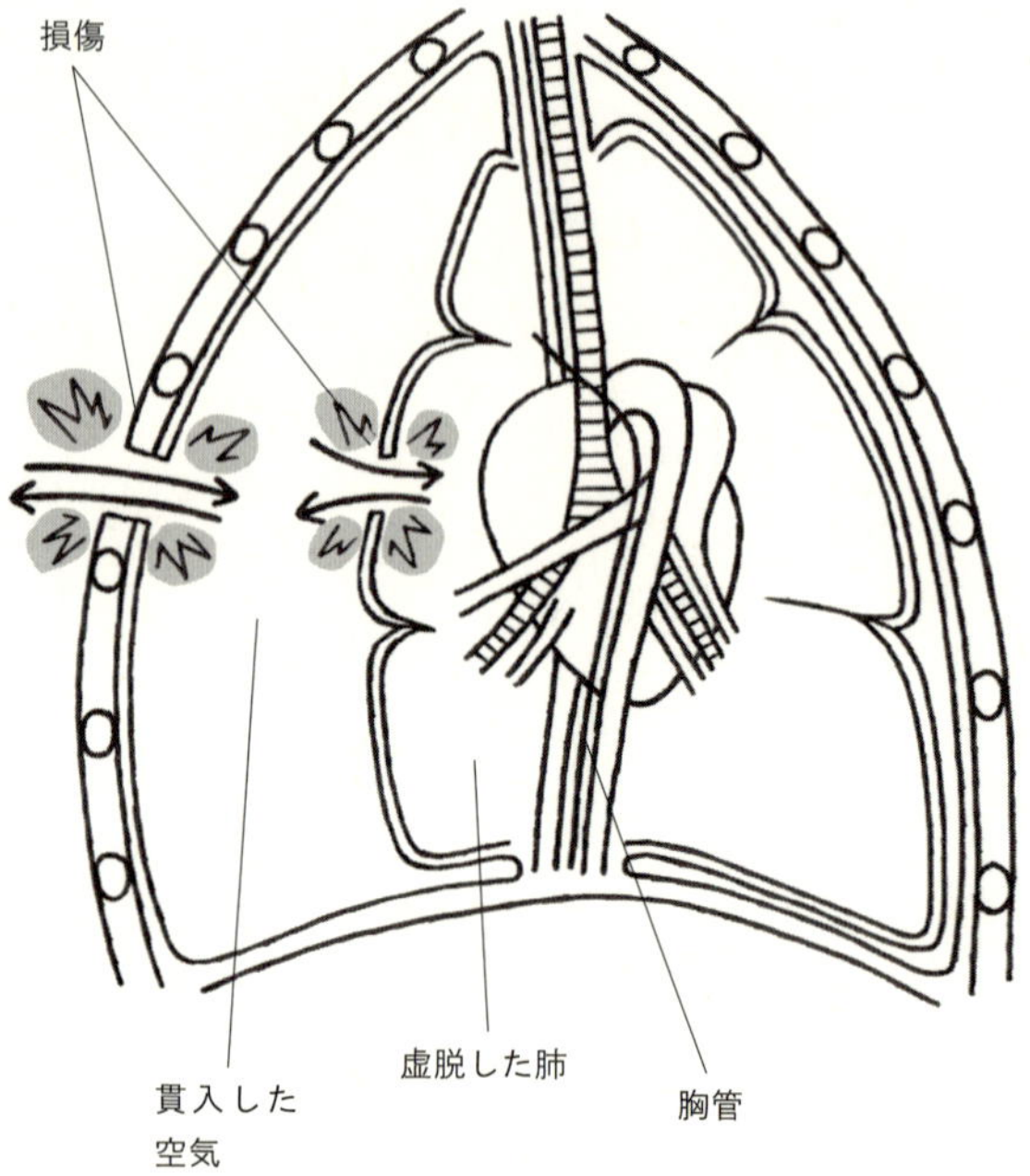

でしまい、その結果、肺が萎縮《いしゅく》した状態を気胸といいます〈図13〉。

原因

気胸には原因別に、外傷性気胸、自然気胸、医原性の気胸があります。動物では多くが外傷性気胸で、交通事故による胸壁と肺の損傷や、咬傷《こうしょう》による胸壁穿通《きょうへきせんつう》性外傷《せいがいしょう》が原因となります。自然気胸は動物ではまれですが、破裂しやすい肺嚢胞《はいのうほう》などがあると、興奮したり、軽く咳《せき》をしたくらいでも起こります。また、肺炎や肺線維症、肺癌《はいがん》などでも、肺の一部が破裂して起こります。医原性の気胸は胸腔《きょうくう》穿刺《せんし》時や胸腔の外科手術（心臓手術、肺葉切除術、横隔膜ヘルニアの修復術など）で起こることがあります。

なお、病態からみると、胸壁や肺、気管の損傷部位から空気が胸腔内に漏れ、外界との交通がない状態を閉鎖性気胸といいます。それに対し、外界との交通がみられる気胸を開放性気胸といいます。また、胸腔内に漏れ出る空気が多く、外界との交通路に弁状機能を生じ、胸腔内圧が陽圧となった気胸を緊張性気胸といいます。このタイプの気胸が一番重篤で危険性があります。

症状

一般に動物は呼吸困難を起こし、胸郭を拡張させ、浅く速い呼吸がみられます。肺の虚脱が重度であれば動物は開口呼吸を行い、舌や口腔粘膜《こうくうねんまく》はチアノーゼを示し、呼吸困難の症状がみられます。ただし、こうした症状は、原因や程度により、無症状から呼吸困難でショック状態を起こすものまで様々です。

診断

胸部X線検査を行い、胸腔内に異常な空気像があり、肺の萎縮がみられれば気胸と診断できます。

治療

治療にあたってはまず、X線検査で気胸が左右の胸腔の片側だけに起こっているのか、あるいは両側に起こっているかを知る必要があります。また、他の異常所見の有無や肺の萎縮が重度かどうかを判断します。治療方法は原因と症状、とくに呼吸器症状に合わせて選択します。呼吸器症状がみられない軽度の閉鎖性気胸では、数日間の安静のみで改善することがあります。しかし、呼吸困難が起こり、胸壁や肺の損傷が強い開放性気胸や緊張性気胸などでは、外科的に胸腔内にチューブを挿入し、排気する必要があります。ときには全身麻酔下で開胸手術をして、損傷した肺の切除や肋骨折《ろっこつせつ》を伴う胸壁の損傷を修復する必要もあります。

（土井口　修）

胸水症

原因

胸腔内には正常な動物でも2〜3㎖のごく少量の漿液性《しょうえきせい》の液体が貯留していますが、これが多量に胸腔内に貯留した状態を胸水症といいます〈図14〉。正常な漿液は壁側胸膜の毛細血管やリンパ管から産生され、臓側胸膜から吸収されます。また、胸腔内の漿液量《しょうえきりょう》は毛細血管圧、胸腔内圧《きょうくうないあつ》、血清膠質浸透圧《けっせいこうしつしんとうあつ》、リンパ管などによって調整されています。これらの調整機能が障害され、異常が生じると、胸腔内に液体が多量貯留して胸水となります。

胸水を起こす主な病気には、心臓病、肝臓病、腎臓病《じんぞうびょう》、栄養失調、乳び胸のほか、肺炎や胸膜炎などの感染症、癌《がん》などの悪性腫瘍《あくせいしゅよう》があります。

症状

胸水を起こす原因や胸水の量によって症状は様々ですが、一般には咳、呼吸促迫、チアノーゼなどの呼吸器症状がみられます。

診断

呼吸器症状と胸部X線検査や超音波検

査の結果から診断します。また、呼吸困難の改善と胸水の原因追求のため、胸腔穿刺を行い、採取した胸水の性状を調べます。胸水はその性状から、漏出液（タンパク濃度2・5g／dℓ以下、比重1・017以下、細胞数1000／μL以下）と滲出液《しんしゅつえき》（タンパク濃度3・0g／dℓ以上、比重1・025以上、細胞数5000／μL以上）に分けられています。また、その中間を変性漏出液といいます。胸水が漏出液であれば、心臓病、肝臓病、腎臓病などが考えられ、滲出液であれば炎症を伴う感染症や癌などが考えられます。

治療

原因に対する治療が中心になりますが、重度な呼吸困難があれば、気胸と同様に胸腔内にチューブを挿入して排液することを優先します。貯留した液体が漏出液の場合は、維持療法として利尿剤などの投与を行うだけで十分に効果があることがありますが、一般的には胸水は病気の末期症状と考えられ、完治は困難となりがちです。

（土井口　修）

〈図14〉右心不全による胸水症

（乳び胸、血胸、膿胸も主に同様な所見がみられる）

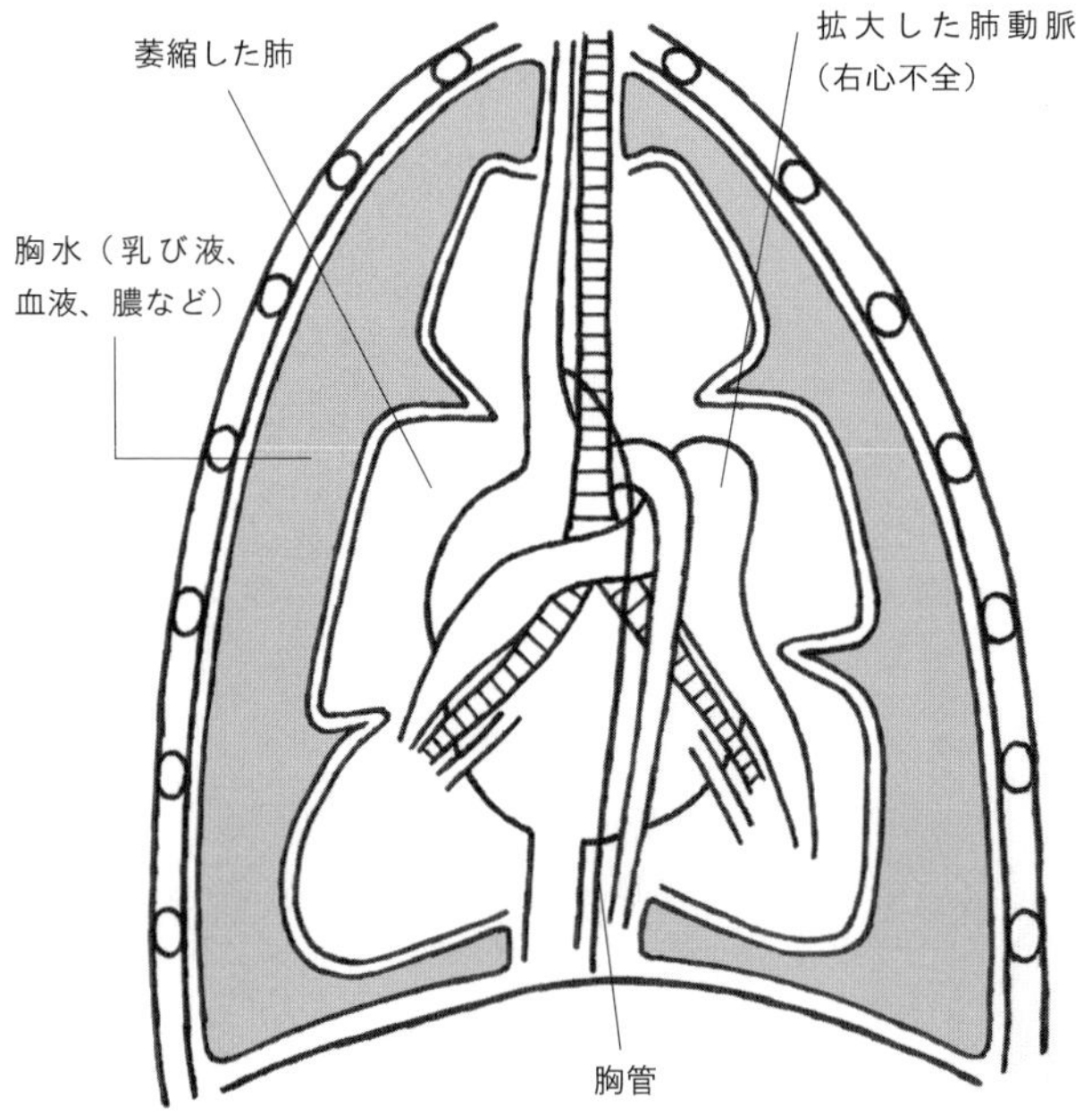

乳び胸

様々な品種のイヌとネコにみられますが、イヌではアフガン・ハウンドや柴犬に発生しやすく、ネコではシャムやペルシアなどに発生しやすいといわれています。

原因

乳び液は、小腸でリンパ管に吸収された脂肪成分や電解質、ビタミンなどを含む液体で、胸腔内の胸管を通り、大きな静脈に合流します。乳び胸は、その乳び液が胸管から胸腔内に漏れ出て貯留した状態をいいます〈図14〉。

乳び胸の原因は外傷性、非外傷性、特発性に分類されています。外傷性には、胸壁の損傷による胸管破裂や手術による胸管の損傷などがあります。非外傷性は、他の疾患から二次的に乳び胸が起きるもので、もととなる疾患には胸腔内の腫瘍《しゅよう》や心臓病（とくに犬糸状虫症や心筋症）、肺葉捻転《はいようねんてん》などがあります。また、特発性乳び胸とは、漏出の原因が不明で、胸管の造影検査をしても漏出部位を特定することが困難な乳び胸をいいます。動物では厄介なことにこの特発性乳び胸が多いようです。

診断

X線検査や超音波検査を行って胸腔内に液体の存在を確認し、さらに、胸腔穿刺による乳び液を得ることによって診断します。乳び液は牛乳と同じような白色をしています。採取した乳び液の生化学検査や細胞検査を行います。

治療

最初は食事中の脂肪を減らした低脂肪食を与えて胸管を通る乳び液を減少させるようにする食餌療法《しょくじりょうほう》や、胸水の場合と同じように胸腔内にチューブを挿入して排液する内科的治療法があります。外傷性乳び胸では内科的治療法のみで改善することもあります。

しかし、非外傷性や特発性乳び胸では、内科的治療法のみでは改善は困難で、胸《きょう》管結紮術《かんけっさつじゅつ》（開胸して胸管を結紮《けっさつ》する方法）や胸膜癒着術（壁側胸膜と臓側胸膜とを癒着させる方法）や胸膜腹膜静脈シャント法（チューブを体内に埋め込んで胸腔内の乳び液を腹腔内や血管内に送る方法）などの外科的治療を併用する必要があります。外科的治療のなかで一般推奨されているのは胸管結紮術ですが、その成功率は60％前後といわれています。最近では、胸管結紮に乳び槽切開や心膜切除と併用することによって治療成績の向上が図られている。しかし乳び胸の確実な治療法はなく、色々な方法を組み合わせた治療が行われています。乳び胸の治療は長期間かかりますが、完治できず、栄養不良で衰弱して死亡することもあります。

（土井口　修）

血胸

原因

胸腔内に血液が貯留した状態で、外傷や腫瘍、血液凝固異常などによって起こります〈図14〉。外傷によるものは、しばしば気胸を合併し、胸壁の肋間《ろっかん》動・静脈や内胸静脈からの出血や肺の損傷に伴う出血が原因となっています。また、横隔膜ヘルニアに付随してみられる肝臓、脾臓《ひぞう》などの腹部内臓の損傷によっても血胸を起こします。ときには幼少時の急速な胸腺退縮に伴う血管破綻《けっかんはたん》によっても生じます。血液凝固異常による血胸としては、殺鼠剤《さっそざい》による中毒（ワルファリン中毒）などがあります。

症状

血胸の症状は、気胸と同様に損傷した部位や程度によって異なります。胸壁の損傷が軽度で、胸腔内の出血が少量であれば、さほど症状は現れませんが、組織の損傷が重度で、多量の出血があれば、口腔粘膜は蒼白《そうはく》になり、貧血や血圧低下、呼吸困難などを起こしてショック状態になります。また、殺鼠剤による中毒では皮下出血や鼻血、血様性下痢などがみられます。この中毒も、摂取した毒物の量によっては重篤な症状を示し、死に至ることがあります。

診断

身体検査で外傷の有無を把握した後、超音波検査やX線検査で胸腔内の液体貯留を確認します。画像検査で胸腔内の液体を血液と判断することは不可能ですが、外傷の有無から判断することができます。また、多量の液体貯留があれば、診断と治療をかねて胸腔穿刺を行い、採取液の性状を検査します。胸腔穿刺で採取した血液と末梢血管《まっしょうけっかん》から採血した血液を比較（血球容積率や血漿総《けっしょうそう》タンパク濃度《のうど》など）し、同じであれば血胸と診断されます。

治療

緊急を要する場合は酸素吸入や輸液を行いながら検査を実施し、多量の出血がみられた場合には開胸手術で損傷部位を確認して、止血する必要があります。また、貧血が重度であれば輸血が必要となります。

（土井口　修）

膿胸《のうきょう》

胸腔内に膿性《のうせい》の液体が貯留した状態をいい、片側だけに貯留する場合と両側に貯留する場合があります〈図14〉。

原因

胸膜炎や肺炎、外傷や咬傷による胸壁の損傷、異物などの食道穿孔《しょくどうせんこう》による細菌感染によって起こります。また、胸腔内の腫瘍、感染症でも起こります。一般にはイヌよりもネコで多くみられ、その理由として、イヌとネコの生活スタイルの違いが考えられます。ネコは自由に屋外に出ることが多く、そのため、発情やテリトリーの争いによるネコ同士のけんかで傷を受けやすいことや、交尾や接触などから猫伝染性鼻気管炎などのウイルスに感染しやすく、肺炎や胸膜炎などを起こすことが多いためです。また、しばしば猫白血病ウイルスや猫免疫不全ウイルスがもとになり、抵抗力が低下して二次感染を起こし、膿胸を発症することがあります。

膿胸の原因菌にはパスツレラ菌、大腸菌、ブドウ球菌、連鎖球菌などの嫌気性菌やノカルジア、緑膿菌《りょくのうきん》などの好気性菌が知られています。

症状

初期には発熱（39℃以上）や食欲の低下を示し、元気がなくなります。進行すると、胸腔内の膿液《のうえき》が増加し、胸水と同じ症状がみられ、呼吸が促迫し、開口呼吸となり、呼吸困難を起こします。末期になると、敗血症を起こし、呼吸困難は重度となり、体温や血圧が低下して死亡します。

診断

血液検査で白血球数の増加がみられ、とくに好中球の「核の左方移動」と呼ばれる現象（幼若な好中球の増加）がみられます。また同時に、血液検査で猫白血病ウイルスや猫免疫不全ウイルス感染の有無も調べる必要があります。X線検査や超音波検査で胸腔内に液体の貯留がみられれば、それまでの症状と白血球数の増加などから膿胸を疑います。しかし、確定診断をするためには、胸腔穿刺で貯留液を採取し、膿液であることを確認します。さらに、採取された膿液は顕微鏡でその中に含まれる細胞を詳しく検査し、好中球やマクロファージ、細菌の存在を調べます。その後、適切な抗生物質の選択のために、膿液中の細菌の同定と感受性試験を実施します。

治療

呼吸困難などの症状の程度によっても異なりますが、多くは来院時にすでに胸腔内に膿液が多量に貯留しています。重度な呼吸困難を示している場合は、X線検査などのために横に寝かせるだけで死亡することがあります。そのため、検査や治療の前に酸素室に入れて十分に酸素を吸入させ、呼吸の状態に注意しながら検査や治療を進めなければなりません。必要に応じて吸入麻酔下で胸腔内にチューブを挿入して、それを留置し、完全に排液を行います。肺の癒着や慢性胸膜炎を起こさないために、排膿《はいのう》後は生理食塩水で胸腔内を洗浄して、回収液がきれいな透明になるまで数日間実施します。動物は脱水によって衰弱していることが多いため、輸液やビタミン類およびカロリーの補給などの支持療法を行います。また、長期間の抗生物質投与も必要です。膿胸の多くは完治できますが、手遅れの状態で重度な呼吸困難を示している場合や、猫白血病ウイルスや猫免疫不全ウイルスの感染を受け、リンパ腫《しゅ》などの悪性腫瘍がある場合は、治療が長期化したり、治療困難で死亡することもあります。

（土井口　修）

胸膜炎

胸腔《きょうくう》内にある壁側胸膜と臓側胸膜が何らかの原因によって炎症を起こす病気です。

原因

原因は様々で、気胸や膿胸《のうきょう》、血胸などの原因と類似し、胸壁の外傷や咬傷《こうしょう》、異物による食道穿孔《しょくどうせんこう》、肺炎を起こすような感染症、さらには癌性胸膜炎《がんせいきょうまくえん》（原発性癌《げんぱつせいがん》あるいは転《てん》移《い》性癌《せいがん》による胸膜への癌《がん》の浸潤）などによって起こります。

症状

発熱、食欲低下、咳《せき》などがみられ、元気がなくなります。重症になると胸腔内に滲出液《しんしゅつえき》（成分検査でタンパク濃度3・0g／dℓ以上、比重1・025以上、細胞数5000／μL以上をいいます）が貯留し、膿胸と同様に呼吸困難やチアノーゼを起こします。

診断

血液検査で白血球数の増加、とくに好中球の増加などがみられ、超音波検査やX線検査では胸腔内に液体の貯留が確認できます。しかし、貯留液が少ない場合は、胸膜肥厚の所見である葉間裂を確認する必要があります。貯留液が多い場合は、検査と治療をかねて、胸腔穿刺《きょうくうせんし》によって貯留している液体を採取します。

治療

原因の治療が中心となりますが、胸腔内の滲出液が多量で呼吸困難を示している場合には胸腔穿刺で排液します。肺炎などの感染症によるものに対しては抗生物質の投与が中心となります。癌性胸膜炎では癌がほとんどの例で転移していることから、輸液や栄養補給などの支持療法や、必要に応じて放射線治療や抗癌剤《こうがんざい》の投与を行います。また、多量に滲出液が胸腔内に貯留するのを防止し、QOL（生活の質）を改善するために、カテーテルの装着や胸膜癒着術などが必要となることもあります。

（土井口　修）

その他の疾患

胸腔《きょうくう》はその周囲を胸椎《きょうつい》、胸骨、肋骨《ろっこつ》、肋軟骨《ろくなんこつ》、横隔膜によって囲まれ、外界や腹腔《ふくくう》と遮断されています。このような解剖学的構造は、呼吸するために重要な役割を果たしています。簡単にいうと、胸郭と横隔膜を拡張することで、肺に空気を吸引させ呼吸を行うことができるようになっているのです。したがって、胸郭を形成するこれらの部分に障害が生じると、呼吸障害を発生させることになります。

この項では、胸郭を取りまく病気で、呼吸障害を生じさせるものについて解説します。

（竹中雅彦）

横隔膜ヘルニア

横隔膜は、胸腔と腹腔の間にある筋肉性の膜で、胸腔に向かってドーム状に突出しています。横隔膜は呼吸を行ううえで重要な役割を果たしています。胸腔への横隔膜の突出部分が腹側に引かれると吸気が起こり、弛緩《しかん》すると呼気が起こります。そのため、この膜が破裂して弛緩したままになると空気を吸引することが困難となります。

横隔膜ヘルニアとは、先天的または後天的な原因で横隔膜の一部が欠損したり破裂し、陰圧となった胸腔内へ肝臓や胃、腸管などの腹腔臓器《ふくくうぞうき》が侵入することをいいます。先天性の横隔膜ヘルニアには、横隔膜に単純な欠損孔がみられる場合と、心嚢《しんのう》と横隔膜の欠損孔が開通して心嚢内に腹腔臓器が進入する心膜横隔膜ヘルニアがあります。

症状

症状の程度は、胸腔内に進入した臓器の量と相関関係にあり、進入した臓器の量が多いほど肺は圧迫され、呼吸障害が悪化します。

心膜横隔膜ヘルニアでは、心臓の拡張障害によって循環器障害がみられます。これによって、呼吸が速くなったり、チアノーゼや開口呼吸などの症状が現れます。ネコは呼吸困難に比較的よく耐えますが、イヌは苦しんで暴れることが多いようです。

治療

手術を行って破裂部位を整復することがもっとも一般的な治療法です。
予後は臓器の損傷がなければ比較的良好です。

（竹中雅彦）

漏斗胸

漏斗胸とは、胸郭を形成する胸骨と肋骨、肋軟骨が陥没し、変形した状態をいい、重症になると呼吸障害を起こします。

漏斗胸には先天性のものと後天性のものがあり、さらに左右対称性、非対称性などに分類されています。人では片側だけに陥没のみられる非対称性の漏斗胸が多いのですが、イヌとネコには左右対称性が多くみられます。とくにイヌでは胸郭全体が扁平化《へんぺいか》するタイプが多くみられ、ネコでは剣状軟骨が深く陥没し、付近の肋軟骨を引き込むタイプが多くみられます。

症状

軽度から中程度の漏斗胸では無症状です。症状が認められるのは、ほとんどが重度変形の漏斗胸で、呼吸が速くなったり、運動に耐えられなくなるほか、チアノーゼなどがみられます。また、胸郭の拡張障害があるため、細菌などの感染を受けやすくなります。

診断

主にX線検査により診断します。また、最近はCT検査によりさらに正確な診断を行うことが可能になりました。

治療

軽度から中程度で無症状の場合は、治療の必要はありません。また、若いときに変形があっても、成長に伴ってそれが矯正されることもあります。一方、呼吸障害を伴う重症の漏斗胸に対しては、外科的な方法で変形を整復する必要があります。主に二通りの方法があり、一つは変形した胸骨と肋骨、肋軟骨を長期間牽《けん》引《いん》して整復する方法で、もう一つは変形部位を切除して整復する方法です。

（竹中雅彦）

フレイルチェスト

胸郭を構成する肋骨が連続して多数骨折することにより、正常な呼吸時の胸郭の動きと反対の動きが生じます。つまり肋骨が息を吸うときに胸腔側に動き、逆に息を吐くときに外側に動く状態をフレイルチェスト（flail chest）といいます。

原因

交通事故などで、多数の肋骨の骨折が起こることによって生じます。

症状

肺などの損傷を伴っていることが多く、重度の呼吸困難などがみられます。

治療

正常な胸郭の運動ができるように、骨折した複数の肋骨を外側から固定する方法や、手術を行って骨折した肋骨をワイヤーや髄内ピンで固定する方法があります。

（竹中雅彦）

腫瘍《しゅよう》

胸腔《きょうくう》や胸膜に発生する原発性腫瘍《げんぱつせいしゅよう》には、リンパ肉腫《にくしゅ》や肥満細胞腫《ひまんさいぼうしゅ》、中皮腫《ちゅうひしゅ》などがあります。

いずれの腫瘍も滲出液《しんしゅつえき》を伴い、胸腔内に胸水として貯留します。その胸水の貯留量によって程度の差はありますが、症状としては、腹式呼吸や呼吸数の増加、チアノーゼを伴う呼吸困難がみられます。これらの腫瘍の診断を行う場合は滲出液内に腫瘍細胞《しゅようさいぼう》を確認します。治療にあたっては、腫瘍の種類や大きさ、悪性か良性かなどの性質を考慮し、外科的に摘出するか、薬物療法を行うのかを決定します。

（竹中雅彦）

縦隔の疾患

気縦隔（縦隔《じゅうかく》気腫《きしゅ》）

縦隔は、胸腔《きょうくう》を縦に隔てる構造で心臓や大動脈、胸腺《きょうせん》、気管、食道、迷走神経などを囲んでいます。また、縦隔は心臓の頭側の前部、心臓の部分の中部、尾側の後部の三つに分けられます。幼弱な動物では、縦隔前部は胸腺で占められています。

気縦隔（縦隔気腫）は、何らかの原因によって空気が縦隔内に貯留した状態をいいます。貯留した空気は、カニが泡を吹いたような気泡として認められます。

原因

交通事故や咬傷《こうしょう》によって気管に破裂が起こり、その部位から漏れた空気が縦隔内に貯留したり、肺に激しい炎症を起こさせる薬物（除草剤など）を吸引したり、肺炎などによって肺胞や細気管支が破損した場合に発生します。

症状

貯留した気泡状の空気によって縦隔内の静脈が圧迫され、還流障害が起こって心拍出量が減少します。その結果、血圧が低下し、心臓の拍出量低下を補うために心拍数が増加します。また、呼吸困難やチアノーゼなどの症状もみられます。

診断

X線検査で診断を行います。正常のX線検査では見えない前大静脈、腕頭動脈、左鎖骨下動脈、大動脈弓や食道が写り、あたかも造影したかのような写真が撮影されます。

治療

気管の破裂部位を閉鎖し、空気が漏れないようにします。すでに空気の漏出が止まっていて、症状が軽度であれば、経過を観察してもかまいませんが、空気の漏れが継続する場合は、早急に外科的手術を実施しないと生命にかかわることがあります。

（竹中雅彦）

縦隔炎

原因

縦隔炎とは縦隔内に細菌が感染し、炎症が起こった状態をいいます。異物による食道の穿孔《せんこう》や破裂によって、食道の内容物が縦隔内に漏れ、細菌感染を起こす例がもっとも多くみられます。

症状

食道の炎症や麻痺《まひ》による症状と、縦隔炎による症状が併せて発生します。流《りゅう》涎《ぜん》、嚥下困難《えんげこんなん》、嘔吐《おうと》のほか、高熱、咳《せき》、呼吸促拍などがみられます。

診断

X線検査によって診断を行います。胸部食道に沿った陰影の増加や、食道内に異物が貯留している場合は食道の拡張やガス像、縦隔内の陰影の増加がみられます。

治療

食道の炎症の程度によって治療方法が異なります。軽症であったり、食道内の異物がすでに除去されている場合には、抗生物質による内科的治療法を選択しますが、食道穿孔《しょくどうせんこう》がある場合は外科的に食道を切除する必要があります。

（竹中雅彦）

腫瘍《しゅよう》

縦隔に発生する主な腫瘍は、ネコの前《ぜん》縦隔悪性《じゅうかくあくせい》リンパ腫《しゅ》と胸腺腫瘍《きょうせんしゅよう》です。

診断

X線検査によって前縦隔の部分を撮影します。また、貯留した胸水中の細胞を検査し、腫瘍の種類と悪性度を判定します。

治療

ネコの悪性リンパ腫の治療は、主に化学療法による内科的治療を行います。胸腺腫瘍の治療は、外科的に摘出する場合と化学療法による場合があります。

（竹中雅彦）

消化器系の疾患

消化器とは

消化器は、食べ物を消化して栄養素を吸収するための一連の働きを行う器官で、口から肛門《こうもん》に至る消化管とその付属器官からなります。付属器官には、歯や舌、唾液腺《だえきせん》、肝臓、胆嚢《たんのう》、膵臓《すいぞう》、肛門旁《こうもんぼう》洞《どう》があります。

（小出和欣）

口腔《こうくう》と咽頭《いんとう》の構造と機能

口腔とは、口唇や口蓋《こうがい》、口底粘膜、歯《し》牙《が》、歯肉などに囲まれた空間で、簡単にいうと口の中のことです。口腔内には付属器官として歯と舌があります。咽頭とは、口腔に続くさらに奥の部分で、のどのことをいいます。

口腔と咽頭の表面は、粘膜で覆われていて、唾液《だえき》によってつねに湿潤した状態に保たれています。唾液を分泌する器官には、耳下腺《じかせん》や下顎腺《かがくせん》、舌下腺《ぜっかせん》、頬骨腺《きょうこつせん》などがあり、これらを総称して唾液腺《だえきせん》と呼んでいます。また、舌と咽頭の移行部や喉頭蓋《こうとうがい》の基部には、口や鼻からの細菌の感染を防ぐために扁桃《へんとう》と呼ばれるリンパ組織が存在します。

口腔と咽頭には、食物を噛《か》み砕《くだ》く（咀《そ》嚼《しゃく》）、飲み込む（嚥下《えんげ》）、舌によって味わう（味覚）といった消化のもっとも初期段階の作業を行う機能があります。咀嚼の際には、唾液が食物と混ざり合いますが、これは嚥下を助け、さらに食物を胃で消化しやすくする働きをしています。また、イヌでは、口を開けて呼吸することによって、唾液を蒸発させて熱を発散させる体温調節の働きもあります。

（小出和欣）

食道と胃・腸の構造と機能

食道は、食物を口腔から胃に送るための長い管で、部位によって頸部《けいぶ》食道《しょくどう》と胸部食道、腹部食道に分けられています。食道の働きは、もっぱら食物の輸送で、胃や腸とは異なり、食物を消化したり吸収する働きはもっていません。

胃は、食道と小腸の間の消化管が膨らんで袋状になった部分で、腹腔《ふくくう》内の前方に位置しています。胃の入り口にあたる食道との接合部を噴門といい、また出口である小腸との接合部を幽門といいます。胃壁はほかの消化管の壁よりも厚く、内側から粘膜、筋層、漿膜《しょうまく》という3層構造になっています。胃内では食道から送られてきた食物を胃液によって消化し、十二指腸へと送ります。なお、胃そのものが消化されないように胃粘膜の表面は粘液で覆われています。

腸は、胃に続く長い管で、小腸と大腸に大別されます。小腸はさらに胃に近い方から十二指腸、空腸、回腸に分けられ、大腸は小腸に近い方から盲腸、結腸、直腸に分けられています。

腸には、胃である程度消化された食物をさらに分解し、その後、栄養素や水分を吸収する働きがあります。栄養素の吸収は小腸で行われます。大腸は、電解質

や水分を吸収し、糞便《ふんべん》を作って貯留する役割を担っています。　（小出和欣）

肝臓および胆嚢《たんのう》・胆管の構造と機能

肝臓は、横隔膜のすぐ尾側に位置する体内最大の臓器で、暗赤色をしています。イヌとネコの肝臓は、外側左葉、内側左葉、方形葉、外側右葉、内側右葉、尾状葉の六つの葉に分類されます。そして、方形葉と内側右葉の間には胆嚢が付着しています〈図1〉。

肝臓は、消化腺《しょうかせん》として胆汁を分泌するほか、栄養素やホルモンの代謝、解毒と排泄、免疫、各種タンパク質の合成など、生体の恒常性《こうじょうせい》を維持するためにきわめて多様な機能を担っています。肝臓と胆嚢は総肝管と呼ばれる管でつながっていて、さらに胆嚢から十二指腸へ総胆管と呼ばれる管が伸びています。こうした管を通じて、肝臓で作られた胆汁が小腸へ分泌されます。

各肝葉には通常、それぞれに固有の動脈と静脈が1対ずつ分布していますが、肝臓にはこれらの血管に加えて門脈と呼ばれる特殊な血管が存在します。門脈は、消化管や脾臓《ひぞう》を経た静脈血を集め、それを肝臓に送る血管です。門脈血の中には消化管で吸収された栄養素だけでなく、様々な毒素も含まれています。これらの毒素は肝臓で処理を受けて解毒されます。　（小出和欣）

〈図1〉肝臓および胆嚢・胆管の構造

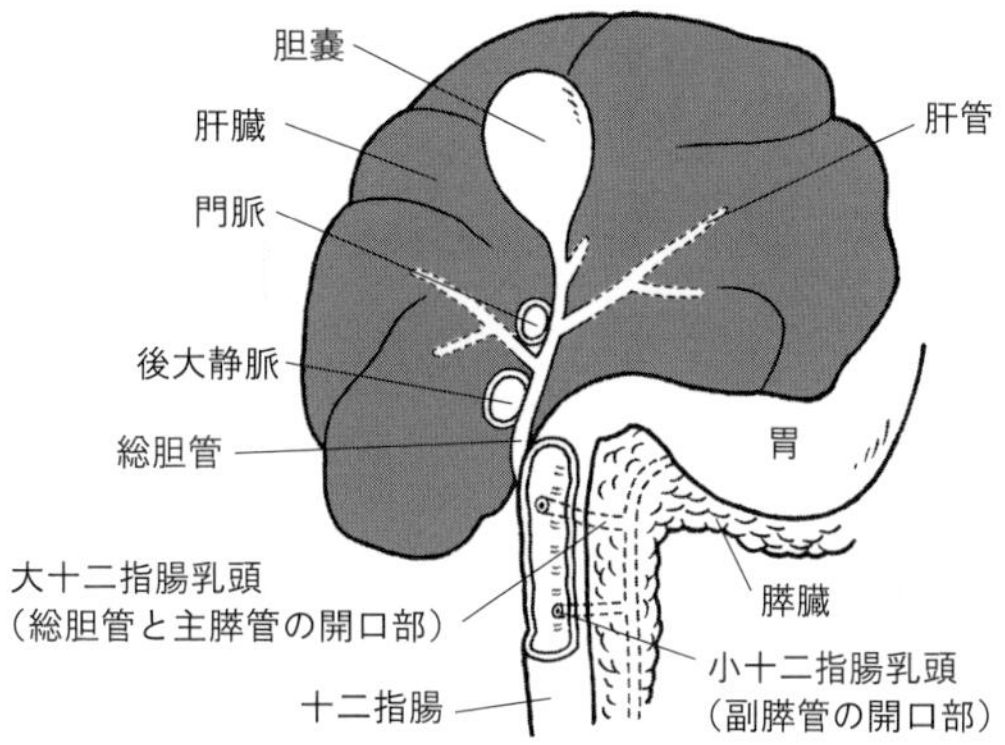

膵臓《すいぞう》の構造と機能

膵臓は胃と十二指腸に隣接するブーメラン形をした腺組織《せんそしき》です〈図2〉。膵臓には二つの機能があります。その一つは外分泌腺《がいぶんぴつせん》としての膵液《すいえき》の産生で、もう一つは内分泌腺《ないぶんぴつせん》としてのインスリンの分泌です。膵液は、タンパク質や脂肪、炭水化物を分解する強力な酵素を含む消化液で、膵管《すいかん》を通じて十二指腸に分泌されます。また、血糖値をコントロールするために重要なホルモンであるインスリンは、膵《すい》実質中に散在しているランゲルハンス島（膵島《すいとう》）と呼ばれる部位で作られ、血液中に直接分泌されます。　（小出和欣）

〈図2〉腹腔内の肝臓、胃、十二指腸、脾臓、膵臓

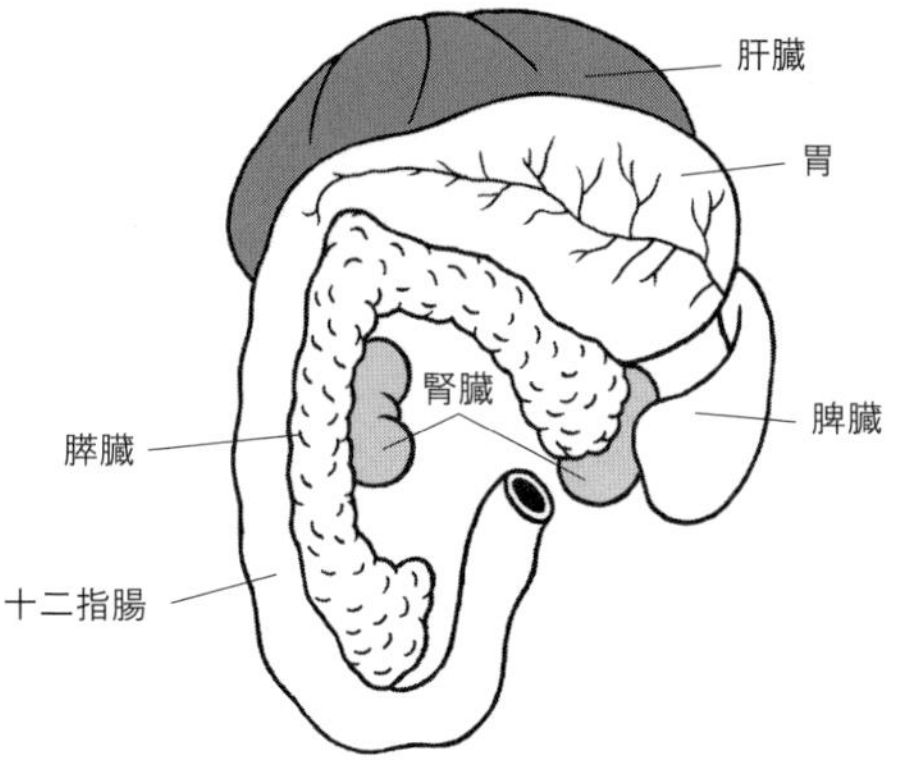

消化と吸収のしくみ

栄養素を食物から得て体内で利用するためには、それを吸収しやすい形に分解することが必要です。この過程を消化といいます。消化や吸収のしくみは、動物の種類によってかなり異なりますが、イヌやネコに関しては基本的には人とよく似ています。

消化の最初の過程は、口腔内での咀嚼です。咀嚼によって食物は機械的に細かく砕かれ、さらに唾液と混ざって化学的な消化も始まります。ただし、唾液中に含まれるアミラーゼという消化酵素の作用は弱く、本格的な消化は、胃で胃液によって行われます。胃に運ばれた食物は、胃液中の塩酸とペプシンによって分解されます。しかし、この段階での消化も完全ではありません。胃の内容物は少しずつ小腸へ送られ、肝臓から分泌される胆汁と、膵臓から分泌される膵液、さらに小腸粘膜から分泌される腸液が加わって、初めて完全な消化が行われます。これらの過程を通じて、食物中の炭水化物は単糖類、タンパク質はアミノ酸、そして脂肪は脂肪酸とグリセリンへと、より小さな成分に分解され、吸収できる形に変化します。また、腸内に常在する細菌も消化を助けています。

栄養素の一部は胃でも吸収されますが、大半は小腸で吸収されます。小腸の粘膜表面は絨毛《じゅうもう》と呼ばれる微細な突起物で覆われており、栄養素はこの絨毛を通じて血液中に吸収されていきます。そして、消化・吸収されない物質は大腸へ移動し、大腸でさらに水分が吸収され、最終的には肛門から便として排泄《はいせつ》されま

す。

（小出和欣）

消化器の検査

消化器といっても、口から肛門までの消化管、さらに肝臓や膵臓などと範囲が広いため、その検査も様々です。検査法には、身体検査、糞便検査《ふんべんけんさ》、血液検査、尿検査、また、画像検査としてX線検査や超音波検査、内視鏡検査、CT検査などがあります。病気によっては、消化管造影検査、生検による組織検査や血管造影検査などの特殊な検査が必要となることもあります。

身体検査

身体検査は、最初に行われるもっとも基本的な検査であり、視診、聴診、触診などが含まれます。視診では黄疸《おうだん》や口腔内の異常などの有無を確認することができます。また、触診では頸部食道や腹腔内の異物あるいは腫瘤《しゅりゅう》を発見したり、肝臓の大きさを確認できる場合があります。この際、おなかに痛みがあるかないかも重要なチェックポイントです。聴診は腸の異常な動きや、ガスの貯留を推測するのに役立ちます。

糞便検査《ふんべんけんさ》

糞便検査は、消化器疾患の検査として必須《ひっす》の検査です。便の色や性状から病気の診断につながることも少なくありません。また、消化管内寄生虫の有無を調べることも糞便検査の重要な役割です。さらに、糞便中の消化酵素の化学的検査やウイルス検査、細菌検査も行うことができます。

血液検査と尿検査

血液検査と尿検査には、病気の原因を調べるだけでなく、全身状態を把握するという重要な役割もあります。とくに嘔《おう》吐《と》や下痢、あるいは食事をとらないことによって脱水状態を示しているような動物の場合、血液検査と尿検査を行い、体の中で起こっている様々な異常を把握しておく必要があります。

X線検査

X線検査は、動物病院でもっとも普及している画像診断検査の一つです。X線検査によってそれぞれの臓器の位置や大きさ、形態を知ることができます。また、消化管内異物については、X線写真に基づいて確定診断を行うことも可能です。

ヨード剤やバリウム剤などを飲ませて行うX線造影検査では、消化管内腔《しょうかかんないくう》の形態や通過障害を調べることが可能です。また、連続的に観察が可能なX線透視装置を用いることによって、消化管の動きを観察することもできます。

超音波検査

超音波検査は、体表から臓器の内部を観察する際に威力を発揮します。消化器のなかでも、胃、腸、肝臓、胆嚢および膵臓の観察には必要不可欠な検査です。

内視鏡検査

内視鏡検査は、主に消化管内の状態を観察したり、消化管の生検が必要な場合に行います。また、食道内異物や胃内異物の診断や摘出にも利用されます。ただし、イヌやネコにおける内視鏡検査には、通常は全身麻酔が必要で、観察できる部位も食道、胃、十二指腸の一部、結腸、直腸に限られます。小型のイヌやネコの場合、かつては十二指腸の観察が技術的に困難なこともありましたが、近年では細い内視鏡も開発され、利用されるようになっています。

生検（バイオプシー検査）

一部の消化器系の疾患は、臓器の一部を採取して病理検査を行わないと診断ができない場合があります。この検査を生検あるいはバイオプシー検査と呼びます。胃や腸などの消化管の生検は、内視鏡を用いて行うか、あるいはおなかを開いて胃や腸の一部を切り取ります。肝臓については、超音波画像を見ながら皮膚の上から生検針を刺して行う方法と、おなかを開いて肝臓の一部を切り取る方法さらに腹腔鏡を用いて行う方法があります。

その他の検査

消化器の検査には、このほかにもCT検査や血管造影検査などがあります。イヌやネコのCT検査は、通常は全身麻酔が必要ですが、消化器の腫瘍《しゅよう》などの診断に威力を発揮します。また、血管造影検査は、主に肝臓の血管異常が疑われる場合に必要となります。

（小出和欣）

口腔《こうくう》と咽頭《いんとう》の疾患

歯の疾患

歯は、獲物を捕らえ、肉を切り裂き、咀嚼《そしゃく》することのほか、攻撃から身を守ったり、毛づくろいをし、舐《な》めあい、あるいは皮膚を咬《か》みあうときにも使われています。一般に、切歯と前臼歯《ぜんきゅうし》にはものを捕捉《ほそく》する役割があり、犬歯には捕捉のほかに、さらにものを突いたり、引き裂くなどの役割があります。また、後臼歯《こうきゅうし》にはものを剪断《せんだん》したり、すりつぶす役割があります。歯の表面は体の中でもっとも硬い組織です。歯の中には神経や血管が歯根から入り込んでいるため（この部分を歯髄といいます）、歯の表面が取れたり折れたりすると歯の中の神経に刺激が伝わり、痛みを感じます。

正常な咬《か》み合《あ》わせ（咬合《こうごう》）は、上顎《じょうがく》の切歯が下顎《かがく》の歯をやや覆い、下顎の犬歯は上顎第3切歯と上顎犬歯の間に咬合します。また、上顎と下顎の前臼歯は互い違いに咬合します。上顎第4前臼歯と下顎第1後臼歯は、裂肉歯といって、はさみ状に咬合し、ものを剪断する役割があります。生まれつき歯が障害されていたり、事故などで障害が引き起こされたりすると、適切な咬合ができなくなり、その結果、歯が口蓋《こうがい》や唇に外傷を引き起こすことがあります。

（藤田桂一）

不正咬合《ふせいこうごう》（骨格の不均衡、叢生《そうせい》、交叉咬合《こうさこうごう》、上顎犬歯《じょうがくけんし》の吻側転位《ふんそくてんい》、下顎犬歯《かがくけんし》の舌側転位《ぜっそくてんい》、ライバイト）

不正咬合とは、異常な咬み合わせのことをいいます。これは、顎《あご》の長さや幅の不均衡（骨格性不正咬合《こっかくせいふせいこうごう》）や、歯の位置の異常（歯性不正咬合《しせいふせいこうごう》）、あるいはその両方によって起こります。上顎が長いか下顎が短いことによるオーバーバイトと、反対に上顎が短いか下顎が長いことによるアンダーバイトは比較的よくみられる不正咬合です。オーバーバイトでは、下顎の犬歯が上顎の口蓋に当たり、外傷を引き起こすことがよくあります。

叢生は、数本の歯が正常の位置ではなく、唇側や頬側（外側）、舌側（内側）と交互に乱れて生えている状態で、歯が回転していることもあります。

また、本来は上顎の歯は下顎の歯を覆うような形態になっていますが、下顎の歯の一部が上顎の歯より外側に位置することがあり、これを交叉咬合といいます。

上顎犬歯の吻側転位（ランスティース）は、この歯が前方に突出した状態をいい、シェットランド・シープドッグなどによくみられます。この状態は、審美的な理由から、若いうちであれば矯正することがあります。

下顎犬歯の舌側転位とは、骨格の異常で下顎が狭くなっている場合や、成犬や成猫になっても乳犬歯が残ってしまうことによって、永久犬歯が内側に位置している状態をいい、口蓋に歯が当たります。乳歯は、一般に生後約半年で抜け落ちますが、抜け落ちない場合は、動物病院で抜歯する必要があります。

ライバイトは、ねじれた咬合という意味で、顎の一方が他方より短かったり、中心の線がずれていたりします。そのため、ときどき口が開いたままになります。

通常、不正咬合の動物は、歯肉の縁が不潔になりやすいため、歯の衛生管理を徹底することが大切です。

（藤田桂一）

叢生を併発した交叉咬合

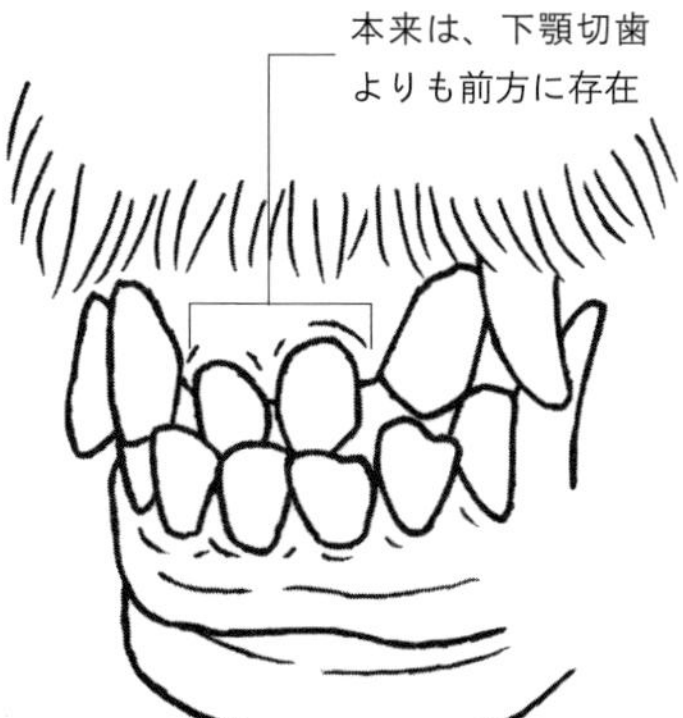

発育障害（欠如歯、過剰歯、双生・癒合、エナメル質形成不全）

歯の発育障害は、歯を形成する過程で歯堤や歯胚《しはい》の数や大きさ、形態が異常になることによって起こります。

欠如歯（あるいは欠歯）は、1本から数本の歯が欠けていることをいい、原因として遺伝や外傷、感染などが考えられています。欠如歯のなかには埋伏歯あるいは未萌出歯《みほうしゅつし》といって、外見上はわからなくても、歯肉や顎骨《がくこつ》の中に歯が存在していることもあります。これはX線検査で区別できます。

反対に、歯の数が正常よりも多い場合を過剰歯といいます。この原因としても遺伝や外傷、感染などが考えられます。

また、原因はわかっていませんが、歯の形成過程で、二つの歯胚が一緒になり1本の大きな歯となっている癒合や、完全に分離しないで1本の歯が2本のように見える双生がまれにあります。

　エナメル質形成不全は、永久歯の表面のエナメル質が形成されるとき（主に生後1〜4カ月齢）に、重度の栄養障害やジステンパーなどの感染症、ある種の化学薬品の摂取などが起こることによって発生します。エナメル質がなくなるため、歯の表面が欠損して茶褐色になり、併せて知覚過敏を起こし、歯垢《しこう》と歯石が蓄積しやすくなります。治療は、歯の表面をスケーリングして、その後、器具でなめらかにしたり、適切な修復材で修復します。また、歯の表面にクラウンをかぶせることもあります。（藤田桂一）

欠如歯・過剰歯

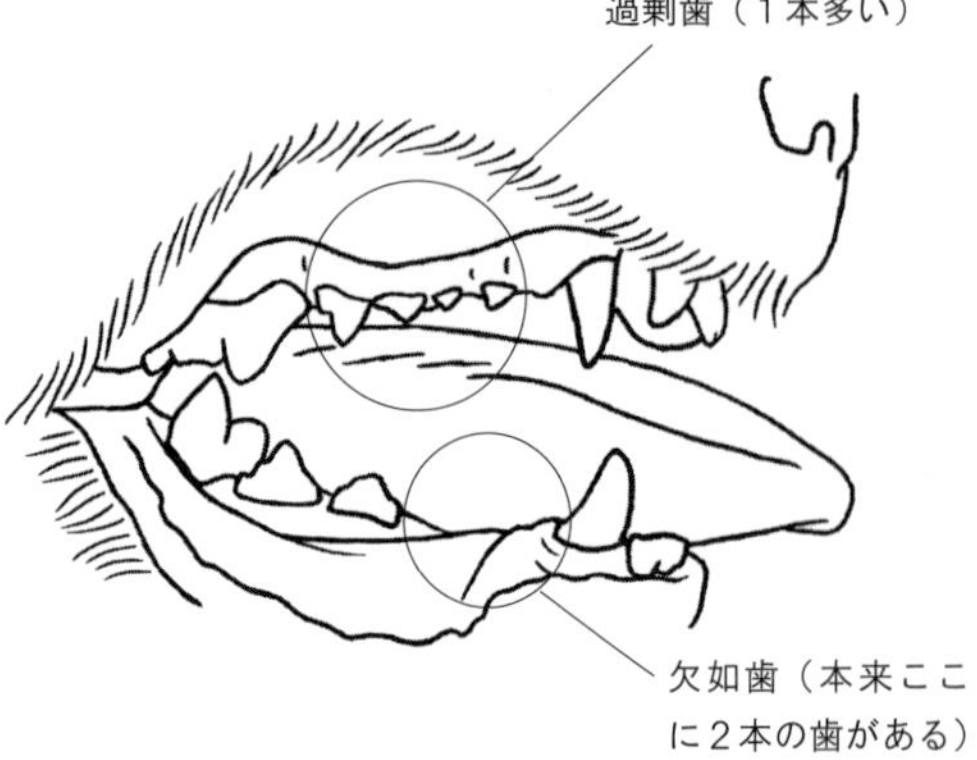

歯の萌《ほう》出《しゅつ》障《しょう》害《がい》と交換異常

●埋伏歯

萌《ほう》出《しゅつ》時期が過ぎても、一部あるいは全部が萌出しないで口腔粘膜《こうくうねんまく》下や顎骨内に存在している歯を埋伏歯といい、小型犬種に多くみられます。埋伏歯と欠如歯は外見上は判別できないため、X線検査で区別します。

　埋伏歯は、ほかの歯に妨害されて正常の位置に萌出できない場合や、発生異常や萌出の位置の異常がある場合に生じます。顎骨内に全体が埋伏しているものを完全埋伏歯といい、歯根だけが顎骨内にあるものを不完全埋伏歯といいます。埋伏歯をそのままにしておくと、隣に存在する歯根を圧迫し、歯根の吸収、歯の動揺や脱落、あるいは歯原性嚢胞《しげんせいのうほう》や腫瘍《しゅよう》を引き起こすことがあります。完全埋伏歯の周囲に感染や歯原性嚢胞が認められた場合は抜歯します。不完全埋伏歯の場合は、周囲の歯肉を切除すると萌出が促されることもあります。

●乳歯遺残

　動物の歯は、一生涯に歯が生え変わる回数によって次の三つに分類されます。

・ラットやナマケモノのように一生涯、歯が生え変わらない一生歯性。
・イヌやネコ、人のように乳歯から永久歯に一度だけ生え変わる二生歯性。
・魚類や両生類、爬虫類《はちゅうるい》のように数回から数十回、生え変わる多生歯性。

　一般にイヌやネコは、生後3週目から乳歯が萌出し、生後6〜7カ月で永久歯に生え変わります。しかし、歯が生え変わる時期を過ぎても乳歯が残っている場合、これを乳歯遺残といいます。二生歯性の場合、正常であれば永久歯歯根の一部が形成される時期に乳歯歯根の吸収が始まって乳歯は脱落します。しかし、乳歯歯根が吸収されなかったり、あるいは一部が吸収されても乳歯と永久歯が同時に存在する時期が続くと乳歯遺残となります。イヌでは、乳犬歯と乳切歯が残ることが多いのですが、ネコでは乳歯遺残はほとんどみられません。

　乳歯と永久歯が同時にみられてから2週間以上経過した場合や、乳歯が残っているために永久歯の萌出が妨げられた場合には不正咬合が起こります。とくに下顎の永久犬歯が下顎乳犬歯《かがくにゅうけんし》より舌側（内側）に位置するため、永久歯が口蓋に当たることがあります。また、永久歯と乳歯が密に存在するため、その間に歯垢と歯石が沈着しやすく、歯周病に進行しやすくなります。したがって、永久歯と同時に乳歯遺残がみられた場合には、永久歯を損傷させないためにも、速やかに乳歯を抜歯する必要があります。（藤田桂一）

乳歯遺残

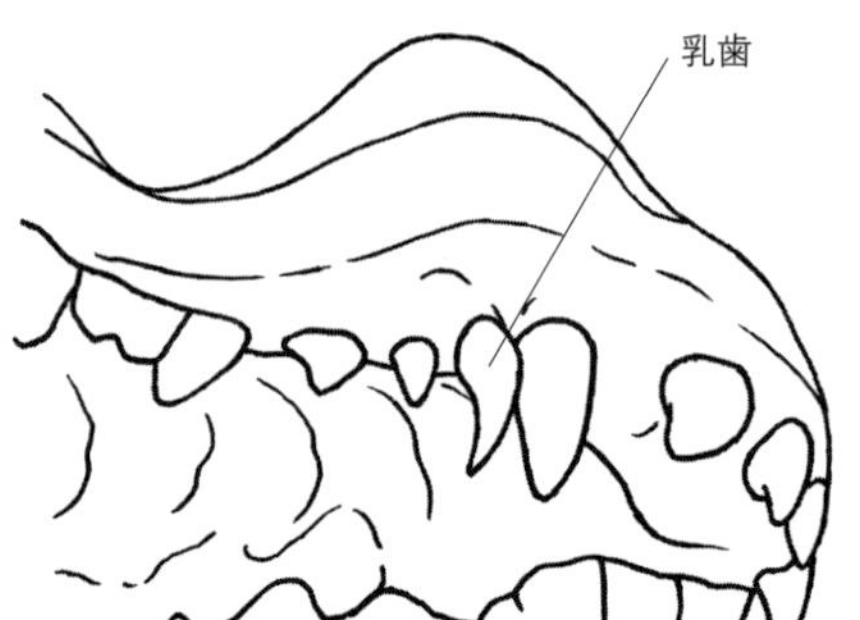

損傷

歯は外傷によって様々な損傷を受けます。歯の損傷の代表的なものに、咬耗《こうもう》や脱臼《だっきゅう》、破折があります。

●咬耗

　咬耗は、上顎と下顎の歯が咀嚼によって咬合接触し、その結果、歯の表面のエナメル質や象牙質《ぞうげしつ》が磨《す》り減《へ》ることをいいます。また、自らの意思で石や玩具《がんぐ》、ケージなど硬いものを噛《か》むことによって歯面に損傷が生じる場合も咬耗といいます。

一方、咀嚼と関係なく、過度の歯磨きなどの外的な機械的作用によって歯面が磨り減った場合は磨耗といいます。

少しずつ磨り減った場合は、象牙質が新生されて歯髄が保護されますが、急激に磨り減った場合は、歯髄が露出してしまうため、修復治療や抜歯が必要になります。

●脱臼

外傷によって、歯を支えている部位(歯槽)から歯が部分的または完全に転位した場合を歯の脱臼といいます。脱臼は歯槽の中に入ってしまう場合と、歯槽の外に出てしまう場合に分けられます。脱臼が生じると、歯根の先端から歯に血液が供給されなくなることがあります。完全に歯が脱臼した場合でも、再移植できる可能性があるので、すぐに生理食塩水か牛乳につけておくとよいでしょう。

●破折

歯が折れることを破折といいます。外傷によってもっともよく起こる歯の損傷です。犬の上顎第4前臼歯によく起こります。破折は、歯冠あるいは歯根、またはその両方に起こります。また、歯髄を含んでいる場合とそうでない場合があります。歯髄が露出している場合は、細菌が歯髄に入ることにより歯髄炎になります。破折の治療は、状態によって修復または抜歯を選択します。

(藤田桂一)

歯原性嚢胞《しげんせいのうほう》

歯の疾患あるいは歯の萌出過程に関係して口腔に形成される袋状の構造物を歯原性嚢胞といい、歯肉が盛り上がったようにみえます。歯原性嚢胞の袋の壁(嚢《のう》胞壁《ほうへき》)は上皮細胞に覆われ、内部(嚢胞《のうほう》腔《くう》)には歯を形成する組織に由来する液体や、ときには血液からの漏出液、炎症を伴う液体が含まれています。また、埋伏歯が含まれていることもあります。嚢《のう》胞《ほう》が大きくなることによって、隣在する歯が圧迫を受けて動いたり、歯根が吸収されるようになります。嚢胞壁上皮《のうほうへきじょうひ》と嚢胞腔内の歯を完全に除去することで治療します。

(藤田桂一)

感染性疾患

●歯垢、歯石

歯垢は、細菌由来の多糖類や細胞の残《ざん》骸《がい》、血液成分(白血球など)、脂質、唾《だ》液《えき》由来のタンパク質、細菌、食物残渣《しょくもつざんさ》、動物の被毛などが歯面に付着したものです。歯垢ができるときはまず、歯面に唾液由来の糖タンパクが付着して、被膜が作られます。そして、その上に細菌が付着し、歯垢が形成されていきます。

歯垢は、肉眼的には、歯面への黄色ないしは茶褐色の付着物として認められます。その後、次第に歯垢中の細菌が多くなると、この細菌が歯肉に接触し、歯肉炎を引き起こすようになります。

また、歯垢が唾液中のカルシウムやリンを取り込んで硬く石灰化したものを歯石といいます。歯石は歯磨きでは除去できません。歯石の表面は凹凸状になっているため、さらにその上に歯垢が付着します。この状態を放置すると、さらに歯肉炎が進行し、歯と歯肉の間のポケットがより深くなり、その中に歯垢や歯石が蓄積されて歯周組織(セメント質、歯根膜、歯槽骨、歯肉)の炎症を引き起こし、歯周組織が破壊されていきます。これを歯周炎といいます。また、歯肉炎と歯周炎を総称して歯周病といいます。イヌやネコの口腔内の病気としてもっとも多いのが歯周病です。

歯肉炎や歯周炎を治療するためには、全身麻酔下で歯垢と歯石を除去し、必要に応じて抗生物質を投与します。しかし、大切なのは、歯面に歯垢や歯石が付着しないようにすることです。そのためには、歯ブラシを用いた毎日の歯磨きが基本です。デンタルグッズを使用したり、歯垢や歯石が付着しにくい食事を与えるのもよいでしょう。ただし、イヌやネコの口腔内は、歯面を清浄にしても24時間以内に歯垢が付着します。その歯垢は3～5日で歯石となるため、理想的には毎日歯磨きを行うことが薦められます。

歯垢・歯石

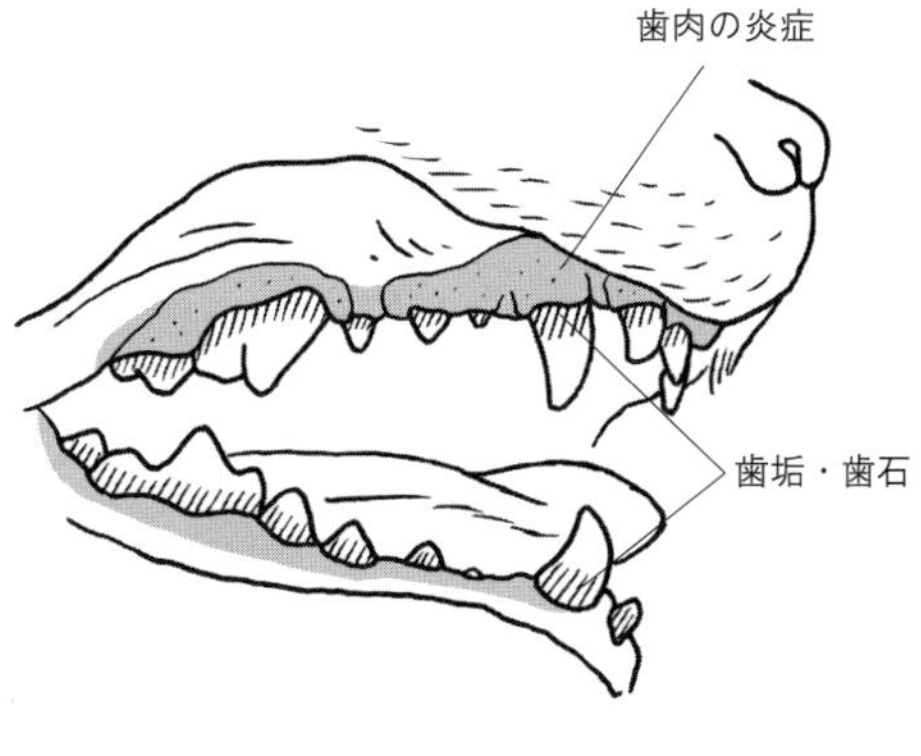

●齲蝕《うしょく》

齲蝕とは、いわゆる虫歯のことです。齲蝕は、イヌではほとんどみられず、ネコでの発生は知られていません。以前は歯頸部吸収病巣《しけいぶきゅうしゅうびょうそう》という病気がネコの虫歯として考えられていましたが、虫歯のように見えても、実は虫歯とはまったく違う病気です。この歯頸部吸収病巣は、歯肉の中の破歯細胞によって歯が崩壊され、セメントのような組織や骨のような組織で崩壊部位が置き換えられてしまう病気です。一方、齲蝕は、歯垢中の細菌が歯垢に含まれる炭水化物を発酵させて、有機酸を産生することによって発生します。人では齲蝕を引き起こす細菌が知られていますが、イヌでは明らかにされていません。細菌によって産生された有機酸は、歯垢の下の歯の表面で、歯の無機質の脱灰と有機質の破壊を起こします。

イヌに齲蝕が少ない理由としては、イヌの口腔内がアルカリ性であることと、糖質を含んだ食事をあまりとらないこと、人と違って上顎の歯と下顎の歯の咬合面に溝がほとんど存在しないため食物残渣がその部位にとどまりにくいこと、唾液中にアミラーゼがないため食事中のデンプンが口腔内で低分子の糖質に変換されにくいこと、食物を食いちぎってすぐ飲み込んでしまうことなどが考えられています。治療は、齲蝕の程度を考慮し、歯を修復するか、抜歯を行います。

（藤田桂一）

腫瘍《しゅよう》

歯を作る細胞（歯原性細胞）から発生する腫瘍を歯原性腫瘍《しげんせいしゅよう》といいます。歯原性細胞には、エナメル芽細胞やエナメル上皮細胞、象牙芽細胞《ぞうげがさいぼう》、セメント芽細胞などがあり、歯原性腫瘍としてイヌに多くみられるのは、エナメル上皮腫《じょうひしゅ》です。エナメル上皮腫には悪性と良性の両方があります。一般に歯原性腫瘍は、顎の骨にもみられるので、腫瘍を顎の骨の一部とともに摘出除去する必要があります。しかし、この腫瘍は体の中に転移することはまれです。

（藤田桂一）

歯周組織の疾患

歯周組織とは歯を取りまく組織で、歯肉、歯槽骨、歯根膜、セメント質から構成されています。歯周組織の疾患は歯周病とも呼ばれ、2歳以上のイヌやネコの80%以上に発生がみられます。口腔《こうくう》内の疾患でもっとも発生頻度が高い病気といえるでしょう。

歯周病は歯肉炎と歯周炎に分けられます。歯肉炎は歯周病のごく初期にみられる歯肉の炎症で、治療により回復が可能です。しかし、歯肉炎が進行すると病変は歯肉にとどまらず、より深い部分の歯周組織に広がり、歯槽骨の吸収が起こり、歯周炎と呼ばれる状態になります。歯周炎になると、治療によって症状の進行を防ぐことはできますが、吸収した歯槽骨をもとの正常な状態に戻すことはできません。このようにして起こる歯周炎は辺縁性歯周炎と呼ばれます。一方、破折などが原因で歯髄炎を起こし、根尖部《こんせんぶ》に病巣が現れる歯周炎を根尖性歯周炎《こんせんせいししゅうえん》といい、辺縁性歯周炎と区別しています。

（網本昭輝）

歯と歯周囲の基本構造を示した模式図

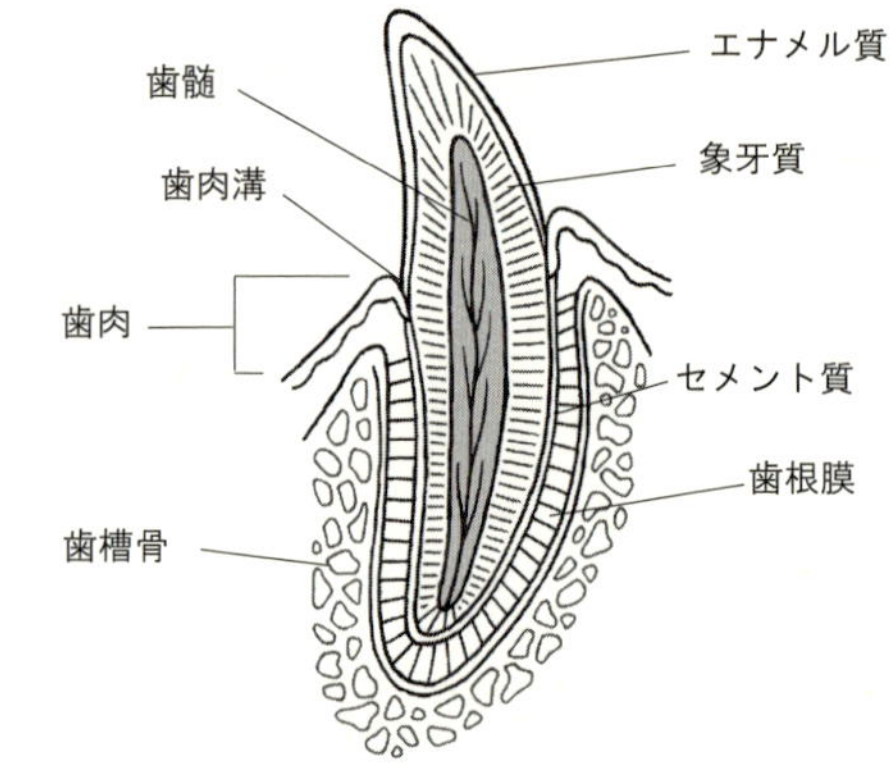

歯周病

●**歯肉炎**

歯肉炎は歯周病の初期に発症する状態で、歯肉に炎症が起こり、発赤や腫脹《しゅちょう》がみられます。症状が進行すると、歯肉からの出血を起こしやすくなります。この段階で治療を開始して原因を除去すれば、もとの状態に回復しますが、歯周炎に進行するともとの状態に戻すことはできなくなります。

●**歯周炎**

原　因

歯周病の原因は、歯垢《しこう》の中に潜む細菌とされています。細菌そのものや細菌の出す毒素に対してイヌやネコの体内では局所的、全身的な防御反応が起こります。そして、これらが複雑に関連して歯周組織に炎症が起こります。

歯石は、歯垢が石灰化したものです。歯石の表面はザラザラして歯垢が付着しやすいため、いったん歯石が付着すると、歯垢や歯石の沈着は悪循環を繰り返しながら厚みや広さが増加し、歯周病が悪化します。

症　状

歯肉炎を放置すると、歯肉溝の細菌が増殖し、歯肉と歯の結合がはがれ、炎症がさらに深い歯周組織に波及していきます。そして、歯槽骨も吸収され始め、歯周ポケットという深い溝が形成されるようになります。歯周ポケットが深くなると、ポケットの中に歯垢や歯石が沈着するようになり、炎症はさらに深いところに進むという悪循環を繰り返します。歯槽骨が重度に侵されると歯を保持することができなくなり、歯は動揺し、最終的には脱落します。

診断

歯周病の進行の程度を詳しく把握し、グレード分けするために様々な検査が行われています。具体的には、歯周ポケットの深さの測定、歯肉の炎症の程度を示す歯肉指数、歯石の付着程度を示す歯石指数、歯の動揺の程度を示す動揺度、歯の根元の歯槽骨の吸収の程度を示す根分岐部病変などについて検査します。

歯肉の腫脹がみられたり、歯周プローブを用いて歯肉溝の深さを測定するときに出血したり、歯肉溝の深さがネコでは1㎜以上、イヌでは3㎜以上であれば、歯肉炎あるいは初期の歯周炎が疑われます。歯根の露出や歯の動揺があれば、さらに進行した歯周炎です。歯槽骨の評価には歯科用フィルムなどを用いたX線検査を行うことが必要です。

治療

どの時期の歯周病を治療するかで治療法が大きく異なります。軽度の歯肉炎に対しては、口腔内を清潔に保ち、ブラッシングなどにより歯垢を除去し、必要に応じて薬物投与します。進行した歯肉炎や歯周炎であれば、全身麻酔下で付着した歯垢や歯石を除去し、歯周ポケットが深い場合は歯石を除去した後、歯周ポケットの中を清潔にします。この方法としては、汚れた歯根面を掻爬《そうは》して滑沢化する歯根面掻爬《しこんめんそうは》（ルートプレーニング）と、炎症を起こした軟組織壁を掻爬する歯肉壁掻爬《しにくへきそうは》があります。さらに進行した歯周炎で歯の動揺が著しい場合や、治療後に動物の管理が十分にできない場合は、抜歯を行います。

歯周病（歯肉炎、歯周炎）の進行過程を示した模式図

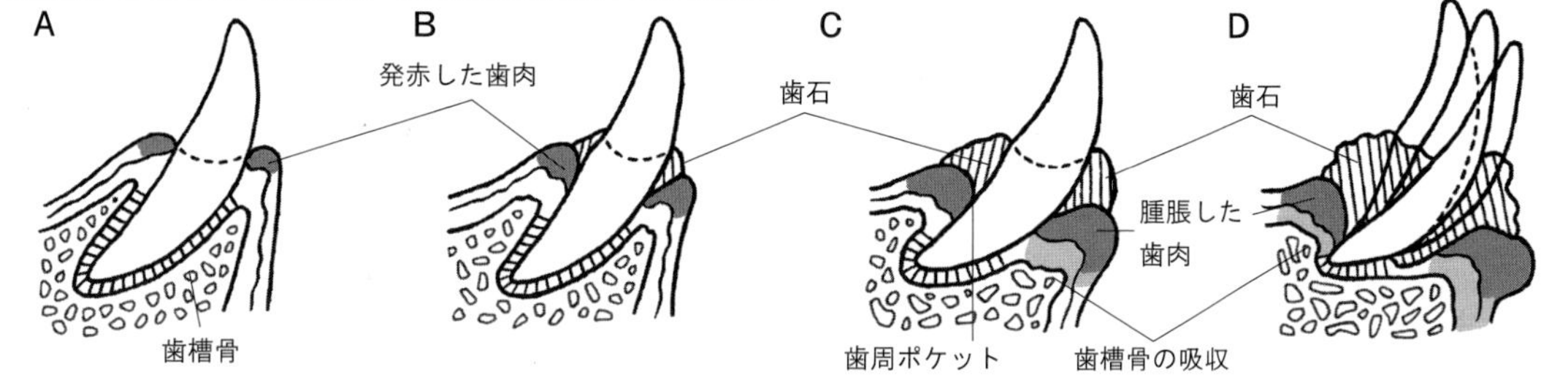

A 歯肉炎。発赤や腫脹がみられ、出血しやすくなる

B 軽度の歯周炎。歯肉付着部が破壊され、浅いポケットを形成。歯槽骨の吸収が始まる

C 中等度の歯周炎。歯石の沈着も著しくなり、歯肉の退縮がみられ、歯の動揺が始まる

D 重度の歯周炎。歯槽骨の吸収が著しく、歯肉の退縮も進行。歯の動揺もひどく、脱落することもある

予防

歯周病の原因は歯垢中にいる細菌であるため、歯垢を付着させないことが歯周病の最大の予防法となります。歯垢除去効果のあるドライフードや、また、おやつやおもちゃ（歯を傷つけないもの）を与えることも効果がありますが、もっとも効果の高い予防法は毎日歯磨き（ブラッシング）を行うことです。（網本昭輝）

根尖周囲膿瘍《こんせんしゅういのうよう》

原因

根尖周囲膿瘍とは、歯根の先端部分（根尖部）の周囲に膿瘍《のうよう》ができることをいいます。歯周炎がひどくなって起こるか、破折などにより歯髄が露出したときに歯髄炎から波及して起こります。

診断

X線検査における根尖部周囲の骨透過性に基づいて診断します。しかし、X線所見だけではいくつかの病態との鑑別が困難なため、ほかの症状と合わせて判断する必要があります。

治療

原因となっている歯の壊死《えし》した歯髄を取り除き、薬剤を充填《じゅうてん》（詰めること）する根管治療を行うか、そのような治療が難しい場合には抜歯を行います。

予防

歯石除去やブラッシングなど、予防歯科処置を行うとともに、硬いおもちゃを与えることをやめたり、硬いものをかじる悪癖を矯正し、歯や歯周組織の健康を保ちます。（網本昭輝）

歯瘻《しろう》

原因

歯瘻とは、歯の病気が原因となって病巣から口腔粘膜や皮膚に瘻孔《ろうこう》（膿《うみ》の出る穴）を形成することで、瘻孔が口腔内にできたものを内歯瘻《ないしろう》、口腔外の皮膚にできたものを外歯瘻《がいしろう》といいます。通常、根尖性歯周炎（根尖膿瘍《こんせんのうよう》）や深いポケットのできた辺縁性歯周炎から急性化膿性《きゅうせいかのうせい》の炎症として顎骨《がくこつ》内に波及し、さらに骨膜を超えて進展して皮下や粘膜下に膿瘍を形成します。膿瘍はやがて自壊し、排膿《はいのう》を起こします。このときの開口部を瘻孔といい、病巣から開口部までの通路を瘻《ろう》

管《かん》といいます。

症状

イヌでは、上顎臼歯《じょうがくきゅうし》の根尖膿瘍から目の下の皮膚に瘻孔を形成する眼窩下瘻《がんかかろう》が比較的多くみられます。原因となる歯は、第4前臼歯がもっとも多く、続いて第1後臼歯、第3前臼歯の順です。

診断

破折の有無や歯周病の程度の検査とともに、X線検査などを行います。X線検査で鮮明な画像を得るためには、歯科用フィルムを用い、口内法による撮影を行います。

治療

原因となる歯の治療を行い、瘻管や瘻孔を洗浄し、不良肉芽などを除去します。原因となった病巣が治癒すれば症状は改善しますが、放置すると慢性炎症に移行し、瘻孔はそのまま残って排膿を継続します。原因歯を保存する治療ができる場合は行いますが、それが困難な場合あるいは保存治療の適応とならない場合は抜歯します。原因歯を抜歯すれば、ほとんどの場合、数日以内に症状が改善し、1～2週間以内に治癒します。なお、内科療法では一時的に改善がみられても、完治することはまれです。

予防

予防歯科処置を行うとともに、歯の破折や咬耗《こうもう》の原因となる食物や環境を取り除きます。

（網本昭輝）

イヌの歯瘻を示した模式図

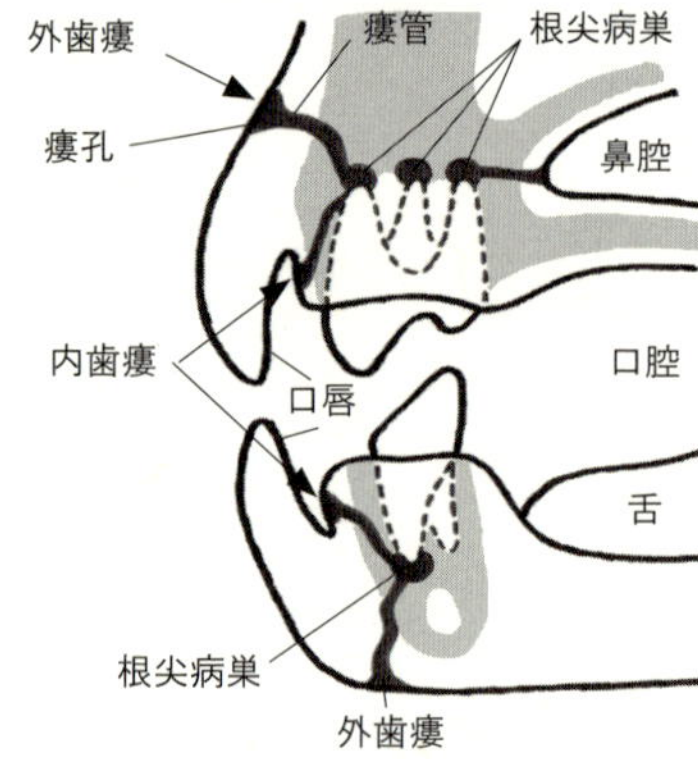

歯肉増殖症（歯肉過形成）

原因

歯肉全体が過剰に増殖したものです。コリーやシェットランド・シープドッグ、ボクサー、レトリーバー種などによくみられ、原因の一つとして遺伝的な要因が関与していると考えられています。また、抗てんかん薬（フェニトイン）や、免疫抑制薬（シクロスポリン）、カルシウム拮抗薬《きっこうやく》などの投与が原因になることもあります。

症状

歯肉が全体的に増殖し、初期には硬く盛り上がったように見えますが、進行したものでは結節状の小隆起が結合したように見えたりします。症状がひどくなると増殖した歯肉が歯冠に覆いかぶさるようになり、仮性ポケットを形成します。これを放置すると、歯周炎の悪化を招くことになります。

診断

主に臨床所見に基づいて診断を行います。部分的にみられる歯肉炎や歯肉の膨隆した歯肉腫《しにくしゅ》（エプーリス）などと区別します。また、増殖が著しく結節性になったものでは、X線検査や組織検査によりほかの疾患との鑑別を行います。

治療

歯垢や歯石を除去し、口腔内の衛生状態をよりよく保つようにします。仮性ポケットが深い場合は、増殖した部分の歯肉を歯肉切除術により取り除きますが、再発する可能性が高いようです。また、薬物投与が原因の場合は投薬を中止することで改善します。

予防

予防歯科処置を行い、口腔内の衛生状態をよりよく保つことが大切です。また、発症しやすい犬種に前述の薬物を投与したときには、注意深く観察する必要があります。

（網本昭輝）

腫瘍《しゅよう》

口腔内の腫瘍には、歯に由来するものと、舌や口唇、歯肉、口腔粘膜、歯槽骨など、歯以外に由来するものがあります。ここでは発生頻の高い歯肉に限局して起こる歯肉腫（エプーリス）をとりあげます。

歯肉腫とは、歯肉に限局して発生する良性の腫瘍です。歯肉や歯根膜、歯槽骨膜などから起こり、線維腫性《せんいしゅせい》エプーリス、骨形成性エプーリス、棘細胞性《きょくさいぼうせい》エナメル上皮腫の3種類があります。棘細胞性エナメル上皮腫は転移しませんが、局所で骨組織に浸潤するので、分類的には良性でも局所的な性質は悪性と考えたほうがよいでしょう。

この他炎症が原因で発生する線維性エプーリスという非腫瘍性の病変がありますが肉眼的に区別は難しいです。

発生部位や症状によってある程度の診断ができますが、確定するには組織検査を行います。また、腫瘍の広がりを確認するためにはX線検査も必要です。

治療は外科的切除を行います。完全に除去できれば再発はありませんが、棘細胞性エナメル上皮腫は、切除が不完全だと再発を繰り返します。そのため、十分にマージンを取って切除しますが、周囲の歯や歯槽骨を残したい場合は放射線治療を行うこともあります。

予防には、予防歯科処置を行い、歯肉への刺激を防ぎ、口腔内を衛生的に保ちます。（網本昭輝）

口腔《こうくう》軟組織《なんそしき》の疾患

口腔《こうくう》には硬組織と軟組織が存在します。硬組織は歯と顎《あご》の骨で、一方、軟組織には口腔粘膜や口唇、歯肉、口蓋《こうがい》、舌などがあります。

口腔の入り口には、唇（口唇）があり、その外側は皮膚で覆われ、口腔内に接する面は、粘膜になっています。歯肉も粘膜ですが、角化上皮という強い保護層で覆われ、その下の顎の骨と線維で堅く結合しているため、損傷を受けても早く治ります。また、口蓋は口腔と鼻腔《びくう》を隔てていて、口腔内の上顎《じょうがく》の前方の硬い部分を硬口蓋《こうこうがい》、その後方の軟《なん》らかな部分を軟口蓋といいます。硬口蓋には口蓋《こうがい》ヒダがあります。

以上の口腔軟組織には、唇が裂ける口唇裂や、口蓋が裂ける口蓋裂《こうがいれつ》、軟口蓋が舌のほうに伸びる軟口蓋過長症《なんこうがいかちょうしょう》、歯周病などから口腔と鼻腔がつながる口鼻瘻《こうびろう》管《かん》、口腔粘膜の炎症（口内炎）などが発生します。（藤田桂一）

口唇裂

口唇裂は、「兎唇《としん》」あるいは「みつくち」ともいわれ、胎子のときに口唇を作る組織が適切に癒合しなかった場合に起こります。口唇裂の原因としては、遺伝的な異常のほか、子宮内での外傷やストレス、ウイルス感染、妊娠中の母体へのステロイド製剤の投与などが考えられています。口唇裂は通常、片側だけに現れます。また、口唇裂は口蓋裂を伴うこともあります。

治療には口唇の外科的再建術を行いますが、口蓋裂を伴っている場合は、口蓋裂も外科的に修復します。（藤田桂一）

口蓋裂《こうがいれつ》

口蓋裂には、先天的口蓋裂《せんてんてきこうがいれつ》と後天的口《こうてんてきこう》蓋裂《がいれつ》があります。

先天的口蓋裂のほとんどは、口蓋の正中（中心線上）にみられ、その部分が欠損して鼻腔とつながった状態になっています。また、通常は軟口蓋の正中部分にも異常が発生しています。先天的口蓋裂は、遺伝や栄養、ステロイド製剤の投与、胎子期の子宮内における外傷、ウイルス疾患、毒物などが原因と考えられています。症状は、哺乳《ほにゅう》が上手にできなくなり、鼻汁や咳《せき》、くしゃみ、呼吸困難、成長不良などが現れます。

一方、後天的口蓋裂は、歯周病や抜歯に伴う上顎骨欠損《じょうがくこつけっそん》（口鼻瘻管）のほか、咬傷《こうしょう》や交通事故、高所からの落下事故、感電ショックなどによっても引き起こされます。

口蓋裂を放置すると誤嚥性肺炎《ごえんせいはいえん》に進行する場合があるので、外科的に修復する必要があります。（藤田桂一）

子ネコの先天的口蓋裂。軟口蓋から硬口蓋の広範囲にわたり欠損し、ミルクを飲んでも鼻から排出する

軟口蓋過長症《なんこうがいかちょうしょう》

通常、軟口蓋からは粘膜が軽度に垂れていますが、それが過剰に垂れ、声帯の半分以上を塞《ふさ》いでいる状態を軟口蓋過長症といいます。軟口蓋過長症は、短頭種（ブルドッグ、ボストン・テリア、パグ、ペキニーズなど）でとくに多くみられる病気です。症状としては、いびき、開口呼吸、運動をしたがらなくなる、舌の色が紫色になる、落ち着かない、呼吸が速くなるなどの症状を示します。また、鼻腔が狭い、声帯の反転、のどの炎症、気管が狭くなるなどの症状もよくみられます。治療は、過剰に垂れている部分の軟口蓋を外科的に切除します。（藤田桂一）

口鼻瘻管《こうびろうかん》

口鼻瘻管は、口腔と鼻腔の間がつながって形成された瘻管《ろうかん》のことです。多くは歯周病が進行することによって発生しますが、外傷や腫瘍《しゅよう》から引き起こされることもあります。小型犬での発生が多いようです。

歯周病が進行すると歯周ポケットが形

成されます。とくに上顎の第3切歯や犬歯の内側に深いポケットが形成されると、鼻腔とこの部分の口腔を隔てている骨が薄いため、その骨が吸収されて穴が開きやすくなります。そして、口腔と鼻腔がつながってしまうことになります。この口鼻瘻管は、上顎の犬歯を失った後によく発生しますが、犬歯が存在していても歯周病が激しい場合には形成されることがあります。症状としては、鼻汁やくしゃみなどがみられます。治療は、瘻管周囲の歯肉や粘膜を使ってこの瘻管を閉鎖する手術を行います。
（藤田桂一）

口内炎

口内炎は、口腔粘膜の炎症性疾患です。ネコに多くみられ、歯肉炎を伴うことが多く、完治が難しい病気となっています。また、イヌでもまれに接触性口内炎といって、歯面に存在する歯垢《しこう》や歯石に接触する口腔粘膜に炎症が発生することがあります。

口内炎の原因としては、ネコの場合、免疫機能の低下による口腔内細菌の増殖や、猫免疫不全ウイルスや猫白血病ウイルス、あるいは猫カリシウイルスの感染が考えられていますが、これらの微生物の感染がなくても口内炎が発生することがあります。また、糖尿病や腎不全《じんふぜん》などでも口内炎を併発することがあります。

また、イヌもネコも、硬いものを噛《か》んだり、交通事故や落下事故などで口腔内が傷ついたときや、あるいは熱傷や感電、薬品などによっても口内炎になることがあります。

治療は、口腔内の消毒や、歯垢と歯石の除去、抗生物質やステロイド製剤の投与、炭酸ガスレーザーによる治療、臼歯《きゅうし》などの抜歯を行います。

また、ネコの好酸球性肉芽腫症候群《こうさんきゅうせいにくがしゅしょうこうぐん》といって、上唇をはじめ、そのほか、下唇や舌、口蓋、鼻、腹部の皮膚に潰瘍《かいよう》を起こす病気もあります。原因は不明ですが、食物アレルギーやノミアレルギー、アトピーとの関係が考えられています。この病気は自然に治ることもありますが、ステロイド製剤や抗生物質などを投与します。
（藤田桂一）

腫瘍《しゅよう》

口腔粘膜や唇、口蓋に発生する腫瘍には、イヌでは悪性黒色腫《あくせいこくしょくしゅ》や線維肉腫《せんいにくしゅ》、扁《へん》平上《ぺいじょう》皮癌《ひがん》（扁桃型《へんとうがた》と非扁桃型《ひへんとうがた》）があり、ネコでは扁平上皮癌が多く認められます。このなかで悪性黒色腫や扁平上皮癌（扁桃型）は、リンパ節や肺、その他の部位に転移しやすい傾向があります。

治療としては、顎の骨を含んだ拡大手術のほか、放射線治療や化学療法（抗癌《こうがん》剤《ざい》の投与）などがありますが、いずれの治療法を用いても、口腔内に発生した悪《あく》性腫瘍《せいしゅよう》の治癒率は低いといえます。

なお、イヌやネコには、口腔粘膜や唇の良性腫瘍《りょうせいしゅよう》もみられます。
（藤田桂一）

唾液腺の位置を示した模式図

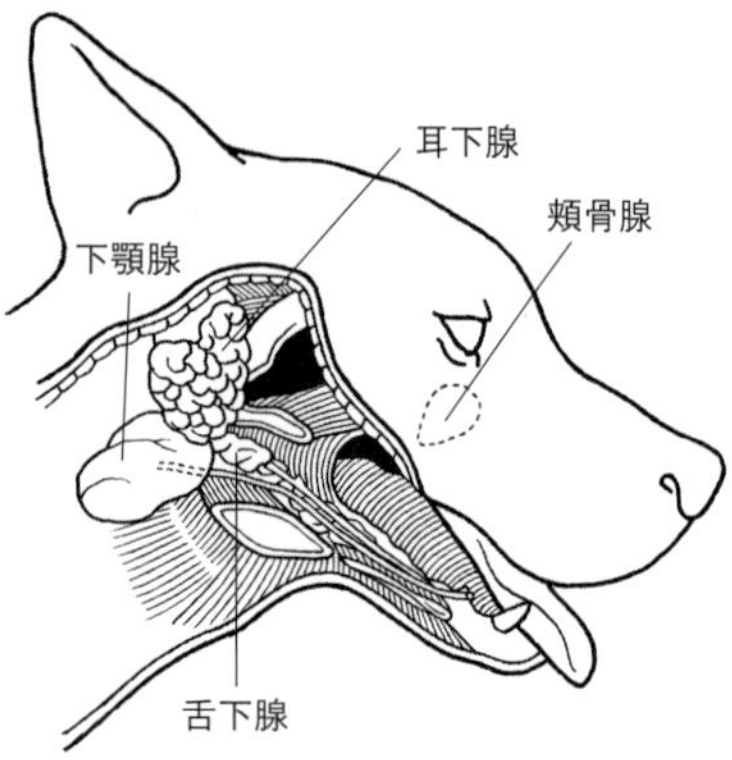

唾液腺《だえきせん》の疾患

唾液腺は口腔腺《こうくうせん》ともいい、口腔内に開口する腺《せん》のことです。イヌやネコでは主な唾液腺には耳下腺《じかせん》、下顎腺《かがくせん》、舌下腺《ぜっかせん》、頬骨腺《きょうこつせん》などがあります。耳下腺管《じかせんかん》は上顎第4前臼歯の背側に開口し、頬腺管《きょうせんかん》は上顎第1後臼歯の後方に開口します。また、下顎腺管《かがくせんかん》と舌下腺管《ぜっかせんかん》は舌の下側の舌下小丘の近くに開口します。唾液腺の病気には、唾液腺炎《だえきせんえん》や唾液漏《だえきろう》、唾液腺囊胞《だえきせんのうほう》（唾《だ》液腺粘液瘤《えきせんねんえきりゅう》、唾液腺囊腫《だえきせんのうしゅ》）、唾液腺腫瘍《だえきせんしゅよう》などがあります。
（網本昭輝）

唾液腺囊胞《だえきせんのうほう》（粘液囊胞《ねんえきのうほう》）

唾液腺囊胞は、唾液腺粘液瘤、唾液腺囊腫などと呼ばれることもあります。唾液を分泌する管が損傷を受けた結果、組織内に唾液が漏れて蓄積することによって起こります。囊胞壁《のうほうへき》は炎症性肉芽組織からなり、上皮によって覆われていないことが多いため、真の囊胞《のうほう》ではなく、このため粘液瘤《ねんえきりゅう》などといわれることがあります。唾液腺囊胞（粘液瘤）は発生する部位によって、下顎から頸部《けいぶ》にわたって粘液が貯留する頸部粘液囊胞《けいぶねんえきのうほう》〈図3A〉、咽頭部《いんとうぶ》に隣接した組織中に唾液が蓄積する咽頭部粘液瘤《いんとうぶねんえきりゅう》〈図3B〉、口腔内で舌下腺と下顎腺の導管の開口部近くの舌下組織内に唾液が蓄積する舌下部粘液瘤《ぜっかぶねんえきりゅう》（ガマ腫《しゅ》）〈図3C〉、眼球の腹側に唾液が蓄積する頬骨粘液瘤《きょうこつねんえきりゅう》などに分けられます。

診断は、症状や触診、穿刺《せんし》結果などに基づいて行います。穿刺液《せんしえき》は通常、透明から褐色の粘性のある液体です。唾液腺造影を行うこともありますが、導管の閉《へい》塞《そく》がみられる場合は描出が困難です。また、唾石《だせき》や異物の刺入などと鑑別するためには、X線検査や超音波検査が役立ちます。

治療は、口腔内に嚢胞（粘液瘤）がみられる場合は、嚢胞の一部を切除し辺縁を口腔粘膜と縫合する造袋術という手術を行います。頚部粘液嚢胞（粘液瘤）は、嚢胞のみの摘出では再発するため、基本的には下顎腺と舌下腺を同時に摘出する手術を行います。

（網本昭輝）

〈図 3〉唾液腺嚢胞

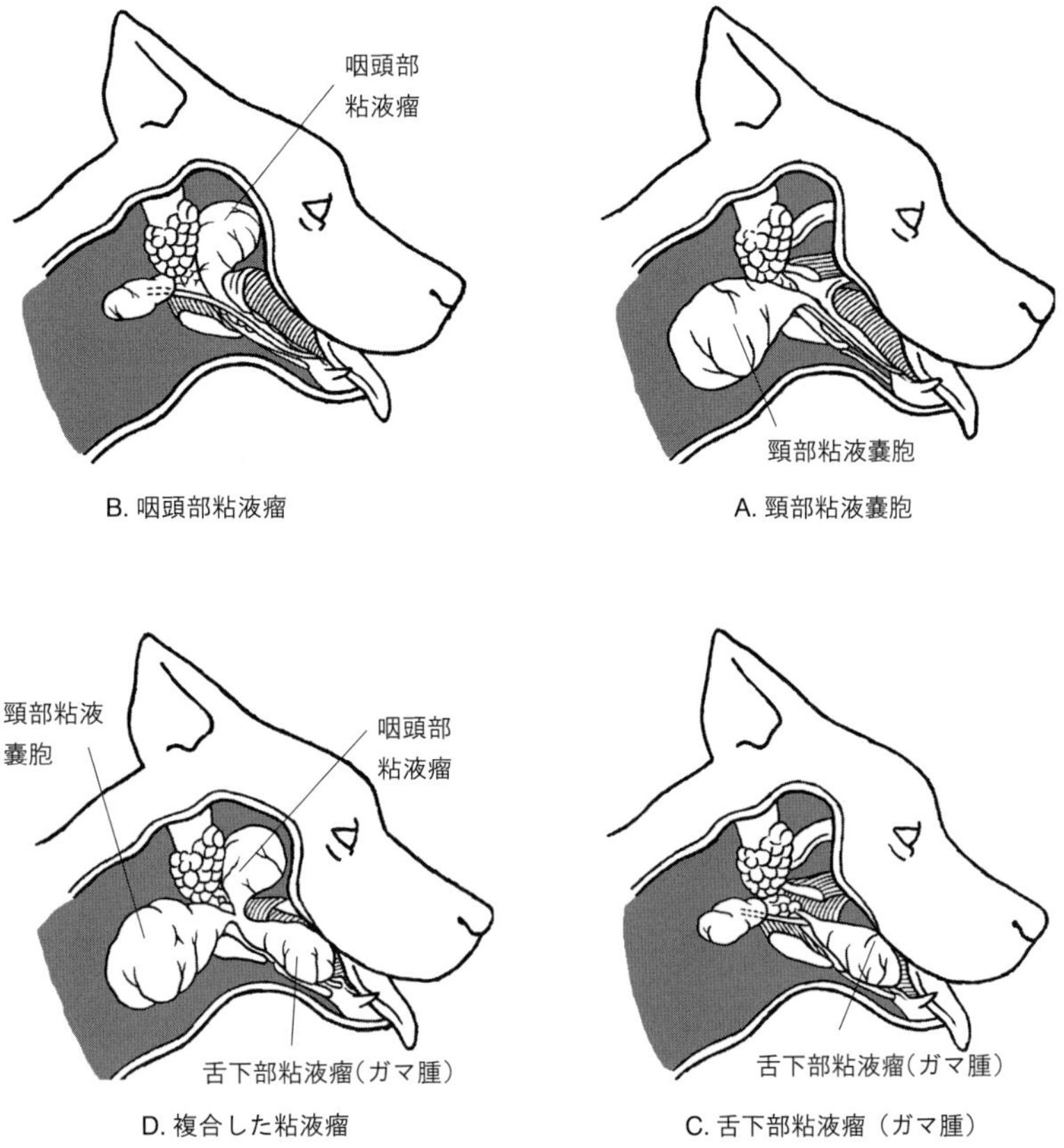

唾液漏《だえきろう》（瘻孔《ろうこう》）

唾液漏とは、唾液腺の外傷や炎症、唾石などによって、本来の部位と異なる場所に唾液が漏出する瘻孔が形成されたものです。また、唾液腺周囲の手術で唾液腺を損傷した場合にも発生します。腺体《せんたい》から瘻孔が形成されているものを腺瘻《せんろう》、導管から形成されているものを管瘻《かんろう》といいます。また、瘻孔が口腔内にできているものを内唾液漏《ないだえきろう》、口腔外の皮膚にできているものを外唾液漏《がいだえきろう》といいます。

診断は、症状や触診などに基づいて行います。唾液腺造影を行うこともあります。異物の刺入による病巣との鑑別も必要です。

外唾液漏の根治のためには、唾液腺の摘出手術を行います。

（網本昭輝）

唾液腺炎《だえきせんえん》

唾液腺炎は、耳下腺や下顎腺、舌下腺、頬骨腺などの急性あるいは慢性の炎症です。細菌感染やウイルス感染、外傷が原因とされていますが、発生は多くありません。

症状は、発生場所により異なりますが、一般に腫脹《しゅちょう》や圧痛、開口時の痛み、唾液管からの粘液性の分泌物などを示します。唾液管の閉塞や損傷が起こると、唾液腺瘤や瘻孔を形成することがあります。

症状や触診、穿刺による検査、唾液の検査などによって診断します。超音波検査や生検材料による組織学的検査を行って診断することもあります。

治療は、原因に対する処置を行います。長期化する場合は、感受性テストに基づいて抗生物質を投与したり、腫瘍や膿《のう》瘍《よう》、粘液瘤との鑑別も行わなければなりません。単純な唾液腺炎では手術を行うことはありませんが、瘻孔や粘液瘤が形成されている場合は手術が必要になることもあります。

（網本昭輝）

腫瘍《しゅよう》

唾液腺に発生する腫瘍の多くは、腺腫《せんしゅ》や腺癌《せんがん》などの上皮性腫瘍《じょうひせいしゅよう》で、まれに悪性《あくせい》リンパ腫《しゅ》のような非上皮性腫瘍《ひじょうひせいしゅよう》もみられます。イヌやネコでは、唾液腺に腫瘍が発生することはまれですが、そのなかでは単純腺癌《たんじゅんせんがん》がもっとも多く知られています。

症状としては、口腔周辺の腫大《しゅだい》や口臭、嚥下困難《えんげこんなん》などの症状がみられることがあります。

診断は、X線検査や超音波検査、血液検査、CT検査、MRI検査、生検による組織検査などによって行います。すでにリンパ節への転移や遠隔転移が起こっていることもあるため、リンパ節や胸部の検査も必要です。

治療は、腫瘍を外科的に摘出しますが、化学療法や放射線療法を行うこともあります。（網本昭輝）

咽頭《いんとう》の疾患

咽頭部の病気には、咽頭炎《いんとうえん》や扁桃炎《へんとうえん》、腫瘍《しゅよう》、外傷などがあります。

とくにイヌやネコでは、魚の骨や木くずなどの異物が刺さって外傷が生じる場合があります。また、ネコではウイルス感染（カリシウイルス感染症）によって潰瘍《かいよう》ができたり、リンパ球性形質細胞性歯肉炎が口腔後部粘膜から咽頭部に及ぶことがあります。（網本昭輝）

扁桃炎《へんとうえん》

扁桃《へんとう》は咽頭部分にあるリンパ組織で、口と鼻から侵入する細菌を防御する機能をもっています。扁桃炎は、主にブドウ球菌や連鎖球菌などの細菌や、アデノウイルスやパラインフルエンザウイルスなどのウイルスによって起こります。慢性鼻炎や呼吸器感染症に続いて発生することが多いようです。

診断は、扁桃の発赤や腫脹《しゅちょう》、発熱、咽頭部の圧痛、嚥下困難《えんげこんなん》、元気消失、食欲不振などの症状をもとに行います。咽頭部にも炎症がある場合は、粘膜面の検査や病変部の組織検査を行うこともあります。

治療は、抗生物質や消炎鎮痛剤の投与など、内科療法を主に行います。ただし、扁桃腺《へんとうせん》が腫大《しゅだい》し、気道を閉塞《へいそく》する場合は、扁桃腺を外科的に摘出します。また、腫瘍との鑑別のために摘出することもあります。（網本昭輝）

腫瘍《しゅよう》

良性腫瘍《りょうせいしゅよう》として線維腫《せんいしゅ》や脂肪腫《しぼうしゅ》など、悪性腫瘍《あくせいしゅよう》として扁平上皮癌《へんぺいじょうひがん》や線維肉腫《せんいにくしゅ》、リンパ肉腫《にくしゅ》などが発生します。嚥下困難や呼吸困難が起こったときに発見されることが多く、治療は通常は困難です。

診断は生検による組織診断で確定しますが、腫瘍の広がりや転移の有無を確認するため、X線検査だけでなく、CT検査やMRI検査を行うこともあります。

治療は、外科的に摘出できる場合は摘出しますが、切除が不可能であれば化学療法や放射線治療を行います。（網本昭輝）

食道と胃・腸の疾患

食道の疾患

食道炎

食道炎とは食道壁に炎症が起こった状態をいいます。食道の内側を覆っている粘膜の軽度の炎症から、粘膜の下（筋層）に達する重度の炎症まで様々の程度があります。

原因

刺激のある物質（酸、アルカリ、腐食剤、熱いものなど）の摂取や、異物の接触、ほかの食道の病気（巨大食道、食道《しょくどう》梗塞《こうそく》、食道狭窄《しょくどうきょうさく》、食道憩室、食道の腫瘍《しゅよう》など）に併発、医原性（咽頭切開《いんとうせっかい》、経鼻胃カテーテルの設置などによる直接的損傷と手術時の胃液逆流）、嘔吐《おうと》による酸性度の高い胃液の逆流、感染、血行障害などが原因となります。

症状

食道炎では、食物を飲み込むときに痛みを伴うため、食後すぐに吐き出したり、食物を痛そうに食べたりするほか、よだれなどがみられます。また、慢性または重度の食道炎では、食欲不振、沈うつ、脱水がみられ、長期化すると体重が減少します。また、誤嚥性肺炎《ごえんせいはいえん》を合併すると咳《せき》や呼吸困難が現れます。

診断

刺激性の物質を摂取したことが明らかな場合や、特徴的な症状がみられる場合は、食道炎を疑います。身体検査では、原因物質の摂取によって口の中に炎症が確認されることがあります。バリウムやヨード剤による食道造影X線検査では、食道内への造影剤の残留によって食道が狭くなっていたり、食道の表面がデコボコになっていたり、食道壁が厚くなっていたり、食道が拡大していたりするなどの状態を確認できます。さらに、内視鏡検査が可能な場合には、食道粘膜を直接観察することにより、食道炎の原因や状態を確認できることもあります。その場合、病状が進んでいれば、粘膜には潰瘍《かいよう》形成《けいせい》に伴う充血と浮腫《ふしゅ》がみられます。

治療

原因となっている物質の除去、または原因となっている病気の治療に加えて、炎症を抑える治療を行います。食事は嘔吐がなければ流動食を少量ずつ頻回に与えます。また、合併症予防のため、抗生物質の全身投与を行います。重度の食道炎の場合には、胃の中にチューブを入れ、そのチューブを通して食物や水を与えることで食道を休める必要もあります。

（小出由紀子）

食道内異物（食道《しょくどう》梗塞《こうそく》）

食道内異物とは、食道の途中に食物や異物が持続的に詰まった状態をいいます。さらに食道が完全に塞《ふさ》がって、食物をまったく胃に送ることができなくなった状態を食道梗塞と呼びます。イヌは食物を丸飲みしたり、食物以外のものでも見境なく口にする習性があるため、ネコよりも食道内異物が多く発生します。食道はもともと、胸の入り口、心臓付近、胃とつながる部分の3カ所で狭くなっています。そのため、これらの場所で異物が詰まることが多いようです。

原因

食道内異物としてもっとも多いのは骨や肉塊などの食物で、そのほかに釣り針や玩具《がんぐ》などもみられます。

症状

異物が食道を完全に閉塞《へいそく》（食道梗塞）している場合には、症状は急性で、よだれと吐出を伴います。しかし、不完全な閉塞の場合、症状は明瞭《めいりょう》ではなく、固形物を食べると嘔吐するなどの軽いこともあり、発見が遅れがちです。食道内異物によって食道穿孔《しょくどうせんこう》が発生すると、胸膜炎や縦隔炎、膿胸《のうきょう》（胸の中に膿《うみ》がたまる病気）などが起こることもあります。また、食道内異物では、食道炎を併発することが多く、治療後にも食道狭窄や憩室などの後遺症が残ることがあります。

診断

症状に加えて、異物を摂取したことが明らかであれば、食道内異物と仮診断を下せる場合があります。身体検査の際、頸部《けいぶ》にある異物は触診でわかることもあります。また、金属や骨などのX線不透過性の異物であれば単純X線検査で確認することも可能です。しかし、X線写真に写らないX線透過性の異物の場合は、造影X線検査が必要になります。内視鏡検査は、食道内異物の診断を確定できるとともに、異物を除去したり、食道粘膜の障害を確認することもできます。

治療

迅速に食道内の異物を除去することが必要です。食道内に異物を長く留めれば留めるほど、粘膜の損傷や二次性の合併症の危険性が高まります。大きな合併症がなく、内視鏡が利用できる場合には、まず内視鏡による除去を試みます。内視鏡で異物を取り出せない場合や、内視鏡が利用できない場合は、異物を胃に押し進めることを試みます。消化されない異物を胃に押し進めたときには、胃を切開して取り出します。食道内異物が大きすぎて閉塞部位から動かない場合や食道穿孔の危険性があれば、外科手術が必要となります。ただし、胸部食道の外科手術は、開胸手術に対応できる専門的な施設で行う必要があります。食道炎を合併している場合には、異物除去後もそのための治療が必要になります。

予防

とくに子イヌや子ネコは、ものを飲み込む習性があるので、生活環境に口の中に入るものを置かないようにします。また、食塊を丸飲みする習性のあるイヌには、食道内異物となりうるサイズの食物（ジャーキーや肉、骨）をそのまま与えないように注意します。また、イヌ、ネコともに、大きな魚の骨は口腔内異物《こうくうないいぶつ》や食道内異物となりやすいため、与えないようにすることが重要です。

（小出由紀子）

食道《しょくどう》穿孔《せんこう》

食道穿孔とは、何らかの原因によって食道に穴が開いた状態をいい、その発生部位によって頸部《けいぶ》食道穿孔《しょくどうせんこう》と胸部《きょうぶ》食道穿孔《しょくどうせんこう》に分けられています。胸部食道穿孔は胸の中に病変が存在するため、頸部食道穿孔に比べて深刻で、より多くの合併症を伴います。

原因

もっとも一般的な原因は食道内異物です。針や先端のとがった鋭利な金属、魚の骨などは、食道を容易に穿孔《せんこう》することがあります。また、硬くて大きな異物が食道内に閉塞停滞したときは、異物によって圧迫されている部分に血液循環障害が起こり、それが長引けば食道壁が壊《え》死《し》して穴が開きやすくなります。

症状

原因や穿孔部位、合併症の有無によって症状は異なります。一般には食道炎や食道内異物と同様に、食欲不振や沈うつ、食物を痛そうに飲み込むなどの症状がみられます。また、胸部食道穿孔の場合には、縦隔炎や胸膜炎、気胸や膿胸を併発し、咳や呼吸困難がみられるようになります。

診断

食道内異物や食道炎が疑われる症状がある場合には、食道穿孔の危険性をつねに考える必要があります。頸部食道穿孔では、頸部の腫脹《しゅちょう》や排膿《はいのう》が認められ、血液検査により白血球数の増加がみられることがあります。胸部食道穿孔では、X線検査で縦隔気腫《じゅうかくきしゅ》、気胸、縦隔や胸腔《きょうくう》内の滲出液《しんしゅつえき》が認められることがあります。食道穿孔の確定診断には、ヨード剤による造影X線検査や内視鏡検査が必要です。

治療

穿孔が小さいときは、抗生物質の投与と輸液療法、さらに5～7日間の絶食を行います。必要であれば胃にチューブを設置し、口から食物を与えないようにして食道を休ませます。気胸や膿胸が起きている場合は、ただちに胸腔内にカテーテルを設置し、胸腔内の空気や液体（膿）を抜きます。また、食道の穿孔部の自然閉鎖が望めないときや、深刻な合併症を併発しているときには、開胸手術による外科的処置が必要です。

（小出由紀子）

食道狭窄症《しょくどうきょうさくしょう》

食道狭窄症とは、食道の内腔が狭くなって食物の通過が困難になる病気です。食道狭窄には、食道内部に問題がある場合と外部からの圧迫による場合があります。

原因

重度な食道炎（とくに潰瘍《かいよう》を伴った場合）では、炎症の後に食道組織の線維化が起こり、食道内腔が狭窄《きょうさく》します。また、食道内異物の除去後や食道の手術後に、二次的に食道狭窄が起きることもあります。一方、外部からの圧迫による食道狭窄の原因としては、頸部の腫瘍（甲《こう》状腺腫瘍《じょうせんしゅよう》など）や膿瘍《のうよう》、胸部の腫瘍（リンパ腫《しゅ》、心基底部腫瘍《しんきていぶしゅよう》、転移性腫瘍《てんいせいしゅよう》によるリンパ節の腫大《しゅだい》、原発性および転移性《てんいせい》肺腫瘍《はいしゅよう》）、異常血管輪による圧迫（右大動脈弓遺残症）などがあります。

症状

食物を飲み込むことが難しくなるため、食べた直後に吐き出します。食道狭窄の程度が軽度であれば、食物の硬さや大きさによっては飲み込むことができる場合がありますが、重度なものでは固形物は飲み込めなくなり、液体しか飲み込めなくなります。さらに慢性化すると、狭窄部位より頭側で食道の拡張が起こり、食物が拡張部に停滞し、食事後しばらくしてから吐き出すようになります。食物を飲み込むことが困難なときは、体重が減少し、痩《や》せてきます。また、食道炎の併発により食欲不振やよだれが起こることもあります。さらに、誤嚥性肺炎を合併すると、咳や呼吸困難が現れます。

診断

外部から食道が圧迫されている場合には、X線検査によって病変が確認されることがあります。造影X線検査では、狭窄部より頭側の食道の拡張や狭窄部を明らかにすることができます。内視鏡検査は、食道粘膜の観察ができるため、原因となる病気の診断に有効です。

治療

炎症があるときは、抗生物質と抗炎症剤を投与します。また、原因となっている病気が明らかな場合は、その治療を行います。食道狭窄症に対する治療には、ブジーと呼ばれるチューブまたはバルーンカテーテルというチューブで物理的に食道狭窄部位を広げる方法があります。狭窄部位が狭くチューブが挿入できないときや、チューブによる拡張を試みても改善がみられないときは、手術が必要となります。慢性的な食道炎が原因となって起きた食道狭窄症では、食道の拡張術後も再発することがあるので注意が必要です。なお、食道狭窄部の頭側に重度の食道拡張を起こしているときには、食道狭窄を治療しても完治に至らないことがあります。

（小出由紀子）

食道拡張症（巨大食道症）

食道拡張症とは、食道の拡張と動きの低下を特徴とする症候群です。これには先天性のものと後天性のものがあります。

原因

先天性の食道拡張症は特発性で、食道の生体力学的特性の異常によるものと考えられていますが、詳細は不明です。また、後天性の食道拡張症は原因不明（特発性）の場合と、ほかの病気に続発して起こる場合があります。続発性の食道拡張症を起こすことのある病気としては、神経と筋の病気（重症筋無力症、全身性エリテマトーデス、多発性筋炎、多発性筋症、グリコーゲン貯蔵性疾患Ⅱ型、皮筋炎、巨大細胞軸索性神経障害、多発根神経炎、免疫介在性多発性神経炎、神経節根炎、自律神経異常症、脊柱筋萎縮《せきちゅうきんいしゅく》、両側性迷走神経損傷、軟化性白質脳症、脳幹の外傷または腫瘍、ボツリヌス中毒、ジステンパー感染症）、食道の閉塞性疾患（食道腫瘍《しょくどうしゅよう》、右大動脈弓遺残、食道外部からの圧迫、食道内狭窄《しょくどうないきょうさく》、肉芽腫《にくがしゅ》、異物）、中毒（鉛、タリウム、抗コリンエステラーゼ薬、アクリルアミド）、その他の病気（縦隔炎、食道気管瘻《しょくどうきかんろう》、悪液質、幽門狭窄《ゆうもんきょうさく》、異所性胃粘膜、アジソン症、甲状腺機能低下症《こうじょうせんきのうていかしょう》、下垂体性矮小症《かすいたいせいわいしょうしょう》、胸《きょう》腺腫《せんしゅ》）などがあります。

症　状

食物を食後数分から数時間で吐き出します。その頻度は様々です。誤嚥性肺炎を併発しているときには、呼吸困難や発熱を伴うこともあります。食物を飲み込むことが困難な場合は、体重が減少し痩せてきます。また、食道炎の併発により、食欲不振やよだれがみられることもあります。

診　断

胸部X線検査で、閉塞を伴わない食道の拡大がみられるときに食道拡張症と診断します。単純X線撮影ではっきりしない場合には造影X線検査を行います。また、その原因についても調べる必要があります。しかし、原因究明には精密検査が必要なことが多く、詳しい検査を行っても原因が特定できない場合もあります。

治　療

原因疾患がある場合はその治療を行います。免疫介在性疾患に続発している場合には、副腎皮質ホルモンなどの免疫抑制剤が効果がある場合があります。対症療法として、高い所に置いた流動食を立位で食べさせます。食後もしばらくの間、動物を立位の状態に保つことによって、食物が重力で食道を移動するようにします。多くの場合、食道炎を併発するため、抗生物質や粘膜保護剤および制吐薬（吐き気止め）や制酸薬（胃酸抑制薬）を投与します。重度の食道拡張症は難治性の場合が多く、誤嚥性肺炎の合併により死亡率が高くなります。

（小出由紀子）

食道憩室

食道憩室とは食道壁の一部にできた袋状の構造のことをいいます。先天性のもの、蠕動運動《ぜんどううんどう》の異常などにより上皮と結合組織だけが筋層の間を逸脱してできるもの、外傷などによる癒着により食道壁の全層が引っ張られてできるものの3種類に分類されています。

原　因

食道憩室を起こす原因として、食道炎や食道狭窄、異物、血管輪異常、神経筋異常、裂孔ヘルニアなどが知られています。

症　状

軽度なものは無症状ですが、重症になると、嵌頓《かんとん》や慢性食道炎などが起こります。憩室の破裂を起こした場合は、縦隔炎や食道瘻《しょくどうろう》、気管瘻《きかんろう》を併発します。症状は病態の程度により様々ですが、食後の喘《あえ》ぎや吐出、食欲不振、発熱、削痩《さくそう》、腹部の痛み、呼吸困難などがみられます。

診　断

胸部X線検査が有効で、食道内に空気あるいは食塊が貯留して膨らんでいる像が観察できます。造影検査を実施するとさらにはっきりと診断することが可能です。食道内視鏡検査は、X線検査で得られた所見を確認するだけでなく、食道の炎症や狭窄の有無を確認するうえでも有用ですが、食道壁が非常に薄い場合も多いので、穿孔などを起こさないように十分に注意して行う必要があります。

血液検査では、一般に大きな変化は認められませんが、憩室が破裂して膿胸になっている場合や、誤嚥性肺炎を起こしているときには、好中球の増加がみられます。

また、吐出を起こす病気には食道憩室のほかにも裂孔ヘルニアや胃食道重積、食道狭窄、腫瘍、血管輪異常、食道内異物、食道拡張症などがあるため、これらの疾患と鑑別したり、関連性を検討する必要があります。

治　療

憩室ができた原因がわかれば、それを除去します。軽度な憩室で無症状の場合は、特別な治療の必要はなく、立位で軟らかい食事を与えるなどの方法で対応します。しかし、大きな憩室に対しては外科的な切除が必要です。手術の予後は、感染さえうまくコントロールできれば一般によいとされています。

（田中　綾）

胃食道重積

胃食道重積は、胃の噴門部が食道に嵌《かん》入《にゅう》することで、脾臓《ひぞう》や十二指腸、膵臓《すいぞう》、大網が一緒に嵌入することもあります。若齢のジャーマン・シェパード・ドッグなどの大型犬、とくに雄での発生が多いようです。

原　因

はっきりした原因はわかっていません。胃食道括約筋の異常があって、嘔吐が引き金になって起こるともいわれています。

症状

発症は突然で、急激に悪化し、すぐに治療しないと1~3日で死んでしまうことが多い病気です。症状としては、吐出や嘔吐、吐血、食欲不振、腹痛などがみられますが、誤嚥性肺炎とよく似ていて、鑑別は困難です。

診断

患畜はショック状態になっていて、腹部を触診すると痛みを訴えます。胸部X線写真では、拡張した食道内に管腔状《かんくうじょう》の軟部組織がみられます。気管は腹側に押しやられ、誤嚥性肺炎と同様の所見も認められます。胃内のガスは正常な位置にみられないか、小さくなっています。X線造影検査により重積の様子がより観察しやすくなります。食道内視鏡では食道内にひだのある胃粘膜がみられます。内視鏡を胃内に入れることは困難です。裂孔ヘルニアと混同されることが多く、鑑別が必要です。

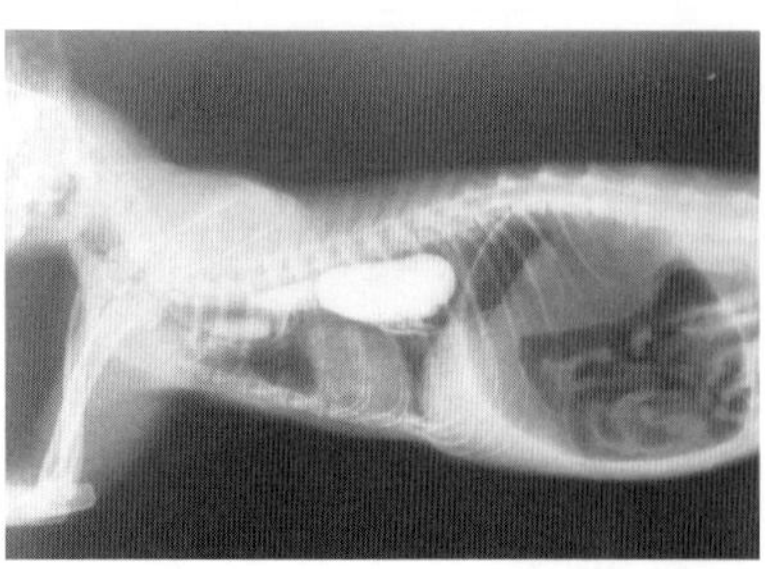

胃食道重積症の子ネコの食道造影所見。食道が拡張している部分に胃の一部が嵌入している

治療

治療成功例が少なく、死後の剖検により発見されることが多い病気です。治療にあたっては、できるだけ早く外科的治療に踏み切る必要がありますが、患畜の状態の安定化とショックに対する治療も怠ってはなりません。胃腹壁固定が適切に行われ、食道炎をうまくコントロールできれば再発することはないでしょう。

（田中　綾）

食《しょく》道《どう》瘻《ろう》

原因

食道瘻とは、食道と気管や気管支、肺実質、皮膚などの他の器官が開通してしまうことをいいます。先天的なものと後天的なものがあり、先天性の食道瘻はイヌ、ネコともにみられます。イヌの後天《こうてん》性食道瘻《せいしょくどうろう》の多くは食道内異物によって起こり、右肺後葉の気管支につながることが多いようです。また、ネコでは気管や左後葉との瘻管形成《ろうかんけいせい》があります。

症状

若い小型犬（平均3歳）に多く発生します。症状としては、飲水後の咳がもっとも一般的で、そのほか、吐出や食欲不振、体重減少などがみられます。

診断

胸部X線検査によって診断が可能です。確定診断をするためには、とくに食道造影が有用です。

治療

外科的な治療が必要です。開胸して瘻《ろう》管《かん》を切除しますが、場合によっては肺葉切除なども必要になります。

予後

治療が難しい病気ですが、成功例も多く知られています。予後は肺の感染をいかにコントロールできるかにかかっています。

（田中　綾）

裂孔ヘルニア

原因

裂孔ヘルニアは、食道と胃の接合部が胸腔側へ突出してしまう病気です。胃底部が食道裂孔を通って縦隔内に入り込んでしまうこともあります。

原因

先天性のものと後天性のものがあります。先天性の裂孔ヘルニアは、生まれつき裂孔部にある横隔食道ひだが緩く、食道と胃の接合部が裂孔部を移動して胸腔内に入り込んでしまうために起こります。そして、本症にはいくつかのタイプがあります。

症状

食べたものが逆流したり、そのほか、嘔吐や流涎《りゅうぜん》、呼吸困難、吐血、食欲不振、削痩などの症状を示します。ただし、無症状の例も多くみられます。

診断

血液検査では、あまり特徴的な変化は認められません。X線検査では、胸部の後背側に腫瘤状《しゅりゅうじょう》の病変がみられます。ただし、滑脱ヘルニアのときには何枚か撮影をしないと発見できないことがあります。また、巨大食道や誤嚥性肺炎がみられることもあります。X線造影検査を行うと、胃食道接合部や胃粘膜のひだが裂孔部より頭側に認められます。さらに、X線透視下では、造影剤の食道内への滞留や、胃からの逆流を観察できます。透視中に動物の腹部を圧迫すると、診断がつけやすくなります。食道内視鏡では食道炎、胃からの逆流、狭窄を見つけることができます。これらのX線所見は横隔膜ヘルニアと似ているため、十分に鑑別することが重要です。

治療

胃からの逆流と食道炎を内科的に管理するか、あるいは外科的治療を行います。症状がみられる患畜で、1カ月ほど内科的な治療を行っても反応がみられない場合には、手術を考慮するのが望ましいといえます。これまでに多くの手術方法が考案されていますが、基本となるのは胃腹壁固定です。手術後は、逆流性の食道炎と誤嚥性肺炎の治療を続ける必要があり、少量の軟らかい食事を何回にも分けて与えます。

予後

食道炎の程度が軽度で、誤嚥性肺炎をうまくコントロールできれば、外科的治療の予後に関してもよいとされています。ネコにおいては、術後の食欲不振が問題となることも、しばしばあります

（田中　綾）

輪《りん》状《じょう》咽《いん》頭《とう》性《せい》嚥《えん》下《げ》困《こん》難《なん》

原因

輪状咽頭性嚥下困難は、咽頭性《いんとうせい》の嚥下《えんげ》困難《こんなん》の一つで、若齢のイヌにまれにみられる先天性形成不全によるものです。この病気では括約筋の不適切な弛緩《しかん》が起こるため、食物が咽頭《いんとう》の尾部から食道内へ移動しにくくなります。

症状

この病気にかかったイヌは、離乳時より嚥下困難を示します。

診断

身体検査ではあまり顕著な異変はなく、咽頭にも炎症や閉塞はみられません。バリウム造影検査を行うと、咽頭に造影剤が残存します。また、バリウムが肺に吸引されていることもあります。

治療

嚥下困難を直接解除するためには、輪《りん》状咽頭筋《じょういんとうきん》の切除を行います。

予後

輪状咽頭筋を完全に切除できれば、手術後すぐに固形食を食べることができるようになります。しかし、切除が不十分な場合は、嚥下困難を再発する可能性があります。

（田中　綾）

自律神経異常症

原因

食物が食道内に入り、食道粘膜に触れると、その刺激は迷走神経を通って脳へ伝えられ、脳から食道を動かす命令が食道平滑筋へ伝えられます。この経路のどこかに異常があると、食物が食道内に入っても食道の運動が適切に行われません。食道の運動が減退または消失すると、食物が食道内に停滞してしまいます。

症状

食後に食物や水を吐いたり、よだれを垂らしたりするだけでなく、食物が胃の中に十分に入らないために体重の減少や成長不全などを起こします。

診断

胸部X線検査によって拡張した食道が認められます。さらに、食道造影検査を実施すれば、より確実な診断が可能です。また、内視鏡検査によっても拡張した食道を観察でき、ほかの原因との鑑別も可能になります。なお、鑑別診断として、重症筋無力症の可能性を否定する必要があります。また、自律神経の検査として、ピロカルピン点眼薬を用いて機能不全を検査する方法もあります。

治療

誤嚥《ごえん》を起こさないように立位で食べさせます。また、食道炎や誤嚥性肺炎の予防と治療も重要です。

予後

年齢とともに治癒する例もありますが、一般に予後はあまりよくありません。

（田中　綾）

腫《しゅ》瘍《よう》

食道の腫瘍はまれですが、そのなかでも比較的発生頻度の高いものに骨肉腫《こつにくしゅ》、線維肉腫《せんいにくしゅ》、扁平上皮癌《へんぺいじょうひがん》、平滑筋腫《へいかつきんしゅ》があります。また、甲状腺《こうじょうせん》、胸腺《きょうせん》、心基部、肺の腫瘍が二次的に食道を侵す場合もあります。

症状

腫瘍が慢性かつ進行性に食道を閉塞していくことによって、吐出や流涎、嚥下困難、食欲不振、悪臭のある呼吸、削痩などの症状を示すようになります。

診断

X線検査では、食道の変位や食道内の空気の貯留、腫瘤《しゅりゅう》の陰影などが認められることがありますが、正常なこともあります。造影検査では、管腔《かんくう》内の腫瘤や、管腔外の腫瘤による圧迫を確認できます。食道内視鏡を用いると、腫瘤を直視下で観察でき、さらに確定診断のために組織生検を行うことも可能です。

治療

できるだけ早期に食道を部分切除することが望まれます。進行例では手術は難しく、化学療法や放射線療法に対する反応もよくありません。

（田中　綾）

胃の疾患

急性胃炎

急性胃炎とは、胃粘膜に起こる急性の炎症です。

原因

腐敗した食物や異物、有毒植物、化学物質、薬物（アスピリンやフェニルブタゾンなどの非ステロイド性解熱鎮痛薬やグルココルチコイドなど）などの摂取、ウイルス性疾患（犬パルボウイルス感染症、ジステンパー、ウイルス性肝炎、猫《ねこ》汎白血球減少症《はんはっけっきゅうげんしょうしょう》）、細菌性疾患（レプトスピラ症、スピロヘータ症）、寄生虫症（胃虫症）、その他（尿毒症、急性膵炎《きゅうせいすいえん》、敗血症、ストレスなど）と原因は様々です。

症状

原因や重症度、合併症の有無によって症状は異なりますが、急性の嘔吐《おうと》がもっとも特徴的です。合併症を伴わない軽度の急性胃炎では、嘔吐以外の症状はあまりみられません。しかし、合併症を伴う場合や、広範囲にわたって胃に重篤な急性炎症がみられる場合には、食欲低下、沈うつ、腹部の疼痛《とうつう》ならびに合併症に伴う症状が起こります。

診断

急性の嘔吐があれば急性胃炎と仮診断します。通常は、1～3日間の対症療法で様子をみますが、治療しても反応が悪く、嘔吐が持続したり、食欲低下や沈うつ、腹部の疼痛がみられる場合には、より詳細な検査が必要になります。

治療

原因が確認された場合はそれを治療し、併せて症状に応じて対症療法を行います。脱水がないときは食事を制限し、嘔吐がみられなくなったら水を少しずつ与え、その後、消化のよい食物を少量ずつ与えます。嘔吐に対しては、通常、制吐薬（吐き気止め）や制酸薬（胃酸抑制薬）を投与し、脱水があるときや飲水制限が必要なときには、輸液を行います。

予防

適量の食物を適切に与え、また、ワクチンを接種してウイルス感染症を予防します。

（小出由紀子）

慢性胃炎

慢性胃炎とは、胃粘膜への刺激が繰り返されたり持続することによって、慢性的に胃が炎症を起こしている状態をいいます。

原因

胃粘膜が食物抗原や化学物質、薬物、病原体などに繰り返しさらされることや、アレルギー的な要因（好酸球性胃炎など）が原因となりますが、急性胃炎の続発症として起こることもあります。

症状

間欠的な嘔吐がみられます。嘔吐は食事とは関係なく起こり、併せて粘膜のびらんや潰瘍《かいよう》が起こっている場合には、血を吐いたり、黒っぽい便がみられることもあります。また、食欲不振や体重減少、腹痛、沈うつ、腹鳴などを起こします。

診断

症状から慢性胃炎を疑います。身体検査、血液学的検査、血液化学検査を行い、嘔吐の原因として消化管以外の病気がないか確認します。また、X線検査により異物の有無などを調べます。なお、慢性胃炎と確定診断したい場合や、対症的な治療で改善が得られない場合は、内視鏡または開腹術による胃粘膜の生検が必要となります。

治療

胃炎の原因が明確な場合には、その要因を除去します。しかし、原因が特定できないことも多く、通常は食餌性因子《しょくじせいいんし》や抗原を排除するために、食餌療法《しょくじりょうほう》として刺激が少なく炭水化物を多く含む食物を少量ずつ頻回に与えるようにします。また、制酸薬や制吐薬、粘膜保護薬を投与したり、抗菌薬や免疫抑制薬を投与する必要が生ずることもあります。

（小出由紀子）

イヌの出血性胃腸炎

出血性胃腸炎とは、出血を伴う胃腸の炎症で、重篤な出血性の下痢（血便）と嘔吐、著しい血液濃縮を引き起こします。とくに小型犬に多くみられ、重症例では積極的な治療を行わないと死に至ることがあります。

原因

エンドトキシンショック、アナフィラキシー反応、免疫関連の要因が疑われていますが、詳細は不明です。

症状

急性の嘔吐と沈うつ、食欲不振を示し、さらにケチャップのような出血性の下痢を起こします。

診断

重度の血便と脱水症状がみられる場合は、出血性胃腸炎を疑います。パルボウイルス感染症や伝染性肝炎などのウイルス性疾患と症状が似ていますが、出血性胃腸炎では、発熱がなく、血液検査でヘマトクリット値の上昇がみられ、一方、白血球減少はみられないなどの特徴があります。さらに診断の確実性を増すためには、糞便《ふんべん》を検査材料としてパルボウイルス抗原検査を行うとよいでしょう。

治療

脱水の程度が重度であれば輸液を行います。また、ショックがみられた場合には、入院による集中治療が必要となります。副腎皮質《ふくじんひしつ》ホルモンは本症の治療に短期的に用いられることがあります。症状が重く、嘔吐と水様性および出血性の下痢が激しい場合は、食事と水を制限します。嘔吐がみられなくなったら、水を少しずつ与え、その後、消化のよい食物を少量ずつ与えます。また、出血性胃腸炎では糞便中にクリストリジウム属の細菌が検出されることが多いため、抗生物質を投与します。なお、輸液療法を行っても症状の改善がみられないときは、ほかの疾患を疑い、追加検査を行う必要があります。

（小出由紀子）

胃内異物

胃内異物とは、口から摂取した不消化物が胃内に停滞する病気です。

原因

胃内異物はイヌでは、針やコイン、石、竹串《たけぐし》、玩具《がんぐ》、ボールなどが多く認められます。無差別に異物を口の中に入れる癖のあるイヌでは、胃内異物がしばしば発生します。

ネコではボールなどの大きな異物を食べることはほとんどありませんが、裁縫針や釣り針などを飲み込むことがあり、また、グルーミングの習性により飲み込んだ体毛が絡まり合って塊状となる毛球症がしばしば認められます。

症状

無症状で長期経過する場合もありますが、異物によって胃の出口が閉塞《へいそく》された場合には、突然の嘔吐を示します。また、異物の機械的刺激によって急性あるいは慢性胃炎を起こすことによっても、嘔吐をします。

さらに、異物の種類によっては中毒を起こすことがあります。たとえば、亜鉛を含むボルトやナットを摂取すると、亜鉛誘発性溶血性貧血を起こしたり、鉛を摂取した場合には鉛中毒を起こすことがあります。

診断

異物を摂取したことが明らかであれば容易に診断がつきます。X線不透過性異物（金属や石など）は、X線検査で確認することができます。しかし、X線透過性異物（竹串、ボール、毛球など）はX線写真に写らないため、造影X線検査や内視鏡検査が必要となることがあります。

治療

飲み込んだ異物が小さく、腸管を通過できる可能性が高いと判断され、さらに、毒性がなく、無症状の場合には、糞便中に排泄《はいせつ》されるのを待つこともあります。しかし、症状を示している場合や、鋭利なものや排泄困難なもの、中毒の危険があるものを飲み込んだ場合には、ただちに摘出する必要があります。内視鏡が利用できる場合には、まず内視鏡による摘出を試みます。内視鏡で摘出できないときには、胃切開手術を行って摘出します。

予防

イヌは見境なくものを口にする習性があるため、イヌの生活環境中に異物となりうるものを置かないようにします。ネコの毛球症を予防するためには、こまめにブラッシングを行うのがもっとも効果的です。また、最近では毛球症の予防効果があるとされるキャットフードも市販されています。

（小出由紀子）

胃の流出障害

胃の流出障害は、胃の運動障害や胃内《いない》腔《くう》の異常、胃の外部からの圧迫などによって、胃内容物が腸へ流出できない状態をいいます。

原因

胃の運動障害は、ストレスや慢性胃炎、心因性、交感神経刺激、低カリウム血症で起こることがあります。

胃内腔の異常が原因となる場合には、異物や幽門部の慢性肥大性胃症、幽門輪状筋の肥大に起因する幽門狭窄《ゆうもんきょうさく》、胃の腫《しゅ》瘍《よう》（とくに腺癌《せんがん》）、幽門部の潰瘍などが考えられます。

流出障害の原因となる外部からの圧迫としては、肝臓や膵臓《すいぞう》の腫瘍、膿瘍《のうよう》または炎症、局所リンパ節の著しい腫大《しゅだい》、胃の変異を伴う横隔膜ヘルニアなどがあります。

また、胃拡張胃捻転症候群《いかくちょういねんてんしょうこうぐん》は、胃の流出障害と流入障害を引き起こします。

症状

胃の流出障害の一般的な症状は慢性あるいは急嘔吐ですが、その程度は流出障害の原因や重症度によって異なります。慢性例では体重減少も認められます。

診断

胃の流出障害は、様々な病気の併発症として発生するため、臨床的な症状だけでほかの胃腸病と鑑別するのは困難です。診断には超音波検査と内視鏡検査あるいは造影X線検査を行います。また、原因によっては超音波ガイド下または内視鏡下による生検が必要なこともあります。

治療

嘔吐に対する治療として輸液や制吐薬の投与を行うとともに、原因となっている病気を治療します。

また、慢性的な炎症などにより胃の流出路である幽門が閉塞している場合には、幽門筋切開手術や幽門形成手術が必要になることがあります。さらに、幽門の病変が重篤な場合は、胃十二指腸吻合《いじゅうにしちょうふんごう》手術《しゅじゅつ》や胃空腸吻合《いくうちょうふんごうしゅじゅつ》手術によって胃からの食物の流出経路を変更することもあります。

（小出由紀子）

胃破裂、胃穿孔《いせんこう》

胃破裂は、胃拡張胃捻転症候群などの場合に、胃壁組織の壊死《えし》と胃内ガス貯留によって胃壁の断裂が起こる病気です。一方、胃穿孔は、外傷や胃潰瘍《いかいよう》、胃の腫瘍、胃内異物、医原性（手術や内視鏡下での生検やステロイド製剤の高用量投与など）、寄生虫症などが原因となって、胃の壁に穴が開いた状態です。これらの病気では胃内容物が腹腔《ふくくう》内に漏れ出るため、重篤な腹膜炎を起こします。

胃破裂や胃穿孔では、急性の腹痛や重篤な沈うつ、発熱、吐血、ショックがみられます。ただちに大量の輸液など、ショックに対する治療を行い、続いて開腹手術によって外科的に治療します。迅速な治療が行われない場合、死亡率は非常に高くなってしまいます。

（小出由紀子）

胃潰瘍《いかいよう》

胃潰瘍とは、肉眼でわかる大きさの粘膜の欠損のことで、イヌやネコでは、人と比べるとその発生は多くありません。

原因

ストレスや薬物（アスピリン、インドメタシン、グルココルチコイドなど）、全身的な代謝性の病気（腎不全《じんふぜん》、肝不全など）、ウイルス性の病気（ジステンパー、パルボウイルス感染症など）、腫瘍（良性ポリープ、平滑筋腫《へいかつきんしゅ》、腺癌、平滑筋肉腫《へいかつきんにくしゅ》、線維肉腫《せんいにくしゅ》、リンパ腫《しゅ》、肥満細胞腫《ひまんさいぼうしゅ》など）、その他の原因によって発生します。

症状

嘔吐がもっとも多くみられ、ほかに食欲不振や体重減少も認められます。潰瘍《かいよう》部《ぶ》からの出血が激しい場合には、吐血やメレナ（黒色便）などもみられます。

診断

確定診断には造影X線検査や内視鏡検査が必要です。

治療

通常は胃炎の治療と同様に制酸薬や粘膜保護薬を投与します。食欲がまったくなく、脱水症状が認められる場合には、輸液を行います。また、貧血が激しい場合には、輸血が必要なこともあります。5～7日間内科的治療を行っても十分な治療効果が得られない場合には、外科手術により病変部の切除が必要となることもあります。

予防

ストレスに陥らないようにし、また、異物の摂取や胃潰瘍を誘発する薬物の不要な投与を避けます。

（小出由紀子）

胃《い》拡《かく》張《ちょう》胃《い》捻《ねん》転《てん》症《しょう》候《こう》群《ぐん》

胃拡張胃捻転症候群〈図4〉は、胃が拡張とねじれを起こす病気です。主にイヌにみられ、とくに大型犬に多く発生する傾向があります。

原因

詳細は不明ですが、胃における食物の通過時間の延長や、慢性的な胃のうっ滞、過度な空気の飲み込み、過食、食後の運動、ドライフードや穀物主体の食事などが原因として考えられています。

〈図4〉胃拡張胃捻転症候群

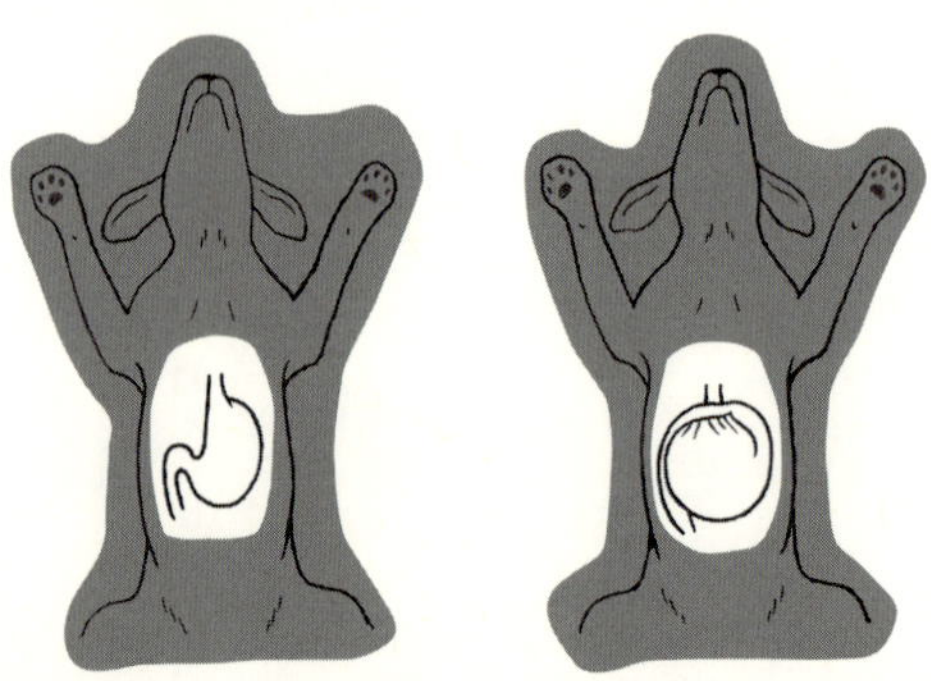

左は正常な胃、右は時計回りに180°の胃捻転を起こした状態

症状

鼓脹《こちょう》を伴った急性の腹囲膨満、吐き気、空嘔吐《からおうと》、悪心、よだれ、呼吸困難が認められます。

胃のねじれが重度になると、胃は流出障害を起こし、内部に液体や気体が充満して拡張します。さらに、ねじれや拡張が進行すると、胃に栄養を送る血液の流れが悪くなり、ひいては胃壁が壊死してしまいます。

胃拡張胃捻転症候群は、急性に起こる

場合と慢性経過をとる場合があります。急性例では、拡張した胃が門脈や後大静脈を圧迫し、心臓に戻ってくる静脈血流を著しく減少させることで循環血液減少性ショックを合併します。このため、治療が遅れると死に至る恐ろしい病気です。さらに脾臓《ひぞう》が胃とともに変位や捻転《ねんてん》を起こして障害を受けることもあります。状態が長引けば、腹部臓器のうっ血によって、消化管から吸収された毒素が蓄積し、エンドトキシンショックを起こします。その後、アシドーシスや播種性《はしゅせい》血管内凝固症候群《けっかんないぎょうこしょうこうぐん》（DIC）に進行することもあります。

診断

症状から胃拡張胃捻転症候群を疑います。身体検査では、鼓脹を伴う腹囲膨満が認められ、重篤な場合は大腿動脈圧《だいたいどうみゃくあつ》の低下や毛細血管再充満時間の延長、口腔《こうくう》粘膜《ねんまく》の蒼白《そうはく》など、ショックを示す症状がみられます。血液学的検査や血液化学検査、とくに血液ガスと電解質の測定による酸塩基平衡および電解質異常の確認は、その後に内科的治療を行ううえで重要です。この病気では、心室性不整脈を併発することが多いため、心電図検査による不整脈の確認も行います。X線検査では、著しく拡張した胃が確認され、その形状から捻転の向きや程度を判断できることがあります。

治療

急性の場合は、胃の拡張を改善するための減圧処置とショックの治療をただちに行います。胃の減圧処置としては、おとなしいイヌであれば口から胃内にチューブを挿入してガスを排出します。しかし、おとなしくすることが苦手なイヌの場合や、捻転が重度のときには、チューブを胃内に挿入できないことがあります。その場合は皮膚の上から注射針を胃内に刺してガスを排出します。同時にショックの治療も重要で、このためには静脈内に大量の輸液を行うとともに、副《ふく》腎皮質《じっひしつ》ホルモン製剤《せいざい》や抗生物質を投与します。不整脈が現れたときは、抗不整脈薬を投与します。そして、ショック状態が落ち着いた後、ただちに開腹手術による外科的治療を行います。手術では胃と脾臓を元の位置に戻すとともに、再発を防ぐために胃と腹壁を固定するのが一般的です。胃の一部が壊死している場合は、その部分を切除します。また、脾臓についても、ダメージの程度によっては摘出する場合があります。

予防

胃拡張胃捻転症候群は死亡率の高い病気で、適切な治療を行っても、すべてのイヌを救命できるとは限りません。このため、この病気にかかりやすい大型犬については、普段から予防に気をつける必要があります。予防法としては、発酵してガスが発生しやすい穀物などを与えないようにするとともに、食べ過ぎにも注意します。また、食後すぐに大量の飲水や運動をさせないようにすることも大切です。

（小出由紀子）

腫瘍《しゅよう》

胃に発生する腫瘍としては、イヌの場合は良性のポリープや腺癌、平滑筋腫、ネコの場合はリンパ腫が多くみられますが、そのほかにも平滑筋肉腫や線維肉腫、転移性の腫瘍などがみられます。胃に腫瘍が発生すると、その種類に関係なく、胃の運動性の低下や胃の流出路の閉塞、潰瘍、出血などが起こり、それに伴う症状がみられます。とくに慢性の嘔吐がもっとも多く認められ、食欲不振や衰弱、体重減少などを示すこともあります。

診断には、超音波検査、造影X線検査、X線CT検査、内視鏡検査が必要です。根治的治療としては、リンパ腫を除いて外科的切除が必要ですが、悪性腫瘍の場合にはあまり良効な経過は期待できません。リンパ腫の場合には、化学療法が一時的に症状を緩和することがあります。イヌやネコでは、人に比べて胃の腫瘍の発生はまれですが、診断時にはすでに病態が進行していて、根治的な治療が難しいことも少なくありません。

（小出由紀子）

腸の疾患

腸炎

腸炎とは、下痢を主な特徴とする腸粘膜の炎症です。

原因

腸炎の原因には、食事や薬物、感染症などがあり、感染症の原因もウイルス（パルボウイルス、コロナウイルス、ロタウイルス、猫伝染性腹膜炎ウイルス、猫免疫不全ウイルスなど）や細菌（サルモネラ、カンピロバクター、エルシニアなど）、真菌（ヒストプラズマなど）、寄生虫（ジアルジア、トリコモナス、コクシジウム、鞭虫《べんちゅう》、回虫、鉤虫《こうちゅう》、糞線虫《ふんせんちゅう》、条虫など）、その他、様々なものが知られています。

症状

水様性または粘血性の下痢が一般的な特徴で、嘔吐《おうと》や脱水がみられることもあります。

診断

急性の腸炎は、症状と糞便検査《ふんべんけんさ》によって診断します。ただし、原因の究明は必ずしも容易ではありません。慢性例や対症療法に反応がみとめられない場合は、内視鏡検査による腸生検を行います。

治療

原因が確認された場合、その治療を行います。また、対症療法として、急性例では食事を制限し、腸を休ませるため12～24時間の絶食を行います。一方、慢性例には食餌療法《しょくじりょうほう》と止瀉薬《ししゃやく》の投与を行います。食事は通常、低脂肪食を少量ずつ何回にも分けて与えるようにします。激しい下痢や嘔吐、脱水がみられる場合は、輸液が必要なこともあります。

予防

パルボウイルス感染症とコロナウイルス感染症の際には、ワクチン接種が有効です。寄生虫に対しては、定期的に糞便検査を行い、感染を早期に発見し、症状が現れる前に駆虫することが大切です。また、不適切な食物の摂取を避けることも重要です。

(小出由紀子)

イヌの出血性胃腸炎

「胃の疾患」の「イヌの出血性胃腸炎」の項を参照してください。

慢性特発性腸疾患

慢性特発性腸疾患とは、様々な慢性腸症の総称的な病名です。リンパ球や形質細胞、好酸球、好中球、マクロファージ、組織球など、多くの炎症性細胞の腸粘膜固有層への浸潤を特徴とします。

慢性特発性腸疾患には、小腸内細菌過剰増殖や炎症性腸疾患、リンパ球形質細胞性腸炎、好酸球性腸炎、肉芽腫性腸《にくがしゅせいちょう》炎《えん》、腸リンパ管拡張症、組織球性潰瘍性《そしききゅうせいかいようせい》大腸炎《だいちょうえん》などの病気が含まれます。

原因

特発性とは原因が不明ということです。リンパ球形質細胞性腸炎のように遺伝性や食餌性《しょくじせい》、細菌性、免疫性、粘膜透過性などの要因によって起こると考えられたり、好酸球性腸炎のようにアレルギーや寄生虫感染が原因と考えられているものもありますが、いずれも詳細は不明です。

症状

小腸内細菌過剰増殖は、小腸近位端の腸内細菌叢《ちょうないさいきんそう》の異常な増殖で、吸収不良や下痢を起こします。

また、炎症性腸疾患は、粘膜固有層や粘膜下織への炎症性細胞の浸潤を特徴とする腸炎です。リンパ球形質細胞性腸炎や好酸球性腸炎は、粘膜固有層や粘膜下織へのリンパ球や形質細胞の浸潤を特徴とします。好酸球性腸炎の病変は、とくに胃、小腸、結腸にみられ、その部位によって慢性の嘔吐や小腸性下痢、大腸性下痢を起こします。

肉芽腫性腸炎は、腸壁の肉芽腫性炎症《にくがしゅせいえんしょう》が特徴で、塊状の肥厚を起こして腸管の狭窄《きょうさく》を起こします。肉芽腫性腸炎の症状は、粘液や血液を伴った大腸性の下痢です。

腸リンパ管拡張症は、腸管リンパ管の極度の拡張と機能障害が特徴です。この病気では、先天性リンパ管形成不全や肉芽腫形成によるリンパ管の閉塞《へいそく》、心疾患、閉塞性胸管障害などが要因となって腸リンパ液が腸管内に放出され、その結果、リンパ球や血漿《けっしょう》タンパク、脂質の喪失を起こします。そのため血液の検査でリンパ球減少症や低タンパク血症、低コレステロール血症がみられます。

組織球性潰瘍性大腸炎は、若いボクサーにみられ、組織球による浸潤を特徴とします。この病気は下痢と進行性の結《けっ》腸潰瘍《ちょうかいよう》が特徴です。病気の進行に伴って腸から血液とタンパク質が慢性的に失われ、体重減少と衰弱を起こします。

診断

間欠的、慢性的な下痢症状や体重減少などの症状をもとに診断を行います。また、血液検査では、低アルブミンと低グロブリンを伴った低タンパク血症がみられます。超音波検査による腸管壁の肥厚や不整が認められることがあります。確実に診断するためには、肝不全やネフローゼ症候群と鑑別しなければならず、腸の生検が必要となります。腸生検は内視鏡によって可能な場合もありますが、粘膜の表層しか検査できないため、開腹手術によって生検を行うこともあります。

治療

慢性特発性腸疾患は難治性であることが多く、正確な病態の把握と長期にわたる治療が必要です。治療法は、原因や病態によって異なりますが、食餌療法と内服薬の投与が中心となります。たとえば、リンパ球形質細胞性腸炎では、食餌療法と抗炎症剤、抗生物質の投与を行います。

好酸球性腸炎では、低アレルギー食を与え、ステロイド製剤を投与するとともに、対症療法として低脂肪の食事を少量ずつ何回にも分けて与えます。また、腸リンパ管拡張症では低脂肪食と中鎖トリグリセライド（ＭＣＴ）を与えます。効果が認められなければ、ステロイド製剤を投与します。いずれの病気の場合も、激しい下痢や嘔吐、脱水があるときは輸液を行います。

（小出由紀子）

タンパク漏出性腸症

タンパク漏出性腸症とは、腸管から多量のタンパクを失うことによって低タンパク血症になる全身性疾患です。

原因

リンパ球形質細胞性腸炎や好酸球性腸炎、肉芽腫性腸炎、腸《ちょう》リンパ管拡張症などの慢性特発性腸疾患や腸リンパ腫《しゅ》に伴って発症します。

症状

もっともよくみられる症状は慢性的な下痢ですが、下痢を起こさない場合もあります。その他の症状としては、元気消失や体重減少、嘔吐、脱水などがみられます。低タンパク血症が重度なときは、浮腫《ふしゅ》、胸水による呼吸困難、腹水による腹部膨満などを起こすこともあります。

診断

身体検査、糞便検査、血液学的検査、血液化学検査を行います。この病気は、検査によって低アルブミンと低グロブリンを伴った低タンパク血症がみられるのが特徴で貧血や低コレステロール血症がみられることもあります。また、肝機能検査により肝臓の病気によるアルブミン合成障害との鑑別を行い、尿検査によりネフローゼ症候群との鑑別を行います。

原因を究明するには、内視鏡を用いて腸粘膜を観察し、併せて腸の生検を行う必要があります。胃も侵されていることがあるため、内視鏡検査にあたっては胃壁も同時に観察します。ただし、内視鏡が使用できる範囲は限られているため、場合によっては、開腹手術による生検を行うこともあります。このほか、X線検査や超音波検査で心臓の病気、腸管通過障害の有無を確認します。

治療

特発性腸疾患に伴って発症している場合は、その治療を行います。腸リンパ腫が原因である場合は、抗癌剤《こうがんざい》の投与が有効なことがあります。また、腹水症が認められるときには、利尿薬を投与します。

（小出由紀子）

吸収不良症候群

吸収不良症候群とは、小腸粘膜の代謝不全によって吸収障害が発生し、その結果、栄養障害を起こす病態の総称です。

原因

慢性の炎症性腸疾患（リンパ球形質細胞性腸炎、好酸球性腸炎、肉芽腫性腸炎）や、腸リンパ管拡張症、リンパ腫、特発《とくはつ》性絨毛萎縮《せいじゅうもういしゅく》、小腸内細菌過剰増殖、寄生虫症、ヒストプラズマ症などに伴って発生したり、腸の切除術後にみられます。

症状

初期には活動性や食欲に異常はみられませんが、次第に体重が減少し、下痢を起こします。糞便は軟便または水様便で、脂肪含有量が多くなります。

診断

糞便検査により未消化の脂肪やタンパク質、デンプンを確認します。血液学的検査と血液化学検査では、低アルブミンと低グロブリンを伴う低タンパク血症のほか、貧血や低コレステロール血症が認められることがあります。内視鏡検査で腸粘膜を観察し、併せて腸の生検を行って確定診断を行います。ただし、内視鏡が使用できる範囲は限られているため、開腹手術によって生検を行うこともあります。

治療

原因となる病気が多様であるため、その原因を確認して、それに対する治療を行います。また、対症療法として、低脂肪の食物を少量ずつ何回にも分けて与えます。さらに、激しい下痢や嘔吐、脱水がみられる場合は輸液を行います。

（小出由紀子）

食餌性過敏症《しょくじせいかびんしょう》

食餌性過敏症とは、食物中の成分を摂取することによって自らの体に有害な反応を発生させる病気です。食餌性過敏症には、食物アレルギーや小麦感受性腸症、食餌不耐性《しょくじふたいせい》などが含まれます。

食物アレルギーは、特定の食物抗原に対する免疫介在性反応によって起こります。食物アレルギーの疑いがある場合、食餌療法としてアレルゲンフリーあるいは厳選したタンパク源（これまでに与えたことのないもの）から構成された食餌を、最低6週間にわたって与えます。

小麦感受性腸症は、アイリッシュ・セターにみられる病気です。小麦またはグルテンを含む食物を摂取することによって、体重減少や軽度の下痢を起こします。これらの症状は、原因となる食物や成分を除去することで速やかに改善されます。

ただし、ほとんどの市販のドッグフードには、小麦やグルテンが含まれているため、これらを含まない自家調理食か特別療法食を与える必要があります。

食餌不耐性は、食物中のチアミンや乳糖、レクチンなどに対する反応として発生します。これらの物質を含まない特別療法食を与えれば、症状は改善します。

（小出由紀子）

刺激反応性腸症候群

刺激反応性腸症候群は、様々な心因的、情緒的な要素を原因とし、下痢や便秘、腸のけいれんを交互に起こす病気です。ただし、体重の減少がみられることは非常にまれです。

飼育状況を参考にして、食餌性、寄生虫性、感染性、炎症性腸疾患などのほかの病気との鑑別を行ったうえで診断しますが、はっきりした病変を伴わない病気であるため、確定診断は困難なことが多いようです。

治療としては、抗コリン薬あるいはオピオイドによる腸管運動の調節や、鎮静薬による精神の安定を図り、高繊維食を与えます。

予防には、ストレス状態にならないように動物を飼育することが大切です。

（小出由紀子）

腸閉塞《ちょうへいそく》（イレウス）

腸閉塞とは、消化管の内容物が物理的に腸を通過できなくなった状態をいい、腸の血管が損傷を受けていない単純性腸《たんじゅんせいちょう》閉塞《へいそく》と、血管の損傷を伴う絞扼性腸閉塞《こうやくせいちょうへいそく》があります。絞扼性腸閉塞の場合、腸管に浮腫と充血、腸壁の低酸素症と梗塞《こうそく》、細菌の異常増殖および毒素の蓄積が起こり、迅速に治療を行わないと敗血症性ショックで急死してしまいます。

原因

腸閉塞の原因には、異物や大量の腸管内寄生虫、腫瘍《しゅよう》、癒着、腸重積、嵌頓《かんとん》ヘルニアなどがあります。イヌやネコでは、異物による腸閉塞がもっとも多く、イヌではとくに石や玩具《がんぐ》（ビー玉など）、トウモロコシの芯など、ネコではひも状の異物が多くみられます。

症状

完全に腸が閉塞されているか否か、また、閉塞の起こっている部位によって、症状の現れ方や程度に違いがあります。腸閉塞の一般的な症状は、嘔吐や沈うつ、食欲不振、腹部の痛みなどですが、絞扼性腸閉塞の場合は、さらに激しい腹痛やショック症状など、より深刻な症状を示します。

診断

身体検査によって、腸内異物や腸の重積、または腸管内へのガスや液体の貯留による腸管拡張を確認できることがあります。また、X線検査を行い、X線不透過性（金属製など）の異物やガスまたは液体の貯留の有無を検査します。超音波検査では、腸管の拡張や蠕動《ぜんどう》運動の亢進あるいは消失が認められ、特には異物の発見にも役立ちます。造影X線検査を行うと、造影剤の通過時間の延長、閉塞の存在やその部分の輪郭を確認できます。また、ひも状の異物の場合、腸管の集結や皺襞形成《すうへきけいせい》が起こります。このほか、血液学的検査と血液化学検査は、全身状態を把握するうえで重要です。

治療

脱水に対する治療として輸液を行います。また、ショック状態に陥っている場合は、抗ショック療法も必要です。そして、状態が安定した後、ただちに外科手術による原因の除去を行います。

（小出由紀子）

腸重積

腸重積とは、腸管の一部がそれに続いている腸管の中に入り込んだ状態で〈図5〉、腸閉塞の原因となります。腸重積はネコよりもイヌに多く発生し、とくに1歳齢未満の若いイヌによくみられます。

原因

パルボウイルスやその他のウイルスの感染症のほか、腸管寄生虫症、腸管内異物（とくにひも状異物）、腸の腫瘍などが原因となって起こります。

症状

嘔吐や沈うつ、食欲不振、異常姿勢、腹部膨満、腹痛、ショック症状などがみられます。

診断

これらの症状がみられ、腹部の触診によってソーセージのような塊に触れることができた場合に腸重積を疑います。X線検査では、腸閉塞の所見として、ガスまたは液体の貯留像がみられます。また、造影X線検査では、造影剤の通過時間の延長や、閉塞などが観察されます。

さらに、超音波検査を行うと、重なり合った異常な腸管を確認できるので、迅速かつ正確に診断を行うことができます。このほか、血液学的検査と血液化学

〈図5〉

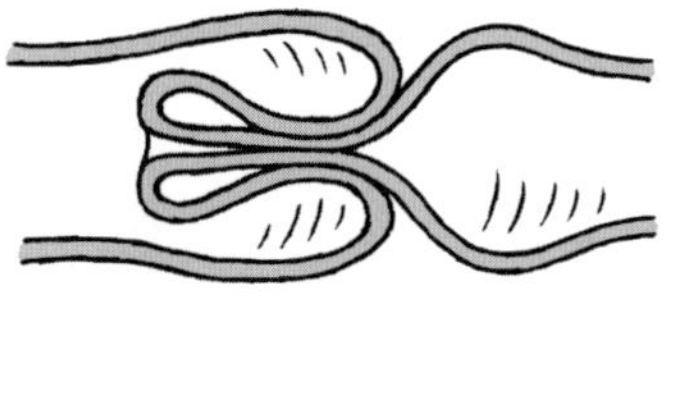

左が肛門側、右が胃側。回腸が大腸側へ吸い込まれるように重積している

検査は、全身状態を把握するうえで重要です。

治療

脱水に対する治療として輸液を行います。また、ショック状態に陥っている場合は、抗ショック療法も必要です。そして、状態が落ち着いた時点で外科的手術を行い、重積を整復します。腸重積の整復では、重なり合った腸管を元に戻しますが、腸管のダメージが深刻なときには、その部分を切除することもあります。

予防

子イヌと子ネコにワクチンを接種し、また、寄生虫を駆虫することによって、腸重積を引き起こす病気を予防あるいは治療します。

（小出由紀子）

腸捻転《ちょうねんてん》

原因

腸捻転とは、腸管が腸間膜の長軸を軸として回転することによって起こる一種の絞扼《こうやく》性腸閉塞です。腸の完全閉塞と虚血性の壊死《えし》を起こし、さらに、腸管から吸収された毒素が蓄積することによってエンドトキシンショックが発生します。その後、アシドーシスや播種性血管内凝固症候群《はしゅせいけっかんないぎょうこしょうこうぐん》も起こし、最終的には敗血症性腹膜炎を発症して死亡します。この病気は主に大型犬（とくにジャーマン・シェパード・ドッグ）に起こりやすいといわれています。

症状

激しい腹痛や嘔吐、出血性の下痢、沈うつなどの症状がみられます。重症例では、さらに大腿動脈圧《だいたいどうみゃくあつ》の低下や毛細血管再充満時間の延長、口腔粘膜《こうくうねんまく》の蒼白《そうはく》など、ショック状態の症状を示します。

診断

身体検査と血液学的検査、血液化学検査を行います。ただし、ショック状態に陥っている場合には、検査よりも、まずその治療を優先します。検査所見としては、酸塩基平衡の異常や電解質の異常がみられます。また、心電図検査により心室性不整脈が観察されることがあります。X線検査では、ガスが貯留して膨らんだ腸管が広範囲に認められます。なお、最終的な確定診断には、試験的開腹が必要となることもあります。

治療

迅速に診断し、ショックの治療を行って状態を安定させます。その後、緊急に開腹手術を行い、捻転部分を外科的に修復するとともに壊死した腸管を切除します。手術を終える前に腹腔内を何度も洗浄し、手術後には敗血症性腹膜炎に対する積極的な処置を行います。

（小出由紀子）

巨大結腸症

巨大結腸症とは、結腸がつねに異常に拡張した状態になる病気で、イヌよりネコに多く発生します。

原因

結腸に慢性的に糞便《ふんべん》が停滞すると、水分が吸収されることによって糞便が硬く凝結します。こうして結腸が長期間にわたって伸びた状態になると、結腸運動に不可逆的変化が起こり、結腸無力症といわれる状態になります。ネコでは、糞便が停滞する原因が不明のことが多いのですが、一部には、便の通過を妨げる機械的または機能的障害によって二次的に起こっていることもあります。二次的なものとしては、若齢時の栄養障害による骨盤の形態異常や骨盤骨折、脊髄疾患《せきずいしっかん》、馬尾症候群などに続いて起こります。

〈図６〉

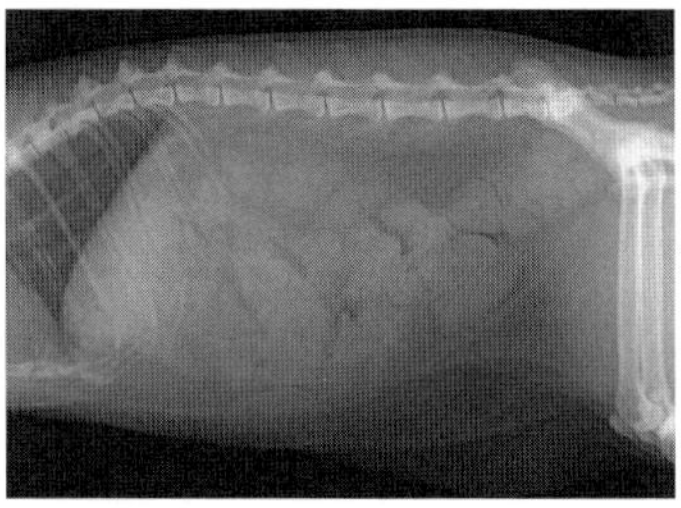

ネコの巨大結腸症。結腸、直腸に大量の糞塊が停滞し、大腸は大きく拡張している

症状

便秘やしぶり、頻繁な排便行動、脱水、衰弱、嘔吐、食欲不振、体重減少、被毛粗剛などが認められます。

診断

腹部の触診や指による直腸検査で、結腸が著しく拡張し、その中に硬い糞便が詰まっているのが確認されます。また、X線検査では、拡張した結腸を容易に見ることができます〈図６〉。

治療

原因となっている病気が明らかな場合は、その治療を行います。また、対症療法として、便秘の程度が軽度であれば、下剤や便の軟化剤を投与します。こうした治療に反応しないときや、便秘が重度なときは、浣腸《かんちょう》を行います。ただし、食欲不振や衰弱、嘔吐、脱水などの全身症状がみられる場合は、まず輸液による脱水の改善が必要です。なお、内科的治療を行っても糞便の排泄《はいせつ》が困難な場合は、開腹術が必要になります。

予防

この病気を起こしやすい病因をもっていると思われる動物や、過去にこの病気にかかったことがある動物については、普段から便秘に注意するとともに、必要に応じて、便を軟らかくするための食餌療法や便軟化剤の投与を行います。

（小出由紀子）

直腸憩室

直腸憩室とは、慢性の便秘によって直腸粘膜の一部が糞塊《ふんかい》に圧迫され、嚢状《のうじょう》に突出したものです。イヌに発生し、とくに慢性的な会陰ヘルニアのイヌにしばしばみられます。また、去勢していない雄イヌに直腸憩室や会陰ヘルニアが多く発生する傾向があります。

症状としては、しぶりや排便困難、便秘などがみられます。

身体検査と直腸検査を行って診断します。また、会陰ヘルニアがある場合は、その状態を確認するため、X線検査と超音波検査を行います。

治療としては、憩室内の糞塊を定期的に除去するか、外科手術による整復を行います。

（小出由紀子）

直腸脱

直腸脱には、直腸の粘膜が肛門《こうもん》から突出する部分脱出と、直腸が肛門を通り抜け、内側を表にして2層になって突出する完全脱出があります。

原因

直腸脱は多くの場合、大腸炎に伴うしぶりによって発生します。また、結腸や直腸、肛門の腫瘍、直腸内の異物、会陰ヘルニア、膀胱炎《ぼうこうえん》、前立腺炎《ぜんりつせんえん》、尿道の障害や難産に続いて発生することもあります。

症状

肛門からの直腸の脱出が認められます。直腸粘膜だけの脱出であれば、脱出した粘膜は赤く腫脹《しゅちょう》してドーナツ状にみえます。これに対して、直腸全層の完全脱出は、浮腫を起こした円筒状の塊として観察されます。脱出した組織は生きていることも壊死していることもあります。

診断

身体検査により脱出した直腸を確認します。また、原因となる病気を診断するために、肛門や直腸、結腸、泌尿生殖器を調べる必要があり、尿検査、糞便検査、直腸検査、X線検査を行います。

治療

部分脱出と完全脱出のどちらでも、脱出してから短時間であれば、潤滑剤を使用して手で元に戻し、肛門に巾着縫合《きんちゃくほうごう》を行います。しかし、脱出してから長時間が経過し、直腸の組織が死滅してきているときには、直腸粘膜または直腸壁全層を切除する手術を行います。また、原因となった疾患の治療も必要です。脱出が再発する場合は、結腸固定手術を行います。

（小出由紀子）

肛門周囲炎《こうもんしゅういえん》、肛門周囲瘻《こうもんしゅういろう》

肛門周囲炎は、肛門嚢《こうもんのう》の病気や、肛門または直腸の障害に伴って起こる肛門周囲の炎症です。また、肛門周囲瘻は、深く潰瘍化した瘻管《ろうかん》と肛門周囲組織の化膿《かのう》を特徴とする病気で、ジャーマン・シェパード・ドッグに多くみられます。

原因

肛門周囲炎は、ほかの肛門周囲の病気のときに、肛門部を舐《な》めたり噛《か》んだりすることによって起こります。一方、肛門周囲瘻は、肛門周囲の汚染と湿潤した環境が原因となって肛門周囲の腺組織《せんそしき》に感染と膿瘍《のうよう》が発生すると考えられていますが、詳細は不明です。

症状

肛門に不快感があるため、肛門周囲を舐めたり噛んだりします。また、排便困難やしぶりがみられることもあります。肛門周囲瘻では、さらに血便や便失禁がみられ、肛門周囲に悪臭のある膿性《のうせい》の物質が分泌されます。

診断

身体検査で肛門周囲を調べることで診断は確定します。

治療

肛門周囲炎は多くの場合、外用薬や内服薬の投与で治りますが、原因となる病気の治療も必要です。肛門周囲瘻は外科的処置により壊死組織を切除します。しかし、手術後に便失禁や肛門狭窄《こうもんきょうさく》を起こしたり、肛門周囲瘻を再発することもあります。また、内科的治療法として免疫抑制療法も行われることがありますが、完治はむずかしく、治療は生涯にわたります。

予防

肛門周囲をつねに清潔にします。

（小出由紀子）

腫瘍《しゅよう》

イヌやネコの腸に発生する腫瘍には、良性のものと悪性のものがあります。良性の腸の腫瘍としては腺腫様《せんしゅよう》ポリープ、腺腫《せんしゅ》、平滑筋腫《へいかつきんしゅ》があり、悪性の腸の腫瘍には腺癌《せんがん》、リンパ腫《しゅ》、類腺癌《るいせんがん》、平滑筋肉腫《へいかつきんにくしゅ》、線維肉腫《せんいにくしゅ》、肥満細胞腫《ひまんさいぼうしゅ》、血管肉腫《けっかんにくしゅ》、未分化な肉腫《にくしゅ》があります。

症状

腫瘍の種類や病態によって様々な症状が現れますが、一般に食欲不振や体重減少、嘔吐、下痢、黒色便、貧血、発熱、黄疸《おうだん》、腹水、血便、排便困難などがみられます。

診断

身体検査によって腹腔内の腫瘤《しゅりゅう》に触れることができたり、X線検査によって腫瘤を確認できることがありますが、大きな腫瘤を形成するものばかりではないため、しばしば不明確なこともあります。造影X線検査や超音波検査、内視鏡検査なども有用な検査法です。ただし、確定診断には通常、試験開腹が必要となります。

治療

腫瘍が限られた部分だけに発生している場合は、それを外科的に切除します。しかし、すべて取り除くことができないときには、延命的治療として化学療法を行います。

（小出由紀子）

肝臓および胆《たん》嚢《のう》・胆管の疾患

肝臓の疾患

急性肝不全

急性肝不全は、何らかの原因によって突然、肝臓の機能を維持できなくなった状態をいいます。肝臓は毒物の代謝と排出を行う中心的な臓器であるため、非常に大きな予備能力と優れた再生能力を備えています。予備能力の程度は、年齢や健康状態によって異なりますが、通常は正常な肝臓組織が20％以上保たれていれば、機能を維持することができるといわれています。このため、肝不全では、肝臓組織の80％以上が障害を受けていることになり、肝臓病としてはきわめて深刻です。

原因

急性肝不全は、肝臓が急性かつきわめて広範囲にダメージを受け、正常な肝臓組織が20％以下になった場合に起こります。直接的な原因としては、感染症（レプトスピラ病、トキソプラズマ症、ヒストプラズマ症、猫伝染性腹膜炎、犬伝染性肝炎）、毒物（砒素《ひそ》、四塩化炭素、塩化ビフェニル、炭化水素、ナフタレン、クロロフォルム、ジエルドリン、ジエチルニトロサミン、リン、セレン、タンニン酸などの化学物質、銅、鉄、鉛、水銀などの重金属、アフラトキシン、緑藻毒素、テングタケ毒素、ソテツ毒、ピロリジンアルカロイド、ハッカ油などの生物学的毒素）、薬物（アセトアミノフェンなどの鎮痛薬、メベンダゾールなどの駆虫薬、ハロセンやメトキシフルランなどの吸入麻酔薬、プリミドン、フェニトイン、フェノバルビタールなどの抗けいれん薬、ステロイドなど）、重度の貧血、低酸素血症、熱中症、腹部外傷、急性膵《きゅうせいすい》炎《えん》、播種性血管内凝固症候群《はしゅせいけっかんないぎょうこしょうこうぐん》（DIC）、敗血症やショックなどの全身性疾患、その他、多数が知られています。

症状

急性肝不全の症状は、原因や程度によって異なりますが、共通の症状として、食欲廃絶や元気消失、沈うつ、嘔吐《おうと》、下痢、メレナ（黒色便）などがみられます。また、発熱や黄疸《おうだん》、肝性脳症などの神経症状を示すこともあります。

診断

血液検査、X線検査、超音波検査を行います。経過や検査所見から急性肝不全の診断は可能ですが、その原因を特定することは必ずしも容易ではありません。

治療

治療は、輸液療法や解毒薬の投与を中心とした応急的処置と症状に基づく対症療法を行い、原因となりそうな毒物や薬物を摂取させないようにします。

（小出和欣）

慢性肝臓病（慢性肝炎、肝硬変、肝線維症）

慢性肝臓病は、慢性的な肝細胞障害や肝臓の慢性炎症を起こしている肝臓病の総称です。この病気には、慢性肝炎や慢性胆管肝炎、肝線維症、肝硬変などが含まれます。

慢性的な肝細胞障害や炎症が起こると、肝臓は線維化し、最終的に肝硬変へと進行します。肝硬変というのは、肝臓に広範囲な線維症が発生した状態を示す名称です。なお、肝臓の線維化を起こす病気には、肝硬変以外にも非肝硬変性肝線維症と呼ばれるものがあります。これは限局性やびまん性の肝線維化を起こすもので、先天性と後天性があり、イヌでまれにみられます。慢性肝炎、肝硬変、非肝硬変性肝線維症のいずれも、病状が進行すると肝臓は健常な機能を保つことができなくなり、肝不全に陥ります。

原因

慢性肝炎の原因には、「急性肝不全」の項で示した毒物や薬物の慢性的または反復的な摂取や、感染症、胆汁うっ滞（ネコの胆管肝炎）、免疫障害などがあります。イヌの慢性肝炎はしばしば特発性慢性肝炎といわれますが、これは原因が不明であることを意味します。なお、ベドリントン・テリアでは、遺伝的要因により肝臓に銅が蓄積して肝障害を起こす銅関連性肝炎が知られています。また、ウエスト・ハイランド・ホワイト・テリアにみられる慢性肝炎も、銅との関連が疑われています。このほか、ドーベルマン・ピンシャー（とくに中年齢の雌）やコッカー・スパニエルは慢性肝炎を起こしやすく、遺伝性であると考えられています。

肝硬変は、慢性的または反復的な肝細胞障害や慢性肝炎により起こります。非肝硬変性肝線維症の原因については不明な場合が多く、その場合は特発性肝線維症と呼ばれます。

症状

慢性肝臓病の症状は、初期には明確でなく、また非特異的（特徴的でないこと）で、食欲不振や体重減少、抑うつなどを示します。しかし、病状が進行すると、肝不全の徴候が現れ、黄疸や腹水、凝固異常、肝性脳症などがみられるようになります。

診断

血液検査、X線検査、超音波検査、肝生検を行います。血液検査では、持続的な血中肝酵素の上昇がみられます。肝不全に進行しているときには、肝機能検査にも異常が認められるようになります。慢性肝炎や肝硬変の確定診断または原因の究明には、肝生検による微生物学的検査、組織学的検査、肝臓組織内の銅含有量の測定などが必要なことがあります。

治療

毒物や薬物が原因の場合は、それらをさらに摂取させないようにします。特発性慢性肝炎では、免疫性抑制薬の投与が有効なこともあります。また、胆汁のうっ滞を起こしている慢性肝炎に対しては、利胆薬を使用します。銅関連性肝炎では、生涯にわたってD－ペニシラミンや塩酸トリエンチンのような銅キレート剤の投与が必要となります。このほか、線維化に対しては、副腎皮質《ふくじんひしつ》ホルモン製剤《せいざい》やコルヒチンなどの抗線維化薬の投与によって、その進行を遅らせることができる場合もあります。

いずれにしても原因を除去できないときや進行性の慢性肝障害では、生涯にわたる治療が必要です。肝硬変や肝線維症に伴って肝不全がみられるときには、予後不良となります。このため、治療は支持療法が中心となり、不足しやすいビタミン、ミネラルの補給、強肝薬の投与、消化管内毒素の産生と吸収を抑制するための薬物投与、食餌療法《しょくじりょうほう》などを行います。

（小出和欣）

コルチコステロイド誘発性肝臓病（ステロイド性肝臓病）

コルチコステロイド誘発性肝臓病（ステロイド性肝臓病）は、グルココルチコイドの過剰な作用によって誘発される肝臓病で、イヌでみられることがあります。ネコはグルココルチコイドに抵抗性があり、通常、この病気を発症することはありません。

原因

コルチコステロイド製剤を投与したイヌや、副腎皮質機能亢進症《ふくじんひしつきのうこうしんしょう》（クッシング病）のイヌにしばしば発生します。コルチコステロイド誘発性肝臓病は、コルチコステロイド製剤の投与量が多ければ多いほど、また投与期間が長ければ長いほど現れやすくなります。グルココルチコイド製剤の投与は、肝臓のグリコーゲン蓄積と肝臓腫大《かんぞうしゅだい》を引き起こします。しかし、ほとんどは、回復が可能な良性のもので、肝機能不全を起こすことはありません。

症状

多飲多尿や多食、肝臓腫大、腹囲膨満など、副腎皮質機能亢進症の症状がみられます。

診断

血液検査でアルカリ性ホスファターゼとγ－グルタミルトランスペプチダーゼ活性の上昇が認められ、触診やX線検査で肝腫大《かんしゅだい》を確認できます。グルココルチコイドの投与を行っていれば、そのことから容易に診断できます。グルココルチコイド製剤を投与されていないイヌにこの病気が認められた場合は、自然発生の副腎皮質機能亢進症が疑われます。

治療

コルチコステロイド誘発性肝臓病は、グルココルチコイド製剤の投与の中止、または自然発症した副腎皮質機能亢進症の治療を行うことにより改善します。しかし、アレルギー性疾患や免疫介在性疾患の治療のためにグルココルチコイド製剤を投与している場合、投薬を完全に中止できないこともあります。そのようなときには、定期的な血液検査により、副作用が最小限になるように投薬量を調節

したり、ほかの薬物と併用するなどの対処が必要です。（小出和欣）

脂肪肝

脂肪肝は、肝臓内にトリグリセライド（中性脂肪）が過剰に蓄積する病気です。この病気は肝リピドーシスとも呼ばれ、ネコに起こりやすく、著しい肝内胆汁うっ滞と肝不全を引き起こし、急性例では死亡率がきわめて高くなります。

原因

肝臓への脂肪沈着と肝臓からの脂肪動員の不均衡によって発症します。この状態は、食欲不振や食欲廃絶によって急性あるいは慢性の栄養不足状態となったネコに起こりやすく、とくに肥満したネコに多く認められます。そのほかにもいくつかの原因が考えられていますが、詳細については不明です。

症状

抑うつ、元気消失、体重減少、黄疸、間欠熱、嘔吐、下痢、肝臓の腫脹《しゅちょう》、出血傾向がみられます。病状が進行すると、肝不全や肝性脳症を起こすこともあります。

診断

血液検査とX線検査、超音波検査を行います。ネコの脂肪肝では、血液検査でビリルビンとアルカリ性ホスファターゼの上昇が特徴的にみられ、アスパラギン酸アミノトランスフェラーゼやアラニンアミノトランスフェラーゼ活性、血清総胆汁酸、空腹時血中アンモニア濃度も上昇しています。X線検査では肝臓の腫大《しゅだい》がみられ、超音波検査では肝臓全体がびまん性に高エコーになります。確定診断には肝生検が必要ですが、肝細針吸引と呼ばれる簡易な検査でも確定診断できることがあります。

治療

積極的な栄養補給を行います。食欲が回復するまでは胃チューブや咽頭《いんとう》チューブ、経鼻カテーテルなどを設置して強制的に栄養素と水分を補給します。また、感染予防のため、抗生物質の投与も必要であり、さらにストレスのない環境を整えることも大切です。（小出和欣）

門脈体循環短絡症（門脈シャント）

正常な動物では、消化管内で産生されたアンモニアなどの毒素は、腸管から吸収されると、門脈と呼ばれる血管を経由して肝臓に運ばれ、無毒化されます。しかし、この門脈と全身性の静脈の間にバイパス血管があると、肝臓で解毒されるべき有害物質が肝臓で処理されないまま全身（体循環）を循環することになり、その結果、様々な異常を起こします。このような異常なバイパス血管が存在する状態を門脈体循環短絡症（門脈シャント）といいます。

原因

門脈体循環短絡症の原因には、先天性と後天性があります。イヌとネコにおける門脈体循環短絡症の多くは先天性の門脈奇形であり、とくにイヌに多くみられます。ミニチュア・シュナウザーやヨークシャー・テリアはこの病気にかかりやすい犬種です。先天性の門脈体循環短絡症にはいくつかの短絡様式がありますが、バイパス血管の位置により肝内性と肝外性に大別され、前者は大型犬に、後者は小型犬によくみられます。

一方、後天性の門脈体循環短絡症は、持続的な門脈高血圧症がみられる病気の際に、門脈と全身静脈の間に側副血行路が形成されたものです。門脈高血圧症がみられる病気には、重篤な慢性肝炎や肝硬変、肝線維症、先天性の肝動静脈瘻《かんどうじょうみゃくろう》などがあります。

症状

門脈体循環短絡症のイヌやネコは、アンモニアなどの消化管内毒素により、しばしば肝性脳症を起こします。肝性脳症の症状は、よだれ、ふらつき、一時的な盲目、けいれんなどの中枢神経症状が特徴的で、食後1～2時間経過した頃に悪化傾向を示します。その他の症状としては、慢性的または間欠的な嘔吐や下痢などの消化器症状、さらに尿路結石の合併例では頻尿や血尿などの膀胱炎《ぼうこうえん》症状が認められます。また、先天性の場合には発育不全が起こり、後天性の場合には削痩《さくそう》や食欲不振、腹水症などの肝不全症状がみられます。放置しておくと、肝臓の機能障害により死亡します。

門脈体循環短絡症

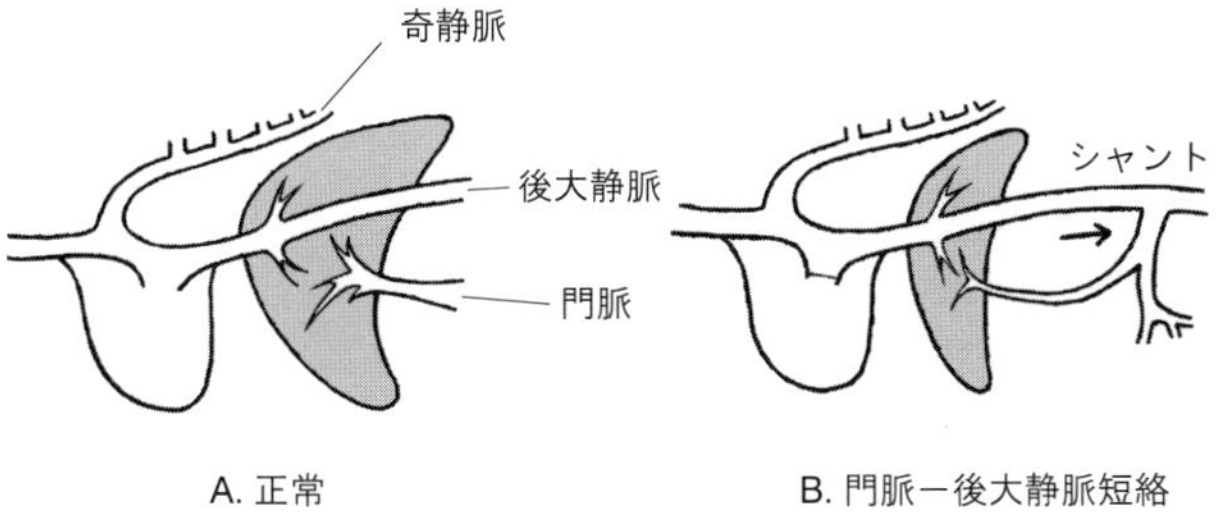

A. 正常　　B. 門脈－後大静脈短絡

診断

血液検査とX線検査、超音波検査、CT検査により診断します。血液検査では、低アルブミン血症、尿素窒素値の低下、高アンモニア血症、血清総胆汁酸濃度の上昇がみられます。また、X線検査で小肝症、超音波検査でシャント血管を確認できることもあります。造影CT検査は、全身麻酔が必要ですが、シャント血管を確認する有用な検査です。特に高性能のマルチスライスCTを用いた三次元画像診断は、小肝症の程度やシャント血管の位置や状態を確認するうえできわめて有用です。海外では放射性同位元素を用いたシンチグラフィー検査により確定診断を行いますが、国内ではこの検査は行われていません。門脈造影検査は、かつてはこの病気の最終診断法でしたが、外科的処置を伴うため、診断目的のみの理由で行われることは少なく、通常、外科的治療の際に補助的検査として行います。

治療

治療は、内科的治療と外科的治療に大別されます。内科的治療は、症状の緩和とある程度の延命を目的とし、外科的治療が困難な場合や外科的治療の前後に行います。内科的治療は消化管内毒素の産生と吸収を抑制するための薬物の投与や、低タンパクの食餌療法などによる肝性脳症の改善または予防が中心となります。

外科的治療は、先天性の門脈体循環短絡症の場合に限り実施が可能で、根治や長期延命が期待できる唯一の方法です。外科的治療は、先天的なシャント血管を閉鎖することで肝臓の機能を改善させることが目的ですが、一度にシャント血管を閉鎖することが不可能なこともあります。外科手術の成功率は短絡の様子によって異なります。とくに肝内性の場合は、肝外性に比べて外科的治療が難しく、手術のできる施設は限られています。

（小出和欣）

腫瘍《しゅよう》

肝臓の腫瘍には、原発性と転移性があります。イヌやネコの原発性肝臓腫瘍《げんぱつせいかんぞうしゅよう》は、比較的高齢の動物にまれに発生します。イヌでは肝細胞癌《かんさいぼうがん》、ネコでは胆管癌《たんかんがん》が多くみられますが、そのほかにも、肝カルチノイドや血管肉腫《けっかんにくしゅ》、平滑筋肉腫《へいかつきんにくしゅ》、線維《せんい》肉腫《にくしゅ》などの腫瘍が認められることがあります。一方、転移性腫瘍《てんいせいしゅよう》は、リンパ腫《しゅ》や肥満細胞腫《ひまんさいぼうしゅ》、膵臓癌《すいぞうがん》などの悪性腫瘍《あくせいしゅよう》に伴ってしばしば発生します。

原因

原発性肝臓腫瘍の原因はよくわかっていません。転移性の腫瘍は、他の臓器に起こった悪性腫瘍が脈管を通じて転移するか、胃癌《いがん》や膵臓癌などの隣接臓器の悪性腫瘍が浸潤することによって発生します。

症状

原発性肝臓腫瘍では、初期には症状が現れにくく、肝機能障害の徴候が認められることもまれです。腫瘍が進行すると、食欲不振や元気消失、体重減少、嘔吐、腹部膨満、腹腔内出血《ふくくうないしゅっけつ》などがみられるようになりますが、一様ではありません。転移性肝臓腫瘍の症状は、もともとの腫瘍（原発）の種類によって異なります。

診断

身体検査、血液検査、X線検査、超音波検査を行います。また、最近ではCT検査を実施できる施設も増えており、肝《かん》臓腫瘍《ぞうしゅよう》の診断に用いられています。また、超音波検査は、原発性腫瘍《げんぱつせいしゅよう》の発見のためにもっとも有用な検査法です。人の場合に一般的に行われている血液検査による腫瘍《しゅよう》マーカー検査《けんさ》は、イヌでも有用性が示されていますが、現在のところ限られた専門的施設でしか実施できません。確定診断には、経皮的（皮膚の上から）、あるいは試験的開腹による肝臓の生検が必要となります。なお、肥満細胞腫やリンパ腫《しゅ》は、簡便で安全な針吸引検査でも診断できることがあります。

治療

原発性肝臓腫瘍の場合、一つあるいは二つの限られた肝葉に腫瘍が発生しているのであれば、外科的に切除できることがあります。しかし、肝臓のすべての葉に腫瘍がみられる例や、転移性肝臓腫瘍の場合は、外科的切除は困難であり、予後は不良となります。化学療法は、リンパ腫や肥満細胞腫などの一部の腫瘍ではわずかに有用性が認められていますが、多くの場合、長期の延命は期待できません。

（小出和欣）

胆嚢《たんのう》・胆管の疾患

胆嚢炎《たんのうえん》

胆嚢炎は、何らかの原因で胆嚢に急性または慢性の炎症が起こっている状態です。

原因

主に細菌感染によって発生します。胆嚢内への細菌の進入は、腸管から総胆管を経由して逆行してくるか、あるいは血流にのって転移してくることによって起こります。また、胆嚢内の胆泥症や胆石症により慢性胆嚢炎《まんせいたんのうえん》を併発することもあります。

症状

胆嚢炎は、初期には症状を発見しにくく、慢性経過をとり、胆嚢破裂《たんのうはれつ》の原因になることもあります。重度の胆嚢炎では、食欲低下や元気消失、嘔吐《おうと》、発熱、腹痛、黄疸《おうだん》、腹水、体重減少がみられます。

診断

診断は血液検査と超音波検査により行います。血液検査では胆嚢炎に特異的な所見はありませんが、アルカリ性ホスファターゼ、γ-グルタミルトランスペプチダーゼ活性、コレステロール、血清総胆汁酸、ときに血清総ビリルビン濃度の増加がみられることがあります。また、超音波検査では、胆嚢壁《たんのうへき》の肥厚が認められることが多く、しばしば胆石症や胆泥症の併発がみられます。

治療

軽度の胆嚢炎は通常、利胆薬や抗生物質の投与によって治療します。しかし、内科的な治療に反応しない場合や、胆石症を伴っている場合、あるいは胆嚢破裂やその危険性がある場合には、外科的な胆嚢切除手術《たんのうせつじょしゅじゅつ》を行います。（小出和欣）

胆石症、胆泥症、胆嚢粘液嚢腫

胆石は、胆汁がうっ滞することなどにより、その成分が変化して結石状になったもので、胆嚢や総胆管の中に形成されます。ただし、イヌ、ネコでは胆石症の発生はまれです。胆泥症は、胆汁が濃縮して黒色化し、泥状の胆泥として貯留した状態です。胆嚢粘液嚢腫は、中年以上のイヌにおいて時に認められ、胆嚢内に粘液様物質（ムチン）が貯留して胆嚢拡張を起こす疾患です。胆嚢粘液嚢腫のイヌでは、病態が進行すると半数以上の割合で胆嚢破裂を起こします。

原因

胆石症や胆泥症の多くは、胆嚢炎、肝外胆管通過障害、慢性肝疾患に併発してみとめられます。ミニチュア・シュナウザーやシェットランド・シープドッグなどの高脂血症が起こりやすい犬種や、甲《こう》状腺機能低下症《じょうせんきのうていかしょう》や副腎皮質機能亢進症《ふくじんひしつきのうこうしんしょう》のイヌにおいて胆泥症や胆嚢粘液嚢腫が起こりやすい傾向がみられます。

症状

胆石症や胆泥症、初期の胆嚢粘液嚢腫は、単独では明確な症状を現さない場合が多く、超音波検査で偶発的に発見されることがほとんどです。なお、胆嚢炎や総胆管閉塞症《そうたんかんへいそくしょう》を起こしているものでは、黄疸や嘔吐、食欲不振などがみられます。胆嚢粘液嚢腫の原因は明確にされていませんが、胆嚢管の閉塞が要因となることがあります。

診断

超音波検査やX線検査などによって診断されます。血液検査では、胆石症や胆泥症、胆嚢粘液嚢腫に特異的な所見はありませんが、アルカリ性ホスファターゼやγ-グルタミルトランスペプチダーゼ活性、コレステロール、血清総胆汁酸、ときに血清総ビリルビン濃度の増加がみられることがあります。

治療

胆石症は、イヌやネコの場合、内科的治療では効果を得にくいため、外科的な摘出がしばしば行われます。胆石症は、胆嚢炎を合併していることが多いため、通常は胆嚢の切除を同時に行います。一方、胆泥症は、胆嚢炎や内分泌性疾患がみられる場合にはその治療を行います。また、利胆薬や抗生物質の投与により改善する場合もあります。ただし、胆石症や胆泥症の大部分は症状を示さないため、外科的除去がつねに必要とは限りません。胆嚢粘液嚢腫は外科的な胆嚢切除術が基本となります。（小出和欣）

胆嚢破裂《たんのうはれつ》、肝外胆管破裂

何らかの原因でまれに胆嚢や肝外胆管が破裂することがあります。胆嚢破裂や肝外胆管破裂が起こると、胆汁が腹腔《ふくくう》内へ漏れ出てしまい、激しい腹膜炎が発生します。胆汁が細菌感染を起こしている場合には敗血症を併発することもあります。

原因

胆嚢破裂と肝外胆管破裂の主な原因としては、交通事故や落下などによる外的圧力、銃創やナイフなどによる鋭利な創傷、肝生検や開腹時の触診などによる医原性、結石や炎症、胆嚢粘液嚢腫、腫瘍《しゅよう》形成などに伴う続発性があげられます。

症状

胆汁漏出を原因とする腹膜炎により、発熱や食欲不振、嘔吐、下痢、黄疸、腹《ふく》部疼痛《ぶとうつう》、ショックなどが急性に起こります。外傷に続いて起こる肝外胆管破裂では、胆嚢破裂の場合よりもゆっくりと症状が現れ、黄疸や腹水、無胆汁便（白っぽい便）などがみられます。

診断

検査所見として、高ビリルビン血症、アルカリ性ホスファターゼやアラニンアミノトランスフェラーゼ活性、血清総胆汁酸濃度の上昇がみられます。また、黄褐色か緑色をした腹水が貯留します。胆嚢破裂の場合、超音波検査で胆嚢陰影《たんのういんえい》が消失していることがありますが、完全な破裂を起こしていないときには確定できないこともあります。そのため、最終的には試験的な開腹術が必要な場合もあります。

治療

緊急的な開腹術が必要です。胆嚢破裂では胆嚢の切除、肝外胆管破裂では破裂部の縫合を行います。また、腹膜炎の治療も必要です。

（小出和欣）

肝《かん》外《がい》胆《たん》管《かん》閉《へい》塞《そく》症《しょう》（総《そう》胆《たん》管《かん》閉《へい》塞《そく》症《しょう》）

総胆管などの肝外性胆管に閉塞《へいそく》が起こり、それによって腸管への胆汁の分泌が妨げられた状態です。

原因

肝外胆管閉塞症（総胆管閉塞症）は、肝臓の外にある胆管の内部に胆石や胆泥が閉塞して起こる場合と、膵炎《すいえん》や腸炎、胆管腫瘍《たんかんしゅよう》、膵臓腫瘍《すいぞうしゅよう》、十二指腸腫瘍《じゅうにしちょうしゅよう》などによって肝外胆管が狭窄《きょうさく》することによって起こる場合があります。

症状

肝外胆管が閉塞すると胆汁のうっ滞が起こり、それによって黄疸を発症します。また、その他の症状として食欲不振や嘔吐、体重減少、腹部疼痛、下痢、無胆汁性便などがみられます。下痢便や脂肪便は淡い色であるのが特徴で、これは胆汁酸の分泌が不十分であるために起こっているものです。これに伴い、脂肪やビタミンKなどの脂溶性ビタミンの吸収不全が起こり、血液凝固不全も起こりやすくなります。

診断

検査所見としては、著しい胆汁うっ滞の結果として、アルカリ性ホスファターゼやγ-グルタミルトランスペプチダーゼ活性、コレステロール濃度、血清総胆汁酸濃度、ビリルビン濃度の増加がみられます。一般に、肝外性胆汁うっ滞の場合、総ビリルビン濃度とアルカリ性ホスファターゼ活性が高い値を示す傾向があります。また、尿検査によりビリルビン尿とウロビリノーゲンの欠如が確認できます。超音波検査やCT検査はこの病気の診断に有用で、肝内胆管や胆管、胆嚢、総胆管などの胆管系が進行性に拡張している状態を確認できます。

治療

閉塞の原因を除去するためには通常は外科処置が必要です。急性膵炎《きゅうせいすいえん》に続いて胆管閉塞が起こっている場合には、まずは膵炎を内科的に治療することが重要です。膵炎が改善されても胆管閉塞《たんかんへいそく》が治癒しない場合は、外科手術を行う必要があります。

（小出和欣）

膵《すい》臓《ぞう》の疾患

膵臓の病気は、膵液《すいえき》を作る腺細胞《せんさいぼう》とその膵液を小腸へ運ぶ管である導管に病変が発生する膵外分泌《すいがいぶんぴつ》の疾患と、膵臓《すいぞう》ホルモンの異常に関係する膵内分泌《すいないぶんぴつ》の疾患に分けられます。ただし、臨床的に膵臓の病気といえば、一般に消化器系疾患として扱われる急性《きゅうせい》・慢性膵炎《まんせいすいえん》や膵癌《すいがん》など、外分泌の病気を意味します。糖尿病やインスリノーマなどは、代謝・内分泌疾患または単に代謝疾患として別に扱われることが多いため、ここでは省略します。

膵炎や膵外分泌機能不全《すいがいぶんぴつきのうふぜん》などの膵臓疾患は、診断が難しい病気です。その理由は、膵臓が腹腔《ふくくう》の深部に位置する比較的小さな臓器であるため、身体検査やX線造影検査を行うのが容易ではなく、生検も危険だからです。また、膵臓がもつ多様な生理機能のために、膵臓疾患は複雑な症状を示し、とくに腎臓《じんぞう》や肝臓、腸管など、ほかの臓器の病気と紛らわしい病態を示すことが多く、加えて膵臓疾患に関する情報が乏しいことも診断を困難にしています。

しかし、近年、超音波検査やCT検査、MRI検査が発展し、イヌ膵臓障害判定《すいぞうしょうがいはんてい》用《よう》トリプシン様免疫反応物質《ようめんえきはんのうぶっしつ》を検出する検査キットが開発されたことにより、膵臓疾患の診断が正確に行えるようになってきました。

（佐藤正勝）

膵《すい》炎《えん》

●急性膵炎

膵臓の消化酵素（トリプシン、リパーゼ、コリパーゼ、エラスターゼ、ホスホリパーゼA）が何らかの原因で活性化されることによって、膵臓自体が自己消化されて起こるのが急性膵炎です。比較的軽症の膵浮腫《すいふしゅ》から重症で激症の出血性膵炎《しゅっけつせいすいえん》や膵壊死《すいえし》といわれるものまで、すべての急性膵疾患が含まれます。

原因

動物の自然発症例では、一般にその原因は不明ですが、偏った食事、高脂血症、肥満、高カルシウム血症、上皮小体機能亢進症、腹部の外傷や手術、薬物（ステロイドホルモン、利尿薬、シメチジン）の投与、副腎皮質機能亢進症、ウイルスや寄生虫の感染、血管系の異常（血行障害）、膵臓の外傷、胆道疾患、免疫介在性疾患など、多くの要因が考えられています。中年齢の肥満した雌イヌに多発する傾向があります。ネコの膵炎はイヌの膵炎と異なっており原因としてトキソプラズマ、猫伝染性腹膜炎、ヘルペスウイルス／カリシウイルス、有機リン剤、麻酔膵／肝吸虫が考えられておりネコの膵管の開口部がイヌと解剖的に異なっていることが要因とされています。

症状

抑うつ状態や食欲不振を示すとともに、嘔吐《おうと》（吐物は不消化の食物で、重症になると粘液や液体、胆汁を含むようになり、吐き気やよだれが顕著な場合もあれば、口の渇きを癒すために水を飲み、そのたびに嘔吐を繰り返す場合もあります）と下痢（多くは嘔吐と同時か、嘔吐の最盛期にみられ、出血性のこともあります）を繰り返します。また、患部に激痛を伴うため、ショックを起こすこともあります。

診断

血液化学検査により白血球の増加と肝臓や膵臓の酵素活性の上昇がみられます。また、トリプシン様免疫反応物質を測定します。さらに、X線や超音波、CT、MRIなどの検査を行って診断します。

治療

絶食絶水を行い輸液療法に徹し短期間膵炎の活動を抑制します。

痛みやショック症状を抑えるため、中枢性の制吐剤（クロルプロマジン、プロクロルベラジン）、鎮痛薬としてヒドロモルフォン、プトファノール、必要に応じてセフォタキシム、トリメトプリムースルファメトキサゾール、エンフロキサシンなどの抗生物質を注射投与します。

これまでの急性膵炎では、徹底的な絶食を行うことにより膵炎の安静を保つことが基本とされていたが、近年膵炎に対する最新の食餌管理法の外挿、あるいはイヌの症例報告や実験的な研究に基づいた提言ではあるものの絶食に対する考え方が大きく変わり、軽腸チューブを2日以内に放置し重篤な症例ほど早期に給餌すること、また中程度の膵炎のイヌとネコでは、制吐剤を用いて嘔吐剤を用いて嘔吐をコントロールし胃チューブを介した少量傾向の低脂肪食の給餌が推奨されている。

予防

予防には、偏食や肥満を避けることが大切です。

●慢性膵炎

急性膵炎が長引いたり、繰り返し起こることによって慢性化した状態をいいます。慢性再発性膵炎《まんせいさいはっせいすいえん》は、急性膵炎と同様の症状を示すことが多く、ときには発熱、黄疸《おうだん》、滲出性《しんしゅつせい》の腹水や胸水の貯留が認められます。ただし、老齢のネコは慢性膵炎になりやすいのですが、この場合は無症状で経過することが多いようです。そのため、生前に診断されることはまれで、しばしば剖検（死後の解剖）時に偶発的に発見されます。

診断や治療は、急性膵炎の場合と同様です。

（佐藤正勝）

膵《すい》外《がい》分《ぶん》泌《ぴつ》不《ふ》全《ぜん》症《しょう》

膵外分泌不全とは、膵臓の外分泌機能を行っている組織が著しく失われ、その結果、活性化された消化酵素が本来の作用部位でないところで作用する結果組織障害を引きおこし十分な量の膵酵素《すいこうそ》が分泌されなくなり、消化不良に陥った状態をいいます。体重や体調を維持できるだけの十分な量の栄養素を吸収することができず、下痢や体重減少、その他の小腸疾患の症状が現れます。この病気は、近年、主な原因は遺伝性あるいは成犬型の膵腺房細胞萎縮によるものでありネコではこの逆の事像であることが明らかになっております。

症状

大食にもかかわらず体重が減少し、悪臭の強い大量の脂肪性の下痢を起こすことが特徴です。

診断

詳細な病歴の聴取と綿密な身体検査（大腸性か小腸性かの区別がつくことがあります）に加え、糞便検査（未消化脂肪の確認）や尿検査、血液化学検査（特に血清アミラーゼ、リパーゼ活性）を行います。しかし、これらの一般検査の結果は正常範囲にあることが多く、確実に診断できないことが多いため、消化酵素の低下を確認する必要があります。また、結腸内視鏡検査やX線検査も有用です。

治療

消化管内の膵酵素活性を補う事および栄養上の不均衡を是正するため、膵酵素末（バイオカセーV）を1日2回バラン

スの摂れた食事に混ぜ投与。治療は通常生涯続けなければならないことが多くなります。

十分量の膵酵素剤の補充を行っているにもかかわらず下痢が治まらないものにはビタミン、酵素剤（メトロニダゾール、テトラサイクリン、タイロジン）を6週間与えます。

（佐藤正勝）

腫瘍《しゅよう》

イヌとネコにおける膵臓の腫瘍の発生は、人の場合と比べるとまれといえます。しかし、膵臓の腫瘍は悪性のものが多く、イヌではほとんどが腺房細胞《せんぼうさいぼう》や膵管上皮《すいかんじょうひ》から発生する癌《がん》です。老齢のイヌでは、しばしば肝臓や隣接リンパ節、大網、腸間膜、さらに肺への転移が起こります。

一方、ネコでは腺腫《せんしゅ》、癌、カルチノイド、ランゲルハンス島細胞腫瘍《とうさいぼうしゅよう》がみられ、一部の良性の腫瘍（腺腫）は一般に無症状で、剖検時に偶然に発見されることが多いようです。

症状

抑うつ、食欲不振、発熱、嘔吐、黄疸、腹部不快感を示し、触診により腹部に腫瘤《しゅりゅう》が確認されます。また、膵臓の外分泌不全を起こしたときには脂肪便や下痢便を排泄《はいせつ》し、肝臓へ転移した場合は黄疸、肺へ転移した場合は呼吸困難や発咳《はつがい》を示します。

診断

一連の上部消化管の単純撮影と気腹造影により膵臓の位置に腫瘤を確認します。また、生検や低緊張性十二指腸造影、超音波、CT、MRIの各検査も有用です。血液検査では、アミラーゼ活性とリパーゼ活性の中程度の上昇が認められます。腹水が貯留している場合は、腹腔穿刺《ふくくうせんし》を行い、採取した腹水についてアミラーゼ活性とリパーゼ活性の測定と細胞診を行います。

治療

これといった治療法はありません。ネコでは無症状が長期間持続するため、生前の発見は困難であり、一方、イヌでは初診時に症状が出ていれば高い転移率を伴った癌の末期であるため、外科手術を行っても予後不良となります。現状では保存療法のみが行われます。イヌとネコでは化学療法が行われたという例はありません。

予防

とくに予防法はありません。中年齢以降のイヌとネコは、健常時に総合検診を受けることで早期に発見されます。

（佐藤正勝）

腹腔《ふくくう》・腹膜の疾患

腹水症

腹腔内には健康な状態でも少量の漿液《しょうえき》が存在しますが、これが著しく増量した状態を腹水症といいます。

原因

腹水の原因としては、うっ血（心疾患によるうっ血、肝線維症や肝硬変、門脈硬化などによる門脈性うっ血）、リンパ循環障害（腹膜に浸潤した腫瘍《しゅよう》によるリンパ管の圧迫と閉塞《へいそく》、リンパ液の流出障害）、低アルブミン血症（肝不全、タンパク漏出性腸炎、ネフローゼなど）があげられます。

症状

腹水症の原因となっている病気の症状に加えて、腹部膨満や腹部波動感がみられます。腹水症がひどくなると呼吸促迫や呼吸困難、運動不耐性、食欲不振、腹部痛、浮腫《ふしゅ》などの症状を示すようになります。

診断

腹水症の原因となっている病気を診断する必要があります。そのためには、血液検査、X線検査、超音波検査、腹水の検査を行います。

治療

原因に対する治療を行うとともに、腹水の改善のために利尿薬を投与します。また、重度の腹水症で、腹水によって胸部が圧迫され、呼吸困難が起こっているときには、それを改善するために腹水を吸引除去することもあります。

（小出和欣）

腹膜炎

腹膜炎とは、何らかの原因によって、腹腔や腹腔内臓器《ふくくうないぞうき》を内張りしている腹膜に炎症が起こった状態をいいます。

原因

原発性と二次性に分けることができます。原発性は、腹腔臓器《ふくくうぞうき》の損傷によって起こったり、感染症のときに微生物が腹腔内へ進入することなく発生するものです。この場合の感染症として猫伝染性腹膜炎があります。一方、二次性腹膜炎は、細菌や尿、胆汁、血液、消化酵素、胃腸内容物など、病原体や刺激物が腹腔内に侵入することによって起こります。具体的には、腹腔内の損傷（腹腔内への貫通性の創傷、異物や胃腸潰瘍《いちょうかいよう》による穿孔《せんこう》）や外科手術後の細菌感染に伴って発生したり、さらに腹腔内の臓器または腫瘍の破裂や壊死《えし》、急性膵炎《きゅうせいすいえん》などでも発生します。

症状

痛みを示すことが多く、進行するとショック状態から虚脱状態に陥ります。

診断

血液検査やX線検査、超音波検査を行い、さらに診断的腹腔穿刺《しんだんてきふくくうせんし》により採取した腹水を検査して原因を確定します。

治療

感染によって起こっている場合は、原因療法として、感染源を除去し、併せて原因微生物を殺滅します。また、対症療法として輸液、抗生物質の投与、ショックの治療を行います。重度の腹膜炎では、開腹手術による原因除去や腹腔《ふくくう》ドレナージと呼ばれる処置が必要なこともあります。

（小出和欣）

黄色脂肪症

多価不飽和脂肪酸の多い食物（魚肉）を摂取すると、それらは動物の体内で過酸化物が作られる材料になります。このとき、さらに抗酸化剤として働くビタミンEが欠乏すると、多量の過酸化物がタンパク質と反応してセロイド色素といわれる黄褐色の物質が形成されます。この色素は生体にとって異物となり、全身に炎症を起こします。

症状

食欲減退、全身の痛み、皮下脂肪（腹部、鼠径部《そけいぶ》）の硬化、好中球の増加がみられます。

診断

脂肪組織の生検を行い、セロイド色素を確認することにより確定診断を行います。

治療

原因となる食物の給与を中止し、ビタミンE製剤を投与（1日1回30～100mg経口投与）します。

（小出和欣）

ヘルニア

ヘルニアとは、体内の裂孔や間隙《かんげき》を通じて臓器の一部またはすべてが本来の位置から他の場所に飛び出した状態をいいます。腹腔や腹膜に関連するヘルニアには、横隔膜ヘルニア、食道裂孔ヘルニア、臍《さい》ヘルニア、鼠径《そけい》ヘルニア、腹壁ヘルニア、会陰ヘルニアなどがあります。横隔膜ヘルニアとは、横隔膜に異常が発生し、それによって腹腔内臓器が胸腔《きょうくう》内へ飛び出した状態をいいます。また、食道裂孔ヘルニアは、横隔膜にあいている食道裂孔という孔を通じて胃の一部が胸腔内に飛び出した状態です。臍ヘルニア、鼠径ヘルニア、会陰ヘルニアは、それぞれ臍《さい》部《ぶ》、鼠径部、会陰部の皮下に腹腔内臓器が飛び出した状態をいいます。

原因

ヘルニアが起こるためには、臓器が飛び出すための裂孔や間隙（ヘルニア孔）が形成される必要があります。ヘルニア孔は先天性または後天性に発生し、正常な状態で存在している裂孔や間隙が広がる場合と新たに裂孔が生じる場合があります。横隔膜ヘルニアや腹壁ヘルニアは、多くは外傷によって横隔膜や腹壁に裂傷が生じることで起こります。また、食道裂孔ヘルニアは、先天性または後天性に横隔膜の食道裂孔が緩んで起こります。臍ヘルニアは、先天性異常によってへその部分の腹膜が閉鎖していないときに起こります。鼠径ヘルニアや会陰ヘルニアは、先天性の原因で発生する場合もありますが、多くは強い腹圧が持続的または断続的に加わることによって、もともと存在する生理的な裂孔や間隙が広がって起こります。ヘルニア孔から飛び出した腹腔内臓器は、容易に押し戻すことができる場合と押し戻せない場合があります。

症状

ヘルニアの種類や程度、合併症の有無によって、症状は様々です。横隔膜ヘルニアでは、胸腔内に腹腔内臓器が飛び出すため、呼吸困難などを起こします。また、腹壁ヘルニアや臍ヘルニア、鼠径ヘルニア、会陰ヘルニアでは、ヘルニア部の膨瘤《ぼうりゅう》が認められます。これらのヘルニアでは、ヘルニア孔の部分で消化管が締め付けられたり、ねじれたりすると、腸《ちょう》閉塞《へいそく》を起こし、さらに嵌頓《かんとん》ヘルニアと呼ばれる循環障害を併発すると、ショック状態に陥ることもあります。なお、鼠径ヘルニアや会陰ヘルニアでは膀胱《ぼうこう》が飛び出すことがあり、その場合には排尿障害が起こることがあります。

診断

症状とX線検査あるいは超音波検査の結果などに基づいて診断します。食道裂孔ヘルニアの診断には、食道と胃の造影X線検査が必要な場合があります。

治療

外科手術によって飛び出した臓器を元の位置に戻して、ヘルニア孔を閉鎖します。

（小出和欣）

泌尿器系の疾患

泌尿器とは

泌尿器系は、尿を生成する器官である腎臓《じんぞう》と、腎臓から尿を膀胱《ぼうこう》へ運搬する尿管、尿を一時的に貯留する膀胱、膀胱から体の外まで尿を運搬する尿道の四つから構成されます〈図1〉。尿管と膀胱、尿道を合わせて尿路といい、このうちとくに尿管を上部尿路、膀胱と尿道を下部尿路といいます。上部尿路と下部尿路では、病気の種類も異なります。たとえば、下部尿路には「ネコの下部尿路疾患」と呼ばれるネコに特異的な病気があります。

また、泌尿器系は生殖器系と密接な関係があり、下部尿路では形態的にも機能的にも雌雄差がみられます。とくに雄では、尿道は精液の通路ともなり、尿道は交尾器官である陰茎の中を通ります。

また、雄の尿道は膀胱を出るとすぐに前立腺《ぜんりつせん》を貫通しています。そのため、前立腺は本来は生殖器系の一部ですが、本章でも取り上げることにします。

（武藤　眞）

〈図１〉ネコの泌尿器系（A：雄、B：雌）

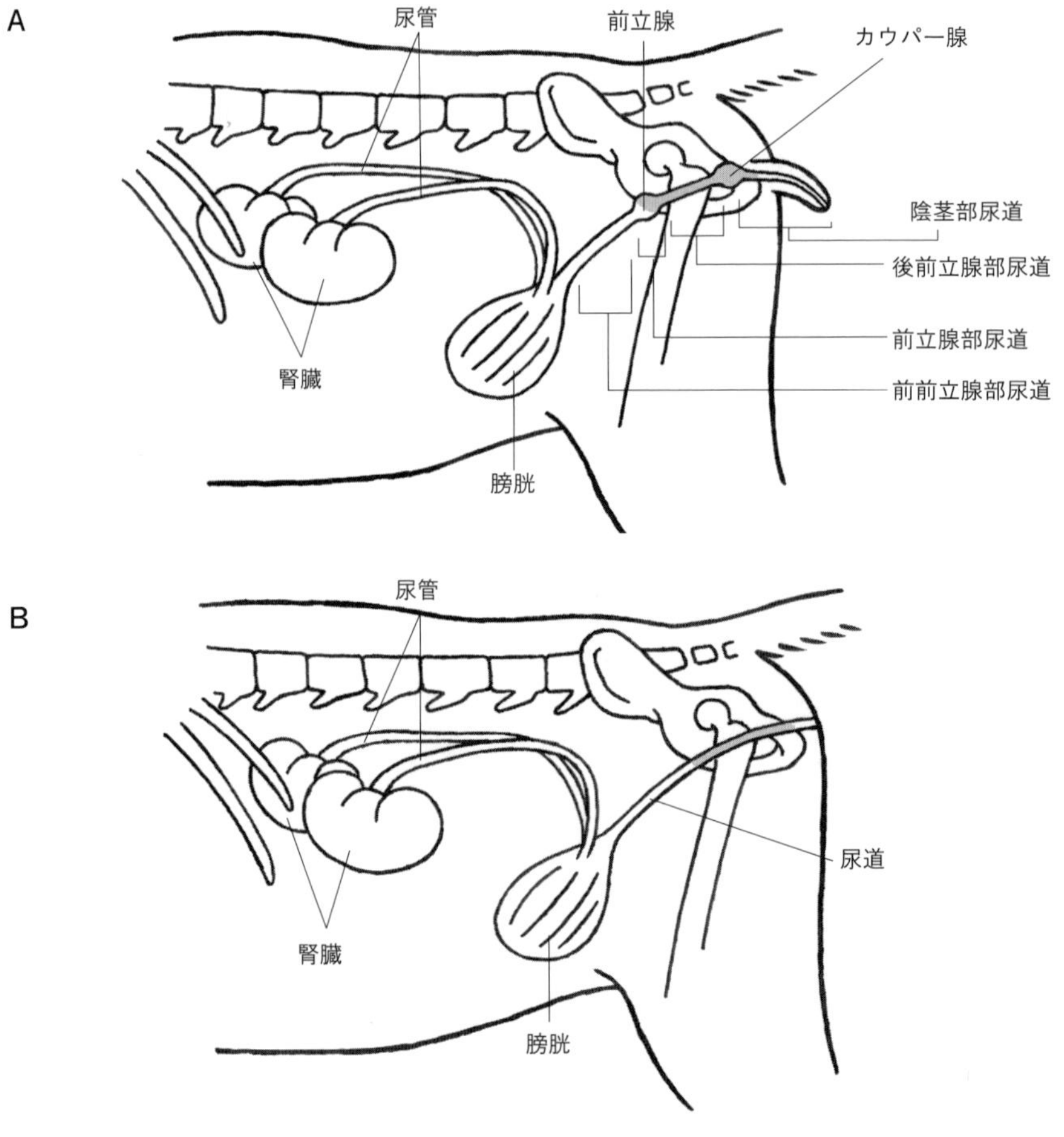

腎臓《じんぞう》と尿路の構造と機能

泌尿器系は、体内の代謝により生成された老廃物を体外に捨てる排出器官です。老廃物の代表は尿素で、タンパク質が肝臓で分解されて尿素となり、腎臓から尿として排出されます。また、腎臓は、老廃物だけでなく、余分な水分や塩分も尿中に排出し、体液の組成をつねに一定に保っています。これは体液の恒常性の維持と呼ばれ、生命の維持に必須《ひっす》の機能です。

腎臓は背骨の両側に1個ずつ、計2個があり、人やイヌでは表面がつるつるしたソラマメ形をしています。ネコでは表面に静脈が走っているため、やや凹凸があり、また、イヌの腎臓よりも短径の割合が大きく、へこんだおむすび型をしています。腎臓は腹腔《ふくくう》にあるようにみえますが、実は腹腔の外の後腹膜腔《こうふくまくくう》といわれるところにあります。イヌの右の腎臓は第13肋骨《ろっこつ》付近にあり、左の腎臓はそれよりやや後ろにあります。ネコの腎臓の位置もイヌとほぼ同様ですが、イヌより緩やかに体壁に付着するため、とくに左腎《さじん》は触ると動きます。

腎臓を長軸に沿って分割すると、割面は三層構造になっているのがわかります。周辺の赤褐色の部分は皮質と呼ばれ、中に丸い小さな腎小体《じんしょうたい》が入っています。皮質の内側には、皮質よりやや明るい色をしたスジのある髄質があり、尿細管が入っています。もっとも内側は白っぽく、生成された尿を集める漏斗状の腎盂《じんう》です。腎盂に集められた尿は、腎門《じんもん》を出て尿管に入ります。腎門には大動脈から直接分かれた腎動脈《じんどうみゃく》が入り、腎臓に血液を供給しています。腎臓から集められた血液は、腎門を出て腎静脈《じんじょうみゃく》に入り、大静脈に還流します。

顕微鏡で見ると、腎臓にはネフロンという構造がたくさんあります。一つのネフロンは、1個の腎小体と1本の尿細管からできています。ネフロンは、腎臓1個あたりイヌでは約40万個、ネコでは約20万個も存在するといわれています。このネフロンが腎臓の機能単位で、その一つひとつで尿を生成しています。しかし、すべてのネフロンが一度に活動しているわけではなく、普段は約3分の1が活動し、残りは休んでいます。腎不全《じんふぜん》でネフロンが壊れると、休止していたネフロンが働き出します。

腎小体は、特殊な毛細血管でできた毛糸玉のような糸球体と、これを容れる袋状のボーマン嚢《のう》からできています〈図2〉。

糸球体の毛細血管の壁を通して血液中の水分や塩分、糖などがボーマン嚢に濾《ろ》過《か》されます。これが原尿で、尿の元となります。ただし、正常ではアルブミンのような分子量の大きなタンパク質は濾過されません。この原尿は中型犬で1日に約１００L作られるといわれていますが、尿細管で再吸収され、約1Lに濃縮されます。尿細管では生体に必要なナトリウムなどの電解質や糖、アミノ酸などが水分とともに再吸収され、カリウムや有機酸などが分泌されます。また、尿細管はボーマン嚢の一端に始まりますが、その後、近位尿細管、ヘンレ係蹄《けいてい》、遠位尿細管と名称を変えながら走り、ここを流れる原尿を尿に変えていきます。そして、多数の尿細管が合流して集合管となり、やがて腎盂に注ぎます。

尿管は腎臓と膀胱《ぼうこう》をつなぐ管で、膀胱の背側に左右別々につながっており、少しずつ尿を膀胱に運びます〈図３A〉。厚い膀胱壁《ぼうこうへき》を斜めに貫通して開口するため、膀胱壁があたかも弁のように作用し、膀胱からの尿の逆流を防止しています〈図3B、C〉。

膀胱は尿を貯留する袋です。骨盤腔《こつばんくう》内にありますが、尿が溜《た》まってくると前腹方向に膨らみ、骨盤腔から腹腔へ出てきます。膀胱壁の筋層は網目状になっていますが、尿道の起始部では輪状に発達し、それは膀胱括約筋《ぼうこうかつやくきん》と呼ばれています。排尿は膀胱壁の筋の収縮と、それに続いて

〈図２〉腎小体の構造（A：顕微鏡写真、B：模式図）

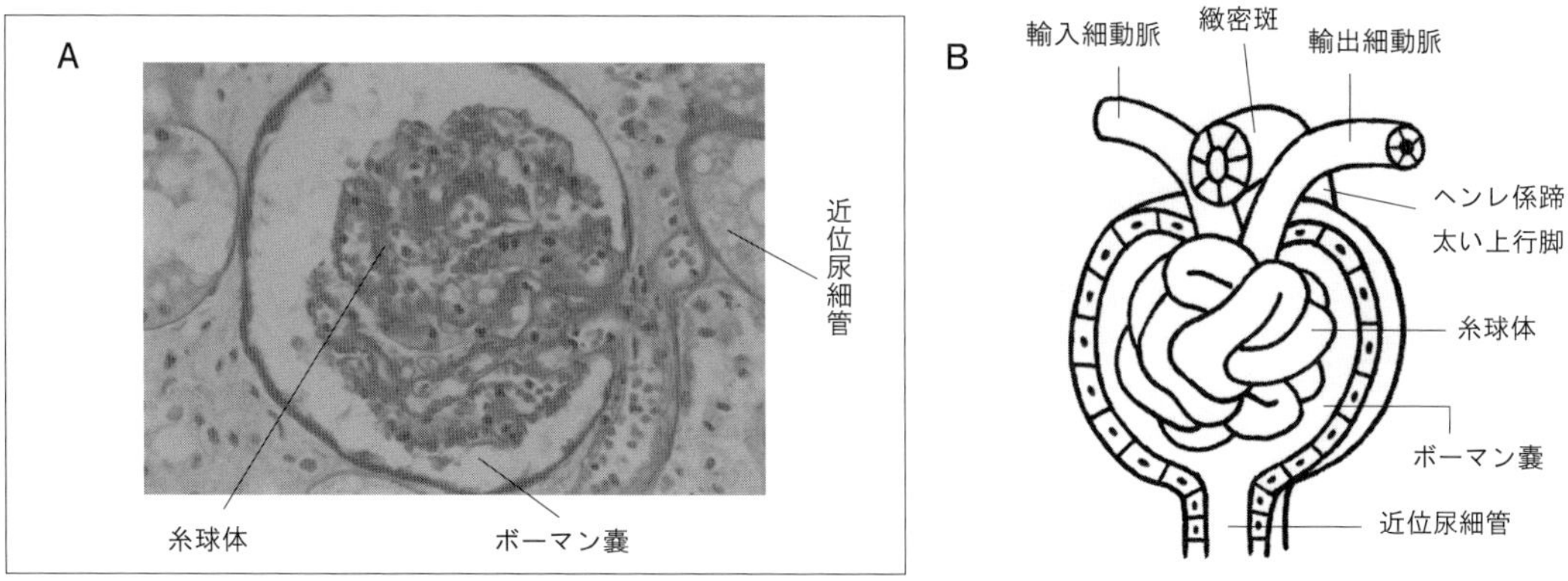

〈図３〉膀胱と尿管

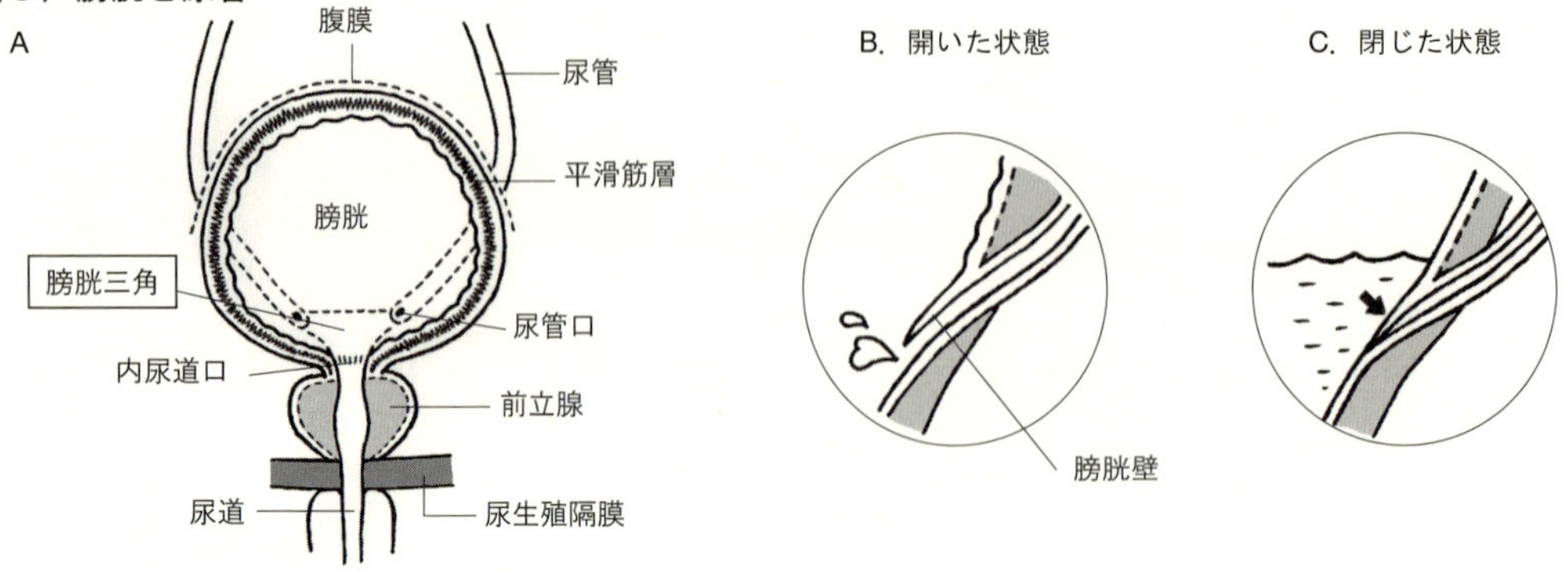

尿管の開口部は弁の役目をしている。B は開いた状態、C は閉じた状態

起こる膀胱括約筋の弛緩《しかん》によって行われます。

尿道は膀胱から体外へ尿を運搬する管です。尿道の始端は内尿道口、終端は外尿道口と呼ばれ、長さは雌雄で大きく異なります。雄の尿道は著しく長く、骨盤部と陰茎部から成ります。膀胱を出てすぐに前立腺《ぜんりつせん》の中を走り、陰茎部に達すると尿道球を抜けて陰茎の中を走ります。雄ネコでは会陰部に陰茎がありますが、雄イヌでは会陰部で「く」の字形に曲り、腹壁に沿ってへその後方にまで達します。さらに雄イヌの陰茎の中には陰茎骨という骨があるのが特徴です。一方、雌の尿道は太く短く、骨盤腔にある膣前庭《ちつぜんてい》に外尿道口が開口します。こうした構造上の違いから、雄では尿道結石が起こりやすく、雌では膀胱炎《ぼうこうえん》が起こりやすいのです。

（武藤　眞）

泌尿器の検査

泌尿器系に異常がある場合も、ほかの器官の疾患のときと同様に、食欲不振や下痢、嘔吐《おうと》、体重の減少あるいは増加、腹部の疼痛《とうつう》やしこり、口渇などの一般的な症状がみられます。一方、泌尿器の疾患を強く疑わせる症状もあります。多飲多尿や乏尿、無尿などの尿量の変化、尿の「しぶり」（排尿姿勢はとるが、ほとんど尿が出ない）、頻尿や尿失禁などの排尿異常、あるいは血尿（赤血球が入っている）やヘモグロビン尿（赤色だが、赤血球はない）といった赤色尿などです。こうした症状がみられる場合は検査が必要となります。

尿検査

ドリップ紙法といい、尿中に試験紙を浸漬《しんし》するだけで、その中の異常な成分を検出できる簡易検査があります。これにより尿のpHや、タンパク質、糖、ビリルビン、ウロビリノーゲン、ケトン体、血液などが尿に含まれていないか、あるいは含まれている量がわかります。ただし、尿を放置すると成分が変化してしまうため、尿検査にあたっては、新鮮な尿を使用する必要があります。

この簡易検査で異常が発見された場合は、尿を試験管に取り、遠心分離してその沈澱物《ちんでんぶつ》を顕微鏡で調べます。これによって、赤血球や白血球、上皮細胞、円柱（腎臓で形成される物質）、結晶（図４）などがみられることがあります。また、細菌が認められたときには、尿を培養し、細菌の種類の同定や抗生物質の感受性試験（どの抗生物質が効くか調べる検査）を行います。

〈図４〉尿中結晶の形状

リン酸アンモニウムマグネシウム	シュウ酸カルシウム２水和物	リン酸カルシウム	シスチン	尿酸アンモニウム
無色、プリズム状、西洋棺蓋状	無色、八面体、封筒状	無色、無定形、長針状、菊花状	無色、六角板状	黄褐色、棘付小球状、さんざしの実状、低倍率：マリモ状（黒色）

血液検査

腎臓の疾患が疑われるときには血液検査も行います。腎機能が低下すると、血中尿素窒素（BUN）やクレアチニンが上昇します。また、電解質（ナトリウム、カリウム、クロール、重炭酸塩、カルシウム、リン）や血清タンパク質にも異常が起こります。

X線検査

腹部の触診で腎臓や膀胱の形や大きさに異常がある場合や、無尿、乏尿の場合、また、尿沈渣《にょうちんさ》に結晶や円柱等の異常が認められた場合は、X線検査が必要です。腎臓は、急性腎不全《きゅうせいじんふぜん》や水腎症《すいじんしょう》、腎腫瘍《じんしゅよう》などのときには大きくなり、末期の腎不全や腎低形成《じんていけいせい》では小さくなります。また、ストルバイトなどのX線不透過性の結石は白く写し出されます。

尿路造影

腎臓や尿管の疾患やX線透過性の結石（シュウ酸カルシウム、尿酸塩など）の存在が疑われる場合は、尿路造影が行われます。腎臓（とくに腎盂）や尿管を写すには、有機ヨード剤を静脈内注射する排泄性尿路造影《はいせつせいにょうろぞうえい》（静脈性尿路造影）を行います。また、ヨード剤などをカテーテルで膀胱内に入れ、その内部を白く写して膀胱壁の状態を検査する陽性造影〈図5〉と、空気などを入れて膀胱内を黒く写す陰性造影、その両者を併用する二重造影という方法があります〈図6〉。

〈図5〉

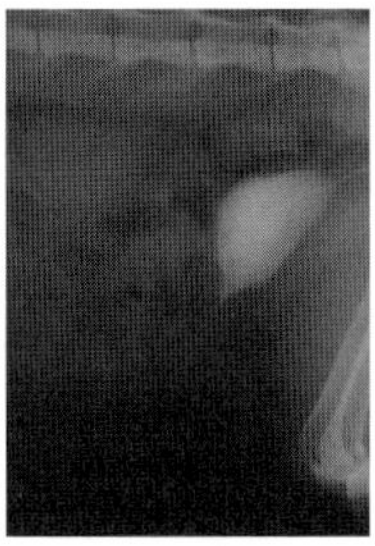

ネコの陽性造影像。尖った部分は尿膜管憩室

〈図6〉

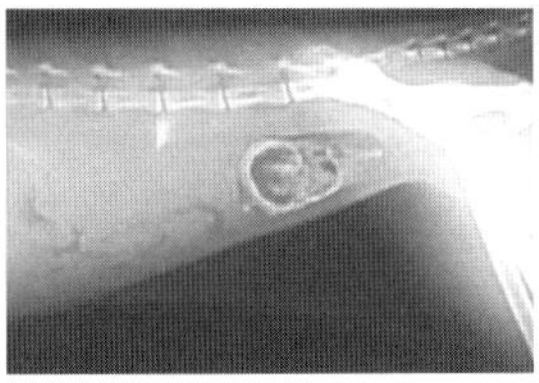

空気と造影剤による二重造影法。膀胱内に約2cmの腫瘤がある

超音波検査

X線検査では臓器の外形はわかりますが、内部の構造や血管の走行はわかりません。それらを確認するためには超音波検査が有用です。この検査では、水分の多いところは黒く、組織の緻密なところは白く描写されます〈図7〉。腎嚢胞《じんのうほう》や腎腫瘍などの診断には必須の検査法といえます。ただし、超音波検査の探触子と皮膚の間に空気があると画像が得られないため、被毛を剃《そ》って（または刈って）専用のゼリーを塗る必要があります。

その他の検査

前述の検査で確定診断ができない場合は、腎臓そのものの機能を調べる腎《じん》クリアランス検査《けんさ》や血清タンパク質の電気泳動、さらにCT検査やMRI検査などを行います。

（武藤　眞）

〈図7〉

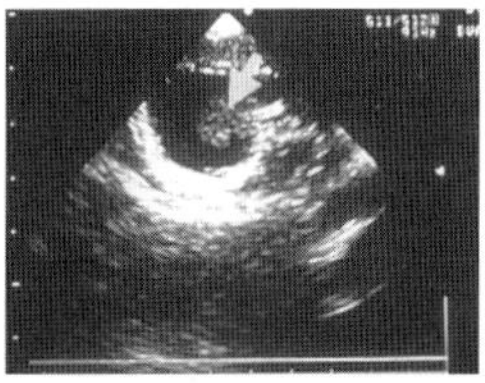

〈図6〉と同じイヌの超音波検査の写真。矢印で示しているのが腫瘤

腎不全《じんふぜん》

腎不全と腎臓病《じんぞうびょう》

腎臓《じんぞう》が障害を受け、その働きの約75％が失われると、本来であれば尿として排出されるべき老廃物が体内に急激に蓄積し始めます。このように腎臓の機能が低下した状態を腎不全と呼びます。一方、腎臓病とは腎臓実質の病気のことで、多くの種類があります。腎臓病があっても腎臓の働きが75％以上失われるまでは腎不全ではなく、腎臓病がなくても種々の原因で腎臓機能の75％以上が失われると腎不全となります。（仲庭茂樹・山根義久）

急性腎不全《きゅうせいじんふぜん》

急性腎不全とは、数時間から数日という短期間のうちに急激に腎臓《じんぞう》の機能が低下し、体液の恒常性（体内水分をつねに正常な状態にしておくこと）が維持でき

なくなった状態をいいます。急性腎不全はその原因がどこにあるかによって、腎《じん》前性《ぜんせい》、腎性《じんせい》、腎後性《じんごせい》の三つに分けられます。

原因

腎前性急性腎不全《じんぜんせいきゅうせいじんふぜん》は、腎臓に流れ込む血液量が減少することによって腎臓の濾《ろ》過機能《かきのう》（体にとって不要なものを排出する働き）が低下した状態で、脱水や出血、ショック、心臓病などにより生じます。

腎性急性腎不全《じんせいきゅうせいじんふぜん》は、腎臓自体の障害により生じるもので、とくに腎臓の虚血や腎毒性物質《じんどくせいぶっしつ》を原因とするものを狭義の腎性急性腎不全と呼んでいます。虚血の原因は、脱水や出血、ショック、高体温、低体温、火傷、腎臓の血管における血栓症など、様々です。また、腎毒性物質としては、ある種の抗菌薬（アミノグリコシド、セファロスポリン、サルファ剤など）や、抗真菌薬、抗癌剤《こうがんざい》、非ステロイド性消炎鎮痛薬、重金属、有機化合物（車の不凍液に使用されるエチレングリコールなど）が知られています。そのほかにも免疫介在性疾患（糸球体腎炎《しきゅうたいじんえん》、全身性エリテマトーデスなど）や感染症（腎盂《じんう》腎炎《じんえん》、レプトスピラ感染症など）、高カルシウム血症など、多くのものが原因としてあげられます。

腎後性急性腎不全《じんごせいきゅうせいじんふぜん》は、尿路（尿管、膀《ぼう》胱《こう》、尿道）のいずれかの障害（閉塞《へいそく》あるいは漏出）によって、尿が体外に排出されないことが原因となって起こります。

腎前性急性腎不全と腎後性急性腎不全は、その原因がなくなれば速やかに改善されますが、原因が長く続くことにより腎性腎不全《じんせいじんふぜん》を併発することもあります。

症状

通常、食欲や元気が突然なくなり、尿量が減少したり、まったく尿が出なくなることもあります。嘔吐《おうと》もよくみられる症状です。また、原因により異なった症状がみられ、腎前性ではこのような症状が現れる前に下痢や嘔吐が続くことがあります。腎後性では排尿がみられなかったり、わずかな排尿しかありません。とくに尿道閉塞《にょうどうへいそく》による場合は、排尿姿勢をとりますが、多くの場合、尿の排泄《はいせつ》がみられません。

診断

腎不全では高窒素血症（BUN、血中クレアチニン値の上昇）がみられますが、腎前性、腎性、腎後性のいずれであるか調べ、また、慢性腎不全《まんせいじんふぜん》との鑑別が必要です。腎前性腎不全では通常、尿は濃縮されているので尿比重は高く、腎性腎不全では一般に尿比重は低くなります。また、尿沈渣《にょうちんさ》を検査することにより腎臓の障害を知ることもできます。腎後性腎不全ではX線検査や超音波検査により障害のある部位を特定することができます。

治療

急性腎不全では、程度の差はありますが脱水状態にあることが多いので、まず静脈内輸液療法（点滴）を行います。とくに腎前性腎不全では、点滴により脱水が改善されると腎臓の機能も改善されて尿の産生量が増え、腎臓の検査値は正常に戻ります。一方、腎後性腎不全では早急に尿を体外に排泄させなければならず、手術が必要なこともあります。腎性腎不全では原因が特定できた場合、それに対する処置が行われます。たとえば、腎毒性《じんどくせい》のある薬剤投与による腎不全では薬剤投与の中止を、腎毒性物質の摂取後間もない場合には催吐処置や胃洗浄、活性炭などの吸着剤の投与、輸液による毒性物質の希釈を行います。感染症では適切な抗生物質の投与も必要です。

その他の治療として、点滴を行っても尿の産生が少なかったり、尿の産生がみられない場合には、利尿薬（フロセミド、マンニトール）や腎臓への血流を増やす薬物（ドパミン）の投与を行います。高カリウム血症（血液中のカリウム値が正常より高くなった状態）が重度になると心停止を生じる危険性があるため、高カリウム血症がみられる場合や心電図に異常がある場合には、早急な処置が必要です。

腎不全では、代謝性アシドーシス（体が酸性に傾いた状態）を生じることがあり、アルカリ化療法（重曹の投与）が行われます。食欲不振や嘔吐などの消化器症状がみられるときには、ヒスタミンH_2ブロッカー（ラニチジン、シメチジンなど）やメトクロプラミド、オメプラゾールなどの投与も行われます。このような治療を行っても尿の産生がみられない場合や、検査値や症状に改善がみられない場合には、腹膜透析や血液透析を行うこともあります。

予後

急性腎不全の予後は、その原因、程度によって異なります。99例のイヌの急性腎不全を検討したアメリカの報告（1997年）では、死亡率は56%と高く、慢性腎不全になる場合も多いので注意が必要です。

（仲庭茂樹・山根義久）

慢性腎不全《まんせいじんふぜん》

腎臓《じんぞう》の働きが徐々に低下した状態を慢性腎不全といい、老齢の動物ほど発生頻度が高くなります。機能が低下した腎臓は治療しても元に戻ることはなく、次第に悪化していきます。

原因

慢性腎不全の原因には、尿細管間質性《にょうさいかんかんしつせい》

腎炎《じんえん》や糸球体腎炎《しきゅうたいじんえん》、腎《じん》アミロイドーシス、腎盂腎炎《じんうじんえん》、先天性あるいは家族性腎疾《かぞくせいじんしっ》患《かん》、多発性囊胞腎《たはつせいのうほうじん》、腎臓腫瘍《じんぞうしゅよう》（リンパ腫《しゅ》など）、高カルシウム血症、低カリウム血症などがありますが、多くの場合は原因が不明です。また、急性腎不全《きゅうせいじんふぜん》が慢性腎不全に移行することもあります。

症状

慢性腎不全では、尿を濃縮する能力が低下するため多尿となる一方、尿として体から出ていった水分を補給するため水をよく飲むようになります（多飲多尿）。腎臓の働きがさらに低下すると、腎臓から排出されるべき老廃物が体内に蓄積するため、高窒素血症（BUN、血中クレアチニン値の上昇）を起こし、尿毒症へと進行します。

また、腎臓には赤血球を作るために必要なホルモン（エリスロポエチン）の産生やビタミンDの活性化、血液中の電解質（ナトリウム、カリウム、リンなど）の調節、血圧の調節などの働きがありますが、これらの機能も障害を受けるため、貧血や上皮小体機能亢進症《じょうひしょうたいきのうこうしんしょう》、電解質異常、高血圧などを生じることがあります。

その他の症状としては、食欲不振や元気の消失、体重の減少、皮膚の柔軟性の低下、被毛の失沢、嘔吐《おうと》、下痢、便秘、高血圧による眼底出血や網膜剥離《もうまくはくり》などによる視力障害、重度の低カリウム血症（血液中のカリウムが正常より少なくなった状態）にみられる頸部筋力《けいぶきんりょく》の低下によるおじぎをしたような姿勢（低カリウム血症性多発性筋症）などがあり、末期になるとけいれんや昏睡《こんすい》がみられます。

診断

診断は、先に述べたような症状に加え、血液検査や尿検査などによって行います。血液検査では、高窒素血症や高リン血症、低カリウム血症（末期には高カリウム血症）、非再生性貧血などがみられます。慢性腎不全では尿を濃縮する能力が低下するため、一般に尿の比重は低くなります。また、タンパク尿を排泄《はいせつ》したり、尿沈渣《にょうちんさ》に円柱がみられることもあります。X線検査や超音波検査なども診断に役立つ場合があり、また、血圧測定や尿の培養検査を行うこともあります。さらに、腎臓の一部を採取（生検）し、組織学的検査（顕微鏡検査）を行うことにより腎臓の病変を知ることもできます。しかし、原因が何であるかにかかわらず、進行した慢性腎不全の病変は同じ変化を示すことが多いため、原因を特定するのは難しいこともあります。また、腎生検《じんせいけん》は、体の小さい動物の場合、危険を伴うこともあり必須《ひっす》ではありません。慢性腎不全では脱水などにより急性腎不全を併発していることもあるので、診断時には鑑別も必要です。

治療

慢性腎不全は先に述べたように症状が次第に悪化するので、できるだけ症状を緩和させ、また腎臓の負担を軽くすることが治療の目的となります。また、高リン血症が続くことによって生じる軟部組織へのミネラル沈着や高血圧などの合併症は、腎不全の進行を助長するので注意が必要です。

慢性腎不全で食欲があり、大きな異常がみられないときには食餌療法《しょくじりょうほう》を行います。腎不全《じんふぜん》では腎臓に負担がかからないように、一般に低タンパク食とナトリウムやリンの制限が必要です。タンパク質は良質なもの（たとえば赤身の肉や卵など）を選ぶ必要がありますが、現在、このような栄養を考慮した腎臓病用の特別療法食が各メーカーから発売されているので、それらによる食餌管理《しょくじかんり》が勧められます。食欲がなく脱水がみられる場合や尿毒症の状態にある場合には、静脈内輸液を行うことにより速やかに脱水を補正し、再び食欲が現れるのを待ちます。

腎不全では、胃酸の分泌を促進するガストリンというホルモンの血中濃度が高くなるため胃炎を生じ、食欲不振や嘔吐がみられることがあります。このような場合にはメトクロプラミドや胃酸分泌を抑えるヒスタミンH_2ブロッカー（ラニチジン、シメチジンなど）を投与します。

低カリウム血症は、便秘の原因になったり、筋障害を起こしたりするだけでなく、腎臓の障害を助長するので、カリウム製剤（グルコン酸カリウムなど）を投与する必要があります。高リン血症の治療にはリン吸着剤（アルミニウム製剤）の投薬が行われます。また、腎臓に負担をかけるような物質を食事から吸収しないように、腸内で吸着し排便させる活性炭（コバルジン、ネフガードなど）も用いられます。貧血に対してはエリスロポエチンと鉄剤を投与しますが、現在、動物用のエリスロポエチン製剤はなく、投与を続けると効果がなくなることもあるので、その使用に関しては注意が必要です。高血圧に対しては降圧剤（アンジオテンシン変換酵素阻害薬やアムロジピン）が用いられます。とくにアンジオテンシン変換酵素阻害薬には糸球体濾過率《しきゅうたいろかりつ》やタンパク尿の改善、腎臓組織の保護作用などがあります。

慢性腎不全では、食欲不振や下痢などで脱水を生じると、腎臓の働きがさらに低下するので、輸液や強制給餌《きょうせいきゅうじ》などにより脱水を防ぐ必要があります。状態が比較的落ち着いている場合には、皮下補液（皮膚の下に比較的多量の輸液剤を短時間に注射すること）を行うこともできます。また、病気のときにはストレスをできるだけ避けることも重要で、とくに神経質な動物や高齢の動物では自宅での治療のほうがよいこともあります。皮下補液は慣れれば自宅で飼い主が行うこともできます。

その他の治療としては、透析療法や腎《じん》移植《いしょく》などがありますが、限られた施設でのみ行われており、現在のところ一般的な治療法ではありません。

（仲庭茂樹・山根義久）

尿毒症

腎臓《じんぞう》は体内で作られた尿素や窒素など多くの代謝老廃物を排出しますが、腎臓の機能が低下すると十分な排出ができなくなり、それらが体内に蓄積した状態、すなわち高窒素血症を起こします。これは、血液検査での血中尿素窒素（ＢＵＮ）やクレアチニンなどの検査値の上昇で知ることができます。高窒素血症が続くと、尿毒素といわれる有害な物質が体内に蓄積し、色々な障害を生じます。この状態を尿毒症といいます。動物が尿毒症になると、食欲不振や嘔吐《おうと》、下痢、便秘、尿臭のする息、元気消失、体重減少、被毛の失沢、貧血、不整脈、けいれん、昏睡《こんすい》など、多くの症状が現れます。

（仲庭茂樹・山根義久）

腎臓《じんぞう》の病気

糸球体疾患

腎臓の糸球体に異常がみられる病気で、イヌとネコの主な糸球体疾患には糸《し》球体腎炎《きゅうたいじんえん》とアミロイドーシスがあります。

（桑原康人）

糸《し》球《きゅう》体《たい》腎《じん》炎《えん》

腎臓の糸球体が炎症を起こす病気で、単独で起こる場合と他の病気に伴って起こる場合があり、経過としては急性《きゅうせい》腎不全《じんふぜん》の型をとる場合と慢性腎不全《まんせいじんふぜん》の型をとる場合があります。糸球体腎炎はイヌ、ネコのどちらにも起こりますが、イヌにより多くみられます。イヌでの発症はほとんどが7歳以上ですが、遺伝性の場合はより若い年齢で発症します。一方、ネコの糸球体腎炎はイヌより若い年齢で発症する傾向があります。また、イヌでは雄でも雌でも起きますが、ネコでは雄に多いといわれています。

糸球体腎炎では、抗原と抗体が結合した免疫複合体が関与して、糸球体に傷害を与えると考えられています。糸球体は、そこを流れる血液から原尿（尿細管で再吸収されたり、いろいろな物質を添加される前の尿）を濾過《ろか》する部分で、糸球体が傷害を受けると原尿の生成量（糸球体《しきゅうたい》濾過量《ろかりょう》）が減ったり、原尿へのタンパク質の漏れが増えたりします。

原因

ほとんどの糸球体腎炎の発症には免疫が関係していると思われますが、多くの場合、免疫の異常を引き起こしている直接の原因は不明です。現在までに関連が知られているものには、イヌでは、犬糸《し》状虫症《じょうちゅうしょう》（フィラリア症）、ライム病、子宮蓄膿症《しきゅうちくのうしょう》、エールリヒア症、犬アデノウイルス2型感染症、リンパ球性白血病、リンパ腫《しゅ》、全身性エステマトーデス（全《ぜん》身性紅斑性狼瘡《しんせいこうはんせいろうそう》）、免疫介在性溶血性貧血、膵炎《すいえん》、副腎皮質機能亢進症《ふくじんひしつきのうこうしんしょう》などがあります。ネコでは、猫伝染性腹膜炎や猫白血病ウイルス感染症、リンパ腫、骨髄増殖性疾患、全身性エリテマトーデス（全身性紅斑性狼瘡）などが知られています。

また、遺伝性が疑われる糸球体腎炎を起こす犬種としては、ドーベルマン・ピンシャーやバーニーズ・マウンテン・ドッグ、ビーグル、ソフトコーテッド・ウィートン・テリア、サモエド、スタンダード・プードル、ゴールデン・レトリーバー、ロットワイラー、グレーハウンド、イングリッシュ・コッカー・スパニエル、ブル・テリア、ブリタニー・スパニエル、チャウチャウなどがあります。

症状

急性型は急性腎不全の症状、慢性型は慢性腎不全の症状を示します。ただし、ほかの病気に伴って起こる場合は、もとの病気によって様々な症状が現れます。タンパク尿が共通した症状ですが、後で述べるネフローゼ症候群（タンパク尿、低アルブミン血症、高コレステロール血症、浮腫《ふしゅ》、腹水など）を示すものは、イヌではその割合が比較的少なく、逆にネコに多くなっています。

また、高血圧となることも多く、それに伴って眼の異常（網膜剥離《もうまくはくり》など）や神経症状がみられることもあります。さらに、タンパク尿が重度な場合は、血管内で血液が固まるのを防ぐ物質（アンチトロンビンⅢなど）が尿中に排泄《はいせつ》されてしまい、その結果、血栓症を起こすことがあります。

糸球体と尿細管と腎盂

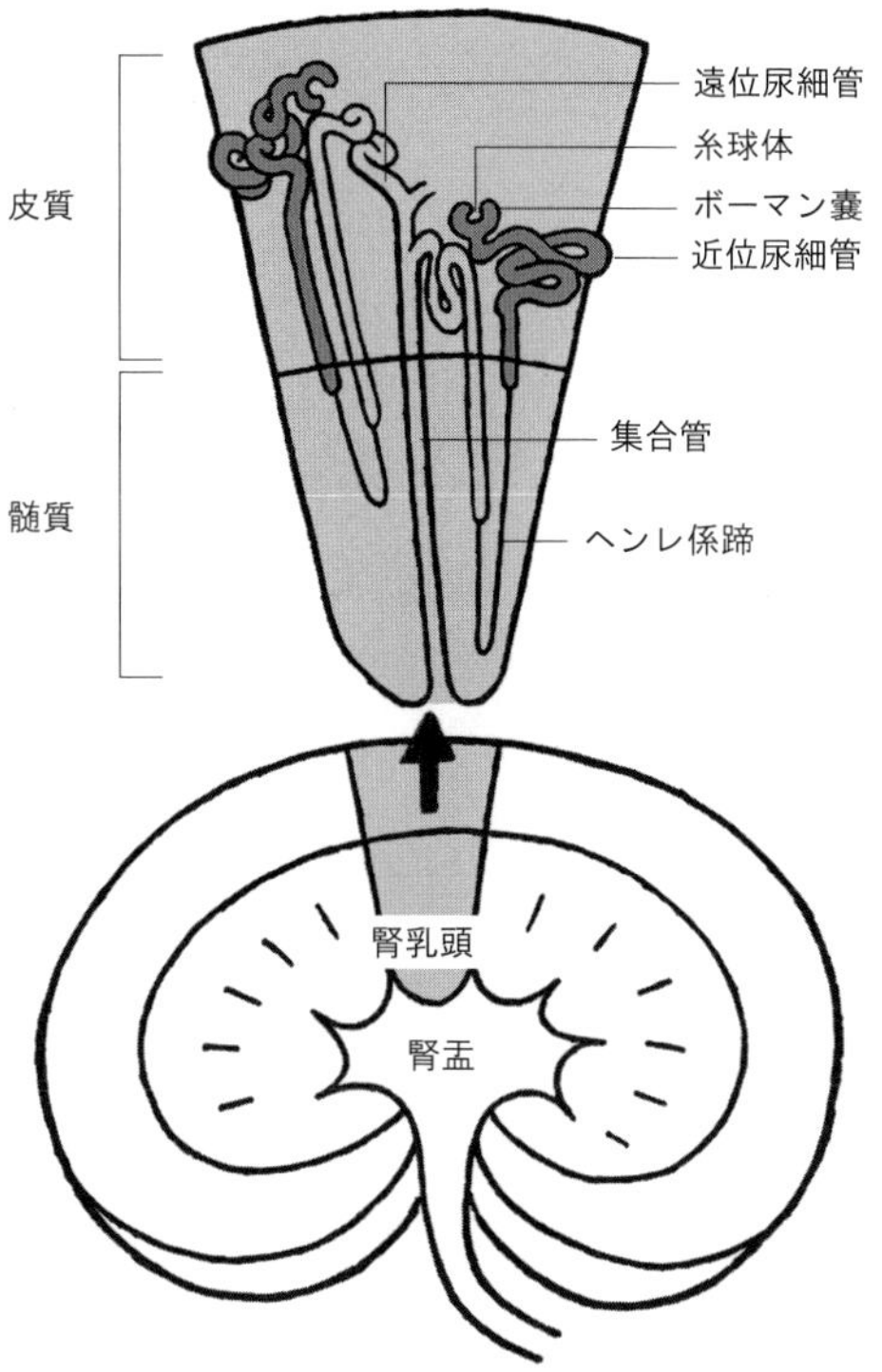

診断

中等度以上の量の尿タンパクがみられるときは、この病気か、アミロイドーシスが強く疑われます。ただし、下部尿路疾患（細菌感染や出血）でも尿タンパクはみられるため、その他の症状から下部尿路疾患ではないことを確認します。確定診断は、腎臓のバイオプシー（腎臓に針を刺してその一部を採って検査すること）によって行います。

治療

もとの病気があるときはその治療を行います。もとの病気が見つからないか、その治療を行っても改善がみられない場合は、腎不全の治療が中心になります。高血圧や血栓症を起こしていれば、その治療も必要です。

人の糸球体腎炎の多くでは免疫抑制療法が有効ですが、イヌとネコではその有効性は確認されていません。また、抗血小板薬は、糸球体の炎症と血栓形成を抑えることによって治療効果を示す可能性があります。

最近、イヌの糸球体腎炎では、アンジオテンシン変換酵素阻害薬とトロンボキサン合成酵素阻害薬が有効であることが確認されています。

（桑原康人）

尿細管疾患

尿細管は、糸球体で濾過《ろか》された原尿に対し、再吸収を行ったり物質を添加したりして、最終的に排泄《はいせつ》される尿を生成する部分です。ここに異常が起こると、様々な症状が現れます。

（桑原康人）

腎性糖尿《じんせいとうにょう》

糖（グルコース）は糸球体で濾過されたあと、ほとんどすべてが近位尿細管で再吸収されるため、普通は尿中には出てきません。ところが糖尿病のように血液中の糖が多くなり、その結果、糸球体から大量の糖が濾過されると、近位尿細管でそのすべてを再吸収しきれなくなって尿中に糖が出てきます。また、血液中の糖の量は多くなくても、近位尿細管に異常があって糖の再吸収がうまくいかないと、尿中に糖が出てくることがあります。

このように、近位尿細管の異常によって尿中に糖が出てしまうことを腎性糖尿といいます。

原因

急性腎《きゅうせいじん》不全《ふぜん》や慢性腎《まんせいじん》不全《ふぜん》に伴って発症

する場合と、糖尿以外に腎臓《じんぞう》機能《きのう》に異常がみられない原発性腎性糖尿《げんぱつせいじんせいとうにょう》があります。原発性腎性糖尿は珍しい病気です。

症状

尿中に糖が出ると尿量が増え、その分、のどが渇いて水を多く飲むという、いわゆる多飲多尿の症状を示します。また、尿路感染も起こしやすくなります。

診断

血糖値が正常で、しかも尿糖が陽性であれば診断できます。ただし、糖だけでなく、それ以外の物質の尿細管再吸収にも異常がみられる場合はファンコニー症候群（後述）と呼ばれます。

治療

この病気に特異的な治療法はありませんが、腎不全《じんふぜん》があれば腎不全の治療を行います。患畜をつねにモニターし、尿路感染を起こした場合はその治療も必要です。

（桑原康人）

ファンコニー症候群

ファンコニー症候群とは、糖だけでなく、それ以外の物質の尿細管再吸収にも異常を示すもので、糖以外にリン酸塩、アミノ酸、重炭酸塩、ナトリウム、カリウム、尿酸塩などの再吸収に異常がみられます。さらに、経過としては、数年間安定した状態を保つ場合もあれば、徐々に慢性腎不全に移行する場合もあります。また、急性腎不全の型をとることもあります。

原因

人では先天性のほか、重金属や薬物の摂取、悪性腫瘍《あくせいしゅよう》、栄養欠乏、自己免疫性疾患、その他の腎疾患《じんしっかん》など、様々な原因があげられています。イヌでは、バセンジーやノルウェジアン・エルクハウンドなどにみられる家族性のものと、ゲンタマイシンという抗生物質の投与によるものなどが報告されています。

症状

患畜によって様々ですが、腎性糖尿の症状に加えて尿細管性アシドーシス（血液が過度に酸性化した状態）による食欲不振や腎性尿崩症《じんせいにょうほうしょう》による脱水、低カリウム血症による筋力の低下などがみられます。腎不全に進行すればその症状も示します。

診断

腎性糖尿の診断、すなわち尿細管での糖の再吸収障害に加えて、各種電解質やアミノ酸の再吸収障害を証明することによって診断します。

治療

もとの病気がある場合はその治療を行います。そのほかには、炭酸水素ナトリウムの投与によってアシドーシスを治療したり、尿路感染症に対する適切な抗生物質の投与を行います。腎不全に進行したときは、その治療も必要です。

（桑原康人）

尿細管性アシドーシス

尿細管性アシドーシスには、近位尿細管での重炭酸イオンの再吸収がうまくいかないために起こる近位尿細管性アシドーシスと、遠位尿細管での酸の排泄がうまくいかないために起こる遠位尿細管性アシドーシスがあります。イヌ、ネコともに、腎不全に伴うアシドーシスはよくみられますが、尿細管性アシドーシスというのはあくまで糸球体濾過量《しきゅうたいろかりょう》には異常がみられないものを指すので、比較的まれな病気といえます。

原因

近位尿細管性アシドーシスには原発性のものと薬剤投与などに伴うものがあり、多くはファンコニー症候群の一つの症状としてみられます。遠位尿細管性アシドーシスにも原発性のものと薬剤投与や自己免疫性疾患、腎石灰化《じんせっかいか》、腎盂腎炎《じんうじんえん》などに伴うものがあります。

症状

多飲多尿や食欲不振、無気力などがみられます。

診断

糸球体濾過量が正常な値を示すにもかかわらず、血液中の塩素イオン濃度が高いアシドーシスであれば、尿細管性アシドーシスが疑われます。このとき、尿のpHが5・5以下であれば近位尿細管性アシドーシスと診断でき、尿のpHが6・0以上であれば遠位尿細管性アシドーシスの可能性が高くなります。遠位尿細管性アシドーシスについては、尿のpHの値のほか、アルカリ化剤が投与されていないことと、尿をアルカリ性にする尿路感染がないことを証明し、塩化アンモニウムの負荷試験などを行って診断します。

治療

もとの病気がある場合はその治療を行います。また、アシドーシスに対しては、炭酸水素ナトリウムを投与します。ただし、低カリウム血症を伴うアシドーシスに対しては、炭酸水素ナトリウムよりもクエン酸カリウムを投与するほうが望ましいとされています。（桑原康人）

腎《じん》性《せい》尿《にょう》崩《ほう》症《しょう》

尿の濃縮は、脳の下垂体後葉というと

ころから出る抗利尿ホルモン（バソプレッシン）によって調節されています。そのため、このホルモンがうまく出なくなると尿の濃縮がきちんとできなくなります。これを中枢性尿崩症といいます。これに対して、バソプレッシンは下垂体後葉から正常に出ているのに、腎臓に障害があるために尿の濃縮がきちんとできないものを腎性尿崩症といいます。

原因

先天性のものと、ほかの病気に伴って起こるものとがあります。イヌとネコでは先天性の腎性尿崩症はまれで、ファンコニー症候群や尿細管間質性腎炎《にょうさいかんかんしつせいじんえん》、髄質《ずいしつ》性腎《せいじん》アミロイドーシス、腎盂腎炎、甲状腺機能亢進症《せんきのうこうしんしょう》（ネコ）、副腎皮質機能亢《ふくじんひしつきのうこう》進症《しんしょう》、子宮蓄膿症、肝不全、低カリウム血症、高カルシウム血症、グルココルチコイドやフロセミドなどの薬物投与に伴ってみられます。

症状

重度な多飲多尿がみられます。水分が十分にとれないと脱水症状を起こします。

診断

飲み水を制限しても尿比重が上昇せず、バソプレッシンを投与しても反応しない場合は、この病気と診断できます。

治療

もとの病気がある場合はその治療を行います。先天性のものにはサイアザイド系利尿薬を投与したり、腎不全用の低タンパク・低ナトリウム食を給餌《きゅうじ》します。

（桑原康人）

尿細管間質疾患

腎臓《じんぞう》の病変が尿細管や尿細管の周りの間質に主にみられるものを尿細管間質疾患と呼びます。ただし、最初に起こった病変が糸球体であっても、尿細管や間質であっても、病気が進行すると両方に異常がみられるようになるため、多くの場合、病気のもともとの原因がどちらにあったかを判断することは困難です。

（桑原康人）

尿細管間質性腎炎《にょうさいかんかんしつせいじんえん》

腎臓の糸球体の炎症に比較して尿細管と間質の炎症が格段に重度なものを、尿細管間質性腎炎と呼びます。経過としては、急性腎不全《きゅうせいじんふぜん》の型をとる場合と、慢性《まんせい》腎不全《じんふぜん》の型をとる場合があります。

原因

イヌでは、レプトスピラ感染症による急性または亜急性型のものが有名です。そのほかにも、腎盂腎炎《じんうじんえん》や薬物、遺伝性、水腎症《すいじんしょう》、高カルシウム血症など、様々な原因があげられています。ただし、原因不明な場合も多くあります。

症状

急性型は急性腎不全の症状、慢性型は慢性腎不全の症状を示します。ただし、ほかの病気に伴って起こる場合は、その病気によって様々な症状を示します。糸《し》球体腎炎《きゅうたいじんえん》と比較してタンパク尿は軽度なことが多く、ファンコニー症候群の症状を示すものもあります。

診断

ほかの病気に伴って起こっている場合は、もとの病気を診断することがこの病気を疑うことにつながります。確定診断は腎臓のバイオプシーによって行います。

治療

もとの病気がある場合は、その治療を行います。もとの病気が見つからないか、その治療を行っても改善がみられないときは、腎不全《じんふぜん》の治療が中心になります。

（桑原康人）

嚢胞性腎疾患《のうほうせいじんしっかん》

腎嚢胞《じんのうほう》

腎嚢胞は、腎臓《じんぞう》にみられる嚢状《のうじょう》の構造物（嚢胞《のうほう》）で、液体で満たされています。通常、1〜2個の嚢胞が片側の腎臓にだけみられ、臨床的にとくに問題となることはありません。（仲庭茂樹・山根義久）

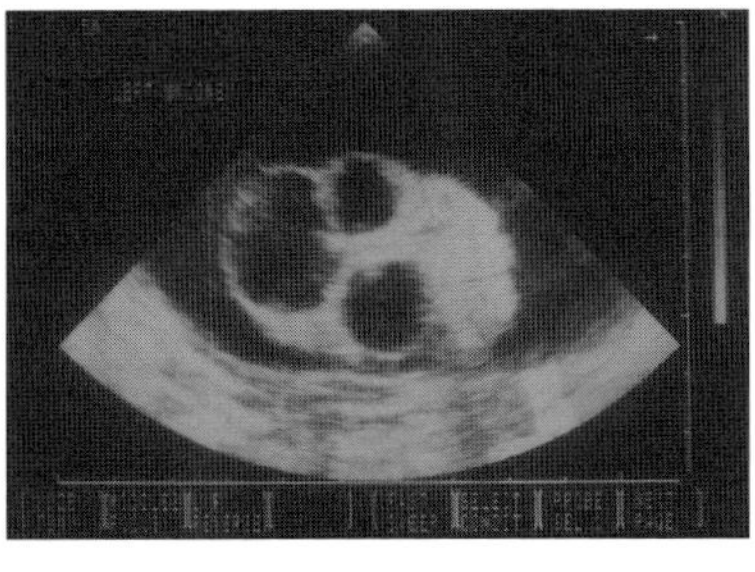

ネコの腎臓の超音波画像。腎臓内に大きな嚢胞が認められる

多発性嚢胞腎《たはつせいのうほうじん》（嚢胞腎《のうほうじん》）

腎臓に3個以上の嚢胞があるものを多発性嚢胞腎（嚢胞腎）といいます。嚢胞

には液体が貯留しており、通常、左右両方の腎臓にみられ、多くの場合、肝臓にも同様の嚢胞が存在します。

原因

遺伝性の病気と考えられています。イヌとネコのいずれにも生じますが、とくにペルシアなどの長毛のネコによくみられます。

症状

嚢胞が大きくなって腹部が大きくなるか、嚢胞が腎臓を圧迫することにより正常な腎臓組織が少なくなり、腎不全《じんふぜん》を起こします。手で腹部に触れると、大きくなった腎臓を触知できることがありますが、そのとき普通は痛みを示すことはありません。

診断

確定診断は超音波検査で行われますが、腎周囲偽嚢胞《じんしゅういぎのうほう》や水腎症《すいじんしょう》、腎臓腫瘍《じんぞうしゅよう》、猫伝染性腹膜炎などとの鑑別が必要です。

治療

大きな嚢胞で痛みがある場合、経皮的《けいひてき》穿刺《せんし》（おなかの皮膚から針を腎臓に刺すこと）を行って嚢胞内液を吸引すると、減圧によって一時的に症状を軽減することができます。しかし、穿刺法《せんしほう》による吸引は多くの嚢胞がある場合には実際的ではありません。腎盂腎炎《じんうじんえん》を合併して発熱や腎臓に痛みがあるときには、抗生物質を投与し、腎不全の兆候があればその治療を行います。感染がない場合、予後は腎不全の程度によって異なりますが、診断時に腎不全がみられなくても定期的検診が必要です。

（仲庭茂樹・山根義久）

腎周囲偽嚢胞《じんしゅういぎのうほう》

腎臓の表面を被う被膜と腎臓の間に液体が貯留した状態をいいます。主に高齢のネコにみられ、左右両方に起こることもあれば、片方だけに起こることもあります。貯留した液体の内容は滲出液《しんしゅつえき》や血液、尿などですが、はっきりとした原因はわかっていません。通常は無症状ですが、腹部が大きくなることで異常に気がつきます。痛みはありません。腎不全を伴うこともあります。診断は超音波検査やX線検査（腎臓造影法《じんぞうぞうえいほう》）によって行い、多発性嚢胞腎や水腎症、腎臓腫瘍、猫伝染性腹膜炎などとの鑑別が必要です。無処置のままでよいこともありますが、治療としては、定期的な液体の吸引、腎被《じんぴ》膜《まく》の切除術などを行うほか、胃の大網により液体を吸収させるための大網被覆術なども試みられています。また、腎不全になっていないかを確認する定期的検診が必要です。

（仲庭茂樹・山根義久）

先天異常疾患

腎無形成《じんむけいせい》

左右両方かどちらか片方の腎臓《じんぞう》がまったく形成されないもので、まれな病気です。腎臓の無形成が左右いずれかで、片方の腎臓が正常な場合には、症状はまったくみられません。開腹手術時や死後の解剖によって偶然に発見されることが多いようです。また、X線検査、とくに排《はい》泄性尿路造影法《せっせいにょうろぞうえいほう》で腎臓が認められない場合にもこの病気が疑われますが、確定的ではありません。存在している片方の腎臓機能が正常であれば治療の必要はありません。一方、左右両方の腎臓が無形成の場合には、生後数日のうちに死亡します。

（仲庭茂樹・山根義久）

腎《じん》低《てい》形《けい》成《せい》

腎低形成は、先天的に腎臓の発育が悪く、非常に小さくなっていることをいいます。まれな病気で、もう一つの腎臓はその代償として大きくなります。

（仲庭茂樹・山根義久）

腎《じん》異《い》形《けい》成《せい》

腎臓が正常に発育していないものを腎異形成といいます。一般に小さく、正常な腎臓の形態をとりません。顕微鏡で観察しても構造上の異常がみられます。原因はわかっていませんが、胎子期や子イヌの時期のウイルス感染によっても生じると考えられています。

また、シー・ズーやミニチュア・シュナウザー、チャウ・チャウ、ラサ・アプソなどでは家族性の腎臓病としても知られています。多くは5歳までに診断されますが、異形成が重度のものは若齢時から多飲多尿や発育不良など慢性腎不全《まんせいじんふぜん》の症状を示します。腎臓の形態の異常はX線検査（とくに腎臓造影法《じんぞうぞうえいほう》）や超音波検査などでわかりますが、確定診断は腎生《じんせい》検《けん》で行います。治療は慢性腎不全の治療に準じます。

（仲庭茂樹・山根義久）

家族性疾患

幼齢から若齢の動物に腎疾患《じんしっかん》が発生した場合、先天性の腎疾患と家族性の腎疾患を考慮しなくてはなりません。家族性とは、偶然に発生するよりも高頻度に一つの家系に発生することです。多くの家《か》族性腎疾患《ぞくせいじんしっかん》では、誕生時には正常であっても、最初の数年間に構造的、機能的に悪化していきます。ただし、どの家族性腎疾患も、慢性腎不全《まんせいじんふぜん》を起こす多くの原因と鑑別することはできず、有効な治療法もありません。

家族性の疾患の場合、病気を起こす遺伝子をもつ血統を突き止め、それらを繁殖に使用しなければ、不幸な子イヌや子ネコの誕生を減らすことができます。以下にいくつかの犬種やネコの例を説明しますが、日本においてもこれらの動物を飼育する場合、若齢期から腎臓検査《じんぞうけんさ》を行い、腎疾患の早期発見に努めることが望まれます。

そして、不幸にも腎不全《じんふぜん》と診断されたならば、その血統を調べて記録・報告することによって家族性疾患に影響する血統を絞り込み、それらを繁殖に使用しないようにすることが大切です。

（串間清隆）

ノルウェジアン・エルクハウンド

最初に明らかになったのは、8カ月齢～5歳の6頭の例でした。自然発症犬が共通の先祖をもつことと、56頭中21頭に腎疾患がみられた繁殖試験の結果から、遺伝が疑われています。ただし、そのメカニズムはわかっていません。

この病気に特有な症状はなく、慢性腎不全を起こすほかの病気と区別することはできません。症状は腎臓の障害の程度により様々ですが、通常は、食欲不振や多飲多尿、体重減少、嘔吐《おうと》などが現れます。成熟前に腎不全を発症した場合には、発育障害を起こします。血糖値は正常なのに、尿糖が認められるファンコニー症候群と診断されることもあります。

診断は、腎生検《じんせいけん》によって行いますが、一つの検査だけで慢性腎不全と区別することはできません。

腎臓の病変は糸球体硬化と萎縮《いしゅく》で、多くの場合、尿細管の変化は比較的軽度です。この変化は出生時には認められず、時間とともに進行していきます。

（串間清隆）

コッカー・スパニエル

1957年に、2カ月齢～4歳の腎不全のコッカー・スパニエル40例で検討が行われました。その結果、コッカー・スパニエルでは遺伝的疾患が高頻度に発生することがわかりました。また、イギリスでも8例の家族性腎疾患が知られていますが、確実な系統図は決定されていません。

この病気にかかるイヌに性差はなく、毛色にも関連は見つかっていません。症状は慢性腎不全と同様で、進行性の食欲不振や嘔吐、多飲多尿、体重減少などが認められます。尿糖がみられることもありますが、必須《ひっす》ではありません。

タンパク尿は持続的で重度なことが多く、低張尿も多くみられます。低張尿は腎臓のネフロンの数が不十分なためとされています。この病気に特徴的な腎臓の病変は、左右両方の腎皮質形成不全《じんひしつけいせいふぜん》です。

この病気は、品種や年齢、性別、病歴、症状をもとに診断しますが、ほかの原因による慢性腎不全との鑑別は困難です。

（串間清隆）

サモエド

広範にわたる繁殖試験により、サモエドでは家族性腎疾患をベースとする遺伝疾患の存在が明らかになっています。その遺伝のパターンは、X鎖優性素因によるもので、主に雄で多くみられます。しかし、遺伝子タイプ陽性の雌にも腎疾患はみられ、正常雄との交配でもこの疾患を伝播《でんぱ》してしまうことがあります。

雄は生後6カ月齢までに症状を示します。雌でも同胎犬に比べて発育が障害されるようです。症状が現れる前の2～3カ月齢のときに、タンパク尿を起こしますが、ほかの原因による腎不全と比べて、特徴的な症状はみられません。

この疾患における腎臓の病変は、メサンギウム肥厚や糸球体硬化症、糸球体周囲の線維化などですが、腎形成異常ではなく、糸球体基底膜構造の規則性の欠陥を特徴としています。この病気の雄では、生後1カ月齢ですでに糸球体に病変があり、8～10カ月齢では腎不全を引き起こす程度の糸球体硬化まで進行してしまいます。一方、雌では、糸球体病変は軽度に存在するものの腎不全にまで進行することはありません。

（串間清隆）

ドーベルマン・ピンシャー

発症に性差はなく、数カ月齢から5歳の間に進行性の腎不全が起こります。

体重減少や食欲不振、嘔吐、多飲多尿などの症状があり、ほかの原因による腎不全と鑑別できる特徴的な症状はありません。重度のタンパク尿による低タンパク血症が原因となって、腹水や浮腫《ふしゅ》が発生することもあります。また、13例中3例で右の腎臓がなかったという調査結果がありますが、ほかの調査ではこのようなことはいわれていません。

この病気の腎病変は糸球体と尿細管、間質に認められています。多くの例で免疫染色は陰性ですが、何例かで糸球体に免疫グロブリンの沈着がみられたことから、原発性家族性糸球体疾患であると考えられています。

（串間清隆）

バセンジー

バセンジーでは、ファンコニー症候群に類似した尿細管障害が知られています。家族性疾患であるという証拠はありませんが、血統の検査によって何頭かの親犬が繁殖から除外されています。

発症に性差はみられません。ほかの家族性疾患のように腎不全が早期に進行することはないようです。成長期での発生例は見当たらず、どの例も7歳程度で発症しています。多飲多尿や脱水、体重減少、被毛粗剛など、一般の慢性腎不全と同様の症状を示し、尿検査では尿糖やタンパク尿、低比重尿などがみられます。ただし、血糖値は正常です。腎臓の機能に関する血液検査結果は、重症度によって正常であったり異常であったりします。高窒素血症がみられない例では、電解質や酸塩基平衡の異常が知られています。

この病気は、電解質の異常や脱水、低リン血症などに対する治療を行うことで、症状がかなり改善されることが多いようです。

（串間清隆）

ラサ・アプソとシー・ズー

ラサ・アプソとシー・ズーの家族性腎疾患は、同様の特徴を示します。遺伝に関するメカニズムは完全に解明されていませんが、単一の原因によるものではなさそうです。

発症に性差はありません。発症すると多くは数カ月で尿毒症まで進行してしまいますが、なかには数年かけてゆっくり進行するものもいます。生まれたときには腎臓は正常で、発育とともに病変が進行していくものと考えられています。体重減少や発育遅延、嘔吐、下痢、多飲多尿などといった典型的な慢性腎不全の症状がみられ、この病気に特有なものは見当たりません。検査所見についても通常の慢性腎不全と同様です。

この病気にかかった患畜の腎臓は、いわゆるダンベル型を示し、皮質組織の大部分が腎極《じんきょく》に存在します。病理組織所見では、糸球体数の減少や萎縮などがみられ、胎生期の糸球体が継続して存在するケースも見つかっています。（串間清隆）

ブル・テリア

この種には、慢性の家族性腎症が存在するといわれています。発症に性差はなく、遺伝は常染色体性優性素因によって起こります。この病気での特徴的な症状はありませんが、持続性のタンパク尿が早期診断に役立つかもしれません。病変は主に糸球体に起こり、糸球体基底膜とボーマン嚢《のう》の肥厚を示します。

（串間清隆）

バーニーズ・マウンテン・ドッグ

16頭の雌と4頭の雄に糸球体腎炎《しきゅうたいじんえん》の発生例があります。年齢は2～5歳で、尿毒症や腹水、浮腫などの症状を示し、低タンパク血症とタンパク尿がみられています。遺伝的な病気と考えられていますが、17頭でボルデテラという細菌の一種の抗体価が上昇していることから、この細菌が何らかの要因となっている可能性もあります。

（串間清隆）

アビシニアン

在来種では、過去20年間で20例のアミロイドーシスの発生報告がありますが、アビシニアンに関しては3年間で20例の発生が知られています。発症したネコには血縁関係があり、家族性の腎疾患であることが推察されています。雌よりも雄に多くみられ、通常1～5歳で発症します。体重減少や多飲多尿、被毛失沢、食欲不振などの症状がみられます。病状の重症度は様々で、早期に腎不全まで進行することもあれば、長期生存することもあります。

（串間清隆）

その他の疾患

腎《じん》アミロイドーシス

アミロイドーシスは、人ではアミロイドの種類や沈着部位によって様々なものがありますが、イヌやネコにみられるアミロイドーシスは、ほとんどが何らかの炎症に伴ってアミロイドAタンパクが沈着するもので、反応性アミロイドーシスといわれています。アミロイドの沈着はイヌでは腎臓《じんぞう》によくみられ、ネコでは様々な部位にみられます。ただし、アミロイド沈着によって示される症状は、ほとんどが腎臓への沈着を原因とするものなので、ここでは腎アミロイドーシスとして説明します。

この病気は、イヌで比較的よくみられ、ネコではアビシニアン以外ではまれです。ほとんどが5歳以上で発症しますが、遺伝性が疑われるチャイニーズ・シャー・ペイとアビシニアンではより若い年齢でみられることがあります。経過は、ほとんどの例で慢性腎不全《まんせいじんふぜん》の型をとります。

原因

先天的な要因や慢性感染症、免疫介在性疾患、腫瘍性疾患《しゅようせいしっかん》などの炎症疾患が原因になっていると思われますが、多くの場合、明らかな原因疾患は不明です。

症状

慢性腎不全の症状がみられますが、イヌでは高窒素血症は軽度なことが多いようです。腎臓以外の部位にアミロイドが沈着しても症状はほとんど起きませんが、肝臓障害や膵臓《すいぞう》障害がみられることもあります。また、原因疾患の症状が強く出ることもあります。タンパク尿は、イヌでは糸球体腎炎《しきゅうたいじんえん》より激しいことが多いのですが、ネコの大半とシャー・ペイでは、糸球体よりも腎臓の髄質にアミロイド沈着がみられ、タンパク尿が軽度なことがあります。腎臓は、ネコでは小さく硬くなるのが普通ですが、イヌでは大きくなることもあります。糸球体腎炎と同じく、ネフローゼ症候群や高血圧、血栓症を伴うことがあります。

診断

シャー・ペイ以外のイヌでは、糸球体腎炎と同様にタンパク尿からこの病気を疑い、腎臓のバイオプシーで確定診断します。しかし、シャー・ペイやネコでは生前の確定診断は難しい場合があります。

治療

糸球体腎炎の治療に準じます。また、腎アミロイドーシスに対してジメチルスルホキシド（DMSO）やコルヒチンの有効性が示唆されていますが、まだはっきりとはしていません。

（桑原康人）

腎《じん》盂《う》腎《じん》炎《えん》

急性経過をたどる急性腎盂腎炎《きゅうせいじんうじんえん》と、慢性経過をたどる慢性腎盂腎炎《まんせいじんうじんえん》があります。急性腎盂腎炎では、腎盂《じんう》と腎乳頭《じんにゅうとう》が侵されます。一方、慢性腎盂腎炎では、炎症が反復して起こり、腎盂や腎乳頭、腎髄質《じんずいしつ》、腎皮質《じんひしつ》が侵され、尿細管間質性《にょうさいかんかんしつせい》腎炎《じんえん》へと波及していきます。

原因

尿は腎盂、尿管、膀胱《ぼうこう》、尿道の順で流れていきますが、この経路のどこかで流れが妨げられると逆流が起こり、その結果、尿道や膀胱などの感染が腎盂に及ぶと考えられています。主な原因は細菌感染ですが、ウイルスや真菌が関係していることもあります。

症状

急性腎盂腎炎では、発熱や食欲不振、嘔吐《おうと》、腎臓の圧痛などがみられることが多いのですが、慢性腎盂腎炎では多飲多尿以外には無症状のことが多く、徐々に慢性腎不全に移行します。

診断

尿の細菌培養が陽性であれば、この病気が疑われますが、下部尿路感染症との鑑別が必要です。尿の細菌培養が陽性であることに加えて、血液中の白血球数の増加がみられれば、この病気の疑いはより強くなりますが、細菌性前立腺炎《さいきんせいぜんりつせんえん》でも同様の所見が認められます。尿沈渣《にょうちんさ》に白血球円柱や細菌円柱があれば、腎盂腎炎であることが確定的です。ただし、円柱はみられないことのほうが多いので、注意が必要です。X線造影検査や超音波検査では多くの場合、腎盂や近位尿管の拡張が認められます。

治療

尿の流れを妨げる原因や細菌感染の温床を可能な限り排除したうえで、感受性試験の結果や尿への移行性に基づいて、適切な量の抗生物質を十分な期間、投与します。

(桑原康人)

水《すい》腎《じん》症《しょう》

尿の流出障害によって腎盂が拡張した状態で、流出障害の部位によって様々な症状や経過を示します。

原因

尿路結石や腎虫《じんちゅう》、血液の固まり、外傷、腫瘍《しゅよう》、神経障害、ヘルニア、先天的な奇形、外科手術など、慢性的な尿の流出障害を起こす様々なものが原因となります。

症状

片側の尿管閉塞《にょうかんへいそく》であれば、多くの場合は無症状で推移し、腎盂の拡張によって腎臓が著しく大きくなって初めて発見されます。尿路の完全閉塞（両側尿管、膀《ぼう》胱三角《こうさんかく》、尿道閉塞《にょうどうへいそく》）では、腎盂が十分に拡張する前に尿毒症の症状がみられます。細菌感染を伴えば腎盂腎炎の症状も起こります。

診断

X線造影検査や超音波検査で拡張した腎盂を検出します〈図8〉。ただし、腎障害が重度な場合は、静脈内に入れた造影剤が十分に濾過《ろか》されず、X線検査では検出できないことがあります。

〈図8〉

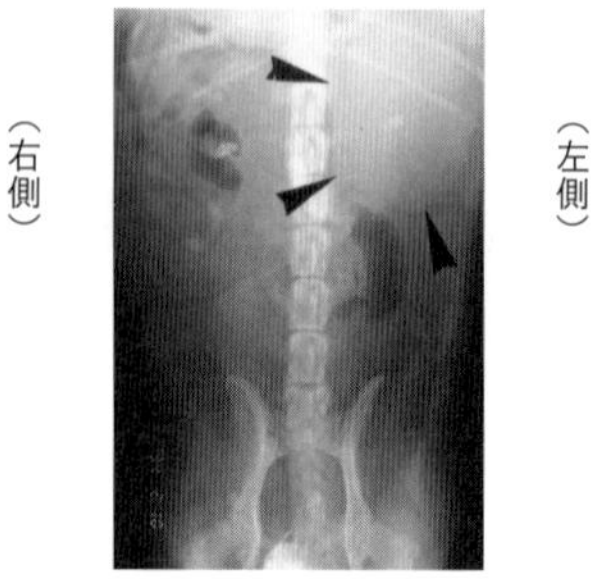

イヌの水腎症（左側）の腹部X線所見（矢印の部分が腫大した腎臓）

治療

尿の流出障害を取り除くことによって治療します。イヌでは、片側の尿管が完全に閉塞した後でも、閉塞を1週間以内に解除すれば糸球体濾過量《しきゅうたいろかりょう》は100%回復し、4週間後の解除でも30%回復したという報告もあります。ただし、多くの場合、尿の流出障害を完全に取り除くことは困難です。腎盂が著しく拡張し、腎実質がほとんど認められなくなっている例では、ほかの臓器への圧迫や細菌感染の温床を取り除く目的で、水腎化した腎臓を摘出することもあります。ただし、摘出は、もう片方の腎臓の機能が維持されていることを確認したうえで行う必要があります。腎不全を発症している場合は、腎不全の治療を行います。(桑原康人)

特《とく》発《はつ》性《せい》腎《じん》出《しゅっ》血《けつ》

血尿がみられ、それが腎臓からの出血と断定できても、出血の原因がはっきりと特定できないときにつけられる診断名です。イヌではときどきみられますが、ネコでの発生は比較的まれです。

原因

原因が不明なため、特発性と名づけられています。イヌでは多くの場合、原因は特定できませんが、人では最初にこの病気と診断されても、その後、IgA腎《じん》症《しょう》、腎臓や尿管の腫瘍、左腎静脈《ひだりじんじょうみゃく》の圧迫によるナットクラッカー現象などによる出血であるとわかることが多いようです。

症状

持続的または反復的な血尿が続き、重症の場合には貧血症状もみられます。

診断

血尿を起こすほかの疾患（生殖器疾患や尿路感染症、尿路結石、腫瘍など）がないか調べ、見つからないときは膀胱切《ぼうこうせっ》開術《かいじゅつ》を行い、左右の尿管開口部にカテーテルを挿入し、左右どちらの腎臓からの出血かを調べます。体重5kg以上のイヌでは開腹手術をせずに尿道から膀胱鏡《ぼうこうきょう》を挿入し、左右どちらの尿管開口部からの出血かを調べることも可能です。

治療

片側からの出血であれば、出血しているほうの腎臓を摘出するか、その腎臓への腎動脈《じんどうみゃく》の分枝を結紮《けっさつ》することによって、血尿を止めることができます。

(桑原康人)

ネフローゼ症候群

タンパク尿と低アルブミン血症、高コレステロール血症、浮腫《ふしゅ》や腹水がみられるものをまとめた症候群で、疾患名としては糸球体腎炎または腎アミロイドーシスがあげられます。

原因

糸球体腎炎か腎アミロイドーシスが主な原因です。

症状

足のむくみや腹水による腹部の下垂がみられる以外は、糸球体腎炎または腎アミロイドーシスの症状を示します。また、肺血栓症による呼吸困難や腸骨動脈、大《だい》腿動脈《たいどうみゃく》の血栓症による下半身麻痺《まひ》が起きることもあります。

診断

タンパク尿と低アルブミン血症、高コレステロール血症、浮腫か腹水の四つの徴候を確認して診断します。

治療

糸球体腎炎あるいは腎アミロイドーシスの治療を行います。食事は腎不全用の低タンパク・低ナトリウム食を与えるとよいと思われますが、タンパク質の摂取を制限しすぎないように注意します。むくみが重度であったり、胸水がみられたりする場合には、利尿薬であるフロセミドを投与しますが、脱水を助長しないように漫然とした投与は避けなくてはいけません。高血圧や血栓症がみられる場合は、その治療も必要です。

（桑原康人）

尿管の病気

尿管無形成

生まれつき尿管が形成されない状態か、膀胱《ぼうこう》まで伸びずに途中で成長が止まっている状態をいいます。腎臓《じんぞう》で作られた尿が尿管へ流れていくことができないため、腎臓は水ぶくれのような状態になり、水腎症《すいじんしょう》となります。尿管無形成は、多くの場合、水腎症の診断時に発見されます。

（武井好三）

重複尿管

正常であれば、左右の腎臓からそれぞれ1本の尿管が膀胱につながっていますが、生まれつき2本の尿管がつながってしまった状態をいいます。まれな病気で、症状が現れません。泌尿器の感染や水腎症からこの病気が見つかることがあります。とくに治療は行わず、感染を抑えて、腎機能低下《じんきのうていか》を防ぐことを心がけます。

（武井好三）

異所性尿管

腎臓で作られた尿は、尿管を流れて膀胱に溜《た》められ、排尿動作を起こすと膀胱が収縮し、尿道を通って体外へ排泄《はいせつ》されます。異所性尿管は、膀胱ではなく、尿道や膣《ちつ》に尿管がつながってしまっている病気です〈図9〉。膀胱に尿を溜めることができないので、腎臓で作られた尿が尿道に直接流れてしまいます。そのため、排尿の感覚がないままに尿を漏らすことになります。この病気は細菌感染や腎機能障害を併発している場合があります。また、雌イヌに多く、ネコではまれです。

異所性尿管の発生には犬種素因があり、シベリアン・ハスキーやニューファンドランド、ブルドッグ、ウエスト・ハイランド・ホワイト・テリア、フォックス・テリア、トイ・プードルに多くみられます。

原因

先天性の病気です。遺伝するものではありませんが、犬種素因がみられます。

症状

子イヌのときから尿の失禁を起こします。つねに尿を漏らしているために、膣《ちつ》炎《えん》や膣周囲がただれて皮膚炎を起こすこともあります。

〈図９〉異所性尿管

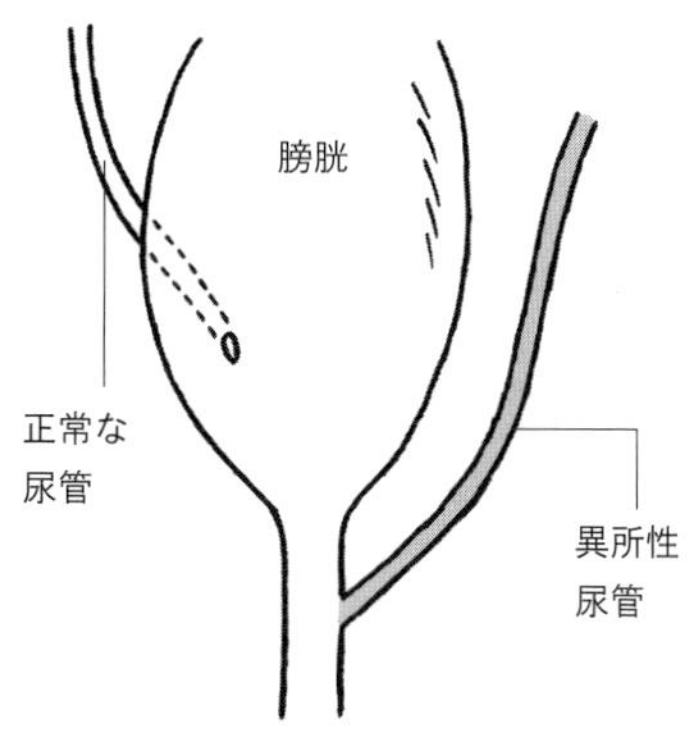

診断

尿検査で尿路感染と炎症を調べます。また、排泄性尿路造影法《はいせつせいにょうろぞうえいほう》によるX線検査を行い、腎臓から出た尿の走行を観察し、尿管がきちんと膀胱に入っているか調べます。同時に腎臓や尿管の異常も観察します。

治療

外科手術で、膀胱に尿管を新たに移植します。感染症があれば、抗生物質を投与します。水腎症を併発しているときは、腎臓を摘出することもあります。

予後

尿道につながっていた尿管を膀胱に移植することによって尿失禁は起こらなくなります。しかし、尿道の締まりが悪いときは、手術を行っても尿失禁が治らないことがあります。その場合は、内服薬が試されることもあります。また、尿失禁が続き、膣周辺の皮膚炎がみられるときは、なるべく被毛を短く切って、つねに清潔に保つようにします。（武井好三）

巨大尿管症

尿管のほぼ全長が拡張してしまった状態です。原因によって、尿管膀胱逆流《にょうかんぼうこうぎゃくりゅう》や水尿管症、水腎症、腎機能障害、感染症を併発します。

（武井好三）

尿管膀胱逆流《にょうかんぼうこうぎゃくりゅう》

腎臓から尿管を伝わって膀胱にいったんたまった尿は、逆流しないようになっています。この病気は、尿管から膀胱の移行部にある逆流防止機構に異常があり、膀胱内の尿が尿管へ逆流してしまう状態をいいます。

原因

生まれつきの尿管膀胱移行部の異常や重複尿管のほか、膀胱炎《ぼうこうえん》や膀胱結石《ぼうこうけっせき》、尿《にょう》道閉塞《どうへいそく》などでもみられることがあります。また、尿管瘤《にょうかんりゅう》の切除や尿管と膀胱をつなげる手術後の合併症として現れることがあります。

症状

腎盂腎炎《じんうじんえん》や水腎症になりやすく、血尿や発熱、タンパク尿などのほか、腎不全《じんふぜん》による食欲不振や吐き気などがみられることがあります。

診断

尿検査によって血尿やタンパク尿、尿路感染の有無を調べ、血液検査によって腎不全を調べます。また、排泄性尿路造影によるX線検査を行い、尿管の持続的拡張、尿管下端の狭窄《きょうさく》によると思われる水腎症などを起こしていないか、さらに、超音波検査によって腎臓や膀胱に異常がないか確認します。

治療

内科療法としては、腎機能障害のないものは感染症に注意しながら様子を観察します。しかし、尿路感染症を繰り返し起こしたり、高度の逆流がみられる例、また、腎機能障害を示す例では、尿の逆流を防止する手術を行います。

予後

再発を早期に発見するため、定期的に血尿や尿のにごりの有無、尿のにおいなどを観察します。（武井好三）

尿管瘤《にょうかんりゅう》

生まれつきの尿管の奇形です。膀胱への尿管の移行部が嚢状《のうじょう》に拡張し、膀胱内に球状に膨隆します。多くの場合、尿管の膀胱開口部が狭くなっているため、尿管圧が上がり、水腎症などを起こします。排泄性尿路造影によるX線検査を行って診断します。腎機能の低下や感染、排尿障害がなければ様子を観察します。

（武井好三）

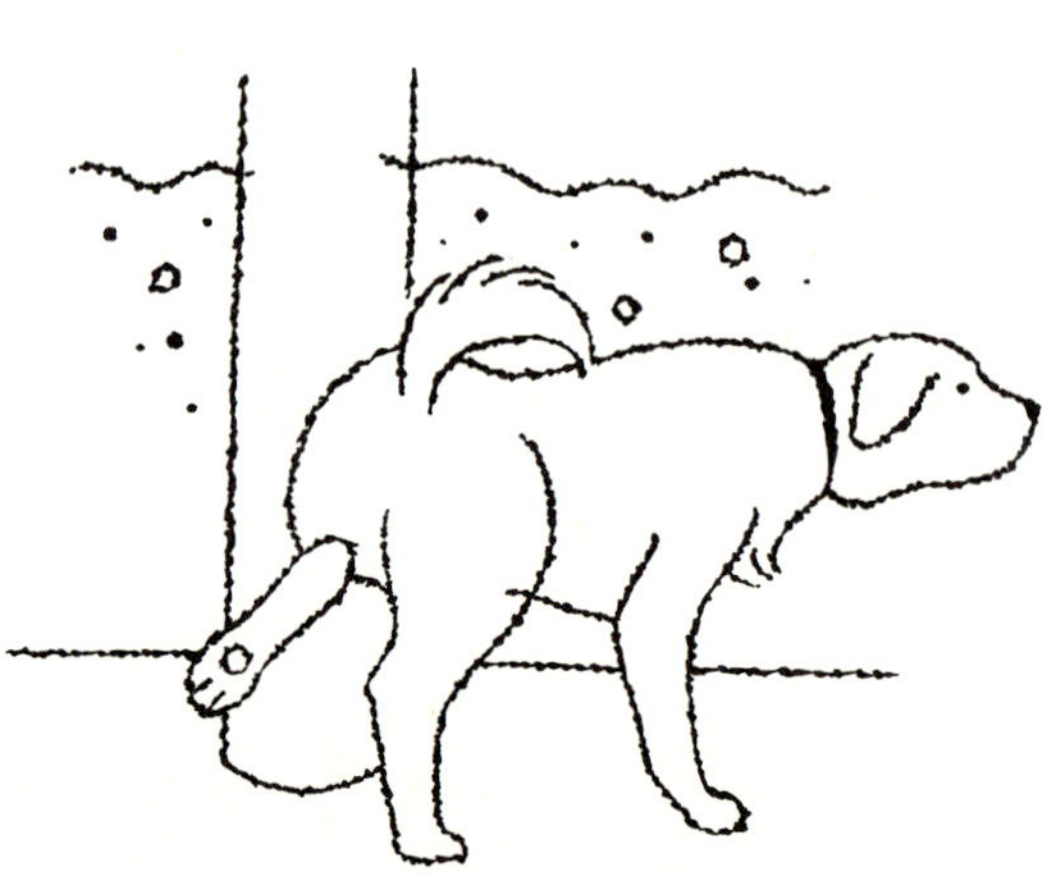

水尿管症

尿管の水圧が持続的に高いために尿管が拡張してしまった状態をいいます。

原因

先天性の場合は尿管瘤や膀胱尿管逆流《ぼうこうにょうかんぎゃくりゅう》症《しょう》、異所性尿管など、後天性の場合は尿管結石や腫瘍《しゅよう》、慢性の泌尿器感染症などが原因となります。これらの病気により尿が尿管に停滞し、その結果、尿管の流れの上流側、すなわち腎臓側の尿管が拡張して起こります。膀胱や尿道の異常が原因で尿の停滞が起こった場合は、両側の尿管が拡張し、障害が腎臓まで波及することもあります。

症状

水尿管症だけでは症状はみられません。細菌感染した場合には血尿や発熱などを示します。

診断

尿管膀胱逆流と同様の方法で診断を行います。

治療

尿が停滞する原因を取り除きます。とくに感染症や腎機能不全がみられる場合には、すみやかに治療を行います。

（武井好三）

膀《ぼう》胱《こう》の病気

尿膜管開存

膀胱の先天性異常です。尿膜管とは胎生期に膀胱から胎盤に尿を通過させている管のことで、この管が出生後も塞《ふさ》がらないことをいいます。イヌ、ネコにまれにみられます。

原因

先天的な形態異常です。

症状

授乳期からずっと、へそからの尿排泄《にょうはいせつ》が続きます。感染を受け、炎症を起こしていることもあります。

診断

尿検査で感染や炎症の有無を観察します。また、排泄性尿路造影法《はいせつせいにょうろぞうえいほう》または尿道《にょうどう》膀胱造影法《ぼうこうぞうえいほう》によるX線検査を行い、尿膜管開存がないか調べます。

治療

外科手術により尿膜管を塞ぎます。感染を起こしていれば、抗生物質を投与します。

予後

外科的な処置を行えば、へそから尿が漏れることはなくなります。手術後に膀《ぼう》胱炎《こうえん》の再発を繰り返すことがありますが、この場合は尿膜管憩室が存在している可能性が考えられます。手術で経過が良好な場合も、膀胱炎などに注意が必要です。

（武井好三）

尿膜管憩室

原因

尿膜管憩室は、イヌとネコによくみられる膀胱の先天異常です。尿膜管とは、胎生期に膀胱から胎盤に尿を通過させている管のことです。この管は出生後にきちんと塞がり、膀胱の内側はきれいな粘膜でなめらかに形成されます。しかし、きれいに形成されないと、膀胱の先端から一部飛び出るような部分ができます。これが尿膜管憩室です。

後天的にみられることもあり、その場合は、膀胱の内圧が増加する下部尿路疾患（尿路感染症や尿石症、尿道閉塞《にょうどうへいそく》など）の合併症として起こります。

症状

症状はとくにみられませんが、持続的に尿路感染症を起こすことがあります。

診断

持続性または再発性の尿路感染症がみられる場合は、尿膜管憩室が疑われます。膀胱造影法によるX線検査を行うことにより肉眼的な大きさの憩室は診断できます。ただし、憩室は顕微鏡で確認しなければならないほど微細なこともあります。

治療

肉眼的な大きさの憩室は外科的に憩室除去が必要なことがありますが、一般には付随した尿路感染症や尿石症、尿道閉鎖を治療すれば、自然に治癒します。

予後

尿路感染症が持続性または再発性の場合は、再検査が必要です。通常は、下部尿路疾患の治療を行えば、尿膜管憩室はとくに問題になりません。（武井好三）

尿《にょう》膜《まく》管《かん》嚢《のう》腫《しゅ》

まれな疾患です。尿膜管は出生後に退縮していきますが、へそと膀胱側の管が閉じたにもかかわらず、その間に嚢胞《のうほう》ができている状態をいいます。通常はほとんど症状がありませんが、感染を起こすと発熱や痛みを示します。（武井好三）

膀《ぼう》胱《こう》外《がい》反《はん》症《しょう》

生まれつきの病気で、発生はまれです。胎生期に膀胱がきちんと袋状に作られず、皮膚に開いてしまう状態です。排尿障害や感染症、腎機能障害が起きます。また、つねに皮膚を尿で汚してしまうの

で、皮膚炎も起こします。（武井好三）

重《ちょう》複《ふく》膀《ぼう》胱《こう》

生まれつきのまれな奇形です。イヌで見つかっていますが、ネコでの発生はまだ知られていません。膀胱が左右二つに独立して存在しています。

ほとんどの場合は無症状ですが、泌尿器感染や排尿障害がみられることがあります。症状がなければ様子をみますが、症状があれば、それに対応した治療を行います。（武井好三）

膀《ぼう》胱《こう》結《けっ》腸《ちょう》瘻《ろう》、直《ちょく》腸《ちょう》瘻《ろう》、膣《ちつ》瘻《ろう》

膀胱外反症とほぼ同じ原因のまれな病気です。胎生期に膀胱や腹膜、生殖器、直腸が正常に発育しなかったために、膀胱が結腸や直腸、膣《ちつ》とつながっている状態です。そのため、尿が膀胱から尿道を通って排泄されず、直腸や結腸、膣に流れることになり、排尿障害や尿漏れ、感染、腎機能障害を起こします。（武井好三）

尿道の病気

尿道無形成、尿道低形成

尿道の無形成は、尿道がまったく形成されていない状態で、まれな先天性奇形です。一方、尿道の低形成は、尿道は形成されますが、不完全で短く、尿道括約筋の機能不全がみられる先天性奇形です。尿道の無形成と低形成は他の泌尿生殖器の奇形と組み合わさってみられます。ともに若齢時から重度の尿失禁を起こすのが特徴で、これは動物が横臥《おうが》しているときや眠っているときにもっともよくみられます。また、しばしば二次性の尿路感染を発症します。診断は、症状と逆行性膣造影《ぎゃっこうせいちつぞうえい》の結果に基づいて行います。（上月茂和）

尿道上裂、尿道下裂

雄では陰茎の下側や会陰部、雌では膣《ちつ》内に尿道が開口している先天性異常です。雄の場合は、陰茎と陰嚢《いんのう》の発育不全がみられることもあります。症状は、尿道開口部の位置によって様々ですが、排尿時の痛みや尿路感染症を起こすことがあります。外科的な治療法を行うかどうかも尿道開口部の部位によりますが、雄イヌでは前陰嚢尿道瘻術《ぜんいんのうにょうどうろうじゅつ》がおおむね有効です。（上月茂和）

尿《にょう》道《どう》直《ちょく》腸《ちょう》瘻《ろう》

尿道直腸瘻は、尿道と大腸をつなぐ異常な管で、先天性奇形、あるいは外傷や手術による後天性の障害です。イヌの場合、雌より雄での発現頻度が高く、イングリッシュ・ブルドッグに多く発生します。

ネコの場合は、ほとんどが先天性ですが、品種や性的な素因は報告されていません。先天性では若齢時から、後天性では障害が生じた時期から、異常な排尿パターンがみられます。肛門《こうもん》からと、陰茎または外陰部から同時に排尿することが特徴です。さらに、下痢や肛門周囲の皮膚炎、二次性の細菌《さいきん》性膀胱炎《せいぼうこうえん》がみられます。症状に加えて、逆行性尿路造影と逆行性直腸造影によって尿道直腸瘻を確認して診断します。通常、瘢痕《はんこん》組織切除術《そしきせつじょじゅつ》と二次性尿路感染の根絶によって病状をコントロールします。（上月茂和）

異所性尿道

異所性尿道は、尿道の開口部が異常な位置にあるもので、まれな先天性奇形です。ほかの泌尿器の奇形とともにみられることもあります。症状は、尿道が開口している位置によって異なり、また、付随した他の泌尿器の奇形によっても異なります。異所性尿道が膣内に開口していれば尿失禁がみられ、直腸に開口していれば、尿失禁はみられず、肛門から尿が排泄《はいせつ》されます。

治療にあたっては、異常の程度や症状を考慮して、手術の実施を検討します。（上月茂和）

尿道脱出

尿道粘膜が陰茎の先端を越えて突出した状態のことを尿道脱出あるいは尿道脱といいます。よくみられる疾患ではありませんが、若齢のイングリッシュ・ブルドッグに多く発生します。陰茎の先端の赤い突出物、あるいは間欠的な陰茎部の出血として気づくことが多く、尿道の脱出が間欠的で、勃起《ぼっき》時のみにみられることもあります。脱出した尿道を舐《な》めることで傷つける場合もあります。自然に治ることはなく、脱出した尿道を綿棒などで押し戻して尿道開口部を巾着縫合《きんちゃくほうごう》するか、脱出した尿道を切除する手術を行って治療します。（上月茂和）

尿道狭窄《にょうどうきょうさく》

先天性と思われる尿道狭窄が若齢動物にみられることがあります。症状は、狭《きょう》窄《さく》による尿道閉塞《にょうどうへいそく》が不完全か完全かによって異なります。閉塞が持続すれば、狭窄部位に近い部分の尿道の圧力が増し、その結果として膀胱《ぼうこう》の拡張や尿失禁、尿管拡張症、水腎症《すいじんしょう》を起こします。先天的な狭窄は、外傷性や炎症性、医原性などの後天性の病変から区別されなければなりません。治療方法は狭窄の位置と大きさによって異なります。骨盤内の尿道が狭窄した場合には、尿道の切除術と吻《ふん》合《ごう》を必要とするのに対し、骨盤外尿道の狭窄では、尿道瘻設置術《にょうどうろうせっちじゅつ》が行われます。（上月茂和）

尿道閉塞《にょうどうへいそく》

尿道閉塞、俗にいう尿閉とは、尿の通路である尿道が閉鎖することで、通常は雄に起こります。

原因

イヌでは、尿道結石によって陰茎骨の手前で尿道が閉塞《へいそく》することが多く、ネコでは、下部尿路症候群に関連して発生することが多いようです。

症状

尿道閉塞を起こしたイヌは、クンクンと鳴いて落ち着きをなくし、排尿しようと力んだりします。また、ネコは、何度もトイレに入り、しきりに力む様子をみせます。部分的な閉塞では、ポタポタと尿を垂らしますが、完全閉塞になるとまったく排尿できず、膀胱《ぼうこう》が尿で膨張し、触ると痛みを示します。完全閉塞では、尿が出ないため、食欲不振や嘔吐《おうと》、昏睡《こんすい》といった尿毒症の症状を示します。あまり膀胱が膨張し過ぎると膀胱破裂を起こすこともあります。膀胱が破裂すると、一時的に痛みがなくなりますが、次第に元気がなくなり、腹が尿で膨れ、沈うつ状態になります。尿道の完全閉塞の場合とともに、命にかかわる緊急状態です。

診断

症状と膀胱の触診の様子のほか、血液検査で高窒素血症や高カリウム血症がみられることや、さらにX線検査の結果から診断します。膀胱が破裂している場合には、腹水を検査すると比較的容易に診断することができます。ただし、緊急の状態では、検査は最小限とし、治療を優先します。

治療

緊急処置としては、尿道にカテーテルを挿入して閉塞をなくし、併せて輸液を行います。カテーテルによる閉塞の解除は、閉塞物を膀胱内に押し戻したり、洗い流したりするものです。なお、膨張した膀胱を穿刺《せんし》して、注射器で尿を抜き取った後に閉塞の解除を行ったほうがよい場合もあります。イヌの場合、結石を膀胱内に押し戻したときには、膀胱切開で結石を取り出し、また、結石が尿道から動かなかったときは、尿道切開を行って結石を取り除きます。ネコでは、会陰《えいん》尿道瘻設置術《にょうどうろうせっちじゅつ》が効果的なことがあります。（上月茂和）

下部尿路感染症

尿の通路である尿路における細菌感染は、ネコよりもイヌに起こりやすい傾向があります。ネコでは下部尿路（膀胱《ぼうこう》、尿道）の炎症はよくみられますが、細菌感染はまれです。

原因

イヌの尿路感染の大部分は、下部尿路（膀胱、尿道）への細菌の感染です。下部尿路への感染は、尿道が太くて短いという解剖学的理由から、雌に発生しやすい傾向があります。これは細菌が体の外から尿道に入り、膀胱に達することを示しています。そして、さらに細菌が体の奥のほうへ侵入すると、尿管や腎臓《じんぞう》にも感染が起こります。健康な動物でも尿道の中間部あたりまで細菌の侵入がみられますが、普通はそれらが尿路感染を引き起こすことはありません。それは、尿そのものに抗菌作用があることに加えて、日常的に排尿し、膀胱を空にすることで機械的な洗浄効果があり、さらに尿道や膀胱の構造に病原体の侵入を防ぐ機能が備わっているためです。しかし、膀胱を空にする回数や排泄《はいせつ》する尿の量が減ったり、排尿後にも膀胱に尿が残っていたりすると、その動物は尿路感染にかかりやすくなります。また、精神的ストレスの持続も原因にあげられています。なお、雄イヌの尿路感染が雌イヌに比べて少ないことを考えると、雄イヌに発生する尿路感染には何らかの異常が潜在している可能性を考えるべきですし、事実、前立《ぜんりつ》腺《せん》の感染をしばしば併発しています。

症状

下部尿路における炎症（膀胱炎《ぼうこうえん》、尿道炎）では、排尿時の痛みがあり、陰部を舐《な》め、何回もトイレに行くといった行動上の異常を示します。尿は不透明となり、しばしば血尿を引き起こします。

診断

尿検査では、白血球や赤血球、細菌を顕微鏡で見ることができます。また、正常時よりアルカリ性に傾いていたりします。できれば尿を培養して感染を起こしている病原体を確認し、適切な抗生物質を選択します。下部尿路感染では、発熱や食欲不振、元気消失といった全身症状はめったに起こらないので、このような全身症状がみられるときにはほかの病気の可能性も考えるべきでしょう。

治療

治療としては、最低2週間は抗生物質の投与を続け、その終了後、できれば再び尿培養を行い、必要に応じて抗生物質の投与を継続します。動物の防御機構に異常がみられないときに生じる単純性尿路感染は、通常、適切な抗生物質治療を始めれば、すぐに症状がみられなくなります。それに比べ、解剖学的な異常がある、正常な排尿ができない、結石や腫瘍《しゅよう》で粘膜が傷つく、糖尿病や刺激物質で尿の成分が変化するといった防御機構が乱れての複雑性尿路感染は、抗生物質治療を行っても症状が続いたり、たとえ効果があっても、抗生物質の投与を止めるとすぐに再発したりします。再発性の尿路感染を起こす場合は、超音波検査や造影X線検査、さらには血清化学検査などを行い、発症の原因を調べる必要があります。

（上月茂和）

尿結石

腎臓《じんぞう》、尿管、膀胱《ぼうこう》、尿道のどの部位においても無機質の石状のかたまりが形成されることがあり、それぞれ腎結石《じんけっせき》、尿管結石、膀胱結石《ぼうこうけっせき》、尿道結石と呼ばれます。腎結石と尿管結石は比較的まれで、結石の多くは膀胱で形成され〈図10〉、尿道を通って下降します。尿路系の結石の成分にはいろいろありますが、ストルバイト結石とシュウ酸カルシウム結石が大部分を占めます。なお、結石は年齢に関係なく発生します。

原因

結石の形成の原因は様々です。比較的まれなタイプの結石では、多くの場合、遺伝性の代謝障害を原因とします。イヌでは、犬種によってできやすい尿結石の種類が異なっています。

症状

膀胱結石でもあまり症状がみられないこともありますが、ほとんどの場合、下部尿路系による痛みのせいで排尿姿勢をとるようになります。また、治りにくい

〈図10〉

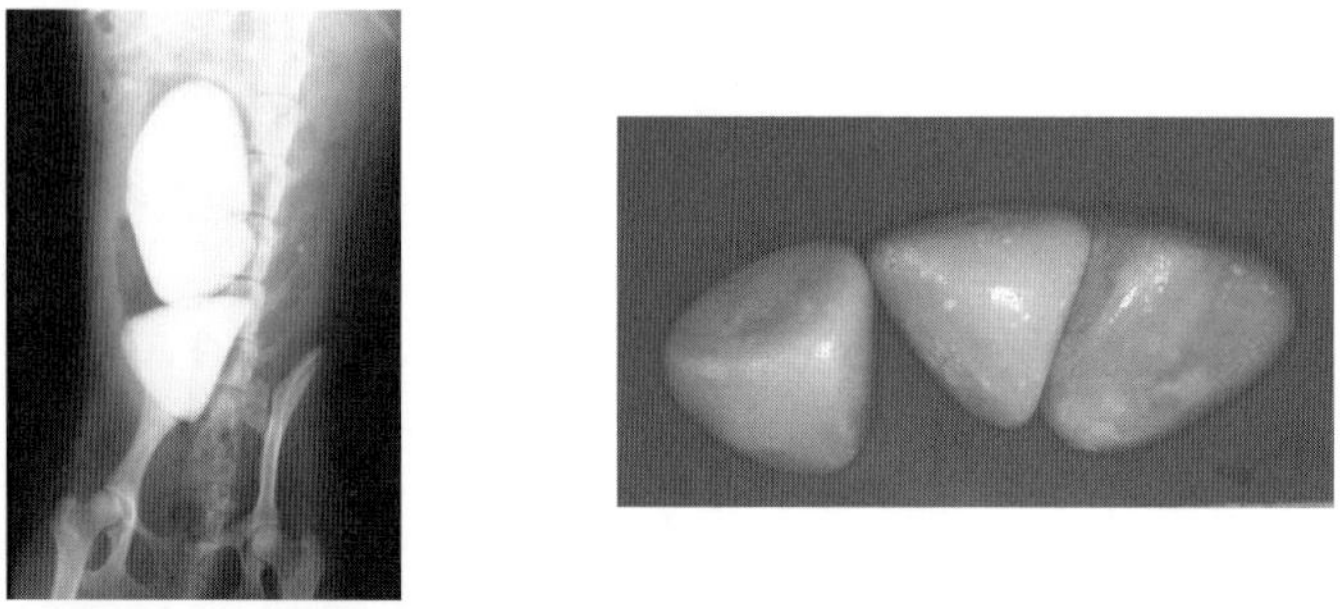

膀胱結石の同一犬の腹部X線所見（左）と抽出した膀胱結石（右）

尿路感染を併発し、頻尿や血尿の原因になります。

診断

大きな結石は腹部の触診でわかることがあります。通常は単純X線検査やX線造影検査、超音波検査によって確認します〈図11〉。また、結石の種類は尿沈《にょうちん》渣《さ》を検査することでおおよそ判断することができます。

治療

結石の種類によって治療は異なりますが、原則的には結石を溶かします。ただし、大きな結石の場合は外科的に取り除くことがあります。その後は再発防止のために食《しょく》餌《じ》療法《りょうほう》や抗生物質の投与が行われます。

（上月茂和）

〈図11〉

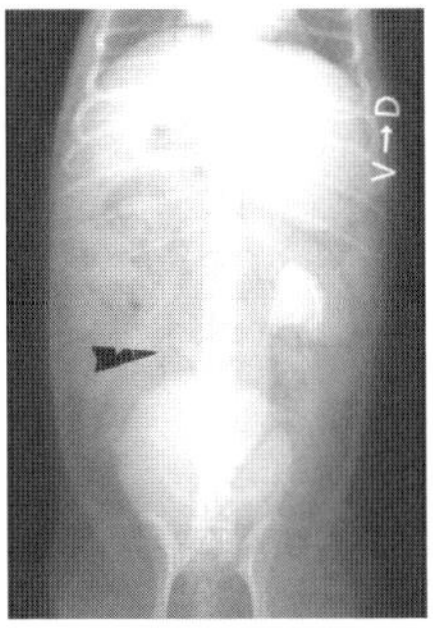

左腎臓の腎盂に大きい結石が確認される（矢印は反対側の尿管）

尿結石の種類と好発犬種

尿結石の種類	好発犬種
ストルバイト結石	ミニチュア・シュナウザー、ビション・フリーゼ、コッカー・スパニエル、ミニチュア・プードル
シュウ酸カルシウム結石	ミニチュア・シュナウザー、ミニチュア・プードル、ヨークシャー・テリア、ラサ・アプソ、ビション・フリーゼ、シー・ズー
尿酸塩結石	ダルメシアン、ブルドッグ
シスチン結石	ダックスフンド、ブルドッグ、バセット・ハウンド、ヨークシャー・テリア、アイリッシュ・テリア、ロットワイラー、チャウ・チャウ、マスティフ
シリカ結石	ジャーマン・シェパード・ドッグ、ゴールデン・レトリーバー、ラブラドール・レトリーバー

ストルバイト結石

原因

リン酸アンモニウムマグネシウムの結石ですが、一般にストルバイト結石といわれています。イヌ、ネコともに、もっとも一般的な膀胱や尿道の結石となっていて、発生率はイヌで50％、ネコで65～75％ともいわれています。イヌでは、下部尿路系に感染したブドウ球菌やプロテウス類の細菌が作り出す物質によって尿がアルカリ性になり、その結果、結石が形成されることが多いようです。ただし、尿路感染のないイヌでもストルバイト結石が生じることがあり、ネコでは無菌性のストルバイト結石が普通にみられます。無菌性のストルバイト結石は、①食物に無機物とタンパク質が多く含まれる場合、尿に多量のマグネシウムやアンモニウム、リン酸塩が存在する、②食物や薬物、腎臓の病気などが原因で尿がアルカリ性になる、③水分摂取が少ない場合に尿の濃縮が強くなる、などの状況が重なって発生します。

治療

細菌感染が原因の場合には、持続的な抗生物質の投与が不可欠です。動物病院で指示される結石溶解のための特別療法食は、尿を酸性にするほか、カルシウムとリン、マグネシウムの量を制限してあり、塩分が多く含まれています。これによって尿中のカルシウム、リン、マグネシウムの濃度が低下する一方、塩により飲水量が増加して薄い尿が多くなり、その結果、結石は溶解する方向に向かいます。この特別療法食は短期間の使用を目的に与えるもので、しばらくすると小さなストルバイト結石は溶解します。しかし、大きな結石は外科的に摘出しなければなりません。

予後

結石を内科的、外科的に除去した後も、再発を防ぐため、結石のもとになる成分の含有量を減らした維持療法食を継続します。さらに、定期的な尿検査も必要です。尿路系の感染を繰り返す動物では、ストルバイト結石が形成されやすくなるため、予防的な抗生物質療法が必要になることがあります。

（上月茂和）

シュウ酸カルシウム結石

原因

シュウ酸カルシウム結石は、ストルバイト結石の次に一般的な膀胱または尿道の結石です。要因ははっきりとわかっていませんが、遺伝や性別、食事、ストルバイト結石との関連が考えられています。また、雄に多く発生するため、性ホルモンとの関連も検討されています。カルシウムを多く含んだ食物を食べると高カルシウム血症となり、尿中のカルシウム濃度が増加するため、シュウ酸カルシウム結石が形成される危険性が高まります。さらに、シュウ酸カルシウムは、酸性下で結晶化が進みます。そのため、ストルバイト結石を経験した動物が、再発予防の維持食を食べ、尿を酸性に傾けているときにシュウ酸カルシウム結石が形成されることもあります。

治療

シュウ酸カルシウム結石の治療では、食餌療法や薬物療法による結石溶解が効果的ではありません。そのため、結石が存在する場所や、閉塞《へいそく》や感染の有無、腎臓が機能障害を起こしているかを考慮し、結石を摘出するか、またはそれを大きくしない治療をするか検討します。結石を大きくしないため、あるいは再発を予防するためには、タンパク質とナトリウムの摂取量を制限し、尿を中性に保つ療法食が勧められます。さらに、ビタミンB_6の補充や、利尿薬による尿の希釈が行われます。

予後

動物が症状を示していなくても、3～6カ月ごとに膀胱や尿道のX線検査や超音波検査を行い、結石の再発について詳しく調べるとよいでしょう。イヌの場合、再発しても、結石が小さいうちに早期診断ができれば、手術せずに膀胱洗浄だけで効果的に除去することが可能です。

（上月茂和）

尿酸塩結石

原因

ダルメシアンと一部のブルドッグは、肝臓での尿酸の代謝が他の犬種と異なり、これに伴って多量の尿酸が尿に排出されています。そのため、これらのイヌには尿酸塩の結石を作りやすい素因があります。これに対して、他の種類のイヌや、比較的まれですがネコでは、肝臓で尿酸の代謝ができない状態にある場合と、腎臓で尿への尿酸の排出が多くなる場合に尿酸塩結石を作ると考えられます。また、腸から肝臓に行く血管（門脈）が生まれつき発達せず、ほかの静脈につながってしまう門脈体循環短絡症がある動物や、肝臓の能力がほとんど失われてしまっている肝硬変の動物では、腎臓からの尿酸アンモニウムの排出量が増加し、尿酸アンモニウム結石が形成されます。

診断

尿酸塩結石は、X線を通しやすいため通常のX線検査では見つからないことがあり、診断にはX線造影検査や超音波検査が必要です。

治療

尿酸塩は酸性条件で結晶化するため、治療としては、尿を酸性にしないことと、結石の原因となる成分を減らすことを目的として、低タンパクの療法食を与えます。さらに、血液中や尿中の尿酸濃度を下げる効果があるアロプリノールを投与します。

予後

尿酸塩結石を溶解あるいは摘出した後も、定期的な尿検査や超音波検査によって再発がないか観察します。また、門脈体循環短絡症がある動物では、可能であれば手術により血管の異常を修正することにより、肝臓の機能が回復し、結石も形成されなくなります。

（上月茂和）

シスチン結石

シスチン結石は、非常にまれな結石で、シスチンを尿に排出してしまう異常な腎臓をもつ動物に発生します〈図12〉。そのような動物では、生涯にわたってシスチン尿を排泄《はいせつ》する可能性があり、結石を溶解あるいは摘出した後も、継続して治療を行います。シスチンは、水に溶けにくいアミノ酸の一つで、シスチン結石は尿のpHを中性より少しアルカリ性にすると溶けます。そのため、治療にあたってはタンパク質の少ない食事を与え、炭酸水素ナトリウムあるいはクエン酸カリウムを添加します。

（上月茂和）

〈図 12〉

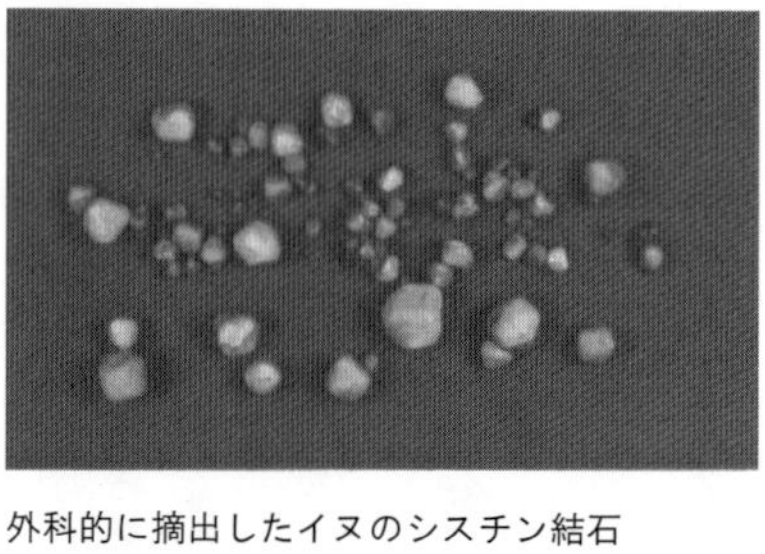

外科的に摘出したイヌのシスチン結石

シリカ結石

シリカ結石もあまりみられない結石で

す。特徴的な形をした結石で、ジャックゲームという遊びに用いる6個の突起をもつ玩具《がんぐ》に似ているところからジャックストーン様結石ともいわれています。原因ははっきりしていませんが、シリカは土に含まれるケイ酸が成分なので、土を食べたり、ケイ酸を多く含む植物を食べることによってシリカ尿となり、結石を作ると考えられています。内科的な溶解は難しいため、手術による摘出を行います。

（上月茂和）

その他の結石

イヌで形成される結石には、中心に核になる部分があり、その周囲に同心円状に層が作られているものが多くみられます。多くの場合、中心と周囲の成分が異なる複合結石です。また、結石の成分は、単一である場合と、2種類あるいは3種類が混合している場合があります。多くの結石はこうした混合物で、通常はそのうちの1種類が大部分を占めています。

（上月茂和）

ネコの特発性下部尿路疾患

ネコの下部尿路（膀胱《ぼうこう》および尿道）の疾患には、いくつかの原因がありますが、原因が異なっても症状は類似しています。そこで、これらをまとめて猫泌尿器症候群といいます。また、臨床の現場では単に膀胱炎《ぼうこうえん》ということもあります。これらのなかで、原因が明確に確定できないネコに特有の疾患群を特発性下部尿路疾患といいます。

原因

単一の原因は知られていませんが、ネコはもともと水分摂取量が少なく、濃い尿を産生する動物であることが誘発因子になっているといわれています。その他の危険因子としては、飼育環境からのストレス、食事内容や季節変動に伴う飲水量の低下、肥満などが考えられています。また、ある種のウイルス感染や非感染性の間質性膀胱炎《かんしつせいぼうこうえん》が原因になるともいわれています。

症状

程度は様々ですが、血尿や排尿困難、頻尿、尿淋滴《にょうりんてき》、排尿痛、尿道閉塞《にょうどうへいそく》を示します。とくに雄ネコは、尿道が長く細いため、尿道閉塞を起こす可能性が高くなっています。閉塞《へいそく》のある場合は緊急疾患で、処置が遅れると腎後性腎不全《じんごせいじんふぜん》に陥り、死亡する危険性があります。

血尿は、文字どおり血液の混じった赤色尿を排泄《はいせつ》することです。軽微な場合は、尿が全体的になんとなく赤っぽい程度であったり、血尿が間欠的にしかみられないこと、また、陰茎や陰部にわずかに血のようなものが付着している程度のこともあります。普段からネコの尿の色調を注意して観察することにより早期発見が可能です。ネコのトイレの砂を白色のものにすると、血尿を発見しやすくなります。

排尿困難はネコがトイレの中で通常よりも長い時間、排尿姿勢をとり続けることにより発見されます。その後の砂を見ると、尿が少量しか排泄されていなかったり、あるいはまったく排泄されていないことがわかります。これは、膀胱内に尿がたまっていない場合は、炎症刺激に伴う残尿感（「切迫性尿失禁」参照）によるものですが、膀胱内に尿が充満している場合は、尿道が閉塞している可能性が高く、危険な状態であるといえます。

頻尿はネコが頻繁にトイレに出入りしたり、排尿姿勢をとったりすることです。また、トイレ以外の場所に尿を数滴ずつ漏らすような状態を尿淋滴といいます。排尿痛がある場合、ネコは排尿姿勢をとりながら声を出して鳴いたり、陰部を盛んに舐《な》めたり、ときには噛《か》んで自ら傷つけることがあります。

これらの症状に続いて、元気消失や食欲不振、嘔吐《おうと》などがみられるときは尿道閉塞による腎不全を起こしている可能性がきわめて高いので、一刻も早く動物病院を受診すべきです。一日たりとも様子をみている猶予はありません。

診断

診断に際しては、尿道閉塞の有無の確認を最優先します。とくに雄ネコや尿道閉塞の既往がある場合は、この確認が重要です。この病気では多くの場合、閉塞する尿道栓は粘液基質あるいは粘液基質と尿石結晶の混合物です。

治療

治療法は、尿道閉塞の有無によって大きく異なります。尿道閉塞がある場合は、ただちに閉塞の解除処置を行います。同時に血液検査や超音波検査、単純X線検査、造影X線検査、尿検査、心電図検査などを実施して病態を把握し、検査結果に基づいて以後の最適な治療法を考えます。

閉塞の解除処置のための導尿には痛みを伴うことが多く、動物が暴れることによって尿道が損傷することがあります。そのため、導尿は通常、鎮静下あるいは麻酔下で行います。その後、少なくとも数日間は尿カテーテルを留置し、輸液療法を行います。閉塞が可逆的でない場合は、尿道造瘻術《にょうどうぞうろうじゅつ》の適応となります。詳細は「尿道閉塞」を参照してください。閉塞が解除され、全身状態が安定化した後は、次の閉塞のない場合の治療と同様です。

尿道閉塞がない場合は、身体検査に加えて、病勢に応じて尿検査、超音波検査、X線検査などを行います。その結果、外傷や尿石、尿路感染などの発生頻度の高い疾患を示す所見がみられない場合、特発性下部尿路疾患と暫定診断し、内科療法、食餌療法《しょくじりょうほう》、飼育環境ストレスの除去などを開始します。ただし、実際には、この病気と尿石症や尿路感染を明確に鑑別することは難しく、また、二次的に尿石症や尿路感染を合併することがあるため、治療は共通したものになります。

内科療法としては、抗生物質や止血薬、抗炎症薬、尿酸性化薬などを用います。また、食餌療法として、尿石あるいは結晶尿の発生を抑えるための療法食を与えます。尿を希釈するために水分摂取量を増加させることも必要で、この意味ではもともと水分含有量の多い缶詰タイプの特別療法食の併用が好ましいといえます。また、飼育環境を見直し、ストレス要因を排除することも重要です。

予後

治療によって症状がみられなくなっても、その後も、食事内容や飼育環境からのストレスに十分注意し、再発の防止に努めます。一方、治療しても症状が改善しない場合や再発を繰り返す場合は、その他の原因、たとえば体の構造上の異常や腫瘍《しゅよう》、代謝性疾患などがないか、詳細な検討を行う必要があります。

（山崎　洋）

排尿異常

排尿とは、腎臓《じんぞう》で産生された尿を一定の期間、膀胱《ぼうこう》に溜《た》め置いた後、体外に排《はい》泄《せつ》することをいいます。円滑に生命活動を維持するためには、つねに尿が垂れ流しでは不都合が生じます。そのために高等生物が獲得した巧妙な仕組みであるといえるでしょう。主な排尿器官は膀胱とそれに連続する尿道です。蓄尿時には膀胱が弛緩《しかん》し、尿道は収縮して抵抗を与え、膀胱に尿を溜めます。逆に排尿時には膀胱が収縮し、尿道は弛緩することで、尿を体外に排泄します。

この一連の動きは神経や、膀胱と尿道に存在する筋組織などが微妙に調和し、制御されてはじめて成立します。したがって、これらの調和が崩れるような障害はすべて排尿異常に結びつきます。

排尿異常は、排尿困難と尿失禁に大別されます。

（山崎　洋）

排尿困難

原因

排尿困難を起こす原因としては、膀胱や尿道、前立腺《ぜんりつせん》の異常や神経障害があります。

膀胱の異常としては、膀胱炎《ぼうこうえん》（感染性、薬剤起因性）や膀胱結石《ぼうこうけっせき》、外傷性損傷、膀胱腫瘍《ぼうこうしゅよう》、医原性の膀胱損傷《ぼうこうそんしょう》、慢性の不《ふ》完全尿路閉塞《かんぜんにょうろへいそく》に伴う排尿筋弛緩《はいにょうきんしかん》などがあります。また、尿管瘤《にょうかんりゅう》や子宮の異常、会陰ヘルニアなど、膀胱周囲の解剖学的異常によって排尿が困難になることもあります。

尿道の異常には、感染性尿道炎や尿道結石、尿道栓、外傷性あるいは医原性の尿道損傷、尿道腫瘍《にょうどうしゅよう》、骨盤腔内腫瘍《こつばんくうないしゅよう》の尿《にょう》道への浸潤、先天性あるいは後天性の尿道狭窄《どうきょうさく》、尿道直腸瘻《にょうどうちょくちょうろう》、仮性半陰陽などによります。

前立腺の異常によっても排尿困難が起こります。前立腺は雄特有の臓器です。膀胱の尾側にあり、その内部を尿道が貫通しています。そのため、多くの場合、前立腺の異常は排尿困難を引き起こします。主なものは前立腺炎《ぜんりつせんえん》や前立腺膿瘍《ぜんりつせんのうよう》、前立《ぜんりつ》腺肥大《せんひだい》、前立腺癌《ぜんりつせんがん》、前立腺周囲嚢胞《ぜんりつせんしゅういのうほう》です。

発生頻度は低いといえますが、神経障害によっても排尿困難が起こります。代表的なものには、自律神経失調症による膀胱排尿筋《ぼうこうはいにょうきん》の弛緩があります。この場合、膀胱が収縮できなくなるため、排尿が困難になります。また、脊髄病変《せきずいびょうへん》による上位運動神経障害などで尿道括約筋の緊張が持続すると、尿道は排尿時に拡張できず、排尿困難を起こします。

症状

動物は排尿姿勢をとりますが、尿はまったく排泄されないか、あるいは頻繁に排尿をしても、少量ずつしか排泄されません。排尿痛を伴うために鳴き声をあげたり、陰茎部や外陰部に血液のような分泌物がみられます。また、ときに腹部の不快感や疼痛《とうつう》を示します。姿勢や動作が似ているため、飼い主は排便困難と間違えることがよくあります。ただし、原因によっては、これらの症状を伴わないこともあります。

診断

排尿困難を治療するためには、原因となっている基礎疾患を治療しなければなりません。身体検査、血液検査、尿検査に加えて、X線撮影（単純、尿路造影）や超音波による画像診断、神経学的検査などを行い、診断を確定します。

すでに腎後性腎不全《じんごせいじんふぜん》を起こして全身状態が悪化している場合や腎不全《じんふぜん》への移行が予測される場合は、詳細な検査を行う前に、まず導尿などの排尿処置や輸液療法などの治療を開始し、状態の安定化を図る必要があります。

治療

治療法については、原因となる各疾患の治療の項を参照してください。（山崎　洋）

尿失禁

尿失禁とは、蓄尿の障害で、排尿が意識的に制御できない状態をいいます。通常、排尿姿勢を伴わずに尿が排泄《はいせつ》されてしまいます。包皮や外陰部周囲の被毛はつねに尿で濡《ぬ》れていることが多く、重度の場合は皮膚炎を併発します。（山崎　洋）

下位運動神経障害による尿失禁

脊髄《せきずい》の仙髄分節や骨盤神経の障害によって起こります。多くは椎間板《ついかんばん》ヘルニア、馬尾症候群、外傷による仙腸関節脱《せんちょうかんせつだっ》臼《きゅう》や仙尾骨骨折、脊髄腫瘍《せきずいしゅよう》などでみられます。尿が滴り落ちる状態になります。膀胱《ぼうこう》は拡張していますが、膀胱の部分を圧迫すると容易に排尿させることができます。この障害の多くの例に骨盤部の外傷などの既往歴があります。副交感神経刺激薬である塩化ベタネコールの内服が効果を示すことがありますが、確実な治療法はなく、おおむね8時間ごとに手で圧迫排尿させなければなりません。また、尿路感染を併発することが多く、その場合は抗生物質を投与します。（山崎　洋）

上位運動神経障害による尿失禁

仙髄分節より上位の脊髄疾患《せきずいしっかん》や大脳、小脳の疾患に伴って起こります。脊髄疾患としては椎間板ヘルニア、外傷、腫瘍《しゅよう》が多いようです。膀胱は尿が充満して緊張していますが、手による圧迫排尿は困難です。しばしば後肢の不全麻痺《ふぜんまひ》や全麻痺《ぜんまひ》を伴います。無菌的カテーテル導尿による排尿を繰り返す必要がありますが、長期の管理は困難です。尿路感染を併発することが多く、その場合は抗生物質を投与します。（山崎　洋）

反射性尿失禁（排尿筋ー括約筋筋失調）

大型犬の雄に多く発生します。脊髄や自律神経節の障害によって起こりますが、原因が不明な例も多くみられます。排尿はほぼ正常に始まりますが、尿線がすぐに細くなります。尿は噴出するように出たり、急に停止したりします。動物は排尿のためにいきむ動作をみせます。膀胱は尿で充満し、拡張していますが、圧迫しても排尿は困難です。治療としては、通常、カテーテルの挿入による導尿を行います。また、α交感神経遮断薬であるフェノキシベンザミンやプラゾシン、テラゾシン、骨格筋弛緩作用《こっかくきんしかんさよう》のあるジアゼパムやダントロレン、バクロフェンが有効な場合があります。（山崎　洋）

溢流性尿失禁《いつりゅうせいにょうしっきん》

機械的あるいは機能的な尿路の閉塞《へいそく》が持続すると、著しい蓄尿のために膀胱が過度に拡張し、その結果、排尿筋は細胞間接合が引き伸ばされて収縮不全に陥ります。この状態になると、尿道抵抗を上回るほどに膀胱内圧が上昇したときに、はじめて尿が溢《あふ》れ出るように排泄されます。機械的閉塞の原因には、尿道栓や結石、腫瘍、尿道狭窄《にょうどうきょうさく》、前立腺疾患《ぜんりつせんしっかん》などがあります。また、機能的閉塞の原因には、神経系障害に伴う交感神経の過剰刺激による尿道の緊張亢進《きんちょうこうしん》があります。

症状として持続的な尿失禁がみられ、また、尿路閉塞《にょうろへいそく》の病歴があることからこの病気を疑います。腹部を触診すると、大きく拡張した柔らかい膀胱に触れることができ、つねに大量の残尿が認められます。神経学的検査では通常、会陰反射や球海綿体筋反射に異常はみられません。

原因となる閉塞病変を治療すると同時に、1〜2週間は膀胱内カテーテルを留置し、膀胱をできる限り収縮させた状態に保ち、排尿筋の細胞間接合の回復を待ちます。また、原因によっては副交感神経刺激薬である塩化ベタネコールやα交感神経遮断薬であるプラゾシン、テラゾシンを組み合わせて使用します。（山崎　洋）

下部《かぶ》尿路《にょうろ》閉塞《へいそく》による尿失禁（奇異性尿失禁）

尿道結石や尿道炎、腫瘍などによる下部尿路の一時的な不完全閉塞《ふかんぜんへいそく》が原因となって起こる尿の失禁です。基本的には前述の溢流性尿失禁と同様の病気ですが、両者は失禁が一時的なものか恒久的なものかによって区別されています。下部尿路閉塞による尿失禁は、一時的なものです。また、排尿困難とともに尿の淋《りん》滴《てき》もみられます。触診により硬く緊張し腫大《しゅだい》した膀胱に触れることができますが、圧迫排尿は困難です。通常、原因となっている不完全閉塞疾患が治療されれば、症状は消失します。（山崎　洋）

ホルモン反応性尿失禁

性ホルモンの失調によって起こると考えられています。去勢あるいは避妊済みの老齢のイヌ（平均8歳齢）に多くみられますが、若齢のイヌ（8〜9カ月齢）やネコにもみられます。意識的に排尿することができますが、ときどき尿失禁を起こします。この尿失禁は通常、動物がリラックスしているときや睡眠時にみられます。そのほかはとくに異常はみられません。治療としては、避妊雌ではエストロゲン製剤のジエチルスチルベストロール、去勢雄ではテストステロンなど、ホルモン補充療法が有効ですが、副作用には十分な注意が必要です。（山崎　洋）

ストレス性尿失禁（尿道機能不全）

尿道平滑筋の機能不全あるいは尿道変位によると考えられています。意識的に排尿することができますが、ストレス状況下におかれた場合や安静時に尿失禁を起こします。日常的な検査では異常は認められません。

治療としては、尿道の緊張を高める作用のあるα交感神経刺激薬であるフェニルプロパイルアミン、エフェドリンや三環抗うつ薬である塩酸イミプラミンが有効とされています。尿道機能不全（ストレス性尿失禁）と前述のホルモン反応性尿失禁の間に明確な区別はなく、最近では同一の病態と考えられる傾向にあります。したがって、内科的治療は両者の可能性を考慮しながら、薬物を試験的に投与していくことにならざるをえません。

内科的治療で十分な効果が認められない場合には、尿道形成術や膀胱尿道固定《ぼうこうにょうどうこてい》術《じゅつ》、子宮体懸垂術など、尿道の緊張を高める外科的治療を併せて行うと有効なことがあります。また、尿道壁や尿道周囲へのテフロンやコラーゲンの注入も試みられています。（山崎　洋）

切迫性尿失禁（排尿《はいにょう》筋《きん》反射《はんしゃ》亢進《こうしん》）

無意識的に排尿筋が収縮し、その結果、少量ずつ頻回の排尿が起こる状態をいいます。膀胱の炎症や膀胱粘膜の刺激によって起こり、ネコの特発性下部尿路疾患にみられる頻尿が典型的な切迫性尿失禁です。また、ある種の脊髄神経路障害《せきずいしんけいろしょうがい》や小脳障害でも起こるとされています。

この病気のネコは尿スプレー行動を示します。多くの場合、膀胱は小さく、その壁が肥厚しています。また、尿検査で膀胱《ぼうこう》炎《えん》の所見がみられます。なお、これらの所見を示さない特発性排尿筋反射亢進という病気もありますが、その診断には膀胱内圧測定など特殊な検査が必要です。

膀胱炎やネコの特発性下部尿路疾患によって発症している場合には、その治療を行います。抗《こう》コリン性鎮痙薬《せいちんけいやく》（臭化プロパンテリン）や平滑筋弛緩作用《へいかつきんしかんさよう》のある塩酸フラボキサートや塩酸オキシブチニンが有効なことがあります。（山崎　洋）

先天異常による尿失禁

若齢動物の尿失禁は、先天異常の可能性があります。もっとも多いのは異所性尿管と膣狭窄《ちつきょうさく》ですが、そのほかにも尿膜管遺残や尿道直腸瘻《にょうどうちょくちょうろう》、尿道膣瘻《にょうどうちつろう》、雌の仮性半陰陽でも尿失禁がみられます。診断、治療については、それぞれの原因疾患の項を参照してください。（山崎　洋）

外傷

泌尿器系の外傷は、しばしば発生し、それらは緊急の処置を必要とします。腹部や骨盤部、後肢付近に強い外力が加わった場合は、つねに泌尿器系が損傷を受けた可能性を考慮しなければなりません。とくに激しい皮膚外傷や骨折がないときほど、受けた外力が内部臓器に伝わっている場合が多いといえます。また、受傷の直後には泌尿器系の損傷のはっきりした症状は現れず、遅れて出てくることが多いため、少なくとも受傷後2～3日間は注意深い経過観察が必要です。

原因

もっとも多いのは交通事故や落下事故に伴う鈍性外傷です。また、動物同士のけんかなどに伴う穿孔性外傷《せんこうせいがいしょう》もあります。

症状

通常、様々な程度の皮膚外傷や骨折を伴い、損傷部位を中心に疼痛《とうつう》を示します。腎被膜《じんひまく》や腎盂《じんう》、腎臓《じんぞう》に近い部分の尿管に破裂があると、後腹膜に尿が漏出しますが、腹部痛や発熱などを示すだけで、はっきりした症状を示さないことが多いようです。なお、腎実質《じんじっしつ》が破裂し、重度の出血が起これば、歯肉の蒼白化《そうはくか》などの貧血症状がみられます。一方、腎臓から遠い部分の尿管の破裂や膀胱破裂《ぼうこうはれつ》、尿道の上のほうの破裂があると、尿は腹腔《ふくくう》内に漏出し、その量が多ければ腹囲拡大や腹部圧痛など、腹膜炎のような症状を示します。同時に腹壁も損傷を受けている場合には、尿は皮下に漏出することがあります。腎臓から遠い部分の尿道に断裂があると、骨盤腔《こつばんくう》に尿漏出が起こり、肛門《こうもん》周囲や下腹部の浮腫《ふしゅ》と皮下出血、直腸温の低下などがみられます。損傷が片側の腎臓や尿管だけに起こった場合や、膀胱に小さな破裂が起こっただけの場合には、排尿は正常のことがありますが、肉眼で見てもわかる程度の血尿を排泄《はいせつ》します。これに対して、両側の腎臓や尿管の破裂、膀胱の大きな破裂、尿道断裂の場合は、通常、排尿はみられません。

症状の程度は、損傷の大きさや尿の漏出量、時間経過に比例します。重症の場合、症状は数時間単位で次第に悪化し、適切な治療を行わなければ2～3日で尿毒症を起こし、腎不全《じんふぜん》のために死亡します。

診断

視診によって外傷の程度を判断した後、触診によって腹部の疼痛や腹腔内漏《ふくくうないろう》出《しゅつ》、腎臓や膀胱の状態を調べます。病勢にもよりますが、通常は血液検査により高窒素血症と高カリウム血症、尿検査により血尿がみられます。さらに、単純X線検査で損傷の重傷度をある程度予測することもできます。

このほか、必要に応じて腎臓や膀胱の超音波検査を行います。また、腹腔内漏出が疑われる場合には、腹腔穿刺《ふくくうせんし》あるいは腹腔洗浄《ふくくうせんじょう》を行い、回収液について出血や尿の漏出の有無を調べます。

次いで、排泄性尿路造影《はいせつせいにょうろぞうえい》と逆行性尿路造影検査を行い、破裂部位やその程度を確認します。ただし、失血やショック、胸部外傷があれば、その診断と応急処置を優先します。その後、状態をみながら泌尿器系の診断と治療に移りますが、通常、これは皮膚外傷や骨折の治療より先に行わなければなりません。

治療

泌尿器系の外傷に対する治療は、一般的には、尿道にカテーテルを挿入して導尿を行い、併せて静脈内輸液を開始します。なお、カテーテルが外尿道口から挿入はできても膀胱内に入らない場合には、尿道断裂が強く疑われます。その後の処置は、外傷の部位や程度、発生している障害に応じて、適宜に実施します。

（山崎　洋）

生殖器の疾患

生殖器とは

生殖器は、種を存続するために、つまり子孫を残すために必要な器官です。雄と雌の生殖器の構造には違いがあり、種によってもその形態は違います。雄では、精巣、前立腺《ぜんりつせん》、陰茎などを、雌では、卵巣、卵管、子宮、膣《ちつ》などを合わせて生殖器といいます。生殖器は脳からの下垂体ホルモンの影響を受けて、性ホルモンを分泌します。

イヌは、生後6～7カ月齢くらいで性成熟に達します。性成熟すると雌イヌは発情し、雄イヌは発情している雌がいれば交配できます。しかし、正常な交配や出産のためにはさらに成長を要するため、初めての発情時には通常交配しません。雌イヌは年1～2回の周期で発情を繰り返し、発情すると膣から出血があり、出血は5～9日間ほど続きます。発情期間中は外陰部の充血と腫脹《しゅちょう》がみられます。発情出血が始まってから12～14日が交配に適した期間です。妊娠期間は約63日です。

雌ネコには排卵日がなく、交尾の際の刺激によって24～50時間で排卵します。交尾をするときは雄が後ろから雌の上に乗り、首筋をくわえるか、軽く噛《か》む行動を取ります。交尾時間は数秒～数十秒と短く、1日何度も交尾を繰り返します。また、交尾を繰り返すと妊娠率が高くなるのがネコの特徴です。妊娠期間は63～65日で、多くの場合、1回の出産で4～5頭の子を産みます。雌ネコは繰り返し発情するので、出産後、子ネコが離乳してから2週間ぐらいで再び発情します。

飼い主が子どもを生ませることを望まない場合、雄イヌでは歳を重ねてから起こしやすい前立腺や睾丸《こうがん》の病気を防ぐためにも、精巣を摘出する手術、いわゆる去勢手術を行います。雌でも同様に子どもを残すことを望まなければ、乳腺腫瘍《にゅうせんしゅよう》や子宮の病気を防ぐ意味から、卵巣や子宮を摘出する手術、いわゆる不妊手術を行います。不妊手術や去勢手術は生後6～10カ月齢未満のうちに行うことが推奨されています。これはとくに雌では乳腺腫瘍にかかる率を下げ、また子宮蓄膿症《しきゅうちくのうしょう》など命にかかわる病気を防ぐ意味もあります。不妊手術を行っていない成犬の場合には、これら生殖器の病気にかかる心配がありますので、発情がすぐ終わる、膣からの異常出血がある、出血がどす黒い、悪臭がある、黄色や緑の膿状《のうじょう》のものが出る、最近水ばかり飲んで食欲がないなどおかしいと思ったときには、必ず動物病院で診察を受けるようにしましょう。

（山村穂積）

雄の生殖器の構造と機能

雄イヌの生殖器は、精巣（睾丸《こうがん》）、精巣上体（副睾丸《ふくこうがん》）、精管、射精管、陰茎（ペニス）、前立腺《ぜんりつせん》、精嚢《せいのう》をいいます。精巣は精子を作るところで、陰嚢《いんのう》内にある一対の生殖腺《せいしょくせん》です。精子形成と男性ホルモン（テストステロン）生成の基本的な働きをしています。精子が運ばれる通り道を精路といい、精巣上体、精管、射精管、精嚢からなります。前立腺はミカンの実のような構造で、主に精液の液体部分を作ります。また前立腺は、精液の成分を調整して、精子の生存環境を整えています。射精管は射精時に精液の通過する管のことで、前立腺の中にあり、前立腺内にある精丘と呼ばれる部分に開口して尿道へ注いでいます。射精時には精子が通過します。そして尿道、陰茎があり、陰茎の中心には細長い骨があります。交配時には陰茎の動脈から海綿体に多量の血液が流入し膨張することによって海綿体の容積が増大し、勃起《ぼっき》した状態になります。海綿体はスポンジのような組織でできていて、亀頭球や陰茎部にあり、全体をおおっています。陰嚢は皮膚と膜によって、精巣を包み込む形で保護しています。

（山村穂積）

雄の生殖器

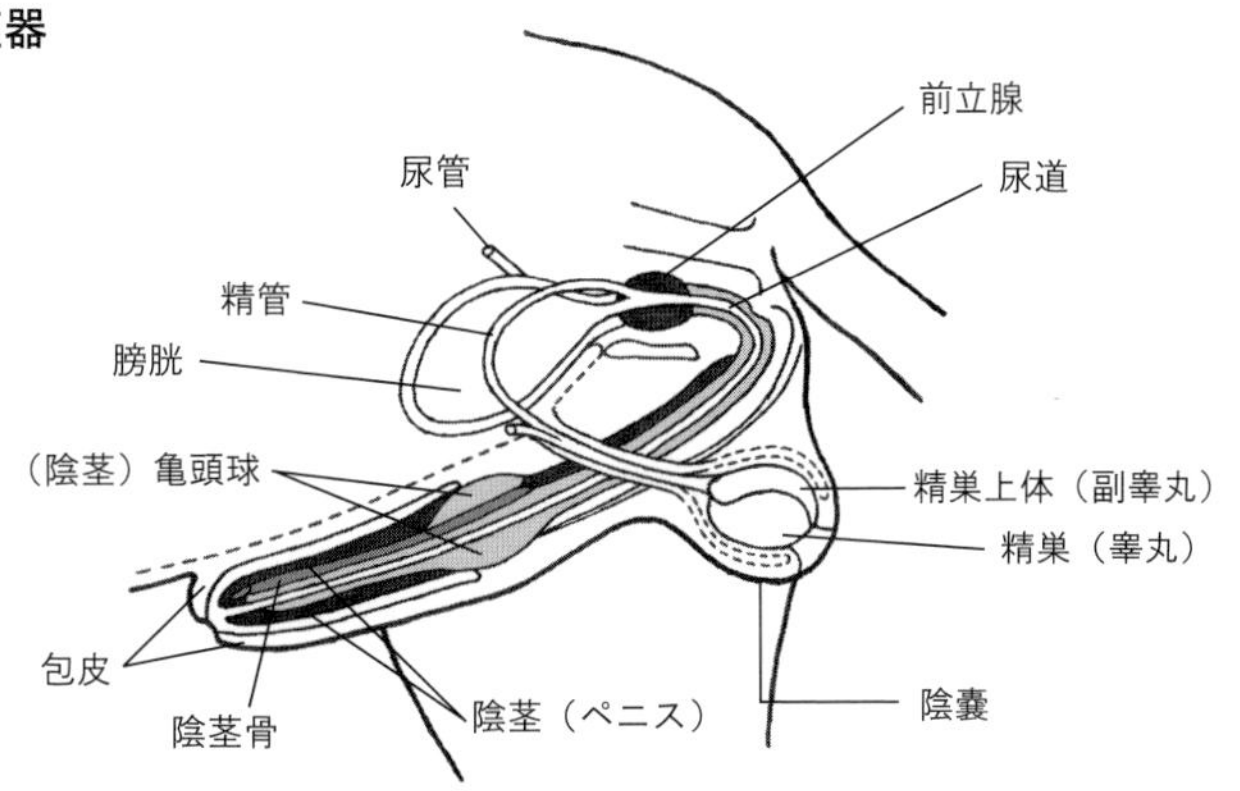

雌の生殖器

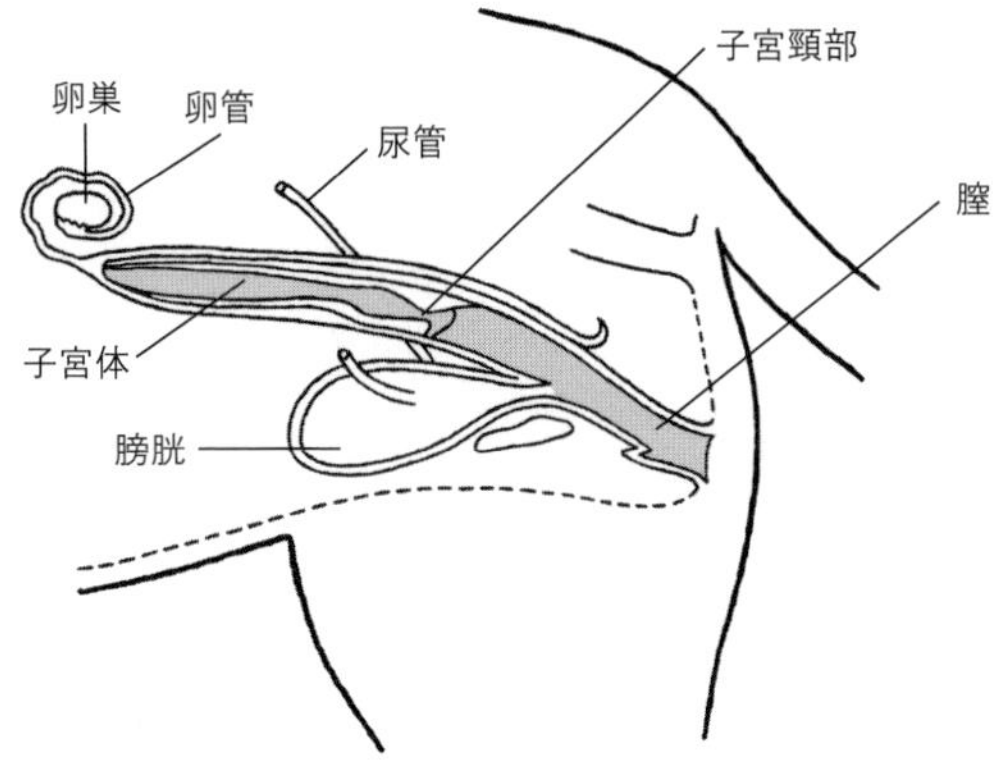

雌の生殖器の構造と機能

雌イヌの生殖器は、卵巣、卵管、子宮、膣《ちつ》などで、さらに乳腺《にゅうせん》が広い意味で生殖器に含まれます。

卵子を生産するところを卵巣といい、卵子を輸送する管が卵管です。交尾をするところが膣、胎子が育つところが子宮で、ここに胎盤が形成されます。

子宮は途中で二つに分かれたY字型で筒状をした器官です。この筒の中で受精卵が着床し、胎子が育ちます。左右の子宮の先端に卵巣があります。

雌ネコの生殖器は雌イヌの生殖器と同様の形態をしています。

（山村穂積）

生殖器の検査

雄イヌでは、左右の精巣は同じ大きさをしています。病気を早期発見するためにも、普段から精巣を触ってみるなどして、その大きさを知っておくことが必要です。触ったときにどちらか片方がいつもより大きくなっている、また痛がるようであれば何か異常があるはずです。また尿の色の変化も重要です。赤い色をしていたり、濁っていたり、普段と尿の色が違うときや、尿をするときの格好や姿勢、そして尿の回数などに異常があるときは注意が必要です。

雌イヌでは、発情期ではないのに膣が大きくみえる、膣からおりものや膿《うみ》のような分泌物が出ているなどの異常に注意をします。また下腹部が大きくなったときなどは病気の可能性があります。動物病院では、これらの症状があると必要に応じてX線検査、尿路造影、超音波検査などを行います。

（山村穂積）

生殖器の疾患

乳腺とは

乳腺《にゅうせん》とは、副生殖器官であり、乳汁を分泌する哺《ほ》乳類《にゅうるい》独特の分泌器官です。乳腺は、授乳による新生子の哺《ほ》育《いく》に重要な役割を果たしています。乳腺がまとまって乳房となり、乳汁は乳房の先端にある乳頭から分泌されます。

発情が始まる前の乳腺は未発達ですが、卵巣機能が成熟するとそれに伴って乳腺も発達します。イヌの乳腺の発達は、初回発情後に乳房と乳頭が明らかに大きくなっていることで確認されます。これは、乳腺の発達が女性ホルモンによる調節を受けているためです。また新生子への授乳が円滑に行われるためには、乳腺の発達、乳汁の産生、射乳の三つの機能が正常に働く必要があります。これらの働きのすべては、性ホルモンをはじめとして甲状腺《こうじょうせん》、副腎《ふくじん》、膵《すい》臓《ぞう》、下垂体などから分泌される各種ホルモンや成長因子などの複雑な相互作用を受けています。

正常な乳汁《にゅうじゅう》哺《ほ》育《いく》は、母親となった動物に母性の発達と乳汁の産生を促し、乳汁の分泌を円滑にします。また、新生子に完全な栄養成分と免疫機構を補うばかりでなく、骨格を成長させ、消化、吸収能力を発達させます。

（橋本志津）

乳腺《にゅうせん》の構造と機能

イヌは4～6対、ネコは4対の乳頭をもっています。乳腺組織《にゅうせんそしき》は、乳頭の皮下に、わきの下から下腹部にかけて、皮下脂肪にはさまれ皮膚に覆われた状態で、左右一対の板状に存在します。乳腺は、皮脂腺《ひしせん》や汗腺《かんせん》に類似する皮膚腺《ひふせん》の一種といわれており、複雑に絡み合った網の目のような状態になっていて、乳汁を合成、分泌する腺胞《せんぼう》と、これらを乳房外へ排出する乳頭につなぐ経路である導管系から成り立っています。乳腺の発達状態や構造は、動物の年齢、妊娠中や泌乳中などの生殖周期によって異なっています。

（橋本志津）

乳腺の構造

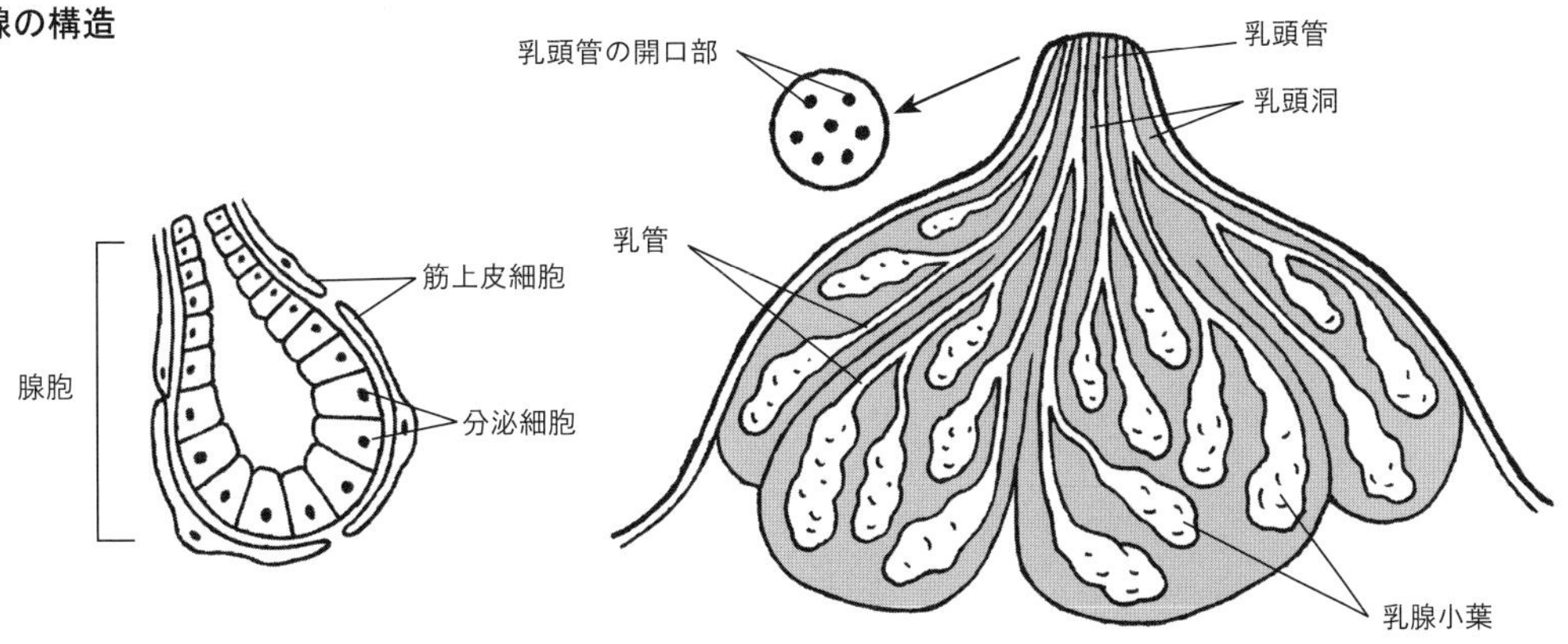

乳腺の検査

乳腺の検査には、視診、触診、乳汁内の細胞検査、注射針を使用した乳腺組織の吸引生検による細胞診や乳腺組織の病理組織学的検査などがあります。

このうち乳汁検査は、分泌されるべきでない乳汁や異常な色や臭いを発する乳汁が採取された場合に実施します。また、乳腺の病理組織学的検査は、乳腺に異常なしこりが発見された場合、腫瘍《しゅよう》かどうか、あるいは腫瘍であれば、それが悪性なのか良性なのかを鑑別するために行います。

乳腺組織の病理組織学的検査を実施する場合には、病変を塊で採取する必要があるため、動物は麻酔あるいは鎮静下で外科手術を受けることになります。

（橋本志津）

雄の生殖器疾患

陰《いん》嚢《のう》・精巣の疾患

陰嚢や精巣の病気には先天的、遺伝的なものも多く、通常はそれぞれの症状に応じた治療が行われます。炎症を伴う病気の場合は、結果として精巣の機能が損なわれ、不妊症の原因となることもあります。そのため早期の診断や治療を行うことが、生殖能力を保持するためには必要となってきます。

（古川修治）

雄性仮性半陰陽

雄の染色体と性腺《せいせん》をもっているのに、外見上は雌の特徴をもっている個体のことです。つまり、雄で陰茎や陰嚢の奇形（陰嚢をもたない、精巣低形成、潜在精巣、陰茎包皮の発育異常など）と、雌の外部生殖器をともにもつことになります。

この病気では、排尿異常や精巣腫瘍《せいそうしゅよう》や子宮疾患を引き起こすリスクが高くなります。

診断

身体検査、発情期の行動や繁殖能力によって診断がつかない場合は、開腹手術によって性腺を確認します。

治療

将来予測される病気を予防するためや、正常に排尿ができるようにするなど、動物が快適に暮らせることを目的とした外科治療を行います。

（古川修治）

潜在（停留）精巣

はじめ腹腔《ふくくう》内にある精巣は、生後2週間で鼠径部《そけいぶ》を通過し、2カ月までには陰嚢に移動します。そして、陰嚢の発育とともに正常位置に納まります。しかし、片側もしくは両側の精巣が陰嚢内の正常位置に納まらない場合があり、これを潜在（停留）精巣といいます。

診断

陰嚢の発育はイヌ、ネコの種類や個体によって差があり、一般には4カ月以上かかります。そのため潜在精巣の診断は生後6カ月以降に行います。

診断を確定させるためには、陰嚢を触診して、正常位置に精巣があるかどうかを調べます。

症状

潜在精巣は、精巣が腹腔内や鼠径部、

陰茎部近くの皮下にあり、正常な精巣よりも小さくなっています〈図1〉。また体温にさらされているため、左右ともに潜在精巣となっているときには生殖能力をもちません。片側だけの潜在精巣のときには生殖能力をもちますが、遺伝の可能性がある病気ですので、交配は薦められません。

それに加えて、潜在精巣のイヌ、ネコでは、加齢とともに腫瘍《しゅよう》〈図2〉や捻転《ねんてん》を引き起こすリスクが高いこと、薬剤投与による治療効果がほとんど期待できないことから、去勢手術が薦められています。

（古川修治）

〈図1〉

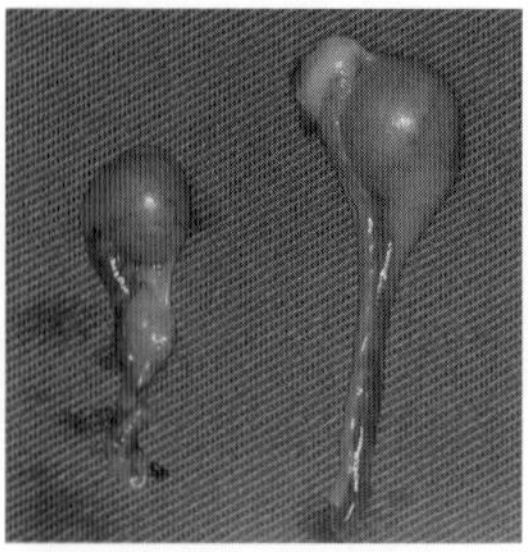

左が潜在精巣。右の正常な精巣より発達が悪く、小さい

〈図2〉

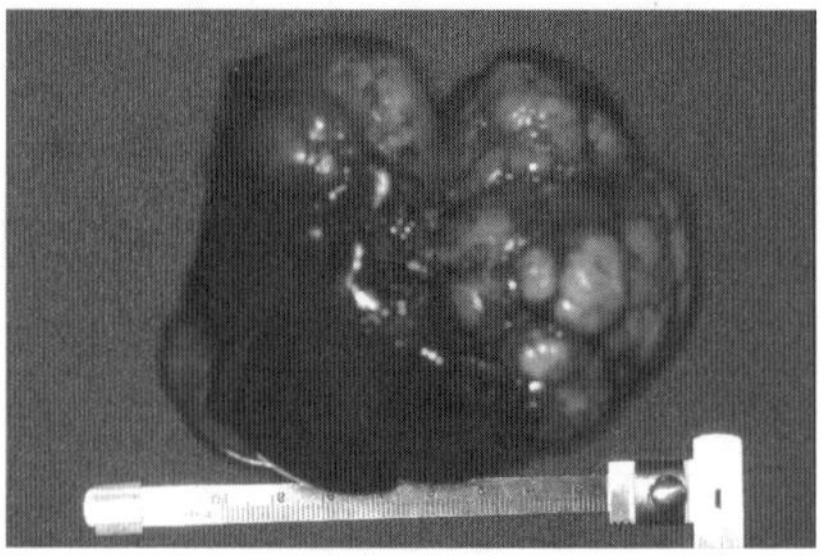

セルトリ細胞腫の外科的摘出の標本。表面は隆起しており硬結

精巣導管系無形成

感染や外傷などによって精巣上体や輸出管の導管部が閉塞《へいそく》し、精子が陰茎部まで届かないことをいいます。通常は片側だけに起こりますが、両側に発生すると不妊となります。

また、閉塞した場所の近くに精液が貯留することによって、腫瘤《しゅりゅう》ができる場合があります。

診断

病理組織学的検査によって診断します。

治療

感染によって発症した場合には抗生物質の投与や、その拡大を防ぐための去勢手術を行います。

（古川修治）

陰嚢《いんのう》ヘルニア

鼠径《そけい》ヘルニアをもつ雄のうち、腸管がヘルニア孔を通って、陰嚢内に入った状態を陰嚢ヘルニアといいます。その内容組織は、ヘルニア孔に向かって押し戻せることがあります。また、腸から漏れ出した水分が陰嚢内にたまることもあります。

この病気の多くは先天性で、痛みはなく、生殖能力が失われることはありません。原因が外傷の場合や、炎症を伴なう場合には痛みがあります。また、最終的には精巣が萎縮《いしゅく》し、不妊症になることもあります。肥満や外傷は腹腔内圧《ふくくうないあつ》を高めるので、病気を悪化させる原因になります。

診断

身体検査や超音波検査によって診断します。

治療

外科的に陰嚢ヘルニアの原因となっているはみ出した組織を元に戻し、ヘルニア孔を閉鎖して治療します。（古川修治）

精巣低形成

遺伝的、又は先天的な疾患で、精巣細胞の発育不全によって精子の数が減少、欠乏します。精巣のサイズも通常より小さいままです。この病気が両側の精巣に現れると不妊症の原因となります。

性成熟後に精巣の組織検査をして確定診断とします。

（古川修治）

陰嚢《いんのう》皮膚炎《ひふえん》

陰嚢の皮膚は薄く、外部からの刺激に弱いため、陰嚢内の炎症のほか、虫さされや消毒薬などによる刺激などによっても、陰嚢皮膚炎が起こることがあります。また全身性の皮膚炎が原因となることもあります。

症状

発症による痛みのために、ぎこちない歩き方をすることや、気にして陰嚢をなめることがあります。

治療

全身性の皮膚炎から陰嚢皮膚炎が起こったときは、その治療を優先します。通常は、消炎剤の投与によってかゆみと炎症の治療を行い、細菌感染が認められる場合には抗生物質を投与します。消毒薬や外用薬によって局所治療を併用することもあります。

陰嚢を舐《な》めることで病状を悪化させてしまうことも多いので、予防としてエリザベスカラーを装着することもあります。皮膚炎が続くと陰嚢は硬く、厚くなってしまいます。精巣に異常がみられるときは、陰嚢の除去を含めた去勢手術を考慮しなければなりません。（古川修治）

精巣炎、精巣上体炎

精巣炎と精巣上体炎は、通常同時に起こります。急性と慢性の場合がありますが、原因は同様で、直接の外傷や前立《ぜんりつ》腺《せん》、膀胱《ぼうこう》などの泌尿生殖器における感染症などがあげられます。また細菌性敗血症、ブルセラ症やジステンパーなどの全身性の感染症も、この病気の原因となります。慢性炎症は急性炎症に続いて起こることが多く、気づかないうちに発症して慢性化していることもあります。

症状

急性の場合は陰嚢の腫《は》れや発熱、痛みを伴い、化膿《かのう》することもあります。血尿がみられることもあるでしょう。慢性化してしまうと症状は目立たなくなり、精巣は機能を失い、小さく、硬くなっています。

診断

症状も診断の材料になりますが、尿や精液の検査、超音波検査や病理組織学的検査、全身性感染症の有無によって診断します。

治療

検査に基づいて適切な抗生物質を投与します。急性の場合は、炎症に伴って起こる発熱を抑えるため陰嚢の冷却や消炎剤の投与を行います。内科的な治療で改善が現れないときや、精巣の機能が失われていると判断されるときには、陰嚢の切除を含む去勢手術を行います。内科治療によって症状が改善されても、再発や慢性化の危険性が高いことから、交配させる必要性がなければ、やはり去勢手術を行うことが多いでしょう。（古川修治）

前《ぜん》立《りつ》腺《せん》の疾患

前立腺の病気は雄イヌだけのものです。前立腺は尿道を中心にして膀胱《ぼうこう》の頸《けい》部《ぶ》を取り囲んでいます。膀胱が収縮することで排尿がなされますが、そのとき尿は前立腺内を貫通する尿道を通ってペニスのほうに運ばれ排出されます。前立腺は精液の液体部分を作り、射精時に働いています。

前立腺の病気の種類は多くありません。前立腺の構造はミカンのようで、ミカンの皮にあたる皮膜と、実にあたる実質で成り立っています。若いときに去勢をすることによって成熟後に起こる可能性のある前立腺の病気は防ぐことができます。（山村穂積）

前《ぜん》立《りつ》腺《せん》肥《ひ》大《だい》

前立腺肥大は、去勢していない老齢の雄イヌにみられる良性の前立腺《ぜんりつせん》過形成《かけいせい》です。男性ホルモンが過剰に分泌されることが原因の一つにあげられます。

症状

ほとんどのイヌでは症状が現れません。しかし排便の回数が増え、排便するときにいきみやしぶりなどの排便困難があり、便秘をしたり、平たいリボンのような細い便が出ることもあります。また、粘液状の便や赤い色の尿（血尿）が出たり、排尿しにくそうにみえることがあります。

X線検査や超音波検査をしてわかることも多く、肛門《こうもん》から指を入れて検査したり、下腹を触って発見することもあります。大きくなった前立腺は左右対称で、炎症（前立腺炎《ぜんりつせんえん》）を伴わなければ痛みはありません。正常でも年齢が進むと前立腺が大きくなることはありますが、その程度は様々です。

診断

詳しく診断をするためには、超音波検査を行います。また前立腺の腫瘍《しゅよう》などの疑いがあるときにはＭＲＩ検査を行います。

治療

去勢をすることによって前立腺肥大は縮小しはじめ、治癒します。（山村穂積）

前《ぜん》立《りつ》腺《せん》嚢《のう》胞《ほう》

前立腺嚢胞は、前立腺がかなり大きくなることによって発見されます。後腹部や骨盤腔部《こつばんくうぶ》を占めるほどの大きさになり、腹部が大きくみえるようになることもあります。

症状

排尿困難や頻尿、そしてしぶりがみられ、場合によっては陰茎先端から分泌物があります。

診断

直腸を検査すると、尿道周囲部で肥大

した腫瘤《しゅりゅう》が左右非対称の状態にあり、触ると腫瘤に動きがみられます。X線検査をするとかなりの大きさの前立腺が現れます。超音波検査では、腫大《しゅだい》した前立腺内に高エコー反応を示す濁った液体がみられます。

治療

外科手術を行うしか治療方法はありません。去勢手術と前立腺摘出手術、嚢胞《のうほう》の切除などを行います。（山村穂積）

前《ぜん》立《りつ》腺《せん》炎《えん》（細菌性、非細菌性）

前立腺が炎症を起こす病気です。去勢していない成犬から老齢犬に発生します。急性と慢性とに分類されますが、ほかの尿路感染症によって引き起こされることもあります。

診断

尿沈渣《にょうちんさ》などの尿検査と尿培養により、起因菌（病気の原因となっている菌）を同定します。また起因菌の薬剤に対する効きめや効果についての検査も行います。

症状

急性前立腺炎《きゅうせいぜんりつせんえん》では発熱があり、排尿異常や排便時に痛がることもあります。慢《まん》性前立腺炎《せいぜんりつせんえん》にかかると、尿の回数が多くなります。

治療

細菌性のものと非細菌性のものがあるため、疼痛《とうつう》がない前立腺炎のときには、前立腺マッサージによって前立腺液《ぜんりつせんえき》を採取し、尿と同様に細菌培養を行うことで細菌性か非細菌性かを診断します。

細菌性の場合には前立腺炎の再発を繰り返し、治療がうまくいかないと慢性前立腺炎になります。また、再発を繰り返す膀胱炎《ぼうこうえん》などの尿路感染が原因で、前立腺炎から前立腺膿瘍《ぜんりつせんのうよう》に移行する可能性もあります。去勢手術を行い、適切な抗生物質や抗菌剤を長期間にわたって投与することで治療します。

非細菌性前立腺炎《ひさいきんせいぜんりつせんえん》については原因がわかっていません。（山村穂積）

前《ぜん》立《りつ》腺《せん》膿《のう》瘍《よう》

前立腺膿瘍は、ミカン状をした前立腺の房の部分（実質）の中だけに膿《うみ》が蓄積している状態をいいます。前立腺膿瘍の原因はまだはっきりわかっていませんが、急性や慢性前立腺炎や、前立腺肥大に尿路感染症が加わった結果と考えられています。

症状

前立腺膿瘍になると尿路感染をしつこく繰り返し、リボン状の便、しぶりや排尿困難の症状が現れ、発熱する場合もあります。直腸検査をすると前立腺は左右対称ではなく、腫大した前立腺を触るとその部分が動くことがわかります。前立腺嚢胞と膿瘍の違いを見分けるのはとても難しく鑑別できないこともあります。

診断

前立腺膿瘍では、尿検査をすると血尿、膿尿《のうにょう》（白血球尿）、細菌尿が見つかります。X線検査では巨大な前立腺の陰影がみられます。超音波検査で、前立腺部分に液体が貯留していれば前立腺腫瘍と鑑別されます。

治療

去勢手術を行い、抗生物質や抗菌剤を投与することで治療します。外科的な治療をすることもあります。（山村穂積）

陰茎・包皮の疾患

陰茎発育不全

イヌやネコでみられる先天的陰茎疾患です。この病気の動物は、性染色体に異常が認められています。イヌの陰茎の長さは、正常であれば、6・5～24㎝です。コッカー・スパニエル、コリー、ドーベルマン・ピンシャー、グレート・デーンなどの犬種によくみられます。

（下里卓司・山村穂積）

陰茎小帯遺残

通常、陰茎《いんけい》亀頭《きとう》と包皮粘膜は生後数カ月以内に分離します。この分離が起こらず、陰茎と包皮の間に結合組織が残ることを陰茎小帯遺残といいます。イヌの陰茎小帯遺残は、陰茎腹側の中央部分に起こります。

症状

交尾がうまくできない、性欲が欠如している、繰り返し陰茎を舐《な》める、尿による後肢の蒸れなどの症状がみられます。

治療

外科的な除去が基本です。イヌではこの陰茎小帯が、薄い無血管性の膜なので、局所麻酔を行うか、あるいは鎮静薬の投与で処置します。（下里卓司・山村穂積）

包皮狭窄《ほうひきょうさく》

先天性の病気で、包茎を伴います。陰茎が包皮内に押し込められた状態になっています。

包皮口が異常に小さいことが原因で、その結果陰茎が突出しません。包茎はイヌやネコではまれです。

症状

尿道が閉塞《へいそく》したり、包皮内に尿がたまったりします。交尾できないこともあります。

治療

外科的に包皮口を拡大します。

（下里卓司・山村穂積）

陰茎骨奇形

雄イヌの先天性疾患です。尿道の閉塞を伴う場合が多くあります。奇形の程度によって治療対象かどうかを決定します。非常にまれな疾患で、症例の報告も多くはありません。

症状

外部性器の外観の異常がみられたり、尿失禁、尿路感染症、尿道の閉塞などの排尿症状が現れることがあります。

治療

症状が重篤な場合には、外科手術により陰茎骨を切断する必要があります。

（下里卓司・山村穂積）

亀頭包皮炎《きとうほうひえん》

イヌでは一般的な病気で、若い未去勢の雄に多く発症します。ネコで発生することはまれです。

症状

大量の黄色い漿液状《しょうえきじょう》をした膿《うみ》が排泄《はいせつ》される、紅斑性潰瘍《こうはんせいかいよう》がみられる、水ぶくれのような嚢胞《のうほう》がみられるなどの症状があります。

治療

生理的食塩水、刺激のない消毒液による洗浄、抗生物質軟膏《こうせいぶっしつなんこう》の注入などを行います。また、去勢が有効な場合もあります。

（下里卓司・山村穂積）

腫瘍《しゅよう》

雄イヌの生殖器に発生する腫瘍には、肥満細胞腫《ひまんさいぼうしゅ》と扁平上皮癌《へんぺいじょうひがん》がよくみられます。また、潜在精巣（陰睾《いんこう》）のイヌでは正常なイヌと比較して、十数倍の割合で、加齢とともに精巣腫瘍《せいそうしゅよう》（とくにセルトリ細胞腫《さいぼうしゅ》）が発生します。少し前までは可移植性性器肉腫《いしょくせいせいきにくしゅ》が、イヌでもっとも頻繁にみられる腫瘍でした。ネコの外部生殖器には癌腫《がんしゅ》と肉腫《にくしゅ》がみられます。

症状

陰茎や包皮に、急速に成長するマスが出現し、しばしば何らかの液体が排出されます。

治療

通常は、病変を外科的に切除します。しかし、可移植性性器肉腫の場合は外科手術より化学療法のほうが優れています。

詳しくは「腫瘍」の項を参照してください。

（下里卓司・山村穂積）

雌の生殖器疾患

卵巣の疾患

卵巣は雌性生殖器系の中心をなすもので、卵子の生成、成熟、排卵を行う生殖器官であり、各種のステロイドホルモンを分泌する内分泌器官でもあります。

卵巣に発生する病気は卵巣嚢胞と腫瘍に分類されます。

イヌやネコで飼い主が繁殖を望まない場合には、初めての発情が起きる前に、卵巣と子宮の全摘出手術を行うことで、卵巣疾患を回避することができます。

（石丸邦仁）

卵巣嚢胞

卵巣嚢胞とは、卵巣に液体、または半固形物質を含んで大きくなっている状態で、老齢のイヌ、ネコに良く見られますが、症状を伴うことはあまりありません。

濾胞性嚢胞、黄体性嚢胞、上皮性管状嚢胞、卵巣網嚢胞などに分類されます。

診断

超音波検査や腹部X線検査が有効であり、副腎や腎臓の腫瘍、卵巣の腫瘍などとの鑑別診断が必要です。

治療

治療しなくても自然に消失する場合もありますが、基本的に卵巣子宮摘出を考慮するべきです。（石丸邦仁）

副卵巣

副卵巣は卵巣上体とも呼ばれ、雄の精巣上体に相当します。卵巣と卵管の間にある卵管間膜にくさび状の形で存在しています。

副卵巣は、思春期までは発育を続けますが、性成熟期には退化して縮みます。まれに副卵巣嚢腫《ふくらんそうのうしゅ》が発生することがあります。（石丸邦仁）

雌性仮性半陰陽

半陰陽には、雄性半陰陽、雌性半陰陽、真性半陰陽があります。そもそも半陰陽とは、性腺《せいせん》と性器（主として外部生殖器）が正常に分化できなかった個体のことをいいます。真性半陰陽は卵巣組織と精巣組織の双方を有し、外部生殖器の異常を示します。このタイプはまれです。

雌性仮性半陰陽は、性腺が卵巣で、内部生殖器も雌性型に分化していますが、胎子期からホルモンの分泌状態が雄の兆候を示す環境、すなわち男性ホルモンのアンドロゲン過剰状態となり、外部生殖器が、雄性化するものです。（石丸邦仁）

子宮の疾患

イヌ、ネコの子宮はY字形をしていて、子宮角と呼ばれる二つの管状構造が一つとなり、子宮体と呼ばれる管状構造を形成しています。そして最終的に、子宮体尾側の子宮頸管《しきゅうけいかん》から膣《ちつ》に連絡しています。

子宮の壁は、粘膜層（子宮内膜）、筋層、漿膜《しょうまく》の3層構造となっており、粘膜層には粘膜上皮や子宮腺《しきゅうせん》、固有層があります。

子宮の粘膜は、卵巣から放出されるホルモン（エストロゲン、プロゲステロン）の影響を受けます。とくにプロゲステロンは卵子を着床しやすくするために、子宮腺の増殖や分泌の促進、筋層の収縮抑制などの変化をもたらす働きがあります。（阪口貴彦）

子宮内膜過形成、子宮粘液症

プロゲステロンというホルモンの生理作用によって、子宮内膜が過剰に増殖した状態を子宮内膜過形成といいます。不妊や子宮内の粘液増加の原因となります。とくに子宮内粘液が明らかに増加し、子宮内に貯留した状態を子宮粘液症といいます。このような状態は、加齢とともに繰り返される発情によって、発生する危険性が増加します。

診断

子宮内膜過形成は、子宮壁の生検による組織診断が必要になります。子宮粘液症の場合は、X線検査や超音波検査によって腹腔《ふくくう》内占拠病変や子宮内液体貯留病変を発見することにより診断されます。

治療

これらの病気は無症状なことが多く、経過観察のみの場合もありえますが、出産させたい場合にはプロスタグランジンによる内科的治療も考慮されます。また、予防的に卵巣子宮摘出を行うこともあります。（阪口貴彦）

子宮《しきゅう》蓄《ちく》膿《のう》症《しょう》、子宮内膜炎

子宮内膜過形成、子宮粘液症の状態にあるとき、大腸菌などの細菌感染が起こると、子宮蓄膿症や子宮内膜炎となります。

●子宮蓄膿症

開放性と閉塞性《へいそくせい》に分けることができます。

開放性《かいほうせい》子宮蓄膿症《しきゅうちくのうしょう》は、血液や膿《うみ》のような分泌物が外陰部にみられ、元気消失、発熱、食欲不振、多飲多尿、外陰部腫大《がいいんぶしゅだい》などの症状が現れます（分泌物以外には無症状のこともあります）。

閉塞性《へいそくせい》子宮蓄膿症《しきゅうちくのうしょう》は、外陰部に分泌物はみられませんが、開放性子宮蓄膿症と同様の症状のほかに、腹囲膨満、嘔吐《おうと》、下痢、ショック状態などがみられ、開放性と比べて明らかに重い症状を呈します。

診断

前述の症状に加えて、「8～10週間前に発情が認められた」、「ホルモン剤の投与を受けたことがある」などの既往歴と、血液中の白血球数の増加、X線検査や超音波検査によって腹腔内に占拠病変があることや子宮内液体貯留病変があることを確認し、診断されます。

治療

一般的に卵巣子宮摘出が選択されます。とくに閉塞性の子宮蓄膿症の場合には、いち早く手術することが望ましいとされています。

しかし、出産させたい場合や他の病気によって手術困難な場合には、プロスタグランジンによる内科的治療も選択肢に加わります。

●子宮内膜炎

開放性子宮蓄膿症と類似していますが、分娩《ぶんべん》後に子宮内で、大腸菌などの感染が起こったときにも発生します。血液のような、または漿液状《しょうえきじょう》か膿のような分泌物が外陰部にみられ、元気消失、発熱、食欲不振などの症状が現れます。

診断

子宮蓄膿症を診断するときと同様にして行われます。

治療

産後なら、抗生物質の投与、補液等の内科的治療を行いますが、一般的には卵巣と子宮を摘出します。　（阪口貴彦）

子宮捻転《しきゅうねんてん》

子宮が子宮角に沿ってねじれてしまった状態で、出産を控えた妊娠後期に発生しやすく、とくに出産を経験した動物に発生が多いとされています。イヌ、ネコでは、胎水不足や急激な運動が原因となります。また、卵巣の腫瘍《しゅよう》や子宮蓄膿症などのときにも発生する可能性があります。

症状

急な元気消失、食欲不振、腹囲膨満、沈うつ、血液や血液のような色をした漿《しょう》液性《えきせい》の分泌物が外陰部にみられます。

診断

疑わしい症状がある場合、試験的に開腹手術を行って肉眼で確認します。とくに妊娠後期に血液や血液のような色をした漿液性の分泌物が外陰部に認められるときには、子宮捻転の可能性が強いため早めに開腹手術を行います〈図３〉。

治療

開腹手術を行ったときに、治療も同時に行います。発生からの時間的経過が長いほど、捻転《ねんてん》によって子宮が壊死《えし》し、胎子も死亡している可能性が高くなるため、卵巣と子宮を摘出するのが一般的です。　（阪口貴彦）

〈図３〉子宮捻転

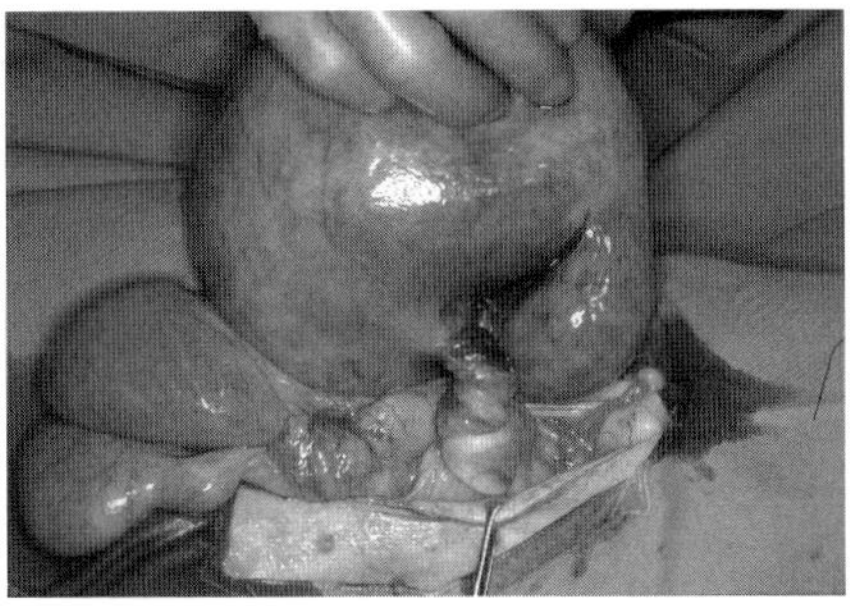

子宮破裂

難産や妊娠中の外傷、無理な難産介助によって引き起こされます。

症状

腹部の疼痛《とうつう》、外陰部からの出血、母体の急激な衰弱などがあげられます。また、出血がひどいときには、出血性のショックを起こします。

診断

前述の症状がみられるときは、試験的に開腹手術を行って診断します。

治療

診断のための試験的開腹手術を行ったときに、治療も同時に実施します。子宮を温存できるかどうかは、破裂の程度によりますが、卵巣と子宮を摘出するのが一般的です。　（阪口貴彦）

子宮脱

分娩後に子宮の一部または全部が反転して、子宮頸管から膣内、あるいは外陰部から外部へ脱出した状態です。

症状

鮮紅色から暗紫色をした組織が体外に脱出します。

時間が経過すると血液循環に障害が起きるため、うっ血や浮腫《ふしゅ》（むくみ）を起こし、やがてその組織が壊死します。また、しぶりや疼痛がみられます。

診断

前述の症状が現れたり、子宮が膣内に脱出した際には、触診や膣鏡《ちつきょう》による検査を行います。

治療

脱出した子宮を温めた生理食塩水で洗浄し、マッサージを行い、ゼリー製剤を潤滑剤にして、手で整復します。

子宮が壊死している場合や血管が破綻《はたん》し出血を伴う場合、組織の整復が難しい場合には、手術によって卵巣と子宮を摘出します。　（阪口貴彦）

胎盤停滞

分娩後、イヌなら2～3時間で胎膜と胎盤が子宮内から排出されますが、これが排出されないで残っている状態を指します。

胎盤を排出する際に起きる後陣痛が微弱なとき、子宮内膜に炎症があって胎盤がはがれにくくなっているとき、子宮頸管が早期に収縮して閉じたときに起きます。

診断

産まれた子どもの数と同じ数の胎盤が排出されたかを確認し、もし胎盤数が足りず、分娩後12時間を経過して、暗緑色の分泌物が外陰部に認められた場合に胎盤停滞と診断します。

治療

停滞した胎盤を放置すると急性子宮内膜炎となるため、子宮頸管が開いているときには、鉗子《かんし》を挿入し摘出を試みたり、腹部触診により圧迫して除去を試みます。また、オキシトシンを投与して子宮の収縮を促し、胎盤の排出を促進することもあります。

（阪口貴彦）

胎盤部位退縮不全

分娩後の子宮側胎盤が退化し、子宮内膜の修復が遅れている状態を指します。

イヌの子宮は分娩後正常に修復されるのに最低3週間を要します。また、長いときには6週間を要することもあります。ネコは約10日で次の発情が始まるため、子宮は速やかに修復されます。イヌで6週間以上、漿液《しょうえき》もしくは血液のような分泌液が排出されている場合には、この病気の疑いがあります。

診断

膣分泌物《ちつぶんぴつぶつ》の細胞診と分娩歴《ぶんべんれき》から判断します。

治療

感染などがなければ、通常は自然に治癒しますから、まず経過を観察します。まれに大量に出血を起こしたときや、感染があったときには、卵巣と子宮を摘出します。

（阪口貴彦）

膣《ちつ》・会陰部の疾患

ここであげる膣と外陰部の病気は、膣と外陰部が形成されるうえでの先天的な問題、ホルモンの影響をうけて引き起こされる後天的な問題、または分娩《ぶんべん》後の病気の三つに分類されます。

先天的な問題としては、膣狭窄《ちつきょうさく》、処女膜遺残、会陰部《えいんぶ》低形成、会陰部狭窄症《きょうさくしょう》、陰核肥大があげられ、後天的な問題としては、膣過形成《ちつかけいせい》、膣炎《ちつえん》、外陰部腫大《がいいんぶしゅだい》があげられます。分娩後の病気としては膣脱《ちつだつ》があります。

（阪口貴彦）

膣狭窄《ちつきょうさく》

膣の先天性の異常です。交配や分娩困難《ぶんべんこんなん》、慢性の膣炎、体の位置によって起きる尿漏れなどの原因となることがあります。

診断

指による触診、膣鏡《ちつきょう》による視診、また膣造影検査《ちつぞうえいけんさ》で診断します。

治療

病気の程度、病気が起こっている部位、また、今後出産させたいかどうかによって異なります。出産する予定がなければ、卵巣と子宮を摘出するか膣を切除します。

無症状の動物では治療を必要としない場合もあります。

（阪口貴彦）

処女膜遺残

処女膜は発生の段階で形成され、通常は出生前に消失します。しかし、処女膜の形成や消失が正常ではない場合には、処女膜遺残組織となることがあります。

症状

多くは無症状ですが、交配困難を起こしたり、慢性の膣炎などを併発することがあります。

診断

指による触診、膣鏡による視診によって診断します。また膣内視鏡検査《ちつないしきょうけんさ》、膣造影検査や超音波検査を行うこともあります。繁殖障害がみられる場合は、遺残膜を切除します。

（阪口貴彦）

膣過形成《ちつかけいせい》

若い雌イヌに多い病気です。発情前期から発情期の期間、とくに初めての発情から3回目までの間のいずれかの発情前期から発情期までに発見されることが多いようです。

症状

エストロゲンというホルモンに膣粘膜《ちつねんまく》が異常に反応して、浮腫《ふしゅ》や過形成が現れるものです。この反応がきわめて重度になると、膣組織《ちつそしき》が外陰部から突出することがあります。膣の一部が過形成を起こしていると、なめらかなピンク色の広い舌状の塊が陰部より突出します。まれに膣の全周囲が隆起して、大型のドーナツ型の塊が陰部より突出することがあります。この状態が長時間続くと組織は乾燥し、亀裂《きれつ》やびらん（ただれ）ができることがあります。

治療

これらの症状が現れたときには、まず清潔にして、乾燥を予防するための潤滑剤や感染を予防するための抗生物質の軟《なん》膏《こう》を陰部より突出した組織に塗布します。さらに自分で舐《な》めたり噛《か》んだりすることを避けるためにエリザベスカラーなどを用います。

突出した組織は、発情休止期には萎《い》縮《しゅく》、消失しますが、発情期のたびに再発する可能性があります。その雌イヌに子どもを産ませない場合は、卵巣と子宮を摘出します。出産させたい場合には、保存療法を行います。

過形成があると正常な交配は困難ですから、この病気にかかったイヌには人工授精が必要となることもあります。

（長沢昭範）

膣《ちつ》炎《えん》

膣炎は膣の炎症です。雌イヌは避妊の有無にかかわらず、繁殖のどの場面でも膣炎を発症する可能性があります。ただし、雌ネコでの発生はまれです。

症状

細菌感染、ウイルス感染、生殖器官の未成熟、膣の異物、外傷、または膣と膣《ちつ》前庭《ぜんてい》の先天性異常などが原因になりますが、泌尿器、生殖器の病気から波及することもあります。膣炎にかかると、外陰部から粘液性、化膿性《かのうせい》の分泌物が排出されます。

診断

膣鏡検査は解剖学的異常や異物などを発見するのに効果があります。またとくに先天性膣障害《せんてんせいちつしょうがい》の場合は、指による触診が役立ちます。

治療

性成熟前の雌イヌは、膣腺《ちつせん》が活動しすぎることがあります。そのため膣腺からの分泌物が共生細菌に汚染されるようになると考えられます。通常は初回の発情周期を迎える前、または発情周期後に自然に治癒します。慢性的なものは、先天性の異常を疑う検査が必要です。とくに問題がなければ全身性および局所性の抗生物質による内科的治療を行います。

性成熟後の雌イヌには、まれに細菌性の膣炎が初めに起こり、これが原因となって様々な病気が発生することもありますが、一般的には膣炎は生殖器の先天性異常や後天性異常または尿路系異常による二次的なものです。元の病気に対する適切な治療と、抗生物質による全身性、局所性の治療を行います。

ウイルス性の膣炎の原因としては、犬ヘルペスウイルスが知られています。交尾により伝播《でんぱ》することが多く、この病気にかかると不妊や流産、死産を起こします。膣や前庭部に小さな結節性の粘膜病変ができます。一般的な治療を行います。感染の疑いのある雌イヌには繁殖させないようにし、感染の拡大を予防します。

（長沢昭範）

膣《ちつ》脱《だつ》

膣脱は膣壁《ちつへき》全体が外部に出てしまう病気です。この病気は分娩《ぶんべん》時の過度の陣痛と関係があるといわれています。まれに偽妊娠に関連しても起こります。また、交配している雄と雌を強制的に分離したとき、便秘によって起こる腹部の緊張、不釣合いに大きい雄と交配したときなどに、膣脱を起こす可能性があります。膣脱は自然には退縮しませんので、患部を洗浄し、潤滑剤を塗布して元通りにします。その際には全身麻酔が必要です。尿道開口を確保するため、尿道カテーテルを留置し、状態が落ち着いたら開腹手術を行って腹腔《ふくくう》に縫い付けることもあります。ただし、膣から脱出した組織が壊死《えし》をしている場合は、切除する必要があります。

（長沢昭範）

会陰部低形成

会陰周囲の皮膚組織に小さな会陰が埋まった状態を会陰部低形成といいます。これは、初回の発情以前に避妊手術を受けた雌イヌにみられます。

会陰周囲は尿で汚染されやすく、皮膚炎を起こしやすい部分です。また、二次的に膣炎や尿路感染の原因になります。これらの感染性疾患に対しては抗生物質を投与しますが、原因となる病気の治療を行わなければ再発する可能性があります。避妊手術を行っていない場合は、初回の発情が始まると、この病態が解消することがあります。治療としては、会陰周囲に皺《しわ》となっている皮膚を切除し、会陰を形成する手術を行います。

（長沢昭範）

会《え》陰《いん》部《ぶ》狭《きょう》窄《さく》症《しょう》

先天的に会陰部が狭窄《きょうさく》する（異常に狭

まっている）病気です。狭窄の程度は軽いものから重いものまで様々です。交配時には、強い痛みがあるため交配が困難となります。人工授精によって妊娠した場合でも、難産の原因となります。重症例では、狭窄のある部分より前方に尿が貯留するため膣炎になることがあります。狭窄の程度によって会陰の切開や形成の手術を行い、尿の貯留や難産を防ぎます。

（長沢昭範）

陰核肥大

陰核は正常な状態では膣前庭内にあります。この陰核が肥大し陰唇裂から突き出てしまうのが陰核肥大です。陰核組織は男性ホルモンのアンドロゲンによる刺激で肥大し、骨の発生を伴うこともあります。

この病気は通常、雌雄の明らかでない間性動物にみられます。雄性仮性半陰陽では、おなかの中か鼠径管《そけいかん》内に精巣があります。この精巣がアンドロゲンを分泌し、陰核を肥大させます。

高齢犬の陰核肥大は、副腎《ふくじん》の過形成や腫瘍《しゅよう》がある場合に、そこから多量のアンドロゲンが分泌されて発生します。また、同化ステロイド製剤（筋肉増強剤）の使用に関連する場合もあります。

この病気にかかった動物は、肥大した陰核の刺激や膣の内容物の排出が困難なことによって膣炎を起こします。

二次的に起こる炎症性疾患に対し、対症的な治療を行います。肥大に対しては、アンドロゲンの過剰な分泌を起こしている器官がわかればその治療を行います。また、同化ステロイド製剤の使用があれば中止します。

骨の発生がみられる場合には、原因疾患が除去されても、陰核が正常な大きさに戻らないことがあるため陰核を切除します。

（長沢昭範）

外陰部腫大《がいいんぶしゅだい》

外陰部が充血や浮腫のために腫大《しゅだい》する病気です。主に卵巣の卵胞膜から分泌されるエストロゲンの刺激によってこの腫大は起きます。エストロゲンは、外陰部を含め卵管や子宮壁などの副生殖器を刺激して発達させ、発情出血を起こす作用があります。このため発情期にある雌イヌでは、外陰部腫大は正常なもので、発情休止期になれば改善します。

外陰部腫大が2週間以上持続する場合は、エストロゲンが分泌され続けてしまうことが原因となる分泌性卵巣腫瘍《ぶんぴつせいらんそうしゅよう》などによって発情が続いている可能性があります。また老齢の避妊していない雌で、何度も外陰部腫大の再発を繰り返している場合は、慢性的に外陰部が肥厚します。外陰部腫大は卵巣ホルモンが不均衡であるために起きるので、卵巣と子宮の摘出手術が行われます。

（長沢昭範）

腫瘍《しゅよう》

卵巣腫瘍《らんそうしゅよう》

イヌとネコではあまり発生しません。イヌでもっとも多くみられるのは顆粒膜《かりゅうまく》細胞腫《さいぼうしゅ》で、これはネコでも一般的な卵巣腫瘍です。

これは、イヌでは良性となることが多く、ネコでは悪性になることが多い病気です。通常、片側を触れれば発見できるほどの大きな腫瘍です。症状としては、腹部の拡張やエストロゲン分泌過剰を示します。

X線検査、超音波検査で診断しますが、腫瘤《しゅりゅう》の病理検査によって確定診断されます。治療には、卵巣と子宮を摘出します。転移がなければ多くは治癒します。

卵巣の腫瘍としては、ほかに腺腫《せんしゅ》、腺《せん》癌《がん》、卵胞膜細胞腫《らんぽうまくさいぼうしゅ》、奇形腫《きけいしゅ》などがみられます。

（長沢昭範）

子宮腫瘍《しきゅうしゅよう》

イヌとネコではまれです。子宮腫瘍のほとんどは平滑筋腫《へいかつきんしゅ》で、良性です。雌イヌにもっとも多い悪性腫瘍《あくせいしゅよう》は平滑筋肉腫《へいかつきんにくしゅ》で、雌ネコにもっとも多い悪性腫瘍は子《し》宮内膜腺癌《きゅうないまくせんがん》です。

X線検査、超音波検査で診断しますが、通常は卵巣子宮摘出手術のときに偶然発見されます。卵巣と子宮を摘出することによって治療します。子宮の腫瘍としては、ほかに腺腫、脂肪腫《しぼうしゅ》、線維肉腫《せんいにくしゅ》などがみられます。

（長沢昭範）

膣《ちつ》、会陰の腫瘍《しゅよう》

膣、会陰の腫瘍はイヌにはあまり多く発生しません。イヌで一般的な良性腫瘍《りょうせいしゅよう》は平滑筋腫です。

陰唇部より組織塊が突出することが多

く、腫瘍を切除して治療しますが、平滑筋腫はホルモン依存性であるため、再発を避けるために卵巣と子宮を摘出することもあります。イヌで一般的な悪性腫瘍は平滑筋肉腫です。ほかには可移植性性《かいしょくせいせい》器肉腫《きにくしゅ》、扁平上皮癌《へんぺいじょうひがん》、血管肉腫《けっかんにくしゅ》、腺癌などがみられます。治療は腫瘍を切除しますが、放射線療法、化学療法を用いる場合もあります。

（長沢昭範）

乳腺《にゅうせん》の疾患

乳房肥大、乳房過形成

乳房の肥大・過形成は、乳腺の発達に伴って、発情後に多くみられます。乳房の肥大、過形成が発生するのは、卵巣ホルモンの分泌量や治療による卵巣ホルモンの過剰投与に関係しています。

触診すると、板状の乳腺組織《にゅうせんそしき》と複数の乳頭のうち、下方の乳腺部分ほど、乳房の肥大・過形成がみられますが、この部分は乳腺組織を取りまく脂肪の量が多く、乳腺組織が脂肪組織ごと直接手に触れやすいからであるといわれています。

乳房の肥大・過形成は、通常は無症状で、1～2カ月中に自然退縮します。乳頭口から乳汁や透明な分泌液を排出することもありますが、その際は絞るなど物理的に刺激することは避けるべきです。また、乳腺炎《にゅうせんえん》（後述）に波及した場合には適切な処置を実施する必要があります。

また数カ月しても触知可能なしこりが残るようなら、腫瘍病変《しゅようびょうへん》との鑑別が重要ですので、動物病院で相談してください。

（橋本志津）

乳腺炎《にゅうせんえん》

乳腺炎とは、乳腺組織に炎症がみられるものを指します。多くは乳頭口から乳腺に細菌が混入して生じます。

症状

乳腺炎の症状は、乳腺炎局所の熱感、腫《は》れや乳汁の排泄《はいせつ》ですが、重度である場合には、発熱、疼痛《とうつう》、食欲不振や化膿《かのう》した乳腺から炎症が波及し、皮膚および皮下組織の壊死《えし》などが起こります。乳腺炎は、産後数日から数週間、あるいは発情後にもっとも多くみられます。

診断

細胞診では、採取した乳汁から白血球、赤血球、細菌などが発見でき、細菌培養検査では、ブドウ球菌、連鎖球菌、大腸菌などがしばしば検出されます。

治療

乳腺炎の治療は、適切な抗生物質を投与し、局所の炎症が激しい場合には、冷却、消毒、化膿処置を行います。

動物が産後で子イヌや子ネコに授乳中であれば、その状態によって授乳を続けるか、あるいは完全人工哺乳《かんぜんじんこうほにゅう》に切り替えるかを考慮しなければなりません。

（橋本志津）

腫瘍《しゅよう》

乳腺腫瘍《にゅうせんしゅよう》はイヌやネコでは、比較的多くみられる腫瘍です。イヌやネコで乳腺腫瘍がよく発生する年齢は、10歳齢以上といわれています。乳腺腫瘍はホルモン依存性腫瘍《いぞんせいしゅよう》で、腫瘍の発生には卵巣ホルモンの分泌が関係しています。乳腺腫瘍の良性と悪性の比率は、イヌでは半々で、ネコでは85%が悪性であるといわれています。乳腺腫瘍が発生した場合、飼い主が患部に触れて確認することができるため、早期発見が可能です。乳腺腫瘍の治療には、まず手術による切除が選択されます。また、乳腺腫瘍の発生を予防するためには、若齢のうちに不妊手術を実施することが提唱されています。

詳しくは「腫瘍」の項を参照してください。

（橋本志津）

神経系の疾患

神経系とは

神経系は、動物の体のすみずみまでいきわたっていて、すべての器官、すべての臓器を支配し、全体が回路として結ばれています。神経系を分類すると次のようになります〈表1〉。

中枢神経系は、文字どおり体の中枢であり、たとえば体の末梢《まっしょう》からの情報を受け取り、次に受け取った情報を集めてそれらを統合し、さらに統合した指令を末梢の筋肉などに伝えるなど、大変重要な働きをしています。

下等な動物では、脳も脊髄《せきずい》もその働きに大きな違いはありませんが、動物が進化し、高等になるにしたがって、脳と脊髄には大きな差ができてきます。脳は、体全体をつかさどる中枢としての働きをするようになりますが、脊髄は脳からの指令を末梢まで伝えたり、末梢からの刺激を脳へ伝えるという、通路としての働きが主な仕事となってきます。ただし、脊髄《せきずい》固有の働きとして、反射《はんしゃ》があります。脳と脊髄は、とても軟らかい組織で作られているため、少しでも損傷を受けることがないように、体の中でもっとも硬い組織である骨(頭蓋骨《とうがいこつ》と脊椎骨《せきついこつ》)によってしっかりと守られています。

一方、末梢神経《まっしょうしんけい》とは、中枢神経と体内にあるすべての器官、すなわち筋肉や感覚器、内臓臓器、分泌腺《ぶんぴつせん》などを結ぶ神経経路を指します。末梢神経はその働きによって、自律神経系と体性神経系の二つに分類されます。

自律神経は、動物が生きていくうえで不可欠な営み、すなわち呼吸や循環、消化、吸収、排泄《はいせつ》、生殖、内分泌などの機能を無意識下で調節しているもので、植物神経と呼ばれることもあります。これに対して、体性神経は、意識下で活動する随意運動に関係する神経です。また、体性神経は、全身に存在する感覚器の受容体からの刺激（痛み、かゆみ、温冷覚、触覚、圧覚など）を脳に伝える経路でもあります。

（柴崎文男）

〈表１〉神経系の分類

- 神経系
  - 中枢神経系
    - 脳
    - 脊髄
  - 末梢神経系
    - 自律神経：交感神経・副交感神経
    - 体性神経：感覚神経・運動神経

脳の構造と機能

脳は、体全体の機能を維持し、統合するという重要な役割を担っている中枢神経です。脳は非常に軟らかい組織でできているため、硬い頭蓋骨《とうがいこつ》で覆われ、外部の衝撃からしっかりと守られています。また、脳内には脳脊髄液《のうせきずいえき》が満たされており、これもクッションのように働いて脳の組織を守っています。

イヌやネコの脳は、人の脳と比べておよそ4分の1の大きさですが、基本的にはその構成に違いはありません。脳は終脳、間脳、脳幹、小脳の四つに大きく分けられます〈表2〉。

〈表2〉脳の分類

- 脳
  - 終脳
    - 大脳皮質
    - 大脳辺縁系
    - 大脳基底核
  - 間脳
    - 視床
    - 視床下部
  - 脳幹
    - 中脳
    - 橋
    - 延髄
  - 小脳

胎子のときの脳の発達をみると、脳は初めは単純な神経の塊ですが、成長していくにつれてくびれたり曲がったりして形を変化させ、機能を備えていくようになります。

終脳は、前頭部から後頭部にかけての広い範囲に位置しており、大脳皮質、大脳辺縁系、大脳基底核に分けられます。

大脳皮質は、運動や感覚（温冷覚、触覚、圧覚、痛覚）、視覚、聴覚などの機能を統合しています。また、大脳辺縁系は、記憶と思考をつかさどっており、餌《えさ》をもらう嬉《うれ》しさやけんかをするときの怒り、飼い主と別れる哀しさなど、喜怒哀楽の感情にかかわっていると思われます。大脳基底核は、大脳皮質と間脳の間に位置し、大脳皮質からの入力を受けて出力を間脳に送ります。つまり、大脳で作られた運動の意図に従い、その運動がスムーズに行われるように補助的に調節する役割を担っています。

間脳は、視床と視床下部に分けられます。大脳からの情報を受け取り、摂食や飲水、体温、睡眠などを調節し、基本的な生命活動が円滑に行われるようにします。嗅覚《きゅうかく》以外のすべての情報は視床で中継され、大脳皮質の各々の情報野に送られています。さらに、大脳辺縁系や脳幹とも連絡があり、情報が行き交っています。

脳幹は、中脳と橋、延髄の総称で、後頭部の後ろに位置し、さらにその後ろには脊髄《せきずい》が続いています。脳幹は、心臓の拍動や呼吸など、生命にかかわる機能を調節する重要な組織です。

小脳の主な役割は、随意運動に協調性を持たせたり、姿勢を保ったりすることです。小脳は、大脳皮質で発生した運動の指令を脳幹を介して受け取り、体の各部分の骨格筋を興奮させて運動の調節を行っています。

以上のように、脳を中心として役割分担された神経組織によって、動物の体には情報ネットワークが張りめぐらされていて、生命活動が維持されています。

（柴崎文男）

脊髄の構造と機能

脊髄は、脳に続く中枢神経であり、椎骨《ついこつ》（背骨）に包まれています。脊髄は、その解剖学的な位置から、イヌでは36分節に分けられています。その内訳は、頸髄《けいずい》8分節、胸髄13分節、腰髄7分節、仙髄3分節、尾髄5分節で、それぞれの分節から多数の神経フィラメントが派生しています。それらのフィラメントは次第に集合し、最終的には1本の脊髄神経《せきずいしんけい》となって、同じ椎骨の椎間孔《ついかんこう》から出ていきます〈図1〉。ただし、本来の構造をした脊髄は、ほぼ第六腰椎《ようつい》で終わっています。それより尾側は、脊髄神経だけで形成されます。この脊髄神経は束になるところから「馬のしっぽ」のようにみえるところか

〈図1〉脊髄神経と椎骨の位置関係（模式図）

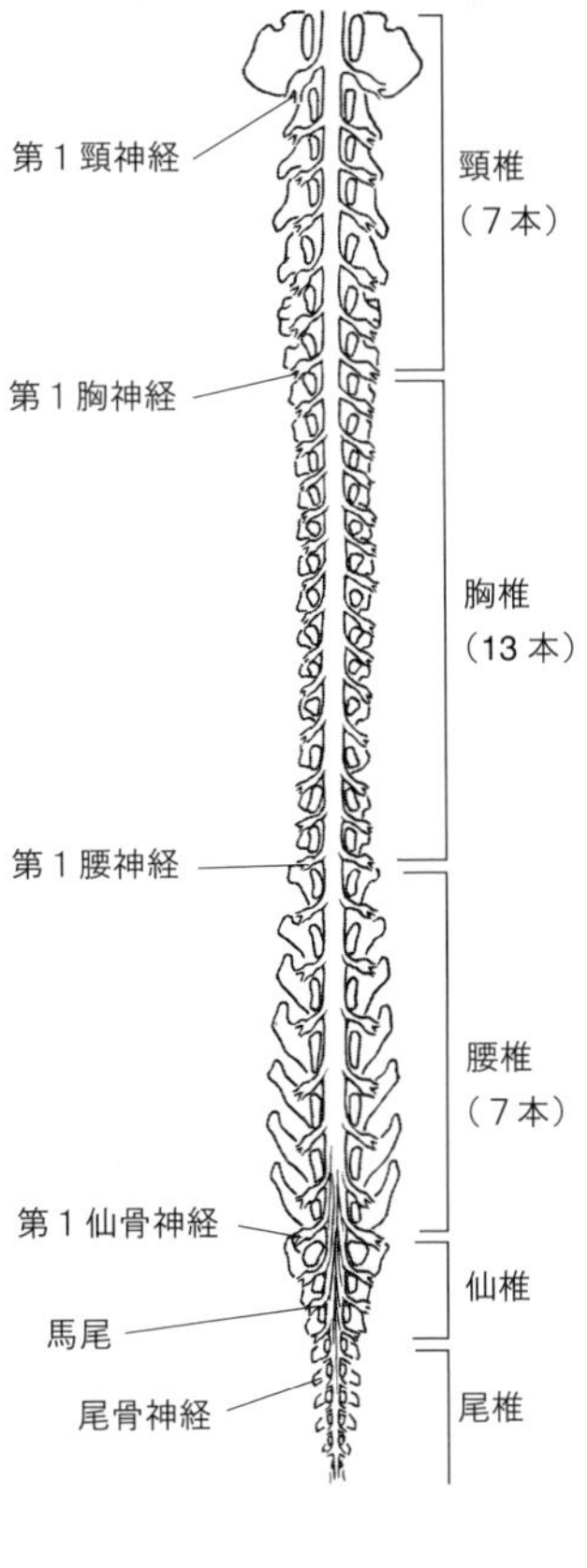

ら、馬尾あるいは馬尾神経と呼ばれています。

脊髄は、周囲を3層の膜（内側から軟膜、クモ膜、硬膜）によって包まれています。硬膜とクモ膜の間には脳脊髄液があり、外部の衝撃から脊髄を守っています。

脊髄の働きには、次の三つがあります。

①体全体に存在している感覚受容体で受け取った様々な感覚刺激を脳へ伝えます。その際、感覚刺激は脊髄神経の背根を通って脊髄に入って、脳に達します。

②脳からの指令を脊髄神経の腹根を経由して筋肉に伝えます。

③感覚刺激を脳へ伝えず、そのまま筋肉に伝え、ある特定の運動を起こさせます。これは脊髄がもっている唯一の固有の働きで、脊髄反射《せきずいはんしゃ》といいます。脊髄反射の例としては、指先が熱いものに触れた際に、「熱い」と感じる前に指先をその場所から離すことなどがあります。

（柴崎文男）

頸椎および頸髄の横断図（模式図）

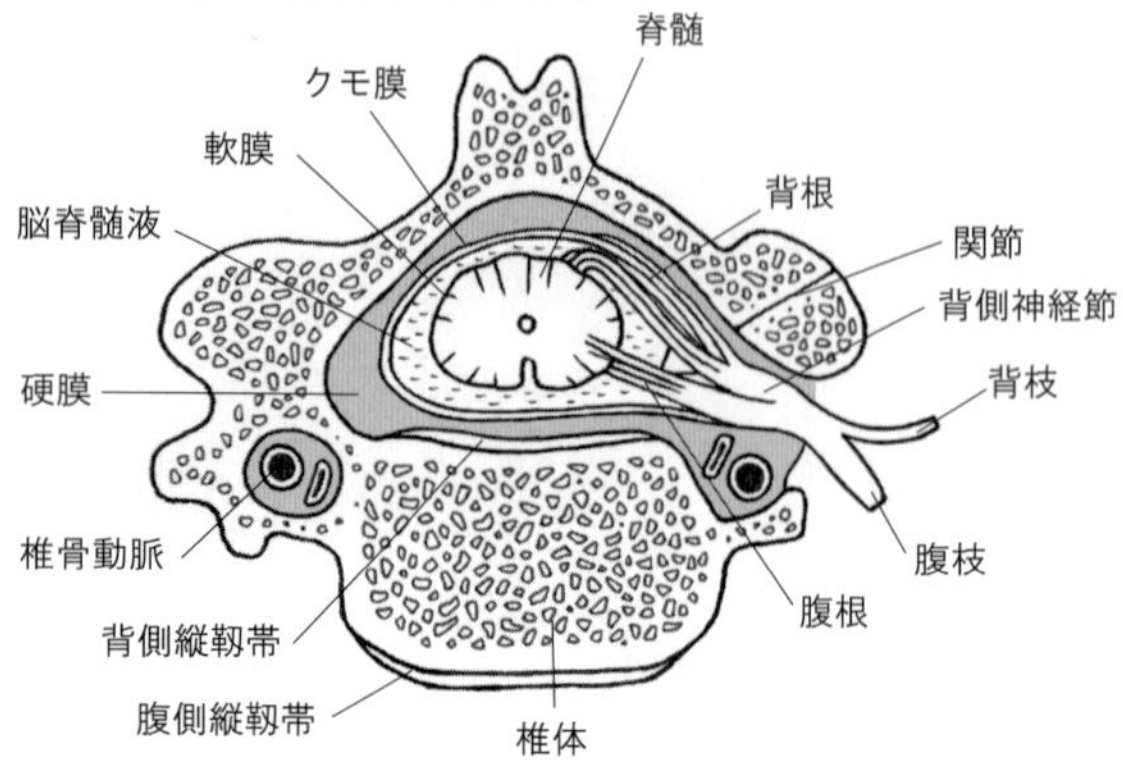

末梢神経《まっしょうしんけい》の構造と機能

末梢神経とは、中枢神経である脳と脊髄より派生した神経のことをいいます。

末梢神経は、ニューロンと呼ばれる神経細胞の突起で構成されますが、その働きや構造によっていくつかのカテゴリーに分類できます。まず、脳神経と脊髄神経に分類されます。脳神経は、脳幹部から派生する末梢神経で12対があります。これらの12対の脳神経にはそれぞれ、固有の名称がつけられています〈表3〉。脳神経は、第X脳神経の迷走神経を除いて、顔面から頸部《けいぶ》に分布し、その領域の運動や感覚をつかさどっています。一方、脊髄神経は、脊髄から派生する神経を指します。

末梢神経はまた、自律神経と体性神経に分類されています。自律神経とは、呼吸や循環、消化、吸収、排泄《はいせつ》、内分泌、生殖などの機能を無意識（不随意）に調節しています。自律神経は、交感神経系と副交感神経系に大別されます。自律神経の支配を受ける各臓器は、交感神経と副交感神経によって二重の神経支配を受けています。これらの作用はお互いが拮《きっ》抗的《こうてき》に働くという特徴があります。交感神経系は、瞳孔拡大《どうこうかくだい》や心拍数増大、血圧上昇、血糖値上昇など、動物が緊急事態に陥ったときにそれを防御するという「非常時の神経」とたとえられるような働きをするのに対し、副交感神経系は縮《しゅく》瞳《どう》や心拍数減少、消化吸収の促進、排便および排尿の促進などの「休息時の機能」をもっています。体性神経は、動物の随意的な活動に関係する神経で、随意運動に際して脳からの指令を筋肉に伝えたり、末梢《まっしょう》にある感覚器受容体で受け取った刺激を脳まで伝える働きをしています。

（柴崎文男）

〈表3〉12対の脳神経の名称

嗅神経	：第Ⅰ脳神経	顔面神経	：第Ⅶ脳神経
視神経	：第Ⅱ脳神経	内耳神経	：第Ⅷ脳神経
動眼神経	：第Ⅲ脳神経	舌咽神経	：第Ⅸ脳神経
滑車神経	：第Ⅳ脳神経	迷走神経	：第Ⅹ脳神経
三叉神経	：第Ⅴ脳神経	副神経	：第Ⅺ脳神経
外転神経	：第Ⅵ脳神経	舌下神経	：第Ⅻ脳神経

神経系の検査

神経系の検査には、様々な方法があり、その動物の症状をみながら必要な検査を行っていきます。診察室で行う神経検査としては、歩行検査や、姿勢反応および脊髄反射の検査、脳神経検査などがあります。また、血液検査によって、伝染病などに対する抗体や抗原の有無を調べることもあります。このほか、麻酔を要する検査として、脊髄造影検査《せきずいぞうえいけんさ》やMRI検査、CT検査、脳脊髄検査《のうせきずいけんさ》、脳波検査、筋電図検査などがありますが、これらの検査は一般的な動物病院ではできませんので、かかりつけの獣医師に相談してください。

歩行検査

動物を歩かせて、どこに異常があるのかを検査します。跛行《はこう》や麻痺《まひ》の程度、どの部位にどの程度の障害があるのか調べます。一般的に後肢だけに異常があれば、病変は第二胸椎《きょうつい》より尾側にあり、前肢と後肢にともに異常があれば、病変は第二胸椎より頭側にあります。

姿勢反応

歩行の状態を観察した後に行います。検査したい足を除くすべての足を持った状態で、その足が正しい位置にあるかどうか（跳び直り反応）を検査します。また、足先をひっくり返して、その背側面を地面に着け、すぐに元に戻るかどうか（固有感覚反応）も検査します。この検査は、動物が足先の位置を認識しているか調べるもので、このとき反応が遅延したり、または消失している場合は神経系の異常と診断できます。ただし、この検査で病変部を特定することは困難です。

脊髄反射

脊髄反射の検査は、脊髄と末梢神経を調べるために行われます。動物を興奮させないように横に寝かせてから、前肢や後肢の腱《けん》を打診棒で軽く叩《たた》き、足が動くかどうかを検査していきます。椎間板《ついかんばん》ヘルニアなどでは、欠かすことのできない検査で、脊髄の異常部位が推測できます。

脳神経検査

脳神経の異常が疑われた場合に行います。嗅神経《きゅうしんけい》、視神経、動眼神経、滑車神経、三叉神経《さんさしんけい》、外転神経、顔面神経、聴神経、舌咽神経《ぜついんしんけい》、迷走神経、副神経、舌下神経の検査があります。

脊髄造影検査

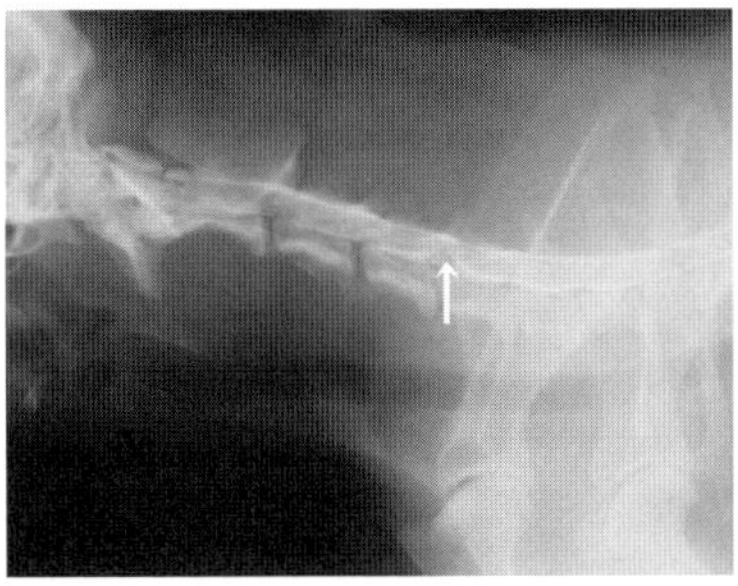

頸部の椎間板ヘルニア

脊髄造影検査

全身麻酔下で行います。腰または首に針を刺して、脊髄を覆っている硬膜の中に造影剤を注入します。造影剤の注入後、X線検査を行うことで、椎間板ヘルニアや脊髄腫瘍《せきずいしゅよう》により圧迫を受けた脊髄が描出されます。障害を受けている部位を明らかにすることができる有用な検査です。

ＣＴ検査・３Ｄ画像

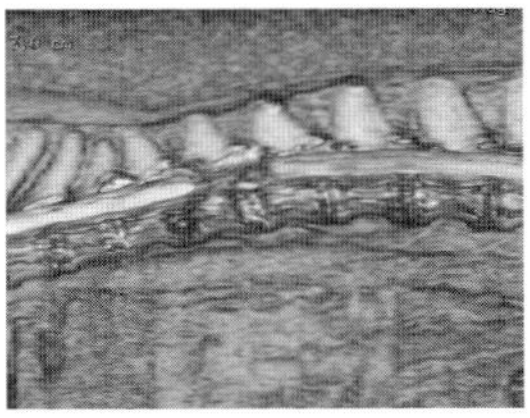

右の写真の角度を変えた画像。左がイヌの頭側、右が尾側。横から見た画像によって、どの場所に椎間板ヘルニアがあるのかを診断していく

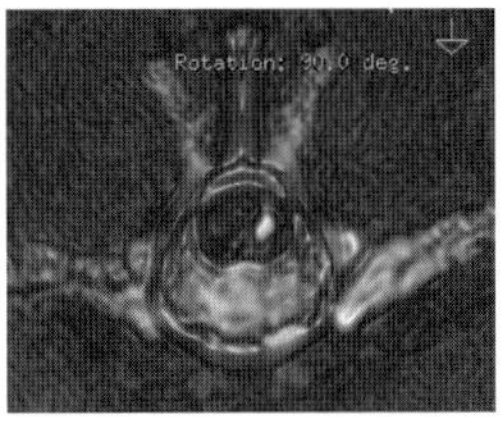

最新の CT 装置による CT3D 画像。腰部の椎間板ヘルニアの横断像。右下の白い部分が、脊髄を左側に圧迫しているのがわかる。CT スキャン時間は数十秒で、数分でこのような診断が出る

ＭＲＩ検査

脳脊髄疾患《のうせきずいしっかん》の画像診断では、もっとも有用な検査で、脳腫瘍《のうしゅよう》や髄膜炎、壊死性《えしせい》脳炎《のうえん》、椎間板ヘルニアなどを診断することができます。

ＣＴ検査

ＭＲＩ検査と同様に非常に有用な検査です。ＣＴ検査では、骨を観察することができるため、頭蓋骨骨折などの診断にとくに有効です。また、造影剤を使用して、椎間板ヘルニアや脳腫瘍をきれいに描出することもできます。ＭＲＩ検査には数十分の検査時間が必要ですが、最新のＣＴ検査装置は、数十秒から数分で検査を終わらせることができます。そのため、状態が悪く、ほとんど動かないような動物の場合は、無麻酔で検査ができます。

脳脊髄液検査

全身麻酔を施したうえで行います。長い針を腰または首に刺して、脳脊髄液を抜きます。脳脊髄液中の細胞数の増加や炎症反応、タンパク質の増加などを検査することにより、脳腫瘍や髄膜脳炎などを診断します。

（高島一昭）

脳の疾患

限局性脳疾患

　限局性脳疾患とは、外傷や脳の血管障害、炎症などにより、部分的な脳神経障害を生じるもので、脳全体が侵される脳疾患と区別されます。脳の一部が何らかの原因によって圧迫されることによって発症するため、症状が非対称性に現れます。

（高島一昭）

脳外傷

　交通事故や落下事故、けんかなど外部からの衝撃によって起こります。

　症状としては、頭を傾ける、歩行困難、起立不能、意識低下、けいれん、意識消失、虚脱、頭蓋骨《とうがいこつ》変形、出血などがみられます。

　症状に基づいて検査を行います。とくに、X線検査やCT検査によって頭蓋骨骨折の有無を確認することが重要です。また、出血の有無や脳障害の程度の把握のため、MRI検査やCT検査が必要な場合もあります。交通事故などでは、全身打撲していることが多いため、胸部や他の部位での出血や骨折の診断も必要です。血液検査も行います。

　治療としては、ショック状態になっていることが多いため、まず点滴などの救命治療を行います。脳の障害を最小限にするために、短時間作用型のステロイド製剤などを使用して治療します。脳圧や各種検査の結果によっては、脳圧を下げる薬を投与したり、手術を行うこともあります。

　軽症であれば回復が見込めますが、重度の場合は死亡する可能性が高くなります。外傷後しばらくして、てんかん発作が出る様になることもあります。

（高島一昭）

血管障害性疾患（脳出血、脳梗塞《のうこうそく》）

　外傷や血液凝固異常、心臓病、脳腫瘍《のうしゅよう》、犬糸状虫症（フィラリア症）など、様々な原因によって発生します。ただし、その発生率は、人と比べて非常に低いようです。

　脳の障害部位により異なりますが、急激な症状を示します。歩行障害や起立障害、麻痺《まひ》、意識障害、けいれんなどがみられます。

　CT検査やMRI検査を行って診断します。初期の出血の場合は、CT検査のほうが診断能力は勝りますが、脳梗塞などではMRI検査のほうが有用でしょう。

　原因となっている病気があれば、その治療が必要です。脳出血があれば、内科的に止血薬を投与しますが、出血により脳が圧迫を受けるような状態になれば手術が必要になることもあります。また、脳の腫《は》れを抑制する薬を投与したり、さらに、脳圧が上昇している場合にはそれを下げる薬を投与します。

　軽度であれば障害もなく完治することが多いのですが、基礎疾患がある場合や交通事故の場合は死亡することもあります。

（高島一昭）

特発性疾患

　特発性とは、原因不明という意味です。原因不明の神経系の病気としては、特発性てんかん、特発性前庭障害、特発性三叉神経《とくはつせいさんさしんけい》ニューロパシー、特発性顔面神経麻痺《とくはつせいがんめんしんけいまひ》があり、血液検査や画像診断などの様々な検査を行っても原因が特定できないときにこのように診断されます。

●特発性てんかん

　原因不明のてんかん発作を繰り返す病気です。発症年齢は1～5歳と比較的若い時期から認められることが多いようです。ネコよりもイヌに多くみられます。すべての犬種に認められますが、日本ではレトリーバー類やシェットランド・シープドッグに多く発生します。

　治療は、症状に応じて様々な抗てんかん薬を使用しますが、治療をしても発作が完全になくなることはまれであり、通常は発作の回数を減らすことが治療の目標となるため、生涯にわたる投薬が必要になります。なお、1回の発作が30分以上の長時間にわたると死に至る危険があります。また、抗てんかん薬のなかには、肝臓に負担をかけるものもあり、定期的な検査が必要です。

●特発性前庭障害

　急に首を傾ける斜頸《しゃけい》という症状を起こす病気です。また、目がグルグル回る眼振という症状や運動失調がみられることもあります。とくに老齢のイヌに多く発生する傾向があります。

原因治療法はありませんが、対症療法によって数日から数週間で回復することが多いようです。ただし、後遺症として斜頸が残ることがあります。

●特発性三叉神経系ニューロパシー

口を動かすための咀嚼筋《そしゃくきん》が急に麻痺を起こし、口が動かなくなる病気です。そのため、よだれを流す、物をくわえることができなくなるなどの症状がみられます。治療としてはステロイド製剤の投与が有効といわれています。通常は1～2カ月で回復しますが、その間は飼い主による強制給餌《きょうせいきゅうじ》が必要です。

●特発性顔面神経麻痺

顔の筋肉の急性の麻痺です。そのため、耳や口が垂れ下がり、よだれを流し、眼を閉じることができなくなります。イヌとネコの両方に発生し、犬ではコッカー・スパニエルに多発します。治療方法はありませんが、ほとんどは1～2カ月で回復します。ただし、これ以上経過したものでは、治らないこともあります。なお、症状が認められている間、眼が閉じられないために乾性角膜炎を起こすことがあります。この場合は、それに対する治療が必要になります。

(佐藤秀樹)

炎症性疾患（脳膿瘍《のうのうよう》）

脳膿瘍は、脳の一部に膿《うみ》の塊（膿瘍《のうよう》）ができる病気です。外傷によるものがほとんどですが、まれな例として、口の中に入った割り箸《わりばし》や竹串《たけぐし》が、口から脳内に貫通して膿瘍を作ることもあります。

症状は、膿瘍が形成された部位に応じて様々な神経症状がみられます。高体温や白血球数の増加などを示すこともありますが、神経症状のみのことも多く、診断にはＣＴ検査やＭＲＩ検査などの画像診断が必要です。軽度の膿瘍であれば、抗生物質の投与や脳圧を下げる治療で症状が改善されることもありますが、場合によっては開頭手術が必要になります。治療に成功すれば予後は良好です。しかし、膿瘍が形成された部位によっては手術が困難になることがありますし、手術を行っても後遺症が残ることもあります。

(佐藤秀樹)

播種性脳疾患《はしゅせいのうしっかん》

播種性の脳疾患とは、栄養性や代謝性、中毒性などの種々の疾病によって神経系にとって重要な物質の代謝ができなくなり、その結果、様々な病態が引き起こされ、とくに神経系の障害をきたすものをいいます。

(佐藤正勝)

栄養性疾患

●チアミン欠乏症

チアミン（ビタミンB_1）の欠乏によって発症し、神経症状を主な症状とする疾患です。チアミンは通常、調理していない穀類、肝臓、心臓、腎臓《じんぞう》、赤身の豚肉に多く含まれています。チアミンの欠乏の原因としては、加熱調製された飼料用の肉やソーセージなど、チアミンが破壊されてしまった飼料の給与のほか、甲状腺機能亢進症《せんきのうこうしんしょう》や妊娠、哺乳《ほにゅう》、発熱、過度の運動、糖分の多給などによる二次的な欠乏があり、さらに、チアミンの吸収および活性化の障害、チアミン分解酵素の摂取（魚肉や貝類の生食）、慢性下痢、肝疾患が知られています。ネコは、イヌの約5倍のチアミンを必要とし、このためチアミン欠乏症を発症することが非常に多くなっています。チアミン欠乏を予防するため、ブドウ糖を注射するときにはチアミンを添加することが推奨されています。

症状としては、食欲不振に続いてけいれん性の対麻痺《ついまひ》がみられます。この麻痺によって、後肢が硬直するため、大またでよろめきつつ歩くようになりますが、前肢や頸部《けいぶ》、頭部の働きは正常です。後肢の麻痺が進行すると起立不能となり、横臥《おうが》したままになります。さらに進行した場合には、強直性のけいれんを起こし、昏睡《こんすい》に陥って死亡することがあります。また、弓なり緊張や知覚過敏、嘔吐《おうと》、散瞳《さんどう》などの症状もみられます。

治療にはビタミンB_1を投与します。過剰のチアミンは尿中に排泄《はいせつ》されるため、大量に投与しても中毒症状は現れません。しかし、静脈内注射を行うと、ときにアナフィラキシー様の症状を示すことがありますので注意が必要です。

(佐藤正勝)

代謝性疾患

●低血糖症

　低血糖とは、血糖値が60 mg／dℓ以下に低下した状態をいいますが、血糖値が必ずしも60 mg／dℓ以下に低下しなくても、血糖値が低く、それに加えて低血糖時の脳神経症状があれば、低血糖症といいます。低血糖症を起こす主な病気には、次のものがあります。

　インスリン過剰症は、膵臓《すいぞう》のランゲルハンス島β細胞の腫瘍《しゅよう》により引き起こされる疾患です。この疾患にかかった動物は走ったり、吠えたり、たびたび糞尿《ふんにょう》を排泄するといった不安行動をみせ、重症になればけいれん、精神錯乱、麻痺、昏睡に陥ります。治療は、ブドウ糖の大量投与（0・5～1・0 g／kgを10～20％として）を通常より速い速度で点滴静脈内注射します。また、重症例には50％ブドウ糖液を使用します。

　猟犬の機能的低血糖は、神経質な猟犬にみられ、狩猟を始めてから1～2時間後に歩行困難、てんかんのような発作を起こす疾患です。通常は、安静にしておけば数分以内に回復します。治療は、出猟の1時間前から高タンパク食を2～3回に分けて与え、狩猟中は糖分を含んだ間食を与えます。また、副腎皮質《ふくじんひしつ》ホルモン製剤《せいざい》を経口投与します。

　母犬の低血糖は、分娩《ぶんべん》前後のストレスのほか、胎子の数が多い場合や分娩後に新生子に大量の授乳を行った場合に発生し、神経症状を示す疾患です。呼吸促迫や体温上昇、ケトン尿排出、陣痛微弱、全身のけいれんなどを主な症状とします。分娩前後の時期には、母犬が必要とする栄養素の量を十分に満たすために、炭水化物を主体とする適切な食事を頻回に与えます。

　グリコーゲン貯蔵病は、フォン・ギールケ病様疾患とも呼ばれています。肝臓に貯蔵されているグリコーゲンを分解する酵素が先天的に欠損していることにより、主に肝臓、腎臓、心臓、筋肉、網内系、中枢神経系内にグリコーゲンが異常に蓄積します。逆に血糖は低下し、多くのものはけいれんや神経症状の出現で起立困難になります。治療には、ブドウ糖液を静脈内注射するか、あるいはブドウ糖液と等量のリンゲル液を混合して皮下注射します。

　一過性若齢期低血糖症は、3カ月齢までのイヌにみられ、通常は寒冷感作や飢餓による低血糖あるいは消化器障害が引き金となって発症します。元気沈衰や歩行困難、全身性のけいれん、昏睡などを主な症状とします。治療には、ブドウ糖液と等量のリンゲル液を混合し、点滴注射します。または副腎皮質ホルモン製剤の皮下注射を行います。採食可能になれば、炭水化物を中心とした食事を何回にも分けて与えるとともに、1日に少なくとも2～3 gのブドウ糖粉末を与えて低血糖の発生を予防します。

●低カルシウム血症

　低カルシウム血症とは、循環血液中のカルシウム量が異常に低いことをいいます。この状態になった動物は、神経症状を伴う様々な病態を示します。低カルシウム血症を起こす主な病気には次のものがあります。

　子癇《しかん》（産褥性《さんじょくせい》強直）は、運動神経が異常に興奮することによって筋肉が強直性けいれんを起こす病気で、分娩後おおむね7～20日頃の雌イヌにみられます。小型犬に発生することが多いようですが、まれに中型犬にも認められます。妊娠中の胎子の骨格形成のために親イヌのカルシウムが動員されることと、新生子の発育に伴う乳量の増大のために親イヌの細胞外液中のカルシウムが著しく低下することによって発症します。また、低栄養食や栄養バランスが悪い食事の給与も素因になります。症状としては、荒く激しい呼吸や間欠的なけいれん、異常興奮、

チアノーゼ、神経過敏、発熱などがみられます。治療には、グルコン酸カルシウム液を静脈内注射し、さらに鎮静薬と副腎皮質ホルモン製剤の経口投与、または皮下注射を行います。また、発症した場合は、子イヌを母イヌからただちに引き離して人工《じんこう》哺乳《ほにゅう》に切り替えます。

上皮小体機能低下症とは、甲状腺《こうじょうせん》の手術に伴う上皮小体の損傷や摘出、放射性同位元素の照射、頸部外傷、感染症、悪《あく》性《せい》腫瘍《しゅよう》の転移や浸潤などによって上皮小体の脱落または破壊されて上皮小体ホルモンの分泌が低下または欠如している場合、あるいはこのホルモンは正常に分泌されていても、それが作用する器官の反応性が低下している場合に起こります。

症状としては、著しい低カルシウム血症による全身性の筋肉のけいれん、歩様不安定、嘔吐がみられます。治療にはカルシウム製剤の静脈内注射を行い、初期にはビタミンDを経口投与します。血液中のカルシウム濃度が正常レベルまで増加すれば、これらの投与量を減らし、維持量を決定します。

（佐藤正勝）

中毒性疾患

●低酸素症

低酸素症には次のようなものがあります。

①血液の酸素運搬量の減少（一酸化炭素中毒や亜硝酸中毒などの貧血性酸素欠乏、あるいは様々な原因による真の貧血）

②血流量の減少（うっ血性心不全あるいはショックによるうっ血性無酸素症）

③肺胞換気不全あるいはび漫性障害（肺炎、肺水腫《はいすいしゅ》、慢性うっ血、気胸、呼吸筋の麻痺による無酸素性無酸素症）

④供給された酸素を組織が利用できない場合（シアン化合物中毒などの組織中毒性無酸素症）

低酸素症が起こると、通常は、循環血液中に多くの赤血球が出現したり、心拍出量と心拍数が増大し、これを補うように作用します。しかし、もし脳に低酸素が生じると、呼吸機能が減退し、さらに神経の働きも抑制されます。重症例では、中枢神経に障害が発生し意識不明やけいれん、血圧下降、徐脈を起こして死亡します。治療は、呼吸困難を軽減するために酸素を供給し、機能をモニターしながら不整脈に対する治療や酸─塩基および電解質の矯正を行います。

●メトロニダゾール中毒

メトロニダゾールは、ある種の原虫の感染症（アメーバ症、トリコモナス症、ジアルジア症、バランチジウム症）や嫌気性菌による感染症（腹部《ふくぶ》膿瘍《のうよう》、腹膜炎、蓄膿《ちくのう》、生殖器感染症、歯根膜炎、中耳炎、骨炎、関節炎、脳膜炎、壊死性組織《えしせいそしき》における感染症など）に使用される薬物です。また、メトロニダゾールは、大腸の外科手術後の感染防御に用いられることもあります。この薬が副作用を発現することはそれほど多くはありませんが、大量に投与するとイヌでは神経毒性が現れ、たとえば、ふるえや筋肉のけいれん、運動失調などがみられます。また、可逆的な骨髄の機能低下も知られています。発癌《はつがん》性《せい》や突然変異原性は明確ではありませんが、妊娠中、とくに妊娠前期の動物に使用すべきではありません。

●鉛中毒

「中毒症疾患」の項を参照してください。

●敗血症に起因する脳症

敗血症では、発熱や食欲不振、呼吸数および脈拍数の増加がみられます。重症になると、血液中の炭酸ガスの緩衝能が著しく低下するため、非代謝性のアシドーシスに陥り、乏尿、衰弱、低体温、昏睡を起こします。そして、最後には細菌の毒素によって神経症状が現れ、末期には血圧低下、血管虚脱、ショック症状のため死亡します。

●有機リン中毒、カルバメート中毒

有機リン系薬物とカルバメート系薬物はともに神経接合部でコリンエステラーゼを阻害するという点で類似しています。これらは動物の外部寄生虫駆除薬あるいは家屋の害虫の駆除薬、畑作物の殺虫用農薬として広く使用されているものです。

症状は、薬物の摂取後2〜3分、遅くとも数時間で現れ、流涎《りゅうぜん》過剰《かじょう》、消化《しょうか》管《かん》蠕動《ぜんどう》運動《うんどう》、腹部けいれん、嘔吐、下痢、発汗、呼吸困難、チアノーゼ、縮瞳《しゅくどう》、けいれんなどがみられます。死亡するのは通常、気管支の収縮による低酸素症のためです。診断は特定の薬物に接触したという事実と、アトロピンを投与したときのこの薬物への反応により行います。さらに確定診断を行うには、血液中や組織中のコリンエステラーゼという酵素の活性の抑制度を測定します。この酵素の活性が著しく低下していれば、これらの殺虫薬の影響を受けたことを示しています。

治療は、硫酸アトロピンの注射がもっとも効果があります。また、最近、コリンエステラーゼ再活性化作用をもつアロキシンを硫酸アトロピンとともに投与すると、より効果が高いといわれています。

●塩化炭化水素の中毒

塩化炭化水素の中毒を起こす殺虫剤には、アルドリンやベンゼンヘキサクロライド、クロルダン、ジエルドリン、エンドリン、ヘプタクロル、メトキシクロル、

トキサフェンなどがあります。

神経筋性の症状を示し、最初は過敏あるいは不安な状態が顕著になり、その後、筋肉の線維束性収縮がみられるようになります。この徴候は、顔面から始まり、その後、尾側へ波及してすべての筋に及び、悪化すると死亡します。

診断には、適切な検体を採取（必要に応じて生検）し化学的分析を行う必要があります。肝臓や腎臓、体脂肪、胃内容物などを検査します。また、全血、血清、尿の分析も行います。

治療法として特定の解毒薬はありません。薬物の噴霧や薬浴、あるいは粉塵《ふんじん》による暴露に対しては、皮膚にブラシをかけずに大量の冷水と洗浄剤を使って洗い流すことがすすめられています。薬物の経口摂取による場合は、胃洗浄と塩類下剤の投与を行います。また、活性炭を投与すると、消化管からの毒物の吸収を防ぐことができます。症状が興奮性であれば、バルビツール酸、抱水クロラール、ジアゼパムを投与します。（佐藤正勝）

発育障害

先天性の脳障害により、発育不良になる場合があります。たとえば水頭症や小脳低形成などの奇形は発育障害を起こします。多くは子イヌのときから、小さい、痩《や》せている、食が細いなどの症状を示します。犬種によりこの病気になりやすいものがあり、また、ウイルス感染によって生じることもあります。発育障害はほかの疾患でも起こりますが、知能が発達しない、けいれんする、動きがおかしいなど、正常な子イヌや子ネコとは異なる様子があれば、先天性の脳障害の可能性があります。

水頭症は遺伝によって発生します。イヌではチワワやヨークシャー・テリアなどのトイブリードや、パグなどの短頭種に多くみられ、また、ネコにも発生することがあります。

症状としては、痴呆《ちほう》や歩行異常、旋回運動、性格の凶暴化などが認められます。水頭症では、頭蓋骨が完全に閉じていないことが多く、その場合は頭部の超音波検査で診断が可能です。できれば、さらにCT検査やMRI検査を行うことが望ましいでしょう。治療には脳圧降下薬を使用します。主に内科的に治療していきますが、脳内に溜《た》まっている過剰な脳脊《のうせき》髄液《ずいえき》をチューブでおなかに流していく脳《のう》室《しつ》－腹腔《ふくくう》シャント術《じゅつ》という手術も行われています。治療に反応すれば数年は延命できますが、薬に反応しない場合は短期間で死亡します。

小脳低形成は、胎子期の感染症により発生することが知られています。ネコであれば猫汎白血球減少症《ねこはんはっけっきゅうげんしょうしょう》（猫パルボウイルス感染症）、イヌであればヘルペス感染症などにより生じます。ただし、感染症と無関係に発生することもあります。

症状としては、ふるえや歩行異常などがあります。

診断にはMRI検査がもっとも有用です。この検査によって小さな小脳を確認することができます。有効な治療法はなく、対症療法を行いますが、食事が摂れるようであれば、それなりの寿命が得られます。（高島一昭）

炎症性疾患

●リステリア症

グラム陽性細菌であるリステリアによる病気で、人を含めた種々の動物に感染し、公衆衛生的にも問題になります。粘膜上皮から侵入した細菌が三叉神経《さんさしんけい》を通って延髄に到達し、脳炎を起こします。症状として、平衡感覚の失調、旋回運動、咬筋《こうきん》や舌の麻痺などがみられます。

●犬ジステンパー

ジステンパーウイルスによる病気で、感染犬との接触によってうつります。このウイルスの感染を受けたイヌは、呼吸症状や消化器障害のほか、けいれんや麻痺、ふるえ、後肢麻痺などの神経症状を示します。

●狂犬病

狂犬病ウイルスによって起こる病気で、発病すると重い神経症状を示し、100％死亡します。咬傷《こうしょう》から侵入したウイルスは末梢《まっしょう》から神経に移行し、さらに中枢神経に到達して脳炎や脊髄炎《せきずいえん》を起こします。狂犬病にかかったイヌやネコは凶暴になり、むやみに咬《か》みついたりします。

狂犬病は人にも発生します。人へのウイルスの感染は、狂犬病にかかったイヌなどに咬まれることによって起こります。ただし、日本では狂犬病予防法により、すべてのイヌに対して狂犬病ワクチンの接種が義務づけられており、現在、日本国内において狂犬病は発生していません。

●オーエスキー病

ヘルペスウイルスによる病気で、主にブタに発生しますが、ブタでは症状は出ません。ところが、イヌやネコ、その他の動物が発症すると、神経症状（掻痒《そうよう》症《しょう》）を特徴とし、短期間のうちに死亡します。侵入したウイルスは知覚神経に沿って脊髄や脳に到達し、髄膜脊髄炎《ずいまくせきずいえん》を起こします。

●**猫伝染性腹膜炎**

猫コロナウイルスによる病気で、その症状には滲出型《しんしゅつがた》と非滲出型《ひしんしゅつがた》があります。滲出型では腹水と胸水の貯留がみられ、非滲出型では眼球炎や脳炎、脊髄膜炎《せきずいまくえん》がみられます。

●**トキソプラズマ症**

トキソプラズマ原虫による病気です。成猫はこの原虫に感染しても、たいていは無症状ですが、年齢の低いネコやイヌは全身症状を起こし、発熱や呼吸困難、下痢、神経障害、運動障害などが認められます。また、脳炎やリンパ節炎、肝炎、脳脊髄炎も発生します。

詳しくは「寄生虫症」の項を参照してください。

●**ネオスポラ症**

ネオスポラ原虫を原因とする病気で、イヌに脳脊髄炎を起こします。

●**クリプトコッカス症**

クリプトコッカスを原因とする呼吸器系および神経系の病気です。イヌの場合は、中枢神経系の異常により首が曲がったり、運動失調やけいれんが認められます。また、眼に脈絡炎や視神経炎がみられます。一方、ネコの場合は、上部呼吸気症状や神経症状を示し、沈うつ、運動失調、後躯麻痺などが認められます。人への感染にも注意が必要です。

●**髄膜炎**

ヘモフィルスやストレプトコッカスなどの細菌の全身感染が髄膜に波及して起こる炎症のことです。硬膜に炎症が起こった場合を硬膜炎といい、軟膜に炎症が起こった場合を軟膜炎といいます。

（本多英一）

ホワイトドッグ・シェーカー・シンドローム（白い犬のふるえ症候群）

原因は不明ですが、免疫介在性の脳炎と関係があるといわれています。この病気は、小型犬に発生しますが、白いイヌだけに発生するというわけではありません。ぶるぶる震えているような症状が特徴的です。診断は難しく、確定診断はできません。

CT検査やMRI検査などを行っても異常が見つからないこともありますが、脳脊髄液に異常が認められることもあります。治療はステロイド製剤が有効です。また、けいれんがある場合は抗てんかん薬を使用します。

（高島一昭）

猫海綿状脳症

原因は不明ですが、異常プリオンとの関係が考えられています。症状としては痴呆や運動障害などがみられます。MRI検査などの画像診断により診断します。治療法はなく、予後は不良です。

（高島一昭）

脊髄《せきずい》の疾患

椎《つい》間《かん》板《ばん》ヘルニア

原因

椎間板《ついかんばん》は、頸椎《けいつい》から尾椎《びつい》の椎骨《ついこつ》と椎骨の間に存在し、それらをお互いに連結しています。椎間板の中心にはゼリーあるいはグリースにたとえられる髄核があり、その周囲を同心円状に線維組織でできた線維輪という構造が取りまいています。

髄核は、ショックアブソーバー（衝撃吸収剤）として働き、外力が加えられた場合に線維輪と協調してその圧力を支えています。

椎間板ヘルニアとは、椎間板の髄核が線維輪内に漏出する現象をいいます。椎間板ヘルニアには、線維輪のみが押し上げられて脊柱管《せきちゅうかん》内に突出するものと、髄核自体が脊柱管内に出てくるものがありますが、どちらも脊髄神経《せきずいしんけい》を圧迫することにより発症します。

犬種を軟骨異栄養症性犬種と非軟骨栄養性犬種の二つに分類すると、軟骨異栄養症性の犬種に椎間板ヘルニアが発生しやすいといえます。このグループにはダックスフンドやペキニーズ、プードルなどが含まれます。このような犬種では椎間板の髄核がもともと軟骨様で、若齢時から変性を起こしやすく、かつ外力に対してもろいという特徴をもっています。そのため、これらのイヌを飼育する場合には、激しい運動、たとえば階段の上り下り、全力での疾走などはなるべく控えるようにします。

症状

体の一部、とくに背筋に沿っての激しい痛みがある、ずっと動きたがらずじっとしている、後肢がふらついてすぐ座りこむなどの症状がみられます。重症になると両後肢が完全に麻痺《まひ》し、前肢のみで歩くようになります。

診断

診断するには、まず身体検査を行い、症状を確認します。症状や触診、神経学的検査によって、この病気であると推測することができ、さらにヘルニアを起こした部位も推測することができます。続いて、病変の存在を推測した部位に合わせてX線検査を行います。

イヌでは、胸椎《きょうつい》から腰椎《ようつい》へ移行する部位における発生がもっとも多く、次いで腰椎部《ようついぶ》と頸椎部《けいついぶ》の発生がほぼ同じくらいあるようです。

椎間板ヘルニアを起こした部位を特定するには、脊髄造影検査法《せきずいぞうえいけんさほう》も有用です。この検査は全身麻酔下において、腰椎部から針を脊髄《せきずい》クモ膜下腔《まくかくう》に入れて造影剤を注入する検査法で、脊髄が圧迫されていればヘルニア部と診断できます。さらに必要に応じて、CT検査やMRI検査も行います。

治療

治療法には、内科的治療と外科的治療があります。内科的治療法は比較的軽度な椎間板ヘルニア症、すなわち四肢の麻痺を伴わず、背筋沿いの痛みが強く、じっとしているような症例に行います。まず第一の選択は、ケージレスト（安静）を保つことです。続いてステロイド製剤の投与や、レーザー治療なども行われています。

内科的治療法で改善できなかったり、当初から後肢の麻痺が発現した重度の症例では、外科的治療法を行うことになります。

外科手術を行う際には、その決定をする前に手術適応かどうかの判断が必要です。手術法としては、頸部《けいぶ》の椎間板ヘルニアでは、腹側造窓術、腹側スロット法、片側椎弓切除術《へんそくついきゅうせつじょじゅつ》、背側椎弓切除術《はいそくついきゅうせつじょじゅつ》などの方法が用いられます。また、胸腰椎部《きょうようついぶ》のヘルニアでは、片側椎弓切除術、背側椎弓切除術などによって突出した椎間板物質を取り除いたり、脊髄の減圧を実施し、脊髄の浮腫《ふしゅ》を予防したり、さらには脊髄が元通りに回復することによって神経系の機能回復を待ちます。術後は早期にリハビリテーションを開始し、筋肉の萎縮《いしゅく》を予防するとともに、神経系の疎通を図っていきます。

予後

リハビリテーションの効果があがらず、後肢の神経の疎通ができず、排尿、排便の障害が残った場合は、車椅子《くるまいす》を使用することになります。

（柴崎文男）

外傷性疾患

脊髄《せきずい》は、脳とならんで体の中枢としての重要な役割を果たしているため、外界からの障害に対して強固に守られています。また、その防御をかいくぐって障害が及んできた場合にも、脊髄は二つの防御機構をもっています。まず、体内でもっとも硬い組織である骨組織である脊椎《せきつい》によって守られています。次にクモ膜下腔《まくかこう》に存在する脳脊髄液《のうせきずいえき》が脊髄の周囲を取りまいており、脊髄はいわば液体の中に浮いている状態になっているため、ここでも外界からのショックを吸収して、それが脊髄実質までに到達しにくくしています。この二つの防御をうち砕いて脊髄に損傷を与える外傷性疾患は、重傷なものが多いといえます。

（柴崎文男）

環軸関節の亜脱臼《あだっきゅう》

主に若い小型犬にみられる頸椎《けいつい》の異常で、頸部《けいぶ》の脊髄が圧迫され、その結果、様々な神経症状が起こります。

第一頸椎（環椎《かんつい》）と第二頸椎（軸椎《じくつい》）は、脊椎の骨のなかでも特別な形をしていて、特別な関節を作り、多様な動きができるようになっています。すなわち、環《かん》軸背側靱帯《じくはいそくじんたい》や軸椎の歯突起などの構造があり、これらによって「張子の虎《とら》」のような動きをしています。この歯突起に欠損や奇形、骨折などの異常が起きたり、背側靱帯《はいそくじんたい》が断裂すると、関節が不安定になり、さらに異常な屈曲状態となります。そして、歯突起などによって脊髄の腹側面が圧迫され、様々な神経症状（頸部の激しい痛み、四肢のふらつきや麻痺《まひ》、起立不能など）が発生します。

診断するには、身体検査および神経学的検査によって仮診断をした後、X線検査を行って確定します。

治療は、内科的な保存療法として、ケージレストで安静を保ち、ステロイド製剤を投与したり、頸部をコルセットで保定します。また、外科的に関節を固定する様々な手術法も考案されています。保存療法で良好な結果が出ない場合には、手

術の適応を考えます。（柴崎文男）

脊椎《せきつい》の骨折・脱臼《だっきゅう》

原因

交通事故や高所からの落下などによって脊椎の骨折や脱臼が発生します。この骨折または脱臼の多くは胸腰移行部から腰椎《ようつい》部に発生し、頸椎から胸椎《きょうつい》における発生は比較的少ないようです。

症状

軽症の場合もありますが、重症であることが多く、患部の激しい痛みや四肢（とくに後肢）の起立不能、さらには排尿および排便障害などがみられることがあります。これらの症状は、脊椎の骨折あるいは脱臼だけで起こることは少なく、ほとんどが骨折や脱臼に伴って発生する脊髄障害に起因します。そのため、脊椎の変位度によって、症状は様々です。すなわち、骨折や脱臼の程度が大きければ大きいほど、脊椎の中に含まれる脊髄の障害も激しくなり、予後も悪くなるといえます。

診断

まず、身体検査と神経学的検査を行い、動物の一般症状を観察します。受傷時には興奮状態になっていることが多いため、少し時間をおいて安静になった後に検査を行います。触診によって痛みの強い部位を探し、脊椎のゆがみやねじれを見つけ出すようにします。次に、X線検査を実施し、骨折あるいは脱臼を起こした部位を特定します。このほか、血液検査で動物の一般状態や内臓器管の異常の有無を調べます。

治療

もっとも軽度な場合（脊椎骨《せきついこつ》の一部の骨折だけにとどまって、脊柱管《せきちゅうかん》の変位を起こしていないもの）は、保存的な治療を実施し、ケージレストによる安静を心がけて骨の癒合を促します。この段階のものは一般に予後は良好です。一方、脊椎が骨折または脱臼を起こして脊柱管が変位している場合や、脊椎が完全に脱臼を起こして脊柱管が途切れている場合などは、内科的な治療以外にも、外科的に脱臼の整復術や脊髄の除圧手術、固定手術法を行います。しかし、こうした例では脊髄への障害が発生しているため、手術を行っても神経系の機能が回復するとは限りません。

（柴崎文男）

馬尾症候群

脊髄実質は、第六腰椎部あたりで終わり、それよりも尾側は脊髄神経で構成されています。馬尾とは、この脊髄神経の束がちょうど「馬のしっぽ」のようにみえるために命名されました。

馬尾症候群は、馬尾すなわち脊髄神経が外傷によって圧迫を受けた場合に発症する神経症状の総称です。また、外傷以外に椎間板《ついかんばん》ヘルニアや腫瘍《しゅよう》などで発生することもあります。一般にイヌでは、第七腰椎部から仙椎《せんつい》に含まれている脊髄神経の障害が馬尾症候群といえると思われます。

尿や糞便《ふんべん》の失禁、しっぽの動きが悪く垂れ下がったままであるなどの症状がみられますが、後肢の運動などの神経機能にはほとんど影響がないのが特徴です。

X線検査により診断します。X線検査を行うと、第七腰椎と第一仙椎の間の脊椎病変に起因するものがもっとも多くみられます。

治療は、軽度な例に対しては保存療法（ケージレストによる安静）やステロイド製剤の投与などを行いますが、脊柱管のずれが激しくて症状も重度な場合には、外科的に除圧手術や脊椎固定術《せきついこていじゅつ》を実施することもあります。

（柴崎文男）

栄養性疾患

栄養の偏りが直接的に脊髄障害《せきずいしょうがい》を発症させるケースは非常に少ないと思われますが、栄養不良が遠因となって脊髄疾患を起こすことがあります。この場合、若齢時からの偏食が骨組織である脊椎《せきつい》の発育に大きな影響を及ぼして、脊髄が含まれている脊柱管《せきちゅうかん》のずれや狭小化を促し、脊髄に障害を与えるという図式が成り立ちます。この病気は、偏食をしがちの動物であるネコに多くみられます。

（柴崎文男）

ネコのビタミンA過剰症

ビタミンは、脂溶性と水溶性に分けられます。脂溶性のビタミンA、D、E、Kは肝臓に蓄えられます。一方、水溶性のビタミンB群とCは必要な量だけが体に蓄えられ、過剰な分は尿から排出されます。したがって、水溶性ビタミンをある程度多く摂取しても危険性はありませんが、脂溶性ビタミンは体内に過剰に蓄積して様々な弊害をもたらします。

ビタミンAは、過剰に摂取されると、体内に蓄積して骨格の石灰化と奇形を引き起こします。肝臓（レバー）を多く含んだキャットフードやビタミンA剤を与えられているネコに多く発生します。

元気がなくなる、食欲が減退する、四肢を痛がり関節が腫《は》れる、歩行に異常が現れる、筋肉が衰えるなどの症状がみられます。

診断を行うには、X線検査によって肺や骨への石灰の沈着と、関節の増殖像を確認します。

治療は、食事の改善が第一です。肝臓を多く含むキャットフードを与えている場合は、その給与を中止し、バランスのとれた良質なキャットフードを与えるようにします。また、骨や関節の痛みが強い場合には、鎮痛薬を投与します。

（川上志保）

栄養性二次性《えいようせいにじせい》上皮小体機能亢進症《じょうひしょうたいきのうこうしんしょう》

発育期の動物に対して低カルシウム、リン過剰の食事を長期間にわたって与えると、甲状腺《こうじょうせん》の近くにある上皮小体の機能が亢進《こうしん》し、カルシウム不足を骨組織から補うようになります。その現象が続くと、骨組織は脱灰が進み、骨が薄くなって簡単に骨折を起こしたりします。この病気はとくにネコでよくみられます。この骨の脱灰が脊椎骨《せきついこつ》にも及ぶと、脊柱管のずれや彎曲《わんきょく》が起こり、さらにその内部に含まれている脊髄にも影響が及ぶと、四肢の跛行《はこう》や起立不能、抱くと激しく痛がるなどの症状が現れます。

診断は、X線検査によって行います。この病気に特有のX線所見があるため、簡単に診断が下されます。

治療は、栄養の改善が必須《ひっす》です。一般的には、バランスのとれた市販のドッグフードあるいはキャットフードを与えます。また、日光浴も推奨されます。

（柴崎文男）

遺伝性疾患、先天性奇形

脊髄疾患《せきずいしっかん》のなかにも、遺伝性の病気あるいは先天性奇形が多く含まれています。ここでは脊髄《せきずい》だけではなく、脊椎《せきつい》における遺伝性疾患と先天性奇形の代表的な症例も取り上げます。

（柴崎文男）

ウォブラー症候群

ウォブラー症候群のウォブラーとは、英語の wobbler で「よろめき」という意味です。頸椎滑《けいついすべ》り症《しょう》や頸部脊椎症《けいぶせきついしょう》などといわれることもあります。

この病気は、ドーベルマン・ピンシャーやグレート・デーンなどの大型犬の成長期に多く認められます。初期には後肢のふらつきが起こり、それが加齢とともにゆっくりと進行していきます。続いて前肢にも麻痺《まひ》がみられるようになってきます。この病気は、頸椎《けいつい》の後半、とくに第五から第七頸椎の脊柱管《せきちゅうかん》内で脊髄の腹側部が圧迫されることによって起こります。後肢から神経症状が発現するのは、脊髄が圧迫される部分に後肢に向かう神経が存在しているためです。

症状とX線検査所見に基づいて診断を行います。頸部を屈曲した状態でX線撮影を行うと、頸椎の後半部分のずれや脊柱管の狭小化が認められます。

治療は、保存療法で安静に保つとともに、ステロイド製剤などを投与して様子をみます。また、症状が進行した場合には、外科的に脊椎固定術《せきついこていじゅつ》を行う場合もあります。

（柴崎文男）

半側脊椎《はんそくせきつい》

脊椎の先天性の奇形で、胎子期の脊柱《せきちゅう》形成異常《けいせいいじょう》によって発生します。具体的には、何らかの原因でどれか一つの椎骨《ついこつ》の半分が骨化しないまま出生し、その脊椎《せきつい》骨《こつ》は楔状《くさびじょう》を呈するようになっていきます。

動物がまだ幼いときには症状らしいものは認められませんが、成長とともに奇形をもった椎骨は、前後の脊椎からの圧力に耐えられずに背側方向に押し上げられていきます。このような状態になると、その内部の脊髄も圧迫されるため、後肢のふらつきや不全麻痺、起立不能などの神経症状が現れることになります。

X線検査により確定診断が可能です。半側脊椎は、胸椎《きょうつい》に発生することがもっとも多く、その部分が極端に彎曲《わんきょく》（後《こう》彎《わん》）した写真像が認められた場合に、診断できます。

根本的な治療法がないため、保存療法が主体となりますが、外科的に脊髄除圧《せきずいじょあつ》手術《しゅじゅつ》や脊椎固定術なども考慮されています。

（柴崎文男）

二分脊椎《にぶんせきつい》

この奇形は、胎子期における脊椎の形成異常により発生し、生後には棘突起《きょくとっき》の癒合不全から2本の棘突起がみられます。発生は比較的まれで、発生例でも症状が認められないことが多いようです。

（柴崎文男）

移行脊椎《いこうせきつい》

比較的多く発生する奇形です。この奇形では、脊椎の移行部（たとえば、胸椎から腰椎《ようつい》への移行部、腰椎から仙椎《せんつい》への移行部）に腰椎化や仙椎化という現象が起こり、その結果、第13肋骨《ろっこつ》が欠けていたり、また、腰肋《ようろく》といい、腰椎に肋骨が付いていたりします。ただし、これらはすべて無症状で、ほかの目的のために撮影したX線検査で偶然に見つかることがほとんどです。

（柴崎文男）

脊髄空洞症《せきずいくうどうしょう》、水脊髄症《すいせきずいしょう》

脊髄内に空洞形成が認められる病気で、先天性だけでなく、後天性に形成されることもあります。先天性のものはいずれの犬種にもみられますが、ワイマラナーに多く発生することが知られています。一方、後天性のものは、脊髄の外傷や椎間板《ついかんばん》ヘルニア、腫瘍《しゅよう》、ウイルス性脊髄炎《せいせきずいえん》などに続いて起こります。症状は、神経症状（いつも寝ている、不活発、四肢、とくに後肢のふらつき、ちょっとした段差を乗り越えられない、転倒など）が出現した後、進行性に悪化していきます。

診断は、一般的なX線検査だけでは難しく、ＣＴ検査やＭＲＩ検査も実施します。根本的な治療法はなく、対症療法を実施するにとどまります。

（柴崎文男）

変性性疾患

変性性疾患は、体のあらゆる部分に発生しますが、神経系にも起こります。変性性疾患では、細胞内あるいは細胞外に異常代謝物質の沈着がみられます。

（柴崎文男）

変形性脊椎症《へんけいせいせきついしょう》

この病気には強直性脊椎症《きょうちょくせいせきついしょう》や脊椎外骨症《せきついがいこつしょう》、変形性脊椎炎《へんけいせいせきついえん》など多くの別名があります。

この病気は、椎間板《ついかんばん》の髄核と線維輪の変性に伴って骨増生が起こるもので、椎《つい》体《たい》の腹側面に骨棘《こつきょく》が形成されます。やがて、この骨棘が延びていき、隣接する椎《つい》骨《こつ》と癒合するまでになっていきます。老齢犬ではほとんどの犬種にみられますが、とくにジャーマン・シェパード・ドッグなどの大型犬に多く発生する傾向があります。

ほとんどの場合は無症状ですが、ときに腰椎部《ようついぶ》を屈曲する際に痛みが現れたり、後肢の跛行《はこう》を示すことがあります。

診断は、X線検査によって行われます。変形性脊椎症は、すべての椎骨の腹側面に出現しますが、とくに胸腰椎移行部《きょうようついいこうぶ》から腰椎部に多くみられます。

治療は、無症状の場合には必要ありませんが、痛みを示している場合には消炎薬や鎮痛薬などを投与します。

（柴崎文男）

炎症性疾患、感染性疾患

神経系にも多くの炎症性疾患や感染性疾患が起こります。ここでは、脊椎《せきつい》と脊《せき》髄《ずい》に発生する炎症性および感染症疾患のうち、代表的なものを取り上げます。

（柴崎文男）

椎《つい》間《かん》板《ばん》脊《せき》椎《つい》炎《えん》

椎間板《ついかんばん》をはさんで隣接する二つの椎体《ついたい》に同時に発生する細菌感染症をいいます。通常は、椎間板の炎症と椎体の骨髄炎が認められます。腰椎部《ようついぶ》にもっとも多く起こります。

原因としては、外傷性や体内の感染性疾患（血行を介して波及）、医原性が考えられます。また、身体検査を行うと、患部に熱感や激しい痛みがあり、さらには動きたがらないなどの運動障害も認められます。確定診断はX線検査によります。

X線検査では、椎間板を中心とした脊椎椎体《せきついついたい》の炎症像が確認されます。

治療は、骨髄炎の治療に準じます。抗生物質を投与し、難治性の場合は外科的にドレインを設置して洗浄を行う場合もあります。

（柴崎文男）

ウイルス性《せい》脊《せき》髄《ずい》炎《えん》

脊髄に炎症を起こすウイルス性の病気には犬ジステンパーや狂犬病、猫伝染性腹膜炎があります。「脳の疾患」の項も併せて参照してください。

（本多英一）

原《げん》虫《ちゅう》性《せい》脊《せき》髄《ずい》炎《えん》

脊髄に炎症を起こす原虫性の病気には、トキソプラズマ症やネオスポラ症、エンセファリトゾーンがあります。「脳の疾患」の項も併せて参照してください。

（宇野雄博）

真《しん》菌《きん》性《せい》脊《せき》髄《ずい》炎《えん》

脊髄に炎症を起こす真菌性の病気にはクリプトコッカス症があります。「脳の疾患」の項も併せて参照してください。

クリプトコッカス症は、土壌中や鳩《はと》の糞便《ふんべん》中に存在するクリプトコッカスという真菌の感染を受けることによって発症します。ネコでは、けんかの傷から顔面や頸《くび》に感染することがあり、鼻梁部《びりょうぶ》（鼻すじ）や皮膚の下に腫《は》れやしこりができたり、鼻汁がみられることがあります。

イヌでは全身に感染が広がりやすく、視力障害を含む中枢神経系の異常がみられ、沈うつ、性格の変化、発作、旋回運動、不全麻痺《ふぜんまひ》、失明といった症状もみられます。

治療としては、アムホテリシンBの静脈内注射や、これに加えてフルシトシン内服の併用が行われています。また最近は、ケトコナゾールやイトラコナゾール、フルコナゾールなどの経口投与も行われています。

中枢神経系にまで病気が進んだ場合は、完治は困難なことが多いと思われます。

（宇野雄博）

腫《しゅ》瘍《よう》

脊髄《せきずい》の腫瘍は便宜上、次の三つに分類されます。

①硬膜内髄内腫瘍《こうまくないずいないしゅよう》（脊髄実質内の腫瘍で、中枢神経を構成する細胞由来のことが多い。多くは星細胞腫《せいさいぼうしゅ》）

②硬膜内髄外腫瘍《こうまくないずいがいしゅよう》（脊髄実質と脊髄を取りまく硬膜の間にできる腫瘍、多くは神経線維腫《しんけいせんいしゅ》〈神経鞘腫《しんけいしょうしゅ》〉と髄膜腫《ずいまくしゅ》）

③硬膜外腫瘍《こうまくがいしゅよう》（脊髄実質から外側にできる腫瘍、多くは原発性骨腫瘍《げんぱつせいこつしゅよう》やリンパ腫《しゅ》、乳腺腫瘍《にゅうせんしゅよう》、血管肉腫《けっかんにくしゅ》などの悪性腫《あくせいしゅ》瘍《よう》の脊柱管《せきちゅうかん》内への転移）

これらの腫瘍の症状は、その発生部位や大きさ、侵襲度などによって異なります。診断は、通常のX線検査で判明するものもありますが、脊髄造影法によるX線検査やCT検査、MRI検査を行わなければならない場合も多くあります。治療は、外科的に腫瘍を摘出し、さらに抗癌剤《こうがんざい》も使用されるようになっています。

（柴崎文男）

末梢《まっしょう》神経《しんけい》の疾患

炎症性疾患、免疫介在性疾患

重症筋無力症

神経から骨格筋へ刺激を伝達する際、神経の末端からは神経伝達物質であるアセチルコリンが放出され、それを筋肉側で受け取ります。このとき、アセチルコリンを受け取る部分（アセチルコリンレセプター）の数が少ないと、筋力の低下が生じます。これが重症筋無力症といわれる病気です。

原　因

原因には先天性と後天性があります。先天性はまれな遺伝性疾患で、生後3〜8週齢の動物にみられます。ジャック・ラッセル・テリアやイングリッシュ・スプリンガー・スパニエルなどによくみられるようです。

一方、後天性はアセチルコリンレセプターに対する抗体（抗レセプター抗体）ができてしまい、この抗体の作用によりレセプターが減少する免疫介在性の病気です。1〜3歳と9〜13歳の動物によく発生します。後天性はすべての犬種にみられますが、ゴールデン・レトリーバーやジャーマン・シェパード・ドッグ、秋田犬などに多くみられる傾向があります。ネコではアビシニアンやソマリにみられますが、ネコではきわめてまれな病気です。

症　状

通常は、筋力の低下を主な症状とします。筋力の低下は運動をすることにより悪化し、休息することにより改善するという特徴があります。また流涎《りゅうぜん》や吐出(巨大食道症による)、嚥下困難《えんげこんなん》、瞳孔散大《どうこうさんだい》、眼瞼下垂《がんけんかすい》、鳴き声の変化、虚脱などもみられます。なお、巨大食道症を起こしても骨格筋の脱力がみられない例があり、特発性巨大食道症などとの鑑別が必要です。誤嚥《ごえん》により肺炎（誤嚥性肺炎《ごえんせいはいえん》）を生じることもあります。

診　断

テンシロン試験を行って診断します。テンシロン試験では、塩化エンドロホニウムを投与することにより、短時間ではありますが急速に症状の改善がみられます。このほかの診断法としては、血液中の抗レセプター抗体の検出や筋電図検査などを行います。よく似た症状がみられる多発性筋炎など、筋肉が障害を受ける病気とは異なり、血液化学検査で筋酵素（アスパラギン酸アミノトランスフェラーゼ、クレアチンキナーゼ、乳酸脱水素酵素、アルドラーゼなど）の増加をみることはありません。一方、後天性の重症筋無力症は、胸腺腫《きょうせんしゅ》や肝臓癌《かんぞうがん》、肛門嚢《こうもんのう》腫瘍《しゅよう》、骨肉腫《こつにくしゅ》、皮膚型《ひふがた》リンパ腫《しゅ》、原発性《げんぱつせい》肺腫瘍《はいしゅよう》などに伴って発生することがあり、これらとの鑑別も必要です。

治　療

抗アセチルコリンエステラーゼ薬である臭化ピリドスチグミンなどを投与します。また、免疫抑制剤（プレドニゾロン、アザチオプリンなど）を投与することもあります。胸腺腫のような腫瘍《しゅよう》では摘出手術を実施します。巨大食道症を起こした場合は、誤嚥性肺炎の原因となるので立位（食器を高いところに置いて、後ろ足だけで立った状態）での食事が勧められます。

予　後

改善のみられないものから回復するものまで様々です。誤嚥性肺炎を起こすと致命的なことが多いので注意が必要です。

（仲庭茂樹・山根義久）

特発性疾患

特発性三叉神経炎《とくはつせいさんさしんけいえん》

脳神経の一つである三叉神経《さんさしんけい》が原因不明の急性炎症を起こす病気で、顎《あご》が麻痺《まひ》して垂れ下がり、口を閉じることができなくなります。中年齢以降の成犬にみられますが、ネコではまれです。

食べ物をくわえることが困難になるため、食事の際に食べ物を散らかします。また、流涎《りゅうぜん》もみられます。ただし、食べ物を飲み込むことは可能で、知覚が失われることもありません。

診断は特徴的な症状と、似たような症状がみられる病気、たとえば顎関節《がくかんせつ》の異常、咀嚼筋筋炎《そしゃくきんきんえん》、腫瘍《しゅよう》などとの鑑別により行います。

治療は対症療法が主で、手から食事を与えたり、注射器で水を飲ませたりします。コルチコステロイド製剤が投与されることもあります。ほとんどの場合、2

～4週間で回復します。

（仲庭茂樹・山根義久）

特発性顔面神経炎（顔面《がんめん》神経《しんけい》麻痺《まひ》）

脳神経の一つである顔面神経が障害を受けることにより、この神経の支配を受けている筋肉に麻痺や筋力の低下が生じます。

イヌ、ネコのいずれにもみられますが、イヌではコッカー・スパニエルやウェルシュ・コーギー、ボクサー、イングリッシュ・セターなどに多いようです。

多くは原因が不明（特発性）ですが、甲状腺《こうじょうせん》機能低下症《きのうていかしょう》や顔面神経の外傷、中耳炎や内耳炎、腫瘍によって顔面神経の分枝が障害を受けることによっても生じます。

神経の障害は左右いずれかに現れることが多く、まぶたを閉じることができない、唇や耳が動かないなどの症状がみられます。また、涙が減少することにより乾性角膜炎を起こすこともあります。

特発性顔面神経炎は、特徴的な症状が認められ、その上原因が不明である場合に診断します。このほか、中耳や内耳の異常が疑われる場合は、入念に耳道を検査し、併せてX線検査なども実施します。また、甲状腺機能低下症が疑われるときは、甲状腺《こうじょうせん》ホルモンの濃度を測定します。

治療は、原因により異なりますが、特発性の場合には有効な治療法はありません。発症後2～6週間で回復することもありますが、回復しないこともあります。中耳炎や内耳炎を原因とする例では、内科的治療で効果が得られなければ、手術を行います。乾性角膜炎が合併する場合にはその治療も行います。

（仲庭茂樹・山根義久）

外傷性疾患

神経損傷（軸索断裂、神経断裂）

末梢神経《まっしょうしんけい》が何らかの外傷によって障害を受けた場合、その損傷の程度により、回復の仕方が異なってきます。

もっとも軽度な損傷をニューラプラクシーと呼びます。これは神経の機能と伝達の中絶が一時的に起こるもので、神経は良好に再生されます。

次の段階は、軸索断裂で、神経損傷部より遠位部の神経突起（軸索）が切断されるものをいいます。軸索断裂も予後は比較的良好で、条件さえよければ十分に神経の再生が可能です。

一方、神経断裂はもっとも重症な状態で、神経が完全に切断された状態です。この段階のものは、外科手術で神経吻合《しんけいふんごう》を行わない限り再生は不可能となります。

（柴崎文男）

発作性疾患と睡眠性疾患

てんかん

てんかんとは、発作的に繰り返される全身のけいれんや意識障害を主な症状とする脳疾患のことです。てんかんは次の二つに分類されます。

・真性てんかん…脳に器質的な異常が認められない原因不明のもの
・症候性てんかん…脳に器質的な異常が認められるもの

原因

真性てんかんの発症には遺伝的素因が大きく関係すると考えられています。いずれの犬種にも認められますが、家系的な発生もあります。

一方、症候性てんかんは、脳炎や外傷性脳障害、脳腫瘍《のうしゅよう》、水頭症などの脳疾患の経過中に発生します。てんかんは、てんかん発作を誘発する焦点から放電が起こることによって始まります。やがてこの放電が脳の広範囲に広がり、全身性の発作を誘発します。

症状

てんかんの発作は、全身性の発作（大発作）と小発作（軽度な発作で意識が消失しないもの）などの型に分類されます。いずれの発作も、その前兆として、落ち着きがなくなる、一点を見つめる、口をもぐもぐとさせる、感情が不安定となるなどの症状が多々みられます。

発作は数分間続き、その後は速やかに回復します。

診断

症状や一般的な検査によって診断されることが多いのですが、症候性てんかんは脳疾患の随伴症として発生していることがあるため、CT検査やMRI検査なども必要です。

治療

抗てんかん薬を毎日投与することで発生を抑えることができます。（柴崎文男）

ナルコレプシー

ナルコレプシー（発作性睡眠）とは、遺伝性または後天性の睡眠調節機序の障害によって起こる病気です。

ドーベルマン・ピンシャーやラブラドール・レトリーバー、ダックスフンド、プードルでは、遺伝性疾患であると考えられています。遺伝性のものは6カ月齢までに発症しますが、後天性のものは脳炎や外傷、腫瘍《しゅよう》などによって脳幹の睡眠中枢に障害が発生した場合に起こり、高齢になってから発症することが多いようです。

主な症状は、日中の過度の傾眠、カタプレキシー（次項参照）などです。

治療は、日中の過度の傾眠に対しては塩酸メチルフェニデートを経口投与し、カタプレキシーに対しては三環系抗うつ薬であるイミプラミンなどを経口投与します。

（田上真紀）

カタプレキシー

カタプレキシー（情動性脱力発作）とは、運動や興奮などの情動性刺激によって筋緊張が可逆的に突然の消失を示すことをいいます。

ナルコレプシーのイヌにもっともよくみられる症状です。カタプレキシーは、食事や遊びなどの楽しい状況での興奮により誘発され、不快な刺激では誘発されません。

症状は、後肢や頸部《けいぶ》の脱力から弛緩性《しかんせい》四肢麻痺《ししまひ》まで、様々な状態を示します。治療は三環系抗うつ薬であるイミプラミンなどを経口投与します。

（田上真紀）

感覚器系の疾患

視覚器とは

視覚器は、眼球と、眼瞼《がんけん》などの眼球付属器、さらに視神経とそれが接続する脳の視中枢から構成されています。

眼球に入った光は、網膜の視細胞で電気的信号に変換された後、視神経を伝わって大脳に達し、そこで初めて視覚を生じさせます。

（山形静夫）

視覚器の構造と機能

眼球の最外層には外膜があり、これは角膜と強膜という二つの膜からできています。強膜の内側には虹彩《こうさい》と毛様体、脈絡膜が存在しています。光は、角膜から前房、水晶体、硝子体の順に通過し、網膜に焦点を結びます。眼球の付属器として、眼瞼《がんけん》や結膜、瞬膜、涙器、眼筋などがあります。

眼球は眼窩《がんか》の中に位置し、その前方には眼瞼があります。眼瞼や涙液は、角膜を正常に維持するために大切な働きをしています。眼瞼の縁には白色の点が並んでいますが、これはマイボーム腺《せん》の開口部です。マイボーム腺からは、脂質が分泌されます。また、瞬膜は第三眼瞼《だいさんがんけん》とも呼ばれ、眼球の鼻側にある膜状の組織です。眼球に痛みがあるときなどに突出して、眼球を保護します。瞬膜には瞬膜腺《しゅんまくせん》があり、眼球の背方の外側にある主涙腺《しゅるいせん》とともに、涙液を分泌しています。さらに、結膜の杯細胞からはムチンという粘液状の糖タンパクが分泌されます。涙液が涙膜として角結膜表面を安定的に覆うためには、以上の脂質、涙液、ムチンの3成分が必要です。また、角結膜の保護にはまばたきも重要です。なお、涙液は、鼻側の眼瞼結膜《がんけんけつまく》に開口する鼻涙管を通って鼻腔《びこう》内に排泄《はいせつ》されます。

角膜は、透明で血管がなく、上皮、実質、デスメ膜、内皮の4層からできています。イヌの角膜の厚さは1㎜弱です。角膜上皮は数層の上皮細胞層からなり、最下層の基底細胞が増殖して細胞を表層へ送り出しています。基底細胞は、角膜・強膜移行部の角膜輪部にある幹細胞（無限に分裂できる細胞）から分裂した細胞です。一方、角膜実質は角膜の大部分を構成し、コラーゲン層とその間を埋めるプリテオグリカン、そしてこれらを産生する角膜実質細胞から構成されています。コラーゲン層が規則正しく配列していることによって、角膜は透明性を得ているのです。また、実質は吸水性があるので、上皮と内皮が水分の浸入を防いで、角膜混濁を防止しています。角膜内皮は単層の内皮細胞層からなり、この細胞は実質の水分を前房側へ汲《く》み出すポンプの作用をしています。内皮細胞は、細胞分裂をしないため、加齢とともに細胞密度が減退します。デスメ膜は、内皮細胞から形成された弾力性に富む薄い透明な膜で、角膜潰瘍《かくまくかいよう》が進行すると突出してデスメ膜瘤《まくりゅう》を起こします。

眼房水は、毛様体突起の上皮で作られています。そして、瞳孔《どうこう》を通って前房に至り、さらに角膜と虹彩が接する隅角を通った後、血液循環に入ります。人の隅角にはシュレム管がありますが、イヌには存在しません。隅角からの眼房水の排泄がうまく行えなくなると、眼圧が上昇して緑内障を起こします。

虹彩と毛様体、脈絡膜は、つながりのある一連の組織で、ここには多量の色素と血管が含まれています。虹彩と毛様体を前部ぶどう膜、脈絡膜を後部ぶどう膜といいます。虹彩には、瞳孔散大筋《どうこうさんだいきん》（散《さん》瞳筋《どうきん》）と瞳孔括約筋《どうこうかつやくきん》（縮瞳筋《しゅくどうきん》）の二つの筋肉があり、瞳孔径《どうこうけい》を調節することで、網膜に届く光の量を調節しています。イヌの瞳孔括約筋は瞳孔縁《どうこうえん》に沿った円形ですが、ネコの瞳孔括約筋は瞳孔《どうこう》の背側と腹側で交差しているため、これが収縮すると瞳孔は縦長になります。虹彩の色は、色素細胞の数と虹彩表面の構造で決まります。

毛様体は、虹彩と脈絡膜の間にあり、水晶体の支持、眼房水の生産、眼房水排泄《がんぼうすいはいせつ》という働きをしています。また、水晶体は透明で、瞳孔の後方にあり、レンズの役割をしています。水晶体嚢《すいしょうたいのう》は、水晶体を入れる袋で、その赤道部は毛様小帯によって毛様体と接続しています。水晶体嚢の瞳孔側を前嚢《ぜんのう》、後方側を後嚢《こうのう》と呼びます。水晶体前嚢の内側には水晶体上皮細胞が並び、水晶体線維を作ります。水晶体線維は水晶体実質を形成し、外側では若くて核のある細胞が水晶体皮質を形成し、中心部では細胞核を失った古い細胞が水晶体核を形成しています。古い細胞が中心側へ向かうことから、水晶体核は加齢により次第に密度が増して硬くなります。水晶体の皮質や核に濁りが生じると白内障になります。水晶体内のタンパク質が前房に漏出すると、水晶体起因性ぶどう膜炎が起こります。

硝子体は、透明なゼリー状組織で、水晶体から網膜までの間に位置し、眼の体積の約4分の3を占めます。硝子体の液化や瘢痕化《はんこんか》により、網膜剥離《もうまくはくり》を生じることがあります。

網膜は脈絡膜の内側に位置し、10層になっています。桿体《かんたい》や錐体《すいたい》といった視細胞が光に反応して、網膜の神経線維に刺激を伝達します。神経線維は網膜表層を走って視神経乳頭に集まり、視神経となって脳に連絡しています。イヌでは視神経に付随するミエリンが視神経乳頭周辺まで分布していることから、視神経乳頭は白い不整な形となります。一方、ネコの視神経乳頭はミエリンに覆われていないため、円形に見えます。イヌの視神経乳頭には、生理的陥凹がみられますが、ネコでは陥凹は軽度です。人で黄斑部《おうはんぶ》といわれる部分は、イヌやネコでは網膜中心野と呼ばれます。視神経の鞘間腔《しょうかんくう》は、脳のくも膜下腔《まくかくう》と連続し、脳脊髄液《のうせきずいえき》を満たしています。

脈絡膜は、網膜と強膜の間にあり、色素と血管に富んだ組織で、網膜の視細胞に栄養の補給を行っています。また、脈絡膜内の網膜側にはタペタムがあります。タペタムは黄色や緑色の反射板として作用し、視細胞が外界から直接受ける光とタペタムで反射してきた光を二重に感知することで、わずかな光を増幅する働きをします。夜間、イヌやネコの眼が光って見えることがあるのは、この働きによるものです。タペタムの色には、緑や青、黄色などがあり、品種や年齢によって異なります。眼底は、タペタムのあるタペタム領域と、その周囲のノンタペタム領域に分けられます。タペタム領域の網膜色素上皮には色素がありませんが、ノンタペタム領域の網膜色素上皮には色素があります。色素の薄い動物の眼や青い虹彩をしている眼では、タペタムや網膜色素上皮の色素が欠損していることが

眼瞼の横面図

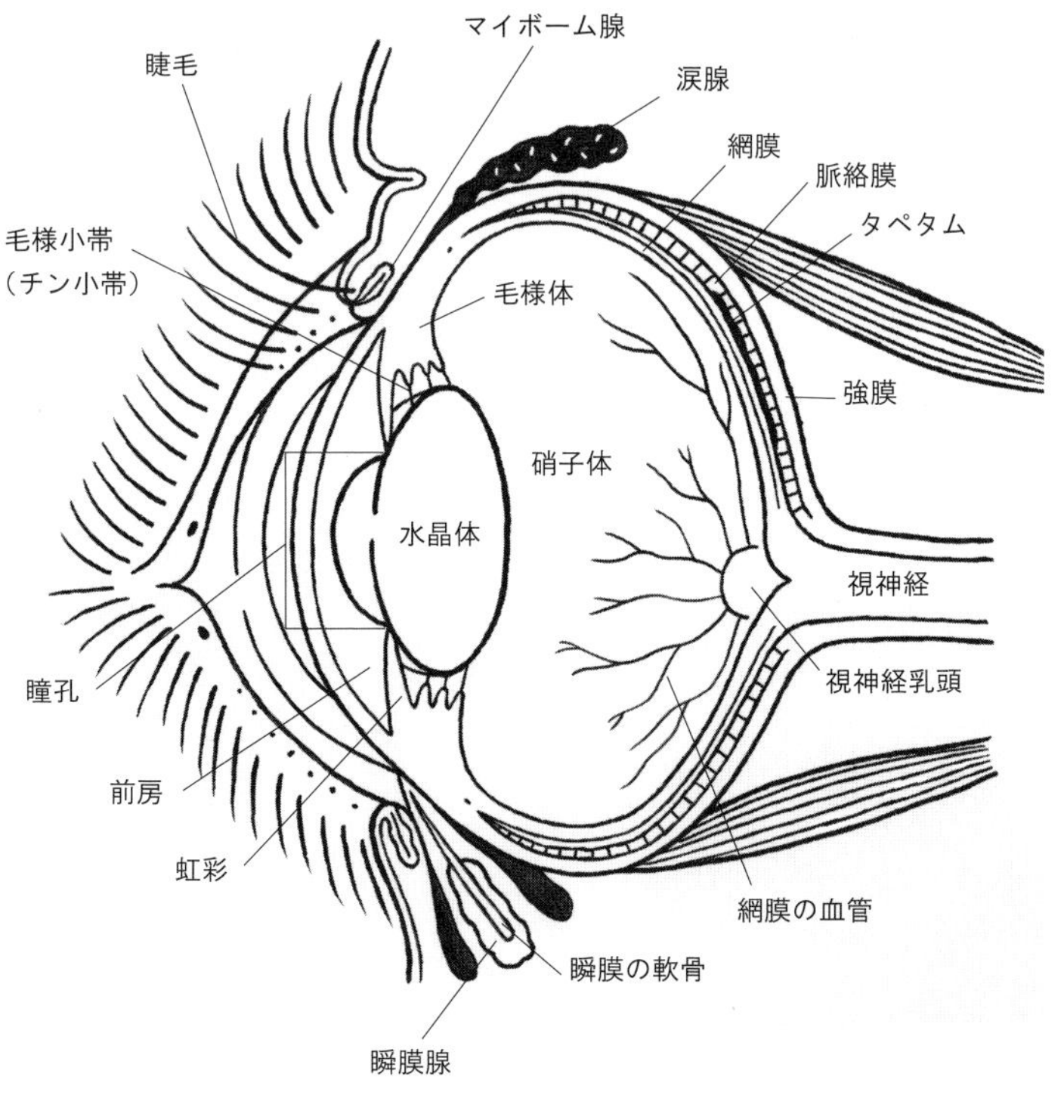

あります。

強膜は角膜から連続する眼球の外膜で、膠原線維《こうげんせんい》と弾性線維による線維層を形成し、眼球の形状を維持しています。視神経が通過する部位は強膜篩状板《きょうまくしじょうばん》と呼ばれ、ネコの視神経乳頭で観察できます。

眼球周囲には、外眼筋として七つの横紋筋があり、眼球の動きを制御しています。

眼球へは、主に顎動脈《がくどうみゃく》から分岐する外眼動脈から血液が供給されます。イヌの網膜動脈は、視神経乳頭から複数進入し、中心動脈はありません。網膜血管は、網膜中心野を避けるように走行していますが、その部位は一定していません。網膜静脈は、イヌでは視神経乳頭で吻合《ふんごう》しています。ネコでは3対の主要な血管があり、網膜動脈も網膜静脈も視神経乳頭周囲から伸びています。網膜血管は網膜の内側約2分の1の血液供給を担当しています。

イヌやネコの視神経は、視交叉《しこうさ》でおよそ7割前後が交叉《こうさ》して反対側に移行します。その後、視索、外側膝状体《がいそくしつじょうたい》、視放線を通り、大脳の後頭葉皮質に至り、脳に認識されます。一部の神経線維は中脳に至り、瞳孔の光反応中枢に関与します。水頭症によって盲目になっても、瞳孔光反応《どうこうひかりはんのう》がみられるのはこのためです。また、進行性網膜萎縮《しんこうせいもうまくいしゅく》の過程で、視覚を失うほど網膜の機能が減退していても、瞳孔光反応が残っている時期があり、瞳孔光反応と視覚は一致しないことがあります。

イヌは正視か軽い近視で、弱い乱視があり、水晶体の屈折調節能力は弱く、焦点を合わせることのできる近点は約30㎝とされています。たとえば、ドッグフードをイヌに向かってころがすと、途中まで視線で追いますが、眼の前に来ると見失い、においをかいで探す様子をよく見ることからも理解できます。

イヌの視野は両眼では前方約２４０度（ネコは１８０度）で、ウマやウシでは３６０度の視野をもつとされています。色覚は、霊長類が3色システムであるのに対し、イヌやネコは2色システムを用いていると考えられています。また、ウマでは黄、緑、青を、ヒツジでは赤、黄、青を識別でき、昼行性鳥類は良好な色覚をもっているようです。

（山形静夫）

視覚器の検査

視機能の検査

視覚器の検査は、まず動物の視機能（ものを見る機能）を調べることから始めます。視機能が弱くなっていたり、まったく失われていても、イヌやネコは家の中ではものの配置などを覚えているため、周りが見えているかのように行動していることがあります。そのため、検査をして初めて視機能の異常に気づく場合があります。

●威嚇反射

イヌやネコの眼の前で驚かすように人間の手を動かし、そのときに動物が反射的にまばたきをするかどうかを判定する検査です。ただし、この検査法は、イヌやネコが緊張していたりすると、正確に行えないという欠点があります。

●綿球落下試験

脱脂綿の球を眼の前で落とし、それを動物が眼で追うかどうかを判定する検査です。この検査法には、綿球への動物の興味の程度によって結果にばらつきが出るという欠点があります。

●眩目反射

眼に強い光をあてて反射的にまばたきをするかどうかを判定する検査です。

●迷路試験

様々な障害物を置いた迷路を歩かせて、障害物にぶつからずに歩けるかを調べる検査です。

●視覚性踏み直り反応

神経系の検査の一つで、動物を抱きかかえたまま台の端に足を近づけ、動物が足を台の上に乗せるかを判定する検査です。

ペンライト検査

トランスイルミネーションライトやペンライトを用いて、主に前眼部（眼の周囲、眼瞼、角結膜、前房、虹彩、水晶体）

の異常の有無を調べます。この検査は、眼の病気全般のスクリーニングとして行われます。

●対光反射

光刺激に対する瞳孔の反応をみます。光刺激を片眼に行い、その眼の瞳孔の動き（直接反応）と反対側の眼の瞳孔の動き（間接反応）を調べます。

●斜照法

眼の斜前方から光を照らし、前眼部を観察します。

●徹照法

眼の正面から光を照らし、眼底から反射してくる光を利用して、角膜や前房、水晶体、硝子体の混濁を調べます。

細隙灯顕微鏡《さいげきとうけんびきょう》(スリットランプ)検査

細隙灯《さいげきとう》による細い束の光（細隙光《さいげきこう》、スリット光）を用いて角結膜や前房、虹彩、水晶体、硝子体を立体的に観察する検査です。顕微鏡の名前の通り、拡大して詳細に観察することができます。光の束の大きさや光をあてる角度を調節することで、前述の斜照法や徹照法に加えて、広《こう》汎照明法《はんしょうめいほう》や直接照明法、間接照明法、反帰照明法、鏡面反射法など、様々な方法を行うことができます。また、レンズを組み合わせることによって、隅角や網膜、後部の硝子体などを観察することもできます。

角結膜擦過標本の塗抹・培養

角膜や結膜を綿棒などで擦り、それを材料にして塗抹標本を作り、細胞の種類や状態、感染性病原体の種類などを調べる検査です。これによって角結膜炎の簡易診断を行うことができます。また、擦過したものを培養し、感染性病原体の有無や種類、有効な抗生物質などを調べます。

鼻涙管排泄試験《びるいかんはいせつしけん》

上下の眼瞼の内眼角部にある涙点から涙嚢《るいのう》を通って走っている管を涙道といいます。この涙道が詰まっていないか調べる検査です。フルオレスセイン染色液を点眼し、その後、鼻から染色液が流れてくるか観察します。

涙液分泌試験

涙液分泌試験としては主に、試験用ろ紙を下眼瞼にかけ、貯留涙液量と基礎分泌涙液量、反射性分泌涙液量を1分間にわたって測定する方法が行われています。また、フェノールレッドという色素で着色した綿糸を下眼瞼にかけ、15秒間の貯留涙液量を測定する綿糸法を行うこともあります。

角結膜染色法

染色液を用いて角膜や結膜の異常を検出する検査です。

●フルオレスセイン染色

角膜上皮の欠損部や上皮細胞のバリア機能障害を検出します。

●ローズベンガル染色

角膜表面を覆う涙液層のムチンが欠如する部分を検出します。

隅角鏡検査

隅角鏡を用いて隅角の状態を調べる検査で、緑内障の病型分類や治療方法の選択のために行われます。隅角鏡には直接型と間接型があり、いずれも角膜に付けたうえで、拡大鏡や細隙灯顕微鏡を用いて観察を行います。隅角の広さや角度、線維柱帯の状態、周辺虹彩前癒着の有無、色素沈着や血管新生などの状態を調べます。

直像鏡検査

直像検眼鏡を用いて眼底を検査します。拡大倍率が大きいので詳細な観察ができますが、観察できる範囲が狭いことが欠点です。

倒像鏡検査

凸レンズと光源を用います。直像鏡に比べて拡大倍率が小さいので、広い範囲を観察できますが、上下左右が逆になる倒像での観察のため、検査には熟練を要します。光源と両眼のレンズが一体となった双眼倒像検眼鏡を使用すると、光源を別に設ける必要がなく、また、双眼のため、より立体的な観察が可能です。

眼底写真

眼底カメラを用いて、網膜の血管や色素、視神経などの状態を写真で記録します。過去の写真と比較することで、病変の変化をより客観的に判断することが可能となります。眼底カメラには手持ち式と固定式があります。

眼圧検査

●触診法

上眼瞼《じょうがんけん》の上から指で大まかに眼球の圧力を調べます。

●眼圧計検査

眼圧計を用いて眼圧を調べます。この方法では、眼圧を具体的な数字で示すことができます。手持ち式のデジタル眼圧計が広く用いられています。

網膜電図（ＥＲＧ）検査

網膜電図（ＥＲＧ）とは光刺激によって網膜から発生する電気的な変化を記録したものです。網膜の病気の際や直接網膜を観察できないときに、網膜の機能を検査するために行われます。

各種画像診断（CT検査、MRI検査、X線検査、超音波検査）

以上の検査で十分な情報が得られないときに行う特殊検査で、眼球の後部から視神経や脳などの異常を検査します。

（滝山　昭）

点眼薬

眼への薬物の投与法

人の場合、正常な涙液量は約8 μLで、結膜嚢《けつまくのう》内に最大で約30 μLを保持できます。イヌやネコの場合も人と同様です。点眼容器からの1滴は約50 μLあり、1滴の点眼で十分に結膜嚢を満たします。2滴以上を点眼すると、かえって眼の周囲の汚れの原因にもなるため、むしろ行わないほうがよいでしょう。また、異なる種類の液を点眼するときは、5分程度の間隔をあけるようにします。

眼軟膏《がんなんこう》は、薬物と眼球の接触時間が長くなるため、薬物が有効に利用されるという利点をもっています。また、1回に複数の軟膏《なんこう》を入れることも可能です。一般的には6 ㎜程度の長さを眼球上に置き、1～2回眼瞼を閉じると眼球上になじみます。

点眼薬

点眼薬にはいくつかの種類があります。人工涙液は、角膜を乾燥から保護するために、抗生物質は細菌感染の治療や予防のため、抗ウイルス薬は主に角結膜のヘルペスウイルス感染症治療のため、コラゲナーゼ阻害薬は角膜潰瘍の治療に、ステロイド薬は眼内および結膜などの炎症を抑制するために使用されます。非ステロイド性抗炎症薬は、ステロイドとほぼ同じ目的で使用されます。効果はステロイドよりもやや劣りますが、副作用が少ない傾向があります。また、シクロスポリンは免疫抑制薬で、眼科用軟膏《がんかようなんこう》がイヌの乾性角結膜炎の治療に使用されています。

散瞳薬《さんどうやく》は、眼の検査のときや眼内炎の治療のために使用されます。緑内障治療薬には、交感神経受容体を遮断する点眼薬や交感神経刺激薬、プロスタグランジン関連薬、炭酸脱水酵素阻害薬、副交感神経刺激薬など様々な種類があります。また、白内障進行防止薬は、白内障の進行を防止する目的で使用されています。

それぞれの病気の状態により使用される点眼薬や点眼回数は異なるので、動物病院の指示に従いましょう。（山形静夫）

感覚器系の疾患

聴覚器とは

感覚器のうち、音を聞く器官を聴覚器と呼びます。音は聴覚器官である耳から入った後、信号化されて脳に送られます。なお、聴覚器は平衡聴覚器と呼ばれることもありますが、これは平衡覚器と聴覚器をひとまとめにした呼び方です。平衡覚器とは体のバランスを維持する器官のことです。

聴覚器は外耳、中耳、内耳の三つの部分から構成されています。外耳と中耳は聴覚だけに関係していますが、内耳は聴覚器であるとともに平衡覚器でもあります。聴覚と平衡覚はまったく別の感覚ですが、内耳においてはこの二つは解剖学的にも密接な関係にあり、分けて考えることはできません。

（中谷　孝・山根義久）

聴覚器の構造と機能

耳には音を聞くことと平衡感覚を保つという二つの重要な機能があります。さらに、動物では耳は感情を表現する役割も担っています。

耳の構造は、基本的に人もその他の動物も同じで、外耳（耳介、外耳道）、中耳、内耳から構成されています。しかし、耳の形は人とはかなり異なっています。動物の場合、一般に集音機能を高めるために、耳介が大きく発達しています。さらに、ウサギやゾウでは体温を発散させる働きもしています。一般に人が聞き取れる音域（可聴域）は2～20万Hzですが、イヌは5～65万Hz、ネコはさらに6万～10万Hzまで聴取可能といわれています。イヌの訓練に用いられる犬笛は、約3万Hzの音を発します。

耳介は皮膚と軟骨で形成されています。イヌ、ネコの耳介の外側面（凸面）は全面が毛で覆われていますが、内側面（凹面）は一部に皮膚が露出しています。耳介の形は耳介軟骨の形状によって決まります。ネコの耳介の形は、イヌほどのバリエーションはありませんが、まれな例として耳介が垂れ下がったスコティッシュ・フォールドや、耳介が反り返ってカールしたアメリカン・カールのような品種もあります。ウサギにも耳が垂れ下がった品種（ホーランド・ロップ）があります。

イヌ、ネコの耳介の後ろ側には皮膚が二重になってひだのようになった部分がありますが、これを「耳が切れている」と勘違いする飼い主もいます。なぜこのような構造になっているのかは不明です。耳の形を決定している耳介軟骨は、漏斗状に次第に狭くなって管状構造となり、輪状軟骨とともに外耳道を形成しています。

外耳道（耳の穴）はほとんどが軟骨でできていますが、深部は骨でできています。イヌ、ネコの外耳道は垂直部と水平部から構成され、人のようにまっすぐ鼓膜へ向かっているわけではありません。

外耳道は皮膚で覆われており、ここには皮脂腺《ひしせん》や耳道腺《じどうせん》、毛包があります。皮脂腺と耳道腺は一般の皮膚と同じ構造をしており、正常な耳垢《じこう》（耳あか）はこれらの分泌物です。ネコの外耳道には毛がはえていませんが、イヌでは毛がはえている品種もあります。外耳は、鼓膜を境にして中耳と区分されます。

中耳は鼓膜、鼓室（中耳腔《ちゅうじくう》）、耳小骨から構成されています。鼓室は耳管により鼻腔《びくう》の奥の部分（鼻咽頭《びいんとう》）とつながっています。鼓膜と耳小骨によって内耳に音が伝えられます。中耳は音を増強する役割を果たしています。

　内耳には聴覚と平衡覚の二つの機能があり、蝸牛管《かぎゅうかん》と半規管《はんきかん》があります。内耳は、頭蓋骨《とうがいこつ》を構成する骨の一つである側頭骨の中に収まっています。

（中谷　孝・山根義久）

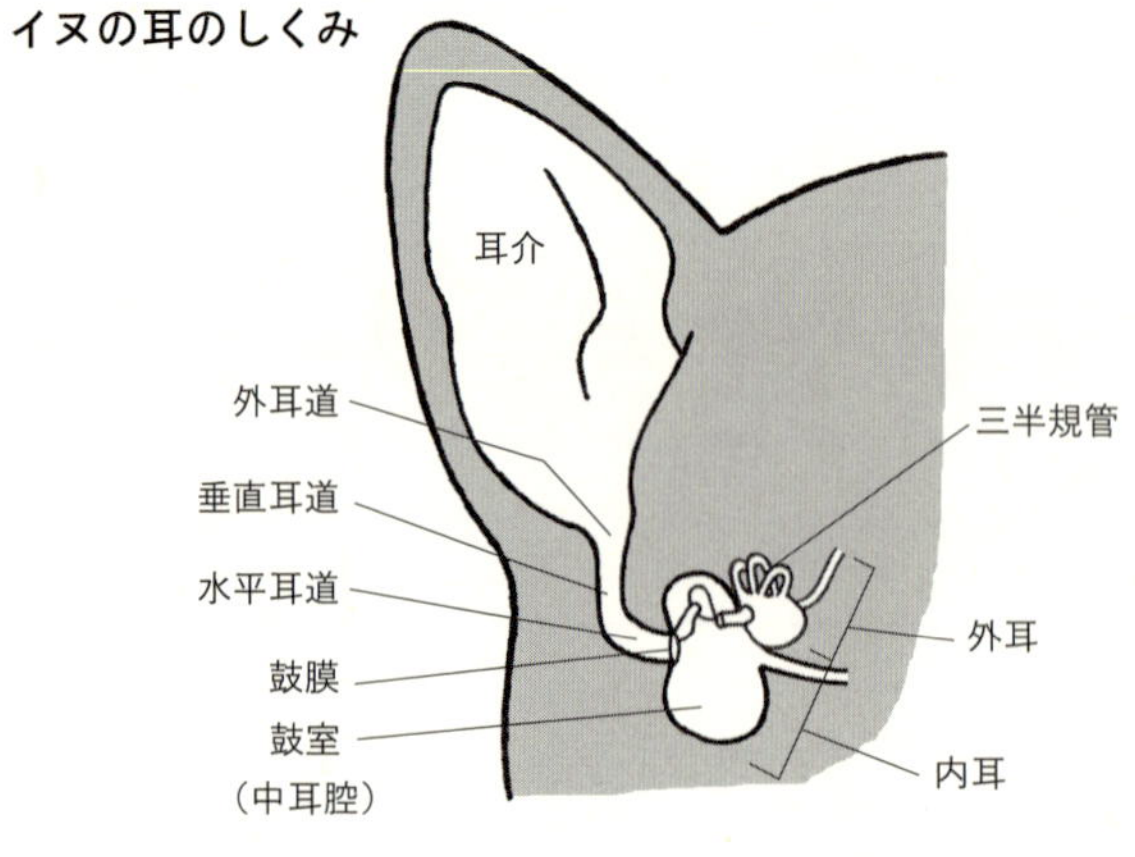

聴覚器の検査

聴覚の検査

イヌやネコの難聴を確認するには、名前を呼んだり、背後で音を立てたりして反応があるかを観察します。人の医学では生後早い段階で聴覚検査を実施できるシステムがありますが、動物の場合には前述の方法で聴覚を検査するしかないため、先天性の聴覚障害があっても発見がかなり遅れることになります。また、聴覚障害が片方のみのときは、発見はいっそう困難です。

　難聴には先天性のものと後天性のものがあります。先天性の難聴は被毛の色に関連性があるとされています。白い被毛と青い眼をもつネコには難聴が多く、白色長毛のネコでは完全な難聴がしばしばみられます。イヌの場合は、ダルメシアンに難聴の発生率が高いとされています。

（中谷　孝・山根義久）

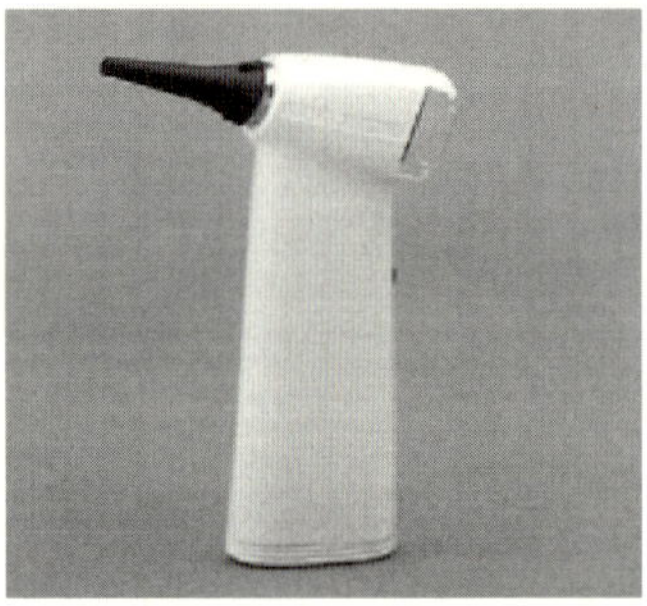
耳鏡には光源が備わっており、先端を耳道内に挿入して内部を観察する

聴覚以外の検査

●耳介の検査
　両方の耳介が対称的であるかを観察します。耳介が立っている品種であるにもかかわらず、それが垂れている場合は、その原因を考えます。耳血腫《じけっしゅ》で耳が重くなって垂れていることもあれば、外耳炎によるかゆみや痛みで耳を下げていることもあります。また、平衡覚器（内耳）の病気では、前庭障害によって頭が傾いて（斜頸《しゃけい》）耳介が垂れているように見えることもあります。

　耳介の検査としては、脱毛や鱗屑《りんせつ》（フケ）の有無を観察します。この際、耳介辺縁を指で掻《か》いてみます。かゆみが強いと動物は掻痒反射《そうようはんしゃ》といって後ろ足で耳を掻くしぐさをします。動物病院では、掻《そう》爬《は》試験《しけん》といって、皮膚を軽く引っ掻いてサンプルを採って検査することもあります。

　耳介凹面の皮膚の観察も重要です。慢性的な炎症がある場合は、色素沈着やゾウの皮膚のようになっていることがあります。また、耳介に腫瘤《しゅりゅう》（できもの）がないかも調べます。

●外耳道・その他の検査
　外耳道（耳の穴）がはっきり見えるかどうかを確認します。イヌやネコでは生後3週間くらいまで耳の穴は塞《ふさ》がっていますが、成長後であっても、長期にわたる外耳炎などによって耳の穴が塞がっていることがあります。

　検査では、外耳道からの分泌物の有無を観察します。分泌物がある場合は異臭を伴うこともよくあります。分泌物は乾いた固形のものであったり、湿ったものであったり、液体状のものであったりします。その色も様々です。

　分泌物を清拭《せいしょく》するときは、かゆみの程度も併せて観察します。黒色の固形分泌物があり、かゆみが強い場合は、耳ヒゼンダニの寄生が疑われます。また、マラセチア性外耳炎では茶褐色でやや湿潤性がある分泌物がよくみられ、細菌性外耳炎では液体状の膿汁《のうじゅう》を分泌していることがよくあります。外耳道に液状の分泌物がある場合は、耳の根元を押さえるとグチュグチュという音がします。このとき痛みを訴えることもあります。

　動物病院では分泌物をそのまま顕微鏡で検査したり、特殊な染色液で染めてから顕微鏡で検査します。外耳道の奥や中耳、内耳の検査は家庭で行うことはできません。動物病院では耳鏡と呼ばれる器具を使用して外耳道の奥や鼓膜の状態を調べることができます。内耳の異常については、X線撮影によって検査することもあります。

（中谷　孝・山根義久）

視覚器の疾患

眼瞼《がんけん》の疾患

眼瞼は、上下に分かれた板状の構造で、異物の侵入を防ぎ、角膜を保護し、眼内に入る光量を調整する働きをしています。また、眼瞼の瞬きは、涙を角膜表面に広げてその乾燥を防ぐとともに、涙を涙点から排出する役割をもっています。

眼瞼は、外側から皮膚、眼輪筋、瞼《けん》板《ばん》、眼瞼結膜《がんけんけつまく》によって構成されています。ただし、臨床的には一般に、外層（皮膚、眼輪筋）と内層（瞼板、眼瞼結膜）に分けられています。瞼板は体の骨格に相当する部位ですが、イヌではその発達が悪いため、眼瞼内反症《がんけんないはんしょう》が多く発生します。

睫毛《しょうもう》は上眼瞼《じょうがんけん》のみに存在し、2列またはそれ以上の毛が生えています。また、眼瞼の縁にそってマイボーム腺《せん》の開口部が存在し、涙の油成分を分泌し、涙が蒸発するのを防いでいます。

（安部勝裕）

眼瞼癒着《がんけんゆちゃく》

眼瞼癒着は、上下の眼瞼の端同士が互いに接着した状態です。イヌ、ネコでは、生後2週間くらいは先天的に癒着しており、それ以降に自然に開眼します。もし、自然に開眼しない場合は、外科的に開眼させます。また、開眼前に結膜炎やネコのヘルペスウイルス感染症にかかると、開眼していないのに眼瞼が腫脹《しゅちょう》したり、内眼角部に少量の膿《うみ》が付着することがあります。このような状態がみられたら、速やかに上下の眼瞼をそっと引っぱるか、それがうまくできないときには外科的に開眼させます。開眼後、結膜炎の治療として抗生物質の眼軟膏《がんなんこう》を投与します。

（安部勝裕）

眼瞼欠損症《がんけんけっそんしょう》

眼瞼欠損症は、眼瞼の一部が先天的に欠損しているものです。イヌではあまりみられませんが、ネコではよく発生します。通常は上眼瞼の外側の部分が欠損していることが多く、そのために眼瞼を完全に閉じることができなくなって露出性角膜炎を起こしたり、あるいは眼瞼周囲の被毛が角膜と接触するために角膜が傷ついて角膜潰瘍《かくまくかいよう》を起こすことがあります。

動物が手術可能な年齢に達するまでは、内科的に眼軟膏《がんなんこう》などを点眼して保存療法を行います。そして、手術可能な年齢に達したら下眼瞼《かがんけん》の一部を弁状に切開して、眼瞼欠損部《がんけんけっそんぶ》に移植する手術を行います。

（安部勝裕）

眼瞼内反《がんけんないはん》・外反《がいはん》

●眼瞼内反症《がんけんないはんしょう》

眼瞼内反症〈図1〉とは、眼瞼縁《がんけんえん》の一部または全体が内方へ反転している状態をいいます。眼瞼縁が内側に巻き込まれ、眼瞼の被毛と角膜が接触するために、角膜疾患を引き起こすことが多々あります。イヌの眼瞼内反症は、先天性と後天性に区別できます。

先天性眼瞼内反症《せんてんせいがんけんないはんしょう》は、眼瞼裂《がんけんれつ》ができあがった後に発症します。この病気は遺伝性で、犬種と関係があり、ブルドッグやセント・バーナード、チャウ・チャウ、ラブラドール・レトリーバー、アメリカン・コッカー・スパニエル、秋田犬、シャー・ペイなどによくみられます。眼瞼内反症は下眼瞼に起こることが多いのですが、ときには上下の眼瞼に現れることもあります。一方、後天性眼瞼内反症《こうてんせいがんけんないはんしょう》には、外傷の修復に伴う瘢痕形成《はんこんけいせい》による瘢痕性眼瞼内反症《はんこんせいがんけんないはんしょう》、前眼部（角膜表面）の病気の痛みに伴うけいれん性眼瞼内反症《せいがんけんないはん》《しょう》、加齢に伴う眼輪筋の緊張低下による弛緩性眼瞼内反症《しかんせいがんけんないはんしょう》などがあります。

眼瞼内反症の症状は、眼瞼内反の程度

〈図1〉眼瞼内反症

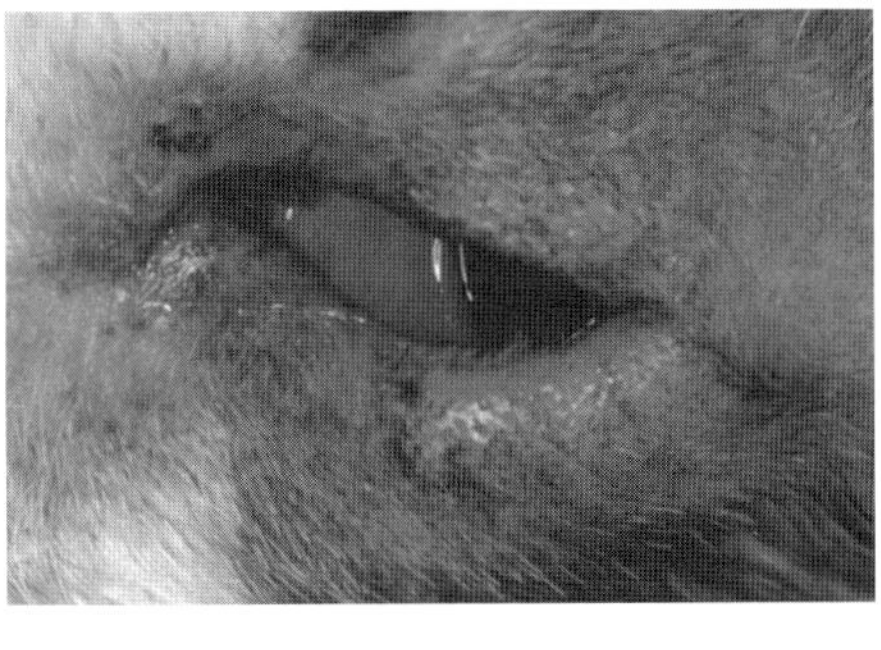

や持続期間、角膜の状態（角膜炎の有無）などにより様々です。一般的に眼や瞬膜の突出、眼瞼《がんけん》けいれん（眼を閉じて開けられない）、表層性角膜炎、角膜潰瘍、ぶどう膜炎（眼の中の炎症）がみられます。

その原因や内反が起きている眼瞼の部位により、治療法は異なります。通常は、手術にて眼瞼内反症が起きている余分な眼瞼の皮膚や眼輪筋を部分的に切除して縫合します。

先天性眼瞼内反症の場合、あまりにも動物の年齢が若く、すぐに手術ができないときには、手術が可能な年齢になるまで、眼軟膏の点眼を続け、角膜を保護することもあります。

●眼瞼外反症《がんけんがいはんしょう》

眼瞼外反症とは、眼瞼縁が外方へ彎曲した状態をいいます。イヌの眼瞼外反症は、先天性と後天性に区別できます。先天性外反症は遺伝性で、セント・バーナードやブルドッグ、ボクサー、ラブラドール・レトリーバーなどの品種によくみられます。一方、後天性眼瞼外反症《こうてんせいがんけんがいはんしょう》には、外傷の修復に伴う瘢痕形成による瘢痕性《はんこんせい》眼瞼外反症《がんけんがいはんしょう》、顔面神経麻痺《がんめんしんけいまひ》に起因するけいれん性眼瞼外反症《せいがんけんがいはんしょう》、眼輪筋の収縮に起因するけいれん性眼瞼外反症、眼輪筋の緊張低下に起因する弛緩性眼瞼外反症《しかんせいがんけんがいはんしょう》などがあります。

眼瞼外反症では、眼瞼が外反するため露出性結膜炎や、ときに角膜炎が起こることがあります。また、眼瞼内反症と外反症が同時に起こることもあります。

治療は、その原因や外反が起きている部位によって異なりますが、基本的には外科的に余分な眼瞼を切除します。

（安部勝裕）

眼瞼炎《がんけんえん》

眼瞼炎は、眼瞼が炎症を起こしている状態で、全身性皮膚疾患に関連して発現することがあります。

眼瞼炎の原因には、細菌性や皮膚真菌性、寄生虫性、アレルギー性（ワクチン接種、薬物、昆虫の刺咬《しこう》、食物、日光）、免疫介在性、腫瘍性《しゅようせい》、外傷性（交通事故、咬傷《こうしょう》による顔面の損傷）など多くのことが考えられます。また、症状も様々で、眼瞼けいれんや眼瞼浮腫《がんけんふしゅ》、充血、かゆみ、脱毛等を示します。診断を確定させるために多くの検査（身体検査、血液検査、培養、細胞診、皮膚バイオプシーなど）が必要になることがあります。そして、診断に基づき、個々の原因に対応して治療を行います。

（安部勝裕）

麦粒腫《ばくりゅうしゅ》、霰粒腫《さんりゅうしゅ》

外麦粒腫《がいばくりゅうしゅ》は、ツァイス・モール腺《せん》の急《きゅう》性化膿性《せいかのうせい》の炎症、内麦粒腫《ないばくりゅうしゅ》はマイボーム腺の急性化膿性の炎症で、主にブドウ球菌の感染によって起こります。どちらも発赤、腫脹、疼痛《とうつう》を示します。治療には抗生物質の点眼や全身投与を行います。

霰粒腫は、マイボーム腺内に徐々に形成される球状腫瘤で、慢性肉芽腫性《まんせいにくがしゅせい》の炎症です。通常は疼痛を示さない直径2～5㎜の乳白色の固い局所性腫脹《きょくしょせいしゅちょう》として認められます。治療は全身麻酔下で結膜面を切開して内部を十分に掻爬《そうは》し、術後は抗生物質の点眼薬を数日間投与します。

（安部勝裕）

睫毛《しょうもう》の異常（睫毛乱生《しょうもうらんせい》、睫毛重生《しょうもうじゅうせい》、異所性睫毛《いしょせいしょうもう》）

睫毛の異常には、睫毛乱生や睫毛重生、異所性睫毛などがあります。睫毛乱生は、睫毛の発毛位置は正常ですが、方向が角膜に向いているもので、角膜に刺激を起こします〈図2〉。獣医学領域では、眼球に触れている眼周囲のすべての睫毛がこの範疇《はんちゅう》に入ります。チワワやトイ・

〈図2〉睫毛乱生

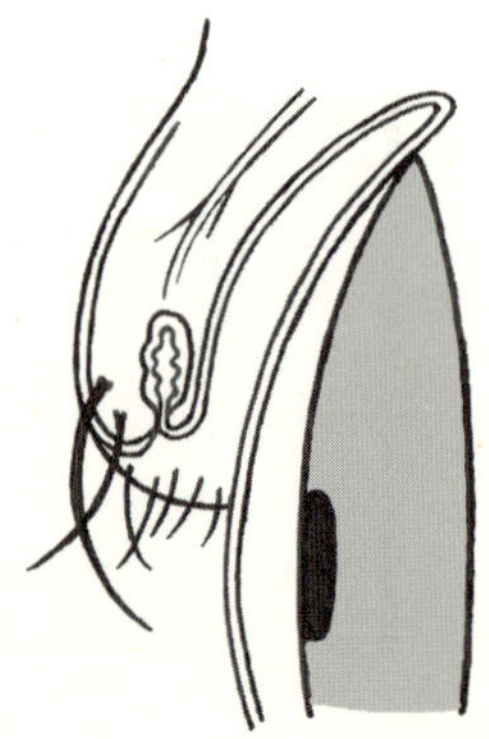

〈図3〉睫毛重生

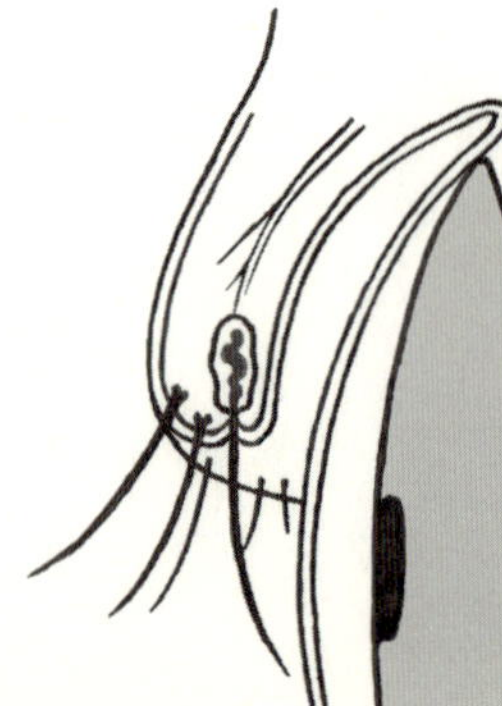

〈図4〉異所性睫毛

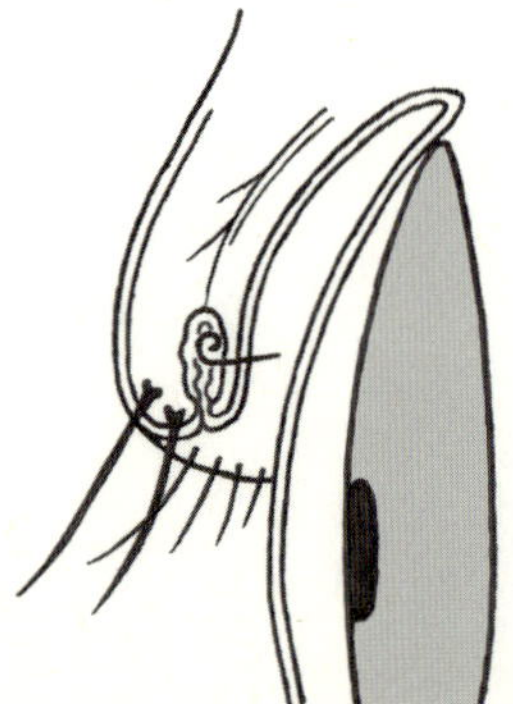

フォックス・テリア、ペキニーズ、ポメラニアン、パグなどによくみられます。

一方、睫毛重生〈図3〉は、睫毛の発毛部位の異常で、眼瞼縁から1本または数本の睫毛が生じます。

また、異所性睫毛〈図4〉は、マイボーム腺に存在する毛根の向きの異常によって、睫毛が眼瞼結膜を貫通し、角膜側に向かって生えるものです。1本のことが多いのですが、同じ部位から数本生えていることや、数カ所から生えていることもまれにあります。

睫毛に異常があると、結果として角膜が刺激され、涙眼となったり、角膜が傷ついたり、さらには角膜潰瘍を起こすことがあります。

治療は、外科的に異常な睫毛を切除したり、毛根を電気で焼いたりします。

（安部勝裕）

兎眼《とがん》

兎眼は、何らかの原因によって眼瞼が完全に閉じられないため、角膜の一部が露出する病気です。

角膜表面の一部がつねに露出した状態となって乾燥し、潰瘍《かいよう》に発展する可能性もあります。原因としては、顔面神経麻痺や外傷による眼瞼損傷《がんけんそんしょう》、緑内障による眼球拡大、眼球突出などが考えられます。

治療は、原因にもよりますが、眼球が乾燥しないように人工涙液の点眼や眼軟膏の塗布を行います。また、場合によっては眼瞼の幅を短くする手術を行うこともあります。

（安部勝裕）

流涙症

流涙症は、涙液が涙点から排出されず、内眼角からあふれる状態をいいます。周囲の被毛はあふれ出た涙液と反応して赤茶色に変色します。

とくに被毛が白い犬（プードルやポメラニアン、マルチーズ、シー・ズーなど）によくみられます。

原因としては、涙液分泌の増加（結膜炎、角膜炎、睫毛異常、眼瞼内反など）や、涙液の排泄障害《はいせつしょうがい》（涙点の閉塞《へいそく》・閉鎖、涙点の先天的欠損、眼輪筋の機能低下、眼《がん》瞼《けん》異常《いじょう》など）、隣接する病巣（涙嚢炎《るいのうえん》、歯牙疾患《しがしっかん》、眼球癒着など）が考えられます。

涙液分泌の増加や隣接病巣によるものは原因疾患を治療し、また、排泄障害の場合は涙管洗浄を行います。

（安部勝裕）

結膜・瞬膜の疾患

結膜炎（レッドアイを含む）

結膜炎は、眼瞼結膜《がんけんけつまく》や眼球結膜の炎症で、よくみられる眼疾患の一つです。結膜は外界に露出しているため、他の粘膜よりも刺激を受けやすく、炎症を起こしがちであるといえます。

一般的に原発性結膜炎の原因としては、細菌やウイルスによる感染です。その他、寄生虫、点眼剤、毒物、化学物質によるアレルギーなどによる結膜炎もみられます。一方、続発性結膜炎の原因としては、涙液の欠乏（ドライアイ）や眼《がん》瞼《けん》の疾患、睫毛《しょうもう》の疾患、角膜炎、緑内障、眼窩《がんか》や眼周囲の異常などがあります。

結膜炎の症状としては眼分泌物（成分は様々）や充血、流涙、不快感などがみられます。

原発性であれ、続発性であれ、その原因を治療することが重要です。

（安部勝裕）

第《だい》三《さん》眼《がん》瞼《けん》腺《せん》逸《いっ》脱《だつ》（チェリーアイ）

第三眼瞼腺《だいさんがんけんせん》が第三眼瞼《だいさんがんけん》の遊離縁から突出した状態です。突出した部分は米粒大か小豆大に腫大《しゅだい》し、赤色になっているため、一般にチェリーアイと呼びます〈図5〉。

第三眼瞼腺を固定している線維性結合組織が先天的に欠損しているために起こります。これは遺伝性とも考えられております。ビーグルやアメリカン・コッカー・スパニエル、セント・バーナード、ボストン・テリア、ペキニーズ、バセット・ハウンドなどの若齢犬によくみられま

〈図5〉第三眼瞼腺逸脱（チェリーアイ）

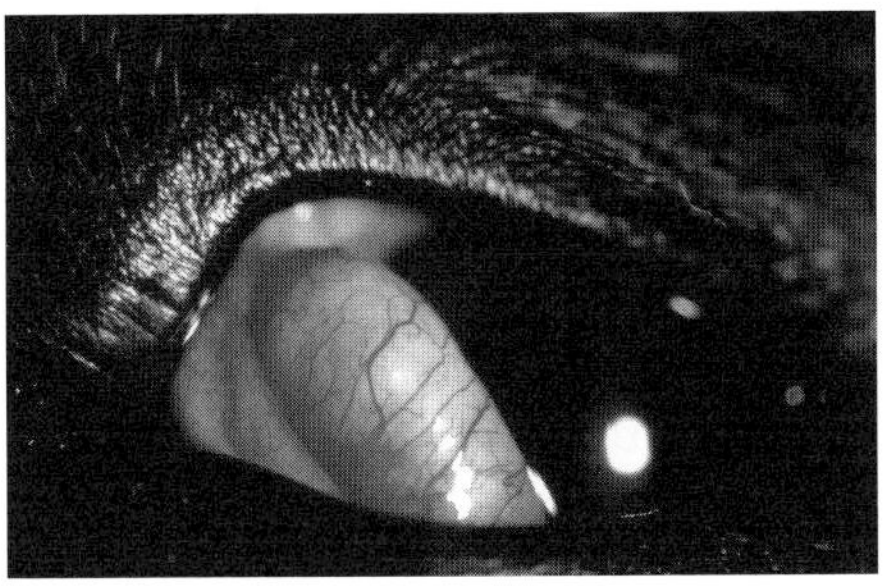

す。また、眼窩や第三眼瞼の外傷に続いて発生することもあります。多くは両眼に起こりますが、片眼だけに生じることもあります。第三眼瞼腺の逸脱が起こると、その刺激によって流涙症や結膜炎がみられる場合もあります。

治療の基本は、逸脱した第三眼瞼腺を元の位置に戻して縫合することです。なぜなら、第三眼瞼腺は涙液の約30～35％を産生しており、安易に切除すると将来的にドライアイになる可能性が高いからです。第三眼瞼腺を縫合するには色々な方法がありますが、逸脱の程度、経過時間、第三眼瞼の軟骨の状態などに基づいて総合的に判断して決めていきます。

（安部勝裕）

東洋眼虫症

眼球表面の涙の溜《た》まる部位に寄生する寄生虫で、ハエ（ショウジョウバエ科のメマトイ）によって媒介されます。大きさは10～15㎜で、細長く、乳白色をしています。

暖かい西日本での発生が多く、イヌやネコ、ウサギ、サル、タヌキなどに寄生しますが、人にも寄生することがあります。

この寄生虫は、眼球に比べてかなり大きな異物であり、しかも生きているので、結膜炎を起こします。そうなると、充血して眼やにや涙が多くなり、眼をショボショボさせたり、かゆがったりします。寄生を受けている眼をよく観察すると、寄生虫が動いているのを見ることができます。

治療は、局所麻酔や全身麻酔下で瞬膜を反転し、虫体を除去します。また動物病院にてイベルメクチンの全身投与によっても駆除できます。

詳しくは「寄生虫症」の項を参照してください。

（原　喜久治）

角膜・強膜の疾患

角膜には、外部からの光を透過させる働きがあります。そのため、角膜は透明で光学的にきれいな球面であることが必要です。角膜の透明性が失われると、視覚障害や視覚喪失を起こします。また、角膜は外部の環境と直接接しており、その表面を潤す涙とともに、外部環境の危険から眼を守る役目ももっています。

強膜は、角膜に連続する線維性の頑強な膜で、眼の外壁を構成しています。

（斎藤陽彦）

類皮腫《るいひしゅ》

類皮腫は、角膜や強膜など、本来は毛が生えないところにみられる先天性の異常で、皮膚のような毛嚢《もうのう》、皮脂腺《ひしせん》を含む組織が発生するものです。通常は半球状で、黄白色の腫瘤《しゅりゅう》として認められます。

類皮腫が発生する場所は、角膜や結膜のほか、強膜、第三眼瞼《だいさんがんけん》で、そのいくつかにまたがっていることもあり、眼の耳側に多く現れます。ダックスフンドやダルメシアン、ドーベルマン・ピンシャー、ジャーマン・シェパード・ドッグ、セント・バーナードなどの品種によくみられます。また、ネコでは、バーミーズやバーマンなどに多く発生します。

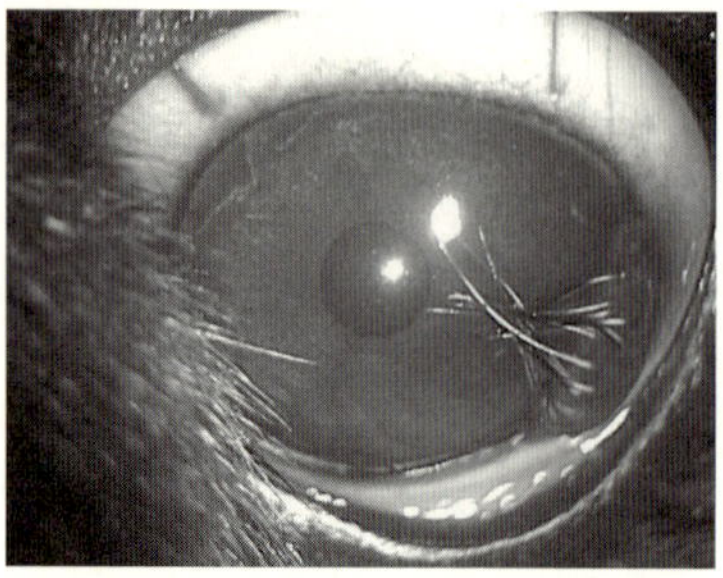

類皮腫の一例（パグ、雌、4カ月齢）。角膜輪部（角膜の周辺部）に腫瘤がみられ、毛が生えている

類皮腫の多くは、その表面から毛が生えており、その毛によって角膜や結膜が傷つくことによって、流涙や角膜炎が起こります。眼の異常に気づくのは症状が出てからのことが多いようで、生まれたときから存在するにもかかわらず、生後数週から数カ月齢まで気がつかないことも多くあります。

治療は、類皮腫を外科的に切除します。完全に切除できれば再発しませんが、切除が不完全な場合は再発することがあります。

（斎藤陽彦）

小角膜症

小角膜症とは、角膜が正常より小さい病気のことです。先天性で、多くの場合、原因は不明です。

オーストラリアン・シェパードやコリー、ミニチュアおよびトイ・プードル、ミニチュア・シュナウザー、オールド・イングリッシュ・シープドッグ、セント・バーナードなどにみられます。この病気は、片眼だけの場合と両眼に現れる場合があり、多くは小眼球を伴います。残念ながら、治療法はありません。

（斎藤陽彦）

角膜混濁

角膜は、本来は無色透明な組織ですが、様々な原因で濁ることがあります。角膜が混濁すると、視覚障害や視覚喪失を起こすことがあります。

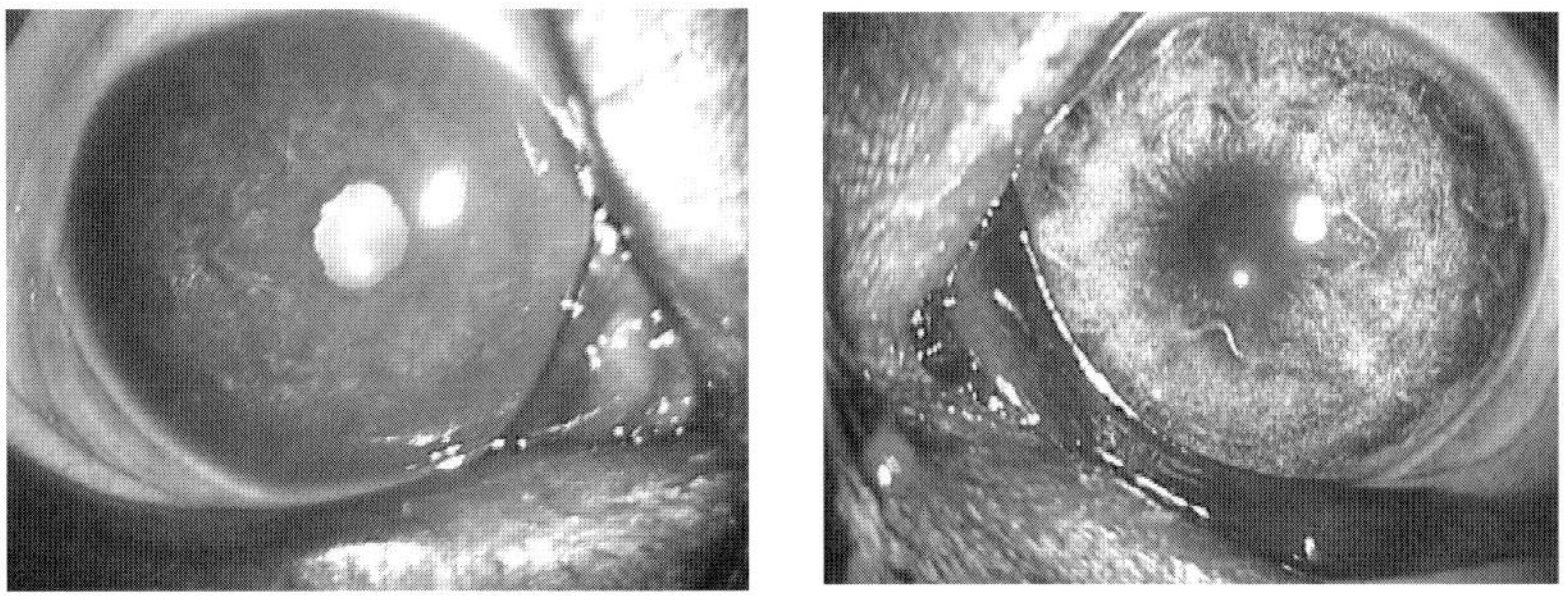

セント・バーナードにみられた小角膜症。左が正常眼、右が小角膜症を発症した眼。先天性白内障、小眼球症を併発している

イヌ、ネコともに生まれて眼が開いたときには、通常は角膜が混濁していますが、この混濁は生後4週ほどで消えていきます。一方、正常ではない生まれつきの混濁には、瞳孔膜遺残《どうこうまくいざん》や新生子眼炎によるものなどがあります。また、後天的な角膜混濁としては、角膜ジストロフィーや色素性角膜炎、角膜浮腫《かくまくふしゅ》、脂質角膜症、角膜膿瘍《かくまくのうよう》、角膜の新生物（輪部または眼球メラノーマ、扁平上皮癌《へんぺいじょうひがん》）、角膜の外傷の瘢痕《はんこん》などがあります。

治療は、原因や混濁している場所によって様々です。（斎藤陽彦）

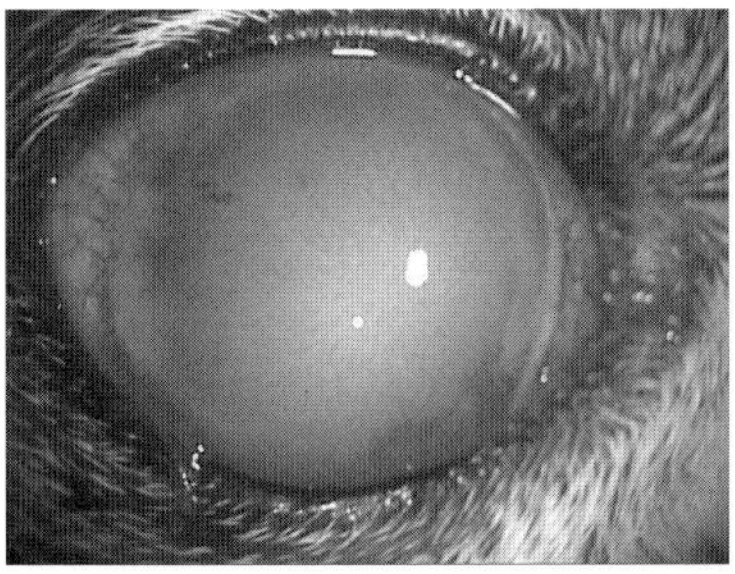

角膜内皮変性による角膜混濁の例（チワワ、去勢雄、10歳）。角膜内皮機能の障害により、角膜全域に混濁がみられる

角膜ジストロフィー

両眼の角膜にみられる遺伝性の病気で、角膜の白斑《はくはん》が特徴的です。ビーグルやシベリアン・ハスキー、シェットランド・シープドッグ、キャバリア・キング・チャールズ・スパニエル、エアデール・テリアなどによくみられますが、発症時期は犬種によって様々です。一般に長円形または円形をした白色の混濁が角膜中央部に現れます。

病巣が白色にみえるのは、角膜にコレステロールやリン脂質、中性脂肪が沈着したためです。この病気にかかったイヌは通常、不快感を示すことは少なく、視覚を喪失することもまれです。

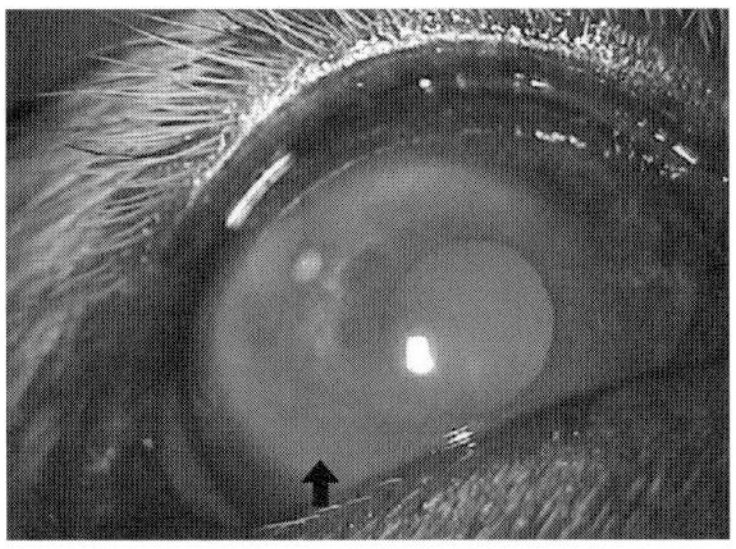

シベリアン・ハスキー（去勢雄、7歳）にみられた角膜ジストロフィー。角膜上に白色のドーナッツ型混濁（矢印）がみられる

診断するためには、コレステロールやHDL、LDL、トリグリセライドの測定を含む血液化学検査や副腎《ふくじん》機能検査、甲状腺機能検査《こうじょうせんきのうけんさ》などを行い、全身性疾患を除外することが必要です。

治療方法は確立されていません。（斎藤陽彦）

乾性角結膜炎（KCS）

涙が減少することにより、角膜や結膜の表面に炎症が起きる病気です。イングリッシュ・ブルドッグやウエスト・ハイランド・ホワイト・テリア、パグなどに多くみられ、ネコでの発生はまれです。原因としては、犬ジステンパーウイルスの感染や外傷、放射線療法、薬物感作などのほか、原因のはっきりしていない自己免疫性、あるいは特発性と呼ばれるものがあります。診断にあたっては、涙の量を調べます。涙の量の検査には、シルマー試験という方法が用いられます。

この病気にかかった動物は、初めのうちは結膜の充血や浮腫《ふしゅ》を起こし、痛みを示しますが、病気の進行とともに痛みを感じなくなっていきます。また、結膜に色素が沈着し、角膜にも血管が侵入してきて、色素の沈着がみられるようになります。さらに、粘液膿性《ねんえきのうせい》の眼やにが眼瞼に付着します。

治療としては、涙液補充療法として防腐剤無添加の人工涙液を点眼します。また、油成分を補うために、眼軟膏を使用します。細菌感染のある時には、抗生物質の点眼を併用することもあります。さらに、涙液の分泌を促進する薬物を投与したり、免疫抑制薬の点眼や軟膏《なんこう》も使用されています。回復の程度は、病気の原因によって様々で、自然に治癒することもありますが、慢性化して治りにくくなるケースも多くみられます。（斎藤陽彦）

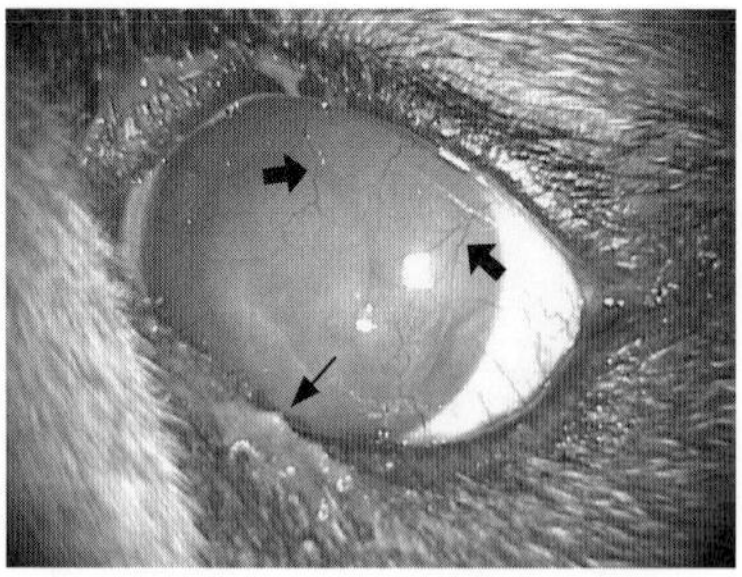

不適切な瞬膜切除のため乾性角結膜炎（ＫＣＳ）に至った例（ブルドッグ、雌、８歳）。角膜全域が白濁し、血管新生（➡）、粘液膿性眼脂（→▸）がみられる

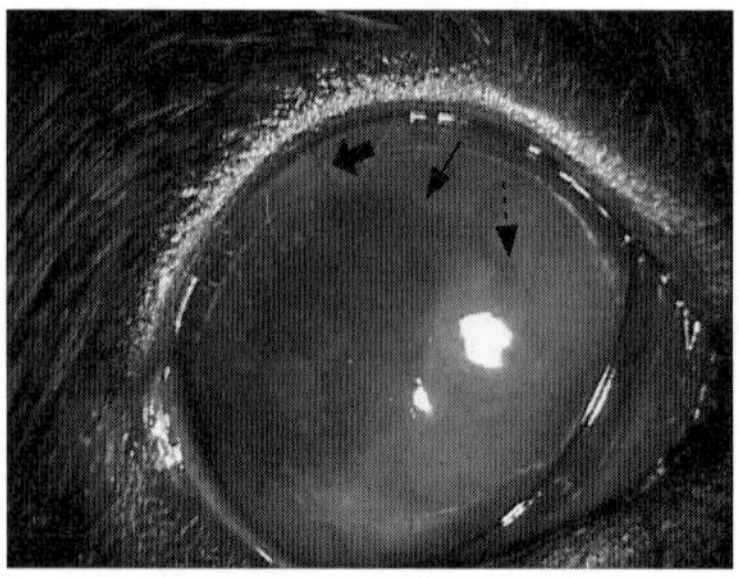

ミニチュア・ダックスフンド（去勢雄、1 歳）にみられた色素性角膜炎。角膜上に血管新生（➡）、濃い色素沈着（→▸）、薄い色素沈着（··▸）がみられる

色素性角膜炎

色素性角膜炎とは、何らかの原因によって角膜に炎症が起こり、血管新生と色素沈着が発生したものです。パグやシー・ズー、ペキニーズなどの短頭種では、角膜表面の過度の露出や涙液減少、眼瞼内反《がんけんないはん》などが原因として考えられます。また、ほかの犬種では、涙液減少以外に原因がはっきりしないケースもあります。飼い主は動物の視覚がなくなるまで症状に気づかないことが多いようです。

治療には、原因の除去が必要です。主に眼瞼内反の矯正と角膜露出の低減を目的とする眼瞼形成手術《がんけんけいせいしゅじゅつ》などの外科治療や、抗炎症薬の点眼などを行います。原因が除去されれば経過は良好ですが、除去されない場合は完治することはありません。

（斎藤陽彦）

慢性表層性角膜炎（ＣＳＫ）

パンヌスとも呼ばれ、角膜への血管の侵入、炎症を伴う肉芽組織の増生を起こす病気です。

瞬膜にも症状がでることも多く、進行すると視覚障害を発生します。通常、両眼に同時にみられますが、病気の早い段階では片側の眼が他方の眼よりも進行していることがあります。

原因には自己免疫や紫外線が関係していると考えられています。多くの場合、副腎皮質《ふくじんひしつ》ホルモン製剤《せいざい》やその他の免疫抑制剤の投与によって症状を抑えることができます。ただし、完治することはありませんので、長期にわたる治療が必要となります。1~6歳のジャーマン・シェパード・ドッグに多いとされていますが、その他の犬種でもみられる病気です。

（斎藤陽彦）

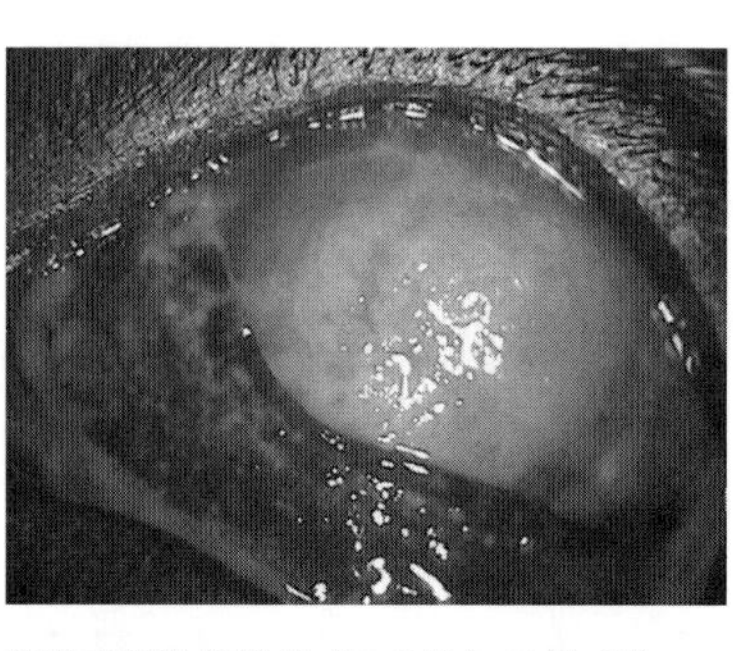

慢性表層性角膜炎（ＣＳＫ）の例（ジャーマン・シェパード・ドッグ、８歳）

ネコの好酸球性角膜炎

好酸球性角膜炎の原因は定かではありませんが、一定の慢性アレルギー刺激に対してネコが過剰な反応をすることが知られています。そのため、好酸球性角膜炎はアレルギーに関係していると思われ、また、好酸球性皮膚炎などとの関連も考えられています。

角膜の周辺部（通常は耳側）に隆起した血管新生病巣ができ、ゆっくりと中心に向かって進行していきます。進行すると角膜全体を覆うこともあります。また、チーズ状の付着物、角膜浮腫、表層性の血管新生、結膜炎、粘液性の眼やにもみられます。

診断は、症状と角膜表層の検査によって行います。また、眼やにや角膜表層の検査では、好酸球や好酸性《こうさんせい》顆粒《かりゅう》が多数認められます。

治療は、ほとんどの場合、ステロイドの局所投与が効果的です。難治なものや再発を繰り返すものには、酢酸メゲステロールを投与します。

（原　喜久治）

猫ヘルペス角結膜炎

原因

猫伝染性鼻気管炎（FVR）を起こすウイルスは、ヘルペスウイルスの一種で、上部気道のほか、眼にも感染を起こします。このウイルスは、眼では潜伏型で残る能力があり、いったん症状が消えた後も再発することがあります。80％のネコは、自然感染に続いてキャリアになり、このウイルスに対する予防接種を受けているネコは、症状を示すことなく、慢性のキャリアになります。

再発は、ストレスや手術、泌乳、ステロイド療法などで起こり、同時に猫白血病ウイルス（FeLV）や猫免疫不全ウイルス（FIV）の感染を受けている場合は予後が悪いようです。

このウイルスは、感染後、ただちに気道と結膜の上皮で増殖し、上皮の障害は2日目から明らかとなり、感染後7～10日で症状が現れます。

症状

急性感染例は、新生子や若いネコにみられます。くしゃみや鼻汁、眼やになどの上部気道症状が著しく、両側の眼に結膜炎が起こり、粘液性または粘液膿性の眼やにを分泌し、結膜浮腫がおこり瞼球癒着（結膜同士の癒着や結膜と角膜の癒着）を残すものが多い。

一方、中年齢以上のネコに発症がみられる場合は、潜在的なウイルスの再活性化によるものです。若いときに感染を受け、回復したネコに再発したと考えられます。成猫では、結膜炎だけのこともありますが、併せて角膜炎を起こすこともあります。結膜の症状は、一般に軽度の充血や断続的な眼やにです。経過は長引き、しばしば再発します。角膜にも症状が及ぶ場合は、樹枝状角膜潰瘍、軽度の角膜浮腫や角膜表層血管新生がみられます。さらに、角膜の炎症が角膜実質に達すると、実質に瘢痕が残ります。

診断

診断は、経過と臨床検査の結果に基づいて行います。また、ウイルスを分離できれば、猫ヘルペス性眼疾患の確定診断となります。

治療

上部気道感染のある若いネコの場合は、広域スペクトルの抗生物質を全身と局所に投与します。新生子の場合は、水分の補給や保温、加湿器の使用などが必要です。角膜に病変があるネコに対しては、局所に抗ウイルス薬を投与します。

また、再発した成猫の場合は、角膜実質に病変が及ぶ前の早い時期に、局所的に抗ウイルス薬を投与するのが最良の治療法です。

アシクロビルは、人のヘルペスウイルス感染症に使用されている新しい抗ウイルス薬で、眼軟膏《がんなんこう》と錠剤があります。

また、ヘルペス性角膜炎の治療を補助するために、インターフェロン局所療法や、シメチジンまたはリジンの内服などが検討されつつあります。

このほか、慢性ヘルペス性角膜実質炎の場合、免疫反応を抑制するためにコルチコステロイドを用いることがあります。ただし、上皮や結膜の障害が活発である段階でステロイド製剤を使用すると、上皮の再生を遅らせ、ウイルスの押さえ込みに時間がかかってしまう結果となり、さらに感染が角膜実質に及んでしまいます。ステロイド製剤の使用は慎重に行い、抗ウイルス薬との併用も必要です。

（原　喜久治）

角膜薬物汚染（アルカリ、酸）

角膜外傷のうち、アルカリや酸を含む液体の飛沫《ひまつ》によるものを角膜薬物汚染といいます。

原因

原因となる酸には、硝酸や硫酸などがありますが、動物ではまれです。一方、原因となるアルカリには、生石灰やアンモニアなどがあります。酸による汚染では、組織のタンパク質が沈殿し、表面に凝固壊死《ぎょうこえし》の痂皮《かひ》（かさぶた）が形成されます。この乾性の痂皮が薬物の深部への移行を妨げるため、アルカリに比べると、酸は組織の深部へ到達しにくくなります。一方、アルカリは容易に深部に波及します。

症状

急性期には、結膜の充血や浮腫、虚血、壊死《えし》、角膜上皮の痂皮、虹彩炎《こうさいえん》が起こります。また、修復期には、血管の新生を伴う角膜上皮の再生がみられます。

二次的障害期には、瞼球癒着《けんきゅうゆちゃく》、ぶどう膜炎、併発白内障、続発性緑内障がみられます。

治療

受傷時の応急処置は、薬物が酸性でもアルカリ性でも中和剤で洗浄する前に、まず、一刻も早く手元の水で洗い流すことです。そして、ただちに病院を受診し、そこで20~30分かけて2~3Lの生理食塩水で結膜円蓋部《けつまくえんがいぶ》まで十分に洗い流します。中和剤としては酸には3%の重曹水、アルカリには0・5%の酢酸や燐酸緩衝《りんさんかんしょう》液《えき》を用います。

薬物療法としては、抗生物質に加え、虹彩炎や毛様体炎があればアトロピン点眼薬、角膜潰瘍があればアセチルシステイン溶液やヒアルロン酸点眼液を投与します。また、前房蓄膿《ぜんぼうちくのう》や虹彩炎に対しては、角膜潰瘍治癒後にステロイドの点眼を行います。さらに、瞼球癒着の予防として、治療用コンタクトレンズを挿入することもあります。

（勝間義弘）

ブルーアイ

犬伝染性肝炎感染に伴って、青白い色をした角膜混濁が起こることがあり、これをブルーアイと呼びます。急性期は、ウイルスによる軽い虹彩毛様体炎《こうさいもうようたいえん》だけですが、回復期には角膜混濁を伴った強い虹彩毛様体炎を起こします。これは眼球におけるアルチュス型のアレルギー反応です。

青白い角膜混濁と、虹彩毛様体炎を主な症状としますが、角膜混濁を起こす病気や虹彩毛様体炎を併発する病気は多数あり、この二つの症状だけでブルーアイと診断することはできません。角膜混濁は、回復期に併発する症状ですので、この症状を示す前に、犬伝染性肝炎にかかっていたかどうかが診断の手掛かりになります。

以前は、犬伝染性肝炎の生ワクチンの副作用でブルーアイになった例もありましたが、現在のタイプの新しいワクチンを使い始めてからは、こうした発生はみられません。

コルチコステロイドの局所および全身投与が有効です。抗生物質は、予防的に使用する程度です。虹彩毛様体炎に対しては、散瞳薬《さんどうやく》または調節麻痺薬《ちょうせつまひやく》としてアトロピンを点眼します。余分な羞明《しゅうめい》（眼のしょぼつき）を起こさせないために、明るい場所での飼育を避けるようにします。

（勝間義弘）

急性角膜水腫《きゅうせいかくまくすいしゅ》

角膜水腫は、水疱性角膜症《すいほうせいかくまくしょう》とも呼ばれ、遺伝的な素因によって角膜内皮に異常をきたし、水疱性《すいほうせい》の角膜混濁を起こす病気です。

イヌでは、ボストン・テリアやチワワ、ネコではマンクスやブルーグレー色のペルシアに多いといわれています。通常、痛みや結膜への刺激がなく、2~3年かけてゆっくりと進行します。ただし、急性角膜水腫は、発生はまれですが、分刻みで水疱《すいほう》が融合して角膜潰瘍《かくまくかいよう》となり、デスメ膜瘤《まくりゅう》に至る救急眼科疾患です。

症状としては、水疱性の角膜混濁と水《すい》疱《ほう》破裂《はれつ》による角膜潰瘍がみられます。

治療は、角膜潰瘍に対してアセチルシステイン溶液を点眼します。デスメ膜瘤に対しては、結膜フラップ被覆手術か角膜潰瘍の縮小手術を行います。

（勝間義弘）

難治性角膜びらん

角膜の損傷のうち、もっとも損傷が浅く、角膜上皮のみを失った病気を角膜びらんといいます。とくに治療しても治らないもの、あるいは一時的に治ってもすぐに再発するものを難治性角膜びらんと呼んでいます。

原因

はっきりとはわかっていませんが、角膜上皮と実質をつなぐ基底膜の変性または欠如が原因ではないかと推測され、具体的には外傷や睫毛重生《しょうもうじゅうせい》、乾燥などが考えられます。

症状

羞明や流涙、眼瞼けいれんを示しますが、角膜潰瘍で生じるような角膜浮腫や角膜への血管侵入はみられません。また、角膜上皮の再生が起こりますが、上皮と角膜実質との接着は認められません。

診断

フルオレスセイン染色試験を行い、上皮に欠損があることを確認します。とくに、色素が上皮の下に入り込むことが確認されれば、難治性角膜びらんである可能性が高いといえます。

治療

コラゲナーゼ阻害薬としてアセチルシステイン溶液を点眼します。細菌感染が原因になることはまれですが、上皮が欠損して細菌に感染しやすくなるため、抗生物質の点眼も行います。また、動物が眼を擦《こす》らないように、エリザベスカラーを装着します。治療用のコンタクトレンズを装着することもあります。それでも治りにくい場合は、表層性角膜穿刺手術《ひょうそうせいかくまくせんししゅじゅつ》を行います。この手術は、角膜びらんの潰瘍底《かいようてい》の境界領域の遊離上皮を切除し、表層も擦り取るものです。

（勝間義弘）

角膜《かくまく》潰瘍《かいよう》

組織欠損を伴う角膜の病気のうち、角膜上皮ばかりでなく、実質まで欠損したものを角膜潰瘍といいます。

原因

細菌（とくにシュードモナス属）の感染を受けたとき、細菌のもつタンパク質分解酵素によって角膜の実質が攻撃されたり、角膜上皮細胞や線維芽細胞、多形核白血球あるいはある種の細菌が作り出すコラゲナーゼという酵素によって角膜実質が溶かされると、重度の角膜潰瘍が発生します。また、真菌感染や涙液不足によっても角膜潰瘍が起こります。

症状

羞明、眼瞼けいれん、流涙、角膜浮腫、眼やに、角膜への血管の侵入がみられます。

診断

フルオレスセイン染色試験を行い、上皮に欠損があることを確認します。ただし、フルオレスセインに染まらなかったとしても、潰瘍がデスメ膜にまで進行し、角膜実質がすべて欠損している可能性を考慮します。

また、角膜潰瘍の部分から細菌検査用の検体を採取、細菌の培養と同定を行います。

治療

細菌検査の結果に基づいて、抗生物質の点眼と内服を行い、コラゲナーゼ阻害薬としてアセチルシステイン溶液を点眼します。その他のコラゲナーゼ阻害薬として、エチレンジアミン四酢酸（EDTA）や自家血清を使用することもあります。動物が眼を擦らないように、エリザベスカラーを装着します。また、2～3日ごとにフルオレスセイン染色試験を行い、角膜上皮形成の度合いを調べます。それでも潰瘍《かいよう》の進行が止まらないときは、結膜フラップか瞬膜フラップで潰瘍を覆います。覆いかぶせる前に潰瘍の境界を寄せておくと、白斑を最小限に食い止めることができます。

（勝間義弘）

角膜裂傷

穿孔性眼外傷《せんこうせいがんがいしょう》の代表的なものであり、外科的整復を必要とします。

原因

動物ではガラスに衝突したときや、動物同士のけんかで爪《つめ》や牙《きば》による外傷を負ったとき、植物の棘《とげ》が刺さったときなどによくみられます。

症状

外傷の程度によりますが、突然の羞明、眼瞼けいれん、流涙、角膜浮腫、眼やに、前房水の流出、虹彩脱出《こうさいだっしゅつ》などがみられます。

診断

フルオレスセイン染色試験を行い、上皮に欠損があることを確認します。また、細隙灯顕微鏡《さいげきとうけんびきょう》によって三次元的な観察をし、異物の有無を調べます。

治療

角膜裂傷は、外科的に縫合します。虹彩が脱出している場合は、元に戻すか切除します。異物があれば摘出し、前眼房を再形成します。棘が刺さっているときは、棘を先に抜いてしまうと、前房水が流出して低眼圧となり縫いにくくなってしまうため、縫合してから棘を抜くのがよいでしょう。また、けんかによる外傷は細菌感染が起こりやすいので、抗生物質を全身に投与します。角膜浮腫を起こしている裂傷は癒着しにくいため、結膜フラップを被せて補強します。

（勝間義弘）

デスメ膜瘤《まくりゅう》

角膜は、表面から順に上皮、実質、デスメ膜、内皮の4層構造をしています。デスメ膜瘤は、角膜潰瘍が進行し、デスメ膜に達したときに、そのデスメ膜が隆起して透明な小水疱《しょうすいほう》を形成した状態です。放置すれば、デスメ膜が破れて角膜《かくまく》穿孔《せんこう》を起こすおそれがあります。

治療は、ほとんどの場合、角膜縫合や結膜弁被覆法、瞬膜弁被覆法、眼瞼縫合《がんけんほうごう》などの外科的処置が必要です。

（原　喜久治）

虹彩脱《こうさいだつ》

潰瘍や外傷によって角膜が破れると、虹彩《こうさい》がその穴に脱出して穴を塞《ふさ》ぎます。この状態のものを虹彩脱といいます。瞳孔は変形し、視力にも影響が生じます。ただちに動物病院を受診する必要があります。

（原　喜久治）

ネコの角膜《かくまく》黒色《こくしょく》壊死症《えししょう》

角膜黒色壊死症は、角膜の実質に壊死が起こるネコ特有の病気で、ペルシアやヒマラヤン、シャムに頻発します。

原因は不明ですが、ヘルペスウイルスが関係しているものがかなりあります。

初期には、角膜中央部が硬く黄褐色をしていますが、すぐに暗褐色に変化し、角膜表面に浮いたようになります。そして、その壊死組織を取り囲むように、角膜浮腫と血管の新生（壊死組織に対する異物反応）が起こってきます。また、ヘルペスウイルスの感染によって発症したと考えられるネコのほとんどで、眼瞼けいれんと褐色の流涙がみられます。

治療にはいくつかの方法があります。一つは、抗生物質などを点眼し、刺激による痛みをとって角膜を保護しながら壊死組織が脱落するのを待つ方法です。また、ヘルペスウイルスが関係しているものでは抗ウイルス薬を点眼します。このほか、外科的に病変部分を切除することもあります。

（原　喜久治）

強膜欠損症

強膜欠損症（強膜コロボーマ）は、先天的な異常です。強膜のどこにでも起こりますが、視神経乳頭やその周辺に多発する傾向があります。

強膜欠損を起こす病気として、コリーアイ症候群といわれるものがあります。これは、コリーやシェットランド・シープドッグ、ボーダー・コリーに発生する常染色体劣性遺伝疾患で、視神経乳頭やその近辺に発生します。

また、オーストラリアン・シェパードにみられる多発性眼異常コロボーマという病気もあります。この病気も常染色体劣性遺伝疾患で、強膜の赤道部付近に発生する傾向があります。

このほか、ウサギにも劣性遺伝性の強膜欠損が起こることが知られています。ウサギに発生するこの病気は、小眼球のものに起こり、眼球が正常な大きさをしているウサギでの発生は少ないといわれています。

（原　喜久治）

強膜炎

強膜には、血管が少ないため、炎症は起こりにくいようです。ただし、強膜の前部、とくに球結膜と強膜の間にある上強膜には血管が豊富に分布していて炎症が起こりやすい傾向があります。強膜の炎症（強膜炎と上強膜炎）の原因の大部分は内因性です。

上強膜炎の症状としては、角膜に近い結膜下だけに膨隆が現れ、青味がかった充血がみられます。この膨隆は結膜といっしょに移動することはありません。アドレナリンを点眼すると、結膜の充血はとれますが、上強膜の充血はとれません。異物感と痛みがあり、涙の量が多くなり、眼がショボショボしています。

強膜炎は、強膜深層の炎症で、その発生は上強膜炎よりまれです。上強膜炎よりも重症になることが多く、虹彩炎や虹彩毛様体炎、角膜炎を合併します。

治療としては、ステロイドの点眼と注射や内服のほか、アザチオプリン（免疫抑制薬）の内服を行います。1カ月以内に治るものはよいのですが、難治性や再発を繰り返すものでは注意が必要です。一般に、予後は、上強膜炎の場合はよいようですが、強膜炎の場合は不良です。

（原　喜久治）

前房の疾患

瞳《どう》孔《こう》膜《まく》遺《い》残《ざん》

胎生期に、瞳孔《どうこう》は薄い瞳孔膜《どうこうまく》に覆われていますが、この瞳孔膜は胎子に特有の構造です。多くの動物では出生前に吸収されます。しかし、イヌでは開眼時になっても吸収が完全ではなく、クモの巣のような線維状構造物が残っています。これは通常、生後1カ月で消失しますが、ずっと残ったものを瞳孔膜遺残といいます。

原因としては、遺伝が考えられます。とくにバセンジーでは、遺伝性であることが強く疑われています。また、他の犬種でも、たとえばチャウ・チャウやマスティフ、ダックスフンド、ウェルシュ・コーギー・カーディガンなどは、遺伝性または家族性の素因をもつと思われます。

症状は、遺残物の付着部位や遺残している数、遺残物の残存期間により様々で、障害がみられないこともあれば、角膜内皮に異常が起こって浮腫《ふしゅ》を生ずることもあります。また、水疱性角膜炎《すいほうせいかくまくえん》や白内障

瞳孔膜遺残

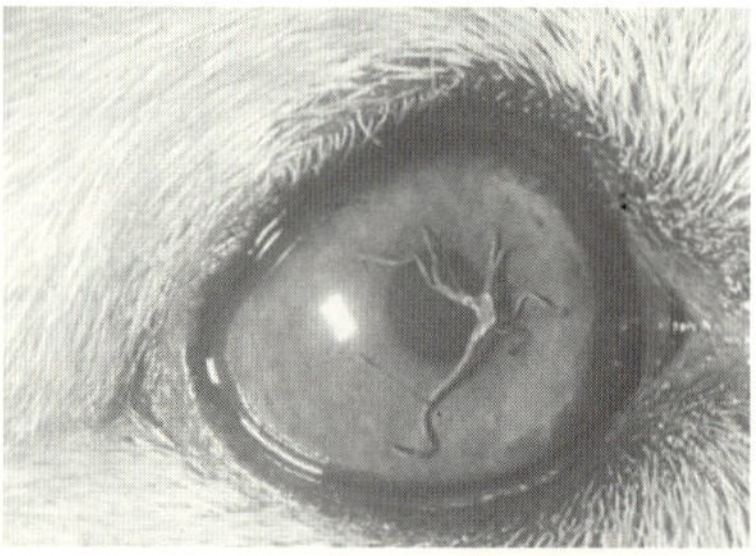

を引き起こしたり、場合によっては失明することもあります。（原　喜久治）

虹《こう》彩《さい》萎《い》縮《しゅく》、虹《こう》彩《さい》母《ぼ》斑《はん》、虹《こう》彩《さい》嚢《のう》胞《ほう》

●虹彩萎縮

虹彩萎縮は、高齢の動物に発生し、その原因は様々です。

被毛や皮膚の色が薄い動物では、虹彩《こうさい》の形成不全（低形成）が起こり、虹彩が菲薄《ひはく》になっていることがあります。このような動物では加齢とともに虹彩萎縮が進行することが多いようです。反帰光による検査を行うと、虹彩がガーゼのような荒い線維状の外観になっていることが確認できます。

また、原発性虹彩萎縮《げんぱつせいこうさいいしゅく》は、チワワとシュナウザーにもっとも多く発生します。若いうちは正常ですが、発育すると症状を示すようになります。この病気では、虹彩に多発性の穴が形成されます。これは多瞳孔症《たどうこうしょう》に類似していますが、瞳孔の縮《しゅく》瞳《どう》に伴い穴が大きくなる点で多瞳孔《たどうこう》と区別されます。

さらに、すべての品種で加齢性変化として瞳孔辺縁《どうこうへんえん》の萎縮《いしゅく》が発生します。瞳孔の辺縁が不規則に萎縮し、病気が進むと括約筋線維と実質が侵されて瞳孔が大きくなります。こうなると、括約筋は完全に破壊され、散瞳《さんどう》したままになります。治療法はありません。

●虹彩母斑

虹彩母斑は、局所的に発生する良性の色素過剰症です。虹彩表面の状態には変化はみられません。

●虹彩嚢胞

虹彩嚢胞は、良性の増殖性疾患で、毛様体と虹彩色素上皮《こうさいしきそじょうひ》が増殖することによって起こります。黒色の嚢胞《のうほう》が瞳孔辺縁に付着しているのが観察されます。透照によって嚢内が透けてみえます。診断には、腫瘍《しゅよう》や肉芽腫《にくがしゅ》との鑑別が必要です。瞳孔の閉塞《へいそく》が起こらない限り、治療の必要はありません。（原　喜久治）

虹《こう》彩《さい》毛《もう》様《よう》体《たい》炎《えん》（前部ぶどう膜炎）

ぶどう膜は、眼球壁の中膜（血管膜）で、虹彩と毛様体、脈絡膜から構成されます。ぶどう膜には、血管などが豊富に分布しているため、炎症が起こりやすくなっています。

原因

外傷などによる外因性、強膜や角膜の炎症などから波及する続発性、特殊な疾患によるもの、過敏（免疫介在）反応性などがありますが、多くは原因のはっきりしない特発性です。

イヌでは、過敏症によるものがもっとも多く、次に外因性、内因性の順になっています。ネコでは、猫伝染性腹膜炎、猫白血病、猫免疫不全症候群、トキソプラズマ症、過敏症によるものがあります。

症状

症状として、涙が多くなって眼がショボショボしたり、痛みがあったり、眼瞼《がんけん》けいれんや視力障害を伴うこともあります。

診断

種々の検査を行い、角膜周擁充血（毛様充血）や角膜混濁、角膜血管新生、虹《こう》彩充血《さいじゅうけつ》、縮瞳、虹彩後癒着《こうさいこうゆちゃく》、前房内滲《ぜんぼうないしん》出《しゅつ》、角膜後面沈着物などを確認することによって診断の参考とします。容易に診断できるぶどう膜炎もありますが、しばしば詳細な確定診断が行えず、単にぶどう膜炎という以上の診断をつけられないこともあります。

治療

原因のはっきりしているものに対しては、原因療法を行います。また、原因のはっきりしないものに対しては、外傷や潰瘍《かいよう》がなければステロイド製剤や非ステロイド性消炎剤を投与し、さらに散瞳薬《さんどうやく》（アトロピンなど）や免疫抑制薬、抗生物質などを用いて治療します。しかし、角膜に外傷や潰瘍がある場合は、ステロイド製剤は使わないか、もし使用する際には注意深く使わなければなりません。

重症の虹彩毛様体炎では、初期に適切な処置をしないと、癒着を起こし、治らなくなったり、緑内障を起こすことがあります。（原　喜久治）

縮《しゅく》瞳《どう》、散《さん》瞳《どう》（片眼あるいは両眼）

瞳孔の形は、動物によって異なります。イヌや霊長類の瞳孔は円形をしていますが、ネコの瞳孔は縦方向に細長く、ウマやウシの瞳孔は横長の形をしています。また、イヌの瞳孔は、人のよりもやや大きいようです。

光刺激に対して左右の瞳孔は同じように反応しますが、このとき、大きくなることを散瞳、小さくなることを縮瞳といいます。カメラでいえば、瞳孔は絞りの役目をしており、暗い夜は散瞳し、明るい昼は縮瞳します。瞳孔は通常、左右ほぼ同じ大きさをしていますが、ときに左右の瞳孔径《どうこうけい》が異なることがあり、これを瞳孔不同《どうこうふどう》といいます。

瞳孔の大きさとその運動は、瞳孔括約《どうこうかつやく》筋《きん》（副交感神経支配）と瞳孔散大筋《どうこうさんだいきん》（交感神経支配）の相互関係により調節されています。なお、括約筋の作用は散大筋の作用よりも強力であり、両筋は完全な拮抗筋《きっこうきん》ではありません。瞳孔括約筋の収縮だけで瞳孔は縮小します。散大した瞳孔が光刺激によって縮瞳しない場合、その前に散瞳薬を使っていない限り、病的状態といえます。

両方の眼に散瞳を起こす病気には、進《しん》行性網膜萎縮《こうせいもうまくいしゅく》や視神経炎、動眼神経麻《どうがんしんけいま》痺《ひ》、脳炎などがあります。また、片方の眼だけに散瞳を起こす原因としては、眼球打撲による外傷や緑内障、副交感神経遮断薬の点眼などがあります。また、他の病気で頸部交感神経刺激《けいぶこうかんしんけいしげき》が起こった場合にも散瞳がみられます。

一方、両方の眼に縮瞳を起こす原因としては、脳腫瘍《のうしゅよう》による脳蓋内圧《のうがいないあつ》の上昇、全身麻酔、農薬中毒などがあります。また、片方の眼だけに縮瞳を起こす原因には、前部ぶどう膜炎、動眼神経刺激、頸《けい》部《ぶ》交感神経麻痺《こうかんしんけいまひ》（ホルネル症候群）、副交感神経刺激薬の点眼があります。なお、眼に光刺激を加えたとき、その眼に縮瞳が起こることを直接対光反応といい、反対の眼にも縮瞳が起こることを間接対光反応といいます。

また、瞳孔の大きさは正常ですが、縮瞳も散瞳もしない場合は、虹彩後癒着や虹彩萎縮が疑われます。（原　喜久治）

水晶体の疾患

眼はよくカメラにたとえられますが、水晶体は、カメラでいえばレンズに相当する器官です。水晶体は、ものを見るときに、網膜に焦点を結んではっきりとした画像を得る役割を果たしています〈図6〉。

眼には、顔を向けた方向にすばやく焦点が合うオートフォーカス機能が備わっています。これは水晶体を固定している毛様小帯と毛様体筋の働きによって、水晶体の厚さが瞬時に変化することにより調節されています。しかし、イヌやネコの水晶体は、ラグビーボール状をした厚みのある大きなレンズです。そのため、調節機能が悪く、どちらかといえば固定焦点のレンズであるといえます。

また、従来、イヌは近視であるといわれてきましたが、水晶体の屈折度数を正確に計ってみると、＋2～＋6ジオプターの遠視であることがわかりました。しかし、これはあくまでも計測値であり、イヌはこの値の範囲で網膜に焦点が合っているのかもしれません。

このように、水晶体は焦点の合った画像を得るための器官であるため、生まれつき水晶体がない場合や、形の異常、定位置からのズレがある場合、さらには透明性を失った場合に、見えにくい、見えないといった視覚障害が現れます。（工藤荘六）

〈図６〉網膜に投影される視覚情報

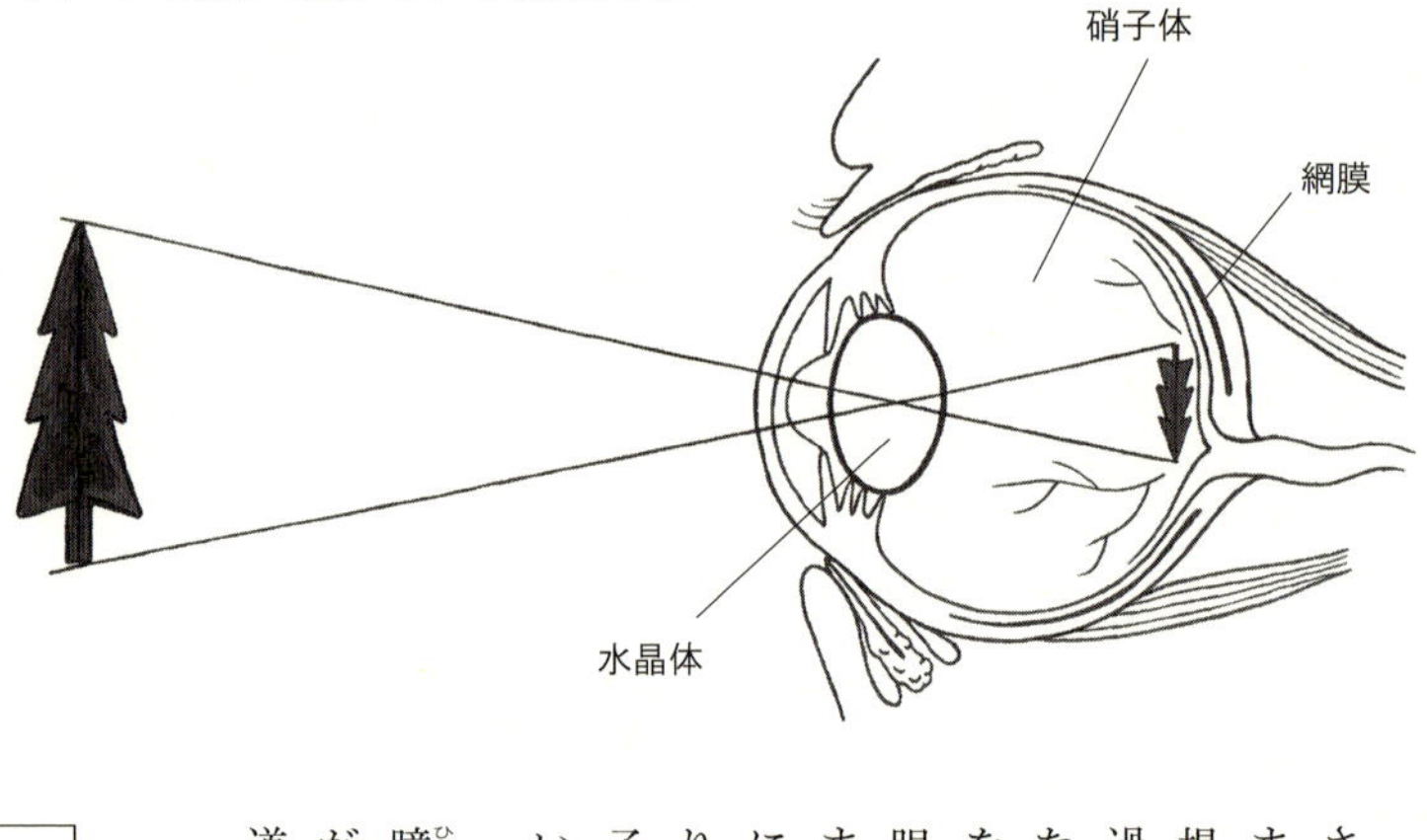

小水晶体症

先天性の異常で、水晶体が通常の大きさよりも小さい状態をいいます。発生はまれです。小水晶体症は、単独で起こる場合と、硝子体血管遺残（眼が作られる過程で使われた血管が吸収されずに残ったもの）や網膜異形成（網膜の発育不全を補う神経組織の異常発育）などの他の眼病とともに発症する場合があります。また、小水晶体症の眼は、生まれたときにすでに白内障が起こっていることがあります。水晶体が小さくても、透明で硝子体血管遺残物が水晶体後方に付着していなければ、視覚は保たれます。

水晶体の大きさは、散瞳薬《さんどうやく》を点眼して瞳《ひとみ》を広げたときに、水晶体赤道部（周囲）が見えるか否か、あるいはどのくらい赤道部が見えるかによって判断します。

（工藤荘六）

無水晶体症（水晶体欠損症）

イヌ、ネコにみられるまれな病気で、胎生期に水晶体が作られず、生まれながらにして水晶体がないものをいいます。無水晶体眼は、硝子体や網膜などの先天性異常を伴うことが多く、通常は、視覚がありません。

スリット光（幅の狭い光線）を眼に照

射し、透光体（角膜、水晶体、硝子体）と呼ばれる透明な器官の断面像に水晶体があるかないかで診断します。

（工藤荘六）

水晶体核硬化症

水晶体は、中心に位置するやや硬い核と、核を取りまく柔らかい皮質、さらにこれらを覆う被膜とで構成されています。イヌは、5歳を過ぎた頃から水晶体の中心部に丸く青白い輪郭が見えるようになってきます〈図7〉。この現象は、水晶体の老化によるもので、核硬化症と呼ばれています。

水晶体上皮細胞は、生涯にわたって核線維を作り続けますが、この核線維は、核の周囲に圧縮され、密度を増すようになります。また、加齢とともに、核内の水分と可溶性タンパク質が減少し、代わって不溶性タンパク質が増加します。こうして水晶体の核が硬化していきます。

幸い核硬化症で視覚がなくなることはありませんが、核硬化症に加えて核に混濁（白内障）が起こると、視覚障害が起こります。

核硬化症と白内障を分けて診断するために、スリット光による検査を行います。核の周囲が淡く混濁して、中心部が透明なものを核硬化症と診断します。核硬化症は、視覚を失うことはないので治療の必要がありません。

（工藤荘六）

〈図7〉核硬化症の前眼部像

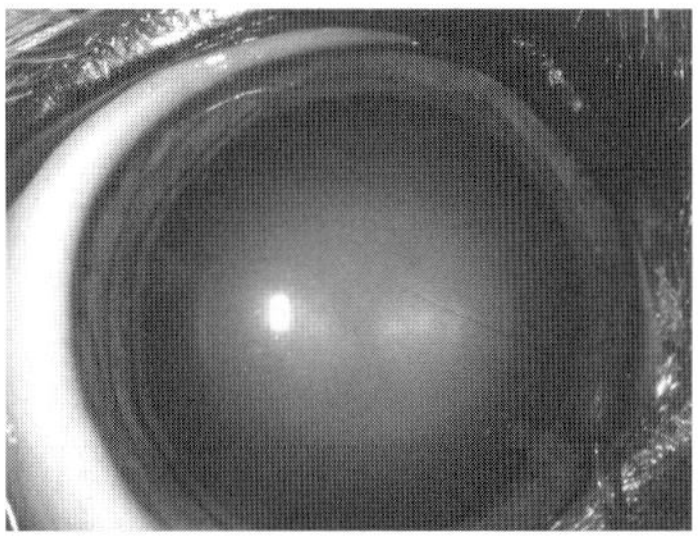

マルチーズ、7歳の右眼。中央の丸く見える部位が核硬化症

白内障

水晶体が混濁したものを白内障と呼んでいます。しかし、前述の核硬化症は除外されます。白内障はイヌに多く、ネコではまれな疾患です。

原因

イヌの白内障の多くは老化によるもので、7歳を過ぎた頃から水晶体に混濁が出始めます〈図8〉。

老齢性白内障は、犬種を問わず、加齢とともにどのイヌにも起こります。しかし、進行の程度は様々で、混濁はあっても生涯視覚を失うことがないイヌもたくさんいます。

また、イヌでは、2歳までの間に起こる白内障を若年性白内障、2～6歳の間に起こるものを成犬性白内障と呼び、これら若くして起こる白内障は遺伝的素因によるとされています。シベリアン・ハスキー、ミニチュア・シュナウザー、コッカー・スパニエル、プードル、ビーグルなど、約80犬種に素因があることが知られています。

このほかには、全身疾患に関連して起こるもの（たとえば糖尿病性白内障）、眼の病気に併発するもの、薬物やけがで起こる白内障などがあります。

〈図8〉老齢性白内障の前眼部像

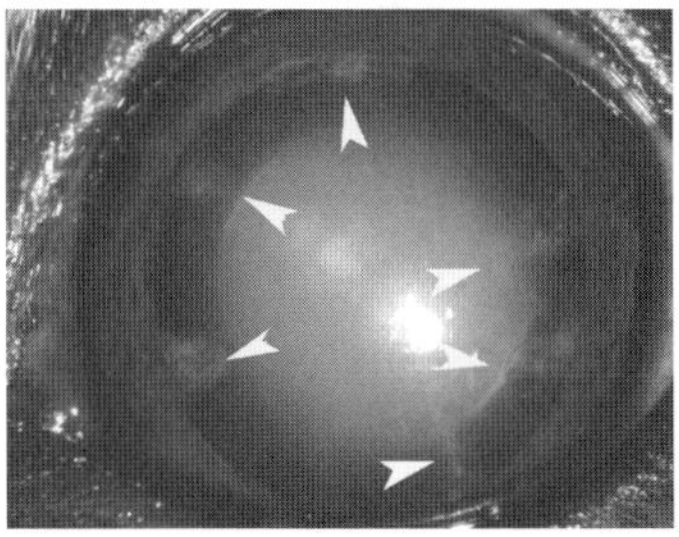

ミニチュア・ダックスフンド、12歳の左眼。水晶体辺縁の混濁（矢印）が白内障

症状

イヌが白内障になると、眼が白くみえたり、つねに瞳が広がっていたりといった肉眼的な変化のほか、暗いところで動かない、段差のあるところでつまずく、ものにぶつかる、壁伝いに歩くなど、視覚障害を示す症状が現れます。飼い主が白内障に気づくのは、眼が白くなったときではなく、行動異常が現れたときが多いようです。これは、イヌは眼が見えにくくなっても飼い主に訴えることができないことと、視覚が障害されても嗅覚《きゅうかく》や聴覚（音や声）、体表に伝わる感覚などにより住み慣れた環境では行動がさほど制限されないためです。しかし、白内障が進行して視覚を失うと〈図9〉、一日中寝ているようになり、急に手を出すと驚いて咬《か》みついたりすることもありま

〈図9〉成熟白内障

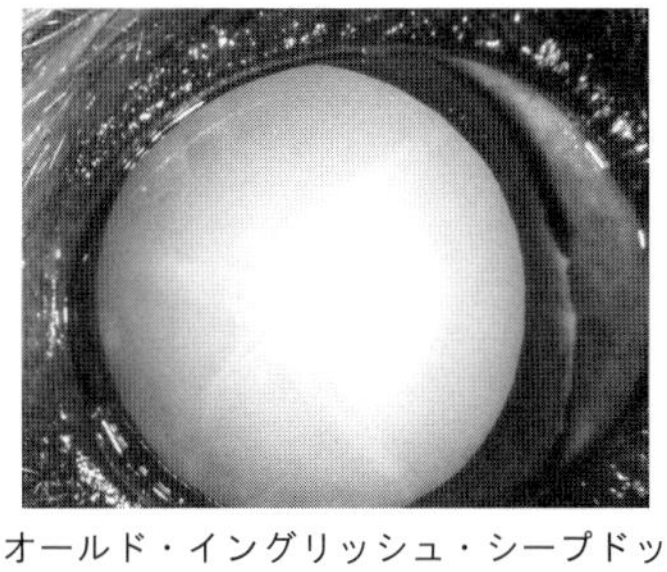

オールド・イングリッシュ・シープドッグ、3歳の右眼。水晶体全体が混濁し、失明している

す。

診断

最初に、眼が見えているかいないかを明るい部屋と暗い部屋でそれぞれ調べます。次に、眼を外側からみて、白眼や眼の中に異常がないかを調べます。それから散瞳薬という目薬で瞳を広げ、スリット光と呼ばれる縦長の細い光を使って水晶体の断面像を調べたり、網膜からの反射光を利用して水晶体のどの部位にどんな混濁があるかを調べます。また、超音波検査を行うこともあります。

治療

イヌの白内障の治療には、目薬や飲み薬による内科的方法と、手術による外科的方法があります。白内障があっても視覚が保たれているときは、内科的治療が選択されます。しかし、目薬や飲み薬の効果はさほど期待できるものではありません。

白内障による視覚障害や、失明しているときは手術が必要です。白内障の手術には、眼を大きく切って（180度）、水晶体内容をそっくり取り出す方法と、約3㎜の小さな切開創から超音波で水晶体内容を砕いて吸い取る方法の二つがあります。しかし、いずれにしても、レンズがなくなるとイヌは強度の遠視（＋14D前後）となり、手術をしてもそのままでは近くのものが見えない、段差が確認できない、散歩では電柱にぶつかるなど、強度遠視による視覚障害が残ります。そのため、水晶体内容を取り除いた後、水晶体があった位置にイヌ用人工水晶体（眼内レンズ）を挿入します〈図10〉。これでイヌは本来の屈折度数を取り戻し、近くも見えて自由に行動ができるようになります。

（工藤荘六）

〈図10〉

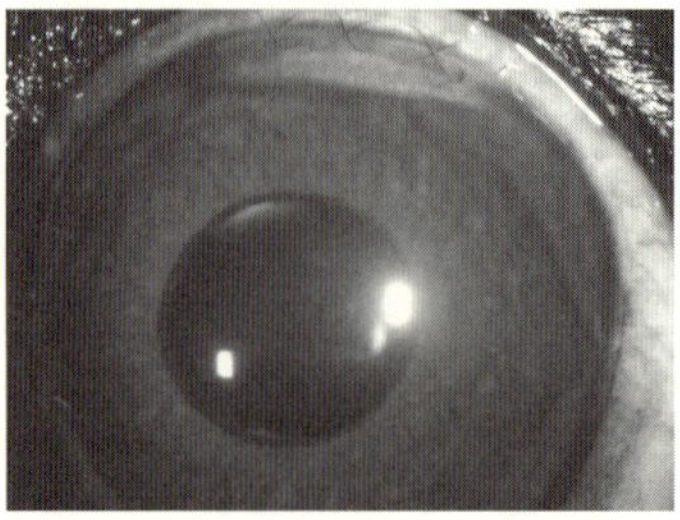

白内障手術および眼内レンズ挿入術を行って3週間目の所見。混濁が取り除かれて、イヌ用眼内レンズが挿入されている

> **白内障手術の安全性**
>
> 近年、人の白内障手術は短時間で安全に、しかも予測した視覚が回復できる手術となっています。そのためイヌも同じように手術ができるであろうと考えるのは当然かもしれません。しかし、イヌの白内障手術はそう簡単なものではありません。最大の理由は水晶体そのものにあります。イヌの水晶体は人の倍近くもあり、取り出したり破砕するのに相当の時間がかかります。そのため眼に与える侵襲が大きく、術後炎症が必発するからです。また、デリケートな手術のため、術後は数週間の安静と清潔度を保つことが重要です。しかし、これは容易ではありません。イヌの白内障手術は、イヌ独特の眼の解剖学的構造と、イヌであるがゆえに生じる問題とにより、リスクを伴う手術であることの理解が必要です。
>
> （工藤荘六）

水《すい》晶《しょう》体《たい》脱《だっ》臼《きゅう》

水晶体の位置がずれたり、前房内（角膜と虹彩《こうさい》の間）や硝子体腔《しょうしたいくう》に変位した状態を水晶体脱臼と呼びます。

原因

水晶体脱臼は、眼に受けた鈍的外傷、緑内障による眼球の増大、白内障による水晶体の膨化、眼内腫瘍《しゅよう》、遺伝的素因などが原因で起こります。イヌはテリア種、プードル、ボーダー・コリーに自然発生します。チベタン・テリア、ミニチュア・ブル・テリアには遺伝的素因が認められています。ネコではシャムおよび老齢猫に自然発生することが知られています。

症状

水晶体が前房内へ脱臼《だっきゅう》すると、白眼の充血と激しい痛みを示し、さらにぶどう膜炎や緑内障を発症しやすくなります。

診断

水晶体が脱臼しても、緑内障やぶどう膜炎が起こっていなければ無症状であるため、脱臼に気づかないことがほとんどです。水晶体脱臼は眼内にスポット光を照射して見るとよくわかります。水晶体脱臼の多くは硝子体腔への脱臼（後方脱臼）です。この場合はスポット光照射によって、水晶体が移動した反対方向の赤道部（水晶体の辺縁）が見えるようになります〈図11〉。

水晶体が前房内へ脱臼した場合（前方脱臼）には、水晶体が虹彩の上にあるため、赤道部全周が視認できるようになる反面、虹彩や瞳孔《どうこう》は見えにくくなります〈図12〉。

治療

水晶体が硝子体腔へ脱臼しても、眼の中の炎症（ぶどう膜炎）や緑内障が起こっていなければ、治療の必要はありません。

〈図11〉

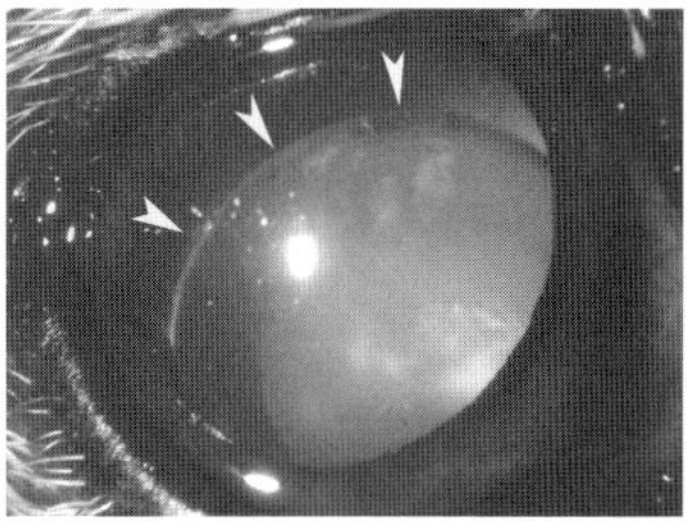

柴犬、10歳の右眼。水晶体後方亜脱臼の眼前部像。スポット光を照射すると水晶体が硝子体腔へ脱臼し、上方の水晶体赤道部（矢印）が観察される

〈図12〉

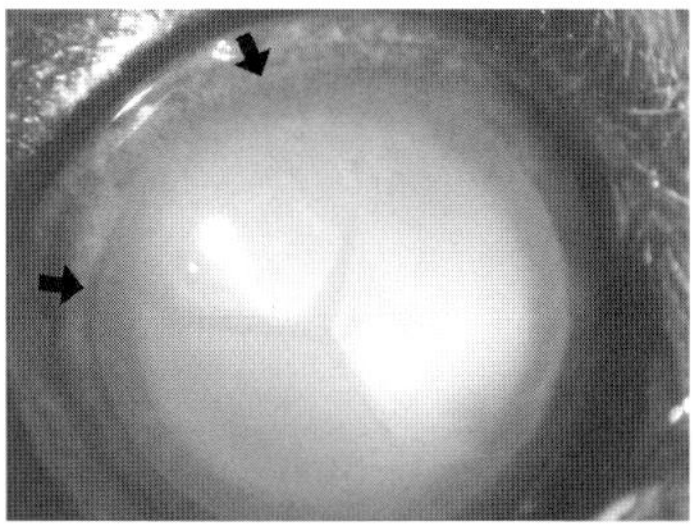

ヨークシャー・テリア、９歳の右眼。水晶体前方脱臼の前眼部像。水晶体は虹彩の上（前方）にあり、瞳孔が水晶体の下（後方）に見えている。赤目と呼ばれる激しい結膜充血もみられる

しかし、前房内に脱臼した場合は水晶体摘出手術を行います。（工藤荘六）

硝子体の疾患

硝子体は、眼球内腔《がんきゅうないくう》のおよそ75％を占めるゲル状の組織で、眼球壁を房水（角膜と水晶体の間を満たす水）とともに内側から支え、眼球の形状を維持するとともに、水晶体や網膜の代謝に関係しています。また、硝子体は、血管が分布していないために透明であり、眼内の光の通路となっています。

硝子体にみられる病気の多くは、発生段階で使用された血管の遺残と、加齢に伴う退行性疾患(老化に伴う組織の衰退、退化、変質による病気)です。（工藤荘六）

第一次硝子体過形成遺残（ＰＨＰＶ）

胎生期の水晶体形成に使われた硝子体動脈が消退せず、水晶体後嚢《すいしょうたいこうのう》（後面）に付着して残存し、それが増殖したものが第一次硝子体過形成遺残です。すべての犬種に発生しますが、ドーベルマンでは遺伝性疾患として知られています。

片眼だけに発生する場合と両眼に発生する場合があり、視覚障害を伴うものと視覚に影響を及ぼさないものがあります。また、ＰＨＰＶは、小眼球や瞳孔膜《どうこうまく》遺残《いざん》、水晶体欠損症を伴うことがあります。さらに、ＰＨＰＶを示す若齢犬は、水晶体後嚢付着部から白内障を発生することが多く、高齢犬では牽引性網膜剥離《けんいんせいもうまくはくり》を発生する危険性が高くなります。

散瞳《さんどう》させた後、スポット光を照射して観察することによって診断します〈図13〉。スリット光を用いて水晶体と硝子体の断面像を観察すると、病変部が明確になります。

視覚障害がある場合は、白内障手術を行った後、水晶体後面の混濁部切除や前部硝子体切除、そして眼内レンズ挿入といった複雑な手術が必要です。（工藤荘六）

〈図13〉

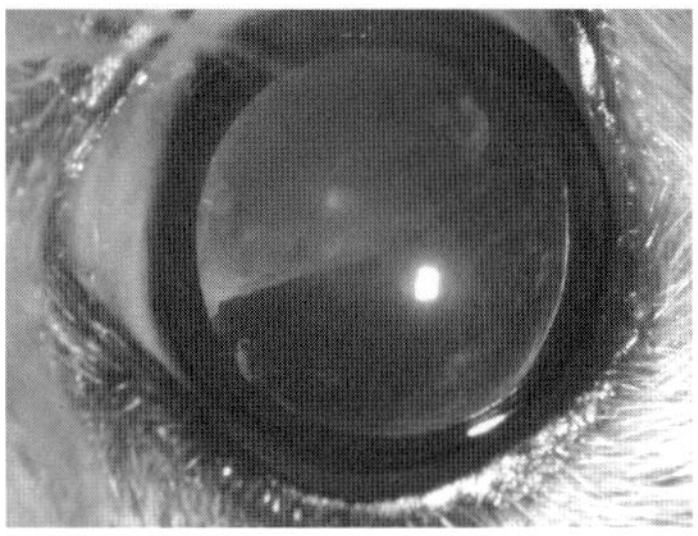

マルチーズ、６カ月齢の左眼。第一次硝子体過形成遺残の前眼部像。スポット光で照明すると眼内の上半分に膜状の混濁がみられる

星状硝子体症

老齢動物に自然発生する退行性疾患で、とくにイヌに多くみられますが、ネコにも発生します。硝子体内にカルシウムと脂質を含む無数の小体が析出し、点状混濁として夜空にきらめく星のように観察されます。散瞳させ、スポット光を照射すると、無数の点状混濁をはっきりとみることができます〈図14〉。この混濁によって視覚を失うことはありません。（工藤荘六）

〈図14〉

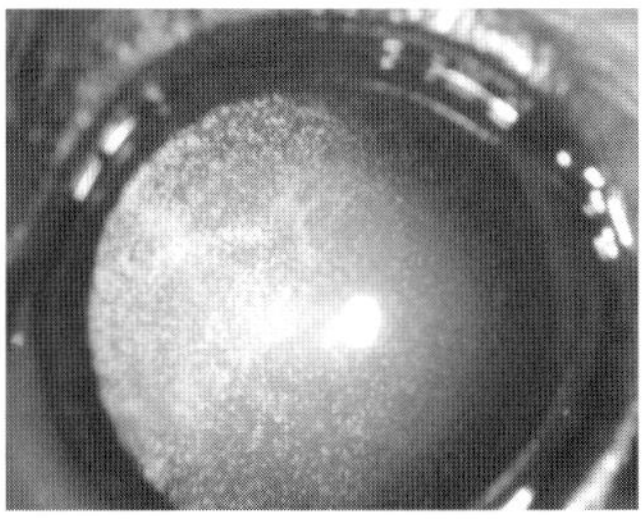

ヨークシャー・テリア、10歳の左眼。星状硝子体症の前眼部像。眼の中にキラキラ光る点状混濁が多数みられる

網膜・脈絡膜・視神経の疾患

網膜と脈絡膜、視神経は、いずれも眼球の後部に位置する組織です。

網膜は、眼球後面の内側にある薄い膜で、前部は毛様体の後から、後部は視神経乳頭にかけて眼球内部を覆っていて、硝子体によって緩く脈絡膜に押しつけられています。ここには視細胞（桿体《かんたい》と錐体《すいたい》）と呼ばれる光を感じる細胞があり、しばしばカメラのフィルムにたとえられます。

脈絡膜は血管に富んだ組織で、もともと血管が絡み合った膜という意味です。虹彩《こうさい》と毛様体、脈絡膜をあわせてぶどう膜といいます。脈絡膜は、眼球の周りにある強膜と内側の網膜にはさまれていて、眼球組織の代謝（栄養の供給など）や機能の維持に大きく関係しています。また、血管が多いため、たいへんデリケートな組織で、炎症を起こしやすいようです。

視神経は、眼球後部に発し、視交叉《しこうさ》と呼ばれる左右の視神経が交叉《こうさ》した部分を経て、脳へと続いています。眼球が受けた刺激を脳に伝える大切な経路です。眼底検査では、視神経の先端が視神経乳頭として観察されます。

いずれの組織も視覚に直接関係がある組織で、これらの組織の疾患は重篤な視覚障害につながる可能性があります。

（西　賢）

コリーアイ症候群

コリーやシェットランド・シープドッグなどにみられる遺伝性眼疾患です。そのほか、オーストラリアン・シープドッグなどにもみられます。もっとも高率に発症するのはコリーで、罹患率《りかんりつ》は40～75%と非常に高率に発生することが知られています。症状は、眼球のもっとも外側を形作る強膜の一部が外側に拡張するために、脈絡膜や網膜なども一緒に陥凹する強膜拡張症や、脈絡膜の低形成、眼底血管の蛇行や大きさの異常、視神経乳頭形成不全、眼内出血、網膜剥離《もうまくはくり》など、様々です。多くは予後不良で、病状が進行すると失明することもあります。

（古川敏紀）

網膜形成不全

イヌでは多くの場合は先天的な網膜の形態異常ですが、感染や中毒、他の眼疾患に併発して発生することもあります。ネコでは汎白血球減少症《はんはっけっきゅうげんしょうしょう》ウイルスに感染した後にみられることがあります。

検眼鏡による眼底検査で網膜の一部または全域にわたって円形の灰色や緑色の病変が認められます。軽度の場合は、視覚に影響がないことが多いようです。ただし、眼底出血や網膜剥離を起こすと、重度の視覚障害につながることもあります。

すべての犬種にみられますが、アメリカン・コッカー・スパニエルやベドリントン・テリア、イングリッシュ・スプリンガー・スパニエル、ラブラドール・レトリーバー、ロットワイラー、ヨークシャー・テリアなどに多く発生します。治療法はなく、網膜形成不全をもつ動物は繁殖させるべきではありません。

（西　賢）

網膜剥離《もうまくはくり》

原因

網膜は、大変薄い膜で、硝子体によって緩く脈絡膜側に押しつけられています。この網膜が何らかの原因ではがれた状態を網膜剥離といいます。剥離《はくり》は進行性で、小さな剥離から全剥離へ進行することが多いといわれています。進行に伴って視力障害が進み、最後には失明してしまいます。

主な原因として次の三つがあります。

●先天性網膜剥離《せんてんせいもうまくはくり》

網膜形成不全や他の先天性疾患によるもので、生まれつき剥離を起こしているものです。

●滲出性網膜剥離《しんしゅつせいもうまくはくり》

網膜と網膜下の組織の間に液体がたまり、網膜が剥離したものです。貯留する液体としては、ぶどう膜炎（虹彩と毛様体、脈絡膜の炎症）などの炎症や腫瘍《しゅよう》からの滲出物《しんしゅつぶつ》（滲《し》み出てきたもの）があります。

●牽引性網膜剥離《けんいんせいもうまくはくり》

外傷などによって硝子体内に出血が起こったときの血液の凝固塊や、硝子体動脈遺残（先天性疾患）などが原因となり、網膜を牽引《けんいん》して起こります。

主にこの三つの原因で網膜剥離は起こりますが、高齢のネコではさらに、高血圧症による眼底出血や滲出《しんしゅつ》が原因となって剥離が発生することもあります。なお、網膜裂孔に起因する裂孔原性網膜剥離はパグ・シーズー・トイプードルなどでみられ、突然の視力障害の原因になります。

症状

初期の症状は不明瞭《ふめいりょう》です。剥離が進ん

でくると視覚障害を起こしますが、片眼だけに発症している場合は、とくに著しい症状はみられません。このため、飼い主が異常に気づいたときには、すでに障害が進行していることが多いようです。炎症がある場合は、充血や羞明《しゅうめい》、眼やに等の症状も認められます。

診断

ほとんどの場合、眼底検査で見つかりますが、眼底検査で発見しにくい例もあり、そうした場合には超音波検査で診断されることもあります。

治療

滲出性《しんしゅっせい》の場合は、原因疾患（炎症など）の治療で治癒することがあります。しかし、視覚障害がみられる場合は、広範囲の剥離や全剥離が起きていることが多く、治療が難しいようです。利尿薬やステロイド製剤などを投与します。また、近年はレーザー治療なども採り入れられるようになってきました。

（西　賢）

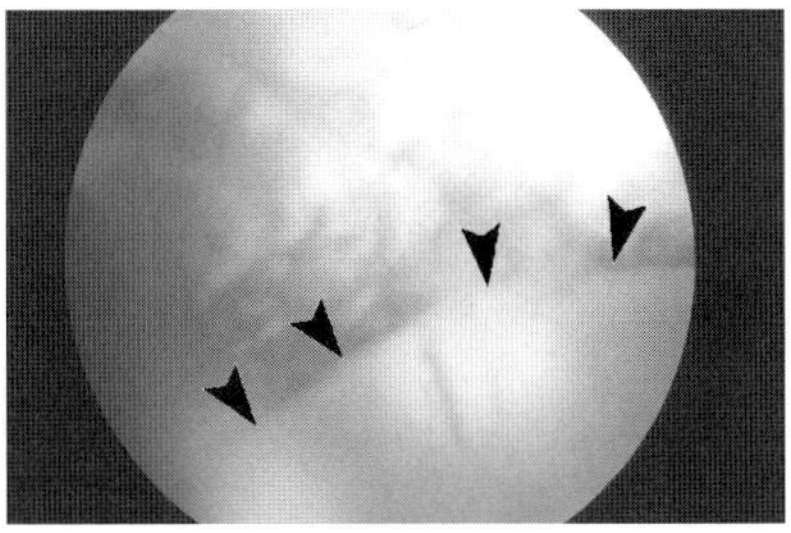

シー・ズー、6歳、雌。矢印で示した薄い白いものが剥離した網膜。上部の網膜が剥がれ、視神経乳頭（血管の見える白い部分）で反転し垂れ下がっているのがわかる。失明している

進《しん》行《こう》性《せい》網《もう》膜《まく》萎《い》縮《しゅく》（PRA）

両眼に起こり、夜盲から症状が始まる遺伝性眼疾患です。イヌに多く発生しますが、ネコでもまれにみられます。発症時期や病状の進行は犬種によって違いがありますが、発症の時期が生後数カ月というように早い場合には病状も重く、早期に失明に至ります。

眼底検査では、眼底タペタムの反射性《はんしゃせい》亢進《こうしん》がみられ、また、病状の進行に伴って網膜血管が細くなっている状態も確認できます。室内飼育の動物では、行動に不自由をきたすことはあまりありませんが、繁殖には使用するべきではありません。

（古川敏紀）

ネコの中心性網膜変性症

ネコにみられる後天性の網膜変性症です。タウリン欠乏が原因となって発症します。ネコは、タウリンを体の中で合成できないため、ドッグフードのようなタウリンを含まない食事を与えていると発症するといわれています。なお、現在市販されているキャットフードは十分なタウリンを含んでいるので、タウリン欠乏を起こすことはないといえます。

網膜中心野と呼ばれる視神経乳頭の鼻側の網膜に、特徴的な楕円形《だえんけい》の網膜の反射が亢進《こうしん》している病変が現れ、次第に網膜全域に進行していきます。こうした病変がかなり進行するまで、外見上の症状はみられません。

検眼鏡による眼底検査で発見できます。変性が進行すれば、最終的には血管が消失し、視覚の消失を起こします。

（西　賢）

脈絡膜炎（後部ぶどう膜炎）

眼球後方の脈絡膜を中心に炎症が起こる病気です。しばしば網膜にも炎症が波及するため、眼底検査によって網膜脈絡膜炎として診断されます。軽度の脈絡膜炎はほとんどが無症状で、偶然発見されることも少なくありませんが、重度の場合には網膜剥離や眼底出血を起こし、視力を喪失することもあります。

原因としては、イヌでは免疫介在性が多く、ネコでは猫伝染性腹膜炎ウイルスや猫白血病ウイルス、猫免疫不全ウイルス、トキソプラズマ、クリプトコッカスなどの感染があげられます。

急性の炎症がみられるときには、ステロイド製剤を中心に全身的な消炎治療を行います。ただし、細菌や真菌の感染が疑われるときには、ステロイド製剤は病態を悪化させることがあるので使用せず、抗生物質や抗真菌薬をそれぞれ投与します。

（瀧本善之）

フォークト－小柳－原田病様症候群（ぶどう膜皮膚症候群）

特定の犬種（秋田犬など）によくみられる炎症性疾患で、メラニン細胞が多く分布する脈絡膜や虹彩、毛様体を自身の免疫系が攻撃することによって発症します。急性期には羞明や眼疼痛《がんとうつう》、角膜混濁、毛様充血などの虹彩毛様体炎《こうさいもうようたいえん》の症状と、視力障害や網膜剥離などの脈絡膜炎の症状がみられます。急性期にはステロイド製剤による消炎治療を強力に行い、安定した後も、薬の副作用と再発に注意しながら免疫抑制薬を用いた維持的治療を行

います。急性期や再発時の炎症をうまくコントロールできないと、水晶体への虹彩の癒着や炎症産物による隅角の閉塞《へいそく》が起こり、これによって続発性緑内障を発症し、失明することもあります。また、眼球以外にも眼瞼《がんけん》や鼻鏡などのメラニン細胞が傷害を受け、黒かった部分が次第に肌色に退色していきます。（瀧本善之）

眼底出血

眼底出血は眼球に対する鈍的な外傷で発生するほか、網膜剥離や後眼部の炎症、重度のコリーアイ症候群、眼内腫瘍《がんないしゅよう》の際にも起こります。また、殺鼠剤中毒《さっそざいちゅうどく》や血小板減少症、播種性血管内凝固《はしゅせいけっかんないぎょうこ》（DIC）などの止血障害、高血圧症、リンパ腫《しゅ》、糖尿病などの全身疾患に関連して起こることもあります。そのため、治療にあたっては、止血薬投与などの対症療法を行うだけではなく、生命に危険を及ぼす可能性のある原因疾患を発見し、その治療をすることが重要です。

眼底出血の多くは可逆的で、原因疾患の治療がうまく行えれば、出血が吸収されるとともに視力が回復します。しかし、網膜と脈絡膜の間に起こった出血は網膜剥離を起こし、しばしば永久的な視覚喪失を起こします。

（瀧本善之）

高血圧性眼症（網膜症）

高血圧性眼症は、慢性腎不全《まんせいじんふぜん》や甲状腺《こうじょうせん》機能亢進症《きのうこうしんしょう》、副腎皮質機能亢進症などを原因とする全身性高血圧症に伴って起こります。軽症例ではほとんどが無症状で、傷害を受けた網膜動脈からの軽度の出血とその周辺の網膜の浮腫《ふしゅ》が眼底検査によってのみ認められます。一方、重症例では、網膜剥離、眼底出血あるいは前房出血が起こり、視覚障害がみられます。

治療には降圧薬が用いられ、正常な血圧に回復すると症状は改善されます。軽症例では視覚は温存されますが、重症例では視覚が回復しないことや、いったん回復しても網膜変性症が続発して再び視力を失ってしまうことがあります。また、血圧を正常に維持するためには、高血圧の原因となっている疾患を見つけて治療することも重要です。8歳以上の高齢のネコに発生することが多いため、高齢のネコについては眼底検査や血圧測定を定期的に行って早期に発見し、早期に治療を開始することが大切です。

※近年、網膜症（網膜表層の病気）と脈絡膜症（網膜剥離）を併せて高血圧性眼症と呼ばれます。

（瀧本善之）

視神経炎

脳から眼球に至る神経（視神経や視神経乳頭）に起こる炎症で、イヌにもネコにもみられます。

原因として感染や外傷が考えられますが、多くの場合は明らかな原因が見つからず、特発性と呼ばれます。

症状としては、突然、瞳孔《どうこう》が散大し、光の刺激に対して反応しなくなり、視覚障害を起こします。また、不安から元気や食欲がなくなることもあります。

診断は眼底検査により行います。ピンク色に腫大した視神経乳頭がみられ、通常はその周辺に出血も認められます。しかし、視神経乳頭に変化が起こらない視神経炎もあります（球後視神経炎）。

治療には高用量の副腎皮質《ふくじんひしつ》ホルモン製《せい》剤《ざい》を全身的に投与します。ただし、視神経の炎症は治まっても、視覚が回復する可能性は高くありません。（太田充治）

視神経炎

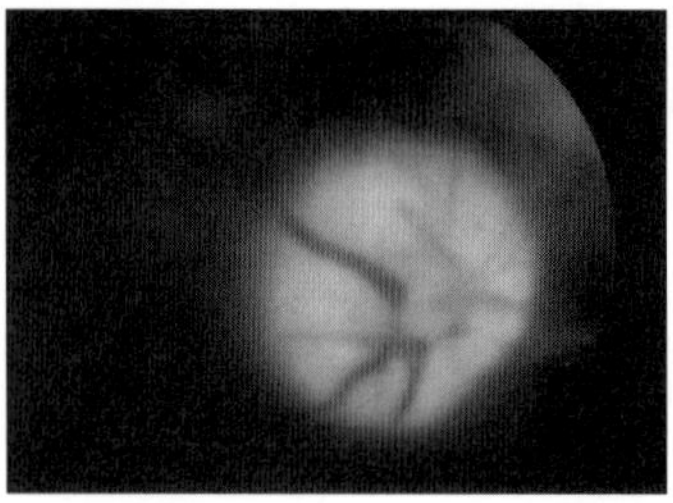

シー・ズーにみられた原因不明の視神経炎。視神経乳頭は腫大して盛り上がり、その周辺に出血や網膜剥離もみられる

視《し》神《しん》経《けい》乳《にゅう》頭《とう》浮《ふ》腫《しゅ》

視神経乳頭浮腫とは、視神経の非炎症性の腫脹《しゅちょう》です。イヌにまれに発生しますが、ネコではほとんどみられません。人では脳の圧力が上昇したときにこの疾患を発症しますが、イヌではそのようなことはまれで、多くは頭部（頭蓋内《とうがいない》）の腫

視神経乳頭浮腫

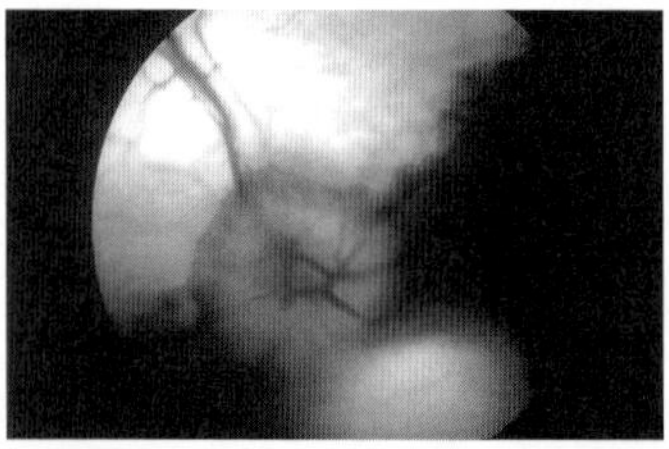

脳腫瘍のあるビーグルにみられた視神経乳頭浮腫。視神経はやや腫大し、盛り上がっているが、出血や網膜剥離などはみられない

瘍や高血圧症のときに起こります。

視神経炎と異なり、光に対する瞳孔の反応は正常で、視覚にも障害はありません。しかし、この状態が長く続くと、視神経が萎縮《いしゅく》し、視覚障害が起こることがあります。

治療は、もし原因となる他の病気があればそれを治療します。視神経乳頭浮腫に対しては効果的な治療法はありません。（太田充治）

視《し》神《しん》経《けい》萎《い》縮《しゅく》

視神経萎縮は、視神経や網膜の炎症、網膜の変性（進行性網膜萎縮など）、緑内障、外傷などが原因となって、視神経が萎縮した状態のことをいい、イヌにもネコにも起こります。

症状は、光の刺激に反応しない瞳孔の散大と失明です。炎症が原因となっている場合は、初期に羞明や眼やになどがみられることもあります。眼底検査を行い、視神経乳頭が扁平《へんぺい》で小さく、灰色がかっていることを確認して診断します。視神経乳頭は、ときにかすれたように見えたり、周辺がギザギザしたように見えたり、あるいは黒っぽく見えたりすることもあります。

いったん視神経が萎縮してしまうと、それを元のように回復させることは不可能なため、どのような治療を行っても視力を回復させることはできません。（太田充治）

視神経萎縮

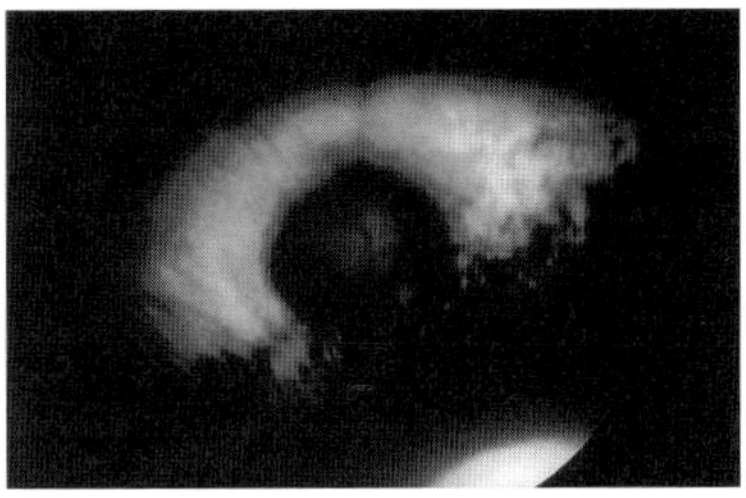

シー・ズーにおいて外傷後にみられた視神経萎縮。視神経乳頭は縮小して暗い色に見える

眼《がん》窩《か》の疾患

眼窩とは眼球やその周囲の組織（筋肉、涙腺《るいせん》、視神経など）を包む領域で、半球状の受け皿のような形をしています。人やウシ、ウマ、ブタなどではその受け皿の構造は、骨によって全周が囲まれていますが、イヌやネコではその一部が軟部組織となっています。

歯牙《しが》や鼻腔《びくう》、副鼻腔《ふくびくう》、頬骨腺《きょうこつせん》などの器官は眼窩に密接して存在しているため、これらの器官の病気から波及して眼窩の病気が起こることが多いようです。

眼窩の病気でもっともよくみられる症状は、眼瞼《がんけん》の腫脹《しゅちょう》や、眼球の突出または陥没ですが、眼窩に異常がみられるときには、前述の理由から眼の病気だけではなく、周辺の器官の病気も疑う必要があります。（太田充治）

眼《がん》窩《か》嚢《のう》胞《ほう》

眼窩内やその周辺の組織が嚢胞《のうほう》（水風船のようなもの）状に膨らんだり、眼窩に液体が貯留することによって眼の周りが腫脹した状態をいいます。イヌ、ネコともにまれにみられます。

眼窩嚢胞を引き起こす病気としては、涙腺や頬骨腺の嚢腫《のうしゅ》が考えられます。そのほか、眼球摘出後の隙間《すきま》に液体が貯留したり、涙腺や瞬膜の腺組織《せんそしき》が外傷を受けたり、眼球周辺の骨組織が骨折したときにもみられることがあります。

症状は眼の周りの腫《は》れですが、通常は眼の痛みや眼やになどの症状はみられません。

診断はX線検査や超音波検査によって行い、眼窩への液体の貯留を確認します。また、液体が貯留している部位から針で液体を吸引して検査することもあります。

治療は、嚢腫の場合はその摘出を行い、その他、原因となっている病気や外傷に対する処置を行います。（太田充治）

眼《がん》窩《か》膿《のう》瘍《よう》

眼窩膿瘍は球後膿瘍《きゅうごのうよう》とも呼ばれ、眼窩に膿《うみ》がたまった状態をいいます。イヌにもネコにも比較的よくみられる病気です。

原因

眼窩周辺の皮膚の外傷（けんかの咬《か》まれ傷）や、歯の根元の感染あるいは頬骨腺の感染が広がって起こります。また、動物が異物を食べて、それが口の奥の粘膜に刺さり、そこから感染が起こって眼窩まで広がることもあります。しかし、実際にはその原因が不明のことが多いようです。

症状

眼の周りに痛みを伴った腫れが起こり、眼球が突出します。口を開けようとすると痛がるという症状もよくみられます。結膜や瞬膜は充血します。また、瞬膜が突出したり、眼球が突出することで、まぶたが完全に閉じなくなり、それによって角膜が乾燥して角膜炎を起こすこともあります。動物は発熱し、元気や食欲がなくなります。

診断

たいていの場合、前述の症状から診断することができますが、他の病気と鑑別するためにX線検査や超音波検査、あるいはCT検査やMRI検査が必要なこともあります。

治療

眼窩に溜《た》まった膿を排泄《はいせつ》する必要があります。歯の根元に起こった感染が原因の場合は、その歯を抜く必要があります。全身麻酔をかけ、口の中の粘膜を切開するか、あるいは抜歯を行い、そうした切開または抜歯の部位から膿がたまっている場所まで管を作り、膿を口の中に排泄させます。その後は抗生物質を内服させます。多くの場合、1回の処置で早期に治癒します。

（太田充治）

眼窩膿瘍

ゴールデン・レトリーバーにみられた歯の根元の感染が原因となった眼窩膿瘍（左眼）。問題になっている歯を抜いて抗生物質の内服薬を投与したところ速やかに治癒した

眼窩《がんか》出血《しゅっけつ》、眼窩《がんか》気腫《きしゅ》

眼窩出血と眼窩気腫は、それぞれ眼窩の部分に出血や気体の貯留が起こった状態です。主に眼窩周囲の外傷が原因となることが多いのですが、眼球摘出手術後の合併症として発症することもあります。

眼窩出血では、出血の部位としてあらゆる組織が考えられます。しかし、眼窩気腫は、外傷の場合は副鼻腔と呼ばれる場所から、また、眼球摘出後であれば鼻《び》涙腔《るいくう》と呼ばれる場所から気体が眼窩に流入することが多いといわれています。

症状は眼の周りの腫れです。腫れている場所の皮膚を押さえるとカサカサと擦れるような音が聞こえたり、その感触が指先に伝わってくることから診断できます。また、X線検査や超音波検査が有効なこともあります。

経過を観察するのみで自然に治ってしまうこともありますが、通常は抗生物質を内服させます。

（太田充治）

小眼球症、無眼球症

小眼球症と無眼球症は、ともに先天的な奇形で、小眼球症とは、生まれながらにして正常よりも小さな眼球をもつものをいいます。また、無眼球症とは、生まれながらにして眼球がまったく存在しないものです。

イヌでは、ビーグルや秋田犬、ミニチュア・シュナウザー、チャウ・チャウ、キャバリア・キング・チャールズ・スパニエルなどに、ネコではペルシアによくみられます。

小眼球症

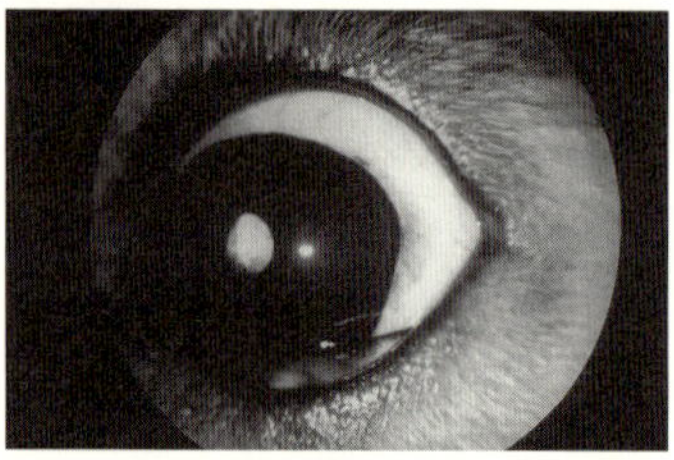

ゴールデン・レトリーバーにみられた小眼球症。角膜の大きさも小さく、正常なイヌより白眼（結膜）が多く見える。このイヌは白内障など他の異常も伴っていた

無眼球症

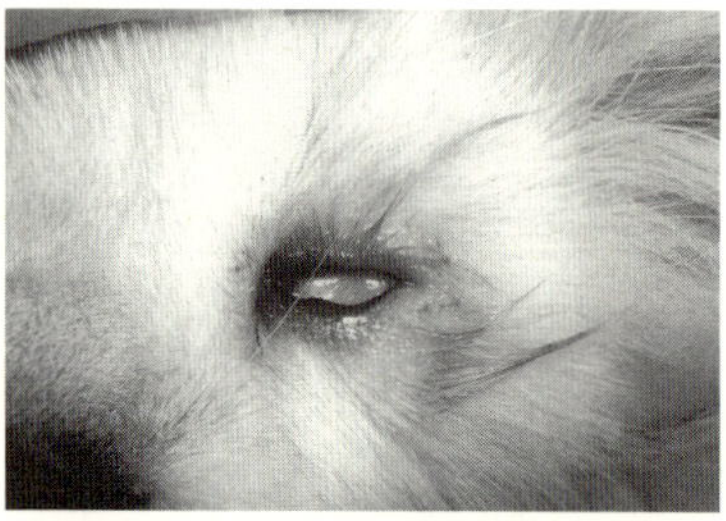

無眼球症のペルシアの左眼の拡大。眼瞼を大きく開いても結膜のみが見えるだけで眼球の組織は見られない

3カ月齢のペルシアにみられた無眼球症（左眼）。飼い主はまだ眼が開いていないと勘違いしていた

診断は、その特徴的な外観から容易です。眼瞼はサイズが小さいか、あるいは正常のこともあります。瞬膜は突出気味になり、小眼球症では眼瞼を強制的に開かなくても結膜（白眼）が多く見え、無眼球症では眼瞼を開いても角膜（黒眼）が見えず、結膜だけが見えます。

小眼球症の眼では、視覚は正常なことが多いのですが、その他の眼異常（小水晶体症、白内障、網膜異形成など）を伴うことも多く、その場合には視覚を失っていることもあります。

どちらの病気も治療法はありません。

（太田充治）

その他の疾患

緑内障

緑内障とは、眼圧（眼球の内部の圧力）が上昇することによって視神経と網膜に障害が発生し、その結果、一時的または永久的な視覚障害が起こる病気です。緑内障は、イヌではよく発生しますが、ネコでの発生はイヌに比べると多くはありません。日本では柴犬やシー・ズー、アメリカン・コッカー・スパニエルなどの品種に多くみられます。

原因

眼球内部の前方（前眼房）は、房水（眼房水）と呼ばれる透明な液体で満たされています。房水は、主に毛様体突起と呼ばれる組織で作られ、そこから前眼房に流れて貯えられ、隅角と呼ばれる部位から排泄《はいせつ》されます。正常な眼では、この房水の作られる量と眼球内部から流出する量のバランスが保たれ、その結果、眼圧はつねに一定の範囲（イヌで15～25 mmHg、ネコは17～27 mmHg）に保たれています。緑内障では、この房水の流出が何らかの原因によって減少し、眼球内に過剰な房水が貯留するため、眼圧が上昇します。

緑内障は、その原因により原発性と続発性に分けられ、隅角の状態によって開放隅角と閉塞隅角《へいそくぐうかく》に分けられます。また、病期により急性と慢性という分類もされます。原発緑内障とは、それ以外の眼疾患を伴わない緑内障のことをいいます。イヌでは遺伝や品種が関係していることが多いのですが、ネコでは遺伝性が証明された例はありません。それに対して、続発緑内障とは、その他の眼疾患に伴って二次的に眼圧が上昇するもので、ネコの緑内障のほとんどはこれに相当します。

原発緑内障の原因としては、遺伝的な隅角の異常が主で、ビーグル（開放隅角）やアメリカン・コッカー・スパニエル（閉塞隅角）などが代表的な好発品種です。続発緑内障の原因としては、ぶどう膜炎や腫瘍《しゅよう》、水晶体の変位、眼内出血、硝子体脱出などがあげられます。

症状

緑内障はその病期により急性と慢性に分けられますが、ネコではイヌにみられるような急性緑内障はまれです。

急性緑内障では、突然の視覚障害（症状が片眼のときには気づきにくいかもしれません）や角膜の白濁、上強膜（白眼）の強い充血、瞳孔《どうこう》の散大、羞明《しゅうめい》などの症状がみられます。また眼の痛みのために、頭部を触られるのを嫌ったり、元気や食欲も低下します。

眼圧が上昇したまま時間が経過すると慢性緑内障となり、眼球が腫大《しゅだい》し、角膜の混濁は軽くなりますが、デスメ膜の条《じょう》痕《こん》と呼ばれる線が角膜にみられるようになってきます。さらに症状が進行すると、水晶体の脱臼《だっきゅう》や眼内出血、角膜障害等を起こし、最終的には眼球が萎縮《いしゅく》して眼球《がんきゅう》癆《ろう》と呼ばれる状態に陥ります。

ネコの緑内障では、多少の羞明や流涙などがみられますが、痛みを示すことはほとんどありません。なお、結膜の浮腫《ふしゅ》がみられることがありますが、上強膜の充血はイヌほどはっきりしません。もっとも早期に現れる異常は、左右の瞳孔の大きさや形が違ってくることで、ぶどう膜炎や腫瘍が原因の場合には、緑内障になった眼の瞳孔は、通常ゆがんでみえます。また、ネコの眼球は拡張しやすいため、緑内障のネコには眼球の腫大がしばしばみられます。

急性緑内障

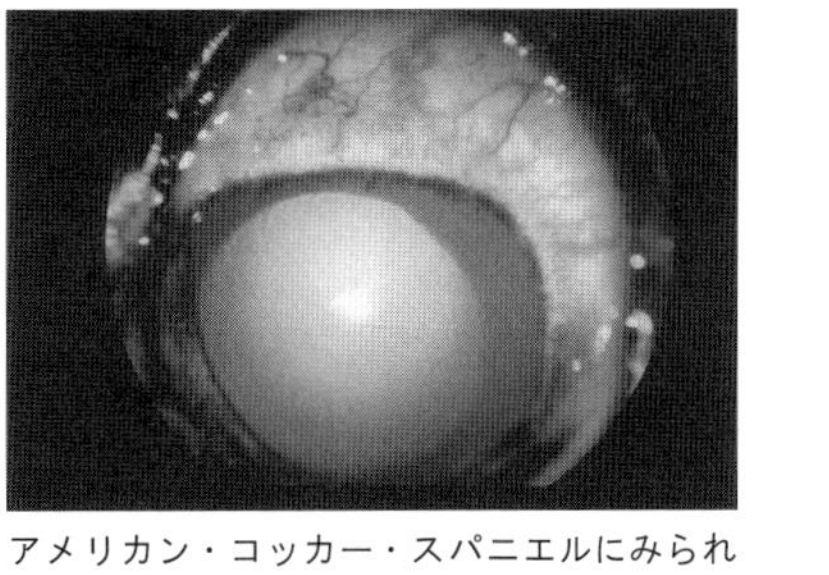

アメリカン・コッカー・スパニエルにみられた急性緑内障。強膜（白眼）の充血、角膜（黒眼）の混濁、瞳孔の散大がみらる

診断

・眼圧測定

局所点眼麻酔下で眼圧計を用いて測定します。イヌでは30 mmHg以上、ネコでは40 mmHg以上の眼圧が認められた場合に緑内障とみなします。

・眼底検査

急性期には、網膜血管が細くなったり、視神経乳頭が若干小さくなったりしますが、角膜が混濁していて詳細に観察できないことがあります。一方、慢性期には、視神経乳頭が萎縮して陥没し、網膜の血管はほとんどみえなくなります。ネコの緑内障では、イヌに比べて眼底所見の変化が非常に少なく、慢性緑内障眼であっても、視神経乳頭と網膜血管にわずかな変化がみられるだけのことが少なくありません。

・隅角検査

隅角鏡という特殊なレンズを用いて隅角の状態を観察します。この結果から、緑内障を開放隅角と閉塞隅角に分類します。

・その他

緑内障の原因を調べたり、現在の状態を把握するために、スリットランプという器械を用いた検査や、眼球の超音波検査、網膜電図（ERG）検査が行われることもあります。

治療

緑内障の治療は非常に困難で、視覚を失った眼を回復させてそれを維持したり、眼圧を長期間良好にコントロールすることは容易ではありません。また、飼い主が眼の異常に気づいて病院を訪れるときには、緑内障は慢性化して、回復不可能なほどに視神経がダメージを受けていることが多いようです。さらに、ネコの緑内障の多くは他の眼疾患に続発して起こりますが、その病気のコントロールも非常に困難です。

治療には内科的な方法と外科的な方法があります。どのような治療法を選択するかは緑内障のタイプや進行具合によって異なります。

内科的治療としては、点眼薬（房水の産生を減らすものや房水の流出を増やすもの）による治療のほか、急性期には注射や内服による全身的な投薬を行うことがあります。

また、外科的治療としては、濾過手術《ろかしゅじゅつ》（房水の流出を増やす）、レーザー手術（房水の産生を減らす）、義眼挿入、眼球内への薬物注入などがありますが、眼球を摘出しなくてはならない場合もあります。

（太田充治）

ホルネル症候群

原因

眼とその周囲の神経に関係している交感神経路の障害によって発生する病気です。通常は片側の眼だけに発生します。交感神経路の障害は、脳の視床下部から脊髄《せきずい》までの障害（中枢性障害または第一次ニューロン異常）、脊髄から頭頸部神《とうけいぶしん》経節《けいせつ》までの障害（節前性障害または第二次ニューロン異常）、頭頸部神経節から眼とその周囲までの障害（節後性障害または第三次ニューロン異常）の三つに大別されます。

中枢性障害は、脳や脊髄の外傷や腫瘍で起こりますが発生はまれです。節前性障害は、第1～3胸椎《きょうつい》の障害や縦郭腫《じゅうかくしゅ》瘍《よう》、脊髄腫瘍《せきずいしゅよう》、腕神経叢神経根《わんしんけいそうしんけいこん》の引き抜き損傷により、また、節後性障害は慢性外耳炎や外耳道の洗浄などによって発生します。ただし、イヌやネコのホルネル症候群は原因が不明なことが多く、特発的といわれます。

症状

下垂気味の眼瞼《がんけん》と縮瞳《しゅくどう》がみられ、瞬膜が突出し、また、軽度の眼球陥凹が起こります。

診断

多くの場合、縮瞳と瞬膜突出という特徴的な症状から診断が可能です。ネコでは、眼瞼下垂《がんけんかすい》と眼球陥凹は顕著ではありません。この病気では縮瞳がみられますが、暗順応下での瞳孔の対光反射は正常です。

治療

原因が判明した場合は、原因に対する処置を行うことによって症状が改善されます。原因不明の場合は、しばしば4カ月以上を経て自然に治癒します。外傷が原因となって発症したものは、治療に長期間を要します。

（印牧信行）

腫瘍《しゅよう》

眼の腫瘍は、眼窩《がんか》や眼瞼《がんけん》、結膜、第三《だいさん》眼瞼《がんけん》、眼球壁、眼内に発生します。

イヌやネコの眼窩腫瘍《がんかしゅよう》は、その90％以上が悪性です。眼窩に腫瘍が発生すると、眼球が突出するほか、眼球が後方に移動しにくくなったり、眼瞼が大きく開いて第三眼瞼が突出するようになり、また、結膜の浮腫《ふしゅ》もみられます。眼窩には、骨《こつ》肉腫《にくしゅ》や線維肉腫《せんいにくしゅ》、眼窩髄膜腫《がんかずいまくしゅ》、腺癌《せんがん》、悪《あく》性黒色腫《せいこくしょくしゅ》、肥満細胞腫《ひまんさいぼうしゅ》の発生が知られています。

眼瞼腫瘍《がんけんしゅよう》は、イヌによく発症し、大半はそこに存在する脂質腺《ししつせん》の腺腫《せんしゅ》です。一方、結膜と第三眼瞼の腫瘍はまれです。また、眼球壁では輪部《りんぶ》黒色腫《こくしょくしゅ》がみられます。

眼内腫瘍《がんないしゅよう》としては、黒色腫《こくしょくしゅ》がもっとも多く、イヌでは次いで毛様体上皮腫《もうようたいじょうひしゅ》や腺癌がみられます。ネコでは、眼内腫瘍で2番目に多く発生するのは、転移性で悪性度のある肉腫《にくしゅ》です。

（印牧信行）

聴覚器の疾患

耳介の疾患

かゆみのない脱毛

●パターン脱毛

左右対称に被毛が少なくなっていき、やがて完全に脱毛してしまう病気です。ダックスフンドやボストン・テリア、チワワ、ミニチュア・ピンシャー、グレーハウンドなどの短毛種によくみられます。

この病気には二つのタイプがあります。一つは耳介脱毛と呼ばれるもので、主に雄のダックスフンドにみられます。両耳の耳介が脱毛を起こし、他の場所が脱毛することはありません。通常、6〜9カ月齢から耳介の被毛が薄くなり始め、完全な脱毛に至ります。脱毛した部分の皮膚は色素沈着で黒くなります。

もう一つは、耳から他の場所へと脱毛が広がっていくタイプです。6カ月齢くらいから症状が発現し、耳介、耳の後側、首の下側、胸部、腹部、大腿部《だいたいぶ》の後側へと症状が広がっていきます。病気が進行するにつれて、皮膚の色が黒くなったり、フケが目立つようになります。これは雌に多く発生する傾向があります。

診断は、主に症状に基づき、さらに、他の脱毛原因（毛包虫症、皮膚糸状菌症、内分泌性脱毛など）を除外することによって行います。病理組織学的には、毛包の狭小化以外に異常は認められません。

とくに有効な治療法はありませんが、甲状腺《こうじょうせん》ホルモン製剤《せいざい》や性ホルモン製剤などが発毛に有効であるとする意見もあります。遺伝性であることが考えられるので、繁殖には用いないほうがよいでしょう。

●周期性脱毛

ミニチュア・プードルに発生し、突然、片方あるいは両方の耳に脱毛が起こります。数カ月かかって徐々に完全脱毛に至りますが、その後、数カ月かかって自然に発毛してきます。治療法は知られていません。また、シャムでも突然の耳介の脱毛が知られています。これは両耳に左右対称に発症し、周期性のこともあります。

●その他

このほかにも、あまりかゆみを伴わない耳介の皮膚病がいくつかあります。ただし、病変は耳だけに発現するわけではありません。たとえば、甲状腺《こうじょうせん》ホルモンや卵巣ホルモンの異常、真菌（カビ）や毛包虫（ダニの一種）による皮膚病などでは、耳介にもかゆみが顕著でない脱毛がみられることがあります。

（中谷　孝・山根義久）

耳介辺縁の皮膚病

耳介辺縁にフケや痂皮《かひ》（かさぶた）、脂肪性の分泌物がみられることがあります。考えられる病気としては、疥癬《かいせん》や耳介辺縁脂漏症、日光性皮膚炎、血管障害（寒冷凝集素病）などがあります。

●疥癬

イヌの場合は、穿孔《せんこう》ヒゼンダニ、ネコの場合は主に猫小穿孔《ねこしょうせんこう》ヒゼンダニの感染によって起こる病気です。穿孔ヒゼンダニは、動物の全身に寄生しますが、猫小穿孔ヒゼンダニは、特に耳介や頭部あるいは顔面に好んで寄生し、重症になると全身に広がっていきます。

耳介辺縁にフケが目立ち、その部分を刺激してかゆみ反射があるときには感染の可能性があります。かゆみ反射とは、耳介辺縁を指で刺激したときに、後肢でそこを掻《か》くしぐさをすることです。このかゆみ反射がない場合には疥癬ではないかもしれませんが、アトピーなどでもこの反射がみられることがあります。

詳しくは「寄生虫症」の項を参照してください。

●耳介辺縁の脂漏症

ダックスフンドによくみられる限局性の脂漏症で、原因は不明です。脂っぽいべとべとした鱗状物《りんじょうぶつ》が耳介の外側縁や内側縁にこびりついています。かゆみの程度は様々です。診断は、症状に基づき、また、他の病気とくに疥癬との鑑別を行います。皮膚のバイオプシーも診断に役立ちます。治療は、抗脂漏性のシャンプーなどで鱗状物を除去します。さらに局所的または全身的に抗生物質やグルココルチコイドを投与することもあります。

●日光性皮膚炎

イヌよりもネコに多くみられる病気で、とくに白色の高齢のネコに多発する傾向があります。紫外線の強い夏期によく発生します。主に耳の辺縁や先端に症状が現れ、初期には紅斑《こうはん》や脱毛がみられますが、やがて潰瘍《かいよう》や痂皮が形成されます。耳介の形がカール（反り返る）することもあります。かゆみや痛みは様々です。さらに、前癌状態《ぜんがんじょうたい》から扁平上皮癌《へんぺいじょうひがん》へ進行する場合もあります。

治療法としては、紫外線を防ぎ、また、手術で耳介先端を切除することがあります。

●寒冷凝集素病

イヌやウマに発生する溶血性貧血を起こす病気で、低温下で血液の激しい凝集反応が起こります。微小血管の血流が停止し、耳介や尾の先端に紅斑や痂皮形成《かひけいせい》が起こり、最終的には壊死《えし》することもあります。この病気は免疫介在性であり、治療にはグルココルチコイドなどの免疫抑制薬を使用します。

●凍傷

ネコや直立した耳をもつイヌでは、耳介の先端に凍傷が発生することがあります。とくに衰弱した動物が低温下に長く放置されると、凍傷を起こしやすくなります。耳介の脱毛や瘢痕組織《はんこんそしき》があるときは、凍傷が繰り返されている可能性もあります。

●亜鉛反応性皮膚病

遺伝的に亜鉛の吸収不良を示すイヌは、食物中の亜鉛含有量が十分であっても、皮膚病を起こすことがあります。症状は通常、成長期に現れ、鼻や眼の周囲や外陰部、肛門《こうもん》周囲、耳介内側面にフケや、痂皮、脱毛などがみられます。この病気は、アラスカン・マラミュートやシベリアン・ハスキー、サモエドなどによく発生します。また、ドーベルマン・ピンシャーやグレート・デーンなどの子イヌが急速に成長する際に、一過性の亜鉛欠乏を起こし、同様の症状を示すこともあります。

皮膚のバイオプシーを行って診断を確定します。一過性の亜鉛欠乏であれば、亜鉛製剤の投与で完治することも可能ですが、遺伝的な亜鉛吸収不良がある場合は、生涯を通して亜鉛製剤を投与する必要があります。このようなイヌは繁殖に用いるべきではありません。

（中谷　孝・山根義久）

耳介先端の病気

耳介先端に炎症や潰瘍、壊死を起こす病気があります。ネコの日光性皮膚炎や寒冷凝集素病、凍傷も含まれますが、それ以外にも血管炎や増殖性血栓性壊死《ぞうしょくせいけっせんせいえし》、亀裂などがあります。

●血管炎

免疫複合体沈着物による免疫介在性の病気と考えられます。耳介先端や耳介内面に色々な病変が現れます。耳以外にも口唇や尾、爪《つめ》などにも症状がみられることがあります。紅斑やかさぶたが生じ、さらには潰瘍に至ります。原因がわからないことが多いのですが、血管炎を起こす病気としては全身性エリテマトーデス（全身性紅斑性狼瘡《ぜんしんせいこうはんせいろうそう》）や結節性多発性動脈炎、薬疹《やくしん》などが考えられます。

●増殖性血栓性壊死

血管の内皮が肥厚することによって血液の流れが悪くなり、血栓ができ、その結果、組織が壊死を起こす病気です。耳介先端から耳介内面へと病変が広がります。診断にはバイオプシーが必要で、それによって採取した組織を検査し、血管炎と鑑別します。チワワやラブラドール・レトリーバー、ダックスフンドなどに発症します。

内科的治療は効果がなく、外科的に罹《り》患《かん》部位を除去する必要があります。

●耳の亀裂《きれつ》

外耳炎などのかゆみから、耳を掻いて傷つけることがあります。また、ネコはけんかによって耳をけがすることがよくあります。このような受傷と治癒を繰り返すうちに、耳介が裂けたような状態になることがあります。

●再発性多発性軟骨炎

ネコの耳介先端の辺縁に多発性軟骨炎が起きることがあります。これは免疫介在性の病気と考えられ、耳の先端がカールしたように曲がって厚くなります。日光性皮膚炎や扁平上皮癌との鑑別診断が必要です。なお、スコティッシュ・フォールドのように正常でも耳介が曲がった種類もあるので注意する必要があります。

治療には免疫抑制作用のある薬物を使用しますが、多くは効果がありません。

（中谷　孝・山根義久）

耳介全体の紅斑《こうはん》

●アトピーと食物アレルギー

アトピーや食物アレルギーを発症している動物の50～80％は耳に炎症を起こします。また、耳だけにしか症状が現れないものもあります。病変は左右両側にみられ、耳をかゆがって頭を振ります。慢性化すると耳の皮膚が厚くなり、最終的に耳道が塞《ふさ》がってしまうことがあります。

炎症は、最初は耳介内側の基部やその付近に現れることが多く、その後、次第に先端に向かって広がっていきます。二次的にマラセチアや細菌の感染が起こります。耳介が直立したイヌの場合、耳介の先端のほうの3分の2がひどく侵されることもあります。重症になると、耳介外側面を掻くことで皮膚が傷つけられ、疥癬のような症状を示します。なお、ノミに噛《か》まれて過敏症を起こした場合にも、似たような症状がみられることがあります。

●若年性蜂窩織炎《じゃくねんせいほうかしきえん》

4週齢～6カ月齢くらいまでの若いイヌにみられる皮膚病です。好発犬種としてゴールデン・レトリーバーやダックスフンド、ラブラドール・レトリーバー、ラサ・アプソなどが知られています。耳介内側面の紅斑や腫脹《しゅちょう》、膿疱《のうほう》、化膿性外耳炎《かのうせいがいじえん》などから症状が始まります。それ以外にも、下顎《かがく》リンパ節《せつ》の腫脹、鼻鏡部や眼周囲などの浮腫《ふしゅ》、膿疱、炎症などが特徴的です。グルココルチコイドや抗生物質などを投与して治療します。

（中谷　孝・山根義久）

耳介の膿疱《のうほう》・水疱《すいほう》

膿疱や水疱は、通常、被毛がない耳介内側面に発生します。原因としては、天疱瘡《てんほうそう》や水疱性類天疱瘡《すいほうせいるいてんほうそう》が考えられます。また、細菌感染や薬疹、接触過敏症によっても同様の症状が起こります。滲出液《しんしゅつえき》の細胞診を行うと診断に役立つことがあります。

（中谷　孝・山根義久）

耳介の丘疹《きゅうしん》・結節

耳介に丘疹や結節を形成する病気には、膿皮症《のうひしょう》や好酸球性肉芽腫《こうさんきゅうせいにくがしゅ》、蚊刺咬過敏症《かしこうかびんしょう》（ネコ）、腫瘍《しゅよう》などが考えられます。

なお、耳の腫瘍はイヌよりネコに多く発生し、悪性度もネコのほうが強い傾向があります。イヌに多発する耳介の腫瘍は組織球腫《そしききゅうしゅ》や乳頭腫《にゅうとうしゅ》で、ネコでは扁平上皮癌が多く認められます。

（中谷　孝・山根義久）

耳血腫《じけっしゅ》

耳介は、皮膚と軟骨から形成されていますが、耳介内の血管が破れ、皮膚と軟骨の間に血様液が貯留して膨れ上がった状態を耳血腫といいます。イヌに多く発生しますが、ネコにもみられます。血管の破壊は、頭を強く振ったり、耳を掻くことによって起こると考えられています。耳血腫を起こす動物は、アトピーや食物アレルギーなどによる耳の基礎疾患をもっていたり、ミミヒゼンダニの寄生を受けていることが多いようです。また、耳血腫は自己免疫性疾患として発生するともいわれていますが、明確な証拠はありません。

通常は耳介の内側が膨隆します。放置しておいても、やがて貯留液は吸収されて治癒します。しかし、耳介軟骨の変形や萎縮《いしゅく》が残り、カリフラワー状の外観となるため、美容上の問題が発生します。

治療として、貯留液を針で吸引しても、一時的に腫脹は消失しますが、また貯留してきます。そのため、持続的な排液を目的としてカニューレを設置することがあります。また、切開を行って排液し、死腔《しくう》をなくすように縫合する方法もあり、大きな萎縮を伴うことなく治癒させることが可能です。いずれにしても、耳血腫を起こす原因となっている耳のかゆみをなくす必要があります。

（中谷　孝・山根義久）

外耳道の疾患

外耳道は、耳道のうちの鼓膜までの部分をいい、イヌやネコでは垂直耳道と水平耳道の二つの部分に分けられます。外耳道自体が聴覚に果たしている役割は大きいとはいえませんが、外耳道の疾患が鼓膜や中耳に波及すれば、動物の聴覚が損なわれることになります。

外耳道の疾患としてもっとも多いのは外耳炎です。耳から悪臭がする、耳をかゆがって頭を振るというような症状がみられますが、場合によっては中耳炎や内耳炎に進行し、さらには神経症状を起こすこともあります。

外耳炎以外の外耳道の病気としては、耳疥癬《みみかいせん》などの寄生虫疾患や耳垢腺癌《じこうせんがん》などの腫瘍《しゅよう》があります。

（田中　綾）

耳疥癬《みみかいせん》

耳ヒゼンダニというダニの寄生によって起こる病気です。

イヌでは、中等度から重度の慢性的な耳のかゆみがあり、耳道内は黒褐色のもろい耳垢《じこう》で満たされます。2～3カ月齢の子イヌに多く発生し、成犬では多くの場合、無症状に経過します。ネコでは感染に伴う中等度から重度のかゆみに対応して、頭部の自傷がみられることもあります。詳しくは「寄生虫症」の項を参照してください。

（田中　綾）

アレルギー性外耳炎

原因

アトピー性皮膚炎やアレルギー性接触皮膚炎など、各種の過敏症に併発する外耳炎で、何らかのアレルゲン（アレルギー反応を起こさせる物質）が原因となります。全身性の皮膚疾患に伴って発生するほか、ある種の点耳薬を長期間にわたって使用すると、その薬剤中に含まれる成分によって起こることもあります。

症状

アトピー性などの過敏症では、耳道の紅斑《こうはん》と浮腫《ふしゅ》、過形成（紅斑性過形成性外《こうはんせいかけいせいせいがい》耳炎《じえん》）がみられるほか、耳介内側にも病変が生じます。また、四肢端や指間部にも耳と同様の病変が現れることが多く、二次的な表在性膿皮症《ひょうざいせいのうひしょう》やマラセチア感染症を起こすこともあります。

診断

耳垢を採取してその性状を調べます。また、病歴を聴取し、アレルゲン除去食を与えることにより、食物アレルギーであるか、あるいはその原因食物は何であるかを調べます。

治療

マラセチアや細菌の二次感染を予防するため、耳道内の洗浄を十分に行い、抗生物質や抗真菌剤を投与します。また、炎症を抑制するために、グルココルチコイドの局所投与も有効です。これらの内科的治療で効果がみられない場合は、外耳道切除などの外科的処置も検討します。さらに、免疫抑制薬や抗ヒスタミン薬などを投与し、基礎疾患の治療も行います。

予後

耳の疾患というよりも全身の皮膚疾患と考えるほうがよいでしょう。グルココルチコイドの局所投与によって耳道の炎症が劇的に改善されることもありますが、多くの場合は基礎疾患のコントロールが難しく、再発と治癒を繰り返します。

（田中　綾）

湿った耳道

原因

外耳道には、皮脂腺《ひしせん》やアポクリン腺《せん》があります。皮脂腺からは主に中性脂肪が分泌され、脱落上皮とともに耳垢の主成分となります。正常な耳垢は、脂質の含有量が多く、上皮の正常な角化を促し、耳道内を低湿度に保つ働きをしています。

これに対して、アポクリン腺の分泌物は比較的水性で、外耳炎になりやすい犬種ではアポクリン腺が増加しています。この増加したアポクリン腺が活発に分泌を行うと、耳垢中の脂質の割合が減少し、さらに、耳道の湿度が上昇して感染や外耳炎を起こしやすい高湿度の状態になります。また、耳の垂れた品種では、耳道内の通気性が悪く、湿度が高くなりやすいといわれています。

耳道内の水分が増加し、上皮が湿潤した状態になると、マラセチアやグラム陰性菌の感染を受けたり、あるいはそれらが増殖しやすくなります。

症状

かゆみや痛みがみられます。また、炎症が慢性化すると、上皮の肥厚や丘疹《きゅうしん》などを起こすこともあります。

診断

シャンプーなど、外耳道の環境に影響を与えるようなことがなかったか調べます。また、耳垢を採取し、その性状を検査します。

治療

外耳炎にかかると、耳道内のpHが上昇し、その結果、緑膿菌《りょくのうきん》の感染が起こりやすくなります。そこで、2％酢酸溶液を耳道内に滴下して、耳道内pHを酸性に保つようにします。耳道の洗浄は重要な治療法ですが、洗浄後に水分が残ると、再び感染が起こりやすい状態になってしまいます。耳道に傷がない場合は、洗浄の最後にイソプロピルアルコールなどのアルコールを使用し、耳道の乾燥を促進します。抗生物質の作用を増強させるためにpHをあえてアルカリ性に保つ方法もあります。

予防

耳道内の環境を清浄に保つことによって感染を予防し、外耳炎の発生とその慢性化を防ぎます。

（田中　綾）

耳垢性外耳炎《じこうせいがいじえん》（脂漏性外耳炎）

原因

耳道内上皮の過度角化や耳垢腺《じこうせん》の分泌異常により大量の耳垢が蓄積して起こる外耳炎です。内分泌疾患や性ホルモンの異常（セルトリ細胞腫《さいぼうしゅ》など）は、耳垢性外耳炎を起こす原因になるといわれています。

症状

多くの場合、大量の耳垢が耳道内に蓄積し、耳介内側の被毛には油性の耳垢が付着します。ただし、単に耳垢が蓄積するだけのことが多く、痛みやかゆみといった症状はあまりみられません。ネコではペルシアに多く発生し、油脂性の外耳炎が起こると同時に、体幹全体に落屑《らくせつ》や油脂、悪臭が発生します。

診断

耳垢を採取し、その性状を検査します。この病気でみられる濃厚で油性の耳垢には、微生物や炎症性細胞はほとんど認められません。また、耳鏡を使って耳道を検査すると、発症の初期には湿潤している様子が観察されます。この湿潤の程度は、アトピーのイヌよりも顕著です。こうして他の病気との鑑別診断を行い、最終的には病理組織学的検査を実施して診断を確定します。

治療

外耳道やその周囲をできる限り清潔に保ち、細菌やマラセチアの二次感染を防ぎ、過剰な鱗屑《りんせつ》除去には局所のシャンプー療法が有効です。一般的には2％酢酸のような酸性液を使用して耳道内のpHを酸性に維持し、また、洗浄剤で耳道を洗浄した後、外耳道を十分に乾燥させます。さらに、細菌検査の結果に基づいて、必要に応じてグルココルチコイドと抗生物質などの配合剤を投与します。これらの内科的治療で病変の進行を抑えられない場合は、外耳道の切除も検討します。

予後

耳道に対して適切な処置を行っても、多くの場合はアレルギーや先天的な素因などの原疾患が残ります。この病気がペルシアに発生した場合は、全身に症状が広がり、治療が功を奏さないことも多いです。

（田中　綾）

特発性炎症（コッカー・スパニエルの過形成性耳炎）

原因

特発性とは、その原因が特定できないということを意味しています。コッカー・スパニエルにみられる過形成性耳炎は、原発性の角化異常症の一つです。上皮のターンオーバーや皮脂腺の機能、被毛の産生に様々な遺伝的異常を反映していると考えられています。

症状

角化の異常に伴って軽度から重度の丘疹や鱗屑、痂皮、脱毛が発生します。鱗屑は、油脂性か乾燥性ですが、多くの場合、油脂性の耳垢が耳介内側の被毛に付着します。慢性化することが多く、グラム陰性菌などの二次感染も起こしやすくなります。

診断

アトピー性皮膚炎や各種の内分泌疾患などとの鑑別を行い、最終的には病理学的検査を行って診断を確定します。中耳炎を併発していることも多いので、治療を開始する前に中耳炎の有無を調べておく必要があります。

治療

遺伝性素因が大きく、また、原因の特定やその除去ができないため、外耳炎の慢性化を抑えるしか治療法はありません。具体的には、局所的なシャンプーの使用などで、外耳道とその周囲を清潔にします。また、2％酢酸溶液の滴下で耳道内を酸性に保ったり、アルコールを用いて耳道内の乾燥を図ったりします。EDTA－トリスの有効性も示されています。さらに、マラセチアや緑膿菌の二次感染を予防したり、レチノイドやビタミンAなどを投与して過剰な角質の生成を抑制します。しかし、内科的療法だけでは十分な治療効果をあげることができず、外科的な治療が必要になることもあります。外科的に耳炎を根治するためには、全耳道切除などの手術を行います。

（田中　綾）

緑《りょく》膿《のう》菌《きん》による耳炎

原因

グラム陰性桿菌《いんせいかんきん》である緑膿菌の感染によって起こる耳炎です。緑膿菌の感染を受ける原因としては、外耳道の炎症のほか、耳道内の湿度やpHの上昇があります。とくにアポクリン腺からの分泌が亢進《こうしん》して耳道内が湿潤すると、感染を受ける危険性が高くなります。

症状

片側の耳に急性の化膿性《かのうせい》の炎症がみられます。かゆみよりも痛みを特徴とし、また、びらんと潰瘍も発生します。肉眼的検査や耳鏡を用いての検査を行うと、耳道の肥厚よりも潰瘍がみられることが多いようです。

診断

激しい痛みを伴うことが多く、検査にあたっては動物の鎮静や全身麻酔が必要なことがあります。耳垢を採取して細菌の検査を行い、グラム陰性桿菌の感染を確認します。また、中耳炎を併発している可能性がある場合は、長期間にわたって全身的に抗生物質を投与する必要がありますが、緑膿菌は多くの抗生物質に耐性を示すことが多いので、投薬に際しては、抗生物質に対する感受性試験を実施すべきです。

外耳炎を再発する場合は、内分泌疾患などの基礎疾患の存在を疑い、さらに精密な検査を行います。

治療

外耳道を洗浄し、乾燥させます。抗菌薬に対する感受性試験の結果が出るまでは、2％の酢酸溶液を外耳道に滴下して耳道内pHを低く保つようにします。そして、その結果に基づいて、たとえばエンロフロキサシンなどのニューキノロン系抗菌薬の全身投与を行い、併せてその注射剤を希釈して局所にも塗布します。また、多剤耐性の緑膿菌が分離された場合は、1％スルファジアジンクリームの100分の1希釈液を外耳道に滴下したり、抗菌薬EDTA－トリスを局所へ同時に使用して抗生物質の効果の増強を図ったりします。

鼓膜が破れて中耳まで炎症が波及している場合や、内科的治療で改善せず慢性化している場合は、外科的処置の必要性も出てきます。

（田中　綾）

難治性マラセチア感染

原因

イヌ、ネコの耳道内にはマラセチアという酵母が常在しています。マラセチアは、正常なイヌやネコの耳道内にも存在していて、普段は病原性を示さないのですが、動物の体が弱ったりすると病原性を発揮することがあります。これを日和見感染と呼んでいます。外耳炎などで耳道内の湿度が上昇すると、マラセチアが増殖しやすくなります。

症状

アトピーや特発性角化異常症などのときに二次的に発生しやすく、紅斑性皮膚《こうはんせいひふ》炎《えん》の症状を示します。また、黄色がかった灰色の油性鱗屑《ゆせいりんせつ》を伴う丘疹がみられます。激しいかゆみがあり、ステロイド製剤を投与しても、改善しないことがあります。

診断

耳垢を採取し、その性状を肉眼的に、または顕微鏡を使って検査します。また、病変部にセロハンテープを貼《は》り、それをはがしたものを顕微鏡で観察したり、皮膚の掻爬物《そうはぶつ》を顕微鏡で観察することによって、マラセチアを検出できることもあります。さらに、マラセチアが増殖しやすい耳道環境を作り出している疾患があれば、それを明らかにすることも必要です。

治療

ミコナゾール、ケトコナゾール、クロルヘキシジンなどのシャンプーをしたり、ケトコナゾールを全身的に投与することによってマラセチアを除去します。また、アトピー性皮膚炎や特発性角化異常症などがあれば、その治療も行います。

ただし、マラセチアは、健康な動物にも存在する常在菌ですから、完全に除去することはできません。いったん治療を行っても、耳道内の環境がマラセチアの増殖に適したものになれば、再び増殖し、マラセチア性外耳炎を再発したり、あるいは慢性化します。

（田中　綾）

中耳の疾患

中耳は鼓膜、鼓室、耳管、耳小骨から成り立っています。外側は鼓膜を隔てて外耳道に接し、内側は耳管によって咽頭《いんとう》とつながる一方、内耳にも接しています。中耳には3個の耳小骨が連なり、鼓膜の振動を伝達しています。ネコの鼓室は特別な構造をしていて、その腹部は不完全な骨性の隔壁によって仕切られています。

中耳の疾患には中耳炎やコレステリン腫《しゅ》などがあり、斜頸《しゃけい》や眼振などの症状をみせます。中耳の疾患の多くは外耳炎が波及して起こります。そのため、外耳炎だけを発見して、中耳炎を見過ごすことも多くあります。最近はCTなどの画像診断技術が発達したため、より正確に中耳の疾患の診断が行えるようになってきました。

（田中　綾）

中耳炎

原因

中耳炎は、そのほとんどが外耳炎を併発しています。中耳炎の動物の病変部から分離される微生物は、外耳炎から分離される微生物とほとんど同じです。ただし、正常な中耳のほぼ半数に好気性の細菌が存在するという調査結果もあり、これらはおそらくは常在菌であると考えられています。

片側の耳だけに中耳炎が起こった場合は、その原因として異物による鼓膜の貫通や、炎症性ポリープ、線維腫《せんいしゅ》や扁平上《へんぺいじょう》皮癌《ひがん》などの腫瘍《しゅよう》が疑われます。

症状

中耳炎の一般的な症状は、外耳炎や内耳炎の症状とほぼ同じです。また、著しい痛みを示すこともあります。通常は神経症状はみられませんが、斜頸や運動失調、眼振、ホルネル症候群、顔面神経麻《がんめんしんけいま》痺《ひ》を起こすこともあります。

診断

耳鏡を用いた検査やX線検査により診断しますが、つねに確実に中耳炎を診断できるとは限りません。陽性造影剤による耳道造影が中耳炎の診断に役に立つこともあります。このほか、CT検査やMRI検査も、有用なことがあります。

治療

セファロスポリンなどの抗生物質を4週間にわたって投与します。また、消炎薬としてプレドニゾロンの投与を行います。

これらの治療で改善がみられず、外耳炎も併発している場合は、全耳道切除や側方鼓室胞切開を考えます。また、外耳炎を起こしていない場合は、腹側鼓室胞切開を行います。

予後

早期に病気の診断と治療を行うことが

できた場合には、良好に回復することが多いのですが、一部には、斜頸や軽度の運動失調などの前庭障害が残ることがあります。

もし、十分に治療できなかったときには、感染が内耳神経や顔面神経を通じて脳にまで達し、脳に膿瘍《のうよう》や髄膜炎を起こすことがあります。このような場合は、死亡率が高くなります。

（田中　綾）

ネコの中耳の炎症性ポリープ

原因

ネコの中耳の疾患としては、中耳炎や炎症性のポリープが多く、腫瘍はまれです。炎症性ポリープは、非腫瘍性《ひしゅようせい》の腫瘤《しゅりゅう》で、中耳のほか、鼻咽頭《びいんとう》の粘膜上皮や耳管にも発生します。多くは若いネコにみられ、そのほとんどは片側の耳に現れます。

症状

ポリープが中耳だけに発生した場合は、眼振やホルネル症候群、斜頸、旋回など、中耳炎に伴う神経症状を起こします。しかし、ポリープのできた位置によっては、中耳炎の症状を示さず、呼吸器疾患の症状を示すこともあります。

診断

症状と鼓室胞のX線検査の結果から診断します。また、可能であればＣＴ検査を行います。鼓膜が破れているときや外耳道にも波及しているときには、耳鏡でも観察が可能です。

治療

根治させるためには、外科的な治療が必要です。その方法としては、鼓室胞腹側切開を行います。ただし、鼓室胞切開を行うと、術後に神経障害を発生させる可能性があります。なお、ポリープを完全に切除できなかった場合は、再発することが多いようです。

（田中　綾）

内耳の疾患

内耳は耳の最深部で、側頭骨の岩様部の中にあります。音の受容をつかさどる蝸牛殻《かぎゅうかく》と平衡感覚をつかさどる三半規管、それに前庭を含んでいます。内耳の疾患としては、内耳炎がもっとも一般的です。しかし、発生率についてはあまりよくわかっていません。その理由は、内耳炎は急性の末梢性前庭症状《まっしょうせいぜんていしょうじょう》を示しますが、その症状は不明瞭《ふめいりょう》なことが多く、また、同時に慢性外耳炎を起こしていて内耳炎が目立たなくなり、しばしば見逃されているためです。

内耳の疾患の多くは、外耳と中耳の疾患が波及して起こります。これまで内耳炎の診断は難しかったのですが、近年はＭＲＩなどの画像診断装置が普及し、これらの装置を使用することによって他の疾患との鑑別ができるようになってきました。

（田中　綾）

内耳炎

原因

内耳炎と中耳炎、外耳炎の間には関連があります。内耳炎の原因でもっとも多いのは中耳炎の波及であり、中耳炎自体も通常は外耳炎が波及して起きたものです。

症状

内耳炎の症状として普通にみられるのは、罹患《りかん》した耳の側への斜頸《しゃけい》や眼振、非対称性の足の運動失調です。急性期には、動物は方向感覚を失い、罹患側に向かって旋回して倒れます。さらに、協調運動と平衡感覚が侵され、動物は立ったり歩いたりできなくなることもあります。このほか、嘔吐《おうと》や食欲不振も普通にみられます。

ただし、これらの内耳炎の症状は、特発性の前庭疾患や腫瘍《しゅよう》など、他の末梢《まっしょう》の前庭疾患によるものとの鑑別が非常に困難です。

診断

内耳炎を診断するには、動物病院で行う身体検査に加えて、飼い主が自宅で動物の行動を観察したときの様子が非常に役に立ちます。

また、その原因が末梢性《まっしょうせい》であるか中枢性であるかを鑑別するためには、神経系の全体について詳細な検査を行う必要があります。さらに、ＣＴ検査やＭＲＩ検査も有用な診断法です。

治療

内耳炎の治療は、その原因を治療することを目的として行います。中耳炎や外耳炎がみられる場合には、その治療が必要です。画像診断を行っても明瞭《めいりょう》な病変が認められないときは、感染性であることが疑われます。こうした例には、6～8週間の長期にわたる全身的な抗生物質療法を行います。

予後

早期に病気の診断と治療を行うことができた場合には、良好に回復することが多いようです。ただし、内耳炎は中耳炎よりも治療に対する反応が悪く、神経症状が残る可能性が高いといわれています。

（田中　綾）

その他の疾患

聴器毒性

イヌやネコにアミノグリコシド系抗生物質を高用量で投与したり、長期間にわたって使用すると、まれに聴器毒性を示すことがあります。これは、とくに腎機能《じんきのう》が損なわれている動物で起こることが多い傾向があります。

症状としては、片側または両側の末梢《まっしょう》前庭《ぜんてい》への毒性症状と聴覚機能障害がみられます。

前庭毒性では、平衡感覚障害や眼球運動障害などを起こします。

原因となっている薬物の投薬を中止することによって前庭障害は消失しますが、聴覚消失は残ります。聴器毒性は、アミノグリコシドにより前庭や蝸牛《かぎゅう》の感覚細胞が徐々に破壊されるために起こるものです。

いったん感覚細胞が失われてしまうと、細胞の再生が起こりません。そのため、不可逆的な聴覚消失となります。

（宇根　智）

特《とく》発《はつ》性《せい》顔《がん》面《めん》麻《ま》痺《ひ》

原因

片側または両側の顔面神経（第Ⅶ脳神経）が麻痺《まひ》することによって発生します。

症状

片側または両側の瞬目（まばたき）の消失や口唇下垂、耳の下垂などの顔面麻痺《がんめんまひ》が現れます。口唇の緊張が消失するため、流涎《りゅうぜん》が過剰になったり、麻痺側の口の中に食物がたまったり、食物が口からこぼれ落ちたりすることもあります。また、涙腺《るいせん》の神経が侵されると、病変側の眼と外鼻孔が乾燥します。

診断

顔面の筋肉、耳、眼、口唇の動きを注意深く調べ、顔面神経麻痺が起こっているか確認します。また、その他の脳神経にも障害が起こっていないか調べます。さらに、血液検査を行い、甲状腺機能低下症《こうじょうせんきのうていかしょう》や副腎皮質機能低下症《ふくじんひしつきのうていかしょう》、鉛中毒を発症していないか検査します。腫瘍《しゅよう》や中耳の感染が疑われる場合は、X線検査やCT検査、MRI検査を行います。筋電図検査では麻痺の広がりを確認することができます。

治療

原因を突き止めることができれば、その原因に対する治療を行います。ただし、顔面神経に変性が起こっている場合は、その改善は望めません。また、瞼《まぶた》が閉じられないことによって起こる眼の乾燥のような二次的な障害を予防または治療します。

（宇根　智）

特発性前庭障害

イヌでは季節とは無関係に発生がみられますが、ネコでは夏と初秋に多発する傾向があります。また、イヌは中年齢から高齢になってから発症することが多く、その場合は老年性前庭症候群と呼ばれています。一方、ネコは年齢に関係なく発症します。

原因

原因は不明です。

症状

平衡異常や重度の見当識障害、運動失調、捻転斜頸《ねんてんしゃけい》、眼振がみられます。嘔吐《おうと》や悪心を起こしたり、食欲不振になることもあります。

診断

この病気は、急性内耳炎と同一の症状を示すので診断にあたっては、感染が原因ではないことを確認する必要があります。このためには、耳鏡検査、X線検査、CT検査、MRI検査により感染症やその他の異常がないかを検査します。また、神経の検査を行い、ほかの脳神経などに異常がないことを確認します。

治療

この疾患に有効な治療法はありませんが、通常は数日で症状が安定し、数週間かけて徐々に回復します。しかし、軽度の頭部斜頸《とうぶしゃけい》などの後遺症が残ることもあります。感染を受けている可能性を完全に除外できない場合は、抗生物質を投与します。このほか、転倒などによる自己損傷を防止したり、適切な栄養状態を維持するための支持療法を行うことも大切です。

（宇根　智）

難聴

難聴は、聴覚経路に病変が生じることによって、聴覚が低下した状態です。

原因

先天性難聴では、内耳の骨の欠陥や、ラセン器官などの耳の一部の変性や形成不全あるいは無形成が認められます。ある種の抗生物質やウイルスは内耳神経に毒性を示すことが知られています。母体がこうした抗生物質の投与を受けたり、ウイルスの感染を受けると、その子どもに難聴が発生する可能性があるといわれていますが、はっきりとしたことはわかっていません。また、ダルメシアン、オールド・イングリッシュ・シープドッグ、イングリッシュ・セター、オーストラリアン・ヒーラー、オーストラリアン・シェパード、コッカー・スパニエル、ボーダー・コリー、コリー、ボストン・テリア、ウォーカー・アメリカン・フォックスハウンド、シュロプシャイアー・テリア、ブル・テリアには遺伝的に難聴を起こすものがあると考えられています。

一方、後天性難聴は、様々な原因により起こります。高齢や甲状腺機能低下症、内耳神経の腫瘍、中耳炎、内耳炎、聴器毒性、頭部損傷などが原因として考えられますが、原因が不明のこともあります。

症状

先天性難聴は、出生時または出生後数週間で聴覚障害が明らかになり、終生にわたってそれが継続します。難聴は通常、両側の耳に起こりますが、ときには左右どちらかの耳だけが障害を受けることもあります。また、一過性の末梢性前庭障害《まっしょうせいぜんていしょうがい》を示す若いイヌやネコに難聴が認められることもあります。

診断

音に対する反応を注意深く観察し、併せて耳鏡検査を行って外耳道や鼓膜に異常または炎症がないか調べます。さらに、X線検査やCT検査、MRI検査を実施し、外耳と中耳、内耳に感染やそのほかの異常がないか検査します。また、CT検査やMRI検査では、脳の異常についても調べることができます。甲状腺機能低下症の動物でも聴覚消失が起こることがあるため、ホルモンの検査も行います。このほか、動物が本当に難聴かどうかを判定するのは困難であることから、聴力検査の一つの方法として、音刺激を与えた場合の聴性脳幹反応を調べることがあります。

治療

先天性難聴の場合、治療法はありません。後天性難聴の場合は、その原因に対する治療を行います。

予後

後天性難聴の場合は、原因により、完治するかどうかや治療に要する期間が異なります。

（宇根　智）

腫瘍《しゅよう》

耳の腫瘍とは、耳にできた異常な構造物のことですが、ポリープや炎症性肉芽のような腫瘍でないものも発生することがあります。

原因

耳介の腫瘍は、熱帯と亜熱帯地域のイヌとネコに多くみられます。これは、この地域の動物は、太陽光線の照射を長時間にわたって受けることによって、扁平《へんぺい》上皮癌《じょうひがん》などの腫瘍が誘発されやすくなっているためと考えられています。また、腫瘍の発生に品種や性別による素因は認められませんが、例外的にコッカー・スパニエルでは良性および悪性腫瘍《あくせいしゅよう》が発生する比率が高くなっているようです。この犬種は外耳炎を発生しやすく、長期にわたる外耳炎は腫瘍を誘発する可能性があるためと考えられます。

症状

耳の腫瘍は、耳介や外耳、中耳、内耳に異常な塊として認められます。耳介や外耳道に発生した腫瘍は、悪臭を伴う慢性外耳炎の症状を示します。すなわち、耳垢《じこう》や滲出液《しんしゅつえき》がみられ、かゆみや痛みがあり、ときには出血や神経症状も起こします。耳介に発生する腫瘍は、イヌでは多くが良性ですが、ネコでは悪性のものが多いようです。また、耳道に発生する腫瘍は、有茎性であったり隆起していたりしますが、これが耳道を閉塞《へいそく》することがあります。なかには耳垢腺癌《じこうせんがん》のように、周りの組織に浸潤する傾向を示す悪性の腫瘍もあります。

診断

耳道を検査するには、耳鏡を用いて観察を行います。また、鼓膜の奥にある鼓室胞に腫瘍が発生することもあるため、必要に応じて、X線検査やCT検査、MRI検査を実施します。腫瘍を最終的に診断するには、その塊に針を刺して内部の細胞を吸引したり、切除した標本を調べることが必要です。こうすることによって、腫瘍の種類がわかり、さらに治療方法の選択や予後の推測を行うことが可能になります。

治療

耳介の腫瘍は、外科的に摘出するのがもっともよい治療法です。また、外耳に発生した腫瘍については、外耳道の側壁を切除するか、あるいは耳道の摘出を行い、それと同時に腫瘍を摘出したり、または腫瘍だけを摘出する手術が行われます。一方、中耳に腫瘍がある場合や炎症を起こしている場合は、鼓室胞を切開する手術などを行います。このほか、手術を行わずに放射線治療を単独で行ったり、手術後の補助的な治療として放射線治療を実施することもあります。

予後

イヌの場合、予後は比較的良好で、手術を行ったイヌの大多数が2年以上生存するといわれています。しかし、ネコに扁平上皮癌やもともとの発生場所が不明の癌腫《がんしゅ》が発生している場合は、予後は良好とはいえません。

（宇根　智）

内分泌系の疾患

内分泌とは

ホルモンによる体の調節システムを総称して内分泌系と呼んでいます。動物は、体を最適な状態に保っておくためにたくさんの種類の物質を体の中で合成し、それにより体の機能を調節しています。それらの物質のうち、体内の特定の場所で合成され、血液の流れにのって目的の場所まで行き、そこで働いている物質のことをホルモンといいます。

気温などの生活環境が変化したときに、それに体を適応させるのにもホルモンは重要な役割を担っています。

内分泌系は神経系とともに生命体を維持していくために不可欠な役割を果たしており、ホルモンの種類や役割に関しては、同じ哺《ほ》乳類《にゅうるい》である人やイヌやネコの間で大きな差は存在しないと考えられています。多くのホルモンにはまた、目的が達成されるとそれ以上の分泌をストップさせる仕組みも存在しています。この仕組みはネガティブフィードバックと呼ばれ、生体をいちばんよい状態に保っておくためになくてはならない仕組みです。

ホルモンは体内で物質の合成を促したり、抑えたり、物質を貯蔵場所から放出させたり、貯蔵場所に取り込んだりと、様々な場所で様々な働きをしています。また、別のホルモンの分泌を促したり抑えたりする働きのホルモンも存在します。

内分泌系の病気は、何らかの原因によって特定のホルモンが過剰に分泌されたり、逆に不足したりしたときに起こります。

内分泌系の病気には食欲が落ちない、あるいは通常よりも食欲が増している場合が多いという特徴があります。そのため飼い主は「食べているから大丈夫」と判断してしまい、治療の開始が遅れがちです。

内分泌系の病気では食欲がなくなるのは末期、という場合が多いと覚えておいてください。

（金澤稔郎）

主な内分泌腺とホルモン

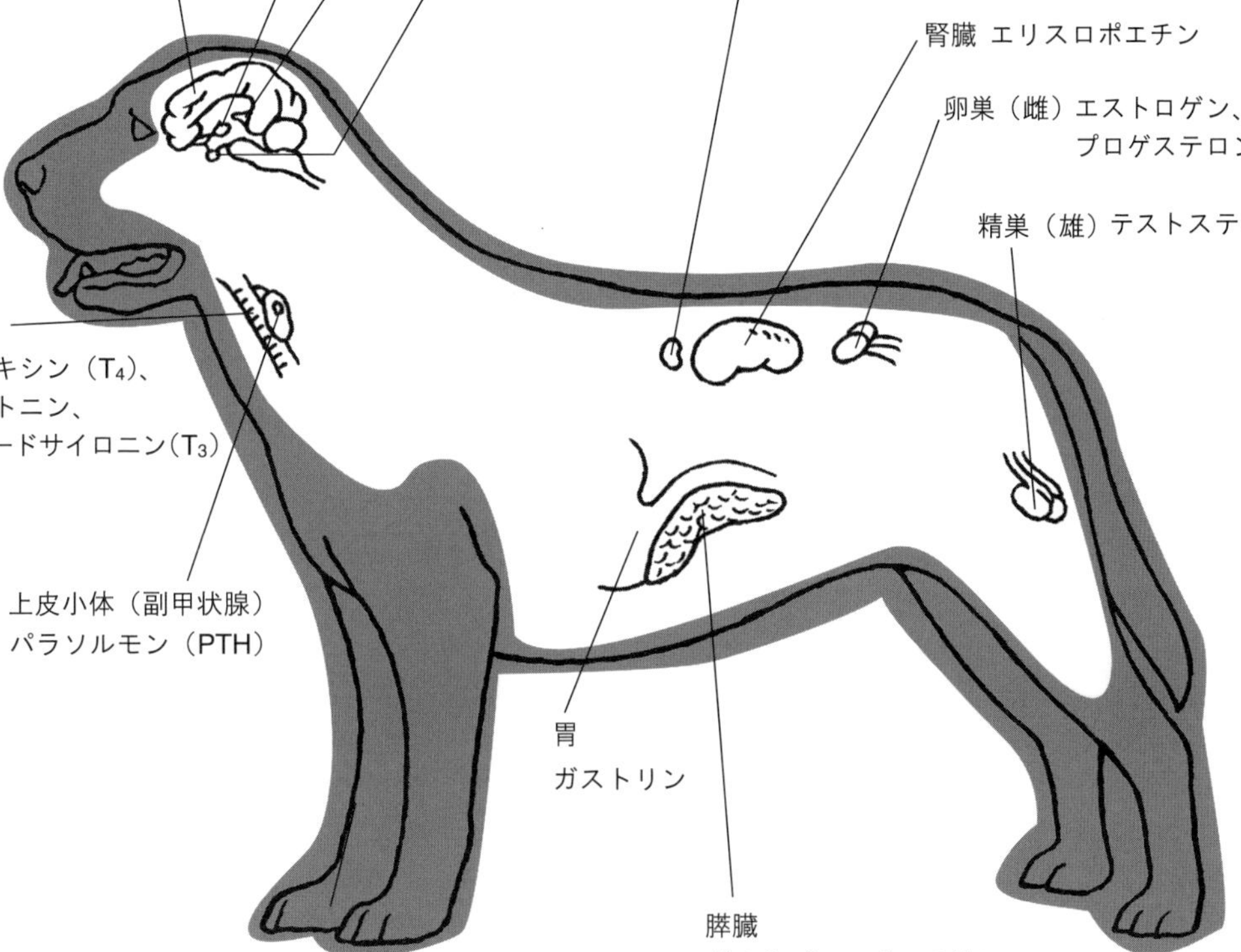

下垂体の構造と機能

下垂体は脳の底の中央部にぶら下がるように位置しています。大きさはイヌで1㎝前後、重さも1gに満たない小さな豆粒ほどですが、何種類もの重要なホルモンを分泌し、生命維持に関してたいへん重要な役目を担っています。下垂体は構造上、前葉と後葉と、その中間部の三つの部分に分かれています。前葉から出るホルモンの多くは、他の場所から別のホルモンを分泌させる役目をもっています。すなわち、下垂体は内分泌系の司令塔ともいえる存在です。また前葉からのホルモン分泌は、下垂体のすぐ上に位置している視床下部と呼ばれる場所から分泌されるホルモンによって調節されています。

下垂体前葉から分泌されるホルモン

●成長ホルモン（GH）

ソマトトロピンとも呼ばれます。成長期に多く分泌され、タンパク質の合成や骨の成長を促進することにより体の成長を促します。成長ホルモンは夜間に多く分泌されるといわれています。このホルモンが分泌過剰になると巨人症や末端肥大症に、不足すると下《か》垂《すい》体《たい》性《せい》矮《わい》小《しょう》症《しょう》（人

下垂体の構造

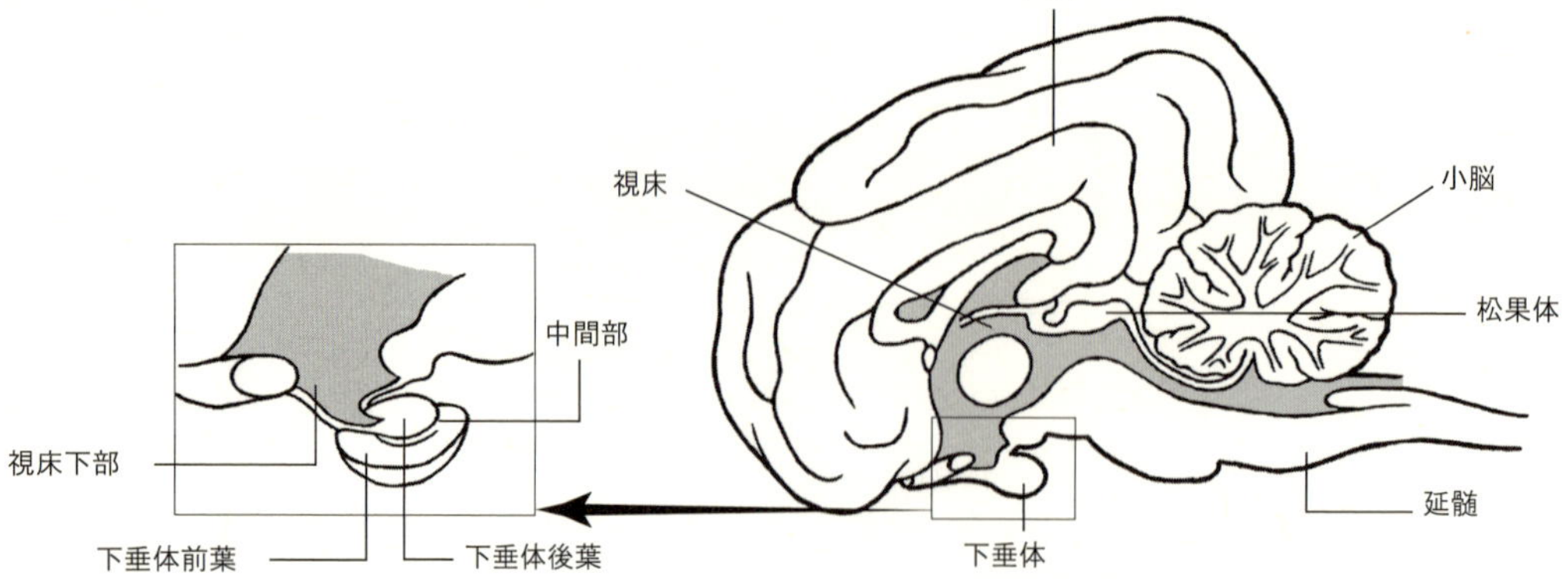

では小人症）になります。

●**卵胞刺激ホルモン（ＦＳＨ）**

雌では卵胞の形成と卵胞ホルモン（エストロゲン）の合成を促進します。雄では精子形成を促進します。

●**黄体形成ホルモン（ＬＨ）**

雌では排卵を誘発して、黄体形成を促し、黄体ホルモン（プロゲステロン）の分泌を促進します。雄では男性ホルモン（テストステロン）の分泌を促進します。

●**プロラクチン（ＰＲＬ）**

乳腺《にゅうせん》刺激《しげき》ホルモンとも呼ばれます。乳汁分泌と妊娠中の乳房発育を促進します。

●**副腎《ふくじん》皮質《ひしつ》刺激《しげき》ホルモン（ＡＣＴＨ）**

コルチコトロピンとも呼ばれます。副《ふく》腎《じん》皮質《ひしつ》からのコルチゾールというホルモンの分泌を促進します。

●**甲状腺《こうじょうせん》刺激《しげき》ホルモン（ＴＳＨ）**

サイロトロピンとも呼ばれます。甲状《こうじょう》腺《せん》ホルモン（サイロキシン）の分泌を促進します。

下垂体後葉から分泌されるホルモン

下垂体後葉からはバソプレッシンとオキシトシンという2種類のホルモンが分泌されます。この二つのホルモンは化学構造もよく似ており、ともに下垂体のすぐ上に位置する視床下部という場所で作られて、神経の中を通って下垂体後葉まで運ばれて貯蔵され、必要に応じて血液中に分泌されます。

●**バソプレッシン**

抗利尿ホルモン（ＡＤＨ）とも呼ばれています。腎臓《じんぞう》での水分の再吸収に作用して、体内の水分を適切な量に保つ働きをします。また、血管を収縮させて血圧を上昇させます。このホルモンが不足すると、尿崩症といって、多量の水分やミネラルが尿として体から失われる病気を起こします。

●**オキシトシン**

雌の子宮を収縮させる働きをもち、とくに分娩《ぶんべん》後の子宮収縮に重要な役割を果たします。また、下垂体前葉から出るプロラクチンと共同して乳汁の分泌を促進させる働きももっています。オキシトシンは雄の体にも存在することが分かっています。オキシトシンはホルモンとしての役割のほかに神経の情報を伝えるときの仲介物質（神経伝達物質）としても働いています。神経伝達物質としてのオキシトシンの役割についてはまだよくわかっていない部分が多くありますが、性行動の調節や、愛情や安心感といった感情に関係しているのではないかと考えられています。

（金澤稔郎）

甲状腺《こうじょうせん》の構造と機能

甲状腺は甲状軟骨（人ではのどぼとけにあたる）のすぐ下にある内分泌器官で、サイロキシンとカルシトニンというホルモンを分泌します。人の甲状腺は蝶《ちょう》のような形ですが、イヌやネコでは細長い形で左右に分かれて気管に貼《は》りつくように存在しています。イヌでは長さが約5㎝、幅が約1・5㎝、ネコでは長さが約2㎝、幅が約0・3㎝と、イヌよりもさらに細長い形をしています。甲状腺の表面には左右それぞれ2個ずつの上皮小体（副甲《ふくこう》状腺《じょうせん》）という内分泌腺《ないぶんぴつせん》が存在しており、パラソルモンと呼ばれる上皮小体ホルモンを分泌しています。正常なイヌやネコの甲状腺を外から触ることはできませんが、甲状腺に腫瘍《しゅよう》ができたり、甲状腺《こうじょうせん》機《き》能亢進症《のうこうしんしょう》などで甲状腺が腫《は》れたりすると触ることができるようになります。

甲状腺から分泌されるホルモン

●**サイロキシン（T_4）**

チロキシン、テトラヨードサイロニンともいわれます。化学構造上、ヨウ素を四つもっていることからT_4（ティー・フォー）と呼ばれています。サイロキシンは活発に活動できる体を準備しておく

甲状腺と上皮小体の位置

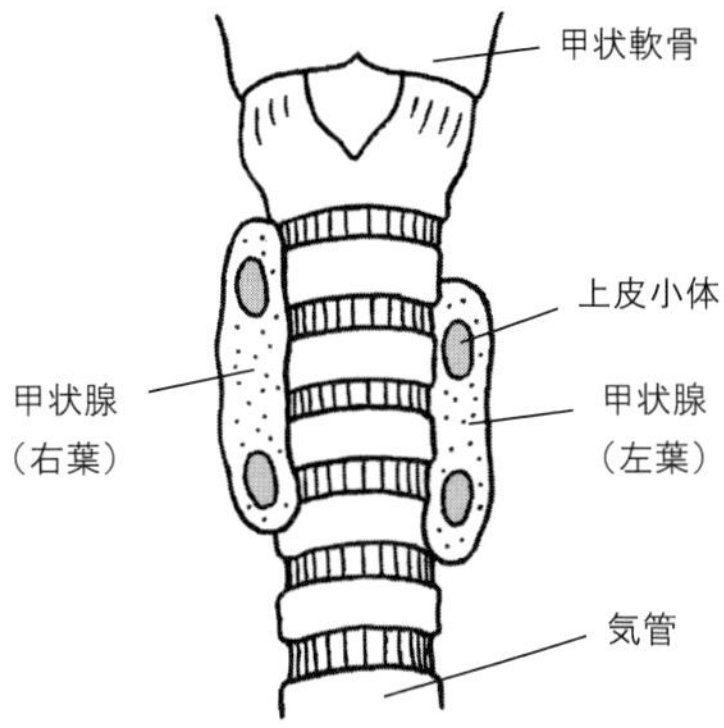

ために、様々な場所で働く非常に重要なホルモンです。すなわち、タンパク質の合成を促進して筋肉を発達させ、脂肪やグリコーゲンの分解を促進してエネルギー源を確保します。また、赤血球の産生も促進します。甲状腺からのサイロキシンの分泌は下垂体前葉から出る甲状腺刺激ホルモン（TSH）によって調節されています。

サイロキシンが過剰に分泌される病気が甲状腺機能亢進症、必要なだけのサイロキシンの分泌が行えなくなる病気が甲《こう》状腺《じょうせん》機能《きのう》低下《ていか》症《しょう》です。甲状腺機能亢進症はネコに多く、甲状腺機能低下症はイヌに多く起こります。

●**カルシトニン**

次に述べる上皮小体ホルモンのパラソルモンと拮抗《きっこう》し、血液中のカルシウム濃度が上昇したときに分泌され、体内のカルシウム濃度を下げる働きをしています。

（金澤稔郎）

上皮小体の構造と機能

上皮小体は副甲状腺とも呼ばれ、甲状腺のすぐ近くに左右それぞれ2組ずつ存在しています。大きさはイヌで長さ約2㎜から5㎜、幅は1㎜以下と非常に小さな内分泌器官ですが、パラソルモン（PTH）というホルモンを分泌します。このホルモンは血液中のカルシウム濃度が低下したときに分泌され、体内のカルシウム濃度を調節します。カルシウムは筋肉が収縮するときや、神経が情報を伝えるときにもなくてはならないイオンです。上皮小体ホルモンは普段はごくわずかな量しか分泌されていませんが、血液中のカルシウム濃度が減少すると少しの変化にも反応して分泌されて、カルシウム濃度をつねに一定の範囲に保っておくように働きます。上皮小体ホルモンが過剰に分泌される状態を上皮小体機能亢進《じょうひしょうたいきのうこうしん》症《しょう》といい、高カルシウム血症となります。逆に上皮小体ホルモンを分泌できずに低カルシウム血症になる病気が上皮小体機能低下症です。

（金澤稔郎）

副腎《ふくじん》の構造と機能

副腎は左右の腎臓のすぐ内側の腹大動脈と後大静脈の近くに左右一つずつ存在しています。副腎は構造的に二つの層に分かれており、中心部は副腎髄質《ふくじんずいしつ》と呼ばれ、ノルアドレナリンとアドレナリンというホルモンを分泌します。髄質を取りまく外側の部分は副腎皮質《ふくじんひしつ》と呼ばれており、ここでは30種類以上のホルモンが作られていますが、その中でもコルチゾールとアルドステロンという2種類のホルモンが特に重要な役割を持っています（後述）。副腎皮質で作られるホルモンは化学構造上、共通の部分をもっており、その構造名をとって「ステロイドホルモン」と呼ばれています。また、皮質で作られるホルモンという意味で「コルチコイド」という呼び方をすることもあります。副腎皮質では一部の性ホルモンも作られています。この性ホルモンもまたステロイドホルモンです。副腎に関連した内分泌病には、副腎が腫瘍化《しゅようか》するために起こる腫瘍性《しゅようせい》の副腎皮質機能亢進症《ふくじんひしつきのうこうしんしょう》、クロム親和性細胞腫《しんわせいさいぼうしゅ》など、下垂体から副腎皮質刺激ホルモンが過剰に分泌されるために起こる下垂体性副腎皮質機能亢進症、副腎の細胞が破壊されたり、分泌が障害されたりして起こる副腎皮質機能低《ふくじんひしつきのうてい》下症《かしょう》などがあります。

副腎髄質から分泌されるホルモン

●**ノルアドレナリンとアドレナリン**

ノルアドレナリンは副腎のほか、交感神経の神経細胞でも作られており、神経が情報を伝える際に媒介する物質、すなわち「神経伝達物質」でもあります。アドレナリンはほとんどが副腎髄質でノルアドレナリンから合成されます。この二つのホルモンは化学構造も働きもよく似ており、どちらも体を瞬時に活動させるために働きます。たとえば、血管を収縮させて血圧を上昇させ、心拍数を上げて筋肉への酸素供給を増やします。また、グリコーゲンや脂肪の分解を促進してエネルギー源を供給したりもします。血管への作用はノルアドレナリンが強く、心臓への作用はアドレナリンが強力です。副腎髄質から出るこの二つのホルモンの割合は、普段はイヌでもネコでも60％以上をアドレナリンが占めていますが、様々な状況に応じて両者の比率が変化します。

副腎皮質から分泌されるホルモン

●**コルチゾール**

副腎皮質ホルモンのなかでもっとも代表的なホルモンで、甲状腺から分泌され

副腎の位置

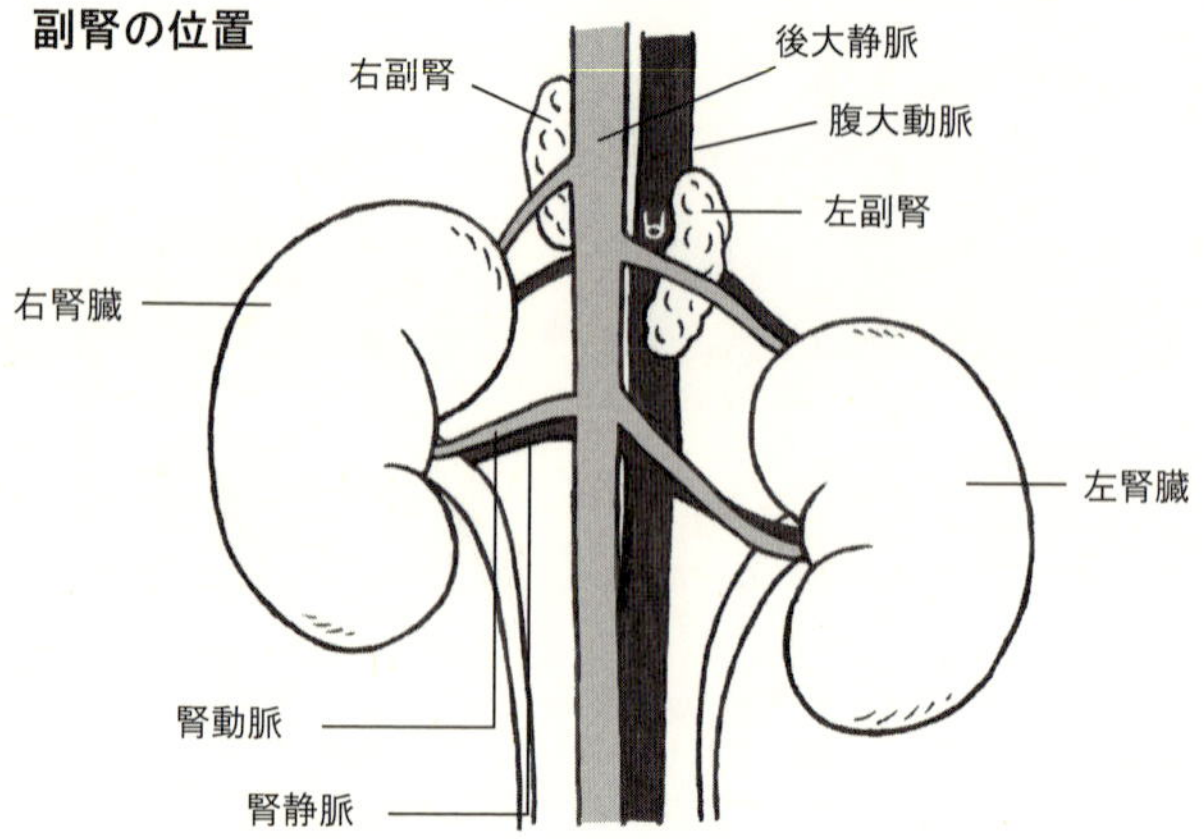

るサイロキシンと同様に体を活発な状態に保つために色々な場所で様々な作用を発揮します。代表的な作用としては、糖の産生を促進する一方でインスリン（膵《すい》臓《ぞう》から分泌されるホルモンの一つ）の働きを抑え、血糖を上昇させます。このようにコルチゾールは糖の調節に関与する皮質ホルモンという意味で糖質コルチコイド（グルココルチコイド）とも呼ばれています。また、コルチゾールは生体内のさまざまな炎症物質の生成を抑える働きがあります。コルチゾールに化学構造を似せて合成した「ステロイド剤」は、おもにこの働きを期待して使用されています。コルチゾール（ステロイド剤も）は、炎症を強力に抑える一方で免疫反応に関係する細胞の働きを抑えるという側面を持っているため、コルチゾール過剰な状態では細菌の感染や増殖がおこりやすくなります。コルチゾールの分泌は下垂体前葉からの副腎皮質刺激ホルモン（ACTH）によって調節されています。コルチゾールが過剰に分泌されると副腎皮質機能亢進症となり、必要なだけのコルチゾールを分泌できなくなると副腎皮質機能低下症となります。

●アルドステロン

副腎皮質から分泌されるもう一つの大切なホルモンがアルドステロンです。このホルモンの役割は、ナトリウムイオンやカリウムイオンの排泄を調節することによって体内の水分量を調節し、血圧を一定に保つことにあります。すなわち、腎臓の遠位尿細管という部分では糸球体で濾過《ろか》されたナトリウムを再吸収する一方でカリウムを排泄する仕組みが存在しますが、アルドステロンはこれを促進します。アルドステロンの分泌は腎臓でつくられるレニンという酵素によって調節されています。コルチゾールの場合と同じく、このホルモンが正常に分泌できなくなった場合にも副腎皮質機能低下症となります。

（金澤稔郎）

膵《すい》臓《ぞう》の構造と機能

膵臓は腹部の前方にあって胃から十二指腸に寄り添うように存在しています。膵臓のほとんどは十二指腸にアミラーゼやリパーゼなどの消化酵素を分泌する外分泌部で占められていますが、その中にホルモンを分泌する内分泌部がぱらぱらと散在しています。内分泌部はその様子を島にたとえて膵島《すいとう》、または発見者の名前をとってランゲルハンス島と呼ばれています。ランゲルハンス島はさらにグルカゴンを分泌するα細胞、インスリンを分泌するβ細胞、ソマトスタチンというホルモンを分泌するδ細胞の3種類の細胞によって構成されています。食物が胃から十二指腸に移るとただちに膵臓から様々な消化酵素が十二指腸に分泌され、タンパク質や脂肪や炭水化物の分解を始めます。それと同時にインスリンが膵臓から血液中へと分泌され、ブドウ糖を取り込みグリコーゲンや脂質として貯蔵します。一方、こうして体に取り入れたエネルギーを使用する必要が生じると、グルカゴンが分泌されます。グルカゴンの作用はインスリンと正反対で、グリコーゲンや脂肪の分解を促進してエネルギーを取り出します。グルカゴンは血液中のブドウ糖濃度（血糖値）が下がるとただちに分泌され、ブドウ糖濃度が上昇すると分泌は止まります。インスリンの働きを抑えるホルモンとしてはほかに、下垂体から出る成長ホルモンや副腎皮質ホルモンであるコルチゾールがあります。

血糖値はインスリンとグルカゴンのバランスによって変動の幅が最小限に保たれていますが、膵臓がインスリンを合成できなくなったり、インスリンの作用が邪魔されたりするとブドウ糖を取り込むことができなくなり、血液中のブドウ糖濃度がどんどん上昇して、ついには尿の中にまでブドウ糖が混ざるようになります。これが糖尿病です。

（金澤稔郎）

膵臓の位置

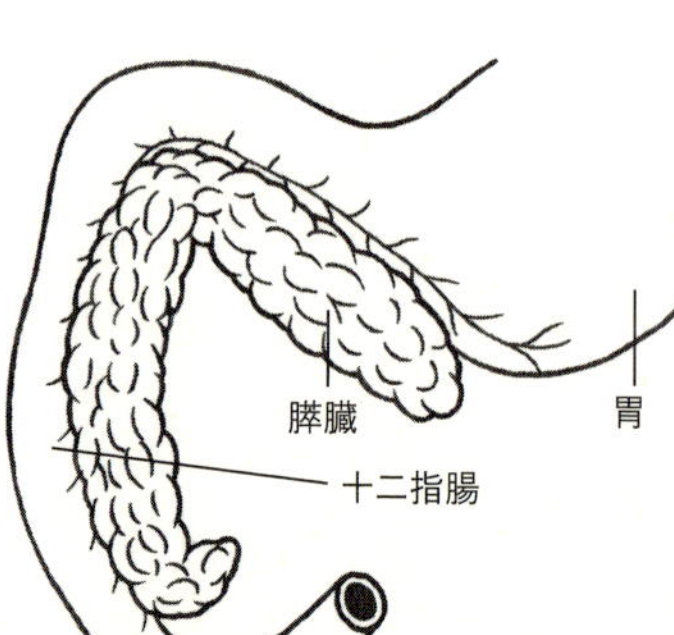

内分泌系の検査

家庭動物の医療では内分泌系の検査は人に比べて大幅に遅れています。人の検査センターで人と同じ方法で測定できるものもありますが、まだまだ不安定です。内分泌系の病気を診断し治療していくための検査としては次のようなものがあります。

血液中のホルモン濃度測定

糖尿病の際のインスリン、甲状腺機能低下症の際の甲状腺《こうじょうせん》ホルモン（サイロキシンや遊離サイロキシン）や甲状腺刺激ホルモン、副腎皮質機能亢進症と低下症の際のコルチゾールや副腎皮質刺激ホルモン、このほか成長ホルモン、上皮小体ホルモン（パラソルモン）、ガストリン（胃から出るホルモン）、テストステロン（男性ホルモン）、エストラジオール（卵胞《らんぽう》ホルモンの一種）、プロゲステロン（黄体ホルモン）などが測定可能です。これらの検査は血液を検査センターへ送って測定しますので、通常は結果がわかるまでに数日を要します。

血液検査

貧血の有無や白血球の分類、肝機能、血糖値、コレステロール値などは糖尿病や副腎皮質機能亢進症、甲状腺機能低下症などの内分泌系の病気の診断や治療において有用な指標となります。また、ナトリウムやカリウムなどの電解質濃度は副腎皮質機能低下症の治療には不可欠な指標となります。これらの検査は多くの動物病院で実施可能です。

刺激試験

ホルモンのなかには別のホルモンの指令を受けて分泌が行われるものが多くあります。この性質を利用して刺激物質を投与し、その前後のホルモン濃度を測定して分泌能力を評価する検査がしばしば行われています。

ＡＣＴＨ刺激試験は、下垂体から分泌される副腎皮質刺激ホルモンを体の外から投与する前後でコルチゾール濃度を測定します。これは副腎皮質のコルチゾール分泌能力を評価する検査で副腎皮質機能亢進症と低下症の診断に役立ちます。

キシラジン負荷試験は、矮小症《わいしょうしょう》の診断に用いられる検査です。正常なイヌではキシラジンを投与すると成長ホルモン濃度が明らかに上昇しますが、矮小症ではこのような増加が認められません。

抑制試験

内分泌系はホルモンが目的の濃度に達するとそれ以上の分泌をストップする仕組み（ネガティブフィードバック・システム）をもっていますが、この性質を利用した検査が抑制試験です。

デキサメサゾン抑制試験は副腎皮質機能亢進症の診断や、それが下垂体腺腫《かすいたいせんしゅ》によるものか副腎腫瘍《ふくじんしゅよう》によるものかを判別するために行われます。デキサメサゾンという合成ステロイドを静脈内に注射するとコルチゾール濃度が高くなったときと同じような反応が起こり、正常な動物では血液中のコルチゾールの濃度が低下します。コルチゾール濃度低下の有無やそのパターンで判断します。

Ｘ線検査、超音波検査、ＣＴ検査、ＭＲＩ検査

内分泌系の病気は腫瘍と関連する場合が非常に多いため、ホルモン測定や血液検査とならんで画像診断と呼ばれる手法が大変役に立ちます。イヌの代表的な内分泌疾患である副腎皮質機能亢進症（クッシング症候群）では副腎が腫れていたり腫瘍化していたりしますが、これらの変化はＸ線検査や超音波検査（エコー検査）をおこなうことにより発見できることがあります。

動物の診断技術の中で近年もっとも進歩した分野のひとつにＣＴ検査とＭＲＩ検査がありますが、内分泌系の病気の検査においてもこれまで診断できなかった下垂体の腫瘍を発見できるようになったり、インスリノーマ（インスリンを過剰に分泌して低血糖をおこす腫瘍）や褐色細胞腫（アドレナリンやノルアドレナリンを過剰に分泌して高血圧や糖尿病をおこす腫瘍）などの場所が特定できたりと、大変有効な検査になってきています。内分泌疾患の診断におけるＣＴやＭＲＩ検査の重要性は今後ますます高まっていくと思われますが、動物ではこれらの検査をおこなうには全身麻酔が必要です。

（金澤稔郎）

下垂体の疾患

巨人症、末端肥大症（成長ホルモン過剰症）

原因

巨人症と末端肥大症は、成長ホルモンが通常よりも多く分泌されると起こる病気です。若い動物の腕や足の骨には、骨端線または成長板と呼ばれている部分があり、この部分で骨が増殖することによって体が大きくなりますが、体が成熟した後は骨端線がなくなり、骨がそれ以上長くなることはありません。骨端線が存在する時期に成長ホルモン過剰症になると四肢の骨も長くなって、体全体が大きくなる巨人症となります。体が成熟して骨端線がなくなった後に成長ホルモン過剰症になると、顔や四肢の末端部だけが成長して末端肥大症になります。成長ホルモン過剰症にはいくつかの原因が考えられています。その一つに下垂体に成長ホルモンを作り出す腫瘍《しゅよう》（下垂体腺《かすいたいせん》腫《しゅ》）ができるために成長ホルモン過剰症となることがあります。この症例はネコでまれに報告されています。また異所性産生といって、腹部など下垂体以外の場所に成長ホルモンを分泌する腺腫《せんしゅ》ができるためにこの病気になることもあります。プロゲステロンという性ホルモンは成長ホルモンの分泌を促進しますが、イヌやネコでこのホルモンを発情抑制のために使用することがあります。イヌに多量のプロゲステロンを投与すると、副作用として末端肥大症になる危険性があります。

症状

典型的な末端肥大症では四肢の先が長く、バランスのとれない体つきになります。額が広く、下顎《したあご》が腫《は》れているようにみえることもあります。成長ホルモン過剰症では二次性の糖尿病を発症することが多く、その場合は多飲多尿や尿糖、高血糖などがみられます。糖尿病と診断されて治療を開始したものの、インスリンの効果がなかなか現れない場合などには、この病気の可能性も考えておく必要があります。

診断

末端肥大症に独特の外見（四肢の先端や額や下顎のでっぱりなど）からこの病気が疑われることもありますが、一見しただけではわからない場合も多くあります。また、四肢や頭部のX線検査でカルシウム沈着などの変化がみられることがあります。

動物専門の検査センターによっては血液中の成長ホルモン濃度を測定することができ、ホルモン濃度が非常に高い場合にはこの病気が疑われますが、この病気の動物の成長ホルモン濃度がつねに高いというわけではなく、1回測定して低くてもこの病気を否定することはできません。また、血液中のプロゲステロン濃度を測定して非常に高ければこの病気が疑われますが、これも決定的ではありません。近年動物医療でもMRIによる検査が可能になってきましたが、末端肥大症が下垂体やその他の部位にできた成長《せいちょう》ホルモン産生腺腫《さんせいせんしゅ》による場合にはMRI検査で腫瘍を実際に確認することができます。

治療

プロゲステロン製剤を投与しているときには、それを中止することによって症状は多くの場合回復します。腫瘍が原因のときには外科的治療として腺腫が存在する下垂体を切除するという方法もありますが、その場合、下垂体から分泌されているほかの重要なホルモンも作れなくなるため、ステロイド製剤や甲状腺《こうじょうせん》ホルモン製剤《せいざい》などを生涯飲ませ続けなければなりません。

（金澤稔郎）

矮《わい》小症《しょうしょう》（低ソマトトロピン症）

原因

必要な量の成長ホルモンが分泌されないために起こる病気を矮小症または低ソマトトロピン症と呼びます。矮小症は先天性と後天性に区別されています。先天《せんてん》性矮小症《せいわいしょうしょう》がなぜ起こるかについていくつかの説がありますが、はっきりしたことはまだわかっていません。遺伝的な素因も関係していると考えられています。後《こう》天性矮小症《てんせいわいしょうしょう》は、下垂体にできた腫瘍が成長ホルモンを作る細胞を圧迫したり破壊したりするために正常なホルモン分泌が行えなくなるために起こります。この場合には成長ホルモンだけでなく、ほかのホルモンの分泌も障害されるので、甲状《こうじょう》腺機能低下症《せんきのうていかしょう》や副腎皮質機能低下症《ふくじんひしつきのうていかしょう》を併発することもあります。

症状

先天的な矮小症では、幼少のときから症状が現れます。生後1～2カ月までは普通に発育することが多いようですが、それ以降は同腹の子イヌや子ネコより明らかに体の発達が悪く、被毛もうぶ毛のままで、いつまでたっても本来の被毛が生えてきません。うぶ毛は抜けやすく、脱毛部分が広がっていきます。脱毛は体の左右対称の場所に起こるようにみえ、ついには頭と四肢の先、尾の先を残してまったく毛がなくなってしまいます。生後1～2カ月の発育不良がはっきりしてくる頃から活発さも次第になくなり、じっとしていることが多くなります。この病気のイヌは成熟しても体は明らかに小さく、被毛はほとんど抜けて皮膚が黒ずみ、皮膚炎や傷の化膿《かのう》が絶えません。多くの場合は繁殖能力がないようです。正常な繁殖能力をもつ場合もあるようですが、この病気には遺伝的な素因も考えられているので、繁殖は避けたほうがよいでしょう。

診断

先天的な矮小症は、体つきが正常なイヌやネコよりも明らかに小さいですし、被毛もうぶ毛であったり、特徴的な脱毛があるので、動物病院を訪れるとこの病気を疑われるでしょう。後天性の矮小症の場合は体の発達にアンバランスな点がみられず、被毛や皮膚の症状だけのことが多いので、この場合は同じような皮膚症状を示すほかの病気との区別が非常に難しくなります。矮小症は成長ホルモンが不足する病気ですから、血液中の成長ホルモンの濃度を測定し、ホルモン濃度が低いとこの病気を予想されますが、実際にはこの病気でも成長ホルモン濃度が正常な場合もあり、決定的ではありません。血液検査を行ってもほかの病気の合併がなければとくに異常な項目は見当たりません。

甲状腺機能低下症や副腎皮質機能低下症を併発している場合にはコレステロールやアルカリホスファターゼが高値になったり、貧血がみられたりと、合併症に特有の変化がみられることがあります。確実な診断を下すためにクロニジン負荷試験やキシラジン負荷試験という検査が行われることもあります。

治療

先天性の矮小症では、成長ホルモンを投与することで症状の改善が期待できます。イヌの成長ホルモン製剤はありませんが、人の成長ホルモン製剤の使用で効果が望めます。甲状腺《こうじょうせん》ホルモンや副腎皮《ふくじんひ》質《しつ》ホルモンが不足している場合にはこれらのホルモンも補充する必要があります。これらの不足しているホルモンを補うことによって症状の改善が期待できますが、複数のホルモンを過不足なく何年にもわたって補充するのはかなり難しい作業となります。生涯にわたって成長ホルモンの濃度や副腎皮質機能《ふくじんひしつきのう》や甲状腺機《こうじょうせんき》能《のう》を定期的にチェックする必要もあります。

（金澤稔郎）

尿崩症

原因

健康なイヌの場合、1日の尿量は体重1kgあたり60mℓ以下で、これが1kgあたり100mℓ以上になるとどこかに何らかの異常があると考えて間違いありません。正常な腎臓《じんぞう》は、糸球体でいったん濾《ろ》過《か》した水分の99%以上を再び吸収して体に戻しています（「泌尿器系の疾患」の項参照）。その結果、尿は膀胱《ぼうこう》に貯留されるときには糸球体で濾過されたときよりもはるかに濃縮された状態になっています。この再吸収のメカニズムが働かなくなると、尿が濃縮されないままに大量に作られてしまうことになり、この状態を尿崩症と呼びます。

尿崩症は大別して腎臓に問題がある腎《じん》性尿崩症《せいにょうほうしょう》と脳の下垂体に問題がある中枢性尿崩症に分けられます。中枢性尿崩症は、下垂体からのバソプレッシンの分泌が不足したときに起こります。ひとではこれらの二つのほかに精神的な原因による多飲症の結果おこる尿崩症があります。動物でも激しいかゆみをともなう皮膚炎がある場合など、かゆみや苦痛をまぎらわすために多飲症となることがあります。尿崩症はそれほど多い病気ではありませんが、イヌでもネコでも報告されており、性別や品種に関係なく発症すると考えられています。

症状

尿量が異常に増加します。とくに室内で飼育しているイヌなどでは夜中に何回も排尿のため外に出してやらねばならず、飼い主の眠る時間がなくなるほどです。また、非常に大量の水分が尿として体内から排出されるので、それを補うため、大量の水を飲むようになります。水の容器が空のときには自分の尿や庭の雪など、水分を含むものなら何でも口に入れようとします。発症初期であれば元気も食欲も正常で、多飲多尿のほかは変化がみられないことが多いようですが、慢性化すると次第に痩《や》せてくることがあります。また、大量の水を飲むことができる限り正常と変わりなくても、ひとたび水が不足すると、短時間のうちに脱水症状が現れ、意識混濁やけいれんが起こることがあります。

診断

尿崩症のほかにも多飲多尿を示す病気はたくさんありますので、ほかの病気の可能性を除いていくことが診断のうえでもっとも重要となります。多飲多尿がみられる病気には慢性腎不全《まんせいじんふぜん》や腎炎《じんえん》、副腎《ふくじん》皮質機能亢進症《ひしつきのうこうしんしょう》、糖尿病、甲状腺機能亢進症などがあります。避妊手術をしていない雌では子宮蓄膿症《しきゅうちくのうしょう》でも多飲多尿が起こります。また、まれに成長ホルモン過剰症による糖尿病に伴って多飲多尿がみられることもあります。多飲多尿はてんかんの薬や利尿薬、ステロイドホルモン製剤などを投与されている動物でも起こります。尿崩症は、問診や身体検査、血液検査、X線検査などを通じて、類似の症状を示すこれらの病気や薬物投与などの可能性が除外できたときに初めて疑われます。

尿崩症を診断する検査に水制限試験があります。正常な動物では水が与えられないと尿を濃縮して尿量を減らしますが、尿崩症の動物では水分の再吸収ができないので、水を飲めなくてもいつもと同じように大量に尿を作ってしまいます。このとき尿量とともに尿の比重や浸透圧を測定すると尿崩症の診断がよりはっきりします。この状態でバソプレッシンというホルモンを体の外から注射すると中枢性尿崩症の動物では正常な動物のように尿を濃縮することができるようになりますが、腎性尿崩症の動物では腎臓がバソプレッシンに対する感受性をなくしてしまっていますので、外から注射したバソプレッシンにも反応しません。この反応の違いで尿崩症が中枢性か腎性《じんせい》かを判定します。

治療

尿崩症はバソプレッシンやそれと同じ作用をもつ薬物を与えることによって治療が可能です。定期的に注射するか、毎日点鼻する製剤が用いられています。順調ならば長生きすることも十分に期待できますが、腫瘍細胞《しゅようさいぼう》によってバソプレッシン産生細胞が圧迫されたり破壊されたりしている場合には予後が悪くなる場合もあります。

（金澤稔郎）

腫瘍《しゅよう》

下垂体には腫瘍がしばしば発生します。下垂体にできることが多い腫瘍は腺腫という種類の腫瘍です。下垂体の腺腫はそれ自体は基本的には良性の腫瘍だといわれており、ほかの場所に転移したりするおそれは低いものですが、次の二つの点で臨床的に非常に大きな問題となります。

第一点目はとくにイヌの場合下垂体にできた腺腫は副腎皮質刺激《ふくじんひしつしげき》ホルモンを分泌することが多いということです。この場合、この刺激ホルモンにこたえて副腎から過剰な副腎皮質ホルモンが分泌され糖尿病をはじめ重大な病気を引き起こします（「副腎皮質機能亢進症」参照）。第二点目は腺腫のために下垂体本来の細胞が圧迫されホルモンの分泌が行えなくなる場合があるということです。たとえば下垂体腺腫によってバソプレッシン産生細胞が圧迫されてホルモン産生が行えなくなると尿崩症が起こります。また、下垂体やその近辺に悪性の腫瘍ができることもあります。この場合、下垂体のホルモン産生細胞が破壊されて機能不全を起こしますし、周辺の神経がおかされるとその神経が担っている機能が障害されて、神経麻痺《しんけいまひ》やけいれん、痴呆など様々な症状が現れます。

脳は頭蓋骨《とうがいこつ》という骨に囲まれているため脳内に腫瘍ができてもX線検査で発見することは簡単ではありませんでした。近年動物医療にもＭＲＩ検査が導入されるようになってきており、これまでは不可能だった画像による診断が可能になりつつあります。

（金澤稔郎）

甲状腺《こうじょうせん》の疾患

甲状腺機能亢進症《こうじょうせんきのうこうしんしょう》

原因

甲状腺からサイロキシンが過剰に分泌されることによって起こります。この病気は、イヌではほとんどみられませんが、ネコでは甲状腺が腫瘍化《しゅようか》するためにまれに発生します。とくに10歳を過ぎたネコに発生することが多く、品種や性別に関係はありません。イヌでは、ネコと同じく甲状腺が腫瘍化してサイロキシンを過剰に産生して発症する場合と、甲状腺機能低下症《こうじょうせんきのうていかしょう》の治療のために投与される甲状《こうじょう》腺《せん》ホルモン製剤《せいざい》の量が多すぎることによる中毒性の場合があります。

サイロキシンは体を活発な状態にするホルモンですから、これが過剰になるとつねに異常に活発な状態に体が保たれるため、心臓をはじめ体のあちこちでオーバーヒート状態になります。

症状

正常な甲状腺はイヌでもネコでも外から触ることはできませんが、腫瘍化した甲状腺は大きくなると首の上のほうを外から触ってもわかるほどになります。食欲は異常に亢進《こうしん》することが多く、水を飲む量が明らかに増え、尿量も多くなります。動物は落ち着きがなくなったり、攻撃的になるなど、性格が変わってしまったり、いらいらして過度に毛づくろいをするために毛が抜けてしまうこともあります。毛づやが悪くなったり、毛が抜けやすくなり、食欲があるにもかかわらず痩《や》せてきます。また、洗面所や風呂場《ふろば》のタイルの上やフローリングの床を好むなど、暑がりになることもあります。甲状腺機能亢進症の動物を見て多くの人がもつ印象は「目つきがぎらぎらしている」ということだそうです。

診断

動物の頸部《けいぶ》に腫瘤《しゅりゅう》ができたときにはこの病気の可能性も考えておく必要があります。それに加えて先に述べた症状がある場合には甲状腺機能亢進症が疑われます。確定的な診断のためには甲状腺《こうじょうせん》ホルモンを測定して異常に上昇していることを証明する必要があります。

ネコの甲状腺機能亢進症はイヌの副腎《ふくじん》皮質機能亢進症《ひしつきのうこうしんしょう》と症状が似ています。場合によってはＡＣＴＨ刺激試験を行って副腎皮質機能亢進症の疑いを除外する必要があります。

治療

甲状腺機能亢進症の治療法は次のいずれかになりますが、どの方法も長所と短所をあわせもっています。

症状の進行度や腫瘍《しゅよう》の大きさ、腫瘍が片側だけか両側かとか、動物の全身状態などを総合的に判断して治療法を決定することになります。

●外科的な切除

根本的な治療として、手術で腫瘍を取り出す方法もありますが、両側の甲状腺を取り出した場合には甲状腺ホルモンを作ることができなくなりますので、甲状《こうじょう》腺機能低下症《せんきのうていかしょう》の治療を生涯続ける必要があります。また、両側の甲状腺を取り出す場合、すぐ近くにある上皮小体だけを残して取り出すことは非常に困難なため、手術後に上皮小体機能低下症となる可能性もあります。取り出した甲状腺が左右どちらか片側だけだった場合には甲状腺機能低下症や上皮小体機能低下症になる心配はありません。イヌの甲状腺機能亢進症で甲状腺の腫瘍が原因の場合は腫瘍が大きくなって気管や食道を圧迫することが多いので通常外科的な切除が選択されます。

詳しくは「腫瘍」の項を参照してください。

●放射線療法

放射性同位元素のヨウ素を投与して腫瘍細胞《しゅようさいぼう》に取り込ませてから腫瘍細胞を破壊する治療法です。かなりの効果が期待でき、副作用が少ないといわれていますが、核医療の設備がないと行えないので実施できる施設は限られ、一般には獣医科領域では不可能な治療法です。

欧米では一部の動物病院で実施されていますが、日本では実験医療の域を出ていません。

●内科的療法

日本でもっとも選択される治療法です。抗甲状腺薬《こうこうじょうせんやく》と呼ばれている経口投与可能な甲状腺ホルモン合成阻害薬が用いられています。安価で治療効果も高いといわれていますが、量が多すぎると甲状腺機能低下症を起こします。副作用としてはまれに食欲不振や嘔吐《おうと》や下痢、白血球減少などがみられます。（金澤稔郎）

甲状腺機能低下症《こうじょうせんきのうていかしょう》

原因

甲状腺から必要な量のサイロキシンが分泌できなくなることによって起こります。この病気はほとんどの場合、甲状腺が変性していく自己免疫性疾患と考えられており、遺伝的な要素もあると考えられています。まれに下垂体からの甲状腺《こうじょうせん》刺激《しげき》ホルモン（ＴＳＨ）が不足して発症するケース(中枢性の甲状腺機能低下症)も報告されています。

甲状腺機能低下症はネコでは非常にまれですが、イヌでしばしば発生します。雑種を含めてどんな犬種にも発生し、日本ではとくにゴールデン・レトリーバー、シベリアン・ハスキー、シェットランド・シープドッグ、柴犬などの品種に多いようです。中型から大型犬で多く発症し、小型犬では比較的まれです。性別に差はありませんが、避妊手術や去勢手術を済ませたイヌに発症することが多いように思われます。

また、副腎皮質機能亢進症などのほかの病気の影響で発症することがあります(続発性の甲状腺機能低下症)。この場合は元の病気を治せば甲状腺機能も正常化します。

症状

甲状腺ホルモンは体の様々な場所で働いて体を活発にするホルモンなので、このホルモンが不足したときには実に色々な場所で様々な症状が現れます。もっとも多くみられる症状は激しい運動をしたがらなくなるということです。散歩もとぼとぼ歩くようになったり少し歩くと満足して帰りたがったりします。また、目つきや仕草に覇気がなくなります。異常に寒がりになって、冬は暖房の前から離れなかったり、いつも震えていたり、夏でも日の当たる窓際を好んだりします。いつも口を閉じた状態で、パンティング呼吸することはめったにありません。発情周期が不規則になったり、発情しなくなることもあります。被毛の異常もよくみられ、刈った後に被毛が生えてこなかったり、毛換えが途中で止まってしまったり、まったく毛換えしなくなったりすることがあります。大腿部《だいたいぶ》の後ろや両側のわき腹の毛が抜けてくることがあります。腹部の皮膚は黒ずんで分厚い感じになり、様々な種類の皮膚炎を起こしやすくなります。歩き方が不自然になって足を突っ張ったような、ぎこちない歩き方になることもあります。通常、食欲は旺盛《おうせい》ですので、飼い主はこのような変化が起こっても歳のせいと思うことが多いようです。ほかの病気の治療で大きな進展がみられないときなど、背景にこの病気が存在していることもあります。

診断

この病気は様々な症状を示すために診断が難しい場合があります。この病気を疑ったときには甲状腺ホルモンを測定します。ただ、甲状腺ホルモンの数値は色々な要素に影響され、健康なイヌでも低く出ることもありますので、症状と血液中の甲状腺ホルモン濃度を総合的に判断する必要があります。

甲状腺ホルモンは体の中では数種類の形で存在していますが、通常はそのなかのサイロキシン（T_4）か、それに加えて遊離サイロキシン（F－T_4）と呼ばれているホルモンを測定します。この2種類の甲状腺ホルモンに加えて、下垂体から分泌される甲状腺刺激ホルモン(TSH)も現在では測定できるようになりました。この病気の動物のTSHは多くの場合上昇しています。血液検査では軽い貧血傾向がみられることが多くあります。また、コレステロール値の上昇もよくみられる変化です。症状と血液検査の所見と各種のホルモンの測定値を総合的に判断することによって、現在ではかなり正確な診断を下せるようになっています。

治療

合成甲状腺ホルモン製剤を投与することによって低下した甲状腺機能を補います。甲状腺ホルモン製剤は経口投与が可能ですので、在宅で治療できます。この薬を投与することによってほとんどの症状は改善されます。

甲状腺機能低下症の多くは甲状腺の変性を起こしていますから、甲状腺の機能が回復することは少なく、基本的にホルモン製剤は生涯飲ませ続けなくてはなりません。ただし、ほかの病気に伴って発症している続発性の甲状腺機能低下症の場合は症状が改善された後、薬の投与を中止しても再び悪化することはありません。甲状腺ホルモン製剤は投与量が少なすぎると改善効果が得られませんし、多すぎると甲状腺機能亢進症を起こして中毒状態になり、危険な状態になりますので、治療の継続にあたっては血液中の甲状腺ホルモン濃度を定期的にチェックする必要があります。症状や血液検査の結果などを参考にしつつ、ホルモン濃度にあわせてその時点での最適の投与量を決定します。

（金澤稔郎）

腫瘍《しゅよう》

原因

甲状腺にできる腫瘍は、ネコではほとんどが甲状腺腺腫《こうじょうせんせんしゅ》という甲状腺ホルモンを産生する腫瘍で、「甲状腺機能亢進症」で解説していますので、ここではイヌの甲状腺の腫瘍を中心に記載します。イヌの甲状腺にできる腫瘍は悪性である確率が99％以上と非常に高いのが特徴であり、腺癌《せんがん》という種類の悪性腫瘍《あくせいしゅよう》であることが多いとされています。癌病巣《がんびょうそう》の転移も普通にみられ、肺への転移が多く起こります。イヌの甲状腺腫瘍が甲状腺ホルモンを分泌して甲状腺機能亢進症を起こしたり、腫瘍が正常な甲状腺組織を圧迫して甲状腺機能低下症を起こすこともありますが、大部分は亢進症も低下症も起こしません。犬種ではビーグル、シェットランド・シープドッグ、マルチーズに多くみられ、最近ではゴールデン・レトリーバーでの報告が増えています。

症状

初期には無症状のことが多いのですが、腫瘍が大きくなってくると他の器官を圧迫するために起こる症状が目立つようになります。腫瘍によって気管が圧迫されると呼吸が荒くなったり咳《せ》き込んだりします。食道が圧迫されると食後すぐに嘔吐したり、吐きそうな仕草をみせたりします。腫瘍がかなり大きくなってくると外から触っても頸部のしこりがわかるようになります。甲状腺機能亢進症や低下症を併発している場合にはそれに伴う症状がみられます（それぞれの項参照）。また、肺への転移病巣が大きくなると咳《せき》や呼吸困難といった症状がみられるようになります。

診断

初期には嘔吐や荒い呼吸の原因を調べていく過程で発見されることが多く、X線検査や超音波検査で頸部の腫瘤が気管や食道を圧迫している様子がわかることがあります。CT検査やMRI検査も有効です。腫瘤が大きくなってくると触診で触知できるようになります。

治療

外科手術を選択します。初期であれば腫瘍を完全に取り出せれば長期にわたる生存も十分に期待できます。腫瘍が大きくなって周囲の組織と癒着していたり、すでに肺に転移病巣が確認できるような場合には手術をしても生存期間を大幅に延ばすことはあまり期待できませんが、それでもしばしばあえて外科的切除が選択されます。その理由は腫瘍をそのままにしておくと圧迫による症状がひどくなってきて動物は大きな苦痛を味わうことになるからです。可能な限り外科的に切除して圧迫を減らすことが心がけられます。甲状腺の腺癌は悪性度が強いのですが成長が遅いので、転移が確認された後に切除した場合でも1年以上生存することも多いといわれています。外科的切除の際に両側の甲状腺を取り出してしまうと甲状腺ホルモンを分泌できなくなります。また、両側の甲状腺と同時に上皮小体も切除されることになり、甲状腺機能低下症と上皮小体機能低下症の治療が生涯必要となりますので、腫瘍が両側にあっても片側を残して取り出す方法が選択される場合もあります。イヌの甲状腺腫瘍は早期発見、早期切除が非常に重要となります。

（金澤稔郎）

上皮小体の疾患

上《じょう》皮《ひ》小《しょう》体《たい》機《き》能《のう》亢《こう》進《しん》症《しょう》

原因

上皮小体機能亢進症は原発性、腎性《じんせい》、栄養性の三つのタイプに分類され、いずれの場合も上皮小体の過形成の結果、上皮小体ホルモンであるパラソルモンの分泌過剰を起こします。

症状

原発性上皮小体機能亢進症《げんぱつせいじょうひしょうたいきのうこうしんしょう》は上皮小体の原発性過形成の場合が多く、機能亢進《きのうこうしん》は代償的な反応ではありません。上皮小体は血液中のカルシウム濃度によって唯一のフィードバックを受けますが、原発性上皮小体機能亢進症ではカルシウム濃度が上昇してもパラソルモンの分泌過剰が抑制されません。腎性上皮小体機能亢進症では腎機能《じんきのう》低下により体内のカルシウムが過剰に排泄《はいせつ》される結果生じた代償性反応です。同じように栄養性上皮小体《えいようせいじょうひしょうたい》機能亢進症《きのうこうしんしょう》の場合は、栄養の不均衡によって生じた無機質のアンバランスを修復しようとする代償性反応です。

診断

症状、血液検査、X線検査、心電図検査により行われます。いずれの上皮小体機能亢進症においても共通する所見は血液検査での高カルシウム血症です。高カルシウム血症の症状として食欲低下、吐き気、脱力感、多飲多尿、膵炎《すいえん》、皮膚へのカルシウム沈着などがみられます。血液検査では高カルシウム血症（11・5～12・0 mg／dℓ以上）がみられ、腎性ではさらに尿素、クレアチニン、無機リンの上昇がみられます。

X線検査では骨の透過性が亢進しますが、腎性では新旧の骨折所見がみられることがあります。また、栄養性では骨の変形と痛み、全身の骨透過性亢進《こっとうかせいこうしん》、食事のカルシウム、リン、ビタミンDのアンバランスが認められます。

心電図上ではQT短縮、T波の増高などの所見がみられます。

しかし、高カルシウム血症はビタミンD過剰症、悪性腫瘍《あくせいしゅよう》の骨転移による骨破壊、悪性《あくせい》リンパ腫《しゅ》などでもみられるため、鑑別診断をする必要があります。確定診断として血液中のパラソルモンを測定する必要があり、腎機能が低下した状態でも測定できるintact PTH検査が採用されます。しかし現在、動物のintact PTHを正確に測定することは困難であり、人のintact PTH検査を利用して参考値として求めています。

治療

原発性機能亢進症の場合は、過形成を起こした上皮小体の外科的切除が主な治療法となります。計4個の上皮小体のうち3個を完全に摘出し、1個を十分な血行を保ち残存させます。パラソルモンの半減期は約20分であるため急速に血中から減少します。そのため血中カルシウム濃度も急速に低下し、手術後12～24時間以内に低カルシウム血症を併発するおそれがあるため、確実にカルシウム濃度をモニターします。もし低カルシウム血症を生じた場合はグルコン酸カルシウムの静脈注射、カルシトリオールの経口投与または、皮下投与を行う必要があります。

腎性機能亢進症《じんせいきのうこうしんしょう》では、腎不全《じんふぜん》によるカルシウムの過剰排泄《かじょうはいせつ》がコントロールできない場合は、カルシウム製剤の投与、リンの抑制、カルシトリオールの投与などで血中カルシウム濃度を低下させないようにする必要があります。

栄養性機能亢進症《えいようせいきのうこうしんしょう》では、食事におけるカルシウム、リン、ビタミンDのバランスを正常に保つことで改善が期待されます。

（竹中雅彦）

上皮小体機能低下症

上皮小体機能低下症は、上皮小体からのパラソルモンの分泌が減少するためにカルシウムの恒常性を維持できずに発症します。

原因

先天性（低形成）、特発性（変性、リンパ性上皮小体炎）、医原性（外科的切除）、腫瘍《しゅよう》の転移、上皮小体以外の原因で発症した高カルシウム血症による萎縮《いしゅく》などです。

症状

低カルシウム血症（8・5 mg／dℓ未満）による症状を示します。すなわち、患畜は落ち着きがなく、神経質で興奮しがちになり、吐気、嘔吐《おうと》、食欲低下などの消化器症状がみられます。また、刺激や興奮によってテタニー（筋肉の強直性けいれん）を引き起こす場合もあり、眼球には白内障が認められることがあります。心電図においてQT間隔が延長、および激しい頻拍などがみられます。低カルシウム血症が改善されない場合は、激しい症状が現れ、予後は不良となります。

診断

特徴的な症状と血液検査によって診断を行います。血液検査では低カルシウム血症と高リン血症が特徴となります。しかし、低タンパク血症（タンパク喪失性腸疾患、ネフローゼ、重度の肝疾患）、慢性腎《まんせいじん》不全《ふぜん》、急性膵炎《きゅうせいすいえん》などによる低カルシウム血症と鑑別診断する必要があります。参考値として人の intact PTH 検査を診断に使用することもあります。

治療

重度低カルシウム血症の場合は、急速に血液中のカルシウム濃度を安定させる必要があり、グルコン酸カルシウムをブドウ糖液などで希釈してゆっくり静脈内投与します。最大投与量は、およそ10 mℓ程度で、心電図でモニターしながら注意深く投与する必要があります。また、カルシウム濃度を維持する目的でカルシウム製剤の投与と活性型ビタミンDの合成アナログである1α(OH)(D_3)(アルファカルシドールまたはカルシトリオール）を投与する必要があります。カルシウム製剤には炭酸、乳酸、グルクロン酸などがありますが、日量1g相当が治療開始から数日間必要となります、しかし、活性型ビタミンDの効果が十分に現れたならば投与を中止します。活性型ビタミンDの投与は、過剰投与を防ぐため、血清中カルシウム濃度が安定するまで定期的に測定し、基準値を超えないように注意します。カルシウム製剤の単独投与は、腸管からの吸収が悪いため必ずビタミンD_3を併用する必要があります。

（竹中雅彦）

腫瘍《しゅよう》

上皮小体における腫瘍は、上皮小体の腺腫《せんしゅ》が主な腫瘍であり、原発性上皮小体機能亢進症と同様な症状が認められます。肉眼的には腺腫は黒っぽく認められます。

診断および治療法は原発性上皮小体機能亢進症と同様です。

（竹中雅彦）

副腎《ふくじん》の疾患

副腎皮質機能亢進症《ふくじんひしつきのうこうしんしょう》

クッシング症候群とも呼ばれます。イヌの内分泌疾患として多くみられますが、ネコではまれです。中年齢以上で性別に関係なく発症します。治療せずにいると徐々に進行し、場合によっては手遅れとなり命にかかわります。

副腎皮質《ふくじんひしつ》からコルチゾールが過剰に分泌されることによって発症します。自然に発症する場合と、ほかの病気の治療で発症する医原性の場合に分けられます。

自然に発症する場合はさらに下垂体依存性と副腎性《ふくじんせい》があります。

●下垂体依存性副腎皮質機能亢進症《かすいたいいぞんせいふくじんひしつきのうこうしんしょう》

イヌの副腎皮質機能亢進症でもっとも多く認められます。脳の下垂体から副腎《ふくじん》皮質刺激《ひしつしげき》ホルモンが過剰に分泌され、その結果コルチゾールが過剰に分泌されます。下垂体の腫瘍が原因で発症する場合が最も多いです。

●副腎性副腎皮質機能亢進症《ふくじんせいふくじんひしつきのうこうしんしょう》

副腎腫瘍《ふくじんしゅよう》など、副腎自体に原因がある場合です。雌イヌに発症が多い傾向があります。

●医原性副腎皮質機能亢進症《いげんせいふくじんひしつきのうこうしんしょう》

治療のためステロイド製剤を長い間、大量に服用した結果発症します。

症状

よくみられる症状として多飲多尿、すなわち異常に水を飲み、また尿の量が非常に増えたり、失禁したりします。また、食欲が異常に旺盛《おうせい》になります。腹部膨満といって、腹部だけが目立つような外観を呈することが多いです。また階段が上れなくなった、ジャンプしなくなった、運動したがらない、息切れするなど、筋力の低下もみられます。皮膚や被毛では、体全体に左右対称にかゆみのない脱毛が起こります。また毛を刈った後、再び発毛しないこともあります。毛の色は正常よりも明るくなることが多く、皮膚は薄く弾力性に欠けるようになり、小さな外傷も非常に治りにくくなります。

ネコの場合もイヌと同様ですが、皮膚の脆弱化《ぜいじゃくか》が特徴的な症状で皮膚が極度に弱く、薄くなり、日常の手入れでも皮膚が裂けてしまうようなこともあります。

診断

疑わしい症状がある場合、コルチゾールが過剰に分泌していないかどうか血液検査（ホルモン検査も含む）を行います。また画像検査（X線検査、超音波検査、CT、MRI検査など）を行い、総合的に診断します。

治療

医原性の場合は徐々にステロイド製剤の投薬をやめるようにします。自然発症の場合、内科的治療と手術による外科的治療とがありますが、現在のところ内科的治療が一般的です。内科的治療は薬を一生続けなくてはなりませんが、薬の効きめには個体差があり、また薬によっては、効きすぎると副腎皮質機能低下症《ふくじんひしつきのうていかしょう》になることがあるので、適当な薬の量がわかるまで定期的な検査が必要です。ほかの内分泌の疾患を合併している場合は、その治療も同時に行っていきます。

（小笠原淳子）

副腎皮質機能低下症《ふくじんひしつきのうていかしょう》

この病気はどの品種のイヌにも発生しますが、ネコで観察されることはまれです。雄よりも雌のほうが発症しやすいようです。

原因

副腎皮質から分泌されるホルモンの分泌低下、あるいは欠乏によって起こります。副腎皮質そのものが破壊もしくは萎《い》縮《しゅく》しているものと、脳の下垂体や薬などを原因とするものに分かれます。

症状

ホルモンの不足により食欲低下、元気消失、嘔吐《おうと》、下痢、多飲多尿、低血糖症状などが観察されます。急性の副腎皮質機能低下症ではショック症状を起こし、緊急を要する場合も多く、迅速な治療が必要です。

診断

この病気は問診や症状、ACTH刺激試験や血液中の副腎皮質ホルモンの低値、血中副腎皮質刺激ホルモン濃度の高値を確認することなどで診断します。血液検査では貧血、白血球の増加、血糖値の低下が観察されたりすることがあり、急性の場合は低ナトリウム血症、高カリウム血症の電解質異常や心電図の異常などが観察される場合もあります。

治療

急性の場合は低血圧、循環血流量減少、高カリウム血症、低血糖、代謝性アシドーシスの改善を目標に迅速な治療を行います。低血圧、循環血流量減少には静脈内点滴、高カリウム血症にはインスリンやカルシウム製剤、グルコースなどの投与、代謝性アシドーシスには重炭酸塩の投与を実施します。また不足しているホルモンの補充も必要となります。慢性の場合や急性から回復した症例では不足ホルモンの投与を電解質や血糖値、尿量、循環動態などをモニターしながら増減していきます。投薬などによる体調維持は可能ですが、長期的な投薬、定期的な検査が必要になります。

（岩本竹弘）

腫瘍《しゅよう》（クロム親和性細胞腫《しんわせいさいぼうしゅ》）

原因

クロム親和性細胞腫（褐色細胞腫《かっしょくさいぼうしゅ》）は副腎髄質《ふくじんずいしつ》の内分泌細胞に由来するカテコールアミン産生性腫瘍《さんせいせいしゅよう》です。一般的に高齢のイヌで観察されますが発生自体まれであり、ネコではほとんどみられません。この病気のほとんどは解剖時に発見されることが多いようです。原因は不明な点が多いのですが、遺伝的な要因も一部では考えられているようです。

症状

クロム親和性細胞腫の特徴的な臨床徴候はなく、食欲不振や嘔吐、過剰な開口呼吸（パンティング）、カテコールアミン過剰による全身性高血圧や不整脈および頻脈などが観察されることがあります。また、散瞳《さんどう》や眼底出血、視力障害などの症状がみられることもあります。

診断

身体検査、症状などから診断するには非常に難しく、血液検査でも一般に正常です。

腹部触診により触知されることもありますが、詳細な検査には超音波検査やCT検査が必要になります。人では尿タンパクや尿糖がみられたり、高脂血症や血糖値の増加などが観察されます。

治療

第一選択としては外科的治療（副腎摘《ふくじんてき》出術《しゅつじゅつ》）が考えられます。また、人で使用される薬は動物においてあまり有効ではないようです。

クロム親和性細胞腫の約半数は悪性であり、転移のある場合予後は難しくなります。

（岩本竹弘）

膵《すい》臓《ぞう》の疾患

糖尿病

糖尿病は、膵臓に散在しているランゲルハンス島から分泌されるインスリンの作用不足による病気であり、糖質、脂質、タンパク質の代謝に影響を及ぼします。インスリンは血糖値を下げる唯一のホルモンです。イヌ、ネコとも中年齢以降の発症が多いのですが、若齢時に観察されることもあります。病状が進むと、各種の合併症を発症することがあります。

イヌではトイ・プードルやダックスフンドなどがほかの犬種よりも病気になりやすいようですが、基本的にどの犬種でも発生する可能性があります。雌のほうが雄よりも糖尿病になる確率が高いようです。副腎《ふくじん》皮質《ひしつ》機能亢進症《きのうこうしんしょう》や成長ホルモン過剰などにおける合併症として観察されることがあります。

原因

遺伝的素質の関与や自己免疫反応、ウイルス感染によりランゲルハンス島のβ細胞が破壊されることが原因と考えられています。また肥満やストレス、食べすぎ、加齢などの環境要因も誘発原因であると考えられ、膵臓炎《すいぞうえん》や膵臓癌《すいぞうがん》、副腎皮質機能亢進症などの病気や症候群あるいは薬物により併発する場合もあります。

症状

症状は病気の初期に現れることは比較的少なく、病勢がかなり進行してから観察されることが多いと思われます。一般に多飲多尿がみられ、また食欲があるにもかかわらず体重が減少したりする場合もあります。

血液中のケトン体が増加して酸血症を起こす糖尿病性ケトアシドーシスという状態になることもあり、この場合は迅速な治療を必要とします。また、糖尿病による合併症として白内障や網膜症、自律神経障害や昏睡《こんすい》などの糖尿病性神経症状、糖尿病性腎症《とうにょうびょうせいじんしょう》、肝疾患、細菌感染症などがあります。

診断

診断は問診、症状と血液検査による空腹時の高血糖、尿検査による尿糖を確認しますが、高血糖はストレス性との見分け、尿糖は腎疾患《じんしっかん》によるものと見分けが必要であるため、高血糖と尿糖を同時に確認します。ケトン尿は糖尿病性ケトアシドーシスの確認になります。合併症を確認するためには眼底検査による網膜症の有無や、神経学的検査や心電図などを必要とする場合もあります。血液検査では血糖値上昇の確認のほかに、肝臓や腎《じん》臓《ぞう》、膵臓などの状態を確認することができます。

尿検査では尿糖のほかにタンパク尿、細菌感染などが観察される場合があります。特殊検査としてインスリン濃度測定や糖負荷試験があります。

治療

糖尿病の治療の目的は血糖値のコントロールと合併症の予防です。治療法は、インスリンや経口糖尿病薬などの薬物療法、食餌療法《しょくじりょうほう》、運動療法の三つに大別されます。糖尿病性ケトアシドーシスや昏睡などに陥っている場合は緊急治療を必要とします。

日常的にはインスリン療法と食餌療法によって血糖値のコントロールを行うことがほとんどです。インスリン療法開始時には入院させてインスリンのタイプや量、投与回数、血糖値のモニターをすることが望ましいといえます。自宅における管理では正しいインスリンの皮下注射方法と規則正しい食餌《しょくじ》管理《かんり》、飲水量や尿量、体重のチェックがつねに重要になります。可能であれば定期的に尿試験紙による尿糖と尿ケトン体の確認をします。自宅療法では低血糖に注意が必要であり、虚脱や発作などの低血糖症状が観察された場合は砂糖水などを飲ませ、動物病院と連絡をとることが必要です。人では経口糖尿病薬を使用しますが、イヌの場合はあまり効果が期待できません。ネコでは有効性も報告されていますが、実際はインスリンを必要とする場合がほとんどです。

食餌療法はほとんどの動物で必要です。食後の血糖値の変動を少なくするためにも、個々の食事状況に応じて獣医師と相談のうえ、食事回数、食事内容、食事量などを決定するとよいでしょう。バランスがとれていて1日の必要なエネルギー分の食事を摂取することが大切です。

また繊維質は腸管からのグルコース吸収を抑制し、食後の血糖値変動の緩和、体重減少に効果的です。しかし、削痩《さくそう》している動物では注意が必要です。肥満は体内のインスリン感受性を低下させるため、体重のコントロールはとても重要になります。

運動療法は、脂肪の利用促進、血糖値低下、インスリン効果の増進、ストレス解消などの効果が期待できます。しかし、網膜症を併発している動物では激しい運動は眼底出血を起こす可能性があるので注意が必要です。

定期的な検査はとても重要であり、糖尿病は生涯にわたる治療が必要になることが多いため、獣医師と飼い主の間の十分な説明、連絡、話し合いが大事になります。

（岩本竹弘）

ランゲルハンス島の腫瘍《しゅよう》（インスリノーマ）

インスリノーマとは膵臓の腫瘍により血糖値を降下させるインスリンが過剰に分泌され、主に低血糖症状を示す病気です。中年齢から老齢のイヌでどの品種でも発生しますが、比較的大型のイヌに多く発生する傾向があります。一方、ネコでの発生は少ないようです。

原因

血糖値降下作用があるインスリンを分泌するランゲルハンス島のβ細胞が腫瘍化します。この腫瘍の多くは悪性です。

症状

低血糖により運動失調や発作、虚脱などの神経症状が一般的にみられ、また多食や無気力、体重増加などがみられる場合もあります。

診断

診断には低血糖とインスリン分泌過剰を確認する必要があります。低血糖のみの場合は肝細胞癌《かんさいぼうがん》や平滑筋肉腫《へいかっきんにくしゅ》、副腎皮《ふくじんひ》質機能不全《しつきのうふぜん》、肝不全、飢餓などと鑑別する必要性があります。

血液検査では低血糖が通常観察されますが、ときおり正常な血糖値を示すことがあるため、膵臓腫瘍《すいぞうしゅよう》の疑いがある場合は、経時的に血糖値を測定するか、しばらく絶食させた後で測定を行います。

インスリノーマを診断するには低血糖時におけるインスリン濃度を測定する場合があります。また超音波検査により膵臓領域の腫瘤《しゅりゅう》や周囲組織の転移像が観察されることがありますが、観察されなくても除外することはできません。

治療

治療では外科的に腫瘍摘出《しゅようてきしゅつ》する治療と内科的治療があります。実際には緊急を要する場合や神経症状を伴って来院することが多いため、迅速な治療が必要です。対症療法としては低血糖が確認された時点で低血糖改善のためグルコースを症状が改善されるまでゆっくりと静脈内投与します。また処置しにくい発作の場合は鎮静剤や麻酔剤を使って発作を抑えることもあります。

慢性低血糖に対しては食餌療法やステロイドホルモンなどの薬物療法を実施します。

（岩本竹弘）

運動器系の疾患

運動器とは

動物は、植物と異なり、自分の意志で体を動かして移動することができます。このような運動に必要な器官が運動器であり、イヌやネコでは「あし」と呼ばれている部分です。運動器の範囲は、前肢では肩甲骨から先の部分、後肢では骨盤から先の部分であり、これに付随する筋肉も運動器に含まれます。運動器は骨、筋肉、関節から成り立っていて、運動する能力を生むと同時に、体を支え、また、重要な器官を保護する機能も併せもっています。

運動器に異常が生じる原因には、先天性や遺伝性、感染性、炎症性、外傷性、腫瘍《しゅよう》などがあります。症状の程度は病変の重症度によって異なりますが、運動器の病気は一般に歩行機能の異常にもっともよく現れます。また、運動器は血液、神経、栄養、内分泌とも密接に関係していて、これらの疾患によっても運動機能障害がみられることがあります。

（廣瀬孝男）

骨の構造と機能

骨の構造

骨は位置や機能によって形が大きく異なりますが、その構造には大きな違いはありません。動物の四肢を構成する骨は、ほとんどが細長い管状の長骨です。成長期の動物の長骨は、中間部の骨幹と成長を続ける上下の骨端軟骨からできています。成熟期に達すると骨端軟骨は成長を停止し、骨と置き換わるようにして骨幹と癒合します。ほとんどの長骨の骨端は関節を構成するために太くなっていて、大きな関節面を提供して脱臼《だっきゅう》を防止しています。

一つの骨の中には、緻密質《ちみつしつ》と海綿質の二つの構造があります。緻密質は皮質骨とも呼ばれ、運動のため力を直接受ける部分に発達しています。長骨では、緻密質は、骨端よりも骨幹で厚く、また、骨が細くなっている部分や、筋肉や靱帯《じんたい》の張力が増す部分で厚くなっています。一方、海綿質は長骨の両端に多く存在します。また、長骨の骨幹部中央付近には海綿質はなく、この部分は骨髄で満たされており、骨髄腔《こつずいくう》と呼ばれています。なお、骨髄では造血が行われていますが、成長期の動物では造血機能が旺盛《おうせい》であるため、骨髄は赤くなっていて、赤色骨髄と呼ばれます。しかし、加齢に伴って、赤色骨髄は、造血機能を失い、脂肪に置き換わって黄色くなり、黄色骨髄と呼ばれるようになります。

骨の周囲は骨膜で被《おお》われ、関節を含む軟骨は軟骨膜で被われていますが、両者は組織学的には同一で、その境界は不明《ふめい》瞭《りょう》です。筋肉は直接骨に付着しているのではなく、骨膜に付着しています。骨の表面には隆起部や溝があり、ほとんどの隆起部には筋肉や腱《けん》が付着し、溝には神経や腱が走っています。

骨の構造図

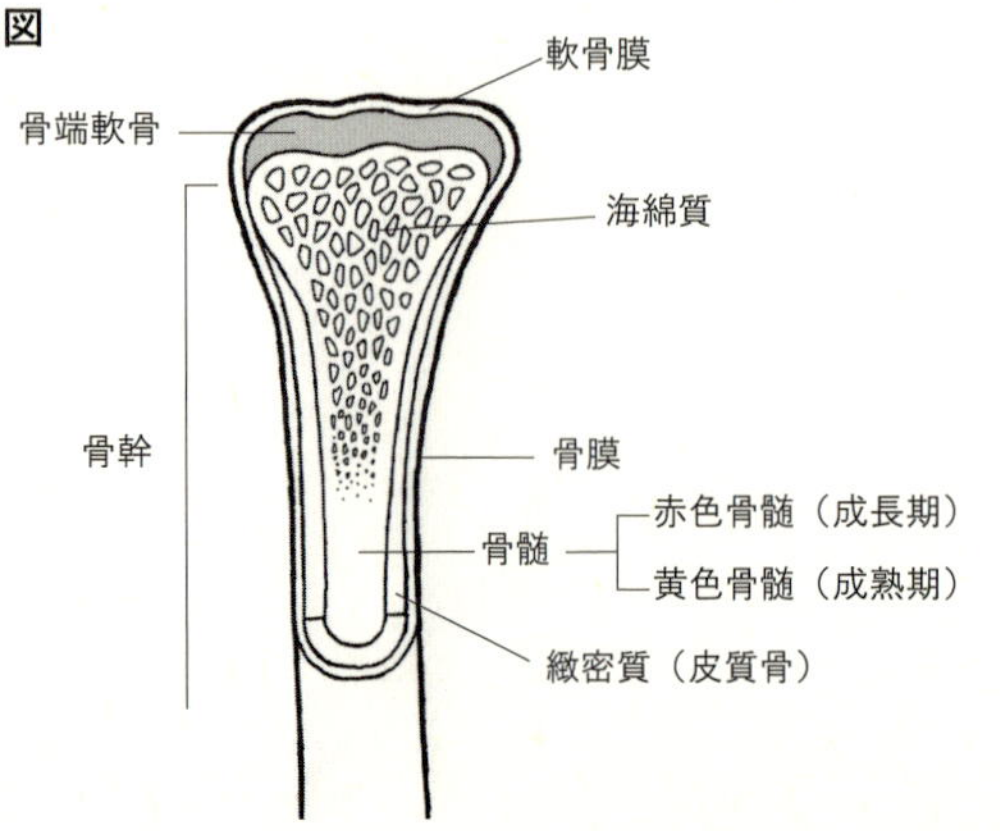

骨の機能

骨にはいくつかの異なる機能があります。第一は、体を支え、運動に耐える支持体としての機能です。外傷などによって支持体である骨が損傷すると、動物は体を支えることができなくなり、起立や歩行が困難になります。また、頭蓋骨《とうがいこつ》や肋骨《ろっこつ》は重要な器官を保護する役割ももっています。

第二の機能は、カルシウムやリンを貯蔵し、必要に応じてそれらを放出することです。骨の主成分であるカルシウムやリンの過不足、骨を形成する際に必要な栄養素やホルモンの過不足などによって骨の質に変化が起こると、運動機能に障害が生じることがあります。

第三の機能は、血液細胞を生産することです。赤色骨髄では赤血球や白血球などを生産していて、その能力は上腕骨や大腿骨《だいたいこつ》の近位でもっとも高くなっています。この機能が障害を受けても直接に運動機能障害を引き起こすことはありませんが、血液細胞の減少によって全身的な機能障害に陥ることがあります。

（廣瀬孝男）

骨格筋の構造と機能

骨格筋の構造

骨格筋は十分な血液の供給を得て、随意の神経刺激によって運動のための力を生み出します。一つの筋肉は筋束、筋線維、筋原線維、超原線維の順に構造が小さくなり、さらに超原線維はミオシンとアクチンというタンパク質からできています。筋肉の両端は索状の腱、あるいは薄板状の筋膜と呼ばれる形をとり、関節をはさんで隣り合う二つ、またはそれ以上の骨と連絡しています。一般に、固定された筋の付着部を起始部、反対側の可動的な付着部を停止部と呼び、さらにこれらを頭（とう）、中央の筋質部を筋腹と呼んでいます。一つの筋肉で三つの頭（三頭筋）や二つの筋腹（二腹筋）をもち、数個の停止部をもつこともあります。

筋肉の構造図

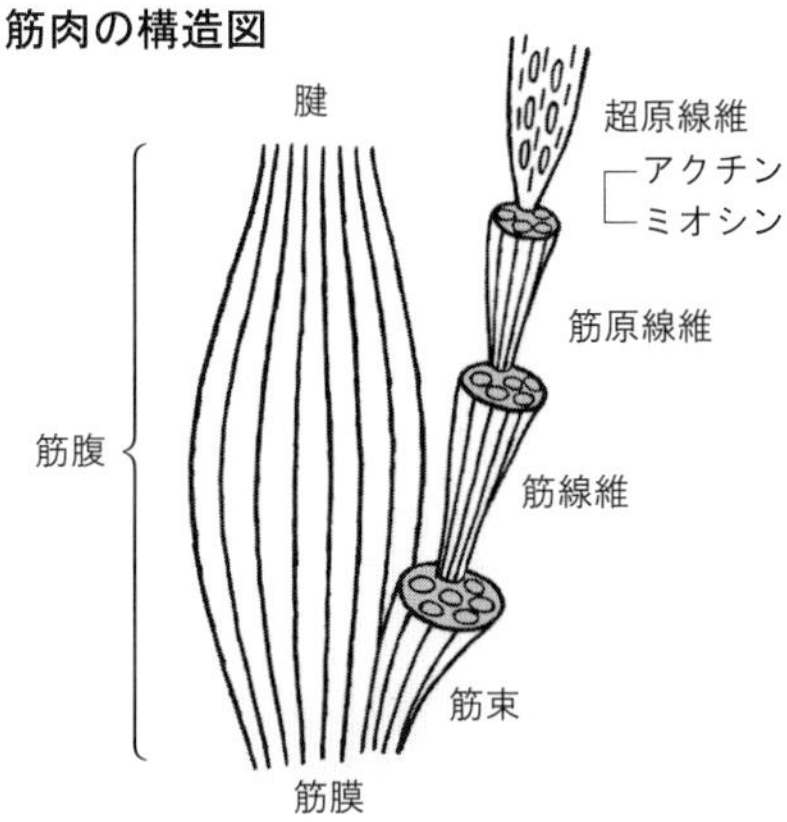

骨格筋の機能

筋肉が最大の収縮力を発揮すると、その長さはいっぱいに伸ばしたときの半分まで縮むことができます。関節を伸ばす筋肉を伸筋、曲げる筋肉を屈筋と呼び、両者が協調し、時間をずらして収縮することによって、曲げ伸ばしの運動が可能となります。筋肉の収縮は、神経線維の末端から放出されるアセチルコリンが筋線維を刺激することによって引き起こされます。アセチルコリンは、ただちにコリンエステラーゼという酵素によって分解消失してしまうため、この刺激は一度しか伝わりません。しかし、ある種の殺虫剤中毒では、コリンエステラーゼの働きが低下するため、アセチルコリンは何度も筋線維を刺激することになります。その結果、筋線維は動物の意志に関係なく何度も小刻みに収縮し、運動機能障害を引き起こすようになります。逆に、アセチルコリンの刺激を阻止する作用をもつ殺虫剤もあり、これは筋肉の弛緩《しかん》によって運動機能の障害を引き起こします。

骨格筋の病気は、ほとんどが打撲などの外傷性によるもので、一過性の炎症で治まることがほとんどです。しかし、その一方、遺伝性で筋肉の弛緩や緊張を起こす病気や自己免疫性の筋炎など、治療が困難な筋肉疾患もあります。診断には筋組織の検査や、その他の特殊な検査が必要になることがあります。（廣瀬孝男）

関節の構造と機能

関節は二つまたはそれ以上の骨が結合する場合に形成されます。結合の状態によって、線維性の連結、軟骨性の連結、滑膜性の連結に区別されていますが、運動器の関節はほとんどが滑膜性の連結です。滑膜性の連結はすべて、関節腔《かんせつくう》、関節包、滑膜、滑液、関節軟骨で形成されていて、一部にはこのほかに関節内靱帯《かんせつないじんたい》、関節半月をもつ関節もあります。

関節包は、弾力性のある線維組織でできていて、隣接する骨を連結し、その動きを安定化しています。関節包の一部は肥厚して副靱帯《ふくじんたい》を形成するものもあります。関節包の内側表面には滑膜が内張りされていて滑液を生産しています。滑液は連結している骨の接触面を円滑にする働きをもっています。靱帯は膠原組織《こうげんそしき》の帯や索で、隣接する骨を連結し、関節が生理的な可動範囲を超えて動かないようにしています。

関節軟骨は、弾力のある硝子軟骨でできていて、関節表面を被っています。硝子軟骨は、重力を支える関節で、厚くなっていて、地面からの圧力を吸収しています。

関節半月は、板状の線維性軟骨で、イヌやネコでは膝《ひざ》や顎関節《がくかんせつ》内に存在し、関節軟骨同士がぶつかり合い、軟骨が損傷するのを防いでいます。

関節の病気でもっとも多いものは、限度以上の圧力が加わることによって起こる外傷性疾患で、靱帯の断裂、関節軟骨や半月板の損傷、脱臼などがあります。また、遺伝的な原因によって大型犬種の成長期に発生する関節の形成不全や、高齢動物にみられる変形性関節症などもあります。

（廣瀬孝男）

関節の構造図

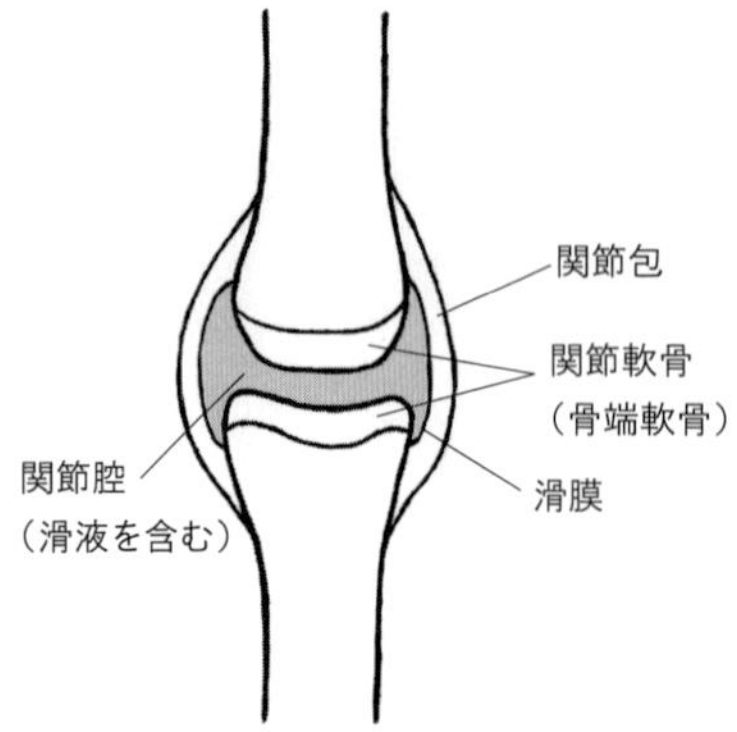

運動器の検査

運動器疾患の症状の多くは起立時や歩行時にみられます。その症状に応じていくつかの検査がありますが、症状の程度が軽く慢性的な経過をとっている動物では順を追った検査が必要となります。

視診

視診は、運動器疾患の検査として、初歩的であると同時に、もっとも重要でもあります。視診の目的は、異常のある足を探し、その異常の程度を知ることです。まず、動物が起立するまでの様子を観察し、次いで起立姿勢、最後に歩行状態を観察します。まったく起立できない場合は、まず意識の確認を行います。意識がないか混濁しているときは、脳の検査を行うと同時に救命処置が必要なこともあります。

意識はあっても四肢が動かないときや、四肢が動いても協調性がないときは、頸髄《けいずい》の異常か筋無力症のような筋肉疾患を疑います。また、栄養性、代謝性、中毒性の疾患によっても起立不能な状態になることがあるので、飼い主への入念な聞き取りも必要です。意識は正常であり、起立しようと試みても起立できないときは、複数の足に骨折や脱臼といった重度の異常が存在する可能性があります。異常を示す足の筋肉が弛緩《しかん》し麻痺《まひ》があれば、神経疾患や血栓症が疑われます。起立が可能でも起立までに時間がかかるときは、神経や筋肉の病気が考えられます。

起立姿勢の観察は、動物の前後左右から行い、四肢が正常な姿勢で着地しているかどうかを観察します。指の背面（人の手足の甲の部分）で着地していれば神経疾患を、足根関節まで地面に着けていればアキレス腱断裂《けんだんれつ》、筋肉疾患、栄養性の疾患を疑います。次に、左右の負重割合を確認します。負重割合の少ない足があれば、そこに異常のある可能性が高くなります。また、肩甲骨や骨盤の高さ、肘《ひじ》や膝《ひざ》の曲がる方向などを確認することによって、異常な足の発見に努めます。

起立姿勢までの視診が終了したら、動物の歩行状態を同じように前後左右から観察します。痛みを感じる足にはできるだけ体重がかからないような歩き方になるので、前肢に異常がある場合は、患肢を着地するときに頭が上がり、反対の足が着地するときに頭が下がります。後肢に異常がある場合はその逆で、患肢が着地するときに頭が下がります。このような頭の動きは坂道を利用して歩かせると、より明瞭《めいりょう》に現れます。患肢が前肢である場合は下り坂で、後肢である場合は上り坂で顕著になります。また、坂道を横断する歩行では、患肢が坂の上になる状態で顕著になります。

複数の足に異常があり、痛みの程度が異なるときには、もっとも重症な足だけに跛行《はこう》がみられることがあるので、注意が必要です。

触診

触診は、動物の体に触れて行う検査で、まず起立位で栄養状態、左右の対称性、外傷や異物の有無を確認します。次に、動物を横臥《おうが》状態にして足の裏から順次近位に向かって検査します。注意する点は、腫脹《しゅちょう》や熱感、疼痛《とうつう》、不安定性、軋轢音《あつれきおん》、可動域、筋肉の萎縮《いしゅく》などです。ある程度の歩行が可能な状態であれば、関節を動かして可動域の異常や疼痛の有無を調べますが、動物が不快感を示すようであれば、強引な触診は行いません。必要な触診は麻酔下で行うとよいでしょう。

神経学的検査

運動器の機能障害は、神経の疾患と深く関係しています。たとえば、交通事故で脊髄神経《せきずいしんけい》の損傷と大腿骨の骨折があるときは、骨折の治療を行っても脊髄神経の回復が見込まれなければ、正常な歩行は期待できません。このように神経の損傷が疑われる運動器の疾患では、自ずと治療順位が決まってくるため、神経学的な検査が重要となります。

神経学的検査には多くの方法があり、その解釈にも経験を要しますが、ここでは運動器疾患の治療に必要な検査を紹介します。

●意識水準、脳神経系の検査

脳神経は12対あり、それぞれに検査の方法がありますが、動物の場合、すべての脳神経を検査するのは困難です。そこで、まず眼に注目し、眼瞼反射《がんけんはんしゃ》、瞳孔《どうこう》の対光反応、瞳孔の大きさと対称性、眼球の動きを観察します。これらが正常で、なおかつ動物の名前を呼ぶ、眼の前に手をかざす、水や餌《えさ》を鼻先にもっていくなどの行為に通常の反応がみられれば、意識水準は正常と判断できるでしょう。

●姿勢反応の評価、知覚固有受容感覚

感覚機能と運動機能の検査で、動物が自分の体が今どのような状態にあるのかを認識していて、もし異常な姿勢であるのなら、ただちに正常な姿勢に戻せるかどうかを調べることを目的としています。たとえば、いずれか一つの肢端を指の背面（手や足の甲の部分）を下にして床の上に置きます。異常がなければただちに元のような正常起立位に戻るはずです。指の背面を床に置いたままであるときや、元の姿勢に戻るのに時間がかかるときには、脊髄《せきずい》に異常があることが疑われます。

●脊髄反射《せきずいはんしゃ》、肛門反射《こうもんはんしゃ》

脊髄反射を検査する方法はいくつかありますが、筋肉が緊張していたり、動いていたりすると、正しい結果が出てこないことがあります。その点、肛門反射は起立位でも、多少の動きがあっても検査が可能です。肛門の周囲を刺激すると、正常であれば肛門括約筋《こうもんかつやくきん》が収縮し、尾を下げる動作がみられます。しかし、反射の低下や消失がみられる場合は、仙髄近くに異常があることが疑われます。

●表在痛覚、深部痛覚

表在痛覚は、動物の皮膚をペン先や針で刺激し、そのときの痛みの有無によって調べます。四肢を含めて尾側から確認していきます。痛覚の消失した部位や範囲によって神経の障害部位を推定することができます。

一方、深部痛覚は、肢端の指や指間を強くつまみ、痛みの有無によって調べます。ただし、屈筋反射や交叉伸筋反射《こうさしんきんはんしゃ》を検査するときにも同様の刺激を与えるので、これらの反射と区別する必要があります。

深部痛覚の検査では、やや強めに刺激し、動物が痛みを感じているかどうかを確認します。正常であれば、足を引っ込めるだけではなく、刺激した部位に顔を向けて痛みの原因を排除しようとしたり、悲鳴をあげたりします。どのように強く刺激を与えても痛みを感じないようであれば、予後はかなり悪いといえます。

X線検査

運動器の病気、なかでも骨や関節の異常を検査するためには、X線検査はなくてはならないものです。X線写真は立体的な被写体を平面で表現しているので、少なくとも正面と側面の2方向から撮影した2面の写真が必要です。視診や触診によって異常のある足や場所が推定されているので、その部分を中心に撮影を行います。このとき、目的の部位によって動物の撮影体位を一定にしておくと、正常な動物との比較も可能です。また、左右の足を同時に撮影すると、患肢がわかりやすくなります。関節を検査する場合には、正面像と側面像に加えて、関節を屈曲や伸展した写真も必要になります。

X線検査はカメラで写真を撮るのと同じで、被写体が動いていると「ピンぼけ」の写真ができあがってしまいます。そこで、適した体位を一定時間保つことができない動物では、麻酔下で撮影を行うことがあります。

骨は、X線写真上で輪郭が明瞭に白く描出されます。骨疾患を評価するポイントは、骨の輪郭と形、そして透過度の違い（白さの違い）です。たとえば、骨の輪郭の連続性が途切れているときは骨折が、輪郭が一部だけ膨隆したり毛羽立っていたりするときは骨に腫瘍《しゅよう》がある可能性があります。また、透過度が異なるときには骨の質に異常があることが考えられます。一方、関節疾患を検査するポイントは、関節を構成する骨の位置や向き、関節腔内の骨片の有無や透過度の違い、関節面の連続性などです。位置や向きに明らかな異常があるときは脱臼や靱帯の断裂が、関節腔や関節面に異常のあるときは関節炎や骨軟骨症の可能性があります。また、関節近くに骨棘《こつきょく》と呼ばれる骨造成がみられるときは変形性関節症が疑われます。

このようにX線検査からは、骨や関節に対する多くの情報が得られます。これらの情報を有効に活用するためには、正常なX線像を把握しておくことはもちろん、動物の大きさや体位によって撮影条件を一定にすることが大切です。さらに、X線フィルム、増感紙、グリッド、現像液、定着液にも配慮しておく必要があります。

筋肉の疾患は、X線検査では検査しにくいのですが、左右の足で皮膚ラインに違いがあれば筋肉の萎縮や腫脹が疑われます。

（廣瀬孝男）

CT検査、MRI検査、核医学検査

運動器の診断では、骨、関節、腱、筋肉が検査の対象となります。今までこれらの部位の画像診断は、主にX線検査によって行われてきました。しかし、運動器は構造が複雑なこともあって、X線検査だけでは異常が骨に隠れてうまく診断できないという難点があります。このため、Ｘ線撮影時の体位などを工夫して対応してきました。しかし、近年、画像診断技術が発達し、ＣＴ検査やＭＲＩ検査によって三次元的な解析を行うことが可能になりました。その結果、従来は骨に隠れて診断が難しかった関節についても、関節鏡を用いずに検査できるようになったり、複雑骨折の骨片の位置を把握することによって、手術前にその方法を簡単にシミュレーションできるようになりました。

ＣＴ検査は、骨の検査についてはＭＲＩ検査よりも優れているとされています。また、近年では獣医療においてもかなり普及し始めており、ＣＴによる運動器の検査は、特殊な検査とはいえなくなってきました。ＣＴ検査の進歩には著しいものがあり、１９９８年にマルチスライスＣＴが登場してからは、撮影の格段の高速化と空間分解能の向上がもたらされるようになりました。マルチスライスＣＴとは、検出器を複数装備することによって同時に複数の画像が得られるＣＴのことで、撮るスピードが速くなっただけでなく、そのスピードを活かした高解像度の撮影によって、用途が飛躍的に拡大しています。現在では、撮影した情報から動物の骨格の三次元画像を簡単に作成することができるようになりました。この三次元画像は、Ｘ線の二次元的な情報に比べてきわめて多くの情報を提供し、診断と治療に大きく貢献しています。

また、軟部組織におけるコントラスト分解能が優れているＭＲＩ検査も、まだ利用可能な施設は少ないものの、関節や神経系の検査に利用できます。ＣＴと比較して撮影時間が長くかかるというデメリットはあるものの、Ｘ線被曝《ひばく》の心配がいらず、関節を形成する組織の位置や形態に加えて、Ｘ線検査では不可能な関節液の貯留や関節軟組織の変性、筋の異常やさらに神経系の異常（腫瘍、変性、出血等）もわかる可能性があります。

核医学検査は、アイソトープ検査やシンチ検査とも呼ばれていて、ごく微量の放射性物質を含む薬を用いて病気を診断する方法です。動物での使用にはまだ限界がありますが、すでに利用可能な施設もみられるようになり、主に臓器や組織の働きを調べることができます。このため、病気が進む前に異常を検出することができ、鋭敏で優れた検査方法といえます。たとえば、骨シンチは、腫瘍、骨の外傷、骨折、原因不明の骨痛を調べるために行う検査で、ＣＴ検査やＭＲＩ検査では発見できないような初期の病変を発見できることがあります。

（田中　綾）

骨の疾患

先天性疾患

骨の先天性および遺伝性疾患は四肢の欠損や跛行《はこう》となって現れます。

個体発生中に生じた異常は、動物が奇形児として生まれてくる可能性を高めます。

胎子期のウイルス感染、妊娠母体の毒物摂取や不用意な薬物治療などが原因で、骨に成長不良が起こり、四肢の欠損あるいは半欠損がみられることがあります。このような動物は満足に乳汁を吸うことができず、死亡してしまうことが多いため、ほとんど目にすることはありません。

一方、遺伝性疾患は動物の種類や血統によって発生率が異なります。主に発育期の骨の質に影響を及ぼし、深刻な跛行に発展することもあります。一般に、成長期間中には病状の進行がみられますが、成熟期に達すると病状は安定していきます。

（廣瀬孝男）

半肢症、あざらし肢症、無肢症

四肢の長骨が欠損または未発達のまま生まれる奇形で、四肢が極端に短いか、あるいはまったく存在しません。その程度によって半肢症から無肢症までの病名がつけられています。

これらの奇形は、胎子期のウイルス感染や、妊娠母体の毒物摂取、不用意な薬物治療によって胎子の骨形成が障害を受けた場合に発生します。

有効な治療法はありません。奇形が他の組織にまで及んでいる場合には、生存そのものが困難ですが、四肢に限られている場合は、授乳や給餌《きゅうじ》がしっかりできれば成長することができます。

（廣瀬孝男）

合指症、欠指症、多指症

動物が本来もっている指の数に違いが

みられる奇形で、数が少ないものを合指症あるいは欠指症、多いものを多指症と呼んでいます。

ほとんどは遺伝により発生します。

欠指症や多指症では、治療の必要はありません。しかし、完全癒合によって、外観上1本の指の中に二つ以上の指構造をもつ合指症では、疲労からくる跛行がみられることがあります。この場合には、運動制限をすることで問題は解決します。

（廣瀬孝男）

骨化石症

長骨の形成障害と骨の硬化が特徴で、易骨折性や造血障害、脳神経障害を示します。イヌやネコではほとんど発生はみられません。

原因

原因の多くは遺伝によります。

症状

骨密度が増加しすぎることから骨折しやすくなります。また、骨髄形成が抑制されるため、貧血を起こします。症状が現れる時期によって、以下の三つのタイプに分けられています。

①早発型…成長期の初期から成長障害や脳神経障害を生じることが多く、生命的予後が非常に悪い。

②遅発型…軽症で、健康診断などで偶然発見されることが多い。

③中間型…①と②の中間で、軽度の成長障害がみられ、ときに脳神経障害がみられる。

診断

X線検査を行います。骨密度の増加、骨の吸収障害、破骨細胞による石灰化軟骨がみられるのが特徴で、その模様が大理石に似ていることから大理石骨症とも呼ばれています。

治療

遅発型ではとくに治療は必要ありません。中間型は、現れる症状によって対症的な治療を行います。

（廣瀬孝男）

骨形成不全症

全身の骨の形成が著しく低下する遺伝的疾患ですが、発生はまれです。

この病気の動物は、生まれつき不活発です。そのため筋肉の発達も悪く、体格に比べて四肢が極端に細く感じられます。わずかな外圧でも骨折しやすくなります。

診断は、X線検査によって行います。体格に比較して全身の骨形成が低下しているのが特徴です。とくに四肢の長骨は細く、皮質骨が薄くなっています。過去に生じた骨折が発見されることもあります。また、関節が弛緩《しかん》しているのも特徴の一つです。

治療法はありません。

（廣瀬孝男）

軟骨異形成症

主に骨端に軟骨塊が発生して骨を変形させます。

原因

原因の多くは遺伝によります。

症状

四肢の骨が均等に変形するため、目立った跛行はみられませんが、関節に負担がかかり疲労しやすくなります。骨の成長が悪いことから、四肢の長さは体格に比べて短い傾向にあります。また、動物を正面からみると、左右の肘《ひじ》と指先の幅が広く、手根関節の幅が狭いといった前肢のX脚がみられます。

診断

関節の外観とX線検査によって行います。発生の仕方によって二つの種類に分類できます。一つは多発性軟骨性外骨症で、骨端軟骨に隣接した骨の外面に軟骨塊が多発します。もう一つは多発性軟骨性内骨症で、異常な軟骨塊が骨端内に発生します。いずれも周囲の皮質骨を圧迫し、骨頭を変形させるため、関節部が異常に大きく感じられます。

治療

根本的な治療法はありませんが、症状の軽減を目的に、骨化した膨隆部を外科的に切除することがあります。類似する疾患に軟骨形成不全があります。これは長骨の骨端軟骨の低形成のため、短く太い骨となります。ダックスフンドやペキニーズ、シー・ズーなどは四肢の軟骨形成不全が犬種特有の体型を作っています。

（廣瀬孝男）

骨軟骨症

発育中の大型犬にみられる骨の発達障害です。肩、肘、膝《ひざ》、踵《かかと》の関節における軟骨骨端の異常な軟骨内化骨を特徴とします。

原因

過度の栄養と急速な発育の結果、軟骨部への血管分布が追いつかず、わずかな外傷や通常の圧力でも軟骨にひびが入ったり、骨棘《こつきょく》が生じたりします。大型犬の発育期に多くみられることから、遺伝的要素が関与している可能性が考えられています。

症状

炎症によって生じた液体が関節内に溜《た》まるため、関節の可動範囲が減少し、跛行がみられるようになります。

診断

X線検査を行います。関節表面の平坦《へいたん》化や骨棘、軟骨下の不揃《ふぞろ》いな透過性、軟骨弁（関節ねずみ）、骨の離断などがみられます。関節鏡を用いて診断することもあります。

治療

関節ねずみや骨棘があるときには、外科的に除去します。また、病変部の軟骨下を削り、線維軟骨の形成を刺激する方法をとることもあります。跛行や変性性関節疾患があるときには、消炎鎮痛薬や軟骨形成を促す補助食品を用いて、症状の軽減を図ります。

（廣瀬孝男）

頭《とう》蓋《がい》下《か》顎《がく》骨《こつ》症《しょう》

発育中のイヌにみられる非腫瘍性《ひしゅようせい》、増殖性の骨異常で、主にテリア種の下顎骨《かがくこつ》や鼓室胞に発生します。

遺伝的要素が原因として疑われています。

重症時には、開口時の不快感や、採食量の減少に伴う体重減少、痛みを伴う下顎骨の腫大《しゅだい》がみられます。

診断にはX線検査を行います。下顎骨と鼓室胞に両側性の骨増殖像がみられます。正常な骨の周期的吸収がみられる一方で、骨内膜と骨膜表面に未成熟骨の増殖がみられることが特徴です。

治療は対症的に行います。消炎鎮痛薬を用いたり、柔らかい食事を与えたりします。成熟期に達すると骨の増殖は治まるので、予後は比較的良好です。

（廣瀬孝男）

多発性軟骨性外骨症

肋骨《ろっこつ》、長骨、脊椎《せきつい》の軟骨に発生する良性の増殖性疾患で、若い動物にみられます。

骨端軟骨の皮質表面から発生する骨性の隆起が特徴で、無症状のものから跛行や疼痛《とうつう》がみられるものまであります。軟骨異形成症を参照してください。

（廣瀬孝男）

汎《はん》骨《こつ》炎《えん》

長骨の骨幹や骨端線に発生する骨の炎症性反応で、発育中の大型犬あるいは超大型犬にみられます。

正確な原因は不明ですが、遺伝的要素が大きく、ストレス、感染、代謝異常、自己免疫疾患との関連も疑われています。

急性あるいは周期的に発生する跛行、発熱、食欲不振、長骨の疼痛がみられます。

X線検査を行って診断します。骨内膜と骨膜の不規則な連続線と、骨髄内に多巣的な骨密度の増加がみられます。

治療は疼痛や不快感の緩和を目的として、対症的に消炎鎮痛薬を用います。

（廣瀬孝男）

特発性疾患

「特発性」という名称がついている病気は数多くありますが、「特発性」というのは原因不明ということです。骨の病気にも原因不明のものがいくつかあり、そのなかでも代表的な内骨症、骨幹端骨症、肥大性骨症、骨嚢胞《こつのうほう》についてここで解説します。

（川田　睦）

内骨症

原因

内骨症は原因不明の骨の病気で、汎骨炎や若年性骨髄炎と呼ばれることもあります。多くは若い（2歳以下）雄の大型犬に起こります。

症状

最初に症状が出るときは、急に1本の足を痛がるようになることが多いようです。しかし、時間が経つとまた別の足を痛がるといったように、痛みが4本の足を移動するかのような症状がみられます。

診断

診断には触診とX線検査が有用です。ただし、初期の段階でX線写真を撮ると、しばしば正常な写真となります。そのような場合は10日ほど後に再びX線検査を行う必要があります。この病気の診断には、前肢の場合は離断性骨軟骨炎や鉤状《こうじょう》突起分離症《とっきぶんりしょう》、肘突起癒合不全《ちゅうとっきゆごうふぜん》、後肢の場合は股関節形成不全《こかんせつけいせいふぜん》等の骨軟骨症と呼称されているものとの鑑別が必要です。

治療

痛みが軽い場合は、運動制限のみで制御できることもありますが、痛みが激しいときは鎮痛薬を投与する必要があります。鎮痛薬は比較的副作用が少ないとされている非ステロイド系の抗炎症薬を使用します。手術の必要はありません。

予後

治療をしても再発することがよくあります。しかし、ほとんどの場合は2歳までに症状が出なくなり、成熟した動物が症状を示すことは非常にまれです。

（川田　睦）

骨幹端骨症

原因

大型犬種の子イヌに起こることが多く、肥大性骨異栄養症や骨幹端形成不全、骨幹端骨障害などと呼ばれることもあります。正確な原因は不明ですが、ビタミンC欠乏やカルシウム過剰摂取、微生物の感染などが考えられています。四肢の骨など長い骨の端（骨幹端）への血液供給が障害され、骨の成長が遅れます。

症状

大型犬種の生後2～5カ月ごろに発病することが多いようです。足の痛みによって歩き方に異常がみられますが、症状は、軽いものから4本の足すべてに異常がみられる重度なものまで様々です。また、食欲不振や発熱がみられることもあります。

診断

症状とX線検査によって診断します。

治療

痛みが強い場合は運動制限を行い、鎮痛薬を投与します。抗生物質やビタミンCなども投与しますが、明らかな有効性は確認されていません。

予後

多くの動物は10日ほどで治ります。しかし、何度も再発し、ひどい衰弱を起こしたり、永久的な骨の変形を起こすこともあります。

（川田　睦）

肥大性骨症

原因

何らかの胸の病気によって肺機能の変化や血液循環障害が起こり、結果として長骨（骨膜）が刺激され骨に変化が起きるもので、肺性肥大性骨関節症や肺性肥大性骨症などとも呼ばれています。原因として考えられている胸の病気には、様々な肺疾患（肺炎、肺腫瘍《はいしゅよう》、肉芽腫《にくがしゅ》、結核）や食道の腫瘍《しゅよう》や肉芽腫、うっ血性心不全（犬糸状虫症）などがあります。

症状

足の先が腫《は》れ、無気力となり、動いたり歩いたりするのを嫌がります。

診断

X線検査で四肢端の骨にこの病気が疑われる変化があれば、さらに胸のX線検査や血液検査などを行い、全身を詳しく調べる必要があります。

治療

原因となっている病気の治療を行います。

予後

原因の病気によって様々です。多くの場合、その病気が治れば肥大性骨症も改善します。

（川田　睦）

骨《こつ》嚢《のう》胞《ほう》

原因

骨嚢胞は原因不明で、骨に袋状の穴が開き、そこに様々な内容物が溜《た》まる病気です。非常にまれな病気ですが、イヌでの発生が知られ、とくに大型犬種の子イヌにみられます。骨嚢胞はそれができる場所や内容物によって、単骨嚢胞《たんこつのうほう》と多骨《たこつ》嚢胞《のうほう》、動脈瘤様骨嚢胞《どうみゃくりゅうようこつのうほう》、軟骨下骨嚢胞《なんこつかこつのうほう》に分類されます。ただし、動脈瘤様骨嚢胞と軟骨下骨嚢胞はほとんど発生しません。単骨嚢胞と多骨嚢胞の内容物は漿液《しょうえき》か、漿液と血液が混ざったものです。

症状

嚢胞《のうほう》がある程度の大きさになるまで症状は出ません。病気が進行すると患部が腫れ、様々な痛みを示すようになり、ときには嚢胞部分に骨折が起こることもあります。

診断

X線検査が必要です。

治療

手術によって嚢胞部分を切開し、通常は海綿骨移植を行います。また、治癒するまで、薄くなった骨の固定を行う必要があります。

予後

病気の状態により様々です。

（川田　睦）

代謝性・栄養性・内分泌性疾患

骨の代謝性、栄養性、内分泌性疾患は、骨の形成が活発に行われる成長期の動物にみられます。動物が発育するためには良質でバランスのとれた食事が必要であり、とくに骨の形成にはカルシウムとリン、ビタミンDが不可欠です。これらは食事から得たり、ビタミンDについてはさらに、日光浴で紫外線に当たることによって体内で作っています。ビタミンD

は、肝臓や腎臓《じんぞう》で活性化され、ビタミンD_3となって初めてカルシウムの吸収を促す働きをするようになります。さらに、上皮小体ホルモンは腎臓や腸、骨に作用して、カルシウムとリンのバランスを最適な状態に保っています。このようなシステムに一つでも障害が起こると、他のシステムに悪影響を及ぼし、結果的に病的な骨ができあがってしまいます。

栄養素の不足によって生じる骨の疾患は、栄養不足を是正することによって速やかな症状の改善が見込まれますが、栄養素の過剰によって生ずる骨形成の異常は治療がとても困難です。（廣瀬孝男）

栄養性《えいようせい》二次性《にじせい》上皮小体《じょうひしょうたい》機能亢進症《きのうこうしんしょう》

食事中のカルシウム量が少ないと、血液中のカルシウムとリンのバランスをとるために上皮小体の機能が二次的に亢進《こうしん》し、いったん形成された骨からカルシウムの放出が始まります。その結果、骨は本来の硬さを失い、変形し、かつ非常に骨折しやすくなります。多くは2～3カ月齢のネコにみられます。

原因

食事中に含まれるカルシウム量の不足が原因です。昔から猫マンマと呼ばれている、ご飯に削り節と味噌汁《みそしる》をかけた食事は、嗜好性《しこうせい》はよいものの栄養学的には望ましくありません。血液中のカルシウム量が減少すると相対的にリンの比率が高くなるので、この状態を是正するため上皮小体の機能が亢進します。上皮小体ホルモンは腸ではカルシウムの吸収を、腎臓では尿生成に際してのカルシウムの再吸収とリンの排泄《はいせつ》を促し、骨に対してはカルシウムの放出を促します。一度形成された骨からカルシウムだけが除かれた状態になるので、骨はペーパーボーンと呼ばれるようになります。紙の骨という意味で、紙で作った筒がわずかな力でも折れ曲がってしまうように、骨も同じような折れ方をします。これは四肢の骨に限らず、背骨にも同様の変化が現れ、神経的な異常を引き起こすことがあります。

症状

骨の硬さが減少すると、骨は筋肉が収縮する力に負け、運動するときに痛みを感じるようになります。2～3カ月齢のネコは本来は非常に活動的であるはずですが、伏せの姿勢でいることが多くなったり、動きたがらなくなります。ちょっとした高さから飛び降りたときや、場合によっては日常の生活の運動中にも不完全骨折を生じることがあります。

この病気にかかったネコは、外部からの圧力に非常に敏感になり、痛みのために飼い主に体をなでられたり、抱かれたりすることを嫌うようになります。ときには飼い主が近づいただけでも威嚇することがあります。さらに、軽度から重度の跛行《はこう》や、後躯《こうく》の運動失調などもみられます。

診断

症状、年齢、食事内容を確認して、X線検査を行います。長骨は皮質骨が薄くなり、背骨の椎体《ついたい》は透過度が亢進し変形します。長骨では過去に生じた不完全骨折が骨の皺《しわ》として、あるいはくの字に曲がった状態として観察されることがあります。これは大腿骨《だいたいこつ》に多くみられます。また、腹部の背腹像で本来は明確に認識できる腰椎《ようつい》が、この疾患では透けてしまい、腰椎を通して腸管の存在が確認できるようになることもあります。

治療

食事内容の改善と運動制限がもっとも有効な治療法です。1週間程度でネコは活発さを取り戻しますが、骨が正常な状態に回復するまでは1カ月近くかかるため、その間は運動制限を続ける必要があります。病的な骨折や骨の変形がなければ、予後は良好です。カルシウム剤やビタミンD_3剤を用いることもありますが、その場合は心臓や腎臓、消化器などの軟部組織が石灰化する危険性があるので、慎重に投与します。

重症のときや病気の期間が長くなっているときは、後躯の体重を支えきれず、骨盤が変形することがあります。左右の股関節《こかんせつ》の間隔が狭くなるため、骨盤腔《こつばんくう》が次第に狭窄《きょうさく》してきます。その結果、排便困難や巨大結腸症、難産などを併発する可能性が高くなります。（廣瀬孝男）

クル病、骨軟化症

食事中のカルシウム、リン、ビタミンDの不足や不均衡、または代謝障害によって骨が軟化してしまうもので、発育中の動物に発生して骨の石灰化が起こらないものをクル病、いったん骨形成が完了した成体の骨に脱灰が起こり骨の軟化がみられるものを骨軟化症と呼んでいます。両者の原因と病態は同じと考えられています。

原因

食事中のカルシウムの不足、カルシウムとリンの不均衡、ビタミンDの不足が原因となります。また、このような状況に陥りやすくなる慢性の消化器障害や寄生虫症、さらに日光浴不足も要因となります。

症状

●クル病

1～3カ月齢の動物がかかりやすく、関節の腫脹《しゅちょう》と疼痛《とうつう》がみられます。とくに手根関節の変形を伴うと、それを補正するために指関節も変形し、二重関節と呼ばれる状態になります。動物は運動を嫌って動きたがらなくなり、起立姿勢もO脚あるいはX脚が顕著になります。肋《ろっ》骨《こつ》と肋軟骨《ろくなんこつ》の接合部が腫大《しゅだい》して、いわゆるクル病念珠を生じることもあります。

●骨軟化症

非常に骨折しやすくなり、跛行がみられます。跛行は特定の一肢ではなく、次々とほかの足に移り変わるのが特徴です。脊椎《せきつい》の変形や異常な弯曲《わんきょく》もみられることがあります。また、歯を支える歯槽骨に影響が及ぶと、簡単に歯が抜けたり、虫歯になりやすくなります。

診断

食事中のカルシウム、リン、ビタミンDの含有量を調べます。X線検査では、全身的な骨透過性の亢進や、歯槽骨板の消失、骨膜下の皮質骨の吸収像、長骨の弯曲変形、骨端部の不整や形成不全などがみられます。

血液検査では、カルシウム濃度の低下、アルカリ性ホスファターゼ活性の上昇がみられます。

治療

運動制限と食事の改善を最優先します。消化器障害や寄生虫症があれば、適切に対応します。病的骨折や骨変形のないクル病であれば、1週間程度で動物は活発さを取り戻し、1カ月後には通常の生活ができるようになります。高齢動物の骨軟化症は、カルシウムやビタミンDの吸収障害が原因であることが多いので、カルシウム剤やビタミンD_3剤を投与することもあります。ただし、これらの薬物は過剰投与すると新たな骨疾患を生じるので、十分に経過を観察しながら慎重に用います。

（廣瀬孝男）

腎《じん》性《せい》骨《こつ》異《い》栄《えい》養《よう》症《しょう》

慢性腎不全《まんせいじんふぜん》に併発した上皮小体ホルモン値の上昇が特徴です。腎疾患《じんしっかん》が進行すると、高リン血症、低カルシウム血症を起こし、上皮小体ホルモンの分泌が促されます。その結果、骨からのカルシウム放出が盛んになり、骨は線維組織に置き換えられてしまいます。この病態はイヌの下顎骨《かがくこつ》によく現れます。

原因

腎機能不全《じんきのうふぜん》によってリンの排泄障害《はいせつしょうがい》が生じ、高リン血症となります。これが引き金となって血中カルシウム濃度が低下します。また、腎臓におけるカルシトリオールの合成も低下します。カルシトリオールは、腎臓と腸に働きかけ、血中カルシウム濃度を一定に保っているものです。カルシウムとカルシトリオール濃度の低下は、上皮小体ホルモンの分泌を促進させることになります。腎疾患が進行するとこの反応は増強され、上皮小体ホルモン濃度は上昇を続けます。上皮小体ホルモンは、腸と腎臓でのカルシウム吸収を促すと同時に、骨からのカルシウム放出を活発にさせるので、骨の脱灰と線維化が起こります。

症状

根底に腎疾患があるため、嘔吐《おうと》や脱水、多飲多尿、食欲不振、不活発などの腎不《じんふ》全《ぜん》症状がみられます。骨の変化は全身に及びますが、とくに頭部の骨に病変がよく現れます。下顎骨の脱灰が進んで線維組織に置き換えられると、下顎骨はゴムのようになり（ラバージョー症候群）、歯の安定性が失われ、咀嚼運動《そしゃくうんどう》も損なわれます。流涎《りゅうぜん》や舌の突出もみられます。四肢の長骨への影響は比較的少ないようです。

診断

腎不全を示す検査結果と、血液中の上皮小体ホルモン濃度の上昇によって診断します。頭部のX線検査で、歯槽骨板の喪失を伴った下顎骨の透過性の亢進がみられることもあります。

治療

基礎疾患になっている腎不全を治療します。高リン血症の対応として低リン特別療法食やリンの吸着剤を投与します。カルシトリオールの投与も有効ですが、高リン血症や高カルシウム血症に対しては禁忌ですので、高リン血症の対策を十分行ったうえで用いるようにします。

（廣瀬孝男）

ビタミンA過剰症

ビタミンAを過剰に給与されているネコに起こりやすく、広範囲にわたる外骨症を生じ、疼痛や跛行がみられます。

原因

ビタミンAの長期間にわたる過剰摂取が原因で、レバーを与えられ続けたネコによくみられます。

症状

頸部《けいぶ》の疼痛と硬直、前肢の跛行がみられ、動物は動きたがらなくなり、人に触られるのを嫌うようになります。むち打ち症時の首コルセットを装着したような動きがみられます。グルーミングをしなくなり、歩行時に首を伸ばし、頭を動かさず、尾を引きずってゆっくり歩くようになります。前肢の疼痛がひどくなると、両前肢を浮かしカンガルーのような座り方をすることが多くなります。

診断

症状の確認と食事内容の調査を行います。X線検査では、頸椎《けいつい》と胸椎《きょうつい》に骨増殖による脊椎症《せきついしょう》が、靱帯《じんたい》や腱《けん》の付着部に骨の肥大性増殖がみられます。

治療

食事からビタミンAの供給源を除きます。これによって骨の増殖の進行を止めることができますが、すでに形成された病変を消失させることはできません。疼痛が激しい場合は、消炎鎮痛薬を投与します。

（廣瀬孝男）

ビタミンD_3過剰症

ビタミンDあるいはビタミンD類似物質の過剰摂取や、ビタミンD_3剤の過剰投与によって起こります。骨以外の軟部組織に石灰沈着が起こり、様々な症状が現れます。

原因

大型種の子イヌにみられる急性死亡には、発育促進の目的でカルシウム剤とビタミンD_3剤を過剰に投与したことが原因になっているものがあると考えられます。

また、1985年頃から、ネコで急性あるいは慢性のカルシウム沈着症が問題になったことがあります。これは、必要とする量の50倍ものビタミンDを添加した市販のキャットフードを発育期のネコに与えていたことが原因でした。栄養性二次性上皮小体機能亢進症を予防する目的で製造されたキャットフードですが、逆にビタミンD_3過剰症の原因となっていたのです。

現在では、ペットフードの栄養成分は厳密に管理されるようになり、また、発育促進のためのビタミンD_3剤の投与もほとんど行われないため、この疾患の発生はまれとなっています。

なお、ナス科の観賞用植物にはビタミンD類似物質が含まれているので、これを長期間摂取するとビタミンD_3過剰症を引き起こす可能性があります。

症状

急激な経過をとるものでは嘔吐、下痢、脱水症状を起こし、数日のうちに死亡することがあります。亜急性の経過をとるものでは石灰化が起きた組織によって現れる症状が異なります。発生する確率の高い順から腎不全、消化器症状、肺炎様症状、心不全です。慢性例では食欲不振、嘔吐、便秘、筋力の低下、発育不良がみられます。

診断

カルシウム剤とビタミンD剤による治療歴と、食事内容の調査を行います。X線検査では腎臓や消化器、肺、心臓に石灰沈着がみられることがあります。胃は大きく拡張して陽性造影を行ったかのように、すう襞《へき》がみられます。肺は全域にわたって透過性が低下し、肺炎のような所見が現れます。心臓は丸みが消失し、角張った形をとることが多くなります。これらの所見は重症になるほど明瞭《めいりょう》になります。

血液検査では高カルシウム血症が特徴です。中等症以上では腎機能の低下を示す結果が出ます。ビタミンDの濃度は高い傾向にありますが、正常値を示すこともあります。

治療

栄養性の過剰症の場合は、有効な治療法はありません。ただちにカルシウムとビタミンDの投与を中止します。ビタミンD_3過剰症に伴う高カルシウム血症の一時的治療としては、輸液や、利尿薬、炭酸水素ナトリウム、グルココルチコイドの投与があります。

（廣瀬孝男）

感染性疾患

感染性疾患の原因にはウイルスや細菌、リケッチア、真菌、寄生虫などがあります。運動器における感染症には、骨髄炎や関節炎がありますが、いずれも難治性です。

（廣瀬孝男）

放線菌症

放線菌症は、アクチノミセスと呼ばれるグループのグラム陽性桿菌《ようせいかんきん》によって引き起こされる病気です。

通常は、口腔《こうくう》や鼻腔粘膜《びくうねんまく》に常在する細菌ですが、病原性を現すときには、化膿《かのう》性《せい》の病変を形成します。運動器では化膿《かのう》性関節炎《せいかんせつえん》を起こすことがあり、動物は跛《は》行《こう》を示します。

治療は外科的に排膿《はいのう》、壊死《えし》病変部の切除を行うと同時に、長期間にわたって抗生物質を投与します。

（廣瀬孝男）

骨折

原因

骨折とは、骨組織の連続性が絶たれることです。骨折は、体の色々な部分の骨に起こりますが、多くは四肢にみられます。交通事故や高所からの落下、咬傷《こうしょう》などが主な原因で、骨に対して外側から異常な力が加わることによって発生します。また、骨の腫瘍《しゅよう》などによって骨組織が傷害され、骨が脆弱化《ぜいじゃくか》したときに起こる病的骨折や、まれではありますが、小さな力が同じ箇所に連続して加わったときに起こる疲労骨折もあります。

症状

一般には、骨折した骨の周りの組織は腫《は》れて熱をもち、痛みを伴います。また、その他の症状は骨折が起こった部位や程度によって様々です。たとえば、足の骨の骨折であれば、多くは骨折した足を地面に着けず、足をあげて歩きます。また、背骨の骨折では、同時に脊髄《せきずい》の損傷を伴うことがあり、足の麻痺《まひ》などの神経的な異常を示したりします。

診断

視診と触診により痛みや骨の変位を確認できることがありますが、最終的にはX線検査によって診断します。検査によって骨折の形態を分類することができ、治療法を決める要因となります。また、交通事故などが原因の骨折は、他の組織の損傷を伴うことがあるため、同時に胸部と腹部のX線検査、一般的な血液検査を行うことが勧められます。

治療

骨折の治療の原則は、骨折した骨を正常な位置に戻し、骨が再生、癒合するまで、ずれを防ぎ安定化させることです。具体的な治療法は、骨折の形態や発生部位、動物の年齢などによって様々です。手術による治療法としては、金属製のプレートやスクリュー、ピンを用いて骨折を固定する方法や、外部で骨折を固定する創外固定法などがあります。また、骨折が軽度であれば、ギプスによる固定のみの保存的な治療を行うこともあります。

予後

手術後、全身状態に問題がなければ、自宅で抗生物質を経口投与しながら経過を観察することができます。併せて通院も行い、術部の感染の有無を確認したり、ギプスを巻き替えたりします。また、定期的にX線検査を行い、術部の状態を調べます。X線検査で骨折が治癒した所見が得られるまでは、引き綱をつけたまま散歩するなどの運動制限が必要です。手術の内容によっては、プレートやスクリューなどの固定器具の除去のため再手術を行う場合があります。

治癒にかかる時間は、骨折の程度や動物の年齢、健康状態などによってまちまちです。通常、予後は良好ですが、骨折の程度が重度だったときには、機能的に完全に回復しないことがあります。また、術後再骨折や固定器具のずれなどによって再手術が必要になることがありますので、注意して経過を観察する必要があります。

（川田　睦）

骨髄炎

原因

骨および骨周囲組織に対する細菌の感染や、まれには真菌の感染によって起こります。主に次の二つの原因が考えられます。

一つ目は、開放骨折（骨折した骨が皮膚を突き破って外部に接触する骨折）や咬傷《こうしょう》、刺傷などによって骨組織に直接的に感染が起こるものです。二つ目は、体の一部で起こった感染から、血液を介して病原体が骨組織に移動して感染を起こすものです。経過により急性と慢性の骨髄炎に分けられます。

症状

元気や食欲がなくなる、発熱を伴うなどの全身症状を示したり、感染した骨を含む足を痛がり、足をあげて歩いたりします。感染が慢性化すると、感染部位から皮膚を通して液体を排出する孔（瘻《ろう》管《かん》）が形成され、骨の変形が進みます。

診断

X線検査を行い、感染によって変性した骨組織を確認します。また、感染部位の組織を採取し、そこから原因になる病原体を分離、培養します。血液検査では、急性の場合には白血球の増加や形態の変化がみられることがありますが、慢性の場合には異常が認められないことが多いようです。

治療

通常、長期間の抗生物質の経口投与を行います。慢性に経過した例では、手術によって感染部位を取り除くこともあります。

予後

急性の骨髄炎は、通常4〜8週間の抗生物質の経口投与で回復します。しかし、慢性に経過した場合には抗生物質の投与だけでは再発することがあり、外科的な処置が必要になります。治療効果を確認するため、定期的に患部のX線検査を行います。

（川田　睦）

腫瘍《しゅよう》

原因

骨を原発とする悪性の腫瘍には、骨肉《こつにく》腫《しゅ》、軟骨肉腫《なんこつにくしゅ》、線維肉腫《せんいにくしゅ》、血管肉腫《けっかんにくしゅ》等があります。このうちイヌ、ネコともにもっとも発生が多いのは骨肉腫で、骨の腫瘍のうちイヌでは80%、ネコでは70%を占めることが知られています。いずれも発生原因はよくわかっていませんが、骨肉腫については、発生部位が四肢の骨の端（骨端）に多い、大型犬種に発生しやすい、外傷後の部位に発生がみられるなどの点から、骨に対する慢性の刺激が発生に関係していると考えられています。

症状

いずれの腫瘍の場合も、腫瘍が発生した側の足が腫《は》れる、痛みを伴う、足をあげて歩くなどの症状を示します。症状が進行すると、患部を骨折することもあります（病的骨折）。また、腫瘍の遠隔転移が起こった場合には、その転移した部位に応じて特徴的な症状が現れます。たとえば、肺に転移が起こったときには、呼吸が苦しそうになるなどの症状がみられます。

診断

患部のX線検査を行い、骨の破壊や融解、増殖などを確認します。ただし、X線検査では腫瘍の種類を確定することはできず、確定診断を行うには組織を直接採取して検査する必要があります。また、同時に胸部のX線検査を行い、肺への腫瘍の転移の有無を調べます。

治療

イヌの骨肉腫では、治療は、痛みを取り除きQOL（生活の質）を改善することを主な目的とします。腫瘍が四肢に発生している場合は、一般的には、患肢の断脚を行い、その後は抗癌剤《こうがんざい》を投与します。また、腫瘍の切除後に自己の骨を移植する方法や、放射線療法などの四肢を保存する療法もあります。

ネコの骨肉腫では転移率が低いため、通常、断脚治療のみで抗癌剤治療を必要としない場合も多くあります。

予後

イヌの骨肉腫は、診断された時点で90％以上が肺へ転移していることが知られています。このため、手術の有無にかかわらず、根治の可能性はきわめて低いといえます。断脚治療のみを行った場合の余命は平均4カ月です。断脚と抗癌剤による治療を行った場合の余命は平均1年で、2年生存する割合は約30％にすぎません。治療開始後は、胸部のX線検査を定期的に行い、転移の状況を観察します。一方、ネコでは、断脚治療のみの治療で余命の平均が4年以上とされています。

（川田　睦）

関節・腱《けん》の疾患

非炎症性疾患

非炎症性の関節疾患には、前十字靱帯《ぜんじゅうじじんたい》断裂《だんれつ》のように外傷によって関節を構成する靱帯《じんたい》や腱、筋肉が損傷を受ける病気や、骨軟骨症、股関節形成不全《こかんせつけいせいふぜん》などのように発育過程において障害が生じる病気、先《せん》天性脱臼《てんせいだっきゅう》やウォブラー症候群などのように遺伝的ファクターが大きく関与する病気、骨減少症などのように代謝や食事、内分泌が関係する病気があります。以上のように、関節を侵す非炎症性疾患には多くの種類があります。

（川田　睦）

変形性関節症（DJD）

原因

関節軟骨の変性で、滑膜縁の骨形成と関節周囲の軟部組織の線維化を伴います。原発性DJDは、原因不明の加齢性の病気で、続発性DJDは他の原発性疾患（股関節形成不全や前十字靱帯断裂など）による関節の不安定や関節軟骨への異常な負荷に反応して発生します。

症状

急性と慢性のどちらの場合も、跛行《はこう》や着地不能などの歩き方の異常や、安静からの起立後の硬直を示すようになり、跳躍や階段の昇りを嫌がります。また、罹《り》患《かん》した関節の腫脹《しゅちょう》や可動範囲の減少、関節運動に伴う捻髪音《ねんぱつおん》、関節の不安定症がよくみられます。

診断

X線撮影に基づいて行います。

治療

症状に基づいて、運動制限や体重制限、非ステロイド性抗炎症剤の投与を行います。また、必要であれば基礎疾患の外科治療を行います。

（川田　睦）

骨軟骨症

原因

大型犬や超大型犬の成長期にみられる関節軟骨の疾患で、関節内の軟骨部分の骨化が正常に進まないために起こります。原因としては、遺伝性のほか、急速な成長、過剰な栄養、外傷、虚血、ホルモン性などが考えられています。軟骨の骨化不全によって軟骨が肥厚し、さらに軟骨の栄養不良によって軟骨細胞が壊死《えし》します。また、骨と軟骨の分離が起こり、軟骨弁（関節ねずみ）を形成します。

症状

雌よりも雄に多く発生し、通常は成長期（5～10カ月齢）から症状を示します。病変は、肩関節や肘関節《ちゅうかんせつ》、膝関節《しつかんせつ》、飛節などの部位に多くみられます。左右両側に発生することが多いのですが、症状のうえでは片側の患肢だけに軽度から中等度の跛行がみられます。跛行は徐々に始まり、休息時には改善しますが、運動後に悪化します。

診断

触診や関節運動による疼痛《とうつう》の確認、X線撮影に基づいて行います。X線撮影では関節内に遊離した軟骨弁（関節ねずみ）が確認できることもあります。しかし実際には、X線検査によって明らかな病変が確認できる場合は、かなり進行している状態が多く、診断されたときには治療法が限られるか、治療できない場合もあります。そのため最近では、CTスキャンや関節鏡を用い、より早期に、正確な診断を行う場合もあります。

治療

治療は、臨床症状と病気の進行状況などによって、①運動制限やケージレスト、非ステロイド性消炎鎮痛剤の投与などの保存的・内科的な治療、②関節を切開して直接軟骨弁や離断した骨片の除去を行う手術、③関節鏡による鏡視下手術などを選択します。外科的な治療は、早期診断・早期治療された症例では有効な場合が多く、非常に進行した例では治療が困難になる場合もあります。そのためできるだけ早期に正確な診断を行い、それに基づいて治療法を選択する必要性があります。

予後

病期の進行状態、動物の体重や活動性、運動量などによって予後は様々で、保存的・内科的治療に上手く反応し良好な予後を得られるケースもありますが、ほとんど反応しない場合もあります。また、外科手術を行った場合も良好な予後を得られる場合もありますが、ほとんど効果がみられないケースもあります。いずれにせよ病気が進行し重症化してしまっている場合には治療が困難となりますから、できるだけ早期の診断と治療が予後を良好にするため重要です。（川田　睦）

前《ぜん》十《じゅう》字《じ》靱《じん》帯《たい》断《だん》裂《れつ》

前十字靱帯《ぜんじゅうじじんたい》は、大腿骨《だいたいこつ》に対して脛骨《けいこつ》が前に飛び出さないように制限するとともに、膝《ひざ》の過伸展を防ぐ機能をもっています。さらに、膝が屈曲したときに、前方と後方の十字靱帯《じゅうじじんたい》が互いにねじれ、大腿骨に対する脛骨の内方への回転の程度を制限しています。

原因

前十字靱帯断裂の基礎要因として、老齢化に伴う靱帯の構造上の変化による脆《ぜい》弱化《じゃくか》や、肥満による負重の増加、また小型犬種などに多い膝蓋骨脱臼《しつがいこつだっきゅう》により膝関節が不安定な状態になっていることなどがあげられます。こうした基礎要因がある場合に、関節が過度に内方へ回転したり過伸展したりすると、前十字靱帯が断裂することがあります。

症状

前十字靱帯の損傷には、急性断裂、慢性断裂、部分断裂の三つがあります。急性断裂の場合は、まったく負重しないか、わずかに負重する程度の跛行が突然生じます。ただし、体重が軽い動物の場合は、数日で痛みが減退し、歩行機能を取り戻すことができます。しかし、慢性化すると、変性性関節疾患や半月板損傷の発生に伴って跛行が繰り返されるようになり、とくに運動後の跛行が顕著になります。また、反体側の十字靱帯に損傷が発生することもあります。前十字靱帯の部分断裂では、患畜は最初、運動に伴う軽度の負重性の跛行を示しますが、休息とともに消失します。しかし、靱帯が断裂し続け、膝の変性性変化が悪化すると、慢性の跛行を起こします。

診断

前十字靱帯断裂を診断するときにもっとも重要なのは、前方引き出し徴候を誘起することです。この検査は、イヌを横《おう》臥《が》位にして、術者の力によって脛骨を大腿骨に対して頭側に移動するように試みるものです。ただし、不安や不快感からイヌが筋肉の緊張を示すことが多く、そうした場合は適切な観察を行うために、全身麻酔や鎮静が必要になります。

急性断裂の場合は、前方引き出し徴候が明らかとなります。膝関節の検査で疼痛を示すこともありますが、通常は無痛です。

慢性断裂の場合は、大腿部《だいたいぶ》の筋肉の萎《い》縮《しゅく》がみられることがあり、さらに半月板の損傷があると、膝を屈伸したときに捻髪音を生じます。また、関節嚢《かんせつのう》の線維化などによって前方引き出し徴候がみられないことがあります。

部分断裂の場合も、靱帯の一部が無傷であるため前方引き出し徴候の確認は困難です。しかし、病歴や跛行の状態などをもって部分断裂の徴候と判断します。X線検査は、鑑別診断に役立ちます。また、慢性の靱帯断裂時には、関節嚢の肥厚や骨棘形成《こつきょくけいせい》などが確認できます。

治療

体重の軽い小型犬の場合は、安静と抗炎症剤による保存的管理によって、症状は治まることが多く、また、体重が軽いため続発性の変性性関節疾患も起こりにくいようです。そのため小型犬の場合は、保存療法を行ってみても症状の改善がなく痛みが続く場合に、外科手術を選択することが多いようです。

　体重の重い大型犬や使役犬、活動犬の場合は、安静と抗炎症剤による保存的管理だけでは症状をコントロールするのが困難な場合が多く、また続発性の変性性関節疾患から骨関節炎を併発する可能性が高いため、診断がついた時点でできるだけ早急に外科手術を選択することが推奨されます。

　外科治療としては、様々な方法が知られており、術式だけでも100種類以上あるといわれています。手術方法は、各々の獣医師がもっとも信頼する方法を選択することになりますが、大型犬が多く前十字靭帯断裂の治療数の多い米国では、近年ではTPLOと呼ばれる手術方法が好まれているようです。

予後

　小型犬では、保存療法および外科治療のいずれでも予後は良好です。肥満したイヌや大型犬で活動的なイヌでは、保存療法のみでは長期的な予後は悪くなります。また、反対側の靭帯を損傷するケースも多く、体重管理と運動管理には十分な配慮が必要です。

（川田　睦）

後《こう》十《じゅう》字《じ》靭《じん》帯《たい》断《だん》裂《れつ》

後十字靭帯《こうじゅうじじんたい》は、膝関節の屈曲時に脛骨が後方にスライドするのを防ぐ役割をもっています。また、前十字靭帯とともに、屈曲時の回転と伸展時の内反－外反に対して安定性を与えています。

原因

　小動物では、後十字靭帯が自然に断裂することはまれです。もっとも多い原因は、自動車事故と膝関節を曲げた状態での落下事故で、脛骨近くへの前後方向の打撲によって発生します。

症状

　後十字靭帯が断裂した動物は、患肢に負重することができません。跛行は徐々に改善しますが、治療せずに放置すると、軽度ではありますが継続的な跛行をみせます。

診断

　後方引き出し徴候によって、膝関節の前後方向の不安定さを観察して診断します。ただし、前十字靭帯断裂との鑑別は困難です。重度な不安定がみられるときは、複数の靭帯損傷の一部として後十字靭帯の断裂があります。X線検査では、脛骨が大腿骨に対して後方に変位することを確認します。

治療

　小型犬やネコの孤立性の後十字靭帯断裂では、8週間の運動制限によって比較的良好な予後が得られます。しかし、大型犬や活動的な動物では、外科的再建手術が必要です。手術としては、縫合糸による安定化や、内側側副靭帯《ないそくそくふくじんたい》の方向転換、膝下の腱固定術《けんこていじゅつ》などの嚢外再建手術《のうがいさいけんしゅじゅつ》があります。

予後

　手術あるいは保存的治療後、ほとんどの動物において正常な機能が回復し、予後は良好です。

（川田　睦）

半月板損傷

　半月板には、負荷の伝達とエネルギーの吸収、回転性や内反－外反に対する安定性の補助、関節内の潤滑、関節面の適合という働きがあります。イヌでは、半月板損傷が単独で発生することは少なく、通常は前十字靭帯断裂に併発します。

原因

　足をねじりながら落下すると、単独で外側半月板の中央部に損傷が起こります。しかし、ほとんどの半月板損傷は、前十字靭帯断裂で膝関節が屈曲したときに内側大腿骨顆《ないそくだいたいこつか》が後方に変位し、そのために内側半月板の後部が脛骨と大腿骨の間で締め付けられ、関節が伸展したときに挫傷《ざしょう》を受けることによって発症します。もっとも多い障害の種類は、「バケツの取手型」の損傷です。

症状

　前十字靭帯断裂によって起こることが多いため、通常は患肢の跛行がみられます。また、歩行時や膝関節の検査時に半月板の断裂した遊離部分が動く音（ポップ音）が聞こえることもあります。

診断

　半月板損傷のあるすべての患畜でクリック音が聞こえたり、異常を触知できるわけではありません。また、半月板損傷はX線検査では診断できません。そのため、確定診断を行うには、関節鏡や手術によって半月板を注意深く調べる必要があります。また、身体検査で前十字靭帯断裂の有無を確認することも重要です。

治療

　半月板損傷を放置すれば、断裂した半月板によって変性性関節疾患が悪化します。そのため、半月板損傷がみられるときは、外科手術による半月板切除が推奨されます。

（川田　睦）

側副靭帯損傷《そくふくじんたいそんしょう》

原因

側副靭帯《そくふくじんたい》は、膝関節の内側と外側にあり、膝の運動を安定化させる働きをしています。その損傷は、膝に負担がかかる運動時や、膝に対して大きな損傷を与えるような外傷時に発生します。側副靭帯の損傷は単独で起こることはまれで、普通はその他の膝の組織の損傷を伴っています。

症状

損傷を受けた足を歩行時に地面に着けない、膝関節が腫《は》れる、膝を触ると痛がるなどの症状があります。運動によって起こったものは外傷を伴わないため、外見上の問題はなく、多くの場合、突然足を着かなくなることによって気づきます。

診断

触診を行い、膝関節の動きの程度を確かめます。靭帯の損傷がある場合は、膝に対して横向きの力を加えると、通常に比べて関節の側方への曲がりが大きくなります。X線検査は力を加えた状態で撮影します。前十字靭帯断裂や後十字靭帯断裂など、その他の膝の組織の損傷との鑑別が必要です。

治療

膝以外の組織に損傷がなく、靭帯の損傷が単独であるか軽症のときは、膝の外側をギプスで固定します。2週間のギプス固定後、6週間の運動制限を行います。一方、損傷が重度の場合は、断裂した靭帯を再建する手術を行います。術後8週間は、引き綱をつけて散歩をさせるなど、運動制限が必要です。

予後

側副靭帯のみの損傷の場合、経過は非常に良好です。また、膝以外の組織に損傷を伴うときでも、予後は比較的良好です。

（川田　睦）

股関節形成不全《こかんせつけいせいふぜん》

股関節《こかんせつ》の発育がうまくいかないために、成長するにつれて股関節の変形や炎症が進行し、股関節の緩みや脱臼《だっきゅう》、亜脱《あだっ》臼《きゅう》が起こる病気です。

原因

股関節形成不全の原因には、多くの因子が関係していますが、遺伝的な要素と環境的な要素が大きいとされています。程度は様々ですが、運動量の多い大型犬種ではこの病気をもっている可能性は決して低くありません。ジャーマン・シェパード・ドッグやゴールデン・レトリーバー、ラブラドール・レトリーバー、ロットワイラー、ニューファンドランド、グレート・ピレニーズ、バーニーズ・マウンテン・ドッグ、セント・バーナードなどの大型犬でとくによくみられます。また、環境的な要素としては幼少期に過剰に栄養を与えることなどがあげられます。

症状

症状は股関節形成不全の程度と発生する年齢によって様々です。通常、生後4〜12カ月頃に症状が確認されますが、2〜3歳になるまでわからないこともあります。腰を振るように歩く、走るときにうさぎ跳びのように後肢が同時に地面を蹴《け》る、坂道の途中で座り込む、階段の昇り降りを嫌う、運動を嫌う、後肢を痛がる、起き上がるのが困難になるなどが主な症状です。

診断

股関節の触診を含む身体検査やX線検査によって診断が可能です。X線検査では、大腿骨の形状や股関節の緩みの程度、骨盤側の関節面の形状、変形の程度などを観察します。

治療

治療は、症状の程度や動物の年齢、X線検査の結果、費用、飼い主がどこまで望むかなどを総合的に検討する必要があります。若い動物と成熟した動物のどちらに対しても、保存的内科治療と外科治療を行うことができます。保存的内科治療では、運動制限や鎮痛薬による痛みの管理、体重管理によって関節の保存を目指します。生涯にわたり良好に保存が可能なものから、定期的に症状を繰り返すもの、外科的な処置が必要になるものまで様々です。

内科治療が効果的でないときや、病気が重度であるとき、病気の早期であっても長期的に足の機能を保存できる可能性を高めたいときなどは外科治療を行います。外科治療には様々な手術方法がありますが、実施する方法は対象動物の年齢や股関節形成不全の程度あるいはタイプによってある程度制約されます。代表的な手術方法として、三点骨盤骨切り術、転子間骨切り術、股関節全置換術《こかんせつぜんちかんじゅつ》、大腿骨頭切除《だいたいこっとうせつじょ》の四つがあります。三点骨盤骨切り術は骨盤を3カ所で骨切りし、寛骨《かんこつ》臼《きゅう》（股関節の骨盤側）を回転させ股関節を安定化させる手術です。原則的には、股関節の変形が確認されず、生後4〜12カ月の動物が対象となります。転子間骨切り術は、大腿骨を骨切りし、大腿骨頭《だいたいこっとう》（股関節の大腿骨側）の角度を変えることによって股関節を安定化させる手術です。また、股関節全置換術は股関節そのものを人工関節にする手術で、十分に成熟した動物やひどく変性した股関節をもつ動物に行われます。これらの手術は、動物の状態や飼い主の希望、設備、技術など様々な要因に基づいて、選択されます。選択には、十分な知識と経験が必要となりますが、適切な治療方法を選択することが重要です。

予後

予後は、股関節形成不全の程度や選択した治療法、治療の達成率などによって様々です。病気の程度にもよりますが、一般には症状が軽度な若齢期に外科的手術を行うことによって、長期的に良好な結果が得られやすくなります。三点骨盤骨切り術や転子間骨切り術の後に、X線検査で股関節の変性が進行していることが確認される例もありますが、おそらく手術をしない場合よりは軽いはずです。股関節全置換術では通常、よりよい改善が認められますが、長期にわたる術後観察が必要です。骨頭切除術の予後は様々ですが、多くは術前に比べると生活の質は向上するようです。（川田 睦）

大《だい》腿《たい》骨《こつ》骨《こっ》頭《とう》の虚《きょ》血《けつ》性《せい》壊《え》死《し》（レッグ・ペルテス）

大腿骨骨頭の虚血性壊死は、レッグ・ペルテス、レッグ・カルブ・ペルテス、若年性変形性骨軟骨炎、骨軟骨症、扁平《へんぺい》股《こ》などとも呼ばれ、1歳以下の若齢犬にみられる病気です。プードルなどの小型犬やウエスト・ハイランド・ホワイト・テリアによく発症します。また、ネコでの発生も知られています。

原因

病因は不明ですが、大腿骨の頭部に分布する血管が損傷を受け、血液供給が不足または停止することで局所性虚血症となり、骨頭が壊死を起こします。

症状

発症した足と臀部《でんぶ》の筋肉にある程度の萎縮がみられます。症状は通常は片側に現れますが、左右両側に発症することもあります。また、痛みと跛行を示します。

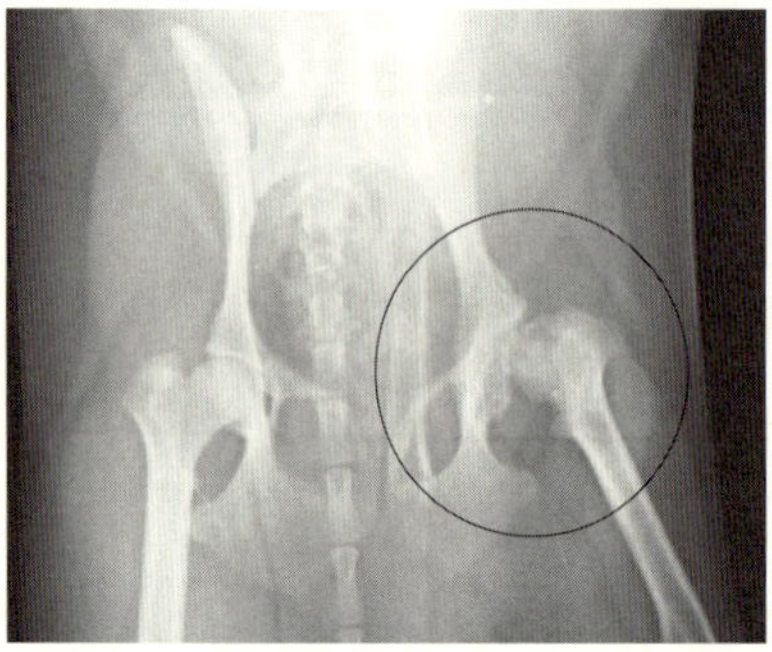

レッグ・ペルテスのX線写真。丸部分の骨頭が融解し、亜脱臼している

診断

X線検査では、筋肉の萎縮によって大腿骨の骨頭と頸部の変形および萎縮がみられます。骨頭は円形の輪郭がなくなって平坦《へいたん》になっています。股関節腔《こかんせつくう》は広く、寛骨臼は浅くなり、これらも平坦になります。

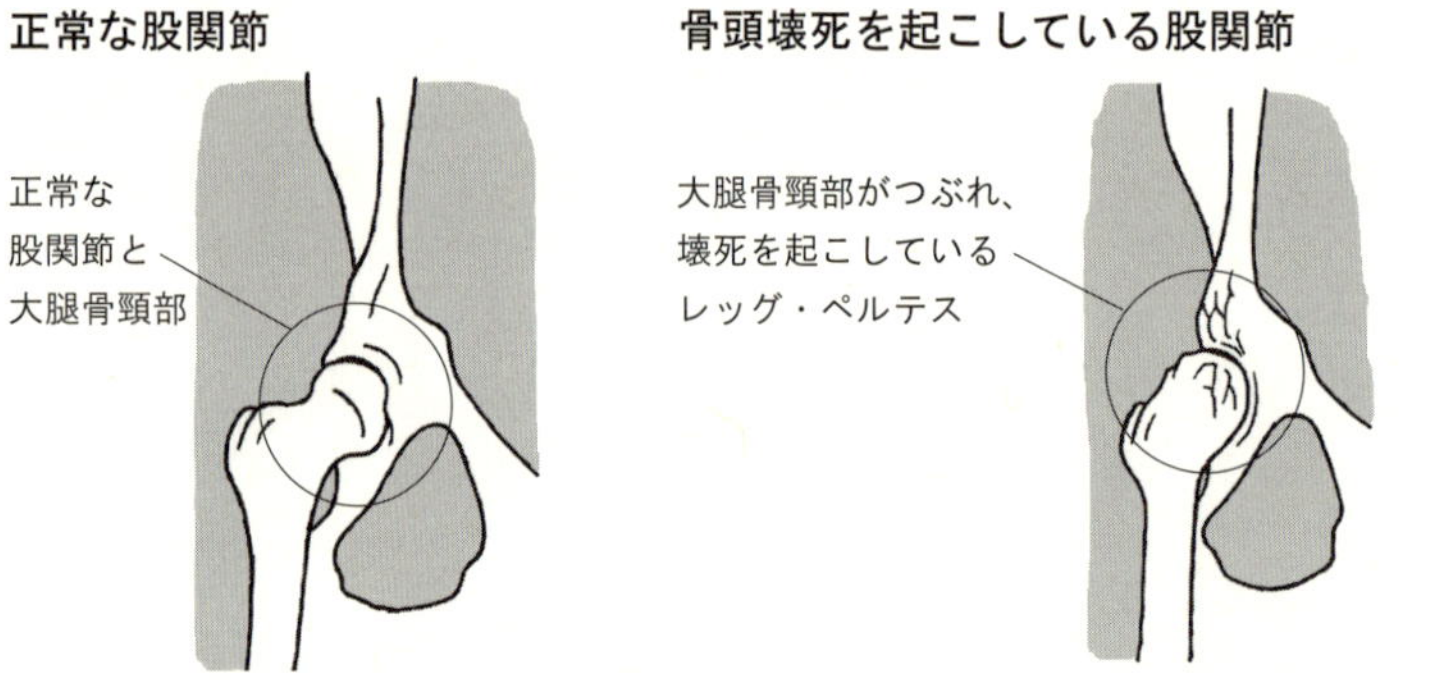

股関節形成不全とよく似ているが、レッグ・ペルテスは、とくに骨頭に病変が現れる。長期にわたると股関節形成不全と同様に、寛骨臼も広がっていく

治療

普通は壊死した骨頭の切除を行います。これによって偽関節が形成され、正常に歩行できるようになります。大型犬では股関節全置換術が行われることもあります。運動制限と鎮痛薬の投与でも効果がみられることがよくありますが、進行性であるため最終的には外科的な治療が必要になります。（赤木哲也）

肘《ちゅう》形《けい》成《せい》不《ふ》全《ぜん》

肘形成不全には、肘関節疾患《ちゅうかんせつしっかん》である内《ない》側鈎状突起《そくこうじょうとっき》の分離や、肘突起癒合不全《ちゅうとっきゆごうふぜん》、橈尺骨端早期閉鎖《とうしゃくこったんそうきへいさ》などがあります。とくに大型犬での発生頻度が高く、成長期に発症します。原因は急速な成長や遺伝的素因、未成熟骨への外傷などが考えられています。骨軟骨症の一部としてとらえられています。

●内側鈎状突起の分離

発育期の大型犬にみられます。尺骨の内側鈎状突起が尺骨と部分的あるいは完全に分離した状態で、しばしば左右両側に発生します。症状としては生後5～6カ月頃に片側か左右両側の前肢に跛行が起こります。この跛行は間欠的で、とくに歩行初期にみられ、しばらく運動する

内側鉤状突起の分離

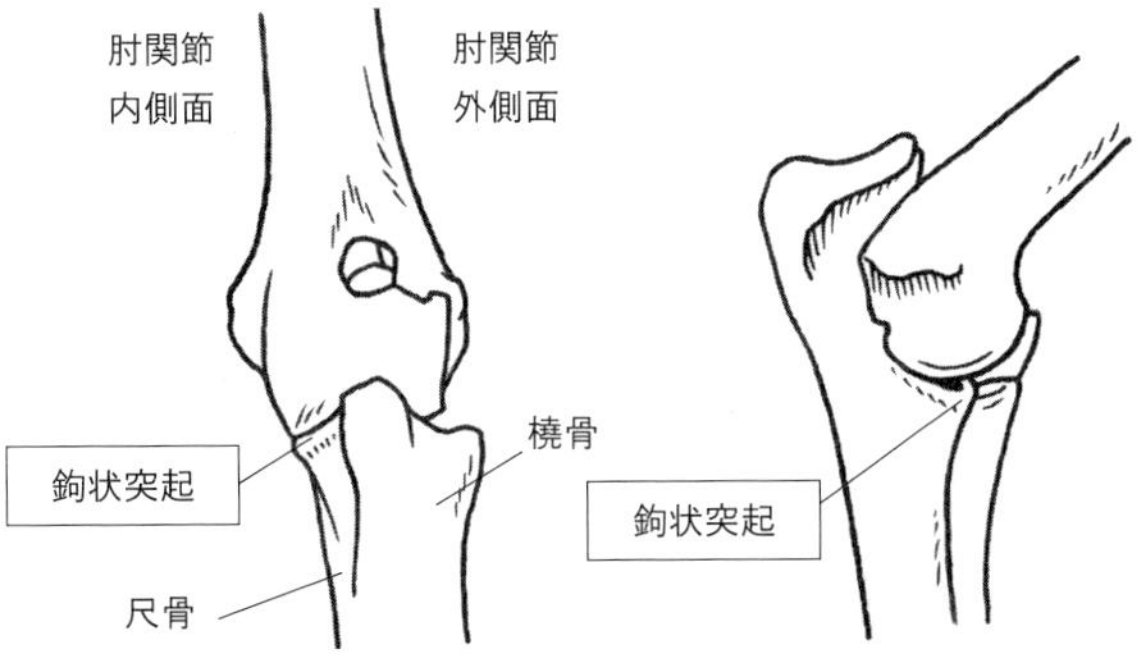

肘関節を正面から見た図　肘関節を内側面から見た図

と正常になったり、激しい運動後に再び起こったりします。診断はX線撮影によって行いますが、はっきりしないこともあるため、年齢や症状も考慮して判定します。治療には内側鉤状突起を切除します。

●**肘突起癒合不全**

肘突起《ちゅうとっき》は生後4～5カ月までに骨化して尺骨と癒合しますが、この病気では癒合が起きず、軟骨の変性壊死と亀裂《きれつ》が起こり、肘突起の骨化部分が肘頭《ちゅうとう》から分離した状態になります。さらに進行すると、変形性関節症へ移行します。ジャーマン・シェパード・ドッグやゴールデン・レトリーバー、ラブラドール・レトリーバーなどの大型犬によくみられます。症状は生後5～9カ月頃に前肢の間欠的、持続的な跛行として片側か左右両側に現れます。徐々に進行することが多いのですが、2～3歳まで気づかないこともあります。症状や年齢、犬種、肘関節の腫《しゅ》脹《ちょう》、疼痛、捻髪音、患肢のX線所見などをもとに診断します。治療は、内科的治療法としてケージレストや鎮痛薬の投与、外科的治療法として肘突起の切除または固定や尺骨の骨切り術などを行います。肘突起の切除が選択されることが多く、この手術の予後は一般に良好です。

肘突起癒合不全

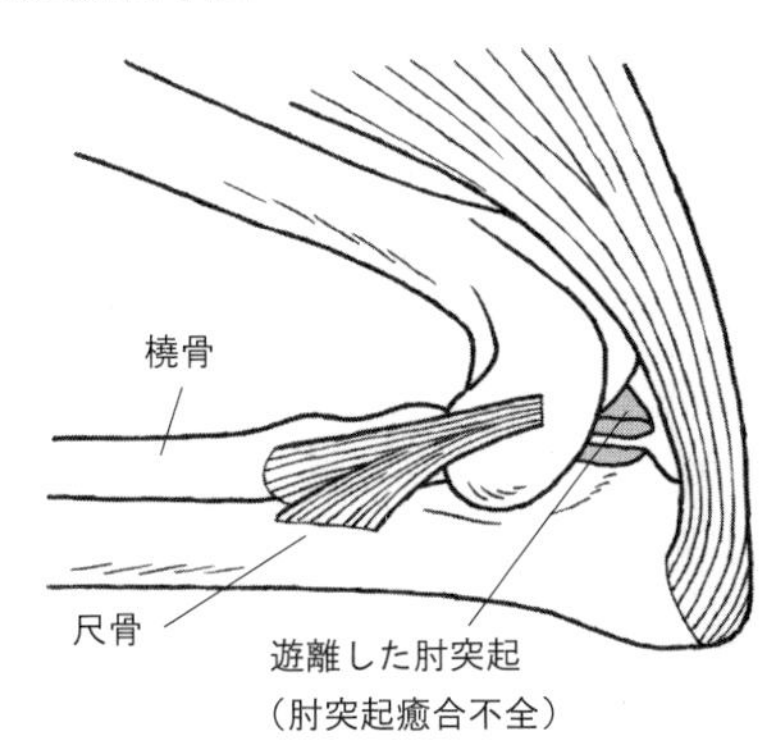

●**橈尺骨端早期閉鎖**

イヌでは、栄養的あるいは構造的な特性から成長期に橈骨《とうこつ》と尺骨の骨端軟骨に損傷を起こしやすく、前肢の重度の変形による跛行がみられることがあります。橈骨と尺骨は、同時に成長するのが普通ですが、一方の骨の骨端軟骨の損傷によって骨成長に異常が生じると、もう一方の骨は正常な方向への成長が妨げられ、曲がって成長してしまいます。これによって患肢である前肢が変形し、関節の亜脱臼を起こします。橈尺骨端の早期閉鎖には、尺骨遠位骨端軟骨の閉鎖、橈《とう》骨遠位骨端軟骨《こつえんいこったんなんこつ》の部分閉鎖、橈骨近位骨《とうこつきんいこつ》端軟骨《たんなんこつ》と橈骨遠位骨端軟骨の完全閉鎖の3種類があります。治療は外科的に矯正しますが、タイプによって手術方法が異なります。できるだけ早期に診断し、適正な手術を行うことが重要です。

（赤木哲也）

後《こう》部《ぶ》頸《けい》椎《つい》脊《せき》椎《つい》脊《せき》髄《ずい》症《しょう》（ウォブラー症候群）

不安定な頸椎《けいつい》や靱帯の奇形あるいは慢《まん》性椎間板疾患《せいついかんばんしっかん》が原因となり、硬膜外脊髄圧迫によって後肢や四肢に跛行や麻痺《まひ》をもたらす病気です。ドーベルマンとグレート・デーンでよくみられますが、他の犬種にも発生します。

症状は疼痛、麻痺、歩行可能な四肢不《しふ》全麻痺《ぜんまひ》から歩行不能な四肢不全麻痺まで、程度は様々です。子イヌのときに急に麻痺が発生することもありますが、多くの例では数週間から数カ月かけてゆっくりと進行する四肢不全麻痺がみられます。

手術による圧迫部位の解除と不安定化した頸椎の固定を行います。歩行不能な四肢不全麻痺を示していなければ、予後は比較的よいといわれていますが、歩行できなくなっている場合は予後不良です。

（赤木哲也）

脱臼《だっきゅう》、亜脱臼《あだっきゅう》

●**顎関節《がくかんせつ》の脱臼、亜脱臼**

顎関節の脱臼または亜脱臼はまれにしか起きませんが、外傷や事故などによって発生し、単独で発生する場合と下顎《したあご》や上顎《うわあご》の骨折に伴って発生する場合があります。また、側頭下顎骨形成不全《そくとうかがくこつけいせいふぜん》は顎関《がくかん》節脱臼《せつだっきゅう》の非外傷性原因となり、アメリカン・コッカー・スパニエルやバセット・ハウンド、アイリッシュ・セター、セント・バーナードでみられます。治療は、脱臼を整復し、数週間は再脱臼を防ぐために固定を行います。

●環椎軸椎《かんついじくつい》の不安定性

環椎軸椎の不安定性は、頸部脊髄《けいぶせきずい》に対して圧迫が加わることにより発生します。症状は、頸部疼痛《けいぶとうつう》を示し軽いものから四肢運動機能不全を起こすものまで様々です。とくに小型犬や超小型犬に多くみられ、歯状突起の欠損や奇形、骨化不全がある場合や、靱帯支持が不十分なときに高率に発生するといわれています。診断は、症状と頸部X線検査により環椎《かんつい》と軸椎《じくつい》間の位置の広がりを見て行います。人工靱帯《じんこうじんたい》によって環椎軸椎を固定することで治療します。

●肩関節の脱臼、亜脱臼

肩関節の脱臼や亜脱臼の多くは、激しい外傷や打撲によって起こります。また、先天性のものもあり、これはトイ・プードルやペキニーズ、トイサイズのテリア種など超小型犬に生じやすく、多くは発育不良の関節に発生します。ほとんどは内方脱臼で、まれに外方脱臼を起こすこともありますが、前方脱臼と後方脱臼は今のところ知られていません。用手的な整復の後、しばらくの間、固定を行うことで多くは回復しますが、再脱臼を繰り返す場合は外科的に整復します。

●肘関節《ちゅうかんせつ》の脱臼

肘関節の脱臼は、激しい外傷により突然発生することが多く、それ以外の原因ではほとんど起こりません。痛みが強く、患肢は挙上したままで着地することができません。外見からも肘関節が腫脹し、内側か外側のどちらかへ脱臼しているのかわかります。診断はX線によって行い、骨折などの合併症がないか確認します。治療は用手的に整復を試みます。早い時期に治療すれば戻ることが多いのですが、時間が経過しているときは整復不能のことがあり、その場合は手術が必要になります。

●手根関節の脱臼、亜脱臼

手根関節の脱臼と亜脱臼は、高所からの転落や飛躍時の過伸張によって発生します。症状は着地可能な程度の跛行ですが、十分な荷重はできず、関節に腫脹と痛みがみられます。手掌が接地し掌蹠部《しょうせきぶ》の肉球を着地させて歩行します。治療には関節固定術を行います。外副子やギプスで骨癒合がみられることはほとんどなく、副子を除去した直後は正常歩行をしますが、1～2週間後には再び悪化します。

●仙腸関節の脱臼

仙腸関節は、骨盤の一部である腸骨と仙椎《せんつい》が接合して後肢を支えている重要な関節です。仙腸関節脱臼は、交通事故や高所からの転落など、激しい外力によって起こります。この場合、腸骨は頭背側方向へ変位し、骨盤の他の部分が骨折を起こしたり、内部の臓器が損傷を受けていることがあります。馬尾神経が損傷を受けた場合は、長期にわたって歩行に障害を起こします。脱臼の程度が軽いときは、通常は保存療法でよい結果が得られますが、大きなずれがあるときには外科的な整復が必要です。

●股関節の脱臼

股関節脱臼は多くの場合、交通事故や高所からの転落など、大きな外力を受けたときに発生します。骨盤骨折や、馬尾神経の損傷、骨盤内臓器の損傷などを合併していることもあるため、脱臼だけでなく、他の周辺臓器に対する検査も必要です。用手的な整復もできますが、円靱《えんじん》帯《たい》や関節包が破壊されているため、再脱臼することが多くなります。外科的整復にはいくつかの手術方法があります。主な方法は、ピンによる関節安定法や関節固定法、ピンを用いた人工靱帯構築法《じんこうじんたいこうちくほう》、大腿骨頭切除術法などです。どの方法を選択するかは個々の状態等によって異なります。

●膝関節の脱臼

膝関節の異常としては、膝関節内に存在する靱帯（前および後十字靱帯、内側および外側副靱帯《がいそくふくじんたい》）と半月、膝関節の前方に存在する膝蓋骨《しつがいこつ》の内方脱臼と外方脱臼があります。それぞれ外科手術によって治療します。

●足根関節の脱臼

足根関節の脱臼は、交通事故によって生じるほか、激しく運動する猟犬などに発生しますが、一般には多いものではありません。内側と外側の靱帯断裂や周辺の小さな骨折を伴っていることもあり、荷重できなくなって跛行を示します。外科手術によって整復します。（赤木哲也）

炎症性疾患

感染性関節炎

関節に炎症が起きた状態を関節炎といいます。そのなかでも、外傷や打撲、刺傷が原因で関節腔《かんせつこう》内に細菌感染が起こり、炎症が生じた状態を感染性関節炎といいます。

関節は腫脹《しゅちょう》して痛みを示し、患肢は挙上したままで着地ができなくなります。

X線検査に加えて、関節液を採取し、培養や顕微鏡による観察を行って診断します。

治療には、抗生物質や消炎剤の投与を

行いますが、効果がみられない場合や腫脹が続く場合は、切開して排膿《はいのう》することもあります。（赤木哲也）

非感染性関節炎（免疫介在性関節炎）

非感染性関節炎（免疫介在性関節炎）はイヌではまれな病気ですが、まったく発生しないわけではありません。本来は正常な組織を免疫系が異種と認識して攻撃してしまう自己免疫疾患です。人のリウマチと同様に現段階では完治することはできませんが、ステロイド製剤による免疫抑制と非ステロイド性消炎鎮痛薬による痛みの緩和を目指します。発症した動物は、頭痛や関節の腫脹、発熱によって動きたがらなくなり、歩くのを嫌がり、元気消失や食欲低下を示します。

（赤木哲也）

変形性関節炎

変形性関節炎は、加齢に伴って発生する進行性の関節疾患で、痛みと活動性の低下を特徴とします。肘関節《ちゅうかんせつ》や股関節《こかんせつ》、膝《ひざ》、手首、足首などのあらゆる関節に起こりますが、とくに背骨に多く発生し、この場合は変形性脊椎症《へんけいせいせきついしょう》とも呼ばれています。

症状

飛び上がったり、走ったりという軽快な動きができなくなり、元気がなく、とぼとぼと歩くようになります。また、急に抱き上げたときに背骨の痛みを訴えることもあります。

診断

発症年齢や症状のほか、X線検査と血液検査の結果に基づいて診断します。

治療

完全な治療法はありません。非ステロイド性消炎鎮痛薬や関節成分を含んだサプリメントを使用し、痛みを緩和する治療法が中心となります。運動制限や減量などによって関節に負担がかからないようにすることも重要です。（赤木哲也）

腫瘍《しゅよう》

詳しくは「腫瘍」の項を参照してください。

骨格筋の疾患

遺伝性疾患

筋ジストロフィー

筋ジストロフィーは、骨格筋が進行性に変性し、筋力が低下する遺伝性の病気で、多くはX染色体に原因遺伝子があります（X染色体性筋ジストロフィー）。X染色体に異常があるため、ほとんどの場合、病気が現れるのは雄に限られ、雌は遺伝子のキャリアーとなります。ネコにもみられますが、イヌに多く、ゴールデン・レトリーバーやアイリッシュ・テリア、サモエド、ロットワイラー、ミニチュア・シュナウザー、ウェルシュ・コーギーなどに発生します。

症状は、運動をしてもすぐに疲れる、肘《ひじ》の外転、うさぎ跳びのような歩き方やおおげさな歩き方などです。また、体や四肢、側頭筋の萎縮《いしゅく》も起こり、生後6カ月までに筋力の低下がみられます。舌の筋肉が肥大したようにみえることもあります。重症例では嚥下困難《えんげこんなん》や誤嚥性肺《ごえんせいはい》炎《えん》、心不全なども起こします。

診断は、病気になりやすい犬種の若いイヌに典型的な症状がみられたときに、この病気を疑います。血液検査では筋酵素値（クレアチンキナーゼ、アスパラギン酸アミノトランスフェラーゼ、乳酸脱水素酵素など）の上昇がみられます。また、筋生検や筋電図検査なども行います。

現在、治療法はなく、予後はよくありません。誤嚥性肺炎や心不全に注意が必要です。

（仲庭茂樹・山根義久）

先天性重症筋無力症

詳しくは「神経系の疾患」の項を参照してください。

皮膚筋炎

皮膚筋炎は皮膚炎と筋炎を示す病気

で、まれにイヌに発生がみられます。原因は遺伝性（常染色体性優性遺伝）で、若いコリーとシェットランド・シープドッグで家族性の発生例があります。

　顔や耳介、尾などに皮膚炎を起こし、紅斑《こうはん》、潰瘍《かいよう》、かさぶたなどがみられ、軽度のかゆみも伴います。重症例では筋障害が現れ、全身の筋肉の萎縮や顎《あご》の脱力、ぎこちない歩き方などがみられます。嚥下困難や巨大食道症を生じることもあります。

　診断は、症状や皮膚の状態、筋生検、神経学的検査や筋電図検査所見に基づいて行います。多くは生後3カ月頃に発症し、時間の経過とともに改善しますが、治療として免疫抑制を起こす量のコルチコステロイド製剤や、ビタミンE、ペントキシフィリンを投与することもあります。重症例の予後は注意が必要です。

（仲庭茂樹・山根義久）

ラブラドール・レトリーバーのミオパシー

　ミオパシーは、進行性に全身の筋肉が変性する遺伝性疾患（常染色体性優性遺伝）で、ラブラドール・レトリーバーに発生し、雄雌ともにみられます。

　生後6週間から6カ月で発症し、筋力の低下や、頭を下げておじぎをしたような姿勢、うさぎ跳びのようなぎこちない歩き方などの症状をみせます。主に四肢の筋肉や咬筋《こうきん》などに萎縮がみられますが、痛みはありません。運動や興奮、寒さなどで症状は悪化します。

　症状のほか、神経学的検査や筋電図検査、筋生検などを行って診断します。

　治療法はありませんが、寒さに注意する必要があります。多くは6～12カ月齢で症状が安定します。

（仲庭茂樹・山根義久）

チャウ・チャウの筋緊張症

　筋肉の収縮（筋緊張）が長く続き、弛《し》緩《かん》するまでに時間がかかる病気を筋緊張症といいます。先天性と後天性の両方がありますが、チャウ・チャウの筋緊張症は遺伝性（常染色体性劣性遺伝）で、先天性と考えられています。

　全身の筋肉のこわばりや嚥下困難、吐出、四肢や頸部《けいぶ》、舌の筋肥大などがみられます。体を横に倒すと硬直し、しばらくの間、起立することができません。ミオパシーと同様に寒さや興奮、運動により症状が悪化します。

　犬種や症状に加え、神経学的検査、筋電図検査、筋生検などを行って診断します。

　治療法はありませんが、寒さに注意する必要があります。また、症状を緩和するためにプロカインアミドやキニジンなどを投与することもありますが、予後はよくありません。（仲庭茂樹・山根義久）

自己免疫性疾患

後天性筋無力症

　詳しくは「神経系の疾患」の項を参照してください。

咀《そ》嚼《しゃく》筋《きん》筋《きん》炎《えん》（好酸球性筋炎）

　顎《あご》を動かす咀嚼筋《そしゃくきん》（側頭筋と咬筋《こうきん》）を侵す病気で、自己免疫病と考えられています。多くの犬種にみられますが、とくにジャーマン・シェパード・ドッグやドーベルマン・ピンシャー、レトリーバー種などの大型犬に多いようです。ネコでの発生は知られていません。

　急性の場合には、咀嚼筋が腫脹《しゅちょう》し痛みを示します。眼球突出や発熱がみられることもあります。また、痛みのために口

を開けるのを嫌がったり、いやいや食事をしたりします。流涎《りゅうぜん》もみられます。慢性の場合は咀嚼筋が萎縮《いしゅく》し、頭の筋肉がへこんだようになります。眼の後ろの筋肉が萎縮すると眼が眼窩《がんか》に落ちこみます。また、開口が制限され、食事が困難になります。

診断は、特徴的な症状がみられた場合にこの病気を疑い、さらに血液検査（クレアチンキナーゼ、アスパラギン酸アミノトランスフェラーゼなど血清筋酵素の上昇）や筋生検、X線検査、筋電図検査などを行って確定します。

治療には、免疫を抑制する用量のコルチコステロイド製剤を投与します。それでも改善されないときや再発したときには、アザチオプリンという薬の投与も行われます。食事が困難な場合には流動食などを与えますが、腹部の皮膚から直接胃にチューブ（胃瘻《いろう》チューブ）を入れ食事を流し込むこともあります。病気の初期に治療を行えば回復が見込まれますが、慢性化した場合や筋肉が線維化した場合は予後がよくありません。

（仲庭茂樹・山根義久）

外眼筋筋炎

主に眼外筋が侵される病気で、自己免疫病と考えられており、とくにゴールデン・レトリーバーに素因があります。症状としては、左右の眼球の突出や視力障害がみられます。診断は、症状や眼の超音波検査、筋生検などによります。コルチコステロイド製剤の投与によく反応し、予後は良好です。（仲庭茂樹・山根義久）

多発性筋炎

全身の骨格筋が炎症を起こし、筋力の低下や筋肉の萎縮を生じる病気で、原因のわからないものを特発性多発性筋炎といいますが、その多くは自己免疫病と考えられています。

原因

多発性筋炎には、全身性の自己免疫病（全身性エリテマトーデスなど）に伴ってみられるものや、感染症（トキソプラズマ症やネオスポラ症など）によるもの、薬物によるもの、腫瘍随伴症候群《しゅようずいはんしょうこうぐん》によるものなどがあります。発生はイヌに多く、とくにジャーマン・シェパード・ドッグのような大型犬によくみられるようですが、ネコではまれです。

症状

跛行《はこう》やぎこちない歩き方、筋力の低下、筋肉の腫脹や萎縮がみられます。筋肉痛を示すこともあります。病気が進行すると、歩行できなくなり、食道や咽頭《いんとう》の筋肉も侵され、巨大食道症による吐出や嚥下困難、流涎も起こします。

診断

診断は、特徴的な症状や血液検査（クレアチンキナーゼ、アスパラギン酸アミノトランスフェラーゼなど血清筋酵素の上昇）、筋生検、筋電図検査などによります。

治療

感染症などの原因が明らかなときには、それに対する治療を行います。特発性多発性筋炎では、免疫を抑制する用量のコルチコステロイド製剤を投与します。また、巨大食道症がみられるときには、誤嚥《ごえん》を予防するために立位（食器を高いところに置いて、後ろ足だけで立った状態）での食事が勧められます。特発性多発性筋炎の予後は一般に良好ですが、呼吸に必要な筋肉（横隔膜など）を冒された場合や誤嚥性肺炎《ごえんせいはいえん》を起こした場合は予後がよくありません。

（仲庭茂樹・山根義久）

代謝性疾患（悪性高熱、電解質異常）

悪性高熱は、非常にまれな病気ですが、吸入麻酔薬（ハロタン）や筋弛緩剤《きんしかんざい》（サクシニルコリン）などの使用で発症し、体温が急激に上昇して骨格筋の硬直などの症状を示します。また、運動によっても発症することがあります。細胞内のカルシウムの代謝異常が原因と考えられており、遺伝的素因のある動物にみられるようです。

また、電解質異常により筋肉が障害を受ける病気としては、低カリウム血症性多発性筋症（低カリウム血症性多発性ミオパシー）があります。この病気は、慢《まん》性腎不全《せいじんふぜん》のネコに多く発生しますが、食欲のないネコやカリウムが不足した食事を与えられたネコに発生したり、あるいは甲状腺機能亢進症《こうじょうせんきのうこうしんしょう》に伴ってみられることもあります。ぎこちない歩き方をしたり、頸部筋力《けいぶきんりょく》が低下するために頭を腹側に曲げておじぎをしたような姿勢をします。基礎疾患の存在、血清カリウム濃度の著しい低下、血清筋酵素（クレアチンキナーゼ、アスパラギン酸アミノトランスフェラーゼなど）の上昇などから診断しますが、筋電図検査や筋生検が行われることもあります。カリウム製剤（グルコン酸カリウムや塩化カリウムなど）の投与と基礎疾患の治療を行います。

（仲庭茂樹・山根義久）

内分泌性疾患（甲状腺機能《こうじょうせんきのう》低下症《ていかしょう》、副腎皮質機能亢進症《ふくじんひしつきのうこうしんしょう》、副腎皮質機能低下症《ふくじんひしつきのうていかしょう》）

ホルモン異常による筋障害は、比較的多くみられます。甲状腺機能低下症のイヌでは、虚弱や、運動を嫌がる、足の引きずりといった筋・神経障害の症状を示します。ただし、これらの症状は、初めは徐々に現れるため、異常とみなされないことが多く、皮膚症状や寒がり、発情停止などの他の症状が発生して初めて異常に気づくことが多いようです。甲状腺《こうじょうせん》ホルモンの測定によって診断し、治療には甲状腺ホルモンの補充を行います。

また、副腎皮質機能亢進症での筋障害症状は、衰弱と筋萎縮《きんいしゅく》が一般的です。そして、後肢を突っ張って立ち、硬直した歩き方をするようになります。これは病的な副腎皮質機能亢進症のほか、治療として行われた副腎皮質ホルモンの高濃度投与によっても生じます。副腎皮質亢進症を治療したり、副腎皮質ホルモンの投与を中止すれば、筋障害症状は軽減する可能性がありますが、激しい筋萎縮が後肢にある場合は改善されないこともあります。

副腎皮質機能低下症や糖尿病、急性腎《きゅうせいじん》不全《ふぜん》では、高カリウム血症を起こし、それによって衰弱や虚脱、麻痺《まひ》などの筋障害を示すことがあります。さらに、10秒程度の完全麻痺の後、すぐ正常行動に戻るといった発作を起こすこともあります。

治療としては、もとになっている疾患に対する処置を行い、高カリウム血症を是正します。

（上月茂和）

中毒性疾患、薬物誘発性疾患（ダニ麻痺《まひ》、ボツリヌス中毒、有機リン剤中毒、神経筋接合部に作用する薬物による中毒）

ある種のマダニが感染しているイヌに弛緩性《しかんせい》の運動麻痺《うんどうまひ》がみられることがあります。これは、マダニが吸血を行うときに神経毒となる物質をイヌの体内に注入し、その毒素が神経線維から筋線維に情報を送る物質（アセチルコリン）の放出を妨害することによって起こります。後肢の虚弱から完全な麻痺《まひ》に進展し、治療しなければ死に至ることもあります。マダニの除去と支持療法により回復します。

ボツリヌス中毒は、食中毒の一種で、ボツリヌス菌という細菌が産生した毒素に汚染された食物を食べることによって発生します。この毒素は、ダニ麻痺の場合と同様にアセチルコリンの放出を阻害し、麻痺を起こします。ダニ麻痺とボツリヌス中毒でみられる麻痺は、意識障害がなく、進行性であることが特徴です。治療には抗血清の注射と補助療法を必要とします。

また、有機リン系の殺虫剤により、多くの動物が中毒を起こします。前述のアセチルコリンを分解するコリンエステラーゼという酵素が阻害され、アセチルコリンが持続的に働く状態になるために症状が現れます。

急性症状は、縮瞳《しゅくどう》や流涎《りゅうぜん》、振戦などで、亜急性症状は、持続した頭部の下垂と運動により誘発される筋力低下がネコに、全身性の筋力低下がイヌとネコに発生します。

このほか、色々な病気の治療に用いられる薬物のなかでも、アミノグリコシド系抗生物質は神経筋接合部の伝達を阻害、悪化させ、弛緩性の四肢不全麻痺《ししふぜんまひ》を誘発することがあります。この場合は、投薬を中止すれば回復します。

（上月茂和）

虚血性疾患

動脈に血栓や寄生虫が詰まること（塞《そく》栓《せん》）によって、閉塞《へいそく》された動脈に養われている筋肉の虚血性障害や横紋筋細胞崩壊、さらに末梢《まっしょう》の神経障害が生じることがあります。

原因

ネコでは、左心房で形成された血栓が動脈（外腸骨動脈分岐部）に詰まることが多く、心筋症のときに比較的多く発生します。イヌでは、犬糸状虫症のとき、通常は肺動脈に寄生している寄生虫が大動脈側に移動して大腿動脈《だいたいどうみゃく》などに栓塞《せんそく》（奇異性塞栓《きいせいそくせん》）を起こしたりするほか、副腎皮質機能亢進症《ふくじんひしつきのうこうしんしょう》や腎臓《じんぞう》の糸球体疾患、溶血性疾患、悪性腫瘍《あくせいしゅよう》に関連して起こることが多いようです。また、細菌性心内膜炎は、イヌとネコのどちらでも、血《けつ》栓塞栓症《せんそくせんしょう》を引き起こす原因となります。

症状

後肢への血流が悪くなることによって、肉球の色が白っぽくなり、大腿動脈の脈が弱いかほとんど感知されなくなります。また、後肢の爪《つめ》を深爪《ふかづめ》しても出血しなくなります。さらに、筋肉に血液が流れないことにより、強い痛みが起こり、数時間のうちに筋肉が緊張して後肢が突っ張るようになり、急速な経過をとり壊死《えし》に至ります。さらに、後肢での神経障害の結果として下位運動性ニューロン性の神経障害といわれる麻痺《まひ》、つまり足が弛緩《しかん》して反射がみられない状態に陥ります。

診断

身体検査や血液検査、X線検査、超音波検査、血管造影検査によって行います。

治療

原因によって治療法は様々ですが、原則として、塞栓しているもの（血栓や虫体）を取り除くか分解させて血流を再開し、基礎疾患をコントロールし、さらに障害を受けた組織に対する支持療法を行います。ただし、この病気は致死率が高く、仮に栓塞物《せんそくぶつ》を除去できたとしても、再還流症候群といわれる危険な状態に陥ることが想定されます。　（上月茂和）

感染性疾患

感染性の筋疾患として、原虫の感染によって起こるトキソプラズマ症とネオスポラ症があります。これらの病気は、不自然な歩行や、後肢の不全麻痺《ふぜんまひ》、後肢の両側性硬直あるいは萎縮《いしゅく》を進行性に起こします。ともに、症状や血清検査、抗体価の測定、膿脊髄液《のうせきずいえき》の検査などに基づいて診断します。

トリメトプリムースルファジアジンや塩酸クリンダマイシンの投与により治療しますが、強い神経症状を示す場合、予後は不良です。

また、ヘパトゾーン症は、感染したクリイロコイタマダニの摂取により起こります。症状として、抗生物質に反応しない発熱や体重減少、抑うつ、筋肉の感覚過敏、不全対麻痺《ふぜんついまひ》、完全麻痺《かんぜんまひ》、膿性《のうせい》の眼やにと鼻汁を示し、発熱と痛みがある期間と自然に症状が和らぐ期間を繰り返します。筋生検で診断され、トリメトプリムースルファジアジンやクリンダマイシンの投与で一時的な症状緩解が得られる場合がありますが、長期的には予後は不良です。予防として、マダニを駆除しておくことが勧められます。　（上月茂和）

腫瘍《しゅよう》

気管支癌《きかんしがん》や扁桃癌《へんとうがん》、骨髄性白血病などの悪性腫瘍《あくせいしゅよう》をもつイヌでは軽度の再発性筋炎がみられます。これは腫瘍の存在に対する自己免疫性の反応で、筋炎そのものよりも基礎にある悪性腫瘍を警戒しなければなりません。

横紋筋腫《おうもんきんしゅ》や横紋筋肉腫《おうもんきんにくしゅ》など、骨格筋が原発の腫瘍はまれで、脂肪腫《しぼうしゅ》や線維腫《せんいしゅ》など四肢の支持組織での原発性腫瘍《げんぱつせいしゅよう》もまれです。しかし、骨肉腫《こつにくしゅ》などの骨の悪性腫瘍では、二次的に骨格筋が侵害されます。

治療は各々の腫瘍によって異なります。　（上月茂和）

皮膚の疾患

皮膚とは

イヌやネコの皮膚は、人の皮膚と違い、ほとんど全身が毛に被《おお》われています。また、人は運動すると全身に汗をかきますが、イヌやネコは汗をかきません。詳しくみていくと、ずいぶん人とは違う部分がありそうですが、皮膚の基本的な構造や役割は、人の皮膚とあまり大きな違いはありません。皮膚は外界と体の境界にあって、単に体を包む袋としてだけでなく、様々な役割を果たしています。外界の温度変化や乾燥から体を守り、また、紫外線や細菌、有害な物質が体内に侵入するのを阻止しています。さらに、皮膚には感覚器官があり、温度、痛み、ものとの接触などを感じることができます。また、皮膚と皮下脂肪は外部の衝撃から体を守る働きもあります。皮膚の面積は、体重10kgのイヌでおよそ0.5㎡、重さは約1.2kgあり、体における皮膚の存在は大きいといえます。このように体の中で大きな割合をもつ皮膚には、体調の変化がよく反映されます。たとえば体内の脱水が激しくなると、皮膚の水分も失われて皮膚の弾力がなくなり、栄養状態の悪化や抵抗力の低下によって毛づやが低下し、皮膚が荒れてくるなどします。もちろん、外界の刺激が原因で皮膚に異常がみられることもよくありますが、皮膚にみられる変化や異常は、単に皮膚だけの問題ではなく、体調と密接に結びついているといえます。

（宇野雄博）

皮膚と皮膚付属器の構造と機能

皮膚は体の表面から深部に向かって、表皮、真皮、皮下脂肪の三つの組織からできています。イヌやネコの皮膚は、下にある筋肉にゆるく結合しているため、つまみ上げると人よりも伸びて持ち上がります。また、人の皮膚よりも厚く感じられますが、一番外側の表皮は人よりも薄いのです。

表皮の表面には角質層があります。この角質層の細胞は表皮の一番下の基底層の細胞が絶えず分裂し、表面に向かって移動し、表皮の表面の細胞を補給しています。表皮表面の角化細胞は、やがて垢《あか》として剥《は》がれ落ちます。この表皮の細胞は22日くらいの周期で入れ替わります。

生物の体は、70%以上の割合で水分が含まれており、表皮は体内の水分の蒸発を防ぐ大切な役割をしています。表皮の下にある真皮は、コラーゲンという膠原《こうげん》線維《せんい》を多く含み、結合組織が豊富な弾力のある部分で、この真皮にある血管が皮膚に栄養や酸素を供給し、老廃物を運び去っています。また、真皮には触覚、痛覚、熱感、冷感などの知覚神経が分布しています。

真皮の下にある皮下組織は主に脂肪組織からなり、クッションや断熱材としての役割をしています。イヌやネコの全身を被《おお》う毛は、外部からの様々な物理的な刺激から皮膚の表面を守る役割を果しています。背中の部分の毛には立毛筋が発達しています。威嚇行動時に背中の毛が逆立ったり、寒さで毛を膨らませるのは、この立毛筋という筋肉の働きによります。

イヌやネコの皮膚には、汗を出すエクリン汗腺《かんせん》が足の裏の肉球と呼ばれる部分にしかありません。このため、イヌやネコは人のように汗をかいて体温を調節することができません。（宇野雄博）

皮膚の検査

毛や皮膚の異常は直接外から見ることができますが、その原因は眼では見えない小さなダニや、細菌、真菌といった微生物であったり、体の中の病気であったりします。

皮膚病の診察においては、皮膚の異常な部分をよく観察することはもちろん重要ですが、獣医師は専門的な知識と豊富な経験をもとに、診察中の動物の全体について、たとえば動物が飼育されている環境や食事の内容、同居している動物の様子など、様々に考えを巡らせながら診察を進めなくてはなりません。

皮膚の構造

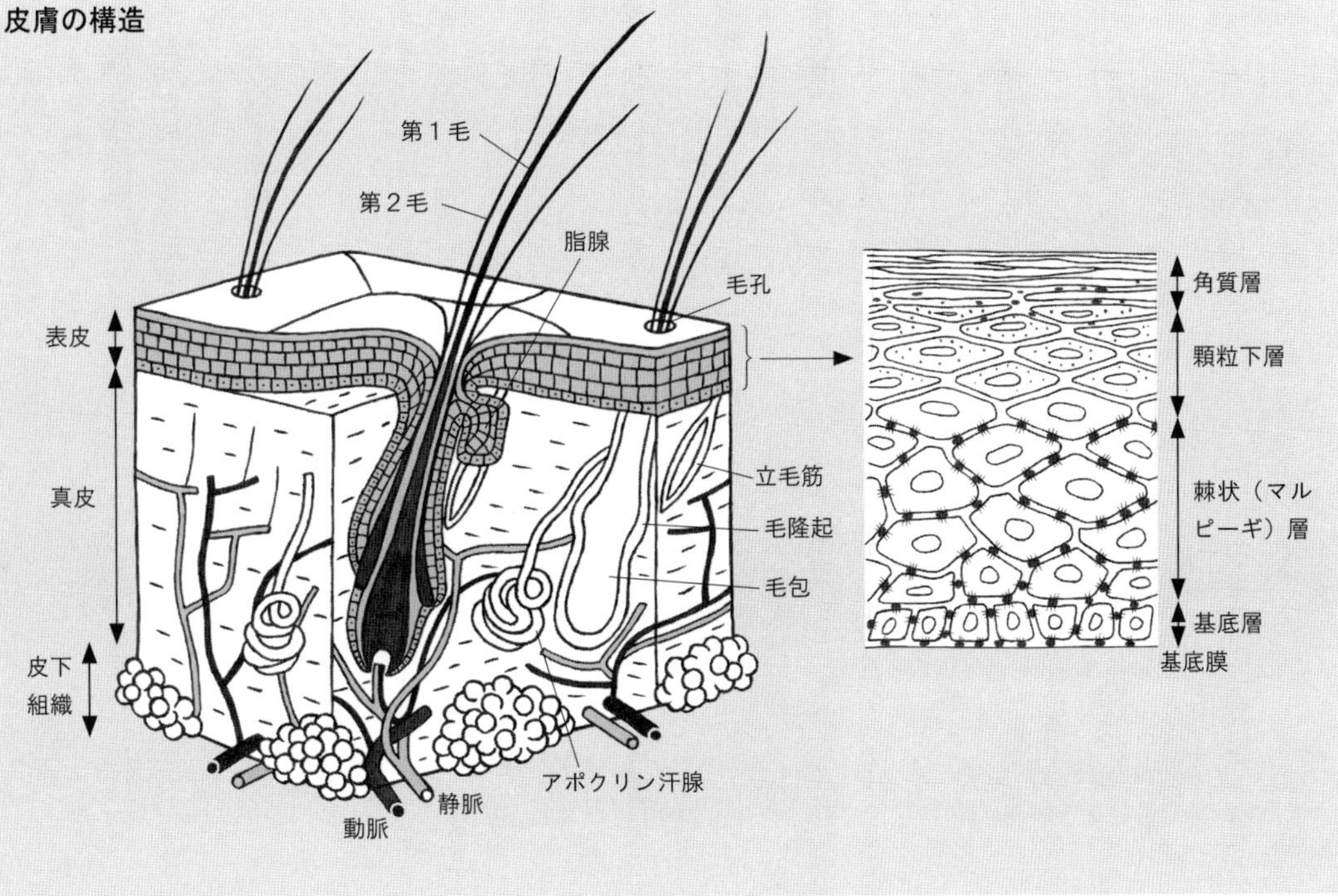

チェックポイント

・動物の品種…特定の皮膚病になりやすい品種が存在します。
・年齢…症状が出始めた年齢が診断や治療効果の予測に関係することがあります。
・病歴…これまでの健康状態や手術歴、投薬歴もたいへん参考になります。
・季節や環境…ノミや蚊の発生する季節に同様の皮膚病を毎年繰り返していないか、日光のよく当たる屋外で飼われていないか、清潔な室内での飼育なのか、どのくらいの間隔でシャンプーが行われているのか、動物に何か精神的なストレスがかかっていないかなど。
・症状…今回の症状はいつからなのか、徐々に悪化しているのか、かゆみはあるのか、自分でひどく舐《な》めたり掻《か》いたりしていないのか、飼い主自身が何か薬を塗っているのか、来院の日にシャンプーしていないか、などなど獣医師が知りたいことはたくさんあります。

皮膚の検査

飼い主に詳しく話を聞きながら、動物に触れ、よく観察し、必要と思われる検査を順番に進めていきます。皮膚科で行われる主な検査には次のようなものがあります。

●拡大鏡による検査

拡大鏡で皮膚や毛の表面を詳しく観察します。ノミの糞《ふん》や小型のダニなどの検出に有効です。櫛《くし》で採材すればより効果的です。

●毛の検査

10～20本くらいの毛を抜き取り、スライドグラスの上に1滴載せておいた流動パラフィンの中に置き、上からカバーグラスを被《かぶ》せて顕微鏡で見ます。毛根の状態や毛の表面、毛先の切れ具合などを観察します。

●ウッド灯検査

暗室の中で、特定の波長を出す紫外線ランプを病変部分に照射し、蛍光を発するのを観察します。ミクロスポルム・カニスという病原真菌の約50％が蛍光を発します。

●スコッチテスト

セロハンテープなどを脱毛部や毛を刈った部分の皮膚に押し付けて、表面のフケなどを採取して、スライドグラスに貼《は》り付《つ》けて顕微鏡で観察します。

●掻《か》き取《と》り検査

皮膚にワセリンなどを塗布した後、皮膚をつまんで毛穴の中のものを絞り出すようにして、皮膚を少し強く掻き取ります。疥癬虫《かいせんちゅう》やニキビダニの検出に有効です。

●押捺塗沫《おうなつとまつ》

スライドグラスを直接皮膚に強く押し付けて皮膚の表面のフケや分泌物を採取し、染色して顕微鏡で観察します。

●KOH－DMSO試験

毛や掻き取った表皮に水酸化カリウムとジメチルスルホキシドの混合溶液を少量加え、真菌の胞子や菌糸の有無を検査します。

●培養検査

病変部分から採取した材料中の細菌や真菌の培養検査をし、細菌が分離されれば、必要に応じて有効な抗生物質の種類を調べるために感受性試験を行います。

●針生検

皮膚や皮下組織に腫瘤《しゅりゅう》（しこり）がある場合、腫瘤に注射針を刺し、吸引して細胞や内容物を集め、通常は染色して顕微鏡で観察します。

●病理組織検査

切除したりパンチで採取した皮膚や組織を保存液に入れ、専門の検査機関に送付して調べます。

●アトピー、アレルギーの検査

皮内テスト、パッチテスト、血清中のアレルゲン特異的ＩｇＥ検査、リンパ球反応検査などがあります。

（宇野雄博）

先天性疾患

先天性魚鱗癬《せんてんせいぎょりんせん》

表皮の細胞が生まれ、核がとれて角質細胞となって剥《は》がれ落《お》ちるという角化の過程に異常が生じ、全身の皮膚が魚のウロコ状になるまれな先天性の病気です。

原因

イヌでは常染色体劣性遺伝によるものと考えられています。ウエスト・ハイランド・ホワイト・テリアをはじめ、その他の多くの犬種で報告されています。ネコでは報告されている数が非常に少なく、原因はよくわかっていません。

症状

イヌでは、体の大部分が灰色がかった角質片で被《おお》われ、それらは簡単に剥がれ落ち、脂漏臭を伴います。紅斑《こうはん》や脱毛を伴うことがあり、また、肉球の角質層は著しく肥厚し、痛がる場合もあります。ネコに関してはよくわかっていませんが、生後より重度の角化不全がみられるようです。

診断

前述した症状と、生後間もなく症状が現れることから診断が可能ですが、確定するには、皮膚生検を行い、病理組織学的に調べることが必要です。

治療

症状の一時的な改善方法として、温水浴とリンスを頻回に行うことと、ビタミンA誘導体の内服があげられます。ただし、二硫化セレン、タール、過酸化ベンゾイルを含む強力なシャンプーの使用は状態を悪化させることがあるので注意します。

予後

症状を軽減させることはできますが、完治は望めません。角質片が絶えず剥がれ落ちるため、家の中で飼うには様々な問題を伴います。皮膚の洗浄と保湿を容易にするために、毛は短くしておくほうがよいでしょう。遺伝病であるため、繁殖はさせるべきではありません。

（今西晶子・宇野雄博）

白皮症

皮膚や被毛、眼の色はメラノサイト（メラニン細胞）で産生される黒色色素（メラニン）の量によって決まります。白皮症は、このメラニンの合成過程に障害があり、皮膚や被毛が淡色化する先天性の病気であり、白色症、白子とも呼ばれます。

原因

常染色体性劣性遺伝病です。メラノサイトは正常に存在しているのですが、メラニン合成に必要な酵素であるチロシナーゼが減少または欠損していて、その結果、メラニンが減少あるいは欠損します。

症状

全身の皮膚と体毛が白色を示します（実際には、皮膚は血管が透けて見えるため薄いピンク色をしています）。眼の虹彩《こうさい》（ひとみ）の色は薄く、イヌでは青色となることが多いようです。それに伴い、羞明《しゅうめい》（まぶしがること）がみられます。

診断

毛や皮膚、眼の色と眼底検査（眼底に光を当てる検査）により診断します。眼底検査では、血管まで透過されて眼が赤くみえます。

治療

有効な治療法はありません。

予後

紫外線に対する抵抗力が低いため、紫外線を極力浴びないよう室内で飼育します。遺伝病のため、繁殖はさせないようにします。

（今西晶子・宇野雄博）

チェディアック・東症候群

全身の細胞のライソゾーム（細胞内の構造物の一つ）の形態や機能の異常を示す遺伝病で、ペルシア種のネコで報告されています。人やウシなどでも発生することが知られていますが、イヌでの報告はありません。

原因

常染色体劣性遺伝によるもので、毛色がブルー・スモークで、黄色い眼のペルシア種のネコのみに発症します。

症状

好中球の機能異常によって感染防御機能が低下するため、細菌に感染しやすくなります。また、血小板の機能異常によって出血が止まりにくかったり、メラニン細胞の機能異常によって皮膚や被毛、眼の淡色化、羞明などの症状がみられます。

診断

止血不全や感染防御機能の低下などの症状からこの病気が疑われますが、ネコの種類と毛色が診断の重要なポイントとなります。また、血液を採取して血液塗抹標本を作り、好中球などの白血球内に大顆粒《だいかりゅう》（異常なライソゾーム）があるかを調べます。

治療

ほかの遺伝病と同様に有効な治療法はありません。止血不全が著しい場合は、健康な動物からの輸血によって止血を促進します。

予後

完治は望めません。ほかの動物とのけんかを避けるために室内で個別に飼育します。遺伝病のため、繁殖はさせるべきではありません。（今西晶子・宇野雄博）

皮膚無力症

皮膚の主成分であるコラーゲンの生成異常により、皮膚が裂けやすく、異常に伸びるようになる先天性の病気です。

原因

イヌとネコでは通常、常染色体性優性の遺伝病ですが、劣性遺伝性の皮膚無力症も報告されています。皮膚の主成分であるコラーゲンの前駆体からコラーゲンへの変換を行う酵素がうまく働かないためにコラーゲンが十分に生成されないことに起因します。

症状

全身のどの部位の皮膚を引っ張っても異常に伸びるのが特徴です。また、皮膚が非常にもろくなり、わずかな傷でも裂けてしまいます。このとき、出血はほとんどなく、すぐに治癒して傷跡が残ります。外傷部位の皮下には血腫《けっしゅ》（血ぶくれ）がみられることがあります。皮膚以外の症状として、関節の過可動、眼の異常、子イヌの臍《さい》ヘルニアや鼠径《そけい》ヘルニアなどが報告されています。

診断

通常は前述した症状と皮膚の伸展の程

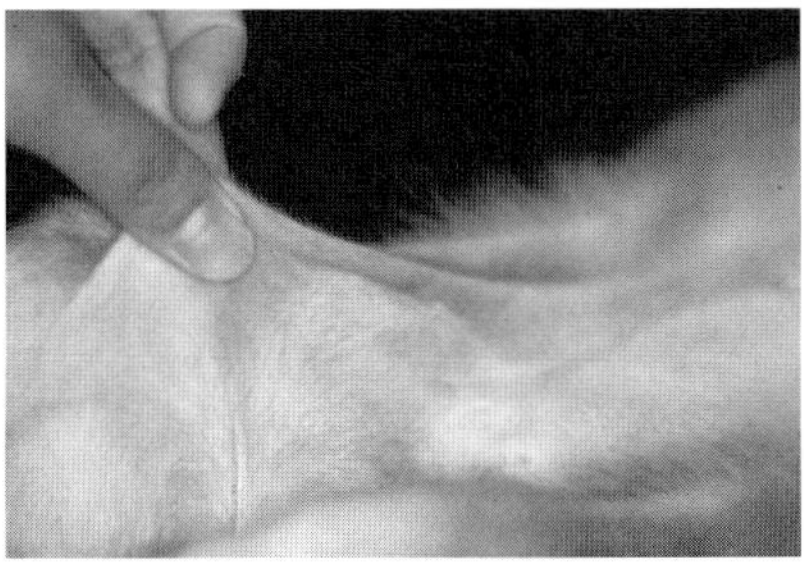

皮膚無力症のシャム（薄くなり、異常に伸びる腹部の皮膚）

度に基づいて診断します。皮膚生検を行うこともあります。なお、皮膚の異常伸展性は徐々に進行するため、若齢時には飼い主が気づかないことがあります。

治療

特別な治療法はありませんが、イヌではビタミンCの投与が有効という報告があります。

予後

完治は望めません。傷を受けないように注意することが重要で、けんかや交通事故を避けることはもちろん、皮膚を傷つける可能性のある鋭利なものに接触させないように気を付けます。引《ひ》っ掻《か》いて自分自身を傷つける危険があるため、後肢の爪《つめ》を切除しておくのもよいでしょう。裂傷はなるべく速やかに縫合します。遺伝病であるため、繁殖はさせないようにします。

（今西晶子・宇野雄博）

角化異常症

原発性特発性脂漏症

脂っぽい皮膚とフケの増加が特徴です。コッカー・スパニエル、スプリンガー・スパニエル、バセット・ハウンド、チャイニーズシャーペイなどは脂性脂漏症の好発犬種です。ドーベルマン・ピンシャー、アイリッシュ・セッター、ミニチュア・シュナウザー、ダックスフントでは乾性の脂漏症がみられます。症状が進行すると皮膚の臭いが強くなり、二次感染によるかゆみを伴います。

原因

皮膚の表面にある表皮では、底の部分の基底細胞がつねに分裂して、皮膚の表面に向かって移動し、やがて皮膚の表面の角質層を形成しています。この病気では、基底細胞の分裂が正常時よりも盛んになり、また基底細胞から皮膚表面に向かっての細胞の移動速度が速くなります。また、皮膚の潤いにとって重要な皮《ひ》脂腺《しせん》という汗腺《かんせん》にも変化が生じ、脱毛や脂漏（脂っぽい皮膚）、落屑《らくせつ》（フケ）が生じます。

症状

多くは生後一年までの若い頃から症状が出始めることが多く、頸《くび》の前側や胴体の背側および両側、腹部、外耳に脱毛や脂漏、落屑が起こり、皮膚の臭気が強くなります。症状が進むとかゆみを訴え、細菌やマラセチア（酵母菌）の二次的な感染によって症状が悪化します。

診断

アトピー性皮膚炎や食物過敏症、内分泌性疾患など、類似の皮膚症状を示す病気を区別できれば、犬種と症状からこの病気であることを強く疑うことができます。

治療

シャンプーによる皮膚のコンディションの調整が大切です。脂漏症による皮膚のワックスや角化が進んで増えたフケを角質溶解シャンプーで取り除き、皮膚の状態を整えます。症状が重度な場合は、数日毎のシャンプーが必要です。二次感染があれば、抗生物質などで治療します。とくにマラセチアという酵母の感染に注意します。活性型ビタミンAである合成レチノイドの投与も有効です。

予後

徹底した治療を続けることによって皮膚のベタつきや臭い、フケ、かゆみをコントロールできますが、完治する病気ではありません。気長に生涯にわたる管理が必要です。

（宇野雄博）

亜鉛反応性皮膚症

イヌにみられる皮膚病です。微量元素の亜鉛が不足した食事を与えられている場合に発生しますが、亜鉛含有量が適切な食事が与えられていても、シベリアン・ハスキーやマラミュート、ブル・テリアでは発症することがあります。

原因

亜鉛の欠乏が原因です。亜鉛の欠乏は、食事中の亜鉛の含有量が不足していたり、ミネラル（カルシウム、リン、マグネシウム）の含有率が高く、大豆などの穀類に含まれるフィチン酸塩が多い食事をしている子イヌに発生する危険性があります。

急な成長期にある大型犬では注意が必要で、ラブラドール・レトリーバーはよく発症する犬種の一つです。シベリアン・ハスキーとマラミュートには、腸からの亜鉛の吸収能力が低いものがあります。

ブル・テリアには、常染色体劣性遺伝の代謝性疾患として、肢端性皮膚病が報告されています。

症状

足の裏の肉球や関節部分など、皮膚が外部と強く接触したり、擦れたりする部位や、足先、尾、皮膚と粘膜の境界部分、外耳、爪《つめ》周囲に皮膚の炎症、角質の肥厚、落屑、痂皮《かひ》（かさぶた）がみられます。

診断

犬種や病歴、特徴的な皮膚の所見と発生部位、食事内容から診断が可能で、皮膚生検による病理組織検査も有用です。

治療

適切な食事への変更が必要です。また、硫酸亜鉛（10㎎／kg／日）や亜鉛メチオニン（2㎎／kg／日）の経口投与を行います。

予後

普通は6週間ほどで完治します。シベリアン・ハスキーなどで、再発を避けるために1～6カ月ごとに維持投与が必要なことがあります。（宇野雄博）

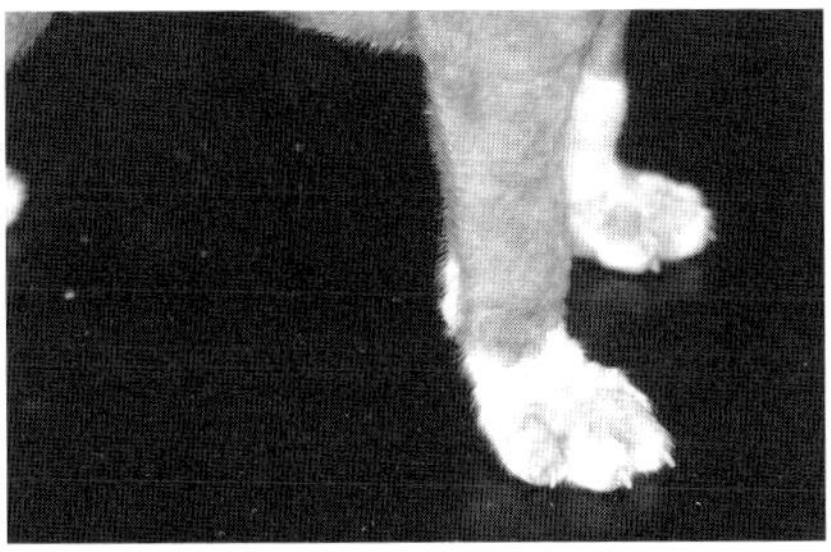

亜鉛反応性皮膚症（生後２カ月のボクサー）。両方の前肢の足元に、脱毛や皮膚の肥厚、落屑がみられる

ビタミンA反応性皮膚症

一般のペットフードには、必要量以上のビタミンAが含まれているため、ペットフードを主食にしているイヌとネコにはビタミンA欠乏は生じにくくなっています。ビタミンA反応性皮膚症はコッカー・スパニエル、ラブラドール・レトリーバー、ミニチュア・シュナウザーにみられます。

原因

正確な原因は不明ですが、ビタミンAには、皮膚の角質化を抑制し、毛の成長を活性化する働きがあることが知られており、この欠乏が原因の一つとして考えられます。

症状

2～5歳の成犬にみられ、胸部、腹部、胴体の側面などの皮膚に落屑（フケ）が増加します。進行すると、皮膚の表面が脂っぽくベタベタして悪臭がします。外耳炎や毛の発育不良もみられます。

診断

犬種や年齢、症状などに加え、皮膚の病理組織検査の結果に基づいて診断します。

治療

ビタミンAを経口投与します。3～4週間で症状の改善がみられ始め、8～10週間くらいで治まります。（宇野雄博）

乾癬《かんせん》ー苔癬様《たいせんよう》皮膚症《ひふしょう》（イングリッシュ・スプリンガー・スパニエル）

イングリッシュ・スプリンガー・スパニエルにみられるまれな皮膚病です。

原因

遺伝的な要因によると考えられています。

症状

4カ月齢～3歳齢の若いイングリッシュ・スプリンガー・スパニエルに発症します。普通、皮膚に炎症や発赤が左右対称に現れ、厚く盛り上がった丘疹《きゅうしん》が耳翼の内側や耳道、腹部、内股《うちまた》にみられます。症状が進むと、病変部の肥厚や角化が顔面や全身に広がることがあります。慢性になると、重度な脂漏症のような外観になります。

診断

皮膚の病理組織検査と症状、犬種から診断します。

治療

効果的な治療法はありませんが、抗生物質の投与によって症状の改善がみられることがあります。症状が軽く、健康に影響がなければとくに治療を行わないこともあります。

予後

治癒することはないと思われます。シャンプー療法や抗生物質の投与、そのほか症状に応じた手当てが必要です。（宇野雄博）

シュナウザー面皰《めんぼう》症候群《しょうこうぐん》

ミニチュア・シュナウザーの背中にみられる皮膚炎です。

原因

皮膚表面の角質層の角化異常や毛包の異常が生じる遺伝性の皮膚病です。

症状

頸から腰までの背中に沿って丘疹が生じ、毛が薄くなります。二次的に細菌の感染が起きると、小さな痂皮（かさぶた）ができ、かゆみが生じます。

診断

皮膚の症状と犬種からこの病気を疑います。病理組織検査が診断に有用です。甲状腺機能低下症《こうじょうせんきのうていかしょう》が同時に起きていないか注意する必要があります。

治療

脂漏症用のシャンプーで、悪いときは週に1～2回、症状がよくなれば2～3週間に1回くらいシャンプーを続けるとよいでしょう。毛包などに二次的に細菌感染があるときは抗生物質の内服が効果的です。通常の治療と管理で効果がない場合には、活性型ビタミンAの投与が試みられます。

予後

完治する皮膚病ではありませんので、軽い症状を維持できるよう、生涯にわたって管理を続ける必要があります。

（宇野雄博）

シュナウザー面皰症候群（頸背部）

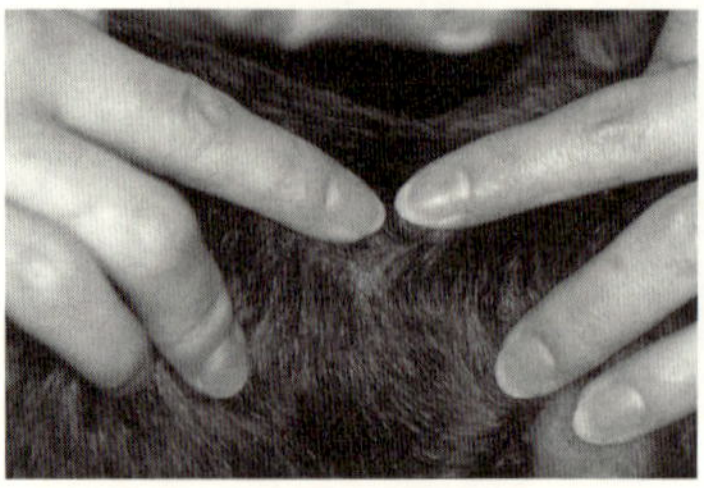

毛を掻き分けると、面皰や痂皮（かさぶた）がみられる

脂《し》腺《せん》炎《えん》

スタンダード・プードル、秋田犬、ビズラ、サモエドによくみられます。

原因

発生には遺伝的な要因があると考えられています。皮脂腺に対する自己免疫反応や、皮脂腺の異常によって真皮に漏れ出た皮脂に対する異物反応などが原因と考えられています。

症状

毛が薄くなり、毛の根元に油性の鱗屑《りんせつ》（フケ）がみられます。進行に伴って鱗屑や毛根部分の炎症による痂皮（かさぶた）が目立つようになります。さらに進行すると、皮膚が肥厚し、乾燥してきます。

診断

症状と犬種からこの病気を疑います。組織診断が有用です。

治療

角質溶解作用のあるシャンプーで頻回に薬浴し、リンスやモイスチャライザー（保湿剤）を使って、皮膚の乾燥を防ぐことで、皮膚の状態を正常に近い状態に保つように努めます。二次感染による症状の悪化がある場合は、抗生物質を投与します。活性型ビタミンAや免疫抑制剤の投与が有効なことがあります。

予後

完治する病気ではありません。生涯にわたって管理する必要があります。

（宇野雄博）

皮脂腺炎（秋田犬）

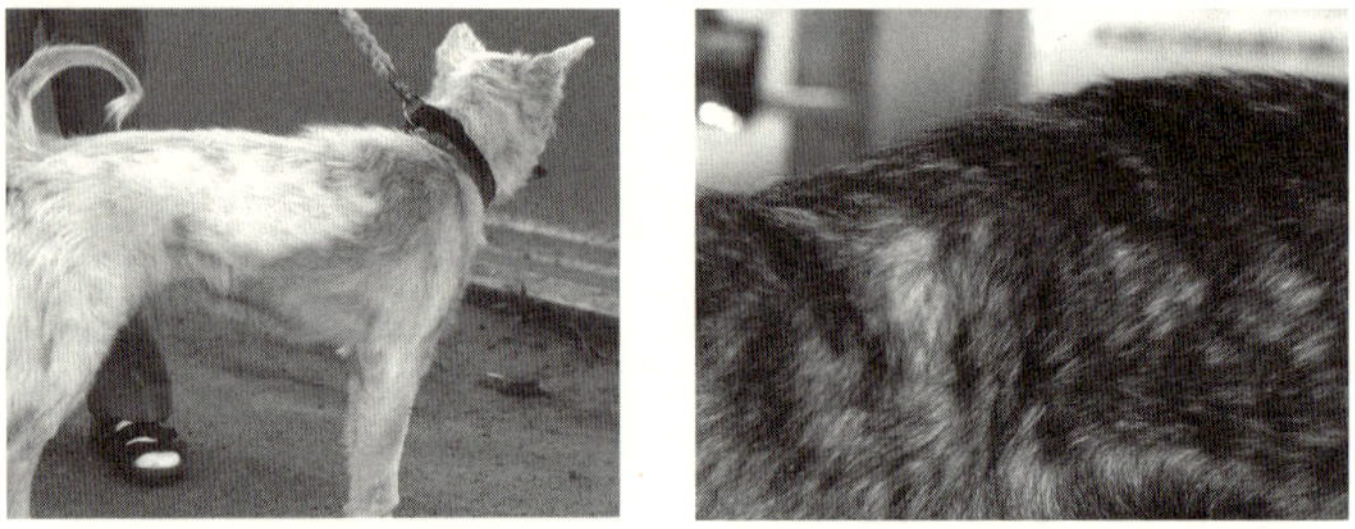

広い範囲の脱毛と慢性経過による皮膚の肥厚、色素沈着がみられる

被毛に艶がなく、脱毛して鱗屑（フケ）が多くなり、痂皮（かさぶた）がみられる

鼻・趾端の角化亢進症

鼻や、足の裏の肉球が分厚く盛り上がり、その部分に亀裂《きれつ》が入る皮膚病です。

原因

原因のはっきりしない特発性のものは、高齢犬でみられます。二次的なものとしては、先天性の角質の異常や亜鉛欠乏症、落葉状天疱瘡《らくようじょうてんぽうそう》、ジステンパーウイルスの感染などでみられます。

症状

鼻の平らな部分や、足の裏の肉球の縁の部分が厚く盛り上がり、亀裂が入ります。

診断

イヌの環境、とくに床材が尖《とが》った砂利であったり、いつも湿って不潔になっていないか、また、ジステンパーや亜鉛欠乏、落葉状天疱瘡などの病気にかかっていないかを考慮します。異常な部分の皮膚を小さく採取して病理組織検査を実施することは診断に役立ちます。

治療

清潔な環境、とくに床材に注意を払います。角質溶解性シャンプーで洗浄し、局所に保湿剤を塗布します。二次的な細菌の感染がある場合は、抗生物質を投与します。

予後

特発性の場合は、長期にわたる病変部分の管理が必要です。

（宇野雄博）

犬の座瘡《ざそう》（面皰《めんぽう》）

短毛犬種の口の周囲や下顎《したあご》の皮膚に膿《のう》

疱《ほう》が形成される病気です。

原因

原因は明らかではありませんが、毛包が詰まったり、破壊されて炎症が起きることによって発症します。

症状

年齢の若い短毛犬種で、唇や下顎の下面の皮膚に症状がみられることが多く、ブツブツと炎症を起こした丘疹や、押しつぶすと赤みがある分泌液が出る膿疱ができます。

診断

とくに若いイヌではアカラス（ダニの一種による皮膚病で、犬毛包虫症ともいう）との鑑別が重要です。

治療

殺菌効果がある薬用シャンプーで洗って清潔にします。抗生物質の投与が必要なこともあります。炎症が強い場合は、一時的に副腎皮質《ふくじんひしつ》ホルモン製剤《せいざい》を使用することがあります。

予後

成犬になると発症しなくなることがありますが、長期に繰り返すことが多い皮膚病です。

（宇野雄博）

内分泌性疾患

副腎皮質機能亢進症《ふくじんひしつきのうこうしんしょう》

原因

脳にある下垂体から副腎皮質刺激《ふくじんひしつしげき》ホルモン（ACTH）というホルモンが過剰に分泌されることによって副腎皮質《ふくじんひしつ》が肥厚したり、副腎皮質が腫瘍化《しゅようか》することによって血液中にコルチゾールというホルモンが過剰に分泌されるようになると発症します。また、副腎皮質《ふくじんひしつ》ホルモン製剤《せいざい》の長期投与による医原性副腎皮質機能亢《いげんせいふくじんひしつきのうこう》進症《しんしょう》もあります。皮膚の変化としてはコルチゾールによって毛包と皮脂腺《ひしせん》が萎縮《いしゅく》して脱毛が起こります。また、真皮のコラーゲンと弾性線維が萎縮し、腹部の皮膚が薄く垂れ下がるようになります。コルチゾールが過剰に分泌されることで抗炎症作用や免疫抑制作用が起こり、二次性の膿皮症《のうひしょう》や全身感染症がみられることもあります。

症状

イヌではすべての犬種にみられる疾患ですが、ネコではまれです。

体幹部の被毛が左右対称に脱毛することが多く、毛が薄くなり始めてから6～12カ月かかって進行します。病変部にはかゆみと擦過傷、色素沈着がみられます。また、腹部膨満と皮膚が薄くなるような症状がみられます。さらに、膿皮症や皮膚の石灰化が併せて発生することもあります

診断

血液学的検査と血液化学検査を行います。血液学的検査では、白血球の増加、赤血球の増加、血小板の増加がみられることがあります。血液化学検査ではコレステロールの増加、イヌではアルカリ性ホスファターゼの増加（ネコでは増加しません）がみられます。尿検査では糖尿や泌尿器感染症がみられることがあります。皮膚の組織検査では表皮と皮脂腺の萎縮、石灰沈着がみられることがあります。ACTH負荷試験、低濃度デキサメタゾン抑制試験によって診断を行います。

治療

ミトタンという薬の投与により、コルチゾールの分泌を行う網状帯、束状帯と呼ばれる部分だけを壊死《えし》させます。ケトコナゾールを投与すると一次的に血漿《けっしょう》コルチゾール値《ち》が低下します。副腎皮質腫《ふくじんひしつしゅ》瘍《よう》では片側の副腎切除も有効です。また、近年トリロスタンの有効性が明らかにされてきています。

予後

ミトタンによる治療では飲水量と尿量は早期に改善されますが、皮膚と被毛の変化には3～6カ月を要します。また、皮膚病の改善前に悪化することもあります。

（片桐麻紀子）

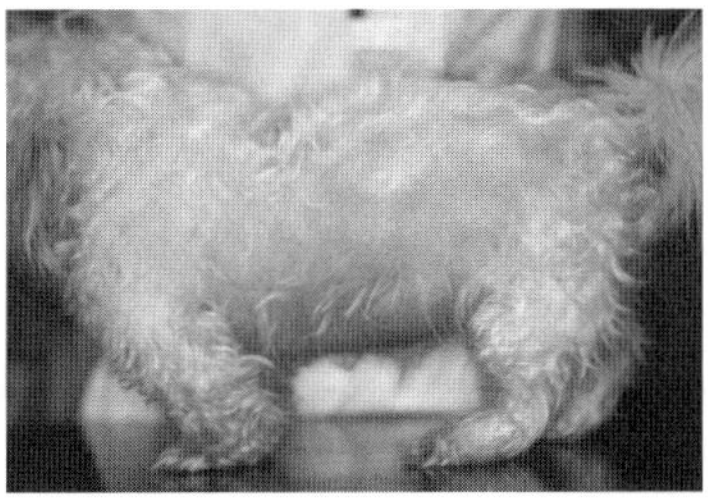

腹部膨満があり体幹部の被毛が薄くなっているマルチーズ

甲状腺機能低下症《こうじょうせんきのうていかしょう》

原因

甲状腺《こうじょうせん》の萎縮、甲状腺の壊死により甲状腺からのホルモン産生異常がある場合

と、下垂体からの甲状腺《こうじょうせん》刺激《しげき》ホルモンの産生異常がある場合、そして視床下部からの甲状腺刺激ホルモン放出ホルモンの産生異常がある場合の三つが原因となりますが、多くは甲状腺の壊死が原因とされています。

症状

イヌに多くみられます。左右両側の体幹部に脱毛がみられ、被毛は乾燥し光沢がなくなります。後肢の大腿部《だいたいぶ》や首輪の下など、圧迫を受けている部分に脱毛が生じることもあります。大型犬では体幹部より四肢に脱毛が起こることが多いようです。尾は、ラットテールといわれるようにネズミの尾のようになります。皮膚には色素沈着、肥厚、腫脹《しゅちょう》、鱗屑《りんせつ》（フケ）がみられることがあります。また、多くは膿皮症を併発しています。

診断

病歴、臨床症状、血液中の甲状腺《こうじょうせん》ホルモンであるサイロキシン（T^{4}）、トリヨードサイロニン（T^{3}）、遊離サイロキシン（フリーT^{4}）の測定を行います。しかし、T^{4}とT^{3}の測定値には日内変動があり、ほかの疾患でも低下することがあるため正確とはいえません。

治療

甲状腺ホルモンを補充して正常な値に近づけるようにします。

レボサイロキシンはすべての甲状腺機能低下症の治療に使われます。また、リオサイロニンは小腸からよく吸収されるため、腸管からの吸収が悪い甲状腺機能低下症のイヌに使用することができます。ただし、レボサイロキシンより作用が強いため、中毒を起こすことがあるので注意が必要です。

予後

適切にホルモン製剤の投与を続けることで、よい結果を得ることができますが、生涯にわたっての投与が必要となります。

（片桐麻紀子）

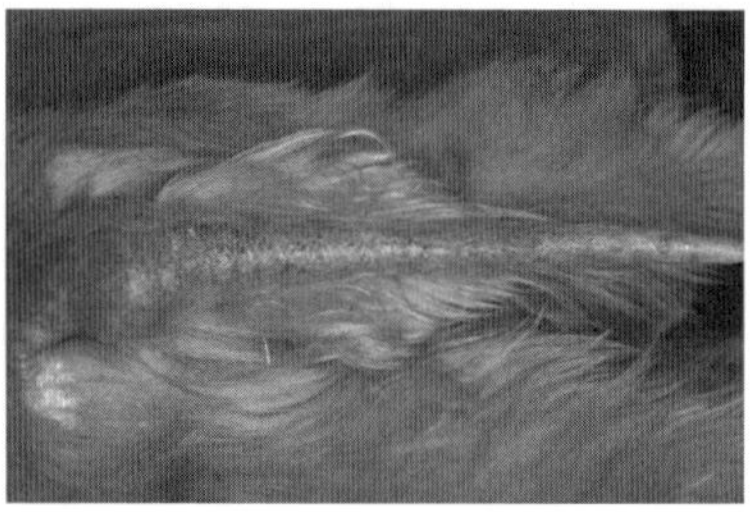

脱毛し、色素沈着してネズミの尾のようにみえる

下垂体性小体症

原因

シェパードに多く発生する疾患です。

脳の下垂体に様々な大きさの嚢胞《のうほう》が存在することで、いろいろなホルモンの分泌を行う下垂体前葉が圧迫され、それによって機能不全が起こり、なかでも成長ホルモンが欠乏することで起こる疾患といわれています。

症状

生後2～3カ月を過ぎるころに成長不良を起こし、毛が著しく短くなり、左右対称性の脱毛がみられるようになります。その後、脱毛が進むと皮膚に色素沈着が起こります。

甲状腺機能低下症、副腎皮質機能低下《ふくじんひしつきのうていか》症《しょう》を併発することもあります。

診断

症状、皮膚の組織検査、発育遅延による骨端線の開離を確認するX線検査により診断します。甲状腺機能低下症、副腎皮質機能低下症の検査も併せて行います。

治療

一般に長期の予後は不良です。

人体用の遺伝子組み換え成長ホルモンが治療に用いられていますが、副作用として過敏症や糖尿病を発症することがあります。

予後

ホルモン製剤の投与によって、脱毛に関しては改善されることがあり、うぶ毛のような毛が生えてきます。イヌでは、骨の成長が終了してからホルモン製剤の治療を開始することが多いため、治療しても体はあまり成長しません。

（片桐麻紀子）

発育が遅延し、被毛がまばらな生後６カ月のジャーマン・シェパード・ドッグ

イヌの家族性皮膚炎

原因

コリー、シェットランド・シープドッグ、コーギー、チャウ・チャウ、シェパードなどの犬種に認められる遺伝性疾患です。

症状

6カ月齢以前に発生し、顔面、四肢、尾の先端に左右対称の脱毛や紅斑《こうはん》、軽度の痂皮《かひ》(かさぶた)がみられる疾患です。ときに水疱《すいほう》や膿胞《のうほう》、潰瘍《かいよう》がみられることもあります。皮膚の症状を示した後、筋肉の萎縮が起こります。

診断

病歴、身体検査、皮膚生検を行います。

治療

ビタミンE、marinelipidの投与を行います。炎症がある場合にはプレドニゾロンを投与します。

予後

長期間の投薬を行うと、筋萎縮《きんいしゅく》が悪化する可能性があります。完全な治療は難しいといえます。遺伝性疾患なので繁殖には用いないようにします。

（片桐麻紀子）

エストロゲン過剰症

原因

雄ではエストロゲンを産生するセルトリ細胞の腫瘍化と原因不明の特発性雌性化症候群が原因として知られています。雌では卵巣嚢腫《らんそうのうしゅ》、卵巣腫瘍《らんそうしゅよう》が原因になります。

症状

会陰部、外陰部、腹壁腹面から頭側に拡大するようにして、左右対称に脱毛がみられます。皮膚では様々な程度の色素沈着が起こり、毛は艶《つや》がなく抜けやすくなり、刈ると再生しなくなります。

診断

病歴と身体検査の結果に加え、雌ではさらに発情周期の様子に基づいて診断します。

治療

雌では卵巣子宮摘出術（避妊手術）を行います。また、皮膚の状態によっては局所的に抗脂漏薬を用いることも有効です。

雄では、去勢手術を行うか、メチルテストステロンを投与します。

予後

雌では卵巣子宮摘出術により3カ月以内に症状の改善がみられますが、なかには6カ月かかるものもあります。雄においても去勢手術後に治癒します。

（片桐麻紀子）

避妊・去勢反応性皮膚疾患

頸部《けいぶ》、腹部、会陰部に左右対称の脱毛がみられます。

原因

原因は特定されていません。

診断

雌イヌでは、年に数回発情があったり、発情が持続したり、避妊していないのに発情がみられないなどの場合に、エストロゲン過剰症が疑われます。皮《ひ》膚《ふ》搔爬《そうは》検《けん》査《さ》、皮膚生検を行い、他の疾患との鑑別を行います。血中のエストラジオール17βというホルモンの上昇がみられた場合に避妊・去勢反応性皮膚疾患が考えられます。

治療

可能であれば、避妊・去勢手術を行います。しかし、この疾患についてはまだわかっていないことが多く、手術を行っても皮膚病が改善しないことがあります。

（片桐麻紀子）

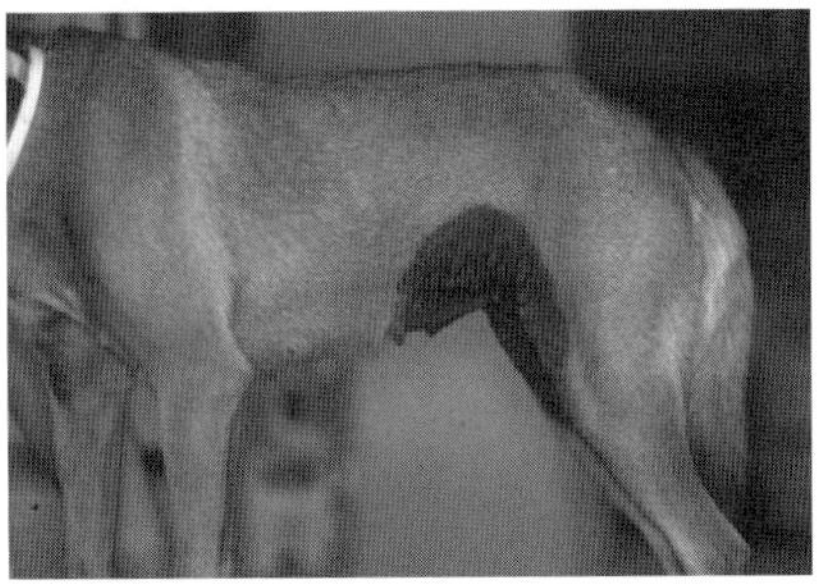

腹部の脱毛と色素沈着がみられる未避妊犬

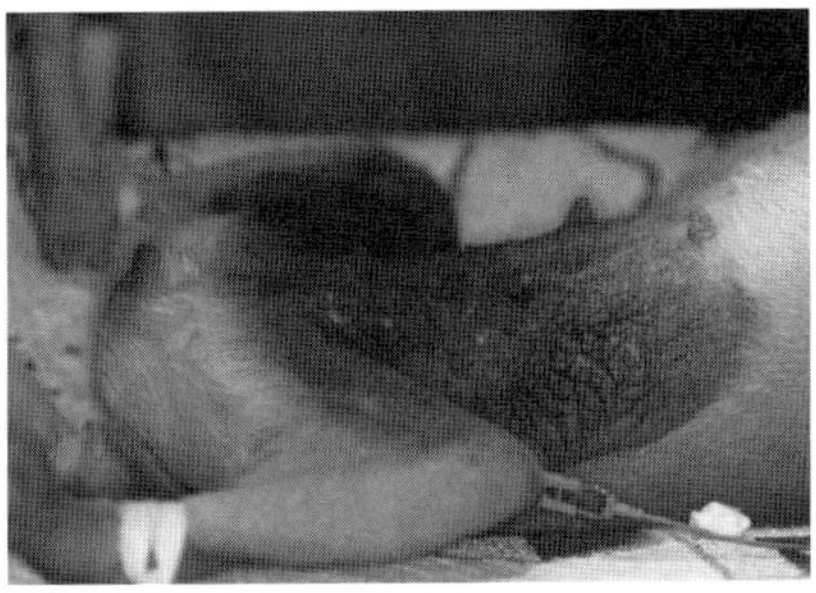

ホルモンの影響で、乳頭が大きくなり皮膚の肥厚がみられる

脱毛症X《エックス》(アロペシアX《エックス》)

原因

副腎性《ふくじんせい》のプロゲステロン過剰症、アンドロゲン過剰症が原因と考えられています。

症状

一般にポメラニアン、チャウ・チャウ、キースホンドなど北方犬種に発症します。雌雄ともにみられますが、雄に多く発生します。去勢・避妊前後に症状が現れることが多く、四肢と頭部を除く部位で左右対称の脱毛がみられます。患部は完全に脱毛しますが、羊毛状の毛が残ることもあります。皮膚には鱗屑（フケ）や色素沈着が認められることがあります。成長ホルモン反応性皮膚症、性ホルモン関連性皮膚疾患といわれることもあります。

診断

一般血液検査、生化学検査を行います。また甲状腺、副腎の機能検査を行い、甲状腺機能低下症、副腎皮質機能亢進症との鑑別を行います。皮膚生検ではほかの内分泌疾患との鑑別は困難です。

治療

去勢していない場合は、去勢手術を行います。去勢後に発症した場合は、成長ホルモンやメチルテストステロンの投与を行います。また、近年はメラトニンやトリロスタンという薬が有効といわれています。

予後

治療によって被毛が生えてきますが、その後、換毛の周期に伴って再び脱毛することがあります。

（片桐麻紀子）

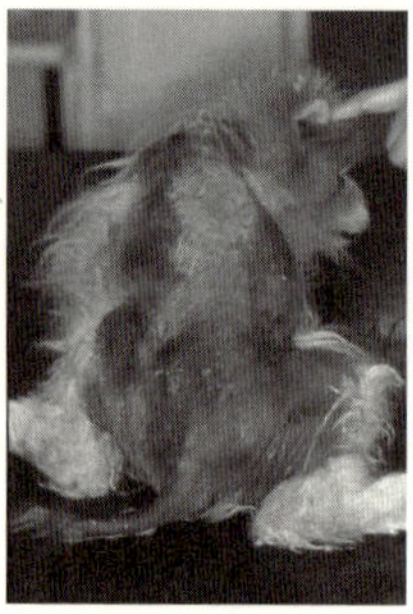

尾部と体幹部の左右対称の脱毛がみられるポメラニアン

アレルギー性疾患

アトピー性皮膚病

近年、アトピーと診断されるイヌが増えています。おなかや顔、手足、腋《わき》の下に皮膚病が見られ、かゆみを伴うことが多く、およそ半数のイヌは外耳炎を併発しています。

原因

呼吸時に吸引した物質がアレルギーを引き起こすと考えられてきましたが、近年は、皮膚から原因物質（抗原）が侵入し、その抗原がIgEと呼ばれる抗体と結合することによって、その後様々な炎症反応が引き起こされるといわれていますが、正確なメカニズムはまだ解明されていません。

症状

1～3歳で発病するケースが多く、1歳未満のイヌでの発症は少ないとされています。日本では柴犬やゴールデン・レトリーバーに多くみられる傾向があります。

皮膚の病変は、主に腹部、顔面（とくに眼の周囲）、手足の指や指間、腋の下、外耳（慢性外耳炎）に現れます。ほとんどの場合でかゆみがあり、初期には皮膚の発赤や脱毛程度ですが、慢性化するに従って皮膚の肥厚や色素沈着（黒ずんでくる）、脂漏（脂っぽくベタベタして、臭いが強くなる）、紅斑《こうはん》が進んできます。ブドウ球菌やマラセチアという細菌の感染によって症状が悪化しているケースもよくみられます。

診断

発症年齢と症状からこの病気をほぼ診断できますが、疥癬《かいせん》やアカラス（ダニの一種による皮膚病で、犬毛包虫症ともいう）、ノミアレルギー、食物アレルギーなどと区別しておく必要があります。ただし、食物アレルギーとアトピーが同時に生じていることがあり、また、両者の区別は症状からは困難なケースもよくあります。アレルギーを起こす原因物質を皮内に注射して皮膚の反応を観察する「皮内反応」や、抗原に反応する血液中のIgEを検査する方法があります。これらは診断の補助として利用したり、治療のために役立てることができます。

治療

シャンプーは家庭でできるもっとも効果的な治療です。シャンプーには、皮膚の汚れや余分な脂分を落とし、また皮膚に付着した抗原物質を除去する効果があります。シャンプー製品は保湿効果があるものを選びます。シャンプー後のリンスやモイスチャライザー（保湿剤）の使用も効果的です。

細菌やマラセチアの感染に対しては、抗生物質や酵母に有効な薬剤を投与します。とくに抗生物質は徐々に減量しなが

アトピー性皮膚病（柴犬）

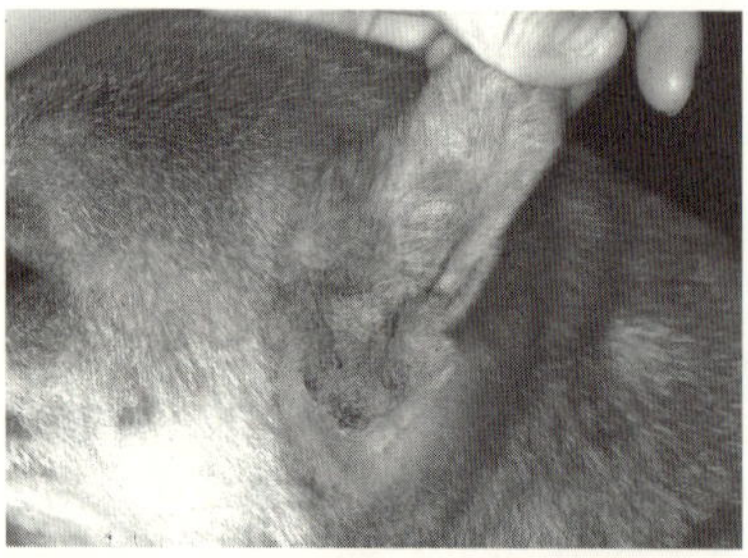

慢性化により眼の周囲と外耳に皮膚の肥厚と色素沈着がみられる

ら長期間投与すると、改善した症状を維持するのに有効です。また、副腎皮質《ふくじんひしつ》ホルモン製剤《せいざい》が症状の改善に有効です。副腎皮質ホルモン製剤は漫然と投与し続けるのではなく、必ず主治医の指示を守って上手に投与しましょう。かゆみのコントロールに抗ヒスタミン剤も使用されます。最近、イヌインターフェロンγや免疫抑制剤であるシクロスポリンも使用されるようになってきました。さらに、こまめに掃除をしてハウスダストと呼ばれるダニの死骸《しがい》などが含まれる塵《ちり》や埃《ほこり》を、動物のいる環境からできるかぎり取り除きます。不飽和脂肪酸の含有比率が考慮されたアレルギー体質の動物用のペットフードを与えることも、継続すると有効な場合があります。

以上のほかに、減感作療法という治療法があります。皮内試験や血清IgE抗体の測定の結果に基づいて、特定の抗原物質を定期的に注射する方法です。症状の消失する例から改善する例までを含めると、7割近くの例に効果があるといわれています。

予後

長期の管理が必要です。悪化したときにだけ慌てて治療していては、治療効果が低くなったり、かえって病気が進行してしまうことがあります。（宇野雄博）

ノミアレルギー性皮膚炎

ノミに対するアレルギーで、イヌとネコの両方にみられます。

原因

ノミの唾液《だえき》中にある、ある種のタンパク質に対する過敏症であるといわれています。

症状

イヌでは背筋に沿った腰や尾の部分にもっともよく症状が現れます。皮膚が炎症を起こして赤くなり、脱毛がみられます。さらにブツブツと丘疹《きゅうしん》ができ、かゆみがあるために舐《な》めたり掻《か》いたりして皮膚の状態が悪化し、急性の湿疹《しっしん》を起こすこともあります。ネコも、背筋に沿って頸《くび》や腰の部位に現れることが多く、粟粒性《ぞくりゅうせい》皮膚炎《ひふえん》と呼ばれる粟粒《あわつぶ》のようなブツブツした丘疹や紅斑がみられます。腰や腹部は舐めることによって、脱毛が進みます。

診断

皮膚病の発生部位や皮膚病変の所見、ノミの発生する季節かどうか、といったことからこの病気を疑います。過去にもノミの季節に同様の症状を起こしていれば、ノミに対するアレルギーであることを疑うポイントになります。ノミの寄生数が少なくても発症することから、被毛に黒いノミの糞《ふん》が付着していないか、丁寧に観察します。イヌでは、ノミの抗原に対する皮内反応の検査が利用できます。

治療

症状は副腎皮質ホルモンの投与で改善します。二次感染がある場合は、抗生物質の投与が必要です。原因であるノミの駆除も大切です。現在、様々なノミ駆除剤が利用できます。イヌやネコの体重、健康状態、飼育環境を考慮して駆除剤を選択することが理想的です。獣医師に相談して選択してください。

予後

治療によって症状の改善が得られやすい病気ですが、ノミが寄生する限り再発します。この病気を毎年繰り返すケースもありますので、ノミの繁殖する季節が来る前から、ノミ対策をするべきでしょう。（宇野雄博）

接触性皮膚炎

刺激性のある有害なものと接触して起こるものは一次性接触性皮膚炎といわれます。アレルギーを起こすものと接触して、皮膚に炎症や水疱《すいほう》ができたり、ただれたりするものがアレルギー性接触性皮膚炎で、発生はまれだといわれています。

原因

物質自体が直接皮膚に刺激を起こす場合と、接触した物質に対してアレルギー反応が起きて皮膚炎を起こす場合があります。接触性アレルギーの原因物質は特定できないことが多いのですが、カーペットやプラスチック、塗り薬に含まれる抗生物質などが知られています。

症状

接触した部分の皮膚に、紅斑や丘疹、水疱がみられ痒みを伴います。アレルギー性接触性皮膚炎では、原因物質との接触が続くと、皮膚炎は次第に周囲へと広がり、とくに腹部に広がりやすいようです。

診断

原因となる物質との接触を避けることによって、症状が改善するかどうかを観察します。カーペットや家具を取り除いたり、カバーをかけたり、散歩の際に草に接触しないように注意します。全身を刺激のないシャンプーで洗浄した後、2週間にわたって原因と考えられるものとの接触を避け、その後短時間ずつ疑わしいものと接触させて症状が現れるかを観察する、除外試験という方法がありますが、この方法は時間と手間がかかることから、実施はなかなか難しいようです。クローズド・パッチテストと病理組織検査を組み合わせる検査方法もありますが、正確には病歴、症状、除外試験と組み合わせて評価する必要があります。

治療

原因の物質がわかれば、接触を避けることで症状が改善します。しかし、原因物質が判明しないことも多く、その場合はステロイド製剤の外用や内服による治療が必要になります。ペントキシフィリンという薬剤の投与はイヌで効果があるといわれています。

予後

原因物質との接触を避けることができなければ、長期の治療が必要です。

（宇野雄博）

食物過敏症（食物アレルギー）

ここでは、食物の中のある成分に対するアレルギー反応が原因で起きる食物アレルギーのうち、皮膚にみられる異常について解説します。

原因

食物やその中に含まれる添加物に対するアレルギー反応によって、皮膚に障害が現れるもので、一般的には牛乳、牛肉、小麦、大豆、魚肉、トウモロコシなどが原因物質（アレルゲン）になりやすいといわれていますが、その他にも様々なものがアレルゲンになる可能性があります。アレルギー性皮膚炎のうち、食物アレルギーの割合は少ないといわれています。

症状

あらゆる年令でみられますが、イヌでは1歳未満の若齢から症状が現れることが多いといわれていますが、ネコでは年齢に特別な傾向はみられません。典型的な病変の発現部位は眼の周囲と口の周囲です。かゆみが強く、自分で掻いたりこすったりして赤く炎症を起こします。経過とともに二次的に細菌が感染し、皮膚の肥厚や脱毛、色素沈着による皮膚の黒ずみがみられるようになります。

イヌでは慢性外耳炎や再発性の膿皮《のうひ》症《しょう》、ネコでは粟粒性皮膚炎や好酸球性肉《こうさんきゅうせいにく》芽腫《がしゅ》が食物アレルギーで起こります。

診断

若い時期（1歳未満）の発症（イヌの場合）と、症状に季節性がないこと、皮膚病変の部位などからこの病気を疑います。ただし、アトピー性皮膚炎との区別が難しい例や、アトピー性皮膚炎が同時にみられる場合もありますから、診断は必ずしも容易ではありません。タンパク質としてこれまで食べたことのないものを選んで与える除去食試験が有効です。少なくとも6週間は除去食を与え、症状が改善すれば食物アレルギーといえます。その後、1種類ずつの食物をそれぞれ1週間試して、アレルゲンになっている食べ物を捜していきます。

治療

除去食で症状の改善がみられるか観察します。除去食が困難であれば、アレルギー性疾患のイヌ、ネコ用のペットフードを試してみます。必要に応じて、シャンプーや抗生物質の投与といった対症的な治療も実施します。本症の痒みはステロイドに反応しないことがあります。

予後

アレルギー体質ですので、食べ物には長期にわたって注意が必要です。アレルギー反応を示す食べ物の種類が徐々に増えることも考えられます。また、ノミの寄生を避け、飼養環境を清潔に保つことによって、皮膚に炎症が起こりやすくならないようにします。

（宇野雄博）

自己免疫疾患

人や動物は、体の中にウイルスや細菌などの有害な物質が入ってくると、免疫によりそれらを攻撃し排除しようとします。しかし、免疫が何らかの異常を起こし、自分の体を誤って攻撃してしまうことがあります。これを自己免疫疾患といい、体のあらゆる場所に発生し、皮膚にも自己免疫疾患が起こります。

（中西　淳）

天《てん》疱《ほう》瘡《そう》

鼻や耳、肉球に異常が生じます。

原因

表皮の細胞間接着（デスモソーム）に障害が現れ、その結果細胞がばらばらに離れてしまい（棘融解《きょくゆうかい》）皮膚や粘膜に異常が生じます。表皮のどの部位に異常が生じるかにより落葉状天疱瘡《らくようじょうてんぽうそう》、尋常性天《じんじょうせいてん》疱瘡《ほうそう》、紅斑性天疱瘡《こうはんせいてんぽうそう》などに分類されます。これらの中でも落葉状天疱瘡の発生が多くみられます。

症状

落葉状天疱瘡では痂皮《かひ》（かさぶた）、びらん、潰瘍や脱毛が、顔面や鼻平面（蝶型病変）、耳や肉球などに生じます。

診断

病歴、皮膚の症状から本疾患を疑います。皮膚掻爬検査と毛検査によりダニなどの外部寄生虫と皮膚糸状菌症を除外します。細胞診により膿皮症の有無を把握します。確定診断には病変部皮膚の病理組織検査が必要です。

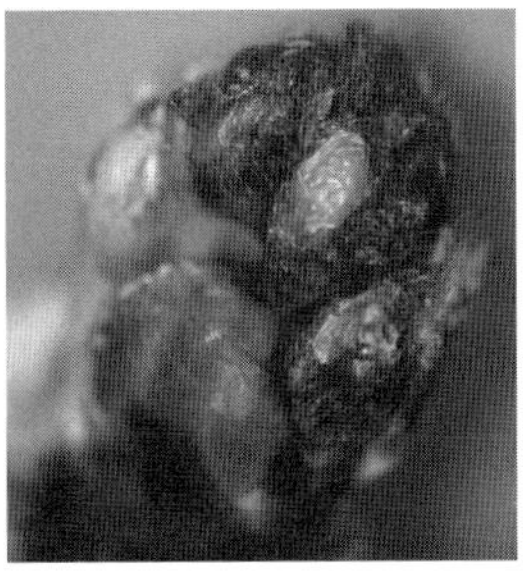

ネコの落葉状天疱瘡。肉球と爪の周囲に痂皮（かさぶた）がみられる

イヌの落葉状天疱瘡。鼻の周囲や鼻すじと眼の周囲に、脱毛と発疹がみられる

治療

天疱瘡の管理には数多くの薬剤および治療法が存在します。最も頻繁に行われる治療法は、副腎皮質ステロイド薬の全身投与です。改善がみられないときはステロイド薬の増量を検討します。しかしステロイド薬への反応がみられなかったり、重大な副作用（特にイヌ）があらわれることがあります。その場合はステロイド薬の減量または免疫抑制剤の使用を考えます。免疫抑制剤はアザチオプリン（ネコでは強い骨髄毒性がみられることが多い）やシクロスポリンなどが使用されます。そしてステロイド薬による全身療法の補助治療として、ビタミンE、テトラサイクリンとニコチン酸アミドの投与、ステロイド薬やタクロリムス軟膏による局所療法（外用薬の塗布）も行われることがあります。局所療法を行う場合は飼い主さん自身への吸収を避けるため、製品適用の際には手袋を使用する必要があります。またこの疾患の悪化要因として紫外線やノミ寄生の関与が考えられるため、直射日光の回避やノミの防除も必要です。

予後

治療により症状の改善がみられる場合と、症状が破壊的に進行する場合があります。薬剤が効かない場合や重大な副作用が起きた場合は、天疱瘡の管理は困難になります。

（中西　淳）

水《すい》疱《ほう》性《せい》類《るい》天《てん》疱《ほう》瘡《そう》

原因

表皮と真皮を接着する細胞が攻撃を受け、表皮と真皮が離れてしまい皮膚に障害が生じます。

コリー、シェットランド・シープドッグに発生が認められています。ネコにもみられますが、イヌ、ネコともにまれな病気です。

症状

口の中の病変、腋下《えきか》（脇《わき》）と鼠径部《そけいぶ》（股《また》）の皮膚に痂皮（かさぶた）、潰瘍《かいよう》が生じます。

病変は急速に進行して広がっていくことがあり、ときに発熱、脱水、敗血症やショックなど全身的な症状を起こすこともあります。

診断

犬種や病変部位の特定と、身体検査、そして組織検査によって診断しますが、確実に診断できるとは限りません。

治療

天疱瘡の治療と同様ですが、急激に悪化することがあり、治療効果を得られにくいことがあります。

（中西　淳）

円板状エリテマトーデス

多くの場合は顔面の鼻部に病変がみられます。皮膚以外は健康なことがほとんどです。

原因

イヌではコリー、シェットランド・シープドッグやジャーマン・シェパードなどの犬種に多くみられます。ネコでの発生は非常に稀です。夏や日差しの強い季節に多く発症がみられることから、紫外線の関与が考えられます。

症状

多くの場合、鼻平面（鼻部の上方の無毛部）に潰瘍、紅斑、色素脱失、かさぶたがみられます。

診断

病歴、皮膚の症状から本疾患を疑います。皮膚掻爬検査と毛検査によりダニなどの外部寄生虫と皮膚糸状菌症を除外します。細胞診により膿皮症の有無を把握します。確定診断には病変部皮膚の病理組織検査が必要です。

治療

治療は、天疱瘡や他の自己免疫皮膚疾患と同様に、副腎皮質ステロイド薬や免疫抑制剤の使用と直射日光の回避が中心となります（天疱瘡の項を参照）。

予　後

比較的軽症であることが多いとされます。しかし長期の治療が必要となることもあります。

エリテマトーデスは別のタイプとして全身性エリテマトーデス（SLE、全身《ぜんしん》性紅斑性狼瘡《せいこうはんせいろうそう》）があります。SLEは複数の部位が次々と異常を起こす、障害性の強い多発性全身性自己免疫性疾患です。SLEでは、皮膚病変以外に腎障害（糸球体腎炎《しきゅうたいじんえん》）や貧血（免疫介在性溶血性貧血）、関節炎（非びらん性多発性関節炎）、神経学的異常（多発性神経炎など）などを認めます。症状が複雑化すると治療は困難を増し予後はしばしば不良となります。

（中西　淳）

フォークト-小柳-原田病様症候群（ぶどう膜皮膚症候群）

皮膚と眼に障害が生じます。

原　因

免疫の異常により、メラニン細胞（表皮の基底層といわれる部位に存在する細胞）に様々な障害が起こることによって発生すると考えられています。

症　状

眼、皮膚、毛に異常がみられます。眼の異常は皮膚の異常よりも先にみられることが多いようです。

ぶどう膜炎、緑内障、白内障などを起こし、重症の場合や、治療の効果がみられない場合は失明する可能性があります。また、皮膚や毛の異常として、眼の周囲、鼻、口唇、外陰部、肉球などで色素の消失や痂皮（かさぶた）の形成、紅斑、潰瘍がみられます。この病気はとくに秋田犬、シベリアン・ハスキーなどに多く発生します。

診　断

犬種や病変部位（眼や皮膚）を参考とし、眼科検査、身体検査、組織検査によって診断を行います。

治　療

副腎皮質ホルモン製剤の外用と全身投与が必要です。免疫抑制剤を積極的に使用しなければならないこともあります。通常は生涯にわたる治療が必要な病気です。

（中西　淳）

イヌの家族性皮膚筋炎

皮膚と筋肉に障害が生じます。

原　因

コリーとシェットランド・シープドッグで家族性に発症することから、遺伝性であると考えられています。

症　状

比較的若い年齢での発症が多いようですが、成犬でも知られています。皮膚と筋肉に異常が生じます。皮膚では鼻、眼の周囲、耳、四肢の先端部分、尾に脱毛や紅斑や痂皮（かさぶた）などが起こり、それらの程度は様々で、自然に治ることもあります。

筋肉の病変は咬筋《こうきん》などの口を動かすための筋肉が萎縮《いしゅく》します。そのため重症のときは、食べたり飲んだりすることができなくなり、栄養不良や成長が遅れたりします。

診　断

犬種と病変部位を参考にし、身体検査、組織検査、筋電図検査などを行って診断します。

治　療

この病気はよくなったり、悪くなったりを繰り返すことが多く、治療は一般に困難ですが、自然に治ることもあります。治療は、副腎皮質ホルモン製剤やビタミンEの投与を中心に行いますが、治療には長期間を要するため副作用への注意、栄養面でのサポートが必要です。

（中西　淳）

感染性疾患

ウイルス感染症

犬ジステンパー

モルビリウイルスというグループに属する犬ジステンパーウイルスによって起こり、ワクチンを接種していない子イヌで発病率が高くなります。

膿痂疹《のうかしん》のような膿疱性皮膚炎《のうほうせいひふえん》、沈うつ、食欲不振、発熱、両眼からの漿液《しょうえき》または粘液のような物質の排出、結膜炎、咳《せき》、呼吸困難、下痢、神経症状（てんかん発作）などがみられ、皮膚の病変として、鼻部や足趾《そくし》に軽度から重度の角質増多症（ハードパッド）を生じることがあります。

詳しくは「感染症」の項を参照してく

ださい。

（佐藤正勝）

細菌感染症

膿皮症《のうひしょう》

細菌感染による皮膚病としてもっとも多くみられるのは膿皮症です。この病気は、皮膚の化膿性《かのうせい》または膿産生性《のうさんせいせい》の細菌感染症（ブドウ球菌が主な起因菌）のことをいいます。症状は皮疹と共にかゆみがあるのが特徴です。

膿皮症は、細菌の感染の深さによって、浅在性膿皮症《せんざいせいのうひしょう》、深在性膿皮症《しんざいせいのうひしょう》に分けられています。

症　状

●浅在性膿皮症

短毛種に多発する傾向があります。特徴は毛包炎で、活動的な発疹期《ほっしんき》には毛包を中心とする丘疹と膿疱がみられます。症状は、皮疹と共にかゆみが特徴です。イヌではよく見られますがネコではまれです。膿包は容易に破れ痂皮(かさぶた)を形成し後期には痂皮表皮小環（膿包が破れた後の病変）が見られます。

皮疹は病変部の皮膚が隆起し部分的に毛が逆らって見え円形を示すことが多い。が多発すると融合して不整な形状を示しこれらの皮疹は脱毛斑、色素斑を残して治癒します。再発を繰り返すことが多く、アレルギーが関係しているといわれています。

●深在性膿皮症

短毛種に多くみられます。感染を受けた毛包が崩壊することによって、毛包を中心とした真皮および皮下脂肪織に波及する皮膚炎で、皮疹は隆起する赤色あるいは紫紅色の病変を呈します。

赤色や紫色の盛り上がった結節の形成と、血液や膿《うみ》を含む液体の排出が特徴で、瘻管《ろうかん》が形成されたり、組織の壊死《えし》や脆弱《ぜいじゃく》化《か》が起こることもあり、再発を繰り返します。古い病変では、多発性に痂皮が付着し、この痂皮を除去するとその下に皮膚が現れます。このような病変は、通常かゆみより痛みを示します。広範な腫《しゅ》脹《ちょう》、浮腫《ふしゅ》、紅斑《こうはん》、潰瘍化《かいようか》、組織壊死《そしきえし》、多数の瘻管形成、発熱、活動性の低下がみられ、重症になると治療が難しく、動物は衰弱し、とくにグラム陰性菌の二次感染を合併すると敗血症により死亡することがあります。

診　断

細胞診、培養と感受性試験、皮膚生検を行うことが望ましいのですが、通常は特別な診断方法は必要ではありません。病歴や現症、滲出液《しんしゅつえき》の塗抹標本、抗生物質に対する反応により診断されます。

治　療

浅在性、深在性膿皮症共に再発を繰り返すことが多くみられます。近年これらの発症の背景には何らかの宿主例の素因、背景疾患の感与が報告されています（アトピー性皮膚炎、食物アレルギー、ノミ、疥癬アレルギー、甲状腺機能低下症、クッシング症候群、性ホルモン失調、自傷など）。

これら膿皮症を起こすもとになっている病変に対する治療と共にリンコマイシン、クリンダマイシン、セファレキシン、クラブラン酸アモキシシリン、ドキシサイクリン、ミノサイクリン、クロラムフェニコールなどの抗生物質の投与を長期間に渡って続けなければなりません。

同時にクロルヘキシジン過酸化ベンゾイル入りの薬用シャンプーなどによる外用療法が推奨されています。

予　防

患部を清潔にするとともに、飼育環境が高温多湿にならないようにし、さらに、グルーミング不足や栄養不良、ステロイド製剤の過剰投与などを起こさないようにします。

（佐藤正勝）

猫らい病（ネコのレプラ）

ネコでは非常にまれな病気で、アメリカ西海岸、オランダ、オーストラリア、ニュージーランド、イギリスなどの海岸都市に限定して報告されています。

原　因

本来はラットにレプラを起こす細菌であるマイコバクテリアがこの病気の原因と考えられています。この細菌は咬傷《こうしょう》や感染したラットとの接触によってネコに感染します。

症　状

上皮と皮下に1個ないし2個以上の潰瘍化した結節がみられます。この結節は、顔面や体幹、前肢によく発生し、その近くのリンパ節が腫《は》れることもあります。痛みはないようです。この病気では全身徴候はありません。

診　断

細胞診（吸引、組織の押捺標本《おうなつひょうほん》）で好中球やマクロファージがみられます。また、通常の染色法では染色されない抗酸菌染色陽性の桿状構造《かんじょうこうぞう》がみられます。

皮膚の病理組織学検査では、抗酸菌を伴うびまん性肉芽腫性皮膚炎《せいにくがしゅせいひふえん》と皮下脂肪織炎がみられます。マイコバクテリウムの培養は、きわめて困難なため、結果としてはほとんどが陰性となります。

治療

すべての結節を外科的により完全に切除しますが、完全切除ができないときは、長期間（数カ月）にわたる内科的治療が有効なこともあります。

（佐藤正勝）

非定型マイコバクテリア症

原因

マイコバクテリアは細菌の一種で、通常はウシやブタ、その他の動物の腸にみられ、普通の環境下では非病原性とされています。非定型マイコバクテリアは、人を含め、多くの動物で日和見感染を起こすことが知られています。ネコはマイコバクテリアの皮膚感染の発症に関して感受性が高いと考えられており、通常は症状を示す前に外傷を受けたりしています。

症状

ネコでは、皮膚病変は腹部や鼠径部《そけいぶ》の脂肪組織にかけてもっとも多く認められます。病変は慢性あるいは再発性で、瘻管や潰瘍《かいよう》を伴い、潰瘍性の紫斑《しはん》や結節を形成することが特徴です。ほとんどのネコでは全身にわたってこれらの皮膚症状を示すことはなく、播種性《はしゅせい》に広がることはまれです。

診断

抗菌療法に反応しない外傷や治癒しない病変が存在するときには、十分な身体検査と血液化学検査、尿検査を行い、播種性の病気であると疑われる場合にはX線検査、超音波検査を的確に行います。また、適切な検査材料を採取し、感受性検査を含む培養検査を行うことも重要です。

治療

抗生物質は培養検査の結果や感受性検査の結果に基づいて選択します。ゲンタマイシンやアミカシン、カナマイシンなどが用いられています。ただし、非定型マイコバクテリア症の治療は長期にわたり、また、成功しないことも多く、治療を中止した場合には再発することが多いようです。

（佐藤正勝）

真菌感染症

皮膚糸状菌症

皮膚糸状菌は皮膚を好んで感染する真菌です。イヌ、ネコに感染症を起こすものとして20種以上が知られていますが、イヌではミクロスポルム・ギプセウム（石膏状小胞子菌《せっこうじょうしょうほうしきん》）による感染がもっとも多く、ネコでは98%がミクロスポルム・カニス（犬小胞子菌）によるといわれています。

症状は多彩で掻痒《そうよう》（かゆみ）を伴うこともあります。脱毛を起こし、ほとんどの病変に落屑《らくせつ》がみられます。

詳しくは「感染症」の項を参照してください。

（佐藤正勝）

スポロトリコーシス

スポロトリコーシスは、真菌の一種を原因とする病気です。

イヌでは、皮膚型と皮膚リンパ型の二つのタイプがあります。

皮膚型は多数の結節が生じ、主に体幹や頭部に分布します。一方、皮膚リンパ型は一つの肢の遠位端に結節を形成し、感染はリンパ管を介して上行し、さらに二次的な結節を形成します。また、局所リンパ節の腫大《しゅだい》を伴うことが多くあります。

症状や菌の培養、細胞診、蛍光抗体検査などを行って診断します。また、発症前にけがをしていた場合には、それも参考になるでしょう。

治療には、イヌに対しては、ヨウ化カリウム過飽和液40㎎／kg、8時間ごとに経口投与（食事とともに）します。ただし、治療期間が不十分だと再発するので、症状が寛解してからさらに30日間治療を継続します。治療中に万一、ヨウ素中毒の症状（眼、鼻からの分泌物、被毛の乾燥と鱗屑《りんせつ》過多、嘔吐《おうと》、沈うつ、虚脱）が認められた場合は、投薬を1週間中止し、副作用が軽度なら同量で治療を再開します。ヨウ素に耐えられないイヌ、治療に反応しないイヌ、また一旦治癒した後に再発したイヌにはイミダゾール系ケトコナゾールおよびトリアゾール系イトラコナゾールの薬物の使用を検討します。

一方、ネコにもヨウ素やケトコナゾール、イトラコナゾールを投与しますが、ネコの場合は、これらの薬物は激しい副作用を起こすことが多いため、一般に治療が難しいといえます。

なお、この病気の治療にステロイド製剤、その他の免疫抑制薬を使用してはなりません。

予防には、結節病変を伴う動物との接触を避け、とくに木の樹皮やミズゴケを含む腐敗有機物に富んだ土壌に立ち入らせないことが大切です。

（佐藤正勝）

マラセチア感染症

マラセチアは、酵母の一種です。マラセチア性皮膚炎は、夏や多湿の時期に多発し、冬まで持続します。イヌでは、耳、口吻《こうふん》、趾間《しかん》、下腹部、肛門《こうもん》周囲に症状を示すことが多く、患部の発赤と掻痒感が特徴で、なかには狂ったような発作に近い掻痒感を示すものもあります。一方、ネコでは、主に黒色ワックス状の外耳炎や挫瘡《ざそう》、汎発性紅斑性落屑性《はんぱつせいこうはんせいらくせつせい》皮膚炎《ひふえん》を起こします。

詳しくは「感染症」の項を参照してください。

（佐藤正勝）

外部寄生虫感染症

ニキビダニ症（毛包虫症）

ダニがイヌやネコの毛包、脂腺《しせん》、アポクリン腺《せん》に多数寄生することによって発症します。このダニは、授乳時に母親から子イヌに伝播《でんぱ》されることがもっとも多いと考えられています。慢性的に、または限られた部位だけに長期間にわたって脱毛がみられる場合は、この病気を疑います。よくみられる部位は頭部、頸部《けいぶ》、前肢で、難治性のものでは免疫機能の低下や重度の代謝性疾患が関係していると考えられます。1歳未満の純血種のイヌに多発し、限られた部位だけにみられる場合の症状は軽度であり、90％が自然治癒しますが、後の10％は急性に、あるいは次第に全身に拡大します。全身型ではリンパ球のインターロイキン２（ＩＬ－２）レセプターの割合およびＩＬ－２座正量が正常以下であるという報告があります。一方、ネコでは皮膚炎の原因としては非常にまれです。

詳しくは「寄生虫症」の項を参照してください。

（佐藤正勝）

疥癬《かいせん》

ヒゼンダニ症ともいわれ、非季節性のかゆみを示す皮膚炎です。原因となるダニは、皮膚の角質層内で栄養を摂取しています。そのため、激しいかゆみが起こるのが特徴です。

詳しくは「寄生虫症」の項を参照してください。

（佐藤正勝）

ツメダニ症

ツメダニは０・４㎜ほどの大きさのダニです。ツメダニは動物同士の接触により感染し、ほとんどの伝播は感染を受けている動物との直接接触によって起こりますが、環境からの感染もあります。症状としては急性に発現するかゆみと落屑《らくせつ》が特徴的です。

詳しくは「寄生虫症」の項を参照してください。

（佐藤正勝）

光線過敏症

日光性皮膚炎

日光を過剰に浴びることによって起こる皮膚炎で、毛が白色の動物や毛の薄い部分に起こります。

原因

長時間にわたって日光に当たることで発症し、また、遺伝性素因もあると考えられています。

症状

皮膚に色素が少ない部位、あるいは顔面や腹部の毛の薄い部位に起こります。イヌでは、鼻の上部に起こりやすく、コリー、シェットランド・シープドッグ、オーストラリアン・シェパードでもっともよくみられます。ネコは、耳に起こりやすく、とくに毛の白いネコに発生しやすい傾向があります。最初は皮膚が赤くなる程度ですが、その後、脱毛やフケ、かゆみが起こり、さらに進むと色素沈着や潰瘍《かいよう》が生じることもあります。イヌ、ネコともに重度になると扁平上皮癌《へんぺいじょうひがん》が発症する可能性があります。

診断

皮膚の明るい色の部分にのみ症状が出ている場合には日光性皮膚炎が強く疑われます。

イヌ、ネコともに、皮膚の掻《か》き取《と》り検査、細菌や真菌の培養、皮膚生検などによって鑑別診断を行います。

治療

直射日光を避けることが効果的なの

で、室内や日陰での飼育に努め、また、Tシャツや、日焼け止めクリームで局所的に皮膚の保護をすることも効果があります。必要に応じて抗炎症薬や抗生物質を使用します。

耳に病変があるネコでは耳の先端を切除する方法もあります。

予後

再発しやすいので、日光に当たらないように努めます。完治が困難なことがあるので、継続的な治療を行い、症状の悪化を防止します。

なお、光線過敏症は、ある種の植物に含まれている物質を食べることによって、日光に対する過剰な反応が淡色部分の皮膚に発生して皮膚炎を起こすもので、日光性皮膚炎とは区別されています。これはイヌ、ネコよりも、とくに家畜によくみられます。

（蓮井恭子）

猫対称性脱毛症（心因性脱毛症を含む）

ネコの対称性脱毛症は、ほぼ左右対称に毛が薄くなった状態のことをいいます。

原因

原因として、アレルギー疾患（ノミ、食物、耳や肛門嚢《こうもんのう》の感染、神経過敏、内臓疾患（泌尿器疾患など）、精神的要因などがあります。とくに精神的要因によって起こるものを心因性脱毛症といいます。また、毛の発育不全による脱毛がクッシング症候群や糖尿病、甲状腺機能《こうじょうせんきのう》亢進症《こうしんしょう》などの内分泌疾患でまれにみられることがあります。

症状

原因によって脱毛が起こる部位は異なりますが、ノミアレルギー性皮膚炎では、腰、後肢、腹部に、食餌性《しょくじせい》アレルギーではとくに顔面に症状が認められます。心因性脱毛症は、腰、大腿部《だいたいぶ》、内股《うちまた》に多くみられ、持続的に皮膚を舐《な》めることで、脱毛、炎症、潰瘍《かいよう》を起こすことがあります。内分泌性脱毛症は、中年のネコに多く、会陰部、腹部、胸部、前肢などから起こります。炎症は通常はみられず、ゆっくり進行し、毛が簡単に抜けるのが特徴です。

診断

ネコの対称性脱毛の原因を鑑別するために病変部位、炎症の有無を確認し、毛の顕微鏡検査、皮膚の掻《か》き取《と》り検査、培養検査、また、内分泌に問題があるようならば、血液の検査を行います。心因性脱毛症では、飼い主から飼育環境やストレスの存在の有無などを確認します。

治療

皮膚に炎症がある場合には、抗生物質や抗炎症薬を使用して治療を行います。心因性脱毛症と診断したときは、ストレスを与える原因を調べ、動物の環境を改善することで、症状が改善されることがあります。動物の不安を軽減させるために精神安定剤や抗うつ剤を使用することもあります。内分泌性脱毛症では、ホルモン製剤を用いて治療する方法もありますが、副作用が発現する可能性があるので十分に注意を要します。

予後

原因を取り除き適切な治療を行うことで症状は改善しますが、完治には数カ月を要することがあります。心因性脱毛症では、治療効果が得られにくいこともあり習慣づいてしまうと完治は困難です。

（蓮井恭子）

その他の皮膚疾患

ネコの好《こう》酸《さん》球《きゅう》性《せい》肉《にく》芽《が》腫《しゅ》症《しょう》候《こう》群《ぐん》

ネコの好酸球性肉芽腫症候群には、主に好酸球性局面、無痛性潰瘍《むつうせいかいよう》、線状肉芽腫《せんじょうにくがしゅ》と、蚊刺咬性過敏症《かしこうせいかびんしょう》があります。

原因

正確な原因は不明ですが、食物アレルギーやアトピー、ノミアレルギー、蚊に刺されることによる過敏症、寄生虫の感染、遺伝的要因などが考えられています。

症状

好酸球性局面は、痒みを伴い、腹部や内股《うちまた》、太ももの後側などの舐め易い部位にみられ、脱毛し、盛り上がって境界のはっきりしたびらん（ただれ）や潰瘍《かいよう》がみられます。無痛性潰瘍は、上唇や硬口《こうこう》蓋《がい》（口の中の上側）に生じ、盛り上がって境界がはっきりした潰瘍を形成します。線状肉芽腫は、1歳前後の若いネコに多い傾向があり、太ももの後側に脱毛して赤みを帯びた線状の病変が生じます。蚊刺咬性過敏症は、鼻筋の前半部や耳の外側の蚊に刺される部位にびらんや丘疹《きゅうしん》がみられます。

診断

病歴や病変の部位、症状からほぼ診断できますが、確定診断には病理組織検査が必要なこともあります。

蚊刺咬性過敏症

鼻筋の蚊に刺された部位にびらんがみられる

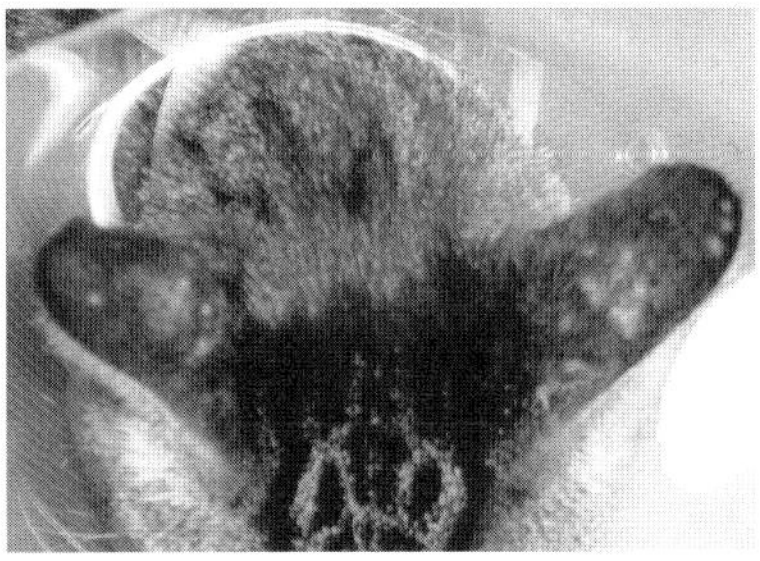

両耳の外側に丘診がみられる

治療

ノミアレルギーが関係していると考えられる場合は、徹底的にノミの駆除を行います。プレドニゾロンや持続型の副腎《ふくじん》皮質《ひしつ》ホルモン製剤《せいざい》の注射が効果的です。

予後

一般に、ネコの環境や生活習慣が同じであれば、再発することが予測されます。

（宇野雄博）

ネコの粟粒性皮膚炎《ぞくりゅうせいひふえん》

特定の皮膚疾患を指すものではなく、皮膚の症状に対する名称です。様々な原因によって生じ、比較的よくみられます。

原因

ノミアレルギーが原因としてもっとも多いと思われます。

その他にもアトピーや食物アレルギー、ダニ感染症や細菌性皮膚炎などでもみられます。

症状

頭部から尾までの、主に背側にみられ、とくに頸、背中、腰や尾の付け根に粟粒《あわつぶ》くらいの大きさで、表面に小さな痂皮《かひ》（かさぶた）の付いた丘疹ができます。

診断

粟粒性皮膚炎の診断は、通常は臨床的な所見に基づいて行われます。

治療

皮膚病がないかよく検討し、原因が見つかればそれを排除します。副腎皮質ホルモン製剤の投与が効果的です。

予後

原因が排除されなければ、再発します。

（宇野雄博）

イヌの限局性石灰沈着症

この病気はまれです。

原因

原因はよくわかっていません。肉球など、皮膚に圧迫刺激が加わっている部位や、けがや咬《か》み傷《きず》の痕《あと》などに石灰沈着が生じる例があります。

症状

2歳以下の大型犬にみられることが多いようです。毛の下の皮膚がドーム状にやや盛り上がり、ときに潰瘍《かいよう》となって内部から灰白色の内容物が出てきます。

診断

病理組織検査を行います。

治療

手術で切除することにより解決します。肥大性骨異栄養症や特発性多発性関節炎といった病気に伴ってみられる場合は、もとの病気が治癒すると皮膚の状態も改善するといわれています。

予後

手術によって切除した後の再発はみられていません。

（宇野雄博）

毛包嚢腫《もうほうのうしゅ》

シー・ズーに多くみられる傾向があります。

原因

本来なら角質化して剥《は》がれ落《お》ちる皮膚の表面の物質が、皮膚の真皮と呼ばれるやや深い部位に閉じ込められ、徐々に蓄積して生じます。原因として、外傷で表皮の一部がとじ込められたり、先天的な異常が考えられています。

症状

頸からお尻《しり》にかけての皮膚の表面に、直径数ミリから数センチのしこりがみられ、次々と複数の場所にできるイヌも珍しくありません。内容物が充満し、皮膚の表面が破れると、チーズのようなのものが出てきます。

診断

皮膚の症状に加え、病変部に針を刺して内容物を吸引して診断します。

治療

外科的に切除します。

予後

切除後に別の場所に新たにできることが多いようです。

（宇野雄博）

腫瘍《しゅよう》

皮膚の腫瘍は通常「しこり」として見つかりますが、しこりがすべて腫瘍だというわけではありません。いわゆる「おでき」のような炎症や感染によるものもありますし、また、腫瘍の場合でも良性と悪性があります。

一般的には、短期間で急速に大きくなる場合や、皮膚の下の組織まで広がっていて、正常な部分との境界がはっきりしない場合などは悪性の腫瘍が疑われますが、小さく単独のものでも悪性なことがありますから、外見だけで判断するのは危険です。また、イヌに比べ、ネコの皮《ひ》膚腫瘍《ふしゅよう》は悪性であることが多いので、注意が必要です。治療は外科的な切除が基本ですが、最近ではレーザーによる治療も多く行なわれるようになっています。

ここでは、イヌやネコによくみられる皮膚の腫瘍について簡単に説明します。

詳しくは「腫瘍」の項を参照してください。

（綿貫和彦）

皮脂腺腫《ひしせんしゅ》

老齢のイヌにできる「いぼ」としてよくみられるものには、皮脂腺《ひしせん》の過形成（腫瘍ではありません）と皮脂腺腫がありますが、どちらも良性のもので、外見では判断できません。白色や黄白色で、硬く無毛、形は小さなおできのようなものや、茎をもって盛り上がったものなど、様々です。

通常はゆっくり成長するのであわてる必要はありませんが、急速に大きくなるとき（まれに皮脂腺癌《ひしせんがん》の場合があります）や傷をつけて、出血や化膿《かのう》がみられるときは早期の切除が必要です。他に、類似の腫瘍として、頭部にできやすい乳頭腫《にゅうとうしゅ》や基底細胞腫《きていさいぼうしゅ》などがあります。

（綿貫和彦）

脂肪腫《しぼうしゅ》

脂肪細胞の良性腫瘍《りょうせいしゅよう》で、8歳以上のイヌに多くみられます。雄よりも雌に多く、胸部や腹部の皮下や四肢の上部によく発生します。

触ると、ぶよぶよとした感じで、通常は一つだけ発生し、ゆっくりと成長します。まれに悪性腫瘍《あくせいしゅよう》である脂肪肉腫《しぼうにくしゅ》がみられることもあります。急速に大きくなったり、歩行に支障が出るような場合は切除が必要です。

（綿貫和彦）

肛門周囲腺腫《こうもんしゅういせんしゅ》

8歳以上の去勢をしていない雄イヌによくみられる腫瘍です。イヌの肛門《こうもん》周辺にできる腫瘍の80％がこれで、ほかには、肛門周囲腺癌《こうもんしゅういせんがん》、肥満細胞腫《ひまんさいぼうしゅ》、平滑筋腫《へいかつきんしゅ》などがあります。ネコではあまりみられません。一つだけできることも、複数できることもあり、通常は硬く、盛り上がっています。イヌが、舐《な》めたり掻《か》いたりすることによって、傷になりやすく、出血が起こったり、潰瘍《かいよう》になったりすることがあります。ホルモンが関係していることが多いので、外科的切除とともに去勢手術を行います。

（綿貫和彦）

扁平上皮癌《へんぺいじょうひがん》

イヌの皮膚腫瘍の3～20％、ネコでは17～25％を占めています。四肢（とくに指）と顔面（耳や鼻、口唇部）によくみられ、通常、不規則に盛り上がって潰瘍ができています。白色のネコの耳の先端がただれて崩れてきているときはこの腫瘍の可能性があります。皮膚の下の組織まで広がっていることが多く、完全な治療は難しいといえます。広範囲の切除や放射線療法、化学療法との併用が行われています。

（綿貫和彦）

皮膚組織球腫《ひふそしききゅうしゅ》

若いイヌ（3歳までがほとんど）に発生します。硬く、ドーム状に盛り上がった腫瘍です。赤っぽく、表面は脱毛しています。ボクサー、ダックスフンド、ブルドッグ、シュナウザーなどによくみられます。通常数カ月で自然に消失する事が多いのですが、掻いたり舐めたりして、悪化する場合は切除が必要です。

（綿貫和彦）

肥《ひ》満《まん》細《さい》胞《ぼう》腫《しゅ》

イヌの皮膚腫瘍の7～20%、ネコでは全腫瘍中の15%の発生率です。平均発生年齢は9歳ですが、非常に若い年齢で発生することもあります。イヌでは、ボストン・テリア、ボクサー、ブルドッグなどに多く、胴から後半身、四肢によくみられます。ネコではシャムに多く、頭から頸部《けいぶ》によくみられます。たいていは一つの腫瘤《しゅりゅう》ですが、たくさんみられることもあります。大きさや形は様々ですので外見では判断できません。

肥満細胞は、炎症反応を起こすヒスタミン等を含んだ顆粒《かりゅう》をたくさんもっているために、急に腫《は》れたり、出血したりすることがあります。細胞診や種々の検査で、腫瘍の悪性度や症状の進行度を分類し、それぞれに応じて、広範囲の外科的切除、ステロイド療法、化学療法、放射線療法などを、単独あるいは併用して行います。

（綿貫和彦）

黒《こく》色《しょく》腫《しゅ》

名前の通り、黒っぽいおできのようにみえることが多いのですが、褐色や灰色のこともあります。

発生率は、イヌでは皮膚腫瘍の2～3%、ネコでは2%以下です。イヌでは顔面と皮膚に、ネコでは顔面と四肢によくみられます。口腔《こうくう》や爪《つめ》の部分に発生した場合は大部分が悪性ですが、他の部分では良性のことも多いようです。広範囲の外科的切除や化学療法、放射線療法が行われます。

（綿貫和彦）

線《せん》維《い》肉《にく》腫《しゅ》

イヌの皮膚腫瘍の6%、ネコの皮膚腫瘍の12～25%を占めています。10歳以上の高齢のイヌやネコの、胴や四肢に発生しやすく、ネコではウイルスやワクチン接種との関連も考えられています。形は不規則で硬いことが多く、周囲の組織に密着して境界ははっきりしません。

通常、広範囲の外科的切除や化学療法、放射線療法との併用が行われます。

（綿貫和彦）

リンパ腫《しゅ》

皮膚のリンパ腫には、皮膚に原発のものと、ほかのリンパ腫から二次的に発生したものがあります。普通の皮膚腫瘍のように小さな腫瘤としてみられる場合や、潰瘍状の皮膚炎としてみられる場合など、いろいろな形があり、外見だけでは判断できませんが、細胞診で診断することができます。リンパ腫は通常全身性の病気ですから、外科切除や放射線療法とともに、色々な種類の化学療法を行います。

（綿貫和彦）

腫瘍

腫瘍とは

体の臓器や組織を構成する細胞が本来備わっている一定のルールに従わず無秩序、無目的かつ過剰に増殖し、異常な細胞集団を形成したものを腫瘍《しゅよう》といいます。臓器や組織を構成する細胞は、正常な場合には定められた範囲内で再生したり、増殖したりします。しかし、腫瘍化《しゅようか》すると、その個体からの制約をまったく受けずに勝手に増え続けるようになります。腫瘍は、発生した臓器や組織に様々な機能障害をもたらすだけでなく、ときには離れたところにある他の臓器や組織へも侵入（転移）します。そして、重篤な場合には一個体を死に至らしめることもあります。

（町田　登）

腫瘍《しゅよう》の良性と悪性

腫瘍は、生物学的かつ臨床的な見地から、良性腫瘍《りょうせいしゅよう》と悪性腫瘍《あくせいしゅよう》に分類されます。腫瘍の影響が局所に限られていて、その個体の生命を脅かす可能性がないものを良性腫瘍、腫瘍による全身的な影響がきわめて大きく、生命への危険性が大であるものを悪性腫瘍といいます。しかし、生物学的性状としては良性であっても、発生部位によっては著しい機能障害をもたらし、臨床的には悪性の挙動が目立つような腫瘍もあります（脳腫瘍《のうしゅよう》など）。一般に悪性腫瘍は発育速度（成長）が速く、他臓器への転移や手術後の再発も多くみられます。一方、良性腫瘍は一般的に発育速度が遅く、転移や再発は原則的にみられません。

（町田　登）

腫瘍の分類

腫瘍はそれが発生した母組織の形態に基づいて二つに分類されます。一つは、体表面や消化管、呼吸気道などの管腔《かんくう》表面を覆っている上皮組織の細胞に現れる上皮性腫瘍《じょうひせいしゅよう》です。もう一つは、上皮組織を下から支えている結合組織や脂肪組織、筋組織、骨・軟骨組織、血管・リンパ管、造血組織、神経組織など、上皮組織以外の細胞に現れる非上皮性腫瘍《ひじょうひせいしゅよう》です。さらに、それぞれが良性腫瘍と悪性腫瘍とに分類されますから、最終的には、上皮性良性腫瘍《じょうひせいりょうせいしゅよう》、上皮性悪性腫瘍《じょうひせいあくせいしゅよう》、非上皮性良性腫瘍《ひじょうひせいりょうせいしゅよう》、非上皮性悪性腫瘍《ひじょうひせいあくせいしゅよう》の四つに大別されます。なお、上皮性の悪性腫瘍は「癌腫《がんしゅ》」、非上皮性の悪性腫瘍は「肉腫《にくしゅ》」と呼ばれます。各分類に属する代表的な腫瘍には、次のようなものがあります。

①上皮性良性腫瘍
乳頭腫《にゅうとうしゅ》、腺腫《せんしゅ》、嚢《のう》（腺《せん》）腫《しゅ》など

②上皮性悪性腫瘍（癌腫）
扁平上皮癌《へんぺいじょうひがん》、腺癌《せんがん》、移行上皮癌《いこうじょうひがん》など

③非上皮性良性腫瘍
線維腫《せんいしゅ》、血管腫《けっかんしゅ》、平滑筋腫《へいかつきんしゅ》など

④非上皮性悪性腫瘍（肉腫）
線維肉腫《せんいにくしゅ》、血管肉腫《けっかんにくしゅ》、平滑筋肉腫《へいかつきんにくしゅ》など

（町田　登）

腫瘍の原因

腫瘍の原因は、刺激というかたちで個体の外側から作用する因子（外因）と、その個体独自が保有している要因(内因)の二つに大別されます。この外因と内因が複雑に絡み合って腫瘍の発生に至ります。

外因としては、化学的発癌因子《かがくてきはつがんいんし》（様々な化学物質、大気汚染物質、排気ガス、食品、食品添加物など）、物理学的発癌因子《ぶつりがくてきはつがんいんし》（放射線、紫外線、慢性的な機械的刺激、熱傷など）、生物学的発癌因子《せいぶつがくてきはつがんいんし》（腫瘍《しゅよう》ウイルス）があげられます。また、内因には遺伝的素因（染色体異常）、性素因、年齢素因、品種素因などがあり、外因との共同作用によって腫瘍を引き起こします。

（町田　登）

腫瘍の診断

症状に基づいた診断

腫瘍が小さいときは、多くの場合、明確な症状を示しません。しかし、腫瘍が大きくなるのに伴って様々な局所症状や全身症状が現れるようになります。

局所症状には、腫瘍による物理的圧迫（脳腫瘍に伴う神経症状など）、管腔《かんくう》の狭《きょう》窄《さく》や閉塞《へいそく》（大腸癌《だいちょうがん》や小腸癌《しょうちょうがん》での腸閉塞《ちょうへいそく》、膀胱腫瘍《ぼうこうしゅよう》での水腎症《すいじんしょう》など）、組織破壊（骨腫瘍《こつしゅよう》や骨髄腫瘍《こつずいしゅよう》での病的骨折など）などがあります。

一方、全身症状としては、貧血や体重減少、悪液質などがあげられます。悪液質とは、悪性腫瘍の末期にみられる重度の疲弊および削痩《さくそう》の状態をいい、腫瘍細《しゅようさい》胞《ぼう》が産生する物質によって脂肪組織や筋組織に代謝異常が引き起こされるために生じると考えられています。また、ホルモンの産生と分泌を行う腫瘍の場合は、そのホルモンの機能に応じた症状がしばしば観察されます。たとえば、肛門嚢《こうもんのう》アポクリン腺癌《せんがん》やリンパ腫《しゅ》で産生される上皮小体ホルモン関連タンパクによる高カルシウム血症、腎細胞癌《じんさいぼうがん》で産生されるエリスロポエチンによる赤血球増加症、副《ふく》腎皮質腺腫《じんひしつせんしゅ》や腺癌でのコルチゾール過多によるクッシング症候群などです。

画像診断および内視鏡検査

腫瘍が発生した位置や腫瘍の性状を知るためには、画像診断と内視鏡検査が必要不可欠です。

画像診断には、単純X線検査や超音波検査のように簡便に実施できる方法のほか、各種のX線造影検査やCT検査、MRI検査などのように特殊な装置や設備、技術を必要とするものもあります。CT検査やMRI検査は、これまで単純X線検査だけでは診断が難しかった腹腔《ふくくう》内臓器や、脳の腫瘍の診断に多大な威力を発揮しています。

また、内視鏡検査により消化管や気道の内腔《ないくう》、腹腔内や胸腔《きょうくう》内をファイバースコープで観察することによって、腫瘍性病変の有無を検索することができます。この方法の大きな利点の一つは、実際の肉眼像を見ながら病変部位から病理検査用の検体を採取できることです。

病理学的診断

腫瘍の診断技術がいかに発展したとしても、腫瘍の最終的な診断は、細胞診や組織診などの病理学的手法にゆだねられています。細胞診は、剥離細胞診《はくりさいぼうしん》と穿刺《せんし》吸引細胞診《きゅういんさいぼうしん》に大別されます。

剥離細胞診は、体表からの擦過によるものや分泌物、体腔《たいくう》内の貯留液、尿などを検体として、あくまでも腫瘍性病変のスクリーニングに主眼がおかれています。

穿刺吸引細胞診は、注射針を腫瘍組織《しゅようそしき》内に刺入し、陰圧を加えて吸引することによって針の中に採取した微量な組織を検体として用います。この方法では、検索対象はまさにその腫瘍の構成細胞であるため、しばしば組織診と同等の診断的価値をもっています。しかし、細胞所見はともかくとして、組織構築を十分に読みとれないことが唯一の難点としてあげられます。

一方、組織診では内視鏡検査や外科的切除によって採取された検体から、病理組織標本が作製されます。細胞所見と組織構築の両者を同時に観察できるため、細胞診よりも多くの情報に基づいて総合的な判断を下すことが可能です。

生化学的診断

腫瘍細胞によって特異的に産生される物質を腫瘍《しゅよう》マーカーといいます。医学領域では、癌胎児性《がんたいじせい》タンパク、αフェトタンパク、CA19－9をはじめとして多くのホルモン、酵素、糖鎖抗原、癌遺伝《がんいでん》子産物《しさんぶつ》が腫瘍マーカーとして見いだされ、腫瘍の診断のなかでも主に術後経過の観察や再発の予知に利用されています。

残念ながら、獣医学領域ではこの分野の研究はまだ始まったばかりであり、今後の研究の進展が待たれています。

（町田　登）

腫瘍の治療

良性腫瘍のほとんどは、外科的切除（手術療法）により良好な予後、すなわち永久的な治癒が得られます。

一方、悪性腫瘍の治療法としては手術療法や放射線療法、化学療法、免疫療法などがあり、最近ではこれらの治療法を複数組み合わせた集学治療により治療成績が向上しています。これらの治療法のなかで、もっとも確実で良好な治療成績が期待できるのが手術療法です。しかし、手術療法の適用範囲はあくまでも癌《がん》が発生した局所に限られているので、肺を含めた他の臓器や組織への転移がみられるような例では、根治を目途とした治療方法にはなりえません。

放射線療法は、一部の癌に対しては根治的効果を期待できます。しかし、照射可能な臓器や組織がある程度限られているので、多くは手術療法との併用療法あるいはその補助療法として術前、術中、術後に用いられます。

一方、主に全身療法として用いられる化学療法は、悪性《あくせい》リンパ腫《しゅ》や白血病を除いては、単独で根治的な効果をあげることは期待できません。免疫療法とともに現時点では補助療法あるいは併用療法として用いられています。

手術療法

癌治療の原則は、癌巣《がんそう》をできるだけ早期に発見し、その周囲の健常部組織も含めて広範に切除することです。癌細胞《がんさいぼう》を少しでも取り残すことがあれば、それらの細胞から必ず癌が再発することになるからです。また、癌の発生部位の近くに位置するリンパ節には、転移病巣が形成されることが多いので、これらのリンパ節も同時に切除する必要があります。

このような手術療法は、遠隔転移がみられず、発生場所が限られた癌に対する治療法としてもっとも適しており、一般には根治的治療を目的に実施されます。しかし、根治の望めない場合であっても、一時的な疼痛《とうつう》の軽減や出血源の除去、閉塞や穿孔《せんこう》による危急状態の回避など、QOL（生活の質）の向上を目指したり、あるいは化学療法を実施するための腫瘍細胞の減量を目的として原発巣を切除することもあります。

放射線療法

放射線療法は、頭頸部《とうけいぶ》や皮膚、皮下組織、外部生殖器などに発生した限局性の癌に対して効力を発揮します。しかし、一般には手術療法の術前、術中、術後に併用療法や補助療法として用いられます。

また、疼痛が著しい例や手術が不可能な例に対して、QOL改善のために使用されることもあります。現在、線加速装置（リニアック）やベータトロンから得られる高エネルギーX線や電子線、60Co遠隔治療装置による高エネルギーγ線など、大線源による外部照射法が実施されています。

化学療法

化学療法は、悪性リンパ腫や白血病のようなリンパおよび造血器系組織の腫瘍に対してきわめて有効であり、それらの治癒を期待できることもあります。しかし、これ以外の腫瘍に対しては、劇的な効果は望めず、多くの場合、化学療法のみで延命効果を期待することはできません。

したがって、化学療法は多くの場合、腫瘍の縮小を目的に手術前後の補助療法や放射線との併用療法の形で用いられます。現状では、癌細胞のみに作用する抗《こう》癌剤《がんざい》がないため、抗癌剤を投与すると正常細胞にも障害が生じ、少なからず副作用が引き起こされます。そこで、薬物による副作用の軽減や抗腫瘍効果《こうしゅようこうか》の増強、薬物に対する耐性発現の防止のため、何種類かの薬物を併用（多剤併用療法）するのが一般的です。抗癌剤としてはアルキル化薬や代謝拮抗薬《たいしゃきっこうやく》、アルカロイド系薬物、抗生物質、トポイソメラーゼ阻害薬、白金製剤などがあります。

免疫療法

細菌菌体製剤《さいきんきんたいせいざい》や植物配糖体《しょくぶつはいとうたい》、インターフェロン、リンホカインなどの生物学的免疫賦活製剤《めんえきふかつせいざい》を投与することによって免疫能を高め、癌を排除しようとする試みが免疫療法です。この方法では、癌に対するその動物の生物学的反応が増強され、癌細胞が駆逐されます。免疫療法は現在のところ、ほかの治療法との併用療法や補助療法の形で用いられています。

その他の治療法

癌細胞が高温に弱いことを利用し、局所的あるいは全身的に熱を作用させ、癌細胞に障害を与えようとするのが温熱療法です。この方法は、癌細胞に対する放射線療法や化学療法の毒性効果を高めるため、補助療法として用いられます。

このほか、ホルモン感受性の癌に対して、外科的切除や薬物投与を行い、ホルモンの働きを止めて治療効果を引き出すようにする内分泌療法もあります。

（町田　登）

腫瘍の病期と予後

癌の予後は、その大きさや発育速度、周囲組織への浸潤の程度、他の臓器や組織への転移（遠隔転移）の有無などによって大きく異なります。このような癌の進行程度を病期といい、病期と予後とはかなり高い相関を示します。一般に広く用いられている癌の病期分類は、癌の大きさと周囲組織への浸潤の程度（T）、リンパ節への転移の有無と程度（N）、遠隔転移の有無（M）の三つの因子を指標としたTNM分類です。これらTNMの組み合わせによって、病期は4段階に分けられます。この分類法は、臨床所見に基づいた分類で、治療方針の決定や予後判定に役立てられています。

癌の予後にかかわるもう一つの因子は臓器因子です。乳腺《にゅうせん》や甲状腺《こうじょうせん》の癌は、体表近くに発生するため比較的早期に発見され、診断や手術手技が容易で、生命を即刻脅かすような類のものは多くありません。一方、肺癌《はいがん》や肝癌《かんがん》のように体内に発生する癌は、発見された段階ですでにかなり進行していて、手術の適応を超えているものが少なくありません。また、手術を行っても、それによって大きな傷害が発生し、生命への危険性も高くなります。

（町田　登）

イヌおよびネコに好発する腫瘍

イヌに高率に発生する腫瘍には、乳腺《にゅうせん》腫瘍《しゅよう》（混合腫瘍《こんごうしゅよう》、腺腫、腺癌）、精巣腫《せいそうしゅ》瘍《よう》（セルトリ細胞腫《さいぼうしゅ》、精上皮腫《せいじょうひしゅ》、間細胞《かんさいぼう》腫《しゅ》）、皮膚や皮下の腫瘍（肛門周囲腺腫《こうもんしゅういせんしゅ》、脂腺腺腫《しせんせんしゅ》、毛芽腫《もうがしゅ》、脂肪腫《しぼうしゅ》、皮膚組織球《ひふそしききゅう》腫《しゅ》、肥満細胞腫《ひまんさいぼうしゅ》、黒色腫《こくしょくしゅ》）、リンパ系や造血器系の腫瘍（リンパ腫、白血病）などがあります。また、やや高めの発生率を示す腫瘍として、肝癌、小腸癌、鼻腔《びくう》内腫瘍《ないしゅよう》（腺癌、扁平上皮癌、未分化癌《みぶんかがん》）、口腔内腫瘍《こうくうないしゅよう》（扁平上皮癌、黒色腫、線維肉腫）、骨肉腫《こつにくしゅ》、卵巣腫瘍《らんそうしゅよう》（顆粒膜細胞《かりゅうまくさいぼう》腫《しゅ》、嚢胞腺腫《のうほうせんしゅ》、嚢胞腺癌《のうほうせんがん》）、膵癌《すいがん》、肺癌、甲状腺癌《こうじょうせんがん》、心臓腫瘍《しんぞうしゅよう》（血管肉腫、心底部《しんていぶ》腫瘍《しゅよう》）などがあげられます。

一方、ネコで高率に認められる腫瘍は、リンパ系および造血系の腫瘍ですが、やや高めの発生率を示すものとして皮膚や皮下の腫瘍（扁平上皮癌、線維肉腫）、乳腺癌、口腔内腫瘍、骨肉腫などが知られています。

（町田　登）

腫瘍の各型

良性の上皮性腫瘍

●乳頭腫

皮膚や口腔《こうくう》、咽頭《いんとう》および喉頭《こうとう》、消化管、鼻腔《びくう》、膀胱《ぼうこう》などの表面を覆う上皮に由来します。肉眼的にいぼ状または乳頭状、樹枝状またはカリフラワー状を呈して増殖する良性腫瘍で、大きさはまちまちです。若齢犬では乳頭腫ウイルスの感染によって口腔粘膜や生殖器粘膜に乳頭腫が多発することがあります。

●腺腫

各種の外分泌腺《がいぶんぴつせん》や内分泌腺《ないぶんぴつせん》、肝臓、腎《じん》臓《ぞう》などの腺性組織《せんせいそしき》に発生する腺上皮由来《せんじょうひゆらい》の腫瘍です。正常な腺組織《せんそしき》に似た組織構造（管状、腺房状《せんぼうじょう》または濾胞状《ろほうじょう》）をしています。通常、肉眼的に結節状を示しますが、管腔臓器《かんくうぞうき》の粘膜面に発生するものは、ポリープ状または乳頭状になっていることもあります。分泌物が多量に貯留し、腺管《せんかん》が嚢胞状《のうほうじょう》に拡張したものが嚢（腺）腫です。雌イヌの乳腺や雄イヌの肛門周囲腺《こうもんしゅういせん》に多く発生します。

●上皮腫

皮膚付属器（毛包、脂腺）の上皮に由来する腫瘍で、毛包上皮腫《もうほうじょうひしゅ》、脂腺上皮腫などが含まれます。いずれもイヌやネコの皮膚に発生します。

悪性の上皮性腫瘍（癌腫）

●扁平上皮癌

組織学的に重層扁平上皮《じゅうそうへんぺいじょうひ》に類似した構造を示す悪性腫瘍で、多くは皮膚や口腔《こうくう》粘膜《ねんまく》など、重層扁平上皮に覆われている部位から発生します。しかし、気管支や鼻腔および副鼻腔《ふくびくう》の円柱上皮や膀胱の移行上皮が扁平上皮化《へんぺいじょうひか》し、そこから発生することもあります。

この癌は、初めは丘疹状《きゅうしんじょう》の小隆起病巣として生じますが、病巣の拡大とともに、表面が自壊して不整形な潰瘍《かいよう》を形成するようになります。一般に、皮膚の扁平上皮癌は発育が遅く、所属リンパ節への転移はかなり進行した段階でないと認められませんが、粘膜に発生したものは増殖速度が速く、比較的早い段階から所属リンパ節への転移が起こります。扁平上皮癌は、とくに毛色が白く青色の眼のネコの耳翼や眼瞼《がんけん》、鼻端に多く発生します。

移行上皮癌は、膀胱や尿管、腎盂《じんう》などに発生し、移行上皮によく似た組織形態をしています。移行上皮は扁平上皮《へんぺいじょうひ》と円柱上皮の中間的な構造をもつ組織ですが、移行上皮癌は現在は扁平上皮癌の特殊型として位置づけられています。この腫瘍はイヌの膀胱に多く発生します。

●腺癌

組織学的に、腺管《せんかん》に似た構造を形成する悪性腫瘍です。消化管や気道粘膜の腺《せん》上皮《じょうひ》、さらには乳腺、唾液腺《だえきせん》、膵臓《すいぞう》、前《ぜん》立腺《りっせん》などの腺房《せんぼう》や腺管上皮《せんかんじょうひ》など、腺のあるところならどこにでも発生する可能性があります。腺癌の腫瘍細胞は、隣接するリンパ管や血管内へ容易に侵入し、所属リンパ節ならびに他の臓器や組織への転移を起こします。そのため一般的には、扁平上皮癌に比べて悪性度が高くなります。イヌとネコで発生しやすい部位はもっぱら乳腺です。呼吸器、消化器、生殖器における発生はそれほど多くありません。

良性の非上皮性腫瘍

●線維腫

線維細胞や線維芽細胞《せんいがさいぼう》と、それらが産生した膠原線維《こうげんせんい》から構成される良性腫瘍です。外形はいぼ状や結節状、有茎状など様々ですが、その多くは周囲組織との境界が明瞭《めいりょう》です。また、腫瘍組織内に含まれる膠原線維の量によって硬さが異なっています。イヌの皮膚や皮下組織、腟《ちつ》などに多く発生します。

●脂肪腫

成熟した脂肪細胞から構成される良性腫瘍で、多くは高齢動物の皮下組織に発生します。可動性で柔軟なドーム状隆起を形成します。割面は、灰白色ないしは黄白色で、正常な脂肪組織とほとんど区別がつきませんが、薄い線維性被膜をもっている点が異なります。皮下組織のほかに腸間膜や大網、腸管粘膜下組織、後腹膜などにも発生します。

一方、脂肪腫のなかには、被膜をもたずに隣接する筋組織内へ活発に浸潤し、最終的に腫瘍性の脂肪組織が筋組織のほとんどを占めてしまうものもあります。この種の脂肪腫は浸潤性脂肪腫《しんじゅんせいしぼうしゅ》と呼ばれ、良性腫瘍であるにもかかわらず、外科的切除後にしばしば再発します。

●軟骨腫《なんこつしゅ》

成熟した軟骨細胞から構成される良性腫瘍で、発生頻度は高くありません。肉眼的に結節状または塊状をなし、軟骨特有の弾力性のある硬さを示します。割面は、正常な硝子軟骨に似た青白色ないしは乳白色であり、ときに粘液のように見えるものもあります。一般に、既存の軟骨組織、すなわち関節軟骨や肋軟骨《ろくなんこつ》、気管および気管支の軟骨、肺の軟骨から発生しますが、まれに軟骨の存在しない臓器や組織に生じることもあります。

●骨腫《こつしゅ》

成熟した骨組織の性状を示す良性腫瘍で、発生頻度は高くありません。ほとんどは顎骨《がくこつ》や頭蓋骨《とうがいこつ》、顔面骨、四肢骨などの骨系統に発生しますが、きわめてまれに骨とは関係のない場所に生じることもあります。

●脊索腫《せきさくしゅ》

脊索《せきさく》（胎生期の脊椎形成《せきついけいせい》の原基）の遺残組織に由来する腫瘍です。フェレットの尾端部によくみられますが、イヌやネコでの発生はまれです。脊柱《せきちゅう》（とくに仙尾、尾骨）や頭蓋底部《とうがいていぶ》に発生し、しばしば局所を破壊しつつ発育します。

●血管腫

成熟した血管を主成分とする良性腫瘍で、血管腔《けっかんくう》の広さや血管壁の構造によって毛細血管腫《もうさいけっかんしゅ》や海綿状血管腫《かいめんじょうけっかんしゅ》、蔓状血管《つるじょうけっかん》腫《しゅ》などに区別されます。海綿状血管腫は、とくにイヌの皮膚や皮下組織によくみられますが、その発生には長期間にわたる過剰な太陽光線への暴露が関与しています。なお、血管腫には腫瘍というよりもむしろ先天性の組織奇形に分類されるべきものも少なくありません。

●**リンパ管腫《かんしゅ》**

拡張したリンパ管を主成分とする良性腫瘍で、発生頻度はきわめて低いです。皮膚や皮下組織、筋間、腸間膜、粘膜などに生じ、管腔の拡張の程度により単純性や海綿状、嚢胞状《のうほうじょう》などに区別されます。血管腫と同様、多くは先天性の組織奇形に分類されるべきものです。

●**平滑筋腫**

成熟平滑筋から構成される良性腫瘍で、一般に結節状で硬く、線維性の被膜をもっています。多くは中年齢から高齢のイヌやネコの胃や腸管、子宮、膣、会陰部に発生します。また、皮膚や皮下組織の立毛筋や血管壁の平滑筋を発生母組織とするものもあります。

●**横紋筋腫《おうもんきんしゅ》**

成熟横紋筋から構成される良性腫瘍ですが、幼若動物や胎子にも発生がみられることから、真の腫瘍というよりも組織奇形の性格が強いとされています。きわめてまれな腫瘍で、イヌの心筋や舌、喉頭、ネコの耳介、モルモットの心筋での発生が知られています。

悪性の非上皮性腫瘍（肉腫）

●**線維肉腫**

線維芽細胞に由来する悪性腫瘍で、紡錘形の腫瘍細胞間に膠原線維を携えています。イヌやネコの皮膚や皮下組織に発生することが多いのですが、歯肉や骨、鼻腔、副鼻腔などに形成されることもあります。ネコの皮膚や皮下組織に発生する線維肉腫は、ワクチンの皮下接種（ワクチン関連肉腫《かんれんにくしゅ》）や猫白血病ウイルスや猫肉腫《ねこにくしゅ》ウイルスの感染に起因する可能性があります。この腫瘍は、外科的に切除しても、高率に再発しますが、転移は比較的少ないとされています。

●**脂肪肉腫**

脂肪細胞に由来する悪性腫瘍で、高齢犬の四肢や胸部の皮下組織などに発生します。ただし、発生頻度はそれほど高くありません。肉眼的に結節状の形態をとりますが、しばしば深部の筋膜や筋組織内にまで腫瘍が波及し、肺や肝臓へ転移することもあります。

●**軟骨肉腫《なんこつにくしゅ》**

軟骨基質の形成がみられる軟骨細胞に由来する悪性腫瘍で、骨原発腫瘍《こつげんぱつしゅよう》のなかでは二番目に発生率が高い（原発性骨《げんぱつせいこつ》腫瘍《しゅよう》の5〜10％）とされ、イヌでは中年齢以上の大型犬種に多くみられます。ただし、ネコでの発生は比較的まれです。扁平骨《へんぺいこつ》に生じることが多く、このほか、鼻腔や肋骨《ろっこつ》、長骨、骨盤骨に発生したり、骨とは無関係な部位に形成されることもあります。悪性度の高いものでは頻繁に転移がみられます。

●**骨肉腫**

類骨や骨形成がみられる悪性腫瘍で、骨原発腫瘍のなかでもっとも発生率が高い（原発性骨腫瘍の85％以上）とされています。大型犬の長管骨、とくに橈骨《とうこつ》遠位部や上腕骨近位部、大腿骨《だいたいこつ》遠位部、脛《けい》骨《こつ》近位部などによく発生します。転移性がきわめて高く、診断時にほとんどの例ですでに肺に転移しています。ただし、ネコでの発生はイヌほど多くはなく、悪性度もイヌの場合より低いようです。

●**血管肉腫**

血管内皮細胞に由来する悪性腫瘍で、血管によく似た空隙《くうげき》の形成を伴います。中年齢から高齢の犬の右心房や脾臓《ひぞう》、肝臓、皮膚および皮下組織、骨に発生します。イヌではとくにジャーマン・シェパード・ドッグやボクサー、ゴールデン・レトリーバーなどによくみられます。ネコでの発生は、イヌに比べてはるかに少ないようです。悪性度はきわめて高く、全身の諸臓器に転移病巣を形成します。

●**リンパ管肉腫《かんにくしゅ》**

リンパ管内皮細胞に由来する悪性腫瘍で、リンパ管によく似た空隙の形成を伴います。若齢のイヌやネコにまれにみられます。通常は皮下組織に発生しますが、肝臓や心膜、鼻咽頭部《びいんとうぶ》に生じることもあります。皮下腫瘤《ひかしゅりゅう》は柔軟で嚢胞状になり、皮下に広範な浮腫《ふしゅ》が形成されたり、皮膚に形成された瘻管《ろうかん》からリンパ液が漏出したりします。周囲の組織に浸潤したり、転移を起こすことも比較的多いようです。

●**平滑筋肉腫**

平滑筋細胞に由来する悪性腫瘍で、発生頻度はそれほど高くありませんが、ときに中年齢から高齢のイヌとネコの消化管（食道、胃、腸管）に認められます。また、脾臓や皮下組織、子宮、膣、外陰部などに生じることもあります。腫瘤《しゅりゅう》は硬く、割面は白色で線維組織によって区画された分葉状構造がみられます。しばしば発生部位からその周囲へ浸潤しますが、転移は比較的少ないようです。

●**横紋筋肉腫《おうもんきんにくしゅ》**

横紋筋細胞に由来する悪性腫瘍で、若齢犬の膀胱に発生する例が多く知られています。セント・バーナードなどの大型犬種の雌に多発する傾向がみられますが、発生頻度はすべての膀胱腫瘍《ぼうこうしゅよう》の1％未満です。ネコでの発生はきわめてまれです。周囲への浸潤性が高く、肺や肝臓、脾臓、腎臓などへの転移もみられます。

●**滑膜肉腫《かつまくにくしゅ》**

未分化間葉系細胞に由来する悪性腫瘍で、関節近くに発生し、関節や骨を破壊しながら増殖します。一般に発生はまれですが、中年齢の大型犬に比較的多く発生する傾向がみられます。よく発生する部位は膝関節《しっかんせつ》で、肘関節《ちゅうかんせつ》がこれに次ぎます。外科的に切除を行っても、その後に再発することが多く、また、遠隔転移も頻繁にみられます。

混《こん》合《ごう》腫《しゅ》瘍《よう》

腫瘍の実質が2種類以上の異なった組織成分からなるものをいいます。その多くは、様々な方向に分化する能力を備えた多潜能細胞に由来します。腫瘍を構成する組織成分によって、非上皮性混合腫瘍《ひじょうひせいこんごうしゅよう》、上皮性非上皮性混合腫瘍《じょうひせいひじょうひせいこんごうしゅよう》、三胚葉性《さんはいようせい》混合腫瘍《こんごうしゅよう》の三つに分類されます。

●非上皮性混合腫瘍（間葉腫《かんようしゅ》）

2種類以上の非上皮性（間葉系）組織が混在する腫瘍で、構成要素には脂肪成分や骨成分、軟骨成分、筋成分、血管成分などが含まれます。

●上皮性非上皮性混合腫瘍

上皮性組織と非上皮性組織の両方が腫瘍の実質を構成しているもので、代表的な例としてイヌの乳腺混合腫瘍《にゅうせんこんごうしゅよう》や子宮の腺筋腫《せんきんしゅ》、腎芽腫《じんがしゅ》、癌肉腫《がんにくしゅ》などがあげられます。

●三胚葉性混合腫瘍（奇形腫《きけいしゅ》）

内胚葉《ないはいよう》と中胚葉《ちゅうはいよう》、外胚葉《がいはいよう》に由来する組織（皮膚、筋組織、脂肪組織、骨組織、軟骨組織、消化管や呼吸器の上皮、内分《ないぶん》泌腺《ぴっせん》、外分泌腺《がいぶんぴっせん》、神経組織）が一つの腫瘍の中に同時に見いだされるもので、卵巣や精巣、後腹膜などによく発生します。

造血器系の腫瘍

骨髄系の造血細胞が腫瘍性に増殖したもの（骨髄系腫瘍《こつずいけいしゅよう》）と、リンパ節やリンパ装置、脾臓、胸腺《きょうせん》に発生した腫瘍（リンパ系腫瘍《けいしゅよう》）に大別されます。代表的なものは次の通りです。

①骨髄系腫瘍…骨髄性白血病、単球白血病、悪性細網症

②リンパ系腫瘍…リンパ腫、リンパ性白血病、形質細胞腫《けいしつさいぼうしゅ》、胸腺腫《きょうせんしゅ》、ホジキン（様）病

神経組織の腫瘍

神経組織の腫瘍は、それが由来する細胞によって次のように分類されています。代表的なものは次の通りです。

①神経細胞の腫瘍…髄芽腫《ずいがしゅ》

②神経上皮の腫瘍…上衣腫《じょういしゅ》

③膠細胞《こうさいぼう》の腫瘍…星状膠細胞腫《せいじょうこうさいぼうしゅ》、希突起《きとっき》膠細胞腫《こうさいぼうしゅ》、膠芽腫《こうがしゅ》

④末梢神経《まっしょうしんけい》の腫瘍…神経鞘腫《しんけいしょうしゅ》、神経線維《しんけいせんい》腫《しゅ》、悪性末梢神経鞘腫瘍《あくせいまっしょうしんけいしょうしゅよう》

⑤髄膜の腫瘍…髄膜腫《ずいまくしゅ》

⑥松果体およびト垂体の腫瘍…松果体《しょうかたい》腫《しゅ》、下垂体腺腫《かすいたいせんしゅ》

（町田　登）

皮膚および皮下組織の腫瘍《しゅよう》

表皮の腫瘍《しゅよう》

扁《へん》平《ぺい》上《じょう》皮《ひ》癌《がん》

初期には、表皮の日焼けした部分に皮膚炎が起こり、被毛が抜け、皮膚の白い部分に病巣が発生します。外見の形態は硬く、隆起した潰瘍《かいよう》を伴うものや痂皮《かひ》を形成するもの、赤い潰瘍を形成するものまで様々です。イヌでは頭部と腹部、会陰部によく発生します。ネコでは耳翼、まぶた、鼻鏡部によく発生し、眼青色の白被毛のネコによくみられるといわれています。病変が進むと病変部に潰瘍が生じ、ネコでは両耳翼に病巣を生じるものがあります。

診断は、肉眼的な所見と患部の組織採取による病理診断に基づいて行います。扁平上皮癌は周囲に広がりやすいため、治療に際しては正常組織も含めて広く手術によって切除しなければなりません。また、付属リンパ節を採取することもあります。なお、切除した組織については病理学的検査を行い、診断を確定します。このほか、放射線による治療も、ある程度の効果が確認されています。また、イヌでは、腫瘍の摘出後にシスプラスチンによる化学療法を行うと有効であることが知られています。

鼻鏡やまぶたなど、広範な切除ができない部位に腫瘍が発生している場合は、再発が起こりやすく、リンパ管経由で付属リンパ節や肺に転移します。

（赤木哲也）

基《き》底《てい》細《さい》胞《ぼう》腫《しゅ》

イヌでは硬い隆起した結節として、7歳前後から発生がみられます。発生部位は頭部が圧倒的に多く、次いで頸部《けいぶ》、四肢、胸、背、腹部、尾、会陰部の順です。大多数は1～5㎝程度の大きさで、皮下織の上部に可動性の腫瘤《しゅりゅう》を形成します。

一方、ネコの基底細胞腫の外貌《がいぼう》は、イヌとはかなり違い、大部分は硬く充実性ですが、一部には柔らかい嚢胞状《のうほうじょう》の基底細胞腫もあります。

イヌとネコの基底細胞腫は、外科的切除によって治療します。再発や転移はないといわれていますが、ネコでは一部に基底細胞腫から基底細胞癌《きていさいぼうがん》への移行がみられることがあります。

（赤木哲也）

メラノサイトの腫瘍《しゅよう》

メラノサイトとは、メラニン色素形成をする細胞のことで、メラノサイトに発生する腫瘍がメラノーマです。イヌには良性と悪性のメラノーマが発生します。良性メラノーマは、被毛が存在する皮膚から生じますが、悪性メラノーマは皮膚粘膜接合部（たとえば唇、眼瞼部《がんけんぶ》など）や口腔《こうくう》内、爪下《そうか》部に発生します。悪性メラノーマは、急激に増殖することが多く、局所の浸潤やほかの臓器への転移も多くみられます。

ネコでは、メラノーマの発生はまれであり、良性と悪性を分ける特別な基準はありません。

診断は臨床所見と摘出した組織の病理組織検査によって行います。

治療は、ほかの腫瘍と同様に、正常組織も含めて大きく切除します。とくに、ネコのメラノーマは広範にわたって外科的に切除することによって治療が可能です。ただし、口腔内に発生したものは完全に切除することが不可能であったり、肢端部に発生した場合は断脚を余儀なくされることもあります。切除後に放射線療法を行うこともありますが、悪性の場合は進行が速いため、予後は不良です。

（赤木哲也）

皮膚付属器の腫瘍《しゅよう》

毛《もう》包《ほう》上《じょう》皮《ひ》腫《しゅ》

バセット・ハウンドには多発性の真皮《しんぴ》内毛包上皮腫《ないもうほうじょうひしゅ》を生じる素因があり、遺伝的あるいは家族性であると考えられています。

この腫瘍は背部と頸部《けいぶ》、尾によくみられる傾向があり、雄より雌における発生頻度が著しく高いことが知られています。毛包上皮腫は、広範囲の切除によって治療します。

（赤木哲也）

毛《もう》母《ぼ》腫《しゅ》

毛基質腫《もうきしつしゅ》、毛包基質腫《もうほうきしつしゅ》、マルベルベの石灰上皮腫《せっかいじょうひしゅ》とも呼ばれ、若い成犬の背部と頸部、尾によくみられます。腫瘤《しゅりゅう》は真皮皮下組織に生じ、触診すると非常に硬く感じられます。肉眼的に診断することが難しいため、病理組織検査によって診断します。この腫瘍は、正常組織との境界が明瞭《めいりょう》で、外科的に切除でき、再発はまれです。

（赤木哲也）

皮《ひ》内《ない》角《かく》化《か》上《じょう》皮《ひ》腫《しゅ》

扁平上皮乳頭腫《へんぺいじょうひにゅうとうしゅ》、角化棘細胞腫《かくかきょくさいぼうしゅ》とも呼ばれます。この腫瘍は真皮と皮下織内に発生し、大部分は膨張性の発育を示します。背部と尾によく起こり、多くの場合、多発性腫瘍《たはつせいしゅよう》として発生することが特徴です。腫瘍が発生した皮膚には小孔ができ、その内部は灰褐色の角化性凝集物によって満たされていて、内容物を絞り出すことができます。単発型の腫瘍は外科的切除が可能ですが、多発性の場合は、すべてを切除するのは不可能であり、摘出してもまた新しい腫瘍が発育します。

（赤木哲也）

皮《ひ》脂《し》腺《せん》腫《しゅ》

皮膚に発生し、外部膨張性および浸潤性の成長を示します。そして、成長の結果、外傷による潰瘍《かいよう》を作ることがあります。この場合、被毛は失われ、色素沈着が起こります。また、増殖部の周辺の表皮は、毛が存在する正常部の皮膚と混ざり合っています。イヌでは頭部に多発し、通常は2個かそれ以上発生します。一方、ネコでは皮脂腺腫の発生は少なく、発生する場合は、頭部や背部に原発する真皮内の塊状の腫瘍として認められます。い

ずれも外科的に切除することによって治療し、再発はほとんど起こりません。

（赤木哲也）

マイボーム腺《せん》腫《しゅ》

マイボーム腺《せん》とは、皮脂腺《ひしせん》が変化したもので、眼瞼《がんけん》の内表面に存在し、この腺《せん》の産出物はまぶたの縁の部分に分泌されます。マイボーム腺の腫瘍は、外部に膨張していく性質と内部に侵入していく性質をもち、外部に増殖すると腫瘍部分が突出し、潰瘍《かいよう》化して角結膜炎を起こすことがあります。また、内部に侵入した病変は眼瞼組織《がんけんそしき》中に広がり、表皮表面を突出させ、塊状腫瘤《かいじょうしゅりゅう》として認められます。メラニンの沈着がみられ、外見だけではメラノーマと区別できません。なお、ネコではマイボーム腺腫はほとんど発生しません。外科的に摘出を行って治療しますが、大きいものは皮膚欠損を伴うため、皮膚弁を作ってこれを覆います。

（赤木哲也）

肛《こう》門《もん》周《しゅう》囲《い》腺《せん》腫《しゅ》

イヌのみにみられ、中年齢以上の去勢していないものに多発します。この腫瘍は、肛門《こうもん》周囲部で結節状に発育します。組織が菲薄《ひはく》化することに加え、外傷などを受けると潰瘍となり、ときに激しい出血を起こすことがあります。肛門以外には、尾の背側部や後肢の後面部、腹部、包皮周囲皮膚、腰部、頭部に発生することがあります。治療は、外科的切除によって行いますが、進行して肛門全周に腫瘍が及んだ場合は、肛門周囲組織を全切除しなければなりません。なお、切除後に腫瘤が発生することがありますが、発生した腫瘤は再発ではなく、隣接部分から生じた新しい腫瘍です。肛門周囲腺腫は性ホルモンの影響を受けていると考えられるため、去勢も併せて行います。

（赤木哲也）

アポクリン腺《せん》腫《しゅ》（癌《がん》）

アポクリン腺腫は、真皮や皮下織に発生する腫瘍です。正常の表皮に覆われていて軟らかく、境界部は明瞭で、大きさは直径0・4〜0・5㎜ほどです。ネコではこの腫瘍の多くは頭部に発生します。外科的に切除することで治療が可能です。多くは単発性ですが、まれに多発性もあり、その場合も同様に切除します。

一方、アポクリン腺癌の場合は様子が違い、発生初期で広範囲の切除を行えば治療が可能ですが、多くは付属リンパ節に転移を起こしています。現段階では外科的摘出後の治療法は確立されていませんが、数種類の化学療法薬を組み合わせると効果がみられると考えられています。

（赤木哲也）

肛《こう》門《もん》嚢《のう》アポクリン腺《せん》癌《がん》

肛門腺癌《こうもんせんがん》、直腸周囲腺癌《ちょくちょうしゅういせんがん》、アポクリン腺《せん》由来の肛門周囲腫《こうもんしゅういしゅ》などとも呼ばれています。この腫瘍の多くはイヌにみられ、ネコでの発生はきわめて少ないといわれています。肛門嚢《こうもんのう》の壁には多数のアポクリン腺が存在し、長い管を経て肛門嚢と連絡していますが、この肛門嚢のアポクリン腺から腫瘍が発生します。発生部位は肛門の腹側外側部で、大きさは様々です。腫瘍は硬く、皮膚は膨隆し、被毛の消失や紅斑《こうはん》がみられます。全身的な症状として、上皮小体過形成による多飲多尿、元気消失といった症状がみられることもあります。腫瘍が直腸に広がると、排便が困難になります。この腫瘍は悪性で転移しやすく、肺と脾《ひ》によく転移します。治療は患部の外科的な切除に加え、さらなる転移を防ぐために侵されたリンパ節も切除します。

（赤木哲也）

非上皮性の腫《しゅ》瘍《よう》

線《せん》維《い》（肉《にく》）腫《しゅ》

皮膚線維腫《ひふせんいしゅ》は、多量のコラーゲンを産生する線維芽細胞と線維細胞の腫瘍です。線維腫《せんいしゅ》はイヌのみに発生し、ネコでは線維細胞腫《せんいさいぼうしゅ》が生じます。線維腫は四肢や下腹部の皮膚に生じます。この腫瘍は真皮内に形成され、その後、皮下織に広がります。直径は1〜5㎝です。良性で、外科的切除によって治療します。再発はほとんどありません。

皮膚線維肉腫《ひふせんいにくしゅ》は線維芽細胞の悪性腫瘍《あくせいしゅよう》で、ネコに多発し、イヌにはあまりみられません。肉腫《にくしゅ》の外見は様々です。成長の早さは一定ではなく、短期間で成長するものからゆっくり成長するものまで様々です。急速に発育する低分化型腫瘍《ていぶんかがたしゅよう》は、再発や転移を起こすことが多いといわれています。

ネコの皮膚線維肉腫は猫白血病ウイルス（FeLV）と猫肉腫《ねこにくしゅ》ウイルス（FeSV）との関連が考えられています。有効な治療法はまだ見つかっていませんが、現状では広範な外科的摘出と放射線療法による治療を行います。（赤木哲也）

悪《あく》性《せい》線《せん》維《い》性《せい》組《そ》織《しき》球《きゅう》腫《しゅ》

バーニーズ・マウンテン・ドッグ、ロットワイラー、ゴールデン・レトリーバーに発症しやすいといわれています。胸部と腹部、後肢の皮膚に結節がみられる場合や、皮膚には病変がなく、脾臓《ひぞう》や肝臓、リンパ節、肺、脊髄《せきずい》、骨などが侵される場合があります。この腫瘍では、次第に痩《や》せて衰弱していきます。臨床所見とバイオプシーによって診断しますが、有効な治療法はありません。（赤木哲也）

血《けっ》管《かん》周《しゅう》皮《ひ》腫《しゅ》

四肢の関節の上にもっとも多く発生します。このほか、胸骨付近と腹側にも発生しやすく、この場合は乳腺癌《にゅうせんがん》と間違うことがあります。この腫瘍は転移は少ないですが、切除部に高頻度に再発します。とくに大きく切除することが難しい部位に発生した場合に再発しやすくなっています。四肢に発生し、何度も再発を繰り返す場合は、断脚を行わなければならないこともあります。また、腫瘍の切除後は放射線の照射を行います。（赤木哲也）

血《けっ》管《かん》（肉《にく》）腫《しゅ》

発生数が多い腫瘍で、血管内皮への分化を示す細胞から構成される悪性腫瘍です。原発腫瘍《げんぱつしゅよう》がもっとも起こりやすいのは、脾臓と肝臓、右心耳で、皮膚や皮下織に病巣がある場合は、肺に転移していることが多いようです。治療には抗癌剤《こうがんざい》による各種の化学療法が行われていますが、予後は不良です。（赤木哲也）

脂《し》肪《ぼう》（肉《にく》）腫《しゅ》

脂肪細胞への分化を示す悪性腫瘍で、四肢と胸によく発生します。ただし、ネコにおける発生は少ないといわれています。悪性とはいうものの、多くは外科的切除後に再発は起こらず、転移もきわめて少ないようです。（赤木哲也）

肥《ひ》満《まん》細《さい》胞《ぼう》腫《しゅ》

イヌやネコに多発する腫瘍で、とくにイヌに多く発生し、生後6カ月齢頃から認められます。また、加齢とともに発生頻度が高くなる傾向があります。イヌの上半身よりも下半身（後肢、腹部、会陰、陰嚢《いんのう》など）に多く発生しますが、口腔《こうくう》内や消化管、呼吸器、生殖器などの内部臓器にも認められます。肥満細胞腫は、大きく未分化型、分化型、その中間型の三つに分類されており、そのなかでもとくに未分化型は悪性です。臨床的にはすべて悪性と考え処置します。長期間にわたって潜伏し、あるとき突然に急速な発育を始めることもあり、経過は一定しません。付属リンパ節に転移が起こるため、診断を確定するために外科的切除を前提にリンパ節の生検を行います。外科的切除や副腎皮質《ふくじんひしつ》ステロイド療法《りょうほう》、化学療法、放射線療法などが主な治療法となりますが、タイプによっては根治するのは現在のところ困難です。

ネコの場合は、様々な病状を示しますが、単発性肥満細胞を外科的に切除した場合は、長期間にわたって生存するといわれています。また、多発性の場合も、腫瘍の数が少なければ摘出が可能です。副腎皮質《ふくじんひしつ》ホルモン製剤《せいざい》による治療は、イヌほど効果的ではありません。（赤木哲也）

皮《ひ》膚《ふ》組《そ》織《しき》球《きゅう》腫《しゅ》

皮膚と皮下組織の腫瘍のなかで一番多く発生するものです。被毛を持たず、単

発性で、円形の隆起した小結節を真皮内に形成し、明るい赤色をしています。直径は1～2cmです。成長が速く、飼い主によって発見されやすい腫瘍です。ときに老犬にも認められますが、多くは4歳以下のイヌに発生します。発生しやすい部位は耳翼です。組織球腫《そしききゅうしゅ》は良性腫瘍《りょうせいしゅよう》ですが、前述の肥満細胞腫との鑑別が必要です。

（赤木哲也）

皮膚《ひふ》リンパ腫《しゅ》

イヌ、ネコともに発生がみられ、皮膚への腫瘍性《しゅようせい》リンパ球《きゅう》の浸潤を特徴とする悪性腫瘍です。大部分は進行性で、次々と皮膚に発生します。発生場所は決まっておらず、全身どこにでも発生し、単発性から多発性へと移行し、そして付属リンパ節や内臓へ転移します。

多くの場合、治療は困難で、様々な方法の化学療法が行われていますが、その効果は不確実です。

（赤木哲也）

皮膚《ひふ》プラズマ細胞腫《さいぼうしゅ》

皮膚内でプラズマ細胞への分化を示す細胞から構成される腫瘍です。主にイヌに発生しますが、まれにネコにも発生します。大部分は単発性で、真皮内の小結節として存在します。脱毛と隆起を示し、色は暗赤色です。イヌのプラズマ細胞腫《さいぼうしゅ》は良性腫瘍で、大きく切除すれば治癒します。しかし、非常にまれに再発が起こることもあるようです。

（赤木哲也）

循環器系の腫瘍《しゅよう》

心臓の腫瘍《しゅよう》

心臓における腫瘍の発生率は低く、イヌでは0・2％、ネコでは0・03％といわれています。心臓の腫瘍には、原発性と転移性があり、また悪性と良性がありますが、そのほとんどは原発性の悪性腫瘍です。心臓にできる腫瘍の種類は様々で、もっとも多い腫瘍が血管肉腫《けっかんにくしゅ》、2番目に多い腫瘍が大動脈小体腫瘍《だいどうみゃくしょうたいしゅよう》といわれています。その他に非《ひ》クロム親和性傍神経節腫瘍《しんわせいぼうしんけいせつしゅよう》（ケモデクトーマ）や、異所性甲状腺腫瘍《いしょせいこうじょうせんしゅよう》、リンパ腫などがあります。心臓腫瘍は通常右心房など心臓基底部といって心臓の上の方に発生することが多く、心基底部腫瘍《しんきていぶしゅよう》ということもあります。

原因

原因は不明ですが、ジャーマン・シェパード・ドッグやゴールデン・レトリーバーに多くみられ、中年齢から高齢のイヌに多く発生する傾向があります。

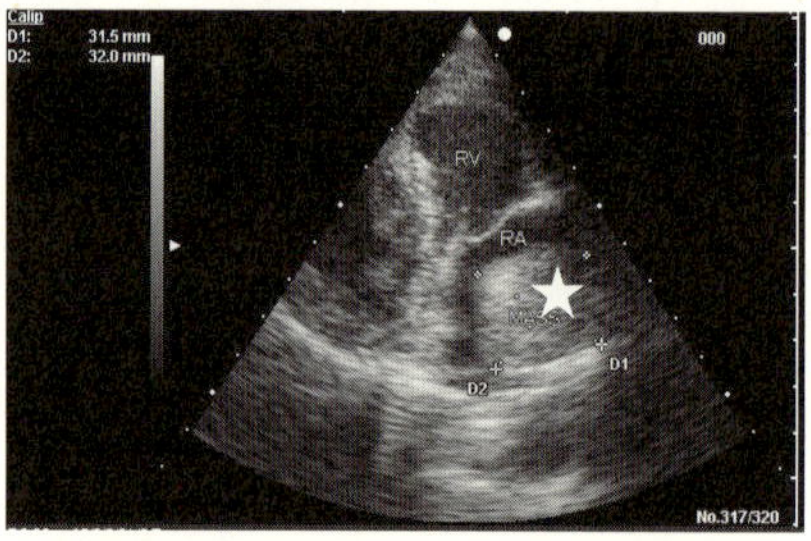

心エコー検査。右心房内まで浸潤した腫瘍（★）が認められる。この腫瘍は大動脈小体腫瘍であった

症状

心臓周囲に腫瘍ができるため、心臓が圧迫され（心タンポナーデ）、心不全を起こします。これにより咳《せき》や呼吸困難、倒れる、動きたがらない、元気がない、食欲がない、痩《や》せてきたなどの症状がみられます。

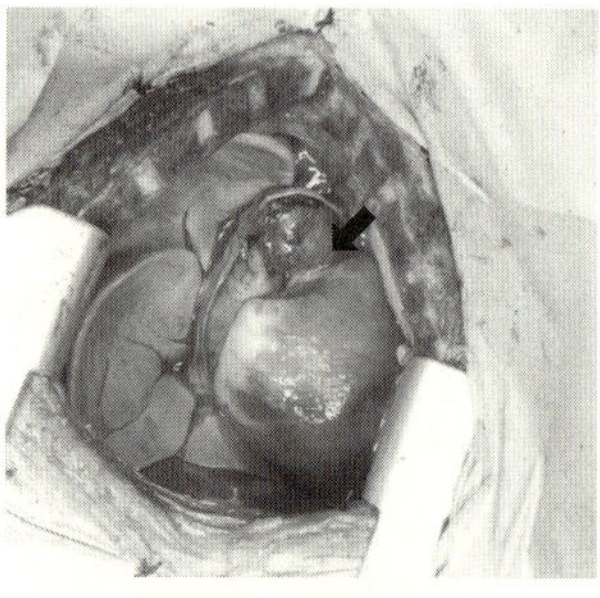
手術時の腫瘍（血管肉腫）（矢印）の様子。大動脈や肺動脈が出ている心臓の上側の部分より発生する

診断

胸部X線検査を行い、胸に水がたまっていないか（胸水）、心臓が大きくなっていないかを調べます。X線検査上、心臓が丸い形をしている場合は、心臓を包んでいる膜の中に水がたまり、心臓を圧迫している状態（心タンポナーデ）になっていることが疑われます。これは心臓の超音波検査によって確実に診断することができます。

治療

大きな心臓腫瘍を完全に切除すること

は非常に困難ですが、胸水や心タンポナーデがあれば、それらの水を抜く必要があります。とくに心タンポナーデを起こしている場合は、急死する可能性があるので、速やかな治療が必要です。心タンポナーデを繰り返す場合は、心臓を包んでいる膜を切除することにより、症状を大幅に緩和することができます。

また、腫瘍が心臓を圧迫し、心不全を起こしやすくなっているため、心臓病の治療も行わなければなりません。この目的のためには、アンジオテンシン変換酵素（ACE）阻害薬や利尿薬、血管拡張薬などを使用します。

なお、抗癌剤《こうがんざい》を使用する場合もあります。

予後

余命は数カ月です。しかし、心臓を包んでいる膜を取り除く手術を行い、心不全に対する内科治療を行えば、症状は緩和します。また一部の心臓腫瘍において、心膜切除により生存期間を伸ばすことがわかっています。

（高島一昭）

心膜の腫瘍《しゅよう》

心膜とは心臓を包み込んでいる膜のことで、心膜には心膜中皮腫《しんまくちゅうひしゅ》が発生します。

ネコの中皮腫

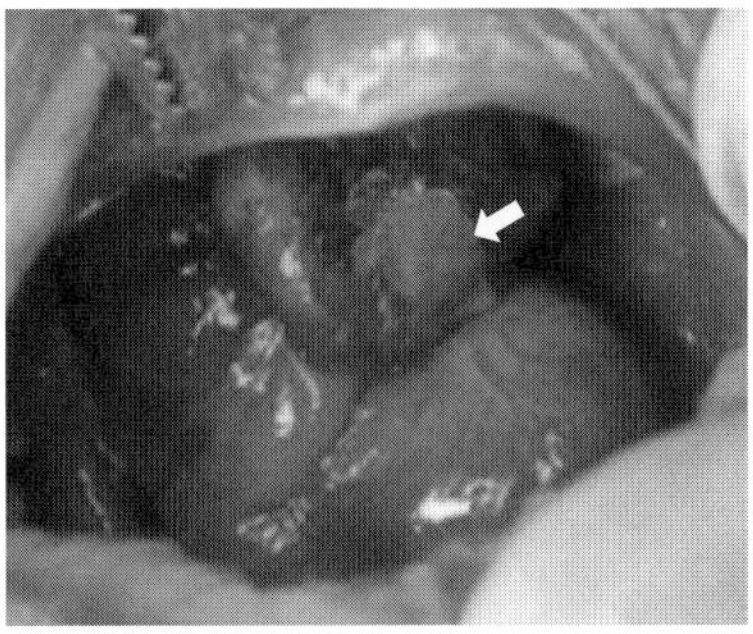

心膜中皮腫は、イヌ、ネコのどちらにも発生しますが、非常にまれな腫瘍で、イヌでの発生率は0・05～0・1％、ネコでの発生率は0・02％といわれています。

原因

イヌではアスベストや殺虫薬吸入による発症が知られています。中皮腫《ちゅうひしゅ》は、高齢のイヌに発生します。

症状

イヌ、ネコとも、中皮腫は胸腔《きょうくう》や心膜、腹腔《ふくくう》などに発生しますが、心膜に発生した場合は、咳《せき》、呼吸困難、倒れる、動きたがらない、元気がない、食欲がない、痩《や》せてきたなどの症状を示します。

診断

胸部X線検査を行い、胸部に水がたまっていないか（胸水）、心臓が大きくなっていないか、腹部に水がたまっていないか（腹水）などを調べます。X線検査上、心臓が丸い形をしている場合は、心臓腫瘍《しんぞうしゅよう》と同様に、心臓を包んでいる膜の中に水がたまり、心臓を圧迫している状態（心タンポナーデ）になっていることが疑われるため、心エコー検査を行って診断を確定します。また、この腫瘍は、塊状（結節性腫瘤《けっせつせいしゅりゅう》）になることが少ないとされているので、貯留液中の細胞を検査したり、手術により腫瘍を直接取って検査する必要もあります。

治療

腫瘍を完全に切除することは非常に困難ですが、胸水や心タンポナーデがあれば、それらの水を抜く必要があります。とくに心タンポナーデを起こしている場合は、急死する可能性があるので、速やかな治療が必要です。心膜に発生している中皮腫を心膜ごと切除することで、症状が大幅に緩和しますし、延命効果が期待できるといわれています。なお、抗癌剤《こうがんざい》を使用することもありますが、一般的に効果は低いといわれています。

予後

平均余命は、数カ月から1～2年といわれています。

（高島一昭）

血管およびリンパ管の腫瘍《しゅよう》

血管肉腫《けっかんにくしゅ》は、脾臓《ひぞう》や皮膚などに発生する腫瘍です。一方、リンパ管肉腫《かんにくしゅ》は、リンパ管にもっとも多く発生しますが、皮膚にも発生がみられます。これらの二つの腫瘍は、イヌとネコのどちらにも起こります。よく発生する犬種としてジャーマン・シェパード・ドッグやイングリッシュ・ポインターなどが知られており、8～13歳での発生が多いといわれています。ネコでは短毛種に発生が多いようです。

原因

イヌ、ネコにこの腫瘍を起こす原因は不明ですが人では塩化ビニルや二酸化トリウム、砒素《ひそ》の暴露が原因の一つとして考えられています。また、ミンクでは、メチルニトロソアミンにより誘発されることが知られています。

症状

血管肉腫は、脾臓に多く発生し、その場合は脾臓が腫《は》れてきます。脾臓の腫れがひどくなれば、おなか全体が張ってきます。

その他、嘔吐《おうと》や下痢、体重減少、食欲不振などがみられます。また、脾臓から出血が起こり、虚脱状態になってそのま

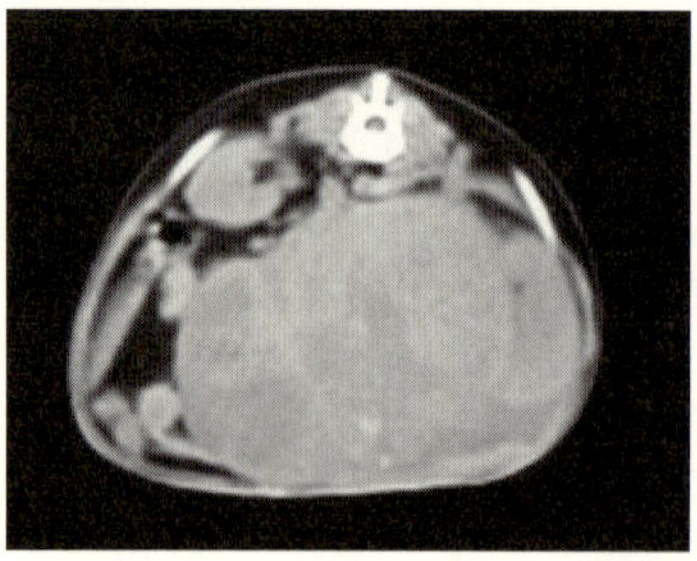

ＣＴ検査。腹部いっぱいに広がる血管肉腫

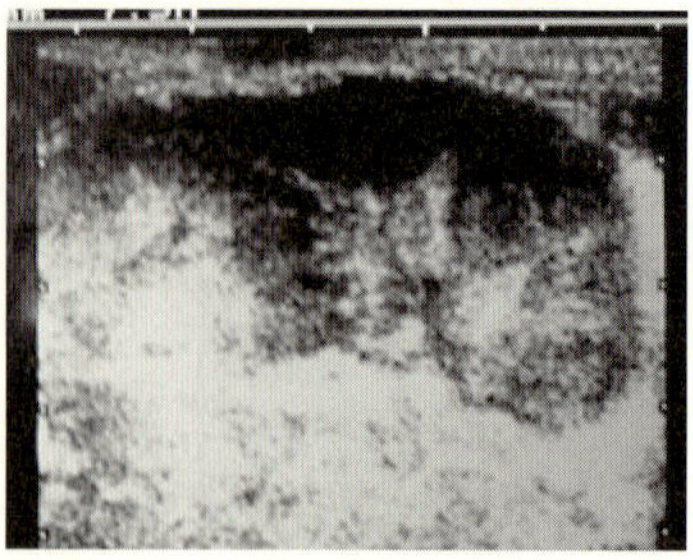

腹部超音波検査。腎臓に発生した血管肉腫

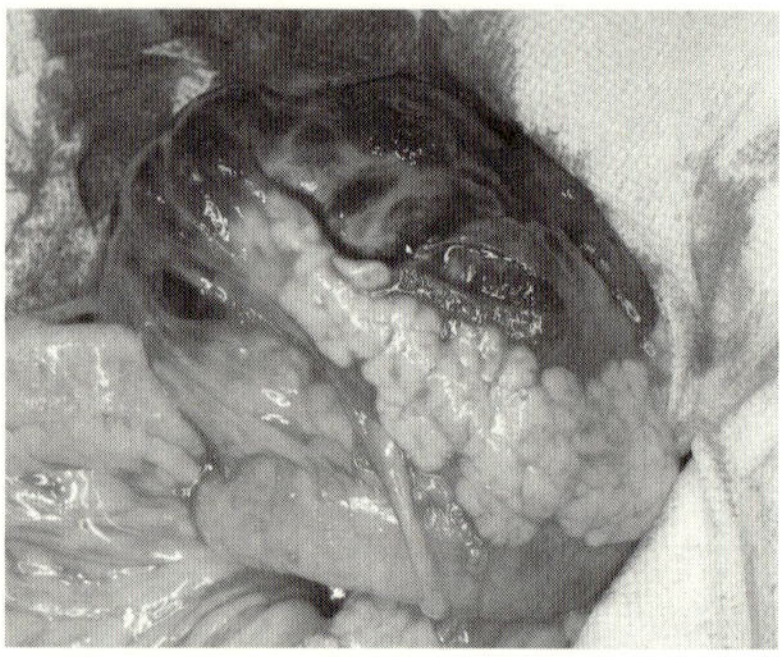

手術写真。血管肉腫の摘出

ま死亡することもあります。一方、皮膚にみられるイヌの血管肉腫は、腹部に多く発生し、その場合は皮膚が厚くなったり、潰瘍《かいよう》を形成していることがあります。ネコの皮膚にみられる血管肉腫は、耳や鼻など、頭部に多く発生します。

リンパ管肉腫は、おなかや足の皮膚などにみられます。

診断

血管肉腫では、血液検査により白血球数の増加、貧血、血小板数の減少、赤血球の変形（破砕赤血球）が認められます。また、脾臓が大きくなっている場合は、X線検査でそれがわかりますし、腹部超音波検査により血液を豊富に含む脾臓を描出することもできます。

治療

手術により腫瘍を摘出します。しかし、血管肉腫は転移を起こしていることが多いので、手術で完治することはほとんどありません。そのため、抗癌剤《こうがんざい》の投与を併せて行います。リンパ管肉腫についても、血管肉腫と同様の治療を行います。

予後

血管肉腫は、手術を行ったり、抗癌剤治療を行っても、生存率はあまりよくないようです。

（高島一昭）

呼吸器系の腫瘍《しゅよう》

上部気道の腫瘍《しゅよう》

鼻平面の腫瘍《しゅよう》

鼻の表面に腫瘍ができることがあります。その場合は外観から発見することが容易です。

転移がない限り通常は症状はありませんが、腫瘍により鼻孔が塞《ふさ》がれると呼吸困難を起こし、腹式呼吸をするようになります。この部位の腫瘍としては、扁平《へんぺい》上皮癌《じょうひがん》がもっとも多く発生します。

治療法には、外科手術と放射線療法および化学療法がありますが、第一に選択すべき治療法は外科手術です。小さい腫瘍の場合は、手術が成功すれば予後が良好であることもありますが、大きい腫瘍の場合は、再発や転移を起こすことが多く、予後は不良です。また、腫瘍が大きい場合は、摘出する範囲が広くなり、手術後に顔貌《がんぼう》が変化してしまうのを避けることができません。

（佐藤秀樹）

鼻腔《びくう》・副鼻腔《ふくびくう》の腫瘍《しゅよう》

鼻腔と副鼻腔の腫瘍としては、良性のポリープ、腺癌《せんがん》、扁平上皮癌、線維肉《せんいにく》腫《しゅ》、リンパ腫《しゅ》、骨肉腫《こつにくしゅ》、軟骨肉腫《なんこつにくしゅ》があります。いずれもイヌとネコの両方に発生しますが、長頭種に比較的多く発生する傾向があります。

症状としては、膿性《のうせい》または血様の鼻水、いびき、くしゃみ、顔面の変化、呼吸困難がみられます。

鼻腔または副鼻腔の腫瘍が疑われる場合は、頭部のX線検査を行います。腫瘍であれば、骨の吸収像などの異常がみられることがあります。さらに、病変部の組織を採取して細胞診を行います。また、CT検査やMRI検査による断層撮影も非常に有用です。

治療は、腫瘍の種類によって、外科手術や放射線療法、化学療法などを組み合わせて行いますが、良性のポリープを除いて予後は不良です。

（佐藤秀樹）

咽頭《いんとう》と喉頭《こうとう》の腫瘍《しゅよう》

咽頭と喉頭に発生する腫瘍としては、腺腫《せんしゅ》、腺癌、骨肉腫、血管肉腫《けっかんにくしゅ》、肥満細胞腫《ひまんさいぼうしゅ》、リンパ腫があげられます。いずれもイヌとネコの両方に発生しますが、この部位の腫瘍は非常にまれです。

症状としては、変声、喘鳴《ぜんめい》、呼吸困難、嚥下困難《えんげこんなん》を起こします。

咽頭や喉頭の腫瘍が疑われる場合は、この部分のX線検査を行います。X線検査で疑いが強くなったら、続いて内視鏡検査を実施します。さらに、内視鏡下で病変部の組織を採取し、細胞診を行うことにより、腫瘍の種類を確定します。

治療は、腫瘍の種類によって、外科手術や放射線療法、化学療法を組み合わせて行いますが、ほとんどは予後不良です。

（佐藤秀樹）

気管の腫瘍《しゅよう》

気管に発生する腫瘍としては、腺癌、扁平上皮癌、リンパ腫、気管骨軟骨腫《きかんこつなんこつしゅ》、骨肉腫があげられます。いずれもイヌとネコの両方に発生しますが、この部位の腫瘍は非常にまれです。

症状としては、咳《せき》、喘鳴、喀血《かっけつ》、吐き気、呼吸困難を起こします。

症状などから気管の腫瘍が疑われる場合は、X線検査を行います。X線検査では、気管の狭小などがみられることがありますが、異常所見が認められないこともあります。また、気管支鏡を用いた検査を実施します。さらに、気管支鏡下で病変部の組織を採取したり、気管および気管支の洗浄を行って洗浄液を採取し、細胞診を行うことにより腫瘍の種類を確定します。

治療は、腫瘍の種類によって、外科手術と化学療法を組み合わせて行います。腫瘍の範囲が部分的であり、手術による摘出が可能なこともありますが、予後不良であることがほとんどです。また、上部気道の腫瘍で著しい呼吸困難がみられる場合は、気管を切開することも必要です。

（佐藤秀樹）

肺の腫瘍《しゅよう》

肺の腫瘍は、原発性の腫瘍と転移性の腫瘍に大別されます。原発性の腫瘍としては、腺癌《せんがん》や血管肉腫《けっかんにくしゅ》、線維肉腫《せんいにくしゅ》などがありますが、いずれも発生はまれです。それに対して、転移性の腫瘍には様々な種類があります。肺の腫瘍のほとんどは、他の臓器からの転移によるものです。

症状としては、咳《せき》、チアノーゼ、喀血《かっけつ》、呼吸困難がみられます。

肺の腫瘍が疑われる場合は、X線検査を行います。X線検査で肺の一部に腫瘍を疑う像がみられるときは、肺が原発であることが疑われ、一方、肺全体に腫瘍を疑う像がみられるときは、転移性であることが疑われます。また、胸水が認められる場合もあります。肺の腫瘍が非常に小さいときにはX線検査で検出できないことも多いので、疑いが強い場合はCT検査やMRI検査による断層撮影が有用です。

治療は、原発性腫瘍《げんぱつせいしゅよう》であれば外科手術を行います。手術後に化学療法などを行うこともあります。腫瘍の転移が起こらなければ、予後は比較的良好です。しか

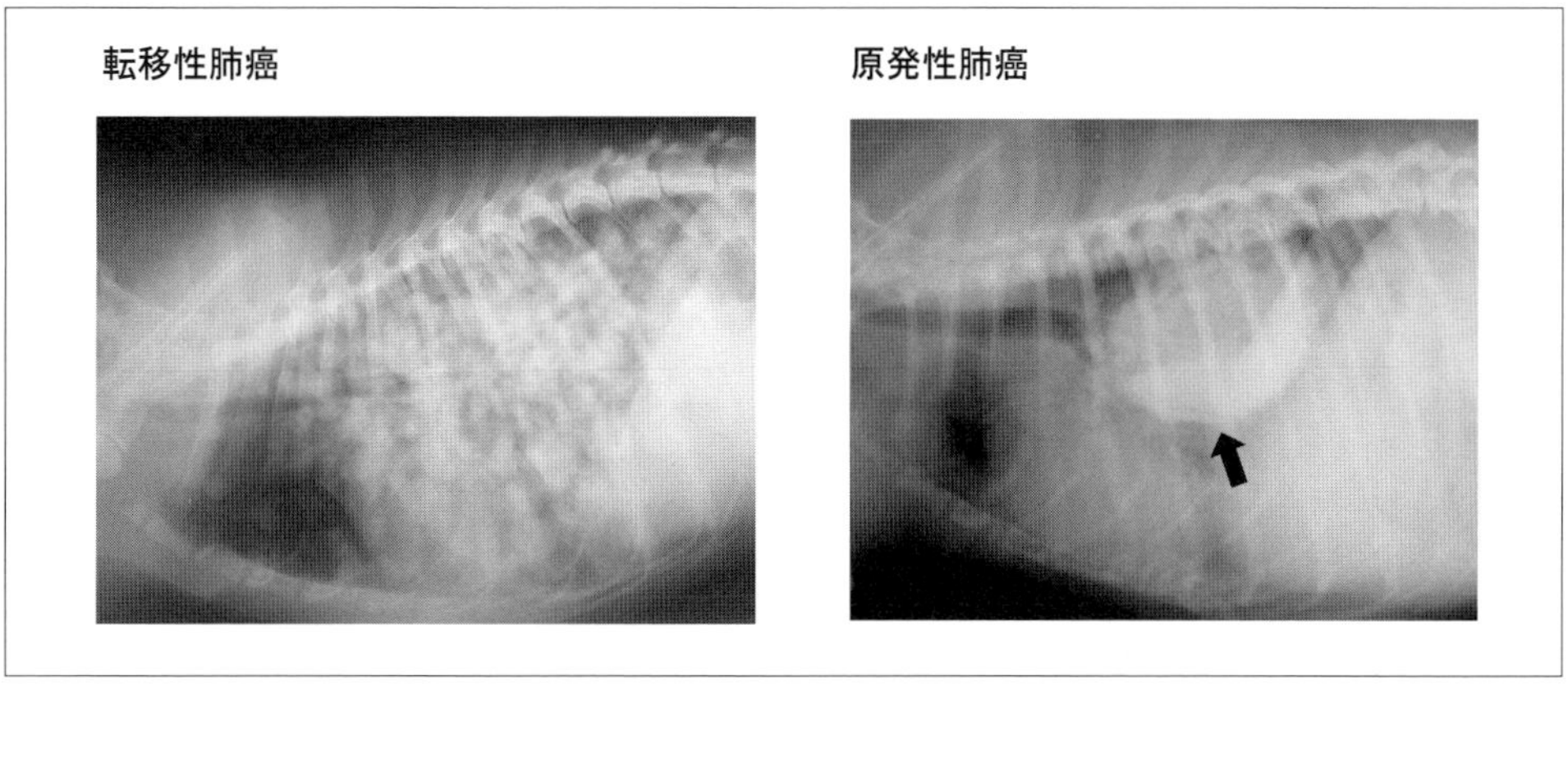

し、転移である場合は、化学療法などを行うこともありますが、予後は不良です。

（佐藤秀樹）

胸膜の腫瘍《しゅよう》

胸膜の腫瘍としては、原発性としては中皮腫《ちゅうひしゅ》があり、転移性としては肺腫瘍《はいしゅよう》やメラノーマ、血管肉腫《けっかんにくしゅ》などがあります。

症状としては、呼吸困難がみられます。X線検査を行うと、胸水の貯留が確認できます。この胸水を採取して検査することにより胸膜の腫瘍を診断することが可能ですが、腫瘍の種類によっては特定が困難であることも多々あります。

治療は、腫瘍の範囲が一部に限られていれば外科手術を行いますが、胸膜全体に及んでいる場合は、化学療法を行います。化学療法は、薬物を全身的に投与することもあれば、胸腔《きょうくう》内に投与することもあります。限局性の腫瘍で、手術が成功した場合は、予後が良好なこともありますが、多くは予後が不良です。その場合は、胸水を定期的に抜き取り、症状を緩和させることが主な治療になります。

（佐藤秀樹）

縦隔の腫瘍《しゅよう》

縦隔の腫瘍は、そのほとんどがリンパ腫《しゅ》か胸腺腫《きょうせんしゅ》です。このほか、甲状腺腫《こうじょうせんしゅ》や脂肪腫《しぼうしゅ》、転移性腫瘍《てんいせいしゅよう》も認められますが、発生頻度はまれです。リンパ腫、胸腺腫ともにイヌとネコの両方に発生しますが、イヌでは胸腺腫が比較的多く、ネコではリンパ腫が多くみられます。

症状としては、呼吸困難がみられます。胸部X線検査により縦隔の部位に腫瘍が確認でき、また、胸水がみられることもあります。この胸水を採取して検査することにより、確定診断が可能です。

治療は、胸腺腫の場合は、外科手術が主な治療法になりますが、放射線療法や化学療法を組み合わせることもあります。リンパ腫の場合は、主に化学療法を行い、さらに放射線療法を組み合わせることもあります。

予後は、胸腺腫は、手術が成功すれば良好ですが、手術後に重症筋無力症を発症することがあります。リンパ腫の予後は、化学療法が成功するか否かにかかっています。

（佐藤秀樹）

消化器系の腫瘍《しゅよう》

口腔《こうくう》・歯・咽頭部《いんとうぶ》の腫瘍《しゅよう》

口腔内の原発性腫瘍《げんぱつせいしゅよう》は、10歳以上のイヌとネコに高率に発生します。歯肉腫《しにくしゅ》とウイルス性乳頭腫《せいにゅうとうしゅ》を除いて比較的悪性のものが多いようです。イヌに高頻度に認められる口腔内の腫瘍には、メラノーマと扁平上皮癌《へんぺいじょうひがん》、線維肉腫《せんいにくしゅ》の三つがあります。また、ネコでは、扁平上皮癌と線維肉腫が多くみられます。

症状としては、過剰な唾液分泌《だえきぶんぴつ》、口臭、出血、歯の脱落がみられます。腫瘍が大きくなると、摂食不良や疼痛《とうつう》、嚥下困難《えんげこんなん》なども起こします。

口腔内腫瘍は、肉眼的によく似た所見を示す事が多い。細胞診により診断しますが、適切な治療方針を決定する為、生検は不可欠であり、切除前の詳細なX線検査・CT・MRI検査によって、病変の広がりを確認しておく必要があります。

治療法としては、外科的な切除のほか、放射線療法、寒冷療法、化学療法、免疫療法などがあります。良性腫瘍《りょうせいしゅよう》の場合や転移浸潤のない発生初期の病巣は、完治が可能なことがあります。しかし、根治的切除が不可能なことも多く、再発も起こりがちです。

（武藤具弘）

唾液腺《だえきせん》の腫瘍《しゅよう》

イヌとネコの唾液腺に腫瘍が発生することはまれです。ただし、発生した場合は、その多くは悪性の腺癌《せんがん》で、ゆっくり進行します。

腫瘍が大きくなると、疼痛《とうつう》や嚥下困難《えんげこんなん》が現れますが、腫瘍の成長速度がかなり遅いため、早期発見は困難です。唾液腺の一つである頬骨腺《きょうこつせん》の腫瘍では、眼球後部への浸潤によって眼球が突き出ることもあります。

外科切除後、切除した組織の病理検査を行うことによって確定診断が下されます。腫瘍が発生した部位によっては、血管や神経が隣接するため、完全な切除が難しく、再発と転移を起こす可能性が高

く、外科手術の補助療法として放射線療法が有効である事が多い。（武藤具弘）

食道の腫瘍《しゅよう》

イヌとネコの食道に腫瘍が発生するのはまれです。食道の原発性腫瘍《げんぱつせいしゅよう》としては、イヌでは扁平上皮癌《へんぺいじょうひがん》や線維肉腫《せんいにくしゅ》、平滑筋肉腫《へいかっきんにくしゅ》、骨肉腫《こつにくしゅ》、ネコでは扁平上皮癌が知られています。

腫瘍により食道が徐々に閉塞《へいそく》し、それに伴って巨大食道症を発症するため、進行性の吐出や嚥下困難《えんげこんなん》、体重減少が起こります。X線検査、内視鏡検査、さらに生検を行うことによって診断します。

治療は、外科的切除が可能なこともありますが、臨床徴候が明瞭《めいりょう》な時期には、すでに腫瘍が大きくなっていたり、他の組織への転移や浸潤が進んでいることが多く、ほとんどは予後不良となります。

（武藤具弘）

胃の腫瘍《しゅよう》

イヌやネコでは、人に比べて胃の腫瘍の発生が少ないといえます。イヌでは腺《せん》癌《がん》がもっとも多く、このほか、悪性腫瘍《あくせいしゅよう》としては平滑筋肉腫《へいかっきんにくしゅ》や線維肉腫《せんいにくしゅ》、リンパ腫《しゅ》、良性腫瘍《りょうせいしゅよう》としてはポリープや平滑筋《へいかっきん》腫《しゅ》、線維腫《せんいしゅ》などがみられます。これらの腫瘍は、雌よりも雄に多いようです。一方、ネコでは、リンパ腫《しゅ》がもっとも多く発生します。

症状としては、嘔吐《おうと》が認められます。また、粘膜に潰瘍《かいよう》や出血があれば、吐血したり、吐物に血のようなものが混じることがあります。とくに、悪性腫瘍の場合は、食欲不振や体重減少などがみられますが、これらの症状は胃の腫瘍に特徴的なものではないので、こうした症状から早期発見を行うのは困難です。

X線検査や内視鏡検査・超音波等によるガイド下での生検が必要ですが、試験的開腹が必要なこともあります。

治療は、胃の部分切除などを行います。また、腫瘍の種類によっては化学療法の併用も検討します。しかし、診断時点ですでに腫瘍が広範囲に広がり、他の臓器へ転移していることも多く、その場合には予後は不良となります。

（武藤具弘）

小腸・大腸の腫瘍《しゅよう》

腸管にみられる腫瘍には、ポリープや腺腫《せんしゅ》、腺癌《せんがん》、肥満細胞腫《ひまんさいぼうしゅ》、リンパ腫《しゅ》、平《へい》滑筋腫《かっきんしゅ》、平滑筋肉腫《へいかっきんにくしゅ》、線維肉腫《せんいにくしゅ》などがあります。イヌ、ネコともにリンパ腫の発生がもっとも多く、次に腺癌の発生が多くなっています。腸腺癌《ちょうせんがん》は、イヌでは十二指腸や結腸、直腸に、また、ネコでは空腸や回腸に多く発生します。

症状は、嘔吐《おうと》や下痢、血便など、いずれも特異的なものではありません。さらに、病勢が進行すると、沈うつや体重減少、腹水などがみられるようになります。

診断に際しては、X線検査や超音波検査のほか、内視鏡検査や腸管バイオプシー、試験的開腹を行い、その採材組織の病理学的検査を実施します。

しかし、多くの場合は、診断された時点ですでに腫瘍がかなり広範囲に浸潤あるいは転移を起こしています。そのため、外科手術による腸管切除に化学療法なども組み合わせます。また、直腸など発生部位により放射線療法や凍結手術も実施させますが、予後が不良になる事が多いようです。

（武藤具弘）

肝臓・胆嚢《たんのう》・胆道の腫瘍《しゅよう》

イヌとネコの肝臓に発生する腫瘍には、肝細胞腺腫《かんさいぼうせんしゅ》や肝細胞癌《かんさいぼうがん》、胆管癌《たんかんがん》、血《けっ》管肉腫《かんにくしゅ》などがあります。ネコでは胆管癌《たんかんがん》がもっとも多くみられます。

良性の原発性腫瘍《げんぱつせいしゅよう》は、かなり進行するまでほとんど無症状ですが、食欲不振、体重減少、腹囲膨満、腹水、黄疸《おうだん》がみられることもあります。一方、悪性の原発性腫瘍では、肝破壊による機能異常として出血傾向を示したり、低血糖症を起こします。

超音波等によるガイド下での確定診断のためには開腹や腹腔鏡検査《ふくくうきょうけんさ》、肝生検が必要です。

治療は、手術による病巣の切除を行います。転移癌《てんいがん》や完全切除が困難なものに対しては、化学療法も併用しますが、予後は不良です。

（武藤具弘）

膵臓外分泌部《すいぞうがいぶんぴつぶ》の腫瘍《しゅよう》

イヌとネコの膵外分泌系《すいがいぶんぴつけい》における腫瘍の発生はきわめてまれですが、発生した場合にはそのほとんどは悪性度の強い腺《せん》癌《がん》です。

初期には、とくに症状は認められませんが、腫瘍は急速に増殖して十二指腸や膵臓《すいぞう》、腹膜に広がり、短期間で肺などへ転移を起こします。症状としては、食欲不振や体重減少、黄疸《おうだん》、腹水、嘔吐《おうと》、腹痛、下痢などがみられ、体重減少が著しく、急死することもあります。

　診断には、腹部X線検査、超音波検査、CT検査を行います。腹水がある場合には、その細胞診で診断できることもありますが、最終的には試験開腹を行って確定します。

　症状が現れる頃はすでに他臓器に転移していることが多く、切除が不能あるいは困難になっています。そのため、外科手術のほか、化学療法なども実施しますが、多くの場合、予後は不良です。

（武藤具弘）

腹膜の腫瘍《しゅよう》

　腹膜に発生する原発性の腫瘍には、中皮腫《ちゅうひしゅ》や脂肪肉腫《しぼうにくしゅ》、平滑筋肉腫《へいかつきんにくしゅ》などがあります。代表的なものとして中皮腫がありますが、イヌとネコではその発生はまれです。また、リンパ腫《しゅ》などの転移性腫瘍《てんいせいしゅよう》もみられます。

　症状としては、食欲不振、腹水貯留による腹部膨満などがみられます。

　診断には、超音波検査や腹水の細胞診を行います。ただし、腹水中から腫瘍細胞《しゅようさいぼう》を検出するのが困難なことも多く、試験的開腹などによって病巣を特定し、その組織の病理学的検査を行うことによって診断を確定します。

　治療には病巣を切除します。しかし、早期発見が困難であり、また、悪性であることが多く、さらに転移癌《てんいがん》の可能性も高いため、多くの場合は予後が不良です。

（武藤具弘）

内分泌系の腫瘍《しゅよう》

下垂体の腫瘍《しゅよう》

　下垂体に発生する腫瘍の多くは、腺腫《せんしゅ》という種類の良性腫瘍《りょうせいしゅよう》です。ほかの場所に転移する危険性は少ないのですが、次のような点で問題となります。

　イヌでは、下垂体に発生する腺腫は副腎皮質刺激《ふくじんひしつしげき》ホルモン（ＡＣＴＨ）を過剰に分泌することが多く、この場合副腎皮質機能亢進症《ふくじんひしつきのうこうしんしょう》の原因となります。また、成長ホルモンを産生する腺腫ができると、巨人症や末端肥大症を起こします。

　次に、正常なホルモン産生細胞が下垂体《かすいたい》腺腫《せんしゅ》に圧迫されてホルモンを分泌できなくなった場合には、中枢性の甲状腺機能《こうじょうせんきのう》低下症《ていかしょう》や低ソマトトロピン症などが引き起こされます。また、下垂体に腺腫以外の腫瘍が発生することもあり、腫瘍ができた場所によっては、ホルモン産生細胞が圧迫を受けたり、破壊され、その結果、低ソマトトロピン症や尿崩症などを発症することがあります。

（金澤稔郎）

甲状腺《こうじょうせん》の腫瘍《しゅよう》

　ネコでは甲状腺に腺腫《せんしゅ》が発生することが多いようです。この腫瘍は、甲状腺《こうじょうせん》ホルモンを過剰に分泌し、甲状腺機能亢進症《こうじょうせんきのうこうしんしょう》の原因になります。一方、イヌでは、甲状腺《こうじょうせん》にできる腫瘍のほとんどは、甲状腺腺癌《こうじょうせんせんがん》という悪性腫瘍《あくせいしゅよう》です。（金澤稔郎）

上皮小体の腫瘍《しゅよう》

　上皮小体の腺腫《せんしゅ》や腺癌《せんがん》は、イヌにまれに発生します。上皮小体が腫瘍化《しゅようか》することもあれば、別の場所に上皮小体の腺腫ができることもあります。これらの腫瘍から上皮小体ホルモンが過剰に分泌されると、上皮小体機能亢進症《じょうひしょうたいきのうこうしんしょう》の原因になります。

（金澤稔郎）

副腎《ふくじん》（副腎《ふくじん》皮質《ひしつ》、副腎《ふくじん》髄質《ずいしつ》）の腫瘍《しゅよう》

　副腎には、皮質といわれる外側の部分と髄質といわれる内側の部分があります。

　副腎皮質にできる腫瘍は、腺腫《せんしゅ》のこともあれば癌腫《がんしゅ》のこともあります。どちらも多くの場合、コルチゾールを産生し、副腎皮質機能亢進症《ふくじんひしつきのうこうしんしょう》の原因になります。

　正常な動物の副腎髄質は、アドレナリンとノルアドレナリンを分泌しています。アドレナリンやノルアドレナリンを分泌する細胞は、クロム親和性細胞と呼ばれています。この部位にできる腫瘍は、クロム親和性細胞腫《しんわせいさいぼうしゅ》と呼ばれ、過剰にノルアドレナリンやアドレナリンを分泌します。

（金澤稔郎）

膵臓《すいぞう》の腫瘍《しゅよう》

膵臓でホルモンを産生している部分をランゲルハンス島といい、ランゲルハンス島にはグルカゴンを分泌するα細胞とインスリンを分泌するβ細胞、ソマトスタチンを分泌するγ細胞があります。これらが腫瘍化《しゅようか》したものをそれぞれ、グルカゴノーマ、インスリノーマ、ソマトスタチノーマと呼んでいます。（金澤稔郎）

泌尿器系の腫瘍《しゅよう》

腎臓《じんぞう》の腫瘍《しゅよう》

イヌの腎臓に腫瘍が発生することはまれですが、発生した場合には腎細胞癌《じんさいぼうがん》や腎芽腫《じんがしゅ》などの悪性腫瘍《あくせいしゅよう》が認められます。腎細胞癌は、老齢のイヌにみられることが多く、腎芽腫は若齢のイヌにみられます。一方、ネコではそのほかに腎臓にリンパ腫《しゅ》が発生することがあります。

腎臓腫瘍《じんぞうしゅよう》に特徴的な症状はなく、食欲不振や元気がない、体重減少、腹部の膨満などがみられるにすぎません。また、骨に転移している場合には、跛行《はこう》が生じることがあります。さらに、腹部の触診を行うと、大きく不整な形をした腎臓に触れることがあります。血尿が起こると貧血を起こしますが、一方、赤血球の産生を促すエリスロポエチンの分泌が増加すると多血症（赤血球の異常な増加）を起こします。また、腎芽腫は先天性の腫瘍で、しばしば非常に大きくなります。

腎臓の腫瘍は、腹部X線検査や超音波検査などで検出することができます。しかし、確定診断を行うには生検や手術により摘出した腎臓の組織についての病理学的検査が必要です。また、リンパ腫《しゅ》は、針生検により診断を下すことができます。

治療は、骨などへの転移の疑いがない場合は、腎臓とその周囲の組織、さらに尿管の摘出を行います。リンパ腫では通常は化学療法が行われます。

（仲庭茂樹・山根義久）

膀胱《ぼうこう》の腫瘍《しゅよう》

膀胱にもっともよくみられる腫瘍は、悪性の移行上皮癌《いこうじょうひがん》です。この腫瘍は、膀胱のほか、腎臓《じんぞう》や尿管、尿道、前立腺《ぜんりつせん》、膣《ちつ》にも生じます。移行上皮癌は、老齢のイヌに多くみられ、また雌イヌに多く発生する傾向があります。とくにシェットランド・シープドッグには素因があるようです。一方、ネコでは膀胱の腫瘍の発生はまれです。

症状は、血尿や頻尿、痛みを伴う排尿困難など、膀胱炎《ぼうこうえん》の症状に似ています。移行上皮癌は、尿管が開口する膀胱三角《ぼうこうさんかく》という部位に発生することが多いため、腫瘍が大きくなって尿管の開口部が塞《ふさ》がれるようになると、尿を排泄《はいせつ》できなくなり、その結果、腎不全《じんふぜん》を起こします。この腫瘍は、尿道や尿管へ浸潤し、付属リンパ節や肺、骨へ転移することもあります。

診断は、画像検査（超音波検査、X線尿路造影検査）や尿検査（尿中からの腫《しゅ》瘍細胞《ようさいぼう》の検出）などにより行います。

治療は、早期に発見した場合は腫瘍の切除手術を行います。進行して膀胱全体を摘出する必要がある場合は、尿管を消化管へ移植する尿路変更術を行うことがありますが、感染を起こしたり尿を消化管で再吸収することによる電解質異常や酸塩基平衡異常、移植部の狭窄《きょうさく》などの合併症を起こしがちです。

さらに、病状が進行し、手術が行えないものに対しては、症状の緩和を目的とした内科的治療（化学療法や非ステロイド性消炎薬であるピロキシカムの投与など）を行います。このほかの膀胱の腫瘍としては、良性のものでは乳頭腫《にゅうとうしゅ》や平滑《へいかつ》筋腫《きんしゅ》など、悪性腫瘍《あくせいしゅよう》のものでは扁平上皮《へんぺいじょうひ》癌《がん》や腺癌《せんがん》、平滑筋肉腫《へいかつきんにくしゅ》などがあります。

（仲庭茂樹・山根義久）

生殖器系の腫瘍《しゅよう》

精巣の腫瘍《しゅよう》

イヌの精巣に発生する腫瘍には3種類があり、間質細胞腫《かんしつさいぼうしゅ》の発生がもっとも多く、次いで精上皮腫《せいじょうひしゅ》、セルトリ細胞腫《さいぼうしゅ》の順となっています。

一方、ネコにおける精巣腫瘍《せいそうしゅよう》の発生は非常にまれですが、発生した場合には、そのほとんどは悪性であるといわれています。

セルトリ細胞腫は、精巣曲精細管にあるセルトリ細胞（支持細胞の一種）から生じ、その50％は陰嚢《いんのう》に下降していない潜在（停留）精巣から発生します。3種の精巣腫瘍のなかでもっとも転移率が高く（肝臓、腎臓《じんぞう》、脾臓《ひぞう》、肺などに転移）、エストロゲン（雌性ホルモンの一種）を分泌するため、雌性化や脱毛、再生不良性貧血や白血球減少などを引き起こすことが多い腫瘍です。

これに対して、精上皮腫（セミノーマ）は、ほとんどが陰嚢に下降した精巣から発生し、転移率は5～10％とされています。ときとしてエストロゲン産生が増加しますが、これに伴う症状はまれといわれています。

間質細胞腫は、精巣のライディッヒ細胞から生じます。ほとんどは下降精巣から発生し、精巣内部にとどまるため、転移を起こさないといわれています。ただし、テストステロン（雄性ホルモンの一種）を産生するため、会陰ヘルニアや肛《こう》門周囲腺腫《もんしゅういせんしゅ》の発生率が上昇します。

治療は、3種の腫瘍ともに去勢手術が第一選択療法で、陰嚢に固着している場合には陰嚢除去《いんのうじょきょ》も必要です。セルトリ細胞腫は、外科手術に際しては出血傾向を増強する等の多くの副作用が生じるので注意が必要です。

また、転移が確認されたものでは、外科切除に加えて化学療法や放射線療法を行います。

精巣の腫瘍は、事前の去勢手術によって完全に予防することができます。少なくとも潜在（停留）精巣は可能な限り早い時期に摘出すべきです。

（甲斐勝行）

前立腺《ぜんりつせん》の腫瘍《しゅよう》

イヌにおける前立腺腫瘍《ぜんりつせんしゅよう》の発生はまれです。ただし、発生した場合はそのほとんどが悪性で、多くは前立腺癌《ぜんりつせんがん》や未分化《みぶんか》癌腫《がんしゅ》であったり、あるいは膀胱癌《ぼうこうがん》からの転移によるものです。なお、ネコの前立腺腫瘍は非常にまれで、その詳細はわかっていません。また、イヌでは早期の去勢は腫瘍発育の抑制効果はないと言われています。

診断は、直腸検査により不整で腫大《しゅだい》した前立腺を触れることができたら、次に尿沈渣《にょうちんさ》検査《けんさ》やX線検査、超音波検査、組織バイオプシー検査を行います。

前立腺癌は、診断時には70～80％がすでに他の組織（リンパ節や腰椎《ようつい》、肺など）に転移を起こしています。その場合には、有効な治療法なく、摘出手術を試みますが、予後は悪いとされています。

（甲斐勝行）

卵巣の腫瘍《しゅよう》

イヌとネコに卵巣の腫瘍が発生する頻度は高くありませんが、上皮細胞腫瘍《じょうひさいぼうしゅよう》や性器索間質細胞腫瘍《せいきさくかんしつさいぼうしゅよう》、胚細胞腫《はいさいぼうしゅ》が認められることがあります。イヌでは上皮細胞腫瘍と性器索間質細胞腫瘍がほとんどを占めています。一方、ネコでは性器間質《せいきかんしつ》脂肪腫瘍《しぼうしゅよう》が圧倒的に多く、なかでも顆粒《かりゅう》膜細胞腫《まくさいぼうしゅ》がもっとも多く認められます。

上皮細胞腫瘍は、腫瘤《しゅりゅう》が大きくなるまで無症状のことが多く、また、この腫瘍のなかでもとくに乳頭状腺癌《にゅうとうじょうせんがん》は他の臓器への転移と腹水の貯留が特徴的です。

性器索間質細胞腫瘍は、エストロゲンやプロゲステロンを産生する卵巣のホルモン分泌細胞から発生します。そのため、ホルモン過剰の症状（外陰部の腫大《しゅだい》、持続性発情，脱毛など）が多くみられます。この腫瘍のなかでもっとも発生頻度が高

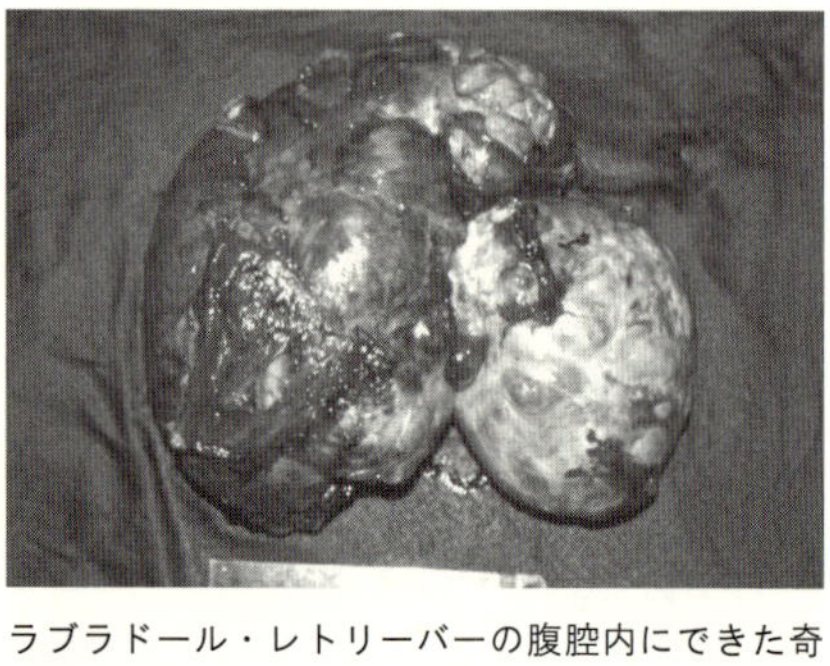

ラブラドール・レトリーバーの腹腔内にできた奇形腫

いのは顆粒膜細胞腫ですが、これはきわめて大きくなることがあり、大きいものでは上腹部の大半を占めるまでになります。この様な場合は、腰下リンパ節や肝臓、肺などに転移します。卵胞膜細胞腫《らんぽうまくさいぼうしゅ》は一般に良性で、大きくなることで多臓器を圧迫することがありますが、転移することはないとされています。

胚細胞腫は、卵巣の始原生殖細胞から発生すると考えられています。未分化胚《みぶんかはい》細胞腫《さいぼうしゅ》は左右どちらか一方に発生し、腹部リンパ節によく転移を起こします。胚細胞腫の一種である奇形癌《きけいがん》(奇形腫《きけいしゅ》)は、ホルモン失調の症状を起こすことが多く、腹部を占拠するほどの大きさになることがあります。

(甲斐勝行)

子宮の腫瘍《しゅよう》

子宮の腫瘍は中年齢から高齢の動物にみられます。イヌでは、そのほとんどが平滑筋腫《へいかつきんしゅ》(良性)で、約10%が平滑筋肉腫《へいかつきんにくしゅ》(悪性)です。また、まれに腺腫《せんしゅ》や腺癌《せんがん》、線維腫《せんいしゅ》、線維肉腫《せんいにくしゅ》、脂肪腫《しぼうしゅ》などが発生することもあります。一方、ネコでは子宮腺癌《しきゅうせんがん》が圧倒的に多く、しばしば他の臓器やリンパ節に転移を起こします。

イヌ、ネコともに、初期には症状を示しませんが、腫瘍が大きくなると、発情周期の異常や多飲、多尿、膣分泌物《ちつぶんぴつぶつ》の異常、あるいは子宮蓄膿症《しきゅうちくのうしょう》などがみられるようになり、これによって腫瘍の存在に気づきます。また、子宮蓄膿症の摘出手術の際に偶然発見される場合や、イヌでは陰部からポリープ状の平滑筋腫が突出することによって発見される場合があります。

腹部の触診とX線検査・超音波検査によって腫瘤《しゅりゅう》を確認することによって診断します。しかし、超音波検査等で子宮の腫瘍を早期に確認できることはまれです。

治療には、卵巣と子宮の摘出を行います。また、悪性腫瘍《あくせいしゅよう》の場合は、転移病巣の切除も必要です。完全に切除できたときには、経過は良好です。とくに平滑筋腫は、ホルモン依存性の腫瘍とされており、卵巣と子宮の全摘出手術によって膣《ちつ》部の腫瘤も消退すると考えられています。ただし、ネコの子宮腺癌は、摘出手術の時点ですでに転移を起こしている可能性が高く、経過は要注意です。子宮の腫瘍を予防するには、若齢期に避妊手術を行います。

(甲斐勝行)

膣《ちつ》と陰門の腫瘍《しゅよう》

イヌにおける外陰部と膣の腫瘍は、雌性生殖器の腫瘍のなかで乳腺腫瘍《にゅうせんしゅよう》に次いで多く、避妊手術を受けていない中年齢以降のイヌに認められます。一方、ネコにおける発生例は少なく、詳細は不明です。イヌの膣と外陰部の腫瘍の約80%は良性で、平滑筋から発生し、平滑筋腫《へいかつきんしゅ》、線維平滑筋腫《せんいへいかつきんしゅ》、線維腫《せんいしゅ》、ポリープと呼ばれています。これらはほぼ同じ腫瘍のことを指していますが、構成する組織の成分量が違っています。膣の腔《くう》内および腔外に発生する平滑筋腫は頸《くび》のあるポリープ状をしており、卵巣と子宮の摘出手術を行った動物には発生しません。なお、これらの腫瘍はホルモン依存性であり、卵巣にホルモン分泌異常がある場合に発生するといわれています。

一方、悪性腫瘍《あくせいしゅよう》では平滑筋肉腫《へいかつきんにくしゅ》がもっとも多く認められます。この腫瘍は、多くの臓器に転移することが知られています。また、このほかの悪性腫瘍としては可移植性性器肉腫《かいしょくせいせいきにくしゅ》や腺癌《せんがん》、扁平上皮癌《へんぺいじょうひがん》、血管肉腫《けっかんにくしゅ》がありますが、いずれも発生はまれです。

可移植性性器肉腫は、交尾行動により他のイヌ(雄から雌または雌から雄)に自然に移植されます。このため、以前は地域によっては深刻な問題になっていましたが、現在ではほとんどみられなくなりました。

膣と外陰部の腫瘍を治療する際には、卵巣と子宮の摘出も行います。膣内あるいは膣外の平滑筋腫は摘出が容易で、広範囲な完全切除は必要ないとされています。しかし、平滑筋肉腫や扁平上皮癌の場合は、局所の再発率と転移率が高いため、たとえ摘出手術を行っても、その後の経過は不良です。

(甲斐勝行)

雌性生殖器の腫瘍

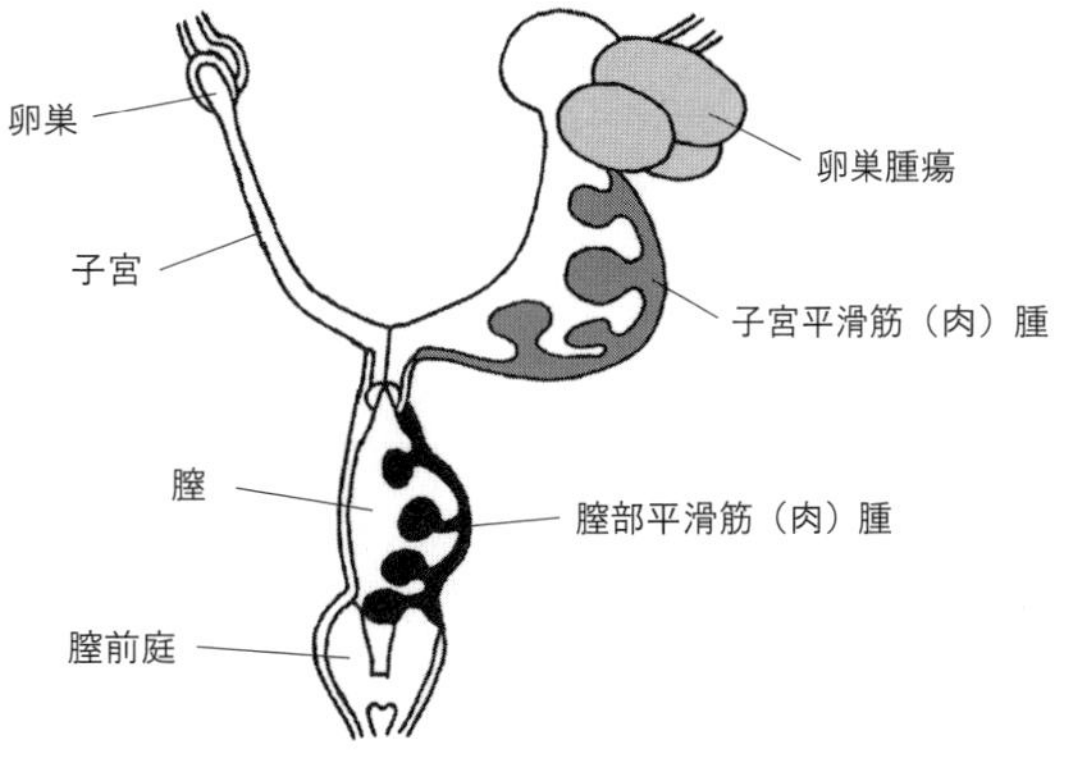

乳腺《にゅうせん》の腫瘍《しゅよう》

乳腺腫瘍《にゅうせんしゅよう》は、雌イヌにもっとも多く認められる腫瘍です。しかし、近年、若齢のイヌに避妊手術を施す習慣が定着してきたため、その発生率は徐々に低下する傾向にあります。イヌの乳線腫瘍のおよそ50%は良性で4%は肉腫（悪性）、4%は炎症性乳癌、42%は腺癌と言われています。良性の乳腺腫瘍には乳腺腫《にゅうせんしゅ》と線維《せんい》腺腫《せんしゅ》（良性混合腫瘍《りょうせいこんごうしゅよう》）があり、悪性には乳腺癌《にゅうせんがん》と癌肉腫《がんにくしゅ》（悪性混合腫瘍《あくせいこんごうしゅよう》）、炎症《えんしょう》性乳癌《せいにゅうがん》があります。炎症性乳癌は、非常に悪性度の高い乳癌《にゅうがん》ですが、激しい皮膚の炎症を伴うため、一見すると皮膚炎や乳腺炎《にゅうせんえん》と間違われることがあります。診断を確定するには炎症部分の一部のバイオプシーを行い、その組織を病理検査します。

なお、イヌの乳腺腫瘍は、明らかに性ホルモン依存性の疾患で、最初の発情前に避妊手術を施したイヌでは発生率は0.05%であるのに対し、初回発情後に避妊手術を施した場合は8%、2回目発情以降に避妊手術を実施した場合は26%となっています。

乳腺腫瘍はイヌ、ネコともに雌に限らず雄にも発生する場合があります。発生頻度はごくまれで、雌の場合と同様の経過となります。

治療にあたっては、腫瘍の大きさが3cm以下で境界が明瞭《めいりょう》であり、リンパ節転移の疑いがない場合は、比較的良好な結果が得られるようです。

また、ネコの乳腺腫瘍の80%以上は乳腺癌で、発見時にはすでに肺に転移していることが多いようです。

診断は、摘出した腫瘍の組織検査により行います。なお、悪性腫瘍《あくせいしゅよう》の場合は、他の臓器（とくに肺）に転移することが多く、X線検査も必要です。

治療に際しての第一選択は摘出手術です。ただし、乳房の部分切除を行うか、全切除を行うか、また、乳腺の摘出と同時に卵巣と子宮も摘出するか、様々な選択肢があります。

良性腫瘍《りょうせいしゅよう》の場合は、腫瘍の完全切除によって経過は良好となりますが、悪性腫瘍の場合は、すでに転移を起こしていたり、再発する可能性が高く、最終的に放射線療法が必要になることもあります。また、悪性腫瘍の摘出後に化学療法を実施すると、一部の薬物（ドキソルビシン、ミトキサントロン、シスプラチン等）により部分寛解が可能であるといわれています。なお、炎症性乳癌は現時点では治療不可能な乳腺腫瘍とされており、摘出手術により完治することはなく、未だに治療法は確立されていません。

ネコの乳腺癌は、経過が不良な場合がほとんどで、摘出手術を行っても数カ月後に再発したり、摘出時には認められなかった肺への転移がその後に明らかとなることがしばしばあります。（甲斐勝行）

神経系の腫瘍《しゅよう》

中枢神経の腫瘍《しゅよう》

星状膠細胞由来腫瘍《せいじょうこうさいぼうゆらいしゅよう》、希突起膠細胞由来腫瘍《きとっきこうさいぼうゆらいしゅよう》

この二つの腫瘍は、いずれも膠細胞《こうさいぼう》（中枢神経系に存在するグリア細胞と呼ばれる細胞で3種類があります）に由来します。星状膠細胞《せいじょうこうさいぼう》はもともと、中枢神経の中で支持機能を果たしたり、神経細胞（ニューロン）に栄養を与えたりしています。星状膠細胞由来腫瘍は、星細胞腫《せいさいぼうしゅ》ともいわれるもので、脳内の腫瘍としてはもっとも多く認められています。

希突起膠細胞《きとっきこうさいぼう》は、神経細胞の神経線維に存在するミエリンという構造物を形成する役割をもっています。発生頻度は高くありませんが、この細胞を起源とする腫瘍がみられることもあります。

（柴崎文男）

脳《のう》室《しつ》上《じょう》衣《い》細《さい》胞《ぼう》腫《しゅ》

脳室上皮細胞が腫瘍化するもので、脳室と脊髄中心管《せきずいちゅうしんかん》の周囲に多く発生します。この腫瘍は比較的大きくなるため、周囲の組織に著しい障害を与えます。

（柴崎文男）

髄《ずい》膜《まく》腫《しゅ》

脳および脊髄《せきずい》の髄膜から発生する腫瘍です。この腫瘍は境界が明瞭《めいりょう》で、比較的良性のものが多いようです。脳内では、イヌでは大脳半球凸部に、また、ネコでは小脳天幕部と第三脳室脈絡組織に多く発生します。一方、脊髄では、硬膜内髄外に発生し、次第に脊髄を圧迫していきます。

（柴崎文男）

神《しん》経《けい》細《さい》胞《ぼう》腫《しゅ》

成熟神経細胞が主な構成成分となっている腫瘍状病変《しゅようじょうびょうへん》です。中枢神経のいずれの部位にも発生しますが、とくに大脳の側頭葉によく発生します。

（柴崎文男）

末《まっ》梢《しょう》神《しん》経《けい》系《けい》の腫《しゅ》瘍《よう》

神《しん》経《けい》鞘《しょう》腫《しゅ》

末梢神経《まっしょうしんけい》の線維を取りまいているシュワン鞘《しょう》に発生する腫瘍で、良性と悪性があります。シュワン鞘腫《しょうしゅ》、神経線維腫《しんけいせんいしゅ》とも呼ばれています。この腫瘍は、脊髄《せきずい》内に発生した場合には、人では脊髄神経《せきずいしんけい》の後根神経、すなわち知覚神経に発生しやすく、そのため、激しい痛みを起こします。また、脊髄内に発生しても、その後は脊髄神経の後根神経沿いに拡大していき、ついには脊髄外へ広がっていくという傾向があります。

診断は、特徴的な症状（性格が変わるほどの激しい痛み、後肢の麻痺《まひ》、起立不能など）と、X線検査によって確認される脊柱管《せきちゅうかん》の拡大（椎間孔《ついかんこう》の拡大、椎体《ついたい》背面の陥凹、椎弓《ついきゅう》の菲薄化《ひはくか》など）に基づいて行います。

外科的に切除することにより治療を行います。脊椎《せきつい》を背側から切り、脊髄を露出して腫瘍部分を摘出します。

（柴崎文男）

神《しん》経《けい》線《せん》維《い》肉《にく》腫《しゅ》

神経線維肉腫とは、悪性の神経鞘腫のことをいいます。診断法と治療法は、前述の神経鞘腫に準じます。ただし、腫瘍を切除する際、完全に摘出するのは困難です。良性か悪性かは、手術の際に摘出した組織の病理検査により確定します。悪性例は手術後に必ず再発しますので、予後不良となります。

（柴崎文男）

造血器系の腫《しゅ》瘍《よう》

血液および骨髄の腫《しゅ》瘍《よう》

骨髄系腫瘍《こつずいけいしゅよう》とリンパ系腫瘍《けいしゅよう》に大きく分けることができます。骨髄系腫瘍には急性骨髄性白血病と慢性骨髄増殖性疾患があり、前者は増殖した白血病細胞の種類から急性骨髄芽球性白血病、急性骨髄単球性白血病、急性単球性白血病、急性赤白血病、急性巨核芽球性白血病などに分類されています。また、後者には慢性骨髄性白血病や真性赤血球増加症（真性多血症）、本態性血小板血症などがあります。一方、主なリンパ系腫瘍には急性リンパ芽球性白血病、慢性リンパ性白血病、多発性骨髄腫《たはっせいこつずいしゅ》、原発性マクログロブリン血症などがあります。

（下田哲也）

脾《ひ》臓《ぞう》およびリンパ節の腫《しゅ》瘍《よう》

脾臓に発生する原発性腫瘍《げんぱっせいしゅよう》には、リンパ腫《しゅ》や血管肉腫《けっかんにくしゅ》、肥満細胞腫《ひまんさいぼうしゅ》などがあります。また、リンパ節に発生する原発性腫瘍としてはリンパ腫があげられます。

（下田哲也）

運動器系の腫瘍《しゅよう》

骨および軟骨の腫瘍《しゅよう》

骨と軟骨に発生する悪性腫瘍《あくせいしゅよう》としては、骨肉腫《こつにくしゅ》がもっともよく知られています。骨肉腫以外には、軟骨肉腫《なんこつにくしゅ》や骨腫《こつしゅ》、軟骨腫《なんこつしゅ》が知られています。

このほか、骨軟骨腫《こつなんこつしゅ》や内軟骨腫《ないなんこつしゅ》、骨嚢《こつのう》腫《しゅ》なども発生しますが、発生はまれです。

（廣瀬孝男）

関節とその付属器の腫瘍《しゅよう》

関節とその付属器の腫瘍としては、滑《かつ》液膜肉腫《えきまくにくしゅ》の発生がごくまれにみられます。

（廣瀬孝男）

骨格筋の腫瘍《しゅよう》

横紋筋肉腫《おうかくきんにくしゅ》や横紋筋腫《おうもんきんしゅ》の発生がまれにみられます。

（廣瀬孝男）

感覚器の腫瘍《しゅよう》

眼の腫瘍《しゅよう》

眼瞼《がんけん》の腫瘍《しゅよう》

イヌの眼瞼の腫瘍としては、マイボーム腺《せん》を起源とする腫瘍の発生がもっとも多く、これにはマイボーム腺腫《せんしゅ》とマイボーム腺癌《せんがん》があります。

マイボーム腺腫は良性腫瘍《りょうせいしゅよう》で、眼瞼縁《がんけんえん》から生じた「できもの」として確認され、完全に切除すれば再発の可能性は少ないといわれています。

このほか、イヌにはウイルス性乳頭腫《せいにゅうとうしゅ》もしばしば発生します。これは、いぼとして若いイヌにみられ、多くの場合は自然に消失します。また、組織球腫《そしききゅうしゅ》は通常は3歳以下のイヌに発生します。発赤した無毛性の腫脹《しゅちょう》が眼瞼縁に沿ってみられ、3～6週間で改善することがあります。

マイボーム腺腫（下眼瞼）

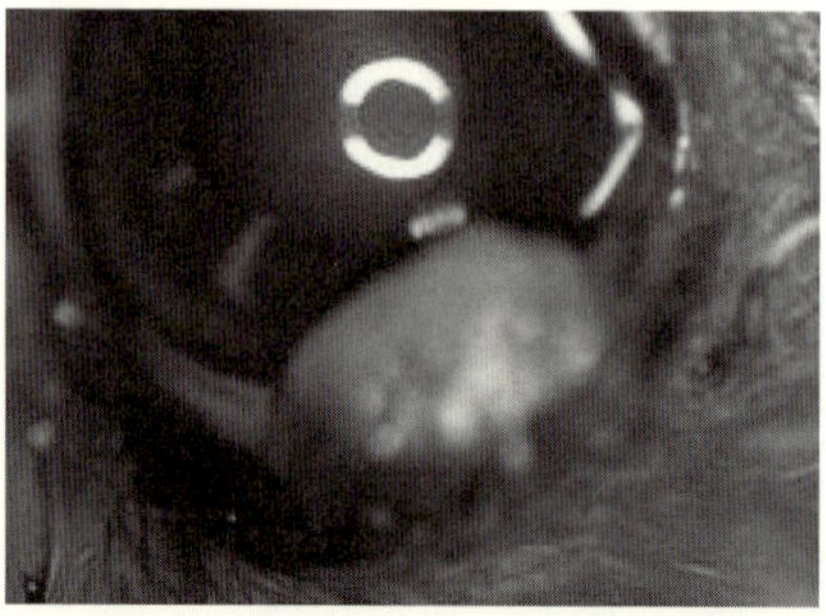

眼瞼のメラノーマは黒色の腫瘍で、多くは良性ですが、8%は悪性腫瘍《あくせいしゅよう》と診断されています。

ネコの眼瞼の腫瘍では、扁平上皮癌《へんぺいじょうひがん》がもっとも多く、しばしば潰瘍状《かいようじょう》の病変として認められます。

（山形静夫）

眼球の腫瘍《しゅよう》

眼球内に発生するメラノーマは黒色の腫瘍で、前部ぶどう膜（虹彩《こうさい》、毛様体）を起源とすることが多く、一部は脈絡膜からも生じます。転移の確率は、イヌでは2％以下ですが、ネコでは60％の例で転移が起こるといわれています。また、虹彩《こうさい》メラノーマは、虹彩の一部が黒色化してやや膨隆する腫瘍で、虹彩に色素が沈着する無害な虹彩色素母斑《こうさいしきそぼはん》と類似していて、両者の鑑別は困難です。なお、虹《こう》彩嚢胞《さいのうほう》は、瞳孔縁《どうこうえん》や前房内に黒い球（黒い風船のような状態）として認められますが、中が空洞な点が腫瘍と異なっています。メラノーマは角膜輪部や強膜にも発生し、2～4歳の若いイヌでは短期間で大きくなる傾向にありますが、8～11歳の老犬ではあまり大きくなりません。メラノーマは色素の濃いイヌが発病しやすいとされています。

網膜芽腫《もうまくがしゅ》は、若いイヌに発生し、眼底に生じた白色塊が瞳孔《どうこう》の奥にみられるため、「白色瞳孔《はくしょくどうこう》」となります。人では両眼に生じる場合は遺伝性、片眼の場合は非遺伝性とされますが、イヌでは多くが片眼だけに生じます。

リンパ腫《しゅ》は、ぶどう膜炎や緑内障を合併することがあります。比較的珍しい症状である肉芽性炎症を示すこともありますが、多くの場合は特徴に乏しく、全身症状などから診断します。ただし、確定診断のためには前房穿刺《ぜんぼうせんし》による細胞検査が必要なこともあります。

転移性腫瘍《てんいせいしゅよう》は、他の部位から転移した腫瘍で、イヌでは悪性乳腺腫《あくせいにゅうせんしゅ》からの転移がみられることがあります。（山形静夫）

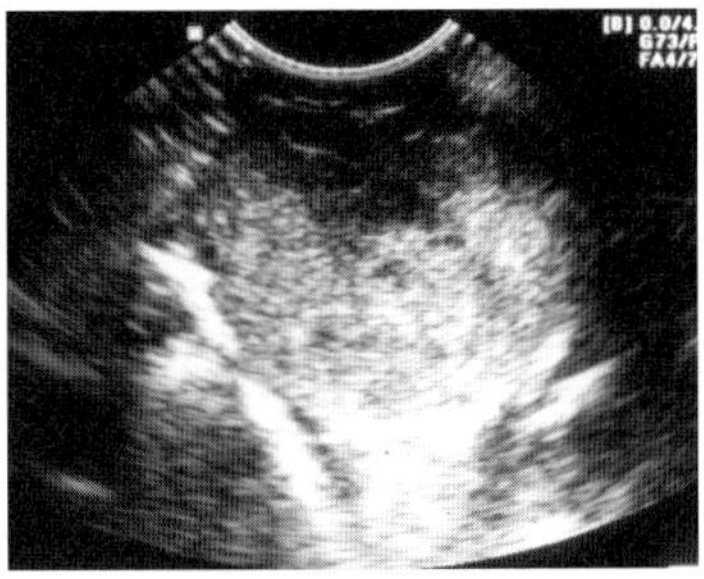

眼内メラノーマの超音波検査所見。眼底から発生したメラノーマにより眼内が腫瘍で充満している

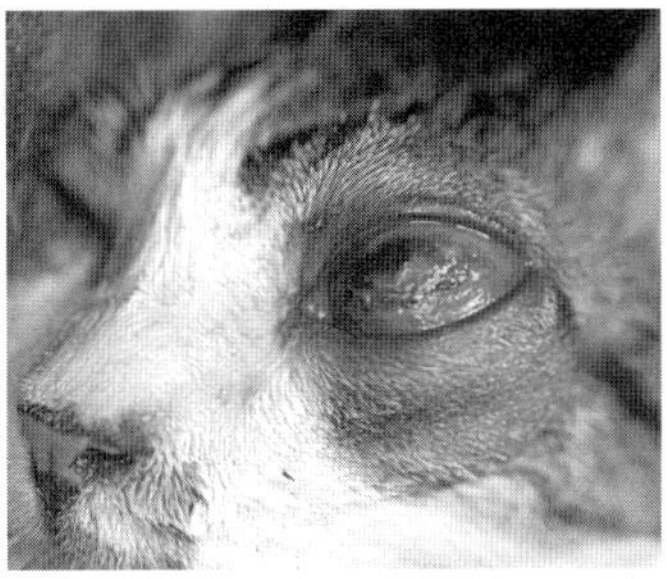

眼内メラノーマ（雑種ネコ、13歳齢）。眼底から発生したメラノーマに冒されたネコ。緑内障となり、眼球が拡大して突出している

眼窩《がんか》の腫瘍《しゅよう》

眼窩に腫瘍が発生すると、どのような種類の腫瘍であっても、次第に眼球が前方へ突出し、さらに瞬膜も突出します。通常は痛みはありません。眼窩のリンパ腫は、全身疾患の一部の症状としてネコで発生します。

また、視神経に腫瘍が生じると、視神経が浸潤されたり、眼球が突出した場合には視覚を消失します。視神経に発生する腫瘍には髄膜腫《ずいまくしゅ》や視神経鞘腫《ししんけいしょうしゅ》、神経線維腫《しんけいせんいしゅ》などがあります。

診断は困難なことが多く、CT検査やMRI検査が必要な場合があります。また、化膿性疾患《かのうせいしっかん》の球後膿瘍《きゅうごのうよう》や慢性緑内障との鑑別が必要です。（山形静夫）

感染症

感染症とは

病原体が生体内に侵入し、そこに定着して増殖することを感染といい、その結果として引き起こされる病気を感染症といいます。感染症には、破傷風のように伝染しない非伝染性のものと、インフルエンザ、日本脳炎のような伝染性のものがあります。

なお、感染が起きても生体に症状が出ない場合（非発症）と症状が出る場合（発症）があり、非発症の代表的なものは腸内や口腔粘膜《こうくうねんまく》に存在している正常菌叢《せいじょうきんそう》です。また、発症する感染症のなかでも、感染後ただちに症状が出るものを顕性感染といい、ただちに症状が出なかったり、あるいはほとんど症状が出ないものを不顕性感染（無症状感染）といいます。

さらに、症状が出ない不顕性感染にも、感染形態が異なるものがあります。一つは慢性感染といい、主に結核や原虫感染にみられるように、病原体は体内に存在していて、それを検出することもできますが、生体に大きな障害を起こさない状態が続く感染です。そして、もう一つは潜伏感染といい、ヘルペスウイルスの感染のように、いったん感染した後にそのウイルスが神経細胞中に潜み、ウイルスが検出されなくなり、無症状になる感染です。（本多英一）

病原体

感染が成立するためには、病原体と感染経路、感受性動物（宿主）の三つの要素が必要です。

病原体には小さいものから順に、プリオン、ウイルス、細菌（リケッチア、クラミジア、マイコプラズマを含む）、真菌、原虫、蠕虫《ぜんちゅう》（多細胞性の寄生虫）があります。プリオンとはタンパク質の一つで、構造が異常になったものを異常プリオンタンパクといいます。その異常プリオンタンパクが生体内で正常なプリオンタンパク質を異常に変え、神経細胞を破壊していきます。動物ではヒツジのスクレイピー、ウシの伝達性海綿状脳症（ＢＳＥ）が代表的なプリオン病です。また、ウイルスは、遺伝子である核酸（ＤＮＡあるいはＲＮＡ）とそれを包むタンパク質から成り、宿主の細胞に取り込まれた後、脱核（核酸とタンパク質が分かれる）を起こし、核酸とタンパク質が別々に合成されます。その後、核酸とタンパク質が合体して新たなウイルスとなり、細胞の外に出て次の細胞に感染します。ウイルス性の感染症には多くの種類があります。一方、リケッチアとクラミジアは、宿主の細胞の中でのみ２分裂の増殖をします。リケッチアは、ノミやダニなどの節足動物を介して伝染しますが、クラミジアは直接感染します。これ以外の一般の細菌と真菌は、人工培地の中で2分裂により増殖させることができます。細菌性の感染症にも多くの種類があります。原虫には、発育環に色々なタイプのものがあり、その感染症としてトキソプラズマ症やピロプラズマ症、アナプラズマ症などが知られています。（本多英一）

感染経路

直接感染

●接触感染

交尾、舐《な》める、咬《か》むことにより病原体が動物から動物へ直接伝播《でんぱ》することです。ブルセラ症や皮膚糸状菌症などは接触感染によって起こります。

●飛沫感染《ひまつかんせん》

くしゃみや咳《せき》などによって病原体を含む小水滴が放出され、それを直接吸い込んで感染することです。インフルエンザやマイコプラズマ肺炎などにみられます。

●飛沫核感染《ひまつかくかんせん》

飛沫《ひまつ》が蒸発して飛沫核《ひまつかく》となったものを吸い込んで感染することです。結核などにみられます。

間接感染

●経口感染

病原体に汚染されている飼料や水などを摂取することによって起こる感染のことです。大腸菌症やサルモネラ症などは、経口感染によって起こります。

●創傷感染（経皮感染）

皮膚の傷口（創傷）から病原体が侵入し、感染が起こるものです。破傷風や炭疽《たんそ》、狂犬病、レプトスピラ症、ブドウ球菌症などは、この感染方法によって起こります。

●媒介生物（ベクター）を介した感染

蚊やノミ、アブ、ダニなどに媒介されて成立する感染のことです。日本脳炎や犬糸状虫症、ピロプラズマ症などがこれにあたります。

垂直伝播《すいちょくでんぱ》

胎盤を経由して胎子に感染することです。サルモネラ症やマイコプラズマ病、ブルセラ症などにみられます。また、母乳を介して新生子に病原体が感染することもあります。この例としては、犬回虫症などが知られています。（本多英一）

感染症への対応

宿主の対応と反応

●免疫

病原体が体内に侵入すると、生体はその病原体に対応し、抵抗するようになります。これを免疫といいます。免疫には抗体が主体をなす液性（体液性）免疫と、感作リンパ球が主体となる細胞性免疫があります。液性免疫では侵入した病原体をマクロファージなどの食細胞が処理し、さらにT細胞というリンパ球の一種を刺激します。そのT細胞からサイトカインといわれる生理活性物質を介した指令がB細胞というリンパ球の一種にいき、活性化されたB細胞がその病原体に対する抗体（免疫グロブリン）を産生します。免疫グロブリンには免疫グロブリンG、免疫グロブリンM、免疫グロブリンA、免疫グロブリンE、免疫グロブリンDが知られており、これらは侵入した病原体にそれぞれの方法で対応しています。

一方、細胞性免疫は、液性免疫の場合と同様に、まず食細胞が病原体（あるいは異物）を処理し、さらにその食細胞がT細胞を刺激します。刺激を受けたT細胞はリンホカイン（サイトカインの一種）という生理活性物質を作り出し、さらに多くのマクロファージやT細胞を活性化していきます。そして、活性化されたそれらの細胞が病原体や異物を処理します。この細胞性免疫は、主としてある種のウイルス感染や組織や臓器の移植などの際に働く機構です。

免疫力を高めるためにはバランスのとれた栄養を摂取し、ストレスを除去することが必要です。

●ワクチン

病気を予防するために、病原体を不活化（あるいは死滅）したワクチンまたは毒力を極端に弱めたワクチン（弱毒生ワクチン）を用い、前もって免疫力をつけておくことがあります。これをワクチン療法といいます。ワクチンには、生ワクチンや不活化（死菌）ワクチンのほか、有効成分だけを集めたコンポーネントワクチンや遺伝子操作を応用した組み換えワクチンがあり、対象とする病原体によって使い分けています。また、破傷風菌やボツリヌス菌などの毒素を不活化させたトキソイドを用いたワクチンもあります。

●インターフェロン

ある種の細胞がウイルスの感染を受けると、ウイルスの増殖を抑制する物質を産生します。これをインターフェロン（ＩＦＮ）と呼びます。

いったん産生されたＩＦＮが別の細胞に吸着すると、細胞内で変化が起こって遺伝子が刺激され、活性をもった抗ウイルス作用のあるタンパク質が産生されると考えられています。

●対症療法

発熱や発咳《はつがい》、疼痛《とうつう》、かゆみなどの局所的な症状を軽減あるいは除去するためには、それぞれの症状に応じた治療、すなわち対症療法を行います。

●アレルギー（過敏症）

アレルギー反応は、免疫による一種の生体反応ですが、感染防御とは反対の現象です。

・即時型アレルギー…食物由来のタンパク質や花粉、真菌、寄生虫、ダニなどが抗原となります。抗原抗体反応が細胞表面で起こって細胞を破壊し、ある種の物質（ヒスタミンやプロスタグランジン、ロイコトルエンなど）を作り出します。そして、それらの物質が周囲の正常細胞を刺激し、粘液分泌亢進《ねんえきぶんぴつこうしん》やくしゃみなどを起こします。アレルギーを起こす抗原としては、花粉（ブタクサなど）、ほこり、羽毛、ダニ、真菌などがよく知られています。症状は、じんま疹や皮膚の発赤、腫脹《しゅちょう》、気《き》管支《かんし》喘息《ぜんそく》、鼻炎、鼻漏、結膜炎、流涙などがみられます。

・遅延型アレルギー…以前に感作を受けたものと同じ抗原に接触した動物に数時間から数日後に発生するアレルギーのことです。この場合、抗体は関与せず、T細胞がこの現象の主体となります。

すでに感作を受けているT細胞は同じ抗原の刺激を受けるとリンホカインという生理活性物質を放出し、マクロファージを活性化してリンパ球などを局所に集積させます。さらに、活性化されたマクロファージはプロスタグランジンや活性酵素などを産出して血漿の滲出と細胞障害を起こし、線維芽細胞や毛細血管を増殖させて局所発赤と硬結を起こします。

病原体に対する対応

●隔離

感染が成立する要因の一つは、伝播《でんぱ》経《けい》路《ろ》が存在することです。したがって、感染を止めるためには伝播経路を遮断すればよいことになります。このためには、感染動物を隔離するか、あるいは正常動物を感染動物から隔離します。

●化学療法

・抗生物質…主として細菌と真菌の感染に有効で、一部を除いてウイルス感染には効果がありません。抗生物質の種類によって、それが効く病原体と効かない病原体があります。

・血清療法…抗体を含んだ血清を注射します。抗原（ワクチン）を注射して抗体が産生されるのを待つよりも効果が速く、即時に病原体や毒素を処理することができます。ただし、異なる種類の動物の血清を注射するため、1回行うとその動物血清に対する抗体ができてしまいます。

すなわち血清療法は繰り返し行うことはできません。あくまでも緊急時に実施するものです。破傷風菌毒素、ボツリヌス菌毒素、ヘビ毒に対して用いられています。

環境に対する対応

下水やたまり水を適切処理するなど、衛生環境を整えることにより媒介昆虫を駆除し、感染経路を遮断します。

（本多英一）

ウイルス感染症

犬ジステンパー

犬ジステンパーウイルスによって起こる代表的なイヌの病気です。とくに1歳未満の幼若犬(生後3～6カ月齢のイヌ)がかかりやすく、高熱を出して高い致死率を示します。感染初期は高熱や下痢、肺炎などの消化器系および呼吸器系の症状を示しますが、次第に神経症状を起こすものもあります。消化器および呼吸器症状でおさまった場合はよいのですが、神経症状を起こすと、たとえ回復しても後遺症が残ることがあります。ときとして成犬にも発病します。また、イヌのほかにキツネやコヨーテ、オオカミ、タヌキ、イタチ、フェレット、アザラシなど、多くの動物に発生します。

原因

原因は、パラミクソウイルス科モルビリウイルス属の犬ジステンパーウイルスです。感染経路としては、感染したイヌの唾液《だえき》やその飛沫《ひまつ》、または排泄《はいせつ》した尿を直接吸い込んだり、それらに接触したりすることが考えられています。また、ウイルスに汚染された食べ物を食べることによって、ウイルスが口から侵入して感染が起こることもあるといわれています。犬ジステンパーウイルスは宿主の体外に出るとあまり長く生活できないため、イヌが密集しているところで感染が起こりやすくなります。

症状

ウイルス感染が起こってから症状が出るまで（潜伏期）は、1～4週間を要します。ただし、感染後1週間前後で発熱を示しても、それはほとんど気づかれません。その後、再発熱が起こり、くしゃみや眼やに、食欲不振、白血球減少などが現れてきます。免疫力のあるイヌは回復しますが、免疫力の弱いイヌは呼吸器症状を示したり、血様の下痢便を排泄します。また、結膜炎や角膜炎を起こして、膿性《のうせい》の眼やにを分泌することもあります。病気がさらに進行すると、ウイルスは脳に侵入してウイルス性脳炎を起こし、けいれん発作や震え、後肢麻痺《まひ》を起こします。この状態になると、イヌは興奮し、回転したり暴れたりします。さらに、体の一部が短い間隔でけいれんするチック症状なども示します。脳内への感染が持続的になると、脱髄性脊髄炎《だつずいせいせきずいえん》を発生します。また、ジステンパーに特徴的な症状として、四肢の肉球の角質化（ハードパッド）もみられます。

診断

様々な所見を総合的に判断して診断しますが、確定診断を行うにはウイルスを証明する必要があります。ただし、ウイルスの培養は難しいため、ウイルス分離をせず、ウイルスの存在を確認する蛍光抗体法や中和試験という検査を行います。また、ウイルスの感染を受けた細胞の中に封入体を認めることでもウイルス感染を疑うことができます。さらに、近年はウイルスの遺伝子を検出する検査も行われるようになりました。

治療

原因はウイルスですので、抗生物質は有効ではありません。しかし、細菌の二次感染による悪化を抑えるために抗生物質を使用することはできます。その他、飼育管理を良好にする必要があります。

予防

ワクチンによる予防が有効です。ワクチン接種は移行抗体（母イヌからの初乳に含まれている免疫抗体のこと）が子イヌから消失する生後2カ月くらいに接種するのがよいといわれています。現在は生ワクチン（毒力がないか毒力が非常に弱い生ウイルスでできている）が使われています。なお、ワクチンは、犬ジステンパーウイルスのほか、犬アデノウイルスや犬パルボウイルス、レプトスピラ(細菌)などを混合したものが使われています。

（本多英一）

狂犬病

狂犬病ウイルスによって起こる病気で、神経症状を示します。イヌをはじめネコやキツネ、スカンク、アライグマ、オオカミ、イタチ、ノネズミなど、すべての哺乳類《ほにゅうるい》に感染し、人にも感染が起こります。日本ではイヌに対する予防接種の義務化と輸入動物の検疫の充実により1957年以降は狂犬病の発生はありません。しかし、最近は検疫対象外の野生動物の輸入や外国船員の飼育しているイヌ等の動物の持ち込みなどが多くなり、この病気に対する注意が必要になっています。また、旅行で海外へ出たときは、イヌやその他の動物に咬《か》まれないようにしなければなりません。

原因

原因ウイルスは、ラブドウイルス科リッサウイルス属に属する狂犬病ウイルスです。狂犬病ウイルスは、咬傷《こうしょう》などから感染します。感染したウイルスは末梢《まっしょう》神経《しんけい》に侵入し、その神経を介して中枢神経に向かい、最終的には脊髄《せきずい》や脳に到達して神経症状を起こします。その後、唾液中にウイルスが排出されるようになり、咬《か》み傷《きず》を介してほかの動物に伝播《でんぱ》します。

症状

潜伏期は1週間から1年で、平均は約1カ月といわれています。初期には挙動の異常や食欲不振がみられるだけですが、次第に咬みつくようになるなど、凶暴化します（狂躁型《きょうそうがた》）。しかし、これをすぎると麻痺状態になり、ついには衰弱して死亡します。また、まれな例ですが、沈うつ型（麻痺型《まひがた》）もあり、感染後ただちに麻痺状態となって数日で死亡します。

診断

ウイルスが増殖する小脳や大脳皮質の神経細胞の細胞質に、直径0・5～20μm

の球状の封入体（ネグリ小体）がみられ、これがこの病気の特徴です。また、脳組織塗抹標本での直接蛍光抗体法によるウイルス抗原の検出も有効な診断法です。

治療

治療法はなく、感染した場合は安楽死させます。

予防

日本では狂犬病予防法により、生後3カ月齢以上のイヌは行政機関に登録し、年1回の狂犬病ワクチンの予防接種を受けることが義務づけられています。さらに、2000年から狂犬病の検疫対象動物としてイヌのほかにネコとアライグマ、キツネ、スカンクが追加されました。

（本多英一）

犬パルボウイルス感染症

犬パルボウイルスの感染により激しい嘔吐《おうと》と下痢を起こす病気です。日本では1970年代後半から1980年代初めにかけて流行しました。

離乳期以降のイヌにみられ、血便を排泄する消化器症状（腸炎型）と白血球減少を特徴とします。また、生後2～9週目の子イヌが発症し、心不全を起こす心筋型もあります。

この病気と犬ジステンパー、犬伝染性肝炎は、イヌの健康維持のために必ず予防しなければならないウイルス病であり、「コア・ウイルス病」と呼ばれています。

原因

原因ウイルスは、パルボウイルス科パルボウイルス属に属する犬パルボウイルスです。現在広がっている犬パルボウイルスは、猫パルボウイルスから派生したと考えられており、それ以前に存在した犬パルボウイルス（CPV－1）と区別してCPV－2と名づけられています。

症状

このウイルスに感染すると、イヌは激しい嘔吐を起こし、1日以内（6～24時間）に下痢がみられるようになります。下痢便は、初めは黄灰白色ですが、その後、血液が混ざった粘液状になります。嘔吐と下痢のため、脱水状態となって衰弱し、ショックを起こすこともあります。また、白血球数の減少も認められます。

犬パルボウイルスは、エンベロープをもたないウイルスで、動物の体外に出ても温度等に抵抗性を示し、なかなか失活しません。このウイルスを含む糞便《ふんべん》や嘔《おう》吐物《とぶつ》に他のイヌが接触することにより伝《でん》播《ぱ》が起こります。

パルボウイルスは、体内の細胞内分裂の盛んな細胞でよく増殖するため、腸管細胞や骨髄細胞で増殖します。パルボウイルス感染症で下痢や白血球の減少が起きるのは、このためです。

診断

白血球減少が診断の指標となります。また、このウイルスは赤血球凝集を起こすので、糞便の乳剤の上清と赤血球を混合することで赤血球凝集の有無を調べます。さらに、ウイルス抗原を検出するためのキットも開発されています。このほか、赤血球凝集阻止反応（HI）により抗血清を用いた抗体の検出を行うこともできます。

治療

ウイルスに対する治療法はありませんが、細菌の二次感染を抑えるために抗生物質を投与します。

予防

ワクチンを接種します。パルボウイルスは通常の消毒剤に対して抵抗性を示すため、消毒には次亜塩素酸を用います。

（本多英一）

犬コロナウイルス感染症

犬コロナウイルスの感染により下痢や嘔吐を起こすウイルス性腸炎です。

コロナウイルス科コロナウイルス属に属する犬コロナウイルスを原因とします。このウイルスは、猫伝染性腹膜炎ウイルスに類似した抗原性を示すものです。

症状としては、突然、下痢と嘔吐を起こします。このため、脱水状態になることがあるので注意が必要です。犬パルボウイルスと混合感染を起こすことが多く、その場合は症状が重くなります。なお、犬パルボウイルス感染症とは異なり、白血球数の減少はみられません。予防にはワクチンの接種が有効です。また、飼育環境や衛生管理を向上させることも大切です。

（本多英一）

犬伝染性肝炎

犬アデノウイルス（1型）により発生するイヌ科動物の病気で、肝炎を特徴とします。離乳直後から1歳未満の幼若犬で高い発病率と死亡率が認められ、犬ジステンパーと犬パルボウイルス2型の感染とともに「コア・ウイルス病」といわれています。

原因

原因ウイルスは、アデノウイルス科マストアデノウイルス属に属するアデノウイルス1型です。外部環境に対する抵抗性が強く、室温で数カ月間は感染性を保持します。

症状

ウイルスは、経鼻的あるいは経口的にイヌに感染します。そして、扁桃《へんとう》からリンパ組織へと移動し、その後、血液に入って全身に広がります。それにより感染後数時間以内に嘔吐や腹痛、下痢、高熱を示し、さらに扁桃の腫《は》れや口腔粘膜《こうくうねんまく》の充血、点状出血もみられます。急性の肝炎を起こすと、イヌの肝臓の位置を手で押されると痛がり、触られるのを嫌がるようになります。重症例は虚脱状態となって12～24時間で死亡することがあります（甚急性型）。しかし、症状をあまり示さないもの（不顕性型）や軽い発熱と鼻水程度のもの（弱症型）など、病型には幅があります。また、他の病原菌との混合感染があると、死亡率が高くなります。なお、回復期には、しばしば眼に一時的な角膜混濁がみられることがあります。

診断

中和試験、HI反応によるペア血清（感染前と感染後の血清）を比較することによって診断できます。また、肝臓の機能を示すパラメーターとなる数種の酵素の活性が上昇していることも診断の参考になります。

治療

効果のある薬はありません。肝臓の機能を回復させる対症療法と食餌《しょくじ》療法《りょうほう》を行います。

予防

ワクチン（犬ジステンパーウイルスや犬パルボウイルス2型との混合）を用います。

（本多英一）

犬伝染性気管・気管支炎（ケンネル・コーフ）

呼吸器の感染症で、いわゆるイヌの「風邪」（ケンネル・コーフ）です。ジステンパーの咳《せき》とは異なり、がんこな咳を特徴とします。

原因

原因となる主な病原体は、犬アデノウイルス2型（アデノウイルス科マストアデノウイルス属）と犬パラインフルエンザウイルス（パラミクソウイルス科ルブラウイルス属）、さらにグラム陰性好気性菌のボルデテラ・ブロンキセプティカなどです。これらの各種病原体が単独で感染しているよりも混合感染を起こした場合のほうが症状が重くなります。

病原体は、感染犬との接触や病原体を含む飛沫などを介する経口感染、経鼻感染によって広がります。ペットショップや繁殖場など、高密度で飼育されているイヌの間に広がりやすい病気です。そのため、俗称ケンネル・コーフとも呼称されています。

症状

症状は呼吸器系に限られ、短い乾いた咳を特徴とします。食欲は正常に近く、元気も失われませんが、微熱を出すことがあります。

通常は初期の症状は数日でおさまります。しかし、細菌の二次感染が起きると高熱を出したり、膿《うみ》のような鼻汁を分泌し、肺炎を起こして死亡することがあります。とくに幼若犬や高齢犬では重症化する傾向があります。

診断

ペットショップ等への出入りの有無を確認すること、また感染犬との接触の有無を聞くことにより感染の可能性を調べます。咳と食欲減退、鼻汁の有無を調べ、胸部X線検査を行って診断します。また、ペア血清による中和試験とHI反応も可能です。

治療

ウイルスが原因のときは有効な抗生物質はありませんが、細菌が原因の場合は抗生物質が有効です。

予防

ワクチンの接種が有効です。また、飼育環境や衛生管理を向上させることも大切です。

（本多英一）

犬ヘルペスウイルス感染症

ヘルペスウイルス科バリセラウイルス属に属する犬ヘルペスウイルス1型を原因とします。

子宮内腔《しきゅうないくう》を胎子が通過するときに感染が起こります。生後7～10日で症状が現れ、子イヌは母乳を飲まなくなり、腹痛を起こします。嘔吐や呼吸困難なども起こし、死亡率が高いのが特徴です。一方、成犬に感染した場合は、非常に軽度の鼻炎を起こすか、あるいは不顕性感染の状態でウイルスを保有しつづけ、幼犬に対する感染源になります。また、この病気はケンネル・コーフの原因の一つにもなっています。

死亡した新生犬の肺や肝臓、腎臓《じんぞう》、脾《ひ》臓《ぞう》の表面や活面には、非常に小さい点状の出血斑《しゅっけつはん》や灰白色の壊死斑《えしはん》が認められます。診断にあたっては、病変部位や鼻粘膜、性器粘膜などからウイルスを分離培養した後、ウイルス中和試験、蛍光抗体法によりそれを同定します。

患犬またはその排泄物と接触することによって感染が起こるため、予防としては患犬と接しないことが望まれます。ワクチンはまだ開発されていません。

（實方　剛）

犬《いぬ》ウイルス性《せい》乳《にゅう》頭《とう》腫《しゅ》症《しょう》

パポバウイルス科パピローマウイルス属に属する犬口腔乳頭腫《いぬこうくうにゅうとうしゅ》ウイルスが原因となります。

症状としては、主に唇や頬部粘膜《きょうぶねんまく》、舌、口蓋《こうがい》などに乳頭腫《にゅうとうしゅ》ができます。乳頭腫が広範囲に生じた場合は、餌《えさ》の摂取や咀嚼《そしゃく》が困難になることがあり、また、口腔《こうくう》内に異臭を生じることもあります。ただし、通常は自然に治癒します。

特徴的な症状があることから、その症状に基づいて診断することができますが、口腔腫瘍《こうくうしゅよう》と鑑別するには、封入体やウイルス粒子を確認するために病理学的診断が必要です。

多くの場合は自然治癒しますが、乳頭腫の切除も有効な治療法です。ワクチンは開発されていません。

犬口腔乳頭腫ウイルスは、イヌ仲間の咬み合いなどにより直接伝搬するため、患犬との接触を避けるようにします。

（實方　剛）

犬ロタウイルス感染症

原因

レオウイルス科のロタウイルス属のロタウイルスが原因ウイルスです。ロタウイルスは、pH３・０という強い酸性のもとでも安定で、また、エーテルにも耐性があり、低温でも長期間不活化されません。そのため、糞便中に排泄された後も長い間感染力をもっています。

症状

生後1～7日齢の子イヌが急性の下痢を発症することが多く、成犬では多くが無症状です。症状は突然の下痢に始まり、続いて白色または黄白色の水溶性下痢あるいは軟便となります。通常は数日で回復しますが、細菌の二次感染あるいはパルボウイルスやコロナウイルスとの合併によって重症になり、衰弱死することもあります。

診断

イヌの下痢の原因は様々であり、他の病気との鑑別診断が必要です。生後1～2週間以内の下痢で、白色あるいは黄白色の便の場合は、犬ロタウイルス感染症が疑われますが、細菌性の胃腸炎と区別することは困難です。

確定診断を行うには、ロタウイルスの簡易検査キットなどを用いたウイルス学的検査が必要です。

治療

犬ロタウイルスワクチンはまだ開発されていません。抗ロタウイルス薬も開発されていないので、対症療法として水分と栄養素の補給を十分に行います。また、細菌の二次感染が認められた場合は、抗生物質を投与します。

予防

犬ロタウイルスに感染した動物は、大量のウイルスを糞便中に排泄しているので、糞便に直接触れないように注意することが重要です。

（實方　剛）

犬好酸性細胞肝炎

原因

原因ウイルスは、アデノウイルス科のマストアデノウイルス属に属する犬アデノウイルス1型です。

症状

病型は、突発性致死型、重症型、軽症型、不顕性型に分類されています。

突発性致死型は、主に子イヌにみられます。突然虚脱し、24時間以内に腹痛と体温上昇を起こし、死亡することもあります。

重症型では、扁桃の肥大とリンパ腺《せん》障害がみられ、嘔吐と腹痛を伴います。特徴は体温が他の感染症よりも高くなることで、41℃にも上昇します。ほかに軽度の食欲減退や脈拍の増加、微弱化などがみられますが、一般状態は概して良好で、虚脱状態の24時間を耐過すれば、1週間～10日後に回復します。回復期には特徴的なブルーアイがみられることがあります。

一方、軽症型は、狂騒状態となることもありますが、一般的な症状としては食欲不振、元気消失、発熱を示し、局所症状は認められません。

不顕性型は、血清学的な診断では感染が認められますが、症状は認められません。

診断

40℃以上の突然の発熱、扁桃の発赤腫脹《ほっせきしゅちょう》、嘔吐、白血球減少などの症状を診断の参考とします。また、肝臓や脾臓、血液、扁桃からウイルスを分離します。このほか、血液中の抗犬アデノウイルス特異抗体の検出も有効な診断法です。

治療

激しい脱水状態になるため、対症療法としてブドウ糖の輸液を行います。

予防

ワクチンの接種が有効です。

（實方　剛）

猫白血病ウイルス感染症

原因

猫白血病ウイルスは、猫免疫不全ウイルスとともにレトロウイルス科に属するウイルスです。このウイルスに感染すると、その20～30％のネコに白血病やリンパ腫といった血液の腫瘍《しゅよう》が発生するため、白血病ウイルスという名前がつけられました。しかし、実際には、血液腫瘍《けつえきしゅよう》よりも、その他の様々なネコの病気の原因になっていることのほうが多いようです。

母ネコが感染している場合は、胎盤や母乳を介して子ネコに伝染することがあります。しかし、子ネコの多くは流産や死産となり、無事に生まれたとしても早期に死亡することが多いようです。また、ウイルスは感染しているネコの唾液を介して伝染することも多く、舐《な》め合《あ》ったり、同じ食器で飲食をすることにより、経口感染が起こります。しかし、この場合は持続的に濃厚な接触がないと感染は成立しません。

一方、咬み傷からウイルスが侵入した場合は、かなり高率に伝染すると考えられています。しかし、感染を受けても発病せずに、ウイルスが体内から消えてしまう場合もあります。この現象は年齢に関係しており、子ネコほど持続感染となることが多いようです。持続感染になれば、生涯にわたってウイルスを持ち続けることになります。

症状

ウイルスに初めて感染すると、感染後2～6週目に全身のリンパ節の腫れと発熱が起こります。血液検査では白血球（好中球）減少や血小板減少、貧血などがみられます。

一般に、この時期の症状が軽いか無症状の場合は一過性の感染で終わり、症状が重度のときは持続感染になりやすいといわれています。持続感染によって引き起こされる疾患には、ウイルスが直接的に関与して発症するものと、ウイルス感染が引き起こす免疫不全や免疫異常に関連して二次的に発症するものがあります。

直接作用によるものには、造血器腫瘍《ぞうけつきしゅよう》（リンパ腫、急性リンパ性および骨髄性白血病、骨髄異形成症候群）、再生不良性貧血、赤芽球癆《せきがきゅうろう》、流産、脳神経疾患、猫汎白血球減少症様疾患《ねこはんはっけっきゅうげんしょうしょうようしっかん》などがあります。

また、二次的に発症するもののうち、免疫異常に関連するものは、免疫介在性溶血性貧血などの免疫介在性疾患や糸球《しきゅう》体腎炎《たいじんえん》などです。免疫不全に関連した疾患としては、猫ヘモバルトネラ症や猫伝染性腹膜炎、トキソプラズマ症、クリプトコッカス症、口内炎、気道感染症などがあげられます。猫伝染性腹膜炎の40％、猫ヘモバルトネラ症の50～70％、クリプトコッカス症の25％、流産および不妊の60～70％は猫白血病ウイルスに感染しているといわれています。

猫白血病ウイルスに感染して発病したネコの性別は、雄が全症例の60～70％を占め、去勢手術を行った雄および避妊手術を行った雌における発症率は、手術を受けていないネコに比べて明らかに低いことが知られています。予後は疾患により異なりますが、ある調査では発症後3カ月の生存率は60％、1年生存率は50％、2年生存率は35％、3年生存率は12％でした。

診断

感染を受けているかどうかは血液検査で簡単にわかります。拾ってきたネコを飼い始めるときや、ネコが外に出てけんかをしたとき、猫白血病ウイルスのワクチンを接種するときは、このウイルスの検査を受けましょう。けんかをした場合はすぐに検査をしても感染の確認はできません。最大で3週間経てば確認が可能となります。また、1回目の検査で陽性であったとしても陰転する可能性があるので、3～4カ月後にもう一度検査をして陽性であれば、そのネコは一生陽性であるということになります。

治療

急性感染期の場合、インターフェロンを投与することにより持続感染になる確率を下げることができる可能性があります。しかし、前述のように年齢の高いネコは感染しても自然にウイルスを排除してしまうことがあるため、この治療法がどこまで有効なのかは不明瞭《ふめいりょう》です。

持続感染のネコに対しては、ウイルスを体からなくしてしまう根本的な治療法はありません。対症療法や免疫力を高めるような治療を実施します。

予防

猫白血病ウイルス感染症の予防は、ウイルスに感染させないことと、すでに感染しているネコを発症させないようにす

ることです。

①感染予防

100%完全な感染予防は、感染したネコに接触させないことです。まったく外に出さないようにして飼育すれば、感染の可能性は非常に低くなると考えられます。しかし、何らかの理由で外に出てしまったり、あるいは外からネコが入り込んだりして、猫白血病ウイルスに感染しているネコに咬まれてしまうことも考えられます。

ワクチン接種は、猫白血病ウイルス感染を予防する有効な方法です。感染の防御率は80~90%で、副作用として線維肉《せんいにく》腫《しゅ》の発生が危惧《きぐ》されていますが、その発生率は1万分の1ないしは2万分の1ともいわれています。他のワクチン接種の場合でも線維肉腫の危険はあるわけで、猫白血病ウイルスワクチンだけがとくに危険であるというわけではありません。

②発症予防

発症を予防するには、ネコの飼育環境や栄養管理に注意するとともに、ストレス状態にならないようにさせることが重要です。ネコが外出して帰ってきた時点で発症しているケースが多くみられます。外でのストレスはとくに雄ネコでは大きく、また、冬場は寒冷ストレスが加わるとさらにストレスが大きくなります。避妊手術や去勢手術を受けているネコにおける猫白血病ウイルス感染症の発症率は、手術を受けていないネコよりも著しく低いことが明らかになっています。これは手術を受けているネコの猫白血病ウイルス感染率が低いのか、感染率は変わらないが発症率が低いのか、もしくはその両方の理由によるものなのかは不明ですが、いずれにしても避妊手術と去勢手術は猫白血病ウイルス感染症の予防に有効であると思われます。

（下田哲也）

猫免疫不全ウイルス感染症

原因

人やサルの免疫不全ウイルスと同じ仲間のウイルスによってネコに対して免疫不全を起こす感染症で、俗に猫エイズとも呼ばれています。

猫白血病ウイルスと同様に、感染したネコの唾液を介して伝染しますが、舐め合ったり、同じ食器で食事をしても伝染することはありません。けんかをして咬み合ったときに、傷からウイルスが体内に侵入して感染します。人や他の動物には伝染しませんが、トラやライオン、ヒョウなどのネコ科の動物には感染します。天然記念物であるイリオモテヤマネコがイエネコを介してこのウイルスの感染を受けて問題になっています。

症状

ウイルスに感染すると、4~6週間の潜伏期の後、発熱や白血球減少が持続的にみられることがあります。多くのネコは外見上は元気で異常がないようにみえますが、全身のリンパ節が腫れ、これが数カ月から1年近く続きます。この期間を急性期と呼びます。そして、急性期の後にまったく症状がみられない無症状キャリア期が数カ月から数年続きます。

その後、慢性的な症状がみられるようになり、体重が減少してきます。この時期、免疫力の低下により様々な病気が起こります。もっともよくみられるのが口内炎で、歯茎の腫れや出血、口臭、よだれなどがみられ、痛みにより食事がとれなくなることもしばしばあります。また、慢性の下痢や発熱、鼻炎、結膜炎などを起こすこともあります。この時期の様々な症状をエイズ関連症候群と呼びます。

さらにエイズ期に至ると病状がますます悪化します。日和見感染や悪性腫瘍《あくせいしゅよう》が発生し、極度に痩《や》せ細《ほそ》り、急速に衰弱して死に至ります。

ただし、感染したネコのすべてがこのような経過をたどるわけではなく、感染していても症状が出ないままで長生きするネコもいます。

診断

感染しているかどうかは血液検査で簡単にわかります。抗体を測定する方法で検査するため、感染初期や末期のエイズ期には陰性になることも考えられます。通常は感染後2週間以上経てば抗体の測定が可能となります。拾ってきたネコを飼い始めるときや、ネコが外に出てけんかをしたときは検査を受けたほうがよいでしょう。

治療

ウイルスを体からなくしてしまう治療法は、現在のところありません。しかし、エイズ期以外であれば対症療法によって症状を改善したり、延命することが十分に可能です。たとえば口内炎を起こして食べられなくなったネコをうまく治療すれば、採食が可能となり、体重も増え、貧血を改善できることもしばしばあります。逆に、これを放置すれば痩せていき、貧血が進行し、免疫力はさらに低下します。そして、その結果、他の疾患を発症し、死んでしまうこともあります。

感染を受けても発症していない場合は、できるだけストレスを避け、家の中で飼えば長生きさせることが可能です。ストレスは免疫力を低下させる原因となります。

外に出ることはネコにとって大きなストレスとなり、さらに、けがをしたり病気にかかる機会を増加させます。避妊手術や去勢手術をして外出させないことがこのウイルスに感染しているネコを長生きさせる一番よい方法です。また、何らかの病気を発症した場合は、早期に発見して適切な治療を受けることが重要です。

予防

このウイルスに対するワクチンが最近開発されました。しかし予防効果は100%でないため、すでに感染している可能性のあるネコと接触させないことが一番の予防法です。わが国における健康なネコにおけるこのウイルスの抗体保有率は十数パーセントといわれています。けんかをすると感染する確率が高くなると思われます。

（下田哲也）

猫伝染性腹膜炎

猫伝染性腹膜炎ウイルスの感染によって起こります。化膿性肉芽腫性炎症《かのうせいにくがしゅせいえんしょう》（マクロファージと好中球が主体となり腫れを伴う炎症）を起こし、免疫複合体（ウイルス抗原と抗体が結合したもの）が血管に結合して発生する血管炎を特徴とします。

病変は腹腔《ふくくう》内だけではなく、全身の臓器にみられます。慢性的に次第に病状が進行し、予後の悪い病気です。

原因

原因ウイルスは、コロナウイルス科コロナウイルス属1群に属する猫伝染性腹膜炎ウイルスです。猫腸コロナウイルスと抗原的によく似ていますが、猫腸コロナウイルスは腸炎の病気を起こす点が異なります。

症状

猫伝染性腹膜炎ウイルスは、糞尿《ふんにょう》や口腔および鼻腔分泌物《びくうぶんぴぶつ》中に排泄され、ほかのネコに経口的あるいは経鼻的に感染します。感染初期には発熱や食欲不振、嘔吐がみられます。その後、下痢や体重減少が起こり、最終的に腹膜炎が現れます。

腹膜炎の病態には滲出型《しんしゅつがた》と非滲出型《ひしんしゅつがた》があります。滲出型では、腹水と胸水の貯留が特徴で、腹水による腹部膨満がみられたり、腹部圧迫による呼吸困難を起こします。また、高熱（40℃）が続き、食欲不振による体重の減少も起こります。一方、非滲出型は発熱と体重減少を示し、衰弱していきます。また、中枢神経系を冒すこともあり、その場合は発作や四肢の麻痺が現れます。滲出型、非滲出型のいずれも予後は悪く、多くは死亡します。

診断

血液検査では、滲出型と非滲出型の両型とも白血球（好中球）の増加がみられます。血清タンパク濃度の上昇（8・0g／dℓ）も認められ、これにより確定診断とすることはできませんが、診断の補助になります。

治療

治療法はありません。抗体がこのウイルスと結合し、その複合体が病態をより悪化させることがあるので、日本ではワクチンは使用されていません。

（本多英一）

猫伝染性呼吸器症候群

ウイルスや細菌の単独感染、あるいはそれらの混合感染によって起こります。ネコの呼吸器系の病気のうちでもっとも頻繁に認められ、とくに集団飼育を行っている場合に多く発生します。

原因となる病原体としては、猫ヘルペスウイルス1型（ヘルペスウイルス科バリセラウイルス属）、猫カリシウイルス（カリシウイルス科ベシウイルス属）のほか、細菌のボルデテラ・ブロンキセプティカやクラミジア・フェリスなどが知られています。

感染したネコが排出した病原体を含む分泌物を経口的に取り込むことにより感染します。元気消失、発熱、呼吸症状を主な症状とします。回復後、ネコは各ウイルスや各細菌の保菌者（キャリア）となります。そうしたネコは他のネコへの感染源となることが多いので注意が必要です。

この病気はペア血清を用いた中和試験で診断することができます。

ボルデテラやクラミジアに対しては抗生物質が有効です。また、猫カリシウイルスに対してはインターフェロン療法も用いられています。（本多英一）

猫伝染性鼻気管炎

ヘルペスウイルス科の猫ヘルペスウイルス1型が原因ウイルスです。

母子免疫の弱まる6～12週齢の子ネコに多く発生します。発熱やくしゃみ、元気消失、食欲不振、流涎《りゅうぜん》、鼻汁排泄、呼吸困難を伴う鼻気管炎や角結膜炎などを主な症状とする急性伝染病です。

主に鼻炎とくしゃみを示す呼吸器疾患が多く発生した場合にはこの病気を疑います。咽頭《いんとう》からウイルスを分離するか、結膜塗抹からの蛍光抗体法によりウイルス特異抗原を検出することにより診断します。

クラミジアやボルデテラとの混合感染が認められた場合には、オキシテトラサイクリンという抗生物質が有効です。

予防には、生ワクチンあるいは不活化ワクチンが有効です。

また、回復後、体内にウイルスが潜伏感染してキャリアとなります。このキャリアとなっているネコが感染源となるので、こうした疑いのあるネコと接触させないようにします。（實方　剛）

猫《ねこ》汎《はん》白《はっ》血《けっ》球《きゅう》減《げん》少《しょう》症《しょう》

原因

パルボウイルス科の猫パルボウイルスが原因ウイルスです。

症状

白血球減少や発熱（40～42℃）、元気消失、食欲不振、嘔吐、下痢などが主な症状で、細菌の二次感染や極度の脱水により死亡することもあります。

いずれの年齢のネコも猫パルボウイルスの感染を受けますが、若齢のネコほど典型的な症状をみせ、死亡率は90％にも達します。回復した動物はウイルス保有動物となり、数カ月の間、糞便や尿中にウイルスを排泄します。なお、妊娠末期の胎子期から生後2週齢頃までに感染を受けると、小脳形成不全を起こし、運動失調を起こすこともあります。

診断

発熱、元気消失、食欲不振、嘔吐、下痢の症状がみられ、とくに好中球を主とする白血球数の減少が認められた場合には、この病気を疑います。ウイルス学的診断としては、急性期の下痢便や尿、小腸からウイルスの分離培養を行い、細胞内の封入体やウイルス抗原の検出を試みます。また、血清学的診断としては、ペア血清を用いた中和試験あるいはＨＩ試験を行います。

治療

対症療法として乳酸リンゲル液を投与し、さらに、細菌の二次感染を予防するために広域スペクトルの抗生物質の投与を行います。

予防

ワクチン接種が有効な予防法です。また、糞便中に排泄されたウイルスに直接あるいは間接的に接触することで経口感染するので、感染源となりそうなネコなどと接触しないように注意します。（實方　剛）

猫ロタウイルス感染症

原因

レオウイルス科のロタウイルスが原因です。

症状

この病気は生後1週齢以内に発生し、突然、黄白色の水溶性の下痢を起こします。通常は発熱、食欲不振、脱水症状は認められませんが、下痢は1～2日間続きます。まれに死亡することもあります。

診断

生後1～2週間のときに下痢が認められた際には、この病気か、あるいはパルボウイルス感染症が疑われます。急性期の下痢便中には大量のウイルスが排泄されているので、電子顕微鏡での診断や遺伝子診断も可能です。

治療

抗ウイルス療法はないので、隔離保温や輸液などの対症療法を行います。また、細菌との混合感染が認められた場合には、抗生物質を投与します。

予防

下痢便中には多量のウイルスが存在するので、床面や器材を次亜塩素酸ソーダなどで消毒することが必要です。ワクチンは開発されていません。（實方　剛）

細菌病

レプトスピラ症

原因

レプトスピラ属に属する数種の細菌を原因として発症します。

症状

この病気はすべての年齢にみられますが、とくに3～4歳の雄イヌに多く発生します。潜伏期間は5日～2週間です。臨床所見から不顕性型、出血型、黄疸型《おうだんがた》に区別されます。

不顕性型は、明らかな症状がないまま経過し、自然治癒する型です。回復したイヌは、ある程度の期間にわたり尿中に病原菌を排泄《はいせつ》し、他の動物への感染源となっています。

出血型は、1～2日間発熱した後に解熱し、多くは甚急性あるいは急性の経過をとります。食欲不振や結膜充血、口粘膜における点状出血、潰瘍《かいよう》、嘔吐《おうと》、下痢などの症状が認められます。甚急性あるいは急性の症状が現れた場合には虚脱状態となって死亡しますが、慢性経過をとった場合でも高い死亡率を示します。

黄疸型は、出血型と似ていますが、初めから黄疸《おうだん》と出血症状が認められ、血色素尿症もみられることが特徴です。症状は突然に発生し、急性あるいは慢性の経過をとり、高い死亡率を示します。

診断

腎臓《じんぞう》の腫大《しゅだい》や点状出血、全身性の黄疸、口腔粘膜《こうくうねんまく》の点状出血、潰瘍など、典型的な症状を確認します。また、血液あるいは尿からの原因菌の分離培養や、血清中の抗体を凝集反応法により検出を行うことにより診断します。

治療

ペニシリンやジヒドロストレプトマイシンなどの抗生物質を投与します。

予防

不活化ワクチンの予防接種を行います。

（實方　剛）

犬ブルセラ症

ブルセラ属に属する細菌であるブルセラ・カニスを原因とします。経口感染や交尾感染により感染が起こります。また、人にも感染を起こします。

一般症状はあまり認められませんが、雄では精巣や精巣上体などの腫脹《しゅちょう》がみられた後、萎縮《いしゅく》が起こります。雌では妊娠40～50日目前後に死流産が起こります。

診断は、原因菌を分離するか、あるいは凝集反応により血清反応を行います。

治療は、テトラサイクリンの長期投与が有効ですが、投与を中止した後に菌血症となることが多いようです。ワクチンはありません。

（實方　剛）

ライム病

ボレリア属の数種の細菌を原因とします。これらの細菌はマダニ類によって媒介され、その吸血を受けた際に感染が起こります。また、人にも感染することがあります。潜伏期間は3日～数年で、発熱がみられ、神経、関節、循環器などに症状が現れます。

診断は、神経炎や心筋炎、結膜炎、ぶどう膜炎、肝炎、肺炎などの症状に基づいて行います。確定診断のためには、菌分離や遺伝子診断により病原体を同定します。また、血清診断も可能です。

治療には、テトラサイクリンなどの抗生物質を投与します。

予防には、ワクチンを接種するとともに、マダニを駆除します。

（實方　剛）

破傷風

クロストリジウム属に属する破傷風菌が産生する外毒素が原因となって発症します。

破傷風菌は広く自然界に分布し、土壌病の原因となり、人や動物の腸内からも分離されます。創傷や手術傷から感染が起こりますが、新生子では臍帯感染《さいたいかんせん》することもあります。

潜伏期間は、4日～2週間程度です。瞬膜の突出や咬筋《こうきん》のけいれん、咀嚼困難《そしゃくこんなん》、四肢のけいれんなど、全身の骨格筋の強直性のけいれんが起こり、さらに光や音、振動、接触などの刺激に対する強い反応性が特徴的です。

症状が特徴的であるため、症状から診断することができます。また、微生物学的には、病巣部から菌の分離を行います。

治療は、毒素の中和を行うための破傷風抗血清の注射や抗生物質の投与、さらに強直弛緩薬《きょうちょくしかんやく》や鎮静薬の投与を行います。

予防には、破傷風ワクチンの接種を行います。（實方　剛）

野《や》兎《と》病《びょう》

野兎病は、フランシセラ・ツラレンシスという細菌の感染を受けることによって起こります。イヌ、ネコのほか、ヒツジやブタ、ウシ、ウマ、ウサギ、げっ歯類、鳥類など多種の動物に発生し、発熱、呼吸数および心拍数増加、食欲不振、硬直歩行などがみられます。一般には慢性経過をとりますが、病原体のタイプによっては高い死亡率を示すこともあります。野兎病は、保菌動物との直接の接触によってうつりますが、ダニやサシバエ、蚊などによって伝播《でんぱ》されることも多々あります。

診断としては、原因菌の分離が行われます。また、病変部のスタンプ標本に対して蛍光抗体染色を行い、原因菌を検出することもできます。さらに血清学的検査として、凝集反応やＥＬＩＳＡ法が応用されています。

治療は抗生物質により行います。予防するには、感染動物との接触を避けることが大切です。（本多英一）

猫ひっかき病

猫ひっかき病は、ネコ自身の病気ではなく、バルトネラ・ヘンセラというグラム陰性細菌に感染しているネコにひっかかれたり咬《か》まれたりしたときに、人がかかる病気です。

健常人では傷を受けた場所に丘疹《きゅうしん》や水疱《すいほう》が形成され、その近くのリンパ節が腫脹したりします。また、まれに脳炎、骨髄解性病変、心内膜炎を起こすこともあります。ただし、この細菌を保有しているネコは無症状です。

猫ひっかき病の治療には抗菌薬が有効です。エリスロマイシンやリファンピシンなどが使われています。ネコから外傷を受けたときは、ただちに消毒をしておきましょう。（本多英一）

パスツレラ症

パスツレラ・ムルトシダをはじめとする種々のパスツレラ菌を原因とし、膿性《のうせい》鼻汁《びじゅう》（鼻炎）や、膿性《のうせい》眼やに（結膜炎）、皮下腫瘍《ひかしゅよう》、斜頸《しゃけい》（中耳炎、内耳炎）などを起こす病気です。発症しやすい動物は、ウサギやマウス、ラットなどであり、イヌとネコの多くは口腔《こうくう》に不顕性の状態で保菌していて、口腔や体表に傷を受けたときや、体力や免疫力が低下したときに、日和見的（体内に潜んでいた菌が病気を起こすこと）に発症すると考えられています。重症の場合は、肺炎や子宮膿腫《しきゅうのうしゅ》、髄膜脳脊髄炎《ずいまくのうせきずいえん》、敗血症を起こすこともあります。

診断するには、原因菌の分離を行います。

治療には、抗生物質の投与が有効です。（本多英一）

ボルデテラ症

ボルデテラ・ブロンキセプティカという細菌によって起こる呼吸器病です。イヌでは、伝染性気管気管支炎の原因の一つになります。この細菌が単独で感染したときは不顕性のことが多いのですが、他のウイルスやパスツレラ菌と混合感染をすると、重篤になり、肺炎を起こすことがあります。ただし、ネコの場合はあまり症状が出ないといわれています。

凝集反応により診断を行います。

治療には、サルファ剤やテトラサイクリン系薬抗生物質あるいはカナマイシンなどが有効です。（本多英一）

消化管細菌感染症

カンピロバクターやサルモネラ、エルシニアなどの腸内細菌を原因とします。ただし、イヌやネコはサルモネラやカンピロバクターの感染を受けても必ずしも発症はしません。一方、ある種のエルシニアの感染を受けると、回腸から結腸にかけての部位が冒され、血液性や粘液性の下痢を起こすことがあります。いずれの細菌も、イヌやネコの排泄物《はいせつぶつ》から人へ感染することがあります。（本多英一）

ティザー病

クロストリジウム・ピリホルムというグラム陽性嫌気性細菌が原因とされています。宿主は多岐にわたり、イヌやネコのほか、マウス、ラット、ハムスター、ウサギ、ウシ、ウマなど、様々です。糞《ふん》便《べん》中に排泄された細菌を経口的に取り込むことによって感染を受け、感染した細菌は宿主の腸管上皮で増殖すると考えられています。体重減少や立毛、下痢などの症状がみられます。

診断には、ＥＬＩＳＡ法と蛍光抗体法が応用されています。

治療には抗生物質を授与します。

（本多英一）

放線菌症

イヌ、ネコの慢性全身性疾患で、アクチノミセス属の各種の放線菌が多くの組織、とくに皮膚や肺、胸腔《きょうくう》、脊柱《せきちゅう》に化膿《かのう》性肉芽腫性《せいにくがしゅせい》あるいは化膿性病変《かのうせいびょうへん》を作ります。

原因

感染は、一般に細菌が組織に直接的に侵入することによって起こります。とくに植物の茎（エノコログサ、イチゴツナギ）が皮下に刺さったときや、それを吸引したときの刺傷から感染を受けることが多いといわれています。

症状

発熱や腫脹、疼痛《とうつう》、腰部における排液管の形成が特徴です。椎骨《ついこつ》への感染が広がると髄膜炎や髄膜脊髄炎を起こすこともあります。

診断

化膿性病変から採取した検査材料や生検材料、歯周ポケットや骨髄炎部の骨片からアクチノミセス属細菌を分離し、これを同定することで診断します。

治療

手術と化学療法の併用が推奨されています。

薬物は、高用量のペニシリンＧを投与します。再発を防ぐため、臨床的に軽快してからも４週間にわたって投薬を継続します。なお、ペニシリンアレルギーの動物に対しては、テトラサイクリンやクロラムフェニコール、エリスロマイシン、リンコマイシンを使用してもよいようです。

（松村　均）

ノカルジア症

原因

ある種のノカルジア属の細菌によって起こる急性あるいは慢性の化膿性肉芽腫《かのうせいにくがしゅ》性感染《せいかんせん》です。

症状

主要病変が形成される部位によっていくつかの型に分けられます。

全身型では、発熱や食欲不振、削痩《さくそう》、発咳《はつがい》、呼吸困難、眼鼻症状、神経症状などがみられます。また、膿胸型《のうきょうがた》は、広範囲の胸膜滲出液《きょうまくしんしゅつえき》（膿胸《のうきょう》）を伴う発熱と、それに続く呼吸困難を特徴とします。皮膚型は、膿瘍《のうよう》や潰瘍、排液管の形成が特徴です。

診断

膿性滲出液《のうせいしんしゅつえき》から原因菌を分離し、これを同定することで診断します。

治療

手術と化学療法の併用が推奨されています。薬物は、最初は多量のペニシリンを投与し、その後、長期にわたって投薬する際にはスルホンアミド系の薬物が用いられています。

サルファ剤としてはサルファジアジンやサルファジメトキシンが使用されます。なお、サルファ剤の投与は、再発を防ぐために臨床的に軽快した後も４週間以上継続します。

予防

土壌中の自由生活性細菌による感染のため、予防はきわめて困難です。

（松村　均）

結核

イヌ、ネコの結核は、牛結核菌または人結核菌の感染によって起こります。鳥結核菌の感染は、イヌ、ネコではまれといわれています。

病気が十分に進行するまでは症状は現れませんが、発症すると、呼吸困難や喀《かく》痰《たん》を伴う咳《せき》を主症状とする呼吸器型や、結核性腹膜炎を起こす腸管型などの諸症状を示します。

十分に確立された診断方法はありません。胸部および腹部のＸ線検査やＢＣＧワクチンの接種に対する反応などに基づいて診断を試みます。

公衆衛生上の観点から、結核に感染した動物の治療は勧められません。

（松村　均）

猫らい病（ネコのレプラ）

猫らい病の原因は、以前は鼠《そ》らい菌《きん》と考えられていましたが、最近は人らい菌である可能性が示されています。

感染したネコの一般健康状態は良好なのが普通ですが、皮膚病巣が頭と四肢に発生し、軟らかく肉のような感触をした楕円形《だえんけい》で黄褐色の結節が急速に形成されます。

潰瘍病巣《かいようびょうそう》や生検で採取した結節の染色標本の検査を行って診断します。

治療には外科的切除が推奨されます。なお、抗らい病薬は、ネコに対して毒性を示すことが知られています。（松村　均）

非定型抗酸菌症

原因

マイコバクテリウム属の非定型抗酸菌は、普段はイヌ、ネコに対して無害ですが、創傷や注射により体内に侵入したときや、あるいは宿主が免疫低下状態にあるときなどは、病原性を発揮し、慢性化《まんせいか》膿性《のうせい》肉芽《にくが》腫性《しゅせい》炎症《えんしょう》を引き起こすことがあります。

症状

感染部位には皮下結節が現れ、急速に拡大して腫瘤《しゅりゅう》を形成します。続いて排液《はいえき》瘻管形成《ろうかんけいせい》と肉芽腫反応《にくがしゅはんのう》が起こります。局所リンパ節の病変の程度は様々です。その後、病変は慢性化し、数カ月から数年の長期の経過をたどります。また、病変部を外科的に切除しても、病巣は一般に治癒せず、慢性経過をとります。

診断

病巣からの滲出液《しんしゅつえき》の培養を行い、原因菌を分離することによって診断します。

治療

もっとも有効と思われる抗菌薬はアミカシンやカナマイシン、ゲンタマイシン、テトラサイクリンなどですが、効果がない場合もしばしばあります。これはこの細菌が液胞内に存在しているためと思われます。病変部の外科切除を繰り返すことも治療法の一つです。

（松村　均）

リケッチア感染症およびクラミジア感染症

犬エールリヒア病

原因

イヌのエールリヒア病は、リケッチアの一種であるエールリヒア・カニスの感染によって起こる病気です。病原体はクリイロコイタマダニというダニによってイヌからイヌへと伝播《でんぱ》されています。

症状

感染したイヌは比較的無症状であるか、あるいは急性の症状を起こします。急性型では、感染ダニの付着から10～20日後に、発熱や漿液性《しょうえきせい》鼻汁《びじゅう》、流涙、食欲不振、元気消失、体重減少、貧血などが現れ、これらの症状は数週間続きますが、その程度と持続期間はきわめて様々です。また、高熱や血小板減少症、白血球減少症、貧血、出血を特徴とする致死的な症候群を起こすこともあります。

診断

間接蛍光抗体法とラテックス平板凝集試験法により診断します。

治療

治療にはオキシテトラサイクリンを投与します。

（松村　均）

Q熱

原因

リケッチアに属するコクシエラ・バーネッティイの感染によって起こり、イヌ、ネコをはじめ、人、その他の各種の哺乳《ほにゅう》類《るい》、鳥類など、きわめて広い宿主をもっています。病原体はダニによって媒介されますが、他のリケッチアとは異なり、空気感染も起こすようです。

症状

イヌ、ネコでは通常、軽い発熱や繁殖障害（流産、子宮内膜炎、不妊症など）以外、ほとんど症状を示しません。ただし、感染した動物は、たとえ無症状であっても、リケッチア血症を起こし、長期間にわたって病原体を排泄《はいせつ》し続けます。

診断

Q熱に対する抗体を検出する方法と、抗原（Q熱本体）を検出する方法があります。抗体検出法としてはQ熱抗原を利用した間接蛍光抗体法などがあり、一方、抗原検出法としては遺伝子検出法（PCR）を用います。

治療

テトラサイクリン系やニューキノロン系の抗生物質がもっとも有効で、次いでリンコマイシンやエリスロマイシンなども有効です。しかし、リケッチアは症状の回復後も長期間、網内系細胞に生存し、宿主から完全に消失させることは容易ではありません。したがって、3～4週間にわたって継続して投薬することが望ましく、症状が改善したとしても、3週間以上は投薬を続けないと再発することがあります。

（松村　均）

猫クラミジア感染症

原因

ネコにおけるクラミジア感染症は、以前は北米に限られていると考えられていましたが、現在はヨーロッパやオーストラリア、日本でも発生がみられ、また、多種の哺乳類や鳥類に感染が起こることが知られています。

症状

急性期には片眼に結膜炎が起こり、発赤や腫脹《しゅちょう》、眼瞼《がんけん》けいれん、多量の漿液性《しょうえきせい》または粘液膿性《ねんまくのうせい》の分泌物がみられます。その後、症状は両眼に及びます。また、少量の鼻汁の排泄やくしゃみ、咳《せき》も現れます。結膜炎は長くて6週間くらい続きますが、ほとんどの例は自然に回復します。再発することもあります。

診断

ウイルス感染とクラミジア感染を鑑別するためには、抗菌療法を行い、これによって治療効果があれば、クラミジア感染であると考える一助となります。また、結膜の掻爬《そうは》標本《ひょうほん》に封入体が存在しないか検査します。このほか、結膜を綿棒でぬぐって採取した材料について細胞培養を行い、クラミジアを分離する方法もあります。

ワクチン未接種のネコの場合は、血清中に抗体を確認すれば診断に役立ちます。また、人間用のクラミジア感染症診断キットもネコに使用できるようです。

治療

抗生物質のテトラサイクリンがある程度有効です。エリスロマイシンやタイロシンも有効で、若齢のネコや妊娠中のネコの場合は、テトラサイクリンの代わりにこれらの抗生物質を使用することが推奨されます。治療は4週間か、症状が軽快しても少なくとも2週間は持続すべきです。

（松村　均）

猫ヘモバルトネラ症

原因

ネコに溶血性貧血を起こす微生物であるヘモバルトネラ・フェリスの感染によるものです。この病気は、原発疾患として発生する場合と、猫白血病や猫免疫不全症候群、猫伝染性腹膜炎のように免疫抑制を引き起こす疾患に続いて発生する場合があります。

症状

原発性のヘモバルトネラ症は、典型的な再生性の溶血性貧血の症状を示しますが、続発性のヘモバルトネラ症は、しばしば重度の非再生性貧血を起こします。

治療を施さないと、周期的な経過をたどり、約4日ごとに増悪と寛解を繰り返します。

診断

血液の塗抹標本から病原体の原虫を検出します。また、原発性と続発性のどちらも免疫介在性の要素があり、クームス試験が陽性になる可能性があります。

治療

抗生物質を投与し、病原体を駆除します。広域スペクトルの抗生物質は病原体を抑えるために有効で、少なくとも10日間は投与します。さらに、対処療法として、輸血が有用です。ただし、注入された血液は4日で病原体の寄生を受けるため、輸血は繰り返し行う必要があります。この病気は自然に、または治療によって症状は消失しますが、その後も保菌者となることが多く、再発もまれではありません。

（松村　均）

真菌感染症

皮膚糸状菌症

原因

皮膚糸状菌症は、ミクロスポルムやトリコフィトンなどを原因とする皮膚や被毛、爪《つめ》における表在性真菌感染症のことです。これらの真菌は、動物の皮膚の構成成分であるケラチンをその発育に利用することができるものです。

イヌでは約70%がミクロスポルム・カニス（犬小胞子菌）、20%がミクロスポルム・ギプセウム（石膏状小胞子菌《せっこうじょうしょうほうしきん》）、10%がトリコフィトン・メンタグロフィテス（毛瘡白癬菌《もうそうはくせんきん》）によって起こります。一方、ネコでは98%がミクロスポルム・カニスが原因です。自然感染は土壌から、あるいは接触によって起こりますが、菌が付着した櫛《くし》やバリカンが媒介物となることもあります。ミクロスポルム・カニスは乾燥状態で少なくとも13カ月生存します。

症状

皮膚糸状菌症の肉眼所見は様々です。典型的な病変は直径1～4㎝の円形で急速に広がる脱毛ですが、上皮組織の壊死《えし》片《へん》の落屑《らくせつ》と痂皮《かひ》（かさぶた）の形成が起こることもあります。また、真菌感染に続いて、二次的に細菌感染も起こり、禿《とく》瘡《そう》（ケリオン）という巣状の炎症性結節形成がみられることもあります。成犬では体表全域に皮膚糸状菌症が広がることは珍しいのですが、副腎皮質機能亢進症《ふくじんひしつきのうこうしんしょう》など、免疫抑制状態の場合には全身性になることがあります。

ネコでは子ネコに発症しやすく、耳介や顔面、四肢に巣状の脱毛、落屑、痂皮形成がみられます。また、明らかな症状を示していないネコも、ほかのネコや人への感染源となります。

診断

紫外線照射により蛍光を発する真菌代謝物をみるウッド灯検査や、感染した被毛や皮膚での糸状菌の観察、真菌の培養などを行って診断します。

治療

皮膚糸状菌症は、1〜3カ月のうちに自然に軽快していくのが普通ですが、早くなおすためと、ほかの動物や人への感染を予防するために治療を行います。毛刈り、シャンプー療法、局所への薬物の外用療法を実施しますが、慢性例や重症例、あるいは長毛種の動物の場合は抗真菌薬を経口投与します。

症状の消退には1カ月程度かかり、さらにその後も2〜4週間は投薬を継続する必要があります。

（上月茂和）

マラセチア症

原因

マラセチア症は、脂肪を栄養として利用することができる酵母様真菌であるマラセチア・パチデルマティスによって起こる皮膚炎および耳道炎です。イヌでは一般的な病気ですが、ネコでの発生はまれです。マラセチアは正常な状態でもイヌの耳道や皮膚にみられる微生物です。しかし、アトピーや食物アレルギー、ノミアレルギー、接触性皮膚炎などを原因とする炎症が起こったり、皮脂の産生が増したりすると、マラセチアが過剰増殖を起こすための環境が整うことになります。また、副腎皮質機能亢進症や甲状腺《こうじょうせん》機能低下症《きのうていかしょう》、糖尿病、亜鉛反応性皮膚症などの内分泌疾患や代謝疾患も脂漏症を助長し、マラセチアの過剰増殖を誘発します。マラセチアが耳道で過剰に増殖すると、耳垢《じこう》の過剰な分泌や耳道の湿潤が起こり、外耳炎や内耳炎を発症します。

症状

マラセチアによる外耳炎では、頭を振る、耳の辺りを掻《か》く、耳から過剰な分泌物が排出される、耳を触ると痛がるなど、典型的な外耳道炎の症状がみられます。

また、マラセチア性皮膚炎は一般に、眼や口の周囲、指間部、爪周囲、腋窩《えきか》部《ぶ》、鼠径部《そけいぶ》、会陰部によく発生し、激しいかゆみを示すとともに、皮膚は発赤し、かさつき、あるいはべたついています。

診断

症状と細胞診の結果に基づいて診断します。マラセチアは健常な皮膚や外耳道にも存在するため、細胞診によって病変部に存在する酵母様真菌の数を測定する必要があります。

治療

マラセチア性の外耳炎や皮膚炎は、局所または全身性抗真菌薬やシャンプー療法によって治療します。

（上月茂和）

クリプトコッカス症

クリプトコッカス症は、クリプトコッカス・ネオフォルマンスという酵母様真菌の感染によって、呼吸器症状、皮下結節、リンパ節症、口腔《こうくう》内の炎症、発熱、中枢神経症状を起こす病気です。免疫不全状態にある動物での発症が多いといわれ、雄ネコに発生することが多いようです。

病原体を吸入することにより感染を受けます。くしゃみや鼻水が普通にみられ、さらに鼻の変形、鼻鏡での潰瘍形成《かいようけいせい》も一般的です。さらに眼に病変を生じたり、脳が侵され、行動の変化やけいれん、運動失調といった中枢神経症状が起こることもあります。

鼻水や病変部の組織からの病原体の検出と培養を行って診断します。また、ラテックス凝集反応により血液中の抗原を検出することができ、この抗原量は治療によって低下していくため、治療効果の判定に用いられています。

治療にはフルコナゾールやイトラコナゾール、フルシトシンなどの経口抗真菌剤を単独で、あるいは組み合わせて用います。

（上月茂和）

アスペルギルス症

アスペルギルス属に属する数種の真菌が原因です。これらの真菌はまた、発癌《はつがん》性《せい》のあるアフラトキシン産生菌としても知られています。多くの動物が感染を受けます。イヌでは、呼吸器から全身に感染が起きますが鼻腔《びくう》や副鼻腔《ふくびくう》への感染が多くみられます。一方、ネコでは、呼吸器感染のほか、腸管での感染もみられることがあります。この菌は土壌に存在するので、どこでも感染が起こる可能性があります。

治療にはフルコナゾールとイトラコナゾールなどの抗真菌剤を用います。

（本多英一）

カンジダ症

カンジダ・アルビカンスを代表とするカンジダ属の真菌による病気です。この真菌は湿潤な土壌や汚水中に多く生息しています。また、動物の外耳道や鼻腔、口腔、消化器、肛門《こうもん》、皮膚にも存在していますが、通常は病気を起こすことはありません。しかし、免疫力が落ちた場合や、抗菌薬の投与が続けられることによって他の細菌などが死滅し、この真菌だけが生き残った場合（このことを菌交代症といいます）カンジダは異常に増殖し、炎症を起こします。そして、膀胱《ぼうこう》や肺、腎臓《じんぞう》、肝臓にも感染が広がることがあります。

ネコでは消化器の肉芽腫性病変《にくがしゅせいびょうへん》や皮膚炎、結膜炎などの発生が知られています。真菌の菌糸を検出することによって診断します。

治療には、各種の抗真菌薬を使用します。また、予防には、飼育環境を衛生的に保ち、細菌感染症の治療にあたっては抗菌薬の長期投与を避けることも必要です。

（本多英一）

原虫感染症

原虫とは、単細胞の寄生虫のことをいいます。イヌやネコに発生する原虫感染症には、トキソプラズマ症やピロプラズマ症などがあります。

詳しくは「寄生虫症」の項を参照してください。

（本多英一）

寄生虫感染症

外部寄生虫

外部寄生虫による病気としては、ノミによる皮膚炎やニキビダニによる毛包虫症（アカラス）、ヒゼンダニによる疥癬《かいせん》、マダニによる皮膚炎、マダニの寄生、ハジラミによる皮膚炎、ハエの幼虫によるウジ症などがあります。

詳しくは「寄生虫症」の項を参照してください。

（本多英一）

内部寄生虫

内部寄生虫による病気としては、回虫症や鉤虫症《こうちゅうしょう》、鞭虫症《べんちゅうしょう》、犬糸状虫症、瓜実《うりざね》条虫症《じょうちゅうしょう》などがあります。

詳しくは「寄生虫症」の項を参照してください。

（本多英一）

寄生虫症

寄生虫とは

寄生生活を営む動物のことを寄生虫といいます。では、寄生あるいは寄生生活とは、いったいどのようなことでしょうか。

生物が生活するとき、他の種類の生物とまったく無関係の状態で存在することはできませんが、つねにある一定の関係を保たなくても、一応は独立して暮らしている場合と、他の生物の体表に付着したり、体内に入り込んで暮らしている場合があります。前者のように、独立して暮らすことを自由生活といい、われわれ人間やイヌ、ネコ、その他、日常的に接する生物のほとんどは自由生活を行っています。これに対して、後者のように他種の生物とともに暮らすことを広い意味で寄生といいます。このとき、宿を貸しているほうの生物は宿主といわれ、借りているほうの生物は寄生体といわれます。

ところで、この寄生という現象をもう少し詳しく調べてみると、宿主と寄生体の間の利害関係が様々であることがわかります。すなわち、寄生体と宿主の双方がともに利益を得ている場合と、寄生体は利益を得ますが、宿主のほうには利益も不利益もない場合、そして、寄生体は利益を得ますが、宿主は不利益や害をこうむる場合があります。これらをそれぞれ、相利共生、片利共生、狭い意味での寄生といっています。

ここで、狭い意味の寄生を行う生物にも、色々とあります。植物もあれば、動物もあり、細菌やウイルスもあります。こうしたなかで、初めにも述べましたが、寄生生活を行う動物が寄生虫というわけです。

（深瀬　徹）

寄生虫の分類

寄生虫というのは、その動物の生活の仕方に基づいた名前であるといえるでしょう。陸上生活をする動物、水中生活をする動物というのと同じように、寄生生活をする動物が寄生虫です。

ところが、生物の分類では、生活の仕方などよりも、系統分類といって、近縁のものをまとめて分類するということが一般に行われています。動物の系統分類上は、寄生虫は様々なグループに認められます。

以下に、系統分類にしたがって寄生虫を分類したときの各グループの特徴を簡単に説明しましょう。

●原虫類

人間やイヌ、ネコは、多数の細胞が集まって一人の人間、1匹のイヌあるいはネコの体が作られています。しかし、細胞1個で、一つの生き物として存在している動物もあります。これを原生動物といいます。代表的な原生動物としてゾウリムシなどがあげられるでしょう。寄生虫学の領域では、原生動物に属する寄生虫のことを原虫といっています。

原虫は、細胞1個で1匹なわけですから、繁殖をするときには、細胞分裂によって殖えていきます。ある程度の条件が整えば、比較的簡単に増殖し、原虫類は宿主の体内で殖えることができます。これは、後述の吸虫や条虫、線虫と大きく異なる点であり、原虫感染症を放置すると、体内で寄生虫が増殖し、病気が進行することがしばしばあります。

●吸虫類

吸虫類は、扁形《へんけい》動物というグループに属するものです。住血吸虫類を除いて、雌雄同体で、1匹の吸虫の体内に雌の生殖器官と雄の生殖器官の両方が存在しています。吸虫類は、体が扁平《へんぺい》なものが多く、イヌやネコに寄生する種は2個の吸盤を持ち、これによって宿主の小腸等に吸着しています。

●条虫類

条虫類は、俗にサナダムシといわれる寄生虫で、吸虫類と同じく扁形動物に属しています。条虫類の体は雌雄同体で、細長く、複数の節が一列につながった構造をしています。この節のことを片節といい、各片節に雌雄の生殖器官がそれぞれ存在します。

イヌやネコに寄生する条虫は、大きく二つのグループに分けることができます。一つは擬葉類といわれるもので、裂頭条虫類がこれに属します。擬葉類の条虫は頭部に1対の溝があり、これを使って宿主の小腸に吸着します。また、各々の片節には産卵孔があり、それぞれの片節が産卵を行います。

一方、もう一つのグループは、円葉類といわれ、瓜実《うりざね》条虫など、裂頭条虫類以外の種がこれに属しています。円葉類の条虫は頭部に4個の吸盤があり、これにより宿主の小腸に吸着します。また、各々の片節には産卵孔がなく、卵を産むことができません。片節は後方のものほど成熟し、成熟した片節になるほど、その内部は虫卵で満たされていきます。そして、末端の片節から一つずつちぎれ、宿主の糞便《ふんべん》中に出ていきます。ちぎれた片節は、外界で崩壊し、その中から虫卵が出現します。あるいは宿主の腸管内で崩壊し、虫卵が糞便に出現する種類もあります。

●線虫類

線虫類は雌雄異体で、雌虫と雄虫が存在します。この雌と雄の成虫が交尾をして、虫卵あるいは幼虫を産み、それが宿主の糞便などに出現します。線虫類の体はひも状になっています。

●ダニ類

ダニ類はクモ類に近縁の動物です。ダニ類の体は、顎体部《がくたいぶ》と腹部の二つに分かれます。また、脚は、幼ダニでは左右に3本ずつの計6本ですが、成ダニになると左右に4本ずつの計8本になります。寄生虫となるダニ類の多くは動物の体表や皮膚の表層で生活しますが、一部には肺ダニ類のように内部寄生を行う種類もあります。

●昆虫類

昆虫類の体は、頭部、胸部、腹部の三つに分かれ、脚は幼虫、成虫ともに左右に3本ずつの計6本です。昆虫類には翅《はね》が存在するものが多いのですが、寄生虫としてよく知られるハジラミ類やシラミ類、ノミ類では翅を欠くのが特徴です。寄生生活を行う昆虫類も、ダニ類と同様にほとんどは外部寄生虫となっていますが、一部には内部寄生を営む種もあります。ただし、イヌやネコでは、内部寄生を行う昆虫類を認めることはないでしょう。

（深瀬　徹）

寄生虫の宿主特異性と寄生部位特異性

寄生虫は、他の生物の体内に侵入するか、または体表に付着して生活を行っています。しかし、この宿主となる生物は、何でもよいというわけではありません。寄生虫の種類によって、宿主とする生物の種類は決まっているのです。このことを寄生虫の宿主特異性といいます。

たとえば、犬回虫はイヌを宿主とし、猫回虫はネコを宿主とします。とはいえ、犬回虫は、イヌ以外のイヌ科の動物にも寄生することがあり、また、猫回虫は、ネコ以外のネコ科の動物やフェレットなどに寄生することがあります。そして、犬小回虫は、イヌ科とネコ科の動物、さらにフェレットなどに広く寄生します。

このように、ある種類の寄生虫の宿主は必ずしも1種類とは限らず、ある程度の範囲があるのが普通です。そして、寄生虫の種類によって、宿主の範囲が狭かったり、広かったりするわけです。いいかえれば、宿主特異性が厳密なものやルーズなものがあるということです。

また、寄生虫は、その宿主の体内で、寄生する部位が決まっています。例をあげれば、犬回虫や猫回虫の成虫は小腸に寄生し、犬糸状虫の成虫は右心室や肺動脈に寄生します。これを寄生虫の寄生部位特異性といいます。ただし、ときには本来の寄生部位ではないところに寄生することもあり、迷入、異所寄生などといわれています。

（深瀬　徹）

寄生虫の生活

多くの寄生虫は、その一生の間に何回かの変態を行います。カブトムシの卵が孵化《ふか》して幼虫が現れ、それが脱皮を繰り返して蛹《さなぎ》になり、蛹から成虫が羽化するのと同じように、寄生虫も何段階かの幼虫の時期を経て成虫になります。各々の幼虫の段階には、それぞれ名前が付けられていますが、ここではそれは省略して、ことを説明しておきましょう。

●直接発育

寄生虫の成虫だけが宿主に寄生するタイプの発育の仕方を直接発育といいます。

たとえば、犬回虫は、イヌの糞便中に虫卵が出てきますが、これをイヌが摂取して次の感染が起こります。直接発育を営む寄生虫の場合、基本的には、宿主は成虫が寄生するものだけということになります。

●間接発育

寄生虫の成虫が寄生する宿主とは別に、幼虫も他種の生物に寄生するタイプの発育の仕方を間接発育といいます。

瓜実条虫という条虫は、イヌやネコの小腸に寄生し、その糞便中に虫卵が出てきます(正確には片節が糞便に排出され、それが壊れて虫卵が出現します)。ところが、この虫卵をイヌやネコが摂取しても、瓜実条虫の感染は起こりません。瓜実条虫は、虫卵がいったんノミなどに食べられ、ノミの体内で幼虫になってからでないと、イヌ、ネコへの感染力を示さないのです。

このように、成虫になるまでに、幼虫が寄生する宿主を必ず必要とする発育が間接発育です。このとき、成虫が寄生する宿主のことを終宿主といい、幼虫が寄生する宿主のことを中間宿主といいます。

なお、間接発育を行う寄生虫には、中間宿主が一つだけである種と、二つの中間宿主を必要とする種があります。一例をあげれば、マンソン裂頭条虫は、ネコやイヌが終宿主ですが、第一の中間宿主としてケンミジンコという小さな水生生物を必要とし、次の段階の中間宿主としてカエルなどに寄生します。この二段階の中間宿主は、それぞれ別の発育段階の幼虫の寄生を受け、それぞれ第一中間宿主、第二中間宿主といわれています。

●待機宿主

寄生虫の発育の方法は、直接発育と間接発育に分けられますが、直接発育と間接発育ともに、さらに複雑な宿主が存在することがあります。

たとえば、犬回虫や猫回虫は直接発育を行うのですが、これらの虫卵はいつもイヌやネコに摂取されるとは限りません。もしネズミ類が摂取したら、どうなるでしょうか。ネズミ類は、本来は犬回虫や猫回虫の宿主ではありませんから、その寄生は受けないはずです。ところが、寄生を受けないのは成虫であって、実は、幼虫がネズミの体内に寄生します。そして、このネズミがイヌやネコに捕食されると、犬回虫や猫回虫はそのイヌやネコに感染します。

あるいは、先に例としてあげたマンソン裂頭条虫は、カエル類が第二中間宿主ですが、このカエルがネコやイヌに捕食されるとは限りません。ヘビに食べられることもあるでしょう。このとき、マンソン裂頭条虫は、カエルの体内にいたときと同じ段階の幼虫の状態でヘビに寄生し、このヘビがネコなどに捕食されたときに感染して成虫になります。

以上のような付加的な宿主のことを待機宿主といいます。待機宿主には寄生虫の幼虫が寄生し、この点では中間宿主と同じですが、寄生虫が成虫になるために絶対に必要なものではない点が異なっています。

寄生虫の発育は複雑です。その多くは食物連鎖をうまく利用しています。寄生虫症を予防するためには、各種の寄生虫の発育方法を知り、イヌやネコへの感染源をなくすことが重要です。(深瀬　徹)

寄生虫症の診断

寄生虫症の診断は、寄生虫を検出することが基本です。寄生虫の種類によっては、症状からでもおおよその診断が可能なこともありますが、確定診断のためには寄生虫の種を確認する必要があります。

●内部寄生虫症の診断

動物の体の内部に寄生している寄生虫、すなわち内部寄生虫については、イヌやネコの体の外からそれらを見ることはできません。そこで、寄生虫が産んだ卵や幼虫を検出することによって、寄生虫が存在していることの証明としています。なお、こうした虫卵や幼虫は、肉眼では見ることができない大きさです。したがって、顕微鏡を使っての検査が必要になります。

多くの寄生虫は動物の消化管内に寄生しています。そのため、虫卵や幼虫は糞便中に出現することが多く、その検査法として糞便検査が行われています。また、呼吸器系に寄生するものは、喀痰《かくたん》に虫卵や幼虫が排出されますが、イヌやネコはこれを飲み込んでしまうので、やはり糞便検査によって検出します。

あるいは、泌尿器系に寄生するものは尿検査により、循環器系や血液に寄生するものは血液検査により、それぞれ診断を行います。

このほか、免疫学的な診断法も確立されています。とくに日常的に行われている検査として、犬糸状虫の検査があります。これは犬糸状虫の成虫が排出あるいは分泌する物質を免疫学的な方法を用いて検出するというものです。

さらに、超音波検査やX線検査が行われることもあり、主に犬糸状虫症の診断に活用されています。

●外部寄生虫症の診断

外部寄生虫は、動物の体表や皮膚のごく表層に寄生するもので、ダニ類や昆虫類がこれにあたります。

肉眼で見える大きさの外部寄生虫、たとえばノミ類やマダニ類は、容易にそれを認めることができます。ただし、その種類を確定するためには、顕微鏡下での詳細な観察が必要です。

しかし、ダニ類には、ヒゼンダニ類など、肉眼では見えない大きさの寄生虫もあります。こうしたダニを検出するには、病変を形成している皮膚の一部を掻《か》き取り、顕微鏡を用いて検査を行わなければなりません。

（深瀬　徹）

寄生虫症の治療

寄生虫症の治療は、寄生している虫体を駆除することが基本です。寄生虫の駆除のために用いる薬物を駆虫薬といいます。また、とくに外部寄生虫の駆除薬については、昆虫類を駆除する薬を殺虫薬、ダニ類を駆除する薬を殺ダニ薬ということもあります。

原虫類に対しては、鞭毛虫類《べんもうちゅう》にはメトロニダゾールなど、コクシジウム類にはサルファ剤などが使用されます。

また、吸虫類と条虫類にはプラジクアンテルが用いられています。

犬糸状虫を除く各種の線虫類に対しては、イヌ、ネコの場合、フェバンテルやパモ酸ピランテル、ミルベマイシンオキシムなどが多用されています。なお、イヌ、ネコ寄生であっても特殊な線虫の場合や、エキゾチックアニマルに寄生する線虫に対しては、イベルメクチンが使用されることがあります。

一方、犬糸状虫については、成虫駆除にはメラルソミン二塩酸塩、予防にはイベルメクチン、ミルベマイシンオキシム、モキシデクチン、セラメクチンが用いられています。

外部寄生虫のうち、ノミ類とマダニ類には、ペルメトリンやフィプロニル、ピリプロール、イミダクロプリド、セラメクチン、スピノサドなどの薬物を用います。なお、ペルメトリンとフィプロニル、ピリプロール、スピノサドはノミとマダニに有効ですが、イミダクロプリドとセラメクチンはマダニには効きません。このほか、昆虫発育制御薬（ＩＧＲ）といわれるタイプの薬物を用い、動物の飼育環境に存在する発育各期のノミの駆除を行うこともあります。

ヒゼンダニなどに対しては、イベルメクチンが用いられることが多いようです。

寄生虫症は、多くの場合、虫体を駆除すれば、症状は自然に消失していきます。しかし、重症例では、駆虫薬による治療のほか、それぞれの症状に応じた治療も必要です。たとえば、下痢をしていれば、止瀉薬《ししゃやく》を与えたりします。また、犬糸状虫症の場合は、病態に応じて心機能を改善するための薬物や利尿薬などを投与します。

（深瀬　徹）

寄生虫症の予防

寄生虫の感染を予防するためには、まず、感染動物の糞便などを早めに適切に処理することが重要です。糞便に排出された直後の寄生虫卵や幼虫は、ほとんどの場合、まだ感染力を持っていません。外界でしばらく発育した後に、次の動物に感染できるようになるのです。したがって、早めに糞便などを処理すれば、寄生虫は他の動物に感染する機会を失うことになります。

中間宿主を必要とする寄生虫については、中間宿主になっているかもしれない疑わしいものは、加熱しないでは食物として与えないようにします。また、野外で中間宿主を捕食する可能性がある場合には、飼育方法を再考する必要があります。それが不可能な場合には、寄生虫の感染を受けるのはやむをえないものと考え、早期発見のために定期的に検査を受けることをお奨《すす》めします。そして、瓜実条虫は、中間宿主がノミなどですから、これを駆除することが予防になります。

外部寄生虫の場合は、多くは動物どうしの接触によって伝播《でんぱ》されていきます。感染を受けている動物との接触を避けるのはもちろんですが、不特定多数のイヌまたはネコと不必要に接触しないようにすることも大切です。

（深瀬　徹）

消化器系の寄生虫症

消化器系は、食物あるいは栄養素の消化と吸収を行う一連の器官で、口から肛《こう》門《もん》に至る消化管という管とそれに付属する唾液腺《だえきせん》、肝臓、膵臓《すいぞう》などの消化腺《しょうかせん》から構成されます。

多種の寄生虫が消化器系の器官に寄生し、なかでも小腸には多くの種類が認められます。

寄生虫の検査というと糞便《ふんべん》検査を思い浮かべることが多いと思いますが、これはこうした理由によるものです。消化管に寄生している寄生虫の虫卵などは糞便に混ざって出てくることが多いため、糞便検査が寄生虫検査の代表のようになっているわけです。

さて、それでは、どのような寄生虫が消化器系に寄生するかというと、原虫類、吸虫類、条虫類、線虫類のいずれにも多数の消化器系寄生の種があります。

具体的には、原虫類では、鞭毛虫《べんもうちゅう》類に属するジアルジアや腸トリコモナス、アピコンプレックス類に属するエイメリアやイソスポラ、クリプトスポリジウム、トキソプラズマ、そして線毛虫類に属する大腸バランチジウムなどがよく知られています。これらの原虫は、大腸バランチジウムが大腸に寄生する以外、そのほかの種の寄生部位はすべて小腸となっています。

また、吸虫類では、壺形《つぼがた》吸虫や横川吸虫が小腸に、肝吸虫が肝臓（胆管）に寄生し、さらに膵臓（膵管《すいかん》）に寄生するものも知られています。

一方、条虫類では、マンソン裂頭条虫や猫条虫、エキノコックス類（単包条虫および多包条虫）、瓜実《うりざね》条虫などが知られています。これらの条虫類はすべて小腸に寄生します。

線虫類では、糞線虫《ふんせんちゅう》類（糞線虫と猫糞線虫）、鉤虫《こうちゅう》類（犬鉤虫および猫鉤虫）、回虫類（犬回虫、猫回虫、犬小回虫）が小腸に、胃虫類（とくに猫胃虫）が胃に、鞭虫《べんちゅう》類（とくに犬鞭虫）が盲腸に寄生します。

（深瀬　徹）

消化器系の原虫症

ジアルジア症

ジアルジアは、鞭毛虫《べんもうちゅう》類というグループに属する原虫です。イヌやネコ、マウスなど、多くの種類の動物に寄生し、また、人間の寄生虫としても重要です。なお、人体寄生のものはランブル鞭毛虫といわれています。

ただし、その種については、ジアルジア原虫が寄生する動物の種類ごとに別種とする説と、ネズミ寄生のものだけを別種とし、その他の哺乳《ほにゅう》類寄生のものはすべて同一種とする説など、様々な説があり、いまだに定説はありません。

ジアルジア原虫は、宿主の動物の小腸に寄生します。

日本各地に発生がみられますが、とくにブリーダーやペットショップなどで多数飼育されている場合に集団発生を起こすことが多いようです。

原因寄生虫の形態と生活

ジアルジアには、栄養型とシスト（耐久型）という二つの発育段階があります。栄養型は洋梨《ようなし》形をしていて、大きさが15μm×8μm、シストは円形で、大きさが12μmと、どちらもきわめて小さいものです。

ジアルジア症のイヌやネコは下痢をすることがありますが、栄養型はその下痢便に現れます。一方、シストは下痢をしていないときの固形便にみられます。栄養型は環境の変化に弱く、短時間で死滅します。そのため、イヌやネコへの感染は、シストによって起こることが多いといえます。イヌ、ネコは、シストが付着または混入した飲食物を経口摂取して感染を受け、そのシストから栄養型が出現します。宿主体内でジアルジアは二分裂によって増殖します。

症状

成長したイヌやネコにジアルジアが感染してもほとんど目立った症状を現しません（不顕性感染）が、感染すると、生後数カ月以内の子イヌや子ネコであった場合は、下痢を起こし、水様性や粘液性の下痢便を排泄《はいせつ》します。下痢は通常、感染後1週間以内に始まります。そして、食欲はあまり低下しないのですが、体重が減少し、発育不良となります。このような症状を示す子イヌや子ネコは、前述のように、ブリーダーやペットショップで多数飼育されているものに多くみられます。

しかし、すでに発育したイヌやネコに感染した場合は、無症状で経過することも多いようです。ジアルジア感染犬の78％は無症状で、少数のイヌのみに下痢がみられたという研究報告もあります。

診断

診断には、新鮮な糞便《ふんべん》を検査し、その中からジアルジア原虫を検出します。

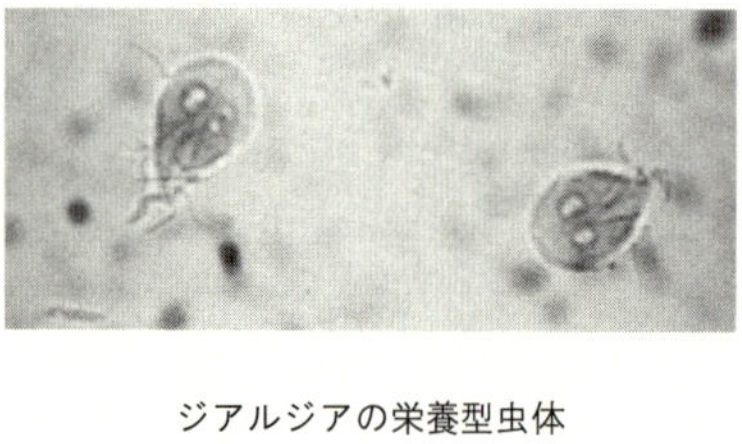

ジアルジアの栄養型虫体

もっとも簡単な検査法は直接塗抹法という方法で、糞便を生理食塩水で希釈し、顕微鏡で観察します。すると、活発な運動をするジアルジアの栄養型を観察できます。さらに形態を詳細に観察するには、ヨード液を1滴加えて染色します。これによって、栄養型には、2個の核と4対の鞭毛があることがわかります。

しかし、塗抹法では通常、シストは検出できません。固形便を材料にして、MGL法という糞便検査方法（沈殿法の一種）を行い、シストを集め、ヨード染色を行います。

このほか、ジアルジア抗原を用いたELISA法などの免疫診断法も開発されています。

治療

ジアルジア症の治療には、メトロニダゾールという薬を使用します。ただし、1回の投薬でジアルジアを完全に駆除することはできず、1日2回、4日間程度の連続投与が必要です。

予防

ジアルジアのシストは消毒剤などの薬剤に対して抵抗性が高いので、犬舎の周囲などの飼育環境を熱湯で洗浄後、乾燥させるなどの処置が必要です。

人間への感染

ジアルジアは、各種の哺乳類に寄生し、その種も同一とされることがあります。しかし、各種の動物に寄生しているジアルジアは、たとえ同一種であるとしても、宿主特異性に差異があり、イヌ、ネコに寄生するジアルジアが人間に感染する可能性は低いと考えられています。

（茅根士郎）

腸トリコモナス症

腸トリコモナスも、ジアルジアと同じく、鞭毛虫類に属する原虫です。イヌやネコに寄生しますが、人間にも感染します。さらにまた、ハムスター、ラット、モルモット、そしてニワトリなどに寄生します。寄生部位は小腸です。

ジアルジアよりは発生頻度は低いようですが、日本各地で認められます。

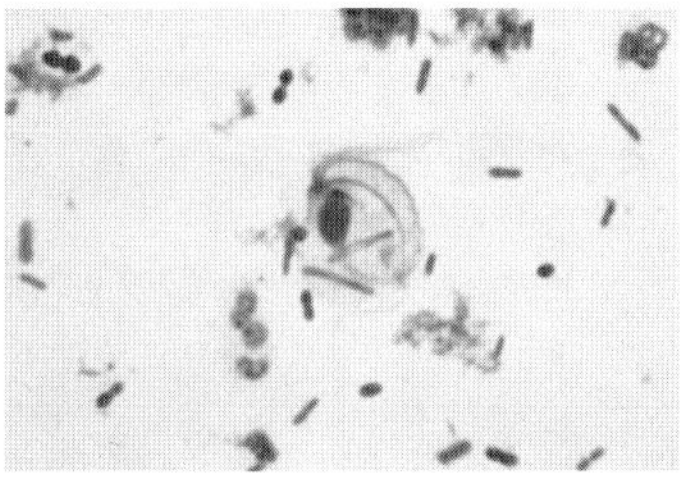

腸トリコモナスの栄養型虫体

原因寄生虫の形態と生活

トリコモナスには、栄養型だけが存在します。栄養型は、洋梨形をしていて、大きさは14μm×8μmです。

体の前半に細胞核がみられます。また、体の前方からは4本の鞭毛（前鞭毛）が生えています。一方、体の後方には、体軸に沿って発達した波動膜からなる1本の鞭毛（後鞭毛）があり、この鞭毛はさらに後ろに伸び、遊離鞭毛となっています。

この原虫の生活環は単純で、栄養型だけが存在し、ジアルジアのように抵抗性をもつシストを作りません。栄養型が感染源となっています。

症状

トリコモナス原虫は、通常、病原性を示すことは少ないと考えられています。しかし、ジアルジアや病原性細菌とともに子イヌに感染すると、水様性の下痢を起こすことがあります。子イヌの腸トリコモナス症の多くは、この混合感染によるものです。

診断

直接塗抹法によって新鮮便を検査し、活発に運動する洋梨形の原虫を検出することによって診断します。観察中に原虫の運動が鈍ってくると、波動膜や鞭毛の運動が明瞭《めいりょう》に認められるようになり、トリコモナスであることがはっきりします。

さらに確実に診断するには、新鮮糞便をスライドグラス上に塗抹したうえで染色（ギムザ染色、チオニン染色など）を行い、虫体の形態を詳細に観察します。

治療

メトロニダゾールの5日間連続経口投与を行います。

予防

トリコモナス症の動物との接触を避けます。ただし、トリコモナスはシストを作らないため、一緒に飼育しているのでない限り、感染の危険性は低いといえます。

人間への感染

イヌやネコに寄生するトリコモナス原虫は、人間との共通の種類です。しかし、予防の項でも述べましたが、トリコモナスはシストを作らず、栄養型による感染を起こすため、感染性は高くありません。通常は、イヌやネコから人間への感染は起こり難いようです。

（茅根士郎）

イソスポラ症

コクシジウム類といわれる一群の原虫があります。コクシジウム類には、非常に多くの種類が属しています。イソスポラというのは、コクシジウム類に属する一つのグループです。

イソスポラ類は、様々な動物に認められますが、イヌやネコに寄生するものとして何種類かが知られています。

ただし、イソスポラ類の宿主特異性は非常に厳密で、イヌに寄生する種がネコに寄生したり、その反対にネコに寄生する種がイヌに寄生することはありません。

イヌとネコのイソスポラ症は全国的に発生しています。

原因寄生虫の形態と生活

イソスポラ類の原虫には、多くの種類があり、イヌ、ネコ寄生の種にもそれぞれ数種が知られています。それらは形態などが異なりますが、ここでは各々の種の違いなどの詳細は省略して、おおよその概略を述べるにとどめておきます。

イソスポラ類は、イヌやネコの主に小腸粘膜上皮細胞に寄生します。そして、小腸で無性生殖（メロゴニー）を繰り返した後、さらに有性生殖（ガモゴニー）を行い、最終的にオーシストといわれる発育段階になります。

オーシストは、円形または卵円形をしていて、宿主の糞便中に排出されますが、初めは未成熟の状態です。その後、外界で発育して成熟します。イソスポラ類のオーシストは、成熟すると、その内部に2個のスポロシストを含み、各々のスポロシストの内部に4個のスポロゾイトが存在するのが特徴です。

こうして成熟したオーシストをイヌまたはネコが摂食すると感染が成立します。

また、この成熟オーシストをネズミなどが摂取した場合には、その動物は待機宿主となります。イソスポラ原虫は、これら動物の腸間膜リンパ節などに被鞘《ひしょう》した形（メロゾイト様原虫）で寄生しています。イヌやネコは、待機宿主となっているネズミ類を捕食しても、イソスポラに感染することになります。

症状

イソスポラ症は、生後1～数カ月の幼齢のイヌ、ネコに多く発生します。発育したイヌやネコにも感染は起こりますが、症状を示すことは少ないようです。

潜伏期間は5～6日で、水様性の下痢を起こします。重症例では、しばしば粘血便が観察されます。他の症状としては軽度の発熱、消化不良、元気喪失、食欲不振、可視粘膜の貧血、衰弱、削痩《さくそう》、体重低下などが認められます。

イソスポラ症は、他の病原体の感染を同時に受けている場合や、細菌などの二次感染を受けた場合に、症状が悪化することが多いようです。

なお、感染後3週間以上を経過すると症状は軽減し、回復に向かいますが、それまでに状態が悪化した場合には死亡することも少なくありません。

また、症状が軽減した後も長期間にわたって、感染動物の糞便にはオーシストが排出され、他の動物への感染源となります。

診断

水様性下痢が起こり、イソスポラ症が疑われる場合には、糞便検査によりオーシストの検出を行い、感染の有無を調べます。

オーシストの検査には、直接塗抹法や浮遊法という糞便検査を実施します。

治療

コクシジウム類には一般にサルファ剤という薬物を投与しますが、イヌとネコに寄生するイソスポラ原虫に対して決定的な効果を示す薬物は少ないようです。繰り返し糞便検査を行いながら投薬を続けます。また、下痢や衰弱、削痩などに対する対症的な治療も行います。

予防

感染を受けているイヌやネコの糞便を適切に処理することが重要です。宿主の糞便に排出された直後のオーシストは未成熟で、感染力を持っていません。したがって、糞便を早めに処理すれば、寄生虫は他の動物へ感染する機会を失うことになります。

人間への感染

イソスポラ類は、宿主特異性が非常に厳密であるため、イヌやネコに寄生するものが人間に感染することはありません。

（茅根士郎）

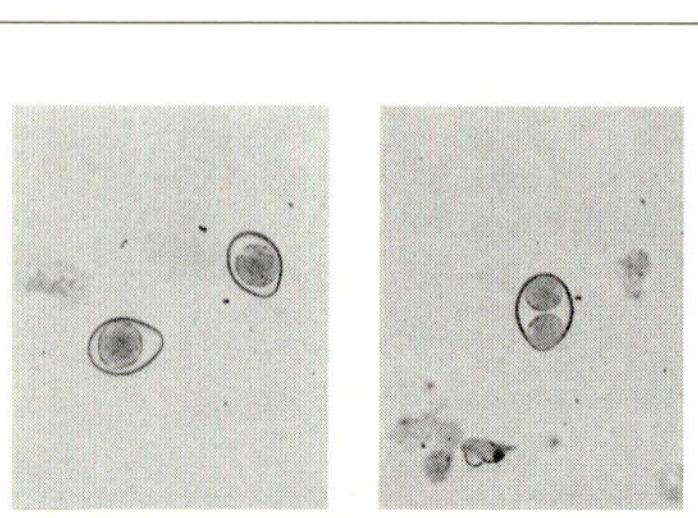

イソスポラの一種のオーシスト
（左：スポロシスト未形成、右：スポロシスト形成）

クリプトスポリジウム症

クリプトスポリジウムは、コクシジウムの一つのグループです。ただし、他のコクシジウムと異なり、クリプトスポリジウム類の宿主特異性は厳密ではなく、たとえば小型クリプトスポリジウムといわれる種類は、ほとんどすべての哺乳類に寄生すると考えられています。この原虫は、イヌやネコにも寄生しますが、最近は子ウシや人間の集団下痢症の原因病原体として検出され、人と動物の共通の寄生虫として注目されています。

　全国各地にみられますが、発生は散発的です。

原因

　クリプトスポリジウムも、イソスポラと同様にオーシストを作ります。そのオーシストは、他のコクシジウムのものに比べて非常に小さく、直径は4～5μmにすぎません。すなわち、赤血球よりも小さく、内部の構造を観察するためには、微分干渉顕微鏡や電子顕微鏡などが必要となります。

　宿主の糞便中に排出されたクリプトスポリジウムのオーシストは、2層の壁を有し、内部には4個のスポロゾイトがすでに形成されています。他のコクシジウムと異なり、オーシストは外界で発育することなく、すでに感染能力を持っているのが特徴です。

　クリプトスポリジウムの感染は、オーシストを経口的に摂取することによって起こります。その後の宿主体内での発育は、イソスポラの場合と同様です。

　ただし、前述のように、クリプトスポリジウムのオーシストは宿主の糞便に排出される前にすでに感染力を示すため、宿主の腸で自家感染を起こすことがあります。そのため、クリプトスポリジウム症では長期化する例が多くみられます。

症状

　クリプトスポリジウム症は、その感染を受けても発症することは少ないようです。多くは、免疫機能が低下した状態のイヌやネコで症状が発現します。免疫機能を低下させる基礎疾患として、イヌではイヌジステンパーなど、ネコでは猫白血病などが知られています。

　症状は、主に下痢や血便などの消化器障害で、幼齢の動物でとくに重症化する傾向があります。

診断

　糞便検査でオーシストを検出することによって診断を行います。クリプトスポリジウムのオーシストは4～5μmときわめて小さいため、単に顕微鏡で観察するだけでは検出は不可能です。蔗糖《しょとう》液浮遊法によりオーシストを検出し、さらにそれを染色（メチレンブルー染色、ギムザ染色、ヨード染色など）して確認する必要があります。最近では、本原虫に特異的な抗体を用いた蛍光抗体法のキットが市販されています。

治療

　免疫機能が正常な動物では、自然に治癒することが多いようです。免疫機能が低下している場合には、その改善を図ります。

　現在のところ、クリプトスポリジウムの駆除に有効な薬物はほとんど知られていません。最近、人間では、アジスロマイシンが有効といわれていますので、今後、動物にも応用できるかもしれません。

予防

　予防としては、給餌《きゅうじ》、給水に際して、クリプトスポリジウムのオーシストによる汚染を防止するため、食物と食器の洗浄を丁寧に行うことが重要です。

人間への感染

　小型クリプトスポリジウムは、イヌ、ネコと人間に共通の種といわれています。そのため、イヌやネコから人間への感染が起こらないとはいえません。イヌやネコが感染を受けた場合には、その糞便の処理に細心の注意を払わなければなりません。

（茅根士郎）

トキソプラズマ症

　トキソプラズマ症はトキソプラズマ原虫によって起こる疾患で、人と動物の共通寄生虫症の一つです。

　トキソプラズマ原虫の宿主は広範囲にわたり、人間のほか、イヌやネコ、ブタ、ウシ、ヤギ、ヒツジ、ネズミ、ノウサギ、ニワトリなどへの感染が知られています。しかし、実は、ネコ科の動物だけを終宿主とし、その小腸に寄生します。その他の動物は、中間宿主あるいは待機宿主となります。

　トキソプラズマ症は、全国的に発生がみられます。

原因寄生虫の形態と生活

　トキソプラズマ原虫の終宿主となるネコがトキソプラズマのシストを経口的に摂取すると、その小腸でシストからブラディゾイトといわれる状態のものが現れます。ブラディゾイトは小腸粘膜上皮細胞に侵入し、シゾントに発育します。やがてシゾントは崩壊して、その中からメロゾイトを放出します。メロゾイトは、別の細胞に侵入し、こうして発育が繰り返されていきます。このような殖え方は、雌雄に分かれて行われているのではないため、無性生殖といわれています。

　以上の生活とは別に、メロゾイトは、雌雄の生殖母体となることもあり、雌と雄の生殖母体は融合して円形をしたオーシストを形成します。この殖え方は有性生殖といわれます。

　この段階のオーシストはいまだ未成熟で、この未成熟の状態でオーシストはネコの糞便に排出されます。オーシストの排泄は感染後3～5日目から始まり、2週間前後続きます。

　オーシストは、外界で発育し、内部に2個のスポロシストを形成し、各スポロシストには4個のスポロゾイトが含まれています。こうした成熟オーシストをネコ以外の動物が摂取すると、その動物はトキソプラズマ原虫の中間宿主になります。トキソプラズマ原虫は、中間宿主の体内で発育し、メロゾイトなどの状態で全身の臓器に運ばれ、その細胞内で分裂、増殖します。しかし、その後、宿主の免疫が形成されると、増殖は抑制され、心臓や筋肉、脳などでシストを形成します。

ネコへの感染は、他のネコの糞便中に排出された成熟オーシストを経口的に摂取した場合と、ネズミ類などの中間宿主を捕食し、それに寄生しているシストを経口摂取した場合に起こります。

症状

終宿主となったネコは、小腸にトキソプラズマ原虫の寄生を受け、それによって下痢などの消化器症状を示します。しかし、実際には、こうして下痢を示すネコは少なく、また、その下痢もほとんどは自然に治癒します。したがって、たいていの場合は、トキソプラズマ感染に気づかずに終わってしまうということになります。

一方、ネコの体内でもシストが形成されるため、それによって起こる症状もあります。ただし、免疫機能が正常なネコは、とくに発育後のネコであれば、トキソプラズマ原虫に感染しても発症せず、無症状で経過することが多いようです。

ところが何らかの疾病やストレスなどにより免疫能が低下している場合や、幼若なネコでは、食欲不振や発熱、下痢、貧血、嘔吐《おうと》、中枢神経障害、呼吸困難などの症状を示すことがあります。こうした症状は急性にみられることもありますし、やがて慢性的になることもあります。

一方、イヌの場合は、完全に中間宿主になりますから、様々な全身症状を急性あるいは慢性に示します。

診断

終宿主となっているネコの場合は、糞便検査によりオーシストを検出することによって診断を行います。

しかし、イヌの場合や、ネコであってもオーシストを排出していない場合には、それらが示す症状は様々であり、症状からトキソプラズマ症を予測することはきわめて困難といわざるをえません。ただし、眼トキソプラズマ症といわれるものは、網膜病変を特徴的に示すため、眼底検査によって診断することができます。

トキソプラズマ症の確定診断は、血清中の抗体価の測定（色素試験、血球凝集試験、ラテックス凝集試験、ＥＬＩＳＡ法）やトキソプラズマ虫体の検出によって行います。

治療

終宿主のネコに対しては、小腸に寄生するトキソプラズマ原虫を駆除するために、サルファ剤などを投与します。

しかし、全身性のトキソプラズマ症の治療は困難です。スルファジアジンやスルファモノメトキシン、ピリメタシン、クリンダマイシンなどの投与を試みます。また、それぞれの症状に応じた対症療法も実施します。

予防

トキソプラズマ原虫に感染している可能性のあるネコの糞便は、オーシストが感染性を持つようになる前、すなわち24時間以内に適切に処理します。理想的には、焼却するのがもっとも確実でしょう。

また、中間宿主からの感染を予防するために、屋外でネズミ類などを捕食させないようにします。また、動物の肉からの感染を防ぐため、イヌやネコに生肉を与えないようにします。

人間への感染

トキソプラズマは、人と動物に共通の寄生虫です。人間への感染の一つの経路は、ネコの糞便中に存在するオーシストの経口摂取です。前述のように、トキソプラズマのオーシストは、糞便中へ排出されて24時間は感染力を持っていません。そこで、この間に糞便を処理すれば、人間への感染も予防することができます。

また、人間の場合は、中間宿主のネズミ類などを捕まえて食べることはありませんが、古くは豚肉などを生で食べてトキソプラズマに感染することがありました。現在では食肉の衛生管理が徹底されているため、こうした危険性はほとんどないといえるでしょう。

（茅根士郎）

バランチジウム症

線毛虫の一種である大腸バランチジウムを原因とします。大腸バランチジウムは、ブタによく認められますが、イヌやサル、その他の多くの哺乳類から検出され、人間に寄生することもあります。寄生部位は大腸です。

イヌなどにおける発生状況は不明ですが、ブタでは全国的に高率に認められています。

原因寄生虫の形態と生活

大腸バランチジウムには、栄養型とシストの二つの発育段階があります。

原虫としてはきわめて大きく、栄養型は大きさが１５０μｍにも達します。栄養型は、卵円形で、体表は線毛で被《おお》われ、この線毛を使って宿主の腸内で活発に運動しています。体の前端には口器があり、また、肉質といわれる部分には大核と小核があります。横二分裂という方法によって増殖し、有性生殖の一種である接合を行います。

一方、シストは、大きさが60 μmで、球形ないし円形をしています。体は薄い壁に包まれていて、線毛は認められません。

大腸バランチジウムのイヌへの感染は、これの感染を受けている動物の糞便中に排出されたシスト、まれには栄養型を摂取することによって起こります。また、シストに汚染された食物や飲水を摂取しても感染します。

症状

大腸バランチジウムは通常、宿主に対して無害ですが、まれに大腸粘膜内に侵入して大腸炎を起こし、腹痛を起こしたり、血液の混じった下痢便を排泄させることがあります。

診断

糞便検査を行い、栄養型やシストを検出することによって診断します。通常、栄養型は下痢便に出現し、これを検出するには直接塗抹法という糞便検査を行います。一方、シストは固形便に出現し、これを検出するには浮遊法という糞便検査を行います。

診断を確実にするためには栄養型とシストの形態を詳細に観察する必要がありますが、そのためには、塗抹標本にヨード液を添加するか、塗抹染色標本（ハイデンハイン・鉄染色）を作製します。

治療

イヌのバランチジウム症に対しては、メトロニダゾールの5日間連続投与が有効です。

予防

大腸バランチジウムの感染は、糞便中に排出されたシストの経口感染により起こります。大腸バランチジウムはとくにブタに高率に感染しているため、イヌへの感染を予防するには、イヌをブタの糞便と接触させないようにします。

人間への予防

大腸バランチジウムは人間にも寄生することがあります。念のため、バランチジウム症のイヌの糞便は、適切に処理すべきです。また、一般の家庭では問題ありませんが、ブタの糞便との接触にも注意します。

（茅根士郎）

消化器系の吸虫症

壺《つぼ》形《がた》吸虫症

壺形吸虫はネコやイヌを終宿主とし、その小腸に寄生します。ただし、イヌは壺形吸虫の好適な宿主ではなく、ネコに比べてイヌへの寄生例は非常に少ないようです。

壺形吸虫は、ヨーロッパ、アフリカ、アジアに広く分布しています。日本でも、全国的に発生が認められますが、とくに南日本と西日本における発生が多くなっています。また、この吸虫の感染源がカエルやヘビであることから、これらの動物が生息する郊外の地域、あるいは水田地帯での発生が多く、都市部ではほとんど認められません。さらに、同じくカエルやヘビを感染源とするマンソン裂頭条虫と同時に寄生していることが多いようです。

原因寄生虫の形態と生活

壺形吸虫は、体長が1～3㎜の小さな吸虫です。一見するとゴマ粒のようにも見えますが、よく見ると壺のような形をしています。その体は前後二つの部分に分かれ、体の前半部分には独特な形をした付着器官が発達し、これによって終宿主の小腸に吸着します。

壺形吸虫の卵は、長径１００～１３０μm、短径70～90μmほどで、寄生虫の卵としては大きなほうです。黄褐色をしていて、顕微鏡で観察すると、網目状の粗い紋様が観察されます。宿主の動物の糞便《ふんべん》中に排出されたときの壺形吸虫卵の内容は細胞の塊となっています。

第1中間宿主はヒラマキモドキガイという小さな淡水産の巻貝で、第2中間宿主はカエル類などです。また、ヘビ類は第2中間宿主になりますが、待機宿主にもなります。ネコやイヌは、こうしたカエル類やヘビ類を捕食することによって壺形吸虫の寄生を受けます。

症状

壺形吸虫症の症状としては、下痢が主です。下痢が長期にわたって続いた場合には、それに伴って削痩《さくそう》や脱水を起こすこともあります。

診断

診断は、糞便中にこの寄生虫の卵を検出することによって行います。虫卵は顕微鏡下でなければ見えないため、動物病院で糞便検査を受けるようにします。

治療

治療は、寄生虫の駆除が第一で、寄生虫を駆除すれば、下痢などは自然に治ります。ただし、重症例では、止瀉薬《ししゃやく》などを投与することもあります。壺形吸虫の駆除にはプラジクアンテルという薬物を使用し、1回の投薬で完全に駆除することが可能となっています。

予防

予防は、ネコやイヌにカエルやヘビを捕食させないことです。ただし、飼育形態によっては、とくにネコの場合、これは難しいこともあるでしょう。そうした場合には、定期的に糞便検査を受けることをお奨《すす》めします。

人間への感染

壺形吸虫の人体寄生例は知られていません。しかし、人間がネコなどと同じようにカエルやヘビを生食した場合、待機宿主となる可能性はあると思われます。とはいえ、いずれにしても、ネコやイヌから人間に感染することは考えられません。

（深瀬　徹）

横川吸虫症

横川吸虫は、イヌやネコ、そして人間など、各種の哺《ほ》乳《にゅう》類を終宿主とし、さらにある種の鳥類にも寄生が認められています。寄生部位は小腸です。

横川吸虫は、かつては日本全国に広く認められていましたが、現在では発生は非常に少なくなっています。

原因寄生虫の形態と生活

横川吸虫は、体長1～2㎜と小型で、扁平《へんぺい》な形をした吸虫です。

また、その卵は、長径25～35μm、短径15～20μmとやはり小さく、内部には幼虫が形成されています。

第1中間宿主はカワニナという淡水に棲《す》む巻貝、第2中間宿主はアユなどの淡水魚類です。終宿主は、第2中間宿主となっている魚類を生食することによって感染を受けます。

症　状

横川吸虫症の症状としては、下痢を起こすことがありますが、少数の寄生を受けている場合には無症状で経過することが多いようです。

診　断

診断は、糞便中にこの寄生虫の卵を検出することによって行います。

治　療

治療にはプラジクアンテルなどの駆虫薬を用います。

予　防

予防は、イヌ、ネコの食物として第2中間宿主のアユなどを生で与えないことです。なお、加熱すれば、寄生虫は死滅しますから、食べさせても問題はありません。

人間への感染

横川吸虫は人間にも寄生しますが、アユなどを食べて感染するものであり、イヌやネコから感染することはありません。

（深瀬　徹）

肝吸虫症

肝吸虫は、イヌやネコ、人間などの各種の哺乳類を終宿主とし、その肝臓（胆管）に寄生する吸虫です。

肝吸虫は、アジアに多く認められ、古くは日本でも多発していました。しかし、最近は肝吸虫症の発生はほとんど認められなくなっています。

原因寄生虫の形態と生活

肝吸虫は、体長10～25㎜ほどの大きさで、扁平な形をしています。

虫卵は、長径が25～35μm、短径が15～20μmで、前項の横川吸虫の卵に似ていますが、一部に突出部分があることで区別できます。

第1中間宿主は、淡水産巻貝のマメタニシ、第2中間宿主は、モツゴなどのコイ科魚類、およびその他の多種の淡水魚類です。第2中間宿主の魚類を生食することによって終宿主への感染が起こります。

症　状

症状としては肝炎症状が主で、重症例では黄疸《おうだん》などがみられます。

診　断

糞便検査を行い、虫卵を検出することにより診断します。

治　療

治療には、プラジクアンテルなどを使用します。

予　防

予防するには、第2中間宿主となる可能性がある淡水魚類を生で与えないようにします。加熱すれば問題のないことは、横川吸虫の場合と同様です。

人間への感染

肝吸虫は人体寄生虫としても重要ですが、淡水魚類の生食によって感染するため、イヌやネコから人間への感染は起こりません。

（深瀬　徹）

膵《すい》臓《ぞう》の吸虫症

イヌ、ネコの膵臓には、ある種の吸虫が寄生します。一つは、テン膵吸虫《すいきゅうちゅう》という種類で、本来はタヌキやテンなどの野生動物に寄生するものですが、ごくまれにイヌにも認められます。このほか、沖縄では、ネコに沖縄膵吸虫という種類が寄生することが知られています。これらの吸虫は、終宿主の膵臓（膵管《すいかん》）を主な寄生部位としています。

原因寄生虫の形態と生活

この2種の吸虫は、体長が1～5㎜と比較的小型で、ともに扁平な形をしています。

虫卵は、長径が45～60μm、短径が25～40μmほどの大きさです。また、内部に幼虫が形成されていて、その幼虫が持つ二つの顆粒塊《かりゅうかい》が明瞭《めいりょう》に認められます。

両種ともに生活史が不明で、中間宿主の動物がわかっていません。すなわち、イヌやネコへの感染源がわからない寄生虫ということになりますが、近縁の吸虫の生活環から考えて、第1中間宿主と第2中間宿主の二つを必要とし、第1中間宿主は陸産の巻貝、第2中間宿主はある種の昆虫などであると推測されます。

症状

発生例が少なく、症状も明らかではありませんが、寄生部位が膵管であることから、膵炎《すいえん》を発生する可能性があると思われます。

診断

糞便検査を行い、虫卵を検出することにより診断します。

治療

これらの吸虫に対する駆除薬は知られていませんが、プラジクアンテルが有効であることが期待されます。

予防

確実に予防する方法は明らかではありません。しかし、昆虫類が第2中間宿主であると考えられるため、昆虫類を捕食させないようにすることが必要です。

人間への感染

人間への感染例は知られていませんが、可能性は否定できません。ただし、このグループの吸虫類は第2中間宿主から終宿主に感染すると考えられ、イヌ、ネコから人間に感染することはないと判断されます。

（深瀬　徹）

消化器系の条虫症

マンソン裂頭条虫症

マンソン裂頭条虫はネコやイヌなどを終宿主とします。とくにネコにおける寄生例が多く、イヌでは比較的少ないようです。寄生部位は小腸となっています。

マンソン裂頭条虫とこれに近縁の条虫は世界的に広く分布し、日本でも各地に分布しています。壺形《つぼがた》吸虫と同様に、マンソン裂頭条虫もカエルやヘビから終宿主に感染するため、水田地帯や郊外の地域で認められます。また、壺形吸虫が高率に分布している地域では、この吸虫とともに終宿主に寄生していることがしばしばあります。

原因寄生虫の形態と生活

マンソン裂頭条虫は、長いものでは体長が1m以上にも達する大型の条虫です。いくつもの片節が一列につながった構造をしていて、それぞれの片節に雌雄の生殖器があり、各々が産卵を行います。

虫卵は、長径50～70μm、短径30～45μmほどで、褐色ないし黄褐色をし、左右対称ではなく、ラグビーボールのような形をしているのが特徴です。宿主の動物の糞便《ふんべん》中に排出されたときの虫卵の内容は多細胞です。

第1中間宿主はケンミジンコで、第2中間宿主はカエル類など、多くの動物が知られています。こうした第2中間宿主をヘビなどが捕食した場合、それに寄生していたマンソン裂頭条虫の幼虫はヘビに感染しますが、成虫には発育せず、幼虫のままでとどまります。こうしたヘビ類などのことを待機宿主といいます。そして、第2中間宿主のカエル類や待機宿主のヘビ類などをネコまたはイヌが捕食すると、その小腸で成虫になります。

症状

マンソン裂頭条虫症の症状は下痢が主です。ただし、無症状のことも多いようです。

診断

糞便検査を行い、虫卵を検出することにより診断します。

治療

治療には、まず駆虫を行い、下痢に対しては止瀉薬《ししゃやく》を投与します。ただし、通常は、とくに止瀉薬を与えなくても、寄生虫を駆除すれば、下痢はすみやかに治ります。マンソン裂頭条虫に対してはプラジクアンテルが有効です。また、仮に壺形吸虫の寄生をともに受けている例であっても、プラジクアンテルは壺形吸虫にも有効ですから、両種の寄生虫を同時に駆除することが可能です。

予防

予防は、ネコやイヌにカエルやヘビを捕食させないことです。しかし、水田地帯などで飼育され、屋外に出ることが多いネコでは、予防が困難なこともあります。このようなネコの場合は、定期的に糞便検査を受けるとよいでしょう。

人間への感染

マンソン裂頭条虫は人間にも感染します。人間への感染の多くは、第2中間宿主または待機宿主となっているカエル類やヘビ類を生食することによって起こります。

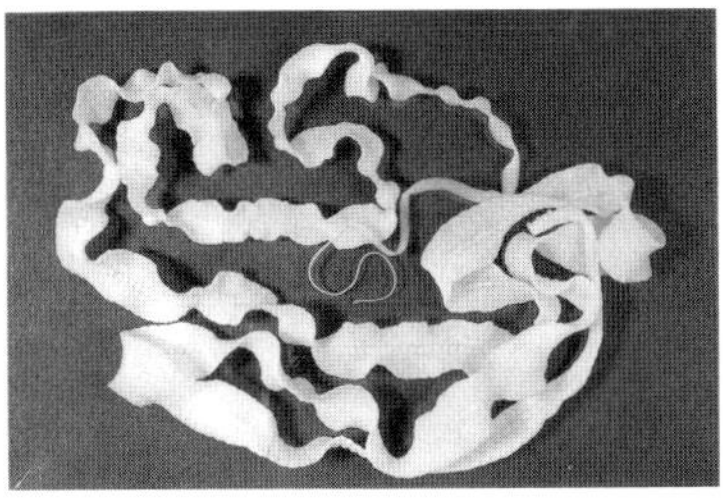

マンソン裂頭条虫の成虫

通常、人間はマンソン裂頭条虫の待機宿主となります。すなわち、カエルやヘビに寄生しているのと同じ段階の幼虫が人間に寄生するわけです。この幼虫の寄生部位は、主に皮下や筋肉の間です。また、ごくまれにですが、人間の小腸に成虫が寄生することもあります。

いずれの場合も、人間への主な感染源はカエルやヘビなどの第2中間宿主や待機宿主です。あるいは、第1中間宿主となっているケンミジンコを含む水を飲んでしまった場合にも感染は起こりえます。しかし、ネコやイヌの糞便に排出された虫卵から人間への感染が起こることはありません。

（深瀬　徹）

有線条虫症と少睾《しょうこう》条虫症

有線条虫と少睾条虫は、中擬条虫というグループに属する条虫で、終宿主の小腸に寄生します。

両種ともに、ペットとして飼育されているイヌやネコにおける発生はきわめてまれといえます。しかし、一部の地域の山間部などでは、比較的多くの発生がみられることがあります。

原因寄生虫の形態と生活

この2種の条虫は比較的大型で、有線条虫は体長2.5ｍ、少睾条虫は体長１ｍに達することがあります。

有線条虫の終宿主はイヌ、ネコ、キツネ、イタチなど、また、第1中間宿主は糞食性《ふんしょくせい》甲虫類とササラダニ類、第2中間宿主は種々のヘビ類と哺乳《ほにゅう》類（サル、イヌ、ネコなど）で、イヌとネコは終宿主にも第2中間宿主にもなります。また、少睾条虫の終宿主はイヌ、キツネ、タヌキ、第1中間宿主は不明で、第2中間宿主はヤマドリです。

症状

症状は、多くの例では無症状ですが、重症例では下痢がみられます。

治療

プラジクアンテルの投与によって駆虫することが可能です。

予防

予防には、第2中間宿主となる動物を生食させないことが大切です。

人間への感染

有線条虫は人間にも感染します。人間への感染は、第2中間宿主であるヘビ類を生食することによって起こります。

また、少睾条虫の人体寄生は知られていませんが、その可能性は否定できません。少睾条虫が人間に感染するとすれば、それは第2中間宿主のヤマドリを生食することによって起こるはずです。

したがって、どちらの条虫も、イヌやネコから人間に感染することはありません。

（深瀬　徹）

豆状条虫症と胞状条虫症

豆状条虫と胞状条虫は、テニア類といわれるグループに属する条虫です。ともに、食肉類の哺乳類を終宿主とし、イヌ、ネコも終宿主として知られています。終宿主体内における寄生部位は小腸となっています。

かつては、これらの条虫、とくに豆状条虫の寄生がイヌやネコに散見されましたが、最近では、ペットとして飼育されているイヌ、ネコにこうした条虫が寄生することはほとんどないと考えられます。

原因寄生虫の形態と生活

豆状条虫は30cmから2m、胞状条虫は70cmから5mにも達する大型の条虫です。

終宿主の糞便中には、小腸に寄生する成虫の片節が末端からちぎれて排出され、その中から虫卵が出現します。虫卵はほぼ球形で、直径は35～40μm、内部には六鉤《ろっこう》幼虫が認められます。

中間宿主は、豆状条虫はウサギ類やネズミ類など、胞状条虫はブタやウシ、ヒツジ、ヤギなどです。中間宿主への感染は、虫卵の経口的な摂取によって起こります。

終宿主となる動物は、中間宿主を捕食したり、またはその肉を食物として与えられることによって感染を受けることになります。

症状

症状は下痢が主ですが、無症状で経過することも多いようです。

診断

糞便中に片節や虫卵を認めることによって診断します。

治療

駆虫にはプラジクアンテルが有効です。

予防

予防は、中間宿主となる動物を捕食させないようにし、あるいはその肉などを与えないことです。

人間への感染

胞状条虫は人間も中間宿主とします。人間は終宿主の糞便中に出現した片節や虫卵を経口摂取して感染を受けます。したがって、感染動物の糞便の処理には注意が必要です。

（深瀬　徹）

猫条虫症（肥《ひ》頸《けい》条虫症）

猫条虫は、肥頸条虫ともいわれます。ネコを主な終宿主とし、イヌに寄生することは非常にまれです。

猫条虫は、世界各地で発生がみられ、日本でも全国的に分布しています。ただし、日本ではかつてはネコに普通に認められていましたが、次第に発生が減少し、最近では感染例は少なくなっています。この理由として、ネコがネズミを獲らなくなったことが考えられています。

原因寄生虫の形態と生活

猫条虫は、体長50㎝以上にも達する比較的大型の条虫です。体は白色または黄白色をしています。条虫ですから、片節が一列につながった構造をし、各片節に雌雄の生殖器があるのですが、産卵孔がありません。したがって、それぞれの片節が産卵を行うことはなく、体の末端の片節が一つずつちぎれて、宿主の糞便に出てきます。

猫条虫はネズミ類を中間宿主としています。

症状

猫条虫症の症状としては下痢が起こりますが、無症状のこともあります。

診断

診断は、糞便中に排出される白色の片節を観察することによって行います。この片節は、白色または黄白色で、長さが5㎜ほどと大きく、糞便の表面を動いていることもありますから、家庭でも容易に気づくことができます。

治療

駆虫にはプラジクアンテルを投与します。

予防

予防は、ネコにネズミなどを食べさせないことですが、それぞれのネコの習性によっては難しいこともあるでしょう。

人間への感染

過去には、人間が猫条虫の終宿主となって成虫の寄生を受けたり、中間宿主となって幼虫の寄生を受けた例が知られています。成虫寄生例では、何らかの事情でネズミ（あるいはその体の一部）を食べたことが疑われます。一方、幼虫寄生例は、ネコの糞便中に出てきた片節や、それが壊れて出現する虫卵を経口的に摂取したものと考えられます。猫条虫の寄生を受けている動物の糞便の処理には注意が必要です。

（深瀬　徹）

エキノコックス症

エキノコックス類として、単包条虫と多包条虫の2種が知られています。

この2種の条虫は、イヌ、ネコやオオカミ、キツネなどを終宿主とします。とくに北海道では、キタキツネが多包条虫の終宿主として大きな問題になっています。終宿主におけるこれらの条虫の寄生部位は小腸です。

単包条虫、多包条虫ともに世界的に広く分布しています。とくに前者は比較的温暖な地域に、後者は寒冷な地域に多発する傾向があります。日本では、単包条虫は、その幼虫の検出例はありますが、現在のところ、成虫の寄生例はみられません。しかし、多包条虫は北海道に分布し、キタキツネやイヌから成虫が検出され、ネズミ類から幼虫が検出されています。また、近年、多包条虫が東北地方にも分布を広げていることが懸念されています。これは青函《せいかん》トンネルを通って、中間宿主のネズミが移動したためと考えられています。さらに最近、感染を受けた場所は不明ですが、関東地方のイヌにも多胞条虫の寄生が認められています。

原因寄生虫の形態と生活

単包条虫と多包条虫は小型の条虫で、片節は数個しか存在せず、体長は単包条虫で3～6㎜、多包条虫で1～4㎜にすぎません。虫卵は、どちらもほぼ球形で、直径30～40μmです。

単包条虫と多包条虫の中間宿主は一段階のみです。単包条虫では多くの哺乳類が中間宿主となることが知られています。とくに諸外国では、ヒツジなどの家畜が中間宿主となり、牧羊犬が終宿主となっている例が多くみられます。一方、多包条虫の中間宿主は主にネズミ類です。人はこれら両種の条虫の中間宿主となります。

終宿主への感染は、中間宿主、あるいはその肉を食べることによって起こります。

診断

イヌやネコにおける成虫寄生の診断は、糞便から片節や虫卵を検出することによって行います。しかし、虫卵の形態だけでは、確定診断は困難です。

治療

駆虫は、プラジクアンテルで容易に行うことができます。

予防

予防は、中間宿主となっている動物を捕食させないことです。多包条虫の中間宿主はネズミ類ですから、飼育方法によっては予防が困難なこともあり、流行地では十分な注意が必要です。

人間への感染

人間は単包条虫と多包条虫の中間宿主となり、全身に幼虫が寄生し、死亡します。人間へのこれらの条虫の感染は、終宿主の動物の糞便中に出現した片節や虫卵を偶発的に経口摂取することによって起こります。感染動物の糞便の処理には厳重な管理が必要ですし、野外で不用意に小川の水などを飲むことは避けるべきです。また、前述のように、以前は多包条虫の発生は北海道に限られていましたが、最近、本州への蔓延《まんえん》が懸念されていますので、注意すべき地域は北海道に限りません。

（深瀬　徹）

瓜《うり》実《ざね》条虫症

瓜実条虫は、別名を犬条虫ともいいます。しかし、イヌに限らず、ネコやフェレットなども終宿主とし、それらの小腸に寄生しています。

世界的に発生がみられ、日本でも全国的に分布しています。日本でもっとも普通に認められるイヌ、ネコの条虫といえるでしょう。近年、イヌやネコの寄生虫症は減少傾向にあるのですが、瓜実条虫はノミが感染源であり、ノミの蔓延とともに、都市部でも相変わらずの高頻度で発生が認められています。

原因寄生虫の形態と生活

瓜実条虫は、大きなものでは、体長50cm以上、片節数100個以上になります。体は白色または黄白色で、頭部には4個の吸盤があり、これによって小腸に付着しています。

各片節には雌雄両方の生殖器官が1組ずつ存在し、各々の片節が卵を生産します。ただし、産卵孔はなく、体の末端の片節が順番にちぎれ、宿主の糞便中に排出されていきます。そして、排出された片節は崩壊し、その中から卵嚢《らんのう》という卵を包んだ塊が現れ、さらに卵嚢が壊れて、虫卵が出現します。虫卵は、ほぼ球形で、直径は30～50μm、内部には六鉤幼虫といわれる幼虫が形成されています。

この虫卵をイヌノミやネコノミ、ヒトノミ、イヌハジラミが摂取すると、瓜実条虫はノミやハジラミの体内で幼虫になります。すなわち、ノミやハジラミが中間宿主というわけです。

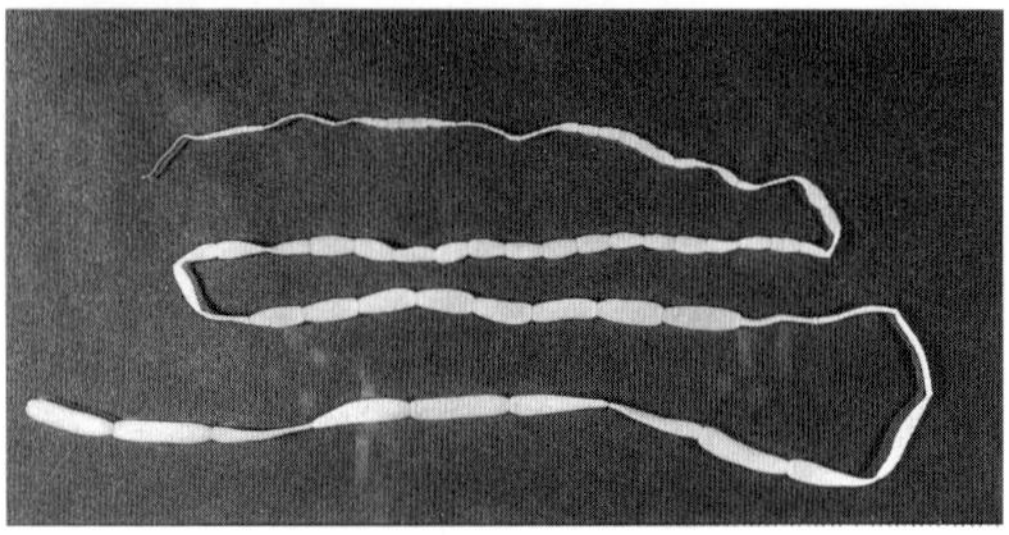

瓜実条虫の成虫

イヌやネコが積極的にノミを食べることはありませんが、グルーミングのときなどに偶発的にノミを経口摂取することがあります。こうして、瓜実条虫は終宿主に感染し、その小腸で成虫になります。

症状

瓜実条虫の寄生を受けたイヌやネコ、あるいはフェレットは、無症状であることも多いのですが、ときに下痢を発症します。とくに幼齢の動物では多数の瓜実条虫が寄生することがあり、こうした例では激しい下痢を起こすことがあります。また、下痢が続くと、それに伴って削痩《さくそう》や栄養不良、さらに重症例では脱水が認められます。

診断

糞便中に排出される片節を認めることにより診断を行います。瓜実条虫の片節は、糞便の表面に白色のゴマ粒状に認められますが、水分を吸収した場合には、膨張し、数ミリメートルになることもあります。

こうした白色の粒が糞便に認められた際には、それを採取し、水中に保存のうえ、動物病院に持参するとよいでしょう。保存は、可能であれば冷蔵とします。動物病院では、その片節の形態や、さらにその内部の卵嚢、虫卵の形態を観察し、確定診断を行います。

このほか、動物病院では、人間の蟯虫《ぎょうちゅう》の検査と同じように、肛門《こうもん》の周りにセロハンテープなどを付着させ、卵嚢や虫卵の検出を試みることもあります。

治療

治療は、瓜実条虫の駆除が第一です。駆虫薬としてはプラジクアンテルを使用します。

下痢をしていても、条虫が駆除されれば自然に治癒しますが、重症例では止瀉薬を投与したり、栄養不良や脱水に対する処置を適宜に実施します。

予防

終宿主であるイヌ、ネコやフェレットへの瓜実条虫の感染源はノミやハジラミです。したがって、瓜実条虫の感染を予防するためには、これらの外部寄生虫の寄生を受けないようにしておくことが大切です。

人間への感染

瓜実条虫は、人間にも感染し、小腸に成虫が寄生します。すなわち、人間は、瓜実条虫の終宿主となるわけです。

人間への感染も、イヌやネコの場合と同じく、ノミなどを経口摂取することによって起こります。偶発的にしてもこうした昆虫を摂取しないようにしなければなりません。また、幼児では、イヌ、ネコに寄生するノミを捕まえて食べてしまうことがあり、こうした理由によるものと思われますが、瓜実条虫の人体寄生例

は子どもに多く認められています。（深瀬　徹）

消化器系の線虫症

糞《ふん》線《せん》虫《ちゅう》症

イヌとネコに寄生する糞線虫類として、日本では糞線虫と猫糞線虫の2種が知られています。

糞線虫は、イヌやネコ、サル類、人間などを宿主としますが、イヌにおける発生が多く認められ、日本国内ではネコへの寄生例はほとんど知られていません。とくに、この寄生虫は、輸入されたイヌやブリーダーのもとで飼育されているイヌに多発しています。

一方、猫糞線虫は、寄生虫の名前には猫と付いていますが、終宿主はネコだけではありません。猫糞線虫は、実際にはタヌキなど、野生の食肉目動物の寄生虫と考えられ、こうしたタヌキなどと間接的にしても接触する機会があるイヌやネコに多く認められます。すなわち、郊外の地域で飼育されるイヌやネコにみられる寄生虫ということができるでしょう。

糞線虫、猫糞線虫ともに、寄生部位は小腸です。

原因寄生虫の形態と生活

イヌやネコに寄生している糞線虫の雌成虫は体長約2㎜、体幅約0・04㎜、猫糞線虫の雌成虫は体長約3㎜、体幅約0・04㎜といずれも非常に小さく、肉眼ではほとんど見ることができません。

糞線虫類は、特殊な生活を営む寄生虫で、宿主の体内には雌の成虫だけが寄生しています。そして、雌だけで卵（猫糞線虫の場合）または幼虫（糞線虫の場合）を産みます。この虫卵や幼虫は糞便《ふんべん》とともに体外に排出され、外界で発育して雌と雄の成虫になり、世代を繰り返します。こうしたなかで様々な条件により、イヌやネコへの感染能力を持つ幼虫が出現します。この幼虫は、イヌやネコに経口的に感染するほか、皮膚を穿孔《せんこう》して経皮的な感染も行います。

症　状

糞線虫症は無症状で経過することもありますが、下痢を発症する例も多く認められます。とくに糞線虫の寄生を受けた子イヌには、下痢や削痩《さくそう》、発育不良がしばしば観察されています。

診　断

糞便中から虫卵や幼虫を検出することにより診断を行います。ただし、これらの虫卵や幼虫は、後述の鉤虫《こうちゅう》のものとの鑑別が難しく、確実に診断するためには、糞便を培養し、外界で生活する成虫や感染力を持つ幼虫を得なければなりません。

治　療

糞線虫類の駆除は簡単ではありませんが、イベルメクチンなどの駆虫薬が有効ですが、1回の投薬では完全に駆虫できないこともあります。そのため、糞線虫類の感染を受けた動物は、駆虫後もしばらくの間、ときどき糞便検査を受けるようにします。

予　防

糞線虫は、ブリーダーの飼育舎などで多発します。イヌを集団飼育する場合には、糞便の処理など、衛生管理に注意することが大切です。また、輸入されたイヌに寄生していることも多いようですから、イヌの輸入時には健康診断を徹底し、健康状態が確認されるまでは、他のイヌと同居させないようにします。

一方、猫糞線虫は、本来はタヌキなどの野生動物の寄生虫です。郊外の地域でイヌやネコを飼育する場合には、できる限りタヌキなどの糞便と接触することがないように注意します。しかし、これは必ずしも容易ではありませんので、猫糞線虫の流行地では、定期的な糞便検査を受けることをお奨《すす》めします。

人間への感染

糞線虫は人間にも感染しますが、人間に寄生している糞線虫とイヌに寄生している糞線虫は、宿主特異性が多少異なり、イヌ寄生の糞線虫は人間には感染しにくいようです。

しかし、そうはいっても、可能性がないわけではありませんから、感染を受けているイヌに対しては注意が必要です。糞便中に出現したばかりの糞線虫の幼虫は感染力を持っていないので、この段階で糞便を処理すれば、人間に感染することはありません。

なお、猫糞線虫については、人間への感染は知られていません。（深瀬　徹）

鉤《こう》虫《ちゅう》症

イヌとネコに寄生する鉤虫類には数種が知られていますが、日本では犬鉤虫と猫鉤虫の2種が重要です。これらは、それぞれイヌとネコの小腸に寄生しています。

鉤虫類は、かつてはイヌ、ネコに高率に寄生していましたが、最近は、非常に減少してきています。ただし、ブリーダーの飼育舎などでは集団発生が認められることがあります。

原因寄生虫の形態と生活

犬鉤虫、猫鉤虫ともに、体長は雌成虫が15～20㎜、雄成虫が8～12㎜ほどです。体は白色をしていますが、吸血をすると赤色を帯びて見えることもあります。

雌成虫が産卵を行い、その卵は宿主であるイヌやネコの糞便中に排出されます。この虫卵は、長径が55～70μm、短径が35～45μmほどの大きさをしています。そして、外界で虫卵が孵化《ふか》して幼虫が出現し、さらにこれが発育して感染力を持つようになります。この感染幼虫がイヌやネコに経口的に、あるいはその皮膚を穿孔して経皮的に感染します。

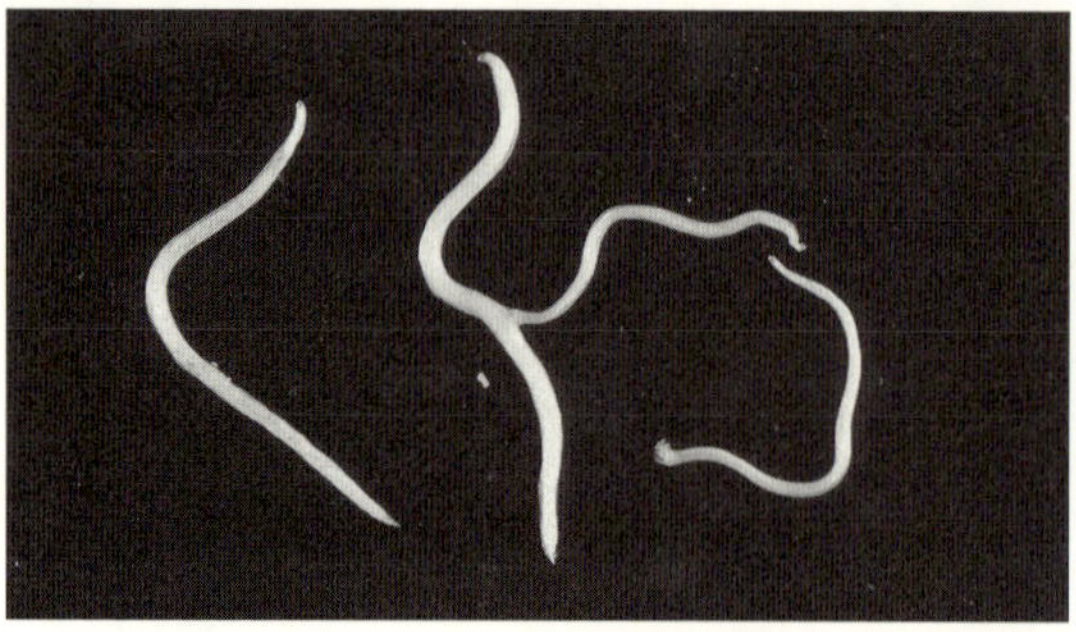

犬鉤虫の成虫（左：雌、中央：交接中の雌雄、右：雄）

症状

鉤虫症では下痢を発症します。これに伴い、脱水が起こることもあります。

また、鉤虫類は吸血を行うため、非常に多くの鉤虫の寄生を受けた場合には、貧血を起こします。

診断

糞便中から虫卵を検出することにより診断を行います。ただし、虫卵は、高温の条件下では短時間で孵化し、幼虫が出現します。幼虫になると、他の線虫類との鑑別が難しくなりますので、なるべく新鮮な糞便を材料として糞便検査を行う必要があります。やむを得ず、糞便を保存する場合には、冷蔵しておくとよいでしょう。

治療

ピランテルパモ酸塩やフェバンテル、ミルベマイシンオキシムという駆虫薬を投与することによって駆除することができます。

予防

鉤虫類も、ブリーダーの飼育舎などで多発する傾向があります。多数のイヌを飼育する際には、糞便を早めに処理し、寄生虫の蔓延《まんえん》を防ぐことを心がけます。

人間への感染

犬鉤虫や猫鉤虫の感染幼虫は、人間の皮膚も穿孔して感染することがあります。人の体内では、これらの鉤虫類が成虫にまで発育することはなく、感染してもしばらくすれば死滅しますが、穿孔した皮膚とその周辺を幼虫が移行し、皮膚炎を起こすことがあります。

糞便に排出された直後の鉤虫類の虫卵には感染力はないので、寄生を受けたイヌやネコの糞便を早めに処理すれば人間への感染を予防することができます。

（深瀬　徹）

回虫症

イヌとネコに寄生する回虫類には、犬回虫と猫回虫、そして犬小回虫の3種があります。犬回虫はイヌ、猫回虫はネコを主な終宿主とします。また、犬小回虫は、別名をライオン回虫ともいい、イヌとネコ、さらにその他の各種の食肉目の動物を終宿主としています。なお、最近、フェレットにも猫回虫と犬小回虫の寄生が認められています。

これらの回虫類の成虫は、終宿主の小腸に寄生します。

犬回虫と猫回虫は、世界的に広く分布し、日本においても全国的に高率な発生がみられます。イヌとネコではもっとも普通の寄生虫といってもよいでしょう。

一方、犬小回虫は、世界的に分布はしていますが、発生頻度が高い地域と低い地域があり、日本は明らかに発生頻度の低い地域であるといえます。日本国内での犬小回虫の寄生例は多くはありませんが、輸入されたイヌやネコ、あるいはブリーダーのイヌ、ネコに高率に発生することがあります。また、動物園で飼育されているライオンやトラには、しばしば犬小回虫の寄生が認められます。

原因寄生虫の形態と生活

犬回虫、猫回虫、犬小回虫は、白色あるいは黄白色をしたひも状の寄生虫です。線虫類は雌雄異体で、一般に雄虫よりも雌虫のほうが大型です。犬回虫の雌成虫は5～20㎝、雄成虫は4～10㎝、猫回虫の雌成虫は4～12㎝、雄成虫は3～7㎝、犬小回虫の雌成虫は10㎝、雄成虫は7㎝ほどの体長になります。

虫卵は、いずれもほぼ球形で、直径は犬回虫卵が65～80μm、猫回虫卵が60～75μm、犬小回虫卵が60～80μmの大きさです。宿主の動物の糞便中に排出されたときの虫卵の内容は単細胞で、その後、外界で発育し、内部に幼虫が形成されます。

終宿主となる動物は、こうした幼虫形成卵を経口的に摂取することにより感染を受けます。また、卵をネズミなどが摂取した場合には、これらの回虫類はその体内で幼虫のままとどまります。すなわち、ネズミ類は待機宿主となるわけです。イヌやネコなどは、待機宿主を捕食しても、回虫類の感染を受けることになります。

また、犬回虫と猫回虫は終宿主に感染しても、すべてが成虫になって小腸に寄生するわけではありません。一部は幼虫のままでイヌやネコの全身の組織にとどまっています。そして、そのイヌやネコが雌である場合、犬回虫は妊娠時に胎盤を通過して胎子に感染します。さらに、犬回虫と猫回虫ともに、分娩《ぶんべん》後に乳汁の中に幼虫が出現し、乳汁から子イヌや子ネコに感染します。こうした感染方法を胎盤感染および経乳感染といいます。したがって、犬回虫と猫回虫に関しては、生まれながらにして、あるいは生まれた直後から、その寄生を受けていることが多いといえます。

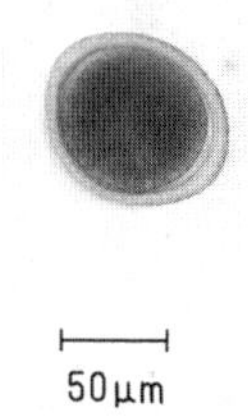

犬回虫の虫卵

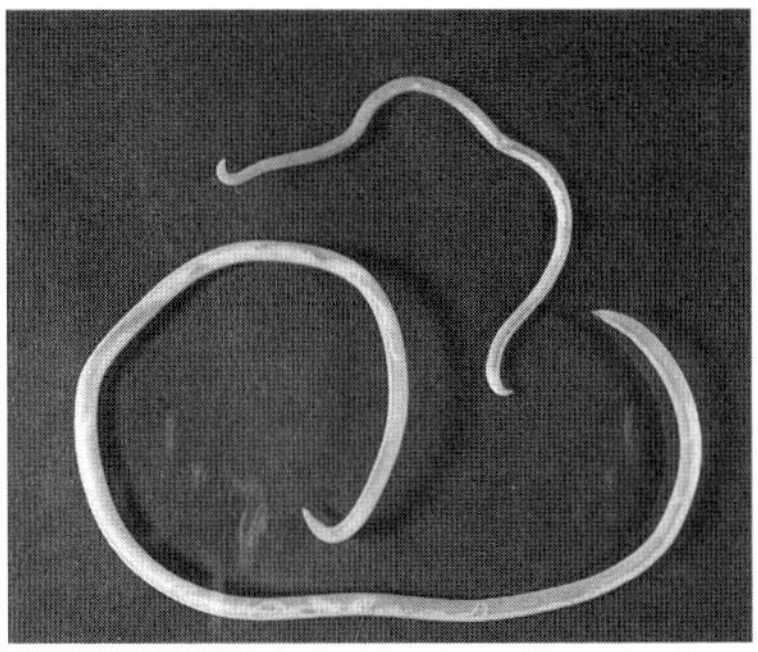

犬回虫の成虫（上：雄、下：雌）

症状

回虫症の症状は、下痢を主とします。発育した後のイヌやネコではあまり激しい下痢を起こすことはなく、無症状で経過している例も多いようですが、子イヌや子ネコの場合は、重症になることがあります。とくに幼獣に非常に多くの回虫類が寄生すると、小腸が閉塞《へいそく》してしまい、生命の危機に至ることさえあります。

さらに、下痢に伴って脱水や削痩、発育不良なども認められます。

診断

糞便検査を行い、虫卵を検出することにより診断します。

また、回虫類は、しばしばイヌやネコの糞便中に成虫が自然に排出されます。とくに犬回虫と猫回虫は、動物が発育するのに伴い、小腸に寄生していた成虫が次第に自然排出される傾向があります。糞便に長さが4～20㎝ほどのひも状のものが排出された場合、それはおそらくは回虫の一種です。このとき、回虫が排出されたからもう安心というわけにはいきません。体内にはまだ成虫が残っていると考えるべきでしょう。排出された虫体を採取し、糞便とともに動物病院を受診し、検査を受けるようにします。

治療

回虫類の駆除には、ピランテルパモ酸塩やフェバンテル、ミルベマイシンオキシム、セラメクチンなどの薬物を用います。なお、回虫の駆除薬として、これらのほかにも数種の薬剤が市販されていますが、安全性の点などから、動物病院で

犬回虫の一生

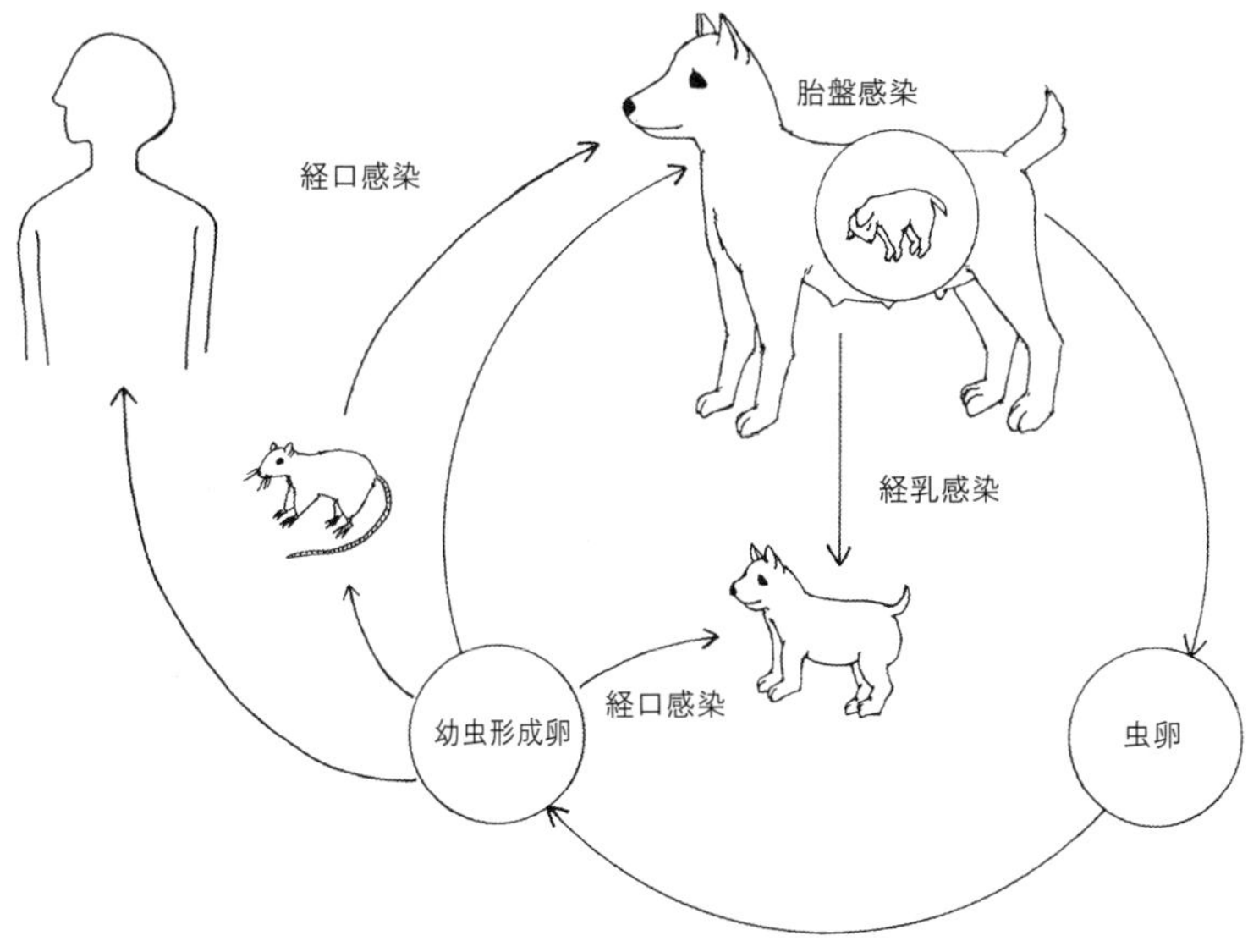

犬回虫の成虫はイヌの小腸に寄生する。そこで産まれた虫卵はイヌの糞便中に出現した後、外界で発育して内部に幼虫を形成する。この幼虫形成卵を経口的に摂取することによって、イヌは犬回虫の感染を受けることになる。犬回虫は、このほか、母親の体内で胎子に感染（胎盤感染）したり、乳汁を介して親から子へと感染（経乳感染）する。犬回虫の幼虫形成卵を摂取すると、人もこの回虫の感染を受けることがある

処方を受けるほうが安心でしょう。

　また、下痢をしている場合には止瀉薬《ししゃやく》等を与え、必要に応じて栄養剤も投与します。

予　防

　回虫類は、直接発育を行うので、感染動物の糞便をただちに処分することが重要です。糞便中に出現した虫卵は、しばらくは感染能力を示さず、内部に幼虫が形成された後に感染可能となります。したがって、それ以前に糞便を処理します。

　また、待機宿主からの感染については、ネズミ類などを捕食しないように注意します。

　なお、胎盤感染と経乳感染に関しては、ただちに予防することは不可能です。これについては、繁殖を行う場合、親イヌや親ネコの回虫駆除を適切に実施し、何世代もかけて清浄にしていくほかに予防法はありません。

人間への感染

　犬回虫と猫回虫は人間にも感染します。人間への感染源は幼虫形成卵です。感染を受けると、これらの回虫の幼虫が人間の全身に寄生します。症状はまちまちですが、肺炎や眼症状を示すことが多いようです。

　犬回虫と猫回虫の人間への感染を予防するためには、イヌやネコの糞便を排泄《はいせつ》後にすみやかに処理し、また、公園などの砂場にイヌやネコが糞便を排泄しないようにすることが大切です。（深瀬　徹）

胃虫症

　猫胃虫という線虫がネコやイヌの胃に寄生することがあります。ただし、感染例はそれほど多くはなく、とくにイヌではまれな寄生虫といえるでしょう。

原因寄生虫の形態と生活

　猫胃虫の成虫は、円柱状をしていて、体長は雌成虫が25～60㎜、雄成虫が25～50㎜ほどです。

　虫卵は、楕円形《だえんけい》で、長径は45～60μm、短径は30～45μmほどです。

　感染動物の糞便中には虫卵が出現しますが、これがチャバネゴキブリやコオロギ類、バッタ類に感染し、その体内で発育します。すなわち、こうした昆虫が中間宿主となり、ネコやイヌはこれらを捕食して猫胃虫の感染を受けることになります。

症　状

　症状は不定ですが、ときに成虫を吐出することがあります。

診　断

　糞便検査を行い、虫卵を検出することにより診断します。

治　療

　猫胃虫に有効な駆虫薬は十分には検討されていませんが、ピランテルパモ酸塩やフェバンテル、ミルベマイシンオキシムなどを用いて駆除を試みます。

予　防

　猫胃虫の感染を予防するには、中間宿主となる昆虫類を捕食しないように飼育環境を整えることが必要です。

人間への感染

　人間への猫胃虫の感染は知られていません。（深瀬　徹）

鞭《べん》虫《ちゅう》症

　鞭虫類には多種の哺乳《ほにゅう》類に寄生する多くの種類があり、イヌには犬鞭虫が寄生します。その寄生部位は盲腸で、ときに結腸にも寄生していることがあります。なお、世界的にはネコに寄生する鞭虫類も知られていますが、日本には生息していないようです。

　犬鞭虫は広く全世界に分布し、日本でも全国的に発生が認められますが、近年、日本における犬鞭虫感染の発生数は著しく減少しています。ただし、集団飼育を行っている犬舎などではときに高率の寄生が認められます。

原因寄生虫の形態と生活

　犬鞭虫は白色あるいは乳白色で、その体長は、雌成虫が５～７㎝、雄成虫が４～５㎝ほどです。虫体は前後二つの部分に分かれ、前半部は細く、鞭状《むちじょう》となっており、一方、後半部は太く、柄状になっています。

　犬鞭虫は犬の体内で産卵を行い、虫卵が糞便中に排出されます。この虫卵は、レモン形をしていて、両端に栓のような構造がみられるのが特徴です。大きさは長径が70～80μm、短径が35～40μmほどで、黄褐色や茶褐色をしています。

　糞便中に排出された直後の犬鞭虫卵の内容は単細胞ですが、発育すると内部に

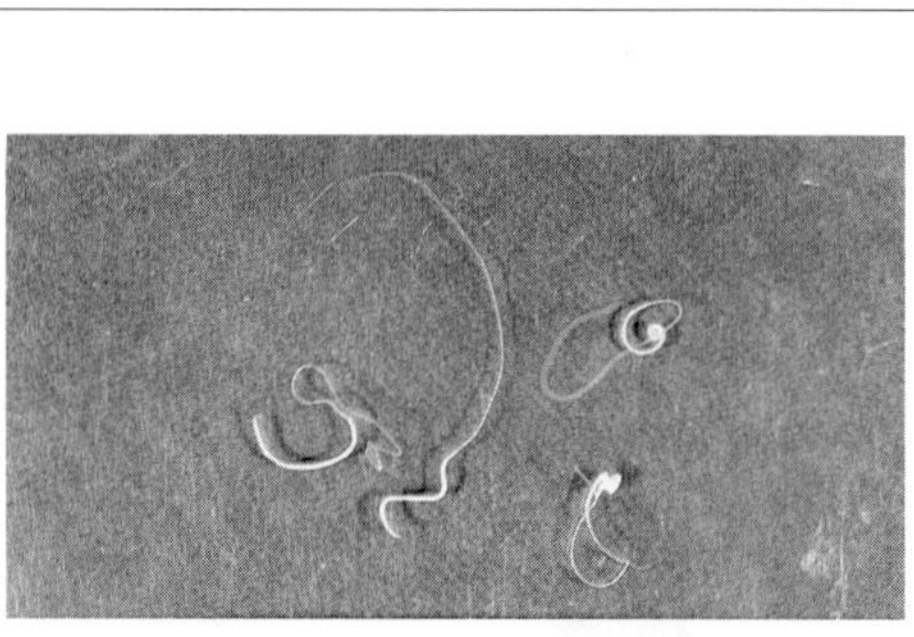

犬鞭虫の成虫（左２個体：雌、右２個体：雄）

幼虫が形成されます。この幼虫形成卵を犬が経口的に摂取することにより、感染が成立します。

症状

犬鞭虫症は、無症状のこともありますが、下痢を発症することもあります。また、重症例では、下痢に伴って、削痩や栄養不良、さらに脱水が認められます。

診断

糞便検査を行い、虫卵を検出することにより診断します。

治療

犬鞭虫の駆除薬としては、フェバンテルやミルベマイシンオキシムなどが用いられています。

予防

犬鞭虫は、内部に幼虫を形成した虫卵の状態で宿主に感染します。イヌの糞便に排出されたときの犬鞭虫卵は感染能力を持っていないわけですから、その段階で糞便を処理するようにします。

人間への感染

犬鞭虫が人体に寄生したという例がありますが、これはきわめて特殊であるといえます。通常は、犬鞭虫は人間には感染しないと考えられます。

（深瀬　徹）

呼吸器系の寄生虫症

呼吸器系は、動物の体内に酸素を取り入れ、二酸化炭素を排出するため、すなわち外界とのガス交換を行うための一連の器官です。このときの空気の通り道は、鼻から喉頭《こうとう》、あるいは口から咽頭《いんとう》を経て喉頭へ続き、それから気管、気管支、肺となっています。

呼吸器系にも何種類かの寄生虫が認められます。主な種類をあげると、肺に寄生する肺吸虫類や肺虫類があります。また、肺ダニというダニが寄生することもあります。

（深瀬　徹）

呼吸器系の吸虫症

肺吸虫症

肺吸虫類は、その名のとおり、肺に寄生する吸虫です。肺吸虫類には、ウエステルマン肺吸虫など、数種が知られていますが、種類の詳細については様々な学説があります。

肺吸虫類は、アジアやアフリカ、南アメリカに広く分布し、日本でも各地で発生が認められていました。しかし、近年は、日本における発生は減少し、イヌやネコに寄生することはほとんどなくなっています。

原因寄生虫の形態と生活

成虫は、まがたま状あるいは卵状で、赤褐色をしています。終宿主は、イヌ、ネコや野生の食肉目動物、ネズミ、人間などで、それらの肺に寄生します。

カワニナなどの淡水産の巻貝を第1中間宿主、サワガニなどの甲殻類を第2中間宿主とし、第2中間宿主となっている動物を捕食することによって終宿主は肺吸虫の感染を受けます。

症状

肺吸虫症は、肺炎などの症状を示し、咳《せき》などが認められます。また、重症例では、呼吸困難を起こすこともあります。

診断

虫卵は、気道に排出されるため、人間の場合は喀痰《かくたん》中に出現します。しかし、イヌやネコは通常は喀痰を飲み込んでしまうので、虫卵は糞便《ふんべん》中に現れることになります。したがって、イヌ、ネコの肺吸虫症の診断は糞便検査により実施します。

治療

駆虫にはプラジクアンテルが有効です。

予防

予防は、第2中間宿主となる動物を捕食させないこと、また、そうした動物を食物として生食させないことです。

人間への感染

肺吸虫類は人間にも感染し、その肺に成虫が寄生します。

人間への感染源は、イヌやネコの場合と同じく、第2中間宿主の動物です。感染を予防するには、こうした動物を生食しないようにします。イヌやネコとの接触によって肺吸虫が人間に感染することはありません。

（深瀬　徹）

呼吸器系の線虫症

肺虫症

イヌやネコの肺に寄生する線虫として数種が知られています。日本で問題になるのは、このうちのフィラロイデスといわれるグループでしょう。

日本におけるフィラロイデス類の発生例は少ないといえますが、まれにイヌの繁殖を行っている施設で集団発生が認められます。

原因寄生虫の形態と生活

フィラロイデス類は、体長が数ミリメートルの小さな線虫です。

イヌの糞便《ふんべん》中に幼虫が出現し、これを摂取することによって他のイヌが感染を受けます。

症状

軽度の感染では、無症状で経過することが多いようです。しかし、多数の虫体の寄生を受けた場合には、咳《せき》などの呼吸器症状を示します。

診断

フィラロイデス類は、卵ではなく、幼虫を産みます。この幼虫はまずは気道に排出されるのですが、イヌは気道の分泌液などを飲み込むため、最終的には幼虫は糞便中に出てくることになります。そのため、診断には糞便検査を行い、幼虫の検出を試みます。

治療

イヌに寄生するフィラロイデス類に有効な駆虫薬は十分に検討されていません。通常は、フェバンテルやイベルメクチンという駆虫薬の投与を試みます。

予防

予防には、感染を受けているイヌの糞便を早急に処理することが必要です。

人間への感染

この線虫の人間への感染は知られていません。

（深瀬　徹）

呼吸器系のダニ感染症

肺ダニ感染症

ダニ類のほとんどは外部寄生を行いますが、なかには動物の体内に寄生する種もあります。犬肺ダニもそうした内部寄生を行うダニの一種です。イヌの鼻腔《びくう》やその付近に寄生し、肺ダニという名前であっても、肺には寄生しないようです。

北アメリカやオーストラリアなどに分布し、日本でも発生が認められていますが、その頻度は高くありません。しかし、ダニの検出が難しいため、発見例が少ないだけかもしれません。

原因寄生虫の形態と生活

犬肺ダニは、体長1～1.5㎜の小型のダニです。体は卵形で、淡黄色または黄白色をしています。

症状

犬肺ダニの寄生を受けてもとくに症状が認められないことがほとんどですが、ときに鼻炎症状がみられます。また、イヌの睡眠中にダニが鼻孔部に這《は》い出していることもあります。

診断

前述のように、犬肺ダニは、イヌの睡眠中に鼻孔部に這い出してきます。これを発見することによって寄生に気づくことが多いようです。

また、鼻腔洗浄を行い、洗浄後の液体を顕微鏡で調べると、犬肺ダニを検出できることがあります。

治療

有効な駆除法は知られていませんが、一般的なダニ駆除薬の使用が試みられています。

予防

犬肺ダニは、鼻腔部に這い出してきたダニが他のイヌへ感染すると考えられます。したがって、犬肺ダニの感染を予防するには、他のイヌとの不必要な接触を避けるようにします。

人間への感染

犬肺ダニの人間への感染は知られていません。

（深瀬　徹）

泌尿器系の寄生虫症

泌尿器系は、体内の老廃物などを尿として排出するための器官です。尿は腎臓《じんぞう》で生成され、尿管を経て膀胱《ぼうこう》に運ばれ、膀胱に一時的に貯留された後、尿道を通って排出されます。

泌尿器系では、腎臓や膀胱に線虫の寄生が認められることがあります。

（深瀬　徹）

泌尿器系の線虫症

腎《じん》虫《ちゅう》症

イヌやイタチなどの腎臓《じんぞう》に寄生する線虫です。

世界的に分布しますが、日本では、関東地方以西で発生が認められ、イタチ以外における寄生は非常にまれです。

原因寄生虫の形態と生活

体長は、雌成虫が2～10㎝、雄成虫が1・5～4・5㎝ほどです。

成虫は交尾後に産卵を行い、虫卵は尿中に排出されます。

中間宿主は淡水に棲《す》むミミズで、さらにある種の魚類やカエル類が待機宿主となります。終宿主への感染は、これらの中間宿主や待機宿主の動物を摂取することにより起こります。

症　状

腎虫の寄生を受けた動物には腎機能《じんきのう》不全などの症状が認められます。

診　断

尿検査を行い、虫卵を検出することによって診断します。

治　療

腎虫に有効な駆虫薬は知られていません。腎虫を駆除するのであれば、外科的に虫体を摘出する以外、有効な治療法はありません。

予　防

イヌが中間宿主や待機宿主となるような動物を捕食しないようにして飼育します。

人間への感染

腎虫の人体寄生は、ほとんど認められませんが、中間宿主や待機宿主を経口摂取することにより感染を受けることがあるようです。

（深瀬　徹）

膀《ぼう》胱《こう》寄生の毛細線虫症

毛細線虫といわれる線虫のうちの数種がイヌやネコの膀胱に寄生することがあります。

発生は全国的にみられますが、とくに郊外の地域や山間部で飼育されているイヌやネコに比較的多く発生する傾向があります。

原因寄生虫の形態と生活

イヌやネコの膀胱に寄生する毛細線虫類は、体長は1㎝以上、種類と性別によっては6㎝にもなりますが、体幅が非常に狭く、細い糸状となっています。

虫卵は犬鞭虫《いぬべんちゅう》に類似し、両端に栓状の構造がみられます。ただし、長楕円形《ちょうだえんけい》で、犬鞭虫卵ほどは両側面が大きく彎曲《わんきょく》していません。大きさは種によって多少異なり、主にイヌの膀胱に寄生する種では、長径60～70μm、短径20～35μmで、また、主にネコの膀胱に寄生する種では、長径50～65μm、短径20～35μmほどです。

症　状

これらの毛細線虫の寄生を受けても、通常はとくに症状を示すことはありませんが、多数寄生例では膀胱炎などの症状がみられることがあります。

診　断

尿検査を行い、虫卵を検出することによって診断します。

治　療

犬鞭虫の駆除に用いるのと同様の薬物を投与して駆虫を試みます。

予　防

ミミズ類が中間宿主であるため、これを摂食しないようにします。

人間への感染

これらの毛細線虫類の人体寄生は知られていません。

（深瀬　徹）

循環器系および血液の寄生虫症

循環器系は、動物の全身に血液を送る心臓とその血液の通り道である血管、さらにリンパ液が流れるリンパ管などから成り立っています。

循環器系あるいは血液にも寄生虫が寄生します。

原虫類では、ヘパトゾーンやピロプラズマなどがよく知られています。

また、吸虫類では、住血吸虫類が有名で、日本にはそのうちの一種の日本住血吸虫が分布していました。しかし、この寄生虫は、現在、日本では撲滅されたと考えられています。

イヌやネコでは、循環器系の寄生虫としては、線虫の一種である犬糸状虫がよく知られています。犬糸状虫は、循環器系に限らず、イヌの寄生虫としてもっとも重要なものであるといえるでしょう。

（深瀬　徹）

循環器系および血液の原虫症

ヘパトゾーン症

ヘパトゾーン症は、ヘパトゾーン・カニスという原虫の一種が原因となって発生します。

ヘパトゾーン・カニスはイヌに寄生します。

なお、現在までのところ、日本におけるヘパトゾーン・カニスの発生は散発的ですが、西日本や九州で感染例が知られています。

原因寄生虫の形態と生活

ヘパトゾーン・カニスはイヌの好中球に寄生しています。

このイヌを媒介マダニ（日本ではクリイロコイタマダニが知られています）が吸血すると、イヌの血液とともにヘパトゾーン・カニスがダニの体内に取り込まれます。そして、この原虫は、ダニの腸管で発育し、イヌへの感染力を持った形（オーシスト）になります。

こうして、感染性を示すようになったヘパトゾーン・カニスを含むダニをイヌが経口的に摂取すると、イヌへの感染が起こります。新たに感染したイヌの体内で、ヘパトゾーン・カニスは、まずダニから放出され、続いて脾臓《ひぞう》や肝臓、肺、骨髄、リンパ節、心筋などに移行して増殖し、最終的に好中球に侵入します。

ダニは、ヘパトゾーン・カニスの宿主（媒介者）となっていて、いったんダニの体に入らない限り、ヘパトゾーン・カニスは次のイヌに感染していくことはできません。したがって、この原虫が存在している血液を他のイヌに接種しても、感染は成立しません。

症　状

ヘパトゾーン症は、感染している原虫の数が少ない場合には、目立った症状が認められないこともありますが、合併症がある場合には、一般に発熱と衰弱を示し、そのほか、貧血や下痢、食欲不振も観察されます。とくに4カ月齢以下の子イヌや免疫機能の低下したイヌでは、重症になりがちです。

診　断

診断は、イヌの血液検査を行い、ガメトサイトといわれる段階の原虫を検出します。また、膵臓《すいぞう》や骨髄の組織を調べ、シゾントという段階の原虫を検出することもできます。

治　療

海外では、抗原虫薬イミドカルブがよく用いられていますが、現在のところ、ヘパトゾーン・カニスに駆虫効果のある薬物は知られていません。対症療法によって対応します。

予　防

マダニを経口摂取することによって感染を受けるわけですから、予防法として、マダニ類の生息する地域へ立ち入らないようにしたり、もしマダニ類の寄生を受けている場合にはそれを駆除し、再び寄生を受けないように、効力の持続するマダニ駆除薬を投与しておくことが有効であると考えられます。

人間への感染

ヘパトゾーン・カニスの人間への感染は知られていません。

（茅根士郎）

ピロプラズマ症

原虫類のなかにピロプラズマ類という大きなグループがありますが、さらにそのなかのバベシア類とタイレリア類という住血性（血液に寄生）の原虫を原因とする疾病を一般にピロプラズマ症と呼んでいます。とくにバベシア類によるものをバベシア病、タイレリア類によるものをタイレリア病といいます。

これらの原虫類には多くの種類があり、それらは様々な動物に寄生し、イヌのほか、家畜では、ウシやヒツジ、ヤギ、ブタから検出されています。日本には、イヌに寄生するピロプラズマ類としてバベシア・ギブソニとバベシア・カニスの2種が存在しバベシア・ギブソニは近畿地方以西に広く発生が認められ、一方、バベシア・カニスは沖縄に分布しています。

原因寄生虫の形態と生活

バベシア・ギブソニとバベシア・カニスはイヌの体内では、赤血球に寄生します。体の大きさが2～4μmと非常に小さく、類円形または双梨子状、あるいはアメーバ状やコンマ状に観察されます。

バベシア類は、マダニという大型のダニによって媒介されます。日本ではバベシア・ギブソニはフタトゲチマダニ、バベシア・カニスはクリイロコイタマダニというダニによって媒介されています。

これらのマダニ類がイヌを吸血すると、イヌの赤血球とともに原虫もマダニの体内に入ります。そして、その消化管で有性生殖を行い、キネート（虫様体）といわれる発育段階になります。その後、原虫は、ダニの腸管を貫通して卵巣に到達し、さらに卵の中に移行します。こうして原虫は、次の世代のマダニに感染し（経卵巣感染といいます）、卵から孵化《ふか》した幼ダニや若ダニの唾液腺《だえきせん》にスポロゾイトという発育段階で存在しています。この状態のマダニがイヌを吸血するとき、そのイヌに原虫が感染し、赤血球内で分裂・増殖を行うようになります。

症状

バベシア類の原虫は、イヌの赤血球に寄生し、そこで分裂によって殖えるわけですが、この分裂のときに赤血球が破壊されます。その結果、末梢血液中に原虫が増加すると、発熱（40～41℃）や貧血などの症状が現れ、元気、食欲がなくなります。

貧血が進行し、肝臓障害を伴うと、黄《おう》疸《だん》が現れ、患犬は痩《や》せ、起立困難になります。さらに沈うつの状態にまでなると、死亡することが多いようです。死亡率は10～20％とされていますが、病気の進行度は貧血の度合いにより様々です。多くは2カ月で耐過しますが、症状がみられなくなっても、原虫はイヌの体内から消失することはなく、感染は続いています。

なお、バベシア・ギブソニは病原性が強いのですが、バベシア・カニスの病原性はそれほど強くありません。

診断

診断は、症状に基づいてある程度の予測が可能です。ただし、確定診断には、血液検査を行い、原虫を確認することが必要です。

治療

バベシア類に対しては、ジミナゼンとフェナジミンが有効とされています。しかし、これらの薬物はイヌに副作用を示すことがあるため、投薬にあたっては十分な注意が必要です。

予防

イヌのピロプラズマ症に対する予防薬あるいはワクチンは開発されていません。この病気を予防するには、媒介するマダニが生息する地域へイヌを立ち入らせないことが必要です。

人間への感染

ネズミに寄生するバベシア類の原虫が人間に感染した例があります。バベシア・ギブソニとバベシア・カニスが人間に寄生する可能性を否定はできませんが、人間への感染はほとんど起こらないと思われます。

（茅根士郎）

循環器系および血液の吸虫症

日本住血吸虫症

住血吸虫類は血管の中に寄生する吸虫で、多くの種類が知られています。このうち、人間に寄生するものとして、日本住血吸虫とマンソン住血吸虫、ビルハルツ住血吸虫の3種があります。日本では、かつて日本住血吸虫症が数多く発生し、多くの人が死亡しました。また、この寄生虫は、人間に限らず、多種の哺《ほ》乳《にゅう》類に寄生します。

ただし、現在、日本においては、日本住血吸虫は撲滅されたと考えられています。

原因寄生虫の形態と生活

日本住血吸虫は、多種の哺乳類の腸間膜静脈から門脈にかけて寄生します。

普通の吸虫類は雌雄同体なのですが、住血吸虫類は雌雄異体になっています。また、血管に寄生するためと思われますが、体は細長く、ひも状です。

産卵は血管内で行われ、虫卵は血流を逆行して小腸にやってきます。そして、糞《ふん》便《べん》中に排出され、外界でミヤイリガイ（別名カタヤマガイ）を中間宿主として発育します。次いで、この貝からセルカリアといわれる幼虫の段階で出現し、水中を泳いでいますが、このときに哺乳類が水中に入ると、その皮膚を穿《せん》孔《こう》して感染します。

症状

日本住血吸虫の虫卵は、前述のように小腸へと移行しますが、一部は肝臓に流され、そこに貯留して肝機能障害を起こします。また、門脈のうっ血によって腹水なども発生し、最終的には死に至ります。

診断

糞便検査によって虫卵を検出し、診断します。

治療

プラジクアンテルという薬が有効です。

予防

日本住血吸虫は、前述のように、水中を泳いでいるセルカリアという発育段階の幼虫が皮膚を穿孔して感染します。したがって、日本住血吸虫の感染を防ぐには、その流行地では、素足などで水の中に入らないようにします。

人間への感染

日本住血吸虫はイヌやネコにも寄生しますが、人間の寄生虫としてきわめて重要です。そのため、中間宿主の貝の撲滅などが行われ、現在、日本での発生は認められなくなりました。しかし、東南アジアなどでは、依然として猛威を振るっています。海外に旅行する際には、不用意に水中には入らないようにすべきです。

（深瀬　徹）

循環器系および血液の線虫症

犬糸状虫症

　フィラリアといわれる一群の寄生虫があります。フィラリアの種類は多く、様々な動物に寄生するものがあり、イヌに寄生するものだけでもおよそ10種が知られています。犬糸状虫は、こうしたフィラリアの一種です。犬糸状虫のことをしばしばフィラリアといいますが、正確にはやはり犬糸状虫というべきです。

　犬糸状虫は、世界各地に分布し、とくに北アメリカやアジア、ヨーロッパ南部、オーストラリアなどで大きな問題になっています。日本でも全国的に発生が認められますが、南の地域ほど高率に発生が認められる傾向があります。これは、南日本では中間宿主である蚊の活動時期が長いためと考えられます。

原因寄生虫の形態と生活

　犬糸状虫の成虫は、乳白色、半透明で、一見すると素麺《そうめん》のようにみえます。雌成虫の体長は25～30㎝、雄成虫の体長は10～20㎝ほどで、細長い形状をしています。また、雄成虫の尾端はコイル状に巻いているのが特徴です。

　犬糸状虫の終宿主としては、イヌやタヌキのほか、ネコやフェレットなど、多くの種類の食肉目動物が知られていますが、それ以外にも、人間を含めて様々な動物に寄生することがあります。

　犬糸状虫の成虫は、終宿主の大静脈から右心房、右心室、肺動脈にかけて、とくに肺動脈に寄生します。そして、交接（生殖活動）をし、ミクロフィラリアといわれる子虫を産みます。ミクロフィラリアは、終宿主の血液中を流れ、中間宿主となる蚊がその動物を吸血する際に、蚊の体内に取り込まれるのを待ちます。

　蚊の体内でミクロフィラリアは発育し、感染力を持つ幼虫になり、再び蚊がイヌなどを吸血するときに、その刺し傷から動物体内に侵入していきます。

　イヌやネコなどの体内に入った感染幼虫は、筋肉の間などで発育し、その後に心臓や肺動脈に移行して成虫になります。

症状

　犬糸状虫の寄生を受けたイヌの症状は様々です。無症状であったり、あるいは元気がなくなったり、食欲の低下、栄養状態の悪化、被毛の質が低下するなど、はっきりしない症状を示すだけのこともあれば、重症化して咳《せき》をしたり、呼吸が苦しそうな様子を示したり、さらには腹水が貯留する場合もあります。

　また、発生頻度は高くはありませんが、ときに急性症状を示すことがあります。急性の犬糸状虫症では、急激に元気がなくなり、食欲が廃絶するとともに、可視粘膜が蒼白《そうはく》になり、さらに呼吸や心臓の拍動が早くなったり、呼吸困難などを示します。さらに、血液中の赤血球が壊れ、その中の成分が尿中に出現するため、尿が赤色になることもあります。急性犬糸状虫症は、ただちに適切な治療を行わないと、死に至ることが多い重篤な疾病です。

　一方、ネコやフェレットの犬糸状虫症は、無症状または軽症で経過している例も多いと思われますが、急性に転化することが少なくありません。これらの動物は心臓が小さいため、いったん急性化すると非常に重症になり、イヌの場合以上に死亡する危険性が高くなります。

診断

　犬糸状虫症は、症状からこれを疑うことができます。とくに急性犬糸状虫症では、症状により比較的容易に推察することが可能です。

　しかし、厳密に診断を行うためには、犬糸状虫が動物の体内に寄生していることを証明しなければなりません。このためには、血液の検査を行い、ミクロフィラリアを検出するか、または犬糸状虫の成虫が分泌あるいは排出するある種の物質を検出します。

　このほか、犬糸状虫の寄生部位にもよりますが、心臓の超音波検査によって寄生を確認できることがあります。また、X線検査により肺動脈などを調べ、その所見から犬糸状虫の寄生を推測することも可能です。

　いずれにしても、各々の検査には一長一短があります。犬糸状虫症の診断は、各種の検査を組み合わせて行うことが大切です。

治療

　犬糸状虫を駆除するには、メラルソミン二塩酸塩という砒素薬《ひそやく》を使用します。ただし、犬糸状虫は右心室や肺動脈に寄生しているため、死滅すると肺に流されていきます。その結果、犬糸状虫は駆除できても、今度は肺に病変が発生することになり、呼吸困難などを起こし、最悪の場合には死亡してしまうことになりかねません。駆虫薬を投与した場合には、動物を安静に保つなど、細心の注意が必要です。

　また、駆虫薬投与による駆除のほか、外科的に犬糸状虫の成虫を摘出することもあります。これは開胸、さらに開心手術を行い、成虫を取り出すというものです。しかし、大きな手術になりますので、動物への負担が大きく、常に行えるとは限りません。あるいは急性犬糸状虫症では、多くの場合、成虫が右心房や大静脈に移動してきています。こうした例では、頸静脈《けいじょうみゃく》から犬糸状虫吊《つ》り出し鉗子《かんし》という細長い器具を挿入し、成虫を吊り出すことも可能です。

　このほか、対症療法としてそれぞれの症状に応じた処置も必要です。基本的には、動物を安静に保ち、良質の食事を与えるようにします。さらに必要に応じて、消炎薬や抗生物質を投与したり、心機能改善のための薬物の投与、さらに腹水が貯留している場合には利尿薬の投与など、様々な方策を試みます。

予防

　犬糸状虫を駆除する際には、多くの困難が生じます。したがって、犬糸状虫症については、他の寄生虫以上に、予防が重要であるといえます。

　犬糸状虫の感染を予防するには、中間宿主である蚊の吸血を受けないことが第一です。しかし、これは現実には非常に困難であり、確実に実施できるという保証はありません。

　そこで、蚊に吸血をされるのはある程度やむを得ないこと、すなわち犬糸状虫の感染は避けられないことと考え、感染した犬糸状虫の幼虫がイヌなどの体内で発育し、心臓や肺動脈に達して成虫になる前の段階で殺滅するようにします。

　このために用いられているのが犬糸状虫症予防薬といわれる薬物です。これは、予防薬といわれていますが、犬糸状虫の感染を予防するのではなく、成虫に発育するのを予防する、または犬糸状虫症の発症を予防するための薬であり、その作用は幼虫の殺滅です。犬糸状虫の幼虫は終宿主の筋肉の間などに寄生しています。この時期の幼虫を殺滅しても、成虫駆除の場合とは異なり、死亡した虫体が肺に詰まることはなく、安全に虫体を駆除することができます。

　犬糸状虫症予防薬として用いられている薬物には、現在、イベルメクチンとミルベマイシンオキシム、モキシデクチン、セラメクチンの4種があります。このうち、イベルメクチンとセラメクチンにはイヌ用とネコ用の製剤が開発されていますが、ミルベマイシンオキシムとモキシデクチンは現在のところ、イヌ用だけとなっています。

　なお、これらの薬物には、長期間にわたって有効な製剤もありますが、多くは1カ月に1回の割合で投薬を行います。

犬糸状虫の一生

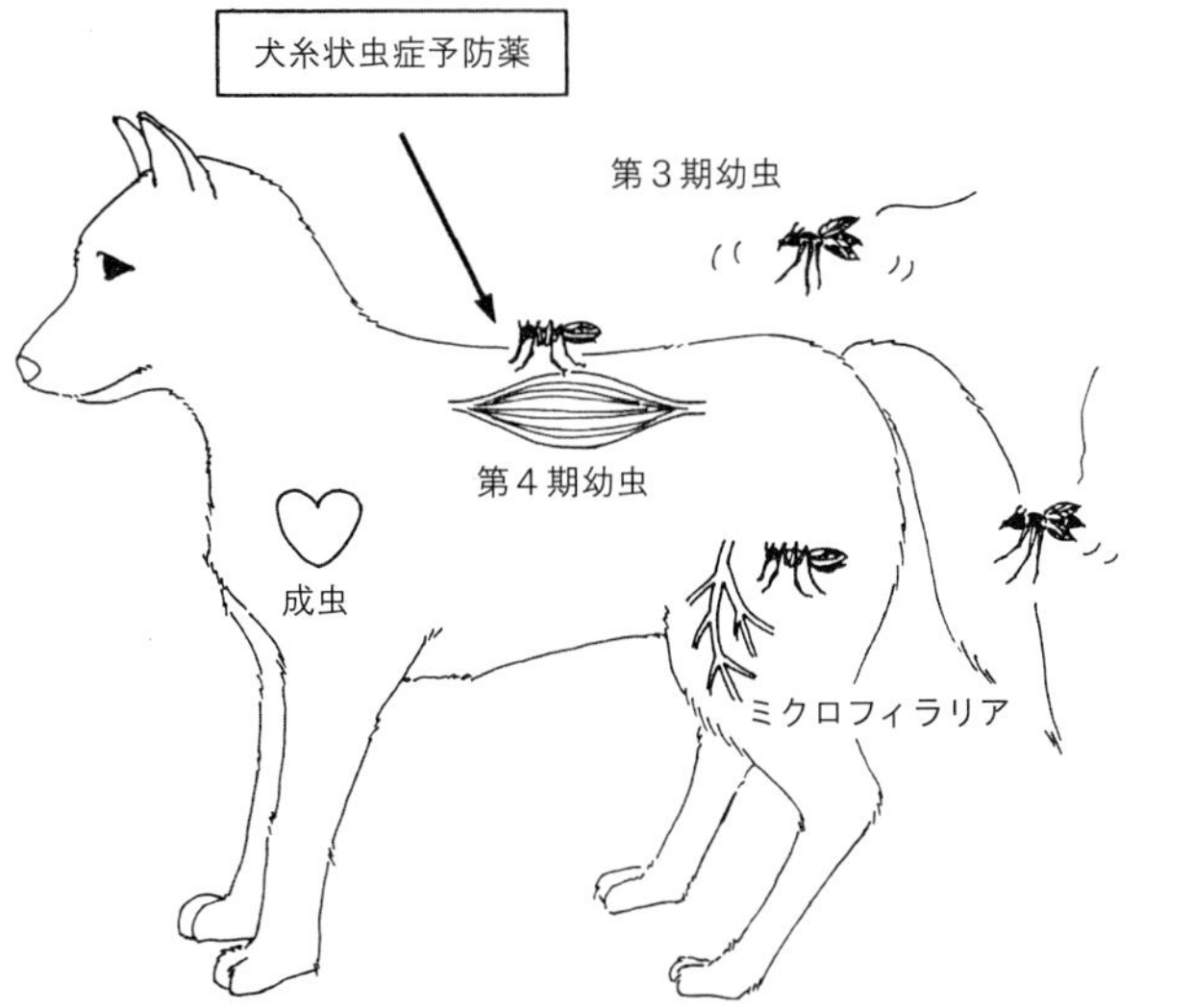

犬糸状虫の成虫は、イヌなどの肺動脈や右心室に寄生する。そこで産まれた犬糸状虫のコドモ（ミクロフィラリア）は、宿主の血液中を流れているが、蚊がその動物を吸血した際に蚊の体内に取り込まれる。そして、蚊の体内で脱皮を繰り返し、第３期幼虫（感染幼虫）にまで発育する。第３期幼虫は、蚊が再び犬などを吸血したときに、刺し傷からその動物体内に侵入し、皮下組織や筋肉の間で発育した後に肺動脈や心臓に到達する。
現在、多用されている犬糸状虫症予防薬は、蚊から感染後、肺動脈や心臓に至る前に皮下組織などに寄生している犬糸状虫幼虫（主に第４期幼虫）を殺滅するものである

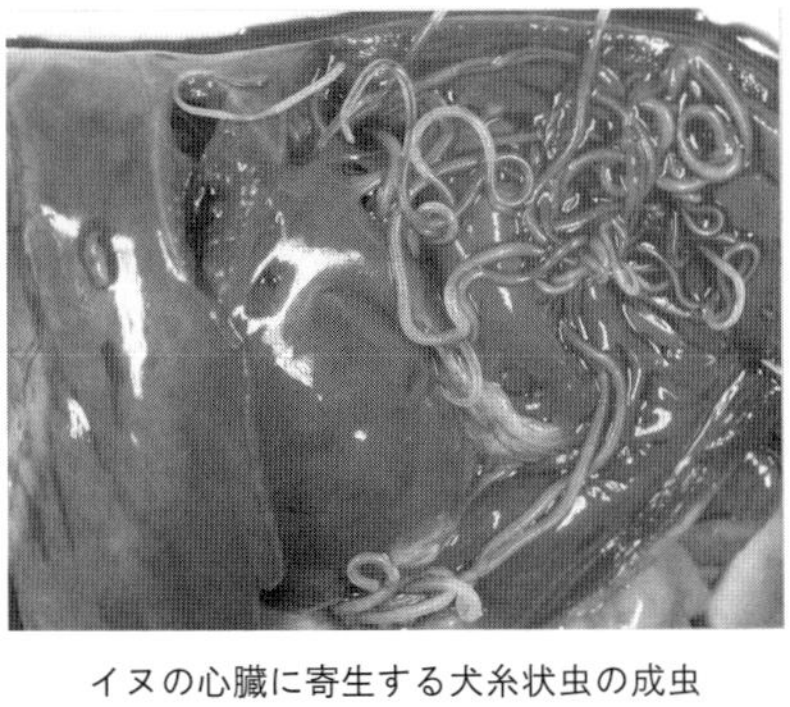

イヌの心臓に寄生する犬糸状虫の成虫

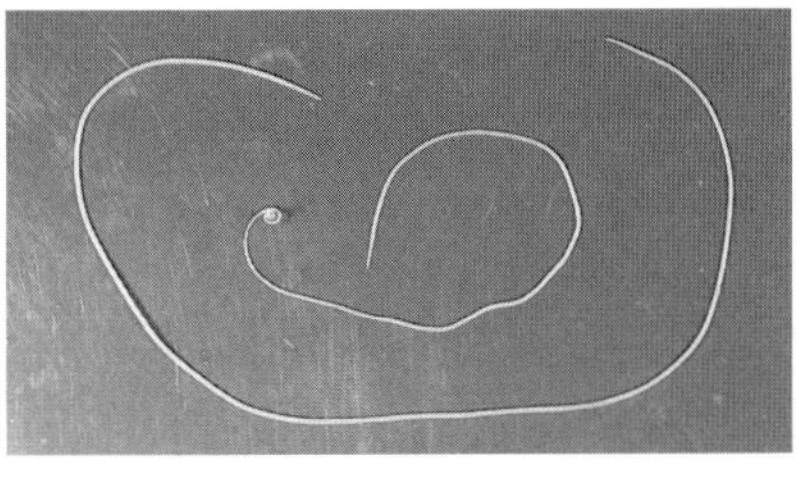

犬糸状虫の成虫（外側：雌、内側：雄）

これは、その1カ月の間に感染した犬糸状虫の幼虫を殺滅するためであり、1カ月ごとに駆除を行うということです。

したがって、犬糸状虫症予防薬の投与は、中間宿主である蚊の発生の1カ月後に開始し、終息の1カ月後まで、1カ月間隔で実施すればよいことになります。この期間は地域によっても異なりますが、最近は気候が温暖化し、また、家屋の保温性が向上したこともあって、蚊の発生時期が長くなっているようです。投薬の期間は、その地域の動物病院で相談して決めるようにしてください。

人間への感染

犬糸状虫は人間にも寄生することがあります。ただし、イヌの場合とは異なり、心臓や肺動脈に寄生することはほとんどありません。たいていは肺に寄生します。

人間への犬糸状虫の感染は、やはり蚊の吸血によって起こりますが、感染を受けたすべての人が寄生を受けるのではありません。ほとんどの場合、たとえ感染を受けても、犬糸状虫は自然に死滅していきます。何らかの事情で、ごくまれに寄生が起こるということです。人間への犬糸状虫の寄生は、きわめてまれなことですので、あまり心配する必要はないと思います。

（深瀬　徹）

感覚器系の寄生虫症

感覚器系とは、視覚や聴覚、嗅覚《きゅうかく》、味覚、触覚を司る器官の総称です。

感覚器系では、眼に眼虫、耳にダニが寄生することがあります。

なお、皮膚は触覚に関係する感覚器ともいえますが、皮膚の寄生虫については次の項で詳しく述べることにします。

（深瀬　徹）

眼の線虫症

東洋眼虫症

東洋眼虫は、イヌやネコ、人間などの眼、とくにその結膜嚢《けつまくのう》といわれる部分に寄生する線虫です。また、最近、フェレットやアライグマへの寄生例も発生しています。

この線虫は、アジアと北アメリカに広く分布しています。日本では、南日本と西日本で多くの発生がみられますが、東日本あるいは北日本へも分布を広げているようです。東洋眼虫は、中間宿主の生息条件によると思われますが、ある限られた地域に多発する傾向があります。

原因寄生虫の形態と生活

東洋眼虫は、雌成虫が9～18㎜、雄成虫が7～13㎜ほどの大きさをしています。動物の眼に寄生し、そこで卵を産みます。虫卵は涙液中に浮遊していますが、涙液を舐《な》めて生活をしているショウジョウバエ類がこれを舐めたときに、その体内に取り込まれ、発育します。そして、次にそのショウジョウバエが他の動物の涙を舐めるときに感染していきます。

症状

症状は、とくに明らかではないことも多いのですが、結膜炎などを発症することもあります。

診断

眼に大きな寄生虫が存在しているので、容易に診断することができます。

治療

治療は、点眼麻酔薬の投与下で、ピンセットなどで虫体を摘出します。

予防

ある種のショウジョウバエにより媒介される寄生虫のため、飼育環境によっては予防は困難です。幸い、とくに重度の障害を引き起こすことはありませんので、感染の早期発見に努めるようにします。

人間への感染

東洋眼虫は人間にも感染します。流行地では、ショウジョウバエが眼に付着しないように注意します。

（深瀬　徹）

耳のダニ感染症

耳ヒゼンダニ感染症（耳疥癬《みみかいせん》）

耳ヒゼンダニ感染症は、耳疥癬ともいわれ、耳ヒゼンダニ（耳疥癬虫）というダニによって起こる疾病です。耳ヒゼンダニは、イヌ、ネコやフェレットの外耳道に寄生します。

このダニは、世界的に広く分布し、日本でも各地で高率に発生が認められています。

原因寄生虫の形態と生活

成ダニの胴部は楕円形《だえんけい》をしています。ダニ類の成体には左右に4本ずつの脚が存在しますが、耳ヒゼンダニでは、雄の第1脚と第2脚、雌の第1～4脚のそれぞれ先端に肉盤といわれる構造があります。

耳ヒゼンダニは、寄生している動物の耳の中で交尾して卵を産みます。卵はそこで孵化《ふか》し、幼ダニが出現します。その後、幼ダニは発育し、成ダニになります。耳ヒゼンダニは、動物が接触したときなどに感染していきます。

症状

イヌ、ネコでは、外耳炎のような症状を示し、かゆがることが多いようです。イヌやネコが頭部をさかんに振ったり、耳を掻《か》く動作を繰り返す場合には、耳ヒゼンダニの感染が疑われます。また、外耳道をみると、多くの例で黒色の耳垢《じこう》（耳あか）が認められます。

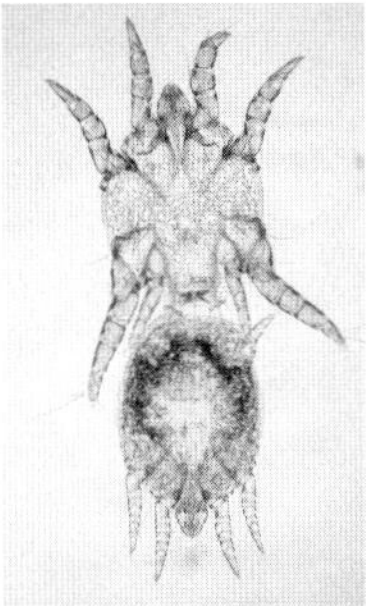

交接中の耳ヒゼンダニ
（上：雄成ダニ、下：若ダニ）

一方、フェレットでは、イヌ、ネコに比べ、とくにかゆみを示さずに経過している例が多いようですが、一部にはイヌやネコと同様にかゆがる行動を示すこともあります。なお、フェレットの場合も、耳ヒゼンダニが寄生すると黒色の耳垢が生じますが、フェレットにはこうした耳垢は感染を受けていないときにもしばしば認められます。そのため、フェレットでは、黒色の耳垢が存在しても、それによってただちに耳ヒゼンダニの寄生を強く疑うことはできません。

診断

耳ヒゼンダニ感染症を診断するには、耳鏡といわれる器具で外耳道を観察してダニを認めるか、あるいは綿棒などで耳垢を採取し、それを検査することによってダニを検出します。動物病院では、精密に検査する場合には、耳垢に水酸化カリウム水溶液などを加え、耳垢を溶かして観察します。しかし、耳垢をルーペ（虫めがね）で観察するだけでも、ダニを検出できることがあります。黒い耳垢の上を小さな白い点状物が動いていれば、それは耳ヒゼンダニである可能性が高いといえます。

治療

耳ヒゼンダニの駆除には、セラメクチンの滴下投与用液剤を使用します。左右の肩甲骨の間に滴下しますが、セラメクチンはダニの卵には十分に作用しません。したがって、1回の投薬では、その後にダニの卵が孵化して再び成ダニの寄生を受けることになりがちです。これを防ぐためには、投薬後も1週ないし10日間隔で検査を繰り返し、ダニが検出された場合には再度の投薬を行うようにします。2回目以降の投薬は、少量の薬剤を外耳道へ注入または塗布するとよいでしょう。多くの例では2～3回の投薬を繰り返すことにより、耳ヒゼンダニを完全に駆除することが可能です。

このほか、イベルメクチンの注射剤を外耳道へ塗布したり、あるいは錠剤を経口投与したり、注射剤を皮下注射しても有効です。ただし、この場合も、1回の投薬ではダニを完全に駆除することが難しいため、1週または10日間隔で投薬を繰り返す必要があります。

予防

予防は、感染を受けている動物との接触を避けることです。複数のイヌやネコを飼育している場合には、1頭に耳ヒゼンダニ感染症が発症した場合には、他の動物にも蔓延《まんえん》していると考え、全頭の検査を行うべきです。

人間への感染

耳ヒゼンダニの人間への寄生は知られていません。

（深瀬　徹）

皮膚と体表の寄生虫症

皮膚や体表、あるいは体のごく表層に寄生する寄生虫のことを外部寄生虫といいます。

外部寄生を行うのは、主にダニ類と昆虫類です。外部寄生を行うダニ類には、マダニ類、毛包虫類、ツメダニ類、ヒゼンダニ類など、昆虫類としては、ハジラミ類やシラミ類、ノミ類がよく知られています。また、特殊な外部寄生虫症としてハエウジ症があります。

（深瀬　徹）

皮膚と体表のダニ感染症

マダニ感染症

マダニ類には多くの種類が知られています。マダニ類の宿主特異性はそれほど厳密ではなく、各種のマダニは色々な種類の動物に寄生しますが、それでも動物種ごとによく認められるマダニがあります。たとえば、イヌを好んで寄生するマダニとしては、ツリガネチマダニやクリイロコイタマダニなどが知られています。また、フタトゲチマダニやキチマダニなどもイヌに寄生することがあります。マダニ類は世界的に広く分布し、日本でも各地でイヌへの寄生例がみられます。しかし、一方、ネコにおけるマダニ寄生は、日本では犬におけるほど多くはありません。

ある種のマダニは、ピロプラズマ症を起こす原虫の宿主となり、これを媒介しています。また、このほかにもマダニによって媒介される病原体は数多くあります。こうした点からもマダニの駆除は重要です。

原因寄生虫の形態と生活

マダニ類の成ダニは、体長が数ミリメートルから最大1cmにも達します。マダニの体は、体の前方に突き出し、頭のようにみえる部分（顎体部《がくたいぶ》）と楕円形《だえんけい》をした胴部から成り立っています。マダニ類の脚は、幼ダニのときは左右に3本の計6本ですが、成ダニになると左右に4本の計8本になります。

マダニ類は、卵が孵化《ふか》した後、脱皮と吸血を繰り返して、幼ダニ、若ダニ、成ダニと成長します。このとき、マダニの種類によって、幼ダニから成ダニまでずっと同一宿主に寄生するものと、幼ダニと若ダニが同一宿主、成ダニが別の宿主に寄生するもの、また、幼ダニと若ダニ、成ダニの各発育期ごとにいったん宿主から離れて宿主を変えるものがあります。

症　状

マダニが寄生し、吸血を行うと、その部分にかゆみや刺激が生じ、動物が落ち着かなくなったりします。また、四肢の爪《つめ》の間に寄生した場合には、歩行が困難になることがあります。

このほか、吸血を行う際にマダニが動物の体内に注入するある種の成分によってダニ麻痺《まひ》という病気が発生することがありますが、日本ではこれについては心配する必要はないでしょう。

診　断

寄生しているマダニを認めることにより診断します。幼ダニや若ダニは非常に小さく、また成ダニであっても雄は小さいため、検出は容易ではありません。しかし、雌の成ダニは十分に吸血すると、かなり大きくなります。そのため、通常は、このような状態になった雌の成ダニを認め、マダニ感染症に気づくことが多いようです。

治　療

少数の寄生を受けているだけの場合は、個々のマダニをピンセットなどで除去することがあります。ただし、安易にマダニの除去を行うと、顎体部が動物の皮膚に残ってしまうことがあるため、細心の注意が必要です。

また、マダニの駆除薬として、いくつかの製剤が開発されています。現在のところ、フィプロニルやピリプロールという薬物がマダニの駆除にもっとも有効です。また、ペルメトリンやスピノサドなどの薬物も使用されています。

予　防

マダニ類の感染を予防するには、マダニが生息する地域へ立ち入らないことです。イヌを散歩させる場合には、その経路にも注意し、草むらなどは避けるようにします。

また、効果が持続するマダニ駆除薬を投与すれば、しばらくの間、マダニの寄生を防止することが可能です。マダニの流行地では、残効性の高いマダニ駆除薬を定期的に投与することをお奨《すす》めします。

人間への感染

各種のマダニ類は、一時的ではありますが、人間に寄生することがあります。イヌと一緒に散歩をするときには、イヌと同様に草むらなどを避けるようにします。

また、イヌがマダニの寄生を受けた場合には、すみやかに駆除を行い、人間への感染を防止する必要があります。

（深瀬　徹）

毛包虫症

毛包虫はニキビダニともいわれる小型のダニです。イヌに寄生するのは主にイヌニキビダニ（犬毛包虫）、ネコに寄生するのは主にネコニキビダニ(猫毛包虫)ですが、このほかの種もまれに認められることがあります。

また、ハムスター類には、イヌやネコに寄生するのとは別の種類の毛包虫類が寄生します。

毛包虫類は、世界的に分布し、日本でも広く発生が認められています。

原因寄生虫の形態と生活

毛包虫類は、胴部が後方に著しく伸び、体全体が細長い形状をしています。体長は2～3㎜にすぎません。ダニですから、成ダニには4対の脚が存在しますが、いずれも非常に短く、突起状になっています。

毛包虫類は、宿主の皮膚で生活し、ここで産卵を行い、一生を暮らしています。

症状

毛包虫の寄生を受けても、イヌやネコが症状を示すとは限りません。むしろ、無症状で経過している例が多いのではないかと思われます。毛包虫類は、イヌやネコの体表に常在しているダニであるとも考えられます。

しかし、幼齢の動物や免疫力が低下した動物では、ときに著しい皮膚病変を起こすことがあります。初めは口や眼の周囲、顔面、四肢の先端などに脱毛が起こりますが、病変部は次第に全身に広がっていきます。そして、脱毛のほか、細菌の二次感染による化膿《かのう》が起こり、出血や浮《ふ》腫《しゅ》などの様々な皮膚病変がみられます。

限局性の軽症の例では、自然に治癒することがありますが、重症例では、全身状態が悪化し、最終的には死に至ることもあります。

診断

皮膚の症状から毛包虫症を疑います。確実に診断するには、病変部の皮膚の一部を掻《か》き取り、顕微鏡下で観察してダニを検出します。

治療

毛包虫類の駆除は概して困難で、症状は軽減しても、必ずしも完全にダニを駆除できるとは限りません。薬物としては、ピレスロイド系やカルバメート系、有機リン系などの各種のダニ駆除薬の投与が試みられてきました。また、近年は、イベルメクチンやミルベマイシンオキシムなどが多用されています。いずれにしても、長期間にわたる投薬が必要です。

また、細菌の二次感染に対しては、抗生物質などを投与します。

毛包虫症は、イヌやネコの免疫状態によって症状の軽重が異なることが多いようです。治療に際しては、動物病院で十分に相談し、長期的に考えることが必要でしょう。

予防

毛包虫類は、他の動物との接触により感染します。しかし、このダニは広範囲に常在していると思われますので、極度に神経質になる必要はありません。

イヌやネコの飼育環境を清浄に保ち、また、イヌやネコにストレスを与えないことが発症を防止するうえで大切です。

人間への感染

イヌ、ネコに寄生する毛包虫は、人間に寄生するものと同一種と考えられることもありますが、イヌやネコから人間に感染することはないと考えられています。

（深瀬　徹）

ツメダニ感染症

ツメダニ類の分類については諸説がありますが、一般にはイヌに寄生する種はイヌツメダニ、ネコに寄生する種はネコツメダニとされています。また、ウサギにはウサギツメダニが寄生します。

ツメダニ類は、世界的に広く分布し、日本でも、イヌ、ネコへの寄生例が多数知られています。なお、イヌ、ネコともに、長毛種の品種にツメダニの寄生が多く認められるようです。

一方、ウサギツメダニは、ウサギから高頻度で検出されています。

原因寄生虫の形態と生活

成ダニは体長が0・4～0・5㎜で、顎体部が明瞭《めいりょう》に認められます。また、この顎体部に生じる触肢の先端に大きな爪状の構造を有するのが特徴で、これがツメダニという名称の由来です。

ツメダニ類は、宿主の体表で産卵を行います。そして、卵から孵化した幼ダニは成ダニに発育するまで、すべての発育期をこの宿主の体表で過ごします。

症状

イヌでは、幼齢の場合に著しい症状を示すことが多く、成犬では発症に至らないか、発症しても軽症であることが多いようです。ツメダニ感染症の症状としては、ふけが多くなり、被毛の光沢が失われます。さらに病態が進むと、脱毛がみられることもあります。また、ツメダニの寄生を受けたイヌは激しいかゆみを示します。

一方、ネコでは、ふけが増加する程度で、激しい症状が認められることはまれです。

診断

病変部の被毛を分け、ルーペ（虫めがね）で観察すると、ツメダニが動いている様子が認められることがあります。

また、白色の紙の上にイヌやネコを置き、ブラシをかけて皮膚からの落下物を採取します。これをルーペで観察してもよいでしょう。

ダニの形態を観察して診断を確実なものとするためには、採取した材料を顕微鏡下で観察します。

治　療

ツメダニの駆除には、ピレスロイド系やカルバメート系、有機リン系の各種の殺ダニ薬やイベルメクチンあるいはセラメクチンが使用されています。

予　防

ツメダニの寄生を予防するためには、感染を受けている動物と接触させないことが第一です。

人間への感染

ツメダニの寄生を受けている動物からダニが人間に感染し、激しいかゆみや皮膚病変を起こすことがあります。ツメダニ感染症のイヌやネコはすみやかに治療することが大切です。

（深瀬　徹）

疥癬《かいせん》

ヒゼンダニ（疥癬虫）類により発生する皮膚疾患のことを疥癬といいます。イヌ、ネコに寄生するヒゼンダニ類には、穿孔《せんこう》ヒゼンダニ（穿孔疥癬虫）と猫小穿孔ヒゼンダニ（猫小穿孔疥癬虫）の2種が知られています。

穿孔ヒゼンダニはイヌや人間、その他の色々な哺乳類に寄生し、ネコにも感染します。また、猫小穿孔ヒゼンダニは、主にネコに寄生しますが、ごくまれにはイヌにも感染するようです。

穿孔ヒゼンダニ、猫小穿孔ヒゼンダニともに、分布は世界的で、日本でも普通に認められます。

原因寄生虫の形態と生活

穿孔ヒゼンダニは体長0・2〜0・4㎜、猫小穿孔ヒゼンダニは体長0・1〜0・3㎜ほどで、どちらもほぼ球形をしています。

両種ともに、宿主の動物の皮膚に穿孔し、一生をそこで過ごします。

症　状

穿孔ヒゼンダニあるいは猫小穿孔ヒゼンダニの寄生を受けると激しいかゆみを伴う皮膚炎が発生します。

穿孔ヒゼンダニは、全身に病変を発現しますが、とくに耳介や四肢に激しい症状を示すことが多いようです。

一方、猫小穿孔ヒゼンダニは、猫の顔面に病変を形成します。ただし、この場合も、重症になると、全身に病変が広がっていきます。

さらに、かゆみのために動物が皮膚を掻いたりすると、その部分が損傷を受け、細菌の二次感染が起こって化膿性の皮膚炎が発生します。

診　断

疥癬の診断にあたっては、その皮膚病変からおおよその予測が可能です。さらに確実に診断を行うためには、病変部の皮膚を掻き取り、顕微鏡下で観察します。

ただし、猫小穿孔ヒゼンダニは容易に検出できますが、穿孔ヒゼンダニは簡単には検出できないことがあります。イヌの疥癬では、たとえダニが検出されなくても、何回か繰り返し、検査を行うようにします。

治　療

穿孔ヒゼンダニと猫小穿孔ヒゼンダニは、イベルメクチン等の薬物を投与することにより駆除することができます。疥癬のイヌ、ネコに対しては、たとえ限局性の病変を形成している例であっても、薬剤は全身に投与するようにします。

なお、ダニ駆除薬は、ダニの卵には効果がありません。したがって、疥癬を完全に治療するためには、孵化するダニを殺滅するため、1週間から10日の間隔で投薬を繰り返す必要があります。多くの例では、2〜3回の投薬で完治させることが可能です。

予　防

疥癬は、感染している動物と接触することによりうつります。発症したイヌやネコはただちに治療しなければなりません。

人間への感染

イヌに寄生する穿孔ヒゼンダニは、人間に寄生するものと同一種または非常に近縁の種と考えられています。ただし、イヌに寄生している穿孔ヒゼンダニは、人体寄生のものとは感染性が異なるようで、免疫能が低下している人でない限り、人間に感染し、ずっと寄生することはほとんどないようです。

しかし、穿孔ヒゼンダニ、猫小穿孔ヒゼンダニともに、一時的に人間に感染することがあります。この場合、著しい皮膚病変は形成されませんが、激しいかゆみを伴う皮膚炎が発生します。疥癬に罹《り》患《かん》したイヌやネコへの接触には十分に注意しなければなりません。

（深瀬　徹）

皮膚と体表の昆虫感染症

ハジラミ感染症

イヌに寄生するイヌハジラミとネコに寄生するネコハジラミがあります。

世界各地で発生がみられ、日本にも広く分布していると思われますが、発生頻度は高くありません。

なお、イヌハジラミは、瓜実《うりざね》条虫の中間宿主となり、これを媒介します。

原因寄生虫の形態と生活

ハジラミ類は昆虫で、成虫の体は頭部、胸部、腹部の三つの部分からなり、左右に3対、計6本の脚があります。ただし、成虫であっても翅《はね》がなく、この点が他の多くの昆虫と異なっています。また、ハジラミ類は、頭部が胸部よりも幅広く、嚙《か》むのに適した構造の口を持っています。イヌハジラミは、体長が約1・5㎜、頭部が横長の六角形をしています。一方、ネコハジラミは、体長が約1・2㎜、頭部が五角形をしているのが特徴です。

ハジラミ類は、動物の体表で一生を暮らし、被毛や垢《あか》を摂取しています。

ネコハジラミの成虫

症状

ハジラミ類は、宿主の体表を活発に移動し、動物に刺激を与えるようです。そのため、寄生を受けた動物はストレスを受けることがあります。また、多数のハジラミが寄生した例では、脱毛がみられることもあります。

診断

体表からハジラミを検出することによって診断を行います。被毛を分け、注意深く観察すれば、肉眼でハジラミを認めることができます。ただし、ハジラミであることを明確にするためには、顕微鏡を用いて採取した虫体の形態を観察しなければなりません。

治療

ノミの駆除に使用されている各種の薬物により容易に駆除することが可能です。

予防

ハジラミ類は、動物どうしの接触により感染します。イヌやネコに寄生するハジラミ類はすみやかに駆除し、併せて同居している他の動物についても検査を行うべきです。

人間への感染

イヌやネコに寄生するハジラミ類が人間に寄生することはありません。

（深瀬　徹）

シラミ感染症

イヌにイヌジラミが寄生します。このシラミは、ネコには寄生しません。

イヌジラミは、世界的に分布していますが、日本での発生はまれといえます。

原因寄生虫の形態と生活

シラミ類も、ハジラミ類と同様に翅を欠く昆虫です。ただし、ハジラミとは異なり、頭部が胸部よりも幅広いということはありません。また、口は吸血に適した構造になっていて、幼虫と成虫は絶えず吸血を行っています。

イヌジラミは、体長が約1・8㎜ほどの大きさです。

症状

吸血を受けたイヌはかゆみを示し、全身を掻いたり、体を色々なものに擦りつけます。これによって、脱毛や皮膚の損傷が起こることがあります。

診断

診断は、シラミを検出することによって行い、顕微鏡で観察して種を確認します。

治療

治療法は、ハジラミ感染症と同様で、一般的なノミ駆除薬を用いてシラミを駆除します。

予防

予防法もハジラミ感染症と同様です。他の動物との接触により感染するため、感染の疑いのあるイヌとの接触を避けるようにします。

人間への感染

イヌに寄生するシラミが人間に感染することはありません。

（深瀬　徹）

ノミ感染症

イヌやネコに寄生するノミには数種が知られています。しかし、普通に認められるのはイヌノミとネコノミの2種に限られます。これらのノミはイヌノミ、ネコノミという名前がついていますが、イヌノミがネコに寄生したり、ネコノミがイヌに寄生することがしばしばあります。とくにネコノミの宿主特異性は低く、イヌノミ以上の高頻度でイヌに認められることがあります。

また、ペットとして飼育されているウサギやフェレット、その他の動物にもノミの寄生が認められることがありますが、それらの多くはネコノミで、イヌノミはまれに検出される程度です。

イヌノミとネコノミは世界各地で認められますが、ネコノミのほうが分布域が広く、イヌノミが生息しない地域もあるようです。日本は、ネコノミのほうが多発するとはいえ、両種のノミを産する地域となっています。

ノミは、ペスト菌など、様々な病原体を媒介します。イヌやネコに関係する病気としては、瓜実条虫の中間宿主として重要な役割を果たしているほか、猫ひっかき病（猫にひっかかれたときにうつる人間の病気。バルトネラというリケッチアが原因）の病原体を猫から猫へと蔓延させることがあります。

原因寄生虫の形態と生活

ノミ類は昆虫です。ただし、翅は退化して認められなくなっています。ノミの体は左右に扁平《へんぺい》で、また、第3脚がよく発達し、跳躍に適した構造になっているのが特徴です。

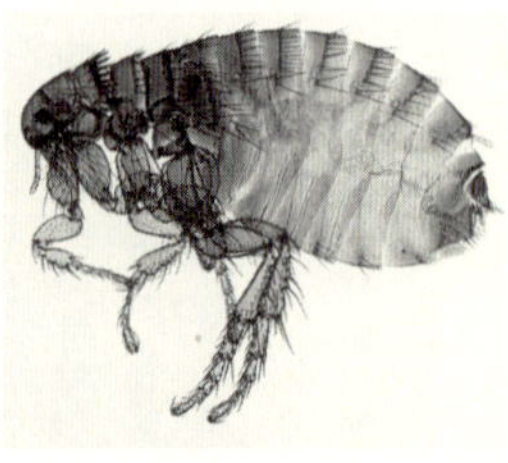

イヌノミの成虫
（イヌノミはネコノミよりも頭部が丸いのが特徴）

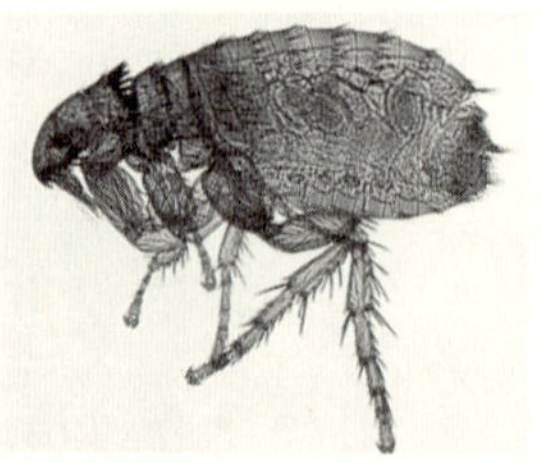

ネコノミの成虫
（ネコノミはイヌノミよりも頭部が細長いのが特徴）

ノミには眼が存在する種類と眼を欠く種類がありますが、イヌノミやネコノミには眼があります。イヌノミとネコノミの鑑別は、頭部の形状や頭部に存在する剛毛（ひげのような構造）の長さや本数に基づいて行われています。

ノミは、成虫だけが宿主に寄生し、雌雄ともに吸血をします。吸血した雌のノミは卵を産み、卵から幼虫が孵化し、それが蛹《さなぎ》となり、最終的に成虫が羽化します。すなわち、ノミは完全変態を行っています。ノミの卵や幼虫、蛹は、イヌやネコの生活環境に存在し、羽化した成虫は、イヌやネコが呼吸して出す二酸化炭素を感知して、その動物に寄生します。

症状

イヌやネコのノミ感染症の症状はまちまちです。多数のノミの寄生を受けても無症状で経過する例もあれば、ごく少数のノミが寄生しただけで激しい皮膚炎を発症する例もあります。

通常、ノミの寄生を受けた部位には、限局性の皮膚炎が発生します。この皮膚炎は、かゆみを伴うことが多いのですが、放置してもたいていは数日で治癒します。ただし、繰り返してノミの吸血を受けている場合には、こうした皮膚炎が継続して発生することになります。

また、ノミは吸血を行う際に、ある種の物質を動物の体内に注入します。この物質が原因となって、アレルギー症状が発生することがあります。これをノミアレルギーといい、重症の皮膚炎を起こします。ノミアレルギーでは、ノミの寄生数と症状の程度に必ずしも相関関係は認められず、たとえ少数のノミが寄生しているだけであっても、重症になることがあります。このため、吸血を受ける前にノミを駆除しなければならないのです。

診断

動物の体表にノミを認めることにより診断を行います。このとき、ノミ取り櫛《くし》を用いると、検出が容易になります。なお、ノミの種を確実に調べるためには、これを採取し、顕微鏡下で観察する必要があります。

また、ノミアレルギーなどの皮膚炎については、その症状に加え、ノミの寄生の有無、あるいはノミ駆除後の症状の変化などを参考にして診断を進めます。

治療

イヌやネコに寄生するノミの駆除にあたっては、まず、寄生しているノミを完全に駆除しなければなりません。このためには、速効性の高いノミ駆除薬を使用

ノミの一生

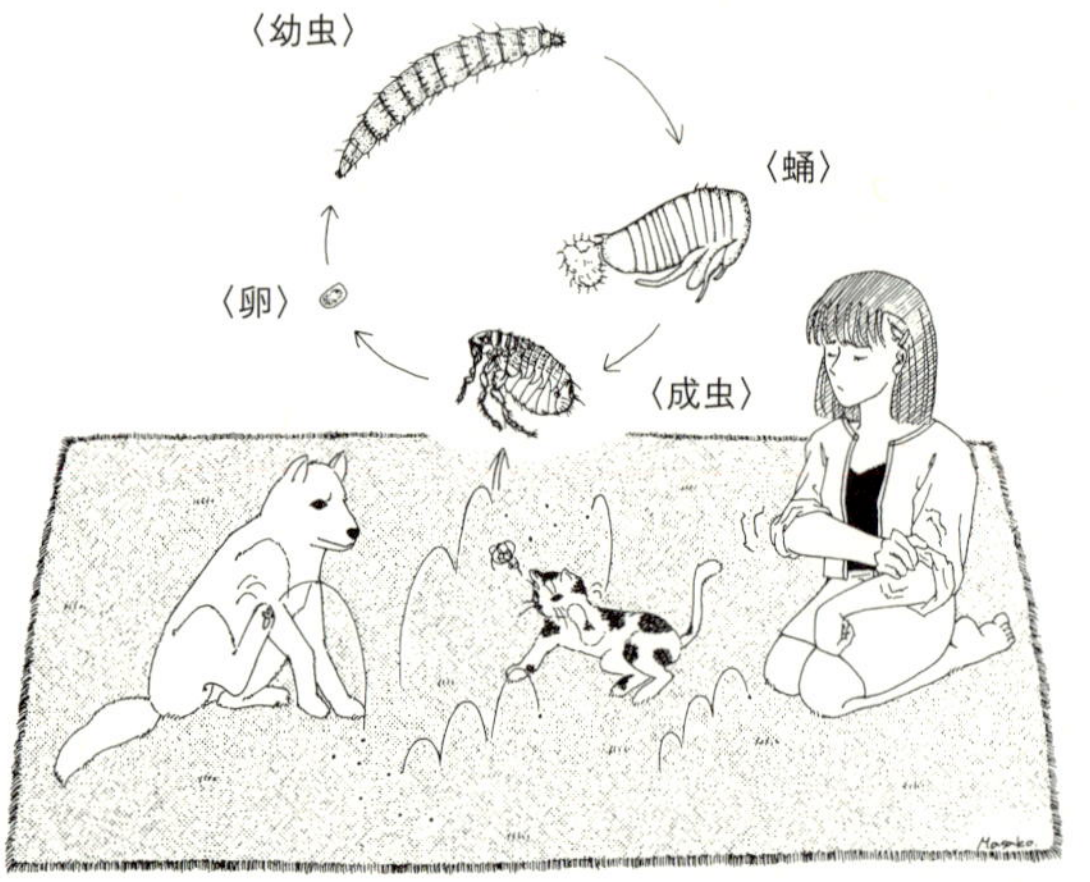

ノミは、完全変態を行う昆虫で、卵から幼虫と蛹を経て成虫に発育する。ノミの卵や幼虫、蛹は、イヌやネコの飼育環境に潜んでいる

します。

現在までに、様々な種類のノミ駆除薬が開発されてきました。現在ではピレスロイド系のペルメトリンやフェニルピラゾール系のフィプロニルとピリプロール、クロロニコチニル系のイミダクロプリド、マクロライド系のスピノサドなどが滴下投与用の液剤として多用されています。動物病院で相談のうえ、適当な薬剤を使用すればよいでしょう。

なお、ノミの寄生によって発生した皮膚炎は、ノミが駆除されれば、自然に治癒しますが、重症例では、それぞれの場合に適した種々の治療を行います。

予防

ノミをいったん駆除しても、同一の環境でイヌやネコを飼育している限り、再びノミの寄生を受ける確率が高いと思われます。そこで、ノミを駆除した後も、薬物が動物の体に残存し、再度の寄生を防止できるようにする必要があります。ノミの寄生予防のためには、効力が持続する薬剤を用います。最近では、先にあげたような各種のノミ駆除薬は残効性も高くなっていますので、ノミの駆除とともに寄生の予防も行えるようになっています。

そしてさらに、もし可能であれば、飼育環境に存在するノミの卵や幼虫、蛹に対する対策を講じるとよいでしょう。先に述べましたが、ノミの卵や幼虫、蛹はイヌ、ネコの飼育環境に多数が存在しています。これらはいずれ成虫となって動物に寄生します。成虫になる前にこれらを退治しておくことも重要です。このためには、飼育環境の清掃を徹底するとともに、こうした目的に適したノミ駆除薬を使用します。とくにノミの発育を防止するための薬物として昆虫発育制御薬（インセクト・グロース・レギュレーター、IGR）といわれるものがあります。これの使用についても、動物病院で相談されるとよいでしょう。

人間への感染

かつては人間に寄生するノミはヒトノミという種でしたが、近年の日本ではヒトノミは認められず、人間から採取されるノミのほとんどはペットに由来するノミ、とくにネコノミとなっています。すなわち、ペットに寄生しているノミが人間に感染するわけです。

通常の生活を行っている限り、ペットから感染したノミが人間の体表にずっととどまり、産卵を行うことはまずないと考えられます。しかし、一時的にしても寄生を受け、吸血が行われると、その部位には激しいかゆみを示す皮膚炎が発生します。また、そのかゆみによるストレスも大きいといえます。

イヌやネコにノミの寄生が認められた場合には、それをすみやかに駆除することが人間への寄生防止のために重要です。

（深瀬　徹）

皮膚ハエウジ症

動物の皮膚にハエの幼虫（ウジ）が寄生することがあります。これには二つのタイプがあります。一つはハエの生活環のなかで幼虫の段階での寄生が必要なものであり、もう一つは偶発的に幼虫が寄生したものです。前者は日本には存在しませんが、後者はときに認められます。

原因寄生虫の形態と生活

偶発的なハエの幼虫の寄生は、主にクロバエ類によって起こります。クロバエ類には、ミドリキンバエなどの多くの種が含まれています。ミドリキンバエは、比較的小型のハエで、主に市街地に生息しているものです。

ハエウジ症は、動物の体に外傷や皮膚炎があるとき、その部位にハエが産卵することによって発生します。卵から孵化した幼虫は、初めは化膿《かのう》あるいは壊死《えし》した組織を摂取していますが、次第にその周囲の健康な組織まで浸食していきます。

症状

皮膚ハエウジ症の患部には潰瘍《かいよう》ができたり、悪臭を発したりします。

重症になると、病変部が広がり、さらに細菌の二次感染を起こしたりし、全身的な症状を発して死亡することもあります。

診断

診断は、患部にハエの幼虫を認めることにより容易に行うことができます。

治療

治療には、ハエの幼虫を除去した後、病変部およびその周囲を消毒し、抗生物質などを塗布します。

予防

皮膚ハエウジ症を予防するには、外傷や皮膚炎を起こしたとき、すみやかな治療を行い、患部の消毒を十分に行うことが重要です。

また、生活環境からハエ類を駆除しておくことは、ハエウジ症の予防のみならず、衛生的な意味からも必要でしょう。

人間への感染

皮膚ハエウジ症は、イヌやネコに限らず、他種の動物や人間にも発生します。

ハエウジ症にかかったイヌやネコからハエのウジが直接的に人間に移行することはありませんが、生活環境に多数のハエが発生しないように注意し、また、外傷や皮膚炎を起こした場合には、その部位を清浄に保つことが大切です。

（深瀬　徹）

中毒性疾患

中毒とは

中毒とは、動物の体にとって有害な物質が体内に入ったり、体の中で有害物質ができたりして、生理的に障害が起きた状態をいいます。

動物は、元来好奇心が強いうえ、必ずしもどれが中毒物質なのかを判断することができません。そのため、誤食や誤飲、吸引、皮膚への付着による中毒が多くみられます。

近年、飼育環境が屋外より屋内へと大きく変化するとともに、中毒の発症も自然界由来の植物毒や動物毒から家庭内における人工物由来の中毒事例へと移行する傾向にあります。

事故発生は午前8時から午後10時の生活時間帯に多く、ピークは午前10時台と午後6時台が多いと報告されています。

現在、地球規模では、1年に約1500もの中毒物質が発見されているといわれています。その全部を網羅することはできませんが、ここでは国内で飼育されている動物、とくにイヌとネコが日常生活で出会う主な中毒物質を取り上げます。

中毒を起こすと、多くの場合、急性あるいは亜急性の症状を示し、短時間で死亡するか、あるいは治癒に向かいます。ただし、慢性的な経過をとる場合は、動物が毒物と接触したことがはっきりしないことがしばしばあります。

特定の毒物を食べたとか、あるいは毒物に接触したことが確認されない場合は、飼い主が正確かつ詳細に病歴や飼育環境の状態を把握し、それを獣医師にそのまま報告することが一刻も早い救急救命につながります。

中毒の症状としては、急に一定量以上の毒物が入ったことで臓器に著しい障害が起こり、急激なショック症状を示して死亡する場合もあれば、急ながらも軽い腹痛や下痢ですむこともあります。

一般に口から入ったものは胃腸症状、とくに嘔吐《おうと》や腹痛を起こすことが多く、一方、気体状で呼吸器から入ったものは、咳《せき》や呼吸困難などを起こしがちであり、なかでも刺激性のものは眼やのどに痛みを起こします。また、酸やアルカリが皮膚に付着した場合には、痛みや発熱などに続いて、皮膚にかぶれが出ることがあります。

（佐藤正勝）

自然界の物質が原因となる中毒

植物

植物のなかには、イヌやネコに有毒な成分をもつものがたくさんあります。有毒な部分は、花や葉、根、種子など、植物の種類によって様々で、イヌやネコがそれを口に入れる可能性の高さによって危険度が違ってきます。薬草として知られている植物でも、食べ過ぎると中毒を起こす場合があり、また、同一の植物でも部位が違うと毒性の強さが異なることがあります。

診察に際して、何らかの植物中毒を疑ったとしても、原因となった植物を特定できることはまれです。これは、多くの場合、イヌやネコが植物を食べている現場を飼い主が見ていないことと、また、身の回りにどのような有毒植物があるのかを飼い主が知らないことが多いからです。

一般的な有毒植物とそれによる中毒を〈表1〉にまとめました。家の中や庭の植物をチェックしてみてください。

有毒植物による中毒の治療としては、催吐や胃洗浄、活性炭などの吸着剤や下剤の投与のほか、それぞれの症状に応じた治療（対症療法）を行います。ただし、粘膜への刺激が強い物質による中毒の場合は、吐くときに食道や口腔《こうくう》の粘膜を痛めることがあるため、催吐には注意が必要です。

（綿貫和彦）

毒キノコ

日本には約１００種類の毒キノコが自生しています。イヌやネコは、自生しているものを食べたり、食用と誤って人が与えてしまい、中毒を起こすことがあります。

人では、食用キノコと似ているクサウラベニタケ、ツキヨタケ、カキシメジの3種による中毒がキノコによる事故の7割を占めています。また、死亡事故原因としてもっとも多いのはドクツルタケです。

●クサウラベニタケ、ツキヨタケ、カキシメジ

食後30分～3時間で、嘔吐《おうと》や下痢が起こります。摂取した場合には、催吐や胃洗浄、活性炭の投与、輸液などを行います。

●ドクツルタケ、シロタマゴテングタケ、フクロツルタケ、コレラタケ

食後6～10時間たってから、激しい腹痛や嘔吐、下痢などが始まります。１～3日後くらいから肝障害、腎障害《じんしょうがい》などが起こり、死亡することもあります。

摂取した場合には、催吐や胃洗浄、活性炭の投与、輸液と利尿剤の投与、血液浄化、肝障害に対する治療などを行います。

●テングタケ、ベニテングタケ

食後20分～2時間で、運動失調やけいれん、錯乱、昏睡《こんすい》などが起こります。摂取した場合には、催吐や胃洗浄、活性炭や下剤の投与などを行います。

（綿貫和彦）

マイコトキシン

ペットフードやその他の植物に発生する真菌（カビ）が生産する有害物質を総称してマイコトキシンと呼んでいます。アスペルギルス属やフサリウム属、ペニシリウム属など、50種以上の真菌が３００種類以上のマイコトキシンを作り出すことが知られています。

●アフラトキシン

１９６０年代にイギリスで、10万羽以上の七面鳥が死亡した事件をきっかけとして発見されました。最近では２００４年にケニアでトウモロコシによる人のアフラトキシン中毒が発生し、３１７人の患者のうち１２５人が死亡しています。また、２００５年には汚染したペットフードを食べて、アメリカで23頭、イスラエルでも23頭の犬が死亡しています。

アフラトキシンは、主としてトウモロコシやピーナッツ、ソーガム（アワの一種）、大豆などに発生するアスペルギルス・フラバスやアスペルギルス・パラジカスによって産生されます。

急性症状としては、食欲不振や沈うつ、肝障害（黄疸《おうだん》、腹水、出血傾向）などがみられます。また、強い発癌性《はつがんせい》や催奇形性があることも知られています。

●トリコテセン系カビ毒（赤カビ）

トウモロコシやソーガム、小麦、大麦などに発生するフサリウム属の真菌によって産生されます。

口腔《こうくう》や皮膚の壊死《えし》、嘔吐《おうと》、腹痛、下痢、造血機能障害などの症状が現れます。ネコはとくに感受性が強いといわれています。

	中毒症状	備考
	嘔吐、下痢、沈うつ、腎不全、呼吸困難、手足のしびれ、循環不全。腎不全が起こると死亡率が高まる	
	嘔吐、下痢、腹痛、運動失調、徐脈、不整脈、心不全	
	嘔吐、下痢、赤色尿、黄疸、口腔粘膜蒼白、頻脈、多呼吸。重症度は個体により様々。柴犬と秋田犬は重症化しやすい	ネギ科植物に含まれている有機チオ硫酸化合物により溶血性貧血を発症 ハンバーグ、チャーハン、すき焼き、味噌汁、ベビーフードなどに入っていて中毒を起こすこともある
	嘔吐、下痢、腹痛、流涎、血圧低下、中枢神経麻痺、心不全。死に至ることもある	
	吐気、嘔吐、下痢、腹痛、胃腸炎	
	嘔吐、胃腸炎	食用にされるヤマノイモに似ているが、ムカゴは付かない
	嘔吐、下痢、めまい、瞳孔散大、幻覚、呼吸困難。死に至ることもある	
	嘔吐、下痢、反射低下、瞳孔散大、幻覚、血圧低下	平安初期に薬用として渡来し、種子は緩下剤として使用された
	嘔吐、下痢、腹痛、虚脱、嗜眠、黄疸、肝障害、瞳孔散大、光線過敏症	
	吐気、嘔吐、口渇、下痢、腹痛、耳鳴り、めまい、けいれん、不整脈、徐脈、高カリウム血症。重症例では心停止	葉から抽出される成分（ジギタリス）は、強心利尿薬として使用。若葉の頃、食用のコンフリーと混同しないように注意
	皮膚のかぶれ	ウルシ科の植物に含まれるウルシオールは強力なアレルギー性接触性皮膚炎を誘発。 気化するので近づいただけでもかぶれることがある
	嘔吐、腹痛、胃腸障害、子宮収縮	ホウセンカは生薬としても用いられるが、誤食により中毒を発症
	摂取後30分くらいで発症。嘔吐、流涎、瞳孔縮小、血圧上昇、全身硬直、けいれん、呼吸困難。死に至ることもある	美しく甘みがあるため、人での中毒多発
	下痢、胃腸炎、脱水、電解質不均衡、振せん、麻痺	
	流涎、口腔の灼熱感、嘔吐、下痢、運動失調、不整脈、けいれん。死に至ることもある	キンポウゲ科の植物は、毒性の非常に強いものが多いので注意
	知覚神経興奮	古くから強壮剤として生食、あるいは薬酒に使用。小動物に対しては中毒を起こす可能性
	頻脈、神経障害、けいれん	
	嘔吐、下痢、腹痛、幻覚作用（種子）、皮膚刺激	
	口腔刺激、嘔吐、下痢、視力障害、頻脈、呼吸抑制、けいれん、昏睡。死に至ることもある	アザミの根を加工したヤマゴボウという漬物があり、誤食による中毒が発生
	皮膚接触の場合は痛み、かぶれ、炎症。経口摂取の場合は口腔の灼熱感、流涎、嘔吐、筋力低下、振せん、呼吸困難、徐脈	
	アサでは運動失調、幻覚、麻痺、沈うつと興奮、嘔吐。イチジクでは皮膚のシミ、粘膜のびらん	タイマはマリファナの原料として知られ、日本では「大麻取締法」により規制
	嘔吐、下痢、胃腸炎、溶血、血圧低下、呼吸困難、けいれん、意識障害、散瞳、心臓麻痺。死に至ることもある	キキョウの根は漢方薬として使用
	クマリン中毒（血液凝固不全、出血）	
	嘔吐、下痢、腹痛、口渇、流涎、皮膚刺激	
	流涎、嘔吐、口腔の灼熱感、胃腸炎、振せん、けいれん、呼吸困難、昏睡。死に至ることもある。 経過が非常に早いのが特徴	茎が１m以上にもなる大型の植物で、根茎にはタケノコに似た節が存在。 春先の若葉の頃には、ワサビやセリと間違えやすい

〈表１〉主な有毒植物①

科	毒性を示す植物	有毒部分
ユリ科	イヌサフラン、エンレイソウ(タチアオイ)、オニユリ、オモト、コバイケソウ、シュロソウ、ツクバネソウ(ツチハリ、ノハリ、四葉玉孫)、チューリップ、バイケイソウ(ハクリロ)、ヒアシンス	種類により有毒部分と毒性の強さは様々だが、動物にとってはどれも危険。とくに球根には注意が必要
スズラン科	スズラン	全草。切花を挿しておいた水も毒性を示す
ネギ科	タマネギ、ニンニク、ネギ	
ヒガンバナ科	アマリリス、キツネノカミソリ（ヤマクワイ）、スイセン（セッチュウカ、ハルタマ、ガカク）、ヒガンバナ（マンジュシャゲ）	球根はとくに毒性が強く、少量でも危険
アヤメ科	アヤメ	根茎
ヤマノイモ科	オニドコロ（ナガトコロ）	根茎
ナス科	ジャガイモ(バレイショ、ジャガタライモ)、タバコ(ケブリグサ、メザマシグサ、リンゴニソウ、アホウグサ)、チョウセンアサガオ(マンダラケ、キチガイナス)、トマト、ナス、ハシリドコロ(ヤマナスビ、ナナツギキョウ、サワナスビ、オニミルクサ)、ヒヨドリジョウゴ(イヌクコ、ウルシタケ、カラスノカツラ、ヒヨドリソウ)、ホオズキ	ジャガイモ、トマト、ナスなどは熟したものは無害だが、芽や緑色の実、葉などは有毒。チョウセンアサガオやハシリドコロは全草が猛毒。タバコの葉は、紙巻きタバコ摂取と同様にニコチン中毒を発症
ヒルガオ科	アサガオ	種子
クマツヅラ科	ランタナ（シチヘンゲ、コウオウカ、セイヨウサンダンカ）	未熟種子、葉
ゴマノハグサ科	キツネノテブクロ	葉、根、花
ウルシ科	ウルシ、ハゼノキ（ハジ、リュウキュウハゼ）	樹液、植物全体
ツリフネソウ科	ホウセンカ（ツマベニ、ホネヌキ、トビクサ、エンカバナ）、ツリフネソウ	全草、種子
ドクウツギ科	ドクウツギ（ウジゴロシ、サルコロシ、オニウツギ、イチロベコロシ）	種子、果実（とくに未熟果）、葉、茎
トチノキ科	トチノキ（アカバナトチノキ）	種子、樹皮、葉
キンポウゲ科	ウマノアシガタ、オダマキ（イトクリソウ、ムラサキオダマキ）、キツネノボタン、クリスマスローズ、ケキツネノボタン、トリカブト（ブス、ブシ、カブトギク、カブトバナ、ハナトリカブト）、ハンショウヅル、ヒエンソウ（チドリソウ、デルフィニウム）、フクジュソウ（ガンジツソウ）	全部分（とくに根）
メギ科	イカリソウ（インヨウカク）	全草
ツヅラフジ科	コウモリカズラ（ヘンプクカズラ）	種子
オシロイバナ科	オシロイバナ（ユウゲショウ）	根、茎、種子
ヤマゴボウ科	ヨウシュヤマゴボウ（アメリカヤマゴボウ）	全草、根、実
イラクサ科	イラクサ（イタイタクサ、イライラクサ）	葉と茎の刺毛
クワ科	アサ（タイマ）、イチジク	全草（とくに雌株）、イチジクは葉、枝
キキョウ科	ロベリア(ロベリアソウ、ルリミゾカクシ)、ミゾカクシ、キキョウ	全草、根（キキョウ）
キク科	フジバカマ	全草
ウコギ科	セイヨウキヅタ（アイビー、ヘデラヘリックス）	葉、果実
セリ科	ドクゼリ（オオゼリ、ウバゼリ、ウマゼリ、イヌゼリ）	全草

	中毒症状	備考
	口腔内の灼熱感、流涎、嘔吐、下痢、筋力低下、視力障害、徐脈、不整脈、血圧低下、呼吸困難。消化器症状は数時間以内に発生。摂取量が多いと数日で死亡	ツツジ科の植物は、庭木に多い
	血管拡張による血圧低下	全草を乾燥させたものを生薬として使用
	皮膚炎、口腔の灼熱感、嘔吐、下痢、腹痛、血圧上昇、めまい、けいれん。トウゴマでは神経障害、呼吸困難、腎不全。死に至ることもある	トウゴマの種に含まれるリシンはとくに猛毒で、人でも４～５粒が致死量。 ポインセチアの樹液による皮膚炎は人に多発
	嘔吐、下痢、腹痛、肝障害、黄疸、麻痺。死に至ることもある	
	嘔吐、手足のけいれん、麻痺。皮膚のかぶれ（コクサギ）	ミヤマシキミはシキミ科のシキミとは類縁関係にないが、全草が有毒。 コクサギは小臭木と書くように葉に特有の臭気
	流涎、嘔吐、下痢、激しい胃炎、運動失調、けいれん、呼吸停止、心停止。摂取後数時間で症状が発現	人、動物ともに死亡事故が発生
	筋肉の弛緩、麻痺	花は漢方薬としても使用される
	嘔吐、下痢、めまい、深眠、血圧上昇、呼吸困難、全身けいれん、流涎	仏前に供える木として知られ、葉から抹香や線香を製造。毒性が強く、「悪しき実」からシキミともいわれる
	悪心、嘔吐、腹痛、散瞳、筋力低下、呼吸困難、不整脈、けいれん、突然死	
	貧血、慢性衰弱、運動失調、不整脈、血尿。死に至ることもある	ハムスターやモルモットに膀胱腫瘍や出血性膀胱炎を誘発
	口腔と喉の刺激、胃のただれ、溶血作用	果皮が非常に苦く、「えぐい」ことからエゴノキといわれる
	皮膚のかぶれ、口腔の疼痛、嘔吐、下痢、腹痛、徐脈、不整脈、ときに高カリウム血症、心臓麻痺	
	嘔吐、胃腸炎、体温や脈拍の低下、幻覚、呼吸困難。死に至ることもある	ケシの栽培は一般には禁止されているが、ケシ科には身近に見られるものもある
	嘔吐、下痢、胃炎、めまい、運動失調、精神混乱、失神、中枢神経麻痺	
	皮膚のかぶれ、口腔と喉の炎症、流涎、嘔吐	シュウ酸カルシウムを含んで有害だが、刺激が強いため、多量摂取はまれ。 食用のサトイモも生で食べると中毒を発生
	口腔内の水疱と浮腫、流涎、嘔吐、腹痛、下痢、腎不全	
	摂取後12時間以内に発症。嘔吐、腹痛、肝不全（黄疸、凝固障害）、腎不全、運動失調、嗜眠、昏睡、けいれん。死に至ることもある	発癌性、催奇形性がある
	ダイオウ類は嘔吐、下痢、黄疸、肝不全、腎不全、不整脈、低カルシウム血症。ヤナギタデは血圧低下、皮膚刺激	ダイオウの根茎を乾燥させたものは漢方薬の大黄（緩下剤）となる。ショクヨウダイオウ（ルバーブ）の葉柄（葉のじく）はジャム、ヤナギタデの葉は「たで酢」の材料として使用。ただし、ダイオウやショクヨウダイオウの葉にはシュウ酸塩が含まれ、食べると中毒を発症
	嘔吐、下痢、手足の腫れ、麻痺	
	嘔吐、下痢、腹痛	
	皮膚のかぶれ（乳液）、嘔吐、胃腸障害、血圧低下	ボタン、シャクヤクの根（根皮）は漢方薬として使用。ただし、そのまま食べると中毒を発症
	嘔吐、腹痛、流涎、発汗、血圧上昇、運動失調、呼吸不全。死に至ることもある	

（綿貫和彦）

〈表１〉主な有毒植物②

科	毒性を示す植物	有毒部分
ツツジ科	アザレア（オランダツツジ、セイヨウツツジ）、アセビ（アシビ）、カルミア、サツキ、シャクナゲ、ツツジ、ハナヒリノキ（クサメノキ、クジャミノキ、チシコロシ）	葉、花（花蜜）
イチヤクソウ科	イチヤクソウ（カガミグサ、キッコウソウ、ベッコウソウ）	全草
トウダイグサ科	トウゴマ（ヒマ）、トウダイグサ（スズフリバナ）、ポインセチア、ノウルシ（サワウルシ、キツネノチチ、ハカノチチ）	茎（樹液）、葉、種子
ユズリハ科	ユズリハ（イヌツル、ツルノキ）	葉、樹皮
ミカン科	ミヤマシキミ（シキビ、タチバナモッコク、モクタチバナ）、コクサギ	全草（ミヤマシキミ）、葉（コクサギ）
センダン科	センダン（アフチ、アカセンダン）	樹皮、果実
モクレン科	モクレン(マグノリア、シモクレン、ハネズ)、コブシ	樹皮
シキミ科	シキミ（ハナノキ、コウノキ、ハカバナ）	果実、樹皮、葉、種子
イチイ科	イチイ（オンコ、アララギ）	種子（果肉は無毒）、葉、樹体
ウラボシ科	ワラビ（ワラベ、ビケツ、ハシワラベ）	地上部、根茎
エゴノキ科	エゴノキ（ロクロギ、チシャノキ）	果皮
キョウチクトウ科	キョウチクトウ（タイミンクワ、タウチク）	樹皮、根、枝、葉
ケシ科	クサノオウ（タムシグサ、ニガクサ、ハックツサイ）、ケシ（ツガル、アフヨウ）、ケマンソウ（フジボタン、タイツリソウ、ヨウラクボタン）、タケニグサ（チャンパギク）	全草、乳液
ザクロ科	ザクロ（イロタマ、セキリュウ）	樹皮、根皮
サトイモ科	エレファントイアー（カラー、アンセリウム、カラジウム）、カラスビシャク（ハンゲ、ヘソクリ）、クワズイモ、サトイモ、ショウブ、スパシフィラム、ディフェンバキア（シロガスリソウ）、フィロデンドロン、マムシグサ（ヘビノダイハチ、ヤカゴンニャク、ムラサキマムシグサ）	葉、茎、根茎
ジンチョウゲ科	ジンチョウゲ（チョウジグサ、ハナゴショウ）、ミツマタ	全草
ソテツ科	ソテツ	種子、茎幹
タデ科	ダイオウ（ヤクヨウダイオウ）、ショクヨウダイオウ（ルバーブ）、ヤナギタデ（ホンタデ）	葉、ヤナギタデではとくに種子
ニシキギ科	マサキ（シタワレ、ウシコロシ）	葉、樹皮、果実
バショウ科	ゴクラクチョウカ	全草
ボタン科	ボタン（スメラギクサ、ヤマタチバナ）、シャクヤク、ヤマシャクヤク（ノシャクヤク）	根、乳液
マメ科	キバナハウチワマメ（キバナノハウチワマメ、ルピナス、ノボリフジ）、キバナフジ（ゴールデンチェーン、キングサリ）、ニセアカシア（ハリエンジュ）、フジ（ノダフジ、シロバナフジ、アカバナフジ）	全草、種子

●オクラトキシン
トウモロコシや大麦、小麦、ライ麦などに発生するアスペルギルス・オクラセウスとペニシリウム・ビリディカータムによって産生されます。数種類のオクラトキシンのうちでもオクラトキシンAがもっともよく知られており、肝障害や腎《じん》障害《しょうがい》を起こします。

マイコトキシン中毒に対する特異的な治療法はありません。このため、治療は対症療法が中心となります。また、免疫力が低下するので、感染症に対する注意も必要です。

（綿貫和彦）

動物性毒素

爬虫類《はちゅうるい》や昆虫類、魚類などのなかには、他の動物から身を守るために毒をもっているものがあります。

散歩中や、山や海に連れて行ったときに、好奇心旺盛《おうせい》なイヌやネコが、こうした毒をもつ動物についちょっかいをだしたり、口にしてしまったりして中毒を起こすことがあります。たいていは一時的なものですが、なかには重症になることもあるので注意が必要です。

アウトドアショップには、ヘビやハチに刺されたときの毒液の吸引器具が売られています。よく山などに行くのであれば、常備しておくとよいでしょう。

（綿貫和彦）

毒ヘビ

国内に生息する毒ヘビには、クサリヘビ科マムシ亜科のハブ類とマムシ、ナミヘビ科のヤマカガシがあります。

●ハブ、マムシ

咬《か》まれた場合、すぐに激痛とともに局所がひどく腫《は》れ始めます。腫れは急速に広がり、皮下出血や筋肉の壊死《えし》、嘔吐《おうと》、呼吸困難、播種性血管内凝固症候群《はしゅせいけっかんないぎょうこしょうこうぐん》（DIC）、腎不全《じんふぜん》などを引き起こすこともあります。四肢を咬まれた場合は、命にかかわることはあまりありませんが、治療が遅れると重症になります。

●ヤマカガシ

毒ヘビのなかでもっとも生息数の多いのがヤマカガシです。あまり知られていませんが、毒牙《どくが》で咬まれた場合の死亡率は、ハブやマムシよりもずっと高率です。ただし、ヤマカガシの毒牙は口の奥にあるので、深く咬まれない限り毒は入りません。

咬まれると、血液の凝固障害が起こり、皮下出血や鼻出血、下血、血尿などがみられるようになります。症状が進行すると意識障害や肝不全、腎不全などが起こります。

また、ヤマカガシは、皮膚の下に頸腺《けいせん》という毒腺《どくせん》をもち、体を押さえると、鱗《うろこ》の間から毒液を噴出します。この毒液が眼に入ると、重度の眼症状（痛み、結膜炎、角膜のびらん、視力障害など）が起こります。

毒ヘビに咬まれた場合、患部を縛ったり、切開したり、冷やしたりという処置は、方法を誤るとかえって悪化させることになりかねません。できるだけ早く動物病院へ連れて行くことが大切です。なお、ヤマカガシの毒液が眼に入った場合は、その場ですぐに大量の水で洗い流してから病院へ連れて行ってください。

治療には、抗毒素血清のほか、マムシ毒に対してはセファランチンも利用されています。また、抗生物質の投与や輸液などの対症療法も行います。なお、コルチコステロイドや抗ヒスタミン薬の使用に関しては、その是非について意見が分かれているところです。

（綿貫和彦）

ニホンイモリ（アカハライモリ）

かつてはどこにでもいたニホンイモリですが、最近では見かけることが少なくなってしまいました。

ニホンイモリは、皮膚にフグと同じテトロドトキシンという毒をもっています。毒性の強さは、イモリが分布する地域によって異なりますが、標高の高い地域に生息しているものほど毒性が強いといわれています。中毒症状と治療法については、「フグ」の項を参照してください。

（綿貫和彦）

ヒキガエル

ヒキガエルは耳の後ろにある耳腺《じせん》から強力な毒液を出します。また、全身のイボからは、「ガマの油」として知られている白い毒液がにじみ出てきます。もし、これらの毒液を口にしてしまったら、早急な処置が必要です。

症状は、頭を振る、流涎《りゅうぜん》、吐気、嘔吐、視力障害、神経障害、心不全などで、死亡することもあります。口の中を多量の水で洗い流して対処します。流涎に対してはアトロピンを投与し、毒の排泄《はいせつ》を早めるために活性炭や下剤を投与します。その他、種々の症状に対する対症療法も行います。

（綿貫和彦）

昆虫

●ハチ

毒をもつハチとして一般的なのがスズメバチ、アシナガバチ、ミツバチ、クマバチです。ミツバチとクマバチの針にはトゲがついており、刺さった部分に残りますが、スズメバチとアシナガバチは何度でも刺します。とくにスズメバチの毒は強力なため、症状が激しくなります。ハチの毒は、アナフィラキシーショック（急性のアレルギー反応）を起こすことがあり、人でも毎年犠牲が出ています。ハチに刺された場合には、一刻も早い治療が必要です。

応急処置としては、針が残っている場合は、抜き取ります。ただし、針には毒《どく》嚢《のう》という透明の袋がついていますから、つまんで毒を押し込んでしまわないよう注意します。爪《つめ》で弾き飛ばすようにするとよいとされています。吸引器具があれば、毒を吸い出し、水でよく洗い流します（ハチの毒は水に溶けます）。

抗ヒスタミン薬やステロイドの軟膏《なんこう》があれば塗って、患部は冷やしておきます。アンモニアは効きません。応急処置の後は、すぐに病院へ連れて行ってください。

治療にあたっては、アナフィラキシーに対してはエピネフリンやコルチコステロイドを投与し、刺傷に対しては対症療法を行います。

●ツチハンミョウ

色彩のきれいなハンミョウ（ハンミョウ科）には毒はありません。毒をもつのはツチハンミョウ科のツチハンミョウとマメハンミョウです。幼虫はハチの巣やバッタなどの卵に寄生し、成虫はマメ科植物の葉を食べていますが、その体液にはカンタリジンという猛毒が含まれています。

体液が皮膚につくと、水疱《すいほう》を形成する皮膚炎が起こります。もし、こうしたツチハンミョウ類を食べた場合には、吐気や嘔吐、腹痛、下痢、腎不全などが起こり、死亡することもあります。

対症療法を行いますが、食べた場合は、腎不全が起こりますので、輸液なども必要です。

●クモ

カバキコマチグモは、ススキを丸めて特徴のある巣を作ります。在来種ではもっとも毒性が強いといわれています。咬まれると強い痛みがありますが、死亡することはありません。

セアカゴケグモは、オーストラリアから侵入した毒グモとして話題になりましたが、その後も分布を広げています。ゴケグモの毒は神経毒で、局所の痛みの後、麻痺《まひ》やけいれんを起こすことがあります。なお、ネコは、クモの毒に対する感受性が強いといわれています。

治療は、対症療法が行われます。

●ムカデ

ムカデは肉食で、触るとすぐに咬みます。夜行性のため、咬傷《こうしょう》はたいてい夜に起こります。主な症状は局所の激しい痛みと腫れで、全身症状が出ることはあまりありません。抗ヒスタミン薬やステロイドを含む軟膏を塗布したり、同様の薬剤の注射を行います。

●マダニ

イヌにはフタトゲチマダニやキチマダニ、ヤマトマダニ、クリイロコイタマダニなどの寄生がよくみられます。

日本国内に生息するマダニは、諸外国のマダニとは異なり、ダニそのものが毒素を出してダニ麻痺《まひ》のような病気を起こすことはありません。しかし、バベシア症やヘパトゾーン症、ライム病、Q熱、野兎病《やとびょう》、日本紅斑熱《にほんこうはんねつ》など、様々な病気を起こす病原体を媒介しています。

詳しくは「寄生虫症」の項を参照してください。

（綿貫和彦）

フグ

フグ毒のテトロドトキシンは、猛毒としてよく知られています。フグには毒のあるものとないものがありますが、防波堤でよく釣り上げられ捨てられているクサフグには、卵巣と肝臓、腸に猛毒があるので食べさせないよう注意してください。

フグ毒を摂取した場合、嘔吐や腹痛、麻痺、けいれん、呼吸困難などの症状が現れ、死亡することもあります。

治療に特効薬はありません。食べているのを見つけたときは、すぐに嘔吐させ、胃洗浄を行います。症状が出ていれば、輸液や人工呼吸などの対症療法を行います。

（綿貫和彦）

環境汚染物質と食事あるいは飲水中の有害無機物

一酸化炭素

一酸化炭素は、酸素不足の状態でものが燃える（不完全燃焼）ときに発生します。冬場に窓を閉め切って石油ストーブやガスストーブを点けたままにしていたり、ガレージ内で車のエンジンをかけっぱなしにしていることが原因となって、毎年のように事故が発生し、人と同様に動物も犠牲になっています。

一酸化炭素は、体中のあらゆる細胞に酸素を運ぶ働きをしている血液中のヘモグロビンに結合し、血液の酸素運搬能力を低下させてしまいます。

嘔吐《おうと》や視力障害、呼吸困難、錯乱、けいれん、昏睡《こんすい》などがみられ、死亡することもあります。また、数日あるいは数週間後に知能低下や性格の変化などを起こすこともあります。

治療は、100%酸素をできるだけ早く吸入させます。一酸化炭素ヘモグロビンの半減期は4～5時間ですが、100%酸素を吸入させると約80分になります。また、人の一酸化炭素中毒の治療には、高気圧酸素療法も行われています。

（綿貫和彦）

煙吸入

火事の際には、一酸化炭素以外にも様々な有毒ガスが発生します。主なものとして、ポリウレタン、アクリル製品などから発生するシアン化水素（青酸ガス）、塩化ビニール製品などから発生する塩化水素、フッ素加工製品などから発生するフッ化水素などがあります。

呼吸器系は、高熱の煙による熱傷とともに、有毒ガスによる障害を受け、ショックや肺水腫《はいすいしゅ》、気管支収縮、呼吸困難、けいれん、昏睡などを起こして死に至る場合があります。

治療には、酸素吸入のほか、症状に応じた救急治療を行います。

（綿貫和彦）

砒素《ひそ》

砒素は、天然では硫砒鉄鉱《りゅうひてっこう》や鶏冠石などの成分の一つとして存在しています。また、銅や亜鉛などの精錬の際にも発生します。採掘場付近の土壌や地下水が汚染されていたり、精錬の際の粉塵《ふんじん》を吸入すると中毒が起こります。

このほか、身近な例としては、除草薬や殺虫薬、殺鼠薬《さっそやく》、防腐薬、半導体材料、さらに犬糸状虫症の治療薬（成虫駆除薬）などとしても用いられています。

急性中毒の場合は、嘔吐や腹痛、衰弱、運動失調、水様下痢、ショック、腎障害《じんしょうがい》を示し、死亡することもあります。

また、慢性中毒の場合は、食欲不振や皮膚炎、角化症、呼吸促迫、呼吸困難、腎障害などがみられます。

治療には、催吐や胃洗浄を行い、活性炭などの吸着剤や下剤を投与します。また、輸液や金属除去薬の投与、ペニシラミンの内服などが行われます。

（綿貫和彦）

ボツリヌス中毒

ボツリヌス菌が産生する神経毒が原因となって発症する中毒です。ボツリヌス菌は傷んだ食品や腐乱した生ゴミに存在しています。タイプC1《シーワン》は犬で多く報告される毒素です。

症状は、毒素を含む食物を食べた後、数時間から数日以内で発生します。ボツリヌス中毒では、麻痺《まひ》症状が後肢から頭部に向かって広がっていきます。

確定診断には、原因と思われる食物からボツリヌス菌を分離同定します。

軽度の神経症状は、ほとんどが自然に回復します。しかし、重症例の場合は、抗毒素を投与して麻痺の進行を抑えても、治療前に起こった神経障害を回復させることはしません。

（加藤　郁）

マカダミアナッツ

殻付きナッツがたやすく入手できるハワイにおいて知られている中毒です。しかし、日本でも条件がそろえば起こりうるかもしれません。この中毒は、多量のマカダミアナッツを摂取することにより発症するといわれています。ただし、中毒を起こす成分はいまだ不明です。

中毒症状は急性で、摂食後かなり早くに発症します。症状としては、様々な程度の運動失調や後肢の不全麻痺《ふぜんまひ》、高熱などが生じるといわれています。ただし、これらの症状は、治療しなくても12～24時間で回復するようです。

（加藤　郁）

人工物が原因となる中毒

工業汚染物質

工業汚染物質として発生する金属のうち、中毒の原因となるものは、鉄、鉛、亜鉛、カドミウム、砒素《ひそ》、水銀など、多くの種類があります。（加藤 郁）

鉄

工業汚染物質としての鉄による中毒が、小動物にどれほどの頻度で発生しているかは明らかではありませんが、食品や肥料などに含まれる鉄によりショック症状を起こすことがあります。しかし、鉄中毒はイヌ、ネコではまれといわれています。

原因

もっとも一般的な原因は、鉄を含む栄養補助食品です。また、鉄は植物肥料調合剤にも存在し、イヌに中毒を起こすことがあります。

症状

鉄の過剰摂取は、胃と小腸の粘膜に対して直接的な腐食作用を示し、重度の壊《え》死《し》や穿孔《せんこう》、腹膜炎を起こします。

中毒症状としては、嘔吐《おうと》や下痢、眠気、ショック、中枢神経系抑制、胃腸出血、代謝性アシドーシス、劇症の肝不全、乏尿、無尿、急性腎不全《きゅうせいじんふぜん》などがみられます。

診断

血清鉄濃度を測定することが診断の一助となります。また、X線検査で消化管内に異物が認められることもあり、胃腸《いちょう》穿孔《せんこう》があれば、腹水やガスの貯留がみられます。

治療

アナフィラキシーを疑う場合は、それに対する緊急処置が必要です。必要に応じて、全血輸血や重炭酸ナトリウムの投与を行います。また、原因物質を除去するため催吐薬を投与し、吸収させないために水酸化マグネシウムの投与や、胃洗浄を行います。（加藤 郁）

鉛中毒

鉛による中毒は古くから知られている病気です。しかし、その初期症状が嘔吐や食欲不振など非特異的であるため、確定診断までに時間がかかってしまうことがあります。

鉛中毒の原因は、鉛を含んだ塗料（ペンキ）やバッテリー、ハンダ、配管材や部品などの廃棄物、ゴルフボール、敷物、おもちゃ、鉛の窓用錘《おもり》、釣りの錘、絶縁材、散弾など多種多様です。

鉛中毒がもっとも多いのは1歳以下の動物です。永久歯が生えるときにかゆかったりするため、あるいは好奇心や異食性などのために、異物を咬《か》み摂取することも多く、このことが鉛中毒発生の増加の一因となっています。

鉛中毒の症状としては、嘔吐や腹痛、腹部緊張、食欲不振などの胃腸障害と神経障害がみられます。一般に多量の鉛を接取した場合に起こる急性症では神経症状が優勢で、低用量を長期間にわたって接取した場合には胃腸症状から神経症状、さらに骨に異常な所見がみられます。

診断は血液検査により、貧血、有核赤血球や好塩基球の出現、X線検査にて鉛が確認されることもあります。

治療は鉛の摂取直後で、まだ吸収されていない場合は硫酸ナトリウムや硫酸マグネシウムなどの塩類下剤を経口投与し、鉛を非水溶性の硫酸鉛に変化させます。また、催吐薬の投与や浣腸《かんちょう》、さらに金属除去薬の投与を行います。

（加藤 郁）

硫化水素

硫化水素は、高い毒性をもつ気体で、硫黄温泉やアスファルト蒸気、金属精錬工場、鉱山、腐敗物、肥料などから発生しています。

硫化水素は空気より重いため、体高の低い動物に中毒が発生しやすいことは十分に考えられます。

症状としては、粘膜への直接的な刺激により、流涎《りゅうぜん》や眼瞼《がんけん》けいれん、発咳《はつがい》、肺炎などがみられます。また、呼吸促迫や悪心、嘔吐、錯乱、けいれん、昏睡《こんすい》、ショック、心肺停止などを起こすこともあります。

中毒を起こしている動物については、硫化水素が発生している現場から速やかに移動させ、全身症状がみられる場合は、各々の症状に応じた緊急処置を行います。

（加藤 郁）

農薬、市販毒物

除草剤

除草剤による中毒は、胃腸症状などを示します。ただし、飼育動物に重度な除草剤中毒が発生することはまれですが、猟犬の様に戸外で運動する場合は特殊な除草剤中毒が多く報告されています。

原因

除草剤には様々な種類があります。適切な使用方法で散布された除草剤によって飼育動物が致命的な中毒を起こすことは、まずないと思われます。重症の除草剤中毒は、製品を直接摂取することによって発生します。

症状

フェノキシ系除草剤を大量に摂取した場合は、食欲不振、嗜眠《しみん》、筋緊張、代謝性アシドーシスが生じます。また、アトリアジン系除草剤やフェニル系除草剤は、長期にわたって摂取すると、中毒が起こり、嘔吐と下痢がみられます。一方、パラコートには致死的な肺や腎臓《じんぞう》への障害作用があり、その中毒ではけいれんや過剰興奮、運動失調が起こり、粘膜のびらんや肺線維症、腎不全《じんふぜん》を発生して死亡します。

診断

飼育環境に疑わしい薬品がないか、また、除草剤の使用が疑われる場所への散歩がなかったかを確認します。原因として疑われる除草剤があれば、それによる中毒症状と現在の症状との類似性を検討し、診断の参考にします。

治療

フェノキシ系除草剤中毒の治療には、活性炭とアルカリ性利尿薬を用います。また、パラコートは致命的な中毒となりうるので、活性炭や微細粘土末製剤の投与のほか、腎障害《じんしょうがい》や肺水腫《はいすいしゅ》を予防するために適切な薬物を与えます。ただし、酸素吸入は、病態を悪化させるため、行ってはいけません。その他の除草剤についても、胃腸内の原因物質の除去のための催吐薬の投与のほか、活性炭の投与や症状に応じた対症療法を行います。

（加藤　郁）

殺《さっ》鼠《そ》剤《ざい》

殺鼠剤としては、ワルファリンとそれに類似の薬物が広く使用されています。これらの殺鼠剤の管理不十分によりイヌやネコが誤食をし、中毒を起こすことがあります。

原因

最近は、ワルファリンに対して抵抗性を示すネズミが出現しています。以前からの殺鼠剤を第一世代ヒドロキシクマリン（ワルファリン）、ワルファリン抵抗性ラットに対して有効な殺鼠剤を第二世代ヒドロキシクマリンといいます。これらの殺鼠剤は、血液の凝固を阻害して、殺鼠作用を発現します。

一般に、第一世代の殺鼠剤は継続的な摂取により致死量となり、第二世代殺鼠剤は1回の摂取で致死量となるように作られています。

症状

血液凝固の阻害作用によって、外傷部位や各種粘膜から出血することがありますが、鼻出血や血尿、血便、血腫《けっしゅ》などがつねに現れるとは限りません。よくみられる症状は、呼吸困難や嗜眠、食欲不振です。

診断

血液凝固の状態の検査を行います。また、診断的治療として、ビタミンK_1を投与し、24時間以内に良好な反応があれば殺鼠剤中毒を疑います。殺鼠剤が疑われる場合は、その組成をメーカーなどに問い合わせ、原因と思われる抗凝固薬を迅速に特定することが重要です。

治療

症状が重度で、著しい貧血や低血液量性ショックがみられる場合は輸血が必要です。症状が軽度の場合や輸血により症状に改善傾向が現れた場合は、ビタミンK1を投与するとともに、安静を保つためケージレストとし、必要な対症療法を行います。治療期間は、第一世代のワルファリンでは7～10日間と短時間ですが、第二世代では4～6週間を要することがあります。

（加藤　郁）

殺虫剤

原因

殺虫剤には、有機リン系やカルバメート系の薬物があります。有機リン系殺虫薬には、ジクロルボスやダイアジノン、テメホス、ピリダフェンチオン、メソトホナート（トリクロルホン）、フェニトロチオンなどがあり、カルバメート系殺虫薬にはプロポクスルなどがあります。

飼育動物の殺虫剤中毒は、薬剤の直接的な摂取のほか、不適切に廃棄された容器を舐《な》めても起こります。また、外部寄生虫駆除の目的で体表に過量もしくは長期間使用することで中毒を起こすことがあります。

症状

不安、苦痛の表情や行動、多量の流《りゅう》涎《ぜん》、頻尿、頻回排便、嘔吐《おうと》、顔面から全身への筋の振せん、縮瞳《しゅくどう》、硬直性けいれん、起立不能、気管支狭窄《きかんしきょうさく》、呼吸困難、昏睡《こんすい》、呼吸抑制がみられ、死亡することもあります。これらの中毒症状は、急性の場合、薬物との接触後数分から2～3時間で起こり、その持続時間は2～3分、長くても数時間程度です。

診断

これらの化合物は、動物の体内で速やかに代謝排泄《たいしゃはいせつ》されるため、体内に吸収された薬物を検出することは現実的ではありません。血液中のある種の酵素活性を測定し、診断の参考にすることができます。また、身近に中毒の原因として疑わしい薬剤がないかを調べたり、殺虫剤の使用が疑われる地域への散歩コースがないかを確認し、その化合物による中毒症状と、現在の症状との類似性を検討することも重要です。

治療

有機リン系とカルバメート系の殺虫剤による中毒は、急性の緊急疾患であり、中毒症状が認められた場合は、それぞれの症状に対する速やかな処置が必要です。また、こうした化合物の摂取が明確であれば、無症状であっても、催吐薬とともに活性炭を経口投与し、少なくとも8時間は観察を続けます。活性炭の投与は、なるべく早期に行うことが重要です。このほか、アトロピンやアセチルコリンエステラーゼ再活性化薬、ジアゼパム、ジフェンヒドラミンなどの投与を検討します。

（加藤　郁）

有機塩素剤

有機塩素系殺虫剤には、オルトジクロロベンゼンやBHC、DDT、クロルデンなどがありますが、環境汚染の問題のため、現在、その多くは使用されなくなっています。そのため、有機塩素剤による中毒はほとんど発生しないと考えられます。ただし、農村地の旧家倉庫などには、処分され忘れた有機塩素剤が残っているかもしれません。急性症状としては流涎や嘔吐、悪心、活動亢進《かつどうこうしん》、過剰興奮、協同運動失調、筋肉強直、けいれん、てんかん、呼吸不全、慢性症状としては食欲不振や体重減少、削痩《さくそう》、振せん、けいれん、昏睡がみられます。

治療には催吐薬投与や胃洗浄、活性炭や塩類下剤、抗けいれん薬の投与、その他、症状に応じた対症療法を行います。

（加藤　郁）

家庭用品、市販製品

無数ともいえる様々な製品が家庭や事業所で使用されていますが、そのほとんどは動物に対して比較的安全であるか、あるいは一般に接触することがないものです。しかし、それにもかかわらず、家庭用品は動物が出会う中毒の主要な原因となっています。

この項では全部を網羅することはできませんが家庭内で出会う可能性の高いものを挙げておきます。

動物に対して影響の大きいものについては、予期される症状とともに知っておくと役立ちます〈表2〉。

（佐藤正勝）

医薬品が原因となる中毒

イヌやネコは、飼い主と一緒に生活しているため、飼い主が使う薬品を誤って摂取することがあります。また、不注意に、あるいは意図的に、人間のために処方された治療薬がイヌ、ネコに与えられることもあります。

どのような医薬品も大量に摂取すれば中毒を起こします。とくに、ネコは薬物に対する感受性が高い傾向があります。

イヌとネコが中毒を起こす可能性が高い薬物とその中毒症状をあげておきます〈表3、4〉。治療については「動物の中毒に対する飼い主の対応」の項を参照してください。

（佐藤正勝）

用品の種類	成分	中毒症状	治療
洗濯用漂白剤	次亜塩素酸ナトリウム	粘膜と眼に対する刺激と腐食、蒸気吸入により咽頭けいれん、咽頭浮腫、肺水腫。経口中毒により嘔吐	皮膚を大量の水で洗浄。催吐薬投与と胃洗浄は不可。酸も使用不可。水酸化アルミニウム経口投与。チオ硫酸ナトリウム経口投与により次亜塩素酸を解毒
乾燥剤	シリカゲル	口腔内や消化管の刺激、びらん、出血を起こす	摂取した場合は、催吐処置、牛乳、ジュースを投与した後、胃洗浄する
	生石灰	目に入ると充血、浮腫、角膜潰瘍を起こし、失明することがある	流水やホウ酸水で十分に洗浄する
逆性石鹸、衣服の柔軟材	塩化ベンザルコニウム	飲むと嘔吐、腹痛、血圧低下、錯乱、けいれん、昏睡がみられる。重症では呼吸困難を招き、窒息死する。消化管に穿孔が生じ、ショック死することがある	牛乳、卵白を投与して気道確保した後、胃洗浄する。安易に水を飲ませて嘔吐させると、泡が生じて呼吸困難となる
ラジェーター洗浄剤	シュウ酸	胃腸炎。嘔吐、ショック、低カルシウム血症発作。シュウ酸塩誘発性腎障害。エチレングリコールの項を参照	カルシウム塩（石灰水）の経口投与、グルコン酸カルシウムの静脈内注射。 ショックの治療
消毒用アルコール	エチルアルコール	協調運動障害、皮膚充血、嘔吐。末梢血管虚脱と昏睡へ進展。低体温	胃洗浄または催吐。アルコールの排泄促進のために尿のアルカリ化を図る。重症例には透析
さび取り剤	酸（塩酸、リン酸、フッ化水素酸、シュウ酸）	皮膚熱傷、結膜浮腫、強膜の瘢痕形成	水洗、必要に応じて毛刈り。経口摂取に対して催吐薬投与と胃洗浄は不可。 水酸化マグネシウムの経口投与
シャンプー剤	硫酸ラウリルおよびドデシル硫酸トリエタノールアミン	眼刺激。粘液分泌亢進。下痢	塩類下剤投与。 活性炭またはカオリン内服
シャンプー剤（ふけ取り）	ピリジンチオン亜鉛	網膜剥離と滲出性脈絡網膜炎を伴う進行性盲目	経口的無毒化療法
靴みがき剤	アニリン色素、ニトロベンゼン、テルペン	アニリンとニトロベンゼンによりメトヘモグロビン血症誘発（マッチの項を参照）	燃料の項を参照。 メトヘモグロビン血症の治療はマッチの項を参照
日やけローション	アルコール	消毒用アルコールの項を参照	消毒用アルコールの項を参照
香水	諸種揮発油を含む香料エキス（サビン、ヘンルーダ、ヨモギギク、ビャクシン、ヒマラヤスギ）	皮膚と粘膜の局所刺激、肺炎、アルブミン尿、血尿、糖尿を伴う肝腎障害、興奮、運動失調、昏睡、呼気に揮発油臭	希重曹液で胃洗浄。 塩類下剤と粘滑剤の投与
融雪塩	塩化カルシウム	皮膚の紅斑と剥脱。嘔吐、下痢、胃腸潰瘍形成。脱水、ショック	局所を冷水で洗浄。 水または卵白の経口投与
チョコレート（一般的なイヌの場合）	テオブロミン	初期には興奮、神経障害、神経衰弱、口渇、嘔吐。急性例では活動過剰、運動失調、下痢、利尿。重症例では間代性けいれん、過温症、突然死	催吐薬（アポモルヒネ）投与、胃洗浄、活性炭投与
保冷剤	硫酸アンモニウム	飲むと嘔吐、下痢	催吐した後、対症療法を行う
脱臭剤	塩化アルミニウム	口腔刺激または壊死、出血性胃腸炎。ときに協調運動障害、ネフローゼ	催吐薬投与、胃洗浄
ナフタリン	パラジクロロベンゼン	嘔吐、蒼白、頻脈、メトヘモグロビン血症。重症例ではけいれんを含む中枢神経系症状	催吐不可。摂取1時間以内で毒素量判明時のみ胃洗浄。 活性炭、塩類下剤の投与
タバコ	ニコチン	興奮、嘔吐、流涎、下痢。呼吸促迫後に放尿や流涎。大量摂取の場合は震え、けいれんのため起立不能、末期には呼吸浅速、頻脈、虚脱、昏睡を経て死亡	摂取1時間以内であれば催吐薬投与、それ以降は胃洗浄を行う。 活性炭の反復投与。 塩類下剤投与。副交感神経症状にはアトロピンを投与
マカダミアナッツ（主にイヌに発生）	オレイン酸、パルトレイン酸（不飽和脂肪酸）	虚脱、沈うつ、嘔吐、運動失調、震え、高熱。全てのイヌで48時間以内に回復	

（佐藤正勝）

〈表２〉中毒の原因となる主な家庭用品

用品の種類	成分	中毒症状	治療
水彩絵具	顔料、タルク、アラビアゴム、グリセリン	一般的に水性絵の具では急性中毒を起こさず、大量の服用では、嘔気、嘔吐、下痢などの可能性あり	一般的な中毒に対する処置、対症療法
油絵具	顔料（鉛、亜鉛、カドミウム、水銀などの重金属を含有製品あり）、体質顔料（タルクなど）、展色剤（パラフィン、植物油など）、添加剤	通常の誤食ではほとんどの症状の発現はないが、大量服用で悪心、嘔吐、腹痛、下痢。 まれに顔料による重金属中毒を生ずることあり	一般的な中毒に対する処置、対症療法、血中、尿中の重金属の測定
陽イオン性洗剤	アルキルまたはアリル置換基をもつ4価アンモニウム	嘔吐、抑うつ、虚脱、昏睡、食道に腐食性傷害	牛乳または活性炭の経口的投与。石けんも効果あり。必要に応じて発作と呼吸抑制の治療
陰イオン性洗剤	硫酸化合物、リン酸化合物	皮膚刺激、嘔吐、下痢、胃腸拡張	水または弱酸（酢）で洗浄
排水路洗浄剤	水酸化ナトリウム、ときに次亜塩素酸ナトリウム	皮膚と粘膜の炎症、浮腫、壊死。口、舌、咽頭部の熱傷。液剤により食道の壊死と狭窄	水、牛乳、または酢で局部を洗浄。催吐薬投与と胃洗浄は不可。希釈酢酸または酢を経口投与、ショックと疼痛に対する治療。救命のために外科処置が必要なこともある
糊	デンプン、ポリビニルアルコール、防腐剤（ホルマリン、ホウ酸など）や香料を少量含む	大量の場合：悪心、嘔吐、下痢など	対症療法
マジックインク（油性）	キシレン、アルコール、顔料、ダンマル樹脂	頭痛、めまい、運動失調、酩酊、意識障害、呼吸困難、肺水腫、心室細動による不整脈、口腔・胃の灼熱感、嘔気、嘔吐、流涎、嗄声、血尿、蛋白尿	必要ならカルシウムの投与 催吐は禁忌 気管内挿管をして行う 吸着剤投与
肥料	尿素、アンモニウム塩、硝酸塩、リン酸塩	尿素と硝酸塩は単胃小動物に対しては低毒性。尿素は草食動物（モルモット、ウサギ）の盲腸と結腸でアンモニアを放出。アンモニウム塩は胃腸刺激と全身的アシドーシスを誘発。高濃度の塩類は嘔吐と下痢発症。利尿	吸着剤（活性炭）と粘滑剤の投与。 利尿による脱水に対しては輸液
花火	酸化剤（硝酸塩、塩素酸塩）、金属（水銀、アンチモン、銅、ストロンチウム、バリウム、リン）	腹痛、嘔吐、血様便、浅速呼吸。塩素酸塩によりメトヘモグロビン血症	催吐薬投与、胃洗浄。メトヘモグロビン血症にはメチレンブルー（ネコには不可）またはビタミンＣを投与。判明していれば金属中毒に対する治療
消火剤（液状）	クロロブロムメタン、臭化メチル	皮膚と眼の刺激、流涙、流涎、嘔吐、視力障害、めまい、不全麻痺、昏睡、肺水腫、肝腎障害、アシドーシス	石けんと水で洗浄。催吐薬投与と胃洗浄は不可。肺水腫、腎不全、アシドーシス、肺炎の治療
ボンド（接着剤）	セルロース、合成樹脂、合成ゴムと溶剤（水、有機溶剤）	有機溶剤による粘膜刺激（悪心、嘔吐、咳嗽、嗄声、流涙、皮膚炎）と中枢神経抑制症状、頭痛、めまい、酩酊、興奮、意識障害、呼吸抑制	アセトン含有の接着剤を体重１kg当り0,1 g以上摂取した場合はすぐに受診（呼吸・循環管理が中心）
アロンアルファー（瞬間接着剤）	α-シアノアクリレートモノマー（溶媒含有せず）	経口：すぐに口の中や舌に付着して灰白色の斑点を生ずる。 咽頭や食道に付着することはほとんどない	経口の場合：通常処置の必要はないが、口腔内を水ですすぐ、嚥下されても問題はない 皮膚などに接着した場合：ぬるま湯かマニキュア除光液（アセトン）などの溶剤で少しずつもみはなす 目に入った場合：水ですぐ洗眼し、点眼液をさし、眼帯をしておく。 ほぼ24時間で眼球より剥離し異物として取りのぞける（目をこすったりしない）
燃料	石油系炭化水素、アルコール、灯油、ガソリン	早期には中枢神経系抑制、見当識障害、壊死。粘膜への刺激。 肺炎、肝腎障害	胃洗浄は避けるか、または吸入を防ぐ特別な注意を払う。 肺炎の治療
マッチ	塩化カリウム	胃腸炎、嘔吐、塩素酸塩はチアノーゼと溶血とともにメトヘモグロビン血症を誘発	対症療法。メトヘモグロビン血症にはメチレンブルー（ネコには不可）またはアスコルビン酸（ビタミンＣ）を投与

薬物の分類	薬物	中毒症状
駆虫薬	チアセタルサミド	嘔吐、黄疸、ビリルビン尿、肝酵素活性上昇、抑うつ、食欲不振、咳、腎不全、注射局所腫脹、脱毛、皮膚炎、出血性障害。死に至ることもある
	トルエン	虚脱
	トリクロルホン	食欲不振、衰弱、嗜眠
	ユレドホス	嘔吐、下痢。死に至ることもある
ホルモン薬	ベタメサゾン	ショック、多飲多渇、多尿
	デキサメサゾン	多飲多渇、多尿、嘔吐、下痢、血様下痢、メレナ、喘ぎ
	プレドニゾロン	食欲不振、多食、異嗜、貧血、嗜眠、下痢、多尿、肝酵素活性上昇
	メチルプレドニゾロン	見当識障害、喘ぎ
	トリアムシノロン	クッシング症候群、嘔吐、抑うつ、じんま疹、呼吸困難、発作、ショック
	エストラジオールシピオネート	注射部位の疼痛、子宮蓄膿
	酢酸メゲストロール	多食、子宮留水症、子宮無力症、子宮破裂、食欲不振、抑うつ。死に至ることもある
	ミボレロン	肝機能不全、黄疸、膣分泌物の増加、行動異常、尿失禁
抗菌薬	アモキシシリン	皮疹、嘔吐
	アンピシリン	じんま疹、注射部位の炎症、嘔吐、下痢
	バシトラシン－ポリミキシンB－ネオマイシン（眼科用）	眼刺激
	セファレキシン	喘ぎ、流涎、過興奮性
	クロラムフェニコール	嘔吐、抑うつ、運動失調、下痢。死に至ることもある
	ゲンタマイシン	注射部位の炎症、口唇浮腫、眼瞼浮腫、陰唇浮腫、腎機能不全
	ヘタシリン	嘔吐
	リンコマイシン	嘔吐、軟便、下痢、筋肉内注射後のショック。死に至ることもある
	ニトロフラントイン	嘔吐
	ペニシリンGカリウム	呼吸数と心拍数の増加
	プロカインペニシリンG	運動失調、浮腫、呼吸困難
	プロカインとベンザチンペニシリンG	無菌性膿瘍、アナフィラキシー
	スルファクロルピリダジン	運動失調、過興奮性
	スルファグアニジン	角結膜炎
	スルファメラジン－スルファピリジン	嘔吐、呼吸困難
	テトラサイクリン	嘔吐
	トリメトプリム－スルファジアジン	嘔吐、下痢、食欲不振、肝機能不全、黄疸、肝炎、両側性角結膜炎、注射部位の腫脹と疼痛、じんま疹、剥脱性皮膚炎、顔面腫脹、溶血性貧血、無形成性貧血、多飲多渇、多尿、多発性関節炎、発作
その他	アミノプロパジン	注射部位壊死
	アミノフィリン	嘔吐、食欲不振、多食、多飲多渇、多尿、過興奮性
	アスパラギナーゼ	運動失調、筋脱力、嗜眠
	アトロピン	奇異性徐脈、心ブロック
	エデト酸カルシウム	嘔吐、下痢、食欲不振、抑うつ
	ナフテン酸銅（局所用）	皮膚熱傷
	ジクロルフェナミド	見当識障害
	ジノプロストトロメタミン	喘ぎ、流涎、不快、嘔吐
	ジゴキシン	嘔吐、食欲不振
	エピネフリン－ピロカルピン（眼科用）	結膜炎
	イブプロフェン	抑うつ、嘔吐、胃潰瘍。死に至ることもある
	メトリザミド	脊髄造影後の発作
	ネオスチグミン－フィゾスチグミン（眼科用）	嘔吐、下痢、徐脈、パンヌス
	メチル硫酸ネオスチグミン	無呼吸、心停止。死に至ることもある
	ピリドスチグミン	下痢、嘔吐
	粗硫化カルシウム（局所用）	皮膚熱傷、浮腫、脱水
	テオフィリン	下痢

（佐藤正勝）

〈表３〉イヌに発生する主な薬物中毒

薬物の分類	薬物	中毒症状
鎮痛薬	アスピリン	出血性障害
	メクロフェナム酸ーコルチコステロイド	下痢、胃腸出血。死に至ることもある
	フェニルブタゾン	貧血、白血球減少症、血小板減少症、嘔吐、出血性腸炎、鼻出血、肝酵素活性上昇。死に至ることもある
中枢神経抑制薬	アセチルプロマジン	異常行動、攻撃性増大、不安、注射脚の跛行、作用延長、呼吸窮迫、徐脈、蒼白、発作、失神、弱不整脈、放尿、排便
	ブトルファノール	鎮静、運動失調、流涎、喘ぎ、叫声、嘔吐、抑うつ、食欲不振、呼吸停止、心停止、アナフィラキシー、チアノーゼ。死に至ることもある
	フェンタニルードロベリロール	行動変化、跛行、運動失調、高体温、攻撃性、発作、徐脈、頻脈、過呼吸、無呼吸、振せん、過換気、過興奮性、運動亢進、眼振、心停止、回復遅延。死に至ることもある
	エチルイソブトラジン	過興奮性
	ハロタン	不整脈、悪性高体温、眠振、斜頸、嘔吐
	ケタミン	けいれん、チアノーゼ
	リドカイン	喉頭浮腫、顔面浮腫、呼吸停止、発作、運動失調、振せん
	メトキシフルラン	心停止、２週間後に肝炎。死に至ることもある
	オキシモルホン	徐脈
	プロクロルペラジンーイソプロパミド	頻脈
	プロマジン	抑うつ、低血圧、高体温。死に至ることもある
	チアミラール	心停止、呼吸停止、麻酔延長、チアノーゼ、無呼吸、不整脈、徐脈、一過性聴力喪失、回復遅延。死に至ることもある
	チオペンタール	心停止、回復遅延、肺水腫、注射部位腐肉形成。死に至ることもある
	キシラジン	狂暴性、徐脈、心停止。死に至ることもある
抗けいれん薬	フェニトイン	運動失調、肝毒性、白血球減少症、嘔吐、昏睡。死に至ることもある
	プリミドン	肝不全、黄疸、嘔吐、脱毛、多飲多渇、多尿。死に至ることもある
駆虫薬	アレコリンー四塩化エチレン	散瞳、運動失調、嘔吐、下痢、激疝痛、歩行不能、抑うつ、低体温
	ブナミジン	呼吸困難、運動失調、嘔吐、衰弱、鼓腸、胃腸炎、肺出血、発作。突然死することもある
	ブタミゾール	呼吸困難、運動失調、振せん、虚脱、昏睡、抑うつ、黄疸、注射部位腫脹、膿瘍形成。死に至ることもある
	ｎーブチルクロライド	知覚麻痺、運動失調。死に至ることもある
	ジクロロフェンートルエン	協調運動障害、けいれん、嘔吐、見当識障害、散瞳、嗜眠、食欲不振、発熱。死に至ることもある
	ジクロルボス	下痢、嘔吐、運動失調、振せん、衰弱。死に至ることもある
	ジエチルカルバマジン	瘙痒、衰弱、嘔吐、下痢、黄疸、類アナフィラキシー反応。死に至ることもある
	ジエチルカルバマジンーストリルピ	下痢、嘔吐、不妊、奇形発生。死に至ることもある
	リジニウムージソフェノール	高体温、過換気、運動失調、虚脱、呼吸困難、呼吸窮迫、注射部位腫脹。死に至ることもある
	ヨウ化ジチアザニン	嘔吐、下痢、抑うつ、不安、高体温、食欲不振、嗜眠。死に至ることもある
	グリコビアソル	嘔吐
	レバミゾール	呼吸困難、肺水腫、嘔吐
	メベンダゾール	黄疸、嘔吐、食欲不振、下痢、嗜眠、肝機能不全。死に至ることもある
	ピペラジン	麻痺。死に至ることもある
	メトロニダゾール	嗜眠、後肢脱力
	フタロファイン	肝炎、脾炎、運動失調。死に至ることもある
	プラジカンテル	注射部位刺激、衰弱、徐脈、発作、嘔吐、運動失調
	ロンネル	嘔吐、攣縮、抑うつ
	ｐークロロベンゼンスルホン酸テニウム	嘔吐、下痢、腸炎、アナフィラキシー、出血性腸炎、肝出血、発作、呼吸困難、チアノーゼ。死に至ることもある

〈表４〉ネコに発生する主な薬物中毒

薬物の分類	薬物	中毒症状
鎮痛薬	アセトアミノフェン	抑うつ。死に至ることもある
	アセトアミノフェン－コデイン	不安、興奮、恐慌、散瞳。死に至ることもある
	アスピリン	抑うつまたは興奮、運動失調、眼振、食欲不振、嘔吐、体重減少、過呼吸、肝炎、骨髄抑制、貧血、胃障害。死に至ることもある
	フェニルブタゾン	食欲廃絶、体重減少、脱毛、脱水、嘔吐、重度の抑うつ。死に至ることもある
中枢神経抑制薬	アセチルプロマジン	作用延長、心停止、過敏、けいれん。死に至ることもある
	ケタミン、 ケタミン－アセチルプロマジン	無酸素症、無呼吸、呼吸低下、覚醒不能と遅延、振せん、けいれん、興奮、高体温、呼吸困難、心停止、膀胱と腎の出血、ネフローゼ、脂肪肝、肺水腫、難聴。死に至ることもある
	ハロタン	心停止、無呼吸、ショック
	メトキシフルラン	運動失調。死に至ることもある
	チアミラール	心停止、呼吸停止、無呼吸、麻酔延長、運動失調、ショック。死に至ることもある
	キシラジン	麻酔延長、無呼吸、けいれん
	プロパラカイン	散瞳
駆虫薬	ブナミジン	発作、咳、呼吸困難、肺うっ血、窒息、嗜眠、蒼白、昏睡、流涎、食欲不振、発熱、低体温、口腔傷害、舌浮腫。突然死することもある
	ｎ－ブチルクロライド	嘔吐
	ジクロロフェン－トルエン	運動失調、攣縮、発作、散瞳、見当識傷害、後躯脱力、協調運動障害、流涎、嘔吐、過呼吸、頻脈。死に至ることもある
	ジクロルボス	死に至ることもある
	グリコビアソル	嘔吐や黄疸。死に至ることもある
	レバミゾール	流涎、興奮、下痢、散瞳
	ニクロサミド	抑うつ、運動失調、低体温
	ピペラジン	嘔吐、痴呆、運動失調、流涎
	プラジクアンテル	注射部位の刺激、跛行、嘔吐、運動失調、低体温
ホルモン薬	酢酸メゲストロール	多食、子宮水腫、子宮破裂
	トリアムシノロン	神経質、流涎、見当識傷害、失神
抗菌薬	アンピシリン	下痢
	アモキシシリン	嘔吐
	アンホテリシンＢ	腎機能不全
	セファレキシン	嘔吐、発熱
	クロラムフェニコール	類アナフィラキシー型反応、食欲不振、運動失調、嘔吐、抑うつ、下痢、好中球減少。死に至ることもある
	ゲンタマイシン	瘙痒、脱毛、紅斑
	リンコマイシン	下痢、嘔吐、筋肉内注射後の虚脱と昏睡
	テトラサイクリン	悪性高体温、嘔吐、脱水
	タイロシン	注射部位の刺激
	ヘキサクロロフェン	食欲不振、運動失調
	ミコナゾール	紅斑、脱毛
	スルフィソキサゾール	嘔吐
	プロカインペニシリン－ ジヒドロストレプトマイシン	運動失調
	トリメトプリム－スルファジアジン	嘔吐、流涎、散瞳、運動失調、発作
その他	ベタネコール	嘔吐

（佐藤正勝）

動物の中毒に対する飼い主の対応

中毒では、中毒物質の摂取（摂食、吸入、接触を含む）から治療に至るまでの時間的経過が予後に大きな影響を与えます。そのため、第一発見者である飼い主は、あわてることなく冷静に対応しなければなりません。ここでは、動物病院を受診する前に、飼い主がしておかなければならないことや、受診する際に気をつけなければならないことについて述べます。

（山本景史）

動物の中毒に対する飼い主の対応

- 動物病院を受診
  - 受診前に確認すべきこと
    - 原因物質
    - 摂取量と摂取時刻
    - 症状
      - 倒れている
      - うずくまって動かない
      - 嘔吐をする
      - 下痢をする
      - 食欲がない
- 動物病院へ行けない場合の処置
  - 吐かせる
  - 中和する
  - 吸収を遅らせる
  - 洗う
  - インターネットによる検索

動物病院を受診する前にしておかなければならないこと

中毒の疑いがある場合、原因物質とその摂取量、摂取時刻、症状の特徴を確認して、速やかに動物病院に連絡してください。動物病院にあらかじめ情報を詳しく伝えておくことで、より迅速で適切な治療を受けることができます。

（山本景史）

原因物質

中毒の治療の第一歩は、原因物質を特定することです。早期に原因物質を特定できれば、解毒剤の使用などにより速やかに回復させられることがあります。原因物質は、特徴的な症状や検査結果から推察できることもありますが、飼い主から適切な情報が得られた場合にもっとも早く特定することができます。ここでは、原因物質を特定できる場合と、特定が難しい場合についての対応法について述べます。

●特定できる場合

イヌやネコが摂取した現場を目撃するなど、中毒の原因物質が明らかな場合は、必ずその物質名（商品名）と成分を確認してください。

中毒となる危険性があるかどうかは成分により判断しますが、商品名から成分を調べることもできるため、確認した内容をできるだけ詳しく動物病院に伝えるようにします。そして、連絡後は病院の指示に従って速やかに受診してください。

なお、動物病院を受診する際には、成分を特定するに至った資料（包装、容器など中毒物質を特定する助けとなるものなら何でもかまいません）を忘れずに持参します。

●特定が難しい場合

症状（後述の「症状」を参照）から中毒が疑われるにもかかわらず、原因物質を特定できない場合は、現在の症状を動物病院に連絡してください。そして、連絡後は病院の指示に従って速やかに受診してください。はっきりしない原因物質の特定に時間をかける必要はありません。

（山本景史）

摂取量と摂取時刻

中毒物質を摂取したからといって、必ず中毒症状が現れるとは限りません。中毒症状が現れるには、摂取量と摂取後の経過時間が大きく影響します。摂取量が少なく、数時間経過しても何ら症状がみられなければ、大事に至らない場合もあります。

また、中毒となる量を摂取しても、摂取してからあまり時間が経過していない場合は、中毒物質を体外に排出させたり洗い流すことで、中毒の影響を最小限に食い止めることができます。摂取量と摂取時刻は、飼い主にしかわからない事柄なので、できるだけ正確な情報を提供できるように努めてください。

●明らかな場合

摂取量と摂取時刻が明らかな場合は、それらの情報を動物病院に正確に伝えてください。明らかでない場合でも、推定可能であれば、おおよその量と時刻を伝えてください。摂取量が推定困難であれば、包装容器内の残量でもかまいません。

●明らかでない場合

摂取した量や時刻が不明な場合は、いつごろまでは元気だったか（症状が現れていなかったか）を動物病院に伝えてください。

（山本景史）

症状

中毒物質が体内に入るには、摂食、吸入、接触などの経路があり、摂食の場合は消化管を介して、吸入の場合は呼吸器を介して、接触の場合は皮膚や粘膜を介して毒物が吸収されます。

摂取後あまり時間が経過していない場合は、消化器症状（嘔吐《おうと》、下痢、食欲不振など）、呼吸器症状（咳《せき》、鼻水、呼吸困難など）、皮膚症状（発赤、熱感、痛みなど）のように摂取経路と関連した症状がみられます。しかし、いずれの経路から吸収された場合も、中毒物質がいったん血液中に入ってしまうと様々な臓器に影響が生じ、複雑な全身症状が現れるため、症状から中毒と判断することがさらに難しくなってきます。たとえば、ある日、何の前ぶれもなく、動物が突然よだれを流す、ふらついて立てなくなる、けいれんするといった症状をみせた場合、どのように対応したらよいでしょうか。

これらは中毒、心臓発作、てんかん発作などで一般にみられる症状であり、いずれの疾病も動物病院での治療が必要です。しかし、大きな声で叫んだり、助け起こそうとしていきなり抱き上げたりしてはいけません。ここは一度深呼吸して冷静になりましょう。そして、動物の様子を観察しましょう。動物が倒れたまま、まったく動かなくなっているのか、呼吸はしているのか、頭を持ち上げることができるのか、どこか出血しているのかなどをよく観察してください。

以下に、それぞれの症状について、ただちに動物病院へ搬送すべきか、時間の余裕があり症状をよく観察してから動物病院に連れて行くべきか、特別な治療は行わないまでも引き続き観察が必要かに分け、注意点や方法を説明します。

●倒れている

もっとも緊急を要する状態です。動物がこのような状態になるのは交通事故や心臓発作、てんかん発作、毒物による中毒、熱中症など、様々な原因が考えられます。落ち着いて動物の状態をよく観察し、ただちに近くの動物病院に連絡したうえで連れて行ってください。交通事故により脊椎《せきつい》が損傷しているときなどは、抱き上げようと無理に体を動かすとよくないこともありますので、大きな動物の場合には板を担架代わりに使って運ぶとよいでしょう。

・呼吸していない／瞳孔《どうこう》が大きく開いている／体が硬く硬直しているとき

このような状態のときは、残念ながら手遅れで、すぐに動物病院に運んだとしても救命することは難しいかもしれません。

・深くゆっくりとした喘《あえ》ぐような呼吸のとき

10秒から数十秒に1回の割合で深く大きな呼吸をしている場合は、非常に危険な状態です。ただちに一番近くの動物病院に運んで救命処置を施せば助かる場合もありますが、すでに手遅れのこともあります。

・けいれんしているとき

四肢を強く突っ張った状態でけいれんしているときは、まず2～3分間そのままで様子をみます。その間にけいれんがおさまれば、ただちに動物病院へ運びます。3分以内におさまらないときは、おさまるのを待たずにそのまま動物病院に連れて行ってください。

また、横になって、泳ぐような格好で四肢を動かしている場合は、事故による脳障害の可能性があります。無理に体を動かさないように注意し、板などを担架代わりにしてその上に載せて動物病院まで連れて行ってください。

なお、けいれんが激しい場合は、呼吸ができなくなって死亡することがあります。また、けいれんしている動物に触れるときには十分に注意してください。普段はおとなしいイヌやネコでも、大きな苦しみと意識の混濁のため、飼い主に咬《か》みつくことがあります。

・上半身は起こしているが、下半身を力なく横たえているとき

　事故による脊椎損傷や骨盤骨折の可能性があります。無理に体を動かさないように十分に注意し、板などを担架代わりにして動物病院に連れて行ってください。

・出血が激しいとき

　出血している場所を確認し、布でその場所より心臓側をきつく縛ります。出血が止まったか、ほとんど出血しなくなったのを確認したうえで動物病院に連れて行ってください。止血が無理であれば、少しでも早く動物病院に運んでください。

●うずくまって動かない

　この状態も緊急を要します。前述の「倒れている」と同じく様々な原因が考えられますが、時間が経過すると救命できなくなることがあります。動物の状態をよく観察してできるだけ早く動物病院に連れて行ってください。また、このような状態のときには、痛みなどの苦痛が非常に大きい場合もあります。動物に触れるときには咬まれないように十分に注意してください。

●嘔吐をする

　ヒトと比べるとイヌやネコはよく嘔吐をします。嘔吐にも生理的と呼べるものから、急を要する非常に深刻なものまであり、冷静に観察してそれが急を要するものかどうか、ある程度の見当をつけることが必要です。

　1回嘔吐しているところを見つけても、まずはもうしばらく様子をみます。一度吐いただけで、後はけろっとして元気で食欲もある場合には、特別な処置が必要ないことがほとんどですが、1日に何度も嘔吐するときや、次に書かれているような症状を伴うときには、動物病院を受診して嘔吐の原因を調べる必要があります。

・1日のうちに何回も嘔吐する
・何回も嘔吐し、元気と食欲がまったくない
・何回も嘔吐し、激しい下痢を伴っている
・何回も嘔吐し、苦しそうにぶるぶる震えている
・水を飲んだ後や餌《えさ》を食べた直後に嘔吐する
・吐物や下痢に血液が混ざっている

　嘔吐に伴ってこれらの症状がみられる場合には、毒物による中毒や腸閉塞《ちょうへいそく》、食《しょく》道閉塞《どうへいそく》、急性膵炎《きゅうせいすいえん》、異物の誤飲などが疑われます。こうした状況では、時間が経過すると致命的になることがあるため、できるだけ早く動物病院に連れて行き、診察を受ける必要があります。一方、先に書かれている症状がない場合は、まずは餌の量を普段の半分くらいにして様子をみます。人間用の薬を安易に与えてはいけません。

●下痢をする

　これも嘔吐の場合と同じく、食事の突然の変更や食べ慣れないものを食べてしまったという程度のものから毒物による中毒まで、様々な原因が考えられます。まずは食事を抜いて様子を観察します。すぐに下痢がおさまり、元気で食欲もあれば治療の必要はないでしょう。しかし、次に書かれているような症状を伴っていれば、治療が必要になりますので、動物病院を受診してください。

・元気と食欲がまったくない
・何回も下痢をし、嘔吐を伴う
・背中を丸めて震えている
・水様あるいは泥状の下痢が1週間以上続く
・便の色が黒っぽい

　これらの症状がなく、元気がある場合には、まずまる1日絶食させます（ただし、飲み水は必ず与えてください）。そして、次の日にはいつも食べている量の半分くらいを与え、それ以降は餌の量を少しずつ増やしていきます。このとき与えるのは、いつも食べている餌か、それを少しぬるま湯でふやかしたものにします。消化しやすいようにと牛乳を与えたり、いつも食べていない食事を特別に与えるのは逆効果です。また、人間用の常備薬を安易に与えてはいけません。

●食欲がない

食欲は、動物の健康状態を判断するためのもっとも簡単で、かつ重要な指標です。どのような病気であっても病状が進行すれば食欲が落ち、ついにはまったく食べなくなってしまいます。また、環境の変化や旅行など、様々なストレスによって食欲が落ちることもありますし、餌が変わったり、雄イヌの場合は近所に発情期の雌イヌがいると食べなくなることがあります。このように食欲の有無には実に様々な要素が関係しているので、動物が元気であれば、まずは1日か2日様子をみてみます。

ただし、次に書かれているような症状を伴っている場合は、放置すると病気が進行し、危険な状態になることがありますので、できるだけ早く動物病院を受診してください。

- **元気がない、ぶるぶる震えている**
- **歩きたがらない**
- **少ししか食べない状態が5日以上続き、痩《や》せてきた**
- **2日間以上まったく食べない**
- **口の中が白っぽい、眼の結膜が白っぽい**
- **激しい下痢や嘔吐を伴っている**
- **尿が出ない**
- **呼吸が荒い**

これらの症状がなければ、とりあえずは無理に餌を与えたりせず、しばらく様子を見守りましょう。食欲が少し出てきたら、いつもと同じ食事を少量ずつ与えます。食欲がないからといって特別においしいものを与えるのはよくありません。また、ストレスを与えている原因があれば、それを取り除くことも重要です。（山本景史）

動物病院を受診できない場合

夜間や休日で動物病院と連絡がとれない場合、飼い主が自宅で行える処置は限られていますが、次のことが実施可能です。

●吐かせる

腐食性（強酸性、強アルカリ性、石油性の物質）以外の中毒物質を摂食したことが明らかな場合は、摂食後短時間（60分以内）であればまず吐かせる努力をしてください。ただし、意識がない場合やけいれんをしている場合は、吐いたものがのどにつまる危険性があるので、吐かせてはいけません。吐かせる方法としては、薬局で販売されているオキシドール（2・5～3・5％過酸化水素水）を体重1kgあたり1㎖程度飲ませてください。飲ませた後は、腹部を少し圧迫するようにマッサージすると、10分程度で嘔吐します。この処置は、必ず吐くというものではありませんので、吐かない場合は、もう一度だけ飲ませるか、後に述べるように毒物の吸収を遅らせる処置を行います。

●中和する

強酸性や強アルカリ性の物質を摂取した場合は、吐かせると食道の粘膜がただれる危険性があるため、吐かせてはいけません。

強酸性物質を摂食した場合は重曹を、強アルカリ性物質を摂食した場合は酢または柑橘系《かんきつけい》のジュースを飲ませてください。この場合も、動物の意識がなかったり、けいれんしている場合は、無理に飲ませてはいけません。

●吸収を遅らせる

摂取した物質の吸収を遅らせるために、卵の白身やミルク（イヌ、ネコ用）を飲ませてください。これらは胃壁を保護するとともに、毒物の吸収を遅くする作用があります。ただし、石油性の物質（灯油、ガソリン、シンナー、ベンジンなど）を摂食した場合は、逆に毒物の吸収量が多くなる可能性があるので、ミルクを飲ませてはいけません。

●洗う

中毒物質が皮膚に付着したり、眼に入った場合は、流水でしっかりと洗い流してください。この際、飼い主は中毒物質に直接触れないよう手袋をする必要があります。

●インターネットによる検索

摂取した物質が中毒の原因となるかどうかを調べたい場合や、摂取した物質の成分や性状を調べたい場合は、インターネットで「中毒」を検索すると有用な情報が掲載されているサイトが見つかるかもしれません。ただし、インターネット上の情報の確実性については、各サイトを見たうえで判断しなければなりません。（山本景史）

中毒の予防

中毒を起こす危険性のあるものを動物の手の届くところに置かないようにすることが大切です。また、いざというときのために、オキシドールや重曹などを常備しておくとよいでしょう。（山本景史）

栄養性疾患

栄養とは

すべての動物は、つねにエネルギーを消費して生命活動を行っています。筋肉を使ったり、神経細胞が興奮を伝えるとき、また、消化器で消化吸収を行ったり、内分泌腺《ないぶんぴつせん》からホルモンを分泌したりするときにもエネルギーが必要です。動物はこれらのエネルギーを食物から得ています。このように、動物が食物を摂取して、そこからエネルギーを取り出し、そのエネルギーを使って生命活動を営むことを「栄養」といい、食物から取り入れて利用する物質のことを栄養素といいます。

栄養素の役割としては、体の構成成分になること、体内で起こる化学変化へ関係すること、体内における物質を運搬すること、体温を調節すること、エネルギー源になること、などがあります。

また、栄養素には、炭水化物、タンパク質、脂肪、ミネラル、ビタミン類の五つの種類があり、さらに水を含めることもあります。これらの栄養素のうち、とくに炭水化物とタンパク質、脂肪のことを三大栄養素と呼んでいます。

（野呂浩介）

栄養素

炭水化物

炭水化物は、医学・獣医学上はしばしば糖質といわれます。食物中の糖質はエネルギー源として、また、胃腸機能を刺激する物質として働きます。糖質のうち高分子の多糖類と二糖類は、グルコース（ブドウ糖）、フルクトース、ガラクトースなどの単糖類に分解されて吸収されます。なかでもグルコースは、エネルギー源としてもっとも重要です。必要以上のグルコースは、多糖類のグリコーゲンとなって肝臓や筋肉に貯えられ、必要に応じてブドウ糖に戻されて、エネルギー源として活用されます。なお、二つの単糖類が結合した二糖類にはマルトース（麦芽糖）やラクトース（乳糖）がありますが、これらを分解する二糖類分解酵素は、成犬や成猫では十分に分泌されないので、ラクトースを多く含むミルクを大量に与えると、下痢を起こすことがあります。

タンパク質

タンパク質はすべての細胞に必須《ひっす》の構成成分です。また、酵素の形で体内の代謝を調節したり、ホルモンとして作用するなど、重要な働きもあります。タンパク質は様々な種類のアミノ酸が集まったものです。食物の中に含まれるタンパク質にはたくさんの種類があり、含まれているアミノ酸も様々です。これらのアミノ酸のうち、体内で作ることができないものを必須《ひっす》アミノ酸《さん》と呼びます。動物はこの必須アミノ酸を必ず食事として摂らなければなりません。ただし、動物の種類によって何が必須アミノ酸なのかは異なります。たとえば、タウリンはネコにとっては必須アミノ酸ですが、イヌではそうではありません。

脂肪

脂肪は、同じ重さの炭水化物やタンパク質の2倍の熱量をもち、エネルギー源として貯蔵するにはもっとも効率がよい物質です。また、食物中では、脂溶性ビタミンの吸収を高める、動物の嗜好性《しこうせい》を高める、必須《ひっす》脂肪酸《しぼうさん》の供給源となるなどの役割をもっています。

脂肪は脂質といわれる物質の一種ですが、脂質には脂肪のほかにも多くの種類があります。たとえば、リン脂質や糖脂質はエネルギー源にはなりませんが、生体膜や神経細胞を構成する重要な脂質です。

脂肪は消化されると、脂肪酸（何種類もあります）とグリセリンに分解されます。体内で合成されない脂肪酸を必須脂肪酸と呼び、食物から取り入れなければなりません。リノール酸はすべての動物に必要な必須脂肪酸です。ネコではこれに加えて、アラキドン酸の合成能力が低いので、ネコの食事にアラキドン酸を含める必要があります。

ミネラル

動物の体に含まれるミネラルは、その量により主要元素（主要ミネラル）と微量元素（微量ミネラル）に分けられます。

主要元素にはカルシウム、リン、カリウム、ナトリウム、マグネシウムが、微量元素には鉄、亜鉛、銅、マンガン、ヨード、セレニウムがあります。

ミネラルには、骨や歯の構成成分になる、無機イオンとして体液の浸透圧やpHを調節する、酵素の活性化や情報伝達をつかさどる、特殊な有機成分の構成因子になるなどの重要な役割があります。ミネラルの摂取量が動物の必要量を超えると、吸収される量や排泄《はいせつ》される量が調節されますが、そうはいっても過剰な量のミネラルを摂取することは危険です。食事にむやみにミネラルを添加してはいけません。

ビタミン類

ビタミンは、イヌやネコなどの動物の体内で様々な酵素を補う物質として働きます。しかし、ビタミン自身がエネルギー源となったり、体を構成する物質となることはありません。ビタミンは水への溶けやすさの点から、脂溶性ビタミンと水溶性ビタミンに分けられています。水溶性ビタミンには、ビタミンB群（B_1、B_2、B_6、ビオチン、ニコチン酸、葉酸、パントテン酸、B_{12}）とビタミンCがあります。

脂溶性ビタミンには、ビタミンA、ビタミンD、ビタミンE、ビタミンKなどがあります。脂溶性ビタミンは体内に蓄積しやすいので、過剰摂取による障害が起こるおそれがあります。

●ビタミンA

眼の網膜中に存在し、光感受性を担っています。また、上皮細胞の正常な増殖にも必要です。

●ビタミンD

小腸からのカルシウムとリンの吸収を促進し、腎臓《じんぞう》からのカルシウム排泄を抑制し、血中カルシウム濃度を維持します。

●ビタミンE

抗酸化作用が強く、細胞膜の安定性の維持やビタミンAの安定化など抗酸化作用に基づく働きをします。

●ビタミンK

血液凝固因子の合成に必要ですが、イヌやネコでは、腸内細菌によって合成されて、まかなわれています。

●ビタミンB群

炭水化物や脂肪などの代謝に補酵素としてかかわったり、同じB群のビタミンを活性化するなど、それぞれが複雑に関係しあって、神経系や皮膚の維持、赤血球の産生などの重要な役目を果たしています。

●ビタミンC

体内の異物の解毒やコラーゲンの合成にかかわっていますが、イヌやネコでは人間とは異なり、体内で合成可能です。

水

動物の体内の水分は体重の約60%を占め、その3分の2は細胞の中に存在します。水は体内で多くの役割を果たしており、体内の水分の10%が失われると、生命が危なくなります。

水は、飲み水以外にも食事中の水分として取り入れられ、尿や糞便《ふんべん》、唾液《だえき》、呼気（吐き出す息）の中の水分という形で体の外に出されています。

イヌやネコには新鮮で清潔な水を自由に飲ませなければなりません。水の摂取量は気温や運動量によって変化します。また、食物の中の水分量が多いと、飲む量は少なくなります。ネコは元来、乾燥地帯に棲《す》んでいた動物なので、腎臓での水の再吸収能力が高く、水分の多い缶詰フードを与えられている場合などには、飲水量がかなり少なくなることがあります。

（野呂浩介）

イヌとネコのエネルギー要求

食物エネルギーの利用

食物に含まれるエネルギーの量は、それに含まれる炭水化物、タンパク質、脂肪の量によって決まります。イヌとネコを含むすべての動物は、食物中のエネルギーの全部を利用できるわけではありません。ですから食物に含まれるエネルギーは、どのように利用できるかによって分けることが必要です。

食物に含まれるエネルギーは、総エネルギー（GE）、可消化エネルギー（DE）、代謝エネルギー（ME）の三つに分けることができます。

総エネルギーは、食物が完全に燃焼されたときに放出されるエネルギーのことです。ある食物の総エネルギー量が高くても、イヌやネコがそれを消化・吸収することができなければ、食物としては利用しにくいものということになります。

消化・吸収されるエネルギーが可消化エネルギーです。総エネルギーと可消化エネルギーの量の差は、糞便中に排泄されるエネルギー量に相当します。

さらに吸収されたエネルギーのうち、ある一部分のみが身体組織に利用され、残りは尿中に捨てられてしまいます。最終的に組織に利用されるエネルギーのことを代謝エネルギーといいます。代謝エネルギーの量は可消化エネルギー量から尿中に捨てられるエネルギーの量を引いたものです。

食物中の可消化エネルギーと代謝エネルギーの量は、その食物の構成成分と、それを食べる動物によって変わってきます。イヌの消化システムはネコよりも効率的なので、イヌとネコに同じ食物を食べさせても、可消化エネルギーと代謝エネルギーは異なります。

基礎消費エネルギーと維持エネルギー

基礎消費エネルギー（BER）とは、快適な温度環境で、食事後12～18時間にとくに運動などをしていない状態で利用されるエネルギーのことで、基礎代謝率あるいは基礎エネルギー必要量ともいわれています。一方、維持エネルギー必要量（MER）とは、同じく快適な環境下で、中等度に活動的な成熟した動物が必要とするエネルギー量のことです。維持エネルギー必要量は、動物が体重を維持するのに必要な食物の摂取と、その利用に費やすエネルギーに相当し、成長、妊娠、授乳のような生産活動に必要なエネルギーは含まれていません。イヌの維持エネルギー必要量は基礎消費エネルギーの約2倍ですが、ネコの維持エネルギー必要量は約1・4倍です。ネコの維持エネルギー必要量がイヌより少ないのは、ネコのほうがじっとしている時間が長いためと考えられています。

基礎消費エネルギーは体表面積に比例しますが、体が小さい動物ほど、単位体重あたりの体表面積が大きくなりますから、体重あたりの基礎消費エネルギーは大きくなります。

病気または負傷した動物のエネルギー必要量は、基礎消費エネルギーとほぼ同等ですが、病気のために負担がかかる代謝量を加えなければなりません。入院時にケージ内で安静にしている動物は、基礎消費エネルギーの20％増のエネルギーを必要とします。手術後の動物は25～35％、負傷したり癌《がん》にかかった動物は35～50％、感染症にかかった動物は50～70％、熱傷を受けた動物は70～１００％多く必要とします。

（野呂浩介）

ライフステージによる栄養管理

動物が摂取すべき食物は生涯を通して同一ではありません。生まれてから老いて亡くなるまで、そのときどきのライフステージに適した食事を摂らなければなりません。

ここではイヌとネコの一生を四つの時期に分け、それぞれの時期にとくに必要な栄養管理について説明します。

成長期

離乳直後のイヌは、体重あたり、成犬の2倍のエネルギーを必要とします。同じく離乳直後のネコでは、２５０ｋｃａｌ×体重（kg）のエネルギーが必要です。これは成猫の3～4倍にあたります。この時期にとくに必要な栄養素はタンパク質とカルシウム、リンですが、一方、過剰に摂取することも好ましくありません。

維持期

イヌ、ネコともに、エネルギー要求量は成長期に比べてずっと少なくなります。しかし、人間に飼育されている場合、「食べ過ぎ」の状態になることも多く、肥満に気をつけなければなりません。

妊娠期、授乳期

エネルギー要求量は、妊娠末期の母イヌで通常の1・25～1・5倍、泌乳期で通常の3倍必要です。ネコでは、妊娠末期には1・25倍、泌乳期には3～4倍が必要です。

老齢期

老化に伴って運動量が減少すると基礎代謝も低下します。そのため、エネルギー要求量は維持期に比べて30～40％少なくなります。ただし、この時期のタンパク質の要求量は、成長期ほど多くはありませんが、維持期よりは多く必要になるので、食事中のタンパク質量を増やさなければなりません。また、脂肪は、その代謝機能が低下しますから、必須脂肪酸が不足しないようにしなければなりませんが、脂肪全体の摂取量は少なくなるようにします。

（野呂浩介）

エネルギー（カロリー）の過不足により起こる疾患

過剰により起こる疾患（肥満）

イヌ、ネコにおける肥満とは、標準体重の15～20％以上の体重となった状態をいいます。家庭で飼われているイヌの約3割、ネコの約4割が肥満であるといわれています。肥満は消費する総カロリーより多くのカロリーを摂取することで起こります。しかし、食べ過ぎだけが肥満の原因となるわけではありません。様々な原因により消費カロリーの低下が生じます。こうした原因には、動物の内的な要因と外的な要因があります。とくにイヌ、ネコにおける内的な要因としては、内分泌（ホルモン）疾患と薬剤があげられます。イヌでは副腎《ふくじん》皮質《ひしつ》機能《きのう》亢進症《こうしんしょう》（クッシング症候群）や甲状腺《こうじょうせん》機能《きのう》低下《ていか》症《しょう》が主な原因となります。症状として、多飲多尿や元気の低下などがみられます。これらの疾患は血液検査での発見が容易です。また、薬剤では、皮膚病や免疫疾患の治療薬であるステロイド、てんかんの治療に用いるフェノバルビタールなどの抗けいれん薬が肥満を起こしやすいことが知られています。外的な要因としては、加齢、日常の活動（室内飼いあるいは屋外飼育、散歩時間など）があげられます。7歳齢のイヌは若齢犬と比べて約20％も栄養要求量が減少するため、若いときと同じ食事を与えていたのでは肥満になりがちです。人間での「とくに小児期に太りすぎた人は、正常な体重の人の5倍もの脂肪細胞をもつ」というデータは、イヌやネコなどにも当てはまります。この場合、細胞の数を減らすことはできないため、個々の細胞中の脂肪量を減らすことによってのみ、体重を減らすことができます。子どものときに太りすぎないことが、肥満の予防に重要であることがわかります。

ほかにも肥満の改善と防止のためには、消費カロリーを増やすため適切な方法で運動させること、必要以上のカロリーを与えないことの2点が重要です。このため、イヌ、ネコともに様々な運動方法が提案されています。また、市販の減量食を与えたり、獣医師の管理のもとで療法食を与えるのもよいでしょう。

また、最近の研究では、避妊・去勢手術をすると、消費カロリーが自然と減少するため、肥満につながることが知られています。

肥満が原因となって引き起こされる疾患も数多くあります。高血圧、糖尿病、子宮内膜炎や蓄膿症《ちくのうしょう》、慢性関節炎、気管虚脱など、人と同じ疾患も多くみられます。まれに腹水の貯留や大きな腹腔内腫《ふくくうないしゅ》瘍《よう》なども、飼い主からみれば「最近太ってきた」ようにしかみえないことがあります。日頃の健康管理には十分注意が必要です。

（真下忠久）

不足により起こる疾患（栄養失調、発育障害）

栄養失調とは、日常の栄養要求量を満たしていない状態ということができます。タンパク質と糖類、脂肪のことを三大栄養素といい、栄養失調を考える場合は、それぞれの栄養素の不足に分けて考える必要があります。通常、タンパク不足の場合、「タンパク・栄養失調（ＰＣＭ）」といわれますが、「タンパク・栄養失調」が起こると動物は寝てばかりいたり（嗜《し》眠《みん》）、消化能力が落ち、感染症に対する抵抗力がなくなります。長期間この状態が続くと、血清タンパクが減少し、浮腫《ふしゅ》や腹水が現れます。脂肪の不足の場合は、総カロリーの不足と必須脂肪酸《ひっすしぼうさん》の不足につながります。必須脂肪酸の不足によって現れる症状には、乾燥肌、粗剛な被毛、抜け毛などがあります。成長期にこの種の栄養失調を起こすと、その動物は十分な発育を遂げることができません。これが発育障害といわれる状態です。

栄養失調は、バランスのとれた市販のペットフードを食べているイヌやネコにはあまりみられません。多くのペットフードには、必要量以上のタンパク質が含まれているためです。栄養失調を起こすのは、たいていは妊娠期間や授乳期に、比較的「安価」なペットフードを与えた場合です。また、ネコは、イヌと比べて多量のタンパク質を必要とするため（「イヌとネコのエネルギー要求」の項を参

照)、ネコに長期間にわたってドッグフードを与えると、タンパク失調とタウリン不足を引き起こします。

動物にみられる栄養失調は、長期間の食欲不振から生じるものがもっとも一般的です。

動物はストレスを受けると、一時的な食欲不振になりますが、もし短期間に極端な体重の減少が起こった場合には、何か大きな病気かもしれませんから、動物病院を受診すべきでしょう。たくさん食べるのに痩《や》せてしまうときには、吸収不良や消化不良、代謝亢進を示す様々な疾患を疑う必要があります。

また「悪液質」と呼ばれる状態が、痩せが続いた場合の最終段階で現れます。癌《がん》や糖尿病、心不全などの末期に生じるものです。このような動物は過剰代謝の状態にあるため、高カロリー食を与えていても削痩《さくそう》が進んでいくことがあります。原因疾患の適切な診断と治療が必要になります。

(真下忠久)

ミネラルの過不足により起こる疾患

過剰により起こる疾患

カルシウム過剰症

カルシウムは、動物の体内において、血液の凝固や、筋肉の収縮、神経の興奮の伝達など、生命維持に欠かせない重要な役割を果たしています。食餌によって摂取されたカルシウムは小腸で吸収され、骨に運ばれます。余分なカルシウムは、そのまま糞便《ふんべん》中へ排泄《はいせつ》されたり、腎《じん》臓《ぞう》を通り尿中へ排泄されます。排泄能力を超える過剰なカルシウムは、そのほとんどが骨に貯えられるため、カルシウムの過剰摂取は、主に骨格異常の症状を示します。

カルシウム過剰症はとくに発育期のイヌで問題になります(成長期骨関節疾患)。カルシウムの過剰な摂取は、標準的な量のカルシウムを含むペットフードであっても、それを過剰に与えたときや、補助的にカルシウムを与えたときに起こります。成長期の子イヌは、成犬に比べて2~3倍のカロリーを必要とします。この必要なカロリーを得るために多く食餌を摂取することで、カルシウムも過剰に摂取することになってしまいます。とくに短期間で急速な成長を遂げる大型犬種の子イヌでは、小型犬種よりもさらに多くのカロリーを必要とし、骨格の成長も急激であり、その影響が強く現れます。このため、若齢犬用のドッグフードはカロリーあたりのカルシウム量が低くなるように調整されています。

血液中のカルシウムの濃度が一定以上になると、甲状腺《こうじょうせん》からのカルシトニンと呼ばれるホルモンの分泌量が上昇します。持続的にカルシウムの過剰摂取をすることで、カルシトニンも持続的に分泌されることになります。カルシトニンは骨へのカルシウムの移動を増し、血液中のカルシウム濃度を下げるように働きます。同時に骨や軟骨の発育に影響を与えるため、成長期の子イヌの骨と軟骨の正常な発育を妨げ、股関節《こかんせつ》、肘関節《ちゅうかんせつ》などの骨格の異常を引き起こします。

正常な動物では、血液中のカルシウム濃度はおよそイヌで9~11mg/dℓ、ネコで7~10mg/dℓの狭い範囲で維持されています。血液中のカルシウム濃度が、この範囲を超えて上昇した場合を高カルシウム血症といいます。動物の体内では、血液中のカルシウム濃度は主にカルシトニンと上皮小体ホルモン(パラソルモン)、ビタミンDによって調節されており、上皮小体の疾患およびビタミンDの過剰症では、血液中のカルシウム濃度が上昇します。このほか副腎皮質機能低下《ふくじんひしつきのうていか》症《しょう》や腎不全《じんふぜん》、ある種の腫瘍《しゅよう》などでも血液中のカルシウム濃度が上昇することがあります。これらの病気は成長期のカルシウム過剰摂取とは異なり、多くは成長期を過ぎた動物に発生します。高カルシウム血症の動物は元気消失、食欲不振、嘔《おう》吐《と》、多飲多尿などの症状を示しますが、その症状はこの病気に限ったものではありません。

持続的な高カルシウム血症は腎臓を障害するため早期の治療が必要です。治療には原因となっている病気を早期に除去することが必要です。

(吉岡永郎)

マグネシウム過剰症

マグネシウムはカルシウムとともに骨の発育にかかわっています。そのほかにも動物の体内でのマグネシウムの働きはいろいろと知られていますが、とくに酵素の活性化に重要な役割を果たしています。

食餌により摂取されたマグネシウムは小腸から吸収され、過剰なマグネシウムは尿中および糞便中に排泄されます。他のミネラルと同様に、ペットフードを主食としているイヌやネコではマグネシウム過剰症および欠乏症はほとんど例がありません。

マグネシウムはストルバイト尿石の成分になります。以前はマグネシウムを多く含む食餌を与えるとネコのストルバイト尿石と尿路閉塞《にょうろへいそく》が起こりやすくなるといわれていました。しかし、現在では、ストルバイト尿石は尿のpHが酸性であれば溶解されることが明らかになっています。このことから、ストルバイト尿石症の発生は、食餌中のマグネシウム含量に加えて尿のpHが深くかかわっていることがわかります。

血液中のマグネシウム濃度がイヌで2・1㎎/dℓ以上、ネコで2・3㎎/dℓ以上に上昇した状態を高マグネシウム血症といいます。動物体内のマグネシウム量の調節は主に腎臓によって行われています。したがって、腎機能《じんきのう》が低下すると、マグネシウムの排泄機能《はいせつきのう》が低下し、高マグネシウム血症を起こすことがあります。高マグネシウム血症は低カルシウム血症と同じように、筋肉や骨格、神経、心臓、血管に関連した症状を示します。高マグネシウム血症と低カルシウム血症は同時にみられることもあります。なお、腎不全に関連した高マグネシウム血症では、ほとんどの症状は高マグネシウム血症そのものによるものではなく、高窒素血症が原因となっています。腎不全のほかにも、アジソン病（副腎皮質機能低下症）、甲状腺機能低下症《こうじょうせんきのうていかしょう》などでも高マグネシウム血症が起こることがあります。

高マグネシウム血症のほとんどは、原因となる疾患（腎不全など）に伴って起こるため、その元の病気の治療が必要となります。

（吉岡永郎）

銅過剰症

食物中の銅は小腸から吸収され、主に肝細胞に取り込まれた後、様々な酵素の形成に関係します。

銅の過剰な摂取により発生する主な症状は貧血です。これは、銅の吸収が鉄の吸収と競合することによります。このため、銅を過剰に摂取すると鉄の吸収不良を起こします。その結果、鉄欠乏となり、貧血が起こります。また、銅そのものが不足しても貧血が起こります。これは銅が鉄の代謝に関係する酵素の成分として、血液を作る働きにかかわっているためです。

銅も他のミネラルと同様に、ペットフードを主食としている動物では、不足したり、過剰になったりすることはほとんどありません。しかし、特定の犬種（ベドリントン・テリア、ウエスト・ハイランド・ホワイト・テリアなど）では、銅が肝臓に蓄積することによって、慢性の肝炎が起こることが知られています。これらのイヌは銅とタンパク質との異常な結合などが起こることにより、肝臓に銅が蓄積します。また、亜鉛は、小腸からの銅の吸収を抑制する働きがあるため、亜鉛が不足した食餌は銅過剰症の原因となります。

肝臓への銅の蓄積が疑われるイヌには、銅の量が少ない食物を与えることを考える必要があります。

（吉岡永郎）

不足により起こる疾患

カルシウム欠乏症

動物の体内のカルシウム濃度は主に、上皮小体ホルモン（パラソルモン）と甲状腺から分泌されるホルモンであるカルシトニン、さらにビタミンDによって調節されています。一般にペットフードを主食としている動物では、通常はカルシウムが欠乏するということはほとんどありませんが、肉類を主食として与えている動物の場合には、まれにカルシウム欠乏が起こることがあります。これは肉類にはカルシウムに比べてリンが過剰に含まれているためです。動物の体内では、リンとカルシウムは密接に関係しており、どちらかの過剰な摂取は片方の吸収を抑制します。このため、食餌中のカルシウムとリンの比率は重要であり、その比率はイヌでは1対1から2対1、ネコでは0・9対1から2対1が理想とされています。

もっともよくみられるカルシウムの欠乏は、泌乳期のイヌとネコにみられます。これは乳汁中へカルシウムが奪われ、通常よりも多くのカルシウムを必要とするこの期間に摂取量が少なくなることが原因で起こります。この症状を産褥《さんじょく》テタニー（子癇《しかん》）と呼びます。産褥テタニーがもっともよく起こるのは分娩《ぶんべん》後2～4週で、多数の同腹子を出産する小型犬種のイヌで発生が多く、大型犬種やネコでの発生はまれです。

正常な動物では、血液中のカルシウム濃度はおよそイヌで9～11㎎/dℓ、ネコで7～10㎎／dlの狭い範囲で維持されています。イヌの場合、血液中のカルシウム濃度が8.5～9.0㎎／dl以下に低下した状態を低カルシウム血症といいます。低カルシウム血症は様々な病態に伴って起こります。

その症状は、てんかんのような発作、筋肉の震えや痙縮《けいしゅく》、運動失調、開口呼吸など、特徴的なものが多く、とくに産褥テタニーでは激しい症状を示します。ただし、全身状態の悪化する疾患では、とくに症状を示さない軽度の低カルシウム血症もみられます。

治療にはカルシウム製剤が用いられますが、低カルシウム血症を引き起こす病気が背景にある場合はそれを治療することが必要です。産褥テタニーの場合は、母親から子を離しての人工《じんこう》哺乳《ほにゅう》が必要になることもあります。

（吉岡永郎）

鉄欠乏症

動物体内の鉄は、内臓などの組織と血液に存在しています。組織内の鉄は、肝臓、脾臓《ひぞう》、筋肉および骨髄などで鉄貯蔵タンパクであるフェリチンあるいはヘモジデリンとして貯蔵されています。一方、血液中の鉄の大部分は、ヘモグロビンに結合して赤血球の中にあります。ヘモグロビンに結合して赤血球中に存在する鉄は、動物の体内にある鉄の60～70％を占め、非常に重要なものです。また、血漿《けっしょう》中にも鉄は分布していて、これは鉄輸送タンパクであるトランスフェリンに結合して全身の組織に運ばれています。

鉄は、主に食餌から摂取され、胃と小腸上部で吸収されます。鉄の吸収量は、肝臓や脾臓などの組織に貯蔵されている貯蔵鉄の量に左右されます。このため、若齢のときや、妊娠時など、鉄を必要とする量が通常よりも増える時期には、鉄の吸収量は増加します。

鉄はヘモグロビンに結合して赤血球に多く分布するため、鉄が欠乏するとヘモグロビンの合成が不十分となり、貧血（鉄欠乏性貧血）を起こします。鉄の欠乏は栄養不良によっても起こりますが、出血（とくに慢性的な出血）やノミや鉤虫《こうちゅう》などの寄生虫の吸血によって多量の赤血球が失われ、貯蔵鉄がなくなった場合にもみられます。

このほか、感染症、悪性腫瘍《あくせいしゅよう》、膠原病《こうげんびょう》などの病気でも、鉄欠乏性貧血がみられることがあります。鉄欠乏の症状は、主に貧血に伴うもので、元気消失、食欲不振、呼吸促迫などが一般的ですが、消化管内の出血を伴う場合は下血などもみられます。

（吉岡永郎）

亜鉛欠乏症

動物の体内にある亜鉛は、金属酵素の成分として重要な役割を果たしています。これらの酵素は、骨の形成、肝臓および皮膚の代謝などにかかわっています。このため、亜鉛が欠乏すると骨格の異常や発育障害、皮膚の障害などが起こります。

アラスカン・マラミュート、シベリアン・ハスキーなどの犬種のなかには、遺伝的に亜鉛の吸収と代謝に障害をもっているものがいます。これらのイヌは、小腸からの亜鉛の吸収に異常があることがわかっています。亜鉛の欠乏は、食餌中の不足からも起こりますが、フィチン酸塩、カルシウムなど、亜鉛の吸収を妨害する物質が食物中に入っている場合にもみられます。とくに成長期のイヌの食事にカルシウムを添加すると、亜鉛欠乏を起こすことがあります。

亜鉛欠乏でよくみられる症状は皮膚の病変で、脱毛、発赤、かゆみなどを示します。亜鉛欠乏による皮膚障害へは、亜鉛製剤を用いた治療が効果的です。

（吉岡永郎）

ビタミン類の過不足により起こる疾患

過剰により起こる疾患

ビタミンD過剰症

原　因

ビタミンD過剰症のほとんどは、ビタミンDそのものやビタミンDを含んだ調製品の過剰摂取によって体内にビタミンDが異常に蓄積することによって起こります。摂取されたビタミンDは肝臓と腎《じん》臓《ぞう》で代謝され、骨からカルシウムを血液中へ移動させ、また、腸管からのカルシウムの吸収を増強する作用を示します。したがって、ビタミンDが過剰になると、カルシウムの濃度が異常にあがり、高カルシウム血症になります。このとき、カルシウムは腎臓や消化管、心血管系に沈着する〈図1〉ほか、神経系に異常をきたすことがあります。

症状

嘔吐《おうと》、沈うつ、食欲不振、多飲多尿、下痢、カルシウムの沈着による消化管出血および肺出血、軟部組織のカルシウム沈着、腎圧痛《じんあっつう》、徐脈など、高カルシウム血症に関連した症状がみられます。

診断

過剰のビタミンDを摂取したことがあることや、症状、血液中のビタミンD濃度およびカルシウム濃度の上昇に基づいて診断します。

治療

もしビタミンD補給の過剰が起こっても、25000IU／kg以下の摂取量であれば治療の必要はないようです。ただし、それを超えるような場合で、とくに過剰摂取後すぐに気づいたのであれば、催吐剤を投与します。至急、動物病院へ連れていってください。

〈図1〉

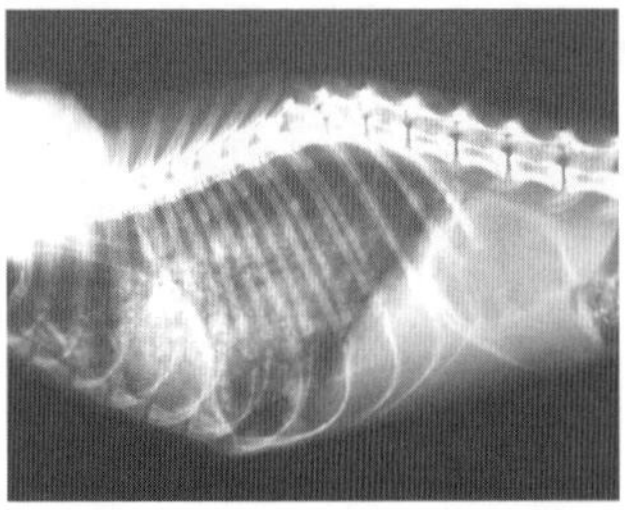

ビタミンDが異常に含有されたキャットフードを摂取したネコのX線所見。白くなっている部分がカルシウムの沈着部位

予防

ビタミンDは日光を浴びることにより体内で合成することができます。良質のドッグフードを与えている場合はビタミン剤やカルシウム剤などを与える必要はありません。過剰な投与をしないことが大切です。

（高橋　靖）

ビタミンA過剰症

原因

ビタミンA過剰症は、ビタミンA（レチノール）を過剰に摂取することによって起こる骨格の病気です。ビタミンAは高濃度では骨形成を抑制し、その結果、異栄養性カルシウム沈着の原因となります。

イヌは、ビタミンAの前駆物質であるカロチン（植物色素）を体内でビタミンAに変換して利用しています。これに対し、ネコは、体内でこの化学的変換ができないため、ビタミンAを肉や魚などの動物性食品から摂取することになります。とくにイヌと比べてネコは、体にビタミンAを貯えやすい特徴をもっています。

症状

ビタミンAの過剰は筋肉の萎縮《いしゅく》や痛みを引き起こします。また、元気がなくなる、食欲が低下する、さわると怒る、前肢を上げて有袋類のような着座姿勢をとる、体重増により正常な歩行ができなくなる、などの症状を示します。

さらに、頸部《けいぶ》から前肢の皮下に過敏症あるいは過敏低下症が起こったり、関節や脊椎《せきつい》の硬直などもみられます。痛みのために毛づくろいができないので、もじゃもじゃの被毛になってしまうこともあります。

その他、便秘、体重の減少、とくに若齢の動物での長骨の成長の遅れは、生涯にわたって影響が残ります。

診断

X線検査の結果や、食事の経歴（たとえば肝臓を生で食べたか、ビタミン剤を14日間以上にわたって補給したか）に基づいて診断します。骨髄炎や腫瘍《しゅよう》などとの鑑別も必要です。

予防

生の肝臓の摂取およびビタミンAの過剰補給を避け、栄養バランスのよいペットフードを与えます。

（高橋　靖）

不足により起こる疾患

ビタミンA欠乏症

原因

ビタミンAは成長期や妊娠期に必要であるほか、皮膚の新陳代謝に重要な栄養素です。イヌは、植物中カロチンをビタミンAに変換できるため、ビタミンAが不足することはまれです。しかし、ネコは、体内でビタミンAを作ることができないため、ビタミンAの少ない偏った食事を続けていると欠乏症になる可能性があります。

症状

ビタミンA欠乏の徴候として、夜盲症が起こったり、フケが多くなりガサガサした皮膚になります。とくにビタミンA欠乏が続くイヌは、毛づやが悪くなり、筋肉の減弱が起こります。ほかにも繁殖障害、網膜変性、呼吸器粘膜、唾液腺《だえきせん》や子宮内膜の異常などがみられます。ネコはイヌと異なり多量のビタミンAを腎臓《じんぞう》や肝臓に貯えることができるため、良質のキャットフードを与えていれば欠乏症が見られることはほとんどないでしょう。

予防

イヌもネコも、市販のドッグフードやキャットフードを与えていれば、ビタミンAが不足することはありません。ネコはイヌの2倍量のビタミンAを必要としますが、肉や魚に含まれるもので十分なので、とくにサプリメントやレバーなどを与える必要はありません。（高橋　靖）

ビタミンB_1欠乏症

原因

ビタミンB_1欠乏症はビタミンB_1分解酵素であるチアミナーゼ（アノイリナーゼ）を含む食べ物を多量に摂取したときに起こることがあります。魚介類にはチアミナーゼが含まれている場合があります。一般にネコはイヌに比べビタミン要求量が多いためビタミン欠乏が起こりやすく、調理されていない魚のみを与えられているネコにおいてはビタミンB_1欠乏が起こる可能性があります。一方、イヌでは実験的にはビタミンB_1欠乏を起こすことは難しいともいわれており、ネコと比べてもビタミンB_1欠乏症が起こることは非常に少ないようです。なお、ビタミンB_1は水溶性ビタミンであるため過剰に摂取されても尿と一緒に排泄《はいせつ》されるため過剰症が起こることはほとんどありません。

症状

「ネコがイカを食べると腰が抜ける」という話を耳にしたことがある人もいると思います。これはチアミナーゼを含む魚介類（イカなど）を多量に摂取したことによるビタミンB_1欠乏の症状だといえます。ビタミンB_1は主に糖の代謝に関与しています。欠乏すると脳における糖の代謝異常が起こることによる運動失調、虚弱、抑うつなど様々な神経症状がみられます。

予防

チアミナーゼは加熱処理を行うことで容易に失活します。したがって、生の魚介類を与えないようにすることで予防することができますが、ペットフードを給与されているイヌやネコにおいては他のビタミン同様、欠乏が起こることはまれです。（吉岡永郎）

ビタミンD欠乏症

原因

栄養バランスの悪い食物を与えたり、慢性的な下痢が続くと、ビタミンD欠乏症になることがあります。ビタミンDが欠乏すると、骨は血液からカルシウムを上手く吸収できなくなります。成長期であれば骨の発育が遅れて変形し（クル病）、また、成長した動物では骨がもろくなってきます（骨軟化症）。これらを総称して、栄養性《えいようせい》二次性《にじせい》上皮小体《じょうひしょうたい》機能亢進症《きのうこうしんしょう》と呼びます。

症状

歩行異常、背湾姿勢、骨折、関節痛、便秘などがみられます。

予防

ビタミンDとともにカルシウムをバランスよく摂取しましょう。ビタミンDは日光を浴びることによっても、動物の体内で合成することができます。したがって、特殊な環境になければ、イヌもネコもビタミンDが不足することはまずありません。（高橋　靖）

ビタミンE欠乏症

原因

魚などに多く含まれる不飽和脂肪酸を過剰に摂取すると、その処理のためにビタミンEが消費され、その欠乏症になります。ビタミンE欠乏症では抗酸化作用が低下し、脂肪が黄色に変色し、脂肪組織に炎症を起こしてしまいます。発熱や疼痛《とうつう》、場合によっては化膿《かのう》を起こすこともあります。これを黄色脂肪症といいます。以前は魚を主食とするネコに多い病気でしたが、キャットフードの普及とともに減少し、近年ではほとんどみることはありません。

症状

寝てばかりいる、抱くのを嫌がる、発熱、食欲不振を示し、腹部に結節が生じます。また、繁殖障害や栄養性筋ジストロフィーなどもみられます。

治療

ビタミンEを添加した食餌療法《しょくじりょうほう》が治療の基本ですが、一般のペットフードを与えていればビタミンEが不足することはありません。（高橋　靖）

食べ物によるアレルギー

原因

食物アレルギー（食物過敏症）は、食事中の物質に対して免疫反応を示すときに生じます。原因となる物質は1種類とは限らず、たとえば米とトウモロコシのように、複数のこともあります。この状態は、免疫反応が関係する点で食物不耐症と区別されます。食物アレルギーは、アレルギー反応を特徴としますが、食物不耐症は消化酵素が足りないとか、食物中の毒素に対する直接的な反応を特徴とします。「牛乳を飲むとおなかがゴロゴロする」という人がいます。これは乳糖不耐症といわれるもので、食物不耐症の一つです。

食物中のアレルゲン（アレルギーを起こす物質）は、タンパク質、リポタンパク、糖タンパク、あるいはポリペプチドなど、様々です。食品としては、牛肉や豚肉、鳥肉、鶏卵、魚、小麦、大豆、米、トウモロコシなどがよく知られています。

食物アレルギーは、イヌ、ネコでは、アトピー性皮膚炎、ノミアレルギー性皮膚炎に次いで3番目に多いアレルギー性の疾患ですが、割合的には決して多くはなく、イヌ、ネコの皮膚疾患の約1％といわれています。

症状

食物アレルギーにおける反応は、Ⅰ型、Ⅲ型およびⅣ型のアレルギー反応と考えられています。Ⅰ型およびⅢ型の反応は、特定の物質に対する即時型の反応であり、激しいかゆみ、嘔吐《おうと》や下痢などの消化器反応を特徴とします。これに対してⅣ型の反応は、食べ物の摂取後数時間から数日後に生じる遅延型の反応です。これらが合わさって、食物アレルギーの症状が現れます。ほとんどのイヌとネコでは、皮膚病が単独で生じることが多く、1割程度の動物では、下痢などの消化器症状もみられます。皮膚病変の出やすい場所は、イヌでは腋《わき》の下、四肢、それに会陰部で、ネコでは頭部、頸部《けいぶ》、耳介ですが、ひどい場合には全身に及びます。また、皮膚病変を何も示さずにかゆみだけであったり、若干の赤みを伴うだけのものがあったりもします。しかし、ひどくなると、これに二次的な細菌感染が加わって複雑な状態になって重症化

食物アレルギー発生の仕組み

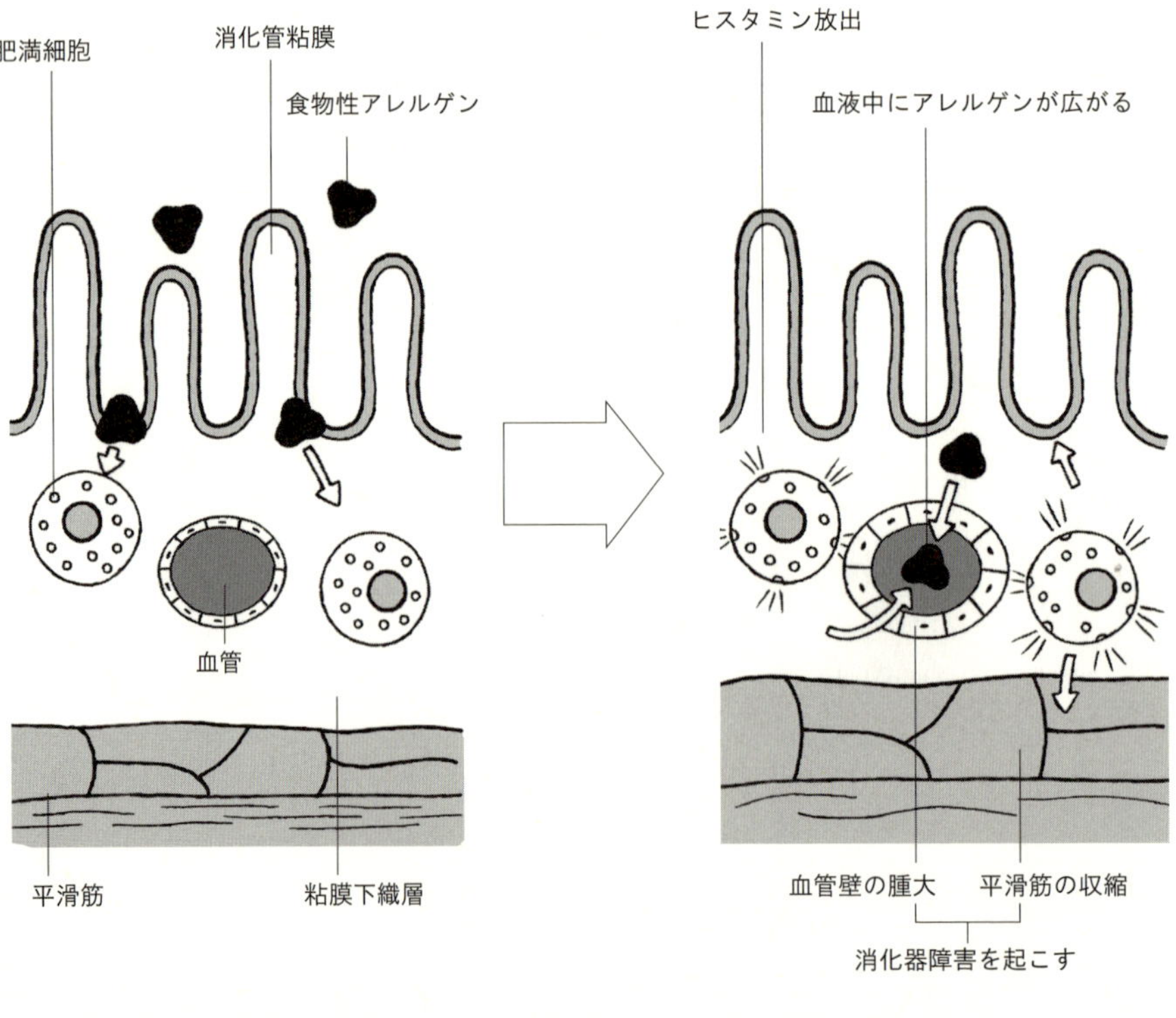

消化管壁に侵入する食物性アレルゲン　　アレルギー反応を起こした粘膜下組織

し、見た目だけでは原因がはっきりしなくなることがあります。また、外耳炎がイヌ、ネコともに唯一の症状である場合もあります。

診断

現在、イヌ、ネコのアレルギーの診断には、通常は血液検査が用いられています。これは血清中のIgEという成分を測定する検査です。このほか、皮内検査といって、動物の皮膚にノミ、ダニなどのアレルゲンを注射し、その反応を見る直接的な検査やリンパ球の反応を用いた検査もあります。しかし、食物アレルギーではこれらの検査だけでは信頼性があまり高くありません。

そこで、アレルギー反応を起こす物質を除去した食物（除去食）だけを与え、アレルギーの症状が出なくなるかを調べます。除去食というのは、たとえば、鴨《かも》肉《にく》やポテトなどのような、動物が今までにまったく食べたことがないような食品であったり、加水分解したアミノ酸をタンパク源とした食事を指します。これはもちろん、手作りでもかまわないのですが、たいへん手間と費用がかかるため療法食を用いるのが一般的です。このような除去食の給与を最低3週間長ければ10週間続けます。この期間は水と除去食以外には与えずに皮膚病の改善がみられるかどうかを判断します。

こうしてアレルギー症状がいったん消えた後、次にその動物にとって原因物質が何であるかを探る試験的な食事に切り替えます。この試験では、原因であることが疑われる食品（たとえば牛肉や鶏肉）を1種類、除去食に追加して与えます。もし、本当にその物質が原因であれば、再びアレルギー症状（かゆみや発赤）が4時間から数日間で現れるはずです。ただし、この試験は、必ず獣医師の指導のもとで行ってください。もしアレルギー反応が起きたときは、ステロイド製剤などによる治療が必要です。また、原因となる物質が複数であることもあります。もし原因物質をすべて完全に特定し、その後の食事を安全なものにしたければ、各種の食物について同じような試験を繰り返さなければなりません。すなわち、それぞれの物質について、14日間試験的に与えてみて、動物に何の変化も生じなければ、次の食品を検討するということです。こうして数カ月から1年近くにわたって試験を繰り返すことになりますが、この期間は、飼い主と動物にとって非常に根気と我慢が必要です。

治療

一生にわたり除去食のみを食べていく場合には（これには手作り食はもちろん、市販のアレルギー用ペットフードや療法食が含まれます）、原因物質を特定する検査は必要ないかもしれません。

また、原因になる物質が特定できない間や、あるいは初期にアレルギー反応を抑えたい場合の治療として、抗ヒスタミン剤や副腎皮質《ふくじんひしつ》ホルモン製剤《せいざい》を投与することがあります。アトピー性皮膚炎やノミアレルギーと異なり、食物アレルギーでは、食餌療法《しょくじりょうほう》を行わなければ、一生にわたる薬の投与が必要になりますが、抗ヒスタミン剤やその他の抗アレルギー薬では作用が弱く、かゆみを抑えるのに十分でなかったり、副腎皮質ホルモン製剤は長期間の投与による副作用が問題となります。免疫抑制剤も治療の選択にあげられますが、食物アレルギーでは、根本的には食餌療法が治療の中心となります。

（真下忠久）

食べ物による中毒

観葉植物や合成物質を摂取して中毒を起こすのとは異なり、実際の食品による中毒はほとんどなく、実際に問題になるのは、ネギ類とチョコレートによるものだけではないかと思われます。

タマネギ中毒は、イヌを飼っていてもっともよく耳にする中毒だろうと思われます。ネギ、タマネギ、ニンニクなどには、複数の有機チオ硫酸化合物が含まれています。これらの物質は、赤血球に傷害を与え、その内部にハインツ小体と呼ばれる物質を形成します。ハインツ小体をもつ赤血球は、血液中で比較的簡単に壊され、その結果、貧血を起こしたり、ヘモグロビン尿（赤色の尿）を出させます。この症状を示すことには、食べたタマネギの量はあまり関係なく、遺伝的な要因でタマネギに対する感受性が決まります。タマネギ入りの味噌汁《みそしる》を一口飲んだだけで、重度の貧血を起こすイヌもあれば、タマネギ2個を食べてしまっても、何ともないイヌもいます。ネコの赤血球はさらにハインツ小体を形成しやすく、このためネコでもこのような中毒はしばしば認められます。また、有機チオ硫酸化合物は熱にも安定なため、ハンバーグや鍋物《なべもの》など、加熱処理をした食品であっても有害であることに変わりはありません。

チョコレート中毒は、チョコレートに含まれるテオブロミンという化合物により引き起こされる中毒です。テオブロミンはカフェインやテオフィリンの仲間の物質です。カフェインはコーヒー、紅茶、それにコーラの中に豊富で、テオフィリンは紅茶に多く含まれています。これらの物質が作用する体の部位は、中枢神経や心臓血管、腎臓《じんぞう》、骨、筋肉です。とくにテオブロミンは、平滑筋の弛緩《しかん》作用《さよう》、腸管動脈の拡張、利尿、心臓刺激作用を示します。したがって、これによって生じる症状としては、嘔吐《おうと》、下痢、パンティング（はあはあする呼吸）、尿量増加あるいは排尿障害、震顫《しんせん》（筋肉の震え）などがあります。通常、体の中でのテオブロミンの半減期は、ヒトでは6時間ですが、イヌでは17・5時間と長時間です。そのため、イヌにはこの中毒が発生しやすくなっています。イヌにチョコレートやコーヒーを与えてはいけません。

（真下忠久）

エキゾチックアニマルの疾患

エキゾチックアニマルとは

「エキゾチックアニマル」あるいは「エキゾチックペット」と呼ばれている動物を端的に言い当てる言葉はありません。「外国産の動物」、「見慣れない動物」、「国産以外の鳥類」、「ノン・ドメスチック・アニマル」、「爬虫類《はちゅうるい》」、「両生類」など、種々の解釈がなされているのが現状です。

エキゾチックという英語にはありきたりでないとか、野生のとか、一風変わったとかの意味があり、エキゾチックアニマルまたはエキゾチックペットといえば、ほとんどの場合、イヌ、ネコ以外の動物（ペット）を言い表しています。

このような動物を家庭に迎え入れるわけですから、飼育は簡単ではありません。食餌《しょくじ》も特殊なものが多く、しつけもほとんどの場合は困難です。

一般的な家庭動物であるイヌやネコと同じようにエキゾチックアニマルに接することができるとは限らないことを念頭におく必要があります。

（藤原　明）

家庭動物としての適正

エキゾチックアニマルのなかには、よい家庭動物になるものがあります。たとえば、多くの鳥の仲間、とくにオウム類は最上の伴侶《はんりょ》になり得ます。彼らはあまり広くない家庭内の空間でも比較的容易に飼育することができます。しかし、有袋類や霊長類、野生のイヌ科動物、爬虫《はちゅう》類《るい》、両生類などのなかには、家庭動物としては適さないものもあります。それでも飼育方法（環境、食餌《しょくじ》、取り扱いなど）や病気（人との共通の感染症を含む）をよく理解したうえで飼育すれば、良好に飼育できるものもあります。

興味本位でエキゾチックアニマルを飼育するのは厳に慎むべきであり、飼育した以上は最後まで責任をもたなければなりません。

（藤原　明）

エキゾチックアニマルの飼育管理

エキゾチックアニマルの病気の多くは、飼育管理の誤りが原因となって発生します。エキゾチックアニマルは、もともと野生種であることが多く、また、種類も多様なので、自然界でのそれぞれの生態を十分に把握することが、適正な飼育を行うために必要です。たとえば、個々の動物が本来どのような環境に棲《す》み、何を食べて生活しているのか、性格はどうか、複数での飼育が可能か、成長したときにどのくらいの大きさになるのか、などといったことを知ることが必要です。

ここではエキゾチックアニマルのなかで代表的な、フェレット、ウサギ、ハムスター、セキセイインコ、カメの飼育管理上、もっとも重要な温度と湿度、食餌の概略を述べます。

●温度と湿度

・高温を好むもの…セキセイインコ、カメ
・高温を嫌うもの…フェレット、ウサギ、ハムスター
・低温に強いもの…フェレット、ウサギ
・低温に弱いもの…ハムスター、セキセイインコ、カメ
・高湿度を好むもの…水生種と半水生種および熱帯雨林に棲む陸生種のカメ
・高湿度を嫌うもの（低湿度を好むもの）…フェレット、ウサギ、ハムスター、セキセイインコ、乾燥地に棲む陸生種のカメ

なお、カメは変温（外温）動物であり、周囲の温度により体温が変動します。一方、フェレットとウサギ、ハムスター、セキセイインコは恒温動物です。

●食餌

・草食性…ウサギ、水生種の一部のカメ

（例：スッポンモドキ）
・肉食性…フェレット、水生種のカメの多く
・草食性に近い雑食性…ハムスター、陸生種のカメ
・雑食性…半水生種のカメ
・種子（穀物）食性…セキセイインコ

（藤原　明）

病気のときは

最近ではエキゾチックアニマルを診察できる動物病院も増え、以前と比べれば動物病院探しに困ることは少なくなりました。しかし、イヌやネコを診てくれる動物病院と比べれば、まだまだその数は少ないので、こうした動物病院の所在地を事前に調べておく必要があります。飼育したい動物が特殊なものであればあるほど、飼育を始める前に動物病院を探しておかないと、いざというときに困ることになりかねません。近くに診察してくれる動物病院があれば幸運ですが、遠方にしかない場合は、交通の便をあらかじめ調べ、短時間で通院できる工夫をしておくとよいでしょう。

診察を受けるときは、普段、世話をしている人が連れて行くようにします。いつも使っているケージごと連れて行くのが理想的です。移動には自動車が適していますが、移動中は揺れや温度に注意します。人間ではとくに気にならない温度でも、体の弱ったエキゾチックアニマルにとっては大きなストレスになることが多いので、エアコンを上手に使うことが大切です。自動車以外の手段で輸送する場合は、使い捨てカイロや保冷剤などを使用します。

（藤原　明）

法律

エキゾチックアニマルには野生動物を捕獲したものが多くあり、なかには絶滅の危機に瀕《ひん》しているものもあります。野生動物の保護を目的としたいくつかの法律が定められていますので、参考までにそれらの法令等の概要を以下に示します。

絶滅のおそれのある野生動植物の種の国際取引に関する条約

この条約は一般にワシントン条約ともいわれています。1973年（昭和48年）に米国ワシントンにおいて取り決められた条約で、日本は1980年（昭和55年）から参加しています。この条約は、附属書〈表1〉に掲げられた動植物とその製品等の国際取引について厳しく規制しています。

〈表1〉附属書の要約

(1)附属書Ⅰ：	とくに絶滅のおそれの高いものであって、商業的目的のための取引は禁止され、学術研究を目的とした輸出入に際しては輸入国の輸入許可および輸出国の輸出許可を必要とする。
(2)附属書Ⅱ：	取引を規制しなければ絶滅のおそれのあるもので、許可を受けて商業取引を行うことが可能なものである。輸出入に際しては輸出国の輸出許可を必要とする。
(3)附属書Ⅲ：	各締約国が、自国における捕獲または採取を防止するために他国の協力を求めるもの。輸出入に際しては原産地証明書および輸出国の輸出許可を必要とする。
(4)特　　例：	附属書Ⅰに掲げられている動植物であって、商業目的のために人工飼育により繁殖されたものおよび本条約が適用される前に取得されたものについては、それらの旨の証明書があれば商業的目的のための取引も可能となる。

鳥獣保護及狩猟ニ関スル法律

「鳥獣保護事業を実施し及び狩猟を適正化することにより鳥獣の保護繁殖、有害鳥獣の駆除及び危険の予防を図り以《も》って生活環境の改善及び農林水産業の振興に資する」ことを目的とした法律で、1918年（大正7年）に公布されました。わが国に生息している野生鳥獣の保護、狩猟の適正化、さらに飼養や輸出入を規制しています。さらに、1963年（昭和38年）に改正が行われ、野生の鳥獣については何人たりとも管理してはならないことが明記されました。また、特別に狩猟可能な種類やそのための免許、期間、方法も規定しています。

文化財保護法

「文化財を保存し、その活用を図り、もって国民の文化的向上に資するとともに、世界文化の進歩に貢献する」ことを目的として1955年（昭和25年）に公布されました。文化財の一つとして天然記念物があります。天然記念物とは、「動物（生息地、繁殖地及び渡来地を含む）、植物（自生地を含む）で、我が国にとって学術上価値の高いもの」と規定されています。そして、さらに天然記念物のなかでも、とくに学術上価値の高いものを特別天然記念物（タンチョウ、アホウド

リ、ライチョウ、コウノトリなど）に指定しています。

外国為替及び外国貿易法

1949年（昭和24年）に公布され（平成10年に改正）、ワシントン条約の附属書に掲げられた野生動植物の国際取引について、税関による水際での規制を行う際の根拠となっています。

絶滅のおそれのある野生動植物の種の保存に関する法律

種の保存という観点に立って国内外の絶滅のおそれのある種を体系的に保存することを目的に掲げた初めての法律で、1992年（平成4年）に公布されました。「国内希少野生動植物種」および「緊急指定種」については、捕獲等の禁止、譲渡等の禁止、輸出入の禁止、陳列の禁止等が定められ、また、「国際希少野生動植物種＝ワシントン条約附属書Ⅰ掲載種等」については、譲渡等の禁止、輸出入の禁止等が定められています。

特定動物の飼育に関する規制

人に危害を加えるおそれがあり、飼育に許可が必要な動物を特定動物といいます。特定動物の飼育に関する規制は各都道府県ごとに決められ、それぞれ異なっています。また、飼育許可書等の申請方法も異なっているので注意が必要です。

外来生物法（特定外来生物による生態系等に係る被害の防止に関する法律）

2005年（平成17年）に施行され外来生物の飼養・栽培などを規制しています。外来生物とは、もとはその地域に生息していなかったのに人間活動によって海外から入ってきた生物のことを言います。外来生物法では、生態系、人の生命・身体、農林水産業に悪影響を与える恐れのある外来生物を特定外来生物として指定し、飼養・栽培・保管・運搬・販売・輸入などを規制するとともに、特定外来生物の防除を進めることで、外来生物による被害の防止を図っています。

（藤原　明）

フェレットの飼育管理と主な疾患

飼育管理

フェレットは、イヌやネコと同様の方法で飼うことができますが、屋外での飼育には適していません。屋内のケージ内で飼育し、飼い主の目が届くときにケージから出して遊ばせます。そうすることによって、好奇心旺盛《おうせい》なフェレットを種々の事故から守ることができます。なお、フェレットは、単独でも複数でも飼育することができます。

●飼育用ケージ

金属製メッシュケージが適しています。フェレット用、鳥用の大型、ウサギ用などのケージを使用するとよいでしょう〈図1〉。水槽は換気が不十分になるので薦められません。ケージの広さは、寝床、トイレ、食器などを設置するのに十分な広さ（少なくとも50×50×45cm程度）が必要です。また、金網の目が頭より広いと脱走するおそれがあるので、ケージを選ぶ際に目の大きさ（成獣で5cm以下）に注意します。ケージの底に敷いたシーツ、新聞紙などは1日に1回は取り替えます。ケージは1週間に1回水洗いし、日光消毒しましょう。

●寝具、食器、水入れ、トイレ

・寝具…タオルやシャツ、布製の帽子、ハンモック、市販の専用テント、布団などが適しています。布製の寝具を食べてしまう場合は、プラスチックや木などで作った箱に出入り口をつけたものを用います。その中には、トイレットペーパーを細く裂いたものを入れておくとよいでしょう。フェレットは暗い囲みの中で柔らかいものに触れて眠るのが好きで、そのような場所がないと不安感をもち、落ち着きません。布製の寝具は1週間に1回は洗濯します。

・食器…はめ込みタイプや壁掛けタイプ、床置きタイプなどがあります。床置きタイプの場合は、ガラス製や陶磁器製、ステンレス製などの重いものが適しています〈図2〉。フェレットは食べ物や床材を散らかし、その上に乗って食べる習慣があるので、ひっくり返しにくいものを使用します。食器は1日1回洗浄し、乾燥させます。

・水入れ…ボトルタイプで容量が200～300㎖の目盛りの付いているものが適しています〈図1〉。床置きタイプの水入れの場合は、フェレットが容器の中に入り、糞便《ふんべん》により水が汚染したり、被毛の乾燥を保つことができなくなるおそれがあります。水入れは1日1回洗浄します。

・トイレ…前面が低く後面と側面が高い

容器が適しています〈図1〉。前面が低いことによって出入りしやすく、また、後面と側面が高いことによって、後ずさりして排便する習性のフェレットがトイレの広さを認識することができます。一般に市販の専用トイレを用い、トイレの中には専用の砂を浅く敷くだけでよいでしょう。フェレットにはネコのように自分の排泄物《はいせつぶつ》に砂をかける習性はありません。排泄物はそのつど取り除きます。また、通常、フェレットは起きてから15分以内に排便をするので、しつけはこのときに行います。

●温度、湿度、換気

・最適温度…15～21℃です。ただし、一般的には、10～25℃であればよい環境といえます。フェレットは汗腺《かんせん》が発達していないため、32℃を超えると衰弱が著しくなります。

・最適湿度…45～60%です。これより低いと皮膚や毛が過度な乾燥状態になり、一方、これより高いと適度な乾燥状態を保てなくなります。季節によりエアコンを上手に利用するのがよいでしょう。

・換気…換気を常時行える環境が理想です。フェレットはジャコウ臭が強いのでその軽減のため、また、呼吸器性ウイルス疾患（インフルエンザ、犬ジステンパーなど）にかかりやすいのでその予防のためにも、換気は重要です。

●食餌《しょくじ》

フェレットの食性は、本来は肉食性です。良質の動物性のタンパク質と脂肪を多く含み、炭水化物と繊維の少ない食餌が適しています。生後16週齢以下では42%の動物性タンパク質、16週齢以後でも30～40%の動物性タンパク質が必要といわれています。脂肪は大人のフェレットで18～30%必要であり、泌乳期の雌と離乳前のフェレットでは最低25%必要です。これに対して、繊維は4%以下が理想的です。このような条件を満たすのはフェレット専用フードです。また、子ネコ用フードもほぼ条件を満たしています。

〈図1〉

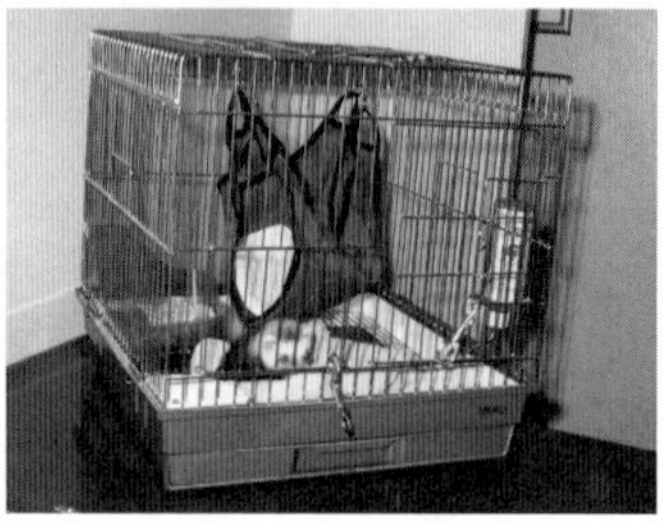

飼育用ケージと飼育用品のセッティングの一例。前面と上面に出入り口がある。出入り口には、鉄砲カン、ナスカンを掛けて脱走を防ぐ。ケージ内には寝具、食器、トイレ、ケージ、外壁には水入れを設置している

〈図2〉種々の食器類

フードは基本的にドライタイプがよいでしょう。ウエットタイプのものは、歯石が付きやすく、歯牙疾患《しがしっかん》の原因となります。菓子類や果物も与えると好んで食べることが多いのですが、フェレットに与えるのは好ましいことではありません。なお、フェレットに必要な1日のカロリーは２００～３００ｋｃａｌ／kgです。

水は自由に飲めるように常備し、１日１回取り替えます。大人のフェレットの１日あたりの平均水分摂取量は75～１００㎖で、雌よりも雄のほうが多く水を飲みます。水分を常時摂取できる状態でないと食欲が低下する傾向があります。

（藤原　明）

心筋症

拡張型心筋症と肥大型心筋症が3歳齢以上のフェレットにしばしば発生します。原因は不明ですが、拡張型心筋症では食餌中のタウリン欠乏が関係しているのではないかといわれています。

初期には無症状ですが、他の病気の診察時に心雑音や心拡大（X線検査時）が発見されることがあります。病気が進むと、無気力、食欲低下、呼吸困難がみられるようになりますが、通常、咳《せき》は認められません。このほか、体重減少や頻脈、低体温、嗜眠《しみん》、肺水腫《はいすいしゅ》、腹水がみられます。心電図検査、X線検査、超音波検査で拡張または肥大した心臓や胸水、腹水、肝腫《かんしゅ》、脾腫《ひしゅ》などが確認されます。治療にはイヌ、ネコの場合と同様に心臓の負担を減らす薬物（利尿薬、強心薬、血管拡張薬）が用いられます。

（久野由博）

肺炎（ウイルス性のものを除く）

細菌や真菌の感染によって引き起こされ、発熱や元気消失、食欲不振、呼吸困難、発咳《はつがい》、眼やに、鼻汁、粘膜のチアノーゼなどがみられます。

症状、聴診での肺の雑音、血液検査での白血球（とくに好中球）の増加、X線検査での肺炎像、眼やにあるいは鼻汁からの菌分離などにより診断します。

治療には、適切な抗生物質あるいは抗真菌薬を使用します。また、支持療法として輸液や気管支拡張薬、消炎酵素薬、抗ヒスタミン薬の投与を行います。また、強制給餌《きょうせいきゅうじ》やネブライザー療法なども併用します。予防には、十分な換気を行い、ストレスを軽減させます。（藤原　明）

歯髄炎、歯周炎

フェレットの犬歯は先が細く尖《とが》っています。そのため、咬《か》まれると痛いという理由で犬歯の先を切断したり（断端を保護する処置をすればいいのですが切り放しは絶対にいけません）、あるいは、フェレットが硬いものを咬んだときに犬歯が折れてしまうことがあります。このような場合に歯髄に感染が起こり、歯髄炎を起こして痛みが出てきます。これを放置すると炎症がひどくなり、歯髄が壊死《えし》して犬歯の歯根の先端部分すなわち根尖部《こんせんぶ》周囲に膿瘍《のうよう》などが形成され、その結果、顎《あご》の下が腫《は》れて皮膚に穴が開き膿《うみ》が出てくることもあります。

どのような原因であっても、露髄（神経が出ること）した場合は、歯髄を保護する専門的な処置が必要です。歯髄が壊死した場合は、抜髄根管治療といい、壊死した歯髄を除去して根管を薬剤で充填《じゅうてん》（詰める）する処置を行います。そして、それでも治らない場合は、最終的には抜歯が必要です。歯髄炎や根尖部周囲にできた病巣を抗生物質などで治療すると、一時的にはよくなりますが、完全に治ることはほとんどありません。なるべく早い時期に抜髄根管治療や抜歯などの外科的な治療を行う必要があります。

犬歯が破折しないよう注意することが必要ですが、もし歯が欠けて露髄したかどうかわからない場合は早めに動物病院を受診して下さい。（網本昭輝）

唾液腺嚢胞《だえきせんのうほう》

フェレットの唾液腺《だえきせん》には耳下腺《じかせん》と下顎《かがく》腺《せん》、舌下腺《ぜっかせん》、頬骨腺《きょうこつせん》、頬腺《きょうせん》があり、それぞれ左右に1対ずつ存在しています。唾液腺の疾患としては唾液腺炎《だえきせんえん》、唾液腺嚢胞（唾液腺粘液嚢胞《だえきせんねんえきのうほう》、唾液腺粘液嚢腫《だえきせんねんえきのうしゅ》）、唾液腺腫瘍《だえきせんしゅよう》などがあります。

唾液腺嚢胞の発生はあまり多くはありませんが、唾液腺や排出導管の感染や損傷の結果、組織内に唾液が漏れて蓄積することによって起こります。嚢胞《のうほう》（粘液《ねんえき》瘤《りゅう》）の発生する部位によって、頬部《きょうぶ》や頸《けい》部《ぶ》など、口腔《こうくう》以外のところが腫れる場合と、咽頭部《いんとうぶ》が腫れたり、舌下部粘液瘤《ぜっかぶねんえきりゅう》（ガマ腫《しゅ》）として認められることがあります。

診断は、症状や触診、穿刺《せんし》結果などに基づいて行います。穿刺をすると、通常は透明から褐色の粘性のある液体が吸引されますが、感染を起こしている場合は膿のようになります。また、他の病気との鑑別のためにX線検査や超音波検査を行うことがあります。

治療は、口腔内に嚢胞（粘液瘤）がみられる場合は、その一部を切除し、辺縁を口腔粘膜と縫合する造袋手術を行います。一方、頬部や頸部が腫れているものに対しては、基本的には唾液腺の摘出手術が必要です。腫れた部分だけを切開したり摘出しても再発が起こります。（網本昭輝）

消化管内異物

フェレットには咬癖《こうへき》、盗癖があり、ゴム製品やスポンジ製品、プラスチック製品、タオル製品などを噛《か》み切り、誤って飲み込むことがよくあります。1歳以上になると誤飲の頻度は低下しますが、一方、2歳以上では毛を飲み込むことによる毛球症が多いといわれています。

飲み込んだ異物や毛球の多くは胃に滞留し、慢性の食欲不振や嘔吐《おうと》などを引き起こします。胃から小腸への移行部あるいは小腸に閉塞《へいそく》すると急性症となり、元気消失や食欲廃絶、頻回の嘔吐などを示し、鼓脹（腹部膨満）、ショック状態へと移行します。

診断は、種々の症状、腹部の触診、X線検査により行います。

治療は、毛球症の場合は、毛球予防（除去）剤（フェレット用、ネコ用）や消化管の蠕動亢進薬《ぜんどうこうしんやく》を投与し、毛球の排泄《はいせつ》を促進させます。他の異物による不完全閉塞の場合は、消化管の蠕動亢進薬を投与します。重症例や完全閉塞の場合は、外科的に異物を摘出しなければなりません。

予防するには、屋内のケージで飼育し、飼い主の監視下で遊ばせるようにします。玩具《がんぐ》は飲み込めない大きさで、また、噛み砕けないものを与えます。さらに、日常の毛の手入れを十分行うことも大切です。

（藤原　明）

好酸球性胃腸炎

原因は不明ですが、食餌や寄生虫に対するアレルギー、免疫学的反応などが関係していると考えられています。主な症状は慢性的な下痢と体重減少で、嘔吐や食欲不振などもみられることがあります。また、各種検査では末梢血《まっしょうけつ》の好酸球増多、腸管の肥厚、腫大《しゅだい》した腸間膜リンパ節が触知されることがあります。確定診断を行うには、内視鏡や試験的開腹による消化管の病理診断が必要です（胃腸粘膜の好酸球浸潤を確認します）。治療にはステロイド製剤を投与します。こうした内科的治療に反応すれば予後は良好ですが、ステロイド製剤は通常、生涯にわたって投与しなければなりません。

（片岡アユサ）

伝染性カタル性腸炎

アメリカとカナダで流行が認められるものですが、今後、日本でも注意する必要がある病気です。

原因としてはコロナウイルスが考えられています。感染率はほぼ100％で、罹患《りかん》したフェレットやその排泄物、飼い主の手や衣服などとの直接的または間接的な接触によって伝播《でんぱ》されます。症状は、初期には嘔吐がみられ、その後、重度の下痢（緑色、水様で多量の粘液を含む）が認められるようになります。下痢による脱水が進行すれば、元気消失、食欲不振や体重減少を起こします。なお、若齢では無症状の場合もありますが、高齢になるにつれて重症になる傾向があります。血液検査で肝臓機能酵素活性の上昇や高血糖、高窒素血症などが認められます。

診断は、病歴、症状、腸の病理診断（ウイルス性腸炎に一致した病変が認められます）に基づいて行います。

治療には、輸液、整腸薬投与、二次性細菌感染予防のための抗生物質の投与、強制給餌による支持療法を行います。また、腸の炎症が重度であればステロイドの使用も考慮します。適切に治療が行われれば致死率は5％未満ですが、数カ月にわたる治療が必要な場合もあります。ただし、感染後6カ月間はウイルスを排出するとされており、長期間の隔離（6～8カ月）が必要です。

（片岡アユサ）

直腸脱

増殖性腸症など、慢性的な下痢やしぶりを起こす疾患に続いて発症し、赤く腫《しゅ》脹《ちょう》した直腸粘膜が肛門《こうもん》から逸脱します。主に幼若のフェレットにみられます。

治療は、逸脱した直腸粘膜を洗浄したうえで整復します。5㎜以下の脱出であれば内科的治療で治癒しますが、脱出がそれ以上であれば、糞便が通過できるすき間を残し、肛門の周囲を縫い縮める巾《きん》着縫合《ちゃくほうごう》（2～5日後に抜糸）を行います。また、慢性化した例や重症の例では肛門開口部を小さくするなどの整形手術が必要となります。さらに、原因となっている病気を治療する必要もあります。原因疾病の除去と整復ができれば予後は良好です。

（片岡アユサ）

肝疾患

フェレットの肝臓には腫瘍《しゅよう》が多発します。とくにリンパ肉腫《にくしゅ》がもっとも多く、次いで血管肉腫《けっかんにくしゅ》や腺癌《せんがん》が多く認められます。腫瘍以外の肝臓病としては、胃内毛球症や増殖性腸炎に関連して、慢性の栄養失調症に続いて起こる肝臓の脂肪変性（肝リピドーシス）がみられることがあります。また、糖尿病の合併症としても脂肪変性が起こります。ただし、副腎皮《ふくじんひ》質機能亢進症《しつきのうこうしんしょう》に伴うステロイド肝炎の発生は少ないようです。

肝疾患では無気力や嘔吐、食欲不振、体重の減少、黒色下痢がみられ、このような症状は急性または慢性の様々な経過をたどります。

肝臓の腫瘍の診断には超音波診断が有用なこともありますが、通常は試験的開腹によって確定診断をします。肝障害のあるフェレットでは血液化学検査においてアラニンアミノトランスフェラーゼ活性の上昇や、アルカリホスファターゼ活性の上昇がみられ、重症では黄疸《おうだん》を示すこともあります。

治療としては、強肝薬や抗生物質、ビタミン、低脂肪食を与えます。腫瘍の場合は予後が不良なことがほとんどです。なお、フェレット用栄養補助ゼリーの多給によりビタミンA過剰症が発生した例があるので、ビタミンの投与にあたっては、たとえフェレットが好んでも投与量を守ることが必要です。

（斉藤　聡）

腎疾患《じんしっかん》

●急性腎不全《きゅうせいじんふぜん》

重度の脱水や尿道結石などにより急性腎不全に陥ることがあります。ほとんどは原因の除去により速やかに回復しますが、症状に気づかず、時間が経過した場合は容易に尿毒症に陥り、死亡することもあります。

●慢性腎不全《まんせいじんふぜん》

フェレットの腎臓《じんぞう》は体の中に左右2個あります。ですから、そのうちの1個が何らかの原因で機能低下しても、他方が正常であれば、それが代償的に機能強化して役割を果たします。しかし、二つとも障害を受け、機能低下を起こすか、あるいは機能を果たさなくなると、重篤な状況（腎不全《じんふぜん》）に陥ってしまいます。慢性腎不全はかなり進行してからでないと、はっきりした症状を示しません。しかし、腎不全が進行すると、血液中の老廃物を除去できなくなり、体の中に有害な物質が蓄積します。その結果、食欲が低下し、元気消失、沈うつが認められ、脱水症状と体重減少を示すようになります。もし、この段階で適切な処置を行わないと、腎不全はさらに進行して死に至ります。

●多発性嚢胞腎《たはっせいのうほうじん》

フェレットの腎疾患のなかで比較的多く認められるのは、片側性あるいは両側性に発生する多発性嚢胞腎です。両側性の多発性嚢胞腎は腎不全の原因となります。嚢胞腎《のうほうじん》は中年齢や老齢のフェレットに腹部の手術時などに偶然発見されることもあります。

この病気の原因は不明ですが、ほかの動物の場合と同様に先天的と思われます。一般に無症状ですが、重度腎疾患のフェレットでは腎不全の結果、無気力、食欲不振、多尿と多飲多渇、嘔吐、黒色タール便などが現れることがあります。

診断は、まず腎臓を触診して変形の有無を確認します。腎疾患が疑われる場合には、血液学的検査と血液化学検査、尿検査を行います。

腎臓の変形が顕著でない限り、X線検査は診断の役には立ちません。静脈から造影剤を投与する腎盂造影《じんうぞうえい》により診断できることもありますが、多発性嚢胞腎の診断には腹部超音波検査がもっとも有用です。

無症状の場合、治療は必要としません。ただし、片側性で、病気の側の腎臓が非常に大きくなった場合には、腫大《しゅだい》したほうの腎臓を摘出することもあります（反対側の腎機能《じんきのう》が正常な場合）。腎不全が進行した場合は、皮下輸液などの支持療法を行うと、高窒素血症の状態が一時的に改善します。進行性の両側性《りょうそくせい》多発性《たはっせい》嚢《のう》胞腎《ほうじん》の予後は不良です。

●水腎症《すいじんしょう》

フェレットの水腎症はまれな病気ですが、卵巣子宮摘出手術の際に、不注意から尿管を結紮《けっさつ》してしまい、医原性の水腎症を起こすことがあります。（久野由博）

膀胱炎《ぼうこうえん》

膀胱炎は通常、尿道から膀胱《ぼうこう》へ細菌が侵入し起こる病気です。フェレットでは尿石症による膀胱および尿道の炎症により、膀胱粘膜《ぼうこうねんまく》の防御機能が低下し、これに伴って細菌性の膀胱炎が発生することが多いようです。

膀胱炎にかかったフェレットの尿は異常なにおいや外観（血尿、濁り）を示し、症状としては頻尿や尿失禁が認められます。

診断にあたっては、尿を採取し、顕微鏡検査や細菌培養および感受性試験を行います。また、全身症状がみられる場合には、血液学的検査と血液化学検査も実施します。さらに、膀胱内の結石の有無などを確認するために、腹部X線検査と超音波検査も行います。

治療には主に抗生物質を投与し、尿石症などの一次的な原因がある場合にはその治療も併せて行います。（久野由博）

尿路結石

泌尿器系（腎臓や膀胱、尿道など）に結石ができる病気です。フェレットを含め、繁殖用の動物での発生が多いといわれています。結石の大きさは様々で、砂粒状のものや細かい石がたくさんたまることもあれば、1～2㎝ほどの大きな石になる場合もあります。

主な原因として、不適切な飼料が考えられます。尿石症は良質の獣肉が主成分のドライフードを主食にしているフェレットでは発生が少なく、大豆やトウモロコシ等を主成分（植物性タンパク質中心）とした飼料やドッグフードを主食にしているフェレットに多いことが知られています。本来、肉食動物の尿は酸性に傾いており、フェレットの場合、pHが5～6であるのが正常ですが、低タンパク質（あるいは植物由来のタンパク質も）の飼料を与え続けると、尿がアルカリ性に傾き、リン酸アンモニウムマグネシウムなどの尿路結石ができやすくなります。

症状としては、排尿が困難になったり、頻尿や血尿などがみられます。初期には、外部生殖器の周囲が赤く腫れていたり、濡《ぬ》れていることもあります。また、結石が尿道を完全に塞《ふさ》ぐような重症例では、尿毒症を起こして死亡することもあります。普段から排尿の回数や一度の排尿量などを把握しておくと早期発見につながります。

結石の大きさによって様々な治療法が考えられます。利尿薬を投与して排尿を促進して結石を洗い流したり、あるいは結石を溶かす薬を与えることもありますが、結石が大きい場合には外科手術により摘出します。

結石の形成を予防するには、動物性タンパク質を豊富に含むフェレット用飼料を与えるようにします。（久野由博）

エストロゲン誘発性貧血

雌のフェレットの発情は、交配を行わないと、一般に繁殖期間中持続し、その結果、体内に長期間にわたって高濃度のエストロゲンが存在することになります。そして、このエストロゲンの作用によって骨髄の造血機能が抑えられ、重度の貧血を起こします。

主な症状は、腹部の両側対称性の脱毛、尾部の脱毛、外陰部の腫大と漿液性《しょうえきせい》ないし粘液性の外陰部分泌物です。また、外陰部周辺に表在性皮膚炎がみられることもあります。さらに、食欲不振や元気消失、嗜眠などもみられ、肺炎や子宮蓄膿《しきゅうちくのう》症《しょう》、全身性細菌感染症、下半身麻痺《かはんしんまひ》、消化管出血などを伴うこともあります。

診断は、外陰部の著しい腫大により発情を確認することによって行います。

もっとも一般的な治療としては、性腺《せいせん》刺激《しげき》ホルモン製剤《せいざい》を1～3回、筋肉注射することによって発情を終息させます。重症の場合は、輸血や輸液、タンパク同化ホルモン製剤、副腎皮質《ふくじんひしつ》ホルモン製《せい》剤《ざい》、抗生物質、ビタミンB群、高カロリー食の給与なども必要です。

また、単に発情しただけで、貧血がなく、一般状態に大きな問題がない場合には、避妊手術も選択肢の一つとなります。ただし、発情時の避妊手術は通常の場合より危険性が高くなります。

予防するには、あらかじめ避妊手術を行っておきます。（藤原元子）

後躯麻痺《こうくまひ》

神経を侵す疾患や全身性の疾患によって後躯《こうく》に完全あるいは不完全な麻痺が生じることがあります。後躯麻痺の原因となる神経を侵す疾患としては、椎間板疾《ついかんばんしっ》患《かん》、脊髄《せきずい》に生じる形質細胞性骨髄腫《けいしつさいぼうせいこつずいしゅ》、脊《せき》索腫《さくしゅ》、リンパ腫《しゅ》、アリューシャン病などがあります。また、全身性疾患のなかでもっともよく認められる後躯麻痺の原因としては、膵臓《すいぞう》のβ細胞の腫瘍（インスリノーマ）があげられます。この腫瘍はインスリンを多く分泌するため、フェレットは低血糖となり、後躯の衰弱を起こし、これにより麻痺が生じたようにみえます。このほか、とくに大きな疾患が認められない場合でも、加齢によって極端に衰弱したり、狭いケージ内で飼育されていたフェレットには下半身の著しい衰弱が起こることがあります。診断に際しては、原因疾患を特定するために、それぞれの場合に応じた種々の検査を実施します。また、治療方針は、診断結果に基づいて決定します。（角田睦子）

角膜炎

多くは外傷が原因です。眼やに、角膜の混濁、結膜炎、角膜浮腫《かくまくふしゅ》、角膜への血管新生、さらに角膜潰瘍《かくまくかいよう》などがみられます。診断は角膜の状態から行い、フルオレスセイン角膜染色で角膜潰瘍の有無を確認します。治療には、抗生物質、角膜障害治療剤の点眼、血管新生があればステロイド製剤点眼（角膜に潰瘍《かいよう》がない場合のみ）を行います。軽症であれば比較的早期に治癒しますが、重症であれば角膜に瘢痕《はんこん》、色素沈着が残る場合もあります。（片岡アユサ）

白内障

原因として、若齢では遺伝性、老齢では加齢性、そのほかに栄養性、炎症性、代償性、中毒性などがあります。両眼あるいは片眼の水晶体に白濁がみられ、進行すれば視力を消失します。水晶体の白濁の確認により診断を行います。イヌのような外科的治療は困難で、有効な治療法はありません。食餌の改善（ビタミンA、E、タンパク質の補給、酸化した食餌の給与を避ける）など、原因に合わせた治療を行い、進行を遅らせます。（片岡アユサ）

副腎皮質機能亢進症《ふくじんひしつきのうこうしんしょう》

近年、フェレットの一般的な病気として注目されるようになりました。とくに性成熟前に不妊手術を行った3歳齢以上のフェレットによくみられます。

副腎《ふくじん》皮質《ひしつ》の過形成、腺腫《せんしゅ》、腺癌により発生します。

進行性の両側対称性脱毛。雌では外陰部の腫大、雄では性行動の復帰、攻撃性の増加、尿道の閉塞を含む排尿障害などがみられます。

診断は、特徴的な症状、ときに触診による腫大した左側副腎の触知、触診による脾臓の腫大の確認、性腺刺激ホルモン製剤の筋肉注射に対する反応、X線検査、超音波検査、CT検査、ステロイドホルモン濃度の測定などにより行います。しかし、特徴的な症状のみで診断してもとくに問題はありません。

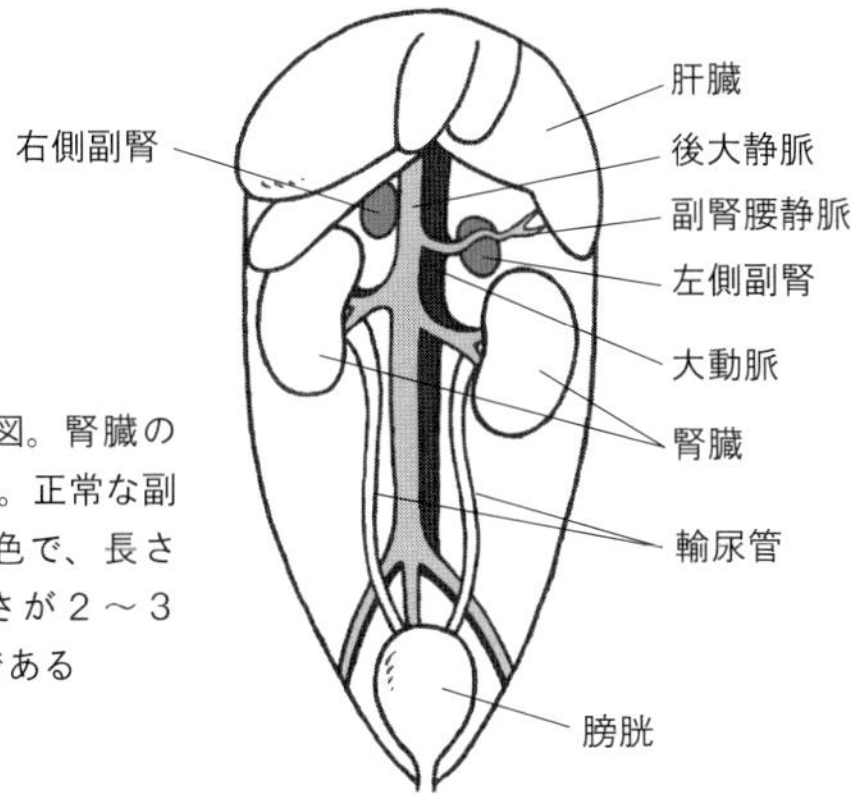

副腎の位置の解剖図。腎臓の頭側(前側)にある。正常な副腎は明るいピンク色で、長さは6～8mm、厚さが2～3mmの小さな臓器である

治療には、内科的治療と外科的治療があります。通常、外科的治療が第一選択となり、開腹手術により異常のある片側の副腎の全摘出を行います。あるいは全摘出が困難な場合は、異常な片側および両側の副腎を部分的に切除し、大きくなった副腎の総量を減らす方法(減量術)が行われます。

内科的治療は、飼い主が希望する場合、あるいは何らかの理由で外科的治療が困難な場合に行います。内科的治療としては、副腎皮質の機能亢進を軽減する薬剤を1カ月に1回の割合で注射するか、継続的に内服させますが、終生にわたって続けなければなりません。また、使用する薬が高価なので経済的にも負担が大きくなります。

予防法は、とくにはありません。

(藤原元子)

糖尿病

フェレットでは真の糖尿病はまれで、発症例の多くは、インスリノーマの摘出手術後に起こるインスリン放出量の低下によって一時的に起こるものです。

他の動物の場合と同様に、高血糖による症状を示します。病気の程度と経過の長さにもよりますが、通常、水を飲む量が増えるとともに尿の排泄量も多くなります(多飲多尿)。また、食欲は正常であっても、体重が減ってきます。さらにケトアシドーシスといわれるような代謝障害が起こっている場合には、元気がなくなったり食欲不振を起こしたり、命にかかわる状態になることもあります。

診断するには、血液検査により高血糖(通常400㎎/dℓ以上)であることと、尿検査により尿中に糖が排泄されていることを確認します。そのほか、血液中のインスリン濃度やグルカゴン濃度の測定が行われることもあります。

治療は、他の動物と同様で、高血糖を正常化するためにインスリンの注射を行います。

インスリノーマの摘出手術直後に起こった糖尿病は一時的なものであり、通常は1～2週間で回復します。しかし、長期に続く場合や、真性の糖尿病の場合、他の動物と比べ、フェレットでは血糖値のコントロールが難しく、経過は予測不可能か、あまりよいとはいえません。

(田中　治)

インスリノーマ

インスリノーマは膵臓のβ細胞(インスリンを産生する細胞)の腫瘍で、高齢のフェレットに一般的に起こる病気の一つです。過剰なインスリンが放出されるために血糖値が低くなることが問題となります。

遺伝や食餌などが原因として考えられていますが、なぜフェレットに多発するのか、いまだ正確な原因は解明されていません。

低血糖の症状として主に元気の消失や不活発などが現れますが、高齢のフェレットに起こる病気であるため、飼い主は老化が原因と判断してしまうことが多いようです。そのため、気づかないうちに進行していく場合が多いのですが、進行の度合いによっては悪心や嘔吐、後肢の虚弱、体重減少などがみられ、激しい低血糖時にはてんかん発作や昏睡《こんすい》を起こすこともあります。

症状のほか、血液検査によって低血糖(通常65～70㎎/dℓ以下)を確認することで仮診断を行います。血液検査は他の低血糖を起こす病気、たとえば肝疾患な

どと鑑別する一助にもなります。場合によっては血液中のインスリン濃度を測定することもありますが、最終的な確定診断は開腹手術により膵臓の腫瘍を確認、摘出し、病理学的に行います。

治療は、血糖値のコントロールが主たる目的となります。そのために外科的に腫瘍を摘出したり、内服薬による内科療法を行います。内科療法は、初期であれば食餌療法《しょくじりょうほう》だけでもよいことがありますが、進行とともに薬物の使用が必要になります。血糖値を上昇させる作用のあるプレドニゾンとインスリンの分泌を抑制するジアゾキシドが単体あるいは複合して使用されるのが一般的です。

インスリノーマは完治の望めない進行性の病気であるため、生涯にわたる治療が必要ですが、血糖値がコントロールされている限り、日常生活に大きな問題はなくなります。ただし、薬によるコントロールも経過とともに効果がみられなくなり、最終的には死亡します。外科的な摘出でも完治させることは不可能ですが、確定診断ができることと、その後に行う内科療法の補助として有効と考えられています。手術後の合併症として膵炎《すいえん》が危惧《きぐ》されていますが、フェレットでは通常、この手術が原因で膵炎を起こすことはありません。平均生存期間は内科療法のみの場合で219日、外科的摘出も行った場合で462日というデータがあります。

インスリノーマ

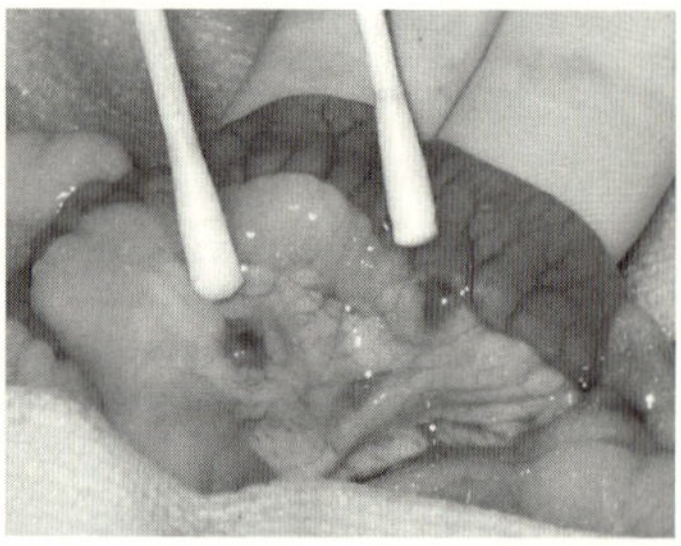

（田中　治）

骨折

高い場所からの転落、ものが落ちてきて下敷きになる、ドアにはさまれる、飼い主に踏まれる、同居動物（イヌやネコ）による外傷などが主な原因としてあげられます。まれに骨に生じた腫瘍が原因で骨折する場合もあります。骨折が生じている部位によって症状は様々ですが、手や足を引きずっている、体を触られると痛がって暴れる、元気や食欲が急になくなりじっとしている、皮下に内出血がみられる、腫れているなどの症状がよく認められます。イヌやネコと同様に、診断はX線検査などにより行い、ギプス固定や手術によるピンニングなどによって治療します。

（角田睦子）

脱臼《だっきゅう》

肘《ひじ》や肩、股《また》などの関節に本来動く方向とは異なる方向や角度に強い力が一度に加わった場合に生じます。首輪や胴輪の紐《ひも》が絡んで強く引っ張られた場合や事故などの際に骨折と同時に起こることもあります。症状は脱臼が生じた部位によって様々です。診断と治療はイヌやネコの場合と同様です。

（角田睦子）

細菌性皮膚炎

外傷を受けたりした際にブドウ球菌や連鎖球菌などの細菌の感染を受け、皮膚炎を生じることがあります。

フェレット同士の咬み合いにより咬傷から膿瘍を形成し瘻管《ろうかん》ができた場合には濃厚な膿を排出します。膿瘍は通常、境界が明瞭《めいりょう》で、全身症状はあまりありません。しかし、頸部に認められたときには呼吸困難の原因になるほど膿瘍が大きくなることもあります。

感染部位からの吸引標本をグラム染色することにより診断を行います。

治療には、抗生物質の投与を行います。また、外科的には小さな膿瘍であれば辺縁から切除しますが、切除が困難であれば、無菌的に膿瘍を切開して膿疱《のうほう》を洗浄後、排膿《はいのう》用のチューブを装着します。

（加藤　郁）

季節性尾部脱毛症

フェレットの季節性脱毛症は夏の終わりと晩秋に発生します。

原因ははっきりしていませんが、秋の脱毛期に一致することから、日照時間が関係しているものと思われます。この症状は、去勢、避妊手術実施の有無や、年齢などに関係なく発生します。尾根から先端までまったく毛がなくなってしまい、多くの場合は赤茶色のワックス状の滲出物《しんしゅつぶつ》が尾部の皮膚にみられます。

治療の必要はなく1～3カ月で回復発毛します。一部のフェレットではこの脱毛が毎年同じ時期に繰り返され、それ以外にも散発的に脱毛を起こすことがあります。なお、脱毛が1年を通して認めら

れたり、尾根よりも上へと進行する場合は、副腎腫瘍《ふくじんしゅよう》など、他の内分泌疾患の可能性を考えなければなりません。（加藤　郁）

偽爪《ぎそう》（パッドの角化亢進症《かくかこうしんしょう》）

足裏の肉球（パッド）が硬くなって爪状に変化するもので、四肢のどの足にも起きますが、とくに後肢によく起こります。多くは飼育環境の床材にこすれるなどの刺激が原因です。治療を要することはあまりありませんが、ハンモックを使うか、床材を柔らかいものにするなど、飼育環境の改善が必要です。（斉藤　聡）

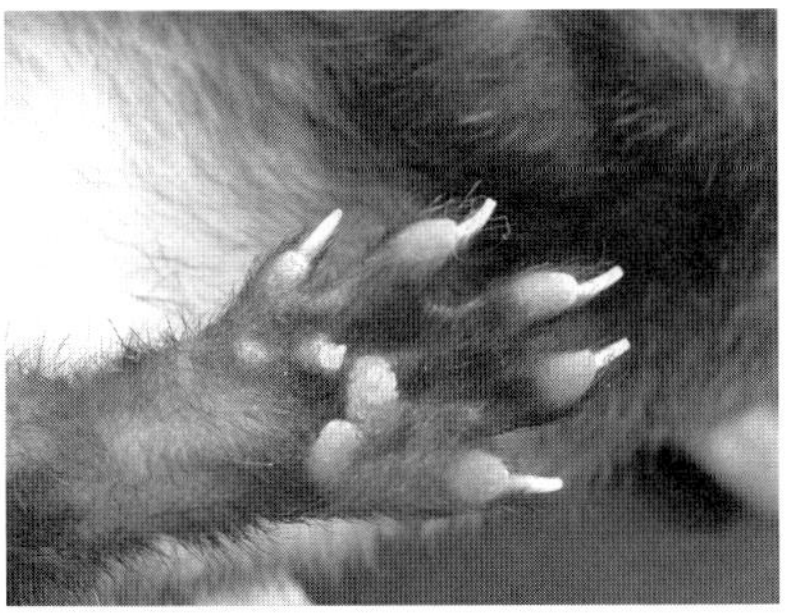
後肢に発生した偽爪

リンパ腫《しゅ》

リンパ腫はフェレットに発生するもっとも一般的な腫瘍の一つです。この病気にはウイルスの関与が考えられていますが、正確なところは未解明です。腫瘍の発生は様々な部位に認められ、とくに末梢《まっしょう》および内臓のリンパ節、脾臓《ひぞう》、肝臓、腸、縦隔、骨髄、肺、腎臓に発生が認められます。この疾患は発生年齢によって2種類に大別されます。

若齢のフェレットでは、腫瘍が胸腺《きょうせん》、脾臓、肝臓、その他の臓器に急速に広がり、食欲不振、削痩《さくそう》、抑うつ、脱水、吐き気などを示します。とくに生後4カ月程度では、呼吸困難や咳、しぶり、衰弱による後肢の麻痺がしばしばみられます。X線検査や触診では、縦隔、前腹部、胸水貯留などが確認されるほか、脾腫や末梢および腸管のリンパ節の腫大が認められることもあります。

一方、老齢のフェレットでは、末梢リンパ節疾患や下痢、嘔吐、呼吸困難、黄疸、後駆麻痺、脾腫、腫瘤形成などを数年にわたり慢性的に繰り返す傾向があります。腎臓や副腎、胃、膵臓、脾臓なども侵され、侵された臓器によって症状が異なりますが、潜行性で浸潤が広範囲の臓器にいたるまで症状を示さないものもあります。ただし、末梢血液中に腫瘍性リンパ球が出現する白血病タイプはまれです。

診断はリンパ節吸引、生検、血液検査によって行います。治療は化学療法を主としますが、予後は不良で、生存期間は3カ月から5年です。（佐々井浩志）

肥満細胞腫《ひまんさいぼうしゅ》

フェレットの皮膚にできる腫瘍の一つに肥満細胞腫があります。この腫瘍は通常は良性で、生後2年から8年で発生がみられます。発生部位は主に体幹部で、ときに頭や耳、頸部、臀部《でんぶ》、尾などにもみられます。しこりは硬く、表面は脱毛して肌色でつるつるしているか、赤斑《せきはん》を伴いますが、皮下織への波及は認められません。多くはかゆみを訴え、掻《か》いたり咬んだりするため、自壊し、痂皮《かひ》（かさぶた）が認められることが多く、慢性の肉芽腫《にくがしゅ》と似ていることがあります。診断は、肉眼で特異的な腫瘤を確認し、確定診断として細胞診や病理組織学的検査を行います。早期に腫瘤を完全に摘出することで完治も期待できます。なお、ときに皮膚の他の部位への転移や再発がみられることがありますが、内臓転移についてはあまりないようです。（佐々井浩志）

脊索腫《せきさくしゅ》

フェレットの尾の先にできる腫瘍のうちで一番多いものが脊索腫です。脊索腫は胎生期にみられる脊索《せきさく》という組織から発生するまれな腫瘍ですが、フェレットの場合、尾の先端に多く生じることが知られています。典型的には、尾の先端の毛がなくなり、丸くて硬く光沢のあるものができてきます。尾の先端に生じた脊

フェレットの尾端に発生した脊索腫

索腫は急激に大きくなることはありませんが、初めは大豆粒くらいであったものが、数カ月後には鶏卵大以上にまでなることもあります。この腫瘍はフェレットの尾に発生した場合、転移や再発はほとんど起こさないとされており、早めに切除すれば完治します。しかし、尾の先にできやすい腫瘍として脊索腫のほかに軟《なん》骨肉腫《こつにくしゅ》があり、この腫瘍は悪性で他の部位への転移が高率にみられます。この二つの腫瘍を外観のみで区別することは不可能ですので、尾の先に何かできたときには、早めに切除することが勧められます。

（角田睦子）

ヘリコバクター症

人のヘリコバクター・ピロリ（いわゆるピロリ菌）に類似するヘリコバクター・ムステラエの感染によります。フェレットでは、胃と十二指腸へのこの細菌感染はごく普通に認められますが、持続的な感染にストレスが加わると発症し、反復する嘔吐、黒いタール状の軟便（メレナ）、食欲不振、体重減少などがみられます。

診断は、通常、消化管内異物など、一般的な病気を除外することによって行います。確定診断は内視鏡あるいは外科的手術により胃粘膜を採取し、病理組織学的検査と細菌分離により行います。

治療には、抗生物質やH_2ブロッカー、胃粘膜保護薬などを投与します。抗生物質はアモキシリンとメトロニダゾールの併用（最低2週間）がもっとも有効です。ただし、一般に長期の治療が必要です。

発症を予防するには、ストレスを与えないことです。

（藤原　明）

インフルエンザ

フェレットは人と同一のインフルエンザウイルスの感染を受けます。伝染は飛《ひ》沫《まつ》の吸入により、フェレットからフェレット、人からフェレット、フェレットから人へと容易に起こります。発熱後3～4日で伝染するようになります。発症したフェレットには体温の上昇（48時間持続）、くしゃみの連発、涙目、粘液性あるいは膿性《のうせい》の鼻汁、元気消失、食欲不振などがみられます。新生子では死亡することも珍しくありません。

診断は、特徴的な症状、インフルエンザ診断キットによります。治療は、抗生物質、抗ヒスタミン薬、輸液を中心とした対症療法を行います。

予防するには、インフルエンザに感染した人やフェレットとの接触を避けるようにします。またフェレットの飼育に関係する人はインフルエンザワクチンの接種を受けて下さい。

（藤原　明）

犬ジステンパー

フェレットは犬ジステンパーウイルスの感受性が高く、感染した場合、高い死亡率を示します。初期には口や眼の周り、あるいは鼠径部《そけいぶ》の皮膚が赤くなり、その後、四肢の肉球が硬くなるハードパッドと呼ばれる状態になります。その他の症状としては、眼やにや鼻水、くしゃみ、40℃以上の発熱、下痢、嘔吐、食欲不振がみられ、数日のうちに死亡します。症状の現れ方に一定のパターンはなく、なかには突然の運動失調やけいれん発作が起きる中枢神経障害の場合もあります。

感染経路はウイルス保有動物からの空気感染や、鼻汁や下痢便からの直接感染です。確立された治療法はなく、主に輸液や抗生物質投与などによる支持療法を行います。確定診断は粘膜からの蛍光抗原検出によりますが、発病初期にのみ有効です。また、呼吸器症状が主な場合にはインフルエンザとの鑑別が必要です。予防は日本国内には専用のワクチンがなく、イヌ用のワクチンで代用されています。

（斉藤　聡）

アリューシャン病

もともとはミンクに感染するウイルスによる伝染病ですが、フェレットにもときおり認められます。フェレットでは症状を伴わずに長期にわたり感染が持続していることが多く、ゆっくりと体力を消耗して衰弱していきます。症状として体重の減少や脾腫、筋肉の虚弱、下半身麻痺がみられます。診断は、リンパ節や脾臓の組織検査や、血液中の抗体検査、高ガンマグロブリン血症の確認などに基づいて行います。現在のところ治療法、予防薬ともになく、予後は不良です。

（斉藤　聡）

瓜《うり》実《ざね》条虫症と回虫症

フェレットにもイヌやネコと同じように様々な種類の寄生虫がみられます。その多くは、イヌ、ネコに寄生するものと同じ種類か、あるいはそれらに近縁の種類です。

世界的にみれば、フェレットの寄生虫としては多くの種類が知られていますが、日本で飼育されているフェレットから検出された寄生虫はそれほど多くありません。消化管内に寄生するものでは、瓜実条虫と猫回虫が認められる程度です。

瓜実条虫は、イヌやネコの小腸に寄生する条虫で、同様にフェレットにも寄生します。この条虫はノミを中間宿主としています。フェレットは、グルーミングのときなどに、偶発的にノミを食べてしまうことによって感染を受けます。たいていは無症状ですが、幼齢のフェレットでは下痢を起こすことがあります。瓜実条虫はその体の末端部分の片節が一つずつちぎれて、それが糞便中に出てきます。そのため、フェレットの糞便の表面に小さな白いものがみられた場合は、この条虫の寄生を疑います。治療にはプラジクアンテルという薬が有効です。

一方、猫回虫は、猫の小腸に寄生する線虫ですが、フェレットにも寄生します。猫回虫の寄生を受けても、多くのフェレットは無症状ですが、多数の猫回虫が寄生した場合や、そのフェレットが幼齢の場合などは、下痢をすることがあります。診断は糞便検査で虫卵を検出することにより行い、駆虫にはピランテルパモ酸塩やフェバンテル、ミルベマイシンオキシム、セラメクチンなどを用います。

（深瀬　徹）

犬糸状虫症

犬糸状虫は、主にイヌの右心室から肺動脈にかけて寄生する線虫ですが、その他の動物にも寄生することがあります。とくにフェレットは、犬糸状虫の感染を受けやすく、イヌと同程度といえるほどの高い感受性を示します。

犬糸状虫の中間宿主は蚊で、蚊がフェレットを吸血するときに、その刺し傷から幼虫がフェレットの体内に侵入します。こうして感染した犬糸状虫の幼虫は、フェレットの筋肉の間などで発育しますが、成長すると右心室や肺動脈に移動して、そこに定着します。

犬糸状虫の寄生を受けたフェレットは、初めのうちは目立った症状を示すことはありません。しかし、やがて咳をしたり、呼吸困難を起こすようになります。また、突然、激しい症状を示して急死することもあります。犬糸状虫の大きさは、イヌに寄生してもフェレットに寄生しても同じですが、フェレットの心臓はイヌよりもはるかに小さいため、たとえ1匹の犬糸状虫の寄生を受けただけであっても、それによる被害は計り知れないくらい大きなものになります。

診断方法はイヌの場合と同様で、犬糸状虫の子虫であるミクロフィラリアの検査のほか、成虫が排出または分泌する物質を検出する検査、超音波検査、X線検査などを行います。ただし、フェレットでは、犬糸状虫の寄生数が少ないため、イヌの場合以上に様々な検査を行い、それらの結果を総合して判断する必要があります。

駆虫には、メラルソミン二塩酸塩という薬が有効ですが、この薬によって死滅した犬糸状虫はフェレットの肺に流れます。その結果、フェレットは肺に傷害を起こして死亡することが少なくありません。このため、実際にはフェレットに寄生した犬糸状虫を駆除することは不可能に近いといえます。フェレットの犬糸状虫症は、症状に合わせた延命的な治療に終始せざるを得ないのが現状です。

しかし、犬糸状虫症は予防が可能です。中間宿主である蚊の吸血を受けなければ、犬糸状虫が感染することはありません。また、さらに確実な方法として、イヌやネコの場合と同様に、定期的に薬物を投与し、フェレット体内で発育中の幼虫を殺滅することもできます。イベルメクチンやミルベマイシンオキシム、モキシデクチン、セラメクチンという薬を1カ月に1回投与すれば、発症を完全に予防することが可能です。

（深瀬　徹）

ダニ感染症とノミ感染症

フェレットに認められる外部寄生虫には、耳ヒゼンダニとノミ類などがあります。ともにイヌやネコに寄生するものと同一の種類です。

耳ヒゼンダニは、耳疥癬虫《みみかいせんちゅう》ともいわれ、また、このダニの感染症のことを耳疥癬といいます。耳ヒゼンダニは、動物どうしの接触によって蔓延《まんえん》すると考えられます。フェレットの耳疥癬では、イヌやネコの場合に比べて無症状のことが多いようです。しかし、ときにかゆみを感じ、それによって頭を振ったりすることがあり、さらに外耳炎を起こすこともあります。なお、耳ヒゼンダニの寄生を受けた動物の耳には黒色の耳垢《じこう》（耳あか）が発生することが多いのですが、フェレットでは、正常でも黒色の耳垢が存在します。そのため、正確に診断するには、こうした耳垢を採って顕微鏡で観察し、ダニを確認します。治療には、イヌ、ネコの場合と同様に、1週間ないし10日間隔で数回にわたりイベルメクチンやセラメクチンを投与します。

ノミ類としては、イヌノミとネコノミの寄生が知られていますが、ネコノミが寄生していることが多いようです。無症状のこともあれば、かゆみを示したり、軽度の皮膚炎を起こすものまで、症状は様々です。あるいはイヌやネコと同じように、ノミアレルギーを発症するフェレットもあるかもしれません。体表にノミを認めることにより容易に診断ができます。治療には、イヌ用またはネコ用の各種のノミ駆除薬を使用します。効果が数週間にわたって持続する製剤を使用すれば、その間のノミの寄生を予防することも可能です。

（深瀬　徹）

ウサギの飼育管理と主な疾患

飼育管理

●飼育環境

野生のアナウサギは、暑いときにも寒いときにも穴を掘って、暑さ寒さをしのぎます。このように進化してきた動物であるため、飼育されているアナウサギは温度に対する適応力が比較的低く、急激な温度変化に弱い動物です。アナウサギにとって理想的な環境温度は18～23℃です。低温下では体熱の維持に大量のカロリーを必要とするため、痩《や》せて病気への抵抗力が落ちたり、低体温症におちいることもあります。一方、高温下では熱中症が起こりやすくなります。また、湿度が高いと皮膚病などにかかりやすいので、湿度は低めに保ちましょう。

屋内で飼育する場合は、原則としてケージ内に収容し、1日1～2回部屋に放して運動させるとよいでしょう。ただし、部屋に放すときはつねに目を離してはいけません。布類やスポンジ、プラスチック、様々な有害物質、有害植物などを食べたり、電気コードを齧《かじ》ったり、爪《つめ》を何かにひっかけて暴れたりと危険なことが多いので、目を離すのであれば、危険なものをすべて排除してからにします。

トイレのしつけは、ネコなどと同様におおむね容易ですから、排泄《はいせつ》にはトイレを使わせます。ケージの床は足の裏をいためないように木製のスノコなどがよく、金網の床は避けましょう。

水は、給水ボトルのほうがケージ内を濡《ぬ》らすことが少ないのでよいのですが、食器で与えることもできます。

屋外で飼育する場合には、イヌやネコに襲われないよう、また、ネズミや害虫が飼育舎に入らないよう注意が必要です。また、夏の暑さ対策、冬の寒さ対策も屋内の場合以上に慎重に行わなくてはいけません。フェンス内に放して飼う場合は、ウサギが土を掘りおこしても外に出られないような工夫が必要です。

屋内飼育の場合も屋外飼育の場合も、ウサギが高いところから落ちたり、何かに驚いてパニックを起こした拍子に四肢や脊椎《せきつい》を骨折することがあります。一生不自由な体になってしまうこともあるので、安全な飼育環境を整えることが必要です。

●食餌《しょくじ》

家庭飼育のウサギには干し草を主食として与えなくてはなりません。干し草はペットショップで売っており、通信販売などでも入手できます。干し草の種類は、特別の場合以外はチモシーがよいでしょう。通常、干し草は無制限に与えてかまいません。壁掛けの干し草入れを用いてもよいですし、トイレから遠い一角に干し草を直接置いてもかまいません。

ラビットフードはあくまで栄養のバランスをとるための補助的な食べ物と位置づけて、若い大人のウサギならば体重の約1.5%を1日2～3回に分けて与えます。ラビットフードはなるべく低カロリー、高繊維、低カルシウムのものを選びます。硬すぎるフードは臼歯《きゅうし》に負担をかけ、臼歯の過長症や歯根膿瘍《しこんのうよう》を起こしやすいので、なるべく柔らかいフードのほうがよく、ことに2kg以下の小型のウサギではフードの硬さにとくに注意が必要です。また、食器はひっくり返されないように重い素材のものを用います。

野菜や果物は必ずしも必要ではありませんが、しつけのご褒美として、また、

飼い主とのコミュニケーションの手段として与えるとよいでしょう。野菜を大量に与えると、その分干し草を食べる量が減ってしまうので軟便になることがあります。穀類、イモ類およびこれらを原材料としたおやつ類とナッツ類は避けるべきです。これらはウサギの盲腸に大きな負担をかけ、臭い軟便の原因となります。

　ウサギは草食動物なので、食物に保守的であり、幼いうちについた食習慣を変えるのはとても大変です。したがって、幼いうちからの正しい食生活の習慣づけが重要です。遅くとも生後3カ月にはフードの量を体重の2.5%以下に制限し、干し草を好んで食べるようにすべきです。

　干し草を食べないウサギには、胃の毛球症が多く、また腸管のうっ滞からくる臭い軟便がみられやすく、これらが腸内細菌の異常による腸毒素血症という命にかかわる病気へと進展するおそれがあります。また、干し草を食べる量が少ないウサギで、とくに2kg以下の小型のウサギでは臼歯の過長症が多発する傾向があります。また、干し草を食べないでラビットフードを無制限に与えられたり、穀類、イモ類、ナッツ類を与えられているウサギには肥満傾向が顕著です。肥満はウサギの健康に様々な害を及ぼします。

●接し方

抱くときには体をすくうように持ち上げ、別の手でお尻《しり》のほうをしっかりと支えます。膝《ひざ》の上に乗せて背や腰をなでてやると抱かれることに慣れます。はじめは短時間で終わらせ、必ず人間がウサギを膝から下ろします。脇の下に頭を突っ込ませるようにして抱くとウサギが落ち着きます〈図3〉。

　名前を覚えさせるには、名前を呼びながら好物の音をさせ、近寄って来たらご褒美を与えます。

　ケージを齧《かじ》ったり、食器を放り投げたり、人間を咬《か》んだり、マウンティングの動作をしたりすることは、すべて悪癖と考えられますが、覚えさせなければ悪い癖はつきません。ケージを齧ったらケージから出したり、食器を放り投げたらフードを入れたりすることで悪癖を覚えてしまいます。また、人が咬まれたときにオーバーに反応したり、マウンティングを漫然と許したりしているとウサギはこれらを自分の気持ちを人間に伝えるための手段と思い込み、悪気はなく咬んだりマウントしたりする癖がついてしまいます。はじめから無視することでこれらが意志の伝達手段ではないことを理解させることが大切です。

　ブラッシングは体を清潔に保つためばかりでなく毛球症予防のためにも必要です。換毛が著しい時期と長毛のウサギの場合にはブラッシングはとくに重要です。爪が伸び過ぎると思わぬところに引っかけて爪をはがしてしまうことがあるので、2カ月に1回くらいは爪切りをしましょう。

（斉藤久美子）

〈図3〉だっこの仕方

①ウサギの肩に優しく手をおく

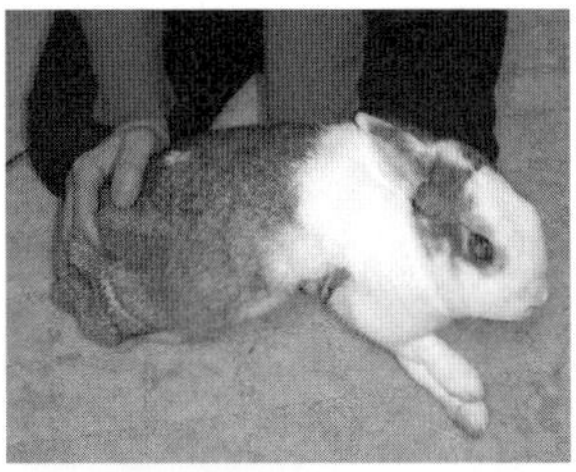

②片手をウサギの胸の下からすくいあげるように入れ、片手で尻のほうを支える

③床から静かに持ち上げ、体重がなるべく尻のほうに当てた手にかかるようにする

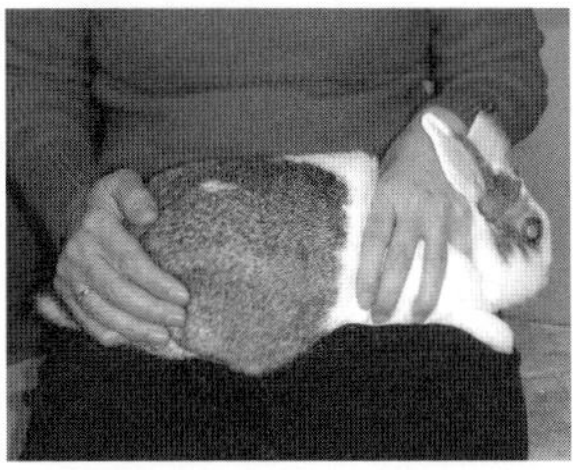

④膝の上に乗せ、ウサギが急に動いても制御できるように軽く手を添える

⑤ウサギの頭を肘のほうに潜り込ませると落ち着いて長時間抱かれている

スナッフル

スナッフルというのは正式な病名ではなく、ウサギの慢性鼻炎を呼ぶ、いわばニックネームのようなものです。症状はくしゃみと鼻汁です。環境温度が低い場合、1日の寒暖の差が激しい場合、ほかの病気や老化のため体力が落ちている場合、ストレスを被り免疫力が低下した場合などに症状が悪化することがあります。

通常、家庭で飼育されているウサギでは、食欲が落ちるほど悪化することはありません。しかし、衛生環境が著しく悪かったり、ほかに重度の病気があるときや、鼻炎症状が重症になっても治療を施さない場合には、鼻炎にとどまらず、副鼻腔炎、気管炎から肺炎へと進行し、命を落とすおそれもあります。

スナッフルの原因となる病原体でもっとも多いのはパスツレラという細菌です。パスツレラは多くの抗生物質に感受性があるので、抗生物質の投与によりたいていは症状が和らぎます。しかし、どんなに高用量、長期間の抗生物質の投与を行っても根治することは難しいので、軽症のスナッフルは持病と考え、重症化させないように気をつけて飼うのがよいと思われます。

（斉藤久美子）

不《ふ》正《せい》咬《こう》合《ごう》

ウサギにも乳歯と永久歯があり、乳歯は生後1カ月でほぼ永久歯に生え変わります。永久歯は、上顎《うわあご》に切歯2対（1対は大きく、その後ろに小さな1対がある）と臼歯6対、下顎《したあご》に切歯1対と臼歯5対です。犬歯はないので、切歯と臼歯の間に歯はありません。歯はすべて、生涯にわたって伸び続けます。切歯は1週間に2～2・4㎜も伸びます。草をすりつぶして食べるときには歯も一緒に磨《す》り減《へ》ってしまうので、このようにすべての歯が伸び続けることは、草を主食とするウサギにとって都合のよい特徴です。しかし、伸長し続けるために、1～7ｇ程度の非常に弱い力（ペレットの咀嚼《そしゃく》時にはそれ以上の力がかかる）でも加え続けると歯が動いてしまいます。正常な咬合ならば、上顎歯《じょうがくし》と下顎歯《かがくし》の咬合面《こうごうめん》は、それぞれ下方および上方を向いて、歯冠の高さも維持され、きれいに並んでいます。

休んでいるときの正しい咬《か》み合《あ》わせは、上顎第《じょうがくだい》1切歯《せっし》と第2切歯との間に下《か》顎切歯《がくせっし》が咬み合い、そのときには上下顎の臼歯も軽く接触しています。正面から見ると、上顎臼歯《じょうがくきゅうし》の幅は下顎臼歯《かがくきゅうし》の幅よりも広く外側に向かって下のほうに少し傾いています。ウサギは唇と切歯で草をつかみ、顎《あご》を少し前後に動かして口の中に運びます。草をすりつぶすときには、左右どちらかの上下臼歯の間に草をはさみ、上顎臼歯が外側へ移動してすりつぶします。両側の臼歯を一度に使うことはありません。ペレットや小さな穀類などは、上下臼歯の間にはさんで上下に顎を動かしてつぶしますが、これでは特定の歯だけに力がかかってしまい、臼歯全体が均一に使われないことになります。

不正咬合とは好ましくない咬み合わせの状態を表す呼称で病気の名前ではありません。不正咬合では、歯が咬み合わないために均一に歯が磨り減りません。切歯も臼歯も伸び続けていますから、歯の一部あるいは数本の歯が伸びて歯の磨り減る面の向き、歯冠の高さにばらつきが出ます。不正に伸びた歯の一部が棘《とげ》のように鋭くなり舌、頬、口蓋《こうがい》に傷をつけ、ときには上顎に刺さって死に至ることもあります。上下顎臼歯が磨り減らずに伸びてお互いにぶつかり合い、さらに噛《か》む力がかかると、歯根が押し込められ、顎の骨に向かって歯根が伸び曲がりはじめます。また、歯がきれいに並んでいないと、食べかすが詰まって歯周炎が発生しやすくなり、ときには根尖周囲《こんせんしゅうい》に膿瘍《のうよう》を形成します。

不正咬合には、歯質の一部あるいはすべてが外傷、齲蝕《うしょく》などによって失われた場合に発生する外傷性不正咬合《がいしょうせいふせいこうごう》と、遺伝的異常や食餌のアンバランス、異常な咀《そ》嚼癖《しゃくへき》などの機能的障害によって発生する非外傷性不正咬合《ひがいしょうせいふせいこうごう》があります。

・切歯不正咬合《せっしふせいこうごう》…約3週齢で発見される切歯不正咬合は、外傷歴がなければ多くは遺伝的です。また、成熟したウサギにも、臼歯の非外傷性不正咬合の続発症として切歯不正咬合が多く発生します。

・臼歯不正咬合《きゅうしふせいこうごう》…成熟および老齢のウサギに発生する前臼歯と後臼歯の不正咬合は、遺伝的障害による可能性もありますが、顎関節疾患《がくかんせつしっかん》、齲蝕や吸収病巣による対合歯の喪失、歯周組織の感染、偏った食餌内容《しょくじないよう》と異常な咀嚼癖など、後天性の環境による影響が強いと考えられます。また、抜歯や過剰な咬合調整などの医原性障害によっても発生します。

主な症状は、食物を口に運べない、食物を口から落とす、食事のスピードが落ちる、食欲不振、食餌内容の変化、流涙などで、伸びた歯が口唇あるいは口腔粘《こうこうねん》膜《まく》や舌を傷つけ、その痛みによるよだれや出血がみられることもあります。通常、臼歯の不正咬合は症状が重度ですが、1

～2週間で改善されたようにみえ、再び症状が現れることがあります。痛みが激しいとよだれも多く、そのよだれにより顎や前肢に二次的な湿性皮膚炎を起こします。

　診断は、耳鏡などによる口腔内《こうくうない》視診《ししん》や顎運動の検査、触診、X線検査により行います。

　治療は、歯の破折や顎骨《がくこつ》の骨折などにより切歯が咬み合わないために対合歯と正常に咬耗《こうもう》せず過剰に切歯が伸びた場合や、非外傷性に上顎切歯と下顎切歯のどちらかが伸びてしまった場合には、折れた歯とその対合歯の処置が必要です。折れた切歯は、ギザギザのふちを平らにして、唇粘膜と舌を傷つけるのを防ぐと同時に、損傷を受けた歯が対合歯と接触できる位置に萌出《ほうしゅつ》するまで、定期的に対合歯の歯冠を削ります。歯肉よりも深いところで破折した切歯も、X線検査のうえ、対合歯を定期的に削って萌出を待ちます。激しく縦割れした歯や歯根が折れている歯は、抜歯します。損傷した歯が萌出しないことがX線検査で明らかになれば、対合歯は定期的に削るか、抜歯します。ただし、ペンチやニッパーなどで切歯を折ると、不正な方向に歯をねじるため歯が捻転《ねんてん》したり、歯髄を露出させたりするので、歯に力がかからないように機械で歯を削ります。切歯を抜歯しても口唇で食べ物を口に運べるので問題はありません。

　臼歯の治療は、棘状《とげじょう》に飛び出した部分やでこぼこになった臼歯の咬合面を削ります。刃のある器具や粘膜を傷つける可能性のある器具を口腔《こうくう》内に入れて無麻酔で歯を削る処置は、特定の歯に異常な力がかかり、出血の危険を伴い、ストレスをかけるので、十分な注意が必要です。やすりだけでは粘膜を傷つける危険を伴うと同時に、処置時間がかかり、扱いにくく、あまり効果的とはいえません。軽い麻酔あるいは鎮静下で機械を使って歯に力をかけずに迅速に実施することが望まれます。臼歯は、歯が移動しやすく、さらなる外傷性不正咬合を発生させやすいので、膿瘍の発生や動揺がないかぎり、抜歯を行うことはまれです。

　咬合調整と同時に、飼育する環境を改善し、特定の歯に咬合圧《こうごうあつ》がかかりすぎるペレットや乾燥の野菜チップよりは、歯列全体を使って咀嚼する牧草や茎野菜を多くするように食餌内容を改善するとよいでしょう。

（奥田綾子）

根《こん》尖《せん》周《しゅう》囲《い》膿《のう》瘍《よう》

　根尖周囲の膿瘍は、外傷性あるいは非外傷性不正咬合によって歯周炎あるいは歯髄炎が生じた結果として発生します。歯列のばらつきに伴って歯冠部に食べかすが詰まり、感染を起こして辺縁性歯周炎が発生します。さらに根尖性《こんせんせい》歯周炎《ししゅうえん》から膿瘍を形成するか、あるいは歯冠部に齲蝕や吸収病巣が発生し、開放された歯《し》髄腔《ずいくう》に感染が生じて根管から根尖周囲組《こんせんしゅういそ》織《しき》に感染が広がり、根尖周囲膿瘍が形成されると考えられます。

　不正咬合でみられるような非特異的な食欲不振や流涎《りゅうぜん》は認められず、顎骨の腫《しゅ》大《だい》によって気づくことが多いようです。ただし、口腔内に排膿《はいのう》されている場合は、顎骨の腫大が認められることがあります。診断は触診とX線検査によって行います。膿瘍の原因菌は、一般的にはパスツレラといわれていますが、大腸菌や連鎖球菌なども病巣から多く検出されます。

　治療は、頻繁に排膿と洗浄を行い、抗生物質の局所および全身投与を実施します。X線検査で膿瘍の位置と原因歯を確認し、可能であれば患歯を抜歯します。抜歯後は不正咬合を発生しやすいので、その治療も行います。膿瘍が限局性で初期治療が成功すれば、予後はよいでしょう。しかし、膿瘍が顎骨皮質骨《がくこつひしつこつ》や眼窩《がんか》、顎関節《がくかんせつ》にまで広がると、治療は困難で予後不良となります。

（奥田綾子）

胃内毛球症

　飲み込んだ毛が胃の中で絡み合って毛球を作り、通過障害を引き起こします。その結果、胃にガスや液体がたまり、食欲が減退あるいは消失します。多くは慢性経過をとり、1カ月ほどで栄養不良により死亡しますが、胃破裂を起こして急死することもあります。

　特徴的な症状、身体検査、X線検査（造影検査を含む）により診断します。治療にあたってはまず、塩酸メトクロプラミドや塩酸シプロヘプタジン、生パイナップルジュース、ネコ用毛球治療用ペースト、強制給餌用粉末飼料などを投与し、こうした内科的治療で治らない場合は手術により毛球を除去します。

　毛球症を予防するには、日常からの適正な毛の手入れと食餌管理《しょくじかんり》が大切です。

（藤原　明）

腸性中毒（細菌性下痢）

　ウサギの腸性中毒は、腸内細菌叢《ちょうないさいきんそう》のバランスが崩壊することによって起こる致命的な腸炎で、主に異常に増殖したクロストリジウム属の細菌が産生する毒素によって引き起こされます。とくに離乳直後のウサギは胃内のpHが高く、病原性の高い細菌を経口摂取すると、それが容易に繁殖してしまうため症状が重くなり、高い死亡率を示します。この病気にかかったウサギは食欲不振や激しい下痢を示し、進行すると沈うつ状態からショック状態となり、短期間で死亡します。治療にはクロストリジウム属に有効な抗生物質の投与と静脈内への点滴による水和、消化管運動促進薬の投与が必要です。また、毒素を吸着するイオン交換樹脂の投与も行われています。　（毛利　崇）

粘液性腸疾患

粘液性腸疾患は、結腸での粘液の過剰な産生、下痢、便秘などを特徴とする致死率の非常に高い病気で、離乳期の若齢のウサギにみられます。この病気のウサギは沈うつや食欲廃絶、飲水量の低下も示します。原因は不明ですが、盲腸内の細菌叢《さいきんそう》の異常とそれによる揮発性脂肪酸の過剰産生が疑われています。治療を行っても、十分な効果が得られないことが多く、確定診断は通常は死後の剖検の際に直腸内の大量の粘液の貯留を認めることによります。離乳期のウサギに不消化性繊維質に富む飼料を給餌《きゅうじ》すると、この病気の発生の危険性を下げることができるようです。　（毛利　崇）

抗生物質起因性腸疾患

ウサギに抗生物質を誤った選択で使用すると、元気消失や食欲低下、下痢を発症し、そのまま改善がみられずに死亡することがあります。あるいは下痢をすることなく死亡することもあります。このような状態を抗生物質起因性腸疾患といいます。

ウサギに不適切な抗生物質を使用したときや、あるいは使用した直後に下痢を起こしたり、突然死を起こした場合にこの病気を疑います。投与している抗生物質をウサギに安全性の高いものに変更するとともに、整腸薬や止瀉薬《ししゃやく》、乳酸菌製剤などを投与して治療します。重度の場合は、ステロイド製剤を投与し、十分な輸液を実施します。

予防には、適正な抗生物質を使用することが大切です。飼い主が自己判断で手持ちの抗生物質を使用してはいけません。　（藤原　明）

盲腸便秘（盲腸鼓脹）

盲腸便秘は、ストレスや脱水、骨折の痛み、歯の不正咬合など、様々な原因による食欲不振から慢性的に腸の運動が低下し、内容物が停滞することによって起こります。盲腸内には腸内細菌が産生する大量のガスが充満し、それによる膨満感から食欲不振や飲水量の低下を招き、重度になると沈うつ状態となって死に至ることもあります。診断は、腹部の聴診と触診、X線検査によって行います。盲腸便秘に陥ったウサギには根気強い治療と介護が必要です。治療は、まず食欲不振の原因となっている疾患を取り除くことが大切で、積極的な補液、消化管運動促進薬の投与、ジメチコンのような消泡剤の経口投与、野菜ジュースや専用の流動食の強制給餌《きょうせいきゅうじ》、また場合によっては鎮痛薬の投与が有効です。　（毛利　崇）

尿石症

ウサギは、カルシウムを尿中に多く排出するため、膀胱《ぼうこう》や腎臓《じんぞう》などに尿結石を作りやすいといわれています。膀胱に尿石が形成されると、血尿や慢性膀胱炎《まんせいぼうこうえん》の原因になります。これを放置すると、ときには尿道に詰まって排尿困難をもたらし、ひいては尿毒症を引き起こす可能性があります。腎臓にも尿石は形成されますが、この場合は腎臓疾患《じんぞうしっかん》を併発していることがあります。また、ウサギでは結石までには至らないまでも、様々な量の砂状の結晶物が膀胱内に蓄積して、排尿障害を引き起こすことが知られています。尿石の発生には、食餌のほか、生理学的特徴や、まれに感染などが関係していると考えられます。とくにカルシウムを多く含むラビットフードやアルファルファなどの牧草類、パン、種子類などを長期間にわたって過剰に与えられていると生じやすいようです。

尿石症の症状としては、血尿や頻尿、排尿困難などの排尿障害や、それに伴う食欲不振あるいは腹部疼痛《ふくぶとうつう》がみられます。診断するには、尿の排泄物《はいせつぶつ》やX線検査から結石を確認します。治療法は尿石

の所在と大きさや症状にあわせて選択します。膀胱内尿石《ぼうこうないにょうせき》は手術による摘出が可能ですが、腎臓内結石《じんぞうないけっせき》は保存療法が望ましいようです。高カルシウム尿症あるいは完全閉塞《かんぜんへいそく》を引き起こしていないのであれば、点滴による輸液で尿量を増やすことにより、結晶物を排泄させることも可能です。尿石の発生を予防するには、カルシウム摂取量を必要最小限に抑えるように食餌管理を行います。（佐々井浩志）

卵巣子宮疾患

ウサギの尿の中に、あるいはトイレに血液がみられたら注意が必要です。泌尿器疾患ではなく、卵巣子宮疾患に伴う出血の可能性があります。ウサギは加齢に伴って子宮内膜のポリープや過形成、蓄《ちく》膿症《のうしょう》、内膜炎、水腫症《すいしゅしょう》、筋腫《きんしゅ》、腺癌《せんがん》、肉《にく》腫《しゅ》など、様々な病気を起こします。また、これらの病気のうちのいくつかは特定の品種に多く発生する傾向があることも知られています。

子宮蓄膿症《しきゅうちくのうしょう》や子宮内膜炎は、未経産のウサギにも起こりうる病気で、パスツレラや黄色ブドウ球菌などの細菌の感染が引き金とされています。軽症であれば抗生物質の投与や輸液で治療できることもありますが、根本治療のためには卵巣子宮摘出手術が必要です。子宮腺癌《しきゅうせんがん》などの腫瘍性疾患《しゅようせいしっかん》は、高齢の雌ウサギに多く発生する腫瘍《しゅよう》の一つです。ゆっくりと進行しますが、転移の可能性もあり、早急な対処が必要となります。肺に転移を起こしている場合には予後はよくありません。

これらの病気にみられる一般的な症状は、排尿の最後の出血や間欠的な血尿のほか、食欲不振や元気消失、体重減少、呼吸困難、腹囲の膨満、攻撃性の増加など様々です。X線検査や超音波検査、一般血液検査などに基づいて診断を行います。

いずれの病気の場合も卵巣子宮摘出手術が第一選択となりますが、動物の全身状態によっては対症療法に終始せざるを得ないこともあります。予防は、不妊手術を行っておくことです。（佐々井浩志）

斜頸《しゃけい》

斜頸とは、病名ではなく、頸《くび》が片側に傾く状態をいい、外観上軽度のものから重度のものまであります。

多くは内耳炎や中耳炎、前庭障害によると考えられます。また、ウサギキュウセンヒゼンダニの耳への寄生を原因とすることもありますが、この場合はパスツレラという細菌との混合感染が主です。このほか、痛みを伴う外耳炎や頸部《けいぶ》の損傷、中枢性の障害でも起こります。中枢性の障害の原因としては、微胞子虫（エンセファリトゾーン）の脳内寄生や回虫の脳内迷入、重金属による中毒、腫瘍、リステリアの感染などが考えられます。

斜頸は、わずかに頸が片側に傾き、進行が遅いこともあれば、症状が突然現れ、急激に進行していくこともあります。また、スナッフル症状を伴う例もみられます。症状が進行すると、斜頸にとどまらず、平衡感覚の喪失や起立不能、運動失調、旋回運動が現れ、採食が困難になり、眼球振盪《がんきゅうしんとう》や顔面神経麻痺《がんめんしんけいまひ》を起こすこともあります。

多くの原因が考えられるので、診断にあたっては詳細な検査が必要であり、X線検査やCT検査、MRI検査などを行うこともあります。

治療は、抗生物質、駆虫薬、ステロイド製剤なども使用します。しかし、こうした治療を行っても改善しないこともあります。また、採食ができないときは強制給餌が必要となり、その場合はビタミンB群を含む輸液も有効です。

予防には、外耳炎やウサギキュウセンヒゼンダニ寄生を早期に発見して治療を行い、また、鼻汁やくしゃみのスナッフル症状があるときにも、早期に治療します。（藤原元子）

開張脚

開張脚は、開張肢とも呼ばれ、どこか1本、または何本かの足を正常な位置に保つことができず、足がアザラシのように外側に向いてしまった状態のことです。前肢、後肢、あるいはその両方に起こることがあります。遺伝学的な原因が考えられていますが、はっきりとはしていません。先天性開張脚は、一般に生後3カ月くらいまでに起こり、体が完成する生後半年くらいまでには症状の進行が停止するといわれています。また、後天性開張脚は、エンセファリトゾーン症が原因となっていることもあります。

足が滑りやすい環境は症状を悪化させることが多いため、バスマットなどを敷いて病状の悪化を予防します。以前は予後不良といわれていましたが、廃用性萎《はいようせいい》縮《しゅく》となる前であれば、テーピングなどの補強とリハビリテーションにより治療効果がみられています。（久野由博）

骨折

ウサギの骨折は、前肢の橈骨《とうこつ》と尺骨、後肢の脛骨《けいこつ》、脊椎《せきつい》、骨盤などに比較的多く発生し、骨が砕けやすいのが特徴です。とくに骨折片が三つ以上の破砕骨折や骨が皮膚から完全に出ている開放骨折がよくみられます。

イヌやネコと同様に整形手術によって治癒することができますが、治癒するにはイヌ、ネコの場合の倍ぐらいの時間が必要です。また、包帯やギプスなどを齧ってしまうので、手術後の管理を徹底することが重要です。

原因は強い外傷や落下などで、ドアや床材にはさまれたり、飼い主に踏まれて骨折することもあります。

症状としては、四肢の骨折では突然の跛行《はこう》と痛みが生じます。脊椎の骨折では、骨折によって脊髄《せきずい》が損傷されると、後肢の完全麻痺《かんぜんまひ》や不全麻痺《ふぜんまひ》が起こります。また、腸管や膀胱の機能不全も発生し、一生、下半身麻痺《かはんしんまひ》で車椅子《くるまいす》が必要になる場合もあります。

診断は、症状、触診、X線検査により行います。

脊椎の骨折はほとんどの場合、予後が不良です。外科的に脊椎を固定することは非常に困難で、内科的にステロイド製剤を漸減して経過をみることはできますが、脊椎の神経機能が回復しなければ、内臓機能の麻痺《まひ》が起こります。膀胱麻痺《ぼうこうまひ》を伴う場合は腹部を手で圧迫して排尿させ、便秘の場合は浣腸《かんちょう》して排出させる必要があります。なお、後肢の麻痺は、車椅子を使ってウサギの生活を改善できることもあります〈図4〉。

〈図4〉脊椎骨折

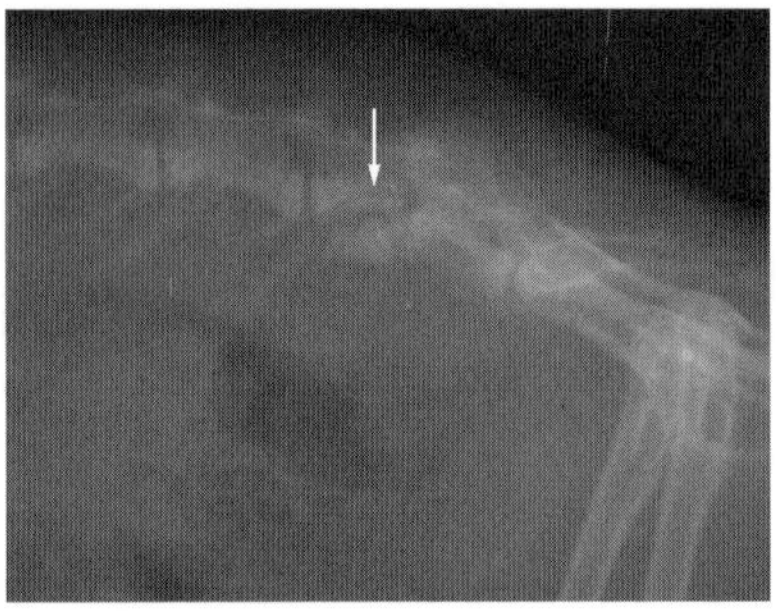

矢印で示しているのが骨折部位

〈図5〉骨盤骨折

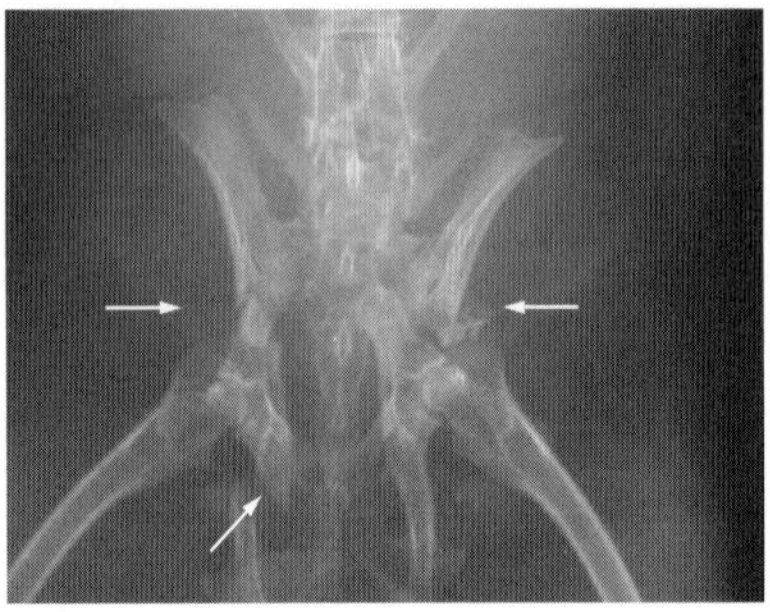

矢印で示しているのが骨折部位

四肢の骨折に対しては次の三つの治療法があります。

・ギプスによる固定…開放骨折ではなく骨のずれが少ない場合はギプスで固定します。その後、定期的にX線検査を行い、骨の状態を確認します。

・手術による固定…開放骨折ではない場合には創外固定がよく用いられます。開放骨折で破砕骨折の場合には、骨髄の中にピンを入れ、ワイヤーを用いて固定します。

・断脚…開放骨折で細菌感染があり、骨髄炎の治療が困難な場合は切断します。ウサギは、後肢を切断しても比較的よく順応できます。

骨盤骨折は、ワイヤーなどを用いて治療しますが、良好に整復するのは困難です。骨盤のずれがあまりなければ、絶対安静として、ケージレストを行います〈図5〉。

（若松　勲）

脱《だっ》臼《きゅう》

ウサギの脱臼には、肘関節脱臼《ちゅうかんせつだっきゅう》や膝関《しつかん》節脱臼《せつだっきゅう》、股関節脱臼《こかんせつだっきゅう》などがみられます。脱臼は速やかに整復させなければならず、ときには手術が必要です。

原因は骨折の場合とほぼ同様で、とくに外傷によって発生することが多いようです。

脱臼した部位は腫脹《しゅちょう》し、跛行がみられ痛がります。

症状、触診、X線検査で診断します。

治療は、肘関節脱臼の場合には、鎮静

〈図6〉右股関節脱臼

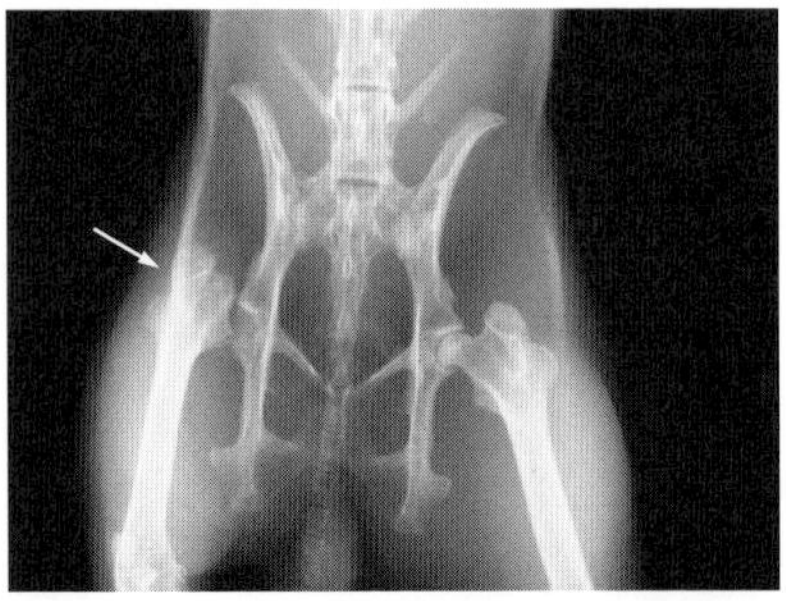

矢印で示しているのが脱臼部位

薬や全身麻酔が必要で、肘関節《ちゅうかんせつ》が元の位置に戻るまで牽引《けんいん》し、伸ばしたまま副木とともに包帯固定します。再脱臼を起こす場合は、外科的にピンを挿入して固定したり、創外固定を行って整復します。

　膝関節脱臼に対しては、抗生物質や鎮痛薬などを投与するとともに、膝を伸ばした状態で脱臼した膝蓋骨《しつがいこつ》を滑車溝に戻し、前方に膝を伸ばしたままの状態で外固定します。滑車溝が浅い場合には、外科的に滑車溝を整形する必要もあります。

　股関節脱臼の場合は、全身麻酔下で脱臼した大腿骨頭《だいたいこつとう》を寛骨臼《かんこつきゅう》に整復して固定します。しかし、再脱臼することが多いため、外科的に大腿骨骨頭部分を切除することもあります〈図6〉。（若松　勲）

足底潰瘍《そくていかいよう》

床に接する足の皮膚が炎症を起こすことがあります。炎症が進んで、皮膚の細胞が壊死《えし》すると、びらんや潰瘍《かいよう》になります。後肢の足根部（かかと）からその先の中足部にかけて多く発生しますが、前肢中手部の底面に生じることもあります。多くの場合、黄色ブドウ球菌が関係していますが、素因として体重が重いことや中足部の底面の毛が薄いこと、金網などの固い床材や湿った床などがあげられます。

　治療は、まず第一に床材を改善し、体重のコントロールに気をつけるとともに、抗生物質や低刺激性の消毒薬、潰瘍治療保護剤などを患部に塗布します。

（清水邦一）

湿性皮膚炎

皮膚が絶えず湿った状態になっていると、細菌感染により滲出液《しんしゅつえき》を伴う皮膚炎、すなわち湿性皮膚炎を起こします。湿性皮膚炎を起こしやすい部位は、歯や口腔内の病気による流涎（よだれ）や飲水により濡れやすい顎《あご》の下の皮膚、尿がいつも付着しやすい陰部周辺や足、涙がいつもあふれる流涙症では目頭の下側です。原因を改善し、消毒薬や抗炎症薬、抗生物質などで治療をします。患部を乾燥した状態に保つように心がけ、軟膏類《なんこうるい》の使用は避けます。

　肥満したウサギでは、皮膚にたるみができてそこに湿性皮膚炎が発生することがあるので、繊維の多い牧草を多く与え、運動量も増やして体重をコントロールすることが予防につながります。

（清水邦一）

皮下膿瘍《ひかのうよう》

皮膚の下に膿《うみ》がたまると、しこりとして発見されます。これを膿瘍といい、普通は細菌が増殖することによって起こります。よくみられますが、たいへん治りにくい病気です。

　歯の疾患に伴って顔面部周辺にできることが多く、また、ほかのウサギによる咬傷《こうしょう》などの外傷でも発生します。膿は濃厚で粘稠性《ねんちゅうせい》が高いため、太い針でないと吸引できません。絶えず膿が排泄できるように、大きく円形に皮膚を切除するか、ドレーン（管）を付け、抗生物質や消毒薬などを注入し、さらに全身的にも抗生物質を投与します。あるいは膿瘍の壁ごと、そっくり摘出したほうがよいこともあります。長期にわたる治療が必要なことが多い病気です。

（清水邦一）

心因性脱毛

精神的な原因で体のある部分を絶えず舐《な》めたり掻《か》いたりすることによって、毛がすれて短く切れ、毛が抜けたり、皮膚が炎症を起こすことがあります。神経質な動物に起こりやすい病気です。退屈な状態を長く強いられているとき、ほかのウサギからいじめられるなどのストレスを受けているとき、知覚過敏になっているときなどに発生します。感染（細菌、真菌、ツメダニやシラミ、ノミなどの寄生虫）、内分泌疾患、内臓疾患、腫瘍などがないのに脱毛しているときにこの病気が疑われます。

　原因と思われることを少しでも減らし、二次的に皮膚炎が起きているときは、刺激の弱いポピドンヨードや抗生物質、ステロイドなどの外用薬を塗布します。症状がひどい場合は、エリザベスカラーを装着します。根気のいる治療が必要です。

（清水宏子）

皮膚糸状菌症

皮膚糸状菌というグループの真菌による皮膚病です。多くの場合、頭部や四肢に脱毛が起こり、落屑《らくせつ》（フケ）のある円形病変として認められますが、無症状のこともあります。病変部から採取した毛あるいは皮膚の顕微鏡検査や真菌培養の検査を行って診断します。

外用薬としてはポピドンヨードやイミ

ダゾール系抗真菌薬が有効です。多発性の病変のときは、イミダゾール系薬物の内服を行います。皮膚糸状菌症は人やイヌ、ネコなどと共通の感染症です。免疫力が弱いと感染しやすいので、子どもや免疫機能が低下している人および動物は、この病気のウサギとの接触を避けるなど注意が必要です。

（清水宏子）

兎ウイルス性出血病

この病気はアナウサギに特有の伝染病です。ヨーロッパ茶色ノウサギ症候群と症状が酷似していますが、自然界においてノウサギとアナウサギとの間に相互感染は起こらないとされています。

病原体はカリシウイルスであり、日本でも散発的な発生の報告があり届出伝染病に指定されています。

この病気は生後2カ月齢以上のウサギが発症します。伝染力が強く症状も甚急性で、高熱を発し24時間以内にほとんどが死亡します。

症状は、沈うつ、食欲低下、呼吸困難、血尿、陰部出血、けいれん、鼻出血などです。耐過したウサギでは2～3日間の沈うつ、食欲不振、発熱が継続します。

（加藤　郁）

粘液腫症《ねんえきしゅしょう》

この病気は家畜伝染病予防法の届出伝染病に定められています。日本国内での発生は認められていませんが、アメリカやヨーロッパから輸入されたウサギがこの病気を国内に持ち込む危険はつねにあります。

病原体である粘液腫《ねんえきしゅ》ウイルスはポックスウイルスに属し、株により病原性が異なります。この病原体は通常、蚊やノミに媒介されますが、直接接触または間接接触でも伝染する可能性があります。

症状は眼から現れ始めることが多く、涙や眼やにがみられ、瞼《まぶた》が腫《は》れぼったくなります。次いで顔面に腫瘍のようなしこりが現れ、四肢や陰部周囲にも広がります。症状の進行とともに食欲が落ち、死に至ることもあります。急性型では呼吸器症状が著しく、死亡します。有効な治療法はありません。

（斉藤久美子）

野兎病《やとびょう》

この病気はツラレミアとも呼ばれ、ノウサギやネズミ、リスなどの野生動物にみられる伝染病で、野生のアナウサギにも感染します。人が感染すると発熱、頭痛、皮膚や鼻、喉《のど》の潰瘍、結膜炎、リンパ節の腫脹などがみられ、菌が口から入った場合には胃腸症状を引き起こします。飼育されているアナウサギがこの病気に感染することはめったにありません。しかし、野生動物の間に野兎病が常在している地域で屋外飼育されているウサギでは、病原体が昆虫やダニによって媒介されて感染を受けるおそれがあります。ウサギが罹患《りかん》すると敗血症が起こり、食欲が低下し元気なくうずくまり、運動失調がみられることもあり、やがて死亡します。診断を下すには解剖時に菌を見つけます。解剖や菌の培養にあたっては人への感染を防ぐためバイオハザード対策設備が必要です。この病気は家畜伝染病予防法の届出伝染病に指定されているので、飼育しているウサギに発症の疑いがあったら都道府県へ届け出なければなりません。

日本国内では人でのこの病気の発生はまれですが、これは野生動物の野兎病が減ったというよりは、人間が野生のノウサギなどを捕まえたり食べたりしなくなったからと考えられます。野兎病菌《やとびょうきん》は皮膚からも感染するので、病気で倒れた野生動物を保護するときには素手で触れたりしないようにしましょう。

（斉藤久美子）

トレポネーマ症（ウサギ梅毒）

トレポネーマは細菌の一種で、この菌によって引き起こされる疾患をトレポネーマ症と称し、ウサギのスピロヘータ症、あるいはウサギ梅毒とも呼ばれます。

ウサギ梅毒と呼ばれるのは、ウサギのトレポネーマ症の病原体が人の梅毒の病原体に近縁であり、症状も似たところがあるからです。ただし、ウサギから人にうつることはありません。ウサギ梅毒は人の梅毒よりも一般に症状は穏やかで、人のように脳梅毒と呼ばれる神経異常を起

〈図7〉

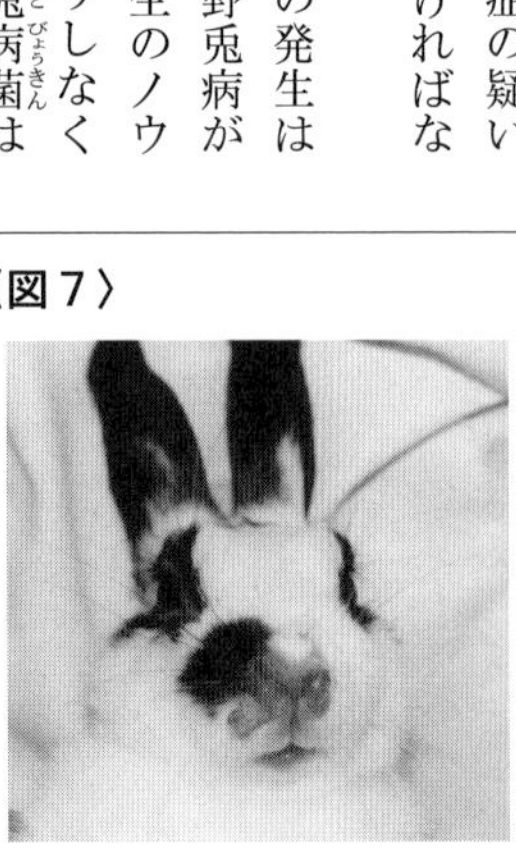

トレポネーマ症の典型的な顔面の皮膚病変。鼻孔周囲を中心に潰瘍と痂皮（かさぶた）形成がみられる

こすこともありません。

主な症状は鼻や唇周辺、陰部周辺の皮膚炎であり、くしゃみがみられることもあります〈図7〉。繁殖用のウサギでは繁殖率の低下がみられます。感染は交尾によって成立し、また、母子感染も起こります。診断には人間用の抗体検査キットを使うことができます。治療にはこの病原体に対して有効な抗生物質の使用が必要です。（斉藤久美子）

パスツレラ感染症

パスツレラ菌に感染して起こる病気をパスツレラ感染症といいます。ウサギに感染するパスツレラは主にパスツレラ・ムルトシダです。この細菌は小型で両端染色性のみられるグラム陰性球桿菌《いんせいきゅうかんきん》であり、出血性敗血症菌とも呼ばれます。パスツレラ・ムルトシダには多くの株があり、ある種の株はスナッフルのような慢性型の感染を起こす一方で、ある株は致死的な敗血症を起こす可能性があります。

パスツレラ感染症の症状は感染した菌株によって異なるほか、その感染部位によっても大きく異なります。主な症状としては、鼻汁や鼻詰まり、流涙、斜頸、皮膚潰瘍《ひふかいよう》、皮下膿瘍などがあり、子宮に感染すれば子宮蓄膿症を起こして不妊、膣分泌物《ちつぶんぴつぶつ》がみられ、肺に感染すれば呼吸困難などの肺炎症状がみられます。また、敗血症を起こせば急死することがあり、あるいは体重減少が続いて死亡することもあります。

治療には抗生物質が用いられます。慢性の鼻炎（スナッフル）や歯根の感染から生じた頭部の膿瘍は完治しないことが多いのですが、適切な治療によりＱＯＬ（生活の質）を維持して暮させることができます。敗血症の症例は早期に発見しないと治療が間に合わず死に至ります。

パスツレラ・ムルトシダは人に皮膚炎や関節炎、髄膜炎などを起こすことがありますが、ウサギから人への伝播《でんぱ》が起こる機会はほとんどないと考えられています。しかし、免疫力の弱い人の場合は罹患ウサギの鼻汁や膿汁《のうじゅう》に触れることを避けるのが賢明でしょう。（斉藤久美子）

ティザー病

ティザー病はげっ歯類の病気ですが、ウサギも発症します。細胞内寄生性のクロストリジウムという細菌の一種が原因です。この細菌は健康なウサギの腸内にも存在していて、他の病気にかかったときに病原性を発揮すると考えられています。また、ウサギの体外では芽胞を形成し、芽胞は数年間にわたって生存することができます。

発生は離乳期の子ウサギに多く、急性症では嗜眠《しみん》、食欲廃絶、水様性の下痢、脱水がみられ、高い死亡率を示します。保菌ウサギの慢性症では、間欠的な下痢や体重減少、発育不良がみられることがあります。

生前の診断は困難です。死後の病理検査により盲腸を中心とした腸管の浮腫《ふしゅ》、粘膜の壊死《えし》、漿膜出血斑《しょうまくしゅっけつはん》が認められます。げっ歯類での特徴である肝臓の小壊死斑《しょうえしはん》は、ウサギではみられない場合もあります。

急性症の治療は困難ですが、テトラサイクリンを1カ月以上経口投与することで、発症の抑制および慢性症から急性症への移行を阻止できるといわれています。（加藤　郁）

コクシジウム症

ウサギには、多くの種類のコクシジウムが寄生します。コクシジウムとは、原虫類（単細胞性の寄生虫）のなかの一つのグループです。ウサギに寄生するコクシジウムはすべて、エイメリアといわれるもので、多種のエイメリアがウサギの腸管に寄生します。また、肝臓（胆管）に寄生するエイメリアとして、肝コクシジウムといわれる種類もあります。

これらのエイメリア類は、ウサギの腸管や胆管の上皮細胞に寄生し、そこで増殖します。増殖した虫体の一部（オーシストといわれる発育段階のもの）はウサギの糞便《ふんべん》中に排出され、他のウサギに感染します。

腸に寄生するエイメリアの病原性は種類によって多少異なりますが、ウサギには複数の種類のエイメリアが同時に寄生していることが多く、それらの病害が合わさって症状が現れます。症状は下痢が主で、重症例では血便となることもあります。さらに、食欲不振も起こり、ウサギは衰弱していきます。とくに幼齢のウサギでは、エイメリア症が重症化する傾向があります。

一方、胆管に寄生する肝コクシジウムは病原性が強く、食欲不振や激しい下痢、それに伴う衰弱を起こし、さらに肝臓の腫大や黄疸《おうだん》、腹水も認められます。肝コクシジウムも幼齢のウサギで被害が大きく、しばしば致命的です。

診断するには、糞便検査を行い、排出された虫体（オーシスト）を検出します。

治療には、サルファ剤等を投与して駆虫するとともに、それぞれの症状に応じた対応を行います。

（茅根士郎）

エンセファリトゾーン症（微胞子虫症）

原虫類のなかに微胞子虫類というグループがあります。微胞子虫類は様々な動物に寄生しますが、哺乳《ほにゅう》類（犬、キツネ、野生肉食獣、ヒトを含む霊長類）に寄生する種類としてエンセファリトゾーン・クニクリというものが知られています。この寄生虫は宿主の範囲が広く、多くの動物に寄生しますが、なかでもペットして飼育されているウサギに認められることがしばしばあります。

エンセファリトゾーン・クニクリは、宿主の細胞の内部に寄生し、その細胞の中で分裂して増殖します。そして、一部の虫体は感染動物の尿中に排出され、他の動物への感染源になります。

感染を受けたウサギには、まれに脳障害の症状がみられ、また、動作が鈍くなり、ときに斜頸も観察されます。ウサギはしばしば死亡しますが、たとえ生存しても、四肢に麻痺が残ります。

糞便検査や尿検査を行い、きわめて小さな虫体を検出することにより診断します。また、免疫学的検査法として間接蛍光抗体法も開発されています。

エンセファリトゾーン症の治療は困難ですが、最近、アルベンダゾール、オキシベンダゾールフェンベンダゾールという駆虫薬によりウサギのエンセファリトゾーンの駆除が行われています。

なお、この寄生虫は人間にも感染します。免疫機能が低下しているような場合にはとくに注意が必要です。

（茅根士郎）

蟯虫症《ぎょうちゅうしょう》

ウサギ蟯虫は、体長4～5㎜ほどの小型の線虫で、ウサギの盲腸や結腸に寄生しています。この寄生虫は、特殊な方法の産卵を行い、雌虫がウサギの肛門《こうもん》までやってきて、肛門の周りの皮膚の上に卵を産み付けます。ウサギは、自らの肛門の周りを舐めたときに、この虫卵を摂取し、再び感染を受けることになります。

また、肛門周囲に付着している虫卵の一部は、排糞《はいふん》時に糞便に付着して外界へ放出され、これが他のウサギへの感染源になります。ウサギ蟯虫の雌虫がウサギの肛門に産卵にやってくるのは、午後1時頃が多いといわれています。産卵を終えた雌虫は死亡し、ウサギの肛門から落下します。

ウサギの蟯虫症は、ほとんどが無症状です。蟯虫類はおびただしい数の虫体が寄生することがあるのですが、たとえ1頭のウサギに数千匹のウサギ蟯虫が寄生しても、たいていの場合はとくに症状を示しません。しかし、他の病気にかかっていたり、体力が低下しているときには、下痢を起こす可能性もあります。

通常の糞便検査のほか、セロハンテープ検肛法《けんこうほう》を行い、虫卵を検出することによって診断します。セロハンテープ検肛法は、人間の蟯虫検査と同じ方法で、ウサギの肛門の周りにセロハンテープを押し当て、それを剥《は》がして顕微鏡で観察するというものです。

ウサギ蟯虫の駆除には、ピランテルパモ酸塩など各種の線虫駆除薬を使用します。

（鈴木方子）

ダニ感染症

ウサギに認められる外部寄生虫のうち、ダニ類としてはウサギツメダニとウサギキュウセンヒゼンダニ（ウサギキュウセン疥癬虫《かいせんちゅう》）、ウサギズツキダニなどが知られています。ウサギツメダニは、体長が0・3～0・5㎜の小型のダニで、触肢といわれる体前方の突起の先端に爪のような構造があるのが特徴です。ツメダニ感染症の症状は様々で、無症状のこともありますが、かゆみを示すことが多いようです。また、重症になると、脱毛や皮膚の充血を起こします。診断は、皮膚や被毛に付着しているダニを検出することによって行います。

ウサギキュウセンヒゼンダニも体長が0・5㎜前後の小型のダニですが、これは主にウサギの耳介に寄生し、その皮膚に痂皮《かひ》（かさぶた）を特徴とする病変を形成します。このダニによる病気は、耳《みみ》疥癬《かいせん》といわれています。ウサギは激しいかゆみを示し、後肢で耳を掻いたり、頭を振る動作をします。また、こうして耳を掻くと、外傷が生じ、そこに細菌が二次感染を起こしがちです。さらに重症になると、病変が耳介から顔面や頸部、四肢にまで広がり、これを放置すれば死亡することもあります。診断は、特徴的な皮膚病変から容易に行うことができますが、さらにその部分の痂皮を採取し、その中にダニを確認すると確実です。

ウサギズツキダニも体長0・5㎜くらいのダニで、雄の尾側に尾葉といわれる大きな突起状の構造が存在するのが特徴です。このダニの感染を受けても、ほとんどのウサギは無症状ですが、ときに脱毛を起こすことがあります。

ウサギツメダニやウサギキュウセンヒゼンダニ、ウサギズツキダニを駆除するには、ピレスロイド系の薬物やイベルメクチン、セラメクチンなどを使用します。

（鈴木方子）

ノミ感染症

ウサギに寄生するノミには数種が知られています。しかし、ペットとして飼育されているウサギに寄生するのはイヌノミとネコノミで、とくにネコノミが寄生していることが多いようです。これらのノミは、その近くにいるイヌやネコからうつったものと考えられます。

ウサギがノミの寄生を受けても、とくに著しい症状を示すとは限りませんが、かゆみを示したり、吸血を受けた部位に皮膚炎を起こすことがあります。

診断はノミを検出することにより行います。ノミを駆除するには、イヌやネコのノミ駆除に用いられている薬物を使用します。具体的には、イミダクロプリドやセラメクチンの滴下投与用液剤が多用されています。なお、フェニルピラゾール系薬物のフィプロニルは、イヌとネコには良好に用いられていますが、ウサギに対してはまれに大きな副作用を示すといわれています。

（鈴木方子）

ビタミンD欠乏症

カルシウムやリンの代謝に関与しているビタミンD（抗クル病因子として知られています）の欠乏により、骨疾患が誘発されます。しかし、天日干しされた乾草などに多く含まれるため、極端に偏っていない食餌内容であれば、不足を生じることはほとんどありません。逆に、欠乏症を意識しすぎて過剰に与えてしまうと、尿石症を起こしたり血管にカルシウムが沈着して動脈が硬くなるなど、様々な弊害を生じるおそれがあるため、むやみな餌《えさ》への追加は禁忌です。ただし、成長期は成長後にくらべると各栄養素の要求量が高いので、室内で子ウサギを飼っている場合には、体内でのビタミンDの合成を促すために日光浴させることを心がけるとよいでしょう。ウサギは暑さに弱いため、日光浴にあたっては戸外の温度には十分注意してください。

（林　典子）

ビタミンE欠乏症

食餌中のビタミンEが不足すると、流産、死産、新生子の死亡など、繁殖に関連したトラブルを生じます。また、ビタミンEが欠乏した状態に運動不足などの悪条件が加わると、後肢の麻痺や動きたがらないなど、筋肉の萎縮《いしゅく》に関連した症状が現れます。しかし、一般家庭で飼育されているウサギにビタミンE欠乏症が起こることはきわめてまれであり、極端な偏食をしていなければこの病気にかかる心配は少ないと思われます。成長したウサギは1日に体重の3％程度の食餌を食べますが（成長期のもっともエネルギー要求量の高いときにはこの1・9倍）、栄養バランスのよいドライフードを体重の1～1・5％与え、残りを乾草や野草（野菜でもよい）で補えば、多くのビタミン類の欠乏を防ぐことが可能です。ただし、ビタミンEは酸化や紫外線の作用を受けやすく、ドライフードの長期保存や日光暴露により含有量が減るため、ドライフードは4週間程度で使い切る量を目安に購入するよう心がけ、涼しく日光の当たらない場所に保管してください。

（林　典子）

ハムスターの飼育管理と主な疾患

飼育管理

ハムスターを飼育するうえで大切なことは、ハムスターという動物をよく理解することです。本来、どのような環境で生活しているのか、何を食べて暮らしているのか、行動は、性格は、体の構造は、などです。

ハムスターの生息地は北半球に集中し、涼しく乾燥した地域で、温度変化の少ない地下に巣穴を作って生活しています。夜行性なので昼は巣穴の中で眠り、夜は活発に行動し、採食や巣作り活動に励みます。飼育下のハムスターもできるだけ自然に近い環境で育てることが望ましいのですが、実際に人と暮らすには、ケージ内での生活ということになります。ケージ内で安全で居心地のよい生活をさせるには種々の工夫が必要です。

●温度、湿度

理想的な温度は20～24℃ですが、15～25℃あればよい条件といえます。気温が5℃以下になると体温低下を招き、動けなくなり、そのまま放置すると致命的になります。また、30℃を超えると体力を消耗し、耐えられなくなります。1日での温度差は±5℃以内にとどめたいものです。体調の悪いときは、理想の温度に保つことが回復への大きな要因になります。温度の測定はケージの置かれている場所で、ハムスターの目線で行います。湿度は60％以下に保つことが大切です。

温度と湿度はエアコンの使用により比較的容易に管理できますが、エアコンの風が直接には当たらないように注意します。冬期の暖房としては、オイルヒーターやパネルヒーター、赤外線または遠赤外線の無風タイプの櫓《やぐら》炬燵《こたつ》などの温度設定ができる器具を利用するとよいでしょう。保温のための巣材も必需品です。

●ケージ

大きく分けると金網タイプと水槽タイプがあります。それぞれに長所と短所があるので構造をよく理解し、短所はできるだけ補正して使います〈表2〉。

ハムスターの活動の場は主に地面で、体型が物語るように本来は木や高いところに登る習性はありません。30cmを超えるような高さは必要なく、高い構造のケージは、致命的な落下事故の直接原因になることもあるので避けるべきです。また、ハムスターは器用で、よく脱走するので、扉にはロックが必要です。

〈表2〉

	金網タイプ	水槽タイプ
長所	・換気がよい ・掃除がしやすい ・道具の着脱が簡単	・事故によるけがをしにくい ・外界からの音が入りにくいので静か ・より自然に近い構造が可能
短所	・事故が起きやすい（金網に足をはさんでの骨折、金網を齧っての切歯破折、金網を登っての落下事故）	・換気が悪い ・掃除がしにくい ・道具の取り付けが困難
対策	・ハムスターが立って届く高さ周囲の金網をアクリル板などで内側から覆う	・換気をよくするために適当な通気穴を設ける

●ケージ内の設備

・床材、巣材…ハムスターは平面を行動し、地中に巣を作る習性をもつので、下に敷く床材や寝床に用いる巣材は、それに適した安全なものを選ぶ必要があります。適しているものとしては、日光消毒した乾草やワラ、トウモロコシチップ、猫砂、紙であればトイレットペーパー（水に可溶）など、体に悪影響がなく、食べても危険性のないものです。不適切なものとしては、爪《つめ》を引っ掛けたり絡ませる可能性のあるもの、あるいは食べると危険性のある綿や布、タオル、ティッシュペーパーなどです。また、木のチップは、アレルギーや喘息《ぜんそく》の原因となる揮発性炭化水素を出す可能性があるので不向きです。

・巣箱…ハムスターにとって安心できる場所を提供できるようにします。

・食器…洗いやすく、引っ繰り返しにくいものにします。

・水入れ…周囲が湿気《しけ》ないように、給水ボトルタイプを用いるか、食器タイプの場合は引っ繰り返しにくいものを使用します。

・トイレ…決まった場所で排泄《はいせつ》する習慣があるので、市販のハムスター用砂または猫砂を入れて設置します。

・回し車…運動不足の解消に役立ちます。足の落ち込まない安全な構造のものを選びます。

・その他…齧《かじ》るための木（毒性のないもの）を置きます。トイレットペーパーの芯《しん》などの筒型の隠れ家（夜行性で、トンネル生活をすることから狭くて暗い場所に入るのを好みます）を置くの

もよいでしょう。

●ケージの設置場所

ハムスターは、野生では多くの敵から身を守らなければならない弱い動物なので大変臆病《おくびょう》です。したがって、次のことをふまえて、居心地のよい場所を探してください。

①大きな音や振動のする場所（OA、AV機器付近、ドア付近、玄関先など）は避けます。

②設置場所の移動は、できるだけ避けます。

③野生下での捕食動物（イヌ、ネコ、フェレットなど）が近づけないところにします。

④排気ガスなど、汚れた空気は避けます。

⑤換気は必要ですが、すきま風が吹いたり、絶えず空気の動くところは好ましくありません。

⑥湿度が高くなる部屋（台所、風呂場付近など水源のあるところ）は避けます。

⑦1日の寒暖の差が大きくなる窓際は不向きです。

⑧直射日光は好ましくないのですが、1日中暗いところも体内リズムを狂わせるので好ましいとはいえません。

●衛生

湿気に弱いので、こまめに掃除し、定期的に日光消毒します。

●1ケージ内の飼育頭数

ゴールデンハムスターは、交尾期以外は単独飼育です。ドワーフハムスターは、多頭飼育が可能ですが、それも個々の相性によります。

●食餌《しょくじ》

本来の食性は草食性に近い雑食です。与えれば何でも食べますが、必ずしも体によいものを好むとは限りません。概して高カロリーなものを好み、ケージ飼いでは肥満になりやすいので注意が必要です。野生下で食べている草の茎や葉、種子、虫なども食餌に取り入れ、バランスよく与えます。

・乾草、草または葉野菜…約5割
・ペレット、種子、根菜類、果菜類、果物類…約4割
・動物性食品（チーズ、卵、虫、魚粉など）…約1割
・清潔な水

不適当な食物としては、べたつく餌《えさ》や水分の多いもの、チョコレート、アボカド、ネギ類、ジャガイモの芽、香辛料の入ったものなどがあります。

また、ハムスターには食物を頬袋《ほおぶくろ》に詰め込んだり隠したりする習性があるため、食べた量を正確に把握することは困難です。

夜行性なので食餌は夕方に1回の給餌《きゅうじ》とし、朝方までになくなる量にします。

（藤原元子）

心臓肥大

高齢のハムスターでは心疾患（心筋症、心アミロイドーシスなど）に伴って心臓が肥大することがあります〈図8〉。このようなハムスターは、非常に疲れやすくなったり、運動したり興奮したりすると呼吸が苦しくなったりする様子がみられます。重症の場合には鼻先や耳、四肢の先が紫色にみえる、いわゆるチアノーゼが起こり、発見が遅れると心不全により死に至ることがあります。特効的な治療法はありませんが、イヌやネコに用いられる血管拡張薬などを使用することで病気の進行を遅らせたり、症状を緩和することができます。薬物治療よりも重要なのは毎日の生活のケアであり、このようなハムスターには穏やかで静かな暮らしをさせる工夫が必要です。

〈図8〉

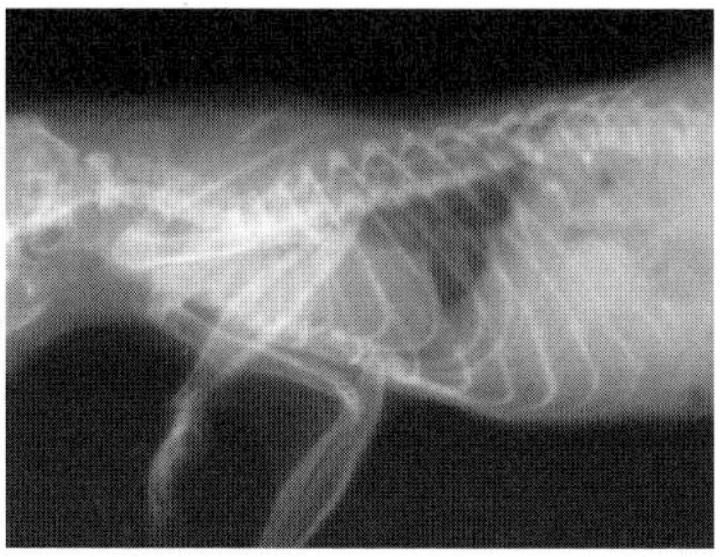

軽度の心臓肥大がみられるジャンガリアンハムスターのX線写真

金網を登ることのないように金網のケージは使わず、回し車も取り除き、また興奮させることのないよう注意を払います。肥満があれば食餌療法《しょくじりょうほう》による減量が必要です。

（斉藤久美子）

細菌性肺炎

家庭で飼育されているハムスターには呼吸器疾患は比較的少ないですが、連鎖球菌やパスツレラによる肺炎が知られています。連鎖球菌は人間の子どもからハムスターに伝染することがあるといわれています。パスツレラはハムスターが健康な状態でも保菌しており、ストレスが加わったときに発病すると考えられています。すきま風や気温の急な低下は、ウイルス性、細菌性を問わず、ハムスターの肺炎の引き金になります。細菌性肺炎の治療には抗生物質の投与が必要であり、ほかに補液などの対症療法や流動食の給餌などの看護も重要です。

細菌性肺炎の治癒後に内耳炎を続発して、斜頸《しゃけい》などの神経症状がみられること

があります。（斉藤久美子）

不正咬合《ふせいこうごう》

ハムスターの上下4本の切歯は常生歯で、一生伸び続けます。この歯の不正咬合は、先天的なものもありますが、多くは後天的で、事故などで切歯が破折した後、常生歯のため切歯の磨耗が不均等になって発症します。また、習慣的にケージの金網を齧るなど、絶えず歯根部に力が加わることによる炎症、変形によっても発症します。

症状としては、切歯の長さの不均等や過伸長、伸長方向の不正などがみられ、咬《か》み合《あ》わせが悪くなり食餌を摂取しにくくなります。さらに進行すると採食できなくなり、彎曲《わんきょく》して伸びた歯先により口《こう》腔《くう》内や皮膚が傷つき、ときには突き刺さり、貫通してしまうこともあります。重症例では、伸びた歯が鼻腔《びこう》や眼領域にまで達することもあります。診断は、特徴的な症状に基づいて行います。

治療は、伸びすぎた歯を定期的に切りそろえますが、抜歯が必要なこともあります。固い食餌がとりにくい場合は、食べやすい柔らかさの食餌を工夫して与えます。

予防するには、金網製のケージは避けるか、齧れないように口の届く高さまでは内側にアクリル板を貼るとよいでしょう。ケージ内には齧ってもよい木製のものを置いておきます。適切な食餌も大切です。（藤原元子）

頬袋脱《ほおぶくろだつ》

ハムスターは、口腔内に左右1対の大きく広がる頬袋をもっています。頬袋は食物や巣材を詰めて運ぶバッグの役目をします。頬袋脱には、頬袋が反転して口外に脱出したものと、頬袋の前にある臭《しゅう》腺《せん》と周囲組織が炎症を起こし、水腫状《すいしゅじょう》になり口外に脱出したものの2種類があります。前者はゴールデンハムスターに多く、後者は小型のハムスター（ジャンガリアン、キャンベル、ロボロフスキー）に多くみられます。

頬袋のみの脱出は、内容物の付着により単純に反転した場合と、頬袋の損傷、感染により炎症を引き起こした場合があります。水腫状腫瘤《すいしゅじょうしゅりゅう》が脱出している場合は、頬袋前位の臭腺の損傷や感染によるものと考えられています。

症状としては、頬袋または臭腺と臭腺周囲組織が口外に突然に逸脱します。大きさは大小不定で、嚢腫状《のうしゅじょう》あるいは水腫状をしています。ハムスターは脱出物を引《ひ》っ掻《か》いたり咬《か》んだりして落ち着きがなくなります。また、脱出物が大きい場合は食餌がとれなくなります。特徴的な症状により診断できます。

早期であれば元の位置に押し戻すことができる場合がありますが、多くは元に戻せず、外科的に切除することになります。

予防には、適切な食餌管理《しょくじかんり》が大切です。（藤原元子）

下痢（ウエットテイル）

ウエットテイル（「湿った尾」の意味）とは、下痢により肛門《こうもん》や陰部、尾部周囲の被毛が濡《ぬ》れることによりつけられた俗称で、現在はハムスターの下痢を総称して使われていることもあります。ただし、正しくは伝染性過形成回腸炎を指し、腸のなかでもとくに回腸に炎症がみられます。離乳したばかりの幼ハムスターがかかりやすく、2〜3日で死亡することもあります。一般に小型種はかかりにくく、長毛種に多発する傾向があり、家族的素因も関係しているといわれています。急性で重症の場合は、大人のハムスターでも死に至ることが多い病気です。

細菌や真菌、ウイルス、寄生虫などの単独感染あるいは複合感染で起こると考えられています。また、飼育環境の大きな変化や不適切な飼育環境によるストレス、間違った食餌による栄養失調なども誘因になります。

下痢のほか、食欲減退や元気消失、体重減少、脱水などがみられます。ハムスターは腹部の痛みにより背中を曲げる姿勢をとります。腸閉塞《ちょうへいそく》や直腸脱、腸重積、腹膜炎などを併発する場合もあります。急性型では、重度の水溶性下痢を起こし、短期間で死亡します。

特徴的な症状により診断します。

治療としては、飼育環境を整え、ハムスターに安全な抗生物質、ステロイドを投与し、支持療法として複合ビタミン剤を含む保温した皮下輸液、経口輸液を施します。

予防には、適切な飼育管理が大切です。また、下痢で死亡したハムスターのケージは入念に消毒します。（藤原元子）

腸重積脱

下痢や慢性の消化器疾患に付随、または続発して起こることが多く、肛門から重積した腸管が脱出する病気です。ジャンガリアンハムスターにはあまりみられません。

消化器疾患、とくにウエットテイルの経過が長いと腸管蠕動《ちょうかんぜんどう》が異常になり、この病気を起こします。外科的に治療することもできますが、良好な結果は期待できません。予防するには、下痢をさせないように、普段から健康管理に気をつけましょう。（藤原元子）

肝炎

原因としては、不適切な飼育管理、細菌やウイルスの感染などが考えられます。

症状は、早期には、何となく動作が不活発だったり、下痢、体重減少などがみられることがあります。進行すると、痩《や》せているにもかかわらず腹部膨満（肝臓の腫大《しゅだい》、腹水の貯留などによる）を起こし、黄疸《おうだん》などがみられる場合もあります。早期発見は困難で、多くの場合は末期になって異常に気がつきます。

重症になると視診、触診のみで診断できます。超音波検査、X線検査を加えると、より確実な診断が可能です。

治療には、抗生物質、強肝剤、ビタミン剤などを投与しますが、重症の場合が多く、良好な結果は期待できません。予防するには、適切な食餌を与え、ストレスの少ない清潔な環境で飼育します。（藤原元子）

膀《ぼう》胱《こう》疾《しっ》患《かん》

原因としては、表皮の細菌や口腔内細菌《こうくうないさいきん》、子宮蓄膿症《しきゅうちくのうしょう》の細菌などの膀胱《ぼうこう》への感染が考えられます。また、カルシウムを多く含む食餌を摂取していると、尿道結石や膀胱結石《ぼうこうけっせき》を形成することもあります。

膀胱炎《ぼうこうえん》の場合、尿色は尿路からの出血により赤色となり、頻尿や排尿障害を起こすことがあります。結石が形成されている場合は、元気喪失、食欲不振がみられ、重症例になると高窒素血症により死亡することもあります。

診断には、尿検査による潜血、細菌、pHなどを調べます。尿沈査では正常でもカルシウム結晶を認めることがあるので、結石の有無については超音波検査とX線検査を行って確認します。

治療は、内科的には抗生物質、止血薬、非ステロイド性抗炎症薬などを投与します。ハムスターに野菜を与えすぎると下痢をするという俗説がありますが、膀胱疾患での水分摂取は治療と予防の要なので、野菜の給与量を増やして水分摂取量を増加させることが重要です。また、膀胱内に結石を認める場合は外科的な摘出も必要と思われます。結石はカルシウムを主成分とするものが多いので、カルシウム含有量の明確な食餌を選び、過食とならないように注意することも大切です。（加藤　郁）

卵巣子宮疾患

1歳以上のハムスターにみられることが多く、性ホルモンの不均衡や過発情、感染などが関係していると思われます。

腹囲膨満を起こすことが多く、排尿後の陰部からの出血や排膿《はいのう》、陰部周辺の皮《ひ》疹《しん》や腰背部の対称性脱毛もみられます。腹腔《ふくくう》内に腫大した卵巣や拡張した子宮が充満している場合は、食欲低下や排便困難、頻尿なども認められます。

膣《ちつ》スメアにより細菌の有無や赤血球、白血球、表層細胞などを確認します。腹囲膨満がみられる場合は超音波検査やX線検査による画像診断が有効です。

内科的治療で症状が改善されることもありますが、再発する可能性も高いため、一般状態に極端な異常がなければ卵巣摘出手術を行います。卵胞嚢腫《らんぽうのうしゅ》では卵巣が大きく腫大しているため胸部をも圧迫していることが多く、手術中の呼吸管理に留意することが重要ですが、多くは予後が良好です。しかし、卵巣腫瘍《らんそうしゅよう》が消化管などに癒着している場合や、血管浸潤が多数認められる場合は摘出が困難です。また、子宮蓄膿症は、子宮自体がもろくなっているため、手術中の子宮破裂に留意し慎重に対応しなければなりません。子宮蓄膿症は無事摘出できても予後不良の場合が多いようです。（加藤　郁）

脊《せき》椎《つい》疾《しっ》患《かん》

ハムスターの背骨の骨折や脱臼《だっきゅう》は、落下や踏まれる事故などを原因とすることが多く、また、椎間板疾患《ついかんばんしっかん》は老齢化に伴って発症するようです。いずれも、脊椎《せきつい》の中を走る脊髄《せきずい》に大小のダメージが加わって、神経症状を示します。損傷を受けた部位や程度によって症状は様々ですが、多くの例で後肢の麻痺《まひ》や尿失禁、排便障害などがみられます。X線検査や神経学的検査などを行って診断します。

症状が軽い場合は、安静に保ったり、薬物投与、理学療法などで治癒することもありますが、重症な場合は治癒を期待できないこともあります。ハムスターは体が小さいため、外科手術は難しいことがほとんどです。とくに排尿障害を起こして自力で排泄できない場合には、予後不良なことがしばしばあります。

（佐々井浩志）

結膜炎、角膜炎

主な原因は、飼育管理の不良によるケージ内のアンモニア濃度の上昇、異物による刺激、細菌やウイルスの感染、アレルギーによる眼瞼《がんけん》や結膜の掻痒《そうよう》です。また、ハムスターなどのげっ歯類はウサギと同様、切歯の根尖《こんせん》が眼窩《がんか》付近に達しているので、根尖病巣《こんせんびょうそう》から眼科疾患が発生することもあります。

結膜炎のみの場合は結膜の充血や浮腫《ふしゅ》がみられ、膿性《のうせい》の眼やにの付着が認められます。また、眼瞼や結膜に麦粒腫《ばくりゅうしゅ》の膿《のう》疱《ほう》を形成することもあります。さらに、かゆみや痛みによる過剰な毛づくろいのために角膜表層が傷つき、角膜炎から角《かく》膜潰瘍《まくかいよう》、角膜浮腫《かくまくふしゅ》、緑内障、眼球突出、ドライアイとなることも少なくありません。

診断にあたっては、結膜炎や角膜炎を起こした原因を特定することが重要です。そのうえで飼育管理の不備やアレルギー以外の原因が疑われる場合は、感染症であれば眼やにの鏡検と菌分離を行い、切歯の根尖を疑う場合は頭部のX線検査を実施します。

飼育管理に問題があればそれを改善します。ケージの大きさにもよりますが、清掃は週2回以上とし、眼への刺激が問題であれば、塵埃《じんあい》の原因となる床敷素材を変更したりします。眼瞼周囲や結膜に掻痒が認められる場合は抗生物質や非ステロイド性抗炎症薬、角膜障害治療薬などを点眼します。点眼時、指などを咬まれないよう気を付けて行って下さい。

（加藤　郁）

白内障

水晶体が白く濁ることにより瞳孔《どうこう》内に白点が生じる病気です。

イヌ、ネコと同様に老齢性、先天性、糖尿病に併発するものと考えられます。ジャンガリアン、キャンベル、ロボロフスキーといった小型のハムスターに多くみられ、ゴールデンハムスターではあまり認められないようです。

ハムスターは一般に視覚に頼らないで生活しているため、行動的な症状はほとんど認められず、多くは飼い主が瞳孔の白点に気づくことにより発見されます。診断するには散瞳点眼剤を点眼し、水晶体の白濁を確認します。

ハムスターの視力は光明を判別できる程度であり、視覚よりも聴覚や嗅覚《きゅうかく》に依存して生活しているため、白内障により視力が低下しても支障はほとんどありません。そのため、適切な環境で飼育すれば、白内障になっても治療は必要としません。ただし、先天的な白内障を疑う場合は繁殖に用いるべきではありません。

（加藤　郁）

眼球脱

眼球脱は、ハムスターの眼は元々飛び出しているので、ケージの柵《さく》などに眼を引っかけてしまって戻らなくなるほか、けんか、頸《くび》の後ろを無理に引っ張りすぎるなど様々な原因によって生じます。このほか眼球の感染や緑内障などの眼そのものの疾患によって眼が大きく腫《は》れ上《あ》がった結果として、飛び出すこともあります。

突出が起きた直後で、軽度であれば、眼球を正常な位置に整復することで眼を温存することができますが、動物が痛がる場合は麻酔が必要であり、動物病院で治療を受けるべきです。正常な位置に戻った後は、最低1週間以上、抗生物質の点眼や内服を行います。

正常な位置に戻しても再度突出がみられる場合には、再発防止のために瞼板《けんばん》を縫合することもあります。なお、ごくまれですが、重症例で眼球が元の位置に戻らなかったり、損傷が激しかったりする場合には、眼球摘出が必要なこともあります。

（佐々井浩志）

外耳炎

ハムスターの外耳炎の発生頻度は非常に低いのですが、イヌやネコの場合と同様に細菌や真菌、ダニなどによって起こる可能性があります。治療はほかの動物に準じて行われます。

ハムスターの耳道から分泌物が認められる症例では、根本的な原因が腫瘍性病《しゅようせいびょう》変《へん》であることが多く、二次的に細菌感染を生じ、外耳に炎症が起きます。外耳に生じる腫瘍《しゅよう》には扁平上皮癌《へんぺいじょうひがん》が多く、パピローマが外耳に発生することもあります。また耳根部の皮下に形成された膿瘍《のうよう》が外耳へと自壊して耳漏を起こすこともあり、この場合も外耳は炎症を起こします。

（斉藤久美子）

骨折

ハムスターの骨折の原因は、ケージの柵に足をはさんだり回し車に足を取られたり、高いところから落ちたりすることが多いようです。また、部屋に放しているときに飼い主が誤って踏んでしまって骨折することもあります。もっとも折れやすい部分は踵《かかと》の上ですが、前肢や大腿《だいたい》部《ぶ》が折れることもあります。後肢を骨折した状態で放置すると、周りの組織を傷めてしまい、ときには骨が飛び出してしまいます。

骨折には、なるべく早い手当てが必要です。折れた部位や折れ方に基づいて、テーピングによる固定や骨髄内ピン、創外固定法などの治療方法を選択します。ただし、ハムスターの骨は細いので、治療は必ずしも容易ではありません。また、ものをよく齧る性質をもっているため、治療部位を齧ってしまうこともあります。骨が飛び出して化膿《かのう》してしまったり、足先への血行障害を起こしたりすれば、断脚しなければならないこともあります。また、折れ方によっては保存療法も一方法です。変形して癒合するかもしれませんが、うまくいけばそれなりの生活も期待できます。治療中は、足がはさまれにくい水槽のような容器での生活が安全です。予防は、ケージ内外での事故を防ぐことや、潜在的にカルシウム不足の要因となる種子類の与え過ぎを避けることなどです。

（佐々井浩志）

アレルギー性皮膚疾患

アレルギー反応の一つとして皮膚炎が起こることがあり、多くの場合、皮膚が赤くなる、被毛が抜けるなどの症状が現れます。また、くしゃみ、眼やに、手足の腫《は》れなどが同時にみられることもあります。アレルギーの原因は食物のほか、床や巣に敷く素材が不適であることが一般的ですが、たばこの煙、ワックス、人の髪の毛、香水なども原因になることが知られています。

この病気が疑われる場合に家庭でできる対策としては、疑わしい食物（たとえば市販のハムスター用の菓子類など）を与えるのをやめ、敷料を白い紙（キッチンペーパーなど）に変えて1日1度は交換し、ケージの通気性をよくすることです。すでに動物病院で治療を始めている場合にも、飼育環境をよくすれば、より大きな治療効果が期待できるので、できることから試してみてください。（林　典子）

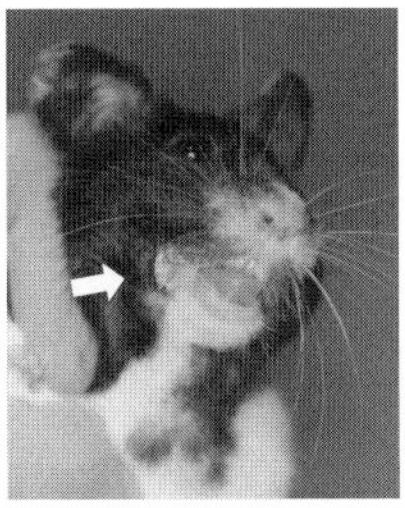

ワイヤーケージを齧り続けたために起きた口角の炎症（矢印）。金属に対するアレルギーが疑われたため、プラスチックケージへの変更を試みたところ、完治した

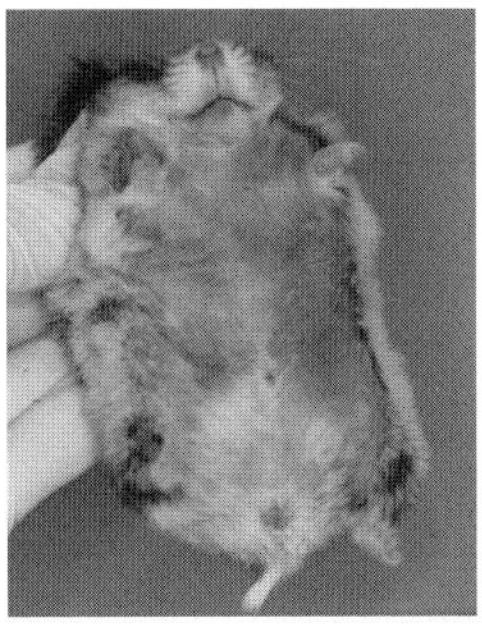

木製チップによるアレルギー性皮膚炎。敷料を白紙にすることで改善した

脂漏性皮膚炎

皮脂腺《ひしせん》から分泌される皮脂は皮膚を保護する役割を担っていますが、皮脂分泌に異常が起こると脂漏性皮膚炎が誘発されます。病巣はべとついた状態であったり（湿性）、カサついてフケが目立つこともあり（乾性）、また、二次的に細菌や真菌などの感染が起こればかゆみを伴うこともあります。さらに、分泌物が固まり、かさぶたのようにみえることもあります。原因は内臓の異常、アンバランスな食餌などのほか、種々の皮膚炎に続いて起こることもあり、様々な要因が複雑に絡み合って発症に至ります。有効な治療法はありませんが、患部の衛生管理、抗生物質やビタミンなどの投与、食餌の改善、ミネラル補給などが試みられます。皮脂腺が多く分布するうえ、擦れやすいため、腋窩《えきか》に脂漏性皮膚炎が起こりやすいのですが、肥満にさせないことで間接的に予防することができます。

（林　典子）

脂漏性皮膚炎（湿性）

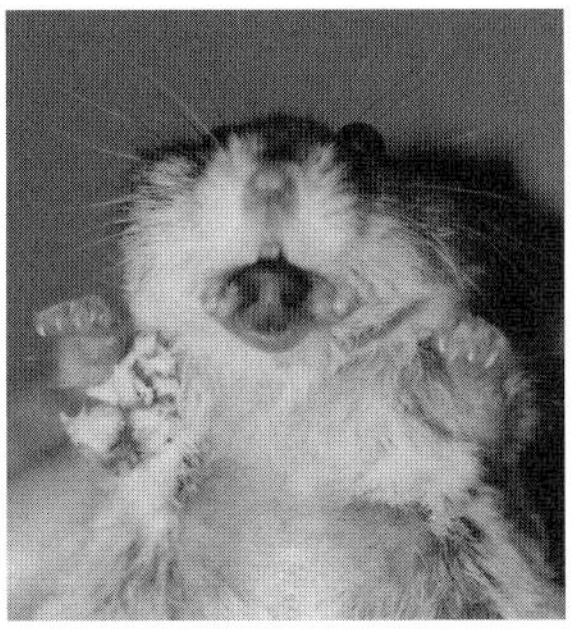

内分泌性皮膚疾患

甲状腺《こうじょうせん》や副腎《ふくじん》、卵巣などの機能に乱れが生じると、皮膚に様々なトラブルが起こることがあり、18カ月齢を越えたハムスターには全身の薄毛（色素沈着を伴うこともある）〈図9〉や、左右対称性の脱毛〈図10、図11〉など、ホルモン性を疑わせる皮膚症状が多くみられます。根本原因の解決は難しいかもしれませんが、病状をうまくコントロールすれば、二次的に生じる膿皮症《のうひしょう》やニキビダニの異常な増殖を抑え、フケ、かゆみ、皮膚の腫れなどの症状を軽減させることが可能です。

（林　典子）

脂漏性皮膚炎（乾性）

顔面が赤く、フケが多くみられる

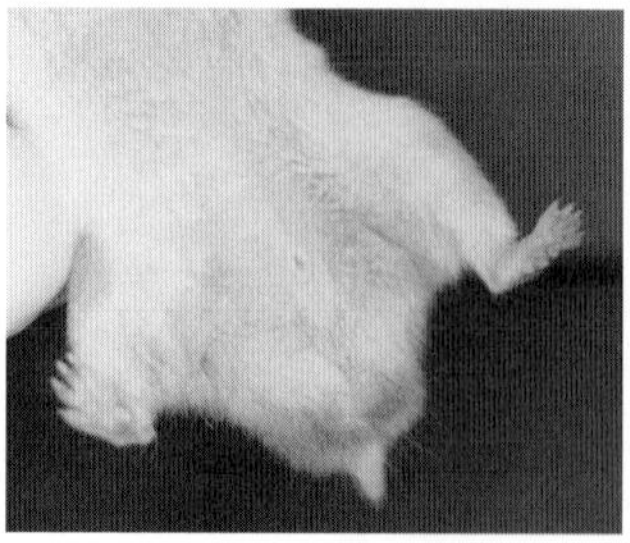

同症例の下腹部。同様の皮膚炎が起こっている

〈図9〉

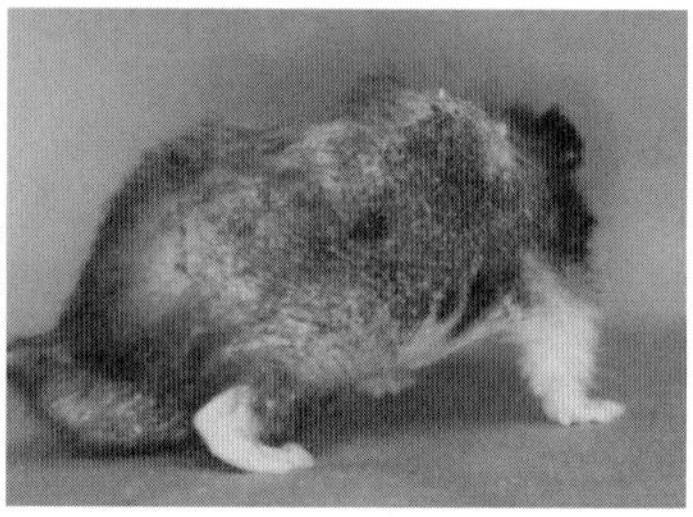

副腎の異常が疑われる雄のゴールデンハムスター。皮膚は薄く、全身の脱毛、色素沈着、フケが目立つ

〈図10〉

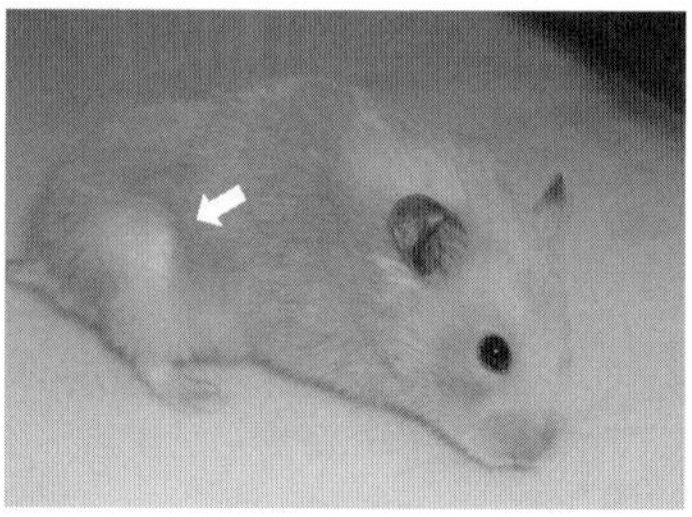

ホルモン性脱毛が疑われる雌のゴールデンハムスター。右大腿部に病巣（矢印）が認められる

〈図11〉

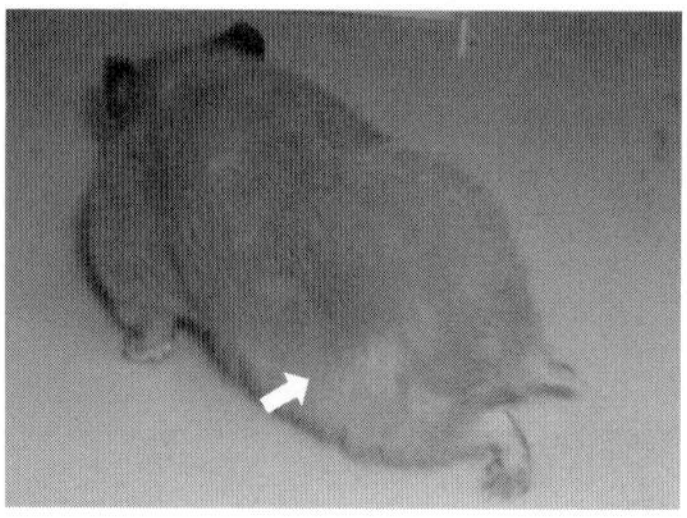

同症例の左側。右側と同様に脱毛部位（矢印）が確認できる（左右対称性脱毛）

細菌性皮膚炎（膿皮症《のう ひ しょう》）

衛生管理の不備や不適切なケージ内の温湿度、栄養バランスの悪い食餌など、飼育に望ましくない環境下では、小さな擦り傷などから黄色ブドウ球菌や連鎖球菌が皮膚に感染し、炎症を起こすことがあります。また、他の皮膚疾患に伴い二次的な膿皮症を招くこともあり、多くは皮膚が赤く腫れます。分泌物やかさぶたがみられることも、また、かゆみを伴うこともあります。

診断には、細菌の培養検査を行います。治療には抗生物質などを使いますが、薬物による下痢などの副反応を回避するため、乳酸菌製剤やビタミン剤もあわせて処方することがあります。

（林　典子）

細菌性皮膚炎（膿皮症）

鼻の周りが赤く腫れているゴールデンハムスター

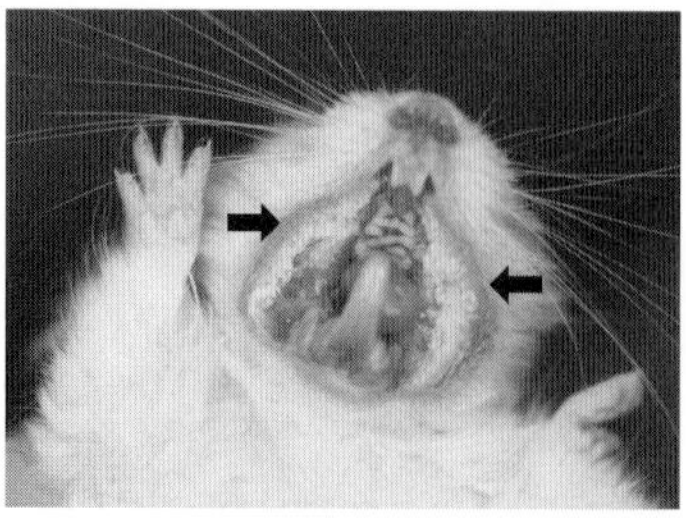

同症例の口唇の外観。病巣（矢印）からは連鎖球菌が分離された

皮下膿瘍、頬袋の膿瘍

けんかによる傷などが原因で細菌感染が起こり、皮下に膿《うみ》を蓄えた病巣を生じることがあります（皮下膿瘍）〈図12〉。また、エンバク〈図13〉など、先端のとがった食物により頬袋が傷ついて化膿してしまうことや（頬袋の膿瘍）〈図14〉、歯科疾患が原因で顎《あご》に膿がたまることもあります。

一時的に食欲が落ちることがありますが、多くの場合、治療（切開、排膿《はいのう》、抗生物質などの投与）を行えば良好に回復します。ただし、原因によっては再発することがあるので、症状の継続的な観察が必要です。

この病気に関連した注意点として、ゴールデンハムスターはたがいにけんかをするので、絶対に同居させてはいけません。

ジャンガリアンなど、小型種で同居できる種類であっても、けんかをする場合には個別飼育にします。また、甘い菓子類や先のとがった食物は与えないようにし、先端が三角形に割れる硬いプラスチックの玩具《がんぐ》類などをケージに入れないように注意します。

（林　典子）

〈図12〉

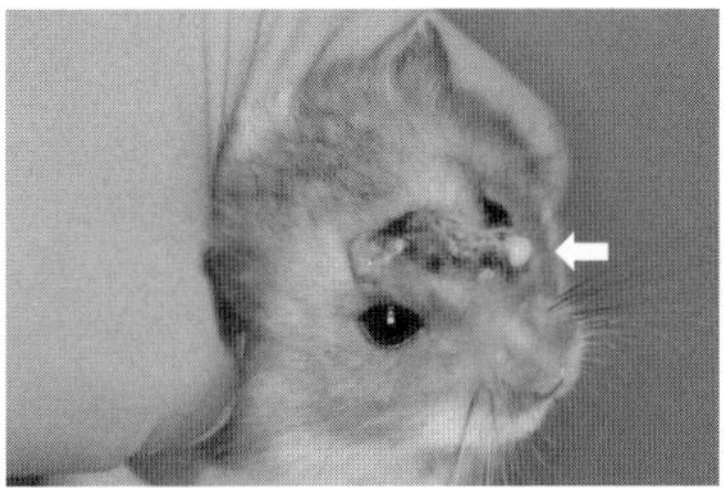

けんかにより皮下膿瘍を生じたゴールデンハムスター。自壊した病巣に多量の膿（矢印）が確認できる

〈図13〉

エンバク

咬傷《こうしょう》

ハムスターは、同じ親から生まれた兄弟を同居させておくと、1~2カ月までは仲良く過ごしますが、一人前になる3~4カ月頃から本格的なけんかをするようになります。元来ハムスターは単独生活をする動物なので密飼にするとけんかが起きやすいようです。

咬傷を放っておくと傷口から細菌が入り化膿して、中に膿をためてしまうことがあるので、咬傷を見つけた場合は早めに消毒薬で洗浄し、抗生物質を投与して化膿を防ぐことが重要です。

化膿して膿瘍ができた場合は切開して、中の膿を出し、しっかりと洗浄消毒すること、また体の中から殺菌するように抗生物質を投与することが必要です。

（佐々井浩志）

〈図14〉

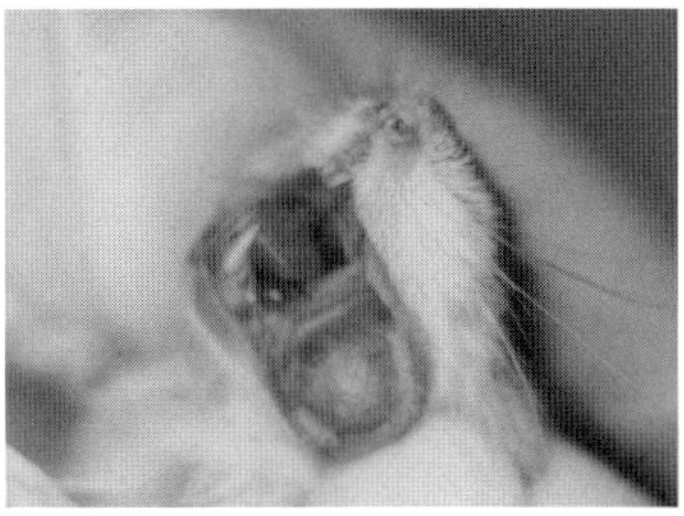

頬袋の膿瘍

腫瘍《しゅよう》

高齢のハムスターに多くみられます。内臓に発生した腫瘍は治療困難なものが多いのですが、皮膚に発生した腫瘍の治療は比較的容易です。皮膚の腫瘍は、小型のハムスター（ジャンガリアン、キャンベル、ロボロフスキー）では、口唇にできる扁平上皮《へんぺいじょうひ》癌《がん》を除き、早期治療を行えば、多くは予後が良好です。一方、ゴールデンハムスターでは、悪性《あくせい》リンパ腫《しゅ》が多く、その予後は不良なものがほとんどです。

診断は、主に腫瘍の形態的特徴と触診によります。また、X線検査や超音波検査が必要な場合もあります。確定診断は病理組織学的検査によります。

抗癌剤《こうがんざい》による内科的治療もありますが、効果、副作用、薬用量などの点で課題が多いのが現状です。切除可能なものは、外科的に切除することが望まれます。

（藤原　明）

小形条虫症と縮小条虫症

小形条虫と縮小条虫は、どちらもネズミ類を終宿主とする条虫で、その小腸に寄生します。最近、ペットとして飼育されているハムスター類に蔓延《まんえん》していることが明らかになりました。

小形条虫は、体長1～3㎝で、頭部に突起状の構造があります。また、その卵は、楕円形《だえんけい》で、長径45～55μm、短径40～45μmほどの大きさです。虫卵の内部にはレモン形をした殻状構造があり、さらにその中に六鉤《ろっこう》幼虫といわれる幼虫が存在しています。

一方、縮小条虫は、小形条虫に比べて非常に大きく、大型のものは体長が50～80㎝にも達します。小形条虫と異なり、頭部に突起状の構造は認められないか、痕跡《こんせき》的に存在しているにすぎません。虫卵は、ほぼ球形で、直径は60～80μmです。また、虫卵内の殻状の構造がレモン形ではなく、球形である点で小形条虫卵と鑑別できます。なお、その内部に六鉤幼虫が含まれている点は同様です。

小形条虫と縮小条虫は、片節が一列につながった体をしていて、各片節には雌雄両方の生殖器官が1組ずつ存在し、各々の片節が卵を生産しています。産卵孔はなく、片節は体の末端から順番にちぎれていきます。ただし、ちぎれた片節は非常にもろく、腸管内を移動している間に崩壊し、糞便《ふんべん》に排出される前に片節の中から虫卵が現れます。

宿主の糞便に排出された虫卵は、中間宿主となる動物に摂取され、その体内で幼虫に発育します。小形条虫の中間宿主としてはノミなど、縮小条虫の中間宿主としてはコクヌストモドキなどの昆虫が知られています。

終宿主となるネズミ類は、こうした昆虫類を経口摂取することによって、小型条虫や縮小条虫の感染を受けます。

ところが、小型条虫の発育の仕方はこれだけではありません。中間宿主を介さずに、虫卵を摂取しても、終宿主への感染が成立します。このため、小形条虫症では、ネズミ類の糞便中の虫卵を摂取しても感染が起こります。さらにまた、腸管内で片節から現れた虫卵が糞便に排出される前に、そのままその宿主に感染するという事態も生じます。これを自家感染といいます。

小形条虫や縮小条虫の寄生を受けたハムスターは、しばしば無症状で過ごしています。しかし、多数の条虫が寄生している場合には、下痢を起こすことがあり、さらに重症の下痢になると、削痩《さくそう》や栄養不良、脱水なども認められます。また、幼齢のハムスターでは、発育不良もみられます。

糞便検査を行い、虫卵を検出することによって診断します。小形条虫卵と縮小条虫卵は、前述の形態上の違いから容易に鑑別することができます。

小形条虫、縮小条虫ともに、プラジクアンテルという駆虫薬を投与することによって駆除することが可能です。下痢などは、駆虫に伴って自然に治癒しますが、重症例では必要に応じて対症的な治療を行います。

（鈴木方子）

人と動物の共通寄生虫としての小形条虫と縮小条虫

小形条虫と縮小条虫は人間にも感染し、小腸に成虫が寄生します。ハムスター類に認められるこれらの条虫は、容易には人間に感染しない性質のものであるかもしれませんが、感染予防には細心の注意を払うべきです。

まず、中間宿主となる昆虫類が生息しないようにハムスター類などの飼育環境を整備します。また、万一にもこうした昆虫を経口摂取しないように注意します。

さらに、小形条虫は虫卵を摂取しても感染が起こるため、ハムスター類の糞便はなるべく早く処理すべきです。しかし、イヌやネコの場合と異なり、ハムスター類の糞便を排泄後にただちに処理するのは、実際には不可能でしょう。そこで、ハムスター類の糞便検査を動物病院に依頼し、これらの条虫の感染を受けていることが明らかになったときには、速やかにその駆除を行うのが実際的な予防法だと思われます。糞便検査で感染が認められなかった場合には、神経質になることはありません。

（鈴木方子）

蟯虫《ぎょうちゅう》症と擬毛体虫症

ハムスター類には、ある種の蟯虫と擬毛体虫といわれる線虫が寄生していることがあります。これらの寄生虫は、ドワーフハムスターといわれる小型のハムスター類に多く認められるようです。

その明確な種については必ずしも明らかにはなっていませんが、蟯虫はアスピクルリスというグループのものであり、擬毛体虫はトリコソモイデスというグループのものであると考えられています。アスピクルリスは小腸または大腸に寄生する蟯虫です。一方、トリコソモイデスは、ラットの膀胱や鼻に寄生する種が知られています。ハムスターでも、こうした部位に寄生している可能性があります。

こうした蟯虫や擬毛体虫の感染を受けても、通常は、とくに著しい症状は認められません。しかし、体力が低下したハムスターでは、蟯虫により下痢を起こすことがあります。

診断には、糞便検査を行い、虫卵を検出します。また、トリコソモイデスの検査のためには、尿検査を実施するとよいと思われます。

駆虫には、蟯虫に対してはピランテルパモ酸塩など、また、擬毛体虫に対してはフェバンテルやイベルメクチンなどを投与します。

（鈴木方子）

毛包虫症

ハムスター類には、2種類の毛包虫（ニキビダニ）が寄生します。この2種の毛包虫は、ともにハムスターの皮膚で生活し、そこで一生を過ごしています。

毛包虫類の寄生を受けたハムスターの症状は様々です。無症状のことも多いのですが、脱毛などの皮膚症状を示すこともあります。また、重症例では、皮膚の病変部分に細菌などが二次感染を起こし、さらに症状が悪化してハムスターが死に至ることもあります。

ただし、毛包虫が存在していても無症状で、健康と考えられるハムスターも多いことから、毛包虫類はハムスターの皮膚に常在するダニであるということができます。そして、何らかの病気にかかったり、不適切な飼育でストレス状態になったりして、ハムスターの免疫力が低下した場合に、病原性を発揮すると考えられます。

診断に際しては、脱毛などの症状から毛包虫症を疑うことができます。ただし、内分泌異常（ホルモン異常）などで脱毛していることもあるため、確実に診断するためには、病変部の皮膚の一部を掻《か》き取り、顕微鏡下で観察してダニを検出します。

毛包虫を駆除するには、ピレスロイド系などの各種のダニ駆除薬の投与を試みます。また、イベルメクチンも有効なことがあります。いずれにしても、1回の投薬では十分な効果が得られず、多く場合、数回または何回もの投薬が必要です。また、細菌の二次感染が起こっている場合には、抗生物質を投与します。さらに、ハムスターの免疫力が高まるように、他の疾病があれば、その治療を行い、飼育環境に不適切な点があれば、それを改善します。

（鈴木方子）

疑似冬眠（日内休眠）

ハムスターは、5℃以下の気温、日照時間の短縮、食餌不足などの環境になると、朝から夕方まで体を丸くし、冬眠したのと同様に動かなくなります。この状態を疑似冬眠（日内休眠）といいます。

ハムスターは寒冷環境に対する完全な適応力をもたず、本来、疑似冬眠は不必要であるので、このような環境下に置かないように注意してください。

疑似冬眠に陥った場合には、室温を23℃前後に上昇させ、必要に応じてぶどう糖やステロイド製剤を投与します。

疑似冬眠を予防するためには、室温を10～25℃の範囲に保つようにします。

（藤原　明）

共食い

はじめての出産のとき、あるいは産後1週間の時期に、母親が自分の子どもを食べてしまうことがあります。また、成体同士でもけんかに負けて殺され、食べられてしまうことがあります。共食いは、興奮やストレス、飼料中のタンパク質、ビタミン、ミネラルの不均衡、子どもの不認知（異臭によることが多い）などにより引き起こされます。

防ぐには、バランスのよい食餌を与えるとともに、生活に適した環境を整え、生後7日目までの新生子には人が触らないようにします。

（藤原　明）

セキセイインコの飼育管理と主な疾患

飼育管理

セキセイインコを含む飼鳥の病気の多くは、不適切な飼育管理によるものといわれています。飼鳥の病気の治療にあたっては、それに対する直接的な処置も大切ですが、飼育管理も大きなウエイトを占めています。また、適正に飼育することは、病気を予防するうえでも重要です。セキセイインコの生活をできる限りストレスのない状態にすることが飼育管理の目標であり、ケージ（鳥かご）は安全で居心地のよい「家」でなければなりません。

●飼育用ケージ（鳥かご）

セキセイインコは1羽でも複数でも飼育できますが、1羽に対して少なくとも60×30×30㎝の容積が必要であり、2羽以上を飼育する場合は、それに見合う大きさのケージを使用して下さい。

セキセイインコの飼育用ケージとしては金属メッシュ製のものが適しています。また、丸かごや背の高いかごは不適当です。かごの戸が容易にしっかりと留められるものがよいでしょう。

かごの底には新聞紙を敷き、1日1回取り替えます。しかし、いたずらをして食べてしまう場合は、何も敷かないで1日1回水洗いします。その際には糞《ふん》の形状や大きさ、色、数（通常、1日に30粒前後が正常）を確認します。糞は健康の大きなバロメーターの一つだからです。

かご全体は1週間に1回水洗いし、日光で消毒します。

●食器、水入れ、止まり木、玩具《がんぐ》、巣

食器や水入れには、壁掛け型と床置き型があります。どちらのタイプであっても、セキセイインコが壊しにくい材質で、洗浄が簡単なものを選びます。また、それぞれのセキセイインコに好みの色があるので、その色の容器を用いるとよいでしょう。これらは1日1回水洗いをしてください。

止まり木は、木の枝など、直径が異なるものが理想的です。市販の棒状の木材やプラスチック製のものは好ましくありません。滑りやすいものや足を痛めるおそれのあるものを避け、ぐらつかないように固定します。止まり木も、1週間に1回程度は水洗いし、日光で消毒をして清潔に保って下さい。

玩具は、精神的な健康のために変化に富んだものを、かご内が散らからない程度に与え、ときどき交換します。

巣は、ベッドの代わりではなく、巣引き（繁殖）を行わせるときだけ設置します。3歳までの雌では、春と秋に巣引きが可能です。

●環境

温度は、健康なセキセイインコであれば20～25℃の範囲で快適に生活できますが、幼鳥や病気の場合は、29℃±2℃に保つ必要があります。ただし、35℃を超えると暑すぎます。保温器具としては、熱源が電気で温度調節が可能であり、強い風の出ないもの（エアコン、ホーム炬《こ》燵《たつ》、オイルヒーター、パネルヒーターなど）を使用します。酸素を消費して燃焼し、室内に二酸化炭素を排出する器具（石油ストーブ、ガスストーブなど）は、使用してはいけません。

湿度は、40～60％が好適な範囲です。

かごの設置場所は、内壁のそば、植物の下、壁などで囲まれたところなど、セキセイインコに安心感を与える場所を選びます。台所は種々の煙や二酸化炭素を出す可能性が高いので不向きです。鳥類は煙などに敏感に反応し、人にとっては低い濃度でも死の危険性があります。また、窓の近くは温度変化が大きいので、かごの置き場所としては不向きです。

日光浴については、日陰なしに夏期の直射日光にさらすのは、致死的になりかねませんが、植物の葉やブラインド状のものの影であれば太陽光線は有益です。短い時間でもよいので、飼い主が監視可能なときに日光浴を行わせます。ただし、カラスやネコ、ヘビなどに襲われない注意（高層マンションでも安全とはいえません）が必要です。なお、病気の場合は、日光浴は逆効果になることが多いので限られた病気を除いて避けるようにします。

このほか、日照時間の管理も大切です。日照時間が8時間を超えると発情するので注意します。また、夜中まで起こしておかないようにします。

さらに、運動をさせる必要もあります。1日中、かごに閉じ込めておくことは好ましくありません。1日に10～60分程度、飼い主が見守ることが可能な時間帯にかごから出します。鳥は羽を伸ばして探索し、本来のもっとも重要な機能を十分に発揮することができます。ただし、長時間にわたって飛ばせたり、あるいは飼い主が作業をしながら遊ばせること、台所など危険な部屋へ行かせることは避けなければいけません。ストーブに止まった、てんぷら油の中に落ちた、換気扇や扇風機に巻き込まれた、掃除機に吸い込まれた、ドアにはさまれた、お尻《しり》の下に敷かれた、踏まれた、灯油の容器の中に落ちたなど、危険は数限りなくあります。また、人の食事中にはかごから出してはいけません。

●飼育管理上してはいけないこと

・けがの際に軟膏《なんこう》（とくに油性のもの）をベタベタと塗ること。羽毛が張り付き、保温ができなくなります。また、くちばしでつついて出血を助長したり、毛引症の原因となることもあります。

・水浴びに温かい湯を用いること。および人が強制的に水浴びをさせること。水浴びに温かい湯を用いると羽毛についている油脂が溶け、水がしみ込み過ぎて体温の低下を招きます。また、セキセイインコは、本来水浴びを好みません。水浴びは、無理にではなく自由に行わせます。

・翼の羽を切ること。羽を切るとセキセイインコは飛べるつもりで飛び、落下し、外傷を受けるおそれがあります。また、種々の危険から逃げることができにくくなります。どうしても切るのであれば平衡に飛べる程度にします。その方法としては、初列風切羽（先端の6～8枚）の羽軸の後方をそぐように切るか、初列風切羽は残しその内側の次列風切羽を羽軸ごと切ります。

・言葉を無理に覚えさせること。話しかけた言葉を自然に覚えるのはストレスになりませんが、エンドレステープなどを利用して無理に覚えさせるようなことは慎みます。

●食餌《しょくじ》

栄養のよい食餌とは、タンパク質や炭水化物、脂肪、ビタミン、ミネラル、水分などをバランスよく含んだものをいいます。通常はセキセイインコ用の殻付混合飼料（ヒエ、アワ、キビ、カナリアシードの混合）か飼鳥用ペレットを与えるとよいでしょう。水は常備します。このほか、カットルボーン（イカの甲）、ボレー粉（カキ殻、無着色のもの）、緑黄色野菜、塩土（食べ過ぎに注意）なども与えます。

給餌量《きゅうじりょう》は、朝夕それぞれ、健康なセキセイインコが20～30分で食べきれる量とします。一つの鳥かごに2羽以上が同居して争いのある場合は、複数の餌入《えさい》れが必要です。また、朝夕の給餌時間《きゅうじじかん》後は餌《えさ》の容器は取り除きます。

なお、種子以外の餌（ペレットタイプの餌、緑黄色野菜、卵黄など）もセキセイインコに食べさせるべきですが、種子の餌が置いてあると、インコはこれらの餌をなかなか食べません。そのため、こうしたものは、種子を取り除いてある日中に与えるようにします。

餌とする種子は、殻付で結実度75～80％以上の良質のものを与えます。殻ムキ混合餌は常食として与えてはいけません。殻ムキ混合餌はビタミンとミネラルが極端に不足しており、いつ殻をむいたのかさえ表示されていません。

（藤原　明）

鼻炎

ウイルスや細菌、真菌などの感染によって起こりますが、これらの感染を起こしやすくする原因として、ビタミンAの欠乏が関係していることもあります。ビタミンAの欠乏は、種子のみなど、不適切な食餌を与えられている鳥に起こります。このほか、鼻孔に異物が入ったり、空気中の刺激物の吸引が鼻炎症状を引き起こすこともあります。

くしゃみや鼻汁が一般的な症状です。鼻汁の分泌が多いと、鼻孔周囲の羽毛が汚れたり、炎症の度合いによっては鼻孔周囲の蝋膜《ろうまく》に発赤や充血などが起こることもあります。初期で軽症であれば、食欲や元気などが影響を受けることは少ないでしょう。

飼育環境や食餌管理《しょくじかんり》などの情報や症状、身体検査から仮診断し、さらに補助的な検査として鼻汁などの分泌物の顕微鏡検査や細胞診、培養検査を行います。これらの検査は病原体の確定と有効な薬物の選択、また他の疾患との鑑別に役立つことがあります。

治療は、一般的な細菌の感染によるもので、軽度であれば、抗生物質の点眼薬などを鼻孔に注入するだけで有効な場合があります。しかし、慢性化していたり治りにくいものでは、培養検査と感受性試験の結果に基づいた抗生物質の全身投与（内服）が必要であったり、鼻孔内の洗浄や吸入療法を行うこともあります。また、ビタミンAの欠乏が背景にある場合は、食餌の変更が不可欠であり、それに先立ってビタミンA剤の注射や内服を行うこともあります。真菌の感染が確定されれば、抗真菌剤の投与が必要となり、飼育環境中の刺激物が原因であれば、これらを排除する努力が必要です。

　治療後の経過は、病気の程度によって異なりますが、軽度で原因が特定されれば、経過はよいものとなるでしょう。反対に、慢性化したり、原因の特定できないものでは、治療期間が長引いたり、完治しないこともあります。（田中　治）

副鼻腔炎《ふくびくうえん》

　鼻炎と同様な病原体の感染や鼻炎からの波及によって発症します。

　眼の周囲の発赤や腫脹《しゅちょう》が一般的な症状で、ときに涙や眼やになどがみられます。腫脹は眼領域の副鼻腔《ふくびくう》内に存在する膿瘍《のうよう》に由来するもので、場合によっては眼球突出を引き起こすこともあります。

　通常は特徴的な症状と身体検査から仮診断が可能ですが、補助的な検査として腫脹部の吸引サンプルの細胞診や培養検査を行うこともあります。

　副鼻腔の腫脹の大部分は乾酪化した（チーズ状に固まった）膿瘍であるため、治療には副鼻腔内の洗浄が必要です。副鼻腔内に洗浄液を注入して洗浄しますが、十分に洗浄できないことも多く、腫脹部を外科的に切開し、排膿《はいのう》しなければならない場合もあります。排膿と洗浄の後、副鼻腔内には抗生物質や抗真菌薬など、原因菌に有効な薬物を投与します。乾酪化した分泌物の蓄積を伴わない場合は、副鼻腔内に抗生物質などを直接注入します。また、鼻炎の場合と同様に、背景にビタミンAの欠乏が疑われるときは、食餌の改善やビタミンA剤の投与が必要です。

　治療後の経過は、軽度で単純な細菌感染であれば、良好なことが多いのですが、慢性化して原因の特定が不可能な場合や進行した真菌の感染症などでは、治りにくいことも多いようです。（田中　治）

気道炎

　上部気道（鼻孔、副鼻腔など）の感染と同様に様々な病原体が原因となり、気管支炎や肺炎、気嚢炎《きのうえん》などが起こります。とくに気嚢《きのう》は比較的血管の少ない臓器で、また、病原体や異物を排除するための線毛や腺分泌《せんぶんぴつ》を欠くため、炎症を起こしやすいと考えられます。

　症状は、気管支炎や肺炎の場合は、声の変化や発咳《はつがい》、呼吸困難の兆候として水平姿勢や尾の上下運動、努力性の呼吸などがみられます。しかし、気嚢炎ではこのような呼吸器症状が現れにくく、病気が進行することによって全身状態の悪化（食欲不振、衰弱など）に気づくことがあります。

　症状にあわせ、X線検査による気管支、肺、気嚢の変化、血液検査による炎症性反応などをみることなどで診断します。可能であれば、呼吸器からの分泌物について顕微鏡検査や細胞診、培養検査などを行い、病原体を確定します。

　治療は、通常は、はじめに抗生物質の全身投与を行います。一般状態の悪い場合には、安静や酸素療法のため入院が必要なこともあります。治療の反応が悪いときは、使用する薬物を検討しなおしたり、マイコプラズマやクラミジア、真菌の感染などが確定された場合はそれぞれの病原体にあった薬物の選択が必要です。気嚢は血行の悪い場所なので注射や内服では十分効果が現れないことも多く、吸入療法による直接的な薬物投与が有効な場合もあります。

　急性の気管支炎や肺炎で、治療に対する反応がよい場合は経過に期待をもてます。一方、気嚢炎は発見が遅くなる傾向にあり、すでに一般状態の悪くなった場合では完治せず、慢性経過をたどったり、致死的な結果になることも少なくありません。（田中　治）

吸引性気管・気管支炎（および肺炎、気嚢炎《きのうえん》）

　ヒナは手給餌《てきゅうじ》や強制給餌《きょうせいきゅうじ》の際に誤嚥《ごえん》を起こすことがしばしばあります。大量に誤嚥すると致死的な急性呼吸困難を起こしますが、少量であっても肺炎や気嚢炎を起こす原因になります。また、環境中の毒素、たとえば一酸化炭素やテフロン由来の重合煙（フライパンの空焚《からだ》きなどから発生）などを吸引すると、致死的な急性の肺出血を起こすことがあります。このほか、環境中の刺激物の吸引が下部呼吸器の炎症の原因となります。

　症状としては、通常、急性あるいは重度の呼吸困難のため、水平姿勢や尾の上下運動、顕著な呼吸運動がみられます。また、発咳や異常な呼吸音が認められたり、上部呼吸器疾患を併発していることもあります。

　飼育環境や飼い主からの情報収集、身体検査で仮診断します。X線検査や血液検査が補助的な診断方法として有効ですが、重篤な状態ではすぐに検査できない場合もよくあります。

　治療は、吸引物質の回収は通常は不可

能であるため、対症療法として抗生物質と抗炎症薬の全身投与や噴霧、栄養の支持などが主となります。呼吸困難が著しい場合は、入院による安静と酸素吸入などが必要です。

吸引物の種類や量によって治療後の経過は異なります。吸収あるいは排泄《はいせつ》されやすい液体などの少量の吸引が原因である場合は、初期に十分な治療が行われれば、経過は悪くありません。しかし、吸引量が多かったり、毒物を吸引した場合は、急性の呼吸困難や中毒により致死率が高くなります。　（田中　治）

気嚢損傷《きのうそんしょう》（皮下気腫《ひかきしゅ》、風船病）

気嚢の損傷により空気やガスが皮下に漏れ出すことによって起こる病気です。

多くは外傷により発生しますが、慢性の気嚢炎によるものもあります。あるいは気嚢近くの臓器に炎症があると気嚢炎を引き起こし、気嚢が破綻《はたん》することもあります。

症状は、皮下織に部分的に空気やガスが貯留して、風船が膨らんだような体になります。呼吸は促迫し、全身に及ぶと食欲が低下し、全身症状につながります。診断は、特徴的な症状によります。

治療は、太めの針で穿刺《せんし》することによって抜気を行い、抗生物質を投与します。ただし、再発することが多く、繰り返しの処置が必要です。

予防には、適正な飼育管理が大切です。体調に異常がみられた場合は、早期に治療します。　（藤原元子）

そ嚢炎《のうえん》

そ嚢自体に何らかの障害が起こるか、様々な原因によってそ嚢《のう》内に停滞が起こり、そのために炎症感染を受けやすくなることで発症します。原因としては、熱傷（過度に温められた餌）やフィーディングチューブによる創傷、細菌（グラム陰性菌など）や真菌（カンジダ、メガバクテリアなど）、原虫（トリコモナスやジアルジアなど）、腫瘍《しゅよう》、不適切な食餌、異物の摂取、結石、アトニーなどが考えられるほか、甲状腺肥大《こうじょうせんひだい》によって食道が圧迫される二次的なそ嚢停滞《のうていたい》もあります。

症状は、吐出、あくび、食欲不振あるいは廃絶などで、吐出している場合には、頭部やくちばし周辺の羽毛が粘液で汚れていることがよくあります。診断は、視診によりそ嚢《のう》の発赤《ほっせき》・充血・肥厚《ひこう》を確認したり、そ嚢液検査《のうえきけんさ》によって感染の有無を確認します。腫瘍や異物の場合は、単純X線検査やX線造影検査により診断できることもあります。

感染が確認されれば、細菌に対しては抗生物質、真菌にはケトコナゾールなどの抗真菌薬、原虫にはメトロニダゾールなどの抗生物質などを用いて治療します。腫瘍や異物に対しては、外科的処置が必要な場合があります。　（片岡智徳）

そ嚢内結石《のうないけっせき》

セキセイインコやオカメインコではまれにそ嚢内に結石が形成されます。原因としては、そ嚢炎やそ嚢停滞などが考えられ、このような状態のときに、異物や炎症で剥離《はくり》した細胞塊などを核にそ嚢分《のうぶん》泌液《ぴつえき》の成分などが凝集することで結石が形成されると思われます。そ嚢炎と同様な症状のほか、そ嚢の存在する前胸部が膨隆してみえます。診断は、そ嚢の触診で遊離した（場合によってはそ嚢壁《のうへき》に固着した）硬結性の腫瘤《しゅりゅう》の触知によります。治療は、麻酔下で外科的摘出を行いますが小さい結石は圧迫により口腔内から排出させることもできます。　（片岡智徳）

細菌性腸炎

腸に感染した細菌や、あるいは宿主の抵抗力が低下した場合には、腸内に常在する細菌によって、腸炎を起こすことがあります。腸炎を起こす代表的な細菌としては、大腸菌やサルモネラなどのほか、カンピロバクターやエアロモナス、マイコバクテリウムなどが知られています。症状は下痢が主で、重篤化すると脱水を起こし、元気、食欲の減退、時には死に至る場合があります。診断は糞便《ふんべん》中に原因細菌を確認することによって行います。治療には、抗生物質や整腸薬を用います。　（真田直子）

消化管内真菌症

免疫力が低下している鳥やヒナに多くみられる病気です。とくにヒナの場合は、不適切な差し餌《さえ》に起因して起こることが多いようです。また、抗生物質やステロイド製剤の不適切な使用によっても発生します。この病気では、消化管内（そ嚢、腺胃《せんい》、筋胃、腸）で真菌が増殖して、嘔《おう》吐《と》や吐出、流涎《りゅうぜん》、下痢、多尿、未消化便などの症状を示します。膨羽が著しく、削痩《さくそう》している鳥では、採食行動を示しても、実際に食べていないケースがよくみられます。主な原因真菌はカンジダとマクロラブダス（メガバクテリア）で、診断は口腔《こうくう》のぬぐい液や嗉のう液、あるいは糞便中に真菌を確認することによって行います。治療には抗真菌薬を使用します。治療に対する反応は一般に良好ですが、組織の奥に入ってしまった深在性真菌症などは治りにくいことがあります。

（真田直子）

直腸脱

直腸が反転して総排泄孔から逸脱した状態です。慢性の下痢や水分過多の糞便を排泄している場合に起こりやすく、また、便秘が原因になることもあります。症状は、総排泄孔《そうはいせつこう》の位置に反転逸脱した直腸が確認され、それらの粘膜が炎症を起こし、浮腫《ふしゅ》や腫脹がみられるのが普通です。ときに鳥自身が気にしてつつくことで出血や潰瘍《かいよう》を起こしていることがあり、長時間が経過すると、乾燥や血行不良により壊死《えし》していることもあります。半日以内に処置を行わないと、壊死などにより整復不可能になるばかりか、命の危険もあります。整復は、カテーテルや湿らせた綿棒などで逸脱した臓器を静かに挿入した後、再脱出を防ぐために縫合糸をかけます。

（片岡智徳）

便秘

原発性の便秘は、塩土の過剰摂取、異物の摂取、薬剤の影響などによって発生します。しかし、実際にはこのような原因による便秘は比較的少なく、ほとんどは、何らかの基礎疾患の二次的症状として現れます。こうした基礎疾患には、卵詰まり、体腔《たいくう》内の腫瘍、卵管の腫大《しゅだい》（卵材塊や膿塊《のうかい》など）、腹水、腹壁ヘルニア、脊髄疾患《せきずいしっかん》などがあります。便秘を起こすと、排便の際に尾羽を上下左右に動かし、力んで排便する様子がみられます。糞便は軟便で、糞塊《ふんかい》が大きいことが特徴です。便秘の程度が進行すると、膨羽や元気消沈、食欲不振が認められ、嘔吐がみられることもあります。

便秘そのものは糞便の形状や排便の様子などで診断します。基礎疾患については、触診やX線検査などにより確定します。

治療は、基礎疾患に応じた治療を行うとともに、便秘を解消します。上腹部から総排泄孔《そうはいせつこう》にむかってマッサージを行い、静かに糞便塊《ふんべんかい》を移動させます。糞便塊が多い場合は一度に行わずに、短時間行ってから休息させて繰り返し行います。このほか、保温や水分の十分な給与、ビタミンB群の投与、青菜などの十分な給餌《きゅうじ》が必要です。

（片岡智徳）

肝不全

感染性（ウイルス、クラミジア、細菌、真菌、寄生虫）、栄養性、代謝性、腫瘍《しゅよう》性《せい》、中毒性など、様々な肝疾患により肝臓の細胞が高度の障害に陥り、肝機能が著しく低下し、生命の維持が困難となった状態を指します。セキセイインコやオカメインコでは肝不全の発生が非常に多く、急性または慢性に起こります。症状は下痢や多尿、尿酸の黄色化、多渇、昏《こん》睡《すい》、嘔吐、削痩、無気力、肥満などで、末期には腹水貯留のため、腹部膨満がみられるようになり、呼吸困難や便秘を起こすこともあります。

診断は身体検査と症状に基づき、必要に応じて血液検査やX線検査、超音波検査も行います。

治療は、それぞれの原因に対する処置が基本となりますが、全身療法として、輸液や強制給餌、保温などが必要なこともあります。このほか、強肝薬の投与や水分の補給、体重のコントロール、食餌《しょくじ》療法《りょうほう》を併用します。

（真田直子）

腹壁ヘルニア

腹壁ヘルニアとは、腹壁に生じた裂隙《れつげき》から臓器が脱出した状態をいいます。

腹壁ヘルニアは、発情した雌に生じます。雌は発情すると卵巣と卵管が発達し、腹部の筋肉が弛緩《しかん》しますが、これに関連してヘルニアが形成されることが多いよ

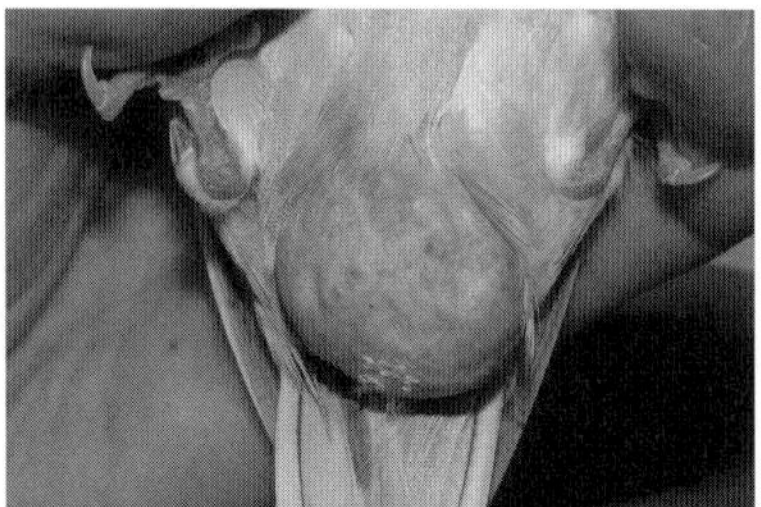

腹壁ヘルニアによって膨隆した腹部

うです。

腹壁ヘルニアを起こすと、腹部が膨隆し、膨隆部の皮膚は肥厚して黄色に変化することがあります。

診断は、特徴的な外見とX線検査の単純撮影および造影撮影により、腸管や卵管の脱出を確認します。

治療には、全身麻酔下で開腹手術を行い、ヘルニアを整復します。（海老沢和荘）

腎《じん》腫《しゅ》瘍《よう》

平均寿命の半分を経過する4歳過ぎ頃から腎臓《じんぞう》などの腹腔内臓器《ふくくうないぞうき》に腫瘍が発生するようになります。

腎臓が腫大すると、腎臓の背面を走行する坐骨神経を圧迫して、足の麻痺《まひ》を引き起こすことがあります。軽い状態では、内側の短い指が麻痺して動かせなくなり、止まり木に止まったときに前方に3本の指が向かい、握力が低下する程度ですが、麻痺が進行すると、足を止まり木の上にのせられなくなります。

診断には超音波検査が有用です。ただし、鳥の腎臓は腰椎《ようつい》内側の椎骨《ついこつ》に接するように腹部深くに存在しているため、正確に診断できたとしても、外科手術で腫瘍を安全に摘出できることはまれです。

薬物治療としては、エンドキサン等の比較的安全な制癌剤《せいがんざい》が延命のために使われます。（中津　賞）

急《きゅう》性《せい》腎《じん》不《ふ》全《ぜん》（中毒性）

何らかの薬物摂取、あるいはケージの金属を習慣的に噛《か》み続《つづ》けることで起こる重金属（亜鉛、鉛）の摂取によって、腎臓の尿生成機能が突然停止し、尿がまったく出なくなります。このほか、食欲廃絶、膨羽などの一般的な病鳥の症状も認められ、急速に全身状態が悪化し、止まり木から降りて、床でうずくまって、動かなくなります。

診断するには、敷紙等を取り替えないで、動物病院に持参して、排尿の様子を観察してもらいます。

治療には、電解質液等の腹腔内注射《ふくくうないちゅうしゃ》やラシックス等の利尿薬の皮下注射、骨髄内へのマンニトールの点滴等、利尿を促す処置を続けます。また、嘔吐がなければ、栄養状態を維持するための支持療法として流動食を経口投与します。また、29～30℃に保温するとカロリーの浪費を防ぐことができます。こうして利尿処置と支持療法を並行して治療していきます。1週間くらいで急に利尿が再開して、回復することもまれにありますが、治療が奏効しないことも多いようです。（中津　賞）

慢《まん》性《せい》腎《じん》不《ふ》全《ぜん》

多尿を主症状とする腎疾患《じんしっかん》をいいます。腎臓は本来、体から排泄される水分を少なくするために、水分を回収し、尿を濃縮して、排泄しています。とくに鳥では固形に近い形で尿が排泄され、水分の回収は最大限に起こっています。

加齢により、あるいは種々の腎炎《じんえん》に続発して腎機能《じんきのう》が低下すると、老廃物の尿素やクレアチニンが尿を通じて排泄されにくくなると同時に、尿の濃縮も起こらずに、薄い尿を排泄するようになります。また、多尿にもかかわらず、体に有害な尿素態窒素やクレアチニン等の尿成分の排泄が障害されるために尿毒症に陥ります。

鳥は元気がなくなり、不活発で、食欲も低下して、糞の中の緑色成分が減少して、薄い尿だけが目立つようになります。体重も次第に減少してきます。さらに、飛行時に翼を下に引き下ろす大胸筋が次第に痩《や》せ細《ほそ》ってきます。セキセイインコは見かけよりも重く感じる鳥ですが、このような鳥を持ってみると、見かけよりも体が軽いことがわかります。ただし、希薄な尿の排泄は糖尿病や鉛中毒でも起こるので鑑別が必要です。

治療としては、飲水量を増やして尿量をさらに増やすと、症状が軽減されます。このために飲水にデキサメサゾンを加えて自由飲水とします。デキサメサゾンは軽度の利尿作用ももつために飲水量と尿量が増加します。ただし、体が尿でぬれると体温が低下するので、床をスノコにしておくなどの配慮が必要です。（中津　賞）

卵秘（卵《らん》塞《そく》、卵詰まり）

卵が形成されているにもかかわらず、卵管に卵が停滞して産卵できない状態です。

単独または複数の原因が重なって発症します。卵秘を起こす原因としては、不適切な飼育管理による体調不良や下痢、日光不足、寒冷、発育不良、カルシウムやビタミンの不足、運動不足、肥満、高齢または未成熟、頻回の産卵、産卵過多による衰弱などがあります。

症状は、腹部膨満や元気消失、羽を膨らましてうずくまる、いきむ動作、呼吸促迫、食欲不振または廃絶、多飲による水分の多い便、黒いタール様の粘液便、便秘などです。

腹部を触診し、停滞している卵を確認することによって診断します。

症状が軽いときは、29℃±2℃に保温し、カルシウムとビタミンB群、糖液を投与すると、速やかに自力産卵できることがあります。これで効果がない場合は、それに加え1日1時間の35℃の加温を数日間試みます。

できる限り、こうして自力で産卵させるのが望ましいのですが、急性で重症の場合は、加温に加え酸素吸入下で、停滞している卵を手でゆっくり押し出して取り除きます。ただし、処置の際に油性の滑剤の使用は禁忌です。羽毛が汚れ、体温調節に支障をきたし、毛引症の誘因にもなるからです。以上の方法を試みても、卵を取り出せない場合には、外科的に摘出します。

予防するには、普段から適切な飼育管理を心がけ、カルシウム、ビタミンA、B群、D、Eの欠乏にならないようにし、産卵の兆候がみられたときにはとくに温度管理に気をつけます。

（藤原元子）

卵管脱

産卵時、過大卵や卵詰まりのために長時間いきんだ後、卵管が体外に脱出する病気です。産卵と同時、あるいは産卵後に起こりますが、まれに産卵前にも起こります。

多くは卵秘に続いて発生します。また、肥満、カルシウム不足やビタミンなどの栄養バランスの悪い食餌も原因となります。

外見は、卵管が反転して、総排泄腔より体外に脱出しています。脱出は、軽度のものから重度のものまであり、鳥がついて出血していたり、時間が経過した場合には、脱出した組織が乾燥して壊死を起こしていることもあります。

診断は、総排泄腔《そうはいせつくう》から体外へ脱出した卵管の確認によります。

治療は、できる限り早期に整復することが重要です。整復後、再脱出防止の目的で総排泄腔部を1～2針縫合します。発症後12時間以上経つと死亡する確率が高くなります。

予防するには、産卵の兆候がみられたときは、注意して観察し、早期発見することが大切です。飼育環境を整え、とくに温度管理に気をつけ、体力の消耗を防ぎます。

（藤原元子）

卵管炎

卵管炎は重症の卵秘や卵管の損傷、ホルモンのアンバランスに伴って発生し、そこに細菌感染が加わる場合があります。

卵管炎の鳥には、異常卵の産卵や不規則な産卵間隔、発情持続がみられ、重症例の多くは無産卵や腹部膨満、卵管脱、排糞《はいふん》の大型化、下痢、多尿、ときに呼吸器症状などを示します。また、腹部の皮膚はしばしば、黄色肥厚（キサントーマ化）を起こします。また、過剰なムチンや卵白成分、卵黄物質、石灰性沈着物などの卵材料が卵管内に蓄積したり、卵性の腹膜炎に発展することも多くあります。治療にあたっては、不規則な発情や産卵を避け、カルシウム補給や日光浴、規則正しい生活など、飼養管理上の注意が必要です。重症例には抗生物質やホルモン製剤を投与し、ときに外科的処置を施すこともあります。

（真田直子）

嚢《のう》胞《ほう》性《せい》卵《らん》巣《そう》、卵《らん》巣《そう》腫《しゅ》瘍《よう》

嚢胞性卵巣や卵巣腫瘍は、セキセイインコによく発生する病気です。卵巣の腫瘍には、顆粒膜細胞腫《かりゅうまくさいぼうしゅ》や卵巣癌《らんそうがん》、腺腫《せんしゅ》または腺癌《せんがん》、脂肪腫《しぼうしゅ》、線維肉腫《せんいにくしゅ》、奇形腫《きけいしゅ》などが含まれます。主な症状は無卵ですが、ほかに腹部膨満や腹水の貯留、糞の大型化と下痢、多尿、ときに足の不全麻痺《ふぜんまひ》や呼吸困難、削痩などを示します。足の麻痺は通常は左側に現れますが、両肢にみられることもあります。また、腹部の触診で軟らかい塊を触知できることが多く、初期には腹部上方に触知されます。また、嚢胞性卵巣の場合は多房性に触れることができます。卵巣腫瘍では、腹部が著しく膨隆し、体重が通常の2倍以上になることも珍しくありません。

診断は、腹部の触診をはじめ、バリウム造影を含めたX線検査、血液検査などによって行います。嚢胞性卵巣や卵巣腫瘍は、発情異常や多産卵など、不適切な飼養から起こることが非常に多く、ホルモンのアンバランスに起因しています。

治療は対症療法が中心となり、適切な飼養管理による看護を行います。鳥類は体の構造上、卵巣を外科的に摘出することは不可能なため、生殖器疾患に関しては予防が重要です。セキセイインコは、1年に2～3回発情し、1回に5～6個の卵を1日おきに産卵するのが普通です。まったく産卵しなかったり、過剰に産卵することは生殖器異常につながります。これを予防するためには、規則正しく季節感のある生活を心がけ、ときにおもちゃなどの発情対象物を取り除き、体重によっては給餌《きゅうじ》制限《せいげん》も行います。

（真田直子）

頭部打撲

手乗りに育てた鳥はついつい部屋に放しがちです。ケージの中は比較的安全なのですが、放鳥時には、人に踏まれたり、ものにはさまったりして外傷を負うことがあります。ケージの中がもっとも安全であることは飼い主として認識すべきで、むやみに室内に放鳥することは避けるほうがよいでしょう。

外傷を負ったとき、頭部を覆う皮膚が外力で大きく裂けて、頭蓋骨《とうがいこつ》が露出することがあります。多くの場合、皮膚は欠損することなく、周囲に畳み込まれているので、早急に頭蓋骨を覆うように皮膚縫合手術を受けることが大切です。頭蓋骨を露出したままにしておくと、骨が乾燥し、脳炎を起こして死に至ります。

また、頭部を強打すると、脳震盪《のうしんとう》の結果、脳浮腫《のうふしゅ》を起こすことがあります。脳浮腫の症状としては左右の瞳孔《どうこう》の大きさが異なるようになります。頭蓋骨が骨の厚さ以上に陥没している場合には整復手術が必要です。頭部打撲の後にてんかん発作を起こすときは、急性期には全身麻酔を施します。その後も定期的に発作を繰り返す場合には抗てんかん薬を投与します。

（中津　賞）

感染性脳症

病鳥のくしゃみや咳《せき》による飛沫《ひまつ》を吸い込んだり、糞便の粉塵《ふんじん》を吸い込んだりすることによって、種々のウイルスの感染を受けることがあります。あるいは、ワクモなど、鳥に寄生する吸血性のダニに刺されたとき、そのダニの唾液《だえき》からウイルスが感染することもあります。

ペットの鳥に脳炎を起こすウイルス病としてはニューカッスル病が重要です。ニューカッスル病は、無症状のこともあれば、長い経過をたどり、次第に体重が減少して、ついには死亡することもあり、あるいは前兆なしに急死することもあります。通常、元気喪失や食欲廃絶、眼と鼻の分泌量増加、結膜炎、くしゃみ、咳、呼吸困難、下痢が認められることが多く、さらに頭部の異常な捻転《ねんてん》や強迫運動（意思と関係のないチック等の筋肉運動）、旋回、足の振戦、麻痺などの神経症状がみられることもあります。神経症状を示した鳥はしばしば死亡します。

診断は神経症状から類推されます。さらに、採血して、遺伝子検査から確定診断を行います。

ニワトリ用ですが、ニューカッスル病には点眼ワクチンがあります。このワクチンは発症してからでも治療効果があるので、数日間にわたって点眼を行います。また、一般的な神経症状の治療に用いられる副腎皮質《ふくじんひしつ》ホルモン製剤《せいざい》やビタミンB_1等も投与します。

予防するには、健康なときにこのワクチンを点眼しておきます。

（中津　賞）

頸部を激しく後方に引いて、天を仰ぐような強迫運動（星天観測姿勢）をしている鳥で、ニューカッスル病が疑われた

眼瞼炎《がんけんえん》、結膜炎、瞬膜炎、角膜炎

眼瞼炎は、眼瞼《がんけん》、とくに眼瞼縁《がんけんえん》に起こる炎症性の病気の総称で、眼瞼縁に発赤と腫脹を示します。また、結膜炎は結膜の炎症の総称で、結膜に充血と浮腫が起きた状態です。結膜とは眼瞼内側の粘膜のことで、眼の構造物のうち、もっとも炎症を起こしやすい部位です。瞬膜炎は瞬膜の炎症の総称で、瞬膜が突出し、やはり充血と浮腫を起こした状態をいいます。瞬膜とは、眼瞼下で内眼角から外側に向かって閉じる白色の薄い膜のことです。角膜炎は、角膜の炎症で、充血のほか、浮腫や混濁、細胞浸潤、角膜上皮欠損、角膜潰瘍《かくまくかいよう》、角膜内皮障害などが認められます。

これらの炎症の原因としては、細菌や真菌、ウイルスなどの感染が多く、また、角膜炎は外傷性に発生することもありますが、アレルギー性のものはまれです。

原因が感染である場合は、眼の炎症がそれぞれ単独で起こることは少なく、2カ所以上の炎症を併発します。また、上部呼吸器の炎症に伴って起こることも多いため、くしゃみや鼻汁が認められることもよくあります。

主要な症状は、掻痒《そうよう》や眼痛、視力障害、

流涙、羞明《しゅうめい》などです。とくに掻痒がある場合は、肩部の羽毛や止まり木、ケージで眼を擦《こす》るため、症状が悪化しがちです。

診断するには、検眼鏡を用いた検査をします。眼が小さいため、通常は細隙灯《さいげきとう》顕微鏡検査《けんびきょうけんさ》は行いません。また、角膜上皮障害を検査する際には、フルオレスセイン染色を施します。感染の原因を確定するには、涙液や分泌物のグラム染色、培養、遺伝子検査を行います。

治療は、抗生物質または抗真菌薬、抗炎症薬の点眼を行います。細菌が原因の場合は、培養により同定された細菌に対する感受性検査を行い、感受性のある抗生物質を選択します。クラミジア症のような全身感染を起こす病気の場合は、抗生物質の内服を行う必要があります。

（海老沢和荘）

結膜炎

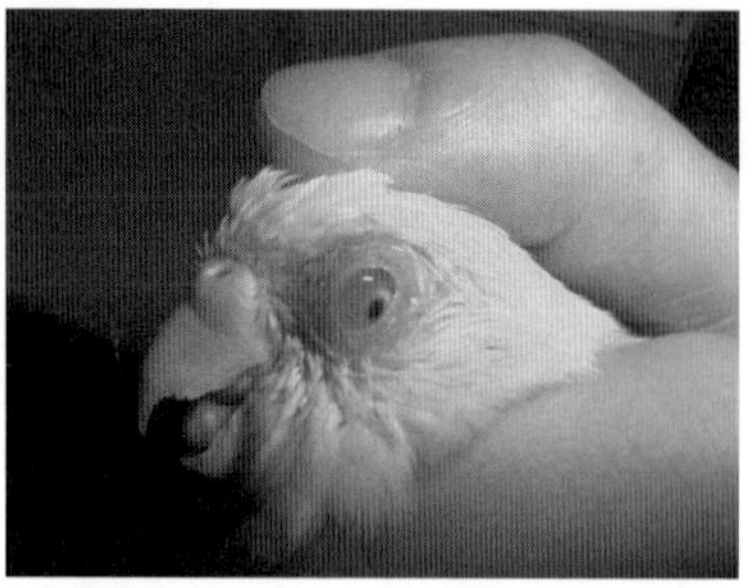

重度の結膜浮腫を起こしたセキセイインコ

甲《こう》状《じょう》腺《せん》腫《ひ》大《だい》

甲状腺は、胸郭の入り口付近に存在する器官で、代謝率や換羽の調節をするホルモンを分泌しています。

甲状腺腫大は、甲状腺腫《こうじょうせんしゅ》であることが多く、食餌中のヨウ素不足によって起こります。甲状腺《こうじょうせん》ホルモンの産生にはヨウ素が必要ですが、ヨウ素不足によって甲状腺ホルモンの産生量が持続的に低下すると、下垂体前葉から甲状腺《こうじょうせん》刺激《しげき》ホルモンが分泌され、この刺激によって甲状腺《こうじょうせん》組織《そしき》の腫大が起こります。

甲状腺が腫大すると、気管が下垂または挙上するため鳴管に障害が起こり、キュッキュッというような鳴き声に変化します。また、頸気嚢《けいきのう》へ至る第二次気管支が圧迫されるため、呼吸経路に異常が起こり、開口呼吸を行うことがよくあります。

X線検査で甲状腺腫大を確認することによって診断します。治療には、ヨウ素剤と甲状腺《こうじょうせん》ホルモン製剤《せいざい》を投与します。

（海老沢和荘）

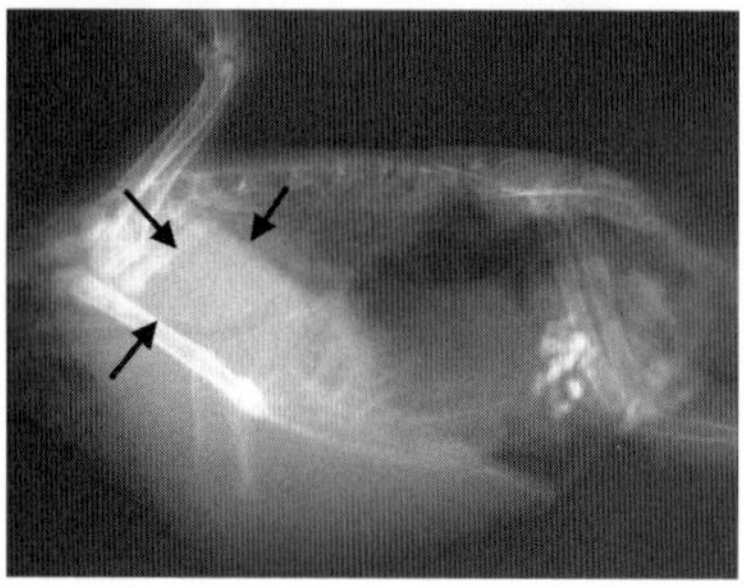

甲状腺肥大を起こしたセキセイインコのX線写真

二次性《にじせい》上皮小体機能亢進症《じょうひしょうたいきのうこうしんしょう》

この病気には、栄養性と腎性《じんせい》の二つの原因があります。栄養性は、カルシウム不足や不適切なカルシウム・リン比、ビタミンD不足、日光浴不足、過産卵などによって低カルシウム血症を起こすことが原因です。腎性は、主にビタミンA欠乏によって尿細管上皮化生という状態の腎障害《じんしょうがい》を起こし、その結果、カルシウムが尿中へ漏出して低カルシウム血症を起こすことが原因です。いずれの場合も、低カルシウム血症に対して二次的に上皮小体（副甲状腺《ふくこうじょうせん》）の機能が亢進《こうしん》し、パラソルモンが持続的に分泌されるようになります。パラソルモンは、骨に作用してカルシウムを血中へ放出させ、また腎臓にも作用し、カルシウムの再吸収促進とリンの再吸収抑制を行うホルモンです。パラソルモンによって低カルシウム血症を補正しようとしますが、一次的原因が改善しなければ、上皮小体機能亢進症《じょうひしょうたいきのうこうしんしょう》は持続します。

症状は、多渇と多尿で、多量の尿を排泄するため、下痢とよくまちがわれます。

ホルモン測定が困難なため、確定診断はできませんが、血液検査を行い、アルカリ性ホスファターゼ活性の上昇とカルシウム濃度の低下（正常のこともあります）、リン濃度の低下から暫定診断を行います。

治療は、カルシウム剤投与のほか、鉱物飼料やビタミンDの給与といった食餌の改善や、日光浴または紫外線ライトの照射を行います。また、過産卵が原因の場合は、発情を抑制するように飼育環境を改善します。腎性が疑われる場合は、腎疾患用ペレットへの切り替えを行います。

（海老沢和荘）

骨折

ヒナは栄養が不足することなく発育した場合には、たとえ初飛行でもかなり巧みに飛ぶことができます。途中で落ちたり、障害物を避け切れずに衝突するようなことはありません。しかし、ムキアワだけで人工育雛《じんこういくすう》されたヒナは、飛び方もぎこちなく、着地も滑らかでないため、簡単に骨折を起こします。この場合、タンパク質やカルシウム等の栄養不足による骨の強度不足が骨折の素因になっています。

また、手乗りの鳥は、室内に自由に放しているときに人に踏まれたり、ドアにはさまれたりして骨折することがあります。鳥にとってケージ内はもっとも安全な環境ですから、事故を防ぐ意味からも、むやみに室内へ放鳥することは避けるようにします。このほか、癌《がん》などの骨疾患が原因で骨折することもあります。

骨折は膝《ひざ》から下の脛《すね》の骨（脛足根骨《けいそくこんこつ》）にもっとも起こりやすく、そのほかには、大腿骨《だいたいこつ》や足指のすぐ上の骨(足根中足骨)にみられることもあります。また、翼の骨では、肘関節《ちゅうかんせつ》より先の前腕部の骨（橈《とう》骨《こつ》と尺骨）に骨折が発生します。

症状は、骨折の程度によって異なりますが、完全骨折では体を支えることが困難になり、骨折を起こした足は持ち上げているか、脱力して止まり木にのせることができなくなり、垂らした状態のままになります。一方、折れた骨の一部がくっついている不完全な骨折では、足の動かし方が正常ではなくなりますが、軽度の跛行《はこう》しか示さないこともあります。翼では骨折を起こした側を下垂します。通常、局所は出血のために暗紫色になり、かなり腫《は》れます。しかし、骨折を治そうとする組織は早期に増殖して、3～4日で骨折部位は変形したまま動かなくなります。

〈図15〉

A. 脛足根骨の骨折　B. 水平方向の検査　C. 大腿骨骨折　D. 水平方向の検査

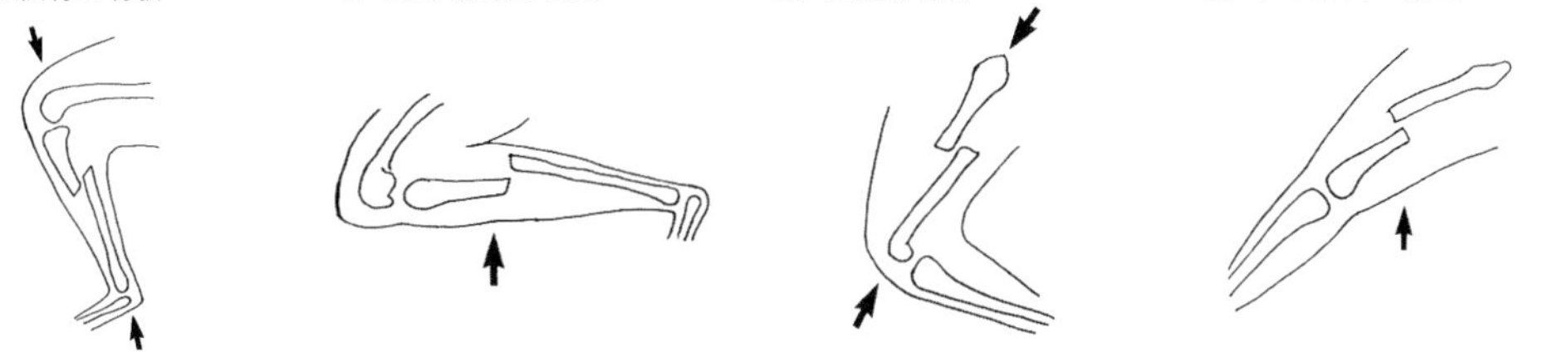

A. 膝とくるぶしを矢印の方向に圧迫して、疼痛や変形が起こるかを検査する

B. 中足部を保定して先の細いヘラで下腿部を持ち上げると、骨折がある場合、疼痛を訴えたり、変形する

C. 膝を強く屈曲して膝と股関節部を矢印方向に圧迫して、疼痛や変形が起こるか検査する

D. 膝を伸展しながら、細いヘラで下から大腿部を持ち上げると、骨折がある場合、疼痛を訴えたり、変形する

診断するには、骨に力をかけて痛みの有無を調べたり、変形から骨折あるいは亀裂《きれつ》部位を確定することができます〈図15〉。翼では肩甲骨付近の基部で骨折すると、翼端が尾翼より挙上し、肩先が下がります。肘《ひじ》付近の骨折では、翼の先は尾翼よりやや下がり、肩も少し落としています。翼端に近い指骨の骨折では翼の先をすっかり床まで落としてしまいます。いずれにしても、確実に診断するためには、X線検査を行います。

骨折の治療法としては、その鳥の羽毛を少し取り、これを外科用創面接着剤で塗り固めて、患部を固定する方法が優れています。

（中津　賞）

脱臼《だっきゅう》

まれに肩関節に脱臼が起こります。セキセイインコはくちばしが器用に使えるために、狭いケージの中で無理な姿勢をとることがあり、このときに肩関節が脱臼します。脱臼すると脱臼側の翼を挙げ

〈図17〉正常な右股関節

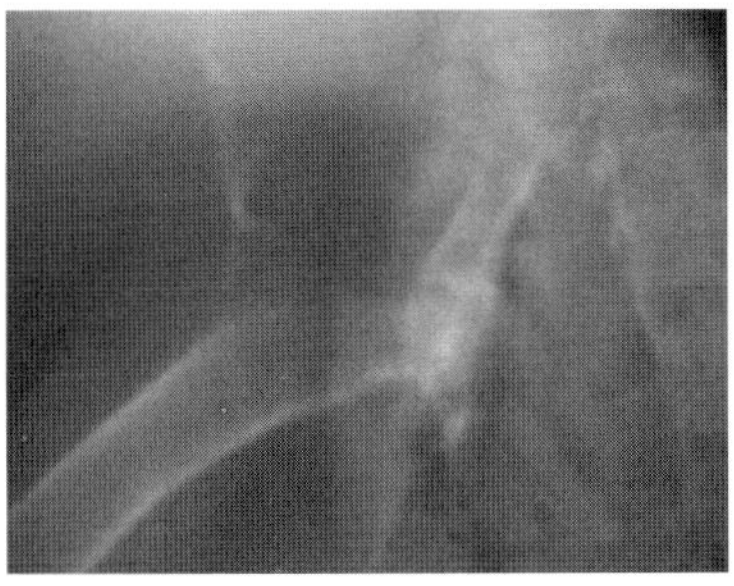

〈図16〉脱臼した左股関節

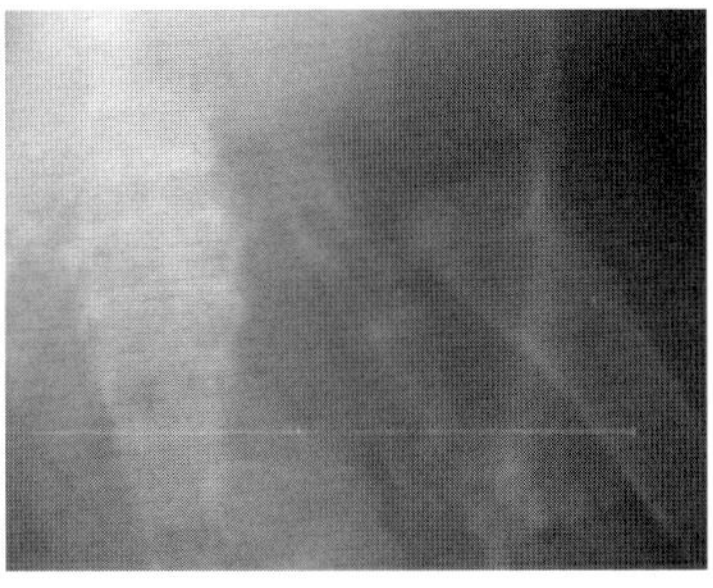

たままになって、降ろすことができなくなります。もちろん羽ばたくこともできません。脱臼と診断がついた時点で、後肢を保持し、その保持した手を急に下げると鳥は羽ばたこうとします。こうして、急に羽ばたかせることで脱臼を整復することができることがあります。

また、鳥の股関節《こかんせつ》は、構造的には脱臼しやすいのですが、実際の発生例はあまりありません。股関節が脱臼した場合は膝が外転します。整形外科的な治療はたいていは困難です。無処置でも、膝の外転は残りますが、1カ月ほどたつと、脱臼前と同じように足を使い始めます〈図16、17〉。

このほか、下顎《かがく》の関節が脱臼して、下顎のくちばしが引き込まれた状態となり、口を開けなくなることがあります〈図18〉。脱臼状態では餌をとることができません。くちばしを持って、下顎骨《かがくこつ》を前方に引き出してみたり、爪楊枝《つまようじ》よりやや太い木を横に深く咬《か》ませて、そのまま閉じて、顎関節《がくかんせつ》を開くような力を加えて、整復を図ります。

（中津　賞）

〈図 18〉

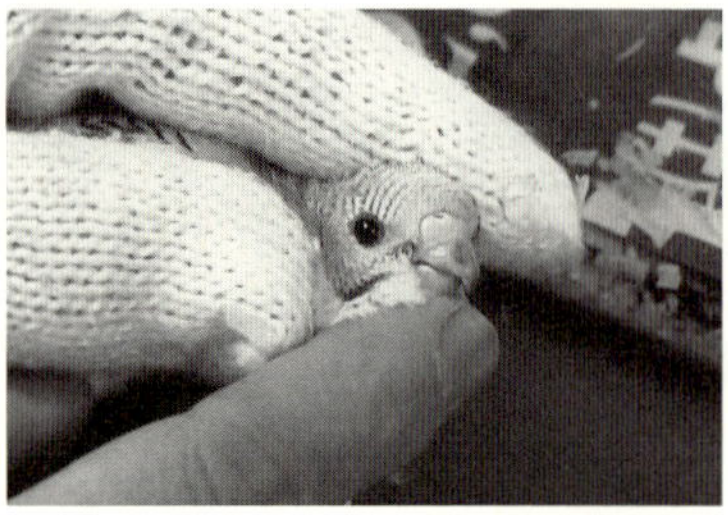

顎関節が脱臼して、下くちばしが引き込まれて開口できない

縛創

ケージを荷造り用の合成樹脂製の紐《ひも》で吊《つ》るしておくと、この紐はやがて縦に裂けて細い繊維になります。しかし、引っぱりに対する強度は強く、容易には切れません。この細い繊維が鳥の足指に絡み付いて、時間とともにくい込んでいくことがあります。

繊維がくい込んだ足指は血行が障害されて、青紫色にうっ血して腫れてきます。そして、表面にはリンパ液が滲《にじ》み出《だ》し、下腹部の羽毛を濡《ぬ》らすようになります。このまま放置すると、繊維はなお一層くい込み、ついには血行が途絶して、足は真っ黒になり、やがて乾燥してきます。この状態をミイラ化といいます。

治療としては、できるだけ早期に繊維を取り除きます。繊維が細すぎるときは顕微鏡下の手術が必要になることもあります。ミイラ化してからでは遅すぎます。

予防するには、荷造り用の縦に裂ける紐はケージの近くや中には置かないようにします。また、それを利用してケージを吊るさないことです。ジュウシマツに使うツボ巣等の藁《わら》を編み込んだ縫い糸がほつれて、足に絡むこともあります。ツボ巣はセキセイインコの本来の巣ではないので、使用しないようにします。

（中津　賞）

縛創

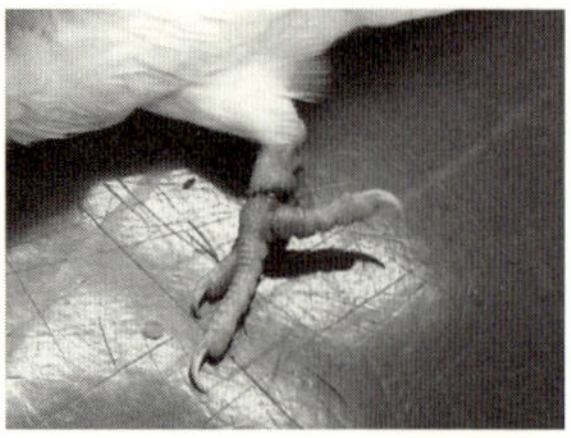

顕微鏡下で糸を除去した後。完全な除去が必要。絡まってからの時間経過が長いほど、血管障害で壊死部位が拡大し、黒く変色する。糸は食い込みが激しく、取り除くのは困難をきわめる

指の基部から中足部にかけて、細いが強靱な繊維が絡み付いている。そのため中足部には出血と激しい腫脹が認められる

関節炎

関節炎は通常、足根関節に発生し、関節が腫れた状態になります。原因不明のことも多いのですが、過肥や無理な関節運動の繰り返し等によって起こることがあります。患肢への体重の負荷を嫌って、その足を止まり木から浮かせています。痛みが軽度の場合は、患肢を外側へ投げ出していますが、体重が50gを超える過肥の鳥の場合は、止まり木と接触する足根関節下面にびらんや潰瘍がみられることもあります。左右の足根関節を屈曲したときの痛みや、その部位の腫れ具合を左右の足で比べて、診断します。また、骨髄炎や骨膜炎の併発の有無を診断するためにX線検査を行うこともあります。

このほか、止まり木が細すぎる場合は掌中央に傷ができ〈図19〉、太すぎる場合は指端に潰瘍ができますが、この皮膚の潰瘍が進行して関節に波及すると、指関節の関節炎を発症することがあります。このときは止まり木を適当な太さのものと交換し、治癒するまで、止まり木

〈図19〉

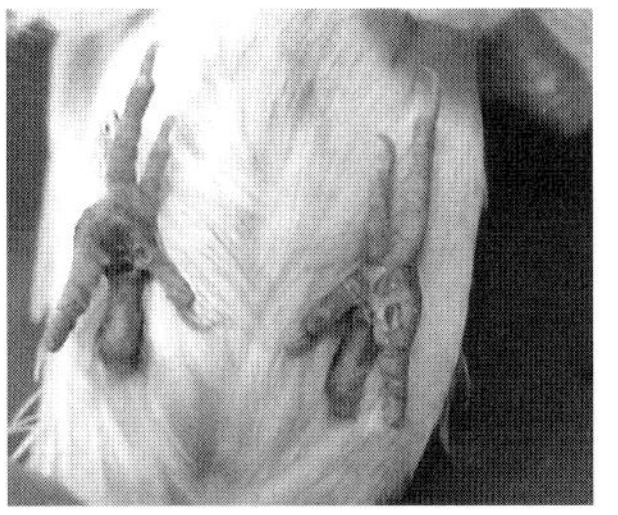

細すぎる止まり木で長く生活していたことと、肥満が重なって、足裏に潰瘍ができ、指の関節炎になったセキセイインコ

に包帯を巻き、当たりを柔らかくします。また、止まり木の表面はつねに清潔に保っておく必要があります。（中津　賞）

痛風

5歳以上のセキセイインコによくみられます。当初は跛行が目立つ程度ですが、片足を上げていることもあります。また、体重を支えるのを避けて休めの姿勢をとります。こうして痛みを訴える状態では、体温の低い部分である中足部や指の腱《けん》に沿って尿酸の白色結晶が析出して、肉眼でも乳白色の丸い小腫瘤《しょうしゅりゅう》を観察できるようになります〈図20〉。重症になると、尿酸の沈着量に比例してますます痛みが増し、そのため指は伸ばしたままの状態になります〈図21〉。そして、止まり木を強く握れないため、止まり木から落ちることもあります。さらに、激しい痛みのためにてんかんのような全身けいれんを引き起こすこともあります。尿酸は腎臓から排泄される物質なので、痛風を示す鳥は腎機能障害《じんきのうしょうがい》も起こしている可能性があります。

診断するには、足にみられる白色の結晶を針先で取り出して顕微鏡で観察し、それが尿酸であることを確認します。

治療は、血中の尿酸値を下げる薬であるアロプリノールや、あるいは腎からの尿酸の排泄を促進する薬であるベンズブロマロンを投与します。また、腎機能の改善のためにグルタチオンやビタミンAの投与も有効です。

〈図20〉

軽度に尿酸が沈着し始め、ところどころの皮下に尿酸の白い結晶がみえる。痛みのために指を強く伸ばしている

なお、この病気の鳥は、止まり木を強く握れなくなり、床に降りていることが多くなります。この状態では尾羽や総排泄孔付近、足が自分の排泄物で汚れて、生活の質が著しく悪くなります。止まり木を幅3㎝くらいの木の板にかえることで、この問題は解決します。（中津　賞）

〈図21〉

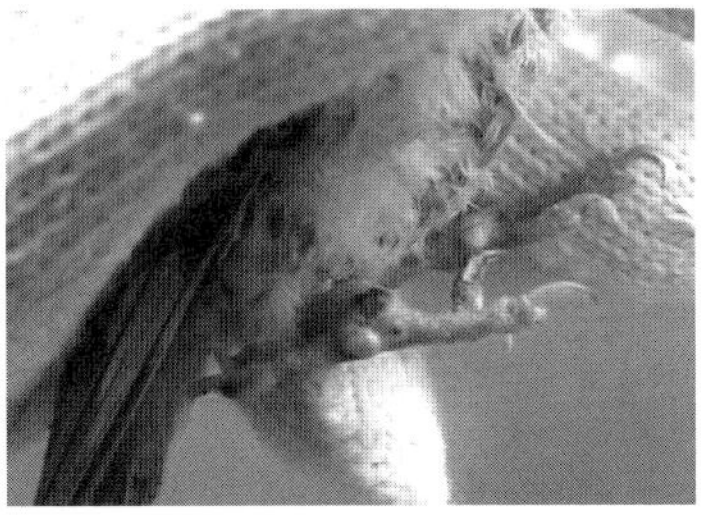

かなり高度に尿酸が沈着している。この鳥は痛みのために全身けいれんを伴うてんかんのような発作を起こした

腱《けん》はずれ（ペローシス）

ビタミンB_2やナイアシン、パントテンサン、ビタミンB_6、ビオチン、ナトリウム、カルシウム、リン、マグネシウム、マンガンなどの不足（特にマンガン）によって起きます。また、巣箱の床が滑りやすいとさらに助長します。幼鳥にみられ、股関節や膝関節《しつかんせつ》、足根関節を構成する骨の骨端が腫脹し、関節の靱帯《じんたい》が弱くなるため、開脚した状態になります。片脚の場合と両脚の場合があります。

治療としては、正しい差し餌を与え、テーピングによる固定を行います。ただし、テーピングによる固定は、左右の足が同じくらいの強さで開いていない場合は、強く開いた側に引っ張られてしまい、うまく固定するのは困難です。また、生後約3週間を経過すると仮関節が形成され、ほとんどの例で整復できなくなってしまいます。こうした場合は、そのままで生活させていく工夫をします。予防するには、親鳥へ正しい食餌を与えます。また、巣箱の床を滑りにくいように加工するか、滑りにくい物に取り替えます。

（藤原　明）

くちばしの外傷

咬傷《こうしょう》や打撲などによりくちばしに外傷を受け、くちばしが変質あるいは変形すると、不正咬合《ふせいこうごう》を起こし、その結果、くちばしが伸び過ぎて採食しにくくなります。また、くちばしの損傷や脱落により採食できなくなる場合や、出血して周囲が腫脹することもあります。

上くちばしのみの脱落であれば、成鳥は2～3日で採食できるようになります。また、くちばしが途中で脱落した場合、直後であればテープや歯科用接着剤で固定すると生着することもあります。不正咬合の場合は定期的に整復します。出血はただちに止血し、腫脹があれば消炎薬を投与します。障害の程度によっては強制給餌が必要です。

防止するには、気の合わない鳥を同居させないことです。また、監視できないときは鳥かごから出さないようにします。（藤原　明）

くちばしと爪《つめ》の出《しゅっ》血《けつ》斑《はん》

けんかや打撲などの事故でくちばしや爪に出血斑が生じることもありますが、何らかの内因性の原因で末梢血管《まっしょうけっかん》に循環障害が起こり、くちばしや爪に黒い斑状《はんじょう》の模様が出ることがあります。ただし、これは爪が黒い鳥では見つけにくいので注意が必要です。軽度であれば元気食欲に変化はありませんが、くちばしや爪の両方に出血斑がみられる鳥の多くは、膨羽や嗜眠《しみん》、外被系の異常（くちばしや爪の過長、羽毛の変色や失沢、摩耗など）を示しています。詳細な原因はわかっていませんが、肝疾患や肥満、高コレステロール血症、腫瘍などに伴って発生することが多いようです。治療法は原因によって異なりますが、補助的に強肝薬やビタミン、ミネラルなどを補給します。全身症状を示していない場合は、これらの補助的療法で出血斑が軽減または消失することも少なくありません。（真田直子）

蝋《ろう》膜《まく》の褐色肥大

蝋膜の褐色肥大は、生理的または病的な変化としてセキセイインコに現れます。成熟したセキセイインコの蝋膜は、雄ではピンク色ないし青色、雌では白色をしています。雌の蝋膜は発情期になると褐色に変化し、年齢が進むにつれてやや肥大しますが、雄に蝋膜の褐色肥大がみられる場合や、雌でこの変化が長期持続する場合は、何らかの病的な内分泌異常が疑われます。とくに、雄にこの変化がみられる場合は、エストロゲン（雌性ホルモン）を作り出す精巣腫瘍《せいそうしゅよう》（セルトリ細胞腫《さいぼうしゅ》）ができていることが多いようです。蝋膜の角化肥厚が著しい場合は、湿潤化させた後、静かに剥《は》がして除去します。（真田直子）

火傷

室内で放し飼いにされている鳥に多く発生し、熱湯や熱したてんぷら油の中に飛び込んだりしてしまうために起こります。また、保温のためのペットヒーターやカイロなどに直接長時間触れていると、低温火傷を起こすことがあり、これは羽毛のない足などに多くみられます。また、差し餌中のヒナでは、高温の給餌によってそ嚢に火傷を起こすこともあります。

治療は足などの場合に限り、応急処置として患部を冷水や冷たい生理食塩液で冷やします。その後、ビタミンや抗生物質などの軟膏を薄く塗り、28℃くらいで多湿の環境に置きます。火傷部位に対する自咬《じこう》が著しい場合は、エリザベスカラーを適用することもあります。（真田直子）

裂傷

皮膚の裂傷の多くは、何らかのアクシデントによってケージの中で驚いてパニックになったり、鳥をケージから出していてイヌやネコに襲われたり、屋外にケージを出していてカラスなどに襲われたりして起こります。

小さな裂傷の場合、できるだけ無色透明の水溶性の消毒薬で患部だけを消毒します。薬剤で羽を汚さないことが重要です。とくに軟膏などを用いると羽が絡んでマット状になり、体温を保てなくなったり、色素がついている薬剤だとそれを気にして羽つつき（毛引き）になることがあります。大きな裂傷や深い裂傷に対しては縫合処置を行いますが、この場合、汚染防止や治癒促進のために、裂傷周囲の羽毛はやさしく引き抜いて取り除き、感染症を予防するために抗生物質の全身投与が必要となります。（真田直子）

内出血

内出血は、皮下出血と体腔内出血《たいくうないしゅっけつ》に分けられます。皮下出血は、羽毛をよけると体表皮下に青紫色の斑《はん》としてみられます。踏んだ、はさんだ、ぶつかったという外的要因によることもありますが、ポリオーマウイルス感染によるセキセイインコのヒナ病などの感染症や肝臓疾患に関連して現れることもあります。一方、体腔内の出血では、腹部が膨満し、腹部皮膚を通して黒ずんだ液体の貯留が認められます。多くは生殖器疾患や肝臓疾患に伴って発生します。治療には原因ごとの適切な処置が必要ですが、対症療法として止血薬やビタミンKの投与も行われます。

（真田直子）

膿瘍《のうよう》

膿瘍とは、化膿性炎症《かのうせいえんしょう》によって限局性に組織が融解し、膿《うみ》が蓄積した状態です。鳥は体温が高く、細菌に対する抵抗力が強いため、通常、傷が化膿することは少ないといえます。しかし、ネコなどにひっかかれたり、咬まれたりすると、小さな傷からたくさんの細菌が組織内に入り込み、化膿して膿瘍を形成することがあります。

鳥の膿瘍は皮下に形成されることが多く、組織内に蓄積した膿は、哺乳類《ほにゅうるい》の膿瘍にみられるような流動状ではなく、硬いペースト状あるいは固形状になっています。色は白色ないし黄白色で、セキセイインコの皮膚は薄いため、腫脹の内部に容易にそれを確認することができます。

治療には外科的切除後、抗生物質を投与します。原因菌に有効な抗生物質が選択されれば、膿瘍が徐々に縮小し、表面皮膚が壊死してかさぶた状となり、それが脱落するとともに治癒することもあります。

（海老沢和荘）

体表の腫瘍《しゅよう》

セキセイインコの体表には線維腫《せんいしゅ》や線維肉腫、脂肪腫、脂肪肉腫、軟骨腫《なんこつしゅ》、軟《なん》骨肉腫《こつにくしゅ》、骨腫《こつしゅ》、骨肉腫《こつにくしゅ》、血管腫《けっかんしゅ》、血管肉《けっかんにく》腫《しゅ》、腺腫、腺癌などの腫瘍が発生します。

線維腫と線維肉腫は、硬結感があり、弾性に富んでいます。骨周囲に腫瘤が形成されることが多く、切除するには断翼か断脚が必要です。また、肩部や股関節部、胸部、くちばしに形成された場合は摘出は困難です。

脂肪腫と脂肪肉腫は、硬結した脂肪様で、多くは色は黄色をしています。通常、肥満した鳥に発生し、長期にわたって脂肪沈着した部位によく発生します。減量により縮小することもありますが、摘出するほうがよいでしょう。

軟骨腫と軟骨肉腫、骨腫、骨肉腫は、それぞれ軟骨と骨の腫瘍です。断翼か断脚が可能な部位に発生した軟骨腫と骨腫は切除可能ですが、軟骨肉腫と骨肉腫は、転移性であるため、通常は摘出しません。

血管腫と血管肉腫は、弾力性のある腫瘤を形成し、しばしば腫瘤の内部に漿液《しょうえき》を含んでいたり、内出血を起こしています。頸部《けいぶ》に発生した場合には摘出が困難ですが、翼や足に発生した場合は、断翼または断脚によって切除できることがあります。

尾脂腺腫《びしせんしゅ》と尾脂腺癌《びしせんがん》は、尾脂腺《びしせん》に腫瘤を形成します。尾骨周囲に浸潤した場合を除き、切除が可能です。

腫瘤を摘出する際には、前もってバイオプシーを行う必要があります。バイオプシーは、注射針を腫瘤に刺して内容物を吸引するか、または一部を切除して組織を採取します。悪性腫瘍《あくせいしゅよう》は再発や転移を起こす可能性があるため、バイオプシーによって悪性と判断された場合は、摘出手術を実施するか、慎重に検討しなければなりません。

（海老沢和荘）

体表の腫瘍。左上腕部にできた線維肉腫

皮膚損傷

皮膚損傷とは、外的刺激によって皮膚の組織が離断または離開した状態をいいます。同居の鳥に噛まれたり、ネコやカラスなどの襲撃を受けたり、あるいは人に踏まれたりすることによって起こります。

損傷部位が小さければ、患部の消毒と抗生物質の内服で早期に治癒しますが、損傷部位が大きい場合は、麻酔下で皮膚を縫合する必要があります。しかしすでに皮膚を失うか、あるいは傷が古いために縫合できない場合は、創傷被覆材を用いて傷を保護します。創傷被覆材には、患部を保湿し、皮膚の再生を促進する効果があります。また、翼端や肢端の皮膚を大きく失った場合には、皮膚の再生を期待できないため、断翼や断脚が必要になることもあります。

なお、鳥が傷面や創傷被覆材を齧《かじ》る場合は、エリザベスカラーを装着します。

（海老沢和荘）

羽毛の黄色変化

羽毛の黄色変化は、病気の名前ではなく、症状を表しているもので、本来は黄色ではない羽毛が黄色に変化した状態です。原因としてホルモン異常や代謝異常などが考えられていますが、明確ではありません。脂肪肝症候群のような肝臓の病気に伴って発生することが多いようです。

確定診断は難しいのですが、飼育状況の情報収集と身体検査などに加え、血液化学検査やX線検査などにより肝臓病やその他の代謝疾患などがないか検討します。

治療には、基礎にある病気に対する処置が必要です。しかし、原因になっている病気が不明な場合も多く、そのため原因として起こりやすい脂肪肝症候群などの肝臓病に対する治療を試みることがあります。しかし、慢性的な代謝異常によって現れる症状であるため、治療の効果が明確には認められないことが多いようです。

（田中　治）

フレンチモルト

フレンチモルトとは、若い小型インコ類、とくにセキセイインコにみられる羽毛の異常発育、または羽毛形成不全のことをいいます。フレンチモルトの語源は、オーストラリアから南フランスに輸入された最初のセキセイインコの集団に、輸入後まもなくこの病気が発生し、「フランス換羽（フレンチモルト）」と呼ばれたことによります。症状は、ヒナトヤ（成熟前の換羽）の際における翼羽や尾羽の羽毛の脱落で、ときに出血や粗糙《そぞう》化を示します。病気が進行すると、全身の羽毛が脱落してしまうこともあります。フレンチモルトの若鳥は通常、飛翔《ひしょう》が不能となるため、「ランナー」あるいは「ホッパー」、「クリーパー」、国内では「コロ」などと呼ばれています。

原因としては、オウム類《るい》嘴《くちばし》羽《う》毛病《もうびょう》ウイルス（PBFD）やセキセイインコヒナ病ウイルス（BFD）、寄生虫などの病原体に加えて、遺伝や環境、栄養などの非感染性要因が考えられており、これらが単独または複合して起こるといわれています。とくにウイルス疾患であるPBFDとBFDによる羽毛異常が重要で、同居鳥への伝播《でんぱ》にも注意する必要があります。PBFDとBFDを診断するには、全身および局所の羽毛状態の詳細な観察に加えて、ウイルス遺伝子の検出や異常羽毛の病理組織検査を行います。しかし、有効な治療法はありません。一般にBFDによるセキセイインコの羽毛病変は、数カ月後に回復しますが、PBFDによる羽毛病変は進行性に継続していきます。また、PBFDでは、羽毛障害のほかに免疫不全も起こるので、細菌や真菌の二次感染に対する予防も重要です。PBFDを発症した個体の予後は一般に不良ですが中には自然治癒する個体も小数ながら見受けられます。

（真田直子）

趾《し》瘤脚《りゅうきゃく》（バンブルフット）

足底部の皮膚が何らかの理由で傷つき、そこに黄色ブドウ球菌や大腸菌、プロテウス属の菌などの感染を受けて発症します。初期には発赤や肥厚が起こり、また、跛行を示し、悪いほうの足を持ち上げるようになります。その後、患部は次第に硬い球形になり、輪郭が明瞭《めいりょう》になってきます。さらに重症になると、さらに上方も腫脹し、食欲が低下します。

特徴的な症状により診断が可能ですが、関節痛風との鑑別が必要です。

治療には、抗生物質と消炎剤を投与し、患部にポピドンヨード液を塗布します。また、ビタミンAとB群を投与します。

予防するには、足底部の皮膚を傷つけるようなものを飼育環境に置かないようにします。

（藤原　明）

鳥クラミジア症（オウム病）

この病気は、鳥類では鳥クラミジア症といわれますが、人ではオウム病といわれ、人と鳥類に共通の感染症です。鳥では不顕性感染が多く、発症した場合は、膨羽や体温低下、震え、昏睡《こんすい》、結膜炎、呼吸困難、鼻炎、副鼻腔炎、衰弱、脱水、尿酸の黄色化、緑色の便、水様便、神経症状などが認められ、死亡することもあります。病原体であるクラミドフィラ・シッタンはあらゆる年齢の鳥類に感染します。病鳥の糞便や分泌液または汚染環境を介して感染するほか、親鳥からそのヒナへの感染も知られています。

診断は、以前は病原体の分離培養によって行われてきましたが、最近は、クラミジアの遺伝子を検出する方法が主となってきました。

治療にはテトラサイクリン系の抗生物質が有効ですが、体外への排菌を抑えることが目的で、体内から病原体を完全に排除することはできません。

予防には、糞便の速やかな除去や清潔な換気など、衛生状態に注意を払うことが重要です。

人のオウム病は、風邪のような症状から肺炎や脳炎を伴う重篤な全身症状まで様々ですが、早期に適切な処置を行えば治療が可能です。鳥クラミジア症あるいはオウム病を予防するために、飼い主は衛生的な飼養管理を心がけるとともに、半年から1年に1度はクラミジア検査を含めた鳥の健康診断を受けることが望ましいでしょう。（真田直子）

トリコモナス症

原因はトリコモナスという原虫の一種です。口腔・食道・そ嚢に寄生しますが、次第に周辺臓器に寄生部位を広げます。症状は食欲不振や体重減少で、口腔や食道、そ嚢、副鼻腔などに乾酪性プラークが認められます。口腔内域の液やそ嚢液の採取を行い、鞭毛《べんもう》をもち、激しい運動性を示す原虫を検出することにより診断します。治療には、メトロニダゾールを投与します。また、副鼻腔炎や結膜炎が持続する場合には抗生物質も投与し、必要に応じて保温や強制給餌を行います。（片岡智徳）

ジアルジア症

ジアルジアという原虫が原因で、セキセイインコ・オカメインコ・ラブバードに感染がみられます。糞便中に存在する原虫シストを経口的に摂取することによって感染を受けます。症状としては、嗜眠（居眠り）や消耗（体重減少）、慢性の粘液性下痢（緑色便）、皮膚の乾燥と薄片状が認められます。さらに一過性の視力障害を起こすこともあります。糞便中のシストを検出することにより診断します。治療は、トリコモナス症と同様です。（片岡智徳）

コクシジウム症

コクシジウムという原虫の感染が原因です。コクシジウムは、腸の粘膜上皮内で増殖し、その結果、消耗（体重減少）や粘液性出血性の下痢（特有の黄褐色の下痢）、小腸の出血などを起こします。診断は、糞便検査によりコクシジウムを検出することにより行います。治療には、サルファ剤（スルファジメトキシンなど）を経口投与しますが薬剤耐性を示すものも多く認められます。（片岡智徳）

疥癬《かいせん》（トリヒゼンダニ症）

無毛部である眼の周囲や蝋膜、くちばしとその周囲、足、肛門、手羽先などにトリヒゼンダニが感染して発症します。軽症のときは、患部は白色または灰白色の粉が付着したようにみえます。しかし、くちばしが深部まで侵されると軽石状になり、変形して伸び過ぎることがあります。また、足が重度に侵されると、爪は変形して白く扁平《へんぺい》になり、最後には脱落します。かゆみのため、鳥は止まり木や金網に顔をこすり付け、足をけいれんさせます。

診断は、特徴的な症状とトリヒゼンダニの検出によります。

治療には、二硫化セレンを含んだシャンプー剤の2倍希釈液あるいはネグホン5％水溶液を7日毎に塗布します。または、イベルメクチン200μg／kgの内服や皮下注射または筋肉注射を行います。重度の場合は7～14日間隔で再投与します。

ほかの鳥への感染を防ぐため、患鳥のいた鳥かごと、その中のものを熱湯消毒するか、水洗い後、日光消毒をします。同居で無症状の鳥にも1回だけ先述の治療と同様の処置を行います。（藤原　明）

重金属中毒症

この病気は、鉛や亜鉛、真鍮《しんちゅう》、銅、錫《すず》などの金属でできた製品を齧り、それを摂取することによって起こります。これらの製品としては、釣りの重り、カーテンの重り、亜鉛メッキの遊具とケージ、ある種の針金、電気コード、アンティーク調の家具、ハンダなどがあります。

症状は、突然の沈うつや嘔吐、濃緑色便で、ときに挙動異常、けいれんを示します。

診断するには、X線検査によって、消化管内の金属片を確認します。原因になっている金属の種類の特定は問診によって行いますが、実際にはわからないことが多く、血液検査によって血中の重金属濃度を測ることもあります。

治療には、解毒剤投与に加え、補液を行います。早期に診断がつき、治療を開始できれば回復することが多いのですが、診断が遅れ、適切な治療が行われないと予後が不良となります。（海老沢和荘）

過肥（脂肪過多）

過食のほか、脂肪分の多い飼料の過剰摂取や運動不足、代謝異常などにより起こります。薄い肌色の脂肪が頸部、胸部、腹部に付着し、体重が50g超えると飛びあがることが困難となります。また、内臓に過剰な脂肪が付着した場合には、呼吸促迫を始めとする全身症状が起こります。このほか、雌では産卵しなくなることがしばしばあります。

治療には、主食の餌を減らし、朝夕2回に分けて15〜20分で食べきれる量を与えるようにします。また、日中は青菜を多く給与します。なお、種子餌ではカナリーシードを抜きます。雄から口移しで餌を与えられている雌の場合は、正常になるまで隔離します。予防には、質、量ともに正しい餌を与え、適度な運動をさせることが大切です。

（藤原　明）

栄養性脚弱症

栄養不良の差し餌を与えられた生後2カ月前後の幼鳥にみられます。差し餌としてムキアワとムキ餌の混合餌および市販のアワ玉を与えられている場合によく起こります。差し餌の方法の誤りとしては、差し餌を湯または水に浸して長時間放置し、ふやけて変質したもの与えている場合、水分の多過ぎる差し餌を与えている場合、1カ月以上差し餌を続けている場合などがあります。

足に軽い外力が加わっただけで歩行異常が始まり、時間の経過とともに両足に運動障害を起こします。こうした状態になると、鳥は翼で移動しようとし、翼も傷めることがよくあります。

特徴的な症状や年齢、食餌《しょくじ》内容《ないよう》の問診に基づいて診断します。

治療には、正しい食餌に変更し、ビタミンB群（とくにB_1）、ビタミンD、カルシウム剤を投与します。また1日30分程度の日光浴をさせます。

予防には、栄養バランスのよい差し餌を給餌することが必要です。また、差し餌から成鳥用の餌へ、無理のない範囲で早く切り替えます。

差し餌としては、①市販のアワ玉またはムキアワを利用する場合は、それらを砕き、水を加え、半生状態になるまで煮ます。水分を切り、その中に茹で卵の黄身を粉状にして1〜2割加えます。さらに約10倍程度に薄めた蜂蜜を少量加え、よくかき混ぜ、温かいうちに与えます。②栄養学者によって考案された育雛用ペレットや粉餌（穀物食性の鳥用）が製造市販されていますので、それらを用います。

（藤原　明）

毛引症

鳥類は、出生後、視力を獲得した後にはじめて見た動くものを親だと認識します。手乗りで育てられた鳥は、この刷り込み現象によって飼い主を親だと思い込んでいます。成長するにつれて、さらに濃厚な接触が持続すると、飼い主との間に心理的な依存性が発達してきます。鳥はつねに飼い主のそばにいたいと熱望して、なんとか飼い主の注目を集めようとします。話し言葉をおしゃべりするのも、この学習の結果です。

毛引症もこのおしゃべりと同じように、飼い主の気を引けることに鳥が気づいた（学習した）結果として現れます。羽根繕いを始めると、飼い主がかゆいのではないかと考えて覗《のぞ》き込《こ》んできます。さらに、たまたま羽毛を引き抜いた際にキィと鳴き声を上げることで飼い主の関心を引くことができるとわかると、次第に羽毛の引き抜きが激しくなり、症状はますます悪くなっていきます。そして、ついには羽毛ばかりでなく、皮膚、さらには筋肉までついばんで出血してしまいます。

他の羽毛の病気との鑑別点は、毛引症は羽毛の引き抜きがくちばしの届く範囲に限られていることです。いいかえれば、頭部の羽毛はまったく正常で、きれいに生え揃っているという特徴があります〈図22〉。一方、頭部の羽毛も貧弱な外観になっているときはウイルス感染症が疑えます。

治療するには、次のことを行います。

①金網ケージで飼っている場合には、餌や水を出し入れする側を除いて不透明の板か紙などでケージを覆って視界を遮り、飼い主の行動を監視させないようにします。

②鳥が呼んでも飼い主は反応せず、飼い主のペースで行動します。

③羽毛繕いを始めても覗き込まないで、無視するか、むしろ積極的にその部屋から出ていきます。鳥としては、飼い主に近づいてもらいたいのに、逆の効果では過剰な羽根繕いは意味をもたなくなってくるわけです。これを繰り返すことで治療できる可能性があります。

このほか、皮下脂肪の沈着過剰による血行障害やワクモ等の吸血性ダニによる吸血時の痛みも毛引症の原因になると考えられています。前者ではビタミンB群

（B_1、B_2、B_6、B_{12}）とビタミンEの投与、抗皮膚炎因子の脂肪酸を多く含む製剤が奏効することもあります。後者の場合は、日中にケージに殺ダニ薬を噴霧します。ただし、鳥には殺虫薬や殺ダニ薬を噴霧してはいけません。

また、毛引症に対する積極的な治療法として、抗うつ薬（動物の分離不安症治療薬）の投与があります。出血を伴うときは、くちばしが患部に届かないようにエリザベスカラーを装着して、患部を保護して、それ以上の損傷を防止します。羽毛の再生は2週間くらいで始まりますが、飼い主との関係が改善されない限り、カラーをとればただちについばみが始まります。この病気を改善し治療するには飼い主の鳥に対する接し方を変えることが重要です。

（中津　賞）

〈図 22〉

羽毛の折損はくちばしの届く範囲に限られているのが毛引症の特徴で、中足部か頸部、脇の下から始まることが多い。一部をついばんで、羽毛、皮膚さらに筋肉まで次第に深く及ぶ場合と、この写真のように羽毛のみ広範囲に拡大していく場合がある

性的錯誤

セキセイインコはふ化後約10日前後で開眼して、視力を有するようになりますが、最初に見えた動くものを親と認識して反応します。これを刷り込み現象といいます。手乗りで育てられたヒナはときに飼い主を親と認識して育ち、やがて成熟すると飼い主を発情対象にしてしまいます。セキセイインコは雄がさえずりながら雌に接近し、くちばしを打ちつけながら求愛して発情を促します。しかし、性成熟に達した手乗りの雌鳥に、飼い主が顔を近づけて話しかけたり、しきりに鳥の背中を撫でると、発情が促されます。この状態を性的錯誤といいます。繁殖季節でもないのに、あるいは適当な繁殖相手がいないにもかかわらず、環境が平穏で、餌が豊富にあるため、自然界では起こらない過剰な産卵状態になります。カルシウムをはじめ、貯蔵栄養が十分あるうちは無事に産卵をすませることができますが、卵殻へのカルシウム沈着が少なくなった、軟卵では、産道を通過するための蠕動運動《ぜんどううんどう》が卵殻のへこみに吸収されて、排出困難となり、卵が子宮内に停滞します。すなわち、卵秘（卵詰まり、卵《らん》閉塞《へいそく》）といわれる状態です〈図23〉。

性的錯誤の発生を予防するには、開眼時から仲間の姿を見せておくことが必要で、この問題は複数のヒナ鳥を同時に育てることで解決できます。

（中津　賞）

〈図 23〉

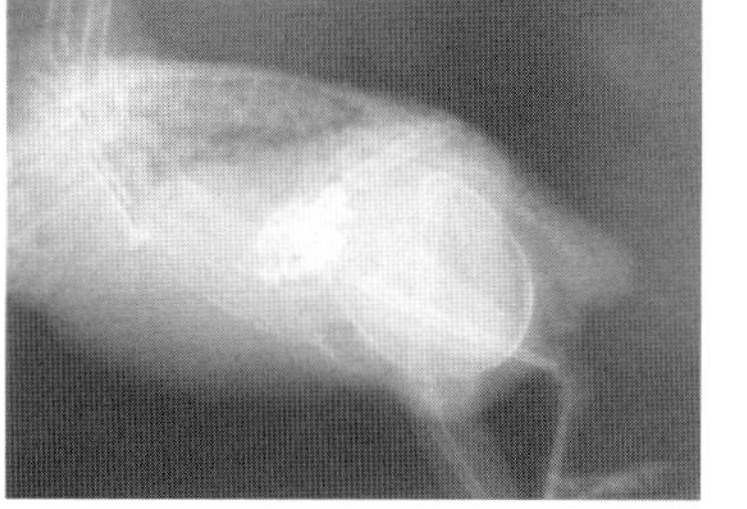

腹部の大部分を占める大きな卵がみえる

カメの飼育管理と主な疾患

飼育管理

カメは種類により生息環境が異なり、各々の環境に対応すべくその生活の様式も多様化しています。そのため飼育管理法も種類により様々ですが、そのすべてを網羅することは困難です。ここでは飼育されることが多い種類について、四つのグループに分けて説明します。

・一般的な水生の種

生活場所のほとんどを池や川、湖などの淡水域とするもので、通常、鋭い爪《つめ》とみずかきのある四肢をもち、水と陸のいずれにも対応できるようになっています。ミドリガメ（ミシシッピーアカミミガメの幼体）やゼニガメ（本来は日本産のイシガメの幼体のことですが、最近ではクサガメの幼体もこう呼ばれています）は、ともにヌマガメ科でこのグループに属します。

・半陸生の種

水辺の草むらや森林に生息し、水を好む反面、より陸上での生活に適した傾向があります。多くのハコガメやヤマガメの仲間がこのグループに属します。

・水生傾向の強い種

産卵などの特殊な状況以外にはほとんど陸に上がらない種もあります。スッポンモドキのようにオール状の手足で遊泳するものや、マタマタやワニガメのように水底でじっとしていることが多いもの、スッポンのように水底の泥の中に潜むものなどがこのグループに属します。

・陸生の種

生活場所のほとんどを陸上とするもので、歩行に適した丈夫な手足と乾燥に耐える皮膚をもち、そのほとんどは草食性です。ヨツユビリクガメ（ロシアリクガメ）やギリシアリクガメなどの温帯域に生息するものは、それほど大きくなく飼育しやすいでしょう。陸ガメ類はおとなしく、平和的な動物ですが、ゾウガメやケヅメリクガメなどの大型種は力が強く、相応の設備がない限り、生涯にわたっての飼育は困難です。

●飼育設備

・一般的な水生種の飼育設備

十分な運動（遊泳）のできる水場と休憩および甲羅干しのできる陸場を必要とするため、既製の水槽やそれに代わる容器を用意します。水深は少なくとも甲羅の全体がつかるようにすればよいのですが、運動不足を防ぐ意味からカメが自由に泳げる深さにすることが望まれます。繁殖を目的とするのでなければ、陸場は体全体があがることのできる広さがあれば問題なく、レンガや石、市販のプラスチック製のカメ用浮き島などを利用することができます。

このグループのカメは、通常は水中で採食し、排泄《はいせつ》もまた水中で行います。そのため、衛生管理上、水換えが非常に重要です。熱帯魚用の濾過装置を使用することによって多少は水換えの頻度を少なくすることは可能ですが、不衛生な状況では感染症などを起こしやすくなるため、できる限りこまめに水換えを行うようにします。

外温（変温）動物であるカメは、低温環境では正常な代謝を行うことができません。多くの種は22～28℃の温度で飼育するとよく、これより寒くなる季節には何らかの保温（暖房）が必要になります。室内で飼育する場合、一年中エアコンで調節された部屋や温室内に水槽を置くことが安全で理想的な方法ですが、それが不可能なときには水槽内に熱源を設置します。この場合の一般的な方法として、水温は熱帯魚用ヒーターとサーモスタットでコントロールし、陸場は赤外線ランプなどで温めるようにします。最近では様々な保温器具が爬虫類《はちゅうるい》用に市販されているのでそれらを利用するとよいでしょう。

温帯域に生息する種については、年間を通じて屋外飼育も可能です。屋外飼育には、カメが十分泳ぐことのできる広さと40㎝以上の深さをもった池を使用することが理想的で、一部にはさらに深い部分を設け、その水底には冬眠用の泥や落ち葉を敷いておきます。また、池の淵もしくは一部を日光浴を行うための陸地にする必要があり、繁殖を望む場合には産卵用の砂場を設けます。

・半陸生種の飼育設備

この仲間のほとんどは、ほかのヌマガメ科のカメのように泳ぎが得意ではありません。種によって水に入ることを好むものやほとんど水に入らないものなど、多少の差はみられますが、いずれにしても浅い水場のほか、運動ができて、さらに身を隠せる物品を置けるだけの広さの陸上が必要です。前述の一般的な水生種と同様の水槽を利用し、水と陸との比率を変えればよいでしょう。あるいは、体全体が入ることが可能な大きさのバット（平皿）を水場として設置したケージでも飼育できます。採食と排泄は水中でなくても行いますが、衛生管理上、水の汚れに注意し、また陸上の床材の汚れにも

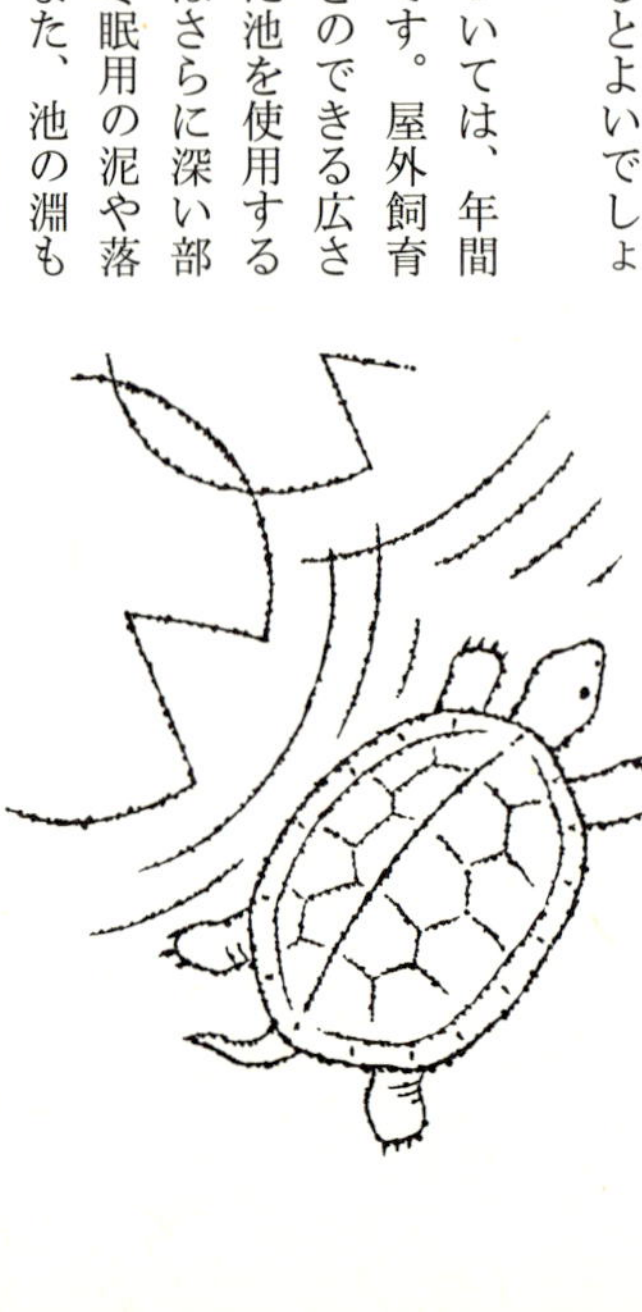

注意する必要があります。床材はカメの性格（臆病でプライバシーを必要とする場合）を考慮すると、潜ることのできる水苔や土、砂利、それに代わる市販の床材が適当かもしれませんが、衛生管理上は新聞紙などの交換しやすいものが適当です。この場合、カメのプライバシーを守るためにダンボール箱やプラスチック製の容器などに手を加えて作成したシェルターや、市販のシェルターを利用するとよいでしょう。温度管理は一般的な水生ガメに準じますが、陸上での活動が多くなるため、飼育設備内の空気の保温（気温）管理が重要となります。

・水生傾向の強い種の飼育設備

生涯の大部分を水中で過ごし、ほとんど陸に上がらないタイプのカメに対して

は、必ずしも陸場を設ける必要はありません。このようなカメには水を入れただけの水槽で飼育可能なものもあります。

必要な水量と水深はカメの種類によって異なります。たとえばスッポンモドキのように活発に遊泳する種には、広さ、深さともにできる限り大きなものが望まれますが、普段は水底でじっとしていて、呼吸のときに頸を水面まで伸ばして鼻だけを水から出すような種（スッポンやマタマタ、ワニガメなど）に対しては必ずしも広い水槽を用意する必要はなく、水深も呼吸しやすい深さであるほうが望ましいでしょう。ただし、このグループのなかにはヌマガメに比べて水質の変化に敏感と考えられる種も存在するため、水の衛生管理がとくに重要です。急激な水質の変化を起こさず、水を衛生的に維持するためには定期的な部分換水や観賞魚と同様の濾過システムなどが必要です。水底の床材は不可欠ではありませんが、スッポンのように水底の泥や砂に潜っていることの多い種では、これがないと落ち着かないことがあります。観賞魚用の砂利や砂などを使用すればよいでしょう。ただし、このような床材は病原菌の温床となりやすいため、清潔に保つ努力が必要です。温度管理は水温のコントロールが主となりますが、肺呼吸するカメにとって極端に冷えた空気を吸い込むと体温に影響を及ぼすため、水中ヒーターだけで保温する場合はできるだけ暖かい部屋に置くなどの配慮が必要です。

・陸生種の飼育設備

十分に運動（歩行）できる広さの陸場が必要であり、通常、水場は必要ないため、水の入っていない水槽やケージ、それに代わる容器に適当な床材を敷いて飼育します。多くの場合、飲み水用の容器を設置する程度でよく、さらには定期的に水浴させることにより飲み水の容器さえなくても飼育できる場合があります。

陸ガメを飼育する際の温度管理は、飼育設備内の空気（気温）の保温となりますが、これには空間暖房が最適です。つまり、暖かく（多くの種で25〜30℃に）保たれた部屋や温室にケージを設置します。これが不可能な場合は赤外線ランプやプレート状のヒーター等を利用してケージ内を温めることになりますが、安定した気温を得るのはやや難しくなります。いずれの場合も、ケージ内の1カ所にさらに高温（35〜40℃）になる場所を設けるべきで、カメはその場所とほかの場所を移動することにより、最適な体温を自らコントロールできるようになります。

●照明

室内でカメを飼育する際には、照明にも配慮が必要です。多くの動物と同様、日中は明るくし、夜は暗くすることが生活のリズムをつくるうえで重要です。カメは十分な明るさのもとで食欲や行動が活発になり、暗くなることで安心して休息することができます。また、正常な骨代謝に不可欠なビタミンD_3を合成するためには中波長赤外線（UVB）が必要です。とくに陸ガメでは、その食餌《しょくじ》となる植物質のほとんどがビタミンDを含有しないため、UVBを供給することが非常に重要です。最良の方法は定期的に日光浴させることですが、それが不可能な環境ではUVBを含む広域スペクトルの照明灯の使用が望まれます。このような照明灯はいくつかのメーカーから市販されており、放出されるUVB量は製品によって多少の差があるようです。カメにおけるUVB要求量の詳細は明らかにされておらず、どのような製品を使用するかについては、様々な見解がありますが、安全性を重視するのであれば、人体への影響を考慮した規格の製品を選ぶことが薦められます。

●食餌管理《しょくじかんり》

イシガメやクサガメ、ミシシッピーアカミミガメ、スッポンなどの水生種の多くは、肉食傾向が強く、自然界では小魚や甲殻類、その他の水生生物を捕食しています。また、種によっては水草等の植物質も多少食べています。飼育下では人間の食用の魚介類を与えることができますが、この際に注意すべき点は、骨や内臓を含む丸ごとを与えていないと、長期的には栄養障害を起こす危険性があることです。生き餌《いえ》しか受け付けない種ではメダカや金魚、ドジョウ等の淡水魚やヌマエビ、ザリガニ等の甲殻類、その他の水生生物、ミミズなどを与えます。ただし、多くの種は水生ガメ用の固形飼料を食べるので、質のよい製品を選べばこれだけでも栄養的に十分であり、また、衛生的でもあります。さらに、食べるようであれば、小松菜やチンゲンサイのような葉野菜も少し与えるとよいでしょう。給餌《きゅうじ》は幼体には毎日、成体には週に2〜3回を目安に行います。

ハコガメやヤマガメのような半陸生種の自然界での食性は様々ですが、飼育下ではおおむね雑食性として考えてよいでしょう。多くの種に推奨される給餌内容は50％の動物質と50％の植物質であり、動物質のものとしてミミズやナメクジ、昆虫、その他の節足動物またはドッグフードや水生ガメ用の固形飼料を与え、植物質のものとして緑黄色野菜や豆類、イモ類等の野菜と少量の果物を与えるとよいでしょう。偏食しがちな種が多いようですが、できるだけ多種の食物を食べるように訓練しないと栄養性疾患に陥りやすくなります。ハコガメ専用のペレットも市販されており、食べる場合はこれらを主食としてもかまいません。給餌は幼体には毎日、成体には2日に1回ぐらいを目安に行います。

　陸生種のほとんどは草食性であり、通常は植物質の餌《えさ》を与えます。一般に推奨されている給餌内容は90％以上の葉野菜（濃緑色の葉をもち、カルシウムと繊維質に富んだもの、たとえば小松菜やチンゲンサイ、大根の葉、サラダ菜、モロヘイヤなど）と10％のその他の野菜（マメ類、イモ類、カボチャ、ニンジンなど）です。果物は嗜好性《しこうせい》のよいものが多いのですが、草食性のカメに適した栄養組成のものはほとんどないため、与えるとしても少量にすべきです。（田中　治）

鼻炎

　カメは外温性動物であり、体温は外の気温により左右されます。そのため、気候の変化や飼育環境の不備による急激な温度や湿度の変動、外因的なストレス、不衛生な環境などから鼻炎を起こすことがしばしばあります。

　とくに陸ガメの場合、不適切な床材によって鼻の中の粘膜が刺激され、鼻炎を起こすこともあります。

〈図24〉鼻炎

鼻水を垂らすケヅメリクガメ

　症状は、初期の段階であれば、鼻水〈図24〉、眼やになどですが、進行すると、頸を伸ばし、上を向き、口を開けて呼吸するようになったり、キューキューという呼吸音が聞こえるようになってきます。そして、食欲不振や元気消失に陥ることもあります。

　症状を総合的に判断して診断します。また、肺炎を併発していないか、X線検査を行います。

　軽症であれば、飼育環境の見直しや湿度の調節などだけで治癒することもありますが、ウイルスや細菌、真菌（カビ）などによって引き起こされていることもあり、その場合にはそれらに対応する治療も必要です。また、分泌物で鼻孔が閉《へい》塞《そく》している場合にはそれを拭って除去し、抗生物質の局所的な点鼻や全身投与を行います。全身状態の悪い場合は、輸液などにより脱水の補正や栄養補給などを行い、肺炎に進行しないようにします。

　予防するには、適切な温度と湿度の維持はもちろんのこと、過剰なスキンシップや同居動物などのストレスによって免疫力の低下を起こさないように配慮します。小さなカメについては、体力がないため、極端な温度差が生じないようにしなければなりません。

　陸ガメでは適切な床材の選択が重要で、刺激性の高いスギ由来のチップや粉《ふん》塵《じん》が舞うような素材のものは用いないようにします。（田向健一）

肺炎

　カメは全般に呼吸器疾患に弱い傾向があり、気温の下がる時期には免疫力の低下を引き起こし、様々な感染症を誘発して鼻炎から肺炎に移行することがあります。とくに熱帯産の陸ガメでは、日本の冬場の気温の低下と乾燥が肺炎を誘発する原因になります。

　初期の症状は鼻汁を流す程度の鼻炎症状ですが、進行すると呼吸音が激しくなったり、口から泡状のものを出したり、上を向いて口を開けて呼吸したりするようになり〈図25〉、さらに食欲低下や元気消失などを示し、放っておくと死につながることがあります。片方の肺に肺炎を引き起こした場合、浮力の調整がうまくいかなくなるため、水に浸《つ》けると傾いて浮かびます〈図26〉。

　最終的な診断は、聴診とX線検査によって肺野の炎症〈図27〉を確認することにより行います。

　治療は、適切な温度と湿度の環境で行うことが重要です。肺炎はウイルスやマイコプラズマ、細菌、真菌などによって引き起こされるため、治療には抗ウイル

〈図25〉

頭をあげ苦しそうに呼吸をしている（肺炎）

〈図 26〉

肺炎によって片側の肺に空気が入っていないため、傾いて浮かぶ

〈図 27〉

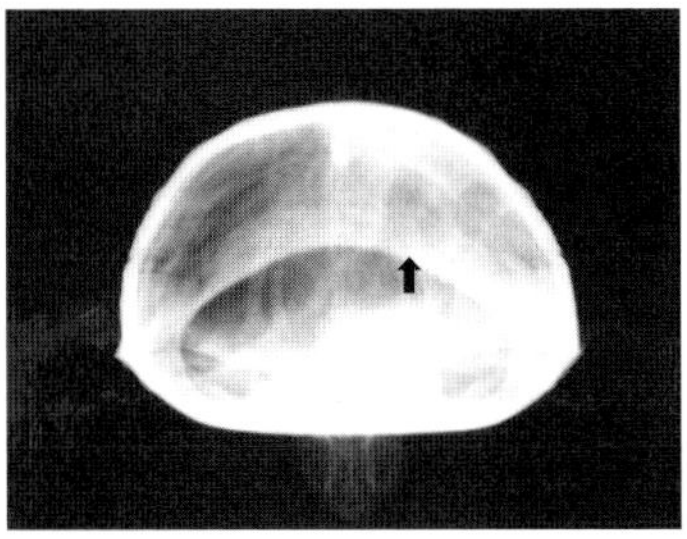

肺炎のカメの正面のＸ線写真。左の肺は（矢印）右の肺と比べ白く炎症を示している

ス薬や抗生物質、抗真菌薬の投与を行い、それと同時に水分や栄養を補給します。また、重度の肺炎の場合は、ネブライザーを用いて肺へ薬物が直接いきわたるような治療も行います。

予防するには、清潔で適切な飼育環境で飼育することが重要です。とくに季節の変わり目や冬場など、気温が低下するときには温度計を用いて適切な温度を維持できているか確認します。また、新しくカメを導入する際にウイルス性肺炎を持ち込んでしまうおそれがあるので、そうした場合には検疫期間を設け、感染を予防します。

（田向健一）

口内炎

ウイルスや細菌、真菌などの感染が直接的な原因ですが、環境温度の低下やストレス、栄養不良による免疫力の低下、不衛生な飼育環境などが感染を起こしやすくする要因として考えられます。また、口腔《こうくう》内を傷つけるような食餌、刺激性の強い植物や薬物の摂取など、外傷が原因となることもあります。

食欲が低下したり、食べる意思はあるものの食べにくそうにしたり、口のまわりを気にして前肢でこするなどの症状がみられます。口腔内には泡状の分泌液がたまっていたり（唾液分泌《だえきぶんぴつ》の亢進《こうしん》）、充血がみられたりするほか、黄白色の膿瘍《のうよう》の形成や潰瘍《かいよう》、出血が認められることもあります。また、進行すると顎《あご》の骨にまで炎症が及びます。ヘルペスウイルスによる陸ガメの口内炎では、下顎《したあご》が侵され、頸部《けいぶ》に広範囲にわたる浮腫《ふしゅ》をしばしば起こします。

飼育状況などの情報収集と身体検査から仮診断します。さらに、患部から採集したサンプルをもとに細胞診や培養検査を行うと、確定診断や治療薬の選択の助けになることもあります。

治療は、口腔内の膿瘍は可能な限り除去し、洗浄および消毒します。その後、抗生物質の軟膏《なんこう》を塗布します。重度な場合は、栄養障害による衰弱や敗血症から死亡するのを防ぐため、とくに積極的な治療が必要であり、強制給餌《きょうせいきゅうじ》や感受性試験に基づく抗生物質の全身投与（注射や内服）などを行います。

軽度のものは、環境温度を高めに（至適温度内で）維持し、衛生的な環境で飼育するように努めるだけで改善することがあります。多くの場合は治療すればよくなりますが、重度に衰弱しているような場合は、積極的な治療をしても助からないこともあります。

（田中　治）

異物誤嚥《いぶつごえん》（腸閉塞《ちょうへいそく》）

もっとも一般的にみられる異物は石ですが、骨や玩具《がんぐ》の一部、ビニール袋などがみられることもあります。こうした異物を摂取しても、通常は問題になることなく通過して排出されますが、ときに消化管を閉塞し、重度の通過障害を引き起こします。症状は閉塞の程度や位置により異なり、元気消失や食欲不振、嘔吐《おうと》、タール状の下痢などがみられます。

X線検査により確定診断を行います。ときに消化管造影X線検査が必要なこともあります。

内科的治療として、流動パラフィンや腸蠕動亢進薬《ちょうぜんどうこうしんやく》を投与しますが、外科的処置が必要な場合もあります。

予防するには、消化不可能で、飲み込む可能性のあるものを飼育環境に置かないようにします。

（藤原　明）

クロアカ脱

クロアカとは総排泄腔《そうはいせつくう》のことです。総排泄腔の内面が反転して総排泄孔《そうはいせつこう》から脱出した状態をクロアカ脱といいます。クロアカ脱を起こすのは雌に多く（雄の場合はペニスが先に脱出する場合が多い）、便秘や尿路結石、難産などによりいわゆる「気張る」状態が長時間続くことによって発生します。ただし、外見上は同じようにみえても、脱出しているものが卵管や直腸のことがあるので、獣医師による慎重な鑑別が必要となります。

治療は、合併症のない単純なクロアカ脱の場合は、脱出部位を整復後、総排泄孔を数日間にわたって巾着縫合《きんちゃくほうごう》しておきます。また、原因が明らかな場合は、その状態を改善することが重要です。

（鈴木哲也）

ペニス脱

ペニス脱の起こる原因は様々ですが、大きく分けるとカルシウム不足や日光浴不足、冬眠明けや長期間にわたる拒食状態によって栄養不良に陥り、筋肉の収縮力が落ちてペニスが元に戻せなくなるなど、代謝栄養性疾患に起因するものと、交尾時や排泄時に総排泄孔から出したペニスを同居のカメに齧《かじ》られたり、ペニスが何かに引っかかって傷つくといった外傷性のもの、結石や便秘などに伴って起こるものがあります。

短時間の脱出であれば、潤滑性のゼリーをペニスに塗ってそっと総排泄腔に押し込むことで整復が可能ですが、長時間脱出していたペニスや激しい障害を受けたペニスは壊死《えし》していることが多く、このような場合は獣医師による切除手術が必要となることもあります。

（鈴木哲也）

卵秘（卵《らん》塞《そく》、卵詰まり）

卵秘（卵塞、卵詰まり）はカメによくみられる病気です。飼育下において性成熟期に達した雌のカメは、健康状態がよければ、雄と同居していなくても体内に卵（いわゆる無精卵）を作り、産卵を行うことがあります。しかし、このときに極端な飼育環境の変化（慣れない環境で落ち着かない）や適切な産卵場所の欠如（飼育場所に穴を掘れるような砂地がない）などにより、正常な産卵時期が遅れると卵秘を起こすことがあります。また、産卵場所を探すためベランダから落下して体内の卵が割れたり、妊娠している時期に激しく交尾を迫る雄によるストレスや、実際に挿入されたペニスによって体内の卵が損傷を受けたりすることによって、卵秘を引き起こした例もあります。

妊娠時と産卵時には大量のカルシウムを摂取する必要があり、カルシウムが食餌中に不足している場合も卵秘の発生の危険性が増します。

カメが妊娠しているかどうか（体内に卵殻を形成した卵があるか）の判定は、X線検査によって容易に行うことができます。

産卵を控えたカメは通常、食欲がなくなり、盛んに後肢で穴を掘るような行動をとりはじめます。ただし、このような行動が数日続き、X線検査で卵が確認されたとしても、必ずしも卵秘とはいえません。

卵秘を診断するには、X線検査のほか、一般症状（食欲がまったくなくなる、眼の充血、気張るような動作、苦しそうなうめき声を出す、虚脱状態など）を総合的に判断します。もちろんX線検査において骨盤腔《こつばんくう》を通過できないほどの巨大な卵や割れた卵、そのほかの異常が見つかった場合は、ただちに治療を行わなければなりません。

卵秘と判断された場合は一般家庭での治療は不可能で、陣痛促進薬や筋肉の収縮力を高めるためのカルシウム剤などを投与するほか、ときには甲羅を切開して卵を取り出す手術が必要になります。

（鈴木哲也）

不全麻痺《ふぜんまひ》

不全麻痺の多くは栄養性の病気がもとになって発生します。とくにカルシウム代謝が異常になると、神経伝達や筋収縮に障害が発生し、四肢に麻痺《まひ》を起こすことがあります。また、ほかのカメに咬まれたり、卵詰まりで腹部の内圧が高くなったりしても不全麻痺が起こることがあります。

四肢が不全麻痺に陥ると身動きがとれなくなってしまうばかりでなく、採食が困難になったり、腹甲が傷ついたりします。

症状やそれまでの飼育状況から診断します。また、X線検査によって骨の変形を確認したり、血液検査により血中カルシウム濃度などを測定し、不全麻痺の原因を追究することもあります。

治療には、カルシウム剤を投与したり、対症療法としてビタミン剤などを用い神経の活性化を図ることがありますが、その原因を改善しなければ完治は望めません。また、慢性経過をたどっている場合には、不可逆的な変化として治らないこともあります。

予防するには、温度や餌、紫外線など、飼育条件全般に十分に注意し、適切な飼育管理を心がけることがもっとも重要です。とくに成長期はビタミンとミネラルの要求量が高いので良質な餌を給餌するように心がけます。

（田向健一）

結膜炎

水生種は水質の悪化やビタミンA欠乏が原因となって結膜炎を起こすことがよくあります。陸生種は床材が原因である場合が多く、鼻炎を伴っていることもあります。このような原因の結膜炎のほとんどは両眼に発症します。片眼だけに症状がみられる場合は、外傷などによる角膜炎に併発した結膜炎である可能性が高いといえます。

症状は様々ですが、白眼の部分の充血と涙目が初期にみられます。病気が進行すると、眼の表面にチーズのような塊が付着し、場合によっては上下の瞼《まぶた》がくっつき、眼を開けることができなくなります。また、眼を気にして前肢や床に擦り付けるようになり、角膜炎や角膜潰瘍《かくまくかいよう》を併発することもあります。

治療は、まず原因の除去を最優先します。一方、陸生種の場合は、ヤシガラや赤玉土など、吸湿性が高く、乾燥すると崩れてほこりが出やすい床材は、結膜を刺激することによって結膜炎を起こしがちです。また、針葉樹のチップや乾燥牧草などの床材は、アレルギー性の結膜炎の原因になります。これらの床材を使用している場合は、広葉樹のチップなど、ほこりが出にくく、低アレルギー性の床材に変更します。水生種の場合は、水質を検査し、水質管理を徹底します。

眼が開かなくなっている場合は、結膜についたチーズ様の塊を除去するとともに、抗生物質の点眼薬を投与します。また、症状によっては、抗生物質や消炎薬の全身的な投与が必要です。（吉村友秀）

乾性角結膜炎

涙の分泌が少なくなると、眼の表面の角膜が乾燥し、粘液状の分泌物が多く出るようになります。この状態が長く続くと、眼の表面の弾力が失われて固くなる角化症になり、場合によっては視力を失うことがあります。これを乾性角結膜炎といいます。

原因としては、ビタミンA欠乏による涙腺《るいせん》やハーダー腺《せん》の異常が多いようです。また、水中生活が中心のカメを水に浸かることができないような環境で飼育をしていた場合にもこの症状がみられます。

治療は点眼薬の投与を基本としますが、ビタミンA欠乏のときには、その治療も必要です。また、飼育環境に問題がある場合には、正しい飼育方法に切り替えます。

（吉村友秀）

角膜炎

床材などによる刺激や細菌または真菌の感染が原因で起こります。また、水中生活を中心とする種類では、水質の悪化によっても発症します。

角膜炎を起こすと、前肢や床に眼を擦《こす》り付けたり、あるいは涙目などを気にして頻繁に眼を開けたり閉じたりしたり、または眼を閉じたままにしたりするようになります。また、眼を強く擦《こす》ることによって、角膜に傷がつく角膜潰瘍や眼のまわりが腫《は》れる結膜炎を併発することもあります。

角膜全体が白く濁ってきた場合には注意が必要です。治療が遅れると白濁したままになる可能性が高いので、早めに治療を受けるようにしましょう。

（吉村友秀）

角《かく》膜《まく》潰《かい》瘍《よう》

異物や外傷により角膜に直接傷がつくことが角膜潰瘍の原因としてもっとも多いといえます。外傷は主に角膜炎や結膜炎のときに自らの前肢で顔を擦ることによって起こります。あるいは、水生種の場合は、水質の悪化や細菌感染による角膜炎に続発して起こることが多いようです。

通常、角膜炎の治療は、原因の除去と点眼薬投与が基本ですが、必要により内服薬を併用します。また、重症例に対しては、瞬膜を覆いとして用いる外科治療を行うこともあります。潰瘍の程度や治療の開始時期によっては、眼の表面が白く濁ったままになったり、角膜が破れてしまうことがあるので、早めに治療を開始する必要があります。（吉村友秀）

白内障

片眼または両眼の黒眼の部分が丸く白濁した状態を白内障といいます。初期には視力が若干低下する程度ですが、症状が進行して完全に水晶体が白濁すると視力を失います。眼に障害があると、カメは食欲不振や異常な行動を示すようになります。

原因には先天的なものもありますが、ほとんどは後天的です。後天的な原因としては、繰り返し氷温にさらされることや外傷、栄養性疾患、老齢などがあげられます。

白内障は、片眼だけに起こることも、両眼に起こることもありますが、両眼に異常がある場合は餌を口元にもっていってあげる必要もあるでしょう。

（吉村友秀）

骨折

骨折は、外部からの物理的な圧力や骨の病気によって起こります。カメは甲羅をもっているため、強い力が加わっても、四肢の骨が骨折することは比較的少ないのですが、落下事故などによる甲羅の骨の骨折がよく発生します。

四肢を骨折した場合は、足を動かせなくなる、ぶらぶらさせるなどの症状がみられます。また、甲羅は脊椎《せきつい》と一体となっており、血液も流れているため、損傷すると出血を起こします。甲羅の骨折は体《たい》腔内臓器《くうないぞうき》にダメージを与えるため、突然死することもあります。

X線検査により診断します。甲羅を骨折している場合は、肺や腎臓《じんぞう》、肝臓など、主要臓器の損傷具合も併せて調べ、総合的に判断する必要があります。

治療は、骨折端が露出して傷口が汚れているようであれば、滅菌した生理食塩水などで十分に洗浄し、感染を起こさないように抗生物質を投与します。そして、金属のピンやプレートを用いて折れている骨をつないだり、甲羅についてはグラスファイバーや樹脂を使って整復します。

骨折を予防するには、飼育施設内から脱走して高い場所から落下しないように日頃から十分に気をつけます。また、飼料中にカルシウムが不足すると骨や甲羅を弱くするため、正しい飼養管理を行うことも大切です。万一、骨折を起こしたときや甲羅が割れてしまったときは、傷口が乾かないようにして、すぐに動物病院へ連れて行きます。

（田向健一）

骨溶解

骨溶解の原因としては、細菌の感染や栄養障害などがあります。

骨溶解を起こすと、四肢が動かせなくなります。また、溶解している骨の周辺が腫れていることもあります。

診断は、外見からは難しく、X線検査によって、骨の溶解の原因を調べます。

治療は、骨溶解の原因を明らかにし、それに対する処置を行います。たとえば、感染性のものについては、細菌培養と感受性試験によって適切な抗生物質を選択し、それを投与します。また、栄養性によるものには、適切な食餌を給与するとともにカルシウムを補給し、さらに紫外線ランプの設置などを行い、骨代謝を助けます。

予防するには、衛生的な環境を整えて適切な食餌を与え、日頃から病気にさせない飼育管理を行うことが重要です。

（田向健一）

代謝性骨疾患（メタボリック・ボーン・ディジーズ）

原因は、食餌中のカルシウムの不足とリンの過剰です。肉食性のカメに骨成分を含まない精肉やハム、ソーセージ、魚の切り身などを与えていると、カルシウムが不足し、リンが過剰となります。また、草食性のカメにはカルシウム含有量の多い葉野菜や雑草を主食として与えるべきですが、レタスやキュウリ、果物などのカルシウムの乏しい食餌が主になっていたり、動物質、植物質を問わずタンパク質の多い食餌を与えていると同様の結果が生じます。

このほか、食餌中のビタミンDの不足や中波長紫外線（UVB）の照射不足も原因となります。ビタミンDは、動物質の食餌には含まれていることが多いのですが、植物質の食餌にはほとんど含まれていません。一方、カメはUVBの照射により、皮膚の分泌成分からビタミンDを合成することができます。そのため、UVBの供給が不十分な草食性のカメでこの問題が起こりやすいといえます。

正常なカルシウムとリンの代謝が行えなくなるため、症状としては、骨で構成されている甲羅に明瞭《めいりょう》な障害が認められます。陸ガメでは背甲板のひとつひとつがピラミッド状に変形したり、腹甲板に凹凸がみられることが多く、水生のカメでは体の成長に甲羅の成長が伴わないため、頭部や手足などが甲羅に入らない体形になったり、背甲の辺縁が反り返ったりします。また、陸生種、水生種を問わず、甲羅が軟化することがあります。このほか、手足の骨格異常に伴って歩行困難やうまく泳げないといった問題が発生したり、顎骨《がくこつ》の変形に伴う咬合不正《こうごうふせい》からくちばしの変形ないし過長が生じることもあります。さらに病状が進行すると、血液中のカルシウム濃度が低下し、食欲低下や元気の消失、排泄がなくなるなどの非特異的な症状や、ときにけいれん発作や昏睡《こんすい》を起こすこともあります。

通常は飼育状況、とくに食餌内容やUVB照射についての情報聴取と身体検査で仮診断が可能です。確定診断やさらに詳しい病状を知るためには、血液化学検査やX線検査を行います。

軽症の場合は食餌内容の改善とUVBの照射によって治療が可能です。草食性のカメには、カルシウムとリンのバランスがよい葉野菜、たとえば小松菜やチンゲンサイ、大根の葉、モロヘイヤなどを中心（食餌全体の90％以上）に与えます。

代謝性骨疾患

甲羅がピラミッド状に変形している（ケヅメリクガメ）

一方、肉食性のカメには、小魚を丸ごとか、または骨ごとミンチにしたものを与えるか、良質のカメ用固形食を与えます。どうしてもカルシウムとリンのバランスが悪い食餌しか食べない場合には、カルシウム剤を餌に補給しなくてはならないでしょう。

UVBの照射を受ける方法として最良なのは自然光による日光浴であることはいうまでもありません。1日に30分から1時間程度、屋外に出すとよいでしょう。ただし、この場合は熱射病に配慮し、直射日光から身を隠す日陰を設けたり、高温になりすぎない場所や時間帯を選ぶ必要があります。日光浴ができない場合は人工の光を使用しますが、ビタミンD合成のためにカメが必要とするUVBの要求量が明らかではないため、使用法と効果、弊害については不明確な点が多いことを考慮しなくてはなりません。しかし、人用に開発されたフルスペクトル灯や爬《は》虫類用蛍光灯《ちゅうるいようけいこうとう》の多くは、経験上、安全で効果的であると考えられ、広く普及しています。なお、UVB照射の代わりにビタミンD剤を与える場合は非常に注意が必要です。カメのビタミンD_3の要求量も明らかではなく、また、ビタミンDの過剰摂取は有害であるからです。

代謝性骨疾患

甲羅の成長不良により体を甲羅の中に収納できない（ミシシッピーアカミミガメ）

軽症の場合、治療後の経過はよく、その後の成長は良好です。ただし、すでに変形した甲羅が正常に戻ることはありません。

これに対して、重症の場合、とくに低カルシウム血症に陥っている場合には積極的な治療が必要で、そのためにカルシウム剤の注射や点滴などが必要なことも少なくありません。重症の場合は治療に反応せずに死亡することもありますが、よほど進行していなければ、致死的な状態から開放され、正常な生活を送れるようになる可能性があります。ただし、改善するまでには長い時間がかかる場合が多いようです。

（田中　治）

吻《ふん》部《ぶ》（くちばし）の異常発育

栄養上の問題によって生じる代謝性骨疾患では顎の骨が変形するため、正常な咬《か》み合《あ》わせができなくなります。その結果、くちばしが正常に磨耗されず、異常に伸びすぎてしまいます。また、自然の状態での食餌よりも軟らかい餌を与え続けることによっても、正常な磨耗が行われなくなると考えられます。このほか、口内炎から波及した顎骨の障害や外傷による顎骨の変形なども原因となります。

症状は原因やカメの種類によって異なりますが、多くの場合、上顎《うわあご》のくちばしが下顎のくちばしに覆いかぶさるように長くなったり、下顎の一部が上顎の前方に突出するように伸びたりします。そのため、食餌をしたくてもうまく食べられなくなることがあります。

診断にあたっては、原因を知ることが重要で、その究明のために飼育状況や過去の病歴などの情報聴取や身体検査を行います。また、代謝性骨疾患を診断するために血液化学検査やX線検査などが必要なこともあります。

著しく変形し、伸びすぎたくちばしについては、できる限り正常に近い状態に切ったり、削ったりしてトリミングします。顎骨が正常な状態で、単に磨耗不足から生じた過長であれば、その原因となる食餌などを改善すれば、再発を防止できることが多いようです。しかし、代謝性骨疾患が原因であったり、外傷などですでに顎が変形している場合には、完治に時間がかかったり、生涯にわたって定期的なトリミングが必要なこともあります。

（田中　治）

火傷

陸生種では、飼育環境の設定温度が低い状態で、保温球やスポットライトなどを近距離から照射していると、カメが暖かいライトの下から長時間移動せず、じっとしているようになり、その結果、背甲に低温火傷が起こることがあります。水生傾向の強いカメでも同様に、水温の設定温度が低い場合、ヒーターに体を密着させたまま長時間じっとしていることが原因となり、皮膚や甲羅に火傷を起こします。また、適切な水温が保たれていても、水温がより高くなるヒーターの上に乗って体温を上昇させようとした結果、腹甲や皮フに火傷がみられることがあります。このほか、水換え時に誤って熱湯をカメにかけてしまうなどの事故もあります。

症状としては、甲羅では内出血が認められたり、鱗板《りんばん》の継ぎ目から滲出液《しんしゅつえき》がにじみ出したり、重症の場合は鱗板が脱落したりします。皮膚には紅斑《こうはん》や水疱《すいほう》、びらんなどが認められ、爪が脱落することもあります。また、火傷の部位に細菌などの二次感染を受けることがあります。

症状と受傷時の状況に基づいて診断を行うとともに、火傷の面積や深度の判定を行い、重症度を判定します。

治療は、重症度の判定結果に従って、局所に対する治療とともに、必要に応じて輸液や抗生物質の局所的あるいは全身的な投与を行います。熱湯による全身火傷の場合、死に至ることも多くあります。火傷の原因の多くは、飼育環境の不備によることが多く、これらの改善を行わなければ、根本的な問題の解決にはなりません。

（小家山　仁）

膿《のう》瘍《よう》

皮下膿瘍《ひかのうよう》は、外傷が原因となって発生することが多く、出血を起こしたり、皮下に達するような傷を負った場合には、傷の大きさにかかわらず、膿瘍が形成されることがあります。また、ダニなどの咬傷部位《こうしょうぶい》から細菌感染を受けることもあります。このほか、細菌が血行性に伝播《でんぱ》して体腔内臓器に膿瘍が形成されることもあります。膿瘍からは、エアロモナスや緑膿菌などのグラム陰性細菌が多く分離されます。

患部の皮膚は盛り上がり、触診で皮下に硬結した塊を確認することができます。膿瘍内には炎症性の細胞や乾酪化した壊死細胞《えしさいぼう》などからなるチーズ様の物質が充満し、その周囲を線維化した組織が取り囲んでいます。

症状とともに、外傷の有無などに基づいて診断します。又、痛風結節との鑑別が必要です。

治療は、皮下にできた膿瘍については、局所あるいは全身麻酔下で患部の皮膚を切開し、できる限り周囲を取りまいている線維性の組織とともに、内容物が漏れ出さないように摘出を行います。膿瘍を切開し、排膿《はいのう》する場合は、完全に壊死組《えしそ》織《しき》を取り除くようにする必要があります。切開腔《せっかいくう》はヨード液などで洗浄し、抗生物質の軟膏を充填《じゅうてん》しておきます。さらに、必要に応じて、細菌の培養同定を行い、経口的あるいは非経口的に抗生物質の投与を行います。体腔内にできた膿瘍では、摘出できる場合には摘出し、全身的に抗生物質を投与して治療します。

（小家山　仁）

甲羅の損傷

ベランダなどからの落下事故やイヌによる咬傷《こうしょう》、庭などで放し飼いにしている場合には逃げ出して車に甲羅の一部をひかれるなどの事故により、甲羅が損傷を受けることがあります。

落下事故などでは、甲羅の一部あるいは広範囲にわたって亀裂《きれつ》が生じ、部分的な脱落が認められます。重症例では、損傷部から消化器官など、体腔内の臓器が脱出したり、内臓破裂などが起こっていることがあります。また、イヌによる咬傷では、甲羅の片縁が噛《か》み砕《くだ》かれたり、犬歯が甲羅を突き抜けて体腔内にまで貫通する穴が開くことがあります。

症状に基づいて診断するとともに、X線検査を含め、全身的な身体検査を行います。

治療は、損傷部分が小さく、甲羅の一部にヒビが入っている程度であれば、患部をヨード剤などで洗浄した後、必要に応じてエポキシ樹脂などを用いて保護します。しかし、甲羅が砕けているなど、甲羅に固定が必要と思われる場合には、甲羅全体を十分に洗浄および消毒した後、ドリルなどで穴を開け、ワイヤーを通して継ぎ合わせます。あるいは砕けた甲羅片をしっかりと元の状態に寄せ合わせた状態で、グラスファイバーとエポキシ樹脂、金属用のパテなどを用いてできる限りすき間のないように修復します。いずれの処置の場合も、膿瘍の形成を避けるために、損傷部を含め周囲の甲羅の汚れや汚染物を十分に除去する必要があります。これらの処置とともに、輸液や抗生物質の投与を行い、出血やショックに対する治療を行います。（小家山　仁）

甲羅の潰瘍《かいよう》

水生傾向の強いカメや比較的湿った環境で生活しているカメを不衛生な環境下で飼育している場合によく発生します。潰瘍の病変部からは、エアロモナスや大腸菌など、様々な細菌が分離されますが、これらの多くは常在菌で、カメの体調の悪化に伴って病原性を発揮しているものです。また、甲羅の外傷から二次的に細菌感染が起こり、潰瘍が形成されたり、あるいは血液を介して他の部位から細菌が伝播し、鱗板下で繁殖することによって潰瘍が形成されることもあります。このほか、真菌感染や、水生傾向の強いカメではある種の寄生虫の感染によって潰瘍が形成されることがあります。

症状は、細菌感染では、鱗板と骨板の間に乾酪化した炎症産物が充満します。また、真菌感染では、感染部位が白濁し細かく崩れるように鱗板が剥《は》がれ落《お》ち、潰瘍が形成されることが多いようです。寄生虫感染では、末梢《まっしょう》の小動脈に虫卵が栓塞《せんそく》することによって潰瘍が形成されます。

細菌培養や真菌培養のほか、必要に応じて糞便検査《ふんべんけんさ》や血液検査、X線検査などを行い、その結果に基づいて診断します。

治療は、原因に応じて、それぞれに適した方法で行います。細菌感染や真菌感染では、潰瘍部の死滅組織を十分に取り除いた後、ポピドンヨード液などを用いて患部を消毒し、抗生物質や抗真菌薬を投与し、吸虫感染に対しては、駆虫薬を用いて駆虫を行います。（小家山　仁）

サルモネラ症

陸ガメ類とヌマガメ科のなかのテラピン類のカメは、サルモネラ属の細菌を排出することがあります。カメは通常、無症状ですが、人との共通感染症の病原体であることを考慮しなければなりません。とくにテラピン類がサルモネラを排出している場合は、飼育している水槽の水が汚染されている可能性が高く、公衆衛生上の問題を引き起こす可能性があります。

治療には、適切な抗生物質を投与します。また、汚染された飼育水を交換します。

予防するには、水槽を定期的に清掃します。また、水を定期的に交換し、餌を衛生的に管理することも大切です。（藤原　明）

表在性真菌症

不適切な飼育温度や湿度、不衛生な水質など、飼育環境が不良な場合に発生します。その多くは、不適な条件のもとで常在真菌が病原性を発揮したものと考えられます。陸生のカメでは、床材を湿らせた状態で長期間交換せずに使用した場合などに、腹甲やときに背甲に認められます。また、水生種では、十分な甲羅干しができない場合や、水質が悪化した場合に皮フ部に比較的多く発生します。

病変は、初期には瞼や指先などに白い斑点《はんてん》として認められ、次第に全身の皮膚に広がっていきます。病状が進行すると、四肢の爪が落ちたり、元気や食欲がなくなり、日中は眼をつむり、じっとしていることが多くなります。甲羅の感染では、潰瘍や壊死が認められ、鱗板が部分的に剥がれ落ちたりします。

診断は、皮膚の生検や真菌培養により行います。

治療は、希釈したヨード剤や水生種においてはマラカイトグリーンを用いた薬浴を行うとともに、飼育環境を改善し、それぞれの種類に適した飼育温度や湿度、水質などを維持するように心がけます。（小家山　仁）

深在性真菌症

呼吸器や消化器などの体内の臓器が真菌に冒される病気です。水生種よりも陸生種に発生しやすいといわれています。温度と湿度の急激な変化や、不衛生な飼育環境、ストレスなどは潜在的な要因となります。

真菌の感染を受けると、それに対する反応として肉芽腫性《にくがしゅせい》の結節病巣が形成されますが、病状がかなり進行するまで、目立った症状は現れにくいようです。

診断するには、X線検査で結節病巣を検出しますが、確定診断には真菌の培養が必要です。そのためには手術による検査材料の採取が必要なこともあります。

内臓の感染の場合、診断が困難であり、生前に診断されることはまれです。

治療は、適切な温度と湿度のもとで行うことが重要です。抗真菌薬の全身的投与を行い、さらに必要に応じて、ネブライザーを用いて気道に薬物を直接投与する方法もあります。抗真菌薬の投与と同時に輸液や栄養補給なども行い、体力の温存を図る必要もあります。

予防するには、同居動物や飼い主からの過剰なスキンシップなどによってストレスを避け、免疫力が低下しないようにすることが重要です。また、季節の変わり目や湿度の高まる梅雨時にはとくに適切な温度と湿度の維持に注意し、カメを極端な環境の変化にさらさないようにします。また、不衛生な環境ではアンモニアなどの有害物質が発生し、カメの呼吸器粘膜に障害を与え、真菌の感染が起こりやすくなるため、衛生的な管理を心がけます。

（田向健一）

内部寄生虫症

カメ類には、多種多様な寄生虫の感染が認められます。なかでも原虫類が寄生していることが多く、アメーバ類のほか、トリコモナスなどの鞭毛虫《べんもうちゅう》類、クリプトスポリジウムやその他のコクシジウム類、線毛虫類が検出されます。また、原虫以外の寄生虫では、回虫類などの線虫が寄生していることが多いようです。

これらの各種の寄生虫の感染を受けても、カメは通常は無症状で過ごしていますが、ときに下痢などの消化器症状を示し、あるいはそれに伴って衰弱することがあります。

内部寄生虫症を診断するには、糞便検査を行い、原虫類については、寄生虫の栄養型やオーシストといわれる発育段階のものを検出します。また、線虫類については、虫卵を検出します。

無症状の場合は、ただちに駆虫を行う必要はありませんが、その後に病害性を発揮する可能性は否定できません。そのため、どのような寄生虫についても、駆除しておくことが無難だと思われます。

駆除には、アメーバ類や鞭毛虫類、線毛虫類にはメトロニダゾールなど、コクシジウム類にはサルファ剤など、線虫類にはフェバンテルなど、それぞれの寄生虫に適した駆除薬を選択します。なお、イベルメクチンを使用することもありますが、イベルメクチンはある種のカメに副作用を示すことがあるといわれているため、カメ類への使用は必ずしも推奨できません。

（深瀬　徹）

外部寄生虫症

カメ類には、マダニが寄生していることがあります。とくに輸入直後のカメにみられることが多く、その多くは四肢の基部に固着しています。

著しい数のマダニの寄生を受けていない限り、カメ類がとくに症状を示すことはありませんし、ペットとなっているカメに多数のマダニが寄生していることもまずありません。しかし、マダニは他の病原体を媒介する可能性があるため、発見したときは、ただちに駆除すべきです。

マダニは、用手的に除去するのがもっとも簡単です。このとき、マダニの頭部分（顎体部《がくたいぶ》）がカメの皮膚に残らないように、引き抜く方向に注意します。また、イヌやネコのノミとマダニの駆除薬であるフィプロニル製剤をそのマダニの背部に1滴滴下してもよいでしょう。こうすると、マダニは死滅しますが、それが脱落するまでには数日を要することがあります。

このほか、カメが外傷を負ったとき、その部分を不衛生にしておくと、そこにハエが卵を産み、創傷部分にウジが生息することがあります。これをハエウジ症といいます。この場合は、ウジを除去するとともに、創傷部位の洗浄と消毒を行います。また、こうした状態では細菌感染も起こっていると考えられますし、あるいはたとえ細菌が感染していないとしても、それを予防するために、抗生物質を併せて投与します。

（深瀬　徹）

ビタミンA欠乏症

食餌中のビタミンAまたはβ−カロチンの不足が原因で発症します。精肉やハム、ソーセージ、魚の切り身、ムキエビ、乾草赤虫など、ビタミンAの乏しい食餌を与えられる機会の多い水生のカメに高率に認められます。とくに幼体期にはビタミンAの要求量が高いため、子ガメに多い病気といえます。また、レタスやキュウリなど、β−カロチンの乏しい野菜を与えられている陸ガメやハコガメにも発生することがあります。

症状としては、瞼の腫れ（ハーダー腺《せん》炎《えん》）や口内炎、呼吸器症状（鼻炎など）を示します。また、瞼が腫れると、カメは眼が見えなくなり、食餌をとらなくなります。

通常は食餌内容の聴取と症状から診断します。この病気が疑われる場合には、診断的治療としてビタミンAを投与し、それに対する反応をみます。

治療には、ビタミンA剤の内服または注射を行います。これにより、普通は1～3週間ぐらいで症状が改善します。後は、再発防止のために食餌内容を改善します。水生のカメにはミミズや小魚など生き餌またはレバーを定期的に与えるか、良質のカメ用固形飼料に餌付《えつ》かせます。陸ガメに対しては、緑黄色野菜を与えれば、通常は問題ありません。

なお、ビタミンA剤を投与してもまったく改善が認められない場合は、ほかの病気の可能性について検討すべきです。（田中　治）

ビタミンA欠乏症によるハーダー腺炎

チアミン欠乏症

チアミン欠乏症は主に水生のカメに発生します。その原因は、冷凍の白身魚のようなビタミンB_1の少ない餌の長期にわたる給与や、ワカサギや金魚など、ビタミンB_1破壊酵素（チナミナーゼ）をもつ餌の給与とされています。

症状として、眼球の陥没や失明、けいれん、頸が傾くなどの神経症状がみられます。

診断は、給餌状況や症状に基づいて行い、ビタミンB_1を経口的に投与して治療します。予防するには、食餌の内容に注意し、金魚やワカサギなどばかりを与えないようにします。（田向健一）

肥満

狭い飼育容器内の限られたスペースでのみ飼育されていることによる運動不足や、栄養価が高すぎる食餌の給与（量、回数ともに）が原因となって発生します。

肥満傾向にあるカメは手足の付け根に脂肪がたまり、この部分が甲羅からはみ出たような外観になります。また、外観上はわかりませんが、このようなカメは体腔内にも脂肪がたまり、循環器系を圧迫されたり、脂肪肝症候群などの肝障害を起こすことがあります。こうしたカメは、肥満の進行に伴い、元気の消失や食欲不振などを起こすようになります。

飼育環境や食餌管理についての情報聴取と身体検査に基づいて判断します。また、体調が悪くなっている場合には、合併症の有無を確認するため、血液化学検査やX線検査を行うこともあります。

治療は、一般状態のよい元気なカメについては、飼育スペースの拡大や定期的に運動できる場所を与えるなどの環境改善や、食餌の質の改善（高栄養な食餌を与えない）を行うことで理想的な体格に戻します。しかし、一般状態が悪化しているカメについては、こうした方法だけでは改善が困難であり、薬物等による治療が必要なこともあります。（田中　治）

冬眠後のトラブル

冬眠に先立っての食餌管理の不手際（栄養不足）や冬眠中の環境管理（主に温度管理）の失敗が原因となって発生します。冬眠をさせるには夏場に十分な栄養が必要ですが、この間に問題があって栄養状態が悪化していたり、あるいは疑わしい場合には、その年は冬眠させないほうがよいでしょう。

冬眠後のトラブルとしては、冬眠から覚めた後もなかなか活発に活動しない、元気がない、食欲がない、瞼が腫れて眼が開かないなどの症状がみられます。さらに、脱水や栄養不良のために感染症にかかりやすくなったりします。

冬眠に至るまでの状況や冬眠中の管理などに関する情報の聴取と身体検査に基づいて仮診断しますが、ほかの病気との鑑別や現状の病状把握のために血液化学検査やX線検査、糞便検査などが必要なこともあります。

治療は病状により様々ですが、基本的には栄養状態や脱水の改善のために点滴や強制給餌が主となります。また、感染症が疑われる場合には、抗生物質を投与します。重度の障害が起こっていなければ、こうした治療により治りますが、すでに重度に衰弱しているものについては治りにくいこともあります。（田中　治）

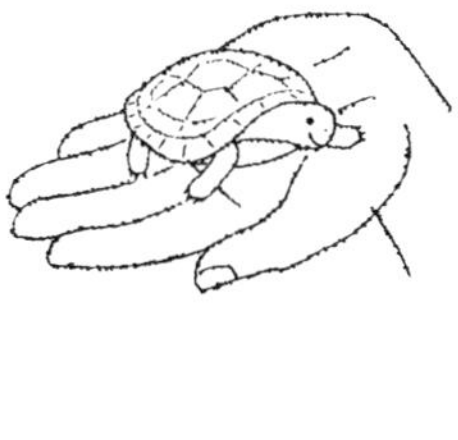

野生鳥獣の救護と疾患

傷病野生鳥獣の救護の現状

近年、環境保護と自然保護の意識が高まり、野外に生息する野生動物の保護だけでなく、何らかの原因で負傷した「傷病野生鳥獣」に対する救護も行われるようになってきました。国や各地方自治体の主導のもと、傷病鳥獣救護の体制が整いつつあります。

1年間に救護される野生鳥獣の数は、救護件数の多い地方自治体では1300件ほどにのぼります。保護される動物の多くは鳥類で、哺《ほ》乳類《にゅうるい》は比較的少ないのが現状です。

保護原因については、外傷や打撲、骨折や脱臼《だっきゅう》が多く、幼鳥や若鳥の栄養障害や、巣からの落下と巣立ちの失敗も多く認められます。とくに外傷や骨折の頻度が高いようですが、その原因の大半は交通事故や窓ガラスへの衝突、電線への衝突、釣り針や廃油などによる被害、人間の移入した動物による被害であり、人間社会の影響が強くうかがわれます。

救護された動物の転帰としては、放鳥または放獣がおよそ40%であるのに対して、死亡が約50%、リハビリテーションまたは飼育が約10%です（筆者の活動する施設でのデータ）。救護される野生動物が危篤状態に近いことを考えれば、放鳥や放獣が4割にのぼることは好成績であるといえるでしょう。ただし、傷病野生鳥獣に対する治療技術の向上に伴って放野率が増加している一方、一命は取りとめても自然復帰できなかったり、自然復帰までに長期間を要するものも増加しています。そのため、これらの動物のリハビリテーション用のスペースの確保が最大の課題になってきています。

また、移入動物や害鳥あるいは害獣を保護した場合の対応が問題になっています。ヌートリアやドバト、カラスなどがそれにあたり、これらの動物が保護された場合、治療を行うべきか、あるいは治療を行った後に放野すべきかの明確な統一基準が存在しないため、それらの動物に対する対応が各施設ごとの判断に任されているのが現状です。（片岡智徳）

傷病野生鳥獣の救護

傷病鳥獣であると思われる動物を保護しようと考えるとき、まず第一に判断しなくてはならないのは、本当にその動物を救護する必要があるか、ということです。そして、救護が必要であると判断された場合には、いくつかの点に留意しながら救護していく必要があります。なお、法律上、野生動物を飼育することはできないため、救護してからの処置は、一般に行政より指定された獣医師が行うべきと考えられます。

救護の必要性の確認

鳥類の場合、親鳥が人につかまるようなときは、その鳥の健康状態は非常に悪く、このような鳥には救護が必要です。一方、幼鳥やヒナについては、巣立ち後の不時着時や飛行練習中に救護することが多いのですが、善意で保護したつもりでも、親鳥からみれば誘拐されたようなものかもしれません。

目立ったけがが認められず、元気があり、親鳥と思われる鳥の姿が近くにある場合には、救護の必要はありません。その鳥をネコなどの外敵から守ることができ、雨や風の影響を受けにくい場所に移動するにとどめます。

また、哺乳類《ほにゅうるい》の場合も、生後間もない幼若な動物の多くは、親とともに行動しているので、外敵が来て草陰などにじっと隠れているところを保護されることがあります。このときにも、けがや病気がないかを調べて、救護の必要性の有無を判断する必要があります。

救護時の留意点

幼鳥や幼獣は、あまり攻撃的ではなく、体が小さめであることが多いので、救護自体に問題となることはそれほどありません。しかし、成鳥や成獣の場合は、人間に対して攻撃的であることが多く、不用意に動物に触ろうとすると、くちばしや爪《つめ》で攻撃されたり、咬《か》まれたりすることがあります。とくに注意を要するのは、サギ類のくちばし、猛禽類《もうきんるい》の爪やくちばし、哺乳類の歯です。

保護する側である人間がその動物によって負傷したり、また、保護される側である動物が保護時に暴れたりすることで余計なけがを負うようなことは、本末転倒であり、絶対に避けなければなりません。人間と動物の双方にとってストレスが少なく、効率のよい保護を行うには、人間がけがを負わないように皮手袋などを装着すべきです。また、動物への配慮としては、暴れさせないため、さらに周囲を見えなくさせるため、さらにバスタオルなどで体や頭を覆うとよいでしょう。

救護してからの応急処置

傷病鳥獣が動物病院に運ばれてきた場合、通常、次に示すような手順により救護活動を行います。まず、その動物に本当に救護が必要かを判断し、緊急処置および最低限の処置を施した後、ストレスの緩和を行います。そして、給餌《きゅうじ》しながら治療を続け、リハビリテーションなどを経て放野します。

①現状の把握…その動物を保護する必要があるのかを見極めます。単に巣立ちしただけなのか、体のどこかに傷害を負っていないかを、すばやく確認します。傷害部位が見当たらず、元気なようであれば、動物を安全な場所に戻し、その場から離れたところで親の存在の有無を確認します。巣立ち後の動物であっても、しばらく観察して親が世話する様子がみられなければ、それは保護の対象となります。

②応急処置…外傷の消毒や骨折部位の固定を行い、出血している場合は止血します。

③ストレスの除去…保温と安静を図り、動物を落ち着かせます。

④給餌…通常は保護の後、すぐには自力で採餌《さいじ》をしないので、その動物に見合った餌《えさ》を強制的に投与し、脱水や飢餓状態を改善します。

⑤加療…保温、安静、給餌を行い、動物の状態が安定した後に本格的な治療を開始します。

⑥リハビリテーション…自力採餌《じりきさいじ》や飛行の練習を行わせ、自然環境に復帰できるようにします。

⑦放野…リハビリテーションに成功した動物から自然復帰をさせます。

傷病鳥獣の本格的な治療は各地方自治体指定の施設や開業獣医師などが行うべきですが、保護をした人によって治療の前段階である給餌までが確実に行われていると、その後の治療がスムーズに行われるようになります。

（片岡智徳）

救護施設への搬入

日本では法律により野生動物を許可なく飼育することができません。そのため、すぐに放野できない動物は、地方自治体指定の救護施設に搬入する必要があります。（703ページ参照）

救護した動物は、たいていは衰弱しており、保温が必要なことが多く、また、周囲が見えると暴れたりストレスを受けたりします。そこで、その搬送に際しては、段ボール箱など、保温できて暗くできるような入れ物を使用します。箱の大きさは、動物が安定した姿勢がとれる最低限の大きさとします。これよりも大きいと動物が動き回ったりして搬送時に負傷することがあり、逆に小さいと全身状態を悪化させたり、新しい傷害を起こすことがあります。

動物の保護状況や保護地点は、治療やその後の放野のために重要な情報となります。以下の事項についてまとめておくとよいでしょう。

●発見時の状況

・いつ、どこで発見し、保護したのか

保護する必要がない動物を保護してしまった場合、保護してからの時間が短いほど自然復帰させられる可能性が高まりますが、長時間が経過していると、人間が世話をするしかなくなることが多くなります。また、発見した場所の環境がわかれば、保護した動物の種類を鑑別しやすくなります。

・保護時はどのような状態だったのか

傷病鳥が幼鳥である場合、周囲に別の鳥（親鳥）がいた可能性が高いといえます。あるいは窓ガラスの下にうずくまっていた場合は、ガラスへの衝突の可能性が考えられます。また、保護時と現在の状態の比較により、保護原因を推察することができます。

・保護した動物は、幼鳥（幼獣）、若鳥、

成鳥（成獣）のいずれか

保護した鳥が成鳥であった場合は、その鳥の健康状態は確実に悪いといえますが、幼鳥や若鳥では対応が違ってくる場合があります。また、幼鳥と若鳥は、状態がよくなった後に放鳥しても、自然復帰を果たせないことがあります。

・現在、どのような状態か

動物の健康状態が悪い場合には、保温や安静などの適切な処置が必要です。また、飢餓が疑われる場合には、積極的な給餌を行います。

●輸送時の応急処置

・動物の大きさに合った箱に収容して輸送します

収容する箱が大きすぎると、その中で動き回るなどして、二次的に外傷を負うことがあり、一方、小さすぎると、余計なストレスを与えることになります。

・保温を行います

保護される動物は、ショック状態にあることが多く、ダンボール箱など、保温性のある容器に収容すべきです。

・出血などの処置を行います

引き続き、生命に危機を及ぼす傷害の有無を確認し、必要な処置を行います。

・必要に応じ、動物をタオルなどで覆うようにします

攻撃的であったり、興奮して逃走するなど、動きの激しい動物については、二次的な外傷などを防止するため、視界を遮ると同時に動きを封じます。このためにはタオルなどで全身を覆うとよいでしょう。また、油により汚染された鳥の場合も、汚染の拡大を防ぎ、羽繕いを防止するために、全身をタオルなどで包みます。

（片岡智徳）

救護施設での処置

●輸送直後に行う処置

①処置が必要な傷害の部位を迅速に調べます。ただし、検査は、動物にストレスを与えないように最小限にとどめます。

②出血や開放骨折が認められる場合は、止血や消毒、仮縫合など、応急的な処置を行います。この段階の処置は、生命に危機を及ぼしたり、自然復帰に向けて致命的な傷害が発生するのを回避する程度にします。

③重篤なショック状態に陥っている動物に対しては、デキサメサゾンを投与（2～8 mg／kg、筋肉内注射または静脈内注射）します。

④やや薄暗くした箱に収容して保温（27～32℃）し、人の出入りの少ない場所に置いて安静を保つようにします。

⑤30分ほど経過した後、2・5％ぶどう糖液やスポーツドリンクなどを経口投与します。輸液が必要な場合は、この段階で実施します。

⑥動物を再び休ませてから、強制給餌《きょうせいきゅうじ》を行います。

⑦さらに1～2時間休ませた後、診断をつけるための検査を開始します。

（片岡智徳）

救護原因となる主な疾患

ここでは、救護されてくる野生鳥獣によくみられる代表的な疾患をあげ、その症状や治療法について述べます。

（片岡智徳）

鳥類

気嚢《きのう》の疾患

鳥類には肺に空気を送る「ふいご」の役目をする気嚢という嚢状《のうじょう》の器官が存在します。気嚢壁《きのうへき》には血管の分布が少ないため、病原体が侵入して増殖すると炎症を起こしやすく、いったん感染した病原体を根絶するのは困難です。病原体の感染は限られたスペースで生活している鳥に多く発生する傾向がありますが、これは運動制限により気嚢内の空気の流れが弱くなることに関係しています。病原体としては、ウイルスや細菌、真菌などが考えられます。また、外傷などによって頸部《けいぶ》の気嚢に穿孔《せんこう》が起こると、皮下気腫《ひかきしゅ》を起こすこともあります。

気嚢炎《きのうえん》の治療としては、抗生物質の投与などを行います。皮下気腫に対しては、やや太めの針を刺して皮下の気体を抜去しますが、再発することが多いので、繰り返し抜去し、安静を保つようにします。

（片岡智徳）

肺の疾患

肺は、気嚢に比べると十分な血管分布

があるため、免疫機能が高く、病原体の感染を受けにくくなっています。しかし、もし感染が起これば、呼吸困難や発咳《はつがい》などを起こします。ただし、野鳥は、病状が悪化すると、肺の疾患により救護される以前に、外敵に捕食されるなどの理由で死亡していることが多いと思われます。

治療は、気嚢の疾患と同様に、抗生物質の投与などを行います。

（片岡智徳）

そ嚢《のう》停《てい》滞《たい》

そ嚢《のう》は、摂取した餌《えさ》を一時的に貯蔵しておく嚢状の器官で、頸胸部《けいきょうぶ》に存在します（サギなどの一部の鳥には存在しません）。一般的な鳥では、そ嚢での貯蔵は一時的で、摂取した餌は順次胃へ流入しますが、様々な原因でそ嚢内に餌が滞留することがあります。そ嚢停滞がもっとも多く認められるのは、キジバトなどのハト類の幼鳥です。衰弱して救護されたハト類の幼鳥の身体検査を行うと、そ嚢が餌でいっぱいになって拡張していることがあります。また、ほかの原因で保護されたハト類の幼鳥に強制給餌《きょうせいきゅうじ》を行ったときに、そ嚢停滞を起こすこともあります。このほか、細菌や真菌のそ嚢内感染によっても発生します。そ嚢に停滞している餌の量が非常に多くなると、そ嚢が破裂することもあるようです。

停滞が軽度で短期である場合は、温水などをそ嚢内に注入し、経皮的にそ嚢をマッサージすると、停滞している餌を流出させられることがあります。しかし、停滞量が多い場合や、停滞時間が長くなって内容物が腐敗しているようなときは、そ嚢内の停滞物を摘出してから同様にマッサージしたり、停滞を起こした原因を確認することも必要です。

（片岡智徳）

そ嚢《のう》破《は》裂《れつ》

そ嚢破裂は、そ嚢停滞に続発して起こることがありますが、ネコなどによる外傷が原因で発生することもあります。そ嚢停滞と同様に、そ嚢破裂もハト類に認められることが多い病気です。

治療は傷病鳥の状態にもよりますが、状態が比較的よい場合には、安静にした後に早急に全身麻酔を施し、破裂したそ嚢内の餌を十分掻《か》き出《だ》します。そして、十分な洗浄を行い、そ嚢壁《のうへき》と皮下組織、皮膚を縫合します。ただし、鳥類では十分な量の皮下組織がないことが多いので、このような鳥では、そ嚢壁と皮膚の2層の縫合を行うことになります。なお、哺乳類《ほにゅうるい》では消化管の手術後は絶食絶水とすることが多いのですが、鳥類は体温が高く、代謝も活発なため、覚醒《かくせい》後に給餌《きゅうじ》を開始することができます。

（片岡智徳）

脳《のう》・脊《せき》髄《ずい》障《しょう》害《がい》

主に建造物や自動車などへの衝突によって発生することが多いのですが、外敵による咬傷《こうしょう》から起こることもあります。症状としては、一時的な脳震盪《のうしんとう》から重度の斜頸《しゃけい》、片脚または両脚の麻痺《まひ》まで様々です。また、水鳥では、農薬中毒や鉛中毒による両脚の麻痺が認められます。

一時的な脳震盪の場合は、保温した箱に収容して安静にさせます。中でバタバタと動きが認められたら外へ出してみて、運動障害が認められなければ放鳥します。

一方、神経症状を伴う重症例では、補助療法を行い、安静に保ちます。また、通常の治療に加えて、ビタミンB群とカルシウム剤を投与します。10日間ほど経過しても機能の回復が認められなければ、その鳥の野生復帰は難しいと思われます。

中毒が疑われる両脚の麻痺を伴う例に対しては、強肝剤と総合ビタミン剤を投与します。食欲を示さないことが多いので、その場合は強制給餌や、必要に応じて輸液を行います。

（片岡智徳）

角《かく》膜《まく》潰《かい》瘍《よう》

外傷やポックスウイルスなどの感染により角膜潰瘍が起こることがあります。角膜潰瘍が起こると、角膜は白濁し、その表面は不整になります。鳥は多くの場合、障害を負った眼を閉じています。また、流涙や眼やにが認められることもあります。

軽度の角膜潰瘍の場合は、点眼薬やテープなどで眼瞼《がんけん》を閉鎖し、角膜の保護をします。しかし、重症のときは、点眼薬などで治癒しないことが多いばかりか、感染を起こすこともあります。そのため、場合によっては眼球を摘出しなければならず、自然復帰できなくなる例もあります。

（片岡智徳）

栄養障害による眼疾患

ビタミンAなどの栄養素が不足すると、眼瞼炎《がんけんえん》を起こします。自然発生例は少ないと思われますが、ツバメなどの動物食の野鳥に給餌する際に十分なビタミン類の添加を行わないと、高率に発症します。

予防としては、救護した野鳥への給餌にあたっては、その鳥の食性を十分考慮するとともに、栄養素の過不足に伴う症状に注意します。（片岡智徳）

骨折、脱臼《だっきゅう》

自動車、建造物、窓ガラス、電線、ネットなどに衝突して骨折や脱臼を起こすことがあります。翼を骨折することが多く、この場合、正確に整復できなければ、自然復帰が難しくなります。

とくに関節を巻き込んだ脱臼や骨折、あるいは複雑骨折や開放骨折で受傷後に長時間が経過した場合には、自然復帰は望めません。

骨折や脱臼した鳥は衰弱していることが多いので、ただちに整復を行うよりは、まずは安静に保ち、状況に応じて数日間の給餌の後に整復するほうがよいでしょう。しかし、鳥の骨折端の癒合はイヌやネコよりも早いと思われ、受傷後に不適切な状態で時間が経過すると、不整なままで骨癒合を起こしてしまいます。骨の固定の方法としては、各種テープなどを用いる外固定と、ピンニングやプレーティングによる内固定があります。

外固定は、主に小型の鳥類の骨折や、中型および大型の鳥であればズレの大きくない骨折（とくに橈尺骨部《とうしゃっこつぶ》の骨折で、片方の骨が正常で骨折端のズレが少ないもの）に対して行います。また、内固定は、中型から大型の鳥の骨折に対して行います。

内固定の方法としては、骨髄内ピンニングが一般的ですが、大型鳥類の太い骨にはプレーティングを施すこともあります。（片岡智徳）

外傷、打撲

窓ガラスや自動車、電線などに接触して外傷や打撲を負うことがあります。また、鳥同士の闘争やネコやイヌなどによる外傷もみられます。四肢や翼に外傷を負った鳥は生活への支障が大きくなり、救護されることがよくあります。

治療は、衝突などによる外傷と打撲には、抗炎症薬や抗生物質を投与するとともに、裂傷などがあれば、麻酔下でそれを縫合します。とくにネコによる外傷の場合は、ネコの爪《つめ》や歯から感染する細菌により敗血症を起こすことが多々あるので、抗生物質を十分に投与するようにします。（片岡智徳）

脚弱

脚弱とは足に力感がなくなる状態で、これには外傷性と栄養性の二つがあります。外傷性の脚弱は、建造物への衝突などで脳や脊髄《せきずい》に損傷をきたした場合や内《うち》股《また》に血腫《けっしゅ》がある場合に発生します。また、栄養性の脚弱は、ビタミンなどの栄養素が不足することにより発生しますが、自然発生よりは長期間にわたって不適切な飼育管理下におかれた動物に認められることが多いようです。なお、飼い鳥では、先天的な要因で大腿骨《だいたいこつ》などが変形して脚弱に陥ることがありますが、これは野生動物では少ないようです。

外傷性で、脳脊髄系《のうせきずいけい》の異常が考えられる場合は、消炎薬と抗生物質を投与して経過を観察しますが、治らないことが多いようです。一方、栄養性の場合は、その鳥の本来の食性を考慮し、給餌内容《きゅうじないよう》の改善を図ります。（片岡智徳）

ネコや大型の鳥による外傷

受傷の程度は様々ですが、ネコによる外傷では敗血症に陥りやすく、3～5日で落鳥（死亡）することが多いようです。一方、大型の鳥からの攻撃が原因の場合は、敗血症に陥ることはまれです。

こうした外傷に対しては、抗生物質の徹底した投与を行います。多量の出血が疑われる場合には、輸液も行います。裂傷部位には乾燥と感染を防ぐための処置を施し、容態が落ち着いた後に縫合します。（片岡智徳）

油による羽毛の汚染

廃油や事故などで環境中に漏出した重油などにより、野鳥の羽毛が汚染されることがあります。また、人家に進入した野鳥が粘着性の害虫・害獣捕獲器に付着してしまう場合もあります。羽毛が汚染されると、保温機能や撥水性《はっすいせい》が損なわれ、体温が低下して死亡することもあります。とくに水鳥では、撥水性の低下は深刻な問題です。

処置としては、羽毛の洗浄を行います。

油分が付着している場合は、中性洗剤で洗浄し、付着物を十分に落とした後に、よくすすぎます。なお、付着物を落とす際に羽毛の構造を破壊しないように注意が必要で、指で水流を作って洗浄するようにします。また、粘着テープなどが付着している場合は、洗剤による洗浄も有用ですが、サラダオイルなどで付着物を親和させた後に洗浄すると効果的です。

（片岡智徳）

内部寄生虫症

傷病鳥が収容された場合、中毒や骨折などといった保護される主な原因にはなっていないかもしれませんが、寄生虫の感染を受けていることがあります。

・ジアルジア症…徐々に元気がなくなり、体重が減少し、食欲不振や慢性の下痢、脚弱がみられます。駆虫にはメトロニダゾールやチニダゾールを用います。

・トリコモナス症…そ嚢炎から始まり、結膜炎と副鼻腔炎《ふくびくうえん》がみられ、ときに顔面の腫脹《しゅちょう》が認められます。駆虫にはメトロニダゾールやチニダゾールを用います。

・コクシジウム症…症状が出ないことが多いのですが、ストレスを受けたり、体力の低下によって寄生数が増加すると発症します。駆虫にはサルファ剤（スルファジメトキシンなど）を用います。

・毛細線虫症…膨羽し、やや元気消失し、黄褐色の下痢便や、ときに血便がみられます。ハトでは、落鳥（死亡）する確率が回虫症よりも高くなります。駆虫にはパーベンダゾールなどを用います。

・回虫症…飲水過多となり、緑色の下痢を起こします。また、血便がみられることもあります。駆虫にはピペラジンやパーベンダゾールなどを用います。

（片岡智徳）

外部寄生虫症

・トリヒゼンダニ感染症…かゆみを伴い、くちばしや蝋膜《ろうまく》、足などに痂皮《かひ》（かさぶた）が形成されます。ひどいものでは、くちばしが変形することがあります。治療には、軟膏《なんこう》や流動パラフィン、二硫化セレンの塗布、イベルメクチンの投与を行います。

・羽毛ダニ・ハジラミの感染症…脱毛を起こすことが多く、羽毛の外観が悪くなります。治療には、二硫化セレンの塗布または薬浴を行います。あるいは、寄生数が少ないようであれば、ピンセットで除去します。

・ワクモ感染症…ワクモは、日中はもののすき間などに隠れていて、夜になると鳥の足から這《は》い上《あ》がって吸血します。鳥はかゆみのためにあまり眠れなくなり、さらに貧血も起こして衰弱します。幼鳥では死亡することが少なくありません。巣などの熱湯処理を日中に5～10日間隔で3回ほど行えば駆除できます。

・トリサシダニ感染症…羽毛に白い痂皮のような集塊が形成されます。ワクモほどかゆみを起こしませんが、多数寄生した場合には死亡することもあります。治療には、ロテノンとピレトリンの合剤を集塊部に3～7日間隔で繰り返し塗布します。

（片岡智徳）

中毒

野鳥は、農耕地で散布される農薬や散弾の中の鉛玉などによって中毒を起こすことがあります。中毒を起こした野鳥は、起立困難や斜頸《しゃけい》などの神経症状のほか、流涎《りゅうぜん》や虚脱、下痢、嘔吐《おうと》、多飲多渇などを示すこともあります。農薬による中毒では、神経系などへの影響が大きく、また、肝機能障害が認められます。一方、鉛中毒の場合は、赤血球の崩壊（溶血性貧血）を起こして、虚脱などの症状を示します。

中毒の原因が特定できた場合は、それに応じた処置を行いますが、たいていは原因物質の特定が困難であり、輸液や強肝剤投与などの対症療法により対応します。

（片岡智徳）

幼若動物（幼鳥・若鳥）の栄養不良

野鳥は巣立ち後、親鳥とともに生活することが多く、その間に餌のとり方や外敵からの身の守り方などを学習します。この時期に親からはぐれてしまった幼鳥や、親から自立して生活をはじめた若鳥は、餌を十分に摂取することができないことがあります。このような野鳥が保護されるのは、巣立ちの時期である夏期や、気候が厳しく餌が少なくなる冬期に多いようです。

保護された野鳥の身体検査を行い、外傷などの異常が認められない場合に、巣立ち後の栄養不良を疑います。このときには、その鳥の種類を見極め（厳密な種類がわからなくても、その鳥が属するグループを検索します）、適切な餌を十分に与えて、できるだけ早期に放鳥します。なお、野鳥が幼若で小さいほど、強制給餌に伴う誤嚥《ごえん》などの事故が起こりやすいので注意します。

（片岡智徳）

巣立ち直後のヒナの誤保護

早成性のヒナ（カモやキジなど、ふ化後すぐに親鳥とともに行動するヒナ）は、人間が接近するなどの危険が及ぶと物陰でじっと動かなくなり、危険が過ぎるのを待っています。こういうときに、けがでもしていて動けないのではないかと誤認して救護してしまうことがあります。

また、晩成性のヒナ（スズメやツバメなど、ふ化後ある程度発育するまで巣で生活するヒナ）は、ある程度成長して羽毛が生えそろってから巣を離れて親鳥とともに生活し、餌のとり方や外敵からの身の守り方を学習します。しかし、この段階のヒナは十分な飛行能力がなく、不時着して遠くから親鳥が見守っていることがあります。これをけがをして飛べなくなっていると誤認して保護してしまうことも少なくありません。

このような場合、保護してからの時間経過が短ければ親元へ帰せる確率は高いといえます。すばやく身体検査を実施し、保護の必要なしと判断されれば、保護した場所に戻して親鳥の存在を確認します。この際、親鳥は人間を警戒して姿を見せないことがあるので、物陰などからそっと観察します。親鳥がヒナを認識すればそのまま自然復帰させますが、親鳥がいない場合には、人間の手で育てていく必要があります。

（片岡智徳）

哺《ほ》乳《にゅう》類《るい》

肺炎

野生の哺乳類も、衰弱して免疫力が弱まると、各種の病原体による肺炎を起こします。とくにタヌキには犬ジステンパーウイルス感染症による肺炎が多く発生します。

ジステンパーウイルス感染症では膿性《のうせい》の鼻水や眼やにがみられ、症状が重くなるとけいれんなどの神経症状を示します。診断は、X線検査や、血液検査でのウイルス感染の確認に基づいて行います。治療には点滴のほか、二次感染を防ぐための抗生物質の投与などを行います。ただし、救護される野生動物におけるジステンパー感染症は症状が重く、致命的なことが多いようです。

（毛利　崇）

レプトスピラ症

野生動物に泌尿器の異常を起こす病気としてレプトスピラ症があり、キツネやタヌキなどによくみられます。レプトスピラは、水や土壌を介して感染する細菌で、その感染を受けると肝臓や腎臓《じんぞう》がおかされ、黄疸《おうだん》や発熱、嘔吐《おうと》、尿毒症などの症状を起こします。血液検査で腎臓と肝臓の障害が疑われる場合には、この病気を疑う必要があります。診断は血液中の抗体価を調べるか、尿の検査で細菌の遺伝子を検出することによって行います。治療はイヌのレプトスピラ症の治療に準じて、点滴による腎不全《じんふぜん》の治療と適切な抗生物質の投与を行います。感染を受けた後に適切な治療をせず、そのまま急性の症状から回復した動物では、腎臓に細菌が定着し、持続的に尿中に排菌するようになることがあり、こうした動物が他の動物の感染源になります。レプトスピラは、人にも感染することがあるので、疑わしい症状を示す野生動物の取り扱いには注意が必要です。

（毛利　崇）

難産

野生動物が分娩《ぶんべん》するときに難産になることはまれですが、過去に交通事故にあい、骨盤骨折を起こして骨盤腔《こつばんくう》が狭くなっているタヌキには頻繁に認められます。状態が悪化してから保護されるケースがほとんどなので、麻酔に耐えられるように症状を安定させた後に手術を行います。胎子が生きていれば帝王切開も考慮しますが、胎子が死亡していることも多く、その場合には子宮の損傷の程度にかかわらず卵巣と子宮の全摘出を行います。

（毛利　崇）

脳《のう》・脊《せき》髄《ずい》障《しょう》害《がい》

野生動物にみられる代表的な脳脊髄障害としては、犬ジステンパーウイルス感染による脳炎があります。犬ジステンパーウイルスは幅広い動物に感染性を示し、とくにタヌキやテンなどにしばしば感染します。ウイルスが脳に感染をすると、イヌと同様にチックと呼ばれる特徴的な神経症状を示しますが、このような症状を示す動物は、治療しても回復しないことがほとんどです。治療は一般的な支持療法となります。

　また、日本では1957年以降は発生していませんが、狂犬病も重篤な神経症状を示すウイルス感染症です。ヨーロッパではイヌによる伝播《でんぱ》よりも野生動物による感染の拡大が問題になっています。狂犬病におかされた動物は狂躁状態《きょうそうじょうたい》や麻痺《まひ》などの症状を示します。

　また、タヌキなどでは、交通事故のために脊髄《せきずい》を損傷するケースも多く、損傷部位に応じて後肢の不全麻痺《ふぜんまひ》や排尿障害などの神経症状が認められます。ステロイド製剤の投与によって機能が回復することもありますが、初期の治療に反応しない場合は野生復帰は望めません。

（毛利　崇）

骨折、脱臼《だっきゅう》

　人間に救護される野生哺乳類《やせいほにゅうるい》の骨折と脱臼の大半は交通事故によるものです。あらゆる野生動物が交通事故にあう可能性がありますが、とくにタヌキは、その行動上の性質から交通事故にあいやすい動物といえます。交通事故にあった後に人間に保護された野生哺乳類はショック状態に陥っていることが予想されますので、強いストレスのかかる処置や検査を行う前に、点滴などの適切な治療を行ってショック状態の改善を図る必要があります。ショック状態を緩和した後に、身体検査とX線検査を行い、損傷部位を特定します。

　四肢の骨折の治療は、骨折端の変位が少なければ、ギブスによる外固定でもよいことがありますが、野生動物は人間の保護のもとで安静を保つことが難しいため、麻酔下で皮膚の上からピンで骨を固定する創外固定やプレートによる整復を行います。ただし、骨折端が皮膚を突き破ってしまう開放骨折の場合は、損傷部が汚染されるため、治療が困難です。

　また、骨盤の骨折も交通事故の際に頻繁に認められます。骨盤に大きなズレがないものは、安静にしていれば、骨折した骨が自然に癒合することが多く、歩行も可能になります。しかし、雌の場合は、骨折によって骨盤腔が狭くなってしまい、難産の原因となることがあります。

　脊椎《せきつい》の骨折や亜脱臼《あだっきゅう》を起こした場合は、損傷部位に応じた神経症状を示します。受傷後早い時期に保護されたときには、ステロイド製剤の投与によって神経の保護を図ります。

（毛利　崇）

交通事故による外傷

　保護された野生の哺乳類にみられる外傷のほとんどは、人間社会とのかかわりによるものです。なかでも自動車との接触による交通事故が原因の大半を占めています。外傷の程度は様々ですが、広範な皮膚欠損と受傷部位に重度の汚染を伴うことが多く、さらに骨折や神経症状（頭部外傷や脊髄損傷《せきずいそんしょう》など）、胸部および腹部臓器の損傷が認められることもあります。

　身体検査やX線検査などにより受傷部位と障害部位を特定するとともに、損傷の程度を確認します。治療は、イヌやネコの場合と同様ですが、野生動物にはイヌやネコよりも大きなストレスがかかっていることを考慮して処置を行う必要があります。野生動物の場合、外傷部位の汚染が激しいので、徹底的に洗浄し、抗生物質を十分に投与することが大切です。

（毛利　崇）

内部寄生虫症

　キツネやタヌキには、回虫類や鉤虫類《こうちゅうるい》などの消化管内の寄生虫が高率に認められます。これらの回虫類は、人を含めたほかの動物に感染した場合、脳などに迷入して重篤な症状を引き起こす可能性があります。また、重要な内部寄生虫として、北海道のキタキツネで問題になっている多包条虫（エキノコックス）があります。多包条虫の成虫はキツネやイヌの小腸に寄生しますが、その場合はほとんど無症状です。しかし、人を含めたほかの動物に感染すると、肝臓などでゆっくりと成長し、致死率の高いエキノコックス症を起こします。野生の哺乳類を保護した際には、人との共通の寄生虫をもっている可能性を考慮し、とくにその糞便《ふんべん》の処理に注意をはらう必要があります。

（毛利　崇）

外部寄生虫症

　野生哺乳類にはノミやマダニなど、様々な種類の外部寄生虫が寄生しますが、なかでも大きな問題となっているのがタヌキやイノシシ、キツネ、ニホンカモシカにみられる疥癬《かいせん》です。疥癬の原因は、皮膚の中にトンネルを掘って寄生するヒゼンダニと呼ばれる体長0・3㎜程度のダニです。疥癬は非常にかゆみが強く、皮膚の角化や肥厚、脱毛を起こします。タヌキの疥癬はとくに症状が重く、体力を消耗して死に至ることも珍しくありません。野生の哺乳類に疥癬が流行したのは1990年代に入ってからといわれています。生息域の縮小によって過密化したことや、人間の生活圏に接近してイヌと接触するようになったことが原因とされています。

治療は、イヌ、ネコの疥癬の場合に準じて行います。イベルメクチンの投与が効果的です。

（毛利　崇）

中毒

・鉛中毒…野鳥に比べると野生哺乳類における鉛中毒の発生は少ないといえますが、それでも散弾の残った獣肉を摂取することによって発症することがあります。症状は嘔吐《おうと》や下痢、食欲不振などの消化器症状や、発作や失明などの神経症状です。X線検査を行い、消化管内にX線不透過性の異物を認める、あるいは血中鉛濃度を測定することによって診断します。治療は金属除去剤の投与など、イヌ、ネコの場合と同様です。

・殺鼠剤中毒《さっそざいちゅうどく》…人間社会に接近している野生の動物には殺鼠剤《さっそざい》による中毒も起こります。症状は主に口腔粘膜《こうくうねんまく》や消化管からの出血で、皮膚に紫斑《しはん》を生じていることもあります。治療にはビタミンKを投与をします。

・農薬中毒…有機リン系農薬の中毒では、嘔吐や下痢、唾液分泌亢進《だえきぶんぴつこうしん》などの症状がみられます。イヌ、ネコの場合と同様の解毒剤を投与して治療します。

（毛利　崇）

幼若動物の誤保護

幼若なノウサギやタヌキなどが誤って保護されることがあります。生まれて間もない動物は、親が餌《えさ》を探しに出ている間、人家の近くや溝の中など、思いもかけないような場所で親の帰りを待っています。このような幼若動物は、外傷がある場合や衰弱している場合を除いて、保護の必要はありません。

外敵の多い場所であれば、物陰にそっと隠すなどの対応をすれば十分でしょう。また、心配のあまり長時間その場に留まって見守る行動も、迎えに来る親を警戒させる結果となるので避けるべきです。誤って保護してしまった場合は、できるだけ早期に保護された場所に戻します。

（毛利　崇）

救護動物への給餌《きゅうじ》

鳥類

救護した傷病野鳥に対しては適切な給餌が必要です。給餌の内容や方法が不適切であると、せっかく救護原因の治療を行っても、自然復帰させられないことがあります。

（片岡智徳）

鳥類の食性と緊急食、維持食

野鳥は、その鳥が属するグループにより食性がほぼ決まっています。主食としているものは、厳密には各々の種類で異なりますが、グループによりだいたい似通っています。したがって、傷病鳥が属するグループの鳥が主食としているものに近いものを与えることができれば、その鳥を治療および管理するうえで栄養状態を良好に保つことが可能です。ここでは、我々の身の回りに多数生息し、保護される機会が多い野鳥を例としてあげて、その食性について述べます。

小鳥

・種子食性…主に穀類や草の種子を食べる鳥（スズメ、キジバト、シジュウカラ、カワラヒワなど）。アワ玉や小鳥の餌《えさ》、カナリーシード、ミールワームなどを与えます。

・果食性…主に木の実や果物を食べる鳥（メジロなど）。リンゴやミカンなどの果物や、蜂蜜水《はちみつすい》などを与えます。

・昆虫食性…クモや青虫などの昆虫を捕食する鳥（ツバメ、ウグイスなど）。ミールワームやブドウムシなどを与えます。

・雑食性…果実や昆虫など、様々なものを餌とする鳥（ヒヨドリ、ムクドリなど）。果物や野菜、九官鳥の餌、ミールワームなどを与えます。

肉食鳥（猛禽類《もうきんるい》）

小動物（ネズミなど）や小鳥、昆虫などを捕食し、種類によっては魚を捕食します（トビ、オオタカ、フクロウなど）。マウスやヒヨコ、鶏肉《とりにく》などを与えますが、鳥類の伝染病を考慮すると、鳥類の肉よりも牛肉などのほうがよいともいわれています。

水鳥

・カイツブリ類…主に魚類を捕っています（カイツブリ、カンムリカイツブリなど）。魚類（ワカサギやアジ、ドジョウなど）を与えます。

・ガン・カモ類…水面で採食する鳥の多くは、穀類や青菜などを主食とします。潜水して採食する鳥の多くは、魚や貝などの動物質の餌を摂取します（カルガモ、マガモ、オナガガモ、ホシハジロ、キンクロハジロなど）。ニワトリの餌（つぶ餌《え》）や小鳥の餌、九官鳥の餌、青菜、魚類などを与えます。

・サギ類…多くは魚類を主食としますが、爬虫類《はちゅうるい》や両生類、昆虫などを捕食することもあります（アオサギ、ダイサギ、コサギ、ゴイサギなど）。魚類のほか、爬虫類、両生類（カエル）、カニなどを与えます。

●傷病鳥に与える餌

傷病鳥を保護した場合、実際にはどのような餌を与えればよいのでしょうか。絶えず数多くの傷病鳥が搬入されてくる施設では、様々な種類の餌を常備し、鳥の種類に合ったものを与えることが可能でしょうが、通常は多くの餌を常備するのは不可能です。ここでは、どのような餌が準備しやすく、また実際に利用しやすいのか説明します。

●常備する餌の求められる条件

・長期間の保存が可能であるもの（生《い》き餌《え》は保存が困難）
・品質が安定しているもの
・安定供給されているもの
・安価であるもの

保存がきく餌であれば、ある程度の量を準備しておくことができますが、よほど専門的に傷病鳥獣救護を行っている施設でなければ、多種類の傷病鳥の健康を維持できるような餌を常備するのは難しいことです。

しかし、給餌を確実に行わなければ、傷病鳥の命を救うことができません。その鳥が本来食べていたであろう餌を用意できなくても、代用の餌を用意しておく必要があります。

傷病鳥に対して本来与えるべき餌（維持食）を用意できるまでは、緊急的に代用の餌（緊急維持食）を利用します。

●一次緊急維持食

・砂糖水、粉ミルク、スポーツドリンク
・ゆで卵の黄身と蜂蜜《はちみつ》を混ぜたもの
・ジュースまたは果実酒

救護した動物種の食性を考慮しながら以下のものを与えます。

●二次緊急維持食

・ドッグフード、キャットフード
・ラビットフード、ハムスターの餌
・九官鳥の餌、ニワトリの餌（つぶ餌）、ハト豆
・すり餌
・鯉《こい》の餌

●維持食

以上のような緊急維持食で収容直後の脱水や飢餓状態を改善した後、次の段階として、野鳥が本来食べていたものに近い餌（維持食）を与えます。維持食としては、以下のようなものを用います。

魚類

・身近なところで入手できる小魚
・入手可能であれば白身の魚
・カニやエビなどの甲殻類
・魚類には多量のチアミナーゼ（ビタミンB_1分解酵素）を含有するものがあるのでビタミンB_1を添加

肉、鶏肉

・鶏頭
・肉の大きさによってはミンチ
・新鮮な内臓が手に入る場合は混ぜて給与
・ビタミンやミネラルを添加
・ネズミ（マウス）や冷凍スズメ（焼き鳥用）を内臓ごと

昆虫類

・ミールワーム、青虫、コオロギ
・ビタミンやミネラルを添加

すり餌

・植物質と動物質の餌を混合したものです。たとえば「7分餌」など、「○分餌」という場合の○分は、動物質の餌の割合を示しています。傷病鳥の食性を考慮して、適切なすり餌を選択します。
・メジロやウグイスには、専用のすり餌があるので、これを利用するのもよいでしょう。

穀類

・アワ、ヒエ、キビ、麻の実
・ハトの餌（ハト豆）、ニワトリの餌（つ

ぶ餌)、小鳥の餌

青菜

・白菜、小松菜などの野菜

・ハコベなどの野草

(片岡智徳)

傷病鳥の年齢による給《きゅう》餌《じ》内《ない》容《よう》の違い

基本的には傷病鳥の種類に合わせて維持食を選択しますが、同じ種類の鳥であっても、成長の段階により必要とする栄養素の要求量が異なります。ここでは、保護される可能性が高い鳥種について、その発育段階による理想的な給餌内容を説明します。

スズメ

・赤裸~羽毛の生え始め…ミールワームなどの昆虫食が主体。ドッグフードも使用できます。

・巣立ち直後のヒナ…トロ状(餌をとろとろするまでふやかした状態)のアワ玉。成長に合わせて、トロ状と粒状のアワ玉の混合餌

・成鳥…小鳥の餌やミールワーム、ドッグフードなど

ツバメ

・赤裸のヒナから成鳥まで、一貫して昆虫食。ヒナのときは、昆虫とドッグフードを半々でも可。成長するに従って、ミールワームや青虫、トンボなど、ある程度大きな昆虫も与えるようにします。

キジバト

・産毛~羽毛の生え始め…ドッグフードと九官鳥の餌を合わせて給与

・巣立ち直後のヒナ…ドッグフードと九官鳥の餌、小鳥の餌を合わせて給与

・成鳥…ドッグフードと九官鳥の餌、ニワトリの餌を合わせて給与

成長に従い、ニワトリの餌をハトの餌に変えていきます。

ヒヨドリ

・赤裸のヒナ~羽毛の生え始め…ドッグフードと九官鳥の餌、ミールワームを合わせて給与

・巣立ち直後のヒナ…ミカンやトマトなどとミールワームを合わせて給与

・成鳥…ミカンやトマト、バナナなどとミールワーム、その他をバランスよく給与

シジュウカラ

・赤裸~羽毛の生え始め…ドッグフードと九官鳥の餌、ミールワームを合わせて給与

・成鳥…昆虫食の性質が強いので、ミールワームなどをこまめに給与

カラス類

・赤裸~羽毛の生え始め…ドッグフードと九官鳥の餌を合わせて給与

・巣立ち直後のヒナ…ミカンやバナナなどと牛乳に浸したパンを合わせて給与

・成鳥…鶏レバー、鶏肉

メジロ

・赤裸~羽毛の生え始め…リンゴやミカンとミールワームを合わせて給与

・成鳥…すり餌が主体。これにリンゴやミカン、ミールワームを混ぜるようにします。

カルガモ

・ヒヨコくらいの大きさのヒナ…ドッグフードやマイナーフード、刻んだ野菜など

・手のひらくらいの大きさの幼鳥…ヒナに与える餌のほか、アワ玉や刻んだ野菜など

・若鳥~成鳥…幼鳥に与える餌のほか、小鳥の餌やニワトリの餌など

(片岡智徳)

哺《ほ》乳類《にゅうるい》

救護した哺乳類に対しては適切な給餌《きゅうじ》が必要です。給餌の内容や方法が不適切であると、せっかく救護原因の治療を行っても、自然復帰させられないことがあります。

(片岡智徳)

哺乳類の食性と緊急食、維持食

哺乳類も、その動物が属するグループにより食性がほぼ決まっています。主食としているものは、厳密には各々の種類で異なりますが、グループによりだいたい似通っています。したがって、傷病動物が属するグループの動物が主食としているものに近いものを与えることができれば、その動物を治療および管理するうえで栄養状態を良好に保つことが可能です。ここでは、保護される機会が多いと思われる哺乳類を例としてあげて、その食性について述べます。

肉食性

ほぼ完全な肉食の哺乳類としては、オコジョやテン、イタチ(チョウセンイタチを含む)などのイタチ科の動物がありますが、人間の生活域に近いところに生息するのは、このうちイタチ(チョウセンイタチ)とテンです。

保護当初で肉類が準備できない場合、緊急食として、缶詰(人の食品やドッグフードなど)を給餌して様子をみることができます。維持食としては、鶏肉《とりにく》などの精肉のほか、爬虫類《はちゅうるい》や猛禽類《もうきんるい》用として販売されているマウスまたはラットを与えるとよいでしょう。

昆虫食性

昆虫を主食とするものとしては、コウモリ類があげられます（ただし、南西諸島に生息するコウモリのなかには果実を主食としているものもあります）。

緊急食としては、牛乳やバナナなどを混合したものを飲ませます。また、維持食としては、ミールワームを与えますが、ミールワームの外皮は硬く、コウモリが嫌うため、内臓部分を与えるようにします。なお、ミールワームにはビタミン剤などを添加するとよいでしょう。

雑食性

動物質の餌《えさ》と植物質の餌の両方を摂取する雑食性の哺乳類としては、タヌキやアナグマ、キツネ、ニホンザルなどがあります。ただし、雑食性とはいっても、タヌキやニホンザルは、植物質の餌を好む傾向にありますが、アナグマやキツネは、より動物質の餌を好むようです。

緊急食としては、ドッグフードやキャットフードなどのほかに果物を与えることで栄養を維持できます。維持食としては、緊急食と同様の餌を用いるほか、爬虫類の餌用のマウスやラットを与えます。

草食性

草食性の哺乳類としては、ノウサギやニホンジカ、カモシカなどがあります。しかし、特定の地域を除いて、ニホンジ

野生動物との距離

野生動物と人間の関係は、イヌ、ネコをはじめとする伴侶動物《はんりょどうぶつ》と人間の関係とはいくつかの点で大きく異なり、様々な制約や問題があります。本章では野生動物の治療に関する情報を記載しましたが、これらの情報を用いて一般市民の皆様の手によって積極的に傷ついた野生鳥獣の治療を行うことを推奨しているわけではありません。後述しますが、野生動物の取り扱いに関して人間もある種のリスクを負うことや、法律的な制限があることも理解したうえで、実際の治療に関しては経験を積んだ専門家に任せるべきです。また、人間と野生動物は本来濃厚な接触のない関係であり、この原則が崩れた際には大きな問題が発生する可能性があります。それらの問題についても触れたいと思います。

従来、野生動物は人間社会に依存せずに独立した生活を営む存在です。しかし、人間が野生動物との触れ合いを求めるために餌付《えづ》けを行ったり、あるいはゴミの処理が不適切であったり、様々な要因により野生動物の人間に対する警戒心が薄れ人間社会に依存するようになるケースがあります。農村に出没するニホンザルやツキノワグマ、都会に進出するタヌキやキツネなどがテレビのニュースでたびたび取り上げられています。これらのケースでは生活圏や行動が変化することによって人間社会に過剰に接近するようになり、結果、交通事故にあったり、あるいは本来はイヌやネコの伝染病である病原体に感染して病気になったりする可能性があります。また、農作物を食害したり人間に対して直接的に危害を加えたりするようになれば有害鳥獣として駆除の対象となることもあります。

人間側の問題としても、野生動物が人間に対して何らかの危害を及ぼすウイルスや細菌、寄生虫を媒介する可能性を考える必要があります。たとえばキタキツネを本来の宿主とする寄生虫エキノコックスや、タヌキなどの野生哺乳類の間に蔓延《まんえん》しつつある疥癬《かいせん》、腎《じん》炎《えん》や肝炎を引き起こす細菌感染症であるレプトスピラ症などがあげられます。人と野生動物との距離が近くなり、濃厚な接触があれば人がこれらの感染症に感染するリスクが高くなると考えられます。また、野生動物が家庭の伴侶動物や農家の家畜に対して感染症を媒介する可能性もあります。高病原性鳥インフルエンザの発生の際に水鳥との関連が盛んにいわれたことも記憶に新しいと思います。

野生動物と人間の間には一定の距離が必要なことは明白です。野生動物の存在を身近に感じ、姿を観察し、可能ならばその体温を感じてみたい、こういった欲求は我々人間独特の豊かな感情と好奇心の表れですが、適切な距離を保つことが野生動物と共存していく道なのです。

また、法律が人間と野生動物との関係に影響を与えています。「鳥獣の保護及び狩猟の適性化に関する法律」の中では野生動物を捕らえ、飼育することを特別な場合を除いて禁止しています。一般の方が傷ついた野生動物を保護した場合、たとえ善意に基づいているとしても、その動物を治療し、管理していくことは本来違法になると考えられます。そのため、一時的な応急処置の後には適切な施設へ持ち込むことが必要です。

そして平成17年6月1日に施行された「特定外来生物による生態系等に係る被害の防止に関する法律」も野生動物と人の関係に大きな影響を与える法律です。外来生物とは本来は日本固有の種ではないが、人間の様々な活動によって日本国内に持ち込まれ、自然界

カやカモシカが保護される機会は少ないと思われます。比較的多く保護されるのはノウサギでしょう。

ノウサギには緊急食、維持食ともに、野草やラビットフードを与えます。ただし、タンポポやハコベなどは安全ですが、毒性をもつ植物もあり、こうしたものを与えるとノウサギが中毒を起こすことがあります。

（片岡智徳）

傷病《しょうびょう》哺《ほ》乳類《にゅうるい》の年齢による給餌内容の違い

保護された哺乳類が成獣あるいは若齢獣である場合には、前述した緊急食と維持食を与えることで、救護中の栄養管理が可能です。

しかし、救護された哺乳類が幼獣である場合には、代用乳などを与えながら次第に維持食へ移行させる必要があります。代用乳としては、通常、イヌ用とネコ用のミルクを利用します。このほか、動物病院には高栄養の強制給餌《きょうせいきゅうじ》用の粉ミルクがあるので、その成分を考慮しながら幼若動物への給餌を行います。植物質の餌をとる傾向の強い動物にはイヌ用のミルクを、動物質の餌をとる傾向が強い動物にはネコ用のミルクを与えるとよいでしょう。

（片岡智徳）

において繁殖するに至った生物のことです。

釣りのために全国の河川に放流されて繁殖し、生態系に大打撃を与えたブラックバス（オオクチバス）や、愛玩《あいがん》動物《どうぶつ》として飼育されていたものが逃げ出し繁殖するようになったアライグマなどが有名な外来生物です。これらの外来生物のなかでも、日本固有の生態系に大きな悪影響を与えるものや、人間社会に対して被害を及ぼすものなど、とくに有害と見なされる特定の外来生物がこの法律の適用となります。この特定外来生物のなかには前述のブラックバスやアライグマ、それに河川の土手に穴を掘って生活する大型のネズミであるヌートリアなどが含まれます。

この法律によって特定外来生物に指定された動物は新規に愛玩動物として飼育することが禁止されます。また、それらの動物を許可なく運搬することや売買することも禁止となります。つまり、野外で傷ついた動物を発見してもそれが特定外来生物であれば許可なく運搬した場合に法律違反になる可能性があるということです。そのため、それらの動物を発見した際には管轄の行政に相談することが必要になります。これらの特定外来生物はときとして防除の対象となります。

野生動物の医療は非常に難しい問題をはらみ、人やイヌ、ネコの医療よりも非常にシビアな面をもっています。野生動物の治療の大きな目的は種の保存に貢献することであり、生活の質を向上させたり、苦痛を緩和したりを目的とすることはまずありません。そのため自然復帰の難しい個体や特定外来生物のように自然復帰させるべきではない個体は治療の対象外となることもあるのです。

（毛利　崇）

中国

鳥取県生活環境部公園自然課
〒680-8570　鳥取市東町１－２２０
Tel　0857-26-7199

島根県農林水産部森林整備課鳥獣対策室
〒690-8501　松江市殿町１
Tel　0852-22-5160

岡山県生活環境文化部自然環境課
〒700-8570　岡山市内山下２－４－６
Tel　086-224-2111

広島県環境生活部環境局環境創造総室
〒730-8511　広島市中区基町１０－５２
Tel　082-513-2932

山口県環境生活部自然保護課自然・野生生物保護班
〒753-8501　山口市滝町１－１
Tel　083-933-3050

四国

徳島県県民環境部環境総局
〒770-8570　徳島市万代町１－１
Tel　088-621-2262

香川県環境森林部みどり保全課
〒760-8570　高松市番町４－１－１０
Tel　087-832-3212

愛媛県県民環境部環境局自然保護課
〒790-8570　松山市一番町４－４－２
Tel　089-912-2365

高知県企画振興部鳥獣対策課
〒780-8570　高知市丸の内１－２－２０
Tel　088-823-9039

九州

福岡県水産林務部緑化推進課
〒812-8577　福岡市博多区東公園７－７
Tel　092-651-1111

佐賀県生産振興部生産者支援課
〒840-8570　佐賀市城内１－１－５９
Tel　0952-24-2111

長崎県環境部自然保護課
〒850-8570　長崎市江戸町２－１３
Tel　095-895-2381

熊本県環境生活部自然保護課野生鳥獣班
〒862-8570　熊本市水前寺６－１８－１
Tel　096-333-2275

大分県農林水産部森との共生推進室
〒870-8501　大分市大手町３－１－１
Tel　097-536-1111

宮崎県環境森林部自然環境課自然保護担当
〒880-8501　宮崎市橘通東２－１０－１
Tel　0985-26-7161

鹿児島県環境生活部環境保護課野生生物係
〒890-8577　鹿児島市鴨池新町１０－１
Tel　099-286-2616

沖縄

沖縄県環境生活部自然保護課
〒900-8570　那覇市泉崎１－２－２
Tel　098-866-2243

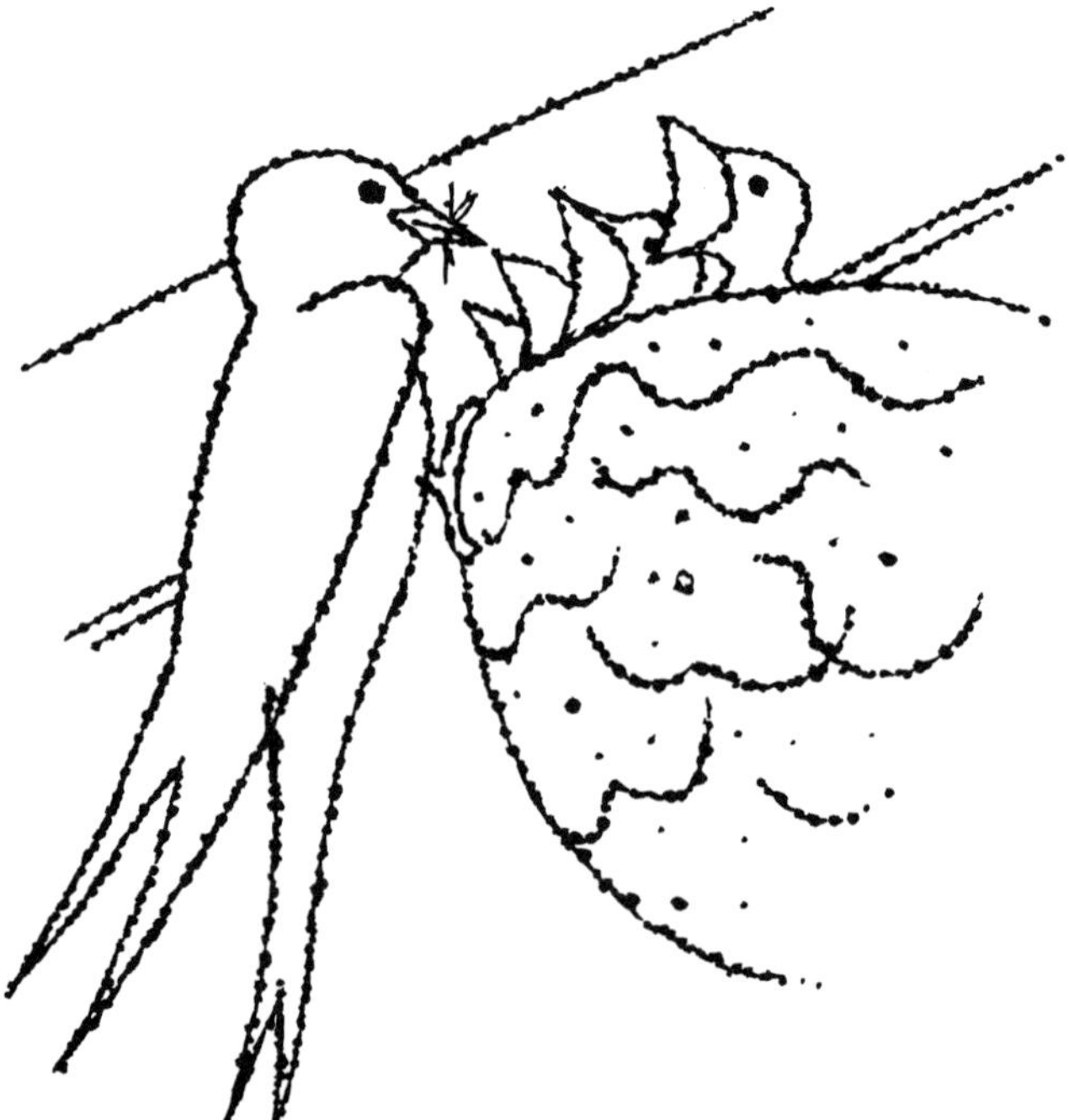

各都道府県の野生動物取扱機関

北海道
北海道環境生活部環境局自然環境課
〒060-8588　札幌市中央区北３条西６丁目
Tel　011-231-4111
東北
青森県環境生活部自然保護課
〒030-8570　青森市長島１－１
Tel　017-7342-9257
岩手県環境生活部自然保護課野生生物担当
〒020-0023　盛岡市内丸１０－１
Tel　019-629-5371
秋田県生活環境文化部自然保護課
〒010-8570　秋田市山王４－１－１
Tel　018-860-1612
宮城県環境生活部自然保護課
〒980-8570　仙台市青葉区本町３－８－１
Tel　022-211-2671
山形県生活環境部みどり自然課・自然環境担当
〒990-8570　山形市松波２－８－１
Tel　023-630-2208
福島県生活環境部共生領域自然保護グループ
〒960-8670　福島市杉妻町２－１６
Tel　024-521-7210
関東
茨城県生活環境部環境政策課自然・鳥獣保護グループ
〒310-8555　水戸市笠原町９７８－６
Tel　029-301-2946
栃木県林務部自然環境課鳥獣保護係
〒320-8501　宇都宮市塙田１－１－２０
Tel　028-623-3261
群馬県環境森林部自然環境課野生動物係
〒371-8570　前橋市大手町１－１－１
Tel　027-226-2871
埼玉県環境部自然環境課野生動物担当
〒330-9301　さいたま市浦和区高砂３－１５－１
Tel　048-830-3140
千葉県環境生活部自然保護課鳥獣対策室
〒260-8667　千葉市中央区市場町１－１
Tel　043-223-2972
東京都環境局自然環境部計画課鳥獣保護担当
〒160-8001　新宿区西新宿２－８－１
Tel　03-5388-3539
神奈川県環境農政部緑政課野生生物班
〒231-8588　横浜市中区日本大通１
Tel　045-210-4319

中部
新潟県県民生活・環境部環境企画課鳥獣保護係
〒950-8570　新潟市中央区新光町４－１
Tel　025-280-5152
富山県生活環境部自然保護課野生生物係
〒930-8501　富山市新総曲輪１－７
Tel　0764-44-3397
石川県環境安全部自然環境課自然共生推進グループ
〒920-8580　金沢市鞍月１－１
Tel　076-225-1476
福井県安全環境部自然環境課
〒910-8580　福井市大手３－１７－１
Tel　0776-20-0305
山梨県森林環境部みどり自然課
〒400-8501　甲府市丸の内１－９－１１
Tel　055-223-1520
長野県林務部森林保全課森林鳥獣保護ユニット
〒380-8570　長野市大字南長野字幅下６９２－２
Tel　026-232-7270
岐阜県環境生活部清流の国ぎふづくり推進課
〒500-8570　岐阜市薮田南２－１－１
Tel　058-272-1111
静岡県環境森林部自然保護課
〒420-8601　静岡市葵区追手町９－６
Tel　054-221-2719
愛知県環境部自然環境課
〒460-8501　名古屋市中区三の丸３－１－２
Tel　052-954-6230
近畿
三重県環境森林部自然環境室
〒514-8570　津市広明町１３
Tel　059-224-3070
滋賀県琵琶湖環境部自然環境保全課野生生物担当
〒520-8577　大津市京町４－１－１
Tel　077-528-3483
京都府農林水産部森林保全課野生動物対策室
〒602-8570　京都市上京区下立売通新町西入藪ノ内町
Tel　075-414-5022
大阪府環境農林水産部動物愛護畜産課
〒559-8555　大阪市住之江区南港北１－１４－１６
Tel　06-6210-9619
兵庫県農政環境部環境創造局自然環境課
〒650-8567　神戸市中央区下山手通５－１０－１
Tel　078-362-3463
奈良県農林部森林整備課
〒630-8501　奈良市登大路町３０
Tel　0742-22-7480
和歌山県環境生活部環境政策局環境生活総務課自然環境室
〒640-8585　和歌山市小松原通１－１
Tel　073-441-2779

CHAPTER 5

第五章

目で見る医療の最前線

目でみる動物医療の最前線「放射線による診断と治療」

動物の病気を診断・治療するとき、放射線は様々な場面で使用されています。なかでもX線は多くの動物病院で、検査や診断のために導入されています。また近年、X線を用いた、X線CTや放射線治療も獣医療では導入されるようになって診断や治療がめざましく進みました。X線を用いた診断方法と治療方法について解説します。

画像のコンピュータ処理が可能に

X線写真は、様々な病気の診断に利用されています。これは外科的な手段を用いることなく、外部から体の内部構造の情報を比較的簡単に、短時間で得ることができるからです。具体的には、骨に異常はないか、臓器などは正しい位置にあり、かつ正常な大きさや形をしているか、正常であれば存在しないはずのものが現れていないかどうかを調べることができます。

X線を用いて撮影した写真は、白黒の画像となって現れます。これは、X線が体内を透過するとき、X線をたくさん吸収する組織と、ほとんど吸収せずそのまま素通りさせる組織があるからです。その吸収の度合いが写真に反映されているのです。たくさんX線を吸収する骨は、写真上では白く見え、ほとんど素通りするガス（肺内や消化管内の空気）は、黒く見えます。最も白く見えるのが歯と骨で、次いで血液、内臓、筋肉など、三番目に脂肪、そしてもっとも黒く見えるのがガス（空気）です。

X線にはこうした性質があるため、通常なら骨は白く写ります。しかし、骨が折れていたり、薄くなっていたりすると、白く写るはずの骨の一部が黒く写ります。それによって、異常である骨の場所や状態を外側から確認することができるのです。左の写真（図1～3）を見れば一目瞭然です。正常な骨と異常な骨などがある場合では、その違いが肉眼ではっきりとおわかりいただけると思います。

最近ではCR（Computed Radiography）と呼ばれるX線検査装置が導入されています。従来のX線写真が、体内を通過したX線をそのままフィルムに焼き付けているのに対して、CRはコンピュータで画像を処理しています。

これによって、撮影した画像の濃度やコントラスト、拡大率をモニター上で変えることができるため、骨や関節を強調した画像あるいは内臓などを強調した画像も、1回のX線照射で得られるようになりました。

さらに近年ではCT（Computed Tomography）と呼ばれる断層撮影装置が導入されつつあります。CTはX線を用いてコンピュータで画像を処理する点ではCRと同様ですが、断層画像を得ることができます。従って、頭の中や胸部や腹部などの体の中の情報をさらに詳しく観察することができるようになりました（図4）。

動物にも応用される放射線治療

　放射線は治療にも用いられています。通常は癌の治療に放射線を使用します。これは医学では一般的ですが、近年獣医学においても浸透してきています。この治療法が導入されるようになったことで外科療法のみでは再発率が高かった癌でも、外科療法後に放射線治療を行うことによって再発率を低下させることができるようになってきました。

　また癌によっては放射線治療単独で治療するもののあります。たとえば、図5のように口の中にできた悪性黒色腫(メラノーマ)という癌では、放射線治療単独で治療することもあります。

　放射線治療による問題点は、曝射する放射線エネルギー量によっては正常な部位に放射線障害が起きてしまうことです。ただし、しばしば飼い主から質問されることですが、放射線治療を受けた動物の近くにいる人間や他の動物が放射線に被曝することは全くありません。放射線治療を受けている動物も、放射線発生機器の電源をカットすれば被曝をしなくなりますし、放射線も体内には残りません。

（藤田道郎）

a　b
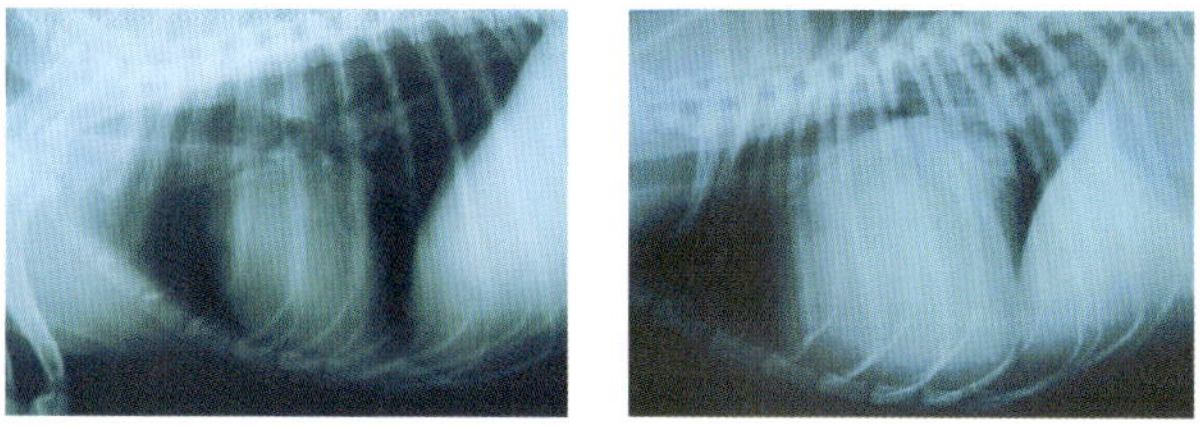

図1. a. イヌの正常胸部X線側方向像。肋骨・背骨（胸椎）・前肢の骨＞心臓・血管＞気管・肺の順に白色から黒色に見える　b. 心臓病（心膜腔に液体が貯留する病気）によって心臓が大きくなっている。また心臓が大きいために気管が背骨側に上がっている

a　b
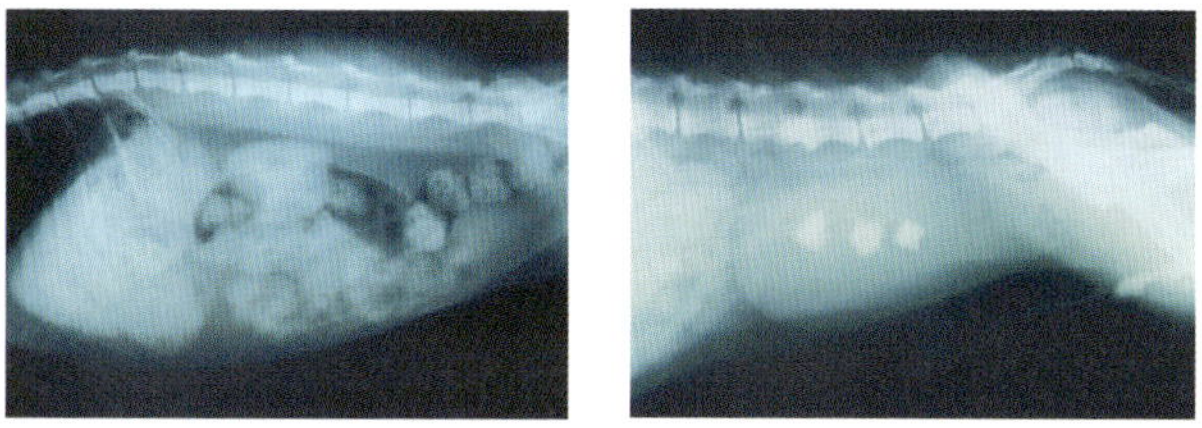

図2. a. ネコの正常腹部X線側方向像。健常であればこのような腹腔内の臓器が明瞭に観察できる　b. 膀胱内に結石。膀胱内にかなり白い（X線吸収性の高い）マス陰影が3つ観察できる。これは膀胱内に存在する結石である

a　b
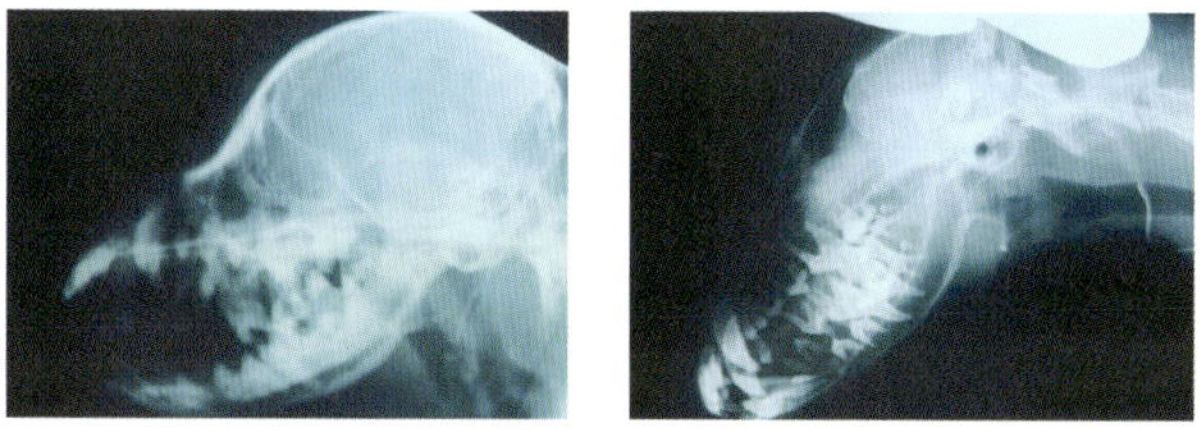

図3. a. イヌの正常頭蓋部X線側方向像　b. 腎臓病（腎不全）から上皮小体機能亢進症（副甲状腺「上皮小体」という臓器からでるホルモン量が過剰に出てしまう病気）を起こしたイヌ。下顎の骨の色合いが非常に薄くなっている（歯と下顎の骨の色合いをaの写真と比べると、違いがわかる）

a　b
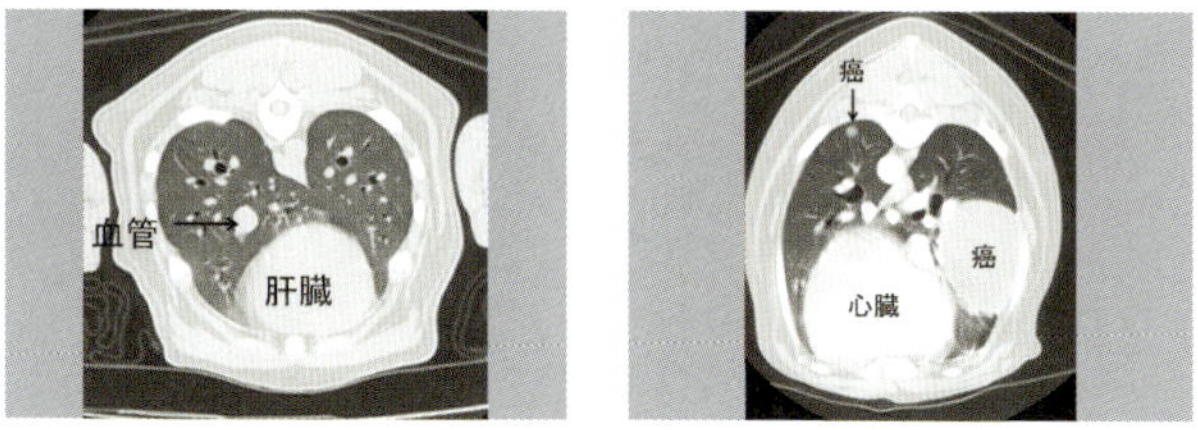

図4. イヌの胸部CT横断像。正常であればaのような肺構造であるが、bでは正常では存在しない構造物が二つ（癌）が認められている。矢印の癌は小さいため、従来のX線写真では見つからず、CT検査によって判明することができた。

a　b
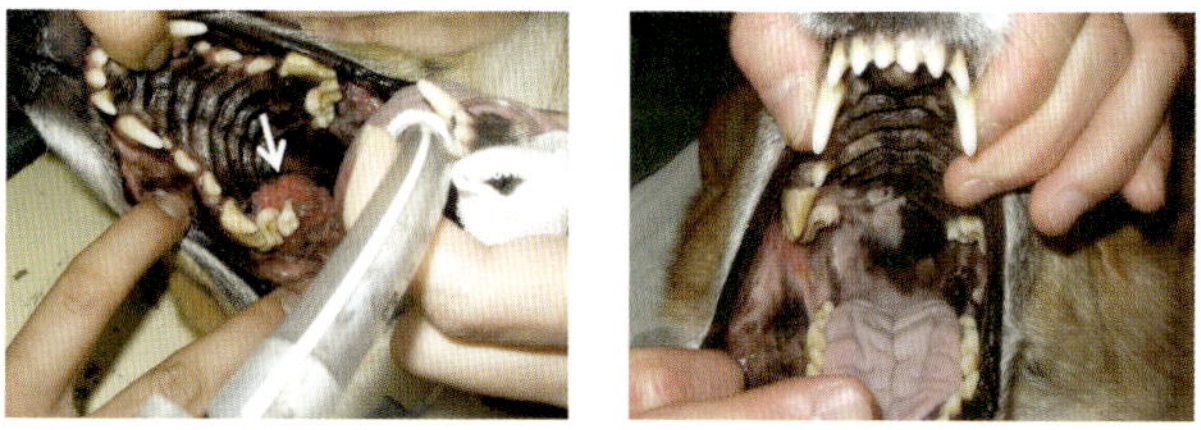

図5. イヌの口の中にできた悪性黒色腫（a）が放射線治療によって消失している（b）。

ＣＴスキャンによる診断とその威力

レントゲン以外の画像診断法の必要性

今までの獣医療においてもっとも一般的に用いられてきた画像診断法はレントゲンであり、今ではほとんどの獣医科病院においてレントゲン撮影装置は欠かせないものとなっている。レントゲンはX線が体の組織を通過する性質を利用して、動物を透かして見た像を2次元的に写真に記録するものである。これでもかなりの恩恵があり、数々の疾患がレントゲンによって診断されている。しかし、動物の体はあくまでも3次元であり、〝透かして見た〟だけでは十分にその構造が把握出来ないことも多い。しかし、技術の進歩により、コンピューター断層診断法（ＣＴ）や超音波画像診断法（ＭＲＩ）などを用いて体を〝切ってその断面を見る〟ということが可能となった。獣医療においてもより正確な診断が求められるようになってきており、このような断層診断法の重要性はますます増してきているといえる。

ＣＴスキャンも進歩している

ＣＴスキャンとＭＲＩの違いがわかるだろうか?どちらも体の断層画像が得られる点では同じであり、混同している人も多いと思われる。開発されたのはＣＴスキャンの方が先であり、１９８０年頃のＣＴスキャンの登場により初めて体の〝輪切り〟の画像を得ることができるようになった。ＣＴは原理的にはレントゲンと同じX線を利用しているのであるが、X線の発生装置と受信装置を体の周りを回転させながら撮影を行うため、レントゲンとは異なり輪切りの画像が得られる。このためレントゲンでは得られなかった臓器の位置関係などの情報が得られることになるため、診断能力が飛躍的に向上するようになった。特にX線の発生装置と受信装置が螺旋型に回転しながら情報を収集するヘリカル（スパイラル）ＣＴはより短時間に効率よく検査ができるため、多くの獣医大学においても導入されるようになった。

磁気を使用するＭＲＩも断面像を得る点では同じであるが、X線を使用しないため被爆の影響がないという利点を有している。また、ＭＲＩはＣＴに比べて神経の変性などの軟部組織における病変の検出に優れていることから、神経疾患の診断においてより優れているＭＲＩが画像診断の主役へと移っていった時期もあった。ＣＴとＭＲＩのどちらが優れているという話ではなく、用途に応じてつかいわけるのがよいため、現在では多くの二次診療施設でＣＴとＭＲＩの両方を導入している。

ＣＴスキャンは獣医業界に最初に導入されてから10年ほどが経過しており、買い換えで新しい機種を導入する施設も増えてきている。ＣＴの基本的な技術には大きな変化はないが、どれだけ多列化されているかでＣＴ本体の価格が決まっているのが現状である。つまり、多列化したＣＴのほうがより上位機種であり、現在では64列という機種を導入する獣医大学もある。多列化のメリットとしては、より細かい画像を短時間にて撮影することが可能となることである。マルチスライスCTとは検出器を複数装備することによって同時に複数の画像が得られるCTであり、ただ単に撮るスピードが速くなっただけでなく、そのスピードを活かした高解像度の撮影により、腹部臓器や肺などへの適応など、用途の飛躍的な拡大にも貢献している。2列のCTと64列のCTでは1回の回転による撮影枚数は32倍も異なるため、より高速で多くの断面を撮影することが可能である。撮影時間の短縮のメリットは、場合によっては無麻酔でも撮影が可能であること、また撮影開始時と終了時において時間差が少ないため呼吸などの臓器の動きによる時間的なズレが生じにくいこと、造影剤を注入した際に最適なタイミングで撮影できることが挙げられる。多列化したCTでも一枚一枚の画質はそれほど変わらないが、続けて撮影した複数枚の画像に時間差が生じないことが

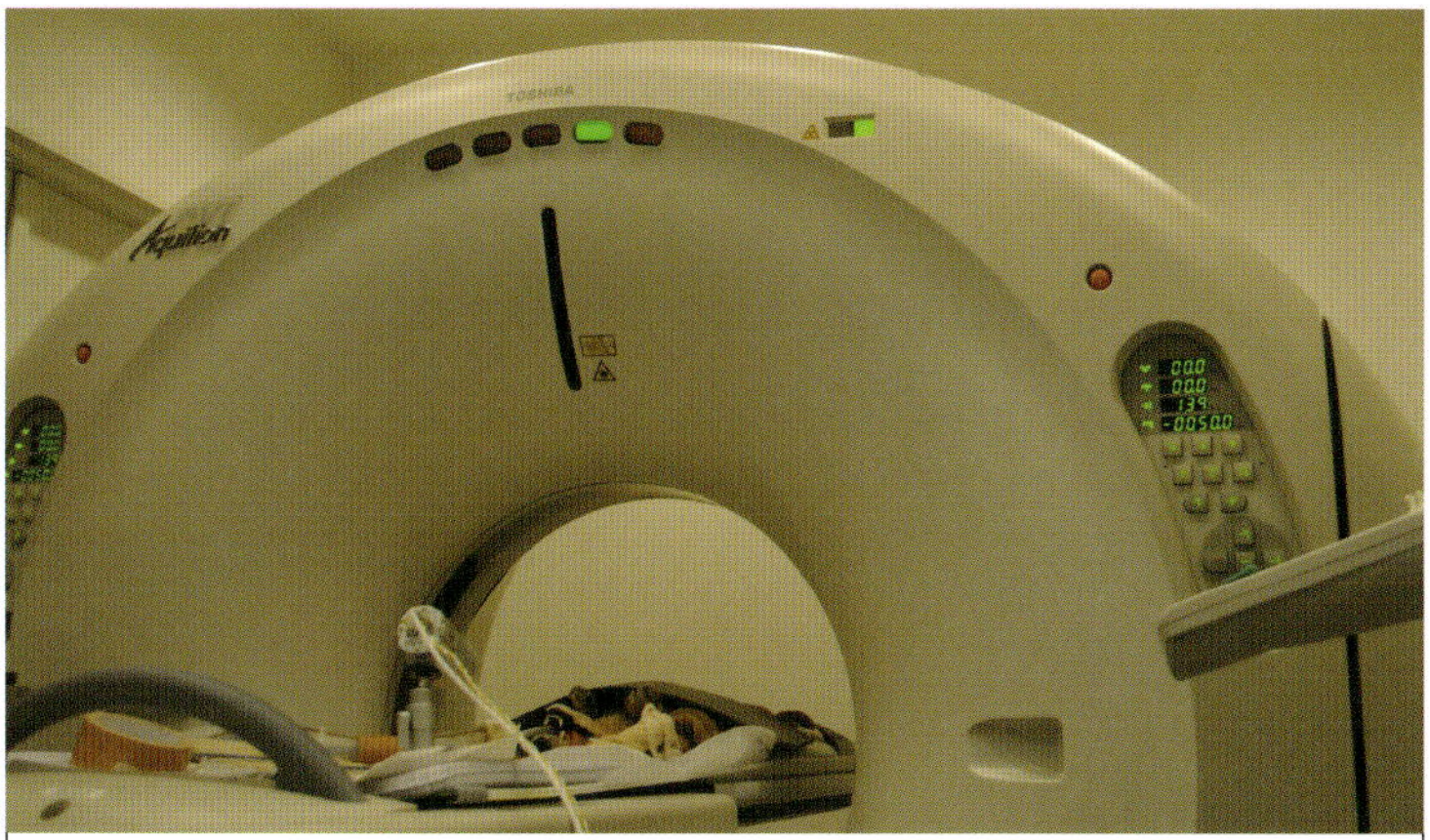

マルチスライス CT も獣医療域で広く普及するようになってきた。高速の機器を使用することによってより短時間での撮影が可能となり、呼吸などによる体動の影響を少なくすることが出来るため、よりブレの少ないきれいな画像が得られるようになった。一般的に CT の撮影速度は列の数に大きく依存するため、マルチスライスといっても何列の CT かによってその速度は大きく異なる。写真は 64 列 CT で、現在の獣医療域においては最も速い CT になる。

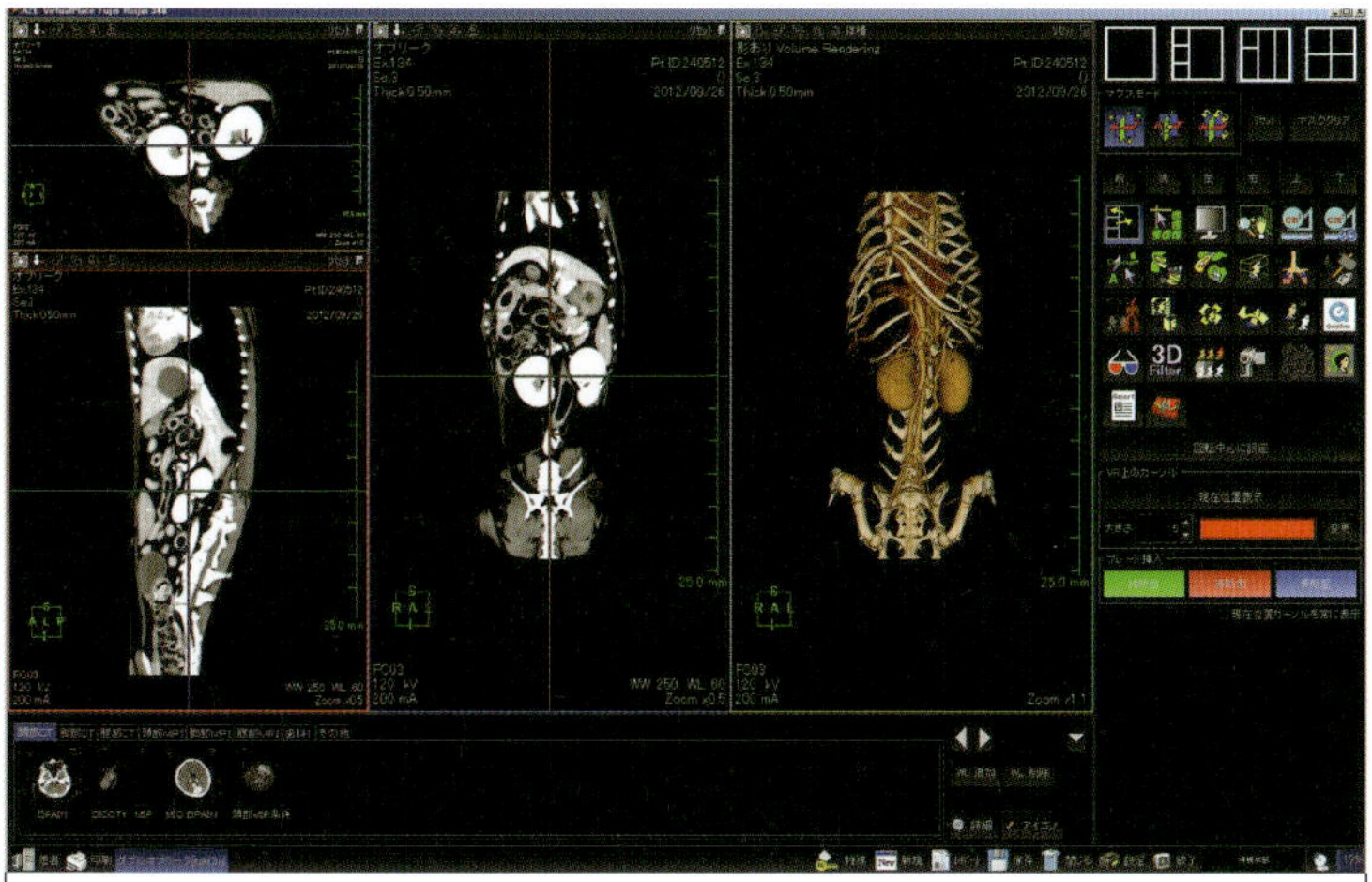

CT の多列化によって、2 次元の断層像を用いての診断から 3 次元データを用いての診断へと移り変わりを見せている。図は CT 画像の解析に用いるワークステーションの画面で、左の 3 つの画面が MPR と呼ばれる画像で、主に 3 次元データを用いての診断に用いられる。右のボリュームレンダリングと呼ばれる 3 次元画像も最近では精度が高くなってきたため診断に利用されることも多いが、画像の作り方によって病変が見逃したり、あるいは実際には存在しない病変を作り出したりということが危惧されるため、ボリュームレンダリングのみで診断を行う際には気をつけなければならない。

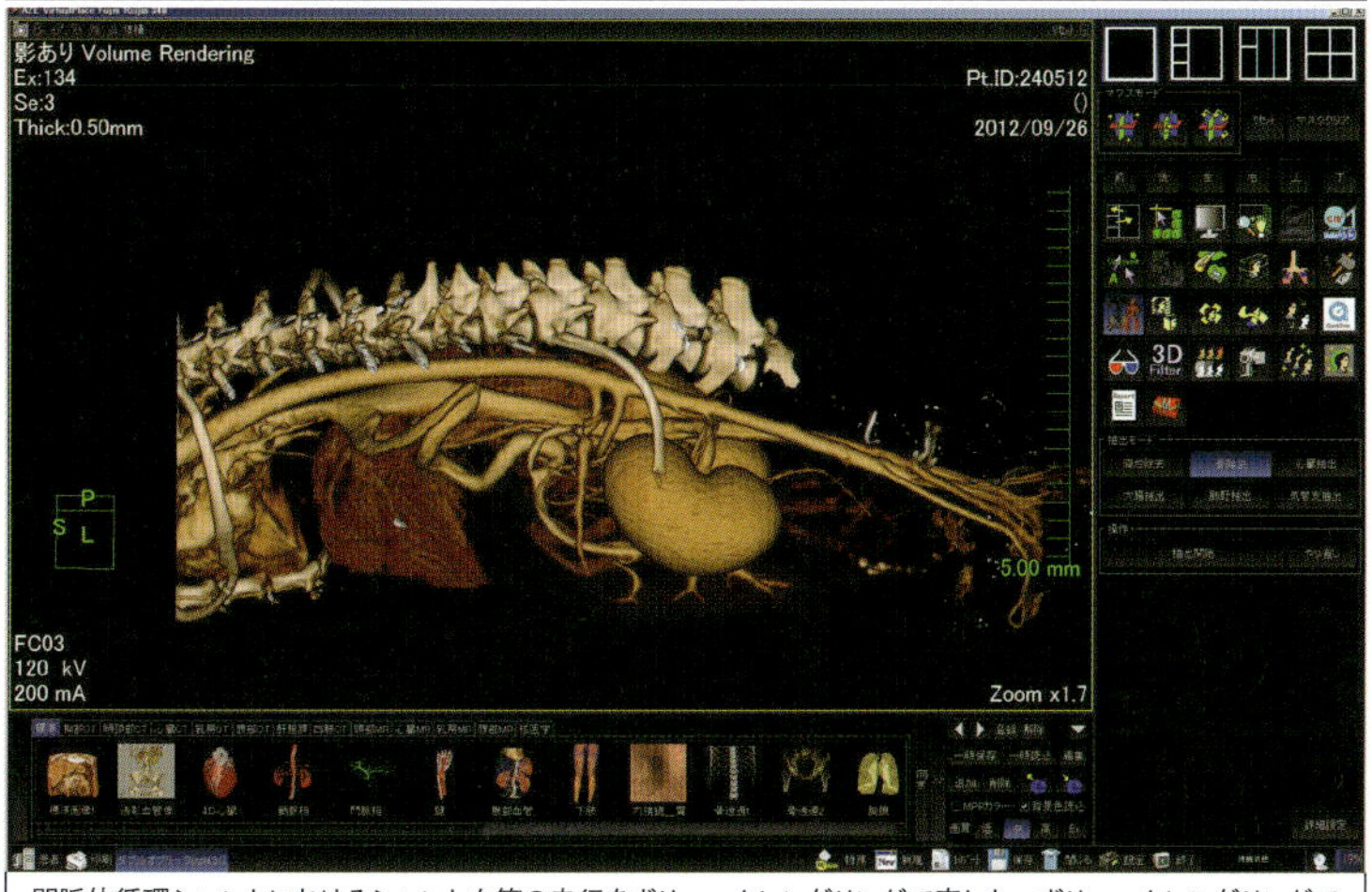

門脈体循環シャントにおけるシャント血管の走行をボリュームレンダリングで表した。ボリュームレンダリングでは任意の骨を除去したり 3 次元上の見やすい方向から観察することが可能であるため、このような血管奇形や骨折などのインフォームには最適な手法である。また、術前に解剖学的な構造をイメージしやすいため、獣医師にとっても非常に有用である。問題点としては精細な画像を得るためには非常にデータ量が多くなるため、撮影した画像データの通信や保存、コンピュータ上での処理に負担が掛かる。また多くの撮影回数によってもたらされる患者の被曝線量増加も忘れてはならない。

一番のメリットで、３次元の画像を合成した場合にも動物の動きによるブレが生じにくいことが最大のメリットである。

ＣＴの撮影方法

おとなしい動物であれば、専用のアクリル製の容器を用いて無麻酔下で撮影することも可能である（図１）。しかし、前述したように、きれいな３次元像を得るためには撮影中の体動は許されない。動いたところで３次元画像が凸凹になってしまうためである。特に動物の場合は息止めをしてくれないため、呼吸によってもかなりの影響が出ることになる。そこで必要であれば呼吸をコントロールする必要があり、撮影時には気管チューブを挿管しておくのが良いと思われる。かなり細かいスライス厚による撮影でも撮影時間は数秒～二分位（列数に依存する）で終わるので、麻酔は短時間作用のもので十分である。特に痛みを与える検査ではないため、プロポフォールを単味で静脈内投与した後に挿管し、必要であればイソフルランを使用するという撮影方法が一般的であろう。この方法であれば非常に覚醒も速く、通院での検査が可能となる。必要があれば造影剤を使用する。一般的に用いられるのはイオパミドールの静脈内投与で、２㎖／kgの投与量が標準量である。

ＣＴスキャンによってこんなことがわかる

ＣＴ値

Ｘ線の透過量は、生体内の組織の密度（Ｘ線吸収値）と厚みの積に反比例する。ＣＴを開発したハンスフィールドは、水の吸収値を0、空気を-1000とし、各組織の密度を相対値で表した。この相対値をＣＴ値（Hounsfield unit: HU）と呼ぶ。画面上、ＣＴ値の大きなものは白く、小さいものは黒く表示される。各臓器のＣＴ値が部分部分で測定可能であるため、〝見た目〟だけでなく、ＣＴ値で臓器の異常な変化をとらえることが可能である。人の目では白黒の階調はせいぜい16階調までくらいしか判別出来ないといわれている。ＣＴ値は-1000HUから+1000HUにまたがるので、ウィンドウ幅を調節して判別するか、ＣＴ値にて評価することになる。

造影剤

通常の撮影にて病変が発見出来ないような場合でも、造影剤を使用することによって効果的に病変を検出することが可能な場合がある。造影剤はレントゲンと同様に血管、尿路、脊髄、消化管などに用いられる。造影剤が有効な疾患としては、門脈シャントなどの血管異常のように、病変が直接描出されるものもあれば、腫瘍性病変において血管の浸潤度、大血管との位置関係の把握など、間接的に有用となる場合もある。

脳腫瘍では脳の血液バリアが破壊されるため、腫瘍病変に造影剤が入り込むことにより診断が可能となる。また、造影剤を静脈内から投与した場合、最初は造影剤は主に血管内のみに存在する（動脈相）。その後末梢組織において造影剤は血管外に漏出（実質相）し、その後は血管内と細胞外液中の造影剤濃度が平衡状態となる（平行相）。最近のＣＴではこれらの３相をそれぞれ分離して撮影することも可能となった。

３次元画像

最近のＣＴは断層画像を得るというよりもむしろ３次元的なデータを得るということが主体となってきた。数枚の断層画像から連続的な情報を得ることは難しく、特に立体的な構造の把握は非常に難しい場合がある。あらかじめ３次元的なすべての情報を得ておけば、あらゆる方向の断面を得ることが可能であるし、立体的な画像を組み立てることも可能となる（図２、３）。門脈シャントや骨盤骨折など、新たな分野においてＣＴの利用が行われるようになってきたのはこのような３次元的な情報が活用されるようになったためである。

今までＣＴは体軸方向（ｚ軸）のデータの解像度が低く、ぼやけた画像しか得られないこともあったが、最近のＣＴでは薄いスライス厚で高速に撮影出来るため、ｘｙｚすべての方向において細かいデータ（アイソトロピックデータ）を得ることが可能となった。このようなデータを用いることにより、病変部をあらゆる方向から評価することが可能となり、また、立体的な画像を構築してイメージを高めることも可能となった。

ＣＴスキャンの適応症例

ＣＴの適応範囲は広く、基本的にレントゲンで診断可能な疾患はＣＴでも診断可能であるといえる。特にレントゲンでは評価が難しい構造の複雑な部位が適応となるだろう。この数年でＣＴを撮影できる施設は飛躍的に増え、各都道府県に複数の撮影可能な施設がある場所も少なくない。具体的なＣＴの適応疾患としては、外耳炎、水頭症、各種腫瘍、椎間板ヘルニア、骨折、門脈シャント、胆石など多岐にわたる。今後は肺炎などの肺野の評価などにももっと利用されていくと思われる。高速なＣＴを利用して心臓のＣＴによる評価も行っている施設もあるが、動物は心拍数が速いために限界もあるようである。

（田中　綾）

MRIによる診断とその威力

動物の脳・脊髄《せきずい》疾患の診断をも可能にしたMRI機器がさらに進化し、軟部臓器の診断にも用いられるようになりました。

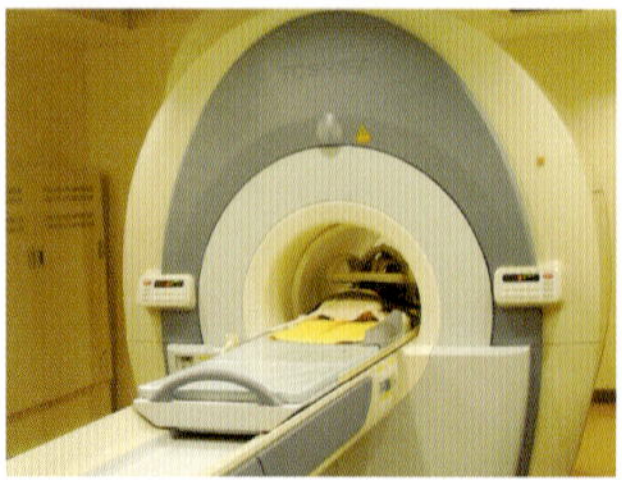

図1. MRI装置
(東芝製Excelart MRI)

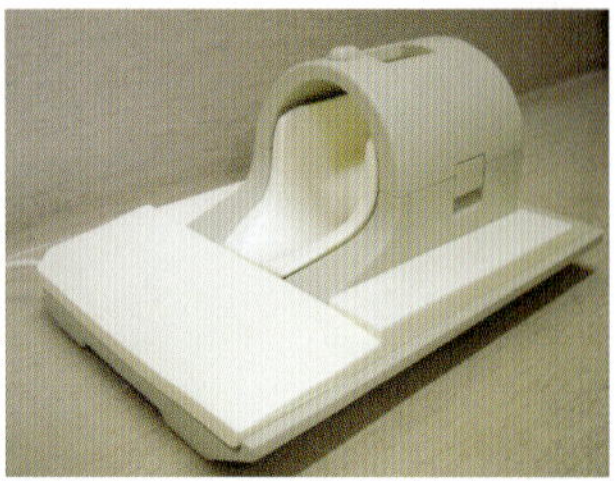

図2. 人膝用コイル
(小型犬やネコの頭部撮影時に使用する)

獣医療界に革命をもたらしたMRI装置

コンパニオンアニマルに対する獣医療は、要望の高まりに応じて、年々高度化しています。近年では、獣医科大学病院を中心に高度な画像診断機器をそろえる傾向が高まり、MRI装置を導入する施設が増えてきています。

CT検査に比べてMRI検査は、脳や脊髄《せきずい》をはじめとする神経軟部組織の診断にその威力を発揮します。MRI装置の出現によって、いままで困難であった脳脊髄《のうせきずい》の疾患の診断が可能となり、獣医療界の神経系疾患に対する診断能力は格段の進歩を遂げました。

MRIは、磁気共鳴イメージング(Magnetic Resonance Imaging)の略称で、磁気共鳴現象を利用した画像診断法です。

MRI装置の基本的な構成は、①MR信号源の磁石(静磁場)、②信号に位置情報を加える傾斜磁場コイル、③MR信号を検出するためのRF送受信系(コイル)、④受信系(増幅器)、からなります。さらに、検出した信号に演算処理を施し、画像に構築するためのコンピュータが加わってMRI装置は構成されます。

①磁石

MR信号を作り出す装置が磁石です。小さな磁石である原子核が振動すると、磁場が周期的に変動することになり、コイルに起電力が発生します。この起電力がMRI信号です。MRI装置に使用される磁石には「永久磁石」と「超伝導磁石」の2種類があります。磁場の強さはテスラ(T)(1T=1万ガウス)の単位で表されます。現在、ヒト医学で使用されている機器は1・5Tが中心となっていますが、頭部用には3・0Tの高磁場の機種が使用されています。また、実験用には20Tを超える機器も出現しています。

MR用の永久磁石には、希土類を含むFe-Nd-B系の磁石が採用されています。しかし、MRI用には人体が入るスペースが必要なので、強力な永久磁石を使用してもMR信号を検

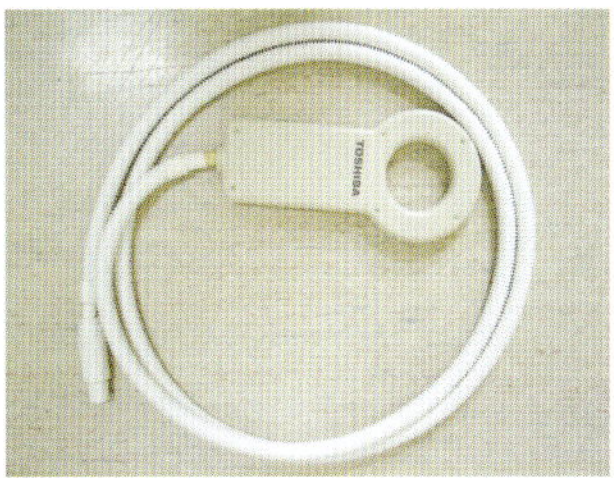

図3．サーフェイスコイル
（人では目の上に置かれ、眼球の撮像に使用する）

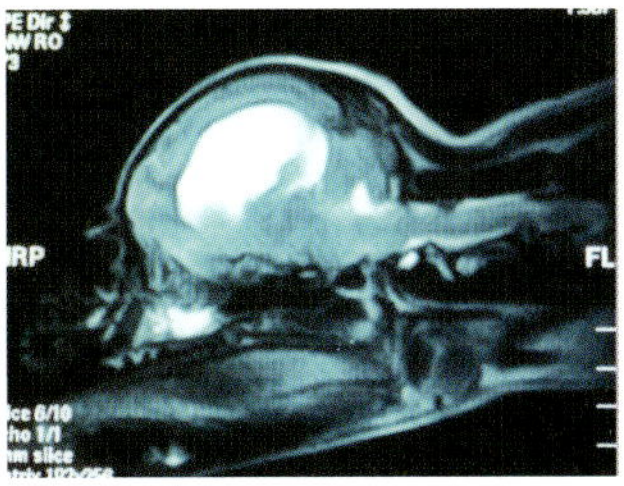

図4．小型犬にみられた水頭症
（T2強調像、矢状断）

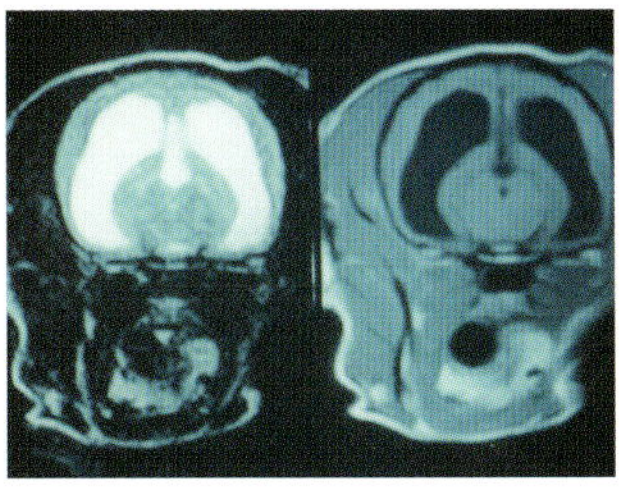

図5．小型犬にみられた水頭症
（右はT1強調像、左はT2強調像。ともに軸位断）

出する位置では磁場強度は0・3T程度になってしまいます。永久磁石を用いたMRI装置の長所は維持が簡便で経費も安いことです。短所は磁場強度を安定させるために室温を一定に保たなければならないことと、磁石の総重量が重く（0・15Tで8・5t）なることです。

超伝導磁石は電磁石のなかでも、①熱を持たない、②高い静磁場の発生が可能、という二つの利点をもつものです。短所はコイル自体を超伝導状態に保つために、超低温の液体ヘリウム（4K＝マイナス269℃）中に浸さなければならないことです。ヘリウムという冷媒を切らさないために定期的な補充をしなければならないので、維持費が高額になってしまうのです。

②傾斜磁場コイル

静磁場に置かれた核スピンに対して強度が時間的に変化する傾斜磁場を与え、空間位置情報を加えることで、初めてMR信号から画像が構築できます。このためには直線的な傾斜磁場が必要となります。

③RFコイル

MR信号を検出するための信号検出器（コイル）は、励起のためのラジオ波（RF）出力と共鳴したMR信号のラジオ波を検出する役割を担う機器です（プローブともいう）。基本的な構造は導線を巻いたものです。

人では撮像する部位によって複数のRFコイルを選択しています。たとえば鞍型《くらがた》（頭部）、ソレノイド型（頭部）、スロットレゾネータ型、バードケージ型などが普及しています。また眼球などの局所の撮像にはサーフェイスコイルが用いられます。

獣医療に対する有用性

MRI検査はこのように脳や脊髄《せきずい》などの神経軟組織診断に絶大な威力を発揮しますが、具体的には脳腫瘍《のうしゅよう》、水頭症、脳炎、椎間板《ついかんばん》ヘルニア、脊髄炎《せきずいえん》などの診断であり、外科的治療が必要かどうかの重要な判断材料となります。なお、最近では骨以外の軟部臓器の診断にも使われています。さらに、治療後の経過を観察する場合にも使われています。MRI検査は、あくまでも診断を目的とするもので、治療器具ではありません。

動物に対するMRI検査は、基本的に全身麻酔下で行われます。したがって麻酔導入などの時間を含めると人に比べて検査時間が長くなります。また動物の状態により麻酔が不可能と思われた場合は、検査ができないこともあります。

（鯉江　洋）

超音波診断法とカラードプラー

放射線診断よりも安心で簡単なだけでなく、血流など、診断に応用できる範囲が拡大してさらに便利になりました。

超音波診断法

超音波診断法とは、音が反射する性質を利用して、生体の内部構造を解剖などの外科的手法を用いずに診断する方法です。

診断には2～7・5MHz程度の周波数の高い音（超音波）を用います。この周波数は、私たちの可聴域（2～20万Hz）からは大きく外れています。

超音波は指向性に優れており〝光〟と同様に直進し、生体組織を通過する際に臓器の違いによって特有の反射や屈折、吸収を起こします。

この特有の反射・屈折・吸収を画像化することによって、生体内の構造を診断することが可能となります。これが超音波診断法（エコー診断法）です。この診断法の優れた点は、映像をリアルタイムで見ることができるため、心臓や胎子の動きを観察して病気などの診断に役立てることができることです。

超音波診断法は、X線検査やCT、MRI検査と異なり、麻酔の必要やX線被曝《ひばく》がないため、より安全で簡便に検査が実施できるのが、大きなメリットです。そのため、妊娠診断など、動物に負担をかけたくない場合に超音波検査は有用です。

超音波は液体・固体にはよく伝導するため生体内では肝臓・膵臓《すいぞう》・腎臓《じんぞう》・脾臓《ひぞう》・心臓などの実質臓器、筋肉・脂肪などの軟部組織の描出には優れています。しかし、気体中は超音波が伝わりにくいため、生体内では肺・消化管ガスによって伝導を妨害されてしまいます。また、固体でも骨・金属など硬いものでは、その表面で強く反射されるため画像化が困難です。そのため心臓の超音波診断では、肋骨《ろっこつ》が超音波の伝導を遮ってしまうので、肋間《ろっかん》からセクタ型プローブを用いて診断します。

超音波検査に際しては、生体内の断層画像を得るため、超音波を発生・受信するプローブを動物の体に接触させます。心臓超音波検査ではプローブを穴の開いたテーブルの下方から動物の体にあてます。毛を刈ったりゼリーを用いたりしてプローブと皮膚の接触面に空気が入り込まないようにして、超音波が弱まることを防ぎます（図1）。プローブは検査する部位によって様々な周波数帯と形状が用意され、動物の体格や検査部位によって使い分け、それによって良好な画像を得ることができます（図2）。

リニア型は、プローブから帯状に超音波を発生します。主に皮膚や皮下組織など比較的浅い部位の観察に適しています。セクタ型はプローブの1点から扇状に超音波を発生します。胸腔《きょうくう》内の観察、とくに心臓の観察に適しています。コンベックス型はリニアとセクタの中間の形状です。リニア型に近いコンベックスとセクタ型に近いマイクロ・コンベックスとがあります。様々な部位の観察に適していますが、主に腹部を観察する場合に用いられます。

カラードプラー

カラードプラーとはドプラー効果（例：救急車のサイレンが遠ざかるときに、音の高さが変化して聞こえる現象）を利用して血液の流れる速さ（流速）や方向を、赤や青などの色で画像化する方法です。

この方法では、プローブに近づく血流が赤、遠ざかる血流が青で表示され、方向がまちまちな乱流では様々な色の混じったモザイクパターンとして観察できます。生体内での血流は、正常な場合には流速と方向がそろっており（層流）、モザイクパターンが示す乱流は異常血流の指標となり、診断の一助となっています（図3～6）。

最近では三次元画像化も可能となり、さらに診断に有用になりました。

超音波画像診断は、安全で簡便に動物の臓器をリアルタイムで画像化し、診断することができるため、獣医臨床分野において欠くことのできない診断法となっています。

（星　克一郎）

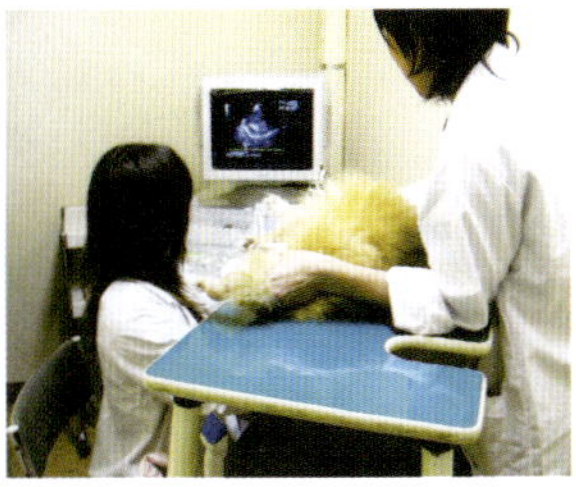

図１. 超音波検査の実施風景。動物は横臥で保定され、穴の開いたテーブルの下方からプローブをあてられている。毛刈りやゼリーを用いてプローブと皮膚の接触面に空気が入り込まないようにして超音波の減弱を防ぐ

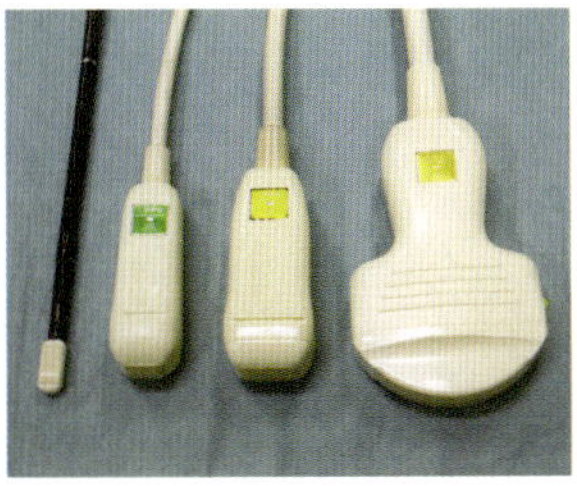

図２. 超音波検査に用いられる各種のプローブ。右からコンベックス型、セクタ型（7.5MHz）、セクタ型（５MHz）、経食道プローブ

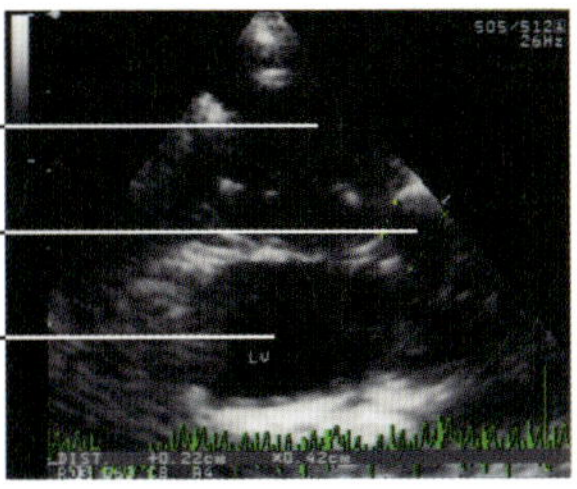

図３. 動脈管開存症の断層像。心エコー診断では肋骨が超音波の伝導を遮るため、肋間からセクタ型プローブを用いて診断する。肺動脈に短絡する漏斗状の動脈管が描出されている

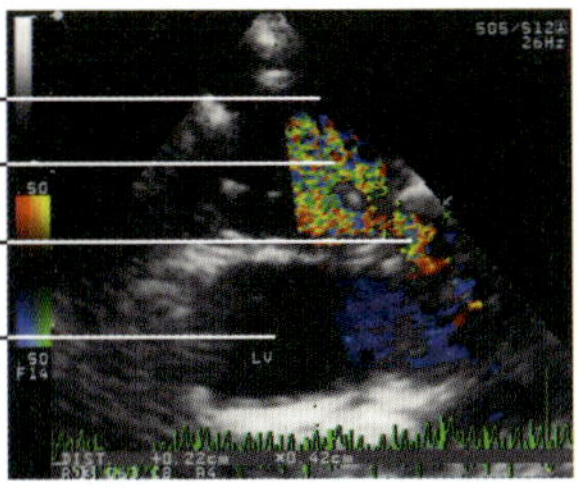

図４. 図３断層像のカラードプラー使用時の写真。動脈管から肺動脈にかけてモザイク状のカラードプラーが観察できる。カラードプラーを使用することで異常（短絡）血流を検出することが可能となり、診断が容易となる

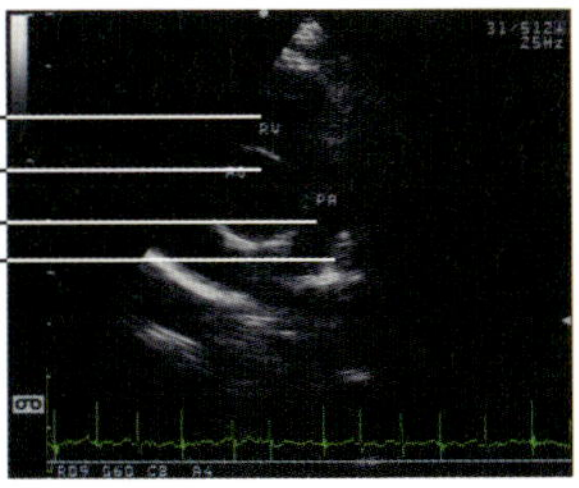

図５. コイル・オクリュージョン実施後の断層像。動脈管開存症の治療として動脈管内にコイルを塞栓させ短絡血流を遮断させる。動脈管内に塞栓させたコイルが描出されており、術後の経過を診断するのに役立っている

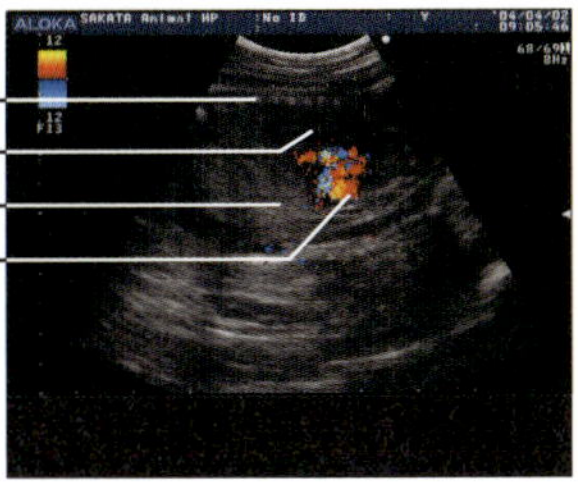

図６. 妊娠胎子（60日）の断層像。心臓が血液を駆出している様子がカラードプラーによって確認できる

心カテーテル法による診断

診断法として高い信頼性があった心カテーテル法が、治療にも用いられるまでに進化しつつあります。

　心カテーテル法とは、カテーテルと呼ばれる管を用いて心臓や血管の疾患を検査する方法です。カテーテルは通常、頸動脈《けいどうみゃく》・頸静脈《けいじょうみゃく》、股動脈《こどうみゃく》・股静脈《こじょうみゃく》から血管内に挿入するため、手術での外傷が最低限の大きさですみますが、イヌやネコでは、全身麻酔を実施する必要があります。血管内に挿入したカテーテルの先端を、目的とする心臓や血管の部位にX線透視下で誘導し、血圧や酸素分圧をモニターすることによって心血管病変の血液循環への影響を観察することができます。また、同時に心血管造影検査を行い、心血管病変の部位や構造を知ることもできます。前者を血行動態学的評価といい、後者を形態学的評価といいます。

様々な安全対策

　したがって、心カテーテル法の実施に際しては、麻酔器、X線撮影装置、Cアーム（循環器用X線装置＝図1）、血圧測定器、血液ガス分析器などの十分な設備と各種カテーテル、ガイドワイヤー、挿入用シースなどの特殊器具が必要なだけでなく、術者がそれらの操作に十分慣れていることが要求されます。経験を積むと、術者は透視下で、または血圧波形をガイドとして、カテーテルを目的の部位へ誘導することができます。また、目的とする部位に応じて形状の違う各種カテーテルやガイドワイヤーを使い分けることで、効率よく誘導することができます。

　主なカテーテルには、先端バルーン付きカテーテルやピッグテールカテーテルなどがあります（図2）。先端バルーン付きカテーテルは、静脈より右心系へ、血流に対して順行性に誘導する場合に適しています。また、ピッグテールカテーテルは先端がブタの尾のように巻いた形状をしており、弁を損傷する危険性が高い逆行性に、頸動脈《けいどうみゃく》より左心系へカテーテルを誘導する場合に適しています。

　心臓内圧は、様々な疾患における生理学的な状態によって大きく変化します。大動脈狭窄症《だいどうみゃくきょうさくしょう》・肺動脈狭窄症《はいどうみゃくきょうさくしょう》などの狭窄《きょうさく》病変では、狭窄部を介してその前後で血圧に差（圧較差）が生じます。この圧較差は、狭窄の重症度とその狭窄病変部を通過する血流量のどちらにも影響されます。房室弁（僧帽弁・三尖弁）において閉鎖不全などの機能的障害があるときには、収縮期における心房内圧は上昇します。同様に半月弁（大動脈弁・肺動脈弁）において機能的障害があるときには、心室拡張末期圧が上昇します。心カテーテル法によってこれらの病変が診断できます。

形態学的評価の方法

　心血管造影検査は、心血管内に水溶性のX線不透過性溶液（造影剤）を注入し、短時間のX線連続撮影や透視画像を記録して行います（図3）。これらの造影記録から心臓の形態や血流の評価、また心機能を推測することができます。造影剤の注入部位は疾患によって様々ですが、一般的には左右の心室と上行大動脈、さらに肺動脈です。左室内注入では、僧帽弁逆流、様々なタイプの大動脈狭窄症《だいどうみゃくきょうさくしょう》や心室中隔欠損を

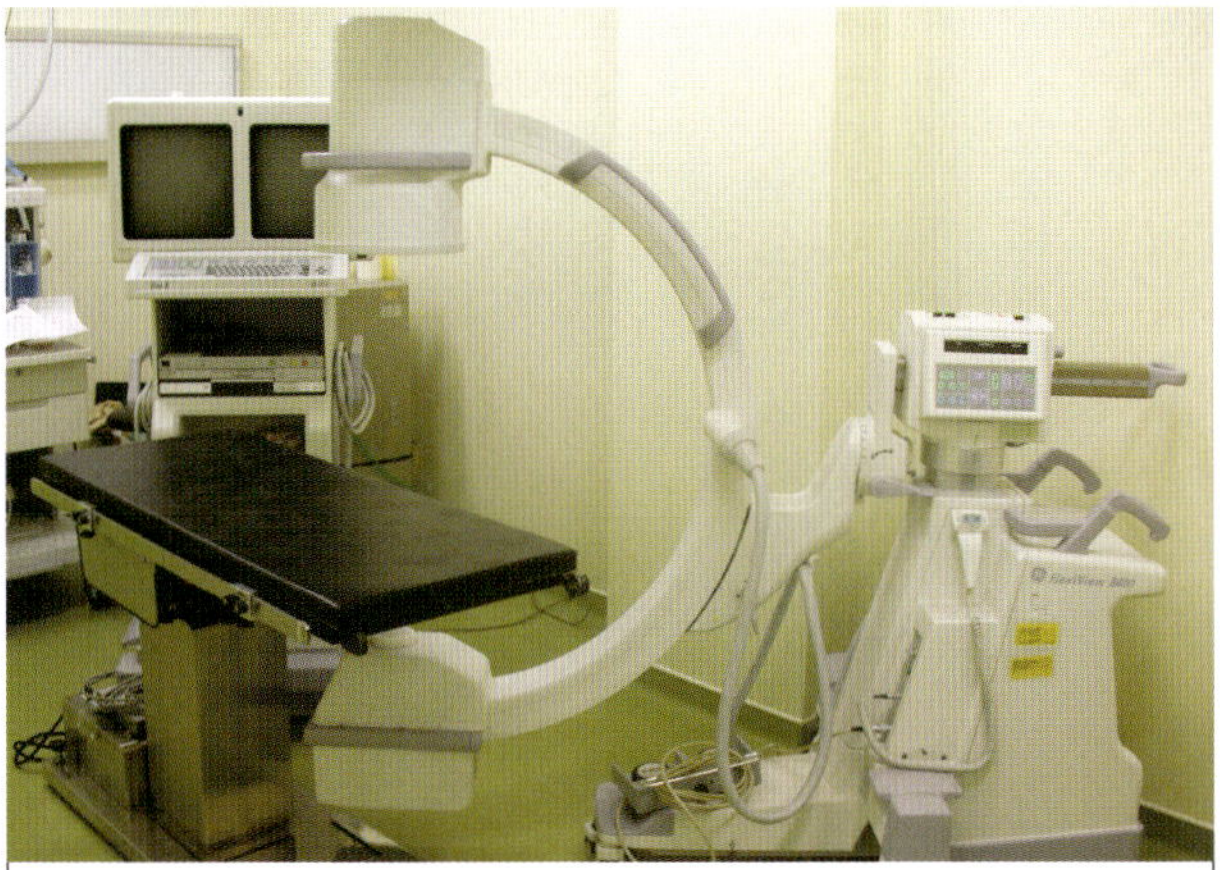

図１．Ｃアーム（循環器用Ｘ線測定器）

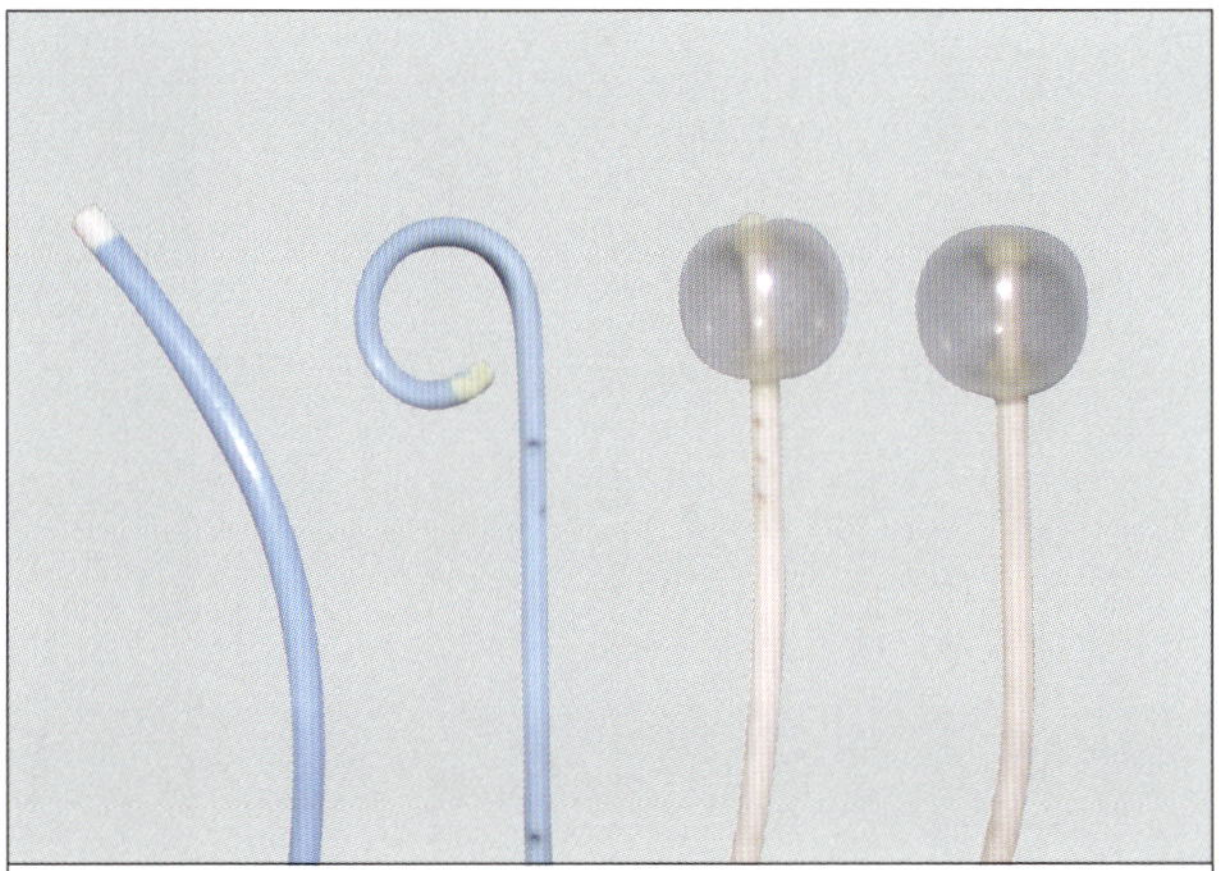

図２．各種カテーテル（右からウェッジ、バーマン、ピッグテール、多目的カテーテル）

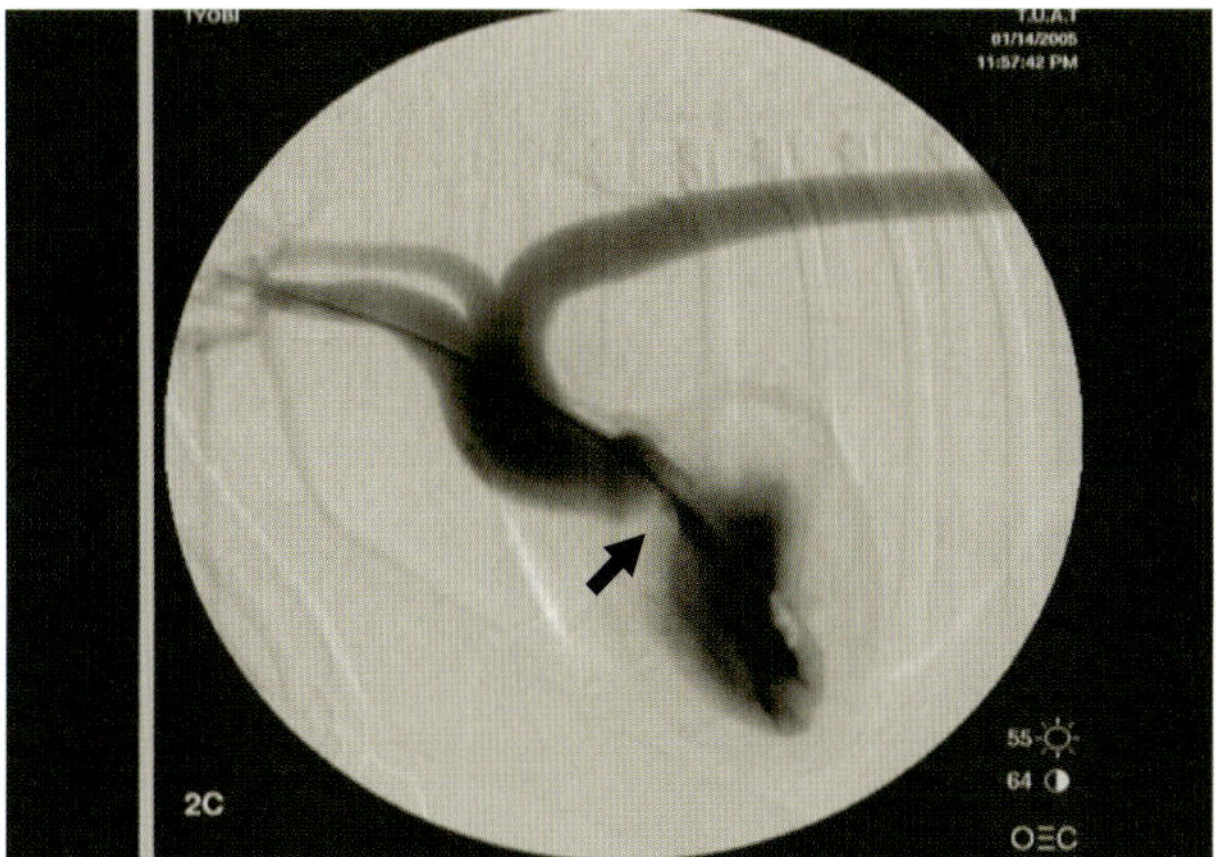

図３．心血管造影検査。大動脈狭窄症（左室内注入）の柴犬・雄・７カ月。大動脈弁下部の狭窄と大動脈弓の膨隆が認められる

通しての左右短絡などの診断ができます。大動脈内注入では、大動脈逆流、動脈管開存症、大動脈弓形成異常、冠動脈の形態的奇形などを診断することができます。右室内注入では、三尖弁逆流、様々なタイプの肺動脈狭窄症《はいどうみゃくきょうさくしょう》、ファロー四徴症でみられるような心室中隔欠損を通じての右左短絡などの診断ができます。また、心室径や壁の動きを、心周期を通して観察することによって、心室の大きさ、形や位置、収縮機能を評価することができます。

ドプラー超音波診断装置の普及によって、診断法としての心カテーテル法は徐々に置き換わられつつありますが、複雑な形態や血行動態を示す複合心奇形などの確定診断においては、依然として心カテーテル法には高い信頼性があります。また、心臓ペーシング、狭窄病変に対する治療的バルーン拡大術、短絡病変に対するコイル／ディバイスによる閉鎖術などの心カテーテル法の新しい適応が近年開発され、応用されています。

（平尾秀博）

インターベンション法による手術

血管病変の治療に威力を発揮します。術後ケアが短期間ですむ動物にやさしい治療法です。

インターベンションとは、小動物臨床において動物への負担の軽い外科手術法として、最近になって実施されるようになった治療法の一つです。主にカテーテルと呼ばれる細い管を血管の中に差し込み、全身を走行する血管を介して、カテーテルを目的の部位へ送り込み、カテーテルを介して様々な処置を行います。広義には重度不整脈に対するペースメーカーの装着術も含まれます。

二つの治療対象

現在、獣医学で実施されているインターベンションは、主に血管そのものが治療対象となる循環器において実施されています。そしてその治療方法は大きく二つに分かれています。心臓や血管の狭い部分を広げることと、先天的に生じた血管の短絡（本来あるべき形ではなく血管が連結している状態）を詰め物で閉じてしまうことです。

まず、血管の狭い部分を広げるためには、バルーンと呼ばれる風船を用います。先天的・後天的に血管径が細くなり、血液の流通に問題が生じると、心臓に過度の負担がかかるうえ、狭《きょう》窄部《さくぶ》以降の組織への血液の供給が滞ることによる障害が生じます。そこで、これに対しては先端にバルーンを備えたカテーテルを用います（図1）。カテーテルの先端を血管の狭窄部分まで到達させておいてから、バルーンを拡張させます。これによって、血管の狭い部分は押し広げられて拡張し、血液の流れが維持されるようになります。

一方、短絡を詰めるためには、塞栓子《そくせんし》と呼ばれる詰め物を用います。血液の流通経路に短絡を生じている病気では、血液がうまく循環しないために、酸素の運搬サイクルがうまくいかなくなり、結果として心臓に過度の負担がかかることになります。そこで、短絡血管の部位までカテーテルを送り込み、このカテーテルを介して塞栓子を送り込み、短絡部位でその塞栓子を取り外し、詰めることで本来の血液の流通を取り戻します。

この治療法の最大の利点は、動物にかかる負担がカテーテルを送り込む血管を露出するための小さな切り傷だけで済むことです。動物にとっては、入院などの術後ケアは大きな苦痛になります。インターベンションでは、手術による侵襲からの回復は速やかで、通常は当日かあるいは数日間の入院で十分です。

技術開発で適用範囲拡大

このように非常に有用度が高いインターベンションにも、まだ問題点があります。それは、インターベンションが人用に考案されたため、現段階では、動物にはそのまま用いることができない点です。とくに、チワワをはじめとした小型犬の血管は、体格に合わせて当然細くなっており、そもそもカテーテルが挿入できない場合があります。また、ネコはイヌと比較して血管が細いため、適応できないケースがあり、そうした場合には、開胸下での外科的手術により対応しているのが現状です。

次に、設備の問題があります。通常、インターベンションでは血管内にカテーテルを挿入した後、目的の部位にまで先端を到達させるためのガイドに、透視装置としてX線のリアルタイム画像を用います（図2、3）。つまり、この装置が装備されている施設でなければ、インターベンションは実施不可能です。

しかし、心臓疾患に対する場合、通常は病態把握を目的に、外科手術に先行して心血管カテーテル検査を実施しています。この検査はカテーテルを心臓に到達させて行うという意味では、インターベンションと操作が同じであるため、検査としての心血管カテーテル検査と治療としてのインターベンションを同時に実施することが可能です。つまり、これまで検査と治療とで2回に分けて行っていた手術を一日に同時に実施できるので、施設の少なさを十分カバーできます。

また、近年では小型犬へのニーズに対応するため、より径の細いカテーテルを導入するなどして、適応範囲を増やしています。今後もこのような技術の開発により、適応の範囲が広がることで、インターベンションの出番は増えると考えられます。

（島村俊介）

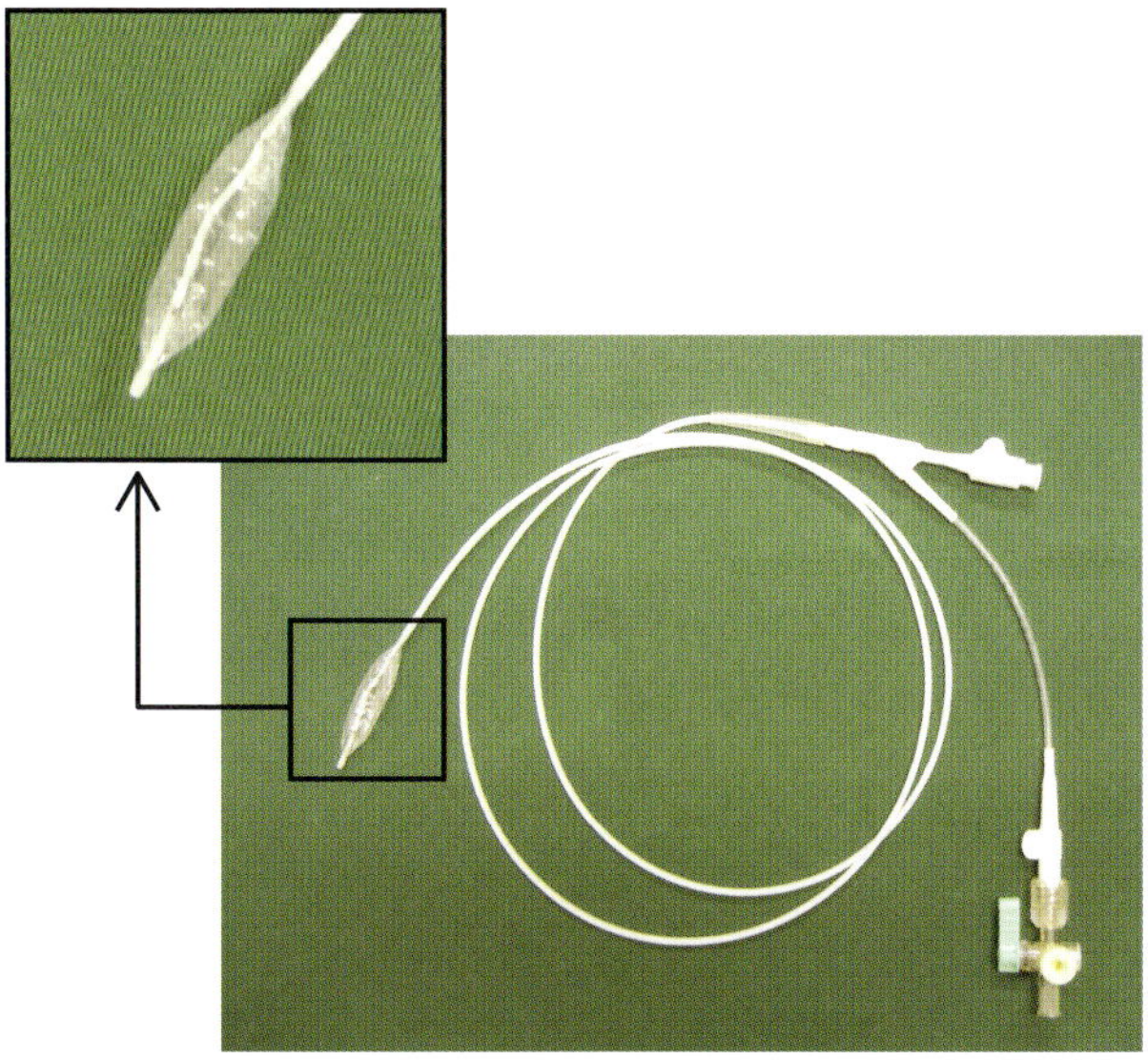

図1．バルーンカテーテル：先端にはカテーテルを中軸にバルーンが取り付けられている。カテーテル内には２本の管が通っており、１本はカテーテルの先端と、１本はバルーン内部と通じている

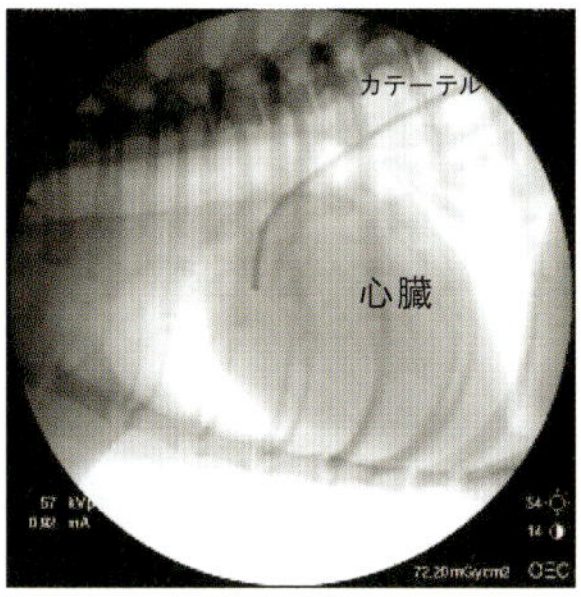

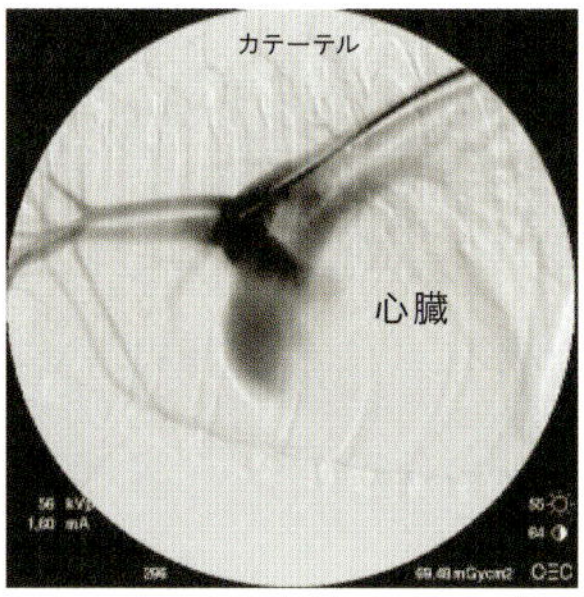

図２（左）．心臓にカテーテルの先端が挿入されている　図３（右）．カテーテルを介して造影剤を注入し、先端部分から造影剤が流出している写真。これにより動脈管のタイプや大きさを判定し、それに合う適当なサイズのコイルを使用して閉塞させる

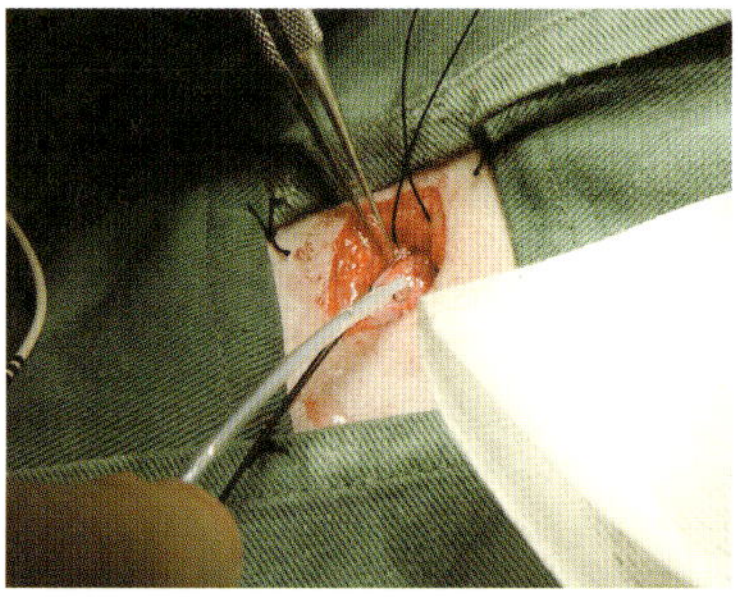

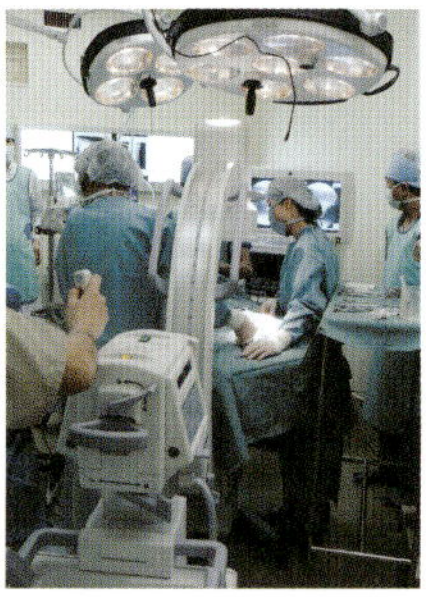

図４（左）．内股の動脈からカテーテルを挿入している。切開域はおよそ３cm と手術による負担は限りなく小さい　図５（右）．透視装置を使ってカテーテル操作を行っている。手前からアーチ状に伸びている透視装置によって右手奥のモニターに映し出される画面を見ながらカテーテル操作を行う

ここまで進んだ内視鏡による診断と治療

検査から治療まで多岐にわたって利用されている動物医療の新兵器です。

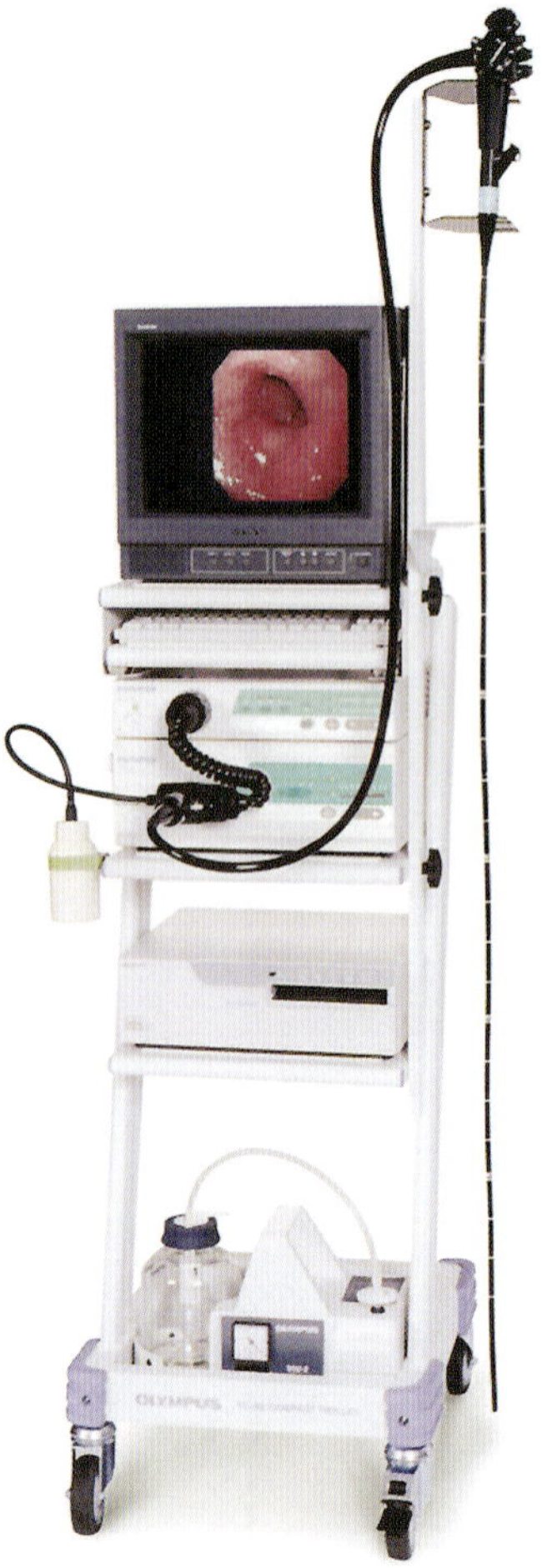

図1. 動物用に開発された電子内視鏡

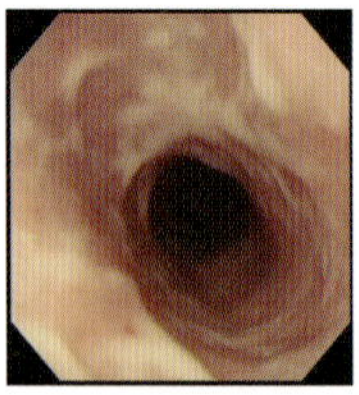

図2. 食道炎

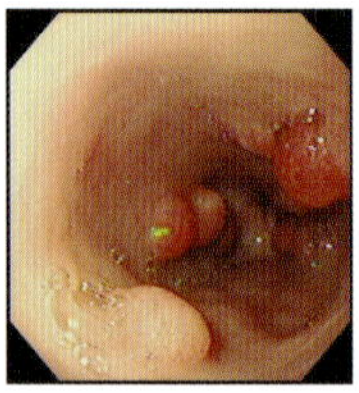

図3. 胃ポリープ

人の医学では、内視鏡検査は一般的なものになりましたが、動物の医学に対しても、約10年前に、動物用電子内視鏡（図1）が発売されてから急速に広がりをみせています。とくに、ここ数年の内視鏡検査や処置などの進歩にはめざましいものがあります。これは、以前は内視鏡検査を行っている術者しか画像をみられませんでしたが、モニターに画像が写し出されることにより周囲の者もリアルタイムに画像を観察できるようになったことが、大きな原因でしょう。

内視鏡による診断

小動物に対する内視鏡検査の対象は、多くは消化管です。消化管は体内にあるにもかかわらず、口から直腸、肛門《こうもん》に至るまでの管腔臓器《かんくうぞうき》で、内視鏡検査は内視鏡が届く限り、その威力を十分に発揮することができます。食道内視鏡検査では食道炎（図2）や食道狭窄《しょくどうきょうさく》、食道内異物、巨大食道症などの診断が可能です。また食道狭窄のある動物では、バルーンカテーテルを用いれば、もっとも安全に狭窄《きょうさく》解除の処置ができるといわれています。胃内視鏡検査は、同時に行うバイオプシー検査と併せ、胃炎や潰瘍《かいよう》、良性のポリープ（図3）、胃癌《いがん》（図4）、胃のリンパ腫《しゅ》、さらには胃内異物などの診断・治療に応用されます。

上部消化管の内視鏡検査は、十二指腸や小腸の入り口あたりまで見ることが可能ですが（動物の大きさや内視鏡の長さ、太さにもよる）、小腸に関しては内視鏡検査はほぼ不可能です。大腸に関しては肛門から挿入して観察することが可能です。大腸の内視鏡検査では直腸、結腸、盲腸入り口付近の炎症（図5）や腫瘍《しゅよう》（図6）

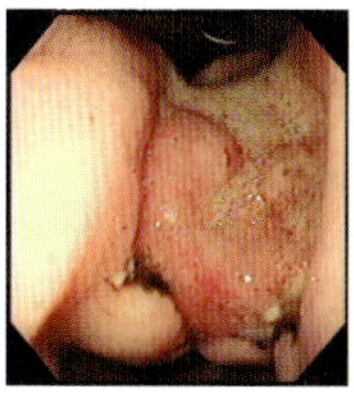
図4．胃癌

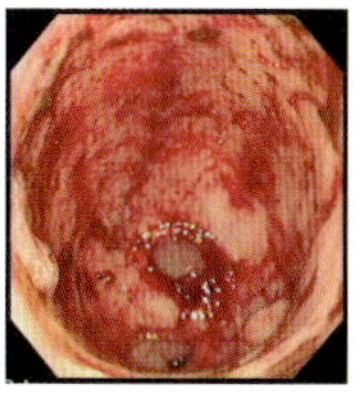
図5．結腸炎

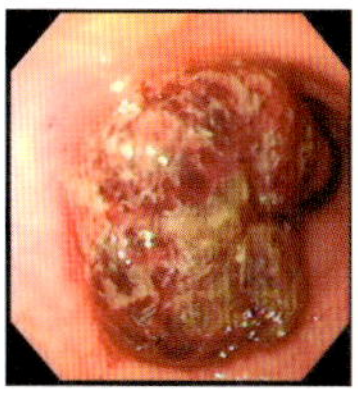
図6．直腸腫瘍

図7．胃内異物

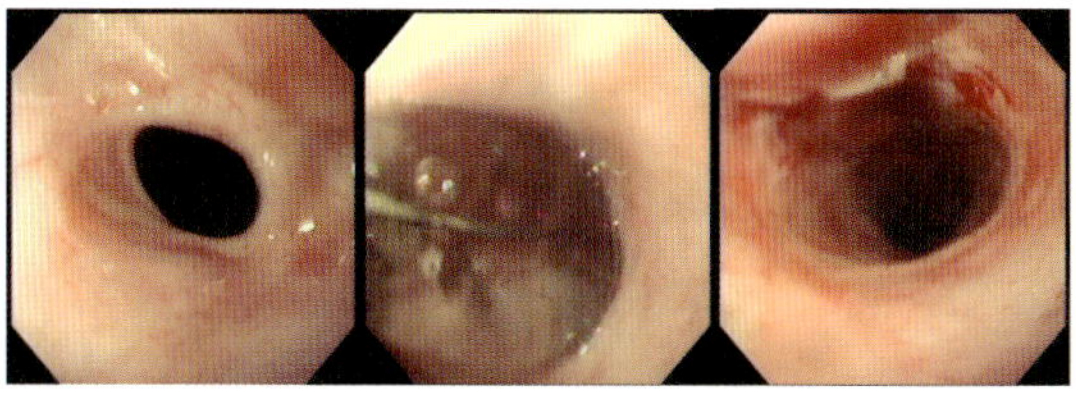
図8．食道狭窄バルーン拡張術

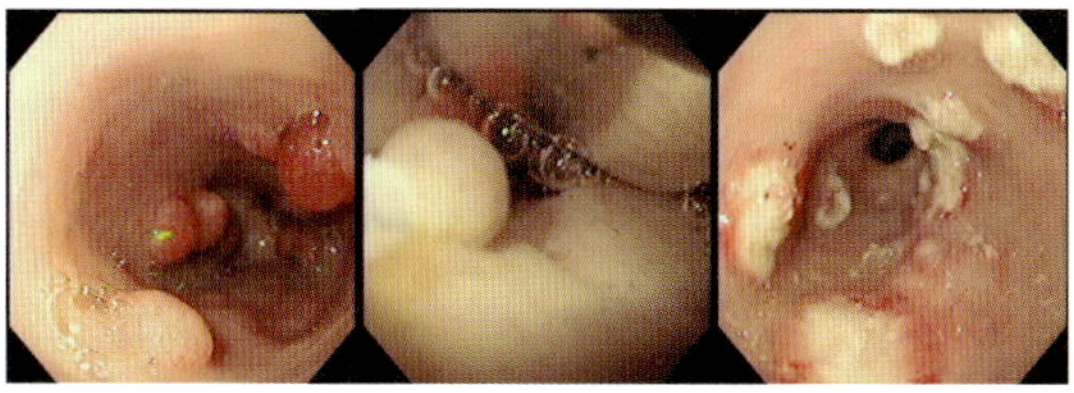
図9．胃ポリープ切除術

などを観察することができます。また小腸の最後部（回腸末端部）が開いていれば、その中へ内視鏡を挿入して組織を取ってくることも可能です。大腸の病変で多く遭遇するのは、血便や粘液の混じった便を排泄《はいせつ》する慢性大腸炎です。そのような症状のときにも、内視鏡で観察することによってポリープや癌《がん》を疑う所見を発見することもあります。

消化管以外の内視鏡検査は鼻や気管、気管支などの呼吸器内視鏡検査、尿道や膀胱《ぼうこう》などの泌尿器内視鏡検査をはじめ、腹腔鏡検査《ふくくうきょうけんさ》、胸腔鏡検査《きょうくうきょうけんさ》、関節鏡検査、雌イヌの膣内《ちつない》の検査など様々なところに応用されています。

内視鏡による処置

内視鏡による処置で最たるものは異物の摘出でしょう。食道内につかえてしまった異物や胃内異物（図7）など、手術をせずに摘出できることから、入院が必要でない処置として行われています。しかしこの場合、異物の大きさや形状によっても内視鏡で摘出できるものか、外科手術を選択したほうがよいかに分かれます。とくに軟式テニスボールなどは、大型犬の子イヌが飲み込んでしまうことが多くあります。このような場合には、食道を通過するときには軟らかくて変形して胃内に送り込まれてしまいますが、胃内では胃酸の影響を受けプラスティックのように固くなってしまいます。このようなものは内視鏡では摘出することができません。

このほかにも食道狭窄《しょくどうきょうさく》の際のバルーン拡張術（図8）などもあげられます。食道が狭窄《きょうさく》して液体ならば飲み込めても、ドッグフードなどの固形のものは吐き戻してしまうというような場合にみられます。こうしたとき、食道の手術では非常に困難な開胸手術が必要になるため、内視鏡でのバルーン拡張術が一番安全な方法であるといわれています。しかし1回の処置だけでは不十分で、通常は複数回の拡張を行う必要があります。

また人でよく行われるポリープ切除（図9）は、動物においても行われています。胃や大腸などのポリープが見つかった場合に、高周波でポリープの付け根から焼き切ってしまう方法です。これにより切除した組織の検査を行うことも可能になりました。今後もこれら内視鏡検査および処置が、動物の医療のなかで大きく発展し進歩することになるものと期待されています。

（亘　敏広）

安全かつ迅速なレーザー手術

切開と止血を同時に行えるため、動物にとっては痛みも少なく、安全な治療法です。

レーザー（LASER）とは

Light-Amplification-by-Stimulated-Emission-of-Radiation の頭文字をとってできた言葉で、「誘導放出による光の増幅」という意味です。すなわち、人工的に作った光をどんどん増幅させて放射した光のことです。

レーザーは触媒の種類によって、様々な波長を発振できます。その波長の違いによって性能や用途が異なり、たとえばバーコードの読み取りや、レーザーディスク、コピー機、成分分析などにも使われています。医療分野では切開、蒸散、凝固、止血機能をもった波長のレーザーが用いられています。

切開に関しては、普通のメスは切開面がきれいで治癒が早い反面、出血が持続するため腫《は》れや痛みを伴います。また電気メスの場合は切開と同時に止血も行いますが、電気ショックが体を駆け巡るため、麻酔が覚めてからも痛みが持続します。レーザーメスの場合は止血しながら切開するため治癒が遅れる反面、腫れや痛みがわずかです。切開時の痛みがほとんどないということで、無麻酔で手術を行うことができるだけでなく、手術後の痛みも著しく軽減します。

凝固と止血に関して、従来は電気メスを用いたり、糸で結紮《けっさつ》したりしていました。電気メスの場合は凝固結合面がもろく、出血が止まっていることを確認してから皮膚を縫合しても、麻酔から覚めて血圧が上がってくると出血することがよくあります。また糸を用いた結紮は、生体にとって異物なので後々異物反応が生じるおそれがあります。レーザーの場合は凝固結合面が強固なため、術後の出血はほとんどありません。

蒸散とは組織を焼烙《しょうらく》して消失させることです。従来の手術方法では切開、止血、縫合の手順が必要でしたが、レーザーは一点に当て続けることで照射部位の組織が蒸散つまり消失していきます。もちろんこのときに出血は伴わないため、部位によっては縫合の必要もなくなります。この特性を生かして縫合の困難な部位の腫《しゅ》瘍《よう》切除（口腔《こうくう》内、肛門《こうもん》周囲、肺など）、緑内障（網様体光凝固）、椎間板《ついかんばん》ヘルニア（経皮的減圧術）、歯周病などに広く用いられています。

より安全な治療が可能に

たとえば、肝葉切除の場合は、通常のメスで切開すると出血が多く、糸や電気メスでの止血は困難です。その場合、レーザーで凝固しながら切開すると、止血しながら切ることになるので、安全かつ迅速です。

また、臓器の裏側など、術者の手の入るスペースがないような部位では糸を架けて結紮《けっさつ》することはできません。しかし、レーザーを用いれば先端部分だけを患部に接近させて切開や凝固（止血）を行うことができます。

獣医科領域で広く用いられているレーザーは、主に炭酸ガス（CO^2）レーザーと半導体レーザーです。二つの大きな違いは接触（半導体）、非接触（炭酸ガス）と光特性です。炭酸ガスレーザーは半導体レーザーに比べて切開能力が高い点が優れています。しかし炭酸ガスレーザーは非接触のため手元がぶれやすく、患畜の呼吸のたびに体の動きに合わせて焦点距離を一定に保つことが難しいことがあります。

一方半導体レーザーは接触式のため、従来のメスと同様の感覚で使用できます。また炭酸ガスは光ファイバーを通らないため、現時点では内視鏡手術には使えませんが、半導体レーザーは内視鏡手術にも使用できます。それぞれの特性に合った使用方法を選択する必要があるといえます。

このようにレーザーには素晴らしい特性があります。従来のように「治ればよい」といった考え方ではなく、「より早く、より安全に、より快適に」という視点で、獣医科領域でも一部の施設では導入が始まっています。しかし費用の面で、広く普及するにはまだまだ時間がかかりそうな「夢」の治療器具でもあります。

（秋山　緑）

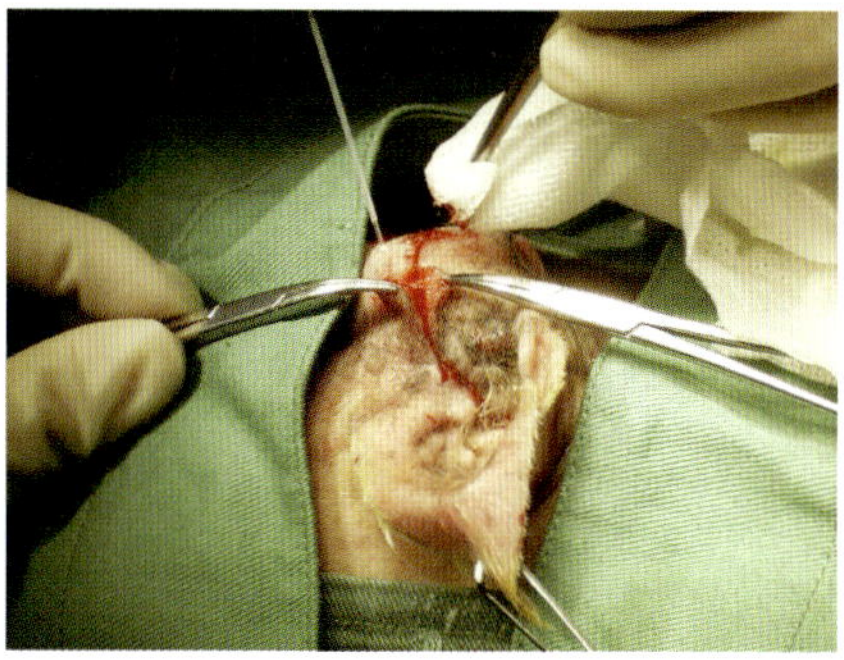

図１．レーザーで止血しながら切開。メスで切るより時間がかかるが、出血はごくわずかですむ

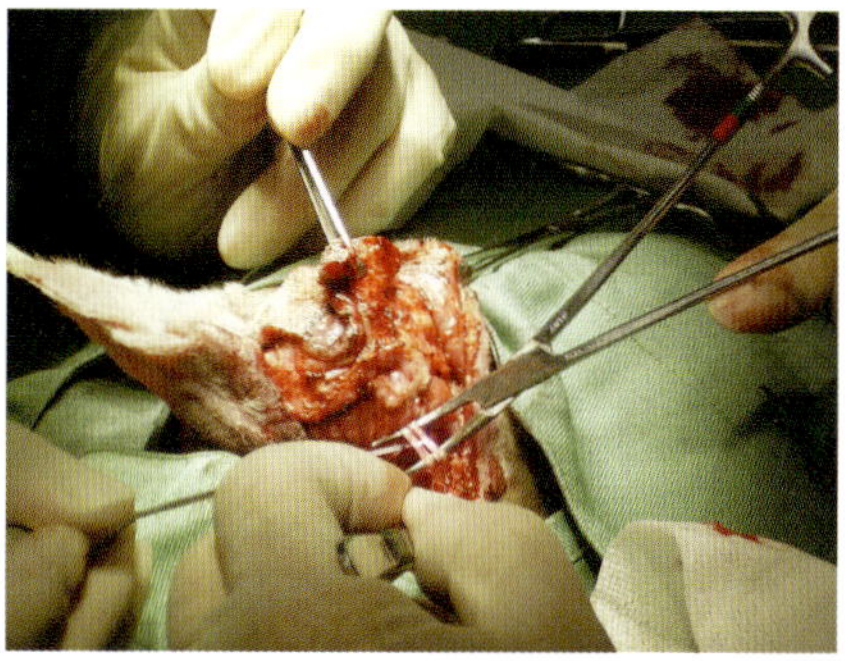

図２．レーザーで切る。切開面に焦げ目がなく、周囲の布や手袋に血がほとんど付いていないことに注目

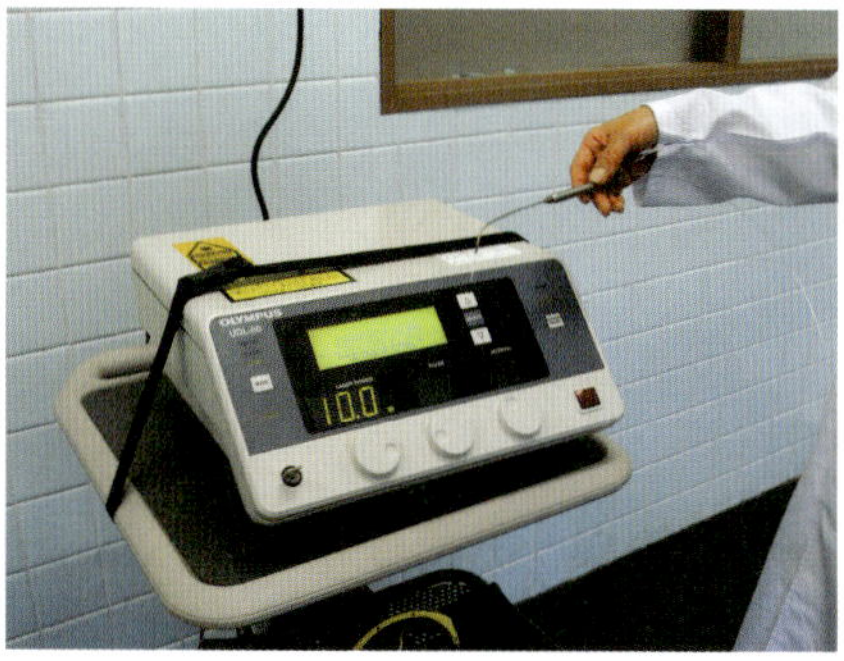

図３．半導体レーザー本体。本体の大きさは機種によって様々

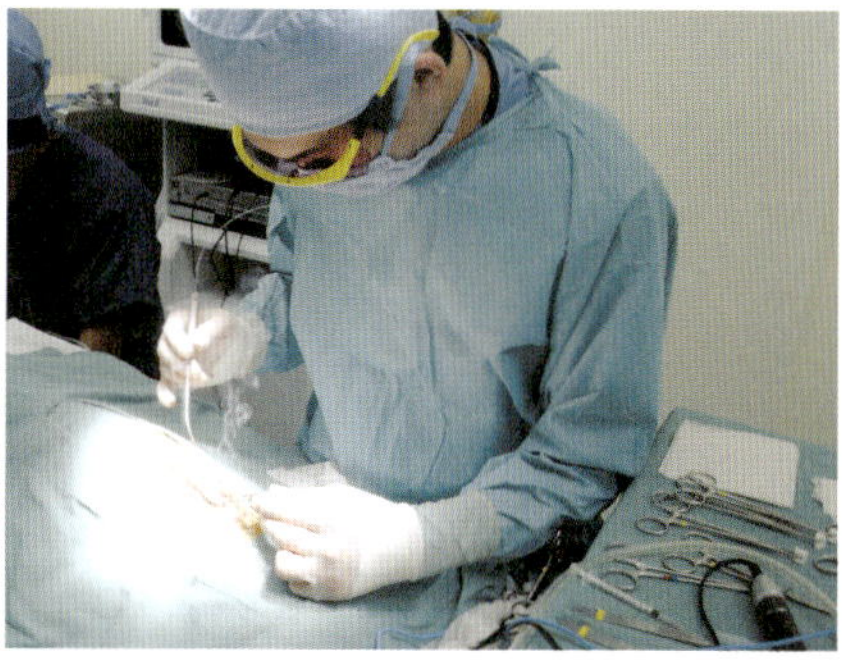

図４．手術風景。術者の目を保護するため、レーザー波長に合った専用ゴーグルを着用して行う

ペースメーカーによる不整脈治療

獣医学でも利用されるようになった、より安全で効果的な不整脈治療法です。

安静時の心拍数はイヌで1分間に80～１２０回、ネコでは１４０～２２０回程度です。ペースメーカー治療を行う必要があるのは、心拍数が異常に少なくなったり、なくなったりするような不整脈が起こったときです。このような不整脈をまとめて徐脈性不整脈と呼び、洞不全症候群や、高度および完全房室ブロック（図１）がその代表です。心臓弁膜症、心筋症などが原因となることもありますが、原因不明の場合もあります。

これらの不整脈が起こると、食欲はあっても元気がない、おとなしくなる、散歩に行きたがらないといった症状がみられます。病状が進行すると、運動時や興奮時に失神発作が起きるようになります。これは体の動きに応じて心拍数を増やすことができないため、体が必要としている血液が全身に送られないために起こる症状です。

薬物治療よりも安全で効果的

心電図検査によって不整脈と診断され、症状が持続的にみられ、失神などの症状を伴うときは、ペースメーカー治療が行われます。これらの不整脈に対しては、薬物治療よりもペースメーカー治療のほうが、効果が確実で安全性も高くなっています。また症状がなくても不整脈が重度なときは、急死や心不全の危険性が高いため、なるべく早い段階でのペースメーカー治療が必要となります。

ペースメーカーは一定の間隔で一定の強さの刺激を発生するパルスジェネレーター（刺激発生装置）と、その刺激を心臓まで導く電極リードとからなっています（図２）。機能しなくなった心臓に、人工的な刺激を与えて心臓を収縮させるのですが、かつては開胸手術によって心臓の外側から、電極リードを差し込んでいました。現在では数センチ皮膚を切開することによって、首の静脈から電極リードを血管に沿って心臓まで到達させ、心臓の内側に電極を設置させる方法が主流です。この方法により動物への負担は非常に少なくなりました（図３）。

電極リードが心臓に接した時点で、電気的な抵抗、心臓が反応する刺激の閾値《いきち》などを確認してリードを固定します。パルスジェネレーターは通常首の皮下に植え込みますが、近年では小型軽量化（幅５㎝、厚さ５㎜、重さ数十グラム）され、その性能も飛躍的に向上しました。心拍数はイヌ、ネコでは通常１００回／分に設定します（図４）。また刺激の強さは、閾値よりもやや高めに設定しますが、これらの設定は植え込み後、体外からのプログラミングによって何回でも変更可能です。

植え込みに伴う合併症としては、電極リードによる穿孔《せんこう》、電極はずれ、ペースメーカー本体の故障などが報告されていますが、それらが起こる確率は非常に低く、安全な手術が可能です。また皮下に埋め込んだ本体も数カ月後にはほとんど目立たなくなります。

最新型ペースメーカー

近年、心房と心室を同期させることや、体の動きや体温を感知し心拍数を変化させることのできる心拍応答（レートレスポンス）機能を備えたペースメーカーが、イヌ・ネコ用でも実用化されるようになってきました。

埋め込み後は、半年から1年に1回程度の定期的なペースメーカーの機能のチェックが必要になります。電池の寿命は設定によって異なりますが、一般的に5～10年程度は保証されています。イヌ、ネコの寿命から考えれば、電池の交換が必要となることは少ないと考えられます。全力疾走などは避けなければなりませんが、一般的な日常生活にはまったく問題ありません。

ペースメーカー治療は、日本において年間2万人近くの人に対して実施されています。それに対してイヌ、ネコでこの治療が行われるようになったのは、ここ数年です。現在、ペースメーカー治療が行えるのは一部の大学病院に限られていますが、今後はさらにこの治療が普及し、多くのイヌ、ネコが救われることが期待されています。

（小林正行）

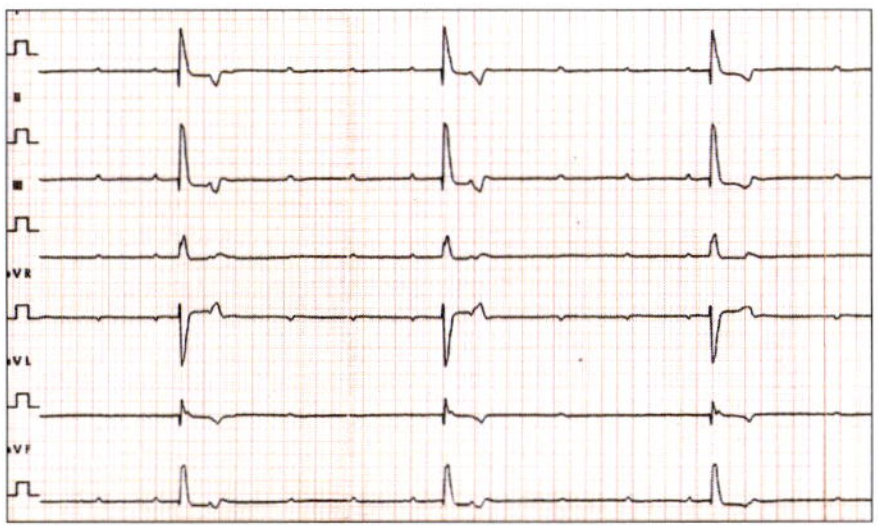

図1．代表的な徐脈性不整脈、完全房室ブロック。心拍数は1分間に35回しかない

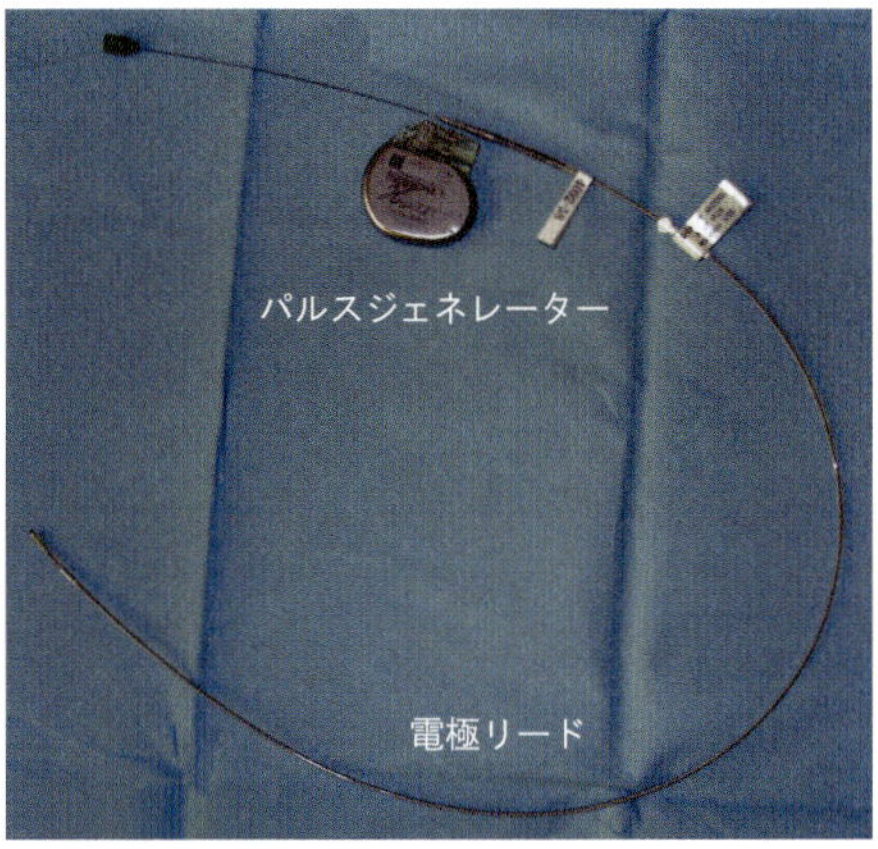

図2．代表的なペースメーカー。一定の間隔で一定の強さの刺激を発生するパルスジェネレーター（刺激発生装置）と、その刺激を心臓まで導く電極リードとからなっている

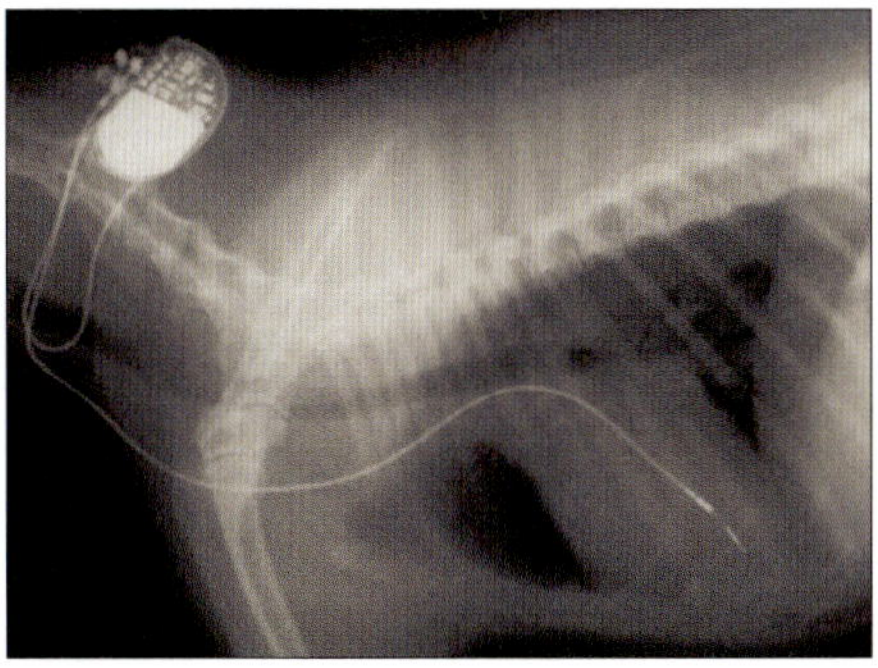

図3．簡単な手術で埋め込める。写真はペースメーカー植え込み後の胸部X線写真

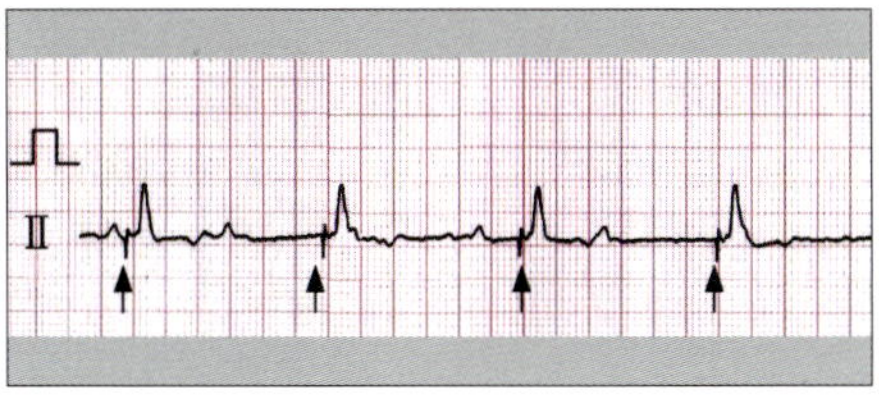

図4．心拍数はイヌ、ネコでは通常100回／分に設定する。図はペースメーカー植え込み後の心電図で、矢印はペーシング刺激を示している

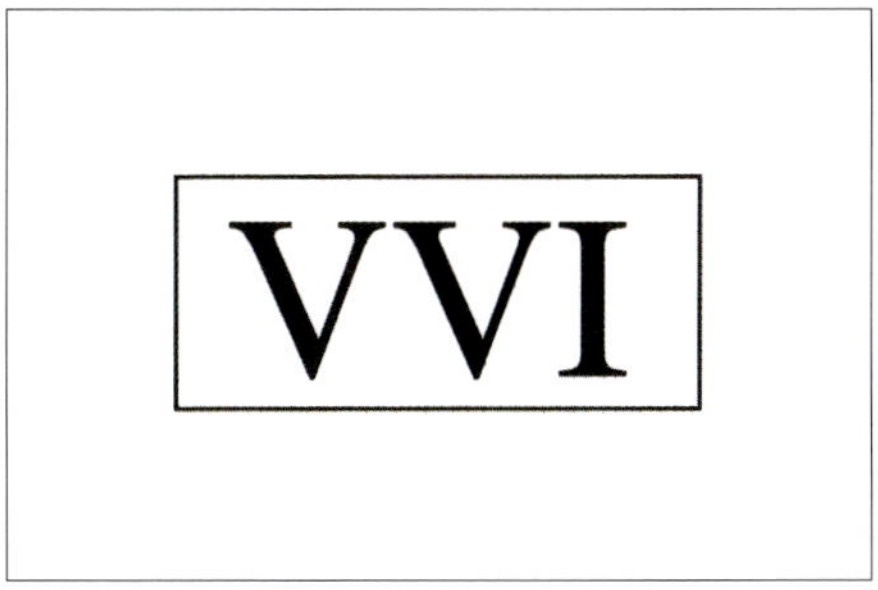

図5．ペースメーカーの種類と機能は基本的に三つの文字によって表される。1番目の文字はペースメーカーが刺激する心臓の部屋を、2番目の文字は心臓の電気的な興奮を感知する心臓の部屋を、3番目の文字はペースメーカーの制御機能を表す

心血管疾患に対する開心根治術

動物専用の人工心肺装置が開発されたことによって、動物の心血管疾患においても心臓切開手術が可能になりました。

人工心肺装置（体外循環装置）

開心術とは、心臓の内部に病気がある場合に、心臓を止め、心臓を切開することによって治療を行う手術です（図1）。

開心術を行っている最中は、動物を人工心肺装置に接続し、体外循環によって酸素を多量に含んだ血液を体に送り込み続けます。動物の開心術は、非常に難しい手術なので、世界的に見ても手術可能な施設は、わずかしかありません。この手術を可能にしたのが、公益財団法人動物臨床医学研究所の山根義久理事長らが開発した人工心肺装置です（図2）。

この装置を利用した場合の血液の流れを簡単に説明します。まず動物の心臓に挿入した脱血カテーテルから静脈血を脱血していきます。血液は回路へと流れてゆき、一時的に貯血槽に貯められます。血液は、貯血槽からポンプによって人工肺に運ばれます。人工肺で酸素が加えられた血液は、次に熱交換器を通り、そこで冷却もしくは加温されます（心停止中は冷却し、心臓の再拍動後は加温します）。酸素が加えられ、冷却もしくは加温された血液は、送血カテーテルから動物の体へ戻されます。

この手術の対象となる心血管疾患は、肺動脈《はいどうみゃく》狭窄症《きょうさくしょう》や心室中隔欠損症、心房中隔欠損症、ファロー四徴症、その他の複合心奇形などの先天性心疾患と、マルチーズやキャバリア・キング・チャールズ・スパニエルなどによくみられる僧帽弁閉鎖不全症などの後天性心疾患があります。

実際の手術

心臓病の種類により、手術法が異なってきますが、いずれも全身麻酔、人工呼吸下で手術を行います。そして、送血、血圧測定用、中心静脈圧測定用の各カテーテルを血管に留置します。肋間からもしくは胸骨正中切開によって、脱血カテーテルを心臓から前大静脈および後大静脈へ誘導します。大動脈基部に注入用回路を留置した後に、体外循環回路を接続します。脱血および送血が順調であることを確認した後に、完全体外循環へ移行します。大動脈および肺動脈を遮断し、引き続き注入用回路から心停止液を注入し、心停止すると同時に、直ちに心筋保護液を注入し、心臓を切開します。

肺動脈狭窄症《はいどうみゃくきょうさくしょう》では、狭くなっている肺動脈弁部に切開を入れ、右心室から肺動脈にかけてパッチグラフトをあて、せまくなっていた肺動脈を広げる手術を行います。中隔欠損では、欠損孔を直接縫合するか、人工血管をあてて縫合します（図3）。僧帽弁閉鎖不全症では、左房を切開して弁形成術、弁輪縫縮術や人工弁置換術（図4、5）などを行います。心臓内の手術がすんだら、切開した心臓を縫合し、心マッサージもしくは、カウンターショックにて心拍動を再開させます。開心術を行っているときには、回路内の血液を冷やしていき、心臓もアイスラッシュにて局所冷却を行います。

心臓縫合を終えると、回路内の血液を加温し、徐々に復温させます。動物が麻酔からさめるのに、4時間から8時間程度はかかる大きな手術です。その後も、24時間体制で術後管理が必要です。

手術のリスク

開心術は、リスクの高い手術であることを認識する必要があります。実際には、手術中は人工心肺装置を動かしているので、心臓が止まっていても死亡することはありません。開心術が終わり、人工心肺装置からの離脱が一番の問題です。動物自身の心臓だけで、生きていかなくてはなりませんので、この離脱ができるか否かが非常に重要なのです。ほとんどの場合は、速やかな離脱ができますが、重度の心不全を呈している場合には、離脱ができないことがあります。離脱ができなければ、人工心肺装置を再稼動させます。心臓のダメージが軽度の場合は、死亡率は低く、重度の場合は死亡率が高いことはいうまでもありません。早期診断・早期手術が原則です。

（高島一昭）

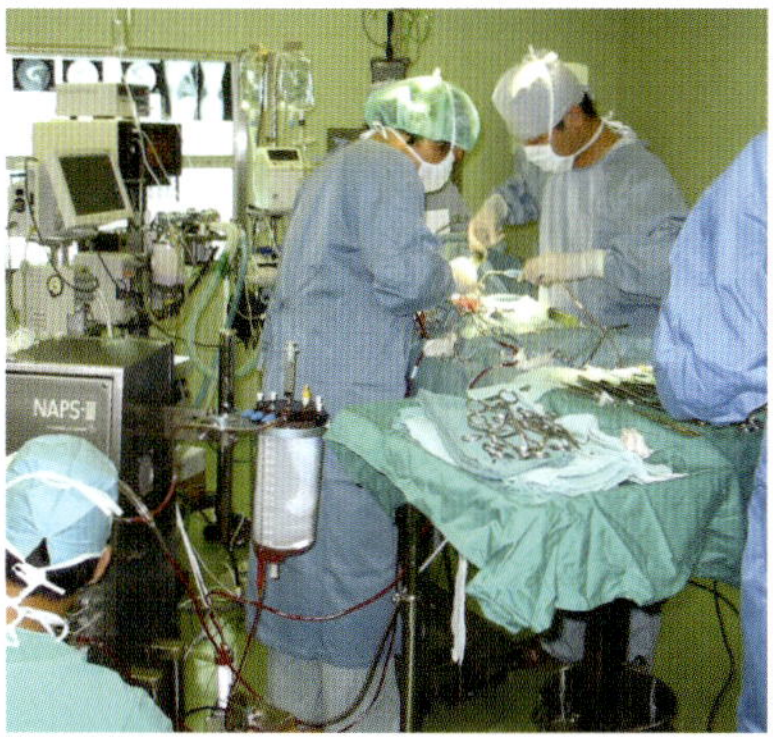

図１（左）．心停止下における開心術　図２（右）．動物用人工心肺装置（動臨研タイプ：NAPSⅢ）

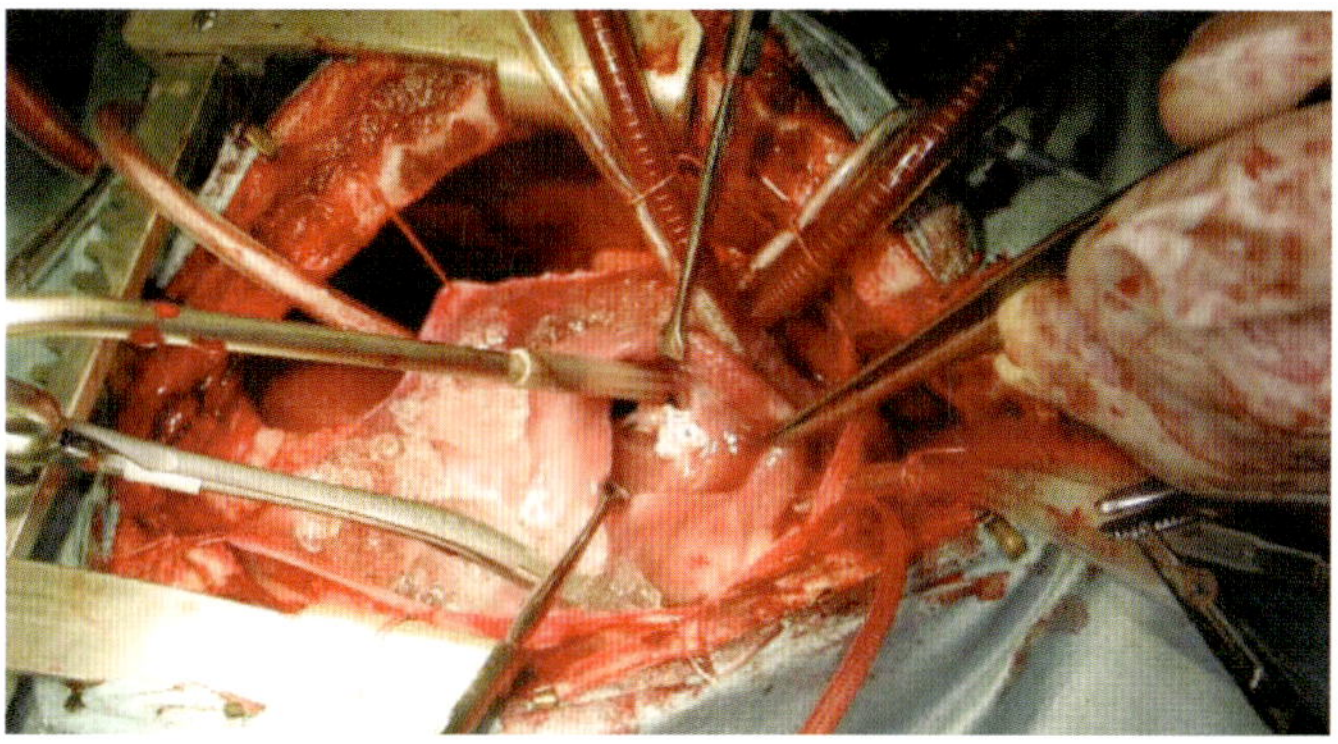

図３．プレジェット付きプロリン糸にて欠損口の縫合閉鎖（心室中隔欠損症）

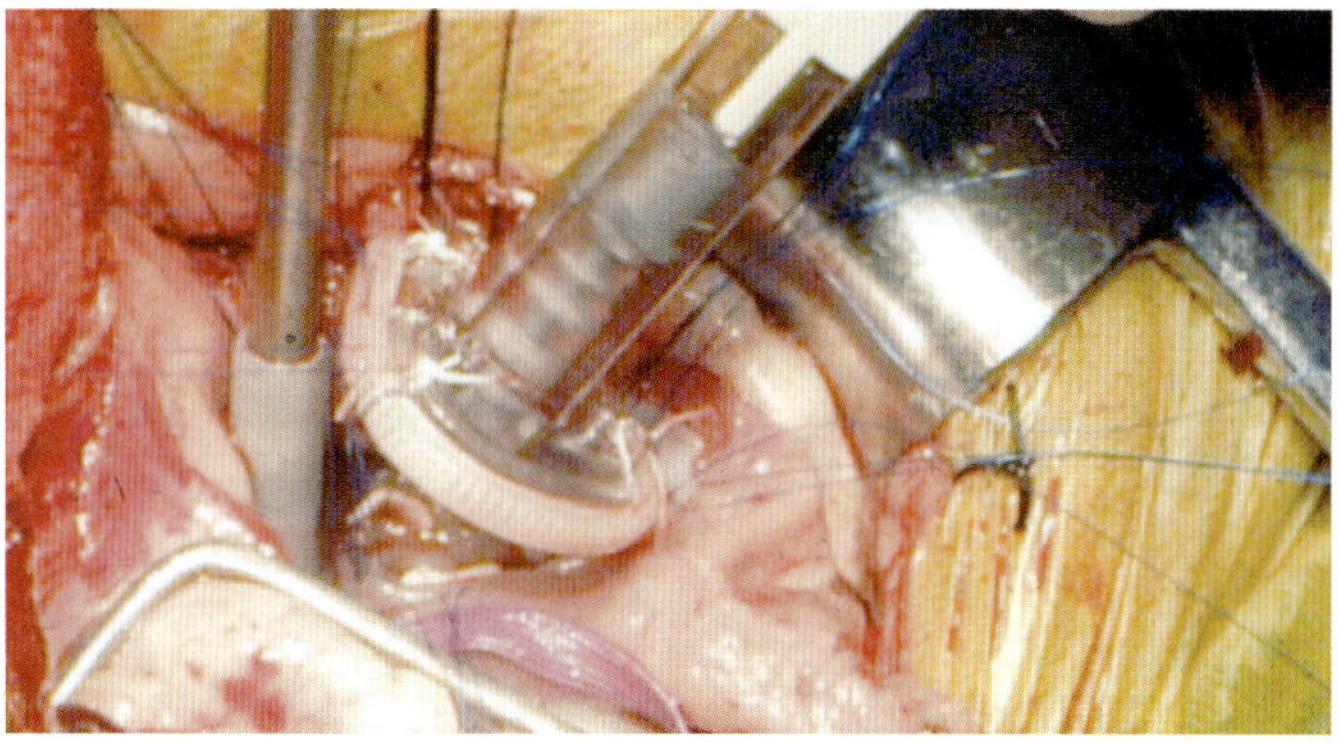

図４．カーペンター・エドワーズ人工弁輪による僧帽弁形成術（僧帽弁閉鎖不全症）

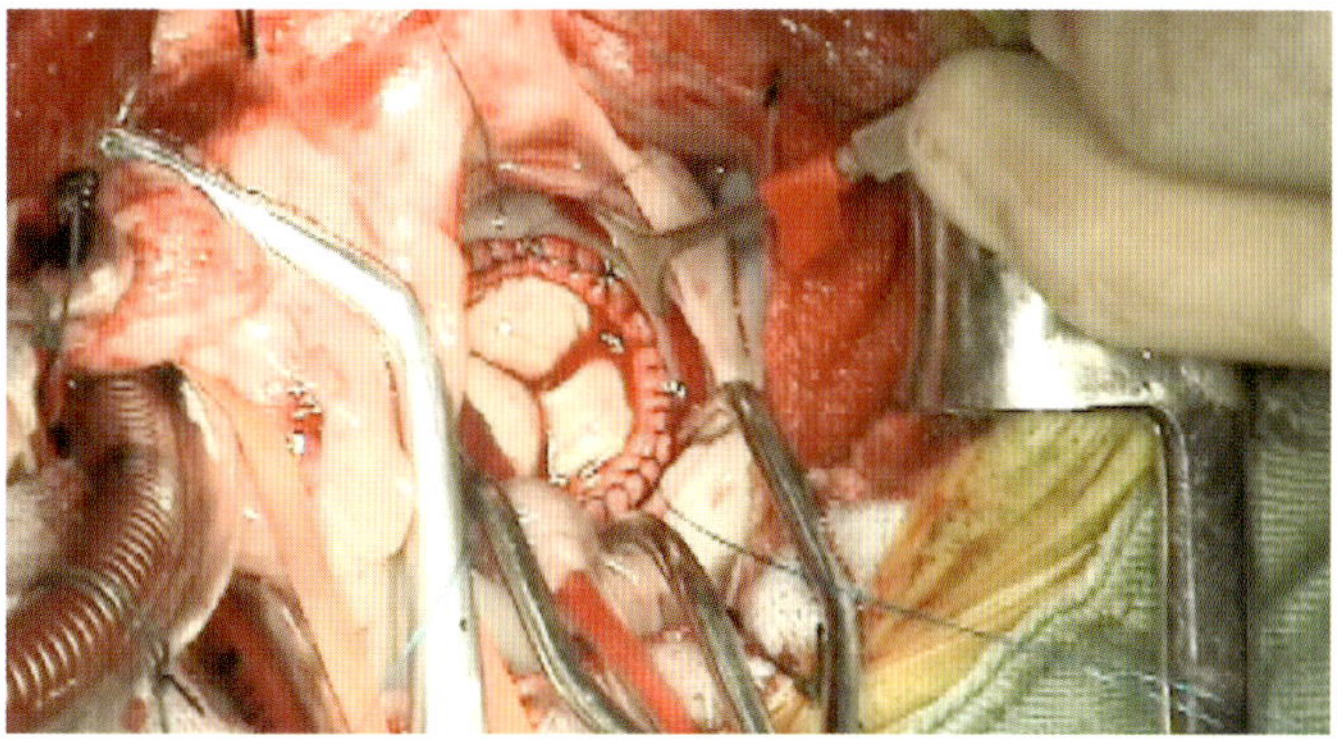

図５．生体弁使用による僧帽弁置換術（僧帽弁閉鎖不全症）

骨・関節疾患における股関節全置換術《こかんせつぜんちかんじゅつ》

末期的な骨関節炎による痛みや機能不全から動物を救う治療法です。

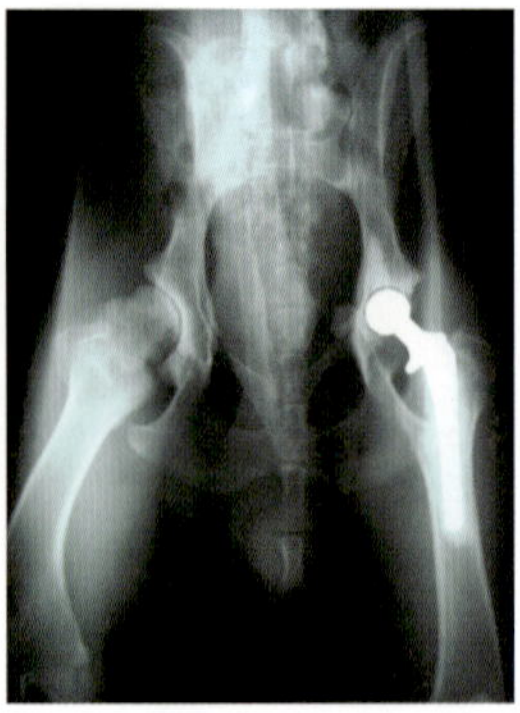

図1. 末期股関節骨関節炎と股関節全置換術。臨床症状が激しく、痛み止めなどに反応しないため、股関節全置換術を行った症例。最終的には両側とも置換を行った

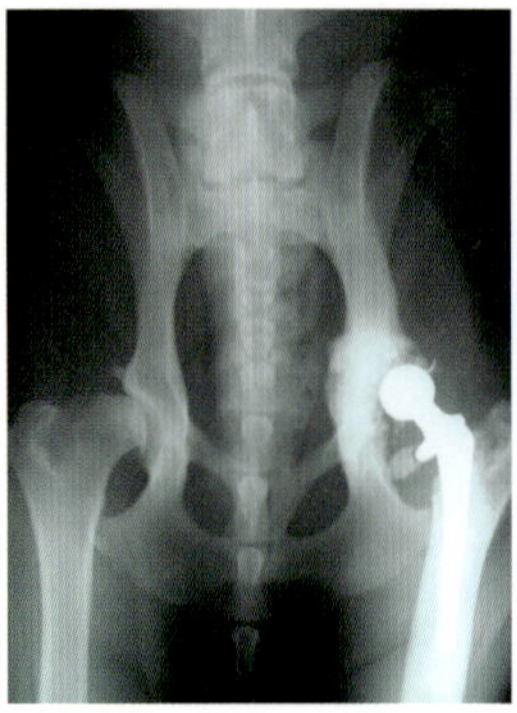

図2. 術後合併症。ポリエチレンカップの破損とルーズニング（緩み）

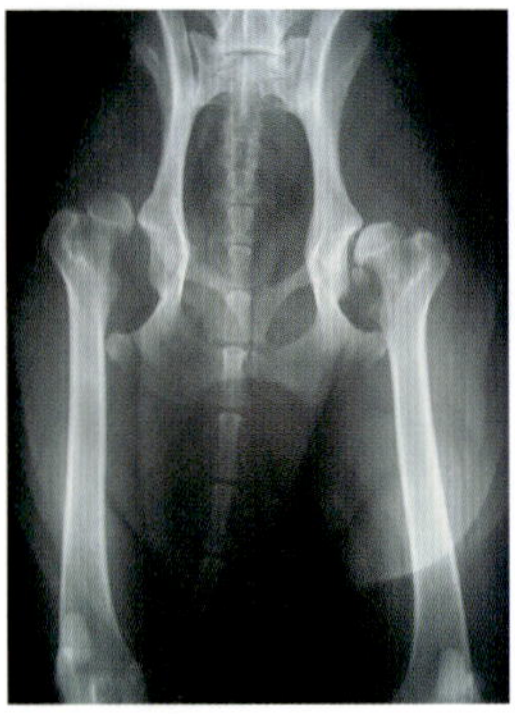

図3. 股関節全置換術が困難な症例。完全に脱臼し、大腿骨のねじれが重度で骨盤側の骨の量が少ない。こういった症例にも股関節全置換術を行うことはできるが、術後合併症の発生率が高い

股関節全置換術《こかんせつぜんちかんじゅつ》とは、変形してしまったり、破壊されてしまった股関節《こかんせつ》の悪い部分を、金属や高密度ポリエチレンなどのインプラントに入れ換える手術です。

動物においては、股関節形成不全《こかんせつけいせいふぜん》や事故・外傷などが原因となって発生した慢性重度の変形性骨関節炎によって股関節軟骨《こかんせつなんこつ》が変形・破壊されることがあります。この場合、通常用いられる内科治療や骨盤骨切り術など、ほかの関節温存治療が適応にならない末期の関節症の治療法として股関節全置換術は行われています。

運動機能を飛躍的に改善

手術にはメリットとデメリットがあります。動物は痛みから解放され、ほかの治療法では得ることのできない股関節《こかんせつ》機能の飛躍的な改善が期待できます。

その反面、生体に人工物をはめ込む手術である以上、緩みや故障などの問題から逃れることはできません。現在の手術成功率は90％前後といわれていますが、ほかの治療法よりも術後合併症の発生リスクは高くなっています。そのため股関節全置換術《こかんせつぜんちかんじゅつ》への適応は慎重に検討する必要があります。

術後合併症としては、術後早期の脱臼《だっきゅう》をはじめ、インプラントの緩み、インプラントを支えている骨の骨折、骨吸収、細菌感染などがあります。

手術の適応においては、一般的には、インプラントのサイズの制約と術後の合併症、費用などを考慮し、臨床症状が重く股関節全置換術によって得られるメリットが多いと思われるラブラドール・レトリーバー、ジャーマン・シェパード、ニューファンドランドなどの大型犬、あるいは超大型犬に適応され、小型・中型犬種には適応されません。

また、あまりにも重度な股関節の変形を伴うもの、股関節の骨量が乏しいものは、インプラントとの適合性が悪く適応が困難となります。

インプラントは、様々な種類のものが開発されています。現在、イヌ用人工股関節《じんこうこかんせつ》でもっと

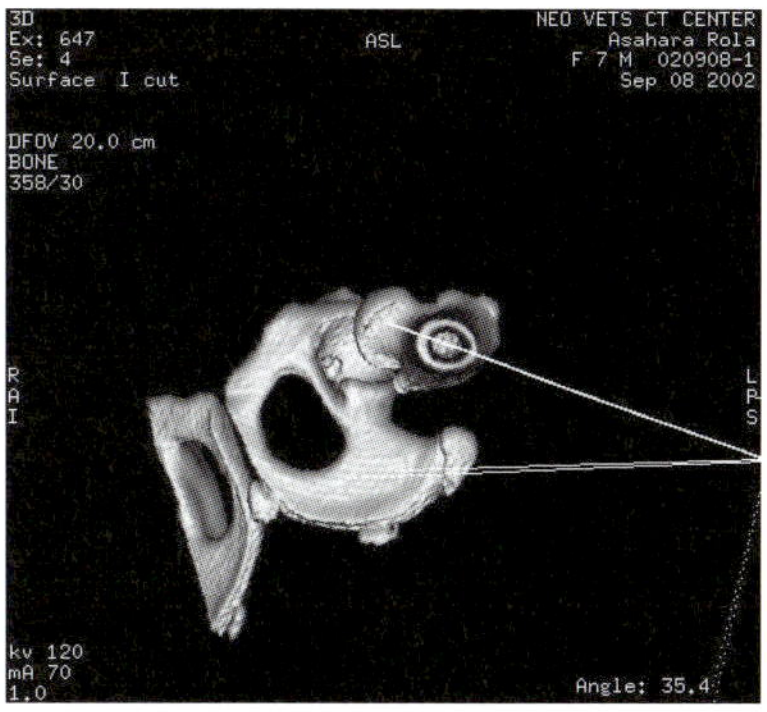

図４. 術前診断の徹底。手術前に、三次元ＣＴ検査などを行うことにより、適合するインプラントを選択したり、骨の量、大腿骨や骨盤のねじれ角度などを検討する

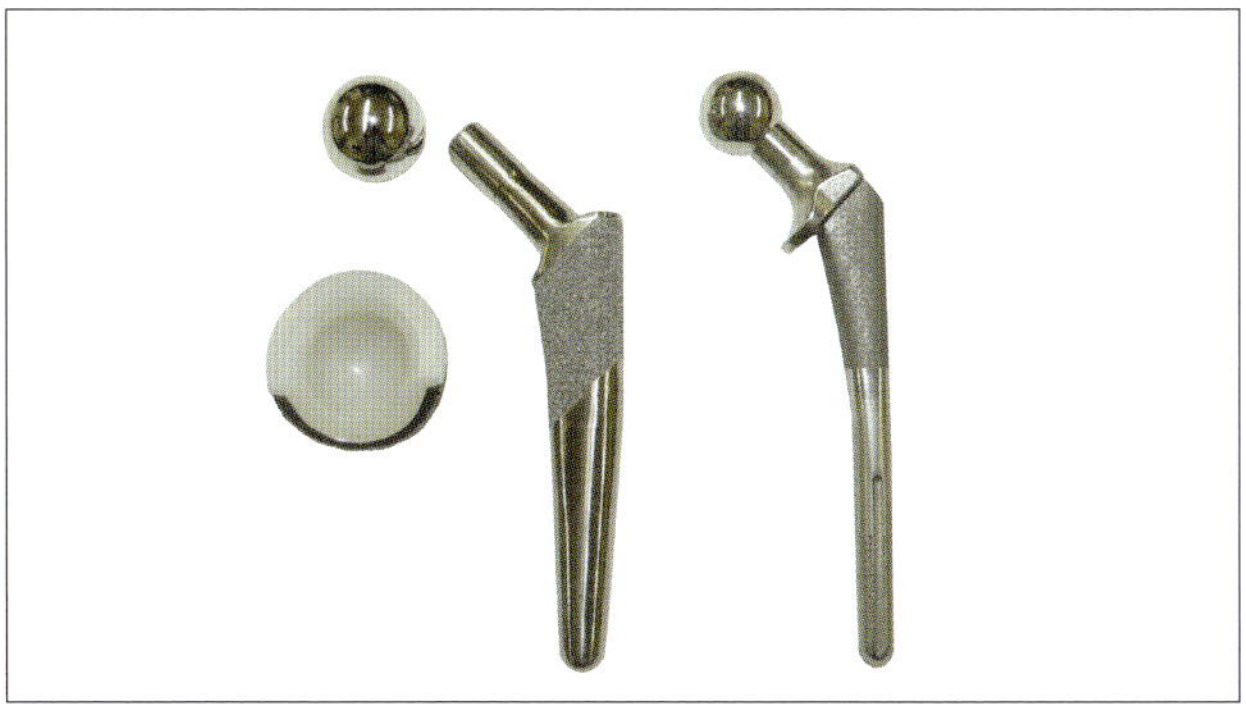

図５. 右はセメントタイプインプラント、左はセメントレスＢＦＸタイプインプラント。ヘッドやネック、カップのインターフェースが共通化しており、セメントタイプとセメントレスタイプの混合型（ハイブリッドタイプ）としての使用も可能である

もスタンダードなものは、症例数がもっとも多くまた長期の成績が出ている、米国 Bio Medtrix 社製の骨セメントで、これは骨に固定するタイプのイヌ用モジュラー型人工股関節です。

進化する合併症対策

股関節《こかんせつ》全《ぜん》置《ち》換術《かんじゅつ》は、術後合併症との闘いです。得られる恩恵が大きい代わりに、術後合併症の発生リスクは避けられません。このリスクを少しでも低減するために、最新の股関節全置換術では、術前診断の徹底、手術室環境の整備、第3世代セメントテクニック、セメントを使用しないセメントレス人工関節など様々な試みが行われ、新しい技術も開発されています。

股関節全置換術の手術環境は大いに整備されています。まず、第3世代セメントテクニックの開発があげられます。これは、骨と骨セメントの結合を良好にするため用いられるテクニックで、これによってセメント固定は大きな進歩をしたと考えられています。そして、セメントレス、あるいはノンセメントと呼ばれる人工関節の臨床分野への登場です。現在（２００６年２月現在）、日本で動物用に認可の下りているセメントレスタイプの人工関節は存在しませんが、欧米では、前述の Bio Medtrix 社や KYON 社など複数のメーカーから発売され、２００３年頃から徐々に普及してきています。

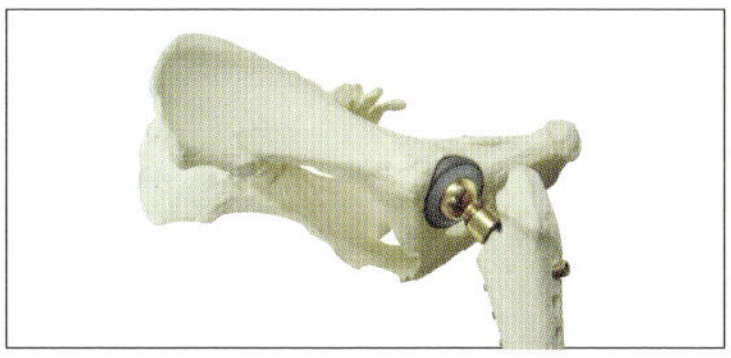

図６. イヌ用セメントレス人工関節（スイスＫＹＯＮ社製）（藤井寺動物病院・是枝哲彰先生のご好意による）

また、股関節全置換術は、手術中の細菌感染などの汚染に非常に弱いため、特殊なフィルターや陽圧換気システムなどを装備した、クリーンルームと呼ばれる非常に清潔な手術室で行われるのが理想的です。現在では、いくつかの大学病院や民間の動物病院でこのような手術環境が整えられています。

股関節全置換術は、不幸にも末期的な骨関節炎を患った動物を救うには必要不可欠な治療法です。この手術法のさらなる発展が望まれます。

しかしもっと重要なことは、できるだけ早期の診断治療を行うことによって得られる、関節温存治療の普及です。それと同時に、遺伝的要因での股関節《こかんせつ》形成《けいせい》不全《ふぜん》発生頻度を減少させるための環境整備や繁殖制限などを徹底することも必要です。

（川田　睦）

腎《じん》不《ふ》全《ぜん》に対する人工透析と腎《じん》移《い》植《しょく》

獣医学分野でもついに行われ始めた究極の腎《じん》疾患治療法です。

腎不全《じんふぜん》に対する内科的治療の効果がみられないときや、内科的治療だけでは不十分なときに行われる治療法として人工透析（腹膜透析、血液透析）や腎移植《じんいしょく》があります。現在の獣医療では、人工透析は主に急性腎不全で腎機能《じんきのう》が回復するまでの一時的な治療として用いられることが多くなっています。また、腎移植は慢性腎不全の治療として行われます。しかし、特殊な医療器械を必要とする血液透析の普及率はまだ低く、腎移植もきわめて限られた施設でのみ行われています。

人工透析

腎不全《じんふぜん》になると腎臓《じんぞう》から排泄《はいせつ》される体内の老廃物や有害物質、余分な水、電解質、酸などを排泄できなくなります。その結果として、尿毒症を起こします。人工透析は半透膜を介することにより、これらの物質が血液から排泄されることを利用した治療法です。半透膜とは、ある物質は通過させるが、ほかの物質は通過させない性質（限外濾過《げんがいろか》）をもった膜のことです。また、水溶液中の物質は濃度の高いほうから低いほうに移動し、均一な濃度になる性質があり、この現象を拡散といいます。半透膜を介して拡散により物質の移動が起こる現象を透析というのです。半透膜として腹膜を利用するものが腹膜透析、人工の半透膜を用いるものが血液透析です。人工透析では赤血球を作るのに必要なホルモンや血圧調節因子の産生、カルシウムや骨の代謝に必要なビタミンDの活性化を行うことはできません。このため、慢性腎不全で人工透析を行う場合には薬剤の投与が必要です。人工透析は腎不全の治療以外に、毒物や薬物の急性中毒の治療にも用いることができます。

腹膜透析

腹膜透析では、まず透析液という特殊な液を腹腔《ふくくう》内に注入します。そして腹膜を介して腹膜に分布する毛細血管内を流れる血液から、本来腎臓《じんぞう》から排泄《はいせつ》されるべき物質を透析液に移動させた後、その透析液を再び体外に排出させます。透析液の注入、排出には種々のカテーテルや穿《せん》刺針《ししん》が用いられます。腹腔内に注入した透析液は、通常30〜40分間腹腔内に貯留させ、その間に血液との間で透析を行います。1回の腹膜透析に約1時間を要しますが、急性腎不全《じんふぜん》では腎不全の程度により、1日にこの透析を何回か繰り返し行う必要があります。腹膜透析は、慢性腎不全の動物の治療としても用いられます。この透析法は特殊な医療器械を必要としませんが、カテーテルが詰まり透析液の回収が十分できないことや細菌感染による腹膜炎の危険性などの問題点もあります。

血液透析

血液透析では血管にカテーテルを入れ血液を体外に導き出し、ダイアライザーと呼ばれる人工の半透膜を介して透析液との間で透析を行い、血液を浄化します。

一回の透析に要する時間は透析方法により異なり1〜5時間です。血液透析の主な合併症と

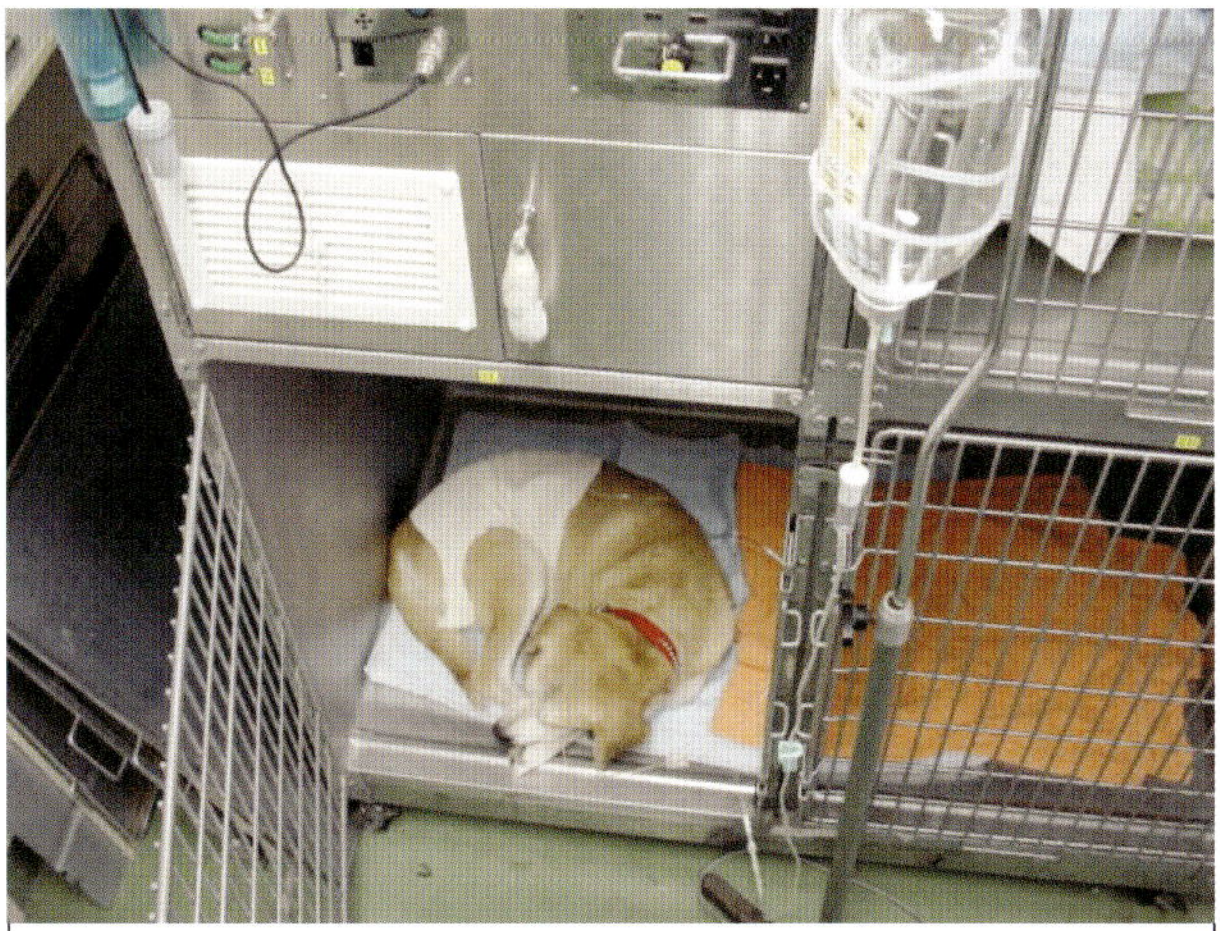

図１. 腹膜透析

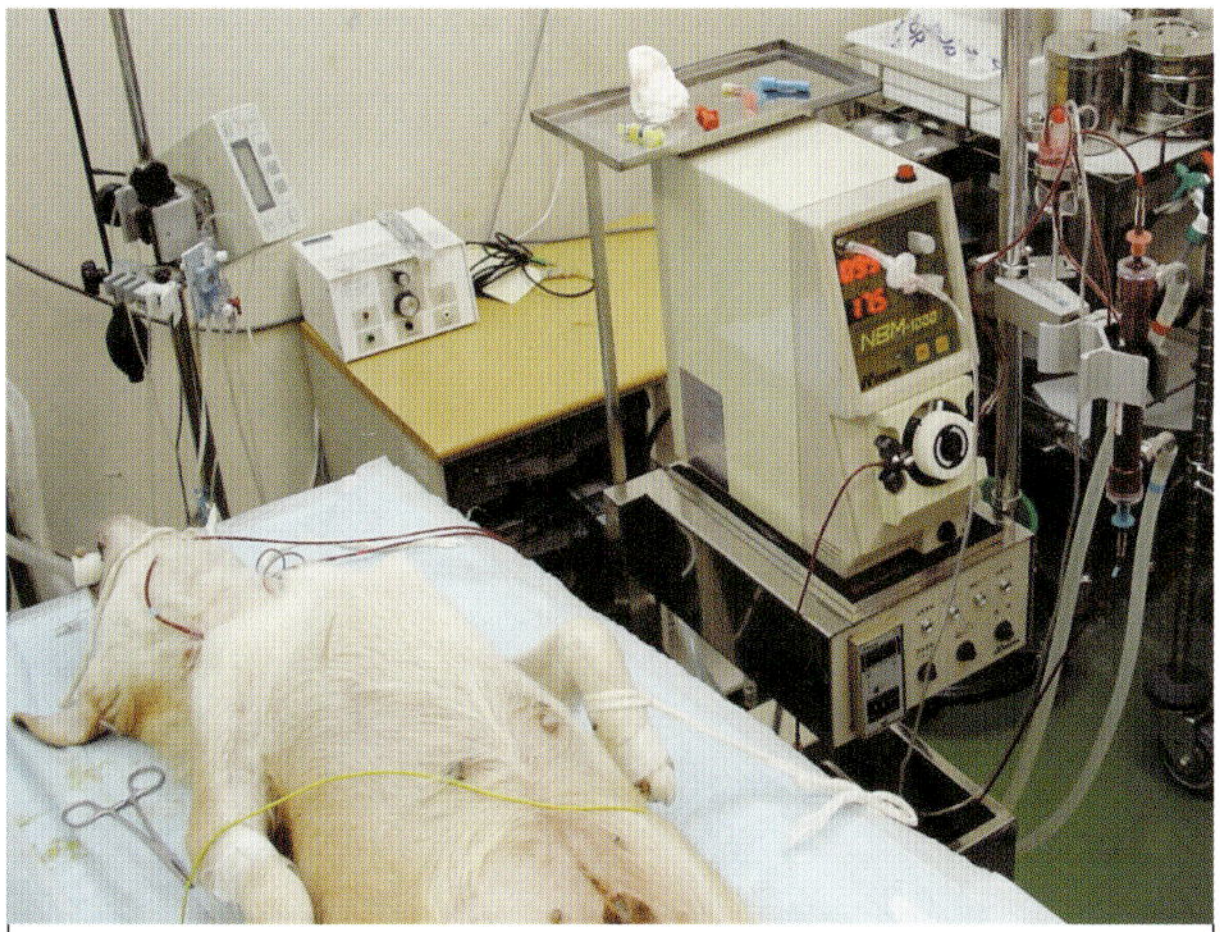

図２. 血液透析

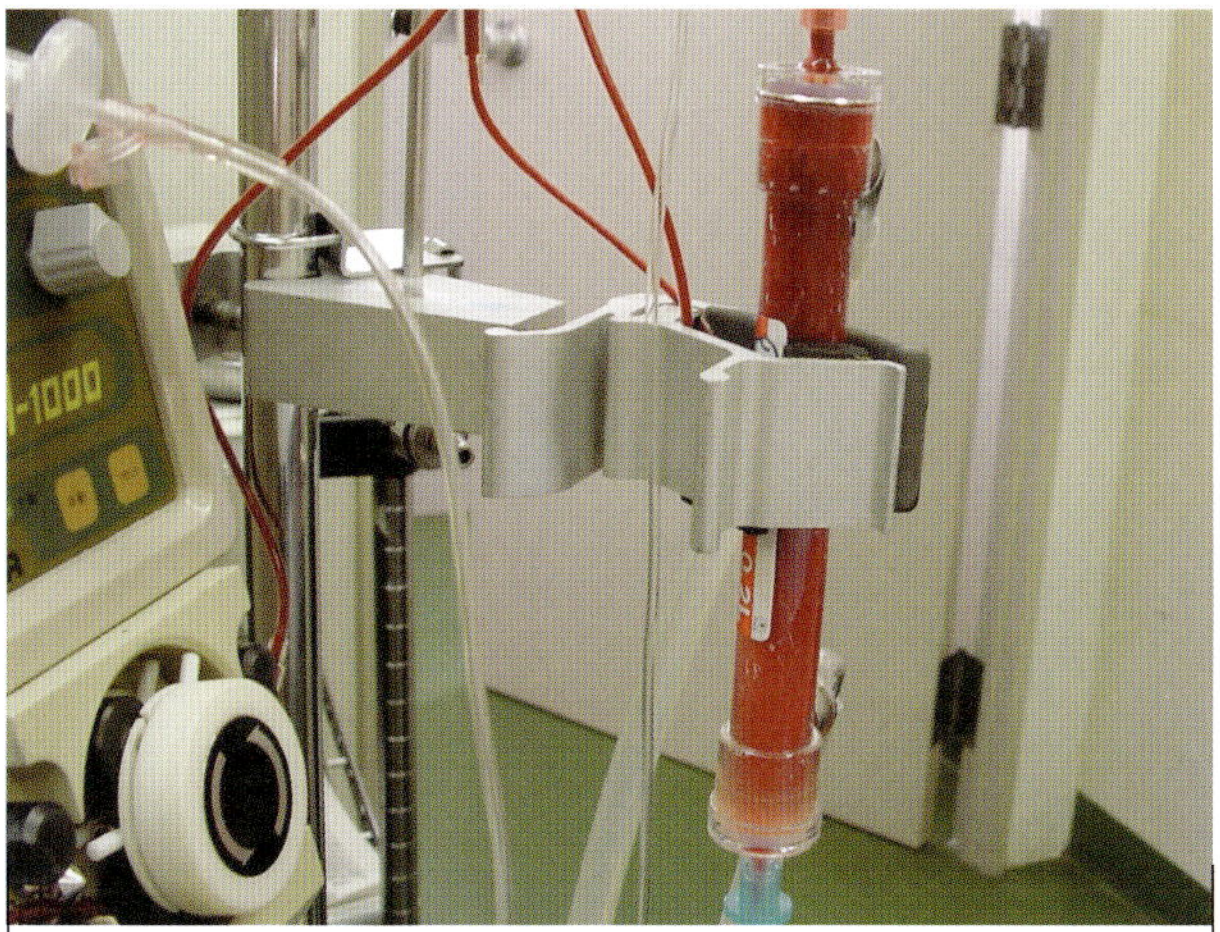

図３. ダイアライザー

しては低血圧、嘔吐《おうと》、体の震えなどがあります。とくに重度の尿毒症の動物に血液透析を行う場合、透析により脳浮腫《のうふしゅ》が生じ、落ち着きがなくなる、震える、けいれんするなどの症状を現すことがあり（不均衡症候群）、注意が必要です。

腎移植《じんいしょく》

腎移植とは、腎臓《じんぞう》が機能せず、回復の見込みのない慢性腎不全《じんふぜん》の治療として行われるものです。健康な動物から腎臓を摘出し、必要とする動物にその腎臓を移植します。人での腎移植はすでに50年以上の歴史があります。獣医学領域でも以前より研究が行われ、臨床応用もなされるようになってきました。移植する腎臓は、通常本来の腎臓の位置よりやや尾側（腸骨窩《ちょうこつか》）に移植されます。腎移植では移植後、移植した腎臓が拒絶反応を受けないように免疫抑制剤を投与する必要があります。免疫抑制剤には副作用もあり、移植後の免疫抑制剤の使い方が移植の成否を大きく左右します。

（仲庭茂樹・山根義久）

人工レンズを用いた白内障の手術

手術後も眼の形を損なわないまま、イヌの視覚を回復できる手術方法です。

白内障は、水晶体の混濁によって発症します。

このため白内障手術は、眼底まで光が入るように、混濁した水晶体を除去することが目的となります。

水晶体は、レンズの役割を果たしますが、白内障手術によってその働きは失われ、平行光線が網膜よりも後方に焦点を結ぶ遠視の状態となります。そこで、眼球内に人工レンズを移植して屈折を矯正し、よりよい視覚の回復を目指しています。

水晶体は、虹彩《こうさい》後方にある生体レンズで、水晶体を包む膜性組織の水晶体嚢《すいしょうたいのう》、水晶体の皮質と核からなります。

白内障手術では、水晶体嚢の前側面（前嚢《ぜんのう》）に穴を作り、そこから皮質と核を除去しますが、水晶体嚢は穴の部分を除いてすべて残します。これは、硝子体の流出を防止するとともに、皮質と核のあった場所に人工レンズを移植するので、そのスペースを確保することにもなります。

超音波水晶体乳化吸引術

イヌの白内障手術では、超音波水晶体乳化吸引術か、計画的水晶体嚢外摘出術《けいかくてきすいしょうたいのうがいてきしゅつじゅつ》が一般的です。全身麻酔が必要で、手術用顕微鏡下で行います。

超音波水晶体乳化吸引術は、角膜に約３㎜の切開創を作成し、粘弾性物質で前房の形状を安定させた状態で、水晶体の前嚢《ぜんのう》に、人工レンズが通過できる大きさの穴を作成します。超音波チップは、角膜切開創や前嚢の穴を通して、水晶体核に到達させます。このとき、超音波チップの先端は前後振動により核を破壊しつつ吸引除去します。残った皮質も吸引除去します。

灌流液の水圧で前房は維持されるので、吸引によって前房が虚脱することはありません。前房と皮質や核のあったスペースに粘弾性物質を注入し、眼球の形状を維持した状態で、角膜の創口から人工レンズをセットしたカートリッジの先端を挿入し、先端を前嚢下に置きます。カートリッジを通して人工レンズを挿入すると、皮質と核のあったスペースに人工レンズが挿入され、すぐに元の形に復元します。注入していた粘弾性物質を吸引し、灌流液と置換します。

その後、角膜を縫合して手術は終了します。

この術式には超音波乳化吸引装置が必要ですが、角膜切開創が狭く、手術中も眼球形態に大きな変化を与えない利点がります。

計画的水晶体嚢外摘出術《けいかくてきすいしょうたいのうがいてきしゅつじゅつ》

計画的水晶体嚢外摘出術は、超音波水晶体乳化吸引装置を使用しないときに行います。まず角膜を１８０度近く切開します。水晶体の前嚢《ぜんのう》を円形に大きく切除した後、水晶体の核を一度に取り出します。イヌの核は大きく、娩出《べんしゅつ》する際に前房が虚脱するので、粘弾性物質を前房に注入して回復させます。角膜切開創をある程度縫合してから、皮質の処理や人工レンズの挿入を行いますが、これらの操作は前述とほぼ同じです。

水晶体嚢内摘出術は、角膜を180度近く切開し、水晶体嚢を含む全水晶体を摘出します。イヌでは、水晶体《すいしょうたい》前方《ぜんぽう》脱臼《だっきゅう》などの手術に際して選択される方法です。人工レンズを設置する際には、縫合糸による毛様溝への縫着が必要となります。

イヌは白内障手術によって遠視になるとされます。この遠視を矯正するには、分厚い凸レンズのメガネをかけるか、眼内に人工レンズを設置する必要があります。

イヌには網膜疾患が多く発症します。もし、白内障に網膜疾患が合併していれば、手術後も視覚が回復しないことがあります。さらに、眼に炎症があると手術できないことがあるため、手術に適さないと診断される症例もあります。

また、イヌの眼は手術後もトラブルを起こしやすく、これを防ぐために、エリザベスカラーの装着や術後の治療が長期間必要となることがあります。

（山形静夫）

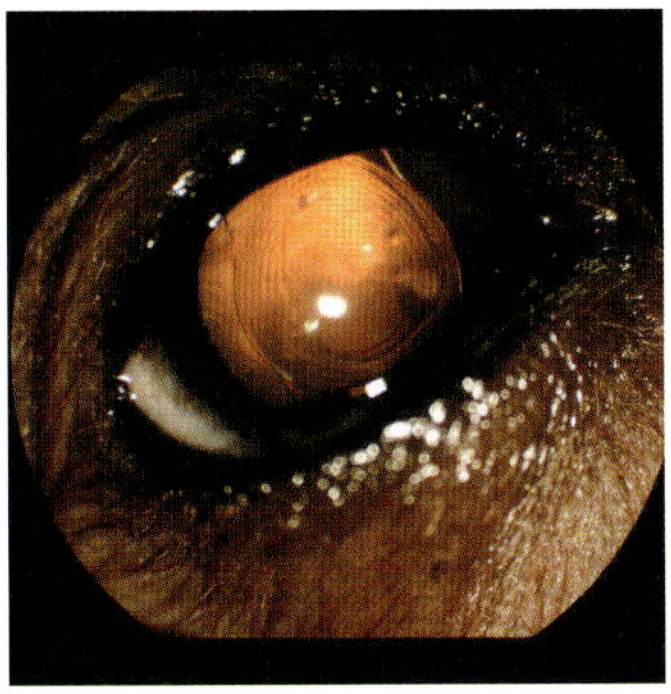

図1．右眼に挿入されたイヌ用眼内レンズ

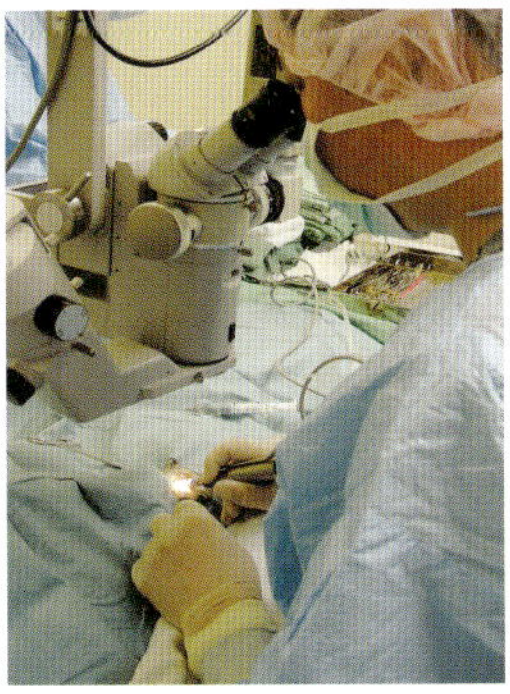

図2．超音波水晶体乳化吸引術による白内障手術。超音波チップで水晶体核を吸引中

図3．人工レンズを用いた白内障手術

❶
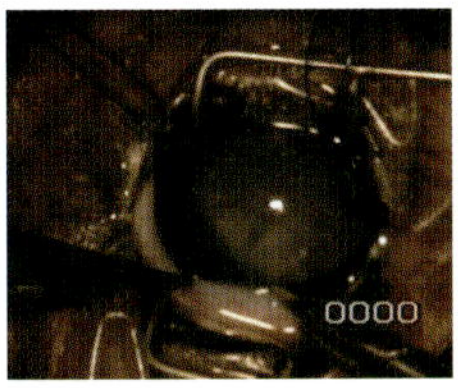

角膜半層を約3㎜切開

❷
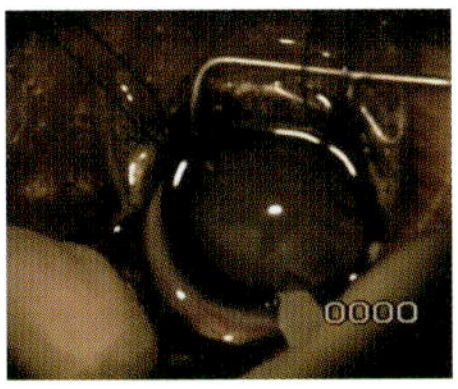

3.2㎜フェイコーナイフを刺入して角膜切開創を作成

❸
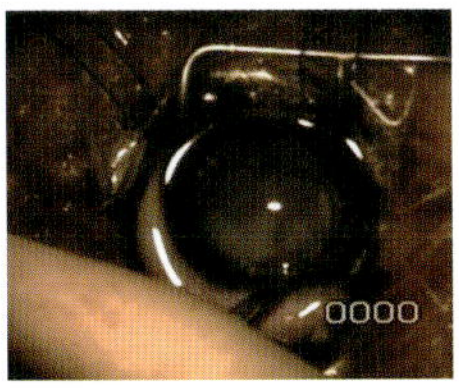

前嚢剪刀による水晶体前嚢の切開

❹
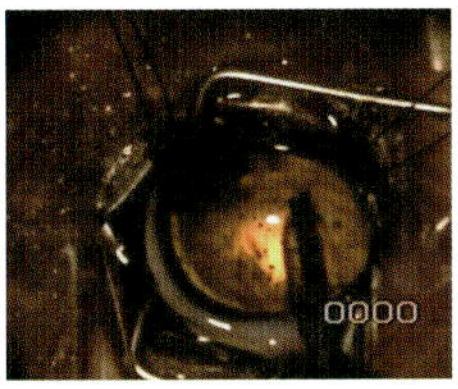

超音波チップによる水晶体の吸引除去

❺
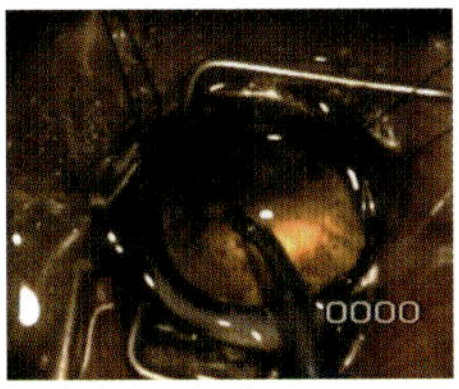

灌流・吸引チップによる残留皮質の吸引除去

❻
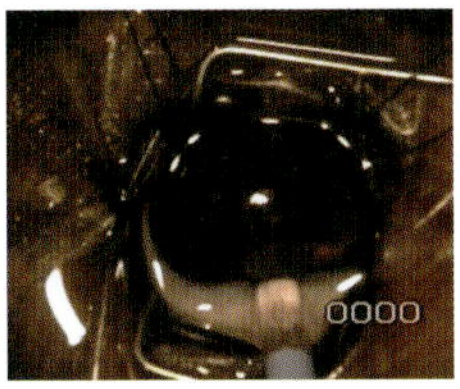

カートリッジによる人工レンズの挿入

❼
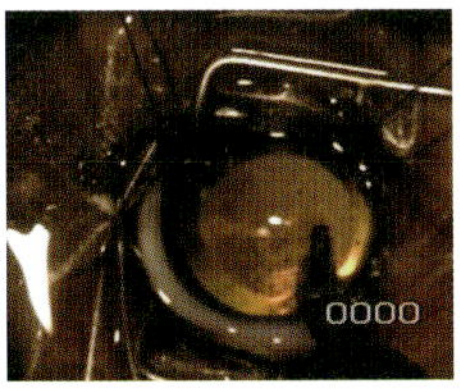

灌流・吸引チップによる粘弾性物質の吸引除去

❽
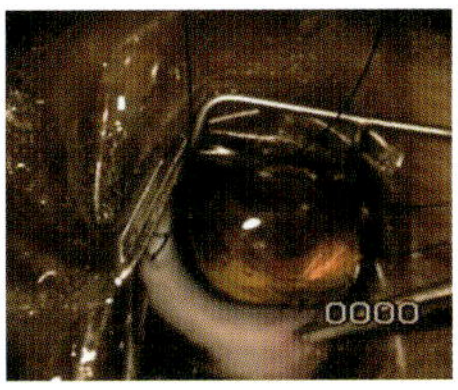

眼科用9-0吸収糸による角膜縫合と中央に人工レンズ

ガンへの集学的治療法

現在の動物におけるガン治療は外科療法放射線療法および化学療法の三大療法が主体となっています。しかし、ガン細胞は、生体で生き残るための様々な能力を有しているため、一治療法で撲滅させることは困難であります。集学的治療法とは、各専門医がそれぞれの治療法を組み合わせることでより効果的な治療を得るためのものです。がん治療には、このような専門医の知識を集約させた診療体制が重要となります。今回、集学的治療法として成り得る治療方法を紹介します。

免疫療法

がん治療には宿主免疫反応の維持が不可欠で、外科療法あるいは抗がん剤などによる化学療法などで可能な限り腫瘍の数を減少させた後に、補完療法として免疫療法を付加することが重要であります。

養子免疫療法（自己リンパ球活性化療法）：自己のリンパ球にサイトカインを加えて自己リンパ球を活性化させ、約2週間ほど培養して10～１００倍に増やして再び患者に戻すという免疫療法です。ガン患者は、ガン細胞により生体の免疫監視機構が抑制されているため、ガン細胞の増殖を阻止する能力が低下しています。生体に戻された活性化リンパ球は、ガン細胞を攻撃するとともに免疫バランスを正常に復帰させるように働きます（図1）。活性化リンパ球をガン罹患犬の生体に投与した場合、約80％に著しい症状の改善が認められました（ガン罹患犬62症例の飼い主へのアンケート調査）。

ＤＣワクチン療法：体は60兆個の細胞によって構築されているが、その一個、一個の細胞表面には、仲間（自己細胞）として認識される“抗原”を有しています。その抗原が異なっている場合、その細胞は、異物（非自己細胞）と認識されてリンパ球によって殺されてしまいます。このことから、ガン細胞は、自己の表面抗原を蛋白で隠したり、内部に引き込んでリンパ球から認識されないように逃避操作を行っているのです。そこで、体内で最も抗原を認識させることができる樹状細胞（ＤＣ）にガン細胞を融合させて、ガン抗原を表面に提示させます（図２）。ＤＣは生体のガンを攻撃するリンパ球に、ガン抗原の情報を配信して、ガン細胞を攻撃させますが、体内に存在する異なったガン抗原に対しては攻撃できません。ＤＣと融合させたガン抗原だけが攻撃対象となります。

動注リザーバー療法

動注療法とは、腫瘍の治療効果を高めるために抗がん剤を腫瘍組織内の動脈に注入するものです。X線透視装置を用いて、特殊なカテーテルを目標にしている臓器の動脈内に留置して、シリコンで作製されたポートを皮下に埋没し、抗がん剤注入の治療を行うためのリザーバー療法です（図３）。このポートリザーバーを用いて血管造影、抗がん剤投与、高カロリー輸液、輸血および採血などを繰り返し行うことも可能です。現在、獣医領域のがんにおける“動注によるリザーバー療法〟の実績は少ないことから、その有効評価を論ずることは出来ませんが、臓器内の転移や局所の増大により外科が適応されない症例には、局所的なガン細胞のコントロールを目的として適応できると思われます。

本治療法は、頚部あるいは鼠径部の動脈から特殊なカテーテルを挿入して、目標としている臓器あるいは腫瘍部分に留置します（図３）。特に数葉に多発している肝臓癌では、肝動脈をリピオドールなどで塞栓させて（塞栓療法）栄養を断つことも可能です。放射線被爆の防護を確実に行えばＣアームを保有していなくても透視装置があれば十分にカテーテル操作が可能であります（図４）。特に頭頚部がんでは頚動脈からカテーテルをある程度まで挿入し、動脈を結紮するだけでも鼻出血が止まりＱＯＬの向上が得られます。

温熱療法

ガン細胞は、細胞分裂を繰り返すために多くの栄養血管を必要とします。ガン細胞は血管の

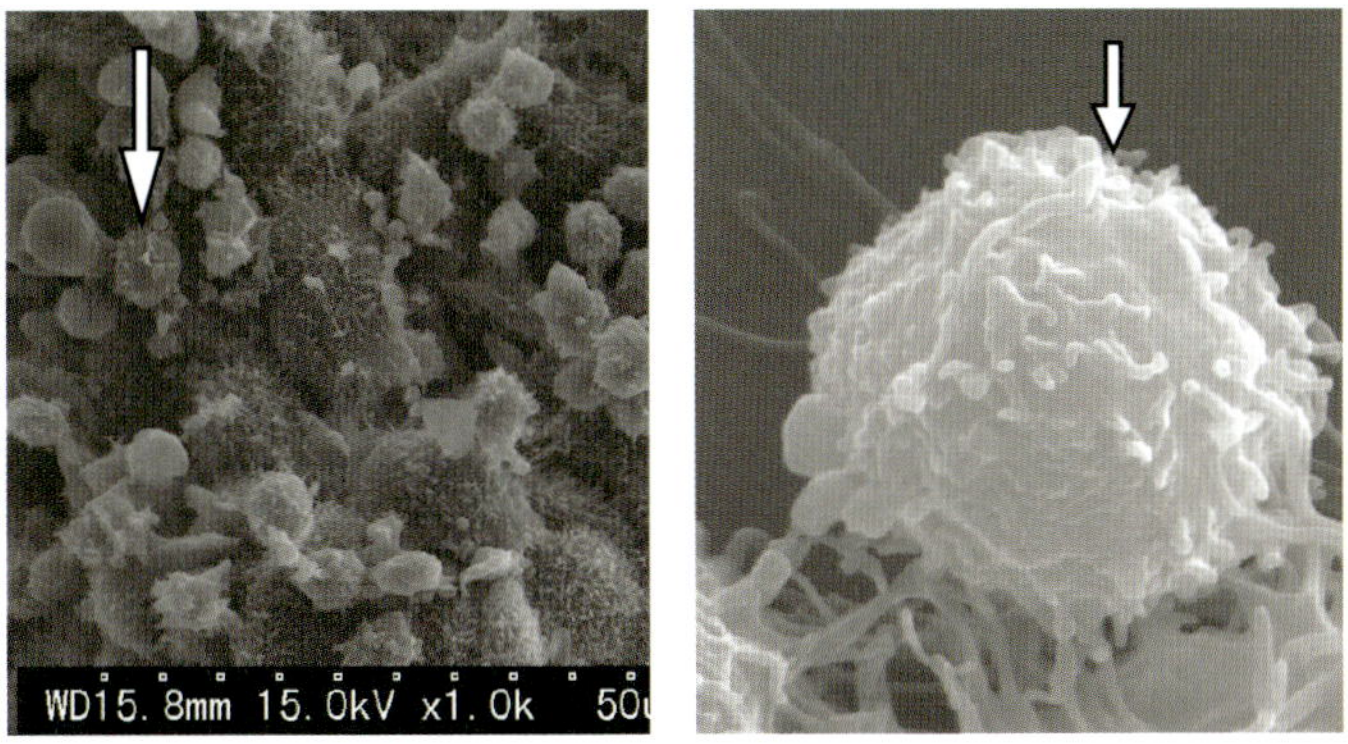

図１．活性化リンパ球がメラノーマのガン細胞を攻撃している（矢印：CTL 細胞）。

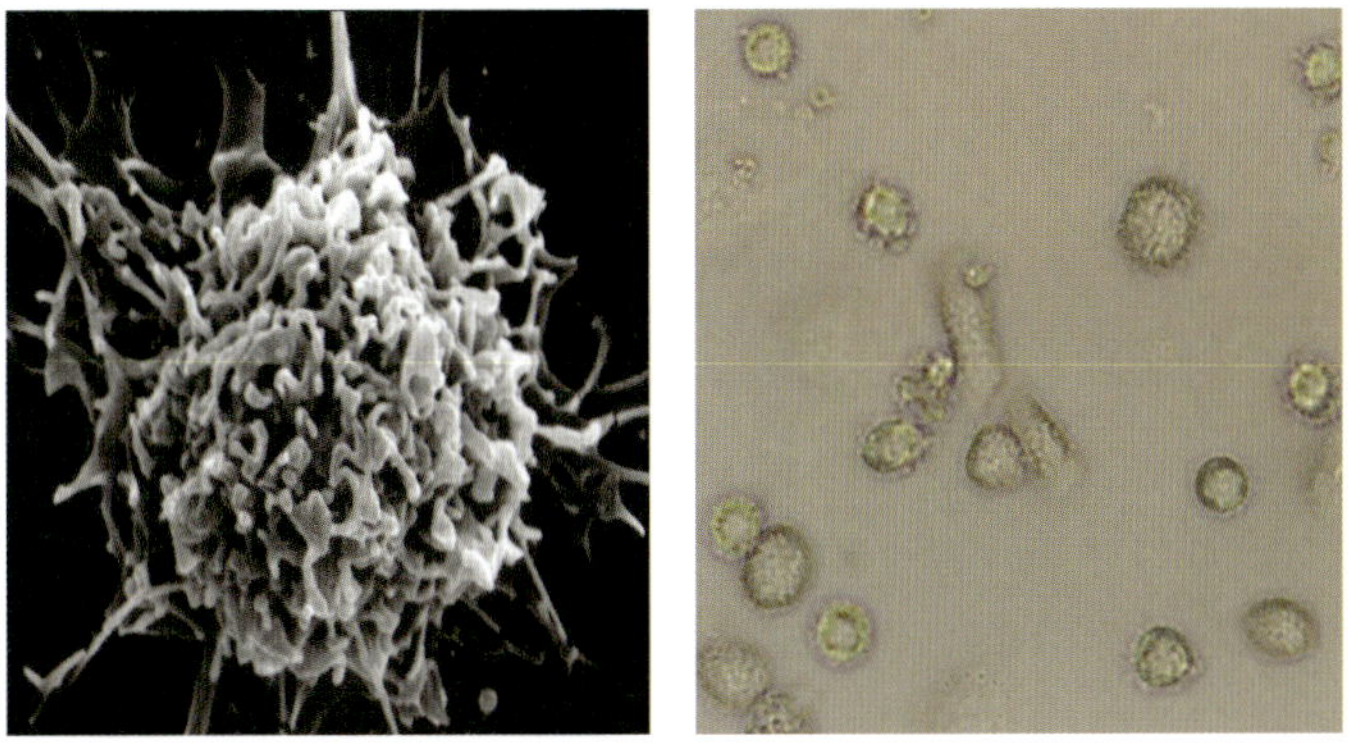

図２．樹状細胞（左図：提供者：慈恵会医科大学：名誉教授大野典也）
単球から分化した樹状細胞（右図：提供者：東京農工大学：教授伊藤博）

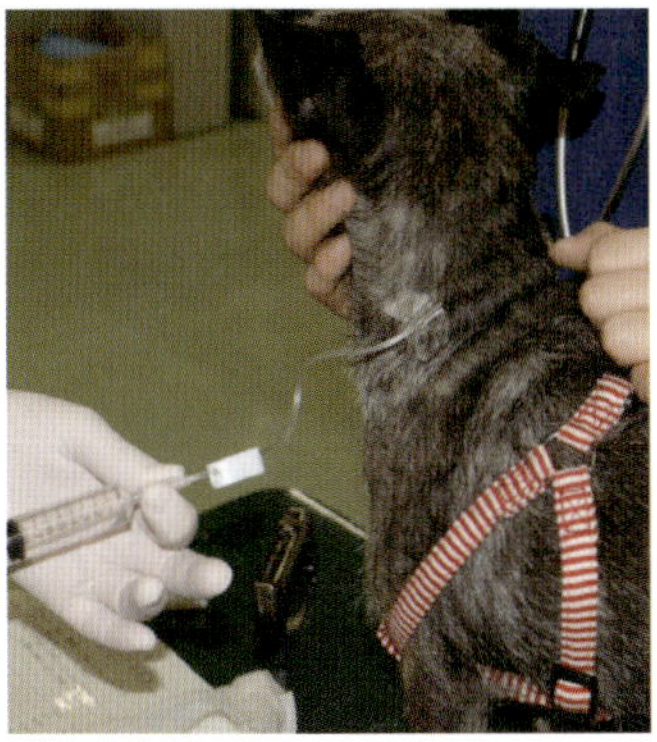

図３．ポートを皮下に装着して抗癌剤を注入している。

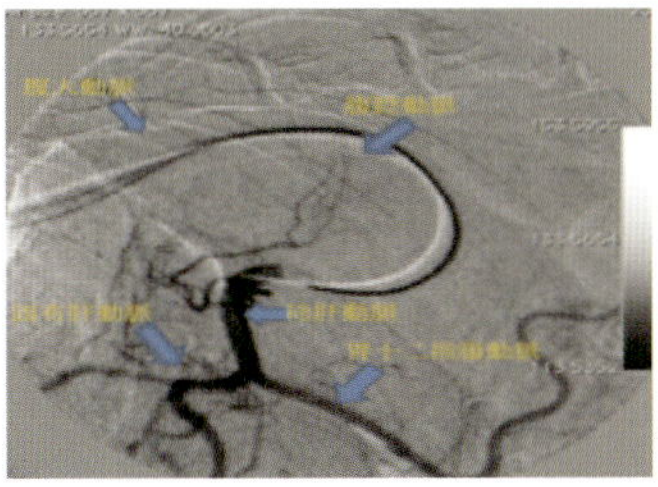

図４．射線被爆遮蔽装置を用いながらＣアーム型透視装置で動注療法を行っている。

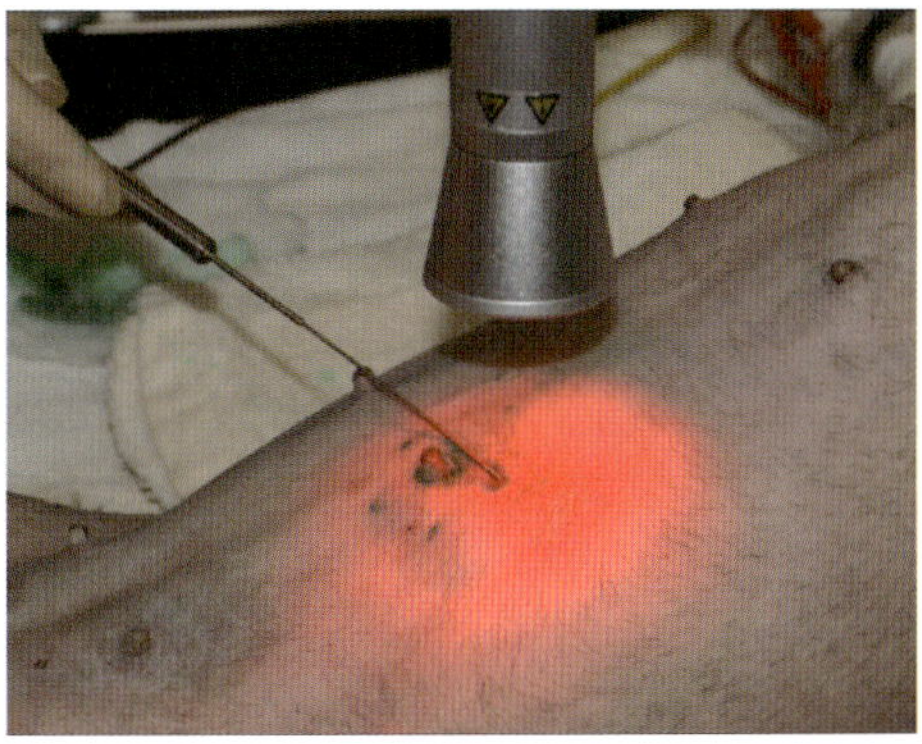

図５．インドシニアグリーンを注入して赤外線治療器で照射し、温度センサーで表面温度を確認している（約 45℃　20 分間）

上皮細胞を溶かしながら、新しい血管を作り上げて増殖していきます。しかしながら、ガン細胞の血管は、突貫工事で作られているために温度に対する対応が、通常の血管に比べて劣っているのです。特に温度が高い時は、血管が拡張して臓器の温度を一定に調整するのですが、ガンの新生血管は拡張ができないため、ガン細胞の温度が上昇するのです。一般にガン細胞は高温に弱く摂氏42～43度で死滅していきます。そこで、局所のガン細胞を皮膚の上部から（あるいは術部などを）加温する方法を温熱療法と言います。この方法には、全身を加温させる方法と局所を加温させる二通りの方法があります。さらに、温熱療法は、免疫療法、抗ガン剤あるいは放射線療法の効果を高めることから併用が可能です。今回は獣医の医療で行われている“局所温熱療法”を紹介します。

赤外線治療装置を用いた照射方法

悪性のガン細胞は、外科的に取りきれず僅かでもガン細胞が残存した場合、再び増殖を繰り返したり、リンパ管や血管に入りこんで転移を起こすことが多いです。また、高齢あるいは大きな疾患を有していることから外科的な治療が困難な場合でもこの治療法が適用される。患部に赤外線を良好に吸収するためインドシアニングリーンを注入して、赤外線治療器を照射します。表面温度を約45℃に保つように温度センサーを確認しながら照射の距離を調整します。照射回数および時間は、週一回、患部に25分程度照射します（図5）。

（伊藤　博）

ラ　リ　ル　レ　ロ　ワ

ミ　ム　メ　モ　ヤ　ユ　ヨ

フ

ヒ

ネ

ノ

ハ

トナニ

チ ツ テ ト

チ

ソ

タ

セ

シ　ス

ス

シ

シ

コ サ シ

サ

シ

ク　ケ

キ

ク

カ

エ　オ　カ

索引

ア　イ

イヌ・ネコ家庭動物の医学大百科　改訂版

2012年11月10日　初版第1刷発行
2021年2月5日　第2刷発行

監修　山根義久
編集　公益財団法人 動物臨床医学研究所
制作進行　村井千恵

アートディレクション　高岡一弥
デザイン　伊藤修一　松田香月　黒田真雪
扉写真　久留幸子（24、704頁）　服部貴康（3頁）　相良眞児郎（38頁）
Time Life Pictures / Getty Images / AFLO（見返し頁）
イラスト　久保周史（左記頁以外の全てのイラスト）
石原伸治（30〜37頁）　倉澤七生（8〜21、41〜55頁）

初版時DTP　株式会社ライラック
初版時校閲　北村剛利
初版時編集協力　小野文江　市川ゆかり　安達万里子　鈴木裕也
初版時制作協力　松坂千枝　横田直子　久保田裕子　塚本朋子　川崎葉子　オフィスケイ

改訂版制作進行　大場義行

発行人　三芳寛要

発行元：株式会社パイ インターナショナル
〒170-0005　東京都豊島区南大塚2-32-4
TEL03-3944-3981　FAX03-5395-4830
sales@pie.co.jp

印刷・製本：図書印刷株式会社

ISBN978-4-7562-4309-6 C0047
Printed in Japan

公益財団法人 動物臨床医学研究所

平成3年に設立された財団法人動物臨床医学研究所は、
獣医学に関する臨床的研究はもとより、
獣医学に関する刊行物の発行、
学会や講演会の開催などの情報提供活動、
獣医医療のスタッフの教育・養成などの人材育成活動、
さらに野生鳥獣の保護管理による自然資源の保護など
非常に広範囲の活動を続けている。
また、平成23年4月1日内閣府より、
公益財団法人として認定される。
主な出版物としては
『動物臨床医学』などの定期刊行物をはじめ、
『動物が出合う中毒』『循環器疾患100症例』
『消化器疾患100症例』『小動物診療'97』他多数ある。

〒682-0025　鳥取県倉吉市八屋214-10
TEL0858-26-0851
FAX0858-26-2158
dorinken@apionet.or.jp
www.dourinken.com/

医学大百科

公益財団法人 動物臨床医学研究所　編

PIE International